I Allgemeine Grundlagen

1 Einige grundlegende Begriffe über Mengen

1.1 Definition und Darstellung einer Menge

Definition: Unter einer *Menge* verstehen wir die Zusammenfassung gewisser, wohlunterschiedener Objekte, *Elemente* genannt, zu einer Einheit.

Mengen lassen sich durch ihre Eigenschaften beschreiben (sog. *beschreibende* Darstellungsform):

$$M = \{x \mid x \text{ besitzt die Eigenschaften } E_1, E_2, \ldots, E_n\} \qquad \text{(I-1)}$$

Eine weitere Darstellungsmöglichkeit bietet die *aufzählende* Form:

$$M = \{a_1, a_2, \ldots, a_n\} \quad \textit{Endliche} \text{ Menge} \qquad \text{(I-2)}$$

$$M = \{a, b, c, \ldots\} \quad \textit{Unendliche} \text{ Menge} \qquad \text{(I-3)}$$

$a_1, a_2, \ldots, a_n$ bzw. $a, b, c, \ldots$ sind die Elemente der Menge. Die Reihenfolge, in der die einzelnen Elemente aufgeführt werden, spielt dabei *keine* Rolle. Die Elemente sind immer *paarweise voneinander verschieden*, ein Element kann daher nur *einmal* auftreten.

■ **Beispiele**

(1) $M_1 = \{x \mid x$ ist eine *reelle* Zahl und Lösung der Gleichung $x^2 = 1\} =$
$= \{-1, 1\}$

(2) $M_2 = \{x \mid x$ ist eine *natürliche* Zahl mit $-2 < x \leqslant 4\} = \{0, 1, 2, 3, 4\}$

(3) $M_3 = \{x \mid x$ ist eine *ganze* Zahl mit $x^2 < 16\}$
Zu dieser Menge gehören die Zahlen $-3, -2, -1, 0, 1, 2$ und 3. In der aufzählenden Form lautet die Menge demnach:

$$M_3 = \{-3, -2, -1, 0, 1, 2, 3\}$$

(4) Menge der *natürlichen* Zahlen:

$$\mathbb{N} = \{0, 1, 2, 3, \ldots\}$$

■

Gehört ein gewisses Objekt a zu einer Menge A, so schreibt man dafür symbolisch

$$a \in A \quad \text{(gelesen: } a \text{ ist ein Element von } A) \tag{I-4}$$

Die Schreibweise $b \notin A$ bringt dagegen zum Ausdruck, daß der Gegenstand b *nicht* zur Menge A gehört:

$$b \notin A \quad \text{(gelesen: } b \text{ ist } \textit{kein} \text{ Element von } A) \tag{I-5}$$

Die Lösungen einer Gleichung lassen sich zu einer sog. *Lösungsmenge* $\mathbb{L}$ zusammenfassen. Dabei kann der Fall eintreten, daß die Gleichung *unlösbar* ist: Die Lösungsmenge enthält dann überhaupt kein Element, sie ist *„leer"*. Eine Menge dieser Art wird als *leere Menge* bezeichnet und durch das folgende Symbol gekennzeichnet:

$$\{\ \} \quad \text{oder} \quad \emptyset \quad \text{Leere Menge} \tag{I-6}$$

■ **Beispiel**

Die quadratische Gleichung $x^2 + 1 = 0$ besitzt *keine* reelle Lösung. Ihre Lösungsmenge $\mathbb{L}$ ist daher die leere Menge:

$$\mathbb{L} = \{x \mid x \text{ ist } \textit{reell} \text{ und Lösung von } x^2 + 1 = 0\} = \{\ \}$$

■

Bei der Beschreibung von Funktionen benötigen wir Zahlenmengen, die sich als gewisse Teilbereiche der reellen Zahlen erweisen (sog. Intervalle). Dies führt uns zum Begriff der wie folgt definierten *Teilmenge*:

Definition: Eine Menge A heißt *Teilmenge* einer Menge B, wenn jedes Element von A auch zur Menge B gehört. Symbolische Schreibweise:

$$A \subset B \tag{I-7}$$

(gelesen: A ist in B enthalten; Bild I-1)

In Bild I-1 ist dieser Sachverhalt in anschaulicher Form durch ein sog. *Euler-Venn-Diagramm* dargestellt:

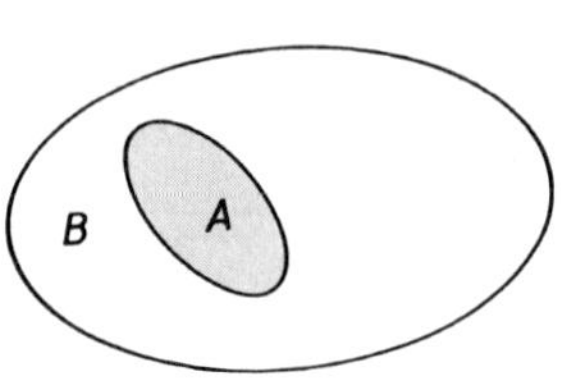

Bild I-1
Zum Begriff einer Teilmenge ($A \subset B$)

■ **Beispiele**

(1) $A = \{1, 3, 5\}$, $B = \{-2, 0, 1, 2, 3, 4, 5\}$

A ist eine *Teilmenge* von B, da alle drei Elemente von A, also die Zahlen 1, 3 und 5 auch in der Menge B enthalten sind: $A \subset B$

(2) $M_1 = \{0, 2, 4\}$, $M_2 = \{2, 4, 6, 8\}$

Das Element $0 \in M_1$ gehört *nicht* zur Menge M_2. Daher ist M_1 *keine* Teilmenge von M_2. Symbolische Schreibweise: $M_1 \not\subset M_2$ ■

Definition: Zwei Mengen A und B heißen *gleich*, wenn jedes Element von A auch Element von B ist und umgekehrt:

$$A = B \tag{I-8}$$

(gelesen: A gleich B)

■ **Beispiel**

$A = \{0, 1, 2, 5, 10\}$, $B = \{10, 5, 2, 0, 1\}$

Jedes Element von A ist auch Element von B und umgekehrt. Die beiden Mengen unterscheiden sich also lediglich in der *Anordnung* ihrer Elemente und sind daher *gleich*: $A = B$.

■

1.2 Mengenoperationen

Wir erklären die mengenalgebraischen Operationen *Durchschnitt* ($\cap$) und *Vereinigung* ($\cup$) sowie den Begriff der *Differenzmenge* (auch *Restmenge* genannt).

Definition: Die *Schnittmenge* $A \cap B$ zweier Mengen A und B ist die Menge aller Elemente, die sowohl zu A als auch zu B gehören:

$$A \cap B = \{x \mid x \in A \quad und \quad x \in B\} \tag{I-9}$$

(gelesen: A geschnitten mit B; Bild I-2)

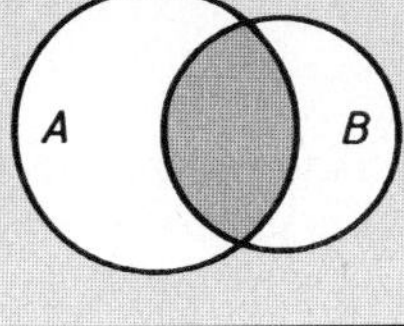

Bild I-2

Anmerkung

Die *Schnittmenge* $A \cap B$ wird auch als *Durchschnitt* der Mengen A und B bezeichnet.

■ **Beispiel**

Wir bestimmen diejenigen reellen x-Werte, die *zugleich* den beiden Ungleichungen $2x - 4 > 0$ und $x < 3$ genügen:

$$2x - 4 > 0 \;\Rightarrow\; 2x > 4 \;\Rightarrow\; x > 2 \;\Rightarrow\; \mathbb{L}_1 = \{x \mid x > 2\}$$

$$x < 3 \;\Rightarrow\; \mathbb{L}_2 = \{x \mid x < 3\}$$

Die Schnittmenge von $\mathbb{L}_1$ und $\mathbb{L}_2$ ist die gesuchte Lösungsmenge $\mathbb{L}$:

$$\mathbb{L} = \mathbb{L}_1 \cap \mathbb{L}_2 = \{x \mid x > 2 \quad \textit{und} \quad x < 3\} = \{x \mid 2 < x < 3\}$$

Besonders anschaulich läßt sich dieser Vorgang auf der *Zahlengerade* darstellen: die gesuchten Lösungen ergeben sich durch *Überlappung* der Teilmengen $\mathbb{L}_1$ und $\mathbb{L}_2$ (Bild I-3):

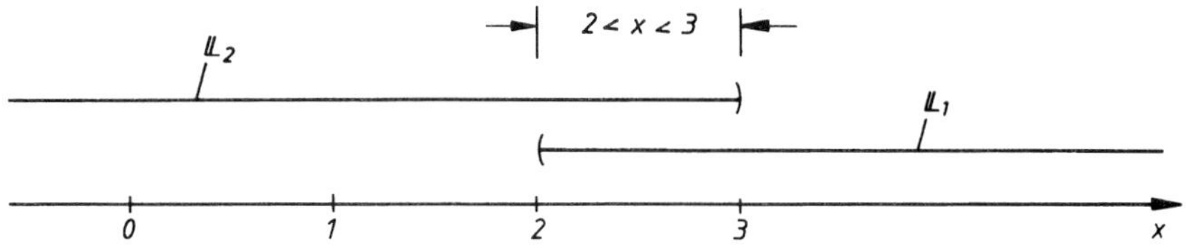

Bild I-3

■

Definition: Die *Vereinigungsmenge* $A \cup B$ zweier Mengen A und B ist die Menge aller Elemente, die zu A *oder* zu B *oder* zu beiden Mengen gehören:

$$A \cup B = \{x \mid x \in A \quad \textit{oder} \quad x \in B\} \qquad \text{(I-10)}$$

(gelesen: A vereinigt mit B; Bild I-4)

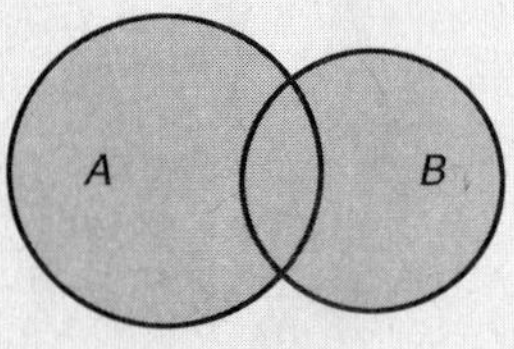

Bild I-4

Anmerkung

Man beachte, daß auch diejenigen Elemente zur Vereinigungsmenge gehören, die zugleich Elemente von A *und* B sind (es handelt sich hier also *nicht* um das „oder" im Sinne von „entweder oder").

■ **Beispiele**

(1) $A = \{1, 2, 3, 4\}, \quad B = \{1, 5, 6, 7\} \Rightarrow A \cup B = \{1, 2, 3, 4, 5, 6, 7\}$

(2) $M_1 = \{x \mid 0 \leqslant x \leqslant 1\}, \quad M_2 = \{x \mid 1 \leqslant x \leqslant 5\} \Rightarrow$

$M_1 \cup M_2 = \{x \mid 0 \leqslant x \leqslant 5\}$ (Bild I-5)

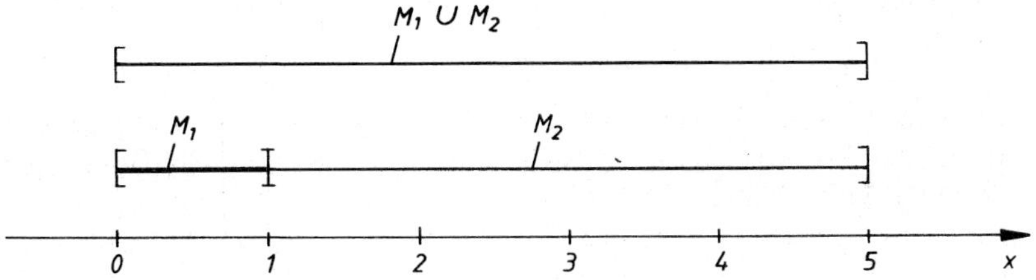

Bild I-5 ■

Definition: Die *Differenzmenge* (*Restmenge*) $A \setminus B$ zweier Mengen A und B ist die Menge aller Elemente, die zu A, nicht aber zu B gehören:

$$A \setminus B = \{x \mid x \in A \quad und \quad x \notin B\} \qquad \text{(I-11)}$$

(gelesen: A ohne B; Bild I-6)

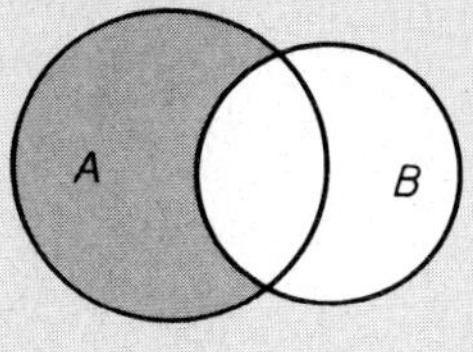

Bild I-6

■ **Beispiele**

(1) $\mathbb{N} = \{0, 1, 2, \ldots\}, \quad \mathbb{N}^* = \{1, 2, 3, \ldots\} \Rightarrow \mathbb{N}^* = \mathbb{N} \setminus \{0\} = \{1, 2, 3, \ldots\}$

(2) $A = \{1, 5, 7, 10\}, \quad B = \{0, 1, 7, 15\} \Rightarrow A \setminus B = \{5, 10\}$ ■

2 Die Menge der reellen Zahlen

2.1 Darstellung der reellen Zahlen und ihrer Eigenschaften

Grundlage aller Rechen- und Meßvorgänge sind die *reellen* Zahlen[1]. Sie werden durch das Symbol $\mathbb{R}$ gekennzeichnet und lassen sich in anschaulicher Weise durch Punkte auf einer *Zahlengerade* darstellen (die Zuordnung ist dabei *umkehrbar eindeutig*, Bild I-7):

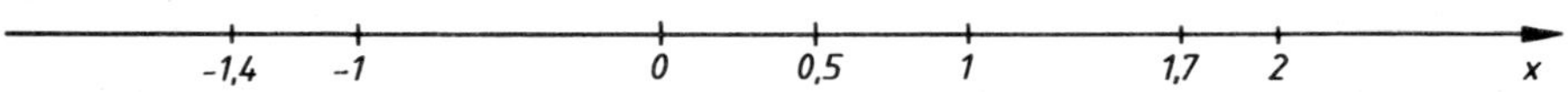

Bild I-7 Darstellung der reellen Zahlen auf einer Zahlengerade

Positive Zahlen werden dabei nach *rechts*, *negative* Zahlen nach *links* abgetragen (jeweils vom Nullpunkt aus).

Auf der Zahlenmenge $\mathbb{R}$ sind vier Rechenoperationen, die sog. *Grundrechenarten*, erklärt. Es sind dies:

— Addition (+)
— Subtraktion (−) als Umkehrung der Addition
— Multiplikation (·)
— Division (:) als Umkehrung der Multiplikation

Die Grundrechenarten genügen dabei den folgenden *Grundgesetzen*:

Eigenschaften der Menge der reellen Zahlen

1. *Summe* $a + b$, *Differenz* $a - b$, *Produkt* ab und *Quotient* $\frac{a}{b}$ zweier reeller Zahlen a und b ergeben wiederum relle Zahlen.

   Ausnahme: Die Division durch die Zahl 0 ist *nicht* erlaubt.

2. Addition und Multiplikation sind *kommutative* Rechenoperationen. Für beliebige Zahlen $a, b \in \mathbb{R}$ gilt stets:

$$\left.\begin{aligned} a + b &= b + a \\ ab &= ba \end{aligned}\right\} \text{ Kommutativgesetze} \qquad \text{(I-12)}$$

[1] Zu ihnen gehören:
1. alle endlichen Dezimalbrüche (einschließlich der ganzen Zahlen),
2. alle unendlichen periodischen Dezimalbrüche, und
3. alle unendlichen nicht periodischen Dezimalbrüche.

3. Addition und Multiplikation sind *assoziative* Rechenoperationen. Für beliebige Zahlen $a, b, c \in \mathbb{R}$ gilt stets:

$$\left.\begin{aligned} a + (b + c) &= (a + b) + c \\ a(bc) &= (ab)c \end{aligned}\right\} \textit{Assoziativgesetze} \qquad \text{(I-13)}$$

4. Addition und Multiplikation sind über das *Distributivgesetz* miteinander verbunden:

$$a(b + c) = ab + ac \quad \textit{Distributivgesetz} \qquad \text{(I-14)}$$

2.2 Anordnung der Zahlen, Ungleichung, Betrag

Unter den reellen Zahlen herrscht eine bestimmte *Anordnung* in dem folgenden Sinne: Zwei Zahlen $a, b \in \mathbb{R}$ stehen stets in genau einer der drei folgenden Beziehungen zueinander:

$a < b$ (a kleiner b)

Bild I-8

$a = b$ (a gleich b)

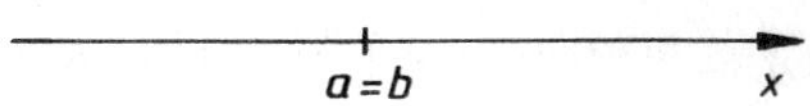

Bild I-9

$a > b$ (a größer b)

Bild I-10

Aussagen (Beziehungen) der Form $a < b$ oder $a > b$ werden als *Ungleichungen* bezeichnet. Zu ihnen zählt man auch die Relationen

$a \leqslant b$ (a kleiner oder gleich b, d.h. entweder $a < b$ oder $a = b$)

$a \geqslant b$ (a größer oder gleich b, d.h. entweder $a > b$ oder $a = b$)

Anmerkungen

(1) $a < b$ ($a > b$) bedeutet: Der Bildpunkt von a liegt *links* (*rechts*) vom Bildpunkt von b (vgl. hierzu die Bilder I-8 und I-10).

(2) $a = b$ bedeutet: Die Bildpunkte von a und b fallen zusammen (Bild I-9).

Unter dem *Betrag* einer reellen Zahl a wird der *Abstand* des zugeordneten Bildpunktes vom Nullpunkt verstanden (Bild I-11).

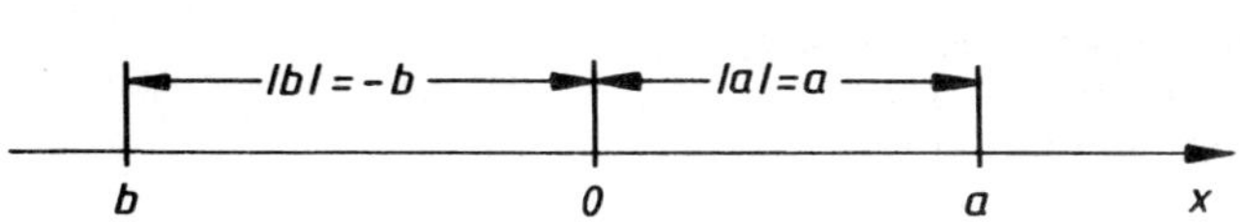

Bild I-11
Zum Begriff des Betrages einer Zahl ($a > 0$, $b < 0$)

Er wird durch das Symbol $|a|$ gekennzeichnet und ist stets *positiv*:

$$|a| = \begin{Bmatrix} a & & a > 0 \\ 0 & \text{für} & a = 0 \\ -a & & a < 0 \end{Bmatrix} \tag{I-15}$$

■ **Beispiele**

$|3| = 3, \quad |-5| = 5, \quad |\pi| = \pi, \quad |\cos\pi| = |-1| = 1$ ■

2.3 Teilmengen und Intervalle

Wir geben einige besonders wichtige und häufig auftretende Teilmengen von $\mathbb{R}$ an:

Spezielle Zahlenmengen (Standardmengen)

$\mathbb{N} = \{0, 1, 2, \ldots\}$	Menge der natürlichen Zahlen
$\mathbb{N}^* = \{1, 2, 3, \ldots\}$	Menge der positiven ganzen Zahlen
$\mathbb{Z} = \{0, \pm 1, \pm 2, \ldots\}$	Menge der ganzen Zahlen
$\mathbb{Q} = \left\{x \mid x = \frac{a}{b} \text{ mit } a \in \mathbb{Z} \text{ und } b \in \mathbb{N}^*\right\}$	Menge der rationalen Zahlen
$\mathbb{R}$	Menge der reellen Zahlen

Bei der Beschreibung der Definitions- und Wertebereiche von Funktionen benötigen wir spezielle, als *Intervalle* bezeichnete Teilmengen von $\mathbb{R}$. Sie sind in der folgenden Tabelle zusammengestellt:

Zusammenstellung der wichtigsten Intervalle

1. *Endliche Intervalle* $(a < b)$

$[a, b] = \{x \mid a \leqslant x \leqslant b\}$	abgeschlossenes Intervall
$[a, b) = \{x \mid a \leqslant x < b\}$	halboffene Intervalle
$(a, b] = \{x \mid a < x \leqslant b\}$	
$(a, b) = \{x \mid a < x < b\}$	offenes Intervall

2. *Unendliche Intervalle*

$[a, \infty) \quad = \{x \mid a \leqslant x < \infty\}$

$(a, \infty) \quad = \{x \mid a < x < \infty\}$

$(-\infty, b] = \{x \mid -\infty < x \leqslant b\}$

$(-\infty, b) = \{x \mid -\infty < x < b\}$

$(-\infty, 0) = \mathbb{R}^-$

$(0, \infty) \quad = \mathbb{R}^+$

$(-\infty, \infty) = \mathbb{R}$

Anmerkung

Die in Naturwissenschaften und Technik verwendeten Symbole für Intervalle weichen häufig von den in der Mathematik üblichen Symbolen ab. So schreibt man beispielsweise für das Intervall $\{x \mid a < x < b\}$ meist in verkürzter Form $a < x < b$.

■ **Beispiele**

(1) $[1, 5]$

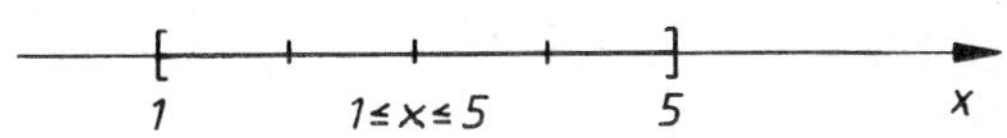

Bild I-12

(2) $(-3, 2)$

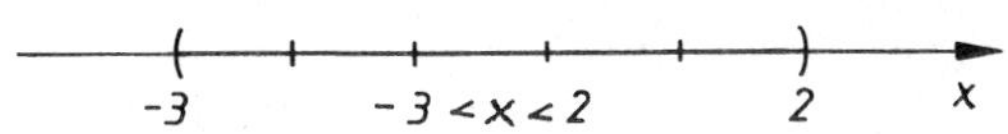

Bild I-13

(3) $(-\infty, 1]$

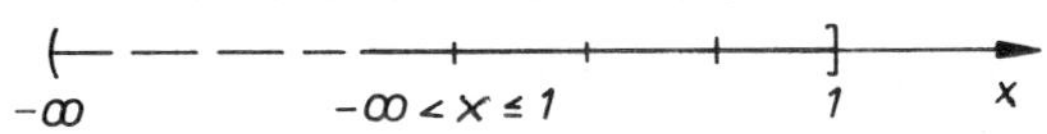

Bild I-14

(4) $(-5, -1]$

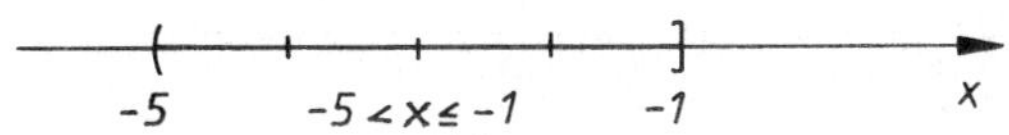

Bild I-15

■

3 Gleichungen

In diesem Abschnitt behandeln wir einige, in den Anwendungen besonders häufig auftretende *Gleichungen mit einer unbekannten Größe.* Dazu gehören:

— *Lineare, quadratische und kubische Gleichungen*
— *Algebraische Gleichungen höheren Grades*
— *Bi-quadratische Gleichungen*
— *Wurzelgleichungen*
— *Betragsgleichungen*

Trigonometrische (oder goniometrische) Gleichungen, Exponential- und Logarithmusgleichungen werden in Kapitel III im Anschluß an die Darstellungen der entsprechenden Funktionen besprochen.

In vielen Fällen ist man bei der Lösung einer vorgegebenen Gleichung auf *Näherungsverfahren* angewiesen, da die Gleichung entweder *nicht exakt lösbar* ist oder aber der Lösungsmechanismus vom Aufwand her als nicht vertretbar erscheint. Ein solches Standardverfahren der numerischen Mathematik ist beispielsweise das von *Newton* stammende *Tangentenverfahren*, das wir in den Anwendungen der Differentialrechnung in Kapitel IV (Abschnitt 3.6) noch ausführlich besprechen werden.

3.1 Lineare Gleichungen

Eine *lineare* Gleichung vom allgemeinen Typ

$$ax + b = 0 \qquad (a \neq 0) \tag{I-16}$$

besitzt genau *eine* Lösung, nämlich

$$x_1 = -\frac{b}{a} \tag{I-17}$$

■ **Beispiel**

$$3x - 18 = -x + 6$$
$$4x = 24$$
$$x_1 = 6 \quad \Rightarrow \quad \text{Lösungsmenge } \mathbb{L} = \{6\}$$

■

3.2 Quadratische Gleichungen

Die allgemeine Form einer *quadratischen* Gleichung lautet:

$$ax^2 + bx + c = 0 \qquad (a \neq 0) \tag{I-18}$$

Sie läßt sich stets in die *Normalform*

$$x^2 + px + q = 0 \qquad (p = b/a, \; q = c/a) \tag{I-19}$$

überführen. Die (formalen) Lösungen dieser Gleichung lauten (sog. p, q-Formel):

Lösungen einer in der Normalform $x^2 + px + q = 0$ gegebenen quadratischen Gleichung (sog. p, q-Formel)

$$x_{1/2} = -\frac{p}{2} \pm \sqrt{\left(\frac{p}{2}\right)^2 - q} \tag{I-20}$$

Eine Fallunterscheidung wird dabei anhand der *Diskriminante* $D = (p/2)^2 - q$ wie folgt vorgenommen:

$D > 0$: Zwei *verschiedene* reelle Lösungen

$D = 0$: Eine (*doppelte*) reelle Lösung

$D < 0$: *Keine* reellen Lösungen [2)]

■ **Beispiele**

(1) $-2x^2 - 4x + 6 = 0 \mid : (-2)$

$x^2 + 2x - 3 = 0$

$D = 4 > 0 \Rightarrow$ Zwei *verschiedene reelle Lösungen*

$x_{1/2} = -1 \pm \sqrt{4} = -1 \pm 2$

$x_1 = 1, \quad x_2 = -3 \Rightarrow \mathbb{L} = \{-3, 1\}$

(2) $3x^2 + 9x + 6{,}75 = 0 \mid : 3$

$x^2 + 3x + 2{,}25 = 0$

$D = 0 \Rightarrow$ Eine (*doppelte*) Lösung

$x_{1/2} = -1{,}5 \pm 0 = -1{,}5 \Rightarrow \mathbb{L} = \{-1{,}5\}$

(3) $x^2 - 4x + 13 = 0$

$D = -9 < 0 \Rightarrow$ *Keine* reellen Lösungen ■

3.3 Gleichungen 3. und höheren Grades

3.3.1 Allgemeine Vorbetrachtung

Eine *algebraische Gleichung n-ten Grades* ist in der Form

$$a_n x^n + a_{n-1} x^{n-1} + \ldots + a_1 x + a_0 = 0 \qquad (a_n \neq 0) \qquad \text{(I-21)}$$

darstellbar. Sie besitzt *höchstens* n reelle Lösungen, die auch als *Wurzeln* der Gleichung bezeichnet werden. Ist n ungerade, so existiert *mindestens* eine reelle Lösung. Für Gleichungen bis einschließlich 4. Grades lassen sich allgemeine Formelausdrücke herleiten, die die Berechnung der Lösungen aus den Koeffizienten der Gleichung ermöglichen. Als Beispiel führen wir die *Cardanische* Lösungsformel für eine Gleichung 3. Grades an.

---

2) Die Lösungen sind dann sog. (konjugiert) komplexe Zahlen. Sie werden in Band 2 ausführlich behandelt (Kap. III).

Leider jedoch sind diese Formeln in der Praxis meist zu schwerfällig, so daß man in der Regel auf andere Verfahren ausweicht (z.B. auf *graphische* oder *numerische* Näherungsverfahren, siehe hierzu das in Kapitel IV dargestellte *Tangentenverfahren* von *Newton*).

Ist eine Lösung x_1 bekannt, so kann die Gleichung n-ten Grades durch Abspalten des entsprechenden *Linearfaktors* $x - x_1$ auf eine Gleichung vom Grade $n - 1$ *reduziert* werden. Auf dieses Thema gehen wir im Zusammenhang mit den Polynomfunktionen ausführlich ein (siehe hierzu Abschnitt III.5).

Abschließend zeigen wir anhand von Beispielen, wie in *Sonderfällen* die Lösung einer Gleichung *dritten* bzw. *vierten* Grades gelingt.

3.3.2 Kubische Gleichungen vom speziellen Typ $ax^3 + bx^2 + cx = 0$

Kubische Gleichungen der speziellen Form

$$ax^3 + bx^2 + cx = 0 \qquad (a \neq 0) \tag{I-22}$$

in denen also das *absolute* Glied fehlt, lassen sich stets durch Ausklammern der Unbekannten x in eine *lineare* und eine *quadratische* Gleichung zerlegen:

$$x(ax^2 + bx + c) = 0 \quad \begin{cases} x = 0 \;\Rightarrow\; x_1 = 0 \\ ax^2 + bx + c = 0 \end{cases} \tag{I-23}$$

Eine Lösung liegt daher *stets* bei $x_1 = 0$, zwei weitere Lösungen *können* aus der quadratischen Gleichung resultieren.

■ **Beispiel**

$x^3 + 4x^2 + 3x = 0$

$$x(x^2 + 4x + 3) = 0 \quad \begin{cases} x = 0 \;\Rightarrow\; x_1 = 0 \\ x^2 + 4x + 3 = 0 \;\Rightarrow\; x_{2/3} = -2 \pm 1 \end{cases}$$

Es existieren in diesem Beispiel also genau drei *verschiedene* Lösungen. Sie lauten:

$$x_1 = 0, \quad x_2 = -1, \quad x_3 = -3 \quad \Rightarrow \quad \mathbb{L} = \{-3, -1, 0\}$$

■

3.3.3 Bi-quadratische Gleichungen

Eine algebraische Gleichung 4. Grades vom speziellen Typ

$$ax^4 + bx^2 + c = 0 \qquad (a \neq 0) \tag{I-24}$$

(es treten nur *gerade* Potenzen auf) heißt *bi-quadratisch* und läßt sich durch die *Substitution* $z = x^2$ in eine *quadratische* Gleichung überführen:

$$az^2 + bz + c = 0 \tag{I-25}$$

Aus den Lösungen dieser Gleichung erhält man mittels der *Rücksubstitution* $x^2 = z$ die Lösungen der bi-quadratischen Gleichung. Eine bi-quadratische Gleichung besitzt daher entweder *keine* reelle Lösung oder aber *zwei* oder *vier* reelle Lösungen.

■ **Beispiel**

$x^4 - 10x^2 + 9 = 0$

Substitution: $z = x^2$

$$z^2 - 10z + 9 = 0 \;\Rightarrow\; z_{1/2} = 5 \pm 4 \;\Rightarrow\; z_1 = 9, \quad z_2 = 1$$

Rücksubstitution mittels $x^2 = z$:

$$x^2 = z_1 = 9 \;\Rightarrow\; x_{1/2} = \pm 3$$
$$x^2 = z_2 = 1 \;\Rightarrow\; x_{3/4} = \pm 1$$

Lösungsmenge:

$$\mathbb{L} = \{-3, -1, 1, 3\}$$

■

3.4 Wurzelgleichungen

Die bisher behandelten Gleichungen konnten durch sog. *äquivalente Umformungen* [3] schrittweise vereinfacht und schließlich gelöst werden, ohne daß dabei Lösungen hinzukamen oder verschwanden. Bei *Wurzelgleichungen*, in denen die Unbekannte in rationaler Form innerhalb von Wurzelausdrücken auftritt, ist dies i.a. *nicht* der Fall, wie das folgende Beispiel zeigt:

■ **Beispiel**

$\sqrt{2x - 3} + 5 - 3x = 0$

Der Wurzelausdruck wird zunächst isoliert:

$$\sqrt{2x - 3} = 3x - 5$$

und anschließend durch Quadrieren beseitigt:

$$\sqrt{2x - 3} = 3x - 5 \mid \text{quadrieren} \;\Rightarrow\; 2x - 3 = (3x - 5)^2$$

Dieser Vorgang stellt jedoch eine *nichtäquivalente* Umformung dar. Die neue (quadratische) Gleichung besitzt *mehr* Lösungen als die ursprüngliche Wurzelgleichung, wie wir im folgenden noch zeigen werden.

---

[3] Bei einer *äquivalenten* Umformung bleibt die Lösungsmenge einer Gleichung oder Ungleichung (bezüglich derselben Unbekannten) *unverändert*. Umformungen, die zu einer *Veränderung* der Lösungsmenge führen können, heißen *nichtäquivalente* Umformungen.

Zunächst aber lösen wir die quadratische Gleichung:

$$2x - 3 = (3x - 5)^2 = 9x^2 - 30x + 25$$

$$-9x^2 + 32x - 28 = 0 \quad |:(-9)$$

$$x^2 - \frac{32}{9}x + \frac{28}{9} = 0$$

$$x_{1/2} = \frac{16}{9} \pm \sqrt{\frac{256}{81} - \frac{28}{9}} = \frac{16}{9} \pm \sqrt{\frac{256 - 252}{81}} = \frac{16}{9} \pm \frac{2}{9}$$

$$x_1 = \frac{18}{9} = 2, \quad x_2 = \frac{14}{9}$$

Dies sind die beiden Lösungen der *quadratischen* Gleichung. Sind sie zugleich auch Lösungen der vorgegebenen *Wurzelgleichung*? Diese Frage kann nur durch eine *Probe*, d.h. durch Einsetzen der gefundenen Werte in die *Wurzelgleichung* entschieden werden:

$\boxed{x_1 = 2}$

$$\sqrt{2 \cdot 2 - 3} + 5 - 3 \cdot 2 = 0$$
$$1 + 5 - 6 = 0$$
$$0 = 0 \Rightarrow x_1 = 2 \text{ ist also eine Lösung der Wurzelgleichung}$$

$\boxed{x_2 = \frac{14}{9}}$

$$\sqrt{2 \cdot \frac{14}{9} - 3} + 5 - 3 \cdot \frac{14}{9} = 0$$
$$\frac{1}{3} + 5 - \frac{14}{3} = 0$$
$$\frac{2}{3} = 0 \Rightarrow \text{Widerspruch} \Rightarrow$$

$x_2 = 14/9$ ist daher *keine* Lösung der Wurzelgleichung

Die Wurzelgleichung $\sqrt{2x - 3} + 5 - 3x = 0$ besitzt demnach nur die eine Lösung $x_1 = 2$.

■

3.5 Betragsgleichungen

Wir zeigen in diesem Abschnitt anhand von Beispielen, wie man sog. *Betragsgleichungen* in einfachen Fällen durch Fallunterscheidung oder mit Hilfe eines halb-graphischen Verfahrens lösen kann. Eine *Betragsgleichung* enthält dabei *mindestens einen* in Betragsstrichen stehenden Term mit der Unbekannten x. Zunächst aber müssen wir uns mit den Eigenschaften der sog. *Betragsfunktion* vertraut machen.

3.5.1 Definition der Betragsfunktion

Definitionsgemäß verstehen wir unter dem *Betrag* $|x|$ einer reellen Zahl x den *Abstand* dieser Zahl von der Zahl 0.

■ **Beispiel**

$|4| = 4, \quad |-3| = 3$ (Bild I-16)

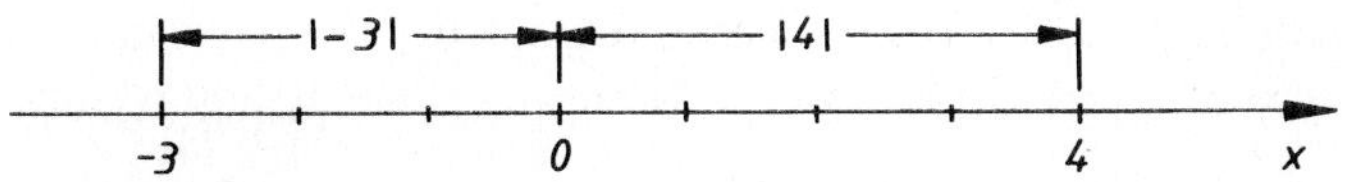

Bild I-16

■

Der Abstand zweier Zahlen x und a auf der Zahlengerade ist dann $|x - a|$ (Bild I-17):

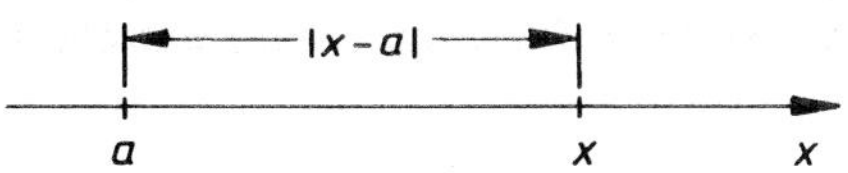

Bild I-17

Der Betrag $|x|$ einer reellen Zahl x kann auch als eine *Funktion* von x aufgefaßt werden. Dies führt zu dem Begriff der wie folgt definierten *Betragsfunktion*:

Definition: Unter der *Betragsfunktion* $y = |x|$ wird die für alle $x \in \mathbb{R}$ erklärte Funktion

$$y = |x| = \left\{ \begin{array}{c} x \\ -x \end{array} \right. \text{für} \left. \begin{array}{c} x \geqslant 0 \\ x < 0 \end{array} \right\} \qquad \text{(I-26)}$$

verstanden (Bild I-18).

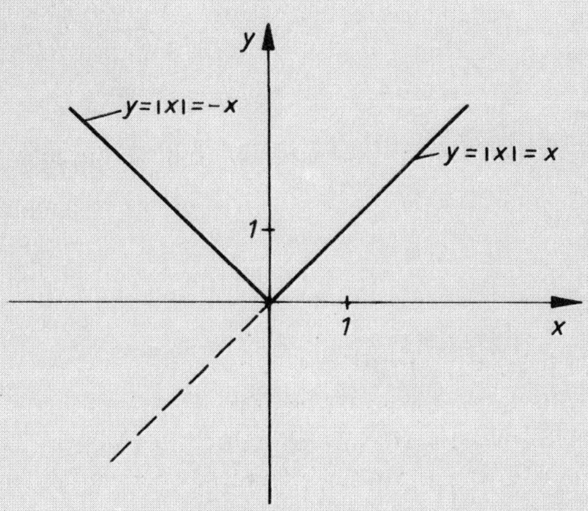

Bild I-18
Schaubild der Betragsfunktion $y = |x|$

Das Schaubild der Betragsfunktion $y = |x|$ erhält man aus der Geraden $y = x$, indem man den *unterhalb* der x-Achse liegenden Teil der Geraden an der x-Achse *spiegelt*, wie man unmittelbar aus Bild I-18 entnehmen kann. Diese Aussage läßt sich für eine beliebige in Betragsstrichen stehende Funktion verallgemeinern:

Zeichnerische Konstruktion der Funktion $y = |f(x)|$

Das Schaubild der Funktion $y = |f(x)|$ erhält man aus dem Schaubild von $y = f(x)$, indem man alle *unterhalb* der x-Achse liegenden Kurvenstücke an der x-Achse *spiegelt* und die bereits *oberhalb* der x-Achse liegenden Teile unverändert beibehält.

■ **Beispiele**

(1) $$y = |x-2| = \begin{Bmatrix} x-2 & \text{für} & x \geqslant 2 \\ -(x-2) & & x < 2 \end{Bmatrix}$$

Wir zeichnen zunächst die Gerade $y = x - 2$ und *spiegeln* dann den *unterhalb* der x-Achse gelegenen Teil der Geraden an dieser Achse. Bild I-19 verdeutlicht diesen Vorgang und zeigt den Verlauf der Betragsfunktion $y = |x - 2|$.

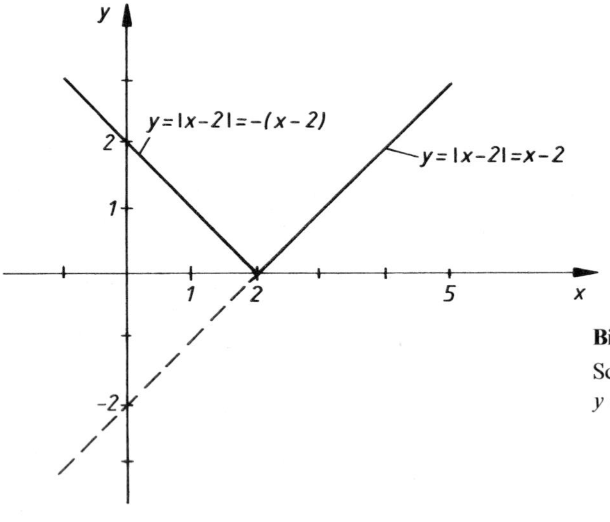

Bild I-19
Schaubild der Funktion $y = |x - 2|$

(2) $$y = |x^2-1| = \begin{Bmatrix} x^2-1 & \text{für} & |x| \geqslant 1 \\ -(x^2-1) & & |x| < 1 \end{Bmatrix}$$

Wir zeichnen zunächst die Parabel $y = x^2 - 1$, *spiegeln* dann das *unterhalb* der x-Achse gelegene Kurvenstück (Parabel zwischen $x = -1$ und $x = 1$) an dieser Achse und erhalten auf diese Weise das Schaubild der Betragsfunktion $y = |x^2 - 1|$ (Bild I-20).

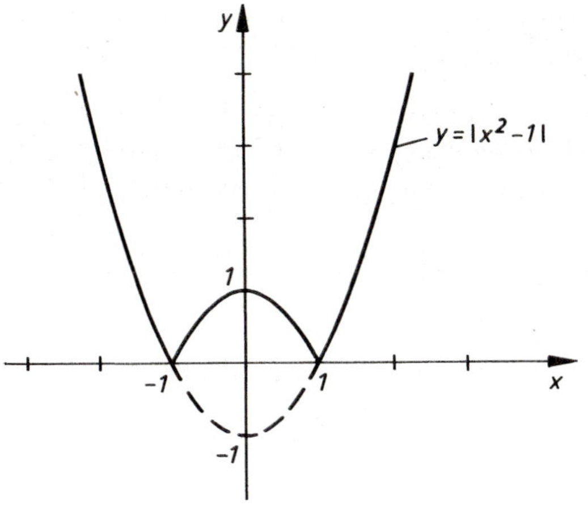

Bild I-20
Schaubild der Funktion
$y = |x^2 - 1|$

■

3.5.2 Analytische Lösung einer Betragsgleichung durch Fallunterscheidung (Beispiel)

Wir lösen die Betragsgleichung

$$|2x - 1| = -x + 1$$

rechnerisch durch *Fallunterscheidung*:

1. Fall: Für $2x - 1 \geqslant 0$, d.h. $x \geqslant 0{,}5$ ist $|2x - 1| = 2x - 1 \quad \Rightarrow$

(Der in Betragsstrichen stehende Term $2x - 1$ ist für $x \geqslant 0{,}5$ *größer* oder *gleich* Null, die Betragsstriche dürfen daher *weggelassen* werden und wir erhalten eine einfache lineare Gleichung.)

$$|2x - 1| = 2x - 1 = -x + 1 \quad \Rightarrow \quad 3x = 2 \quad \Rightarrow \quad x_1 = \frac{2}{3}$$

(Die Bedingung $x \geqslant 0{,}5$ ist für diesen Wert erfüllt.)

2. Fall: Für $2x - 1 < 0$, d.h. $x < 0{,}5$ ist $|2x - 1| = -(2x - 1) = -2x + 1 \quad \Rightarrow$

(In diesem Fall ist der Term $2x - 1$ *negativ*, den *Betrag* dieses Terms erhalten wir also durch Multiplikation des Terms mit -1.)

$$|2x - 1| = -2x + 1 = -x + 1 \quad \Rightarrow \quad -x = 0 \quad \Rightarrow \quad x_2 = 0$$

(Die Bedingung $x < 0{,}5$ ist für diesen Wert erfüllt.)

Die Betragsgleichung besitzt demnach die Lösungen $x_1 = \frac{2}{3}$ und $x_2 = 0$.

3.5.3 Lösung einer Betragsgleichung auf halb-graphischem Wege (Beispiel)

Die Betragsgleichung

$$|x - 2| = x^2$$

kann wie folgt auf halb-graphischem Wege gelöst werden: Wir fassen die beiden Seiten der Gleichung als Funktionen von x auf und setzen

$$y_1 = |x - 2| \quad \text{und} \quad y_2 = x^2$$

Die Lösungen der Betragsgleichung sind dann die Abszissenwerte der Schnittpunkte beider Kurven (Bild I-21).

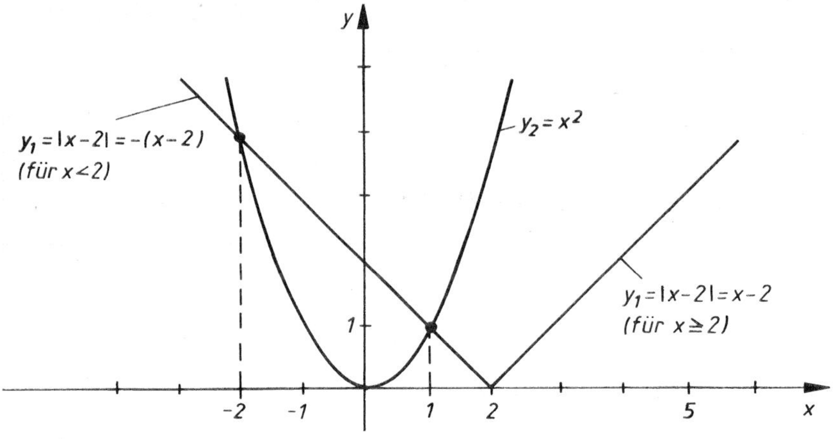

Bild I-21 Zur Lösung der Betragsgleichung $|x - 2| = x^2$ auf halb-graphischem Wege

Bei genauer Zeichnung können diese Werte direkt abgelesen werden, jedoch mit keiner allzu großen Genauigkeit. Rechnerisch erhält man sie nach Bild I-21 über die Schnittpunkte der Geraden $y = -(x - 2) = -x + 2$ mit der Parabel $y = x^2$, da die Betragsfunktion $y = |x - 2|$ im Intervall $x \leqslant 2$, in dem die beiden Lösungen liegen, mit der Geraden $y = -(x - 2) = -x + 2$ zusammenfällt:

$$x^2 = -x + 2 \;\Rightarrow\; x^2 + x - 2 = 0 \;\Rightarrow\; x_1 = -2, \quad x_2 = 1 \;\Rightarrow\; \mathbb{L} = \{-2, 1\}$$

4 Ungleichungen

Wir beschäftigen uns in diesem Abschnitt mit *Ungleichungen*, die noch eine unbekannte Größe x enthalten. Die Lösungsmengen sind in der Regel *Intervalle*. Ähnlich wie bei einer Gleichung versucht man auch hier, die vorgegebene Ungleichung durch *äquivalente* Umformungen zu lösen.

Dabei sind die folgenden Regeln zu beachten:

Äquivalente Umformungen einer Ungleichung

Die *Lösungsmenge* einer Ungleichung bleibt bei Anwendung der folgenden Operationen unverändert *erhalten* (sog. *äquivalente Umformungen* einer Ungleichung):

1. Auf beiden Seiten einer Ungleichung darf ein *beliebiger* Term $T(x)$ *addiert* oder *subtrahiert* werden.
2. Eine Ungleichung darf mit einer *beliebigen positiven* Zahl *multipliziert* oder durch eine solche Zahl *dividiert* werden.
3. Eine Ungleichung darf mit einer *beliebigen negativen* Zahl *multipliziert* oder durch eine solche Zahl *dividiert* werden, wenn *gleichzeitig* das Relationszeichen der Ungleichung wie folgt *geändert* wird:

   Aus $<$ wird $>$,
   aus $\leqslant$ wird $\geqslant$,
   aus $>$ wird $<$,
   aus $\geqslant$ wird $\leqslant$.

■ **Beispiele**

(1) $|x-1| > 1$

Wir lösen diese Ungleichung analytisch durch *Fallunterscheidung*.

1. Fall: Für $x - 1 \geqslant 0$, d.h. $x \geqslant 1$ ist $|x-1| = x - 1$

$\Rightarrow \; |x-1| = x - 1 > 1 \;|\; +1$

$\Rightarrow \; x > 2$

(Die Bedingung $x \geqslant 1$ ist für *jeden* Wert dieses Intervalles erfüllt.)

$$\mathbb{L}_1 = \{x \,|\, x > 2\} = (2, \infty)$$

2. Fall: Für $x - 1 < 0$, d.h. $x < 1$ ist $|x-1| = -(x-1) = -x + 1$

$\Rightarrow \; |x-1| = -x + 1 > 1 \;\Rightarrow\; -x > 0 \;|\cdot(-1)$

$\Rightarrow \; x < 0$

(Die Bedingung $x < 1$ ist für *jeden* Wert dieses Intervalles erfüllt.)

$$\mathbb{L}_2 = \{x \,|\, x < 0\} = (-\infty, 0)$$

Die Lösungsmenge $\mathbb{L}$ der vorgegebenen Ungleichung ist die *Vereinigungsmenge* der beiden Teillösungsmengen $\mathbb{L}_1$ und $\mathbb{L}_2$:

$$\mathbb{L} = \mathbb{L}_1 \cup \mathbb{L}_2 = \{x \,|\, x < 0 \text{ oder } x > 2\}$$

(2) $(x-1)^2 \leqslant |x|$

Wir lösen diese Ungleichung auf sehr anschauliche Weise wie folgt: Linke und rechte Seite der Ungleichung werden als Funktionen von x aufgefaßt:

$$y_1 = (x-1)^2 \quad \text{(Parabel)} \qquad \text{und} \qquad y_2 = |x| \quad \text{(Betragsfunktion)}$$

Die Ungleichung läßt sich dann auch in der Form $y_1 \leqslant y_2$ darstellen. Lösungen sind damit alle x-Werte, für die die Parabel *unterhalb* der Betragsfunktion bleibt. Wir zeichnen beide Kurven und erkennen anhand des Bildes I-22, daß diese Bedingung genau *zwischen* den beiden Kurvenschnittpunkten erfüllt ist.

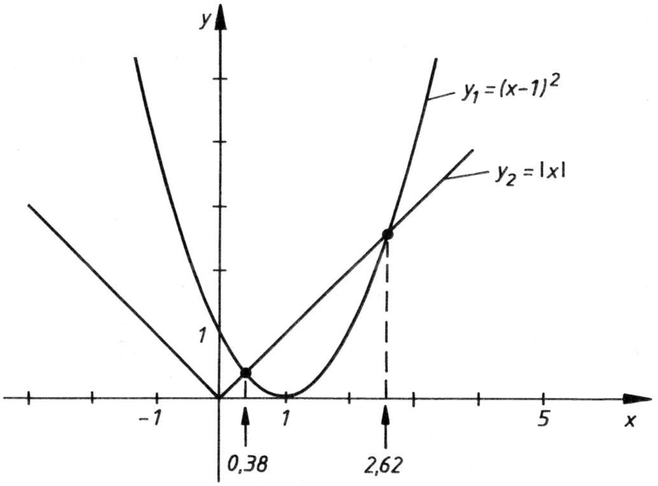

Bild I-22
Zur Lösung der Ungleichung $(x-1)^2 \leqslant |x|$

Diese erhält man durch Gleichsetzen der Funktionen $y_1 = (x-1)^2$ und $y_2 = |x| = x$ (für $x \geqslant 0$)[4]:

$$(x-1)^2 = x \quad \Rightarrow \quad x^2 - 2x + 1 = x \quad \Rightarrow \quad x^2 - 3x + 1 = 0 \quad \Rightarrow$$

$$x_{1/2} = 1{,}5 \pm \sqrt{1{,}5^2 - 1} = 1{,}5 \pm 1{,}12 \quad \Rightarrow \quad x_1 = 2{,}62, \quad x_2 = 0{,}38$$

Lösungsmenge: $0{,}38 \leqslant x \leqslant 2{,}62$

■

[4] Anhand der Skizze erkennt man, daß die gesuchten Kurvenschnittpunkte im Bereich *positiver* x-Werte liegen. Die Betragsfunktion $y_2 = |x|$ ist dort aber *identisch* mit der Geraden $y = x$, die daher die Parabel $y_1 = (x-1)^2$ an den *gleichen* Stellen schneidet wie die Betragsfunktion.

5 Lineare Gleichungssysteme

In diesem Abschnitt behandeln wir das unter der Bezeichnung *Gaußscher Algorithmus* bekannte Verfahren zur Lösung eines *linearen Gleichungssystems.* Auf lineare Gleichungssysteme stößt man in den Anwendungen beispielsweise bei der Behandlung und Lösung der folgenden Probleme:

— Berechnung der in einem *Fachwerk* auftretenden *Stabkräfte* (z.B. Kranausleger, Brücken)
— Bestimmung der *Ströme* in einem *elektrischen Netzwerk*
— Berechnung der *Eigenfrequenzen* eines *schwingungsfähigen Systems*

5.1 Ein einführendes Beispiel

Es sei ein lineares Gleichungssystem mit drei Gleichungen und drei unbekannten Größen x, y und z vorgegeben:

$$\begin{array}{ll} \text{(I)} & -x + y + z = 0 \\ \text{(II)} & x - 3y - 2z = 5 \\ \text{(III)} & 5x + y + 4z = 3 \end{array} \qquad \text{(I-27)}$$

Das von *Gauß* stammende Verfahren zur Lösung eines solchen Gleichungssystems ist ein *Eliminationsverfahren*, das schrittweise eine Unbekannte nach der anderen eliminiert, bis nur noch eine Gleichung mit einer einzigen Unbekannten übrigbleibt. In unserem Beispiel eliminieren wir zunächst die unbekannte Größe x wie folgt:

Wir addieren zur 2. Gleichung die 1. Gleichung und zur 3. Gleichung das 5-fache der 1. Gleichung. Bei der Addition fällt dann jeweils die Unbekannte x heraus:

$$\begin{array}{ll} \text{(II)} & x - 3y - 2z = 5 \\ \text{(I)} & -x + y + z = 0 \\ \hline \text{(I*)} & -2y - z = 5 \end{array} \; + \qquad \begin{array}{ll} \text{(III)} & 5x + y + 4z = 3 \\ (5 \cdot \text{I}) & -5x + 5y + 5z = 0 \\ \hline \text{(II*)} & 6y + 9z = 3 \end{array} \; + \qquad \text{(I-28)}$$

Damit haben wir das lineare Gleichungssystem auf zwei Gleichungen mit den beiden Unbekannten y und z reduziert:

$$\begin{array}{ll} \text{(I*)} & -2y - z = 5 \\ \text{(II*)} & 6y + 9z = 3 \end{array} \qquad \text{(I-29)}$$

Nun wird das Verfahren wiederholt. Um die zweite Unbekannte y zu eliminieren, addieren wir zur Gleichung (II*) das 3-fache der Gleichung (I*):

$$\begin{array}{ll} \text{(II*)} & 6y + 9z = 3 \\ (3 \cdot \text{I*}) & -6y - 3z = 15 \\ \hline \text{(I**)} & 6z = 18 \end{array} \; + \qquad \text{(I-30)}$$

Die beiden eliminierten Gleichungen (I) und (I*) bilden dann zusammen mit der übriggebliebenen Gleichung (I**) ein sog. *gestaffeltes Gleichungssystem*, aus dem der Reihe nach von unten nach oben die drei Unbekannten x, y und z berechnet werden können:

$$\begin{array}{lrrrl} \text{(I)} & -x + & y + & z = & 0 \\ \text{(I*)} & & -2y - & z = & 5 \\ \text{(I**)} & & & 6z = & 18 \end{array} \qquad \text{(I-31)}$$

Aus der letzten Gleichung folgt $z = 3$. Durch Einsetzen dieses Wertes in die darüber stehende Gleichung erhält man für y den Wert -4. Aus der 1. Gleichung schließlich ergibt sich $x = -1$, wenn wir in diese Gleichung für y und z die bereits bekannten Werte einsetzen. Das vorgegebene lineare Gleichungssystem besitzt daher genau eine Lösung $x = -1$, $y = -4$, $z = 3$.

Um den Lösungsweg zu verkürzen, werden die einzelnen Gleichungen in *verschlüsselter* Form durch ihre Koeffizienten und Absolutglieder (c_i) wie folgt repräsentiert:

	x	y	z	c_i
(I)	-1	1	1	0
(II)	1	-3	-2	5
(III)	5	1	4	3

stets Leerzeilen für spätere Rechenschritte einplanen!

Um die Unbekannte x zu eliminieren, wird zur 2. Zeile die 1. Zeile und zur 3. Zeile das 5-fache der 1. Zeile addiert. Wir erhalten zwei neue (verschlüsselte) Gleichungen mit den unbekannten Größen y und z:

	x	y	z	c_i
(I)	-1	1	1	0
(II)	1	-3	-2	5
$(1 \cdot \text{I})$	-1	1	1	0
(III)	5	1	4	3
$(5 \cdot \text{I})$	-5	5	5	0
(I*)		-2	-1	5
(II*)		6	9	3

Leerzeilen einplanen!

Nun addieren wir zur 2. Zeile (II*) das 3-fache der 1. Zeile (I*) und erhalten in verschlüsselter Form eine Gleichung (I**) mit der Unbekannten z. Das Rechenschema ist jetzt ausgefüllt und besitzt die folgende Gestalt:

	x	y	z	c_i	s_i
(I)	−1	1	1	0	1
(II)	1	−3	−2	5	1
(1 · I)	−1	1	1	0	1
(III)	5	1	4	3	13
(5 · I)	−5	5	5	0	5
(I*)		−2	−1	5	2
(II*)		6	9	3	18
(3 · I*)		−6	−3	15	6
(I**)			6	18	24

Eingebaut wurde noch als *Rechenkontrolle* die sog. *Zeilensummenprobe*. Die durch s_i gekennzeichnete letzte Spalte des Rechenschemas enthält jeweils die *Summe* aller in einer Zeile stehenden Zahlen (Koeffizienten *und* Absolutglied). Mit Hilfe der Zeilensummen lassen sich die einzelnen Rechenschritte wie folgt kontrollieren:

Wir greifen als Beispiel die 3. Zeile heraus (III). Ihre Zeilensumme beträgt 13 $(5 + 1 + 4 + 3 = 13)$. Addiert man zur 3. Zeile das 5-fache der 1. Zeile, so erhält man die neue Zeile (II*) = (III) + (5 · I), deren Zeilensumme sich auf zwei Arten bestimmen läßt: Durch Addition der in der neuen Zeile stehenden Zahlen (Ergebnis: $6 + 9 + 3 = 18$) sowie durch Addition des 5-fachen Zeilensummenwertes der 1. Zeile zum Zeilensummenwert der 3. Zeile (Ergebnis: $13 + 5 \cdot 1 = 18$). Beide Rechenwege müssen bei richtiger Rechnung stets zum selben Ergebnis führen (hier: Zeilensummenwert 18). Damit haben wir ohne großen zusätzlichen Rechenaufwand eine effektive Kontrollmöglichkeit.

Aus dem Rechenschema erhält man dann durch Zusammenfassung der *eliminierten* Zeilen (I) und (I*) und der letzten Zeile (I**) das *gestaffelte Gleichungssystem* (I-31), aus dem sich die Lösung ohne Schwierigkeiten berechnen läßt, wie wir bereits gezeigt haben.

5.2 Der Gaußsche Algorithmus

Lineare Gleichungssysteme bestehen aus m linearen Gleichungen mit n unbekannten Größen $x_1, x_2, \ldots, x_n$. Innerhalb einer jeden Gleichung treten dabei die Unbekannten in *linearer* Form, d.h. in der 1. Potenz auf, versehen noch mit einem *konstanten* Koeffizienten.

Definition: Das aus m linearen Gleichungen mit n Unbekannten $x_1, x_2, \ldots, x_n$ bestehende System vom Typ

$$\begin{aligned} a_{11}x_1 + a_{12}x_2 + \ldots + a_{1n}x_n &= c_1 \\ a_{21}x_1 + a_{22}x_2 + \ldots + a_{2n}x_n &= c_2 \\ \vdots \qquad\qquad\qquad & \quad \vdots \\ a_{m1}x_1 + a_{m2}x_2 + \ldots + a_{mn}x_n &= c_m \end{aligned} \tag{I-32}$$

heißt ein *lineares Gleichungssystem.* Die reellen Zahlen a_{ik} sind die Koeffizienten des Systems, die Zahlen c_i werden als Absolutglieder bezeichnet ($i = 1, 2, \ldots, m$; $k = 1, 2, \ldots, n$).

Ein lineares Gleichungssystem heißt *homogen*, wenn *alle* Absolutglieder $c_1, c_2, \ldots, c_m$ *verschwinden.* Andernfalls wird das Gleichungssystem als *inhomogen* bezeichnet.

Wir beschränken uns im folgenden auf den in den Anwendungen wichtigsten Fall eines sog. *quadratischen* linearen Gleichungssystems, bei dem die Anzahl der unbekannten Größen mit der Anzahl der Gleichungen übereinstimmt ($m = n$):

$$\begin{aligned} a_{11}x_1 + a_{12}x_2 + \ldots + a_{1n}x_n &= c_1 \\ a_{21}x_1 + a_{22}x_2 + \ldots + a_{2n}x_n &= c_2 \\ \vdots \qquad\qquad\qquad & \quad \vdots \\ a_{n1}x_1 + a_{n2}x_2 + \ldots + a_{nn}x_n &= c_n \end{aligned} \tag{I-33}$$

Matrizendarstellung eines linearen Gleichungssystems

Die Koeffizienten a_{ik} des Systems lassen sich wie folgt zu einer sog. *Koeffizientenmatrix* **A** zusammenfassen:

$$\mathbf{A} = \begin{pmatrix} a_{11} & a_{12} & \ldots & a_{1n} \\ a_{21} & a_{22} & \ldots & a_{2n} \\ \vdots & & & \vdots \\ a_{n1} & a_{n2} & \ldots & a_{nn} \end{pmatrix} \tag{I-34}$$

Sie enthält n Zeilen und n Spalten (*n-reihige quadratische Matrix*). Die n Unbekannten $x_1, x_2, \ldots, x_n$ fassen wir zu einem *Spaltenvektor* $\vec{x}$ (auch *Spaltenmatrix* genannt) zusammen, ebenso die n Absolutglieder $c_1, c_2, \ldots, c_n$ zu einem *Spaltenvektor* (oder einer *Spaltenmatrix*) $\vec{c}$:

$$\vec{x} = \begin{pmatrix} x_1 \\ x_2 \\ \vdots \\ x_n \end{pmatrix}, \qquad \vec{c} = \begin{pmatrix} c_1 \\ c_2 \\ \vdots \\ c_n \end{pmatrix} \tag{I-35}$$

Der Spaltenvektor $\vec{x}$ heißt in diesem Zusammenhang auch *Lösungsvektor* des Systems. Das quadratische lineare Gleichungssystem ist dann mit diesen Bezeichnungen in der wesentlich kürzeren *Matrizenform*

$$\mathbf{A}\,\vec{x} = \vec{c} \tag{I-36}$$

darstellbar. In ausführlicher Schreibweise lautet diese *Matrizengleichung* wie folgt:

$$\begin{pmatrix} a_{11} & a_{12} & \ldots & a_{1n} \\ a_{21} & a_{22} & \ldots & a_{2n} \\ \vdots & & & \vdots \\ a_{n1} & a_{n2} & \ldots & a_{nn} \end{pmatrix} \begin{pmatrix} x_1 \\ x_2 \\ \vdots \\ x_n \end{pmatrix} = \begin{pmatrix} c_1 \\ c_2 \\ \vdots \\ c_n \end{pmatrix} \tag{I-37}$$

Die linke Seite dieser Gleichung enthält ein sog. *Matrizenprodukt*, gebildet aus der Koeffizientenmatrix $\mathbf{A}$ und dem Lösungsvektor $\vec{x}$. Die *erste* Gleichung des linearen Gleichungssystems (I-33) erhalten wir dann, indem wir die Elemente der *1. Zeile* von $\mathbf{A}$ der Reihe nach mit den Elementen der Spaltenmatrix $\vec{x}$ *multiplizieren*, alle Produkte anschließend *aufaddieren* und diese Summe schließlich mit dem *1. Element* der auf der rechten Gleichungsseite stehenden Spaltenmatrix $\vec{c}$ *gleichsetzen*:

$$a_{11}x_1 + a_{12}x_2 + \ldots + a_{1n}x_n = c_1 \tag{I-38}$$

Analog erhält man die restlichen Gleichungen des linearen Gleichungssystems.

In Band 2 werden wir auf die *Matrizenmultiplikation* noch ausführlich eingehen. Die Schreibweise $\mathbf{A}\,\vec{x} = \vec{c}$ für ein lineares Gleichungssystem soll an dieser Stelle lediglich als eine *formale Kurzschreibweise* angesehen werden.

Äquivalente Umformungen eines linearen Gleichungssystems

Um ein vorgegebenes lineares Gleichungssystem vom Typ (I-33) oder (I-36) lösen zu können, muß es zunächst mit Hilfe *äquivalenter Umformungen* in ein sog. *gestaffeltes* System vom Typ

$$\begin{array}{rcl} a_{11}^*x_1 + a_{12}^*x_2 + \ldots + a_{1n}^*x_n & = & c_1^* \\ a_{22}^*x_2 + \ldots + a_{2n}^*x_n & = & c_2^* \\ & \vdots & \\ a_{nn}^*x_n & = & c_n^* \end{array} \tag{I-39}$$

übergeführt werden, aus dem dann die n Unbekannten nacheinander berechnet werden können: Zuerst x_n aus der letzten Gleichung, dann x_{n-1} aus der vorletzten Gleichung usw.. Als *äquivalente Umformungen* sind dabei folgende Operationen zugelassen:

Äquivalente Umformungen eines linearen Gleichungssystems

Die *Lösungsmenge* eines linearen Gleichungssystems $\mathbf{A}\vec{x} = \vec{c}$ bleibt bei Anwendung der folgenden Operationen *unverändert erhalten* (sog. *äquivalente Umformungen* eines linearen Gleichungssystems):

1. Zwei Gleichungen dürfen miteinander *vertauscht* werden.
2. Jede Gleichung darf mit einer beliebigen von Null verschiedenen Zahl *multipliziert* oder durch eine solche Zahl *dividiert* werden.
3. Zu jeder Gleichung darf ein *beliebiges* Vielfaches einer *anderen* Gleichung *addiert* werden.

Beschreibung des Eliminationsverfahrens von Gauß (Gaußscher Algorithmus)

Wir geben nun eine kurze Beschreibung des von *Gauß* stammenden Rechenverfahrens, das die Überführung eines vorgegebenen linearen Gleichungssystems in ein *gestaffeltes* System ermöglicht. Dabei bedienen wir uns der in Abschnitt 5.1 dargestellten verkürzten Schreibweise: Jede Gleichung des Systems wird durch ihre Koeffizienten und ihr Absolutglied repräsentiert, die in Form einer Zeile angeordnet werden. Hinzu kommt (zur Rechenkontrolle) die Zeilensumme. Die oben genannten äquivalenten Umformungen gelten dann auch für die *Zeilen* im Rechenschema.

Das *Gaußsche Eliminationsverfahren* verläuft schrittweise wie folgt, wobei wir zunächst davon ausgehen, daß die Unbekannten in der Reihenfolge $x_1, x_2, \ldots, x_{n-1}$ eliminiert werden:

(1) Im 1. Rechenschritt wird das lineare Gleichungssystem durch Eliminieren der Unbekannten x_1 auf $n-1$ Gleichungen mit den $n-1$ Unbekannten $x_2, x_3, \ldots, x_n$ reduziert. Dazu wird die 1. Gleichung (Zeile) mit dem Faktor $-\frac{a_{21}}{a_{11}}$ multipliziert und zur 2. Gleichung (Zeile) addiert, wobei die Unbekannte x_1 verschwindet. Ebenso verfährt man mit den übrigen Gleichungen (Zeilen). Allgemein addiert man zur i-ten Gleichung (Zeile) das $-\frac{a_{i1}}{a_{11}}$-fache der 1. Gleichung (Zeile) ($i = 2, 3, \ldots, n$). Bei der Addition verschwindet jeweils die Unbekannte x_1 und mit ihr die 1. Gleichung (Zeile).

(2) Das unter (1) beschriebene Verfahren wird jetzt auf das *reduzierte System*, bestehend aus $n-1$ Gleichungen mit den $n-1$ unbekannten Größen $x_2, x_3, \ldots, x_n$ angewandt. Dadurch wird die nächste Unbekannte (x_2) eliminiert. Nach insgesamt $n-1$ Schritten bleibt eine einzige Gleichung (Zeile) mit einer Unbekannten (x_n) übrig.

(3) Die *eliminierten* Gleichungen (Zeilen) bilden zusammen mit der letzten Gleichung (Zeile) das *gestaffelte* Gleichungssystem, aus dem sich die Unbekannten sukzessive in der Reihenfolge $x_n, x_{n-1}, \ldots, x_1$ berechnen lassen.

Das beschriebene Verfahren wird als *Gaußsches Eliminationsverfahren* oder *Gaußscher Algorithmus* bezeichnet und läßt sich schematisch wie folgt darstellen:

Schematischer Lösungsweg beim Gaußschen Eliminationsverfahren (Gaußscher Algorithmus)

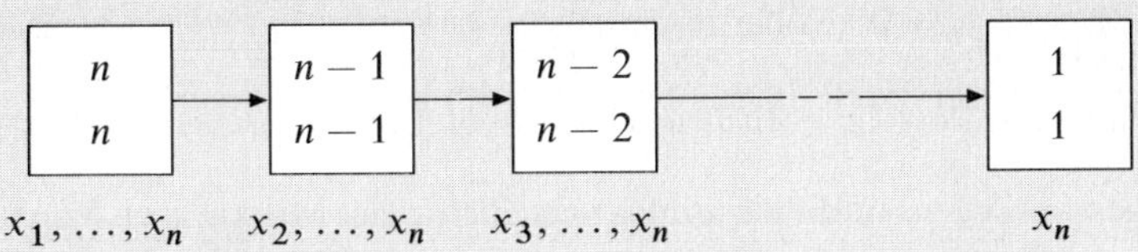

Obere Zahl: Anzahl der noch vorhandenen Gleichungen

Untere Zahl: Anzahl der noch vorhandenen Unbekannten

Unter den Kästen sind die jeweils noch vorhandenen Unbekannten aufgeführt.

Anmerkungen

(1) Es spielt dabei *keine* Rolle, in welcher Reihenfolge die Unbekannten eliminiert werden.

(2) Der Gaußsche Algorithmus ist auch auf den allgemeinen Fall eines (m, n)-Systems anwendbar (m: Anzahl der Gleichungen; n: Anzahl der unbekannten Größen). Für $m = n$ erhält man ein *quadratisches* System, das daher auch als (n, n)-System bezeichnet wird.

Lösungsverhalten eines linearen Gleichungssystems

Ein *inhomogenes* Gleichungssystem besitzt entweder genau *eine* Lösung oder *unendlich* viele Lösungen oder aber *überhaupt keine* Lösung. Treten *unendlich* viele Lösungen auf, d.h. ist das System nicht eindeutig lösbar, so ist mindestens eine der n unbekannten Größen $x_1, x_2, \ldots, x_n$ frei wählbar und wird in diesem Zusammenhang als *Parameter* bezeichnet. Die Lösungen des inhomogenen linearen Gleichungssystems hängen in diesem Fall noch von einem oder sogar mehreren Parametern ab. Beispiele hierzu folgen am Ende dieses Abschnitts.

Im Gegensatz zu einem inhomogenen linearen Gleichungssystem ist ein *homogenes* System *stets* lösbar. Es besitzt die Gestalt

$$\begin{matrix} a_{11}x_1 + a_{12}x_2 + \ldots + a_{1n}x_n = 0 \\ a_{21}x_1 + a_{22}x_2 + \ldots + a_{2n}x_n = 0 \\ \vdots \qquad\qquad\qquad \vdots \\ a_{n1}x_1 + a_{n2}x_2 + \ldots + a_{nn}x_n = 0 \end{matrix} \qquad \text{oder} \qquad \mathbf{A}\vec{x} = \vec{0} \tag{I-40}$$

und damit in jedem Fall die sog. *triviale* Lösung

$$x_1 = 0, \quad x_2 = 0, \quad \ldots, \quad x_n = 0 \qquad \text{oder} \qquad \vec{x} = \vec{0} \tag{I-41}$$

wie man durch Einsetzen dieser Werte in das System (I-40) leicht nachrechnet[5].

Falls weitere Lösungen vorliegen, sind dies immer *unendlich* viele. Mit anderen Worten: Ein *homogenes* lineares Gleichungssystem besitzt entweder genau *eine* Lösung, nämlich die triviale Lösung $x_1 = x_2 = \ldots = x_n = 0$, oder aber *unendlich* viele Lösungen, die dann noch von *mindestens einem* Parameter abhängen.

Wir fasssen zusammen:

Lösungsverhalten eines linearen Gleichungssystems

1. *Inhomogenes lineares Gleichungssystem* $\mathbf{A}\vec{x} = \vec{c}$

   Das System besitzt entweder genau *eine* Lösung oder *unendlich* viele Lösungen oder *überhaupt keine* Lösung.

2. *Homogenes lineares Gleichungssystem* $\mathbf{A}\vec{x} = \vec{0}$

   Das System besitzt entweder genau *eine* Lösung, nämlich die *triviale* Lösung $\vec{x} = \vec{0}$, oder *unendlich* viele Lösungen (darunter die triviale Lösung).

Anmerkung

Diese Aussagen gelten auch für *nicht-quadratische* lineare Gleichungssysteme.

---

[5] Ein Spaltenvektor, der nur *Nullen* enthält, wird als *Nullvektor* bezeichnet und durch das Symbol $\vec{0}$ gekennzeichnet.

■ **Beispiele**

(1) Wir lösen das aus vier Gleichungen mit ebenso vielen Unbekannten bestehende inhomogene lineare Gleichungssystem

$$\begin{aligned} x_1 - 3x_2 + 1{,}5x_3 - x_4 &= -10{,}4 \\ -2x_1 + x_2 + 3{,}5x_3 + 2x_4 &= -16{,}5 \\ x_1 - 2x_2 + 1{,}2x_3 + 2x_4 &= 0 \\ 3x_1 + x_2 - \phantom{1{,}5}x_3 - 3x_4 &= -0{,}7 \end{aligned}$$

unter Verwendung des Gaußschen Algorithmus. Die Eliminationszeilen bezeichnen wir dabei der Reihe nach mit $\boxed{E_1}$, $\boxed{E_2}$ und $\boxed{E_3}$. Die im Rechenschema *nicht* benötigten Leerzeilen werden im folgenden stets weggelassen.

	x_1	x_2	x_3	x_4	c_i	s_i
$\boxed{E_1}$	1	− 3	1,5	− 1	− 10,4	− 11,9
	− 2	1	3,5	2	− 16,5	− 12
$2 \cdot E_1$	2	− 6	3	− 2	− 20,8	− 23,8
	1	− 2	1,2	2	0	2,2
$-1 \cdot E_1$	− 1	3	− 1,5	1	10,4	11,9
	3	1	− 1	− 3	− 0,7	− 0,7
$-3 \cdot E_1$	− 3	9	− 4,5	3	31,2	35,7
		− 5	6,5	0	− 37,3	− 35,8
$5 \cdot E_2$		5	− 1,5	15	52	70,5
$\boxed{E_2}$		1	− 0,3	3	10,4	14,1
		10	− 5,5	0	30,5	35
$-10 \cdot E_2$		− 10	3	− 30	− 104	− 141
			5	15	14,7	34,7
$2 \cdot E_3$			− 5	− 60	− 147	− 212
$\boxed{E_3}$			− 2,5	− 30	− 73,5	− 106
				− 45	− 132,3	− 177,3

Das *gestaffelte System* lautet somit:

$$\begin{array}{rcl} x_1 - 3x_2 + 1{,}5x_3 - x_4 = -10{,}4 & \Rightarrow & x_1 = 0{,}808 \\ x_2 - 0{,}3x_3 + 3x_4 = 10{,}4 & \Rightarrow & x_2 = -0{,}184 \quad \uparrow \\ -2{,}5x_3 - 30x_4 = -73{,}5 & \Rightarrow & x_3 = -5{,}88 \quad \uparrow \\ -45x_4 = -132{,}3 & \Rightarrow & x_4 = 2{,}94 \quad \uparrow \end{array}$$

Die eindeutig bestimmte Lösung ist $x_1 = 0{,}808$, $x_2 = -0{,}184$, $x_3 = -5{,}88$, $x_4 = 2{,}94$.

(2) Das in der *Matrizenform* dargestellte homogene lineare Gleichungssystem

$$\begin{pmatrix} 1 & 1 & -2 \\ 1 & -1 & -2 \\ 2 & 3 & -4 \end{pmatrix} \begin{pmatrix} x \\ y \\ z \end{pmatrix} = \begin{pmatrix} 0 \\ 0 \\ 0 \end{pmatrix}$$

besitzt, wie wir gleich zeigen werden, *unendlich* viele Lösungen. Das Rechenverfahren nach Gauß liefert zunächst:

	x	y	z	c_i	s_i
$\boxed{E_1}$	1	1	−2	0	0
	1	−1	−2	0	−2
$-1 \cdot E_1$	−1	−1	2	0	0
	2	3	−4	0	1
$-2 \cdot E_1$	−2	−2	4	0	0
		−2	0	0	−2
$2 \cdot E_2$		2	0	0	2
$\boxed{E_2}$		1	0	0	1
			0	0	0

Proportionale Zeilen

Die letzte Zeile führt zu der Gleichung

$$0 \cdot z = 0$$

Sie ist für *jedes* $z \in \mathbb{R}$ erfüllt, d.h. die Größe z ist ein *frei wählbarer Parameter* (wir setzen dafür, wie allgemein üblich, $z = \lambda$ mit $\lambda \in \mathbb{R}$).

Das *gestaffelte* System lautet damit:

$$\begin{aligned} x + y - 2z &= 0 \quad \Rightarrow \quad x = 2\lambda \\ y + 0 \cdot z &= 0 \quad \Rightarrow \quad y = 0 \qquad \uparrow \\ 0 \cdot z &= 0 \quad \Rightarrow \quad z = \lambda \qquad (\lambda \in \mathbb{R}) \quad \uparrow \end{aligned}$$

Die sukzessiv von unten nach oben berechnete Lösungsmenge ist $x = 2\lambda$, $y = 0$, $z = \lambda$ mit $\lambda \in \mathbb{R}$. Das vorliegende homogene lineare Gleichungssystem besitzt demnach *unendlich* viele, noch von einem *Parameter* λ abhängige Lösungen. So erhält man beispielsweise für $\lambda = 3$ die Lösung $x = 6$, $y = 0$, $z = 3$, für den Parameterwert $\lambda = -2{,}5$ dagegen die Lösung $x = -5$, $y = 0$, $z = -2{,}5$.

Anmerkung

Bereits nach der Durchführung des ersten Schrittes erkennt man, daß das vorliegende System *unendlich* viele Lösungen besitzt: Die beiden Zeilen (Gleichungen) $(-2; 0; 0)$ und $(1; 0; 0)$ (jeweils *ohne* Zeilensumme und im obigen Rechenschema durch *Pfeile* gekennzeichnet) sind einander *proportional* (Multiplikator: -2) und repräsentieren damit in Wirklichkeit nur *eine* Gleichung. Man bezeichnet solche Zeilen bzw. Gleichungen auch als *linear abhängig*.

(3) Wir zeigen, daß das inhomogene lineare Gleichungssystem

$$\begin{aligned} -x_1 + 2x_2 + x_3 &= 6 \\ x_1 + x_2 + x_3 &= -2 \\ 2x_1 - 4x_2 - 2x_3 &= -6 \end{aligned}$$

nicht lösbar ist.

Der Gaußsche Algorithmus führt zunächst zu dem folgenden Schema:

	x_1	x_2	x_3	c_i	s_i
E_1	-1	2	1	6	8
	1	1	1	-2	1
$1 \cdot E_1$	-1	2	1	6	8
	2	-4	-2	-6	-10
$2 \cdot E_1$	-2	4	2	12	16
		3	2	4	9
		0	0	6	6

Aus den beiden verbliebenen Zeilen (Gleichungen) mit den restlichen Unbekannten x_2 und x_3 müßten wir jetzt eine der beiden Unbekannten eliminieren. Dieses Vorhaben gelingt jedoch nicht, da die Koeffizienten von x_2 und x_3 in der *unteren* Gleichung jeweils *verschwinden*. Diese „merkwürdige" letzte Zeile führt zu der in sich *widersprüchlichen* Gleichung

$$0 \cdot x_2 + 0 \cdot x_3 = 6$$

Da Produkte mit einem Faktor 0 aber *verschwinden*, ist die *linke* Seite dieser Gleichung für *beliebige* reelle Werte von x_2 und x_3 stets gleich 0:

$$\underbrace{0 \cdot x_2}_{0} + \underbrace{0 \cdot x_3}_{0} = 6 \quad \Rightarrow \quad 0 = 6$$

Die Gültigkeit dieser Gleichung würde aber die Gleichheit der Zahlen 0 und 6 bedeuten (*innerer Widerspruch*). Das vorgegebene Gleichungssystem ist daher *nicht* lösbar.

(4) Wir behandeln zum Abschluß noch ein Beispiel für ein *nicht-quadratisches* lineares Gleichungssystem mit vier Gleichungen und drei Unbekannten:

$$\begin{aligned} -x + y - z &= -2 \\ 3x - 2y + z &= 2 \\ 2x - 5y + 3z &= 1 \\ x + 4y + 2z &= 15 \end{aligned}$$

	x	y	z	c_i	s_i
E_1	-1	1	-1	-2	-3
	3	-2	1	2	4
$3 \cdot E_1$	-3	3	-3	-6	-9
	2	-5	3	1	1
$2 \cdot E_1$	-2	2	-2	-4	-6
	1	4	2	15	22
$1 \cdot E_1$	-1	1	-1	-2	-3
E_2		1	-2	-4	-5
		-3	1	-3	-5
$3 \cdot E_2$		3	-6	-12	-15
		5	1	13	19
$-5 \cdot E_2$		-5	10	20	25
			-5	-15	-20
			11	33	44

Proportionale Zeilen

Die beiden übriggebliebenen Zeilen repräsentieren in verschlüsselter Form zwei Gleichungen mit der *einen* Unbekannten z. Sie führen zu *ein und derselben* Lösung für z, sind demnach *zueinander proportionale* Gleichungen (Zeilen) und stellen somit letztendlich nur *eine* einzige Gleichung dar.

Das *gestaffelte* System besteht daher aus den Eliminationsgleichungen $\boxed{E_1}$ und $\boxed{E_2}$ und einer der beiden zueinander proportionalen Gleichungen:

$$\begin{array}{rcl} -x+y-z=-2 & \Rightarrow & x=1 \\ y-2z=-4 & \Rightarrow & y=2 \;\uparrow \\ -5z=-15 & \Rightarrow & z=3 \;\uparrow \end{array}$$

Das lineare Gleichungssystem besitzt also genau *eine* Lösung, nämlich $x=1$, $y=2$ und $z=3$.

■

5.3 Ein Anwendungsbeispiel: Berechnung eines elektrischen Netzwerkes

Das in Bild I-23 dargestellte *elektrische Netzwerk* enthält drei *Knotenpunkte* (a, b, c) und drei *Stromzweige* mit je einem ohmschen Widerstand[6]. I_a und I_b sind zufließende Ströme, I_c ein aus Knotenpunkt c abfließender Strom. Wir berechnen die in den Zweigen fließenden Teilströme I_1, I_2 und I_3 sowie den abfließenden Strom i_c für die in Bild I-23 vorgegebenen Werte.

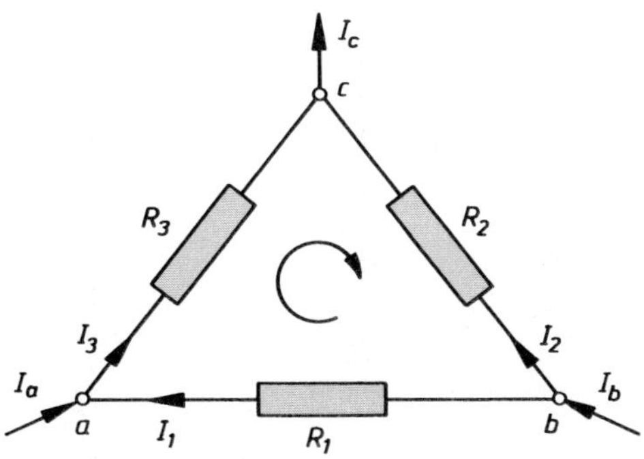

$R_1 = 1\,\Omega$, $R_2 = 5\,\Omega$, $R_3 = 3\,\Omega$

$I_a = 1\text{ A}$, $I_b = 2\text{ A}$

Bild I-23

Lösung:

Bei der Lösung der Aufgabe benutzen wir das *erste Kirchhoffsche Gesetz* (*Knotenpunktsregel*): *In einem Knotenpunkt ist die Summe der zu- und abfließenden Ströme gleich Null* (zufließende Ströme werden dabei vereinbarungsgemäß *positiv*, abfließende Ströme *negativ* gerechnet).

---

[6] Knotenpunkt: Stromverzweigungspunkt
Stromzweig: Leitung zwischen zwei Knoten

Für die Knotenpunkte a, b und c gelten dann die folgenden Beziehungen:

$$\begin{aligned} &\text{(a)} \quad I_a + I_1 - I_3 = 0 \\ &\text{(b)} \quad I_b - I_1 - I_2 = 0 \\ &\text{(c)} \quad -I_c + I_2 + I_3 = 0 \end{aligned} \tag{I-42}$$

Eine weitere Gleichung liefert das *zweite Kirchhoffsche Gesetz* (*Maschenregel*): *In jeder Masche*[7] *ist die Summe der Spannungen gleich Null.* Bei einem Umlauf in der in Bild I-23 eingezeichneten Richtung ist

$$(*) \quad R_1 I_1 - R_2 I_2 + R_3 I_3 = 0 \tag{I-43}$$

Die drei Teilströme I_1, I_2, I_3 lassen sich aus dem folgenden linearen Gleichungssystem, bestehend aus den umgestellten Gleichungen (a), (b) und (*), berechnen:

$$\begin{aligned} I_1 \qquad\quad - I_3 &= -I_a \\ -I_1 - I_2 \qquad\quad &= -I_b \\ R_1 I_1 - R_2 I_2 + R_3 I_3 &= 0 \end{aligned} \tag{I-44}$$

Mit den vorgegebenen Werten nimmt das System die folgende Form an:

$$\begin{aligned} I_1 \qquad\quad - I_3 &= -1\,\text{A} \\ -I_1 - I_2 \qquad\quad &= -2\,\text{A} \\ I_1 - 5I_2 + 3I_3 &= 0\,\text{A} \end{aligned} \tag{I-45}$$

Wir lösen dieses System unter Verwendung des *Gaußschen Algorithmus* (auf die Zeilensummenprobe wird verzichtet):

	I_1	I_2	I_3	c_i
$\boxed{E_1}$	1	0	-1	$-1\,\text{A}$
	-1	-1	0	$-2\,\text{A}$
$1 \cdot E_1$	1	0	-1	$-1\,\text{A}$
	1	-5	3	$0\,\text{A}$
$-1 \cdot E_1$	-1	0	1	$1\,\text{A}$
$\boxed{E_2}$		-1	-1	$-3\,\text{A}$
		-5	4	$1\,\text{A}$
$-5 \cdot E_2$		5	5	$15\,\text{A}$
			9	$16\,\text{A}$

7) Eine Masche ist ein geschlossener, aus Zweigen bestehender Komplex.

Daraus ergibt sich das *gestaffelte* System

$$\begin{aligned} I_1 \qquad - I_3 &= -1\,\mathrm{A} \\ -I_2 - I_3 &= -3\,\mathrm{A} \\ 9I_3 &= 16\,\mathrm{A} \end{aligned} \tag{I-46}$$

mit der Lösung $I_1 = \frac{7}{9}A$, $I_2 = \frac{11}{9}\,\mathrm{A}$ und $I_3 = \frac{16}{9}\,\mathrm{A}$. Für den abfließenden Strom I_c folgt schließlich aus Gleichung (c) des linearen Gleichungssystems (I-42):

$$I_c = I_2 + I_3 = \left(\frac{11}{9} + \frac{16}{9}\right)\mathrm{A} = \frac{27}{9}\,\mathrm{A} = 3\,\mathrm{A} \tag{I-47}$$

6 Der Binomische Lehrsatz

Unter einem *Binom* versteht man eine Summe aus *zwei* Gliedern (Summanden) der allgemeinen Form $a + b$. Die *n-te Potenz* eines solchen Binoms läßt sich dabei nach dem *Binomischen Lehrsatz* wie folgt entwickeln:

$$(a+b)^n = a^n + \binom{n}{1} a^{n-1} \cdot b^1 + \binom{n}{2} a^{n-2} \cdot b^2 + \ldots + \binom{n}{n-1} a^1 \cdot b^{n-1} + b^n \tag{I-48}$$

($n \in \mathbb{N}$). Die Entwicklungskoeffizienten $\binom{n}{k}$ (gelesen: „n über k") heißen *Binomialkoeffizienten*, ihr Bildungsgesetz lautet:

$$\binom{n}{k} = \frac{n(n-1)(n-2)\ldots[n-(k-1)]}{1 \cdot 2 \cdot 3 \ldots k} \qquad (k, n \in \mathbb{N}^*;\ k \leqslant n) \tag{I-49}$$

Ergänzend wird

$$\binom{n}{0} = 1 \tag{I-50}$$

gesetzt. Mit Hilfe der *Fakultät* lassen sich die Binomialkoeffizienten auch wie folgt ausdrücken[8]:

$$\binom{n}{k} = \frac{n(n-1)(n-2)\ldots[n-(k-1)]}{k!} \tag{I-51}$$

---

[8] $n!$ (gelesen: „n Fakultät") ist *definitionsgemäß* das Produkt der ersten n positiven ganzen Zahlen:

$$n! = 1 \cdot 2 \cdot 3 \ldots n \qquad (n \in \mathbb{N}^*)$$

Ergänzend setzt man: $0! = 1$

Beispiele: $3! = 1 \cdot 2 \cdot 3 = 6 \qquad 7! = 1 \cdot 2 \cdot 3 \cdot 4 \cdot 5 \cdot 6 \cdot 7 = 5040$

Der *Binomische Lehrsatz* (I-48) kann daher unter Verwendung des Summenzeichens auch in der Form

$$(a+b)^n = \sum_{k=0}^{n} \binom{n}{k} a^{n-k} \cdot b^k \tag{I-52}$$

dargestellt werden.

Wir fassen die wichtigsten Ergebnisse zusammen:

Binomischer Lehrsatz (für positiv-ganzzahlige Exponenten *n*)

$$(a+b)^n = a^n + \binom{n}{1} a^{n-1} \cdot b^1 + \binom{n}{2} a^{n-2} \cdot b^2 + \ldots + \binom{n}{n-1} a^1 \cdot b^{n-1} + b^n =$$

$$= \sum_{k=0}^{n} \binom{n}{k} a^{n-k} \cdot b^k \tag{I-53}$$

Die Berechnung der *Binomialkoeffizienten* $\binom{n}{k}$ erfolgt dabei nach der Formel

$$\binom{n}{k} = \frac{n(n-1)(n-2)\ldots[n-(k-1)]}{k!} \qquad (k \leqslant n) \tag{I-54}$$

Anmerkungen

(1) Die Summanden in der Binomischen Entwicklungsformel (I-53) sind *Potenzprodukte* aus a und b, nach *fallenden* Potenzen von a geordnet. In jedem Potenzprodukt ist dabei die *Summe der Exponenten* gleich n.

(2) Die Binomialkoeffizienten können auch nach der Formel

$$\binom{n}{k} = \frac{n!}{k!\,(n-k)!} \tag{I-55}$$

berechnet werden.

(3) Wichtige *Eigenschaften* der Binomialkoeffizienten:

$$\binom{n}{k} = \binom{n}{n-k} \qquad \text{(Symmetrie)} \tag{I-56}$$

$$\binom{n}{k} + \binom{n}{k+1} = \binom{n+1}{k+1} \tag{I-57}$$

Weitere Formeln: siehe *Formelsammlung*.

(4) Ersetzt man in Formel (I-53) den Summanden b durch $-b$, so erhält man die Entwicklungsformel für die Potenz $(a-b)^n$.

(5) Läßt man für den Exponenten n der Potenz $(a+b)^n$ auch beliebige *reelle* Werte zu, so gelangt man zur *allgemeinen* (unendlichen) *Binomischen Reihe*, die dann allerdings aus unendlich vielen Gliedern besteht (siehe hierzu Abschnitt VI.3.2).

Pascalsches Dreieck

Die Binomialkoeffizienten $\binom{n}{k}$ können auch direkt aus dem folgenden sog. *Pascalschen Dreieck* abgelesen werden (*Bildungsgesetz*: Jede Zahl ist die *Summe* der beiden unmittelbar links und rechts über ihr stehenden Zahlen):

	Zeile
1	1
1 1	2
1 2 1	3
1 3 3 1	4
1 4 6 4 1	5
1 5 10 10 5 1	6
1 6 15 20 15 6 1	7

$$\uparrow \quad \binom{6}{4} \text{ (die 15 an 5. Stelle der 7. Zeile)}$$

Der Koeffizient $\binom{n}{k}$ steht dabei in der $(n+1)$-ten Zeile an $(k+1)$-ter Stelle.

■ **Beispiele**

(1) Der Binomialkoeffizient $\binom{6}{4}$ steht in der 7. Zeile an 5. Stelle und besitzt demnach den Wert 15.

(2) Für $n=2$ erhalten wir die folgenden aus der Schulmathematik bereits bekannten Formeln:

$$(a+b)^2 = a^2 + \binom{2}{1} ab + b^2 = a^2 + 2ab + b^2 \qquad \text{(1. Binom)}$$

$$(a-b)^2 = a^2 - \binom{2}{1} ab + b^2 = a^2 - 2ab + b^2 \qquad \text{(2. Binom)}$$

(3) Entsprechend erhält man für $n = 3$:

$$(a+b)^3 = a^3 + \binom{3}{1} a^2 b + \binom{3}{2} ab^2 + b^3 = a^3 + 3a^2b + 3ab^2 + b^3$$

$$(a-b)^3 = a^3 - \binom{3}{1} a^2 b + \binom{3}{2} ab^2 - b^3 = a^3 - 3a^2b + 3ab^2 - b^3$$

(4) Wir entwickeln das Binom $(2x \pm 5y)^3$ nach *fallenden* Potenzen von x:

$$(2x \pm 5y)^3 = (2x)^3 \pm 3(2x)^2(5y) + 3(2x)(5y)^2 \pm (5y)^3 =$$
$$= 8x^3 \pm 60x^2y + 150xy^2 \pm 125y^3$$

(5) Wir berechnen den Wert der Potenz 104^3 mit Hilfe des *Binomischen Lehrsatzes*, wobei wir zunächst die Basiszahl 104 als *Summe* der Zahlen 100 und 4 darstellen:

$$104^3 = (100+4)^3 = 100^3 + \binom{3}{1} 100^2 \cdot 4^1 + \binom{3}{2} 100^1 \cdot 4^2 + 4^3 =$$
$$= 1\,000\,000 + 3 \cdot 10\,000 \cdot 4 + 3 \cdot 100 \cdot 16 + 64 =$$
$$= 1\,000\,000 + 120\,000 + 4\,800 + 64 = 1\,124\,864$$

■

Übungsaufgaben

Zu Abschnitt 1 und 2

1) Stellen Sie die folgenden Mengen in der *aufzählenden* Form dar:

   $M_1 = \{x \mid x \in \mathbb{N}^* \quad \text{und} \quad |x| \leqslant 4\}$

   M_2: Menge aller *Primzahlen* $p \leqslant 35$

   $\mathbb{L}_1 = \{x \mid x \in \mathbb{R} \quad \text{und} \quad 2x^2 + 3x = 2\}$

   $\mathbb{L}_2 = \{x \mid x \in \mathbb{R} \quad \text{und} \quad 2x^2 - 8x = 0\}$

2) Bilden Sie mit $M_1 = \{x \mid x \in \mathbb{R}$ und $0 \leqslant x < 4\}$ und $M_2 = \{x \mid x \in \mathbb{R}$ und $-2 < x < 2\}$ die folgenden Mengen: $M_1 \cup M_2$, $M_1 \cap M_2$, $M_1 \setminus M_2$.

3) Bestimmen Sie die durch $3n - 15 \leqslant 4$ definierte Teilmenge von $\mathbb{N}^*$ in *aufzählender* und *beschreibender* Form.

4) In welchen Anordnungsbeziehungen stehen die Zahlen $a = 2$, $b = -5$ und $c = 8$ zueinander?

5) Skizzieren Sie die folgenden Zahlenmengen auf der Zahlengerade:

   a) $(2, 10)$ b) $x > 2$ c) $-8 < x < 2$

   d) $A = \{x \mid x \in \mathbb{R} \quad \text{und} \quad 1 \leqslant x < 2\}$

Zu Abschnitt 3

1) Bestimmen Sie die reellen Lösungen der folgenden quadratischen Gleichungen:

   a) $-4x^2 + 6x - 1 = 0$ b) $4x^2 + 8x - 60 = 0$

   c) $x^2 - 10x = 74$ d) $x^2 - 4x + 13 = 0$

   e) $-1 = -9(x-2)^2$ f) $x^2 + 9x = -19$

   g) $5x^2 + 20x + 20 = 0$ h) $(x-1)(x+3) = -4$

2) Bestimmen Sie den Parameter c so, daß die Gleichung $2x^2 + 4x = c$ genau *eine* (doppelte) reelle Lösung besitzt.

3) Welche *reellen* Lösungen besitzen die folgenden Gleichungen?

a) $-2x^3 + 8x^2 = 8x$ b) $t^4 - 13t^2 + 36 = 0$

c) $x^3 - 6x^2 + 11x = 0$ d) $x^5 - 3x^3 + x = 0$

e) $2x^4 - 8x^2 - 24 = 0$ f) $(x-1)^2(x+2) = 4(x+2)$

g) $0{,}5(3x^2 - 6)(x^2 - 25)(x + 3) = 0$

4) Lösen Sie die folgenden Wurzelgleichungen:

a) $\sqrt{-3 + 2x} = 2$ b) $\sqrt{x^2 + 4} = x - 2$

c) $\sqrt{x-1} = \sqrt{x+1}$ d) $\sqrt{2x^2 - 1} + x = 0$

5) Welche *reellen* Lösungen besitzen die folgenden Betragsgleichungen?

a) $|x^2 - x| = 24$ b) $|x + 1| = |x - 1|$

c) $|2x + 4| = -(x^2 - x - 6)$ d) $|x^2 + 2x - 1| = |x|$

Zu Abschnitt 4

1) Bestimmen Sie die *reellen* Lösungsmengen der folgenden Ungleichungen:

a) $2x - 8 > |x|$ b) $x^2 + x + 1 \geqslant 0$

c) $|x| \leqslant x - 2$ d) $|x - 4| > x^2$

e) $|x^2 - 9| < |x - 1|$ f) $|x - 1| \geqslant |x + 2|$

g) $-x^2 \leqslant x + 4$ h) $\dfrac{x-1}{x+1} < 1$

2) Für welche $x \in \mathbb{R}$ erhält man *reelle* Wurzelwerte?

a) $\sqrt{2 - x}$ b) $\sqrt{1 + x^2}$ c) $\sqrt{4 - x^2}$

d) $\sqrt{(1-x)(x+2)}$ e) $\sqrt[3]{x^2 - 1}$ f) $\sqrt{\dfrac{4-x}{x+2}}$

Zu Abschnitt 5

1) Lösen Sie die folgenden linearen Gleichungssysteme unter Verwendung des Gaußschen Algorithmus:

a) $$\begin{aligned} 3x_1 - 3x_2 + 3x_3 &= 0 \\ 8x_1 + 10x_2 + 2x_3 &= 6 \\ -2x_1 + x_2 - 3x_3 &= 5 \end{aligned}$$

b) $$\begin{pmatrix} 8 & 7 & -6 \\ 0 & -4 & 5 \\ -1 & 3 & 2 \end{pmatrix} \begin{pmatrix} x \\ y \\ z \end{pmatrix} = \begin{pmatrix} 3 \\ -3 \\ 9 \end{pmatrix}$$

c) $$\begin{aligned} u + 5v + w &= -10 \\ -4u - 2v - 3w &= -10 \\ 3u + v - w &= -4 \end{aligned}$$

d) $$\begin{aligned} 2x - 4{,}5y + z &= -14{,}115 \\ -3{,}2x - 4{,}8y - 8{,}1z &= -16{,}941 \\ 5{,}64x + y - 1{,}4z &= 11{,}2212 \end{aligned}$$

2) Zeigen Sie: Das lineare Gleichungssystem

$$\begin{pmatrix} 1 & 1 & 1 \\ -1 & 2 & 1 \\ 2 & -4 & -2 \end{pmatrix} \begin{pmatrix} x_1 \\ x_2 \\ x_3 \end{pmatrix} = \begin{pmatrix} -2 \\ 6 \\ -6 \end{pmatrix}$$

ist *unlösbar*.

3) Bestimmen Sie sämtliche Lösungen des homogenen linearen Gleichungssystems

$$\begin{aligned} x + y - z &= 0 \\ -x + 2y + 3z &= 0 \\ 3y + 2z &= 0 \end{aligned}$$

4) Lösen Sie das folgende lineare Gleichungssystem:

$$\begin{aligned} 2x_1 + x_2 + 4x_3 + 3x_4 &= 0 \\ -x_1 + 2x_2 + x_3 - x_4 &= 4 \\ 3x_1 + 4x_2 - x_3 - 2x_4 &= 0 \\ 4x_1 + 3x_2 + 2x_3 + x_4 &= 0 \end{aligned}$$

5) Zeigen Sie: Das homogene System

$$\begin{aligned} 2x_1 + 5x_2 - 3x_3 &= 0 \\ 4x_1 - 4x_2 + x_3 &= 0 \\ 4x_1 - 2x_2 &= 0 \end{aligned}$$

besitzt unendlich viele Lösungen.

6) Lösen Sie die folgenden nicht-quadratischen linearen Gleichungssysteme:

a) $$\begin{aligned} x_1 - 2x_2 + 3x_3 - 2x_4 &= 15 \\ 2x_1 + 3x_2 - x_3 - 4x_4 &= 2 \\ 6x_1 + 16x_2 - 10x_3 - 12x_4 &= -22 \end{aligned}$$

b) $$\begin{aligned} -x - y - z &= -6 \\ 4x + 5y + 3z &= 29 \\ 2x - 10y + z &= -35 \\ -3x - 2y + 3z &= -20 \end{aligned}$$

Zu Abschnitt 6

1) Berechnen Sie die folgenden Binomialkoeffizienten:

a) $\binom{13}{4}$ b) $\binom{10}{5}$ c) $\binom{13}{11}$

2) Welchen Wert besitzt der Binomialkoeffizient $\binom{n+k}{k+1}$?

3) Berechnen Sie die folgenden Potenzen unter Verwendung des Binomischen Lehrsatzes:

a) 102^4 b) 99^5 c) 996^3

4) Entwickeln Sie die folgenden Binome:

a) $(x+4)^5$ b) $(1-5y)^4$ c) $(a^2-2b)^3$

5) Berechnen Sie den Wert der folgenden Potenzen mit Hilfe des Binomischen Lehrsatzes auf *vier* Dezimalstellen nach dem Komma genau:

a) $1{,}03^{12}$ b) $0{,}99^{20}$ c) $2{,}01^8$

6) Wie lauten die *ersten fünf* Glieder der binomischen Entwicklung von $(2+3x)^{10}$?

7) Bestimmen Sie den jeweiligen *Koeffizienten* der Potenz x^5 in der binomischen Entwicklung von:

a) $(1-4x)^8$ b) $(x+0{,}5a)^{12}$

II Vektoralgebra

1 Grundbegriffe

1.1 Definition eines Vektors

Unter den in Naturwissenschaft und Technik auftretenden Größen kommt den *Skalaren* und *Vektoren* eine besondere Bedeutung zu. Während man unter einem *Skalar* eine Größe versteht, die sich eindeutig durch die Angabe einer *Maßzahl* und einer *Maßeinheit* beschreiben läßt, benötigt man bei einer *vektoriellen Größe* zusätzlich noch Angaben über die *Richtung*, in der sie wirkt.

Definition: Unter *Vektoren* verstehen wir Größen, die durch Angabe von Maßzahl und Richtung vollständig beschrieben sind. Zu ihrer Kennzeichnung verwenden wir Buchstabensymbole, die mit einem Pfeil versehen werden wie zum Beispiel:

$$\vec{a},\ \vec{b},\ \vec{c},\ \vec{r},\ \vec{e},\ \vec{F},\ \vec{M},\ \vec{E}$$

Ein Vektor $\vec{a}$ ist in symbolischer Form durch einen *Pfeil* darstellbar (Bild II-1). Die Maßzahl der Länge des Pfeils, der die Vektorgröße repräsentiert, heißt der *Betrag* des Vektors und wird durch das Symbol $|\vec{a}|$ oder a gekennzeichnet. Die Pfeilspitze legt die Richtung (Orientierung) des Vektors fest. Durch Betrag und Richtung ist der Vektor eindeutig bestimmt.

Bild II-1

Anmerkungen

(1) Bei einer *physikalisch-technischen* Vektorgröße gehört zur vollständigen Beschreibung noch die Angabe der *Maßeinheit*. Daher verstehen wir unter dem Betrag eines *physikalischen* Vektors die Angabe von Maßzahl *und* Einheit.

Beispiel: Betrag einer Kraft $\vec{F}_1$: $|\vec{F}_1| = F_1 = 100\ \mathrm{N}$

(2) Der Betrag eines Vektors $\vec{a}$ ist stets positiv: $|\vec{a}| = a \geqslant 0$

(3) Ein Vektor läßt sich auch eindeutig durch die Angabe von Anfangspunkt P und Endpunkt Q festlegen (Bild II-2). Als Vektorsymbol verwendet man dann $\overrightarrow{PQ}$.

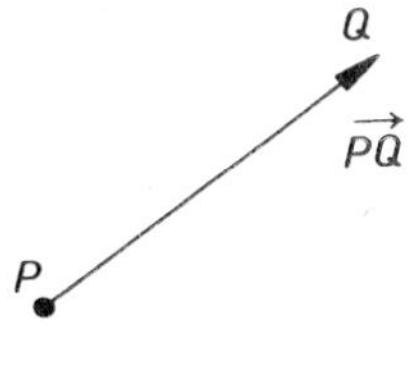

Bild II-2

■ **Beispiele**

Skalare: Masse m, Temperatur T, Zeit t, Arbeit W, Widerstand R, Spannung U, Massenträgheitsmoment J

Vektoren: Strecke (Weg) $\vec{s}$, Geschwindigkeit $\vec{v}$, Beschleunigung $\vec{a}$, Kraft $\vec{F}$, Impuls $\vec{p}$, Drehmoment $\vec{M}$, Elektrische Feldstärke $\vec{E}$, Magnetische Flußdichte (magnetische Induktion) $\vec{B}$ ■

In den Anwendungen wird noch zwischen *freien*, *linienflüchtigen* und *gebundenen* Vektoren unterschieden:

1. *Freie Vektoren* dürfen beliebig parallel zu sich selbst verschoben werden.
2. *Linienflüchtige Vektoren* sind längs ihrer Wirkungslinie beliebig verschiebbar (z.B. Kräfte, die an einem starren Körper angreifen).
3. *Gebundene Vektoren* werden von einem festen Punkt aus abgetragen (Beispiele hierfür sind der *Ortsvektor* $\vec{r}$ eines ebenen oder räumlichen Punktes, der vom Koordinatenursprung aus abgetragen wird, und der elektrische Feldstärkevektor $\vec{E}$, der jedem Punkt des Feldes zugeordnet wird).

Spezielle Vektoren

Nullvektor $\vec{0}$: Jeder Vektor vom Betrag Null, $|\vec{0}| = 0$, heißt *Nullvektor* (für ihn läßt sich *keine* Richtung angeben).

Einheitsvektor $\vec{e}$: Jeder Vektor vom Betrag Eins, $|\vec{e}| = 1$, wird als *Einheitsvektor* oder *Einsvektor* bezeichnet.

Ortsvektor $\vec{r}(P) = \overrightarrow{OP}$: Er führt vom Koordinatenursprung O zum Punkte P.

1.2 Gleichheit von Vektoren

Definition: Zwei Vektoren $\vec{a}$ und $\vec{b}$ werden als *gleich* betrachtet, $\vec{a} = \vec{b}$, wenn sie in Betrag und Richtung übereinstimmen (Bild II-3).

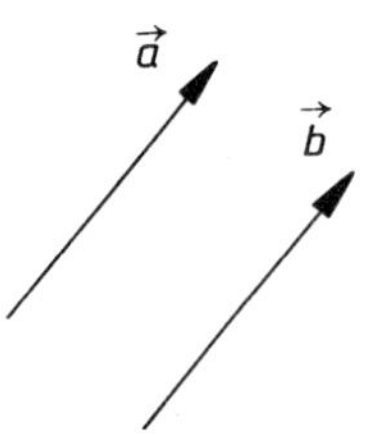

Bild II-3

Zum Begriff der Gleichheit zweier Vektoren

Vektoren sind demnach *gleich*, wenn sie durch *Parallelverschiebung* ineinander überführbar sind. Diese Art von Vektoren bezeichnet man als *freie* Vektoren. Im weiteren Verlauf der Vektorrechnung wollen wir uns ausschließlich mit den Eigenschaften und den Rechenoperationen dieser Vektorklasse auseinandersetzen.

■ **Beispiel**

Jeder der in Bild II-4 skizzierten Vektoren $\vec{a}_1$, $\vec{a}_2$, $\vec{a}_3$ und $\vec{a}_4$ läßt sich durch Parallelverschiebung in den Vektor $\vec{a}$ überführen. Sie werden daher verabredungsgemäß als gleich angesehen: $\vec{a}_1 = \vec{a}_2 = \vec{a}_3 = \vec{a}_4 = \vec{a}$.

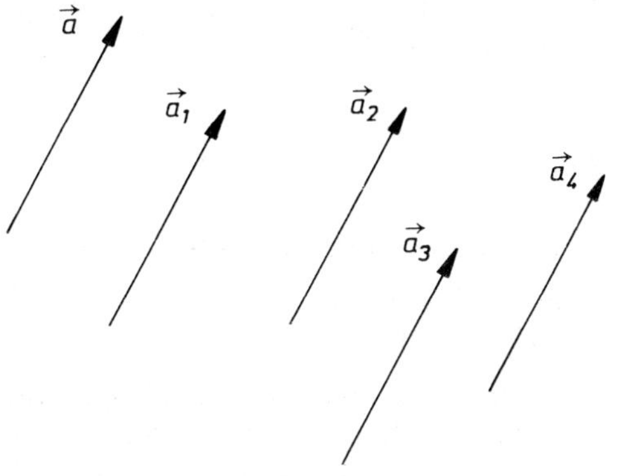

Bild II-4

■

1.3 Parallele, anti-parallele und kollineare Vektoren

Definitionen: (1) Zwei Vektoren $\vec{a}$ und $\vec{b}$ mit *gleicher* Richtung (Orientierung) heißen zueinander *parallel* (Bild II-5). Sie werden durch das Symbol

$$\vec{a} \uparrow\uparrow \vec{b}$$

gekennzeichnet [1].

(2) Besitzen zwei Vektoren $\vec{a}$ und $\vec{b}$ *entgegengesetzte* Richtung (Orientierung), so werden sie als zueinander *anti-parallel* bezeichnet (Bild II-6). Symbolische Scheibweise [1]:

$$\vec{a} \uparrow\downarrow \vec{b}$$

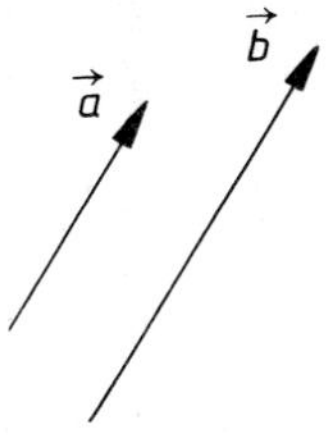

Bild II-5
Parallele Vektoren

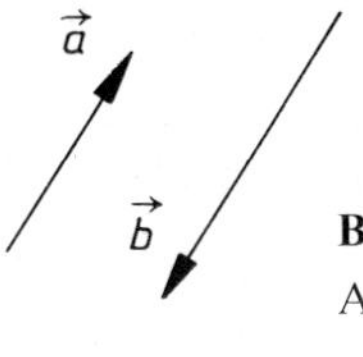

Bild II-6
Anti-parallele Vektoren

---
[1] *Parallele* Vektoren werden auch als *gleichsinnig parallel*, *anti-parallele* Vektoren auch als *gegensinnig parallel* bezeichnet.

Vektoren, die zueinander parallel oder anti-parallel orientiert sind, lassen sich stets durch Parallelverschiebung in eine gemeinsame Linie (Wirkungslinie) bringen und heißen daher auch *kollinear*.

Wir betrachten nun einen beliebigen Vektor $\vec{a}$. Den zu $\vec{a}$ anti-parallelen Vektor *gleicher* Länge bezeichnen wir als *inversen* Vektor (auch *Gegenvektor* genannt) und kennzeichnen ihn durch das Symbol $-\vec{a}$ (Bild II-7). Der *inverse* Vektor $-\vec{a}$ entsteht also aus $\vec{a}$ durch *Richtungsumkehr*.

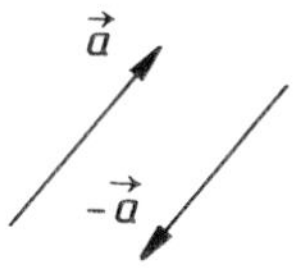

Bild II-7
Vektor und Gegenvektor (inverser Vektor)

Inverser Vektor oder Gegenvektor (Bild II-7)

Der zu einem Vektor $\vec{a}$ gehörende *inverse* Vektor oder *Gegenvektor* $-\vec{a}$ besitzt den *gleichen* Betrag wie der Vektor $\vec{a}$, jedoch die *entgegengesetzte* Richtung.

■ **Beispiel**

Eine elastische Schraubenfeder wird durch ein Gewicht $\vec{G}$ belastet und gedehnt (Bild II-8). Im Gleichgewichtszustand wird die Gewichtskraft $\vec{G}$ durch die Rückstellkraft $\vec{F}$ der Feder kompensiert. Der Vektor $\vec{F}$ ist der zu $\vec{G}$ *inverse* Vektor, d.h. es gilt

$$\vec{F} = -\vec{G}$$

(sog. Kräftegleichgewicht).

Bild II-8 Kräftegleichgewicht bei einer belasteten elastischen Schraubenfeder

■

1.4 Vektoroperationen

Wir beschäftigen uns in diesem Abschnitt mit den *elementaren* Vektoroperationen. Dazu zählen wir:

— *Addition von Vektoren*
— *Subtraktion von Vektoren*
— *Multiplikation eines Vektors mit einer reellen Zahl (Skalar)*

1.4.1 Addition von Vektoren

Aus der Mechanik beispielsweise ist bekannt, daß zwei am gleichen Massenpunkt angreifende Kräfte $\vec{F}_1$ und $\vec{F}_2$ zu einer resultierenden Kraft $\vec{F}_R$ zusammengefaßt werden können, die die gleiche physikalische Wirkung erzielt wie die beiden Einzelkräfte zusammen. Die Resultierende erhält man dabei durch eine *geometrische* Konstruktion, die unter der Bezeichnung *Parallelogrammregel* (Kräfteparallelogramm) bekannt ist und in Bild II-9 näher erläutert wird. Diese Regel stellt eine Anwendung einer allgemeinen Vorschrift dar, die aus zwei Vektoren $\vec{a}$ und $\vec{b}$ einen neuen Vektor erzeugt, der als *Summenvektor* $\vec{s} = \vec{a} + \vec{b}$ bezeichnet wird.

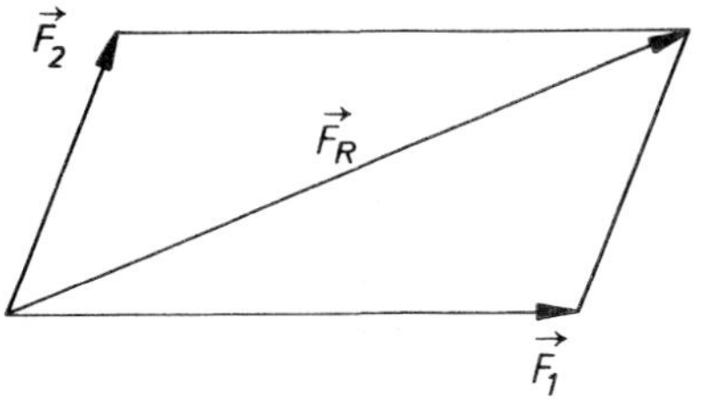

Bild II-9
Kräfteparallelogramm: $\vec{F}_R$ ist die Resultierende aus $\vec{F}_1$ und $\vec{F}_2$

Wir definieren die *Addition* zweier Vektoren wie folgt:

Definition: Zwei Vektoren $\vec{a}$ und $\vec{b}$ werden nach der folgenden Vorschrift *geometrisch addiert* (Bild II-10):

1. Der Vektor $\vec{b}$ wird parallel zu sich selbst verschoben, bis sein Anfangspunkt in den Endpunkt des Vektors $\vec{a}$ fällt.
2. Der vom Anfangspunkt des Vektors $\vec{a}$ zum Endpunkt des Vektors $\vec{b}$ gerichtete Vektor ist der *Summenvektor* $\vec{s} = \vec{a} + \vec{b}$.

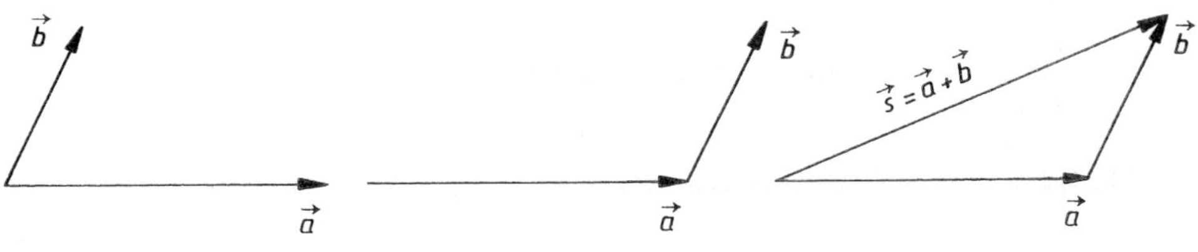

Bild II-10 Zur Addition zweier Vektoren

Der Summenvektor $\vec{s} = \vec{a} + \vec{b}$ läßt sich auch als gerichtete *Diagonale* in dem aus den Vektoren $\vec{a}$ und $\vec{b}$ konstruierten Parallelogramm nach Bild II-11 gewinnen.

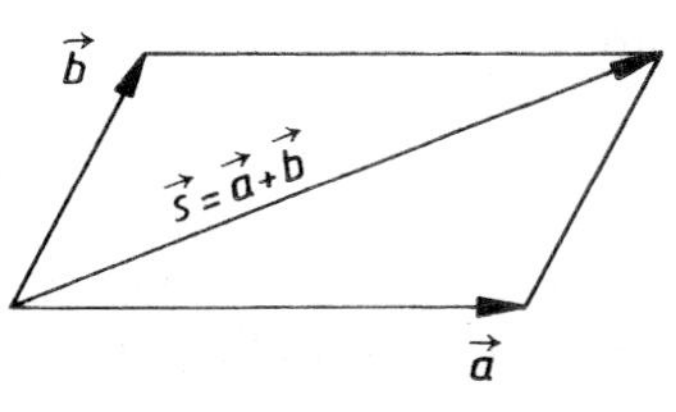

Bild II-11
Summenvektor $\vec{s} = \vec{a} + \vec{b}$ als gerichtete Diagonale im Parallelogramm

Die Addition von Vektoren unterliegt dabei den folgenden *Rechenregeln*:

Kommutativgesetz $\vec{a} + \vec{b} = \vec{b} + \vec{a}$ (II-1)

Assoziativgesetz $\vec{a} + (\vec{b} + \vec{c}) = (\vec{a} + \vec{b}) + \vec{c}$ (II-2)

Die Summe aus mehr als zwei Vektoren wird gebildet, indem man in der bekannten Weise Vektor an Vektor setzt. Dies läßt sich durch Parallelverschiebung stets erreichen. Das Ergebnis dieser Konstruktion ist ein sog. *Vektorpolygon* (Bild II-12). Der Summenvektor (in den Anwendungen meist „Resultierende" genannt) ist derjenige Vektor, der vom Anfangspunkt des ersten Vektors zum Endpunkt des letzten Vektors führt.

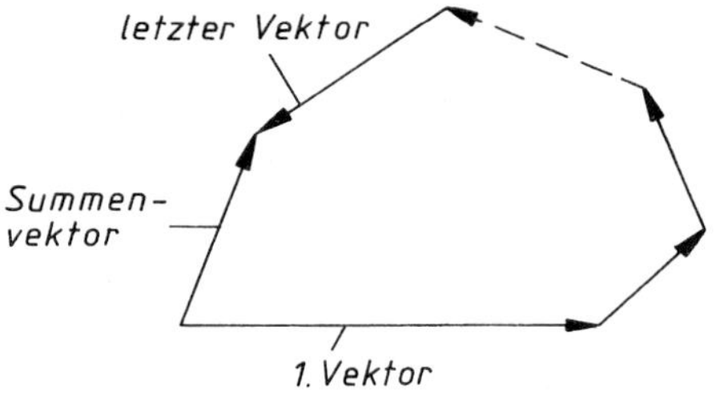

Bild II-12
Zur Konstruktion eines Summenvektors (Vektorpolygon)

In Bild II-13 wird die Addition dreier Kräfte $\vec{F}_1$, $\vec{F}_2$ und $\vec{F}_3$ zu einem resultierenden Kraftvektor $\vec{F}_R$ Schritt für Schritt vollzogen.

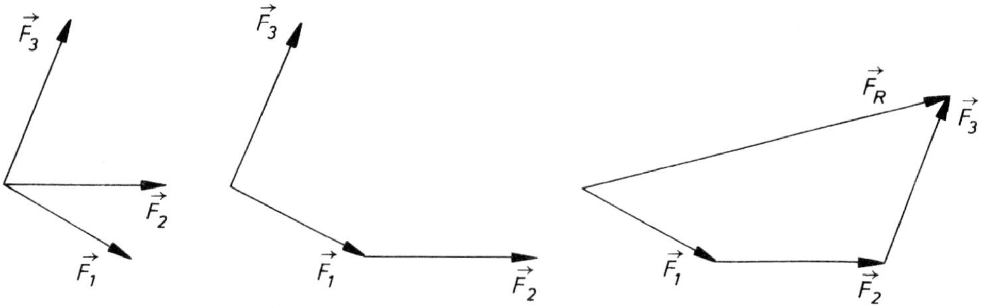

Bild II-13 Vektorielle Addition dreier Kräfte

Ist das Vektorpolygon in sich *geschlossen*, so ist der Summenvektor der *Nullvektor*. In der physikalischen Realität bedeutet dies stets, daß sich die Vektoren in ihrer Wirkung gegenseitig aufheben.

1.4.2 Subtraktion von Vektoren

Die *Subtraktion* zweier Vektoren läßt sich wie bei den reellen Zahlen als *Umkehrung der Addition* auffassen und damit auf die Addition zweier Vektoren zurückführen:

Definition: Unter dem *Differenzvektor* $\vec{d} = \vec{a} - \vec{b}$ zweier Vektoren $\vec{a}$ und $\vec{b}$ verstehen wir den Summenvektor aus $\vec{a}$ und $-\vec{b}$, wobei $-\vec{b}$ der zu $\vec{b}$ *inverse* Vektor ist:

$$\vec{d} = \vec{a} - \vec{b} = \vec{a} + (-\vec{b}) \qquad \text{(II-3)}$$

Anmerkung

Der *Differenzvektor* $\vec{d} = \vec{a} - \vec{b}$ ist also die *Summe* aus dem Vektor $\vec{a}$ und dem *Gegenvektor* von $\vec{b}$.

Die Konstruktion des Differenzvektors erfolgt daher nach der folgenden Vorschrift:

Konstruktion des Differenzvektors $\vec{d} = \vec{a} - \vec{b}$ (Bild II-14)

1. Der Vektor $\vec{b}$ wird zunächst in seiner Richtung *umgekehrt*: Dies führt zu dem *inversen* Vektor $-\vec{b}$.
2. Dann wird der Vektor $-\vec{b}$ parallel zu sich selbst verschoben, bis sein Anfangspunkt in den Endpunkt des Vektors $\vec{a}$ fällt.
3. Der vom Anfangspunkt des Vektors $\vec{a}$ zum Endpunkt des Vektors $-\vec{b}$ gerichtete Vektor ist der gesuchte Differenzvektor $\vec{d} = \vec{a} - \vec{b}$.

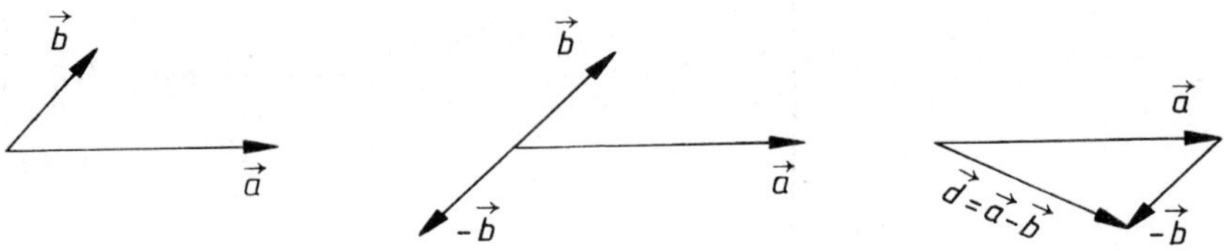

Bild II-14 Zur Subtraktion zweier Vektoren

Der Differenzvektor $\vec{d} = \vec{a} - \vec{b}$ läßt sich auch mit Hilfe der *Parallelogrammregel* konstruieren. In Bild II-15 wird diese geometrische Konstruktion näher erläutert.

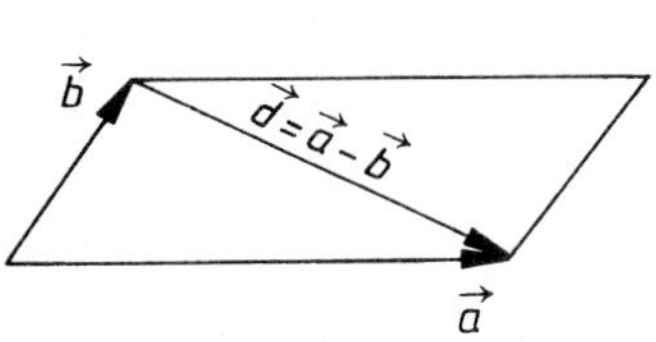

Bild II-15
Differenzvektor $\vec{d} = \vec{a} - \vec{b}$ als gerichtete Diagonale im Parallelogramm

Parallelogrammregel für die Addition und Subtraktion zweier Vektoren

Summenvektor $\vec{s} = \vec{a} + \vec{b}$ und *Differenzvektor* $\vec{d} = \vec{a} - \vec{b}$ lassen sich geometrisch als gerichtete *Diagonalen* eines Parallelogramms konstruieren, das von den beiden Vektoren $\vec{a}$ und $\vec{b}$ aufgespannt wird. Die Konstruktion des *Summen-* bzw. *Differenzvektors* wird in Bild II-16 näher erläutert.

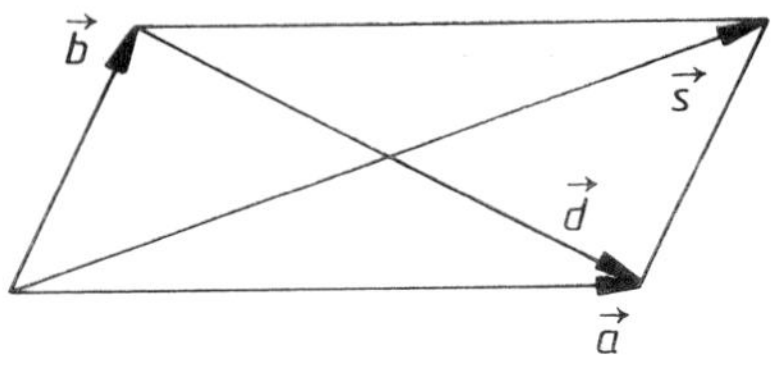

$$\vec{s} = \vec{a} + \vec{b}$$
$$\vec{d} = \vec{a} - \vec{b}$$

Bild II-16 Zur Parallelogrammregel

1.4.3 Multiplikation eines Vektors mit einem Skalar

Definition: Durch Multiplikation eines Vektors $\vec{a}$ mit einer reellen Zahl (Skalar) λ entsteht ein neuer Vektor $\vec{b} = \lambda\,\vec{a}$ mit den folgenden Eigenschaften (Bild II-17):

1. Der Betrag von $\vec{b}$ ist das $|\lambda|$-fache des Betrages von $\vec{a}$:

$$|\vec{b}| = |\lambda\,\vec{a}| = |\lambda| \cdot |\vec{a}| \tag{II-4}$$

2. Der Vektor $\vec{b}$ ist parallel oder anti-parallel zu $\vec{a}$ orientiert:

$\lambda > 0$: $\quad \vec{b} \uparrow\uparrow \vec{a} \quad$ (Bild II-17a)

$\lambda < 0$: $\quad \vec{b} \uparrow\downarrow \vec{a} \quad$ (Bild II-17b)

Für $\lambda = 0$ erhält man den Nullvektor $\vec{0}$.

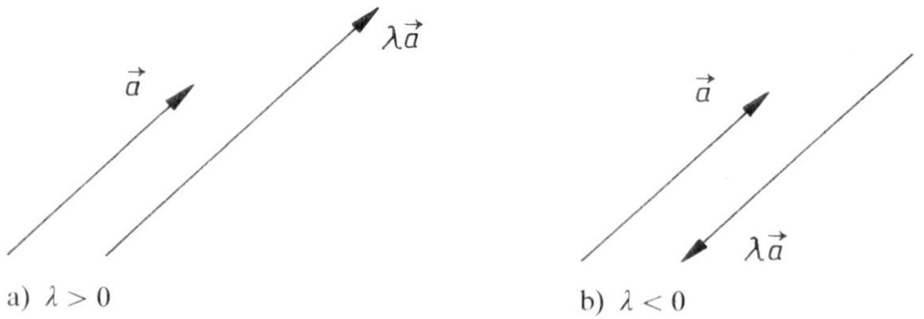

Bild II-17 Zur Multiplikation eines Vektors $\vec{a}$ mit einem Skalar λ

Anmerkungen

(1) Die Vektoren $\lambda \vec{a}$ und $\vec{a}$ sind *kollinear*.

(2) Die Multiplikation eines Vektors mit einer *negativen* Zahl bedeutet stets eine *Richtungsumkehr* des Vektors (vgl. hierzu Bild II-17b)).

(3) Die *Division* eines Vektors $\vec{a}$ durch einen Skalar $\mu \neq 0$ entspricht einer *Multiplikation* von $\vec{a}$ mit dem *Kehrwert* $\lambda = 1/\mu$.

■ **Beispiele**

(1) Wir multiplizieren den Vektor $\vec{a}$ der Reihe nach mit den Skalaren 2, −1,5 und 4 (Bild II-18):

$$2\,\vec{a}: \quad 2\,\vec{a} \uparrow\uparrow \vec{a}, \qquad |2\,\vec{a}| = 2\,|\vec{a}| = 2\,a$$

$$-1{,}5\,\vec{a}: \quad -1{,}5\,\vec{a} \uparrow\downarrow \vec{a}, \qquad |-1{,}5\,\vec{a}| = 1{,}5\,|\vec{a}| = 1{,}5\,a$$

$$4\,\vec{a}: \quad 4\,\vec{a} \uparrow\uparrow \vec{a}, \qquad |4\,\vec{a}| = 4\,|\vec{a}| = 4\,a$$

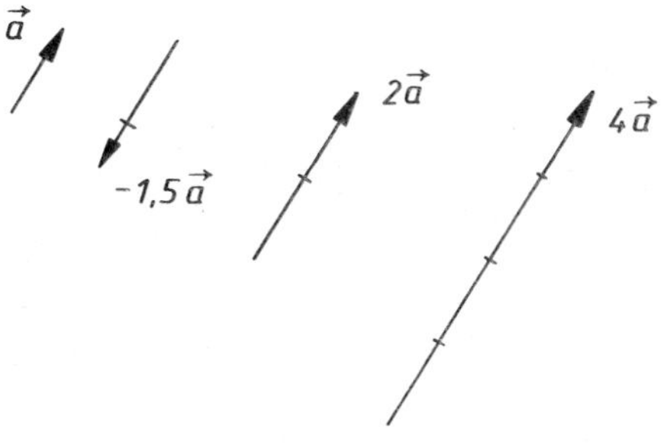

Bild II-18
Zur Multiplikation eines Vektors mit einem Skalar

(2) *Beispiele aus Physik und Technik*:

(a) Kraft, Masse und Beschleunigung sind durch die *Newtonsche* Bewegungsgleichung $\vec{F} = m\,\vec{a}$ miteinander verknüpft:

$$\vec{F} \uparrow\uparrow \vec{a} \quad (\text{wegen } m > 0), \qquad |\vec{F}| = m\,|\vec{a}|, \quad \text{d.h.} \quad F = ma$$

(b) Impuls: $\vec{p} = m\vec{v}$ (Impuls = Masse mal Geschwindigkeit)

$$\vec{p} \uparrow\uparrow \vec{v} \quad (\text{wegen } m > 0), \qquad |\vec{p}| = m\,|\vec{v}|, \quad \text{d.h.} \quad p = mv$$

(c) Ein geladenes Teilchen (Ladung q) erfährt in einem elektrischen Feld der Feldstärke $\vec{E}$ eine Kraft $\vec{F} = q\,\vec{E}$ *in* Richtung des Feldes (positive Ladung) oder in die dem Feld *entgegengesetzte* Richtung (negative Ladung):

$$q > 0: \quad \vec{F} \uparrow\uparrow \vec{E}, \qquad |\vec{F}| = q\,|\vec{E}|, \qquad \text{d.h.} \quad F = qE$$

$$q < 0: \quad \vec{F} \uparrow\downarrow \vec{E}, \qquad |\vec{F}| = |q| \cdot |\vec{E}|, \quad \text{d.h.} \quad F = |q| \cdot E$$

■

2 Vektorrechnung in der Ebene

Besonders anschaulich und übersichtlich ist die Vektorrechnung in der *Ebene*. Wir beschränken uns daher zunächst aus rein didaktischen Gründen auf die Darstellung der Vektoren und ihrer Rechenoperationen in der Ebene, wobei ein rechtwinkliges (kartesisches) Koordinatensystem zugrunde gelegt wird.

2.1 Komponentendarstellung eines Vektors

Das Koordinatensystem legen wir durch zwei aufeinander senkrecht stehende Einheitsvektoren $\vec{e}_x$ und $\vec{e}_y$ fest, die in diesem Zusammenhang auch als *Basisvektoren* bezeichnet werden (Bild II-19). Sie bestimmen *Richtung* und *Maßstab* der Koordinatenachsen.

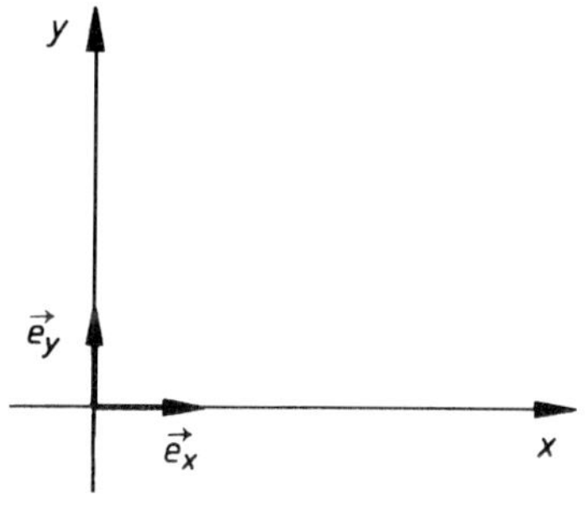

Bild II-19 Festlegung eines ebenen rechtwinkligen Koordinatensystems durch zwei Einheitsvektoren (Basisvektoren)

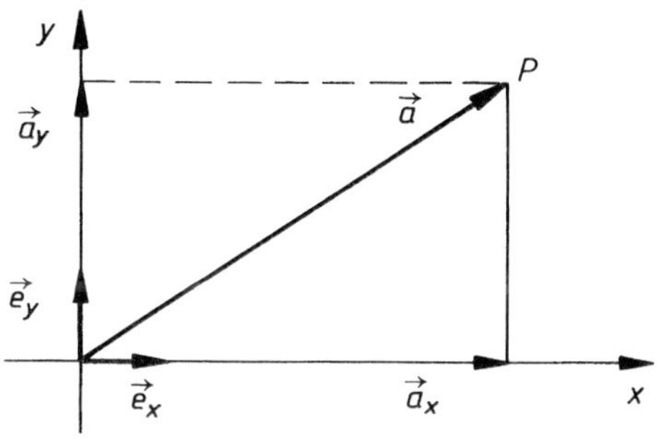

Bild II-20 Zerlegung eines Vektors in Komponenten

Wir betrachten nun einen im Nullpunkt „angebundenen" Vektor $\vec{a}$. Die *Projektionen* dieses Vektors auf die beiden Koordinatenachsen führen zu den mit $\vec{a}_x$ und $\vec{a}_y$ bezeichneten Vektoren (Bild II-20). Der Vektor $\vec{a}$ ist dann als *Summenvektor* aus $\vec{a}_x$ und $\vec{a}_y$ darstellbar:

$$\vec{a} = \vec{a}_x + \vec{a}_y \tag{II-5}$$

Die durch Projektion entstandenen Vektoren $\vec{a}_x$ und $\vec{a}_y$ werden als *Vektorkomponenten* von $\vec{a}$ bezeichnet. Sie lassen sich durch die Einheitsvektoren $\vec{e}_x$ und $\vec{e}_y$ wie folgt ausdrücken:

$$\vec{a}_x = a_x\,\vec{e}_x, \qquad \vec{a}_y = a_y\,\vec{e}_y \tag{II-6}$$

($\vec{a}_x$ und $\vec{e}_x$ sind *kollineare* Vektoren, ebenso $\vec{a}_y$ und $\vec{e}_y$). Für den Vektor $\vec{a}$ erhält man somit die Darstellung

$$\vec{a} = \vec{a}_x + \vec{a}_y = a_x\,\vec{e}_x + a_y\,\vec{e}_y \tag{II-7}$$

Die *skalaren* Größen a_x und a_y sind die sog. *Vektorkoordinaten* von $\vec{a}$. Sie werden auch als *skalare Vektorkomponenten* bezeichnet und stimmen mit den Koordinaten des Vektorendpunktes P überein, wenn der Vektor (wie hier) vom Nullpunkt aus abgetragen wird. Die in Gleichung (II-7) angegebene Zerlegung heißt *Komponentendarstellung* des Vektors $\vec{a}$. Bei fester Basis $\vec{e}_x$, $\vec{e}_y$ ist der Vektor $\vec{a}$ in umkehrbar eindeutiger Weise durch die Vektorkoordinaten a_x und a_y bestimmt. Daher schreibt man verkürzt in *symbolischer* Form

$$\vec{a} = a_x \, \vec{e}_x + a_y \, \vec{e}_y = \begin{pmatrix} a_x \\ a_y \end{pmatrix} \tag{II-8}$$

und bezeichnet das Symbol $\begin{pmatrix} a_x \\ a_y \end{pmatrix}$ als *Spaltenvektor*. Auch die Schreibweise in Form eines *Zeilenvektors* $(a_x \; a_y)$ ist grundsätzlich möglich. Wir werden jedoch zur Darstellung von Vektoren ausschließlich *Spaltenvektoren* verwenden, um Verwechslungen mit Punkten zu vermeiden.

Wir fassen zusammen:

Komponentendarstellung eines Vektors (Bild II-20)

$$\vec{a} = \vec{a}_x + \vec{a}_y = a_x \, \vec{e}_x + a_y \, \vec{e}_y = \begin{pmatrix} a_x \\ a_y \end{pmatrix} \tag{II-9}$$

Dabei bedeuten:

$\left.\begin{array}{l} \vec{a}_x = a_x \, \vec{e}_x \\ \vec{a}_y = a_y \, \vec{e}_y \end{array}\right\}$ Vektorkomponenten von $\vec{a}$

a_x, a_y: Vektorkoordinaten (skalare Vektorkomponenten) von $\vec{a}$

$\begin{pmatrix} a_x \\ a_y \end{pmatrix}$: Spaltenvektor

Anmerkung

Eine Vektorkoordinate wird dabei *positiv* gezählt, wenn die Projektion des Vektors $\vec{a}$ auf die entsprechende Koordinatenachse in die *positive* Richtung dieser Achse zeigt. Fällt der Projektionsvektor jedoch in die *Gegenrichtung*, d.h. in die *negative* Richtung der Koordinatenachse, so ist die entsprechende Vektorkoordinate *negativ*.

Ist der Vektor $\vec{a}$ durch den Anfangspunkt $P_1 = (x_1;\ y_1)$ und den Endpunkt $P_2 = (x_2;\ y_2)$ gegeben, so lautet seine Komponentendarstellung wie folgt (Bild II-21):

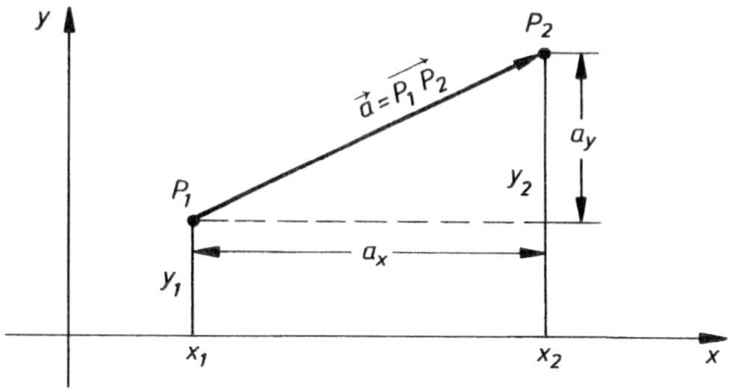

$$a_x = x_2 - x_1$$
$$a_y = y_2 - y_1$$

Bild II-21

Komponentendarstellung eines durch zwei Punkte festgelegten Vektors (Bild II-21)

$$\vec{a} = \overrightarrow{P_1 P_2} = (x_2 - x_1)\,\vec{e}_x + (y_2 - y_1)\,\vec{e}_y = \begin{pmatrix} x_2 - x_1 \\ y_2 - y_1 \end{pmatrix} \qquad \text{(II-10)}$$

Dabei bedeuten:

$P_1 = (x_1;\ y_1)$: *Anfangspunkt* des Vektors $\vec{a} = \overrightarrow{P_1 P_2}$

$P_2 = (x_2;\ y_2)$: *Endpunkt* des Vektors $\vec{a} = \overrightarrow{P_1 P_2}$

Komponentendarstellung spezieller Vektoren

Der vom Koordinatenursprung zum Punkt $P = (x;\ y)$ führende *Ortsvektor* $\vec{r}(P) = \overrightarrow{OP}$ besitzt nach Bild II-22 die Komponentendarstellung

$$\vec{r}(P) = x\,\vec{e}_x + y\,\vec{e}_y = \begin{pmatrix} x \\ y \end{pmatrix} \qquad \text{(II-11)}$$

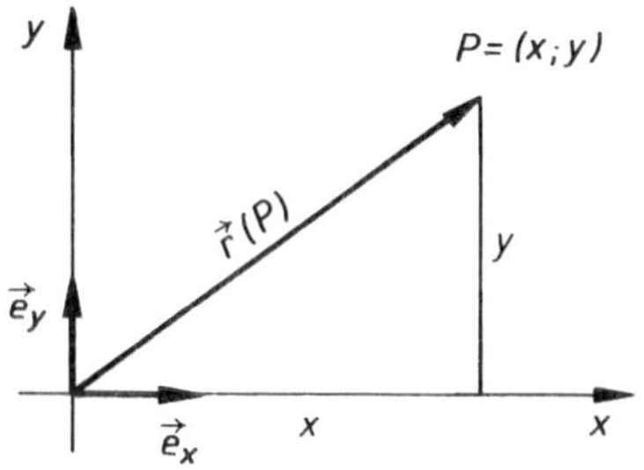

Bild II-22
Ortsvektor eines Punktes

Die Komponentendarstellung der *Basisvektoren* (*Einheitsvektoren*) $\vec{e}_x$ und $\vec{e}_y$ lautet:

$$\vec{e}_x = 1\,\vec{e}_x + 0\,\vec{e}_y = \begin{pmatrix} 1 \\ 0 \end{pmatrix}$$
$$\vec{e}_y = 0\,\vec{e}_x + 1\,\vec{e}_y = \begin{pmatrix} 0 \\ 1 \end{pmatrix} \qquad \text{(II-12)}$$

Der *Nullvektor* $\vec{0}$ hat die Gestalt

$$\vec{0} = 0\,\vec{e}_x + 0\,\vec{e}_y = \begin{pmatrix} 0 \\ 0 \end{pmatrix} \qquad \text{(II-13)}$$

Betrag eines Vektors

Den *Betrag* eines Vektors $\vec{a}$ erhält man unmittelbar aus dem *Satz des Pythagoras* nach Bild II-23:

Betrag eines Vektors (Bild II-23)

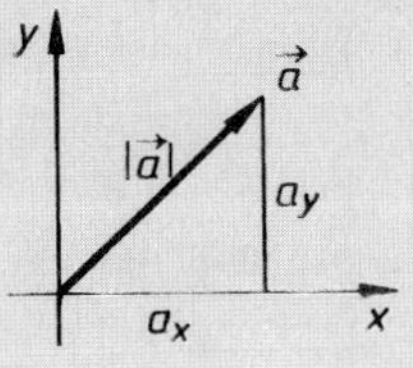

$$|\vec{a}| = a = \sqrt{a_x^2 + a_y^2} \qquad \text{(II-14)}$$

Bild II-23

Gleichheit von Vektoren

Zwei Vektoren $\vec{a}$ und $\vec{b}$ sind genau dann *gleich*, wenn sie in ihren entsprechenden Vektorkoordinaten übereinstimmen:

$$\vec{a} = \vec{b} \quad \Leftrightarrow \quad a_x = b_x, \quad a_y = b_y \qquad \text{(II-15)}$$

■ **Beispiele**

(1) Der Ortsvektor des Punktes $P = (6;\ 8)$ lautet (Bild II-24):

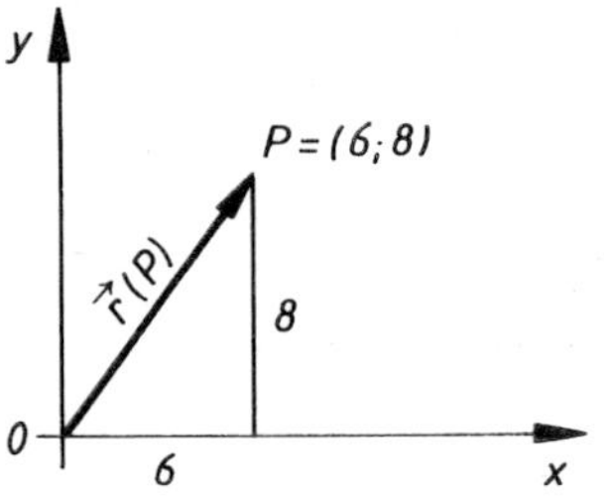

$$\vec{r}\,(P) = \overrightarrow{OP} = 6\,\vec{e}_x + 8\,\vec{e}_y = \begin{pmatrix} 6 \\ 8 \end{pmatrix}$$

Sein Betrag ist

$$|\vec{r}\,(P)| = r(P) = \sqrt{6^2 + 8^2} = 10$$

Bild II-24

(2) Der von $P_1 = (2;\ 4)$ nach $P_2 = (-4;\ 1)$ gerichtete Vektor $\vec{a} = \overrightarrow{P_1 P_2}$ besitzt die folgende Komponentendarstellung (Bild II-25):

$$a_x = x_2 - x_1 = -4 - 2 = -6$$

$$a_y = y_2 - y_1 = 1 - 4 = -3$$

$$\vec{a} = \overrightarrow{P_1 P_2} = -6\,\vec{e}_x - 3\,\vec{e}_y = \begin{pmatrix} -6 \\ -3 \end{pmatrix}$$

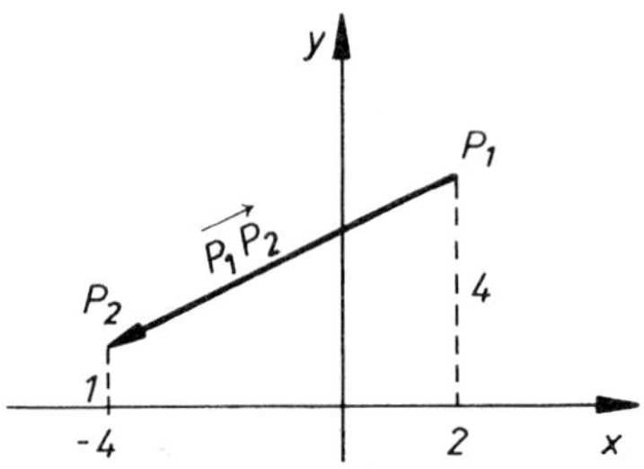

Bild II-25

Sein Betrag ist

$$|\vec{a}| = |\overrightarrow{P_1 P_2}| = \sqrt{(-6)^2 + (-3)^2} = \sqrt{45} = 6{,}71$$

■

2.2 Darstellung der Vektoroperationen

2.2.1 Multiplikation eines Vektors mit einem Skalar

Die Multiplikation eines Vektors $\vec{a}$ mit einer reellen Zahl (Skalar) λ erfolgt *komponentenweise*, d.h. *jede* Vektorkoordinate wird mit λ multipliziert.

Multiplikation eines Vektors mit einem Skalar

Die Multiplikation eines Vektors $\vec{a}$ mit einem Skalar λ erfolgt *komponentenweise*:

$$\lambda\,\vec{a} = \lambda \begin{pmatrix} a_x \\ a_y \end{pmatrix} = \begin{pmatrix} \lambda a_x \\ \lambda a_y \end{pmatrix} \qquad \text{(II-16)}$$

Anmerkung

Umgekehrt gilt: Besitzen die skalaren Vektorkomponenten einen *gemeinsamen* Faktor, so darf dieser *vor* den Spaltenvektor gezogen werden.

■ **Beispiele**

(1) $\vec{a} = 4\,\vec{e}_x - 3\,\vec{e}_y = \begin{pmatrix} 4 \\ -3 \end{pmatrix}$

Wir multiplizieren diesen Vektor der Reihe nach mit den *Skalaren* $\lambda_1 = 6$ und $\lambda_2 = -10$ und erhalten die folgenden Vektoren:

$$6\,\vec{a} = 6 \begin{pmatrix} 4 \\ -3 \end{pmatrix} = \begin{pmatrix} 24 \\ -18 \end{pmatrix} = 24\,\vec{e}_x - 18\,\vec{e}_y$$

$$-10\,\vec{a} = -10 \begin{pmatrix} 4 \\ -3 \end{pmatrix} = \begin{pmatrix} -40 \\ 30 \end{pmatrix} = -40\,\vec{e}_x + 30\,\vec{e}_y$$

Dabei gilt:

$$6\,\vec{a} \uparrow\uparrow \vec{a} \qquad \text{und} \qquad -10\,\vec{a} \uparrow\downarrow \vec{a}$$

(2) Zulässige Schreibweisen für einen (ebenen) Kraftvektor $\vec{F}$ mit den skalaren Vektorkomponenten $F_x = 15\text{ N}$ und $F_y = 6\text{ N}$ sind (die Maßeinheit wird dabei wie ein *Skalar* behandelt):

$$\vec{F} = (15\text{ N})\,\vec{e}_x + (6\text{ N})\,\vec{e}_y = \begin{pmatrix} 15\text{ N} \\ 6\text{ N} \end{pmatrix} = \begin{pmatrix} 15 \\ 6 \end{pmatrix}\text{N}$$

■

2.2.2 Addition und Subtraktion von Vektoren

Aus Bild II-26 folgt unmittelbar, daß die Addition zweier Vektoren $\vec{a}$ und $\vec{b}$ *komponentenweise* geschieht:

$$\vec{a} + \vec{b} = \begin{pmatrix} a_x \\ a_y \end{pmatrix} + \begin{pmatrix} b_x \\ b_y \end{pmatrix} = \begin{pmatrix} a_x + b_x \\ a_y + b_y \end{pmatrix} \qquad \text{(II-17)}$$

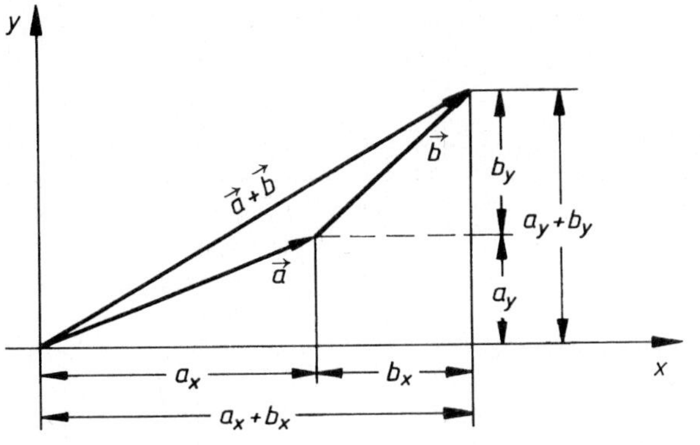

Bild II-26
Zur komponentenweisen Addition zweier Vektoren

Dies gilt auch für die Subtraktion zweier Vektoren:

$$\vec{a} - \vec{b} = \begin{pmatrix} a_x \\ a_y \end{pmatrix} - \begin{pmatrix} b_x \\ b_y \end{pmatrix} = \begin{pmatrix} a_x \\ a_y \end{pmatrix} + \begin{pmatrix} -b_x \\ -b_y \end{pmatrix} = \begin{pmatrix} a_x - b_x \\ a_y - b_y \end{pmatrix} \qquad \text{(II-18)}$$

Addition und Subtraktion zweier Vektoren (Bild II-26)

Zwei Vektoren $\vec{a}$ und $\vec{b}$ werden *komponentenweise* addiert bzw. subtrahiert:

$$\vec{a} \pm \vec{b} = \begin{pmatrix} a_x \\ a_y \end{pmatrix} \pm \begin{pmatrix} b_x \\ b_y \end{pmatrix} = \begin{pmatrix} a_x \pm b_x \\ a_y \pm b_y \end{pmatrix} \qquad \text{(II-19)}$$

Anmerkung

Diese Regel gilt *sinngemäß* auch für *endlich* viele Vektoren.

■ **Beispiele**

(1) Mit den Spaltenvektoren $\vec{a} = \begin{pmatrix} 2 \\ -3 \end{pmatrix}$, $\vec{b} = \begin{pmatrix} -1 \\ 5 \end{pmatrix}$ und $\vec{c} = \begin{pmatrix} 3 \\ 2 \end{pmatrix}$ soll der Vektor $\vec{s} = \vec{a} + 2\,\vec{b} - 5\,\vec{c}$ berechnet werden. Welchen *Betrag* besitzt dieser Vektor?

Lösung:

$$\vec{s} = \vec{a} + 2\,\vec{b} - 5\,\vec{c} = \begin{pmatrix} 2 \\ -3 \end{pmatrix} + 2\begin{pmatrix} -1 \\ 5 \end{pmatrix} - 5\begin{pmatrix} 3 \\ 2 \end{pmatrix} =$$

$$= \begin{pmatrix} 2 \\ -3 \end{pmatrix} + \begin{pmatrix} -2 \\ 10 \end{pmatrix} + \begin{pmatrix} -15 \\ -10 \end{pmatrix} = \begin{pmatrix} 2 - 2 - 15 \\ -3 + 10 - 10 \end{pmatrix} = \begin{pmatrix} -15 \\ -3 \end{pmatrix}$$

$$|\vec{s}| = \sqrt{(-15)^2 + (-3)^2} = 15{,}3$$

(2) Die an einem Massenpunkt gleichzeitig angreifenden Kräfte $\vec{F}_1 = \begin{pmatrix} 4\,\text{N} \\ 5\,\text{N} \end{pmatrix}$, $\vec{F}_2 = \begin{pmatrix} -2\,\text{N} \\ 3\,\text{N} \end{pmatrix}$ und $\vec{F}_3 = \begin{pmatrix} 4\,\text{N} \\ 1\,\text{N} \end{pmatrix}$ können durch die folgende resultierende Kraft $\vec{F}_R$ ersetzt werden:

$$\vec{F}_R = \vec{F}_1 + \vec{F}_2 + \vec{F}_3 =$$

$$= \begin{pmatrix} 4\,\text{N} \\ 5\,\text{N} \end{pmatrix} + \begin{pmatrix} -2\,\text{N} \\ 3\,\text{N} \end{pmatrix} + \begin{pmatrix} 4\,\text{N} \\ 1\,\text{N} \end{pmatrix} = \begin{pmatrix} 4\,\text{N} - 2\,\text{N} + 4\,\text{N} \\ 5\,\text{N} + 3\,\text{N} + 1\,\text{N} \end{pmatrix} = \begin{pmatrix} 6\,\text{N} \\ 9\,\text{N} \end{pmatrix}$$

(3) *Schiefer Wurf*: Ein Körper wird unter dem Winkel α (gemessen gegen die Horizontale) mit einer Geschwindigkeit vom Betrage v_0 abgeworfen (Bild II-27). Wie lautet die Komponentendarstellung des *Geschwindigkeitsvektors* $\vec{v}_0$?

Lösung:

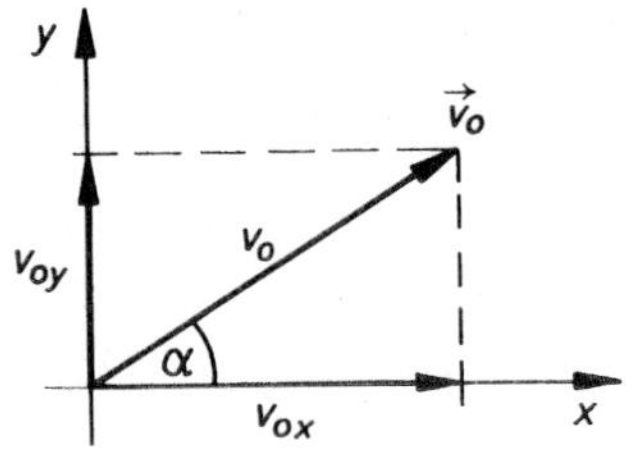

$$\vec{v}_0 = v_{0x}\,\vec{e}_x + v_{0y}\,\vec{e}_y = \begin{pmatrix} v_{0x} \\ v_{0y} \end{pmatrix}$$

Bild II-27

Aus dem rechtwinkligen Dreieck in Bild II-27 folgt unmittelbar:

$$\cos\alpha = \frac{v_{0x}}{v_0} \quad\Rightarrow\quad v_{0x} = v_0 \cdot \cos\alpha$$

$$\sin\alpha = \frac{v_{0y}}{v_0} \quad\Rightarrow\quad v_{0y} = v_0 \cdot \sin\alpha$$

Damit besitzt der Geschwindigkeitsvektor $\vec{v}_0$ die Komponentendarstellung

$$\vec{v}_0 = \begin{pmatrix} v_{0x} \\ v_{0y} \end{pmatrix} = \begin{pmatrix} v_0 \cdot \cos\alpha \\ v_0 \cdot \sin\alpha \end{pmatrix} = v_0 \begin{pmatrix} \cos\alpha \\ \sin\alpha \end{pmatrix}$$

■

2.3 Skalarprodukt zweier Vektoren

2.3.1 Definition und Berechnung eines Skalarproduktes

Als weitere Vektoroperation führen wir die *skalare Multiplikation* zweier Vektoren ein. Sie erzeugt aus den Vektoren $\vec{a}$ und $\vec{b}$ einen Skalar, das sog. *Skalarprodukt* $\vec{a} \cdot \vec{b}$ (gelesen: *a* Punkt *b*). In den Anwendungen treten Skalarprodukte z.B. bei der Definition der folgenden Größen auf:

— *Arbeit einer Kraft* beim Verschieben einer Masse
— *Spannung* (Potentialdifferenz) zwischen zwei Punkten eines elektrischen Feldes

Das *Skalarprodukt* wird wie folgt definiert:

Definition: Unter dem *Skalarprodukt* $\vec{a} \cdot \vec{b}$ zweier Vektoren $\vec{a}$ und $\vec{b}$ wird das Produkt aus den Beträgen der beiden Vektoren und dem Kosinus des von den Vektoren eingeschlossenen Winkels φ verstanden (Bild II-28):

$$\vec{a} \cdot \vec{b} = |\vec{a}| \cdot |\vec{b}| \cdot \cos \varphi = ab \cdot \cos \varphi \qquad \text{(II-20)}$$

$(0^\circ \leqslant \varphi \leqslant 180^\circ)$

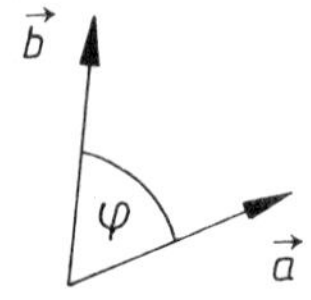

Bild II-28
Zum Begriff des Skalarproduktes zweier Vektoren

Anmerkungen

(1) Das Skalarprodukt ist eine *skalare* Größe und wird auch als *inneres Produkt* der Vektoren $\vec{a}$ und $\vec{b}$ bezeichnet.

(2) Man beachte, daß der in der Definitionsformel (II-20) des Skalarproduktes auftretende Winkel φ stets der *kleinere* der beiden Winkel ist, den die Vektoren $\vec{a}$ und $\vec{b}$ miteinander bilden.

Rechengesetze für Skalarprodukte

Die Skalarproduktbildung ist sowohl *kommutativ* als auch *distributiv*:

Kommutativgesetz $\quad \vec{a} \cdot \vec{b} = \vec{b} \cdot \vec{a} \qquad$ (II-21)

Distributivgesetz $\quad \vec{a} \cdot (\vec{b} + \vec{c}) = \vec{a} \cdot \vec{b} + \vec{a} \cdot \vec{c} \qquad$ (II-22)

Ferner gilt für einen beliebigen Skalar λ:

$$\lambda (\vec{a} \cdot \vec{b}) = (\lambda \vec{a}) \cdot \vec{b} = \vec{a} \cdot (\lambda \vec{b}) \qquad \text{(II-23)}$$

Orthogonale Vektoren

Das Skalarprodukt $\vec{a} \cdot \vec{b}$ zweier vom Nullvektor *verschiedener* Vektoren kann nur verschwinden, wenn $\cos \varphi = 0$, d.h. $\varphi = 90^\circ$ ist. In diesem Fall stehen die Vektoren aufeinander *senkrecht* (sog. *orthogonale Vektoren*, vgl. hierzu Bild II-29).

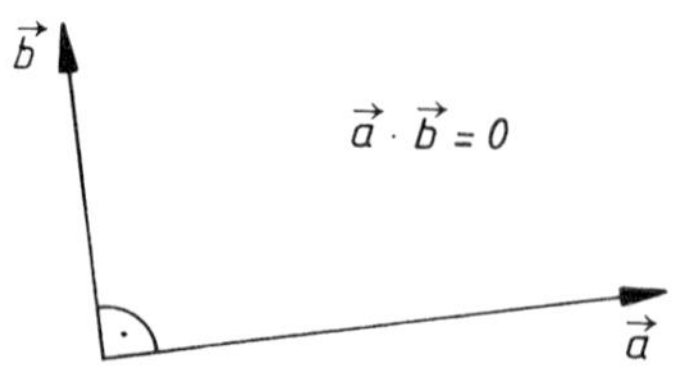

Bild II-29
Orthogonale Vektoren

Orthogonale Vektoren (Bild II-29)

Zwei vom Nullvektor verschiedene Vektoren $\vec{a}$ und $\vec{b}$ stehen genau dann aufeinander *senkrecht*, sind also *orthogonal*, wenn ihr Skalarprodukt *verschwindet*:

$$\vec{a} \cdot \vec{b} = 0 \quad \Leftrightarrow \quad \vec{a} \perp \vec{b} \qquad \text{(II-24)}$$

Die Bedingung der *Orthogonalität* erfüllen beispielsweise die Einheitsvektoren $\vec{e}_x$ und $\vec{e}_y$:

$$\vec{e}_x \cdot \vec{e}_y = \vec{e}_y \cdot \vec{e}_x = 0 \qquad \text{(II-25)}$$

Das skalare Produkt eines Vektors $\vec{a}$ mit sich selbst führt zu

$$\vec{a} \cdot \vec{a} = |\vec{a}| \cdot |\vec{a}| \cdot \cos 0^\circ = |\vec{a}| \cdot |\vec{a}| \cdot 1 = |\vec{a}|^2 = a^2 \qquad \text{(II-26)}$$

Der Betrag eines Vektors $\vec{a}$ kann daher aus dem Skalarprodukt $\vec{a} \cdot \vec{a}$ berechnet werden:

$$|\vec{a}| = a = \sqrt{\vec{a} \cdot \vec{a}} \qquad \text{(II-27)}$$

So erhält man beispielsweise für die *Einheitsvektoren* (Basisvektoren) $\vec{e}_x$ und $\vec{e}_y$:

$$\vec{e}_x \cdot \vec{e}_x = |\vec{e}_x|^2 = 1, \qquad \vec{e}_y \cdot \vec{e}_y = |\vec{e}_y|^2 = 1 \qquad \text{(II-28)}$$

Berechnung eines Skalarproduktes aus den skalaren Vektorkomponenten (Vektorkoordinaten)

Das skalare Produkt zweier Vektoren $\vec{a} = a_x\, \vec{e}_x + a_y\, \vec{e}_y$ und $\vec{b} = b_x\, \vec{e}_x + b_y\, \vec{e}_y$ läßt sich auch direkt aus den Vektorkoordinaten (skalaren Vektorkomponenten) der beiden Vektoren wie folgt berechnen (wir verwenden dabei die Rechengesetze (II-22) und (II-23)):

$$\begin{aligned} \vec{a} \cdot \vec{b} &= (a_x\, \vec{e}_x + a_y\, \vec{e}_y) \cdot (b_x\, \vec{e}_x + b_y\, \vec{e}_y) = \\ &= a_x b_x \underbrace{(\vec{e}_x \cdot \vec{e}_x)}_{1} + a_x b_y \underbrace{(\vec{e}_x \cdot \vec{e}_y)}_{0} + a_y b_x \underbrace{(\vec{e}_y \cdot \vec{e}_x)}_{0} + a_y b_y \underbrace{(\vec{e}_y \cdot \vec{e}_y)}_{1} = \\ &= a_x b_x + a_y b_y \end{aligned} \qquad \text{(II-29)}$$

In der Praxis verwenden wir für die *Skalarproduktbildung* das folgende Rechenschema:

$$\vec{a} \cdot \vec{b} = \begin{pmatrix} a_x \\ a_y \end{pmatrix} \cdot \begin{pmatrix} b_x \\ b_y \end{pmatrix} = a_x b_x + a_y b_y \qquad \text{(II-30)}$$

Regel: *Komponentenweise* Multiplikation, anschließende Addition der Produkte.

Wir fassen diese Ergebnisse wie folgt zusammen:

Berechnung eines Skalarproduktes aus den skalaren Vektorkomponenten (Vektorkoordinaten) der beteiligten Vektoren

Das *Skalarprodukt* $\vec{a} \cdot \vec{b}$ zweier Vektoren $\vec{a}$ und $\vec{b}$ läßt sich aus den skalaren Vektorkomponenten (Vektorkoordinaten) der beiden Vektoren wie folgt berechnen:

$$\vec{a} \cdot \vec{b} = \begin{pmatrix} a_x \\ a_y \end{pmatrix} \cdot \begin{pmatrix} b_x \\ b_y \end{pmatrix} = a_x b_x + a_y b_y \qquad \text{(II-31)}$$

Die Berechnung eines Skalarproduktes kann somit grundsätzlich auf *zwei verschiedene* Arten erfolgen: *Entweder* nach der Definitionsformel (II-20), wenn die Beträge der beiden Vektoren sowie der von ihnen eingeschlossene Winkel bekannt sind *oder* über die skalaren Vektorkomponenten nach Formel (II-31):

$$\vec{a} \cdot \vec{b} = |\vec{a}| \cdot |\vec{b}| \cdot \cos \varphi = a_x b_x + a_y b_y \qquad \text{(II-32)}$$

■ **Beispiele**

(1) Wir berechnen das Skalarprodukt der Vektoren $\vec{a} = \begin{pmatrix} 3 \\ 2 \end{pmatrix}$ und $\vec{b} = \begin{pmatrix} -1 \\ 5 \end{pmatrix}$:

$$\vec{a} \cdot \vec{b} = \begin{pmatrix} 3 \\ 2 \end{pmatrix} \cdot \begin{pmatrix} -1 \\ 5 \end{pmatrix} = 3 \cdot (-1) + 2 \cdot 5 = -3 + 10 = 7$$

(2) Die Vektoren $\vec{a} = \begin{pmatrix} 1 \\ 1 \end{pmatrix}$ und $\vec{b} = \begin{pmatrix} -1 \\ 1 \end{pmatrix}$ sind *orthogonal*, d.h. sie stehen aufeinander *senkrecht*, da ihr skalares Produkt *verschwindet*:

$$\vec{a} \cdot \vec{b} = \begin{pmatrix} 1 \\ 1 \end{pmatrix} \cdot \begin{pmatrix} -1 \\ 1 \end{pmatrix} = 1 \cdot (-1) + 1 \cdot 1 = -1 + 1 = 0$$

■

2.3.2 Winkel zwischen zwei Vektoren

Bei der Berechnung des von zwei Vektoren $\vec{a}$ und $\vec{b}$ eingeschlossenen *Winkels* φ wird von der Gleichung (II-32) Gebrauch gemacht, die zunächst nach $\cos \varphi$ aufgelöst wird:

$$\cos \varphi = \frac{\vec{a} \cdot \vec{b}}{|\vec{a}| \cdot |\vec{b}|} = \frac{a_x b_x + a_y b_y}{\sqrt{a_x^2 + a_y^2} \cdot \sqrt{b_x^2 + b_y^2}} \qquad \text{(II-33)}$$

Durch *Umkehrung*[2] folgt schließlich:

Winkel zwischen zwei Vektoren (Bild II-28)

Der von zwei Vektoren $\vec{a}$ und $\vec{b}$ eingeschlossene *Winkel* φ läßt sich wie folgt berechnen:

$$\varphi = \arccos\left(\frac{\vec{a} \cdot \vec{b}}{|\vec{a}| \cdot |\vec{b}|}\right) \qquad \text{(II-34)}$$

Anmerkung

Aus dem *Vorzeichen* des Skalarproduktes $\vec{a} \cdot \vec{b}$ lassen sich bereits Rückschlüsse auf den *Winkel* φ zwischen den Vektoren $\vec{a}$ und $\vec{b}$ ziehen (Bild II-30):

$\vec{a} \cdot \vec{b} > 0 \quad \Rightarrow \quad \varphi < 90°$ (*spitzer* Winkel; Bild II-30a))

$\vec{a} \cdot \vec{b} = 0 \quad \Rightarrow \quad \varphi = 90°$ (*rechter* Winkel; Bild II-30b))

$\vec{a} \cdot \vec{b} < 0 \quad \Rightarrow \quad \varphi > 90°$ (*stumpfer* Winkel; Bild II-30c))

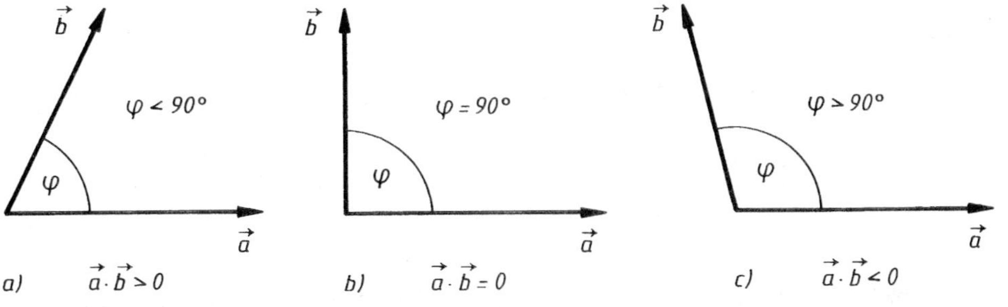

Bild II-30 Winkel zwischen zwei Vektoren

■ **Beispiele**

(1) Welche Winkel bildet der Vektor $\vec{a} = \begin{pmatrix} 2 \\ 1 \end{pmatrix}$ mit den beiden Koordinatenachsen (Bild II-31)?

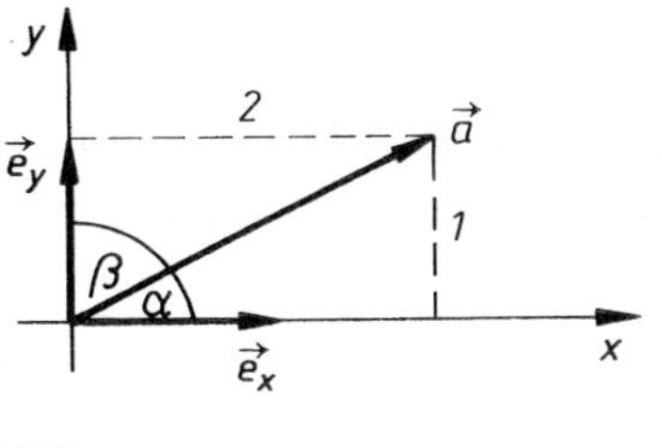

Bild II-31

[2] Die Auflösung der Gleichung (II-33) nach dem unbekannten Winkel φ führt auf die *Umkehrfunktion* der Kosinusfunktion, die als *Arkuskosinusfunktion* bezeichnet und im nächsten Kapitel (Abschnitt 10.3) noch ausführlich behandelt wird.

Lösung:

Die gesuchten Winkel α und β sind nach Bild II-31 genau die Winkel, die der Vektor $\vec{a}$ mit den beiden *Einheitsvektoren* $\vec{e}_x$ und $\vec{e}_y$ einschließt. Sie lassen sich daher über die *Skalarprodukte* des Vektors $\vec{a}$ mit diesen Einheitsvektoren bestimmen. Es gilt nämlich:

$$\vec{a} \cdot \vec{e}_x = |\vec{a}| \cdot |\vec{e}_x| \cdot \cos\alpha \quad \Rightarrow \quad \cos\alpha = \frac{\vec{a} \cdot \vec{e}_x}{|\vec{a}| \cdot |\vec{e}_x|}$$

$$\vec{a} \cdot \vec{e}_y = |\vec{a}| \cdot |\vec{e}_y| \cdot \cos\beta \quad \Rightarrow \quad \cos\beta = \frac{\vec{a} \cdot \vec{e}_y}{|\vec{a}| \cdot |\vec{e}_y|}$$

Wir berechnen zunächst die in diesen Bestimmungsgleichungen für α und β auftretenden *Skalarprodukte* und *Beträge*:

$$\vec{a} \cdot \vec{e}_x = \begin{pmatrix} 2 \\ 1 \end{pmatrix} \cdot \begin{pmatrix} 1 \\ 0 \end{pmatrix} = 2, \qquad \vec{a} \cdot \vec{e}_y = \begin{pmatrix} 2 \\ 1 \end{pmatrix} \cdot \begin{pmatrix} 0 \\ 1 \end{pmatrix} = 1$$

$$|\vec{a}| = \sqrt{2^2 + 1^2} = \sqrt{5}, \qquad |\vec{e}_x| = |\vec{e}_y| = 1$$

Damit erhalten wir:

$$\cos\alpha = \frac{\vec{a} \cdot \vec{e}_x}{|\vec{a}| \cdot |\vec{e}_x|} = \frac{2}{\sqrt{5}} \quad \Rightarrow \quad \alpha = \arccos\left(\frac{2}{\sqrt{5}}\right) = 26{,}6^\circ$$

$$\cos\beta = \frac{\vec{a} \cdot \vec{e}_y}{|\vec{a}| \cdot |\vec{e}_y|} = \frac{1}{\sqrt{5}} \quad \Rightarrow \quad \beta = \arccos\left(\frac{1}{\sqrt{5}}\right) = 63{,}4^\circ$$

Es ist (wie erwartet) $\alpha + \beta = 90^\circ$.

(2) Wir interessieren uns für den *Winkel* φ zwischen den Vektoren $\vec{a} = \begin{pmatrix} 4 \\ 3 \end{pmatrix}$ und $\vec{b} = \begin{pmatrix} -3 \\ 2 \end{pmatrix}$ (Bild II-32).

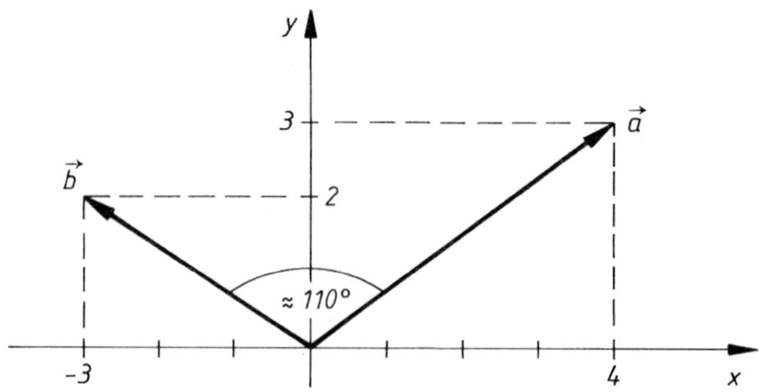

Bild II-32

Mit

$$|\vec{a}| = \sqrt{4^2 + 3^2} = 5, \qquad |\vec{b}| = \sqrt{(-3)^2 + 2^2} = \sqrt{13}$$

$$\vec{a} \cdot \vec{b} = \begin{pmatrix} 4 \\ 3 \end{pmatrix} \cdot \begin{pmatrix} -3 \\ 2 \end{pmatrix} = -12 + 6 = -6$$

erhalten wir nach Formel (II-34) den folgenden Wert:

$$\varphi = \arccos\left(\frac{-6}{5 \cdot \sqrt{13}}\right) = \arccos(-0{,}3328) = 109{,}4^\circ$$

■

2.4 Ein Anwendungsbeispiel: Resultierende eines ebenen Kräftesystems

Wir behandeln ein Problem, das in der Technischen Mechanik von großer Bedeutung ist: Die *vektorielle Addition* von mehreren an einem gemeinsamen Massenpunkt angreifenden (ebenen) Kräften zu einer *resultierenden* Kraft.

Graphische Lösung durch ein Krafteck

Es wird ein *Kräfteplan* erstellt: Er enthält die n angreifenden Kraftvektoren $\vec{F}_1, \vec{F}_2, \ldots, \vec{F}_n$ in einem geeigneten Kräftemaßstab[3]. Von $\vec{F}_1$ ausgehend wird zunächst der Kraftvektor $\vec{F}_2$ parallel zu sich verschoben, bis sein Anfangspunkt in den Endpunkt von $\vec{F}_1$ fällt. Anschließend verschieben wir $\vec{F}_3$ und bringen seinen Anfangspunkt mit dem Endpunkt von $\vec{F}_2$ zur Deckung. Auf diese Weise wird Kraftvektor an Kraftvektor gereiht und man erhält ein sog. *Krafteck* (auch *Kräftepolygon* genannt). Die resultierende Kraft $\vec{F}_R$ ist der vom Anfangspunkt des Vektors $\vec{F}_1$ zum Endpunkt des Vektors $\vec{F}_n$ gerichtete Vektor (Bild II-33).

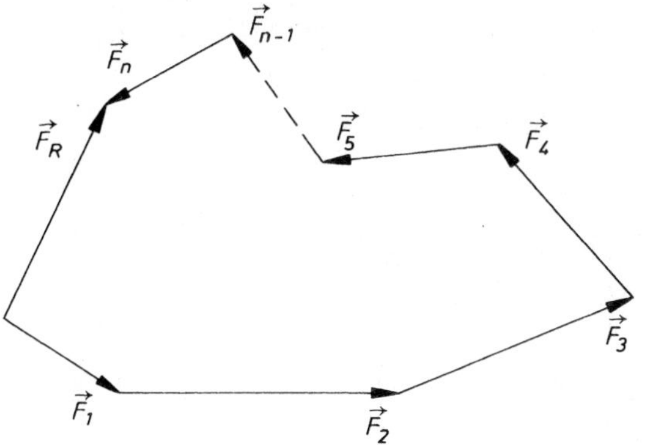

Bild II-33
Krafteck (Kräftepolygon)

---

[3] Der Kräftemaßstab regelt die Umrechnung von der Längen- in die Krafteinheit, z.B. 1 cm ≙ 100 N.

Rechnerische Lösung

Die resultierende Kraft $\vec{F}_R$ ist die *Vektorsumme* aus den n Einzelkräften:

$$\vec{F}_R = \vec{F}_1 + \vec{F}_2 + \ldots + \vec{F}_n = \sum_{k=1}^{n} \vec{F}_k \tag{II-35}$$

■ **Beispiel**

Wir bestimmen graphisch und rechnerisch die Resultierende des in Bild II-34 skizzierten Kräftesystems:

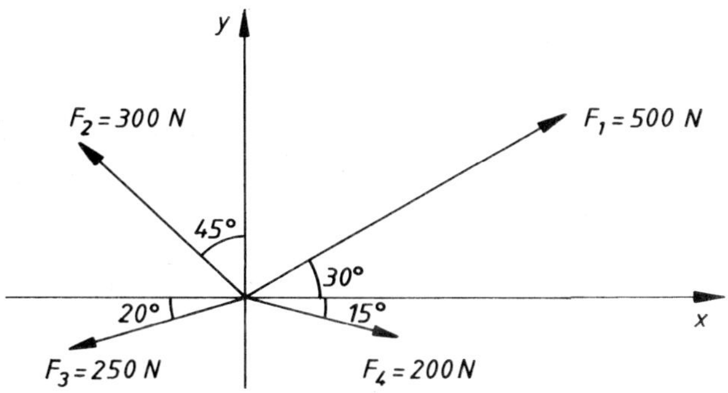

Bild II-34

Graphische Lösung (Bild II-35)

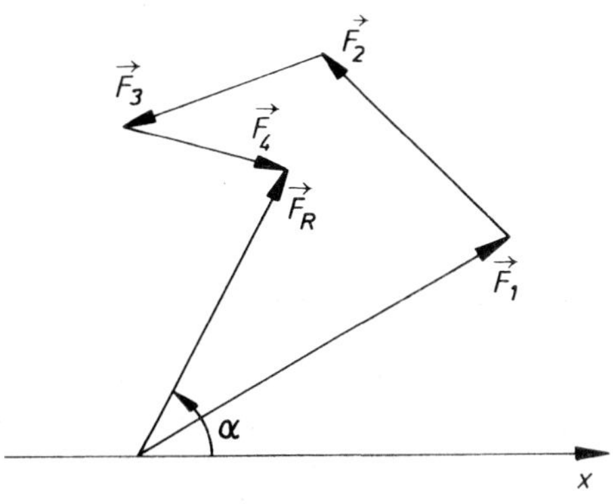

Abgelesene Werte:

$F_R \approx 370$ N

$\alpha \approx 61°$

Bild II-35

Rechnerische Lösung

Wir berechnen zunächst anhand des Bildes II-34 die x- und y-Komponenten der vier Einzelkräfte und daraus dann die Resultierende $\vec{F}_R$:

$\vec{F}_1$: $F_{1x} = F_1 \cdot \cos 30° = 500 \text{ N} \cdot \cos 30° = 433 \text{ N}$

$F_{1y} = F_1 \cdot \sin 30° = 500 \text{ N} \cdot \sin 30° = 250 \text{ N}$

$$\vec{F}_2: \quad F_{2x} = F_2 \cdot \cos 135^\circ = 300 \text{ N} \cdot \cos 135^\circ = -212{,}1 \text{ N}$$
$$F_{2y} = F_2 \cdot \sin 135^\circ = 300 \text{ N} \cdot \sin 135^\circ = 212{,}1 \text{ N}$$

$$\vec{F}_3: \quad F_{3x} = F_3 \cdot \cos 200^\circ = 250 \text{ N} \cdot \cos 200^\circ = -234{,}9 \text{ N}$$
$$F_{3y} = F_3 \cdot \sin 200^\circ = 250 \text{ N} \cdot \sin 200^\circ = -85{,}5 \text{ N}$$

$$\vec{F}_4: \quad F_{4x} = F_4 \cdot \cos 345^\circ = 200 \text{ N} \cdot \cos 345^\circ = 193{,}2 \text{ N}$$
$$F_{4y} = F_4 \cdot \sin 345^\circ = 200 \text{ N} \cdot \sin 345^\circ = -51{,}8 \text{ N}$$

Resultierende Kraft $\vec{F}_R$:

$$\vec{F}_R = \vec{F}_1 + \vec{F}_2 + \vec{F}_3 + \vec{F}_4 =$$
$$= \begin{pmatrix} 433 \text{ N} \\ 250 \text{ N} \end{pmatrix} + \begin{pmatrix} -212{,}1 \text{ N} \\ 212{,}1 \text{ N} \end{pmatrix} + \begin{pmatrix} -234{,}9 \text{ N} \\ -85{,}5 \text{ N} \end{pmatrix} + \begin{pmatrix} 193{,}2 \text{ N} \\ -51{,}8 \text{ N} \end{pmatrix} = \begin{pmatrix} 179{,}2 \text{ N} \\ 324{,}8 \text{ N} \end{pmatrix}$$

Wir können die resultierende Kraft aber auch durch ihren *Betrag* und den in Bild II-35 eingezeichneten *Winkel* α eindeutig festlegen:

$$|\vec{F}_R| = \sqrt{(179{,}2 \text{ N})^2 + (324{,}8 \text{ N})^2} = 371{,}0 \text{ N}$$

$$\cos \alpha = \frac{\vec{F}_R \cdot \vec{e}_x}{|\vec{F}_R| \cdot |\vec{e}_x|} = \frac{\begin{pmatrix} 179{,}2 \text{ N} \\ 324{,}8 \text{ N} \end{pmatrix} \cdot \begin{pmatrix} 1 \\ 0 \end{pmatrix}}{371{,}0 \text{ N} \cdot 1} = \frac{179{,}2 \text{ N}}{371{,}0 \text{ N}} = 0{,}4830 \quad \Rightarrow$$

$$\alpha = \arccos 0{,}4830 = 61{,}1^\circ$$

■

3 Vektorrechnung im 3-dimensionalen Raum

Nachdem wir uns in Abschnitt 2 eingehend mit den in einer Ebene liegenden Vektoren und ihren Eigenschaften beschäftigt haben, gehen wir jetzt zur Darstellung von Vektoren im 3-dimensionalen Anschauungsraum (im folgenden kurz als Raum bezeichnet) über. Hier liegen die Verhältnisse ganz ähnlich. Zur Festlegung eines Vektors benötigt man jedoch eine weitere Komponente. Die Rechenoperationen unterliegen dabei den bereits aus der Ebene bekannten Regeln: Die Multiplikation eines Vektors mit einem Skalar sowie die Addition und Subtraktion von Vektoren erfolgen jeweils *komponentenweise*. Die Definition des Skalarproduktes zweier Vektoren und die sich daraus ergebenden Eigenschaften behalten auch im Raum ihre Gültigkeit. Als neue Begriffe werden wir schließlich das aus *zwei* Vektoren gebildete *Vektorprodukt* sowie das aus *drei* Vektoren gebildete *gemischte* oder *Spatprodukt* einführen.

3.1 Komponentendarstellung eines Vektors

Wir legen der Betrachtung ein *rechtshändiges* kartesisches Koordinatensystem mit einer x-, y- und z-Achse zugrunde. Es wird durch drei paarweise aufeinander senkrecht stehende Einheitsvektoren $\vec{e}_x$, $\vec{e}_y$ und $\vec{e}_z$ festgelegt (Bild II-36)[4]. Richtung und Maßstab der Koordinatenachsen sind dadurch eindeutig bestimmt. Daher bezeichnet man die Einheitsvektoren in diesem Zusammenhang auch als *Basisvektoren*.

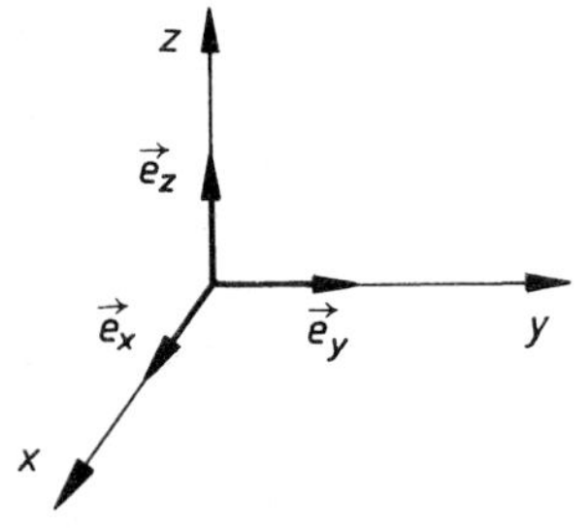

Bild II-36 Festlegung eines räumlichen rechtwinkligen Koordinatensystems durch drei Einheitsvektoren (Basisvektoren)

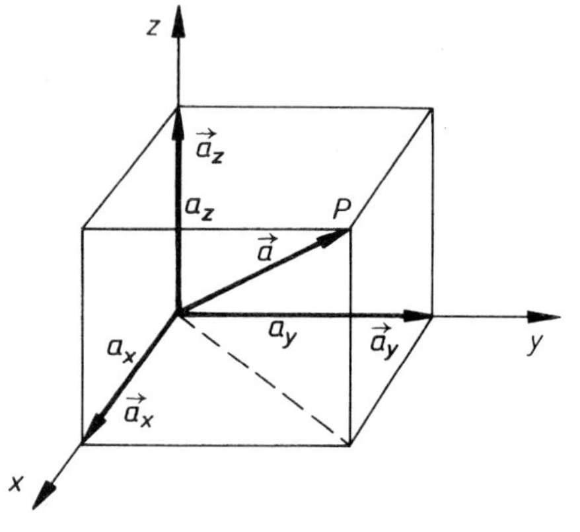

Bild II-37 Zerlegung eines Vektors in Komponenten

Ein im Nullpunkt „angebundener" Vektor $\vec{a}$ ist dann in der Form

$$\vec{a} = \vec{a}_x + \vec{a}_y + \vec{a}_z \qquad \text{(II-36)}$$

darstellbar. Die als *Vektorkomponenten* von $\vec{a}$ bezeichneten Vektoren $\vec{a}_x$, $\vec{a}_y$, $\vec{a}_z$ sind die *Projektionen* des Vektors $\vec{a}$ auf die einzelnen Koordinatenachsen (Bild II-37). Sie liegen in Richtung (oder Gegenrichtung) des jeweiligen Einheitsvektors. Daher gilt:

$$\vec{a}_x = a_x\,\vec{e}_x, \qquad \vec{a}_y = a_y\,\vec{e}_y, \qquad \vec{a}_z = a_z\,\vec{e}_z \qquad \text{(II-37)}$$

Für den Vektor $\vec{a}$ erhält man somit die *Komponentendarstellung*

$$\vec{a} = \vec{a}_x + \vec{a}_y + \vec{a}_z = a_x\,\vec{e}_x + a_y\,\vec{e}_y + a_z\,\vec{e}_z \qquad \text{(II-38)}$$

Die skalaren Größen a_x, a_y, a_z werden als *Vektorkoordinaten* oder *skalare Vektorkomponenten* von $\vec{a}$ bezeichnet. Wird der Vektor $\vec{a}$ vom Koordinatenursprung aus abgetragen, so stimmen die Vektorkomponenten von $\vec{a}$ mit den Koordinaten des Vektorendpunktes P überein. Bei *fester* Basis $\vec{e}_x$, $\vec{e}_y$, $\vec{e}_z$ ist der Vektor $\vec{a}$ in umkehrbar eindeutiger Weise durch die drei Vektorkoordinaten a_x, a_y, a_z bestimmt.

---

[4] Statt $\vec{e}_x$, $\vec{e}_y$, $\vec{e}_z$ sind auch folgende Symbole üblich: $\vec{e}_1$, $\vec{e}_2$, $\vec{e}_3$ und $\vec{i}$, $\vec{j}$, $\vec{k}$.

Es genügt daher die Angabe der skalaren Komponenten in Form eines *Spaltenvektors*:

$$\vec{a} = a_x \, \vec{e}_x + a_y \, \vec{e}_y + a_z \, \vec{e}_z = \begin{pmatrix} a_x \\ a_y \\ a_z \end{pmatrix} \qquad \text{(II-39)}$$

Von der ebenfalls möglichen Darstellung durch einen *Zeilenvektor* $(a_x \;\; a_y \;\; a_z)$ werden wir keinen Gebrauch machen.

Wir fassen zusammen:

Komponentendarstellung eines Vektors (Bild II-37)

$$\vec{a} = \vec{a}_x + \vec{a}_y + \vec{a}_z = a_x \, \vec{e}_x + a_y \, \vec{e}_y + a_z \, \vec{e}_z = \begin{pmatrix} a_x \\ a_y \\ a_z \end{pmatrix} \qquad \text{(II-40)}$$

Dabei bedeuten:

$\left.\begin{array}{l} \vec{a}_x = a_x \, \vec{e}_x \\ \vec{a}_y = a_y \, \vec{e}_y \\ \vec{a}_z = a_z \, \vec{e}_z \end{array}\right\}$ Vektorkomponenten von $\vec{a}$

a_x, a_y, a_z: Vektorkoordinaten (skalare Vektorkomponenten) von $\vec{a}$

$\begin{pmatrix} a_x \\ a_y \\ a_z \end{pmatrix}$: Spaltenvektor

Sind Anfangspunkt $P_1 = (x_1;\, y_1;\, z_1)$ und Endpunkt $P_2 = (x_2;\, y_2;\, z_2)$ eines Vektors $\vec{a}$ bekannt, so lautet die Komponentendarstellung von $\vec{a} = \overrightarrow{P_1 P_2}$ wie folgt:

Komponentendarstellung eines durch zwei Punkte festgelegten Vektors

$$\vec{a} = \overrightarrow{P_1 P_2} = (x_2 - x_1)\, \vec{e}_x + (y_2 - y_1)\, \vec{e}_y + (z_2 - z_1)\, \vec{e}_z = \begin{pmatrix} x_2 - x_1 \\ y_2 - y_1 \\ z_2 - z_1 \end{pmatrix} \qquad \text{(II-41)}$$

Dabei bedeuten:

$P_1 = (x_1;\, y_1;\, z_1)$: *Anfangspunkt* des Vektors $\vec{a} = \overrightarrow{P_1 P_2}$

$P_2 = (x_2;\, y_2;\, z_2)$: *Endpunkt* des Vektors $\vec{a} = \overrightarrow{P_1 P_2}$

Komponentendarstellung spezieller Vektoren

Der *Ortsvektor* des Punktes $P = (x;\ y;\ z)$ lautet:

$$\vec{r}\,(P) = \overrightarrow{OP} = x\ \vec{e}_x + y\ \vec{e}_y + z\ \vec{e}_z = \begin{pmatrix} x \\ y \\ z \end{pmatrix} \qquad \text{(II-42)}$$

Für die drei *Basisvektoren* (*Einheitsvektoren*) $\vec{e}_x$, $\vec{e}_y$ und $\vec{e}_z$ erhält man die folgende Komponentendarstellung:

$$\vec{e}_x = 1\ \vec{e}_x + 0\ \vec{e}_y + 0\ \vec{e}_z = \begin{pmatrix} 1 \\ 0 \\ 0 \end{pmatrix}$$

$$\vec{e}_y = 0\ \vec{e}_x + 1\ \vec{e}_y + 0\ \vec{e}_z = \begin{pmatrix} 0 \\ 1 \\ 0 \end{pmatrix} \qquad \text{(II-43)}$$

$$\vec{e}_z = 0\ \vec{e}_x + 0\ \vec{e}_y + 1\ \vec{e}_z = \begin{pmatrix} 0 \\ 0 \\ 1 \end{pmatrix}$$

Der *Nullvektor* $\vec{0}$ besitzt die Komponentendarstellung

$$\vec{0} = 0\ \vec{e}_x + 0\ \vec{e}_y + 0\ \vec{e}_z = \begin{pmatrix} 0 \\ 0 \\ 0 \end{pmatrix} \qquad \text{(II-44)}$$

Betrag eines Vektors

Der *Betrag* eines Vektors $\vec{a}$ läßt sich nach Bild II-38 aus dem rechtwinkligen Dreieck $OP'P$ unter Verwendung des *Satzes von Pythagoras* leicht berechnen:

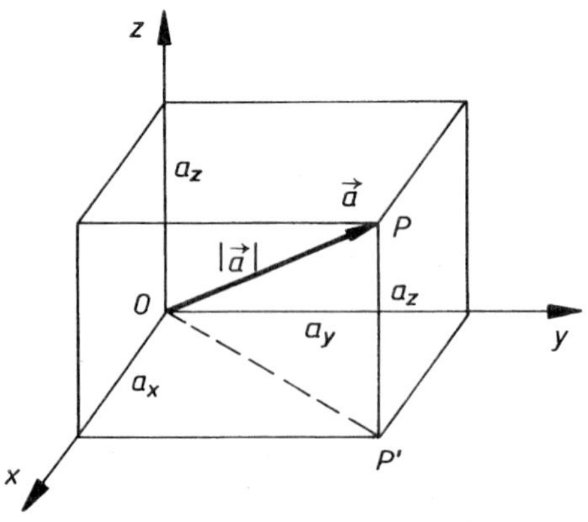

Bild II-38

$$|\overrightarrow{OP}| = |\vec{a}| = a$$

$$|\overrightarrow{OP'}| = \sqrt{a_x^2 + a_y^2}$$

$$|\overrightarrow{P'P}| = a_z$$

$$|\vec{a}|^2 = a^2 = \left(\sqrt{a_x^2 + a_y^2}\right)^2 + a_z^2 = $$

$$= a_x^2 + a_y^2 + a_z^2$$

$$|\vec{a}| = a = \sqrt{a_x^2 + a_y^2 + a_z^2} \qquad \text{(II-45)}$$

Betrag eines Vektors (Bild II-38)

$$|\vec{a}| = a = \sqrt{a_x^2 + a_y^2 + a_z^2} \qquad \text{(II-46)}$$

Gleichheit von Vektoren

Zwei Vektoren $\vec{a}$ und $\vec{b}$ sind genau dann *gleich*, wenn sie in ihren entsprechenden Komponenten übereinstimmen:

$$\vec{a} = \vec{b} \quad \Leftrightarrow \quad a_x = b_x, \quad a_y = b_y, \quad a_z = b_z \qquad \text{(II-47)}$$

■ **Beispiele**

(1) Der Ortsvektor des Punktes $P = (3;\ -2;\ 1)$ lautet:

$$\vec{r}\,(P) = \overrightarrow{OP} = 3\,\vec{e}_x - 2\,\vec{e}_y + 1\,\vec{e}_z = \begin{pmatrix} 3 \\ -2 \\ 1 \end{pmatrix}$$

Sein Betrag ist

$$|\vec{r}\,(P)| = r(P) = \sqrt{3^2 + (-2)^2 + 1^2} = \sqrt{14} = 3{,}74$$

(2) Der Vektor $\vec{a} = \begin{pmatrix} 2 \\ 1 \\ -3 \end{pmatrix}$ wird vom Punkt $A = (5;\ 0;\ 4)$ aus abgetragen. Welche Koordinaten besitzt dann der *Endpunkt* B dieses Vektors?

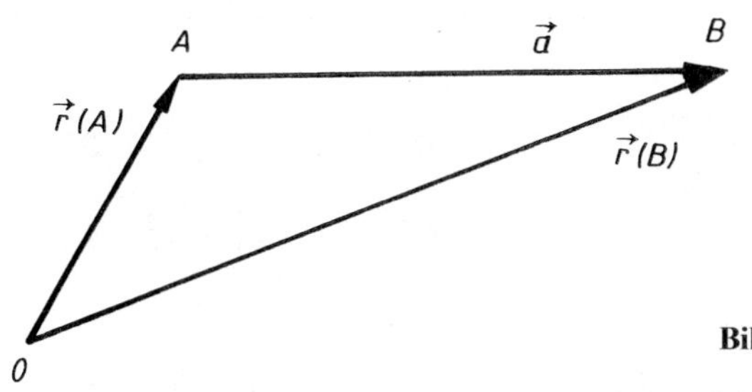

Bild II-39

Lösung:

Anhand einer Skizze (Bild II-39) erkennen wir, daß der Ortsvektor des Endpunktes B sich wie folgt als *Vektorsumme* darstellen läßt:

$$\vec{r}\,(B) = \vec{r}\,(A) + \overrightarrow{AB} = \vec{r}\,(A) + \vec{a}$$

Da A und $\vec{a}$ bekannt sind, erhalten wir

$$\vec{r}\,(B) = \vec{r}\,(A) + \vec{a} = \begin{pmatrix} 5 \\ 0 \\ 4 \end{pmatrix} + \begin{pmatrix} 2 \\ 1 \\ -3 \end{pmatrix} = \begin{pmatrix} 5+2 \\ 0+1 \\ 4-3 \end{pmatrix} = \begin{pmatrix} 7 \\ 1 \\ 1 \end{pmatrix}$$

Ergebnis: $B = (7;\ 1;\ 1)$

■

3.2 Darstellung der Vektoroperationen

3.2.1 Multiplikation eines Vektors mit einem Skalar

Die Multiplikation eines Vektors $\vec{a}$ mit einem Skalar λ wird wie in der Ebene *komponentenweise* durchgeführt:

Multiplikation eines Vektors mit einem Skalar

Die Multiplikation eines Vektors $\vec{a}$ mit einem Skalar λ erfolgt *komponentenweise*:

$$\lambda\,\vec{a} = \lambda \begin{pmatrix} a_x \\ a_y \\ a_z \end{pmatrix} = \begin{pmatrix} \lambda\,a_x \\ \lambda\,a_y \\ \lambda\,a_z \end{pmatrix} \qquad \text{(II-48)}$$

■ **Beispiel**

Eine Masse von $m = 5\,\text{kg}$ erfahre durch eine Kraft $\vec{F}$ die Beschleunigung

$\vec{a} = \begin{pmatrix} 2 \\ -1 \\ 4 \end{pmatrix} \dfrac{\text{m}}{\text{s}^2}$. Die *Komponentendarstellung* der einwirkenden Kraft lautet dann wie folgt:

$$\vec{F} = m\,\vec{a} = 5\,\text{kg} \begin{pmatrix} 2 \\ -1 \\ 4 \end{pmatrix} \frac{\text{m}}{\text{s}^2} = \begin{pmatrix} 10 \\ -5 \\ 20 \end{pmatrix} \text{kg} \cdot \frac{\text{m}}{\text{s}^2} = \begin{pmatrix} 10 \\ -5 \\ 20 \end{pmatrix} \text{N}$$

■

Normierung eines Vektors

$\vec{a}$ sei ein beliebiger vom Nullvektor verschiedener Vektor. Wie lautet der in die *gleiche* Richtung weisende *Einheitsvektor* $\vec{e}_a$? Wir lösen diese Aufgabe wie folgt:

$\vec{a}$ und $\vec{e}_a$ sind *parallele* Vektoren: $\vec{a} \uparrow\uparrow \vec{e}_a$. Der Vektor $\vec{a}$ besitzt die Länge $|\vec{a}|$, der Vektor $\vec{e}_a$ die Länge 1.

Daher gilt (vgl. hierzu Bild II-40):

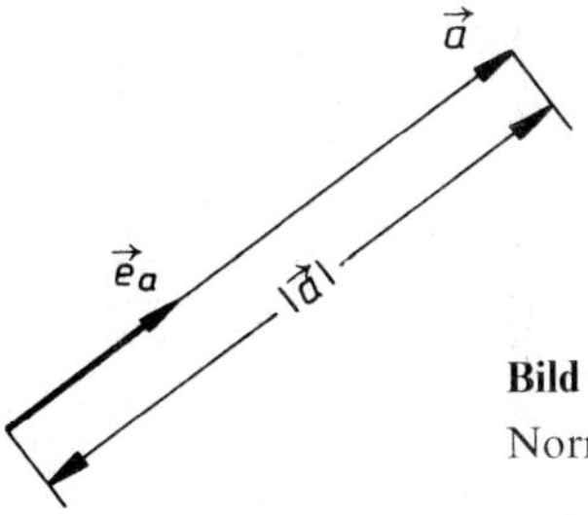

$$\vec{a} = |\vec{a}| \, \vec{e}_a \qquad \text{(II-49)}$$

$$\vec{e}_a = \frac{1}{|\vec{a}|} \, \vec{a} = \frac{\vec{a}}{|\vec{a}|} \qquad \text{(II-50)}$$

Bild II-40
Normierung eines Vektors

Diesen Vorgang bezeichnet man als *Normierung* eines Vektors.

Normierung eines Vektors (Bild II-40)

Durch *Normierung* erhält man aus einem vom Nullvektor verschiedenen Vektor $\vec{a}$ einen *Einheitsvektor gleicher Richtung*. Er lautet wie folgt:

$$\vec{e}_a = \frac{1}{|\vec{a}|} \, \vec{a} \qquad \text{(II-51)}$$

■ **Beispiel**

Wir *normieren den* Vektor $\vec{a} = \begin{pmatrix} 2 \\ -1 \\ 2 \end{pmatrix}$:

$$|\vec{a}| = \sqrt{2^2 + (-1)^2 + 2^2} = 3$$

$$\vec{a} = 3 \, \vec{e}_a \quad \Rightarrow \quad \vec{e}_a = \frac{1}{3} \, \vec{a} = \frac{1}{3} \begin{pmatrix} 2 \\ -1 \\ 2 \end{pmatrix} = \begin{pmatrix} 2/3 \\ -1/3 \\ 2/3 \end{pmatrix}$$

■

3.2.2 Addition und Subtraktion von Vektoren

Die Addition und Subtraktion zweier Vektoren $\vec{a}$ und $\vec{b}$ erfolgt (wie in der Ebene) *komponentenweise*:

Addition und Subtraktion zweier Vektoren

Zwei Vektoren $\vec{a}$ und $\vec{b}$ werden *komponentenweise* addiert bzw. subtrahiert:

$$\vec{a} \pm \vec{b} = \begin{pmatrix} a_x \\ a_y \\ a_z \end{pmatrix} \pm \begin{pmatrix} b_x \\ b_y \\ b_z \end{pmatrix} = \begin{pmatrix} a_x \pm b_x \\ a_y \pm b_y \\ a_z \pm b_z \end{pmatrix} \qquad \text{(II-52)}$$

■ **Beispiele**

(1) Wir berechnen mit $\vec{a} = \begin{pmatrix} 2 \\ 3 \\ 4 \end{pmatrix}$, $\vec{b} = \begin{pmatrix} 3 \\ 0 \\ 1 \end{pmatrix}$ und $\vec{c} = \begin{pmatrix} -4 \\ 1 \\ 5 \end{pmatrix}$

den folgenden Vektor:

$$\vec{s} = 4\,\vec{a} + 3\,\vec{b} - 8\,\vec{c} = 4\begin{pmatrix} 2 \\ 3 \\ 4 \end{pmatrix} + 3\begin{pmatrix} 3 \\ 0 \\ 1 \end{pmatrix} - 8\begin{pmatrix} -4 \\ 1 \\ 5 \end{pmatrix} =$$

$$= \begin{pmatrix} 8 \\ 12 \\ 16 \end{pmatrix} + \begin{pmatrix} 9 \\ 0 \\ 3 \end{pmatrix} + \begin{pmatrix} 32 \\ -8 \\ -40 \end{pmatrix} = \begin{pmatrix} 8 + 9 + 32 \\ 12 + 0 - 8 \\ 16 + 3 - 40 \end{pmatrix} = \begin{pmatrix} 49 \\ 4 \\ -21 \end{pmatrix}$$

(2) Wir zeigen, daß die an einem Massenpunkt gleichzeitig angreifenden Kräfte

$$\vec{F}_1 = \begin{pmatrix} 20 \\ -11 \\ -3 \end{pmatrix}\mathrm{N}, \quad \vec{F}_2 = \begin{pmatrix} 4 \\ 8 \\ 9 \end{pmatrix}\mathrm{N},$$

$$\vec{F}_3 = \begin{pmatrix} 1 \\ -10 \\ -4 \end{pmatrix}\mathrm{N}, \quad \vec{F}_4 = \begin{pmatrix} -25 \\ 13 \\ -2 \end{pmatrix}\mathrm{N}$$

sich in ihrer physikalischen Wirkung aufheben.

Lösung:

Die vier Kräfte heben sich gegenseitig auf, wenn die *Resultierende* $\vec{F}_R$ den *Nullvektor* ergibt:

$$\vec{F}_R = \vec{F}_1 + \vec{F}_2 + \vec{F}_3 + \vec{F}_4 =$$

$$= \begin{pmatrix} 20 \\ -11 \\ -3 \end{pmatrix}\mathrm{N} + \begin{pmatrix} 4 \\ 8 \\ 9 \end{pmatrix}\mathrm{N} + \begin{pmatrix} 1 \\ -10 \\ -4 \end{pmatrix}\mathrm{N} + \begin{pmatrix} -25 \\ 13 \\ -2 \end{pmatrix}\mathrm{N} =$$

$$= \begin{pmatrix} 20 + 4 + 1 - 25 \\ -11 + 8 - 10 + 13 \\ -3 + 9 - 4 - 2 \end{pmatrix}\mathrm{N} = \begin{pmatrix} 0 \\ 0 \\ 0 \end{pmatrix}\mathrm{N}$$

(3) Welche Koordinaten besitzt der Punkt Q, der die Strecke zwischen den Punkten $P_1 = (-4;\ 3;\ 2)$ und $P_2 = (1;\ 0;\ 4)$ *halbiert* (Bild II-41)?

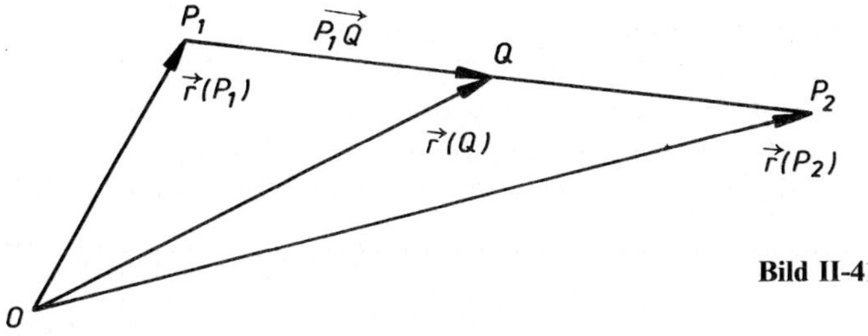

Bild II-41

Lösung:

Der Vektor $\overrightarrow{P_1 Q}$ ist parallel zum Vektor $\overrightarrow{P_1 P_2}$, jedoch nur von *halber* Länge:

$$\overrightarrow{P_1 Q} = \frac{1}{2}\,\overrightarrow{P_1 P_2}$$

Aus der Skizze folgt ferner, daß $\vec{r}\,(Q)$ als Vektorsumme aus $\vec{r}\,(P_1)$ und $\overrightarrow{P_1 Q}$ darstellbar ist:

$$\vec{r}\,(Q) = \vec{r}\,(P_1) + \overrightarrow{P_1 Q} = \vec{r}\,(P_1) + \frac{1}{2}\,\overrightarrow{P_1 P_2}$$

Wir berechnen zunächst die benötigten Vektoren $\vec{r}\,(P_1)$ und $\overrightarrow{P_1 P_2}$:

$$\vec{r}\,(P_1) = \begin{pmatrix} x_1 \\ y_1 \\ z_1 \end{pmatrix} = \begin{pmatrix} -4 \\ 3 \\ 2 \end{pmatrix}$$

$$\overrightarrow{P_1 P_2} = \begin{pmatrix} x_2 - x_1 \\ y_2 - y_1 \\ z_2 - z_1 \end{pmatrix} = \begin{pmatrix} 1-(-4) \\ 0-3 \\ 4-2 \end{pmatrix} = \begin{pmatrix} 5 \\ -3 \\ 2 \end{pmatrix}$$

Für den Ortsvektor $\vec{r}\,(Q)$ erhalten wir dann:

$$\vec{r}\,(Q) = \vec{r}\,(P_1) + \frac{1}{2}\,\overrightarrow{P_1 P_2} =$$

$$= \begin{pmatrix} -4 \\ 3 \\ 2 \end{pmatrix} + \frac{1}{2}\begin{pmatrix} 5 \\ -3 \\ 2 \end{pmatrix} = \begin{pmatrix} -4 \\ 3 \\ 2 \end{pmatrix} + \begin{pmatrix} 2{,}5 \\ -1{,}5 \\ 1 \end{pmatrix} = \begin{pmatrix} -1{,}5 \\ 1{,}5 \\ 3 \end{pmatrix}$$

Ergebnis: $Q = (-1{,}5;\ 1{,}5;\ 3)$. ■

3.3 Skalarprodukt zweier Vektoren

3.3.1 Definition und Berechnung eines Skalarproduktes

Die in Abschnitt 2.3 gegebene Definition des *skalaren Produktes* zweier Vektoren läßt sich sinngemäß auch auf räumliche, d.h. 3-dimensionale Vektoren übertragen:

Definition: Unter dem *Skalarprodukt* $\vec{a} \cdot \vec{b}$ zweier Vektoren $\vec{a}$ und $\vec{b}$ versteht man den Skalar

$$\vec{a} \cdot \vec{b} = |\vec{a}| \cdot |\vec{b}| \cdot \cos\varphi = ab \cdot \cos\varphi \qquad \text{(II-53)}$$

wobei φ der von den beiden Vektoren eingeschlossene Winkel ist ($0° \leqslant \varphi \leqslant 180°$; Bild II-42).

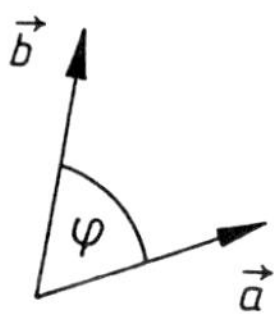

Bild II-42
Zum Begriff des Skalarproduktes zweier Vektoren

Rechengesetze für Skalarprodukte

Die Skalarproduktbildung ist sowohl *kommutativ* als auch *distributiv*:

Kommutativgesetz $\quad \vec{a} \cdot \vec{b} = \vec{b} \cdot \vec{a} \qquad$ (II-54)

Distributivgesetz $\quad \vec{a} \cdot (\vec{b} + \vec{c}) = \vec{a} \cdot \vec{b} + \vec{a} \cdot \vec{c} \qquad$ (II-55)

Ferner gilt für einen *beliebigen* Skalar λ:

$$\lambda\,(\vec{a} \cdot \vec{b}) = (\lambda\,\vec{a}) \cdot \vec{b} = \vec{a} \cdot (\lambda\,\vec{b}) \qquad \text{(II-56)}$$

Orthogonale Vektoren

Verschwindet das skalare Produkt zweier vom Nullvektor verschiedener Vektoren, so bilden sie einen *rechten* Winkel miteinander, stehen also aufeinander *senkrecht*. Solche Vektoren heißen (wie in der Ebene) *orthogonal*.

Orthogonale Vektoren

Zwei vom Nullvektor verschiedene Vektoren $\vec{a}$ und $\vec{b}$ stehen genau dann aufeinander *senkrecht*, sind also *orthogonal*, wenn ihr Skalarprodukt *verschwindet*:

$$\vec{a} \cdot \vec{b} = 0 \quad \Leftrightarrow \quad \vec{a} \perp \vec{b} \qquad \text{(II-57)}$$

Die drei Einheitsvektoren $\vec{e}_x$, $\vec{e}_y$, $\vec{e}_z$ bilden eine sog. *orthonormierte* Basis, d.h. die Vektoren stehen paarweise aufeinander *senkrecht* (*orthogonale* Vektoren) und besitzen jeweils den Betrag Eins (*normierte* Vektoren):

$$\vec{e}_x \cdot \vec{e}_y = \vec{e}_y \cdot \vec{e}_z = \vec{e}_z \cdot \vec{e}_x = 0, \qquad \vec{e}_x \cdot \vec{e}_x = \vec{e}_y \cdot \vec{e}_y = \vec{e}_z \cdot \vec{e}_z = 1 \tag{II-58}$$

Für den Sonderfall $\vec{a} = \vec{b}$ erhält man

$$\vec{a} \cdot \vec{a} = |\vec{a}| \cdot |\vec{a}| \cdot \cos 0° = |\vec{a}| \cdot |\vec{a}| \cdot 1 = |\vec{a}|^2 = a^2 \tag{II-59}$$

Der Betrag eines Vektors $\vec{a}$ läßt sich daher auch über das Skalarprodukt $\vec{a} \cdot \vec{a}$ beberechnen:

$$|\vec{a}| = a = \sqrt{\vec{a} \cdot \vec{a}} \tag{II-60}$$

Berechnung eines Skalarproduktes aus den skalaren Vektorkomponenten (Vektorkoordinaten)

Das Skalarprodukt zweier Vektoren kann auch direkt aus den skalaren Komponenten der beiden Vektoren bestimmt werden:

$$\begin{aligned}\vec{a} \cdot \vec{b} &= (a_x \vec{e}_x + a_y \vec{e}_y + a_z \vec{e}_z) \cdot (b_x \vec{e}_x + b_y \vec{e}_y + b_z \vec{e}_z) = \\ &= a_x b_x (\vec{e}_x \cdot \vec{e}_x) + a_x b_y (\vec{e}_x \cdot \vec{e}_y) + a_x b_z (\vec{e}_x \cdot \vec{e}_z) + \\ &\qquad + a_y b_x (\vec{e}_y \cdot \vec{e}_x) + a_y b_y (\vec{e}_y \cdot \vec{e}_y) + a_y b_z (\vec{e}_y \cdot \vec{e}_z) + \\ &\qquad + a_z b_x (\vec{e}_z \cdot \vec{e}_x) + a_z b_y (\vec{e}_z \cdot \vec{e}_y) + a_z b_z (\vec{e}_z \cdot \vec{e}_z)\end{aligned} \tag{II-61}$$

Die dabei auftretenden Skalarprodukte *verschwinden*, wenn an ihrer Bildung zwei *verschiedene* Einheitsvektoren beteiligt sind. In allen anderen Fällen besitzt das Skalarprodukt den Wert 1. Damit reduziert sich Gleichung (II-61) wie folgt:

$$\begin{aligned}\vec{a} \cdot \vec{b} &= a_x b_x \cdot 1 + a_x b_y \cdot 0 + a_x b_z \cdot 0 + a_y b_x \cdot 0 + a_y b_y \cdot 1 + a_y b_z \cdot 0 + \\ &\qquad + a_z b_x \cdot 0 + a_z b_y \cdot 0 + a_z b_z \cdot 1 = \\ &= a_x b_x + a_y b_y + a_z b_z\end{aligned} \tag{II-62}$$

Wir fassen zusammen:

Berechnung eines Skalarproduktes aus den skalaren Vektorkomponenten (Vektorkoordinaten) der beteiligten Vektoren

Das *Skalarprodukt* $\vec{a} \cdot \vec{b}$ zweier Vektoren $\vec{a}$ und $\vec{b}$ läßt sich aus den skalaren Vektorkomponenten (Vektorkoordinaten) der beiden Vektoren wie folgt berechnen:

$$\vec{a} \cdot \vec{b} = \begin{pmatrix} a_x \\ a_y \\ a_z \end{pmatrix} \cdot \begin{pmatrix} b_x \\ b_y \\ b_z \end{pmatrix} = a_x b_x + a_y b_y + a_z b_z \tag{II-63}$$

Regel: *Komponentenweise* Multiplikation, anschließende Addition der Produkte.

Das *skalare* Produkt zweier Vektoren kann somit (wie in der Ebene) auf *zwei verschiedene* Arten berechnet werden:

$$\vec{a} \cdot \vec{b} = |\vec{a}| \cdot |\vec{b}| \cdot \cos \varphi = a_x b_x + a_y b_y + a_z b_z \tag{II-64}$$

■ **Beispiele**

(1) Das skalare Produkt der Vektoren $\vec{a} = \begin{pmatrix} 1 \\ -2 \\ 2 \end{pmatrix}$ und $\vec{b} = \begin{pmatrix} 3 \\ 2 \\ -4 \end{pmatrix}$ beträgt:

$$\vec{a} \cdot \vec{b} = \begin{pmatrix} 1 \\ -2 \\ 2 \end{pmatrix} \cdot \begin{pmatrix} 3 \\ 2 \\ -4 \end{pmatrix} = 3 - 4 - 8 = -9$$

(2) Die Vektoren $\vec{a} = \begin{pmatrix} 2 \\ 1 \\ 5 \end{pmatrix}$ und $\vec{b} = \begin{pmatrix} 3 \\ 4 \\ -2 \end{pmatrix}$ sind *orthogonal*, da ihr Skalarprodukt *verschwindet*:

$$\vec{a} \cdot \vec{b} = \begin{pmatrix} 2 \\ 1 \\ 5 \end{pmatrix} \cdot \begin{pmatrix} 3 \\ 4 \\ -2 \end{pmatrix} = 6 + 4 - 10 = 0$$

(3) Wir beweisen den *Satz des Pythagoras*: *„In einem rechtwinkligen Dreieck ist die Summe der beiden Kathetenquadrate gleich dem Quadrat der Hypotenuse."*

Beweis:

Die beiden Katheten sowie die Hypotenuse des rechtwinkligen Dreiecks legen wir in der aus Bild II-43 ersichtlichen Weise durch Vektoren fest, wobei gilt:

$$\vec{a} \cdot \vec{a} = a^2, \qquad \vec{b} \cdot \vec{b} = b^2, \qquad \vec{c} \cdot \vec{c} = c^2$$

$$\vec{a} \cdot \vec{b} = 0 \quad (\text{da nach Voraussetzung } \vec{a} \perp \vec{b})$$

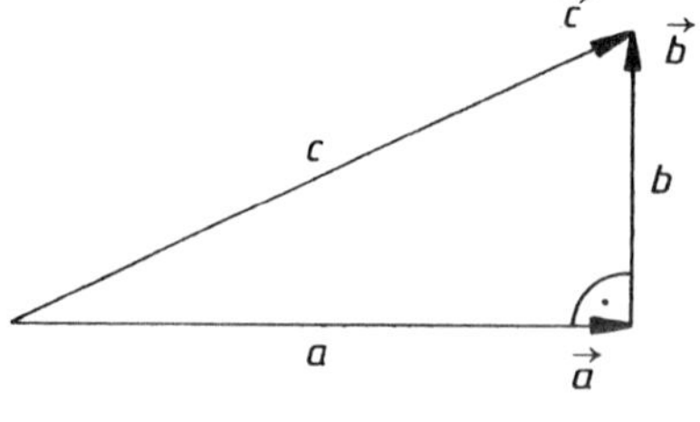

Bild II-43
Zur Herleitung des Satzes von Pythagoras

Der Hypotenusenvektor $\vec{c}$ ist ferner die *Summe* der beiden Kathetenvektoren $\vec{a}$ und $\vec{b}$:

$$\vec{c} = \vec{a} + \vec{b}$$

Wir bilden nun das *skalare* Produkt von $\vec{c}$ mit sich selbst:

$$\vec{c} \cdot \vec{c} = (\vec{a} + \vec{b}) \cdot (\vec{a} + \vec{b}) = \vec{a} \cdot \vec{a} + \vec{a} \cdot \vec{b} + \vec{b} \cdot \vec{a} + \vec{b} \cdot \vec{b}$$

Wegen der Orthogonalität von $\vec{a}$ und $\vec{b}$ ist $\vec{a} \cdot \vec{b} = \vec{b} \cdot \vec{a} = 0$ und es folgt:

$$\vec{c} \cdot \vec{c} = \vec{a} \cdot \vec{a} + \vec{b} \cdot \vec{b} \quad \text{oder} \quad c^2 = a^2 + b^2$$

Damit ist der *Lehrsatz des Pythagoras* bewiesen. ■

3.3.2 Winkel zwischen zwei Vektoren

Aus Gleichung (II-64) erhalten wir die folgende wichtige Beziehung für den *Winkel* φ zwischen zwei Vektoren $\vec{a}$ und $\vec{b}$:

$$\cos \varphi = \frac{\vec{a} \cdot \vec{b}}{|\vec{a}| \cdot |\vec{b}|} = \frac{a_x b_x + a_y b_y + a_z b_z}{\sqrt{a_x^2 + a_y^2 + a_z^2} \cdot \sqrt{b_x^2 + b_y^2 + b_z^2}} \qquad \text{(II-65)}$$

Diese Gleichung lösen wir nach dem gesuchten Winkel φ auf und erhalten das folgende Ergebnis:

Winkel zwischen zwei Vektoren (Bild II-42)

Der von zwei Vektoren $\vec{a}$ und $\vec{b}$ eingeschlossene Winkel φ läßt sich wie folgt berechnen:

$$\varphi = \arccos \left(\frac{\vec{a} \cdot \vec{b}}{|\vec{a}| \cdot |\vec{b}|} \right) \qquad \text{(II-66)}$$

■ **Beispiel**

Wir berechnen nach Gleichung (II-65) bzw. (II-66) den Winkel φ, den die beiden Vektoren $\vec{a} = \begin{pmatrix} 3 \\ -1 \\ 2 \end{pmatrix}$ und $\vec{b} = \begin{pmatrix} 1 \\ 2 \\ 4 \end{pmatrix}$ miteinander einschließen:

$$\vec{a} \cdot \vec{b} = \begin{pmatrix} 3 \\ -1 \\ 2 \end{pmatrix} \cdot \begin{pmatrix} 1 \\ 2 \\ 4 \end{pmatrix} = 3 \cdot 1 + (-1) \cdot 2 + 2 \cdot 4 = 9$$

$$|\vec{a}| = \sqrt{3^2 + (-1)^2 + 2^2} = \sqrt{14}, \qquad |\vec{b}| = \sqrt{1^2 + 2^2 + 4^2} = \sqrt{21}$$

$$\cos \varphi = \frac{\vec{a} \cdot \vec{b}}{|\vec{a}| \cdot |\vec{b}|} = \frac{9}{\sqrt{14} \cdot \sqrt{21}} = 0{,}5249 \quad \Rightarrow \quad \varphi = \arccos 0{,}5249 = 58{,}3^\circ$$

■

3.3.3 Richtungswinkel eines Vektors

Ein Vektor $\vec{a}$ ist bekanntlich eindeutig durch *Betrag* und *Richtung* festgelegt. Die Berechnung des *Betrages* $|\vec{a}|$ erfolgt dabei nach Gleichung (II-46). Die *Richtung* des Vektors legen wir durch die Winkel fest, die der Vektor mit den drei Koordinatenachsen (d.h. mit den drei Basisvektoren $\vec{e}_x$, $\vec{e}_y$ und $\vec{e}_z$) bildet. Diese *Richtungswinkel* kennzeichnen wir der Reihe nach mit α, β und γ (Bild II-44). Sie lassen sich aus der Beziehung (II-65) bzw. (II-66) berechnen, indem man für $\vec{b}$ der Reihe nach $\vec{e}_x$, $\vec{e}_y$, $\vec{e}_z$ setzt. So erhält man beispielsweise für den Winkel α zwischen Vektor $\vec{a}$ und x-Achse:

$$\cos\alpha = \frac{\vec{a}\cdot\vec{e}_x}{|\vec{a}|\cdot|\vec{e}_x|} = \frac{\begin{pmatrix} a_x \\ a_y \\ a_z \end{pmatrix}\cdot\begin{pmatrix} 1 \\ 0 \\ 0 \end{pmatrix}}{|\vec{a}|\cdot 1} = \frac{a_x}{|\vec{a}|} = \frac{a_x}{a} \qquad \text{(II-67)}$$

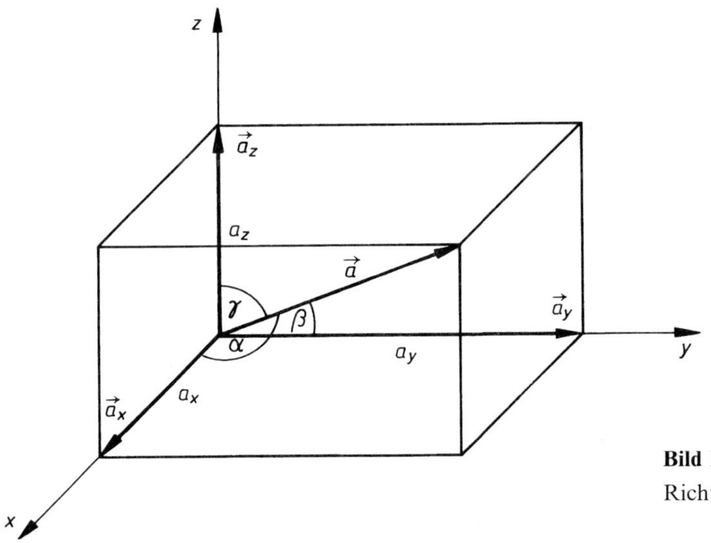

Bild II-44
Richtungswinkel eines Vektors

Analoge Gleichungen bestehen für die beiden übrigen Richtungswinkel:

$$\cos\beta = \frac{a_y}{|\vec{a}|} = \frac{a_y}{a}, \qquad \cos\gamma = \frac{a_z}{|\vec{a}|} = \frac{a_z}{a} \qquad \text{(II-68)}$$

Die Größen $\cos\alpha$, $\cos\beta$ und $\cos\gamma$ werden als *Richtungskosinus* von $\vec{a}$ bezeichnet. Sie genügen der Bedingung

$$\cos^2\alpha + \cos^2\beta + \cos^2\gamma = \frac{a_x^2}{a^2} + \frac{a_y^2}{a^2} + \frac{a_z^2}{a^2} = \frac{a_x^2 + a_y^2 + a_z^2}{a^2} = \frac{a^2}{a^2} = 1 \qquad \text{(II-69)}$$

Die drei Richtungswinkel α, β und γ sind somit voneinander *abhängige* Größen.

Wir fassen zusammen:

Richtungswinkel zwischen einem Vektor und den Koordinatenachsen (Richtungskosinus; Bild II-44)

Ein Vektor $\vec{a}$ bildet mit den drei Koordinatenachsen der Reihe nach die Winkel α, β und γ, die als *Richtungswinkel* bezeichnet werden. Sie lassen sich aus den skalaren Vektorkomponenten (Vektorkoordinaten) des Vektors $\vec{a}$ wie folgt berechnen:

$$\cos\alpha = \frac{a_x}{|\vec{a}|}, \qquad \cos\beta = \frac{a_y}{|\vec{a}|}, \qquad \cos\gamma = \frac{a_z}{|\vec{a}|} \tag{II-70}$$

Die Richtungswinkel sind jedoch *nicht* unabhängig voneinander, sondern über die Beziehung

$$\cos^2\alpha + \cos^2\beta + \cos^2\gamma = 1 \tag{II-71}$$

miteinander verknüpft.

Sind von einem Vektor $\vec{a}$ Betrag und Richtung (d.h. die Richtungswinkel) bekannt, so berechnen sich die Vektorkoordinaten nach (II-70) der Reihe nach zu

$$a_x = |\vec{a}| \cdot \cos\alpha, \qquad a_y = |\vec{a}| \cdot \cos\beta, \qquad a_z = |\vec{a}| \cdot \cos\gamma \tag{II-72}$$

■ **Beispiele**

(1) Wir wollen die *Richtungswinkel* des Vektors $\vec{a} = \begin{pmatrix} 2 \\ -1 \\ -2 \end{pmatrix}$ berechnen.

Mit dem Betrag

$$|\vec{a}| = \sqrt{2^2 + (-1)^2 + (-2)^2} = 3$$

folgt unmittelbar aus den Gleichungen (II-70):

$$\cos\alpha = \frac{a_x}{|\vec{a}|} = \frac{2}{3} \quad \Rightarrow \quad \alpha = \arccos\left(\frac{2}{3}\right) = 48{,}2^\circ$$

$$\cos\beta = \frac{a_y}{|\vec{a}|} = -\frac{1}{3} \quad \Rightarrow \quad \beta = \arccos\left(-\frac{1}{3}\right) = 109{,}5^\circ$$

$$\cos\gamma = \frac{a_z}{|\vec{a}|} = -\frac{2}{3} \quad \Rightarrow \quad \gamma = \arccos\left(-\frac{2}{3}\right) = 131{,}8^\circ$$

Die drei Richtungswinkel des Vektors $\vec{a}$ lauten damit der Reihe nach wie folgt:

$$\alpha = 48{,}2^\circ, \quad \beta = 109{,}5^\circ, \quad \gamma = 131{,}8^\circ$$

(2) Ein Vektor $\vec{a}$ vom Betrage $|\vec{a}| = 5$ bilde mit der x- und y-Achse jeweils einen Winkel von $60°$ und mit der z-Achse einen spitzen Winkel $(0° < \gamma < 90°)$. Wie lauten seine *skalaren* Vektorkomponenten?

Lösung:

Der noch unbekannte dritte Richtungswinkel γ wird aus der Beziehung (II-71) berechnet, die wir zunächst nach $\cos\gamma$ auflösen:

$$\cos\gamma = \pm\sqrt{1 - \cos^2\alpha - \cos^2\beta}$$

Es kommt nur die *positive* Lösung in Frage, da γ nach Voraussetzung *spitz* ist und somit $\cos\gamma > 0$ sein muß. Mit $\alpha = \beta = 60°$ erhält man:

$$\cos\gamma = \sqrt{1 - \cos^2 60° - \cos^2 60°} = 0{,}7071 \quad \Rightarrow$$

$$\gamma = \arccos 0{,}7071 = 45°$$

Die *skalaren* Vektorkomponenten von $\vec{a}$ bestimmen wir nach Gleichung (II-72) wie folgt:

$$a_x = |\vec{a}| \cdot \cos\alpha = 5 \cdot \cos 60° = 2{,}5$$

$$a_y = |\vec{a}| \cdot \cos\beta = 5 \cdot \cos 60° = 2{,}5$$

$$a_z = |\vec{a}| \cdot \cos\gamma = 5 \cdot \cos 45° = 3{,}54$$

■

3.3.4 Projektion eines Vektors auf einen zweiten Vektor

Wir beschäftigen uns jetzt mit der *Projektion* eines Vektors $\vec{b}$ auf einen zweiten Vektor $\vec{a}$ (Bild II-45).

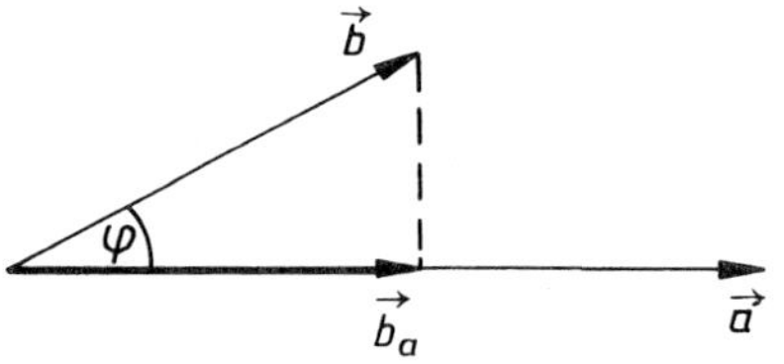

Bild II-45
Komponente eines Vektors $\vec{b}$ in Richtung eines zweiten Vektors $\vec{a}$

Der durch die Projektion erhaltene Vektor wird mit $\vec{b}_a$ bezeichnet, sein Betrag ist

$$|\vec{b}_a| = |\vec{b}| \cdot \cos\varphi \tag{II-73}$$

wobei φ der Winkel zwischen den Vektoren $\vec{b}$ und $\vec{a}$ ist. Aus dem Skalarprodukt

$$\vec{a} \cdot \vec{b} = |\vec{a}| \cdot \underbrace{|\vec{b}| \cdot \cos\varphi}_{|\vec{b}_a|} = |\vec{a}| \cdot |\vec{b}_a| \tag{II-74}$$

folgt dann nach Division durch $|\vec{a}|$:

$$|\vec{b}_a| = |\vec{b}| \cdot \cos\varphi = \frac{\vec{a} \cdot \vec{b}}{|\vec{a}|} \tag{II-75}$$

Der Vektor $\vec{b}_a$ besitzt die *gleiche* Richtung wie der Vektor $\vec{a}$ und ist somit in der Form

$$\vec{b}_a = |\vec{b}_a|\ \vec{e}_a = |\vec{b}_a|\ \frac{\vec{a}}{|\vec{a}|} = \frac{|\vec{b}_a|}{|\vec{a}|}\ \vec{a} \qquad \text{(II-76)}$$

darstellbar, wobei $\vec{e}_a$ der *Einheitsvektor* in Richtung von $\vec{a}$ ist. Unter Berücksichtigung der Beziehung (II-75) wird hieraus schließlich

$$\vec{b}_a = |\vec{b}_a|\ \vec{e}_a = |\vec{b}_a|\ \frac{\vec{a}}{|\vec{a}|} = \frac{\vec{a} \cdot \vec{b}}{|\vec{a}|}\ \frac{\vec{a}}{|\vec{a}|} = \left(\frac{\vec{a} \cdot \vec{b}}{|\vec{a}|^2} \right) \vec{a} \qquad \text{(II-77)}$$

Dieser Vektor wird auch als die *Komponente* des Vektors $\vec{b}$ in Richtung des Vektor $\vec{a}$ bezeichnet.

Projektion eines Vektors $\vec{b}$ auf einen zweiten Vektor $\vec{a}$ (Bild II-45)

Durch *Projektion des* Vektors $\vec{b}$ auf den Vektor $\vec{a}$ entsteht der Vektor

$$\vec{b}_a = \left(\frac{\vec{a} \cdot \vec{b}}{|\vec{a}|^2} \right) \vec{a} \qquad \text{(II-78)}$$

Er wird als *Komponente* des Vektors $\vec{b}$ in Richtung des Vektors $\vec{a}$ bezeichnet.

Anmerkung

Ist $\vec{e}_a$ der *Einheitsvektor* in Richtung von $\vec{a}$, so ist der Vektor $\vec{b}_a$ auch in der Form $\vec{b}_a = (\vec{b} \cdot \vec{e}_a)\ \vec{e}_a$ darstellbar.

■ **Beispiele**

(1) Wir *projizieren* den Vektor $\vec{b} = \begin{pmatrix} 4 \\ -1 \\ 7 \end{pmatrix}$ auf den Vektor $\vec{a} = \begin{pmatrix} 3 \\ 0 \\ 4 \end{pmatrix}$. Um den gesuchten Vektor $\vec{b}_a$ bestimmen zu können, benötigen wir noch die folgenden Größen:

$$\vec{a} \cdot \vec{b} = \begin{pmatrix} 3 \\ 0 \\ 4 \end{pmatrix} \cdot \begin{pmatrix} 4 \\ -1 \\ 7 \end{pmatrix} = 12 + 0 + 28 = 40$$

$$|\vec{a}|^2 = 3^2 + 0^2 + 4^2 = 25$$

Die *Komponente* des Vektors $\vec{b}$ in Richtung des Vektors $\vec{a}$ lautet dann nach Formel (II-78) wie folgt:

$$\vec{b}_a = \left(\frac{\vec{a} \cdot \vec{b}}{|\vec{a}|^2} \right) \vec{a} = \frac{40}{25} \begin{pmatrix} 3 \\ 0 \\ 4 \end{pmatrix} = 1{,}6 \begin{pmatrix} 3 \\ 0 \\ 4 \end{pmatrix} = \begin{pmatrix} 4{,}8 \\ 0 \\ 6{,}4 \end{pmatrix}$$

(2) Wir interessieren uns für die *Komponente* $\vec{F}_s$, die der Kraftvektor

$$\vec{F} = \begin{pmatrix} 4 \\ 2 \\ 6 \end{pmatrix} \text{N} \quad \text{in Richtung des Vektors} \quad \vec{s} = \begin{pmatrix} 2 \\ -1 \\ 2 \end{pmatrix} \quad \text{besitzt. Mit}$$

$$\vec{s} \cdot \vec{F} = \begin{pmatrix} 2 \\ -1 \\ 2 \end{pmatrix} \cdot \begin{pmatrix} 4 \\ 2 \\ 6 \end{pmatrix} \text{N} = (8 - 2 + 12)\,\text{N} = 18\,\text{N}$$

$$|\vec{s}|^2 = 2^2 + (-1)^2 + 2^2 = 9$$

erhalten wir dann:

$$\vec{F}_s = \left(\frac{\vec{s} \cdot \vec{F}}{|\vec{s}|^2} \right) \vec{s} = \frac{18\,\text{N}}{9} \begin{pmatrix} 2 \\ -1 \\ 2 \end{pmatrix} = 2 \begin{pmatrix} 2 \\ -1 \\ 2 \end{pmatrix} \text{N} = \begin{pmatrix} 4 \\ -2 \\ 4 \end{pmatrix} \text{N}$$

■

3.3.5 Ein Anwendungsbeispiel: Arbeit einer Kraft

Wird ein Massenpunkt durch eine *konstante* Kraft $\vec{F}$ um die Strecke $\vec{s}$ verschoben, so ist die an ihm verrichtete *Arbeit* W definitionsgemäß das *skalare* Produkt aus der Kraft $\vec{F}$ und dem Verschiebungsvektor $\vec{s}$ (Bild II-46):

$$W = \vec{F} \cdot \vec{s} = |\vec{F}| \cdot |\vec{s}| \cdot \cos\varphi = F \cdot s \cdot \cos\varphi \qquad \text{(II-79)}$$

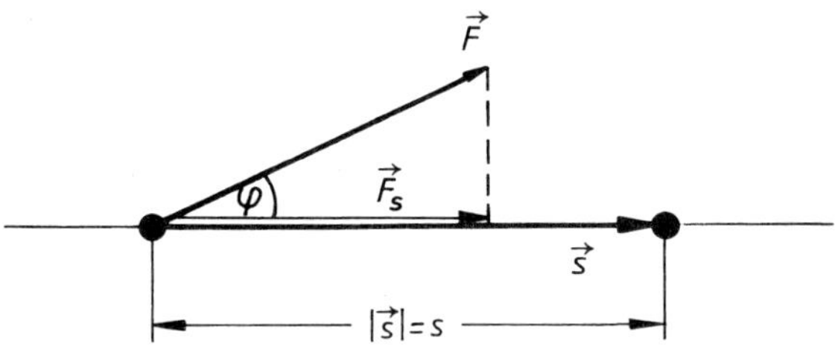

Bild II-46
Zur Definition des Arbeitsbegriffes

Die in der *Wegrichtung* wirkende Kraftkomponente $\vec{F}_s$ besitzt nach Bild II-46 den *Betrag*

$$|\vec{F}_s| = F_s = |\vec{F}| \cdot \cos\varphi = F \cdot \cos\varphi \qquad \text{(II-80)}$$

Wir können daher den Formelausdruck für die Arbeit W auch auf die folgende Form bringen:

$$W = \vec{F} \cdot \vec{s} = F \cdot s \cdot \cos\varphi = \underbrace{(F \cdot \cos\varphi)}_{F_s} \cdot s = F_s \cdot s \qquad \text{(II-81)}$$

Dies aber ist die bereits aus der Schulphysik bekannte Formel „*Arbeit = Kraftkomponente in Wegrichtung mal zurückgelegtem Weg*“!

■ **Beispiel**

Die konstante Kraft $\vec{F} = \begin{pmatrix} -10\text{ N} \\ 2\text{ N} \\ 5\text{ N} \end{pmatrix}$ verschiebe einen Massenpunkt vom Punkte $P_1 = (1\text{ m};\ -5\text{ m};\ 3\text{ m})$ aus geradlinig in den Punkt $P_2 = (0\text{ m};\ 1\text{ m};\ 4\text{ m})$ (vgl. hierzu Bild II-47). Welche *Arbeit* wird dabei verrichtet? Wie groß ist der *Winkel* φ zwischen dem Kraft- und dem Verschiebungsvektor?

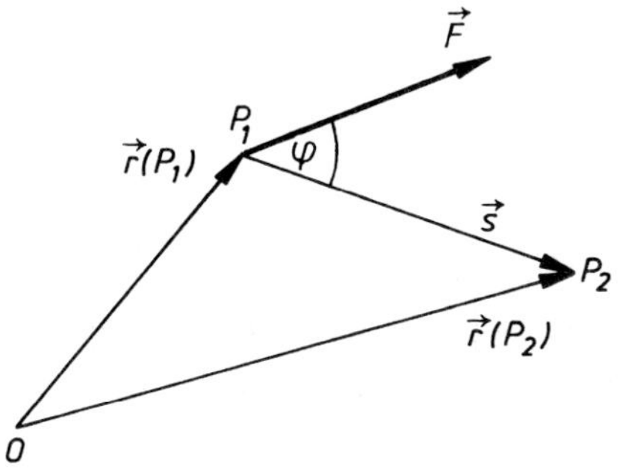

Bild II-47

Lösung:

Der Verschiebungsvektor lautet nach Bild II-47 wie folgt:

$$\vec{s} = \overrightarrow{P_1 P_2} = \begin{pmatrix} x_2 - x_1 \\ y_2 - y_1 \\ z_2 - z_1 \end{pmatrix} = \begin{pmatrix} -1\text{ m} \\ 6\text{ m} \\ 1\text{ m} \end{pmatrix}$$

Die dabei verrichtete Arbeit beträgt dann nach Gleichung (II-79)

$$W = \vec{F} \cdot \vec{s} = \begin{pmatrix} -10\text{ N} \\ 2\text{ N} \\ 5\text{ N} \end{pmatrix} \cdot \begin{pmatrix} -1\text{ m} \\ 6\text{ m} \\ 1\text{ m} \end{pmatrix} = (10 + 12 + 5)\text{ Nm} = 27\text{ Nm}$$

Für die Winkelberechnung benötigen wir noch die *Beträge* von $\vec{F}$ und $\vec{s}$:

$$|\vec{F}| = \sqrt{(-10)^2 + 2^2 + 5^2}\text{ N} = \sqrt{129}\text{ N}$$

$$|\vec{s}| = \sqrt{(-1)^2 + 6^2 + 1^2}\text{ m} = \sqrt{38}\text{ m}$$

Dann aber gilt:

$$\underbrace{\vec{F} \cdot \vec{s}}_{W} = |\vec{F}| \cdot |\vec{s}| \cdot \cos\varphi \quad \Rightarrow$$

$$\cos\varphi = \frac{\vec{F} \cdot \vec{s}}{|\vec{F}| \cdot |\vec{s}|} = \frac{W}{|\vec{F}| \cdot |\vec{s}|} = \frac{27\text{ Nm}}{\sqrt{129}\text{ N} \cdot \sqrt{38}\text{ m}} = 0{,}3856 \quad \Rightarrow$$

$$\varphi = \arccos 0{,}3856 = 67{,}3^\circ$$

■

3.4 Vektorprodukt zweier Vektoren

3.4.1 Definition und Berechnung eines Vektorproduktes

Neben der Addition und Subtraktion von Vektoren und der Skalarproduktbildung wird in den Anwendungen eine weitere Vektoroperation benötigt, die sog. *vektorielle Multiplikation.* Sie erzeugt aus zwei Vektoren $\vec{a}$ und $\vec{b}$ nach einer bestimmten Vorschrift einen neuen *Vektor*, der die Bezeichnung *Vektorprodukt* trägt und durch das Symbol $\vec{a} \times \vec{b}$ gekennzeichnet wird (gelesen: *a* Kreuz *b*). So sind beispielsweise die folgenden physikalischen Größen als Vektorprodukte darstellbar:

— *Drehmoment* $\vec{M}$ *einer an einem starren Körper angreifenden Kraft*
— *Drehimpuls* $\vec{L}$ *eines rotierenden Körpers*
— *Lorentz-Kraft* $\vec{F}_L$, *die ein Ladungsträger (z.B. ein Elektron) beim Durchgang durch ein Magnetfeld erfährt*
— *Kraft auf einen stromdurchflossenen Leiter in einem Magnetfeld*

Das *Vektorprodukt* zweier Vektoren ist wie folgt definiert:

Definition: Unter dem *Vektorprodukt* $\vec{c} = \vec{a} \times \vec{b}$ zweier Vektoren $\vec{a}$ und $\vec{b}$ versteht man den eindeutig bestimmten *Vektor* mit den folgenden Eigenschaften (Bild II-48):

1. $\vec{c}$ ist sowohl zu $\vec{a}$ als auch zu $\vec{b}$ *orthogonal*:

$$\vec{c} \cdot \vec{a} = \vec{c} \cdot \vec{b} = 0 \qquad \text{(II-82)}$$

2. Der Betrag von $\vec{c}$ ist gleich dem Produkt aus den Beträgen der Vektoren $\vec{a}$ und $\vec{b}$ und dem Sinus des von ihnen eingeschlossenen Winkels φ:

$$|\vec{c}| = |\vec{a}| \cdot |\vec{b}| \cdot \sin \varphi \qquad (0^\circ \leqslant \varphi \leqslant 180^\circ) \qquad \text{(II-83)}$$

3. Die Vektoren $\vec{a}, \vec{b}, \vec{c}$ bilden in dieser Reihenfolge ein *rechtshändiges* System.

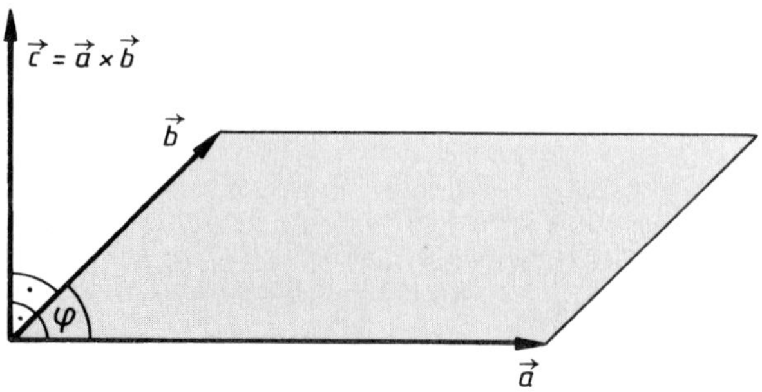

Bild II-48

Zum Begriff des Vektorproduktes zweier Vektoren

Anmerkung

Das Vektorprodukt $\vec{a} \times \vec{b}$ ist eine *vektorielle* Größe und wird auch als *äußeres Produkt* oder *Kreuzprodukt* der Vektoren $\vec{a}$ und $\vec{b}$ bezeichnet.

Für den Flächeninhalt des von den Vektoren $\vec{a}$ und $\vec{b}$ aufgespannten Parallelogramms erhalten wir nach Bild II-49

$$A = (\text{Grundlinie}) \cdot (\text{Höhe}) = a \cdot h = a \cdot b \cdot \sin \varphi = |\vec{a}| \cdot |\vec{b}| \cdot \sin \varphi \qquad \text{(II-84)}$$

Dies aber ist genau der *Betrag* des Vektorproduktes $\vec{a} \times \vec{b}$.

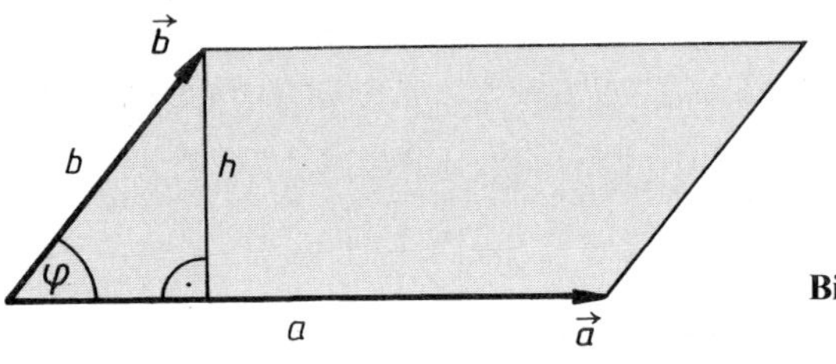

Bild II-49

$$\sin \varphi = \frac{h}{b}$$

$$h = b \cdot \sin \varphi$$

Es gilt somit:

> **Geometrische Deutung eines Vektorproduktes (Bild II-49)**
>
> Der *Betrag* des Vektorproduktes $\vec{a} \times \vec{b}$ entspricht dem *Flächeninhalt* des von den Vektoren $\vec{a}$ und $\vec{b}$ aufgespannten Parallelogramms.

Rechengesetze für Vektorprodukte

Distributivgesetze

$$\vec{a} \times (\vec{b} + \vec{c}) = \vec{a} \times \vec{b} + \vec{a} \times \vec{c} \qquad \text{(II-85)}$$

$$(\vec{a} + \vec{b}) \times \vec{c} = \vec{a} \times \vec{c} + \vec{b} \times \vec{c} \qquad \text{(II-86)}$$

Anti-Kommutativgesetz

$$\vec{a} \times \vec{b} = -(\vec{b} \times \vec{a}) \qquad \text{(II-87)}$$

Ferner gilt für einen beliebigen Skalar λ:

$$\lambda (\vec{a} \times \vec{b}) = (\lambda\, \vec{a}) \times \vec{b} = \vec{a} \times (\lambda\, \vec{b}) \qquad \text{(II-88)}$$

Das vektorielle Produkt $\vec{a} \times \vec{b}$ zweier vom Nullvektor *verschiedener* Vektoren $\vec{a}$ und $\vec{b}$ verschwindet für $\varphi = 0°$ und $\varphi = 180°$. Die Vektoren $\vec{a}$ und $\vec{b}$ sind dann zueinander *parallel* oder *antiparallel*, d.h. *kollinear*.

Wir können damit das folgende *Kriterium* für kollineare Vektoren formulieren:

Kriterium für kollineare Vektoren

Zwei vom Nullvektor verschiedene Vektoren $\vec{a}$ und $\vec{b}$ sind genau dann *kollinear*, wenn ihr Vektorprodukt *verschwindet*:

$$\vec{a} \times \vec{b} = \vec{0} \quad \Leftrightarrow \quad \vec{a} \text{ und } \vec{b} \text{ sind } kollinear \tag{II-89}$$

Für den Sonderfall $\vec{a} = \vec{b}$ folgt unmittelbar aus der Definitionsgleichung (II-83)

$$|\vec{a} \times \vec{a}| = |\vec{a}| \cdot |\vec{a}| \cdot \sin 0° = 0 \quad \Rightarrow \quad \vec{a} \times \vec{a} = \vec{0} \tag{II-90}$$

Zwischen den Basisvektoren $\vec{e}_x$, $\vec{e}_y$, $\vec{e}_z$ bestehen die folgenden wichtigen Beziehungen (Bild II-50):

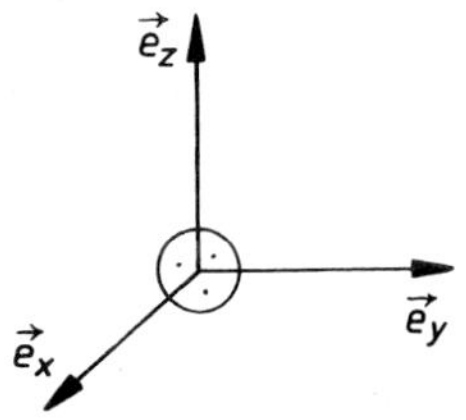

$$\vec{e}_x \times \vec{e}_x = \vec{e}_y \times \vec{e}_y = \vec{e}_z \times \vec{e}_z = \vec{0} \tag{II-91}$$

$$\vec{e}_x \times \vec{e}_y = \vec{e}_z, \quad \vec{e}_y \times \vec{e}_z = \vec{e}_x, \quad \vec{e}_z \times \vec{e}_x = \vec{e}_y \tag{II-92}$$

Bild II-50

Berechnung eines Vektorproduktes aus den skalaren Vektorkomponenten (Vektorkoordinaten)

Die Komponenten des Vektorproduktes $\vec{a} \times \vec{b}$ lassen sich auch direkt aus den skalaren Komponenten der Vektoren $\vec{a}$ und $\vec{b}$ berechnen (wir verwenden bei der Herleitung der Formel das Distributiv- und das Anti-Kommutativgesetz sowie die Beziehungen (II-91) und (II-92)):

$$\begin{aligned}
\vec{a} \times \vec{b} &= (a_x\, \vec{e}_x + a_y\, \vec{e}_y + a_z\, \vec{e}_z) \times (b_x\, \vec{e}_x + b_y\, \vec{e}_y + b_z\, \vec{e}_z) = \\
&= a_x b_x \underbrace{(\vec{e}_x \times \vec{e}_x)}_{\vec{0}} + a_x b_y \underbrace{(\vec{e}_x \times \vec{e}_y)}_{\vec{e}_z} + a_x b_z \underbrace{(\vec{e}_x \times \vec{e}_z)}_{-\vec{e}_y} + \\
&\quad + a_y b_x \underbrace{(\vec{e}_y \times \vec{e}_x)}_{-\vec{e}_z} + a_y b_y \underbrace{(\vec{e}_y \times \vec{e}_y)}_{\vec{0}} + a_y b_z \underbrace{(\vec{e}_y \times \vec{e}_z)}_{\vec{e}_x} + \\
&\quad + a_z b_x \underbrace{(\vec{e}_z \times \vec{e}_x)}_{\vec{e}_y} + a_z b_y \underbrace{(\vec{e}_z \times \vec{e}_y)}_{-\vec{e}_x} + a_z b_z \underbrace{(\vec{e}_z \times \vec{e}_z)}_{\vec{0}} = \\
&= a_x b_y\, \vec{e}_z - a_x b_z\, \vec{e}_y - a_y b_x\, \vec{e}_z + a_y b_z\, \vec{e}_x + a_z b_x\, \vec{e}_y - a_z b_y\, \vec{e}_x = \\
&= (a_y b_z - a_z b_y)\, \vec{e}_x + (a_z b_x - a_x b_z)\, \vec{e}_y + (a_x b_y - a_y b_x)\, \vec{e}_z
\end{aligned} \tag{II-93}$$

Unter Verwendung von *Spaltenvektoren* läßt sich diese Formel auch wie folgt schreiben:

$$\vec{a} \times \vec{b} = \begin{pmatrix} a_x \\ a_y \\ a_z \end{pmatrix} \times \begin{pmatrix} b_x \\ b_y \\ b_z \end{pmatrix} = \begin{pmatrix} a_y b_z - a_z b_y \\ a_z b_x - a_x b_z \\ a_x b_y - a_y b_x \end{pmatrix} \qquad \text{(II-94)}$$

Wir fassen zusammen:

Berechnung eines Vektorproduktes aus den skalaren Vektorkomponenten (Vektorkoordinaten) der beteiligten Vektoren

Das *Vektorprodukt* $\vec{a} \times \vec{b}$ zweier Vektoren $\vec{a}$ und $\vec{b}$ läßt sich aus den skalaren Vektorkomponenten (Vektorkoordinaten) der beiden Vektoren wie folgt berechnen:

$$\vec{a} \times \vec{b} = \begin{pmatrix} a_x \\ a_y \\ a_z \end{pmatrix} \times \begin{pmatrix} b_x \\ b_y \\ b_z \end{pmatrix} = \begin{pmatrix} a_y b_z - a_z b_y \\ a_z b_x - a_x b_z \\ a_x b_y - a_y b_x \end{pmatrix} \qquad \text{(II-95)}$$

Anmerkungen

(1) Bei der Berechnung der Komponenten eines Vektorproduktes beachte man den folgenden Hinweis: Durch *zyklisches* Vertauschen der Indizes erhält man aus der ersten Komponente die zweite und aus dieser schließlich die dritte Komponente.

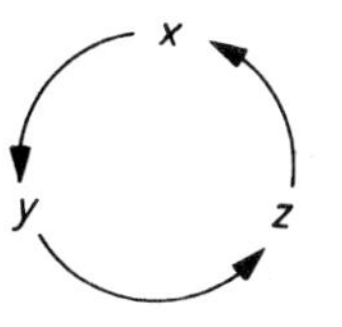

(2) *Formal* läßt sich ein Vektorprodukt $\vec{a} \times \vec{b}$ auch durch eine dreihreihige Determinante darstellen:

$$\vec{a} \times \vec{b} = \begin{vmatrix} \vec{e}_x & \vec{e}_y & \vec{e}_z \\ a_x & a_y & a_z \\ b_x & b_y & b_z \end{vmatrix} \qquad \text{(II-96)}$$

Definitionsgemäß besitzt dabei eine dreireihige Determinante vom Typ

$$D = \begin{vmatrix} a_{11} & a_{12} & a_{13} \\ a_{21} & a_{22} & a_{23} \\ a_{31} & a_{32} & a_{33} \end{vmatrix} \qquad \text{(II-97)}$$

den folgenden Wert:

$$D = a_{11} a_{22} a_{33} + a_{12} a_{23} a_{31} + a_{13} a_{21} a_{32} - a_{31} a_{22} a_{13} - - a_{32} a_{23} a_{11} - a_{33} a_{21} a_{12} \qquad \text{(II-98)}$$

Er kann z. B. nach der *Regel von Sarrus* berechnet werden:

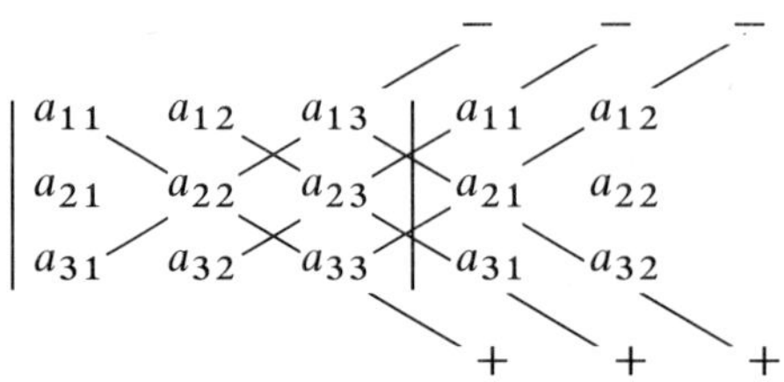

1. und 2. Spalte werden dabei *rechts* neben die Determinante gesetzt, die durch eine Linie miteinander verbundenen Elemente werden dann miteinander multipliziert und ergeben insgesamt *sechs* Produkte mit je *drei* Faktoren. Die in dem Schema angegebenen Vorzeichen bedeuten eine nachträgliche Multiplikation des Produktes mit dem Faktor $+1$ oder -1. Durch *Addition* der sechs Produkte erhält man schließlich den Wert der Determinante D.

Eine ausführliche Darstellung der Determinanten erfolgt in Band 2 (Kapitel I).

Rechenbeispiel

$$D = \begin{vmatrix} 3 & 2 & 0 \\ 1 & 3 & 1 \\ 4 & 5 & 4 \end{vmatrix} = ?$$

Berechnung nach der Regel von *Sarrus*:

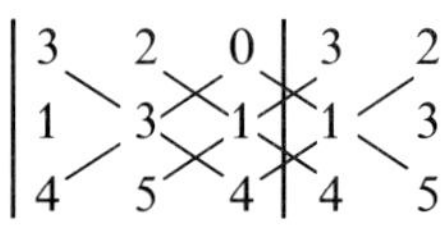

$$D = 3 \cdot 3 \cdot 4 + 2 \cdot 1 \cdot 4 + 0 \cdot 1 \cdot 5 - 4 \cdot 3 \cdot 0 - 5 \cdot 1 \cdot 3 - 4 \cdot 1 \cdot 2 =$$
$$= 36 + 8 + 0 - 0 - 15 - 8 = 21$$

■ **Beispiele**

(1) Wir berechnen den Flächeninhalt A des von den beiden Spaltenvektoren $\vec{a} = \begin{pmatrix} 1 \\ -5 \\ 2 \end{pmatrix}$ und $\vec{b} = \begin{pmatrix} 2 \\ 0 \\ 3 \end{pmatrix}$ aufgespannten Parallelogramms:

$$\vec{a} \times \vec{b} = \begin{pmatrix} 1 \\ -5 \\ 2 \end{pmatrix} \times \begin{pmatrix} 2 \\ 0 \\ 3 \end{pmatrix} = \begin{pmatrix} -15 - 0 \\ 4 - 3 \\ 0 + 10 \end{pmatrix} = \begin{pmatrix} -15 \\ 1 \\ 10 \end{pmatrix}$$

$$A = |\vec{a} \times \vec{b}| = \sqrt{(-15)^2 + 1^2 + 10^2} = 18{,}06$$

(2) *Elektronen*, die mit der Geschwindigkeit $\vec{v}$ in ein Magnetfeld der Flußdichte $\vec{B}$ eintreten, erfahren dort die *Lorentz-Kraft*

$$\vec{F}_L = -e\,(\vec{v} \times \vec{B})$$

Wie groß ist die Kraftwirkung auf ein Elektron, wenn $\vec{v}$ und $\vec{B}$ die folgenden Komponenten besitzen? (Elementarladung $e = 1{,}6 \cdot 10^{-19}$ C)

$$\vec{v} = \begin{pmatrix} 2000 \\ 2000 \\ 0 \end{pmatrix} \text{m/s}, \qquad \vec{B} = \begin{pmatrix} 0 \\ 0 \\ 0{,}1 \end{pmatrix} \text{T} = \begin{pmatrix} 0 \\ 0 \\ 0{,}1 \end{pmatrix} \frac{\text{Vs}}{\text{m}^2}$$

Lösung:

$$\vec{F}_L = -e\,(\vec{v} \times \vec{B}) = -1{,}6 \cdot 10^{-19} \begin{pmatrix} 2000 \\ 2000 \\ 0 \end{pmatrix} \times \begin{pmatrix} 0 \\ 0 \\ 0{,}1 \end{pmatrix} \text{C} \cdot \frac{\text{m}}{\text{s}} \cdot \frac{\text{Vs}}{\text{m}^2} =$$

$$= -1{,}6 \cdot 10^{-19} \begin{pmatrix} 200 - 0 \\ 0 - 200 \\ 0 - 0 \end{pmatrix} \text{N} = -1{,}6 \cdot 10^{-19} \begin{pmatrix} 200 \\ -200 \\ 0 \end{pmatrix} \text{N} =$$

$$= 3{,}2 \cdot 10^{-17} \begin{pmatrix} -1 \\ 1 \\ 0 \end{pmatrix} \text{N}$$

(3) Wir berechnen das *Vektorprodukt* der Vektoren $\vec{a} = \begin{pmatrix} 1 \\ 2 \\ 8 \end{pmatrix}$ und $\vec{b} = \begin{pmatrix} 4 \\ 3 \\ 5 \end{pmatrix}$ mit Hilfe der Determinante (II-96):

$$\vec{a} \times \vec{b} = \begin{vmatrix} \vec{e}_x & \vec{e}_y & \vec{e}_z \\ 1 & 2 & 8 \\ 4 & 3 & 5 \end{vmatrix}$$

Nach der *Regel von Sarrus* gilt:

$$\left|\begin{array}{ccc|cc} \vec{e}_x & \vec{e}_y & \vec{e}_z & \vec{e}_x & \vec{e}_y \\ 1 & 2 & 8 & 1 & 2 \\ 4 & 3 & 5 & 4 & 3 \end{array}\right.$$

$$\vec{a} \times \vec{b} = 10\,\vec{e}_x + 32\,\vec{e}_y + 3\,\vec{e}_z - 8\,\vec{e}_z - 24\,\vec{e}_x - 5\,\vec{e}_y =$$

$$= -14\,\vec{e}_x + 27\,\vec{e}_y - 5\,\vec{e}_z = \begin{pmatrix} -14 \\ 27 \\ -5 \end{pmatrix}$$

■

3.4.2 Anwendungsbeispiele

3.4.2.1 Drehmoment (Moment einer Kraft)

Drehmomente sind vektorielle Größen, die bei der Behandlung statischer Systeme von großer Bedeutung sind.

Wir betrachten einen *starren Körper* in Form einer Kreisscheibe, der um seine Symmetrieachse drehbar gelagert ist (Bild II-51).

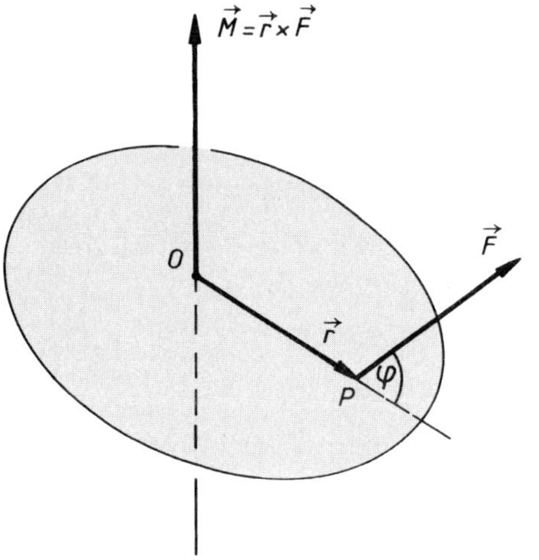

Bild II-51 Zum Begriff des Drehmomentes

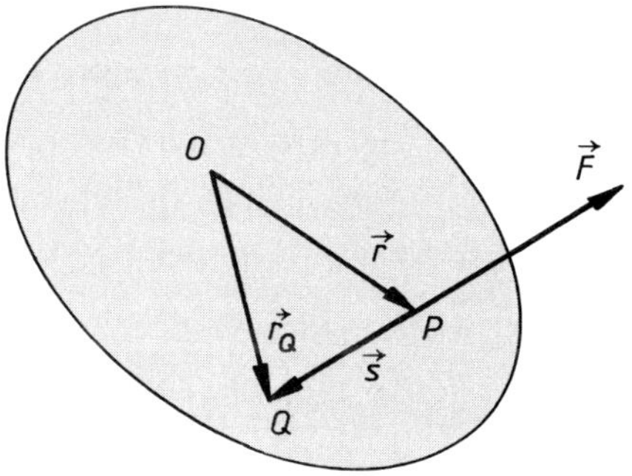

Bild II-52 Die an einem starren Körper angreifende Kraft als linienflüchtiger Vektor

Eine im Punkt P angreifende (in der Scheibenebene liegende) Kraft $\vec{F}$ erzeugt ein Drehmoment $\vec{M}$, das als Vektorprodukt aus Ortsvektor $\vec{r}$ und Kraftvektor $\vec{F}$ in der Form

$$\vec{M} = \vec{r} \times \vec{F} \tag{II-99}$$

darstellbar ist ($\vec{r}$ ist der Ortsvektor des Angriffspunktes P). Der Betrag von $\vec{M}$ ist

$$|\vec{M}| = M = |\vec{r}| \cdot |\vec{F}| \cdot \sin \varphi \tag{II-100}$$

Der Drehmomentvektor liegt *in* der Drehachse und ist daher so orientiert, daß die drei Vektoren $\vec{r}$, $\vec{F}$ und $\vec{M}$ in dieser Reihenfolge ein *Rechtssystem* bilden. Die physikalische Wirkung von $\vec{M}$ ist die einer Drehung um die in Bild II-51 eingezeichnete Drehachse.

Als *linienflüchtiger* Vektor darf die Kraft $\vec{F}$ längs ihrer *Wirkungslinie* verschoben werden. Bei dieser Verschiebung bleibt jedoch das Drehmoment $\vec{M}$ *unverändert*, wie wir jetzt zeigen wollen. Ist $\vec{s}$ der Verschiebungsvektor von P nach Q, so gilt nach Bild II-52

$$\vec{r}_Q = \vec{r} + \vec{s} \tag{II-101}$$

Unter Verwendung dieser Beziehung und des *Distributivgesetzes für Vektorprodukte* erhalten wir für das Moment der Kraft $\vec{F}$ im *neuen* Angriffspunkt Q den Formelausdruck

$$\vec{M}_Q = \vec{r}_Q \times \vec{F} = (\vec{r} + \vec{s}) \times \vec{F} = \vec{r} \times \vec{F} + \vec{s} \times \vec{F} = \vec{M} + \vec{s} \times \vec{F} \qquad \text{(II-102)}$$

Die Vektoren $\vec{s}$ und $\vec{F}$ sind aber *kollinear*, ihr Vektorprodukt $\vec{s} \times \vec{F}$ *verschwindet* daher: $\vec{s} \times \vec{F} = \vec{0}$. Wir erhalten schließlich:

$$\vec{M}_Q = \vec{M} + \vec{s} \times \vec{F} = \vec{M} + \vec{0} = \vec{M} \qquad \text{(II-103)}$$

Damit haben wir bewiesen, daß die an einem starren Körper angreifende Kraft einen *linienflüchtigen* Vektor darstellt. Mit anderen Worten: Das Moment einer Kraft bleibt *erhalten*, wenn diese längs ihrer *Wirkungslinie* verschoben wird.

3.4.2.2 Bewegung von Ladungsträgern in einem Magnetfeld (Lorentz-Kraft)

Bewegt sich ein geladenes Teilchen mit der Geschwindigkeit $\vec{v}$ durch ein homogenes Magnetfeld mit der magnetischen Flußdichte $\vec{B}$, so erfährt es eine Kraft

$$\vec{F}_L = q\,(\vec{v} \times \vec{B}) \qquad \textit{(Lorentz-Kraft)} \qquad \text{(II-104)}$$

(q: Ladung des Teilchens). Die Kraftwirkung erfolgt senkrecht sowohl zur Bewegungsrichtung als auch zur Richtung des Magnetfeldes. Handelt es sich bei den Ladungsträgern um Elektronen ($q = -e$; e: Elementarladung), so ist

$$\vec{F}_L = -e\,(\vec{v} \times \vec{B}) \qquad \text{(II-105)}$$

Wir untersuchen nun spezielle Einschußwinkel.

(1) Die Elektronen werden *in* Feldrichtung (oder in der *Gegenrichtung*) in das Magnetfeld eingeschossen:

$$\vec{v} \uparrow\uparrow \vec{B} \quad \Rightarrow \quad \vec{F}_L = -e\,\underbrace{(\vec{v} \times \vec{B})}_{\vec{0}} = \vec{0} \qquad \text{(II-106)}$$

Sie gehen ungehindert durch das Feld hindurch, da der Geschwindigkeitsvektor $\vec{v}$ und der Flußdichtevektor $\vec{B}$ *kollineare* Vektoren darstellen und somit das Vektorprodukt $\vec{v} \times \vec{B}$ *verschwindet* (Bild II-53).

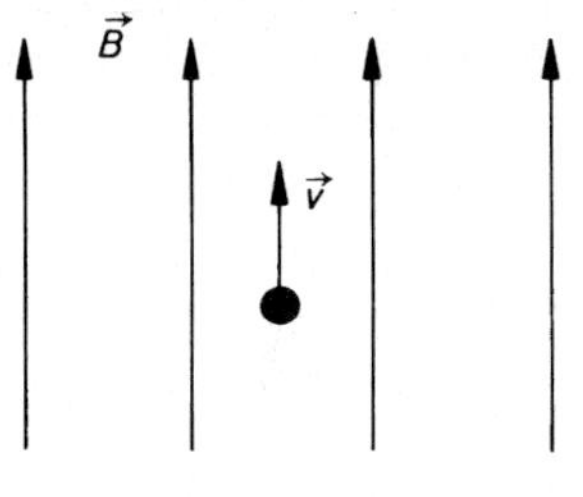

Bild II-53 Parallel zu einem homogenen Magnetfeld eintretende Elektronen

(2) Bewegen sich die Elektronen *senkrecht* zum Magnetfeld, so wirkt die Lorentz-Kraft als Zentripetalkraft und zwingt die Elektronen auf eine Kreisbahn (die Vektoren $\vec{v}$, $\vec{B}$ und $\vec{F}_L$ stehen in diesem Sonderfall *paarweise aufeinander senkrecht*; Bild II-54).

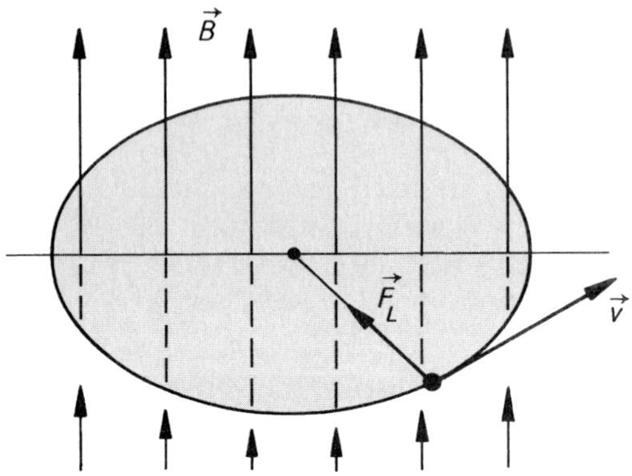

Bild II-54 Senkrecht in ein homogenes Magnetfeld eintretende Elektronen

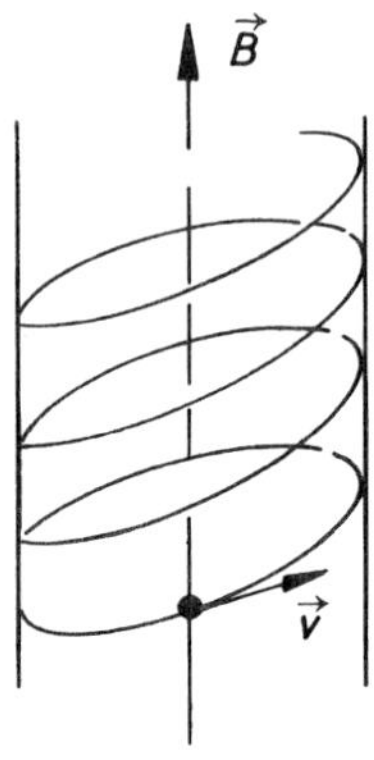

Bild II-55 Schraubenlinienförmige Bahn eines Elektrons in einem homogenen Magnetfeld

(3) Die Elektronen werden unter einem Winkel α gegen die Feldrichtung eingeschossen ($0° < \alpha < 180°$, $\alpha \neq 90°$). Die Geschwindigkeitskomponente in Feldrichtung (oder in der Gegenrichtung) bewirkt eine *Translation* parallel zu den Feldlinien, während gleichzeitig aufgrund der zum Feld senkrechten Geschwindigkeitskomponente eine *Kreisbewegung* um die Feldlinien ausgeführt wird. Die Elektronenbahn ist demnach eine *Schraubenlinie* (Bild II-55).

3.5 Spatprodukt (gemischtes Produkt)

In den Anwendungen wird häufig ein weiteres, diesmal aber aus *drei* Vektoren gebildetes „Produkt" benötigt, das als *Spatprodukt* oder auch *gemischtes Produkt* bezeichnet wird. Es ist wie folgt definiert:

Definition: Unter dem *Spatprodukt* $[\vec{a}\ \vec{b}\ \vec{c}]$ dreier Vektoren $\vec{a}$, $\vec{b}$ und $\vec{c}$ versteht man das skalare Produkt aus dem Vektor $\vec{a}$ und dem aus den Vektoren $\vec{b}$ und $\vec{c}$ gebildeten Vektorprodukt $\vec{b} \times \vec{c}$:

$$[\vec{a}\ \vec{b}\ \vec{c}] = \vec{a} \cdot (\vec{b} \times \vec{c}) \qquad \text{(II-107)}$$

Anmerkungen

(1) Das Spatprodukt ist eine *skalare* Größe.

(2) Das Spatprodukt wird auch als *gemischtes Produkt* bezeichnet, da bei seiner Bildung *beide* Multiplikationsarten (skalare *und* vektorielle Multiplikation) auftreten.

(3) Bilden die Vektoren $\vec{a}, \vec{b}, \vec{c}$ in dieser Reihenfolge ein *Rechtssystem* (*Linkssystem*), so ist das aus ihnen gebildete Spatprodukt stets *positiv* (*negativ*).

Rechengesetze für Spatprodukte

(1) Bei einer *zyklischen* Vertauschung der drei Vektoren $\vec{a}, \vec{b}$ und $\vec{c}$ ändert sich das Spatprodukt *nicht*:

$$[\vec{a}\ \vec{b}\ \vec{c}] = [\vec{b}\ \vec{c}\ \vec{a}] = [\vec{c}\ \vec{a}\ \vec{b}] \qquad \text{(II-108)}$$

(2) Vertauschen zweier Vektoren bewirkt stets einen *Vorzeichenwechsel*. Zum Beispiel:

$$[\vec{a}\ \vec{b}\ \vec{c}] = -[\vec{a}\ \vec{c}\ \vec{b}] \qquad (\vec{b} \text{ und } \vec{c} \text{ vertauscht}) \qquad \text{(II-109)}$$

Die drei Vektoren $\vec{a}, \vec{b}$ und $\vec{c}$ spannen ein sog. *Parallelepiped* (auch *Spat* genannt) auf (Bild II-56). Dem *Betrag* des Spatproduktes $[\vec{a}\ \vec{b}\ \vec{c}]$ kommt dabei die geometrische Bedeutung des *Spatvolumens* zu, wie wir jetzt zeigen werden.

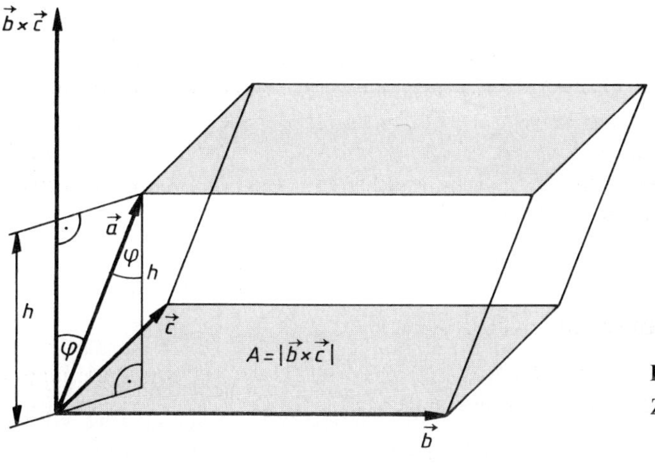

$$\cos\varphi = \frac{h}{|\vec{a}|}$$

$$h = |\vec{a}| \cdot \cos\varphi$$

Bild II-56
Zum Begriff des Spatproduktes

Die aus der Elementarmathematik bekannte Formel $V = A \cdot h$ (Volumen = Grundfläche mal Höhe) führt nämlich bei Anwendung auf den in Bild II-56 skizzierten Spat zu dem folgenden Ergebnis:

$$V = A \cdot h = |\vec{b} \times \vec{c}| \cdot |\vec{a}| \cdot \cos\varphi = |\vec{a}| \cdot |\vec{b} \times \vec{c}| \cdot \cos\varphi \qquad \text{(II-110)}$$

Dies aber ist nichts anderes als der *Betrag* des Spatproduktes $[\vec{a}\ \vec{b}\ \vec{c}] = \vec{a} \cdot (\vec{b} \times \vec{c})$, da φ der Winkel zwischen den Vektoren $\vec{a}$ und $\vec{b} \times \vec{c}$ ist.

Geometrische Deutung eines Spatproduktes (Bild II-56)

Das *Volumen* eines von drei Vektoren $\vec{a}, \vec{b}$ und $\vec{c}$ aufgespannten *Spats* ist gleich dem *Betrag* des Spatproduktes $[\vec{a}\ \vec{b}\ \vec{c}]$:

$$V_{\text{Spat}} = |[\vec{a}\ \vec{b}\ \vec{c}]| = |\vec{a} \cdot (\vec{b} \times \vec{c})| \qquad \text{(II-111)}$$

Berechnung eines Spatproduktes aus den skalaren Vektorkomponenten (Vektorkoordinaten)

Ähnlich wie beim *Skalar-* und *Vektorprodukt* läßt sich auch ein *Spatprodukt* aus den skalaren Vektorkomponenten der beteiligten Vektoren berechnen:

Berechnung eines Spatproduktes aus den skalaren Vektorkomponenten (Vektorkoordinaten) der beteiligten Vektoren

Das *Spatprodukt* oder *gemischte* Produkt $[\vec{a}\ \vec{b}\ \vec{c}]$ dreier Vektoren $\vec{a}, \vec{b}$ und $\vec{c}$ läßt sich aus den skalaren Vektorkomponenten (Vektorkoordinaten) der beteiligten Vektoren wie folgt berechnen:

$$[\vec{a}\ \vec{b}\ \vec{c}] = \vec{a} \cdot (\vec{b} \times \vec{c}) =$$
$$= a_x (b_y c_z - b_z c_y) + a_y (b_z c_x - b_x c_z) + a_z (b_x c_y - b_y c_x) \qquad \text{(II-112)}$$

Anmerkung

Das Spatprodukt $[\vec{a}\ \vec{b}\ \vec{c}]$ läßt sich auch als dreireihige Determinante darstellen:

$$[\vec{a}\ \vec{b}\ \vec{c}] = \vec{a} \cdot (\vec{b} \times \vec{c}) = \begin{vmatrix} a_x & a_y & a_z \\ b_x & b_y & b_z \\ c_x & c_y & c_z \end{vmatrix} \qquad \text{(II-113)}$$

Verschwindet das Spatprodukt $\vec{a} \cdot (\vec{b} \times \vec{c})$ der drei vom Nullvektor verschiedenen Vektoren $\vec{a}, \vec{b}$ und $\vec{c}$, so sind die Vektoren $\vec{a}$ und $\vec{b} \times \vec{c}$ zueinander *orthogonal* und umgekehrt. Dies aber bedeutet, daß der Vektor $\vec{a}$ in der von $\vec{b}$ und $\vec{c}$ aufgespannten Ebene liegt. Die drei Vektoren liegen damit in einer *gemeinsamen Ebene* (sog. *komplanare Vektoren*, vgl. Bild II-57).

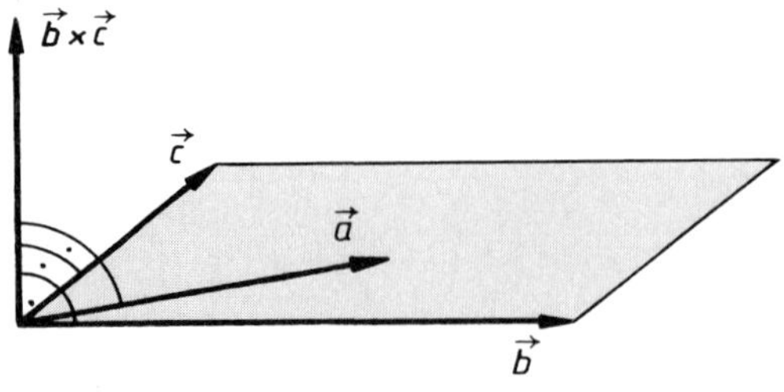

Bild II-57
Komplanare Vektoren $\vec{a}, \vec{b}$ und $\vec{c}$

Wir können damit das folgende *Kriterium für komplanare Vektoren* formulieren:

Kriterium für komplanare Vektoren (Bild II-57)

Drei vom Nullvektor verschiedene Vektoren $\vec{a}$, $\vec{b}$ und $\vec{c}$ sind genau dann *komplanar*, wenn das aus ihnen gebildete Spatprodukt *verschwindet*:

$$[\vec{a}\;\vec{b}\;\vec{c}] = 0 \quad \Leftrightarrow \quad \vec{a}, \vec{b} \text{ und } \vec{c} \text{ sind } \textit{komplanar} \tag{II-114}$$

■ **Beispiele**

(1) Das aus den Vektoren $\vec{a} = \begin{pmatrix} 1 \\ 4 \\ 2 \end{pmatrix}$, $\vec{b} = \begin{pmatrix} 0 \\ -1 \\ 3 \end{pmatrix}$ und $\vec{c} = \begin{pmatrix} 2 \\ 5 \\ 13 \end{pmatrix}$

gebildete Spatprodukt *verschwindet*:

$$[\vec{a}\;\vec{b}\;\vec{c}] = \begin{vmatrix} 1 & 4 & 2 \\ 0 & -1 & 3 \\ 2 & 5 & 13 \end{vmatrix} = 0$$

Die Berechnung der Determinante erfolgt dabei nach der *Regel von Sarrus*:

$$\left|\begin{array}{ccc|cc} 1 & 4 & 2 & 1 & 4 \\ 0 & -1 & 3 & 0 & -1 \\ 2 & 5 & 13 & 2 & 5 \end{array}\right.$$

$$[\vec{a}\;\vec{b}\;\vec{c}] = -13 + 24 + 0 - (-4 + 15 + 0) = 11 - 11 = 0$$

Die drei Vektoren sind daher *komplanar*, d.h. sie liegen in einer gemeinsamen Ebene.

(2) Welches *Volumen* V_{Spat} besitzt der von den drei Vektoren

$$\vec{a} = \begin{pmatrix} 2 \\ 0 \\ 5 \end{pmatrix}, \quad \vec{b} = \begin{pmatrix} -1 \\ 5 \\ -2 \end{pmatrix} \quad \text{und} \quad \vec{c} = \begin{pmatrix} 2 \\ 1 \\ 2 \end{pmatrix}$$

aufgespannte *Spat*?

Lösung:
Wir berechnen zunächst das *Spatprodukt*

$$[\vec{a}\;\vec{b}\;\vec{c}] = \begin{vmatrix} 2 & 0 & 5 \\ -1 & 5 & -2 \\ 2 & 1 & 2 \end{vmatrix}$$

mit Hilfe der *Regel von Sarrus*:

$$\left|\begin{array}{rrr|rr} 2 & 0 & 5 & 2 & 0 \\ -1 & 5 & -2 & -1 & 5 \\ 2 & 1 & 2 & 2 & 1 \end{array}\right.$$

$$[\vec{a}\ \vec{b}\ \vec{c}] = 20 + 0 - 5 - (50 - 4 + 0) = 15 - 46 = -31$$

Ergebnis: $V_{\text{Spat}} = \left|[\vec{a}\ \vec{b}\ \vec{c}]\right| = |-31| = 31$ ■

4 Anwendungen in der Geometrie

4.1 Vektorielle Darstellung einer Geraden

4.1.1 Punkt-Richtungs-Form einer Geraden

Eine Gerade g soll durch den Punkt P_1 mit dem Ortsvektor $\vec{r}_1$ und *parallel* zu einem (vorgegebenen) Vektor $\vec{a}$ (*Richtungsvektor* genannt) verlaufen (Bild II-58). Wie lautet die Gleichung dieser Geraden in *vektorieller* Form?

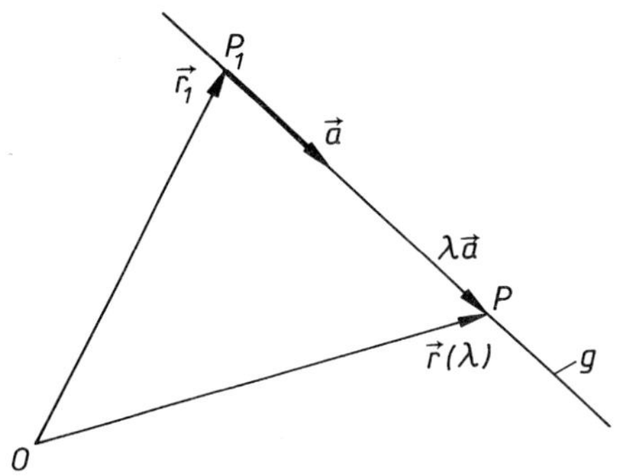

Bild II-58
Zur Punkt-Richtungsform einer Geraden

Bezeichnet man den *laufenden* Punkt der Geraden mit P, so ist der zugehörige Ortsvektor $\vec{r}(P)$ die *geometrische* (*vektorielle*) Summe aus $\vec{r}_1$ und $\overrightarrow{P_1 P}$:

$$\vec{r}(P) = \vec{r}_1 + \overrightarrow{P_1 P} \tag{II-115}$$

Da die Vektoren $\overrightarrow{P_1 P}$ und $\vec{a}$ *kollinear* sind (sie liegen beide *in* der Geraden), gilt ferner

$$\overrightarrow{P_1 P} = \lambda\,\vec{a} \tag{II-116}$$

λ ist dabei ein geeigneter reeller *Parameter*. Für den Ortsvektor $\vec{r}(P)$ erhält man dann unter Verwendung dieser Beziehung

$$\vec{r}(P) = \vec{r}_1 + \overrightarrow{P_1 P} = \vec{r}_1 + \lambda\,\vec{a} \tag{II-117}$$

Die Lage des Punktes P auf der Geraden g ist somit *eindeutig* durch den Parameter λ festgelegt. Wir bringen dies durch die Schreibweise $\vec{r}\,(P) = \vec{r}\,(\lambda)$ zum Ausdruck. Die gesuchte Geradengleichung lautet damit in der *vektoriellen Parameterdarstellung* wie folgt:

Vektorielle Punkt-Richtungs-Form einer Geraden (Bild II-58)

$$\vec{r}\,(P) = \vec{r}\,(\lambda) = \vec{r}_1 + \lambda\,\vec{a} \qquad \text{(II-118)}$$

oder (in der Komponentenschreibweise)

$$\begin{pmatrix} x \\ y \\ z \end{pmatrix} = \begin{pmatrix} x_1 \\ y_1 \\ z_1 \end{pmatrix} + \lambda \begin{pmatrix} a_x \\ a_y \\ a_z \end{pmatrix} = \begin{pmatrix} x_1 + \lambda\,a_x \\ y_1 + \lambda\,a_y \\ z_1 + \lambda\,a_z \end{pmatrix} \qquad \text{(II-119)}$$

Dabei bedeuten:

x, y, z: Koordinaten des *laufenden* Punktes P der Geraden

x_1, y_1, z_1: Koordinaten des *vorgegebenen* Punktes P_1 der Geraden

a_x, a_y, a_z: Skalare Vektorkomponenten des *Richtungsvektors* $\vec{a}$ der Geraden

λ: Reeller Parameter ($\lambda \in \mathbb{R}$)

Für $\lambda = 0$ erhält man den Punkt P_1, für $\lambda > 0$ werden alle Punkte *in Richtung* des Richtungsvektors $\vec{a}$ durchlaufen, für $\lambda < 0$ alle Punkte in der *Gegenrichtung* (jeweils vom Punkte P_1 aus betrachtet).

■ **Beispiel**

Wir bestimmen die Gleichung der Geraden g, die durch den Punkt $P_1 = (3;\ -2;\ 1)$ in Richtung des Vektors $\vec{a} = \begin{pmatrix} 5 \\ 2 \\ 3 \end{pmatrix}$ verläuft:

$$\vec{r}\,(\lambda) = \vec{r}_1 + \lambda\,\vec{a} = \begin{pmatrix} 3 \\ -2 \\ 1 \end{pmatrix} + \lambda \begin{pmatrix} 5 \\ 2 \\ 3 \end{pmatrix} = \begin{pmatrix} 3 + 5\lambda \\ -2 + 2\lambda \\ 1 + 3\lambda \end{pmatrix} \qquad (\lambda \in \mathbb{R})$$

So gehört beispielsweise zum Parameterwert $\lambda = 3$ der folgende Punkt Q:

$$\vec{r}\,(Q) = \vec{r}\,(\lambda = 3) = \begin{pmatrix} 3 + 5 \cdot 3 \\ -2 + 2 \cdot 3 \\ 1 + 3 \cdot 3 \end{pmatrix} = \begin{pmatrix} 18 \\ 4 \\ 10 \end{pmatrix} \quad \Rightarrow \quad Q = (18;\ 4;\ 10)$$

■

4.1.2 Zwei-Punkte-Form einer Geraden

Eine Gerade g soll durch die beiden (voneinander *verschiedenen*) Punkte P_1 und P_2 mit den Ortsvektoren $\vec{r}_1$ und $\vec{r}_2$ verlaufen (Bild II-59).

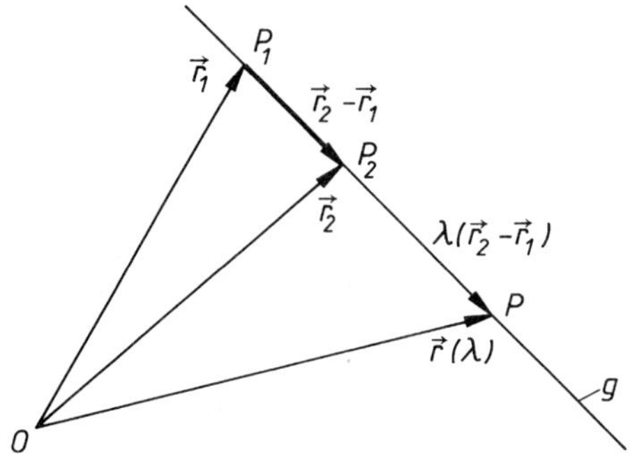

Bild II-59
Zur Zwei-Punkte-Form einer Geraden

Die *vektorielle* Gleichung dieser Geraden erhalten wir durch analoge Überlegungen wie im vorangegangenen Abschnitt 4.1.1. Der Ortsvektor des *laufenden* Punktes P der Geraden g ist wiederum als *Summenvektor* in der Form

$$\vec{r}\,(P) = \vec{r}_1 + \overrightarrow{P_1 P} \tag{II-120}$$

darstellbar. Da die Vektoren $\overrightarrow{P_1 P}$ und $\overrightarrow{P_1 P_2} = \vec{r}_2 - \vec{r}_1$ *kollinear* sind, gilt

$$\overrightarrow{P_1 P} = \lambda\,\overrightarrow{P_1 P_2} = \lambda\,(\vec{r}_2 - \vec{r}_1) \tag{II-121}$$

und somit

$$\vec{r}\,(P) = \vec{r}_1 + \overrightarrow{P_1 P} = \vec{r}_1 + \lambda\,\overrightarrow{P_1 P_2} = \vec{r}_1 + \lambda\,(\vec{r}_2 - \vec{r}_1) \tag{II-122}$$

Dies ist die *Parameterdarstellung* einer Geraden durch zwei vorgegebene Punkte P_1 und P_2 in *vektorieller* Form. Für $\vec{r}\,(P)$ schreiben wir wieder $\vec{r}\,(\lambda)$, um die Abhängigkeit vom Parameter λ zum Ausdruck zu bringen.

Zusammenfassend gilt somit:

Vektorielle Zwei-Punkte-Form einer Geraden (Bild II-59)

$$\vec{r}\,(P) = \vec{r}\,(\lambda) = \vec{r}_1 + \lambda\,\overrightarrow{P_1 P_2} = \vec{r}_1 + \lambda\,(\vec{r}_2 - \vec{r}_1) \tag{II-123}$$

oder (in der Komponentenschreibweise)

$$\begin{pmatrix} x \\ y \\ z \end{pmatrix} = \begin{pmatrix} x_1 \\ y_1 \\ z_1 \end{pmatrix} + \lambda \begin{pmatrix} x_2 - x_1 \\ y_2 - y_1 \\ z_2 - z_1 \end{pmatrix} = \begin{pmatrix} x_1 + \lambda(x_2 - x_1) \\ y_1 + \lambda(y_2 - y_1) \\ z_1 + \lambda(z_2 - z_1) \end{pmatrix} \tag{II-124}$$

Dabei bedeuten:

x, y, z:	Koordinaten des *laufenden* Punktes P der Geraden
$\left.\begin{matrix} x_1, y_1, z_1 \\ x_2, y_2, z_2 \end{matrix}\right\}$	Koordinaten der *vorgegebenen* Punkte P_1 und P_2 der Geraden
λ:	Reeller Parameter ($\lambda \in \mathbb{R}$)

■ **Beispiel**

Wie lautet die Gleichung der Geraden g durch die beiden Punkte $P_1 = (1; 1; 1)$ und $P_2 = (2; 0; 4)$?

Lösung:

$$\vec{r}(\lambda) = \vec{r}_1 + \lambda(\vec{r}_2 - \vec{r}_1) = \begin{pmatrix} 1 \\ 1 \\ 1 \end{pmatrix} + \lambda \begin{pmatrix} 2-1 \\ 0-1 \\ 4-1 \end{pmatrix} = \begin{pmatrix} 1+\lambda \\ 1-\lambda \\ 1+3\lambda \end{pmatrix} \qquad (\lambda \in \mathbb{R})$$

Zum Parameterwert $\lambda = 2$ beispielsweise gehört demnach der folgende Punkt Q:

$$\vec{r}(Q) = \vec{r}(\lambda = 2) = \begin{pmatrix} 1+2 \\ 1-2 \\ 1+3\cdot 2 \end{pmatrix} = \begin{pmatrix} 3 \\ -1 \\ 7 \end{pmatrix} \quad \Rightarrow \quad Q = (3; -1; 7)$$

■

4.1.3 Abstand eines Punktes von einer Geraden

Gegeben ist eine Gerade g in der vektoriellen *Punkt-Richtungs-Form*

$$\vec{r}(\lambda) = \vec{r}_1 + \lambda\,\vec{a} \qquad \text{(II-125)}$$

und ein Punkt Q mit dem Ortsvektor $\vec{r}_Q$ (Bild II-60). Wir stellen uns die Aufgabe, den (senkrechten) *Abstand* d dieses Punktes von der Geraden g zu bestimmen.

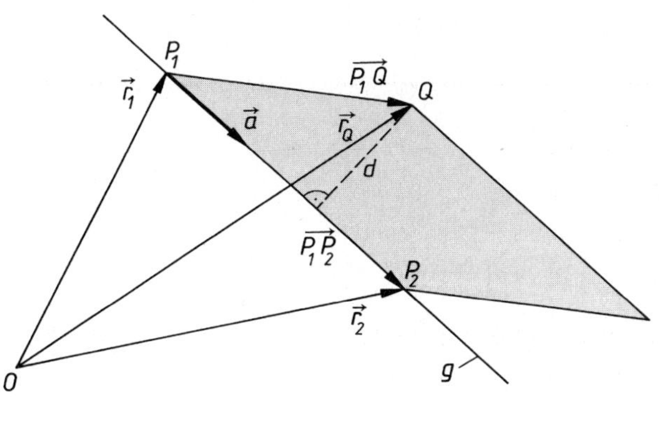

Bild II-60

Zur Berechnung des Abstandes eines Punktes von einer Geraden

Dazu wählen wir auf der Geraden einen weiteren Punkt P_2 im Abstand $|\overrightarrow{P_1 P_2}| = 1$ vom Punkte P_1. Der Vektor $\overrightarrow{P_1 P_2}$ ist somit der *Einheitsvektor* in Richtung des Vektors $\vec{a}$:

$$\overrightarrow{P_1 P_2} = \vec{e}_a = \frac{\vec{a}}{|\vec{a}|} \tag{II-126}$$

Dieser Vektor bildet zusammen mit dem Vektor $\overrightarrow{P_1 Q} = \vec{r}_Q - \vec{r}_1$ das in Bild II-60 *grau* unterlegte Parallelogramm, dessen Höhe der gesuchte Abstand d des Punktes Q von der Geraden g ist. Für den Flächeninhalt A dieses Parallelogramms gilt dann *einerseits*

$$A = (\text{Grundlinie}) \cdot (\text{Höhe}) = |\overrightarrow{P_1 P_2}| \cdot d = 1 \cdot d = d \tag{II-127}$$

andererseits

$$A = |\overrightarrow{P_1 P_2} \times \overrightarrow{P_1 Q}| = \left| \frac{\vec{a}}{|\vec{a}|} \times (\vec{r}_Q - \vec{r}_1) \right| = \frac{|\vec{a} \times (\vec{r}_Q - \vec{r}_1)|}{|\vec{a}|} \tag{II-128}$$

Durch *Gleichsetzen* erhält man schließlich die gewünschte Abstandsformel:

$$d = \frac{|\vec{a} \times (\vec{r}_Q - \vec{r}_1)|}{|\vec{a}|} \tag{II-129}$$

Wir halten fest:

Abstand eines Punktes von einer Geraden (Bild II-60)

Der *Abstand* eines Punktes Q mit dem Ortsvektor $\vec{r}_Q$ von einer Geraden g mit der Gleichung $\vec{r}(\lambda) = \vec{r}_1 + \lambda\, \vec{a}$ läßt sich wie folgt berechnen:

$$d = \frac{|\vec{a} \times (\vec{r}_Q - \vec{r}_1)|}{|\vec{a}|} \tag{II-130}$$

Anmerkung

Ist $d = 0$, so liegt der Punkt Q auf der Geraden.

■ **Beispiel**

Die Gleichung einer Geraden g laute:

$$\vec{r}(\lambda) = \vec{r}_1 + \lambda\, \vec{a} = \begin{pmatrix} 1 \\ 0 \\ 1 \end{pmatrix} + \lambda \begin{pmatrix} 2 \\ 5 \\ 2 \end{pmatrix} \qquad (\lambda \in \mathbb{R})$$

Wir berechnen den *Abstand* d des Punktes $Q = (5;\ 3;\ -2)$ von dieser Geraden:

$$\vec{a} \times (\vec{r}_Q - \vec{r}_1) = \begin{pmatrix} 2 \\ 5 \\ 2 \end{pmatrix} \times \begin{pmatrix} 5-1 \\ 3-0 \\ -2-1 \end{pmatrix} = \begin{pmatrix} 2 \\ 5 \\ 2 \end{pmatrix} \times \begin{pmatrix} 4 \\ 3 \\ -3 \end{pmatrix} =$$

$$= \begin{pmatrix} -15-6 \\ 8+6 \\ 6-20 \end{pmatrix} = \begin{pmatrix} -21 \\ 14 \\ -14 \end{pmatrix}$$

$$|\vec{a} \times (\vec{r}_Q - \vec{r}_1)| = \sqrt{(-21)^2 + 14^2 + (-14)^2} = \sqrt{833}$$

$$|\vec{a}| = \sqrt{2^2 + 5^2 + 2^2} = \sqrt{33}$$

$$d = \frac{|\vec{a} \times (\vec{r}_Q - \vec{r}_1)|}{|\vec{a}|} = \frac{\sqrt{833}}{\sqrt{33}} = 5{,}02$$

■

4.1.4 Abstand zweier paralleler Geraden

Zwei Geraden g_1 und g_2 können folgende Lagen zueinander haben:

— *g_1 und g_2 fallen zusammen*

— *g_1 und g_2 sind zueinander parallel*

— *g_1 und g_2 schneiden sich in genau einem Punkt*

— *g_1 und g_2 sind windschief, d.h. sie verlaufen weder parallel noch kommen sie zum Schnitt*

In diesem Abschnitt beschäftigen wir uns mit dem (senkrechten) *Abstand* d zweier *paralleler* Geraden g_1 und g_2 mit den Gleichungen

$$\vec{r}(\lambda_1) = \vec{r}_1 + \lambda_1 \vec{a}_1 \quad \text{und} \quad \vec{r}(\lambda_2) = \vec{r}_2 + \lambda_2 \vec{a}_2 \qquad \text{(II-131)}$$

($\lambda_1, \lambda_2 \in \mathbb{R}$; Bild II-61). Diese Geraden sind genau dann *parallel*, wenn ihre Richtungsvektoren *kollinear* sind, d.h. $\vec{a}_1 \times \vec{a}_2 = \vec{0}$ ist.

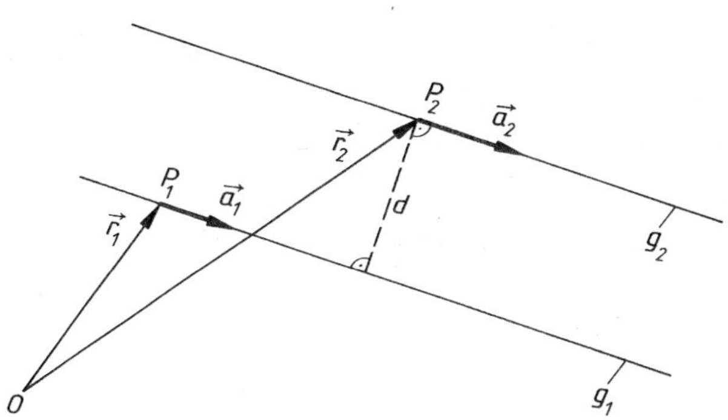

Bild II-61

Zur Berechnung des Abstandes zweier paralleler Geraden

Wir betrachten den auf der Geraden g_2 gelegenen Punkt P_2 mit dem Ortsvektor $\vec{r}_2$. Sein senkrechter Abstand von der Geraden g_1 beträgt dann nach Formel (II-130):

$$d = \frac{|\vec{a}_1 \times (\vec{r}_2 - \vec{r}_1)|}{|\vec{a}_1|} \qquad \text{(II-132)}$$

(Punkt Q = Punkt P_2 und somit $\vec{r}_Q = \vec{r}_2$). *Dieser Abstand ist zugleich der gesuchte Abstand der beiden parallelen Geraden.*

Wir fassen wie folgt zusammen:

Abstand zweier paralleler Geraden (Bild II-61)

Der *Abstand* zweier *paralleler* Geraden g_1 und g_2 mit den Gleichungen

$$\vec{r}(\lambda_1) = \vec{r}_1 + \lambda_1 \vec{a}_1 \quad \text{und} \quad \vec{r}(\lambda_2) = \vec{r}_2 + \lambda_2 \vec{a}_2 \qquad \text{(II-133)}$$

läßt sich wie folgt berechnen:

$$d = \frac{|\vec{a}_1 \times (\vec{r}_2 - \vec{r}_1)|}{|\vec{a}_1|} \qquad \text{(II-134)}$$

Anmerkungen

(1) Die Geraden g_1 und g_2 sind genau dann *parallel*, wenn $\vec{a}_1 \times \vec{a}_2 = \vec{0}$ ist.

(2) Ist $d = 0$, so fallen die beiden Geraden *zusammen.*

■ **Beispiel**

Die Geraden

$$g_1\colon \ \vec{r}(\lambda_1) = \vec{r}_1 + \lambda_1 \vec{a}_1 = \begin{pmatrix} 1 \\ 1 \\ 4 \end{pmatrix} + \lambda_1 \begin{pmatrix} 1 \\ 1 \\ 1 \end{pmatrix} \qquad (\lambda_1 \in \mathbb{R})$$

und

$$g_2\colon \ \vec{r}(\lambda_2) = \vec{r}_2 + \lambda_2 \vec{a}_2 = \begin{pmatrix} 4 \\ 0 \\ 3 \end{pmatrix} + \lambda_2 \begin{pmatrix} 3 \\ 3 \\ 3 \end{pmatrix} \qquad (\lambda_2 \in \mathbb{R})$$

sind *parallel*, da ihre Richtungsvektoren $\vec{a}_1$ und $\vec{a}_2$ *kollineare* Vektoren darstellen: $\vec{a}_2 = 3\,\vec{a}_1$.

Wir berechnen jetzt den *Abstand* dieser Geraden:

$$\vec{a}_1 \times (\vec{r}_2 - \vec{r}_1) = \begin{pmatrix} 1 \\ 1 \\ 1 \end{pmatrix} \times \begin{pmatrix} 4-1 \\ 0-1 \\ 3-4 \end{pmatrix} = \begin{pmatrix} 1 \\ 1 \\ 1 \end{pmatrix} \times \begin{pmatrix} 3 \\ -1 \\ -1 \end{pmatrix} = \begin{pmatrix} -1+1 \\ 3+1 \\ -1-3 \end{pmatrix} =$$

$$= \begin{pmatrix} 0 \\ 4 \\ -4 \end{pmatrix}$$

$$|\vec{a}_1 \times (\vec{r}_2 - \vec{r}_1)| = \sqrt{0^2 + 4^2 + (-4)^2} = 4\sqrt{2}$$

$$|\vec{a}_1| = \sqrt{1^2 + 1^2 + 1^2} = \sqrt{3}$$

$$d = \frac{|\vec{a}_1 \times (\vec{r}_2 - \vec{r}_1)|}{|\vec{a}_1|} = \frac{4\sqrt{2}}{\sqrt{3}} = 3{,}27$$

■

4.1.5 Abstand zweier windschiefer Geraden

Wir gehen von zwei *windschiefen* Geraden g_1 und g_2 mit den Gleichungen

$$\vec{r}(\lambda_1) = \vec{r}_1 + \lambda_1 \vec{a}_1 \quad \text{und} \quad \vec{r}(\lambda_2) = \vec{r}_2 + \lambda_2 \vec{a}_2 \qquad (\lambda_1, \lambda_2 \in \mathbb{R}) \qquad \text{(II-135)}$$

aus (die Geraden verlaufen somit *weder* parallel *noch* kommen sie zum Schnitt, Bild II-62). Ihren Abstand d bestimmen wir wie folgt:

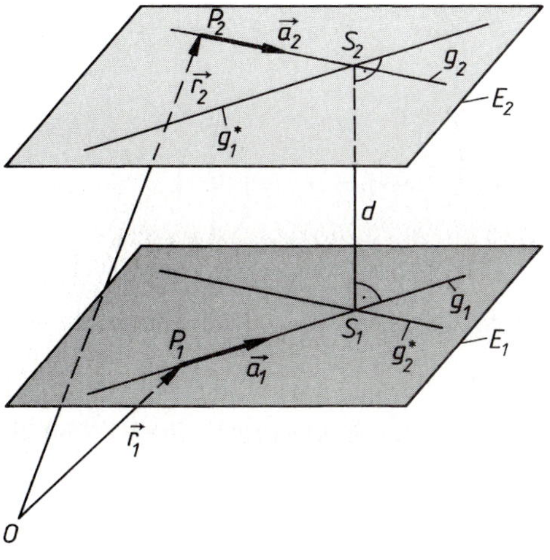

Bild II-62

Zur Berechnung des Abstandes zweier windschiefer Geraden

Zunächst wird die Gerade g_2 so *parallelverschoben*, daß sie mit der Geraden g_1 zum Schnitt kommt (Schnittpunkt S_1). Die durch Parallelverschiebung erhaltene Gerade bezeichnen wir mit g_2^*, sie bildet zusammen mit der Geraden g_1 die (untere) Ebene E_1 in Bild II-62. Jetzt verschieben wir die Gerade g_1 *parallel* zu sich selbst nach „oben", bis sie die Gerade g_2 in S_2 schneidet. Die durch Parallelverschiebung gewonnene Gerade bezeichnen wir mit g_1^*. Die Geraden g_2 und g_1^* bilden die (obere) Ebene E_2 in Bild II-62, die *parallel* zur Ebene E_1 verläuft. *Der Abstand dieser Parallelebenen ist zugleich der gesuchte Abstand d der beiden windschiefen Geraden g_1 und g_2*. Auf die Herleitung der Abstandsformel wollen wir verzichten und teilen nur das Ergebnis mit:

Abstand zweier windschiefer Geraden (Bild II-62)

Der *Abstand* zweier *windschiefer* Geraden g_1 und g_2 mit den Gleichungen

$$\vec{r}(\lambda_1) = \vec{r}_1 + \lambda_1 \vec{a}_1 \quad \text{und} \quad \vec{r}(\lambda_2) = \vec{r}_2 + \lambda_2 \vec{a}_2 \qquad \text{(II-136)}$$

läßt sich wie folgt berechnen:

$$d = \frac{|[\vec{a}_1 \; \vec{a}_2 \; (\vec{r}_2 - \vec{r}_1)]|}{|\vec{a}_1 \times \vec{a}_2|} \qquad \text{(II-137)}$$

Anmerkung

Die Geraden g_1 und g_2 sind genau dann *windschief*, wenn die folgenden Bedingungen erfüllt sind:

$$\vec{a}_1 \times \vec{a}_2 \neq \vec{0} \quad \textit{und} \quad [\vec{a}_1 \; \vec{a}_2 \; (\vec{r}_2 - \vec{r}_1)] \neq 0 \qquad \text{(II-138)}$$

■ **Beispiel**

Gegeben sind zwei *windschiefe* Geraden g_1 und g_2:

g_1 durch $P_1 = (1; 2; 0)$ mit dem *Richtungsvektor* $\vec{a}_1 = \begin{pmatrix} 1 \\ 1 \\ 1 \end{pmatrix}$

g_2 durch $P_2 = (3; 0; 2)$ mit dem *Richtungsvektor* $\vec{a}_2 = \begin{pmatrix} 2 \\ 0 \\ 1 \end{pmatrix}$

Wir interessieren uns für den Abstand d dieser Geraden und berechnen zunächst die in der Abstandsformel (II-137) auftretenden Größen $|[\vec{a}_1 \; \vec{a}_2 \; (\vec{r}_2 - \vec{r}_1)]|$ und $|\vec{a}_1 \times \vec{a}_2|$:

$$[\vec{a}_1 \; \vec{a}_2 \; (\vec{r}_2 - \vec{r}_1)] = \begin{vmatrix} 1 & 1 & 1 \\ 2 & 0 & 1 \\ (3-1) & (0-2) & (2-0) \end{vmatrix} = \begin{vmatrix} 1 & 1 & 1 \\ 2 & 0 & 1 \\ 2 & -2 & 2 \end{vmatrix} = -4$$

$$\vec{a}_1 \times \vec{a}_2 = \begin{pmatrix} 1 \\ 1 \\ 1 \end{pmatrix} \times \begin{pmatrix} 2 \\ 0 \\ 1 \end{pmatrix} = \begin{pmatrix} 1-0 \\ 2-1 \\ 0-2 \end{pmatrix} = \begin{pmatrix} 1 \\ 1 \\ -2 \end{pmatrix}$$

$$|\vec{a}_1 \times \vec{a}_2| = \sqrt{1^2 + 1^2 + (-2)^2} = \sqrt{6}$$

Somit ist

$$d = \frac{|[\vec{a}_1 \; \vec{a}_2 \; (\vec{r}_2 - \vec{r}_1)]|}{|\vec{a}_1 \times \vec{a}_2|} = \frac{|-4|}{\sqrt{6}} = \frac{4}{\sqrt{6}} = 1{,}63$$

■

4.1.6 Schnittpunkt und Schnittwinkel zweier Geraden

Berechnung des Schnittpunktes (Bild II-63)

Den *Schnittpunkt* S zweier Geraden g_1 und g_2 mit den Gleichungen

$$\vec{r}(\lambda_1) = \vec{r}_1 + \lambda_1 \vec{a}_1 \quad \text{und} \quad \vec{r}(\lambda_2) = \vec{r}_2 + \lambda_2 \vec{a}_2 \qquad (\lambda_1, \lambda_2 \in \mathbb{R}) \tag{II-139}$$

bestimmt man aus der Vektorgleichung

$$\vec{r}_1 + \lambda_1 \vec{a}_1 = \vec{r}_2 + \lambda_2 \vec{a}_2 \tag{II-140}$$

die man durch *Gleichsetzen* der Vektoren $\vec{r}(\lambda_1)$ und $\vec{r}(\lambda_2)$ erhält[5].

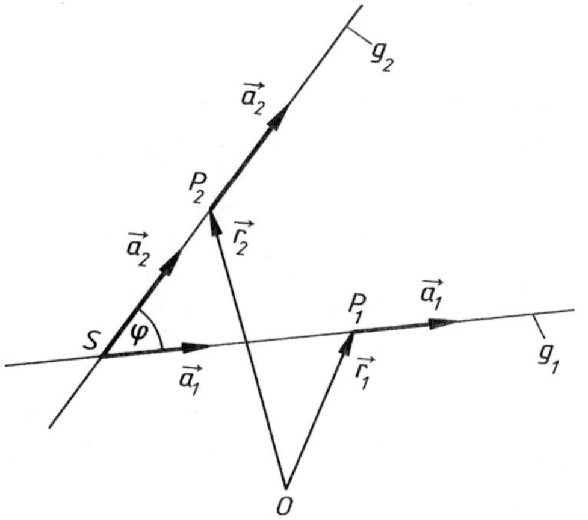

Bild II-63
Zur Berechnung des Schnittpunktes und Schnittwinkels zweier Geraden

[5] Die beiden Geraden schneiden sich genau dann in *einem* Punkt S, wenn die Bedingungen $\vec{a}_1 \times \vec{a}_2 \neq \vec{0}$ und $[\vec{a}_1 \; \vec{a}_2 \; (\vec{r}_2 - \vec{r}_1)] = 0$ erfüllt sind (siehe hierzu Bild II-63).

Diese Vektorgleichung führt – *komponentenweise* geschrieben – zu einem *linearen Gleichungssystem* mit *drei* Gleichungen in den beiden Unbekannten λ_1 und λ_2. Die (eindeutige) Lösung dieses Systems liefert die zum Schnittpunkt S gehörigen Parameterwerte λ_1^*, λ_2^*. Den *Ortsvektor* $\vec{r}_S$ des Schnittpunktes S erhält man dann durch Einsetzen dieser Werte in die Gleichung der Geraden g_1 bzw. g_2:

$$\vec{r}_S = \vec{r}_1 + \lambda_1^* \vec{a}_1 \quad \text{bzw.} \quad \vec{r}_S = \vec{r}_2 + \lambda_2^* \vec{a}_2 \qquad \text{(II-141)}$$

Berechnung des Schnittwinkels (Bild II-63)

Definitionsgemäß verstehen wir unter dem *Schnittwinkel* φ zweier Geraden g_1 und g_2 den Winkel zwischen den zugehörigen *Richtungsvektoren* $\vec{a}_1$ und $\vec{a}_2$ (Bild II-63).

Für den Schnittwinkel erhalten wir nach Gleichung (II-66):

Schnittwinkel zweier Geraden (Bild II-63)

Der *Schnittwinkel* φ zweier Geraden g_1 und g_2 mit den Richtungsvektoren $\vec{a}_1$ und $\vec{a}_2$ läßt sich wie folgt berechnen:

$$\varphi = \arccos\left(\frac{\vec{a}_1 \cdot \vec{a}_2}{|\vec{a}_1| \cdot |\vec{a}_2|}\right) \qquad \text{(II-142)}$$

■ **Beispiel**

Gegeben sind die Geraden

$$g_1\colon \quad \vec{r}(\lambda_1) = \vec{r}_1 + \lambda_1 \vec{a}_1 = \begin{pmatrix} 1 \\ 1 \\ 0 \end{pmatrix} + \lambda_1 \begin{pmatrix} 2 \\ 1 \\ 1 \end{pmatrix} \qquad (\lambda_1 \in \mathbb{R})$$

und

$$g_2\colon \quad \vec{r}(\lambda_2) = \vec{r}_2 + \lambda_2 \vec{a}_2 = \begin{pmatrix} 2 \\ 0 \\ 2 \end{pmatrix} + \lambda_2 \begin{pmatrix} 1 \\ -1 \\ 2 \end{pmatrix} \qquad (\lambda_2 \in \mathbb{R})$$

Wir berechnen ihren *Schnittpunkt* S und ihren *Schnittwinkel* φ.

Berechnung des Schnittpunktes *S*

Aus $\vec{r}(\lambda_1) = \vec{r}(\lambda_2)$ folgt die Vektorgleichung

$$\begin{pmatrix} 1 \\ 1 \\ 0 \end{pmatrix} + \lambda_1 \begin{pmatrix} 2 \\ 1 \\ 1 \end{pmatrix} = \begin{pmatrix} 2 \\ 0 \\ 2 \end{pmatrix} + \lambda_2 \begin{pmatrix} 1 \\ -1 \\ 2 \end{pmatrix}$$

In der *Komponentenschreibweise* erhalten wir

$$\begin{aligned} 1 + 2\lambda_1 &= 2 + \lambda_2 \\ 1 + \lambda_1 &= 0 - \lambda_2 \\ 0 + \lambda_1 &= 2 + 2\lambda_2 \end{aligned} \qquad \text{oder} \qquad \begin{aligned} 2\lambda_1 - \lambda_2 &= 1 \\ \lambda_1 + \lambda_2 &= -1 \\ \lambda_1 - 2\lambda_2 &= 2 \end{aligned}$$

Dieses lineare Gleichungssystem besitzt *genau eine* Lösung (bitte nachrechnen!): $\lambda_1 = 0$, $\lambda_2 = -1$. Der Ortsvektor $\vec{r}_S$ des gesuchten *Schnittpunktes* S lautet damit:

$$\vec{r}_S = \vec{r}\,(\lambda_1 = 0) = \begin{pmatrix} 1 \\ 1 \\ 0 \end{pmatrix} + 0 \begin{pmatrix} 2 \\ 1 \\ 1 \end{pmatrix} = \begin{pmatrix} 1 \\ 1 \\ 0 \end{pmatrix} \quad \Rightarrow \quad S = (1;\, 1;\, 0)$$

Zum *gleichen* Ergebnis kommt man, wenn man in die Gleichung der Geraden g_2 für den Parameter λ_2 den Wert -1 einsetzt:

$$\vec{r}_S = \vec{r}\,(\lambda_2 = -1) = \begin{pmatrix} 2 \\ 0 \\ 2 \end{pmatrix} - 1 \begin{pmatrix} 1 \\ -1 \\ 2 \end{pmatrix} = \begin{pmatrix} 2-1 \\ 0+1 \\ 2-2 \end{pmatrix} = \begin{pmatrix} 1 \\ 1 \\ 0 \end{pmatrix}$$

Berechnung des Schnittwinkels φ (nach Formel (II-142))

$$\vec{a}_1 \cdot \vec{a}_2 = \begin{pmatrix} 2 \\ 1 \\ 1 \end{pmatrix} \cdot \begin{pmatrix} 1 \\ -1 \\ 2 \end{pmatrix} = 2 - 1 + 2 = 3$$

$$|\vec{a}_1| = \sqrt{2^2 + 1^2 + 1^2} = \sqrt{6}, \qquad |\vec{a}_2| = \sqrt{1^2 + (-1)^2 + 2^2} = \sqrt{6}$$

$$\varphi = \arccos\left(\frac{\vec{a}_1 \cdot \vec{a}_2}{|\vec{a}_1| \cdot |\vec{a}_2|}\right) = \arccos\left(\frac{3}{\sqrt{6} \cdot \sqrt{6}}\right) = \arccos\left(\frac{1}{2}\right) = 60^\circ$$

■

4.2 Vektorielle Darstellung einer Ebene

4.2.1 Punkt-Richtungs-Form einer Ebene

Eine Ebene E soll durch den Punkt P_1 mit dem Ortsvektor $\vec{r}_1$ und *parallel* zu zwei *nicht-kollinearen* Vektoren $\vec{a}$ und $\vec{b}$ (*Richtungsvektoren* genannt) verlaufen (Bild II-64)[6]. Wie lautet die Gleichung dieser Ebene in *vektorieller* Form?

[6] Wir erinnern: Zwei Vektoren $\vec{a}$ und $\vec{b}$ sind *nicht-kollinear*, wenn $\vec{a} \times \vec{b} \neq \vec{0}$ ist.

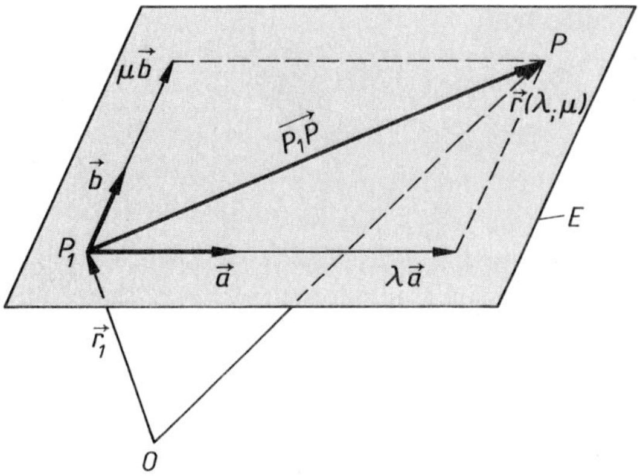

Bild II-64
Zur Punkt-Richtungs-Form einer Ebene

Bezeichnet man den *laufenden* Punkt der Ebene mit P, so ist der *in* der Ebene liegende Vektor $\overrightarrow{P_1 P}$ die vektorielle Summe aus $\lambda\,\vec{a}$ und $\mu\,\vec{b}$:

$$\overrightarrow{P_1 P} = \lambda\,\vec{a} + \mu\,\vec{b} \qquad \text{(II-143)}$$

λ und μ sind dabei zwei geeignete (und voneinander *unabhängige*) reelle *Parameter*. Der Ortsvektor von P ist dann als *Summenvektor*

$$\vec{r}\,(P) = \vec{r}_1 + \overrightarrow{P_1 P} = \vec{r}_1 + \lambda\,\vec{a} + \mu\,\vec{b} \qquad \text{(II-144)}$$

darstellbar. Die Lage des laufenden Punktes P auf der Ebene ist somit *eindeutig* durch die Parameter λ und μ festgelegt. Wir bringen dies durch die Schreibweise $\vec{r}\,(P) = \vec{r}\,(\lambda;\,\mu)$ zum Ausdruck. Die Gleichung der Ebene E lautet damit in der *vektoriellen Parameterform* wie folgt:

Vektorielle Punkt-Richtungs-Form einer Ebene (Bild II-64)

$$\vec{r}\,(P) = \vec{r}\,(\lambda;\,\mu) = \vec{r}_1 + \lambda\,\vec{a} + \mu\,\vec{b} \qquad \text{(II-145)}$$

oder (in der Komponentenschreibweise)

$$\begin{pmatrix} x \\ y \\ z \end{pmatrix} = \begin{pmatrix} x_1 \\ y_1 \\ z_1 \end{pmatrix} + \lambda \begin{pmatrix} a_x \\ a_y \\ a_z \end{pmatrix} + \mu \begin{pmatrix} b_x \\ b_y \\ b_z \end{pmatrix} = \begin{pmatrix} x_1 + \lambda\,a_x + \mu\,b_x \\ y_1 + \lambda\,a_y + \mu\,b_y \\ z_1 + \lambda\,a_z + \mu\,b_z \end{pmatrix} \qquad \text{(II-146)}$$

Dabei bedeuten:

x, y, z:	Koordinaten des *laufenden* Punktes P der Ebene
x_1, y_1, z_1:	Koordinaten des *vorgegebenen* Punktes P_1 der Ebene
a_x, a_y, a_z; b_x, b_y, b_z	Skalare Vektorkomponenten der beiden *nicht-kollinearen Richtungsvektoren* $\vec{a}$ und $\vec{b}$ der Ebene ($\vec{a} \times \vec{b} \neq \vec{0}$)
λ, μ:	Voneinander *unabhängige* reelle Parameter ($\lambda, \mu \in \mathbb{R}$)

Anmerkung

Ein auf der Ebene E *senkrecht* stehender Vektor $\vec{n}$ heißt *Normalenvektor* der Ebene. Einen solchen Vektor erhält man beispielsweise aus den beiden *Richtungsvektoren* $\vec{a}$ und $\vec{b}$ durch Bildung des *Vektorproduktes*:

$$\vec{n} = \vec{a} \times \vec{b} \qquad \text{(II-147)}$$

■ **Beispiel**

Die Ebene E verläuft durch den Punkt $P_1 = (3;\, 5;\, 1)$, ihre Richtungsvektoren sind $\vec{a} = \begin{pmatrix} 2 \\ 5 \\ 1 \end{pmatrix}$ und $\vec{b} = \begin{pmatrix} 5 \\ 1 \\ 3 \end{pmatrix}$. Die Gleichung dieser Ebene lautet dann in der Parameterform wie folgt:

$$\vec{r}\,(\lambda;\,\mu) = \vec{r}_1 + \lambda\,\vec{a} + \mu\,\vec{b} = \begin{pmatrix} 3 \\ 5 \\ 1 \end{pmatrix} + \lambda \begin{pmatrix} 2 \\ 5 \\ 1 \end{pmatrix} + \mu \begin{pmatrix} 5 \\ 1 \\ 3 \end{pmatrix} =$$

$$= \begin{pmatrix} 3 + 2\lambda + 5\mu \\ 5 + 5\lambda + \mu \\ 1 + \lambda + 3\mu \end{pmatrix} \qquad (\lambda,\, \mu \in \mathbb{R})$$

So gehört beispielsweise zu dem Parameterpaar $\lambda = 1$, $\mu = 2$ der folgende Punkt Q:

$$\vec{r}\,(Q) = \vec{r}\,(\lambda = 1;\, \mu = 2) = \begin{pmatrix} 3 + 2 \cdot 1 + 5 \cdot 2 \\ 5 + 5 \cdot 1 + 1 \cdot 2 \\ 1 + 1 \cdot 1 + 3 \cdot 2 \end{pmatrix} = \begin{pmatrix} 15 \\ 12 \\ 8 \end{pmatrix} \quad \Rightarrow$$

$$Q = (15;\, 12;\, 8)$$

Der Vektor

$$\vec{n} = \vec{a} \times \vec{b} = \begin{pmatrix} 2 \\ 5 \\ 1 \end{pmatrix} \times \begin{pmatrix} 5 \\ 1 \\ 3 \end{pmatrix} = \begin{pmatrix} 15 - 1 \\ 5 - 6 \\ 2 - 25 \end{pmatrix} = \begin{pmatrix} 14 \\ -1 \\ -23 \end{pmatrix}$$

steht dabei *senkrecht* auf der Ebene E (*Normalenvektor*). ■

4.2.2 Drei-Punkte-Form einer Ebene

Eine Ebene E soll durch drei (voneinander *verschiedene*) Punkte P_1, P_2 und P_3 mit den Ortsvektoren $\vec{r}_1$, $\vec{r}_2$ und $\vec{r}_3$ verlaufen (Bild II-65). Die *vektorielle* Gleichung dieser Ebene erhalten wir durch analoge Überlegungen wie im vorangegangenen Abschnitt 4.2.1. Der Ortsvektor des *laufenden* Punktes P der Ebene ist der *Summenvektor*

$$\vec{r}(P) = \vec{r}_1 + \lambda\, \overrightarrow{P_1 P_2} + \mu\, \overrightarrow{P_1 P_3} \qquad \text{(II-148)}$$

Ferner ist

$$\overrightarrow{P_1 P_2} = \vec{r}_2 - \vec{r}_1 \quad \text{und} \quad \overrightarrow{P_1 P_3} = \vec{r}_3 - \vec{r}_1 \qquad \text{(II-149)}$$

und somit

$$\vec{r}(P) = \vec{r}_1 + \lambda\,(\vec{r}_2 - \vec{r}_1) + \mu\,(\vec{r}_3 - \vec{r}_1) \qquad (\lambda, \mu \in \mathbb{R}) \qquad \text{(II-150)}$$

Dies ist die *Parameterdarstellung* einer Ebene durch drei vorgegebene Punkte P_1, P_2 und P_3 in *vektorieller* Form. Für $\vec{r}(P)$ schreiben wir wieder $\vec{r}(\lambda; \mu)$, um zum Ausdruck zu bringen, daß der laufende Punkt P der Ebene durch die beiden Parameterwerte *eindeutig* festgelegt ist.

Wir fassen zusammen:

Vektorielle Drei-Punkte-Form einer Ebene (Bild II-65)

$$\vec{r}(P) = \vec{r}(\lambda; \mu) = \vec{r}_1 + \lambda\, \overrightarrow{P_1 P_2} + \mu\, \overrightarrow{P_1 P_3} =$$

$$= \vec{r}_1 + \lambda\,(\vec{r}_2 - \vec{r}_1) + \mu\,(\vec{r}_3 - \vec{r}_1) \qquad \text{(II-151)}$$

oder (in der Komponentenschreibweise)

$$\begin{pmatrix} x \\ y \\ z \end{pmatrix} = \begin{pmatrix} x_1 \\ y_1 \\ z_1 \end{pmatrix} + \lambda \begin{pmatrix} x_2 - x_1 \\ y_2 - y_1 \\ z_2 - z_1 \end{pmatrix} + \mu \begin{pmatrix} x_3 - x_1 \\ y_3 - y_1 \\ z_3 - z_1 \end{pmatrix} =$$

$$= \begin{pmatrix} x_1 + \lambda(x_2 - x_1) + \mu\,(x_3 - x_1) \\ y_1 + \lambda(y_2 - y_1) + \mu\,(y_3 - y_1) \\ z_1 + \lambda\,(z_2 - z_1) + \mu\,(z_3 - z_1) \end{pmatrix} \qquad \text{(II-152)}$$

Dabei bedeuten:

x, y, z: Koordinaten des *laufenden* Punktes P der Ebene

x_1, y_1, z_1; x_2, y_2, z_2; x_3, y_3, z_3: Koordinaten der *vorgegebenen* Punkte P_1, P_2 und P_3 der Ebene

λ, μ: Voneinander unabhängige reelle Parameter ($\lambda, \mu \in \mathbb{R}$)

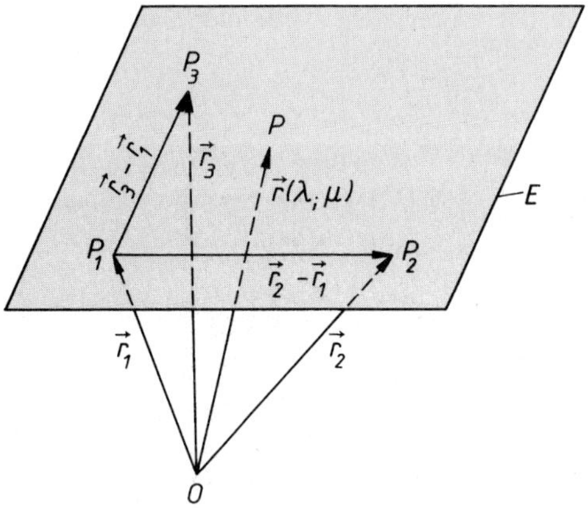

Bild II-65

Zur Drei-Punkte-Form einer Ebene

Anmerkungen

(1) Die Punkte P_1, P_2, P_3 dürfen *nicht* in einer gemeinsamen Geraden liegen, d.h. es muß die folgende Bedingung erfüllt sein:

$$(\vec{r}_2 - \vec{r}_1) \times (\vec{r}_3 - \vec{r}_1) \neq \vec{0} \qquad \text{(II-153)}$$

(2) Die *nicht-kollinearen* Vektoren $\overrightarrow{P_1 P_2} = \vec{r}_2 - \vec{r}_1$ und $\overrightarrow{P_1 P_3} = \vec{r}_3 - \vec{r}_1$ können als *Richtungsvektoren* der Ebene aufgefaßt werden. Der *Normalenvektor* $\vec{n}$ der Ebene ist dann wie folgt als Vektorprodukt darstellbar:

$$\vec{n} = \overrightarrow{P_1 P_2} \times \overrightarrow{P_1 P_3} = (\vec{r}_2 - \vec{r}_1) \times (\vec{r}_3 - \vec{r}_1) \qquad \text{(II-154)}$$

■ **Beispiel**

Gegeben sind drei Punkte $P_1 = (1;\ 5;\ 0)$, $P_2 = (-2;\ -1;\ 8)$ und $P_3 = (2;\ 0;\ 1)$. Wie lautet die Gleichung der Ebene durch diese Punkte?

Lösung:

Die Ortsvektoren der drei Punkte lauten:

$$\vec{r}_1 = \begin{pmatrix} 1 \\ 5 \\ 0 \end{pmatrix}, \quad \vec{r}_2 = \begin{pmatrix} -2 \\ -1 \\ 8 \end{pmatrix} \quad \text{und} \quad \vec{r}_3 = \begin{pmatrix} 2 \\ 0 \\ 1 \end{pmatrix}$$

Damit erhalten wir die folgenden *Richtungsvektoren*:

$$\overrightarrow{P_1 P_2} = \vec{r}_2 - \vec{r}_1 = \begin{pmatrix} -2 \\ -1 \\ 8 \end{pmatrix} - \begin{pmatrix} 1 \\ 5 \\ 0 \end{pmatrix} = \begin{pmatrix} -3 \\ -6 \\ 8 \end{pmatrix}$$

$$\overrightarrow{P_1 P_3} = \vec{r}_3 - \vec{r}_1 = \begin{pmatrix} 2 \\ 0 \\ 1 \end{pmatrix} - \begin{pmatrix} 1 \\ 5 \\ 0 \end{pmatrix} = \begin{pmatrix} 1 \\ -5 \\ 1 \end{pmatrix}$$

Die Gleichung der Ebene lautet damit in der *vektoriellen Parameterform* wie folgt:

$$\vec{r}(\lambda;\mu) = \vec{r}_1 + \lambda(\vec{r}_2 - \vec{r}_1) + \mu(\vec{r}_3 - \vec{r}_1) =$$

$$= \begin{pmatrix} 1 \\ 5 \\ 0 \end{pmatrix} + \lambda \begin{pmatrix} -3 \\ -6 \\ 8 \end{pmatrix} + \mu \begin{pmatrix} 1 \\ -5 \\ 1 \end{pmatrix} = \begin{pmatrix} 1 - 3\lambda + \mu \\ 5 - 6\lambda - 5\mu \\ 8\lambda + \mu \end{pmatrix} \qquad (\lambda, \mu \in \mathbb{R})$$

■

4.2.3 Gleichung einer Ebene senkrecht zu einem Vektor

Eine Ebene E soll den Punkt P_1 mit dem Ortsvektor $\vec{r}_1$ enthalten und *senkrecht* zu einem Vektor $\vec{n}$ (*Normalenvektor* genannt) verlaufen (Bild II-66).

Ist $\vec{r}$ der Ortsvektor des *laufenden* Punktes P der Ebene, so liegt der Vektor $\overrightarrow{P_1 P} = \vec{r} - \vec{r}_1$ *in* der Ebene und steht somit *senkrecht* auf dem Normalenvektor $\vec{n}$. Dies aber bedeutet, daß das *skalare Produkt* der Vektoren $\vec{n}$ und $\vec{r} - \vec{r}_1$ *verschwindet*. Die Gleichung der Ebene lautet daher:

$$\vec{n} \cdot (\vec{r} - \vec{r}_1) = 0 \quad \text{oder} \quad \vec{n} \cdot \vec{r} = \vec{n} \cdot \vec{r}_1 \qquad \text{(II-155)}$$

Wir fassen zusammen:

Gleichung einer Ebene senkrecht zu einem Vektor (Bild II-66)

$$\vec{n} \cdot (\vec{r} - \vec{r}_1) = 0 \qquad \text{(II-156)}$$

oder (ausgeschrieben)

$$n_x(x - x_1) + n_y(y - y_1) + n_z(z - z_1) = 0 \qquad \text{(II-157)}$$

Dabei bedeuten:

x, y, z:	Koordinaten des *laufenden* Punktes P der Ebene
x_1, y_1, z_1:	Koordinaten des *vorgegebenen* Punktes P_1 der Ebene
n_x, n_y, n_z:	Skalare Vektorkomponenten (Vektorkoordinaten) des *Normalenvektors* $\vec{n}$ (*senkrecht* zur Ebene E)

Anmerkung

Die Gleichung (II-156) bzw. (II-157) ist die *Koordinatendarstellung* der Ebene. Ihre allgemeine Form lautet:

$$ax + by + cz + d = 0 \qquad (a, b, c, d\text{: Reelle Konstanten}) \qquad \text{(II-158)}$$

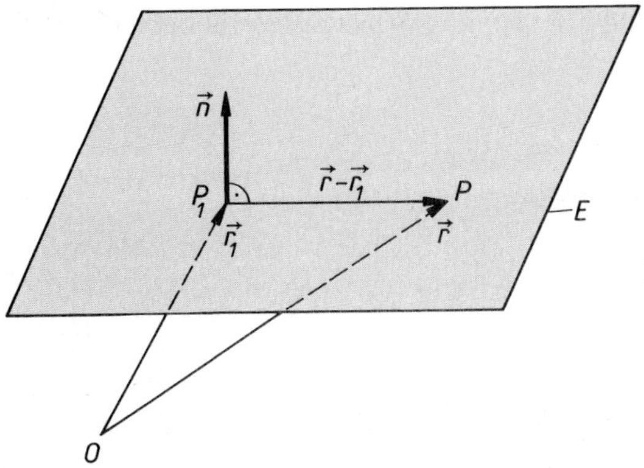

Bild II-66
Ebene senkrecht zu einem Normalenvektor

■ **Beispiel**

Die Gleichung der Ebene E durch den Punkt $P_1 = (2;\ -5;\ 3)$ *senkrecht* zum Vektor $\vec{n} = \begin{pmatrix} 4 \\ 2 \\ 5 \end{pmatrix}$ (*Normalenvektor*) lautet wie folgt:

$$\vec{n} \cdot (\vec{r} - \vec{r}_1) = \begin{pmatrix} 4 \\ 2 \\ 5 \end{pmatrix} \cdot \begin{pmatrix} x-2 \\ y+5 \\ z-3 \end{pmatrix} = 4(x-2) + 2(y+5) + 5(z-3) = 0$$

oder

$$4x + 2y + 5z - 13 = 0$$

■

4.2.4 Abstand eines Punktes von einer Ebene

Gegeben ist eine Ebene E mit der Gleichung $\vec{n} \cdot (\vec{r} - \vec{r}_1) = 0$ und ein Punkt Q mit dem Ortsvektor $\vec{r}_Q$ (Bild II-67). Welchen (senkrechten) *Abstand* d besitzt dieser Punkt von der Ebene E?

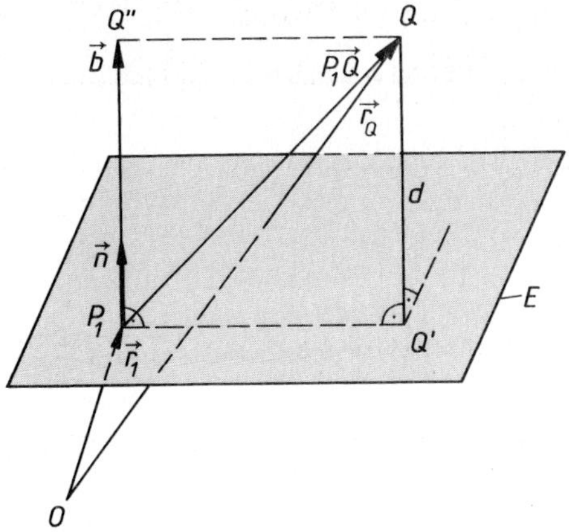

Bild II-67
Zur Berechnung des Abstandes eines Punktes von einer Ebene

Wir bestimmen zunächst den Vektor $\overrightarrow{P_1 Q}$. Er ist als *Differenzvektor* in der Form

$$\overrightarrow{P_1 Q} = \vec{r}_Q - \vec{r}_1 \qquad \text{(II-159)}$$

darstellbar. Seine *Projektion* in die Richtung des Normalenvektors $\vec{n}$ ergibt den Vektor $\overrightarrow{P_1 Q''} = \vec{b}$, der mit dem Vektor $\overrightarrow{Q' Q}$ der Länge d übereinstimmt [7].

Somit gilt

$$\vec{b} = \overrightarrow{Q' Q} \quad \text{mit} \quad |\vec{b}| = d \qquad \text{(II-160)}$$

Andererseits gilt für die *Projektion* von $\overrightarrow{P_1 Q}$ auf $\vec{n}$ nach Gleichung (II-78):

$$\vec{b} = \left(\frac{\vec{n} \cdot \overrightarrow{P_1 Q}}{|\vec{n}|^2} \right) \vec{n} = \left(\frac{\vec{n} \cdot (\vec{r}_Q - \vec{r}_1)}{|\vec{n}|^2} \right) \vec{n} \qquad \text{(II-161)}$$

Dieser Vektor besitzt den Betrag

$$|\vec{b}| = \left| \frac{\vec{n} \cdot (\vec{r}_Q - \vec{r}_1)}{|\vec{n}|^2} \, \vec{n} \right| = \frac{|\vec{n} \cdot (\vec{r}_Q - \vec{r}_1)|}{|\vec{n}|^2} \, |\vec{n}| = \frac{|\vec{n} \cdot (\vec{r}_Q - \vec{r}_1)|}{|\vec{n}|} \qquad \text{(II-162)}$$

Somit ist

$$|\vec{b}| = d = \frac{|\vec{n} \cdot (\vec{r}_Q - \vec{r}_1)|}{|\vec{n}|} \qquad \text{(II-163)}$$

Wir fassen zusammen:

Abstand eines Punktes von einer Ebene (Bild II-67)

Der *Abstand* eines Punktes Q mit dem Ortsvektor $\vec{r}_Q$ von einer Ebene E mit der Gleichung $\vec{n} \cdot (\vec{r} - \vec{r}_1) = 0$ beträgt

$$d = \frac{|\vec{n} \cdot (\vec{r}_Q - \vec{r}_1)|}{|\vec{n}|} \qquad \text{(II-164)}$$

Anmerkung

Ist $d = 0$, so liegt der Punkt Q in der Ebene.

---

[7] Q' ist der Fußpunkt des Lotes von Q auf die Ebene E.

■ **Beispiel**

Eine Ebene E enthält den Punkt $P_1 = (1;\, 0;\, 9)$, ihr *Normalenvektor* ist $\vec{n} = \begin{pmatrix} 1 \\ 3 \\ 5 \end{pmatrix}$.

Wir berechnen den *Abstand* d des Punktes $Q = (-2;\, 1;\, 3)$ von dieser Ebene mit Hilfe der Formel (II-164):

$$\vec{n} \cdot (\vec{r}_Q - \vec{r}_1) = \begin{pmatrix} 1 \\ 3 \\ 5 \end{pmatrix} \cdot \begin{pmatrix} -2-1 \\ 1-0 \\ 3-9 \end{pmatrix} = \begin{pmatrix} 1 \\ 3 \\ 5 \end{pmatrix} \cdot \begin{pmatrix} -3 \\ 1 \\ -6 \end{pmatrix} =$$

$$= -3 + 3 - 30 = -30$$

$$|\vec{n}| = \sqrt{1^2 + 3^2 + 5^2} = \sqrt{35}$$

$$d = \frac{|\vec{n} \cdot (\vec{r}_Q - \vec{r}_1)|}{|\vec{n}|} = \frac{|-30|}{\sqrt{35}} = \frac{30}{\sqrt{35}} = 5{,}07$$

■

4.2.5 Abstand einer Geraden von einer Ebene

Eine Gerade g und eine Ebene E können folgende Lagen zueinander haben:

— *g liegt in der Ebene E*
— *g und E sind zueinander parallel*
— *g und E schneiden sich in genau einem Punkt*

Wir setzen in diesem Abschnitt voraus, daß die Gerade g mit der Gleichung $\vec{r}(\lambda) = \vec{r}_1 + \lambda\, \vec{a}$ *parallel* zur Ebene E mit der Gleichung $\vec{n} \cdot (\vec{r} - \vec{r}_0) = 0$ verläuft (Bild II-68). Dies ist genau dann der Fall, wenn der Richtungsvektor $\vec{a}$ der Geraden *senkrecht* auf dem Normalenvektor $\vec{n}$ der Ebene steht, d.h. $\vec{n} \cdot \vec{a} = 0$ ist.

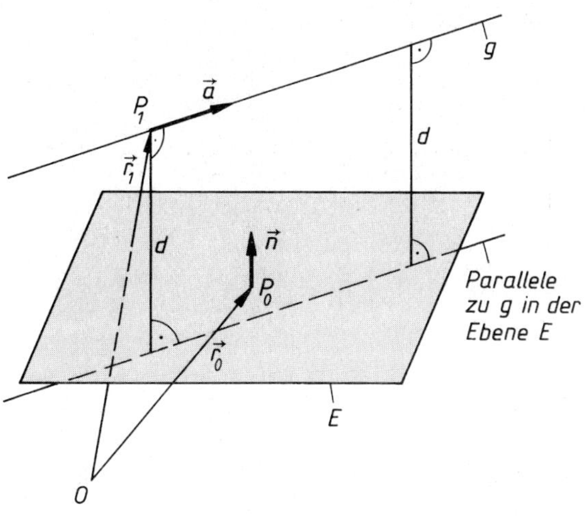

Bild II-68
Zur Berechnung des Abstandes einer Geraden von einer Ebene

Dann hat jeder Punkt der Geraden g den gleichen Abstand d von der Ebene E. Wir wählen auf g den bekannten Punkt P_1 mit dem Ortsvektor $\vec{r}_1$. Nach den Ergebnissen des vorangegangenen Abschnitts gilt dann (Gleichung (II-164)):

Abstand einer Geraden von einer Ebene (Bild II-68)

Der *Abstand* einer Geraden g mit der Gleichung $\vec{r}(\lambda) = \vec{r}_1 + \lambda\,\vec{a}$ von einer zu ihr *parallelen* Ebene E mit der Gleichung $\vec{n} \cdot (\vec{r} - \vec{r}_0) = 0$ beträgt

$$d = \frac{|\vec{n} \cdot (\vec{r}_1 - \vec{r}_0)|}{|\vec{n}|} \qquad \text{(II-165)}$$

Anmerkungen

(1) Gerade und Ebene sind genau dann zueinander *parallel*, wenn $\vec{n} \cdot \vec{a} = 0$ ist.

(2) Ist zusätzlich $d = 0$, so liegt die Gerade g in der Ebene E.

■ **Beispiel**

Wir berechnen den *Abstand* d zwischen der Geraden

$$g\colon \quad P_1 = (0;\, 1;\, -1), \qquad \textit{Richtungsvektor } \vec{a} = \begin{pmatrix} -1 \\ -4 \\ 2 \end{pmatrix}$$

und der (zu ihr *parallelen*) Ebene

$$E\colon \quad P_0 = (1;\, 5;\, 2), \qquad \textit{Normalenvektor } \vec{n} = \begin{pmatrix} 2 \\ 1 \\ 3 \end{pmatrix}$$

Zunächst aber zeigen wir, daß Gerade und Ebene *parallel* verlaufen und die Abstandsformel (II-165) daher auf dieses Beispiel anwendbar ist:

$$\vec{n} \cdot \vec{a} = \begin{pmatrix} 2 \\ 1 \\ 3 \end{pmatrix} \cdot \begin{pmatrix} -1 \\ -4 \\ 2 \end{pmatrix} = -2 - 4 + 6 = 0 \quad \Rightarrow \quad g \parallel E$$

Ferner ist

$$\vec{n} \cdot (\vec{r}_1 - \vec{r}_0) = \begin{pmatrix} 2 \\ 1 \\ 3 \end{pmatrix} \cdot \begin{pmatrix} 0 - 1 \\ 1 - 5 \\ -1 - 2 \end{pmatrix} = \begin{pmatrix} 2 \\ 1 \\ 3 \end{pmatrix} \cdot \begin{pmatrix} -1 \\ -4 \\ -3 \end{pmatrix} =$$

$$= -2 - 4 - 9 = -15$$

$$|\vec{n}| = \sqrt{2^2 + 1^2 + 3^2} = \sqrt{14}$$

Aus Gleichung (II-165) folgt dann

$$d = \frac{|\vec{n} \cdot (\vec{r}_1 - \vec{r}_0)|}{|\vec{n}|} = \frac{|-15|}{\sqrt{14}} = \frac{15}{\sqrt{14}} = 4{,}01$$

■

4.2.6 Schnittpunkt und Schnittwinkel einer Geraden mit einer Ebene

Wir setzen in diesem Abschnitt voraus, daß sich die Gerade g mit der Gleichung $\vec{r}(\lambda) = \vec{r}_1 + \lambda\,\vec{a}$ und die Ebene E mit der Gleichung $\vec{n} \cdot (\vec{r} - \vec{r}_0) = 0$ in einem Punkt S *schneiden* (siehe hierzu auch Abschnitt 4.2.5). Dies ist genau dann der Fall, wenn $\vec{n} \cdot \vec{a} \neq 0$ ist.

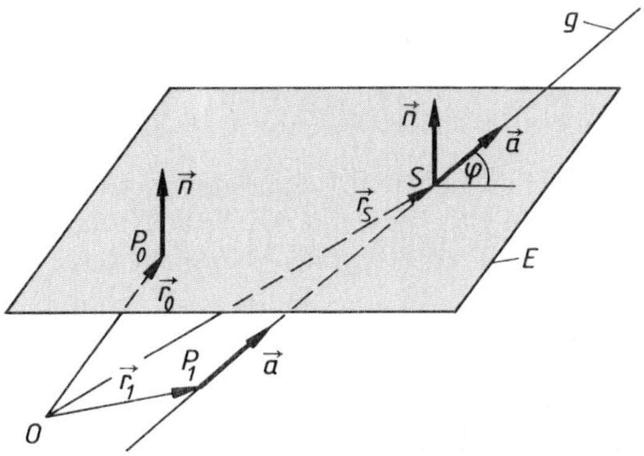

Bild II-69
Zur Berechnung des Schnittpunktes und Schnittwinkels einer Geraden mit einer Ebene

Berechnung des Schnittpunktes (Bild II-69)

Der Ortsvektor $\vec{r}_S$ des *Schnittpunktes* S erfüllt dann sowohl die Geradengleichung als auch die Gleichung der Ebene (Bild II-69):

$$\vec{r}_S = \vec{r}_1 + \lambda_S\,\vec{a} \quad \text{und} \quad \vec{n} \cdot (\vec{r}_S - \vec{r}_0) = 0 \tag{II-166}$$

Durch Einsetzen der 1. Gleichung in die 2. Gleichung erhalten wir eine Bestimmungsgleichung für den zum Schnittpunkt S gehörigen Parameter λ_S:

$$\begin{aligned}\vec{n} \cdot (\vec{r}_S - \vec{r}_0) &= \vec{n} \cdot (\vec{r}_1 + \lambda_S\,\vec{a} - \vec{r}_0) = \vec{n} \cdot (\vec{r}_1 - \vec{r}_0 + \lambda_S\,\vec{a}) = \\ &= \vec{n} \cdot (\vec{r}_1 - \vec{r}_0) + \lambda_S\,(\vec{n} \cdot \vec{a}) = 0\end{aligned} \tag{II-167}$$

Wir lösen diese Gleichung nach λ_S auf:

$$\lambda_S = -\frac{\vec{n} \cdot (\vec{r}_1 - \vec{r}_0)}{\vec{n} \cdot \vec{a}} = \frac{\vec{n} \cdot (\vec{r}_0 - \vec{r}_1)}{\vec{n} \cdot \vec{a}} \tag{II-168}$$

Diesen Wert setzen wir in die Geradengleichung ein und erhalten den Ortsvektor $\vec{r}_S$ des Schnittpunktes S:

$$\vec{r}_S = \vec{r}_1 + \left(\frac{\vec{n} \cdot (\vec{r}_0 - \vec{r}_1)}{\vec{n} \cdot \vec{a}}\right)\vec{a} \tag{II-169}$$

Schnittpunkt einer Geraden mit einer Ebene (Bild II-69)

Der Ortsvektor des *Schnittpunktes* S der Geraden g: $\vec{r}(\lambda) = \vec{r}_1 + \lambda\,\vec{a}$ mit der Ebene E: $\vec{n} \cdot (\vec{r} - \vec{r}_0) = 0$ lautet:

$$\vec{r}_S = \vec{r}_1 + \left(\frac{\vec{n} \cdot (\vec{r}_0 - \vec{r}_1)}{\vec{n} \cdot \vec{a}}\right)\vec{a} \qquad (\vec{n} \cdot \vec{a} \neq \vec{0}) \qquad \text{(II-170)}$$

Anmerkungen

(1) Gerade und Ebene *schneiden* sich genau dann in *einem* Punkt S, wenn die Bedingung $\vec{n} \cdot \vec{a} \neq 0$ erfüllt ist.

(2) Der Schnittpunkt S wird auch als *Durchstoßpunkt* bezeichnet.

Berechnung des Schnittwinkels (Bild II-69)

Der gesuchte *Schnittwinkel* φ zwischen Gerade und Ebene ist der *Neigungswinkel* der Geraden gegenüber der Ebene (Bild II-69). Für ihn gilt: $0° \leqslant \varphi \leqslant 90°$. Er hängt mit dem Winkel α zwischen dem Richtungsvektor $\vec{a}$ der Geraden und dem Normalenvektor $\vec{n}$ der Ebene wie folgt zusammen:

$$\alpha = 90° + \varphi \quad \text{oder} \quad \alpha = 90° - \varphi \qquad \text{(II-171)}$$

(abhängig von der *Orientierung* (*Richtung*) des Normalenvektors $\vec{n}$). Der Winkel α läßt sich dabei aus dem skalaren Produkt der Vektoren $\vec{n}$ und $\vec{a}$ berechnen:

$$\cos\alpha = \frac{\vec{n} \cdot \vec{a}}{|\vec{n}| \cdot |\vec{a}|} \qquad \text{(II-172)}$$

Wegen $\alpha = 90° \pm \varphi$ gilt nach dem *Additionstheorem der Kosinusfunktion*

$$\cos\alpha = \cos(90° \pm \varphi) = \underbrace{\cos 90°}_{0} \cdot \cos\varphi \mp \underbrace{\sin 90°}_{1} \cdot \sin\varphi = \mp \sin\varphi \qquad \text{(II-173)}$$

Somit ist

$$\mp \sin\varphi = \frac{\vec{n} \cdot \vec{a}}{|\vec{n}| \cdot |\vec{a}|} \quad \text{oder} \quad \sin\varphi = \mp \frac{\vec{n} \cdot \vec{a}}{|\vec{n}| \cdot |\vec{a}|} \qquad \text{(II-174)}$$

Beachtet man noch, daß der Schnittwinkel φ im Intervall $0° \leqslant \varphi \leqslant 90°$ liegt und daher $\sin\varphi \geqslant 0$ ist, so erhält man

$$\sin\varphi = \frac{|\vec{n} \cdot \vec{a}|}{|\vec{n}| \cdot |\vec{a}|} \qquad \text{(II-175)}$$

und durch *Umkehrung* schließlich:

$$\varphi = \arcsin\left(\frac{|\vec{n} \cdot \vec{a}|}{|\vec{n}| \cdot |\vec{a}|}\right) \qquad \text{(II-176)}$$

Schnittwinkel einer Geraden mit einer Ebene (Bild II-69)

Der *Schnittwinkel* φ zwischen einer Geraden mit dem Richtungsvektor $\vec{a}$ und einer Ebene mit dem Normalenvektor $\vec{n}$ läßt sich wie folgt berechnen:

$$\varphi = \arcsin\left(\frac{|\vec{n} \cdot \vec{a}|}{|\vec{n}| \cdot |\vec{a}|}\right) \qquad \text{(II-177)}$$

■ **Beispiel**

Gerade g und Ebene E sind wie folgt gegeben:

$$g: \quad P_1 = (2;\, 1;\, 5), \qquad \textit{Richtungsvektor } \vec{a} = \begin{pmatrix} 3 \\ -4 \\ 0 \end{pmatrix}$$

$$E: \quad P_0 = (3;\, 4;\, 1), \qquad \textit{Normalenvektor } \vec{n} = \begin{pmatrix} 2 \\ -1 \\ 1 \end{pmatrix}$$

Wir berechnen *Schnittpunkt* S und *Schnittwinkel* φ.

Berechnung des Schnittpunktes S

$$\vec{n} \cdot (\vec{r}_0 - \vec{r}_1) = \begin{pmatrix} 2 \\ -1 \\ 1 \end{pmatrix} \cdot \begin{pmatrix} 3-2 \\ 4-1 \\ 1-5 \end{pmatrix} = \begin{pmatrix} 2 \\ -1 \\ 1 \end{pmatrix} \cdot \begin{pmatrix} 1 \\ 3 \\ -4 \end{pmatrix} = 2 - 3 - 4 = -5$$

$$\vec{n} \cdot \vec{a} = \begin{pmatrix} 2 \\ -1 \\ 1 \end{pmatrix} \cdot \begin{pmatrix} 3 \\ -4 \\ 0 \end{pmatrix} = 6 + 4 + 0 = 10$$

Wegen $\vec{n} \cdot \vec{a} = 10 \neq 0$ schneiden sich Gerade g und Ebene E genau in *einem* Punkt S. Für den *Ortsvektor* dieses Schnittpunktes erhalten wir dann nach Formel (II-170):

$$\vec{r}_S = \vec{r}_1 + \left(\frac{\vec{n} \cdot (\vec{r}_0 - \vec{r}_1)}{\vec{n} \cdot \vec{a}}\right) \vec{a} = \begin{pmatrix} 2 \\ 1 \\ 5 \end{pmatrix} + \frac{-5}{10} \begin{pmatrix} 3 \\ -4 \\ 0 \end{pmatrix} =$$

$$= \begin{pmatrix} 2 \\ 1 \\ 5 \end{pmatrix} - 0{,}5 \begin{pmatrix} 3 \\ -4 \\ 0 \end{pmatrix} = \begin{pmatrix} 2 - 1{,}5 \\ 1 + 2 \\ 5 + 0 \end{pmatrix} = \begin{pmatrix} 0{,}5 \\ 3 \\ 5 \end{pmatrix} \quad \Rightarrow \quad S = (0{,}5;\, 3;\, 5)$$

Berechnung des Schnittwinkels φ

$$\vec{n} \cdot \vec{a} = 10 \quad \text{(s. oben)}$$

$$|\vec{n}| = \sqrt{2^2 + (-1)^2 + 1^2} = \sqrt{6}, \qquad |\vec{a}| = \sqrt{3^2 + (-4)^2 + 0^2} = 5$$

$$\varphi = \arcsin\left(\frac{|\vec{n} \cdot \vec{a}|}{|\vec{n}| \cdot |\vec{a}|}\right) = \arcsin\left(\frac{10}{\sqrt{6} \cdot 5}\right) = \arcsin 0{,}8165 = 54{,}7^\circ$$

■

4.2.7 Abstand zweier paralleler Ebenen

Zwei Ebenen E_1 und E_2 können folgende Lagen zueinander haben:

— *E_1 und E_2 fallen zusammen*
— *E_1 und E_2 sind zueinander parallel*
— *E_1 und E_2 schneiden sich längs einer Geraden*

Wir setzen in diesem Abschnitt voraus, daß die Ebenen E_1 und E_2 mit den Gleichungen $\vec{n}_1 \cdot (\vec{r} - \vec{r}_1) = 0$ und $\vec{n}_2 \cdot (\vec{r} - \vec{r}_2) = 0$ zueinander *parallel* sind. Dies ist genau dann der Fall, wenn die zugehörigen Normalenvektoren $\vec{n}_1$ und $\vec{n}_2$ *kollinear* sind, d.h. $\vec{n}_1 \times \vec{n}_2 = \vec{0}$ ist (Bild II-70).

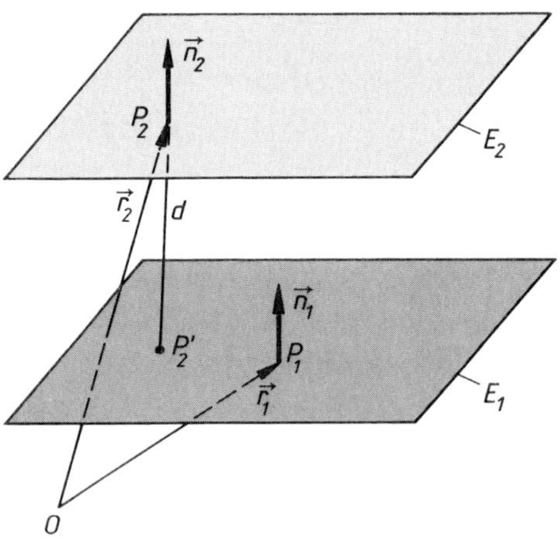

Bild II-70
Zur Berechnung des Abstandes zweier paralleler Ebenen

Dann hat *jeder* Punkt der Ebene E_2 von der Ebene E_1 den *gleichen* (senkrechten) Abstand d und umgekehrt. Wir wählen auf der Ebene E_2 den bekannten Punkt P_2 mit dem Ortsvektor $\vec{r}_2$ und erhalten nach der Abstandsformel (II-164):

$$d = \frac{|\vec{n}_1 \cdot (\vec{r}_2 - \vec{r}_1)|}{|\vec{n}_1|} \qquad \text{(II-178)}$$

Zusammenfassend gilt somit:

Abstand zweier paralleler Ebenen (Bild II-70)

Der Abstand zweier *Parallelebenen* $E_1: \vec{n}_1 \cdot (\vec{r} - \vec{r}_1) = 0$ und $E_2: \vec{n}_2 \cdot (\vec{r} - \vec{r}_2) = 0$ läßt sich wie folgt berechnen:

$$d = \frac{|\vec{n}_1 \cdot (\vec{r}_2 - \vec{r}_1)|}{|\vec{n}_1|} \qquad \text{(II-179)}$$

Anmerkungen

(1) Die beiden Ebenen sind genau dann *parallel*, wenn $\vec{n}_1 \times \vec{n}_2 = \vec{0}$ ist.

(2) In der Abstandsformel (II-179) darf der Normalenvektor $\vec{n}_1$ durch den Normalenvektor $\vec{n}_2$ ersetzt werden.

(3) Ist zusätzlich $d = 0$, so fallen die beiden Ebenen *zusammen*.

■ **Beispiel**

Gegeben sind die folgenden Ebenen:

$$E_1: \quad P_1 = (7;\, 3;\, -4), \qquad \textit{Normalenvektor } \vec{n}_1 = \begin{pmatrix} -1 \\ 4 \\ 2 \end{pmatrix}$$

$$E_2: \quad P_2 = (-1;\, 0;\, 8), \qquad \textit{Normalenvektor } \vec{n}_2 = \begin{pmatrix} -2 \\ 8 \\ 4 \end{pmatrix}$$

Die Ebenen sind *parallel*, da $\vec{n}_1 \times \vec{n}_2 = \vec{0}$ ist (bitte nachrechnen!). Wir berechnen nun den Abstand d der Ebenen nach Formel (II-179):

$$\vec{n}_1 \cdot (\vec{r}_2 - \vec{r}_1) = \begin{pmatrix} -1 \\ 4 \\ 2 \end{pmatrix} \cdot \begin{pmatrix} -1-7 \\ 0-3 \\ 8+4 \end{pmatrix} = \begin{pmatrix} -1 \\ 4 \\ 2 \end{pmatrix} \cdot \begin{pmatrix} -8 \\ -3 \\ 12 \end{pmatrix} =$$

$$= 8 - 12 + 24 = 20$$

$$|\vec{n}_1| = \sqrt{(-1)^2 + 4^2 + 2^2} = \sqrt{21}$$

$$d = \frac{|\vec{n}_1 \cdot (\vec{r}_2 - \vec{r}_1)|}{|\vec{n}_1|} = \frac{20}{\sqrt{21}} = 4{,}36$$

■

4.2.8 Schnittgerade und Schnittwinkel zweier Ebenen

Wir setzen in diesem Abschnitt voraus, daß sich die Ebenen $E_1: \vec{n}_1 \cdot (\vec{r} - \vec{r}_1) = 0$ und $E_2: \vec{n}_2 \cdot (\vec{r} - \vec{r}_2) = 0$ längs einer *Geraden* g schneiden (Bild II-71). Dies ist genau dann der Fall, wenn die zugehörigen Normalenvektoren $\vec{n}_1$ und $\vec{n}_2$ *nicht-kollinear* sind, d.h. die Bedingung $\vec{n}_1 \times \vec{n}_2 \neq \vec{0}$ erfüllen.

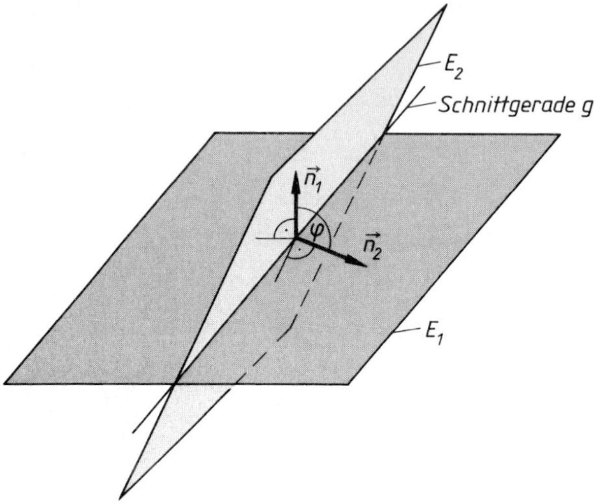

Bild II-71
Zur Berechnung der Schnittgeraden und des Schnittwinkels zweier Ebenen

Bestimmung der Schnittgeraden (Bild II-71)

Für die Gleichung der *Schnittgeraden* g wählen wir den Lösungsansatz

$$\vec{r}(\lambda) = \vec{r}_0 + \lambda\, \vec{a} \tag{II-180}$$

Zu bestimmen sind der Richtungsvektor $\vec{a}$ und der Ortsvektor $\vec{r}_0$ des auf der Geraden g gelegenen Punktes P_0. Da die Normalenvektoren $\vec{n}_1$ und $\vec{n}_2$ der beiden Ebenen jeweils *senkrecht* auf der Schnittgeraden g stehen, läßt sich der Richtungsvektor $\vec{a}$ von g als *Vektorprodukt* dieser beiden Vektoren darstellen:

$$\vec{a} = \vec{n}_1 \times \vec{n}_2 \tag{II-181}$$

Den Ortsvektor $\vec{r}_0$ des auf der Schnittgeraden gelegenen (aber noch unbekannten) Punktes P_0 bestimmen wir wie folgt:

P_0 liegt in *beiden* Ebenen, der zugehörige Ortsvektor $\vec{r}_0$ erfüllt daher die Gleichungen *beider* Ebenen:

$$\begin{aligned} &\vec{n}_1 \cdot (\vec{r}_0 - \vec{r}_1) = 0 \\ &\vec{n}_2 \cdot (\vec{r}_0 - \vec{r}_2) = 0 \end{aligned} \tag{II-182}$$

oder (in ausgeschriebener Form)

$$\begin{aligned} &n_{1x}(x_0 - x_1) + n_{1y}(y_0 - y_1) + n_{1z}(z_0 - z_1) = 0 \\ &n_{2x}(x_0 - x_2) + n_{2y}(y_0 - y_2) + n_{2z}(z_0 - z_2) = 0 \end{aligned} \tag{II-183}$$

Dies ist ein *lineares Gleichungssystem* mit *zwei* Gleichungen und den *drei* unbekannten Koordinaten x_0, y_0 und z_0 des Punktes P_0. *Eine* der drei Koordinaten ist daher *frei wählbar*. Wir setzen z.B. $x_0 = 0$ und berechnen die beiden übrigen Koordinaten aus dem linearen Gleichungssystem

$$\begin{aligned} -n_{1x}x_1 + n_{1y}(y_0 - y_1) + n_{1z}(z_0 - z_1) &= 0 \\ -n_{2x}x_2 + n_{2y}(y_0 - y_2) + n_{2z}(z_0 - z_2) &= 0 \end{aligned} \qquad \text{(II-184)}$$

(Gleichungssystem (II-183) für $x_0 = 0$). Damit sind die Koordinaten x_0, y_0 und z_0 und somit auch der Ortsvektor $\vec{r}_0$ des auf der Geraden g gelegenen Punktes P_0 eindeutig bestimmt.

Wir fassen die Ergebnisse zusammen:

Schnittgerade zweier Ebenen (Bild II-71)

Die Gleichung der *Schnittgeraden* g zweier Ebenen E_1: $\vec{n}_1 \cdot (\vec{r} - \vec{r}_1) = 0$ und E_2: $\vec{n}_2 \cdot (\vec{r} - \vec{r}_2) = 0$ lautet:

$$\vec{r}\,(\lambda) = \vec{r}_0 + \lambda\,\vec{a} \qquad \text{(II-185)}$$

Der *Richtungsvektor* $\vec{a}$ ist dabei das Vektorprodukt der Normalenvektoren n_1 und $\vec{n}_2$ der beiden Ebenen:

$$\vec{a} = \vec{n}_1 \times \vec{n}_2 \qquad \text{(II-186)}$$

Der *Ortsvektor* r_0 des (zunächst noch unbekannten) Punktes P_0 der Schnittgeraden läßt sich aus dem linearen Gleichungssystem

$$\begin{aligned} \vec{n}_1 \cdot (\vec{r}_0 - \vec{r}_1) &= 0 \\ \vec{n}_2 \cdot (\vec{r}_0 - \vec{r}_2) &= 0 \end{aligned} \qquad \text{(II-187)}$$

oder (in der ausgeschriebenen Form)

$$\begin{aligned} n_{1x}(x_0 - x_1) + n_{1y}(y_0 - y_1) + n_{1z}(z_0 - z_1) &= 0 \\ n_{2x}(x_0 - x_2) + n_{2y}(y_0 - y_2) + n_{2z}(z_0 - z_2) &= 0 \end{aligned} \qquad \text{(II-188)}$$

bestimmen, wobei *eine* der drei Koordinaten *frei wählbar* ist (z.B. kann man $x_0 = 0$ setzen).

Anmerkung

Die beiden Ebenen *schneiden* sich genau dann, wenn $\vec{n}_1 \times \vec{n}_2 \neq \vec{0}$ ist.

Berechnung des Schnittwinkels (Bild II-71)

Der *Schnittwinkel* φ zweier Ebenen E_1 und E_2 ist der Winkel zwischen den zugehörigen *Normalenvektoren* $\vec{n}_1$ und $\vec{n}_2$. Nach Gleichung (II-66) gilt somit:

Schnittwinkel zweier Ebenen (Bild II-71)

Der Schnittwinkel φ zweier Ebenen E_1 und E_2 mit den *Normalenvektoren* $\vec{n}_1$ und $\vec{n}_2$ läßt sich wie folgt berechnen:

$$\varphi = \arccos\left(\frac{\vec{n}_1 \cdot \vec{n}_2}{|\vec{n}_1| \cdot |\vec{n}_2|}\right) \qquad \text{(II-189)}$$

■ **Beispiel**

Wir bestimmen *Schnittgerade* g und *Schnittwinkel* φ der folgenden Ebenen:

$$E_1\colon\quad P_1 = (1;\, 0;\, 1), \qquad \textit{Normalenvektor}\ \vec{n}_1 = \begin{pmatrix} 1 \\ 5 \\ -3 \end{pmatrix}$$

$$E_2\colon\quad P_2 = (0;\, 3;\, 0), \qquad \textit{Normalenvektor}\ \vec{n}_2 = \begin{pmatrix} 2 \\ 1 \\ 2 \end{pmatrix}$$

Bestimmung der Schnittgeraden g

$$\vec{r}\,(\lambda) = \vec{r}_0 + \lambda\,\vec{a} \quad \text{(Ansatz)}$$

Für den *Richtungsvektor* $\vec{a}$ erhalten wir nach Formel (II-186):

$$\vec{a} = \vec{n}_1 \times \vec{n}_2 = \begin{pmatrix} 1 \\ 5 \\ -3 \end{pmatrix} \times \begin{pmatrix} 2 \\ 1 \\ 2 \end{pmatrix} = \begin{pmatrix} 10 + 3 \\ -6 - 2 \\ 1 - 10 \end{pmatrix} = \begin{pmatrix} 13 \\ -8 \\ -9 \end{pmatrix}$$

Wegen $\vec{n}_1 \times \vec{n}_2 \neq \vec{0}$ ist damit sichergestellt, daß sich die Ebenen auch tatsächlich *schneiden.*

Der *Ortsvektor* $\vec{r}_0$ des (noch unbekannten) Punktes P_0 der Schnittgeraden wird aus dem folgenden linearen Gleichungssystem berechnet:

$$\vec{n}_1 \cdot (\vec{r}_0 - \vec{r}_1) = \begin{pmatrix} 1 \\ 5 \\ -3 \end{pmatrix} \cdot \begin{pmatrix} x_0 - 1 \\ y_0 - 0 \\ z_0 - 1 \end{pmatrix} = x_0 - 1 + 5\,y_0 - 3\,(z_0 - 1) = 0$$

$$\vec{n}_2 \cdot (\vec{r}_0 - \vec{r}_2) = \begin{pmatrix} 2 \\ 1 \\ 2 \end{pmatrix} \cdot \begin{pmatrix} x_0 - 0 \\ y_0 - 3 \\ z_0 - 0 \end{pmatrix} = 2\,x_0 + y_0 - 3 + 2\,z_0 = 0$$

Wir setzen $x_0 = 0$ und ordnen beide Gleichungen:

$$\begin{aligned} 5\,y_0 - 3\,z_0 &= -2 \\ y_0 + 2\,z_0 &= 3 \end{aligned}$$

Diese Gleichungen werden durch $y_0 = 5/13$ und $z_0 = 17/13$ gelöst. Der Punkt P_0 besitzt demnach die folgenden Koordinaten:

$$x_0 = 0, \qquad y_0 = \frac{5}{13}, \qquad z_0 = \frac{17}{13}$$

Somit ist

$$\vec{r}\,(\lambda) = \vec{r}_0 + \lambda\,\vec{a} = \begin{pmatrix} 0 \\ 5/13 \\ 17/13 \end{pmatrix} + \lambda \begin{pmatrix} 13 \\ -8 \\ -9 \end{pmatrix} = \begin{pmatrix} 13\,\lambda \\ 5/13 - 8\,\lambda \\ 17/13 - 9\,\lambda \end{pmatrix} \qquad (\lambda \in \mathbb{R})$$

die Gleichung der gesuchten *Schnittgeraden* g.

Berechnung des Schnittwinkels φ

$$\vec{n}_1 \cdot \vec{n}_2 = \begin{pmatrix} 1 \\ 5 \\ -3 \end{pmatrix} \cdot \begin{pmatrix} 2 \\ 1 \\ 2 \end{pmatrix} = 2 + 5 - 6 = 1$$

$$|\vec{n}_1| = \sqrt{1^2 + 5^2 + (-3)^2} = \sqrt{35}, \qquad |\vec{n}_2| = \sqrt{2^2 + 1^2 + 2^2} = 3$$

Für den *Schnittwinkel* φ erhalten wir damit nach Gleichung (II-189):

$$\varphi = \arccos\left(\frac{\vec{n}_1 \cdot \vec{n}_2}{|\vec{n}_1| \cdot |\vec{n}_2|}\right) = \arccos\left(\frac{1}{\sqrt{35} \cdot 3}\right) = \arccos 0{,}0563 = 86{,}8^{\circ}$$

■

Übungsaufgaben

Zu Abschnitt 2 und 3

1) Gegeben sind die Vektoren $\vec{a} = \begin{pmatrix} 3 \\ 2 \\ -4 \end{pmatrix}$, $\vec{b} = \begin{pmatrix} -2 \\ 0 \\ 4 \end{pmatrix}$ und $\vec{c} = \begin{pmatrix} -5 \\ 1 \\ 4 \end{pmatrix}$.

Berechnen Sie die skalaren Komponenten und die Beträge der aus ihnen gebildeten folgenden Vektoren:

a) $\vec{s}_1 = 3\,\vec{a} - 5\,\vec{b} + 3\,\vec{c}$ b) $\vec{s}_2 = -2\,(\vec{b} + 5\,\vec{c}) + 5\,(\vec{a} - 3\,\vec{b})$

c) $\vec{s}_3 = 4\,(\vec{a} - 2\,\vec{b}) + 10\,\vec{c}$ d) $\vec{s}_4 = 3\,(\vec{a} \cdot \vec{b})\,\vec{c} - 5\,(\vec{b} \cdot \vec{c})\,\vec{a}$

2) Welche Gegenkraft $\vec{F}$ hebt die vier Einzelkräfte

$$\vec{F}_1 = \begin{pmatrix} 200 \\ 110 \\ -50 \end{pmatrix} \text{N}, \quad \vec{F}_2 = \begin{pmatrix} -10 \\ 30 \\ -40 \end{pmatrix} \text{N},$$

$$\vec{F}_3 = \begin{pmatrix} 40 \\ 85 \\ 120 \end{pmatrix} \text{N}, \quad \vec{F}_4 = -\begin{pmatrix} 30 \\ 50 \\ 40 \end{pmatrix} \text{N}$$

in ihrer physikalischen Wirkung auf?

3) Berechnen Sie die Resultierende der in Bild II-72 skizzierten (ebenen) Kräfte nach Betrag und Richtung (Richtungswinkel).

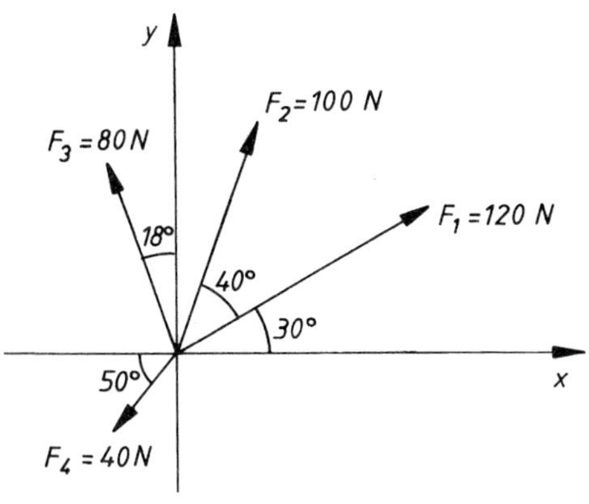

Bild II-72

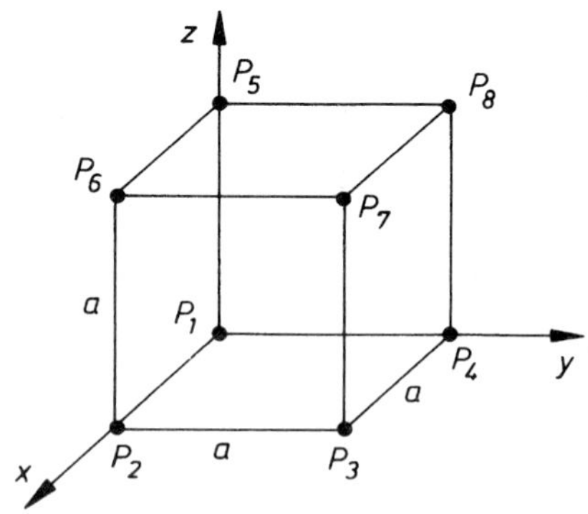

Bild II-73

4) Bestimmen Sie die Ortsvektoren der acht Ecken eines Würfels mit der Kantenlänge a gemäß Bild II-73.

5) Normieren Sie die folgenden Vektoren:

$$\vec{a} = \begin{pmatrix} 2 \\ 1 \\ 4 \end{pmatrix}, \quad \vec{b} = 3\,\vec{e}_x - 4\,\vec{e}_y + 8\,\vec{e}_z, \quad \vec{c} = \begin{pmatrix} -1 \\ 1 \\ -1 \end{pmatrix}$$

6) Wie lautet der Einheitsvektor $\vec{e}$, der die zum Vektor $\vec{a} = \begin{pmatrix} 1 \\ -4 \\ 3 \end{pmatrix}$ *entgegengesetzte* Richtung hat?

7) Bestimmen Sie die Koordinaten des Punktes Q, der vom Punkte $P = (3;\,1;\,-5)$ in Richtung des Vektors $\vec{a} = \begin{pmatrix} 3 \\ -5 \\ 4 \end{pmatrix}$ um 20 Längeneinheiten entfernt liegt.

8) Wie lautet die Gleichung der durch die Punkte $P_1 = (10;\,5;\,-1)$ und $P_2 = (1;\,2;\,5)$ verlaufenden Geraden? Bestimmen Sie die Koordinaten der Mitte Q von $\overrightarrow{P_1 P_2}$.

9) Liegen die drei Punkte $P_1 = (3;\,0;\,4)$, $P_2 = (1;\,1;\,1)$ und $P_3 = (-1;\,2;\,-2)$ in einer Geraden?

10) Bilden Sie mit den Vektoren $\vec{a} = \begin{pmatrix} 1 \\ 1 \\ 1 \end{pmatrix}$, $\vec{b} = \begin{pmatrix} -3 \\ 0 \\ 4 \end{pmatrix}$ und $\vec{c} = \begin{pmatrix} 4 \\ 10 \\ -2 \end{pmatrix}$ die folgenden Skalarprodukte:

a) $\vec{a} \cdot \vec{b}$ b) $(\vec{a} - 3\,\vec{b}) \cdot (4\,\vec{c})$ c) $(\vec{a} + \vec{b}) \cdot (\vec{a} - \vec{c})$

11) Welchen Winkel schließen die Vektoren $\vec{a}$ und $\vec{b}$ miteinander ein?

a) $\vec{a} = \begin{pmatrix} 3 \\ 1 \\ -2 \end{pmatrix}, \quad \vec{b} = \begin{pmatrix} 1 \\ 4 \\ 2 \end{pmatrix}$ b) $\vec{a} = \begin{pmatrix} 10 \\ -5 \\ 10 \end{pmatrix}, \quad \vec{b} = \begin{pmatrix} 3 \\ -1 \\ -0{,}5 \end{pmatrix}$

c) $\vec{a} = \vec{e}_x - 2\,\vec{e}_y + 5\,\vec{e}_z, \quad \vec{b} = -\,\vec{e}_x - 10\,\vec{e}_z$

12) Zeigen Sie: Die Vektoren $\vec{a}$ und $\vec{b}$ sind zueinander *orthogonal*:

a) $\vec{a} = \begin{pmatrix} -1 \\ 2 \\ 5 \end{pmatrix}, \quad \vec{b} = \begin{pmatrix} -4 \\ 8 \\ -4 \end{pmatrix}$ b) $\vec{a} = \begin{pmatrix} 3 \\ -2 \\ 10 \end{pmatrix}, \quad \vec{b} = \begin{pmatrix} 4 \\ 1 \\ -1 \end{pmatrix}$

13) Beweisen Sie den Kosinussatz $c^2 = a^2 + b^2 - 2\,ab \cdot \cos\gamma$ (Bild II-74).

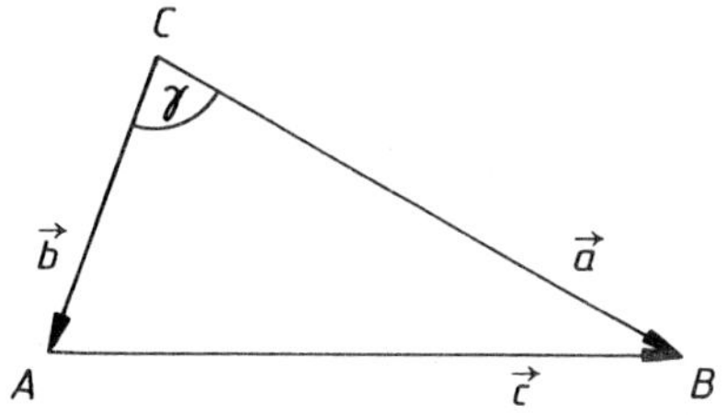

Bild II-74
Zur Herleitung des Kosinussatzes

14) Zeigen Sie: Die Vektoren

$$\vec{e}_1 = \begin{pmatrix} 1/\sqrt{2} \\ 0 \\ 1/\sqrt{2} \end{pmatrix}, \quad \vec{e}_2 = \begin{pmatrix} 1/\sqrt{2} \\ 0 \\ -1/\sqrt{2} \end{pmatrix} \quad \text{und} \quad \vec{e}_3 = \begin{pmatrix} 0 \\ -1 \\ 0 \end{pmatrix}$$

bilden ein *orthonormiertes* System, d.h. die *Vektoren* stehen paarweise senkrecht aufeinander und besitzen jeweils die Länge 1.

15) Zeigen Sie: Die drei Vektoren

$$\vec{a} = \begin{pmatrix} 1 \\ 4 \\ -2 \end{pmatrix}, \quad \vec{b} = \begin{pmatrix} -2 \\ 2 \\ 3 \end{pmatrix} \quad \text{und} \quad \vec{c} = \begin{pmatrix} -1 \\ 6 \\ 1 \end{pmatrix}$$

bilden ein *rechtwinkliges* Dreieck.

16) Bestimmen Sie Betrag und Richtung (Richtungswinkel) des Vektors $\vec{a}$:

a) $\vec{a} = \begin{pmatrix} 1 \\ 1 \\ 1 \end{pmatrix}$ b) $\vec{a} = \begin{pmatrix} 1 \\ 4 \\ 0 \end{pmatrix}$ c) $\vec{a} = \begin{pmatrix} 4 \\ 3 \\ -2 \end{pmatrix}$

17) Durch die drei Punkte $A = (1;\, 4;\, -2)$, $B = (3;\, 1;\, 0)$ und $C = (-1;\, 1;\, 2)$ wird ein Dreieck festgelegt. Berechnen Sie die Länge der drei Seiten, die Innenwinkel im Dreieck sowie den Flächeninhalt.

18) Ein Massenpunkt wird durch die Kraft $\vec{F} = \begin{pmatrix} 10 \\ -4 \\ -2 \end{pmatrix}$ N geradlinig von $P_1 = (1\text{ m};\, 20\text{ m};\, 3\text{ m})$ nach $P_2 = (4\text{ m};\, 2\text{ m};\, -1\text{ m})$ verschoben. Welche Arbeit leistet die Kraft? Welchen Winkel bildet sie mit dem Verschiebungsvektor $\vec{s}$?

19) Eine Kraft vom Betrage $F = 85$ N verschiebt einen Massenpunkt um die Strecke $s = 32$ m und verrichtet dabei die Arbeit $W = 1360$ J. Unter welchem Winkel greift die Kraft an?

20) Berechnen Sie die *Komponente* des Vektors $\vec{b}$ in Richtung des Vektors $\vec{a} = \begin{pmatrix} 2 \\ -2 \\ 1 \end{pmatrix}$:

a) $\vec{b} = \begin{pmatrix} 5 \\ 1 \\ 3 \end{pmatrix}$ b) $\vec{b} = \begin{pmatrix} -2 \\ 5 \\ 0 \end{pmatrix}$ c) $\vec{b} = \begin{pmatrix} 10 \\ 4 \\ -2 \end{pmatrix}$

21) Ein Vektor $\vec{a}$ sei durch Betrag und Richtungswinkel wie folgt festgelegt: $|\vec{a}| = 10$, $\alpha = 30°$, $\beta = 60°$, $90° \leqslant \gamma \leqslant 180°$. Wie lauten die Vektorkoordinaten von $\vec{a}$?

22) Bestimmen Sie die Richtungswinkel α, β und γ der folgenden Vektoren:

a) $\vec{a} = \begin{pmatrix} 5 \\ 1 \\ 4 \end{pmatrix}$ b) $\vec{a} = \begin{pmatrix} -3 \\ 5 \\ -8 \end{pmatrix}$ c) $\vec{a} = \begin{pmatrix} 11 \\ -2 \\ 10 \end{pmatrix}$

23) Gegeben sind die Vektoren $\vec{a} = \begin{pmatrix} 1 \\ 4 \\ -6 \end{pmatrix}$, $\vec{b} = \begin{pmatrix} 2 \\ -1 \\ 2 \end{pmatrix}$ und $\vec{c} = \begin{pmatrix} 0 \\ 2 \\ 3 \end{pmatrix}$.

Berechnen Sie mit ihnen die folgenden Vektorprodukte:

a) $\vec{a} \times \vec{b}$ b) $(\vec{a} - \vec{b}) \times (3\,\vec{c})$

c) $(-\vec{a} + 2\,\vec{c}) \times (-\vec{b})$ d) $(2\,\vec{a}) \times (-\vec{b} + 5\,\vec{c})$

24) Bestimmen Sie den Flächeninhalt des von den Vektoren $\vec{a}$ und $\vec{b}$ aufgespannten Parallelogramms:

a) $\vec{a} = \begin{pmatrix} 4 \\ -10 \\ 5 \end{pmatrix}$, $\vec{b} = \begin{pmatrix} -3 \\ -1 \\ -3 \end{pmatrix}$ b) $\vec{a} = \begin{pmatrix} 1 \\ -4 \\ 0 \end{pmatrix}$, $\vec{b} = \begin{pmatrix} 3 \\ 1 \\ 12 \end{pmatrix}$

25) An einem Hebel greifen die in Bild II-75 skizzierten senkrechten Kräfte an. Wie groß muß eine 3. Kraft $\vec{F}$ sein, die im Abstand von 20 cm vom Hebelpunkt angreift, damit Gleichgewicht besteht?

Anleitung: Die Summe aller Drehmomente muß *verschwinden*.

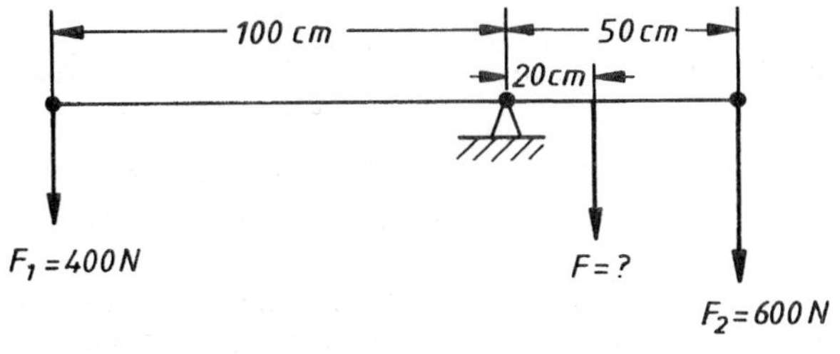

Bild II-75 Zweiseitiger Hebel im Gleichgewicht

26) Wie muß der Parameter λ gewählt werden, damit die drei Vektoren

$$\vec{a} = \begin{pmatrix} 1 \\ \lambda \\ 4 \end{pmatrix}, \quad \vec{b} = \begin{pmatrix} -2 \\ 4 \\ 11 \end{pmatrix} \quad \text{und} \quad \vec{c} = \begin{pmatrix} -3 \\ 5 \\ 1 \end{pmatrix}$$

komplanar sind?

27) Zeigen Sie: Die Vektoren $\vec{a}$, $\vec{b}$ und $\vec{c}$ liegen jeweils in einer gemeinsamen Ebene.

a) $\vec{a} = \begin{pmatrix} -3 \\ 4 \\ 0 \end{pmatrix}, \quad \vec{b} = \begin{pmatrix} -2 \\ 3 \\ 5 \end{pmatrix}, \quad \vec{c} = \begin{pmatrix} -1 \\ 3 \\ 25 \end{pmatrix}$

b) $\vec{a} = \begin{pmatrix} 1 \\ 1 \\ 1 \end{pmatrix}, \quad \vec{b} = \begin{pmatrix} 1 \\ 0 \\ 2 \end{pmatrix}, \quad \vec{c} = \begin{pmatrix} 1 \\ 4 \\ -2 \end{pmatrix}$

28) Bestimmen Sie das Volumen des von den Vektoren

$$\vec{a} = \begin{pmatrix} -1 \\ 1 \\ -1 \end{pmatrix}, \quad \vec{b} = \begin{pmatrix} 3 \\ 4 \\ 7 \end{pmatrix} \quad \text{und} \quad \vec{c} = \begin{pmatrix} 1 \\ 2 \\ -8 \end{pmatrix}$$

gebildeten Spats.

29) Zeigen Sie: $(\vec{a} \times \vec{b}) \times \vec{c} = (\vec{a} \cdot \vec{c})\, \vec{b} - (\vec{b} \cdot \vec{c})\, \vec{a}$

Anleitung: *Komponentenweise* Ausrechnung auf beiden Seiten.

Zu Abschnitt 4

1) Wie lautet die Vektorgleichung der Geraden g durch den Punkt P_1 *parallel* zum Vektor $\vec{a}$? Welche Punkte gehören zu den Parameterwerten $\lambda = 1$, $\lambda = 2$ und $\lambda = -5$?

a) $P_1 = (4;\ 0;\ 3), \quad \vec{a} = \begin{pmatrix} -1 \\ 1 \\ -1 \end{pmatrix}$ b) $P_1 = (3;\ -2;\ 1), \quad \vec{a} = \begin{pmatrix} 5 \\ 2 \\ 3 \end{pmatrix}$

2) Bestimmen Sie die Gleichung der Geraden g durch die Punkte P_1 und P_2. Welche Punkte ergeben sich für die Parameterwerte $\lambda = -2$, $\lambda = 3$ und $\lambda = 5$?

a) $P_1 = (1;\ 3;\ -2), \quad P_2 = (6;\ 5;\ 8)$ b) $P_1 = (-2;\ 3;\ 1), \quad P_2 = (1;\ 0;\ 5)$

3) Wie lautet die Gleichung der durch die Punkte $P_1 = (10; 5; -1)$ und $P_2 = (1; 2; 5)$ verlaufenden Geraden? Bestimmen Sie die Koordinaten der Mitte Q von $\overrightarrow{P_1 P_2}$.

4) Liegen die drei Punkte $P_1 = (3; 0; 4)$, $P_2 = (1; 1; 1)$ und $P_3 = (-7; 5; -11)$ in einer Geraden?

5) Von einer Geraden g ist der Punkt $P_1 = (4; 2; 3)$ und der Richtungsvektor $\vec{a} = \begin{pmatrix} 2 \\ 1 \\ 3 \end{pmatrix}$ bekannt. Berechnen Sie den Abstand des Punktes $Q = (4; 1; 1)$ von dieser Geraden.

6) $P_1 = (1; 4; 3)$ sei ein Punkt der Geraden g_1, $P_2 = (5; 3; 0)$ ein solcher der Geraden g_2. Beide Geraden verlaufen außerdem *parallel* zum Vektor $\vec{a}$ mit den Vektorkoordinaten $a_x = 3$, $a_y = -1$ und $a_z = 2$. Welchen Abstand besitzen diese Geraden voneinander?

7) Von einer Geraden g ist der Punkt $P_1 = (1; -2; 8)$ und der Richtungsvektor $\vec{a}$ mit den folgenden Eigenschaften bekannt: $|\vec{a}| = 1$, $\beta = 60°$, $\gamma = 45°$, α mit $\cos \alpha > 0$. Bestimmen Sie die Gleichung der Geraden. In welchen Punkten schneidet die Gerade die drei Koordinatenebenen?

8) Eine Gerade g verlaufe durch den Punkt $P_1 = (5; 3; 1)$ *parallel* zu einem Vektor $\vec{a}$ mit den drei Richtungswinkeln $\alpha = 30°$, $\beta = 90°$, γ mit $\cos \gamma < 0$. Wie lautet die Gleichung dieser Geraden?

9) Welche *Lage* besitzen die folgenden Geradenpaare g_1, g_2 zueinander? Bestimmen Sie *gegebenenfalls* Abstand, Schnittpunkt und Schnittwinkel.

a) g_1 durch $P_1 = (3; 4; 6)$ und $P_2 = (-1; -2; 4)$
   g_2 durch $P_3 = (3; 7; -2)$ und $P_4 = (5; 15; -6)$

b) g_1: $\vec{r}(\lambda_1) = \vec{r}_1 + \lambda_1 \vec{a}_1 = \begin{pmatrix} 5 \\ 1 \\ 0 \end{pmatrix} + \lambda_1 \begin{pmatrix} -2 \\ 1 \\ 3 \end{pmatrix}$

   g_2: $\vec{r}(\lambda_2) = \vec{r}_2 + \lambda_2 \vec{a}_2 = \begin{pmatrix} 1 \\ 1 \\ 5 \end{pmatrix} + \lambda_2 \begin{pmatrix} 6 \\ -3 \\ -9 \end{pmatrix}$

c) g_1 durch $P_1 = (1; 2; 0)$ mit dem Richtungsvektor $\vec{a}_1 = \begin{pmatrix} 2 \\ 0 \\ 5 \end{pmatrix}$

   g_2 durch $P_2 = (6; 0; 13)$ mit dem Richtungsvektor $\vec{a}_2 = \begin{pmatrix} 1 \\ -2 \\ 3 \end{pmatrix}$

10) Zeigen Sie, daß die Geraden g_1 und g_2 mit den folgenden Vektorgleichungen *windschief* sind und berechnen Sie ihren Abstand:

$$g_1: \quad \vec{r}(\lambda_1) = \vec{r}_1 + \lambda_1 \vec{a}_1 = \begin{pmatrix} 1 \\ -2 \\ 3 \end{pmatrix} + \lambda_1 \begin{pmatrix} 1 \\ 1 \\ 1 \end{pmatrix}$$

$$g_2: \quad \vec{r}(\lambda_2) = \vec{r}_2 + \lambda_2 \vec{a}_2 = \begin{pmatrix} 3 \\ 3 \\ 3 \end{pmatrix} + \lambda_2 \begin{pmatrix} 0 \\ 2 \\ 1 \end{pmatrix}$$

11) Die in der x, y-*Ebene* verlaufende Gerade g_1 schneidet die beiden Koordinatenachsen jeweils bei 3. Welchen Abstand besitzt diese Gerade von der z-Achse?

12) Zeigen Sie, daß sich die Geraden g_1 und g_2 in genau *einem* Punkt schneiden und bestimmen Sie Schnittpunkt und Schnittwinkel:

g_1 durch $P_1 = (4;\, 2;\, 8)$ und $P_2 = (3;\, 6;\, 11)$

g_2 durch $P_3 = (5;\, 8;\, 21)$ und $P_4 = (7;\, 10;\, 31)$

13) Wie lautet die Vektorgleichung der Ebene E, die den Punkt P_1 enthält und *parallel* zu den Richtungsvektoren $\vec{a}$ und $\vec{b}$ verläuft? Bestimmen Sie ferner einen Normalenvektor $\vec{n}$ der Ebene. Welche Punkte gehören zu den Parameterwertepaaren $\lambda = 1$, $\mu = 3$ und $\lambda = -2$, $\mu = 1$?

a) $P_1 = (3;\, 5;\, 1), \quad \vec{a} = \begin{pmatrix} 1 \\ 1 \\ 1 \end{pmatrix}, \quad \vec{b} = \begin{pmatrix} 2 \\ 1 \\ 3 \end{pmatrix}$

b) $P_1 = (6;\, 0;\, -3), \quad \vec{a} = \begin{pmatrix} 2 \\ 8 \\ -3 \end{pmatrix}, \quad \vec{b} = \begin{pmatrix} 2 \\ 3 \\ -3 \end{pmatrix}$

14) Bestimmen Sie die Gleichung der Ebene E durch die drei Punkte P_1, P_2 und P_3. Welche Punkte dieser Ebene erhält man für die Parameterwertepaare $\lambda = 3$, $\mu = -2$ und $\lambda = -2$, $\mu = 1$?

a) $P_1 = (3;\, 1;\, 0), \quad P_2 = (-4;\, 1;\, 1), \quad P_3 = (5;\, 9;\, 3)$

b) $P_1 = (5;\, 1;\, 2), \quad P_2 = (-2;\, -1;\, -3), \quad P_3 = (0;\, 5;\, 10)$

15) Liegen die vier Punkte $P_1 = (1;\, 1;\, 1)$, $P_2 = (3;\, 2;\, 0)$, $P_3 = (4;\, -1;\, 5)$ und $P_4 = (12;\, -4;\, 12)$ in einer Ebene?

16) Wie lautet die Gleichung einer Ebene E, die auf den drei Koordinatenachsen jeweils die *gleiche* Strecke a abschneidet und ferner den Punkt $Q = (3;\, -4;\, 7)$ enthält?

Hinweis: Stellen Sie zunächst die Gleichung der Ebene durch die drei Schnittpunkte mit den Koordinatenachsen in Abhängigkeit von der Strecke a auf.

17) Eine Ebene E verläuft *senkrecht* zum Vektor $\vec{n} = \begin{pmatrix} 4 \\ 3 \\ 1 \end{pmatrix}$ und enthält den Punkt $A = (5;\ 8;\ 10)$. Bestimmen Sie die Gleichung dieser Ebene. Berechnen Sie ferner die fehlende Koordinate des *auf* der Ebene gelegenen Punktes $B = (2;\ y = ?;\ 1)$.

18) Ein Normalenvektor $\vec{n}$ einer Ebene E besitze die drei Richtungswinkel $\alpha = 60°$, $\beta = 120°$ und γ mit $\cos \gamma < 0$. Wie lautet die Gleichung dieser Ebene, die noch den Punkt $P_1 = (3;\ 5;\ -2)$ enthält?

19) Welche Lage haben Gerade g und Ebene E zueinander? Bestimmen Sie *gegebenenfalls* Abstand, Schnittpunkt und Schnittwinkel.

a) g durch $P_1 = (5;\ 1;\ 2)$ mit dem Richtungsvektor $\vec{a} = \begin{pmatrix} 3 \\ 1 \\ 2 \end{pmatrix}$

E durch $P_0 = (2;\ 1;\ 8)$ mit dem Normalenvektor $\vec{n} = \begin{pmatrix} -1 \\ 3 \\ 1 \end{pmatrix}$

b) $g\colon\ \vec{r}(\lambda) = \vec{r}_1 + \lambda\,\vec{a} = \begin{pmatrix} 5 \\ 3 \\ 6 \end{pmatrix} + \lambda \begin{pmatrix} 2 \\ 5 \\ 1 \end{pmatrix}$

$E\colon\ \vec{n} \cdot (\vec{r} - \vec{r}_0) = \begin{pmatrix} 3 \\ -1 \\ -1 \end{pmatrix} \cdot \begin{pmatrix} x-1 \\ y-1 \\ z-1 \end{pmatrix} = 0$

c) g durch $P_1 = (2;\ 0;\ 3)$ und $P_2 = (5;\ 6;\ 18)$
E durch $P_3 = (1;\ -2;\ -2)$, $P_4 = (0;\ -1;\ -1)$ und $P_5 = (-1;\ 0;\ -1)$

20) Eine Gerade g durch die Punkte $A = (1;\ 1;\ 1)$ und $B = (5;\ 4;\ -3)$ verlaufe *senkrecht* zu einer Ebene E. Wie lautet die Gleichung dieser Ebene, wenn $P_1 = (2;\ 1;\ 5)$ ein Punkt dieser Ebene ist?

21) Eine Ebene E_1 gehe durch den Punkt $P_1 = (1;\ 2;\ 3)$, ihr Normalenvektor sei $\vec{n} = \begin{pmatrix} 2 \\ 1 \\ a \end{pmatrix}$. Bestimmen Sie den *Parameter* a so, daß der Abstand des Punktes $Q = (0;\ 2;\ 5)$ von dieser Ebene $d = 2$ beträgt. Wie lautet die Gleichung der *Parallelebene* E_2 durch den Punkt $A = (5;\ 1;\ -2)$?

22) Eine Ebene E enthält den Punkt $P_0 = (2;\ 1;\ 8)$ und verläuft *senkrecht* zum Vektor $\vec{n} = \begin{pmatrix} 2 \\ -6 \\ 1 \end{pmatrix}$. Zeigen Sie, daß die Gerade

$$g:\quad \vec{r}\,(\lambda) = \vec{r}_1 + \lambda\,\vec{a} = \begin{pmatrix} 5 \\ 3 \\ 1 \end{pmatrix} + \lambda \begin{pmatrix} 4 \\ 1 \\ -2 \end{pmatrix}$$

zu dieser Ebene *parallel* ist. Wie groß ist der Abstand zwischen Gerade und Ebene?

23) Gegeben sind eine Gerade g und eine Ebene E:

$$g:\quad \vec{r}\,(\lambda) = \vec{r}_1 + \lambda\,\vec{a} = \begin{pmatrix} 3 \\ 2 \\ 0 \end{pmatrix} + \lambda \begin{pmatrix} 1 \\ 2 \\ -3 \end{pmatrix}$$

$$E:\quad \vec{n}\cdot(\vec{r}-\vec{r}_0) = 2\,(x-1) + 1\cdot(y-2) + 1\cdot(z+3) = 0$$

Zeigen Sie, daß Gerade und Ebene sich *schneiden* und berechnen Sie den Schnittpunkt sowie den Schnittwinkel.

24) Zeigen Sie die *Parallelität* der beiden Ebenen E_1 und E_2 und berechnen Sie ihren Abstand:

$$E_1 \text{ durch } P_1 = (3;\ 5;\ 6) \text{ mit dem Normalenvektor } \vec{n}_1 = \begin{pmatrix} 1 \\ 3 \\ -2 \end{pmatrix}$$

$$E_2 \text{ durch } P_2 = (1;\ 5;\ -2) \text{ mit dem Normalenvektor } \vec{n}_2 = \begin{pmatrix} -3 \\ -9 \\ 6 \end{pmatrix}$$

25) Bestimmen Sie die Schnittgerade und den Schnittwinkel der beiden Ebenen:

$$E_1:\quad \vec{n}_1\cdot(\vec{r}-\vec{r}_1) = \begin{pmatrix} 3 \\ 1 \\ 2 \end{pmatrix} \cdot \begin{pmatrix} x-2 \\ y-5 \\ z-6 \end{pmatrix} = 0$$

$$E_2:\quad \vec{n}_2\cdot(\vec{r}-\vec{r}_2) = \begin{pmatrix} 2 \\ 0 \\ 3 \end{pmatrix} \cdot \begin{pmatrix} x-1 \\ y-5 \\ z-1 \end{pmatrix} = 0$$

III Funktionen und Kurven

1 Definition und Darstellung einer Funktion

1.1 Definition einer Funktion

Funktionen dienen zur Darstellung und Beschreibung von Zusammenhängen und Abhängigkeiten zwischen zwei physikalisch-technischen Meßgrößen. So ist z.B. die Auslenkung einer elastischen Stahlfeder von der Größe der Belastung abhängig. Beim freien Fall sind Fallweg und Fallgeschwindigkeit zeitabhängige Größen, d.h. Funktionen der Zeit. In elektrischen Stromkreisen ist die Stromstärke abhängig von der angelegten Spannung, d.h. die Stromstärke ist eine Funktion der Spannung.

Allgemein läßt sich der *Funktionsbegriff* wie folgt definieren:

Definition: Unter einer *Funktion* versteht man eine Vorschrift, die jedem Element x aus einer Menge D genau ein Element y aus einer Menge W zuordnet.

Diese (eindeutige) Zuordnung wird durch das *Funktionszeichen* f in der Form $y = f(x)$ symbolisch ausgedrückt. Dabei sind folgende Bezeichnungen üblich:

x: *Unabhängige* Veränderliche (Variable) oder *Argument*
y: *Abhängige* Veränderliche (Variable) oder *Funktionswert*
D: *Definitionsbereich* der Funktion
W: *Wertebereich* oder *Wertevorrat* der Funktion

■ **Beispiele**

(1) Fallgeschwindigkeit v als Funktion der Zeit t: $v = gt$
Definitionsbereich: $t \geqslant 0$; Wertebereich: $v \geqslant 0$

(2) Parabel $y = x^2$
Definitionsbereich: $D = (-\infty, \infty)$; Wertebereich: $W = [0, \infty)$

■

1.2 Darstellungsformen einer Funktion

1.2.1 Analytische Darstellung

Bei dieser Darstellungsart ist die Zuordnungsvorschrift in Form einer *Gleichung* gegeben (*Funktionsgleichung* genannt):

$y = f(x)$: *Explizite* Darstellung (die Funktion ist nach einer Variablen – hier y – aufgelöst)

$F(x;\ y) = 0$: *Implizite* Darstellung (die Funktion ist *nicht* nach einer der beiden Variablen aufgelöst)

Eine weitere analytische Darstellungsform ist die *Parameterdarstellung*, die wir in Abschnitt 1.2.4 behandeln werden.

■ **Beispiele**

Die folgenden Funktionen sind *explizit* dargestellt:

$$y = x^2, \quad y = \sin x, \quad v(t) = gt, \quad U(I) = RI \text{ (Ohmsches Gesetz)}$$

Beispiele für *implizit* vorgegebene Funktionen sind:

$$F(x;\ y) = \ln y + x^2 = 0 \quad \text{und} \quad F(x;\ y) = xy - 2 = 0$$

■

1.2.2 Darstellung durch eine Wertetabelle (Funktionstafel)

Funktionen können auch *tabellarisch* in Form einer *Wertetabelle* (*Funktionstafel*) dargestellt werden.

■ **Beispiel**

In einem Versuch wird der Spannungsabfall U an einem ohmschen Widerstand in Abhängigkeit von der Stromstärke I gemessen. Die Wertetabelle hat dabei das folgende Aussehen:

I/mA	50	100	150	200	250	...
U/V	2,0	3,9	6,0	7,9	10,1	...

■

1.2.3 Graphische Darstellung

Die Funktionsgleichung $y = f(x)$ ordnet jedem x-Wert in *eindeutiger* Weise einen y-Wert zu: $x_0 \longmapsto y_0 = f(x_0)$. Das Wertepaar $(x_0;\ y_0)$ kann dann als ein *Punkt* P der Ebene mit einem *rechtwinkligen* Koordinatensystem gedeutet werden (Bild III-1).

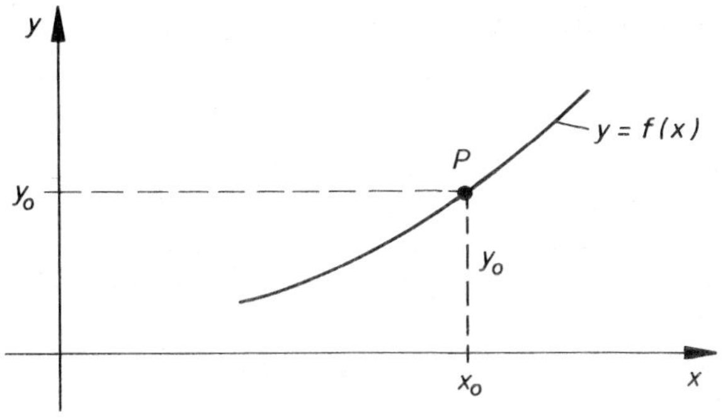

Bild III-1
Graph einer Funktion

Dabei sind folgende Bezeichnungen üblich:

x_0, y_0: *Rechtwinklige* oder *kartesische* Koordinaten
x_0: *Abszisse* } des Punktes $P = (x_0; y_0)$
y_0: *Ordinate* }

Für jedes Wertepaar $(x_0; y_0)$ erhalten wir genau einen Punkt. Die Menge aller Punkte $(x; y = f(x))$ bildet die *Funktionskurve* (auch *Schaubild* oder *Funktionsgraph* genannt), die in anschaulicher Weise den Funktionsverlauf von $y = f(x)$ darstellt (Bild III-1).

■ **Beispiele**

(1) Fallgeschwindigkeit $v = gt$, $t \geqslant 0$ s; $g = 10$ m/s^2 (gerundet) (Bild III-2)

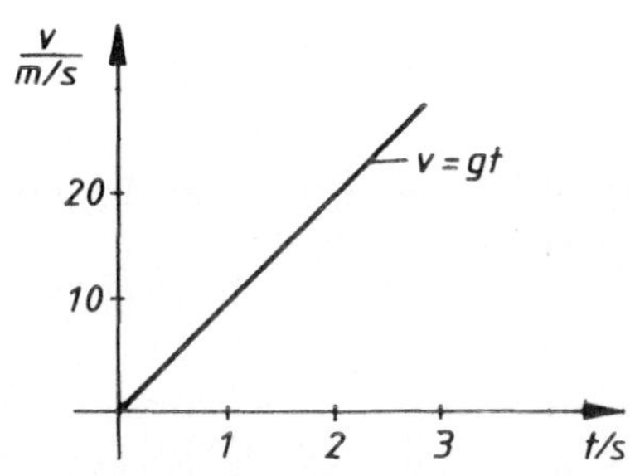

Bild III-2
Fallgeschwindigkeit als Funktion der Zeit

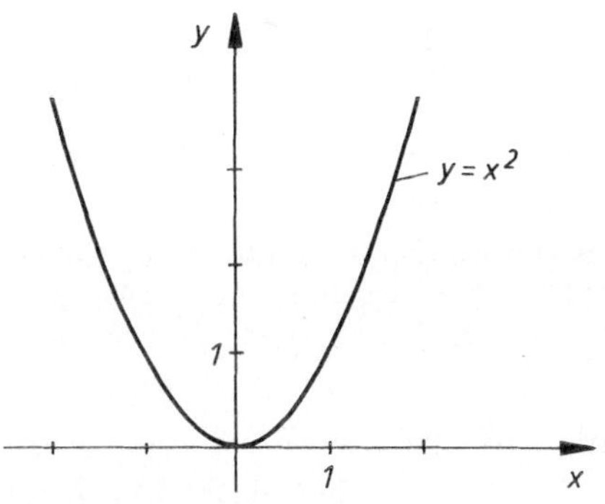

Bild III-3
Normalparabel $y = x^2$

(2) Parabel mit der Funktionsgleichung $y = x^2$, $x \in \mathbb{R}$ (Bild III-3)

■

1.2.4 Parameterdarstellung einer Funktion

Bei der mathematischen Beschreibung eines Bewegungsablaufes ist es oft zweckmäßig, die augenblickliche Lage des Körpers durch kartesische Koordinaten $(x;\ y)$ zu beschreiben, die sich aber mit der *Zeit* t verändern, d.h. *Funktionen der Zeit* sind:

$$x = x(t), \quad y = y(t) \qquad (t_1 \leqslant t \leqslant t_2) \tag{III-1}$$

Eine Darstellung dieser Art mit der *Hilfsvariablen* t als *Parameter* heißt *Parameterdarstellung* einer Funktion (im angeführten Beispiel handelt es sich um einen *Zeitparameter*). In den naturwissenschaftlich-technischen Anwendungen bedeutet der Parameter t meist die *Zeit* oder einen *Winkel.*

Für *jeden* Wert des Parameters t aus dem Intervall $t_1 \leqslant t \leqslant t_2$ erhalten wir *genau einen* Kurvenpunkt. Die Parametergleichungen (III-1) beschreiben dann eine *Kurve*, wie in Bild III-4 dargestellt.

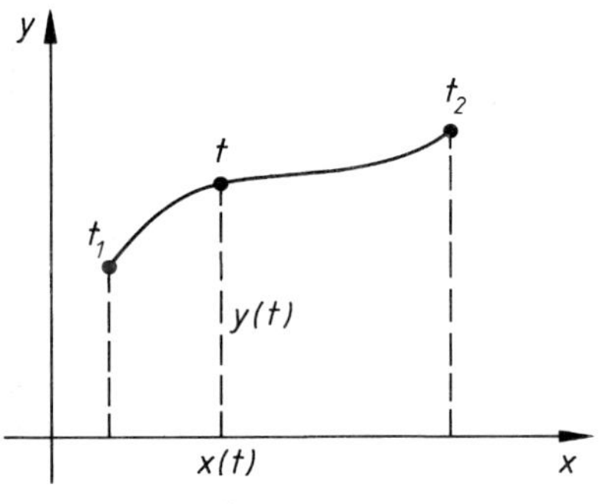

Bild III-4
Zur Parameterdarstellung einer Funktion

Um die Kurve zu zeichnen geht man in der Praxis zweckmäßigerweise wie folgt vor: Man erstellt zunächst eine *Wertetabelle*, indem man einige Parameterwerte vorgibt, dann die zugehörigen x- und y-Werte aus den gegebenen Parametergleichungen berechnet und diese Wertepaare schließlich als Punkte in einem rechtwinkligen Koordinatensystem darstellt. Durch Verbinden dieser (dicht genug aufeinanderfolgenden) Punkte erhält man dann den gesuchten Kurvenverlauf.

■ **Beispiel**

Waagerechter Wurf: Ein Körper wird aus einer gewissen Höhe *waagerecht* mit der *konstanten* Geschwindigkeit vom Betrage v_0 abgeworfen und bewegt sich dabei auf einer *Parabelbahn* (sog. *Wurfparabel*; Bild III-5).

Die *Parametergleichungen* dieser Bewegung lauten wie folgt:

$$x = v_0 t, \quad y = \frac{1}{2} g t^2 \qquad (t\text{: Zeitparameter mit } t \geqslant 0)$$

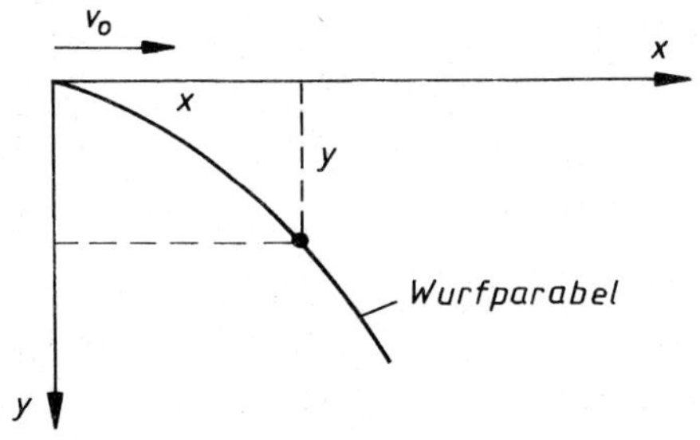

Bild III-5
Wurfparabel beim waagerechten Wurf

Durch Eliminieren des Parameters t erhält man schließlich die Gleichung der *Wurfparabel* in expliziter Form:

$$x = v_0 t \quad \Rightarrow \quad t = \frac{x}{v_0} \qquad \text{(Einsetzen in die 2. Parametergleichung)} \quad \Rightarrow$$

$$y = \frac{1}{2} g t^2 = \frac{1}{2} g \left(\frac{x}{v_0} \right)^2 = \frac{g}{2 v_0^2} x^2 \qquad (x \geqslant 0)$$

Rechenbeispiel: $v_0 = 15 \text{ m/s}, \quad g = 10 \text{ m/s}^2$

$$y = \frac{1}{45 \text{ m}} x^2 \qquad (x \geqslant 0 \text{ m})$$

■

2 Allgemeine Funktionseigenschaften

2.1 Nullstellen

> **Definition:** Eine Funktion $y = f(x)$ besitzt an der Stelle x_0 eine *Nullstelle*, wenn $f(x_0) = 0$ ist.

In einer Nullstelle x_0 *schneidet* oder *berührt* die Funktionskurve die x-Achse.

■ **Beispiele**

(1) Die lineare Funktion (Gerade) $y = x - 2$ schneidet die x-Achse an der Stelle $x_1 = 2$ (Bild III-6).

(2) Die Parabel $y = (x - 1)^2$ besitzt in $x_1 = 1$ eine *doppelte* Nullstelle, d.h. einen *Berührpunkt* (Bild III-7).

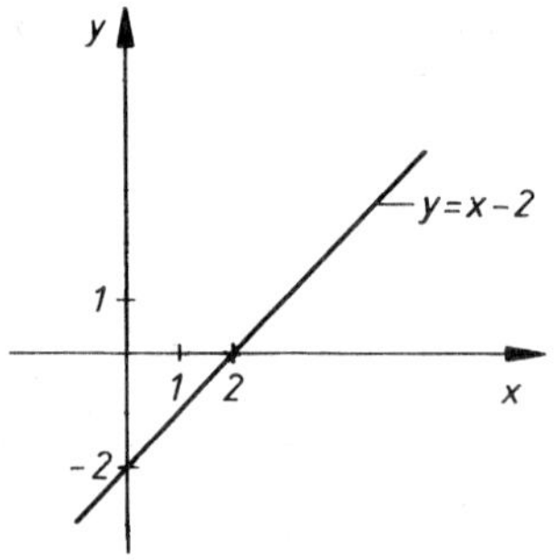

Bild III-6

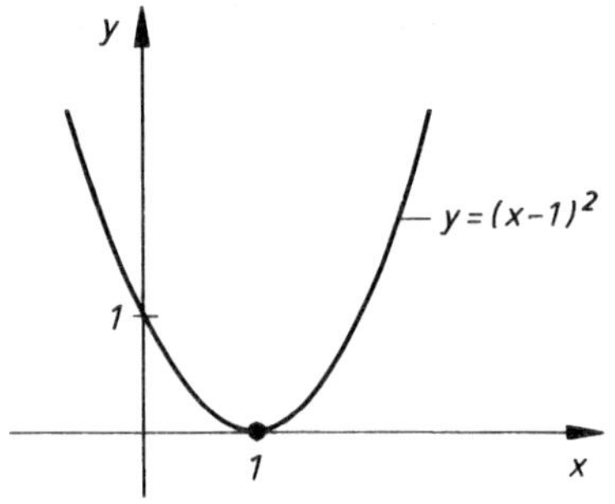

Bild III-7

(3) Ein Beispiel für eine Funktion mit *unendlich* vielen Nullstellen liefert die Sinusfunktion $y = \sin x$. Sie liegen bei $x_k = k \cdot \pi$ mit $k = 0, \pm 1, \pm 2, \ldots$ (Bild III-8):

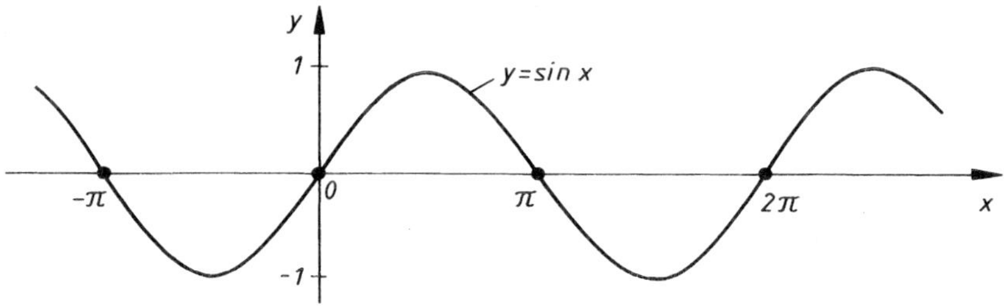

Bild III-8 Nullstellen der Sinusfunktion $y = \sin x$

■

2.2 Symmetrieverhalten

Wir unterscheiden zwischen *Spiegel-* und *Punktsymmetrie*.

Definition: Eine Funktion $y = f(x)$ mit einem symmetrischen Definitionsbereich D heißt *gerade*, wenn sie für jedes $x \in D$ die Bedingung

$$f(-x) = f(x) \qquad \text{(III-2)}$$

erfüllt.

Die Funktionskurve einer *geraden* Funktion ist *spiegelsymmetrisch* zur y-Achse angeordnet: *Jeder* auf der Kurve gelegene Punkt geht durch *Spiegelung an der y-Achse* wieder in einen Kurvenpunkt über.

Einfache Beispiele für *spiegelsymmetrische* Funktionen liefern die *Parabel* $y = x^2$ (Bild III-9a)) und die *Kosinusfunktion* $y = \cos x$ (Bild III-9b)).

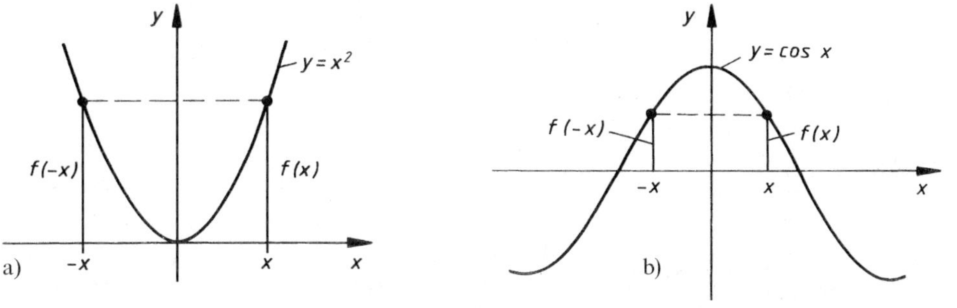

Bild III-9 Beispiele für *achsensymmetrische* oder *gerade* Funktionen
a) Normalparabel $y = x^2$ b) Kosinusfunktion $y = \cos x$

> **Definition:** Eine Funktion $y = f(x)$ mit einem symmetrischen Definitionsbereich D heißt *ungerade*, wenn sie für jedes $x \in D$ die Bedingung
>
> $$f(-x) = -f(x) \qquad \text{(III-3)}$$
>
> erfüllt.

Das Schaubild einer *ungeraden* Funktion ist *punktsymmetrisch* zum Koordinatenursprung: *Spiegelt* man einen beliebigen Kurvenpunkt am *Nullpunkt*, so liegt der Bildpunkt ebenfalls auf der Funktionskurve. Die *kubische Parabel* $y = x^3$ (Bild III-10a)) und die *Sinusfunktion* $y = \sin x$ (Bild III-10b)) sind einfache Beispiele für *ungerade* Funktionen.

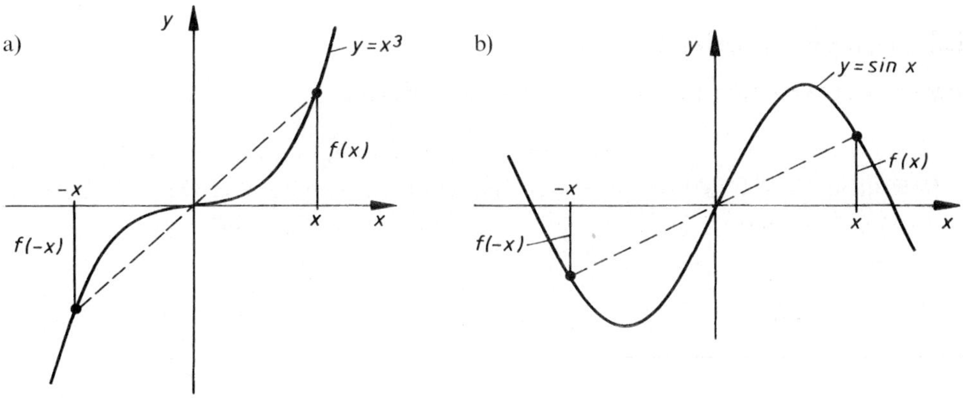

Bild III-10 Beispiele für *punktsymmetrische* oder *ungerade* Funktionen
a) Kubische Parabel $y = x^3$ b) Sinusfunktion $y = \sin x$

■ **Beispiele**

Jede Potenzfunktion $y = x^n$ mit *geradem* Exponenten ($y = x^2$, $y = x^4$, $y = x^6$ usw.) ist *spiegelsymmetrisch*, jede Potenzfunktion mit *ungeradem* Exponenten ($y = x$, $y = x^3$, $y = x^5$ usw.) dagegen *punktsymmetrisch*.

■

2.3 Monotonie

In Abschnitt 2.5 werden wir uns mit dem wichtigen Problem der *Umkehrung* einer Funktion beschäftigen. Ob diese gelingt, wird dabei *entscheidend* von einer speziellen Eigenschaft der Funktion abhängen, die man als *Monotonie* bezeichnet. Dieser Begriff wird wie folgt definiert:

Definition: x_1 und x_2 seien zwei beliebige Werte aus dem Definitionsbereich D einer Funktion $y = f(x)$, die der Bedingung $x_1 < x_2$ genügen. Dann heißt die Funktion

monoton wachsend, falls	$f(x_1) \leqslant f(x_2)$
streng monoton wachsend, falls	$f(x_1) < f(x_2)$
monoton fallend, falls	$f(x_1) \geqslant f(x_2)$
streng monoton fallend, falls	$f(x_1) > f(x_2)$

ist.

Eine *streng monoton wachsende* Funktion besitzt demnach die Eigenschaft, daß zum *kleineren* x-Wert stets auch der *kleinere* y-Wert gehört (Bild III-11). Bei einer *streng monoton fallenden* Funktion ist es genau *umgekehrt*: Zum *kleineren* Abszissenwert gehört stets der *größere* Ordinatenwert (Bild III-12).

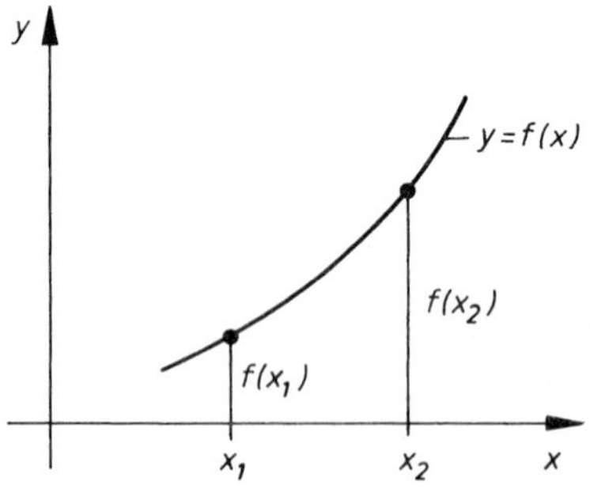

Bild III-11 Graph einer *streng monoton wachsenden* Funktion

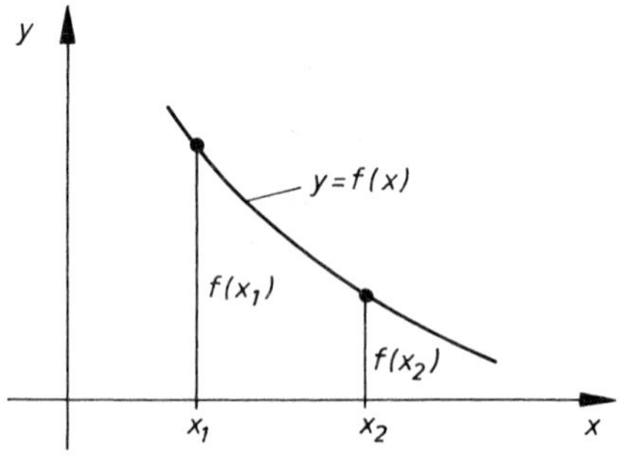

Bild III-12 Graph einer *streng monoton fallenden* Funktion

Viele Funktionen zeigen in ihrem *gesamten* Definitionsbereich *keine* Monotonie-Eigenschaft, sind jedoch in gewissen *Teilintervallen* monoton wachsend oder fallend (s. hierzu das nachfolgende Beispiel (3) über die *Normalparabel*).

■ **Beispiele**

(1) *Streng monoton wachsende* Funktionen sind:

a) Jede Gerade mit *positiver* Steigung

b) Kubische Parabel $y = x^3$ (Bild III-10a))

(2) *Streng monoton fallende* Funktionen sind:

a) Jede Gerade mit *negativer* Steigung

b) *Radioaktiver Zerfall*: Beim natürlichen radioaktiven Zerfall nimmt die Anzahl n der Atomkerne nach einem *Exponentialgesetz* mit der Zeit t ab (Bild III-13).

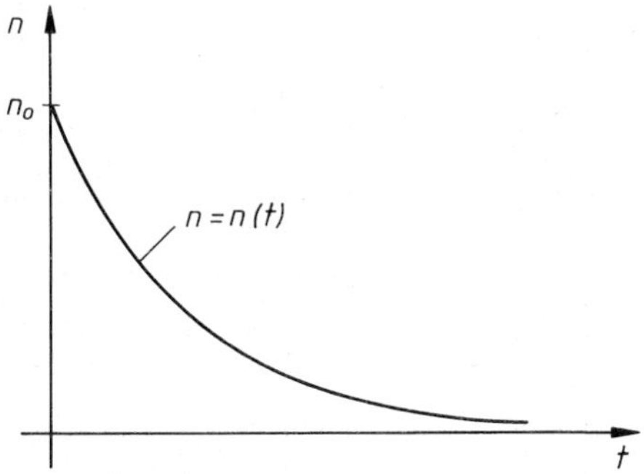

n_0: Anzahl der Atomkerne zu Beginn ($t = 0$)

Bild III-13
Zerfallsgesetz beim radioaktiven Zerfall

c) *Entladung eines Kondensators*: Entlädt man einen Kondensator über einen ohmschen Widerstand, so klingt die Kondensatorspannung u *exponentiell* mit der Zeit t ab (Bild III-14).

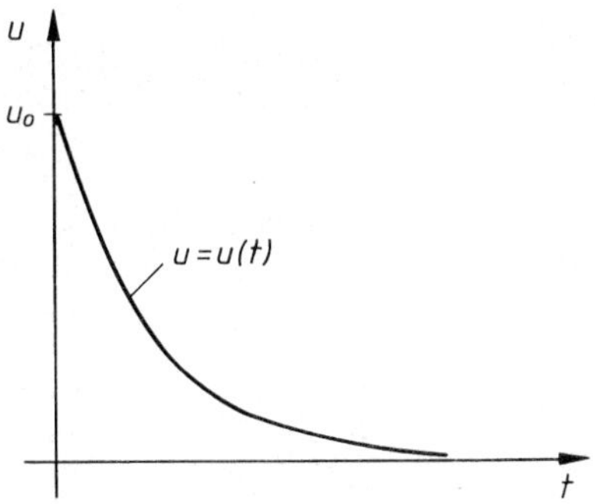

u_0: Anfangsspannung (zur Zeit $t = 0$)

Bild III-14
Entladung eines Kondensators über einen ohmschen Widerstand

d) Bei einem *idealen* Gas sind bei *konstanter* Temperatur T Gasdruck p und Volumen V *umgekehrt proportionale* Größen sog. (*Boyle-Mariottesches* Gesetz):

$$p = p(V) = \frac{\text{const.}}{V} \qquad (V > 0)$$

Die in Bild III-15 skizzierte Kurve wird in der Chemie als *Isotherme* bezeichnet (Kurve *konstanter* Temperatur).

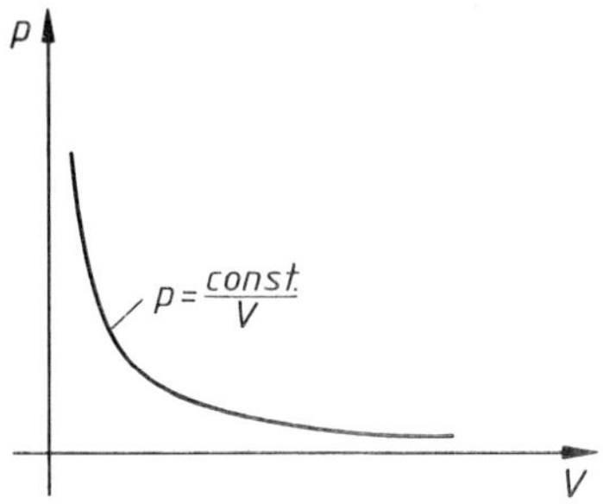

Bild III-15
Boyle-Mariottesches Gesetz für ein ideales Gas

(3) Die Normalparabel $y = x^2$, $x \in \mathbb{R}$ ist in $\mathbb{R}$ *weder* monoton fallend *noch* monoton wachsend. Beschränkt man sich jedoch auf das Intervall $x \geq 0$, d.h. auf den 1. Quadrant, so verläuft die Parabel dort *streng monoton wachsend.* Im Intervall $x \leq 0$ dagegen *fällt* sie *streng monoton* (vgl. Bild III-16).

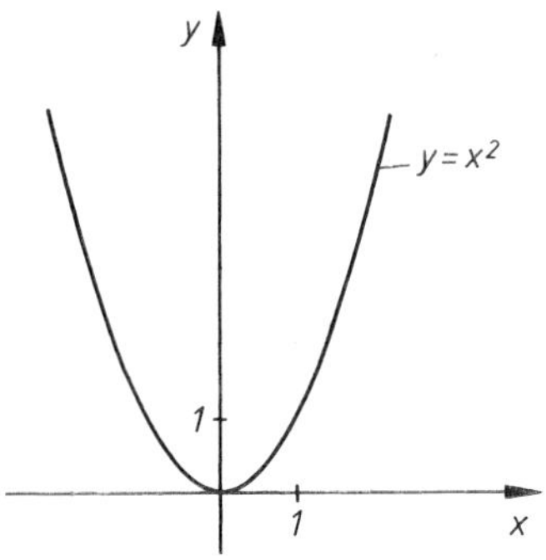

$x \leq 0$: streng monoton fallend
$x \geq 0$: streng monoton wachsend

Bild III-16
Zur Untersuchung des Monotonieverhaltens der Normalparabel $y = x^2$ in den Intervallen $x \leq 0$ und $x \geq 0$

■

2.4 Periodizität

Zahlreiche Vorgänge in Naturwissenschaft und Technik verlaufen *periodisch*, d.h. sie *wiederholen* sich in *regelmäßigen* (meist zeitlichen) Abständen. Musterbeispiele hierfür sind die *mechanischen* und *elektromagnetischen* Schwingungen. Zur Beschreibung solcher Abläufe werden *periodische* Funktionen benötigt, die wie folgt definiert sind:

Definition: Eine Funktion $y = f(x)$ heißt *periodisch* mit der *Periode* p, wenn mit jedem $x \in D$ auch $x \pm p$ zum Definitionsbereich der Funktion gehört und

$$f(x \pm p) = f(x) \qquad \text{(III-4)}$$

ist.

Anmerkungen

(1) Mit der Periode p ist auch $\pm k \cdot p$ eine Periode der Funktion ($k \in \mathbb{N}^*$).

(2) Die *kleinste* positive Periode p heißt auch *primitive Periode*.

■ **Beispiel**

Ein wichtiges Beispiel liefert die Sinusfunktion $y = \sin x$. Sie ist *periodisch* mit der (primitiven) Periode $p = 2\pi$ (Bild III-17):

$$\sin(x + 2\pi) = \sin x \qquad (x \in \mathbb{R})$$

Aber auch $-2\pi, \pm 4\pi, \pm 6\pi, \pm 8\pi, \ldots$ sind Perioden der Sinusfunktion.

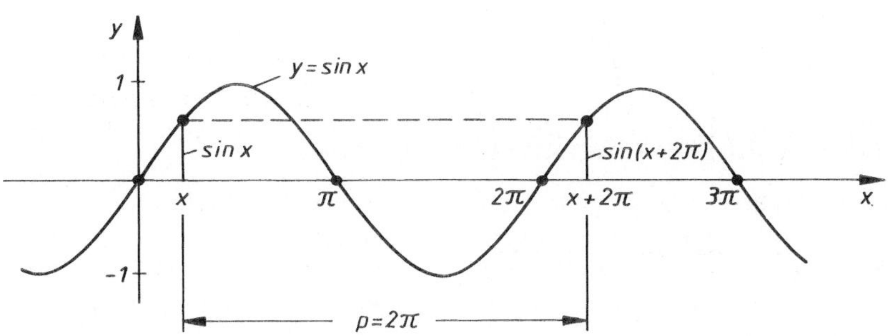

Bild III-17 Die Sinusfunktion $y = \sin x$ als Beispiel für eine periodische Funktion

■

Periodische Funktionen durchlaufen daher ihren *gesamten* Wertevorrat in jedem *Periodenintervall*, d.h. in jedem Intervall der Länge p. So nimmt beispielsweise die Sinusfunktion in dem Periodenintervall $0 \leq x \leq 2\pi$ sämtliche Funktionswerte an ($-1 \leq y \leq 1$).

■ **Beispiele**

(1) Die vier *trigonometrischen* Funktionen, deren Eigenschaften wir in Abschnitt 9 noch ausführlich erörtern werden, sind *periodische* Funktionen:

$y = \sin x, \quad y = \cos x\colon \quad \text{Periode } p = 2\pi$

$y = \tan x, \quad y = \cot x\colon \quad \text{Periode } p = \pi$

(2) *Periodische* Funktionen spielen u.a. bei der Beschreibung und Darstellung *mechanischer* und *elektromagnetischer Schwingungen* eine bedeutende Rolle. Die *Periode* p wird in diesem Zusammenhang meist als *Schwingungsdauer* T bezeichnet. In Bild III-18 ist als Beispiel für einen *nicht-sinusförmigen* Schwingungsvorgang der zeitliche Verlauf einer *Kippspannung* mit der Schwingungsdauer $T = 4$ ms dargestellt.

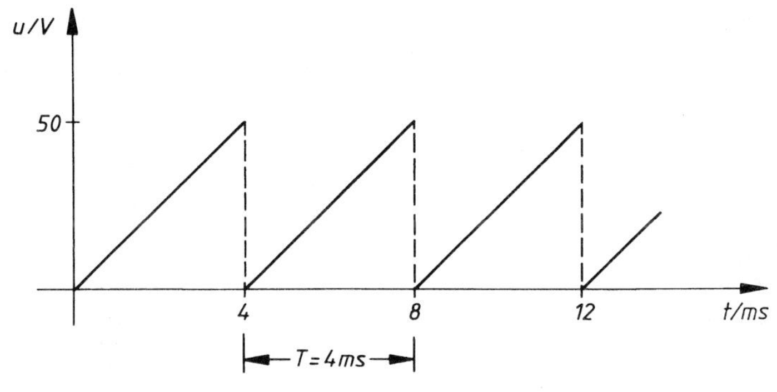

Bild III-18 Die Kippspannung als Beispiel für einen nicht-sinusförmigen Schwingungsvorgang („Sägezahn-Impuls")

■

2.5 Umkehrfunktion oder inverse Funktion

Nach der in Abschnitt 1.1 gegebenen Definition ordnet eine Funktion $y = f(x)$ jedem Argument $x \in D$ genau einen Funktionswert $y \in W$ zu. Diese *eindeutige* Zuordnung ist in Bild III-19 durch Pfeile kenntlich gemacht. So gehört beispielsweise zum Argument x_1 der Funktionswert y_1 und zum Argument x_2 der Funktionswert y_2.

Häufig stellt sich das *umgekehrte* Problem: *Zu einem vorgegebenen Funktionswert* (y-*Wert*) *ist der zugehörige* x-*Wert zu bestimmen.* Die in Bild III-20 dargestellte Funktion ordnet beispielsweise dem Funktionswert y_1 das Argument x_1 und dem Funktionswert y_2 das Argument x_2 zu. Folgt aus $x_1 \neq x_2$ *stets* $f(x_1) \neq f(x_2)$, d.h. gehören zu *verschiedenen* Abszissenwerten stets auch *verschiedene* Ordinatenwerte, so gehört zu jedem y-Wert auch *genau ein* x-Wert. Eine Funktion $y = f(x)$ mit dieser Eigenschaft heißt *umkehrbar*.

Definition: Eine Funktion $y = f(x)$ heißt *umkehrbar*, wenn aus $x_1 \neq x_2$ stets $f(x_1) \neq f(x_2)$ folgt.

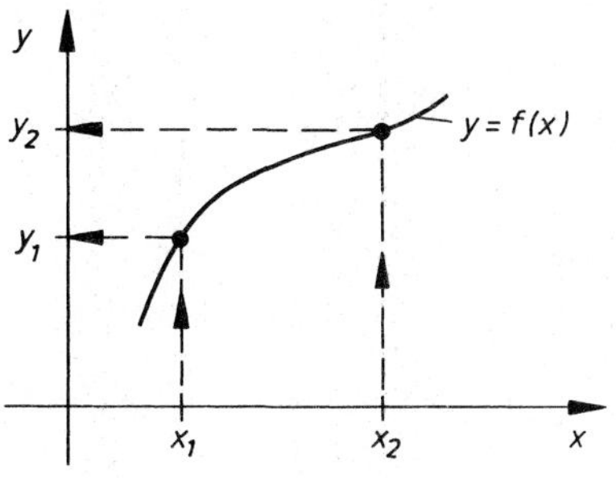

Bild III-19 Zum Begriff einer Funktion

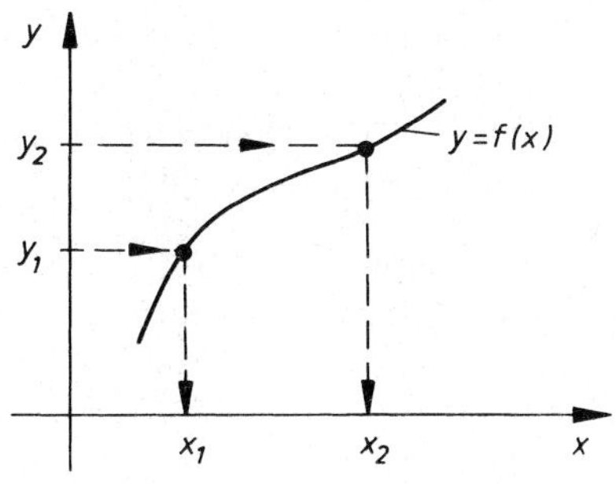

Bild III-20 Zur Umkehrung einer Funktion

Ist eine Funktion $y = f(x)$ *umkehrbar*, so gehört zu jedem $y \in W$ *genau ein* $x \in D$. Diese durch die *eindeutige* Zuordnung $y \longmapsto x$ gewonnene Funktion wird als die *„nach der Variablen x aufgelöste Form von $y = f(x)$"* bezeichnet. Wir verwenden dafür die symbolische Schreibweise $x = f^{-1}(y)$ oder besser $x = g(y)$. Jetzt aber ist y die *unabhängige* und x die *abhängige* Variable und wir müßten bei einer graphischen Darstellung der Funktion $x = g(y)$ in einem rechtwinkligen Koordinatensystem konsequenterweise die Bezeichnungen der beiden Achsen miteinander *vertauschen*. Dies aber ist allgemein nicht üblich. Statt dessen *vertauscht* man in der Gleichung $x = g(y)$ die beiden Variablen miteinander und erhält auf diese Weise eine *neue* Funktion $y = g(x)$, die als *Umkehrfunktion* oder *inverse* Funktion von $y = f(x)$ bezeichnet wird.

In vielen (aber nicht allen) Fällen gelingt es, die *Funktionsgleichung der Umkehrfunktion* wie folgt zu bestimmen:

Bestimmung der Funktionsgleichung einer Umkehrfunktion

1. Man löst zunächst die Funktionsgleichung $y = f(x)$ nach der Variablen x auf (diese Auflösung muß natürlich *möglich* und *eindeutig* sein!) und erhält so *„die nach der Variablen x aufgelöste Form $x = g(y)$"*:

$$y = f(x) \xrightarrow[\text{nach der Variablen } x \text{ auflösen}]{\text{Funktionsgleichung}} x = g(y)$$

2. Durch *formales Vertauschen* der beiden Variablen x und y gewinnt man hieraus schließlich die *Umkehrfunktion* $y = g(x)$:

$$x = g(y) \xrightarrow[\text{miteinander vertauschen}]{\text{Variablen } x \text{ und } y} y = g(x)$$

Anmerkung
Die beiden Schritte können auch in der *umgekehrten* Reihenfolge ausgeführt werden.

Bei der *Umkehrung* einer Funktion werden Definitionsbereich und Wertebereich miteinander *vertauscht*. *Nicht jede Funktion ist jedoch umkehrbar*, wie bereits das einfache Beispiel der *Normalparabel* $y = x^2$, $x \in \mathbb{R}$ zeigt. Zu jedem Funktionswert $y_0 > 0$ gehören genau *zwei* verschiedene Werte x_0 und $-x_0$ der Variablen x. Denn jede *oberhalb* der x-Achse verlaufende Parallele zur x-Achse schneidet die Parabel in *zwei* spiegelsymmetrisch zur y-Achse angeordneten Punkten P und P' (Bild III-21). Die Funktion $y = x^2$ ist daher im Intervall $-\infty < x < \infty$ *nicht* umkehrbar. Offensichtlich liegt dies an der *fehlenden* Monotonie der Normalparabel. Diese verläuft nämlich (wie wir aus Abschnitt 2.3 bereits wissen) in ihrem vollständigen Definitionsbereich *weder* streng monoton fallend *noch* streng monoton wachsend.

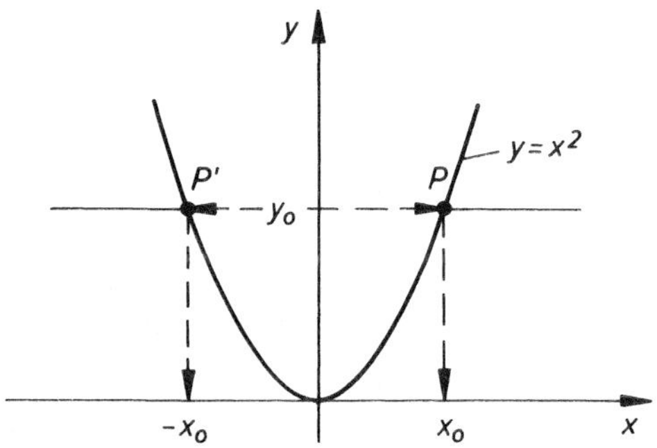

Bild III-21
Die Normalparabel $y = x^2$, $x \in \mathbb{R}$ als Beispiel für eine *nicht* umkehrbare Funktion

Streng monoton wachsende oder *fallende* Funktionen sind dagegen *stets* umkehrbar, da jede Parallele zur x-Achse die zugehörige Funktionskurve *höchstens einmal* schneidet. Die beiden nachfolgenden Beispiele werden diese Aussage noch verdeutlichen.

■ **Beispiele**

(1) $y = 2x + 1 \qquad (x \in \mathbb{R})$

Diese Gerade verläuft *streng monoton wachsend* und ist daher *umkehrbar*. Durch Auflösen der Geradengleichung nach x erhält man zunächst

$$x = g(y) = 0{,}5\,y - 0{,}5$$

Formales *Vertauschen* der beiden Variablen führt schließlich zur gesuchten *Umkehrfunktion*:

$$y = g(x) = 0{,}5\,x - 0{,}5 \qquad (x \in \mathbb{R})$$

Die Umkehrfunktion der Geraden $y = 2x + 1$ ist also wiederum eine Gerade (Bild III-22).

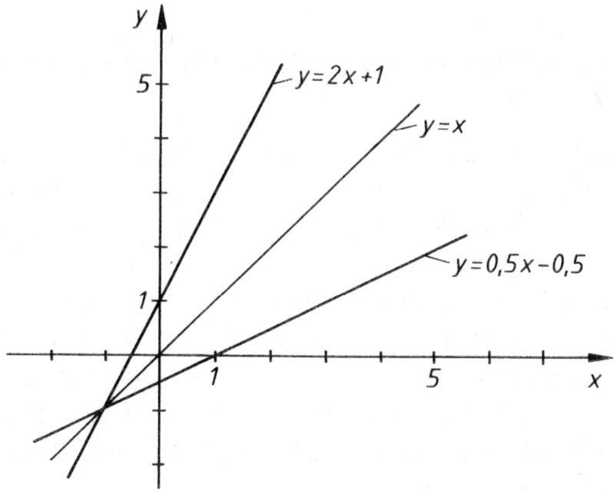

Bild III-22 Gerade $y = 2x + 1$ und ihre Umkehrfunktion $y = 0{,}5\,x - 0{,}5$

(2) $y = x^2 \qquad (x \geqslant 0)$

Es handelt sich bei dieser Funktion um den im *1. Quadrant* verlaufenden Teil der *Normalparabel.* Diese Funktion ist *streng monoton wachsend* und daher *umkehrbar.* Die Auflösung der Funktionsgleichung nach der Variablen x liefert die *Wurzelfunktion* $x = \sqrt{y},\ y \geqslant 0$ (es kommt nur der *positive* Wert in Frage, da alle Kurvenpunkte im 1. Quadrant liegen). Durch Vertauschen der beiden Variablen erhält man hieraus schließlich die *Umkehrfunktion* $y = \sqrt{x},\ x \geqslant 0$ (Bild III-23).

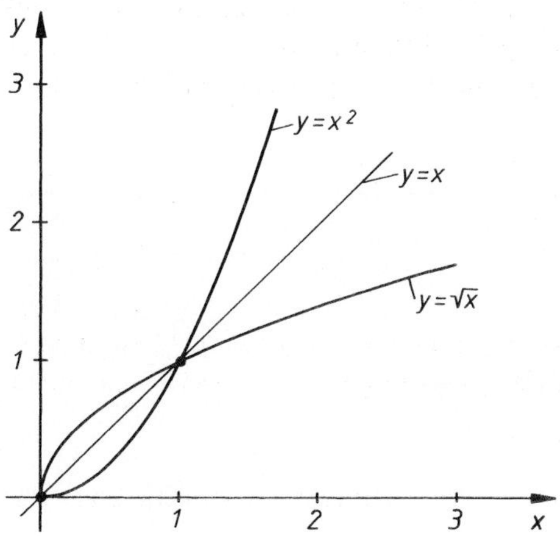

Bild III-23 Die Wurzelfunktion $y = \sqrt{x},\ x \geqslant 0$ als Umkehrfunktion der „Halbparabel" $y = x^2,\ x \geqslant 0$

■

Wie die Beispiele zeigen, verlaufen die Schaubilder einer Funktion $y = f(x)$ und ihrer Umkehrfunktion $y = g(x)$ *spiegelsymmetrisch* zur Geraden $y = x$ (*Winkelhalbierende* des 1. und 3. Quadranten). Diese Aussage läßt sich *verallgemeinern*, sofern auf *beiden* Koordinatenachsen der *gleiche* Maßstab verwendet wird (Bild III-24).

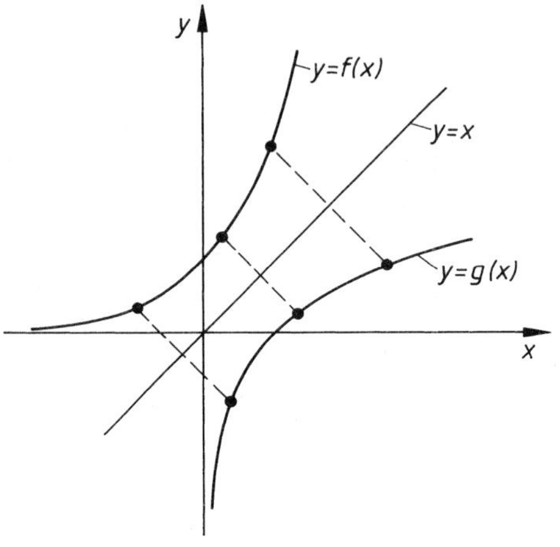

Bild III-24 Zur *Umkehrung* einer Funktion auf *graphischem* Wege

Wir fassen die wichtigsten Ergebnisse dieses Abschnitts wie folgt zusammen:

Über die Umkehrung einer Funktion

1. Jede *streng monoton wachsende* oder *fallende* Funktion ist *umkehrbar*.
2. Bei der *Umkehrung* einer Funktion werden Definitions- und Wertebereich miteinander *vertauscht*.
3. Zeichnerisch erhält man das Schaubild der Umkehrfunktion durch *Spiegelung* der Funktionskurve an der Geraden $y = x$ (Bild III-24; Voraussetzung: *gleicher* Maßstab auf *beiden* Koordinatenachsen).

3 Koordinatentransformationen

3.1 Ein einführendes Beispiel

Die Gleichung einer Funktion oder einer Kurve hängt *entscheidend* von der Wahl des zugrunde gelegten *Koordinatensystems* ab. Besonders einfache Gleichungen erhält man immer dann, wenn ein *symmetriegerechtes* Koordinatensystem gewählt wird, das den speziellen Symmetrieeigenschaften der Funktion oder der Kurve Rechnung trägt. Wir erläutern dieses Problem an einem einfachen Beispiel.

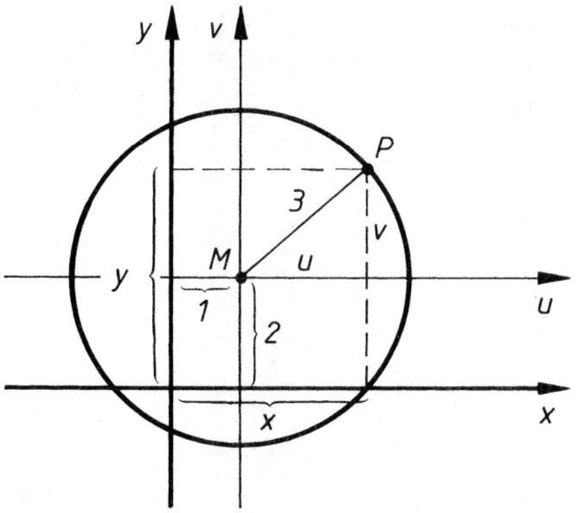

Bild III-25
Zur Koordinatentransformation eines Kreises

Der in Bild III-25 skizzierte *Kreis* mit dem Mittelpunkt $M = (1; 2)$ und dem Radius $r = 3$ wird in dem zugrunde gelegten x, y-Koordinatensystem durch die Gleichung

$$(x - 1)^2 + (y - 2)^2 = 9 \qquad \text{(III-5)}$$

beschrieben. Diese Gleichung läßt sich wesentlich vereinfachen, wenn wir zu einem neuen u, v-Koordinatensystem übergehen, das die spezielle Symmetrie des Kreises berücksichtigt. Dazu wählen wir den *Mittelpunkt* des Kreises als neuen *Koordinatenursprung* und legen durch ihn zur x-Achse bzw. y-Achse *parallele* Koordinatenachsen. In dem neuen u, v-System nimmt dann die Kreisgleichung die einfache Gestalt

$$u^2 + v^2 = 9 \qquad \text{(III-6)}$$

an, wie man mit Hilfe des bekannten *Lehrsatzes von Pythagoras* dem Bild III-25 unmittelbar entnehmen kann. Zwischen den neuen und den alten Koordinaten besteht dabei der folgende Zusammenhang:

$$\begin{aligned} u &= x - 1 \\ v &= y - 2 \end{aligned} \qquad \text{bzw.} \qquad \begin{aligned} x &= u + 1 \\ y &= v + 2 \end{aligned} \qquad \text{(III-7)}$$

Der Übergang vom x, y-System zum u, v-System wird als *Koordinatentransformation* bezeichnet. In diesem einführenden Beispiel handelt es sich um eine *Parallelverschiebung* des kartesischen x, y-Koordinatensystems.

3.2 Parallelverschiebung eines kartesischen Koordinatensystems

Wir gehen bei unseren Betrachtungen von einem *rechtwinkligen* (*kartesischen*) x, y-Koordinatensystem aus. Durch *Parallelverschiebung der Koordinatenachsen* entsteht hieraus ein neues, wiederum kartesisches Koordinatensystem (Bild III-26). Es soll im folgenden als u, v-Koordinatensystem bezeichnet werden. Der *Koordinatenursprung* des *neuen* u, v-Systems falle dabei in den Punkt $O' = (a; b)$, bezogen auf das *alte* x, y-System.

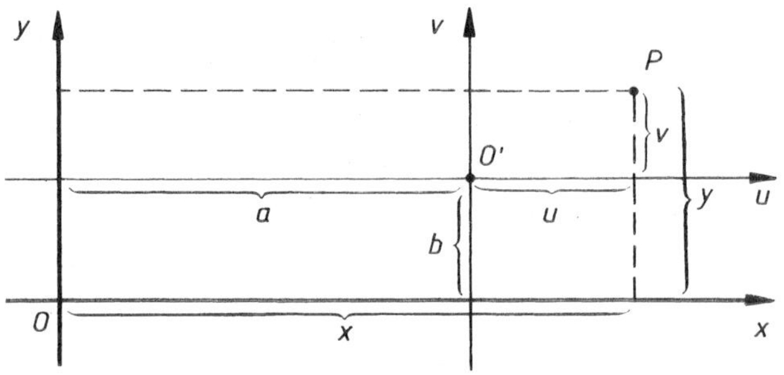

Bild III-26 Parallelverschiebung eines kartesischen Koordinatensystems

Ein *beliebig* herausgegriffener Punkt P besitze im x, y-System die Koordinaten $(x; y)$ und im u, v-System die Koordinaten $(u; v)$. Zwischen ihnen bestehen die folgenden *Transformationsgleichungen*, die sich unmittelbar aus Bild III-26 ablesen lassen:

$$\begin{aligned} x &= u + a \\ y &= v + b \end{aligned} \quad \text{bzw.} \quad \begin{aligned} u &= x - a \\ v &= y - b \end{aligned} \tag{III-8}$$

Wie verändert sich bei einer solchen Koordinatentransformation die Gleichung einer Funktion $y = f(x)$? Mit Hilfe der Transformationsgleichungen (III-8) finden wir:

$$y = f(x) \xrightarrow[y = v + b]{x = u + a} v + b = f(u + a) \quad \text{oder} \quad v = f(u + a) - b \tag{III-9}$$

Bei einer *sinnvoll* gewählten Koordinatentransformation erreicht man dabei stets eine erhebliche *Vereinfachung* der Funktions- oder Kurvengleichung, wie bereits im einführenden Beispiel gezeigt wurde. Weitere Beispiele im Anschluß an die nachfolgende Zusammenfassung werden diese Aussage bestätigen.

Parallelverschiebung eines kartesischen Koordinatensystems (Bild III-26)

Das kartesische x, y-Koordinatensystem gehe durch eine *Parallelverschiebung der Koordinatenachsen* in das ebenfalls rechtwinklige u, v-Koordinatensystem über (Bild III-26). Ein beliebiger Punkt P besitze im „alten“ x, y-System die Koordinaten $(x; y)$ und im „neuen“ u, v-System die Koordinaten $(u; v)$. Zwischen diesen Koordinaten bestehen dann die folgenden linearen *Transformationsgleichungen*:

$$\begin{aligned} x &= u + a \\ y &= v + b \end{aligned} \quad \text{bzw.} \quad \begin{aligned} u &= x - a \\ v &= y - b \end{aligned} \tag{III-10}$$

Dabei bedeuten:

$(a; b)$: *Ursprung* des *neuen* u, v-Koordinatensystems, bezogen auf das *alte* x, y-System

Anmerkung

Die Konstanten a und b besitzen die folgende *geometrische* Bedeutung:

$|a|$: *Abstand der* beiden *vertikalen* Koordinatenachsen
$|b|$: *Abstand* der beiden *horizontalen* Koordinatenachsen
$a > 0$: Verschiebung der y-Achse nach *rechts* (sonst nach *links*)
$b > 0$: Verschiebung der x-Achse nach *oben* (sonst nach *unten*)

■ **Beispiele**

(1) Die Parabel $y = x^2 + 2x + 3$ läßt sich durch *quadratische Ergänzung* in die folgende Gestalt bringen:

$$y = x^2 + 2x + 3 = (x^2 + 2x + 1) + 2 = (x + 1)^2 + 2 \quad \Rightarrow$$
$$y - 2 = (x + 1)^2$$

Mit Hilfe der linearen Transformationsgleichungen

$$u = x + 1 \qquad \text{und} \qquad v - y - 2$$

führen wir ein neues, parallelverschobenes u, v-Koordinatensystem ein, dessen Ursprung im *Scheitelpunkt* der Parabel liegt und im x, y-System die Koordinaten $x_0 = -1$ und $y_0 = 2$ besitzt[1]. Die Funktionsgleichung der Parabel lautet daher im *neuen* u, v-System wie folgt:

$$y - 2 = (x + 1)^2 \quad \xrightarrow[v = y - 2]{u = x + 1} \quad v = u^2$$

Durch diese Parallelverschiebung haben wir eine *Vereinfachung* der Parabelgleichung erreicht und dabei erkannt, daß es sich letztendlich um die bekannte *Normalparabel* handelt (Bild III-27).

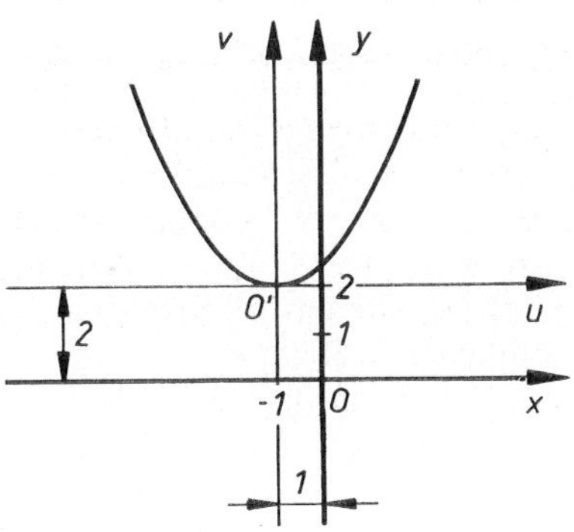

Bild III-27

1) Die Koordinaten des *neuen* Koordinatenursprungs im *alten* x, y-System erhält man aus den Transformationsgleichungen für $u = 0$ und $v = 0$.

(2) Wir wollen die Gleichung der Funktion $y = \sin\left(x - \frac{\pi}{2}\right) + 1$ durch eine *geeignete Koordinatentransformation* auf eine möglichst einfache Gestalt bringen. Zunächst formen wir die Funktionsgleichung geringfügig um:

$$y - 1 = \sin\left(x - \frac{\pi}{2}\right)$$

Durch die lineare Transformation

$$u = x - \frac{\pi}{2}, \quad v = y - 1$$

führen wir ein neues u, v-Koordinatensystem ein, dessen Ursprung im *alten* System die Koordinaten $x = \pi/2$ und $y = 1$ besitzt. Diese Werte erhält man, wenn man in den Transformationsgleichungen $u = 0$ und $v = 0$ setzt. In dem *neuen* u, v-System besitzt die gegebene Funktion dann eine besonders einfache Funktionsgleichung:

$$y - 1 = \sin\left(x - \frac{\pi}{2}\right) \xrightarrow[v = y - 1]{u = x - \frac{\pi}{2}} v = \sin u$$

Die vorgegebene Funktion erweist sich somit im *neuen* u, v-Koordinatensystem als *elementare* Sinusfunktion (Bild III-28).

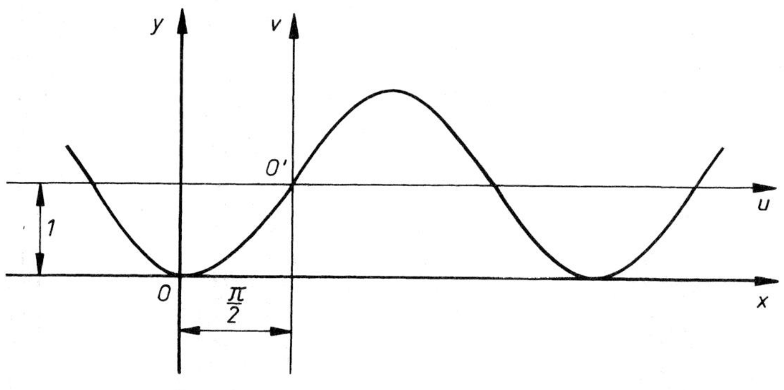

Bild III-28

(3) Die Parabel $y = 0{,}5\,x^2$ soll um zwei Einheiten in Richtung der *positiven* x-Achse und gleichzeitig um drei Einheiten in Richtung der *negativen* y-Achse verschoben werden. Wie lautet die Gleichung der *verschobenen* Parabel im x, y-Koordinatensystem?

Lösung:

Der Scheitelpunkt S der verschobenen Parabel besitzt die Koordinaten $x_0 = 2$ und $y_0 = -3$. Wir wählen ihn als *Ursprung* eines neuen u, v-Koordinatensystems.

In diesem System besitzt die Parabel die Funktionsgleichung $v = 0{,}5\,u^2$. Zwischen den beiden Koordinatensystemen bestehen die Transformationsgleichungen

$$x = u + 2 \qquad \qquad u = x - 2$$
$$\text{bzw.}$$
$$y = v - 3 \qquad \qquad v = y + 3$$

Man erhält sie am bequemsten aus einer *Skizze*, die neben dem *alten* x, y-System auch das *neue* u, v-System sowie einen *beliebigen* Punkt P enthält, den man (um Vorzeichenfehler zu vermeiden) zweckmäßigerweise so auswählt, daß er im 1. Quadrant *beider* Koordinatensysteme liegt (Bild III-29):

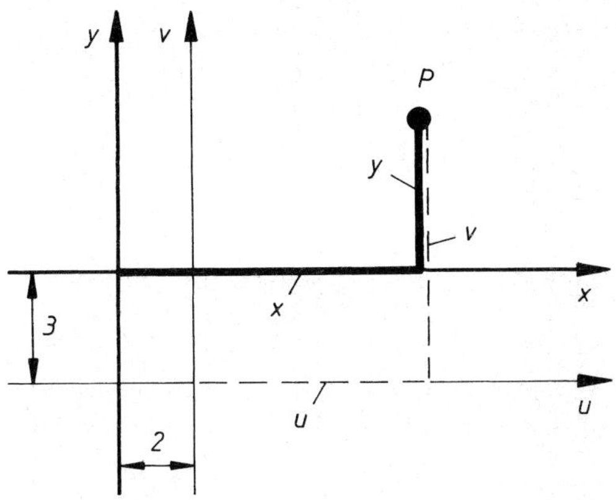

Bild III-29

P besitzt im x, y-System die Koordinaten x und y und im u, v-System die Koordinaten u und v. Aus der Skizze lassen sich dann die gesuchten Transformationsgleichungen unmittelbar ablesen. Die Parabel $v = 0{,}5\,u^2$ besitzt demnach im x, y-System die folgende Funktionsgleichung ($u = x - 2$ und $v = y + 3$ gesetzt):

$$y + 3 = 0{,}5\,(x - 2)^2 \qquad \text{oder} \qquad y = 0{,}5\,x^2 - 2\,x - 1$$

Beide Parabeln sind in Bild III-30 dargestellt.

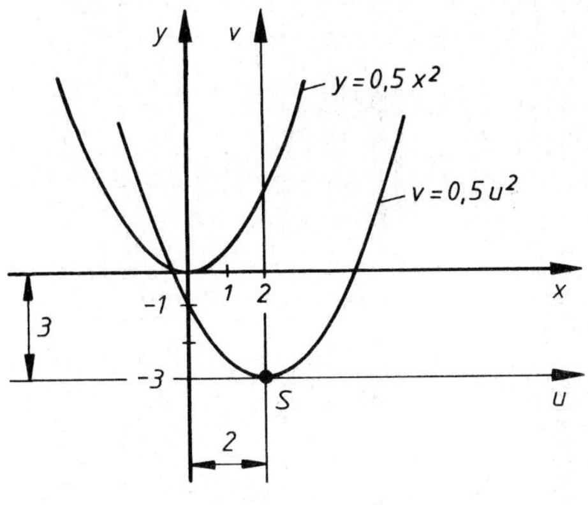

Bild III-30
Parallelverschiebung der Parabel $y = 0{,}5\,x^2$

■

3.3 Übergang von kartesischen Koordinaten zu Polarkoordinaten

3.3.1 Definition der Polarkoordinaten

Bisher wurde die Lage eines Punktes P der Ebene ausschließlich durch *rechtwinklige* oder *kartesische Koordinaten* beschrieben. In vielen Fällen ist es jedoch günstiger, auf die wie folgt definierten *Polarkoordinaten* r und φ zurückzugreifen (Bild III-31):

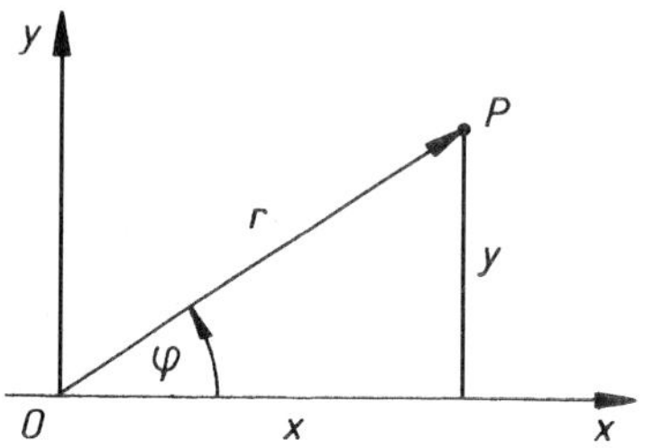

Bild III-31

Polarkoordinaten $(r; \varphi)$ eines Punktes $P = (x; y)$

Definition: Die *Polarkoordinaten* $(r; \varphi)$ eines Punktes P der Ebene bestehen aus einer *Abstandskoordinate* r und einer *Winkelkoordinate* φ (Bild III-31):

r: *Abstand* des Punktes P vom Koordinatenursprung O

φ: *Winkel* zwischen dem vom Koordinatenursprung O zum Punkt P gerichteten Radiusvektor und der *positiven* x-Achse

Anmerkungen

(1) Für die Abstandskoordinate r gilt *definitionsgemäß* stets $r \geqslant 0$, d.h. *negative* r-Werte sind *nicht* zugelassen!

(2) Der Winkel φ wird *positiv* gezählt bei Drehung im *Gegenuhrzeigersinn* (mathematisch *positiver* Drehsinn), *negativ* dagegen bei Drehung im *Uhrzeigersinn* (mathematisch *negativer* Drehsinn). Er ist jedoch nur bis auf ganzzahlige Vielfache von 360° (bzw. 2π im Bogenmaß) bestimmt. Meist beschränkt man sich bei der Winkelangabe auf den im Intervall $0^\circ \leqslant \varphi < 360^\circ$ (bzw. $0 \leqslant \varphi < 2\pi$) gelegenen *Hauptwert.*

(3) Das Polarkoordinatensystem ist ein *krummliniges* Koordinatensystem. Die Koordinatenlinien bestehen aus *konzentrischen* Kreisen um den Koordinatenursprung O (sog. φ-Linien) und *Strahlen*, die *radial von* O nach außen verlaufen (sog. r-Linien; Bild III-32). Koordinatenursprung O und x-Achse werden in diesem Zusammenhang auch wie folgt bezeichnet:

Koordinatenursprung O: *Pol*

x-Achse: Polarachse

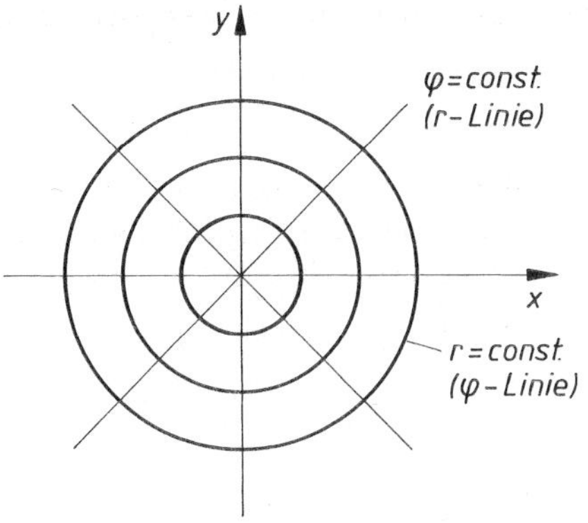

Bild III-32
Ebenes Polarkoordinatensystem

Ein entsprechendes Koordinatenpapier ist im Handel erhältlich („*Polarkoordinatenpapier*").

(4) Der Koordinatenursprung (Pol) O hat die Abstandskoordinate $r = 0$, die Winkelkoordinate φ dagegen ist *unbestimmt*.

Zwischen den *kartesischen* und den *Polarkoordinaten* bestehen dabei die folgenden *Transformationsgleichungen*, die sich unmittelbar aus Bild III-31 ergeben:

Koordinatentransformation: Kartesische Koordinaten ⇄ Polarkoordinaten

Polarkoordinaten → *Kartesische Koordinaten* (Bild III-31)

$$x = r \cdot \cos \varphi, \qquad y = r \cdot \sin \varphi \qquad \text{(III-11)}$$

Kartesische Koordinaten → *Polarkoordinaten* (Bild III-31)

$$r = \sqrt{x^2 + y^2}, \qquad \tan \varphi = \frac{y}{x} \qquad \text{(III-12)}$$

Anmerkung

Die Berechnung der *Winkelkoordinate* φ aus den vorgegebenen kartesischen Koordinaten nach der zweiten der Gleichungen (III-12) ist häufig mit Schwierigkeiten verbunden, da die Auflösung dieser Gleichung nach φ noch vom *Quadranten* des Winkels abhängt. Wir empfehlen daher, die Winkelberechnung auf *indirektem* Wege wie folgt vorzunehmen: Zunächst wird anhand einer *Skizze* die Lage des Punktes und damit der *Quadrant* des gesuchten Winkels φ bestimmt, dann erfolgt die Berechnung des Winkels φ über einen geeigneten *Hilfswinkel* α in einem rechtwinkligen Dreieck. Im nachfolgenden Beispiel (1) wird dieses Verfahren näher erläutert.

■ **Beispiele**

(1) Der Punkt $P_1 = (-3; 4)$ liegt im *2. Quadrant* (Bild III-33). Für die Abstandskoordinate r erhalten wir nach der ersten der Gleichungen (III-12):

$$r = \sqrt{(-3)^2 + 4^2} = \sqrt{25} = 5$$

Für den *Hauptwert* der gesuchten Winkelkoordinate φ entnehmen wir der Lageskizze: $90° < \varphi < 180°$. Wir berechnen zunächst den *Hilfswinkel* α und daraus schließlich den Winkel φ:

$$\tan \alpha = \frac{4}{3} \quad \Rightarrow \quad \alpha = \arctan \left(\frac{4}{3} \right) = 53{,}1°$$

(arctan x ist die *Umkehrfunktion* von $\tan x$, siehe hierzu die späteren Abschnitte 9.3 und 10.4)

$$\varphi = 180° - \alpha = 180° - 53{,}1° = 126{,}9°$$

Ergebnis: $r = 5$, $\varphi = 126{,}9°$

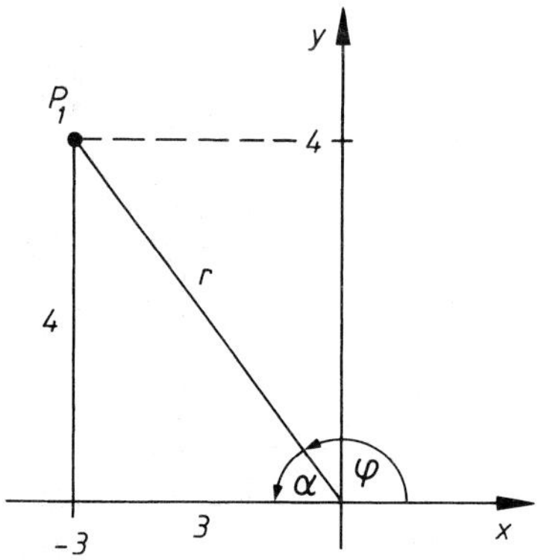

Bild III-33

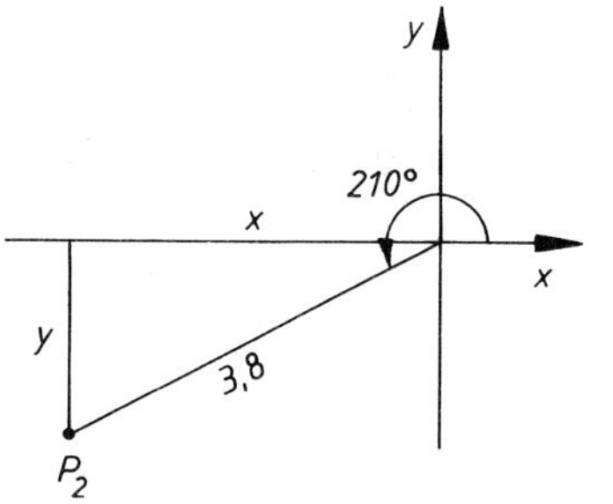

Bild III-34

(2) Die Lage des Punktes P_2 wird eindeutig durch die Polarkoordinaten $r = 3{,}8$ und $\varphi = 210°$ beschrieben (Bild III-34). Seine *kartesischen* Koordinaten lauten dann nach Gleichung (III-11):

$$x = 3{,}8 \cdot \cos 210° = -3{,}29 \qquad \text{und} \qquad y = 3{,}8 \cdot \sin 210° = -1{,}9$$

■

3.3.2 Darstellung einer Kurve in Polarkoordinaten

Eine in *Polarkoordinaten* $(r;\, \varphi)$ dargestellte Kurve wird durch eine Gleichung vom Typ

$$r = f(\varphi) \qquad \text{oder} \qquad r = r(\varphi) \tag{III-13}$$

beschrieben. Um die Kurve zeichnen zu können, erstellen wir eine *Wertetabelle.* Für den Polarwinkel φ werden dabei verschiedene Werte $\varphi_1, \varphi_2, \varphi_3, \ldots$ vorgegeben und aus der Funktionsgleichung $r = r(\varphi)$ die zugehörigen Abstandswerte $r_1 = r(\varphi_1)$, $r_2 = r(\varphi_2)$, $r_3 = r(\varphi_3)$, ... berechnet:

φ	φ_1	φ_2	φ_3	...
$r = r(\varphi)$	$r_1 = r(\varphi_1)$	$r_2 = r(\varphi_2)$	$r_3 = r(\varphi_3)$	...

Dabei ist zu beachten, daß definitionsgemäß nur *positive* r-Werte in Frage kommen, da r der *Abstand* eines Kurvenpunktes vom Koordinatenursprung ist. Erhält man für einen Winkel φ^* durch formales Einsetzen in die Kurvengleichung $r - r(\varphi)$ einen *negativen* Abstandswert $r^* = r(\varphi^*)$, so befindet sich in dieser Winkelrichtung *kein* Kurvenpunkt. Der Winkel φ^* liegt in diesem Fall *außerhalb* des Definitionsbereiches der Funktion $r = r(\varphi)$.

Den Kurvenverlauf erhält man schließlich, indem man auf den Strahlen $\varphi = \varphi_1$, $\varphi = \varphi_2$, $\varphi = \varphi_3$, ... die zugehörigen (positiven) Abstandswerte $r_1, r_2, r_3, \ldots$ abträgt und die auf diese Weise erhaltenen Kurvenpunkte miteinander verbindet (Bild III-35).

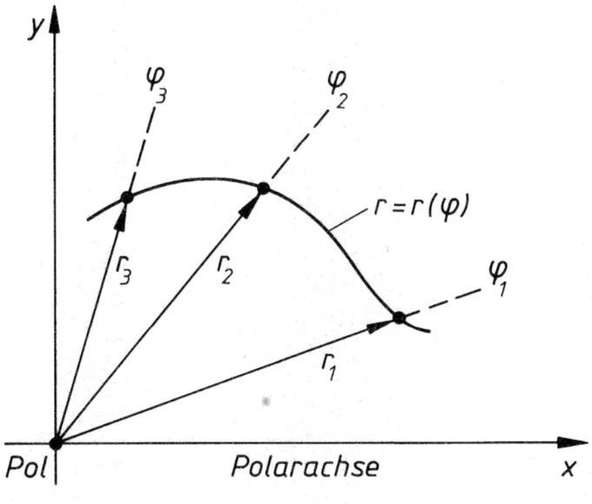

Bild III-35
Zur graphischen Darstellung einer in Polarkoordinaten definierten Kurve $r = r(\varphi)$

■ **Beispiele**

(1) Durch die Gleichung

$$r = r(\varphi) = 2\varphi \qquad (0 \leqslant \varphi \leqslant 2\pi)$$

wird die in Bild III-36 skizzierte spiralförmige Kurve beschrieben (sog. *Archimedische Spirale*). Dieses Kurvenbild erhalten wir mit Hilfe der folgenden Wertetabelle (Schrittweite: $\Delta\varphi = 30^\circ \mathrel{\hat{=}} \pi/6$; die Winkelwerte müssen dabei im *Bogenmaß* eingesetzt werden, damit die Abstandskoordinate $r = 2\varphi$ *dimensionslos* bleibt!):

φ	0	$1 \cdot \frac{\pi}{6}$	$2 \cdot \frac{\pi}{6}$	$3 \cdot \frac{\pi}{6}$	$4 \cdot \frac{\pi}{6}$	$5 \cdot \frac{\pi}{6}$	$6 \cdot \frac{\pi}{6}$	$7 \cdot \frac{\pi}{6}$	$8 \cdot \frac{\pi}{6}$
r	0	1,05	2,09	3,14	4,19	5,24	6,28	7,33	8,38

φ	$9 \cdot \frac{\pi}{6}$	$10 \cdot \frac{\pi}{6}$	$11 \cdot \frac{\pi}{6}$	$12 \cdot \frac{\pi}{6}$
r	9,42	10,47	11,52	12,57

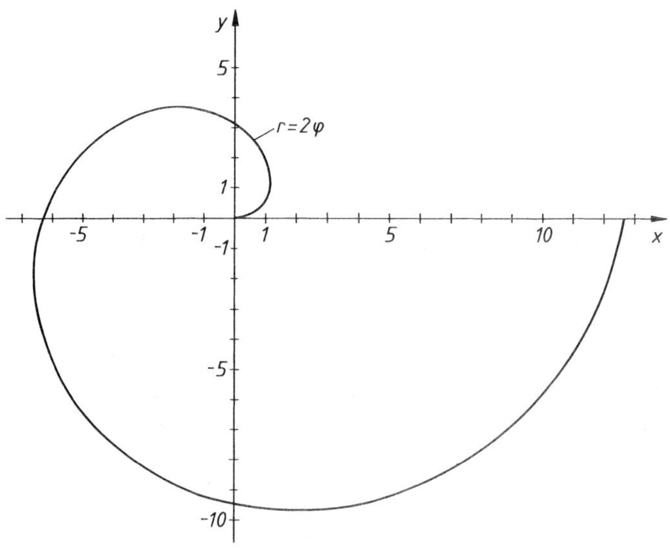

Bild III-36 Archimedische Spirale $r = 2\varphi$ $(0 \leqslant \varphi \leqslant 2\pi)$

(2) Die Kurve mit der Gleichung

$$r = r(\varphi) = 1 + \cos\varphi \qquad (0° \leqslant \varphi < 360°)$$

heißt *Kardioide* (*Herzkurve*) und besitzt den in Bild III-37 skizzierten Verlauf (*Spiegelsymmetrie* zur x-Achse), den wir mit Hilfe der folgenden Wertetabelle erhalten haben (Schrittweite: $\Delta\varphi = 30°$):

φ	0°	30°	60°	90°	120°	150°	180°
r	2	1,87	1,5	1	0,5	0,13	0

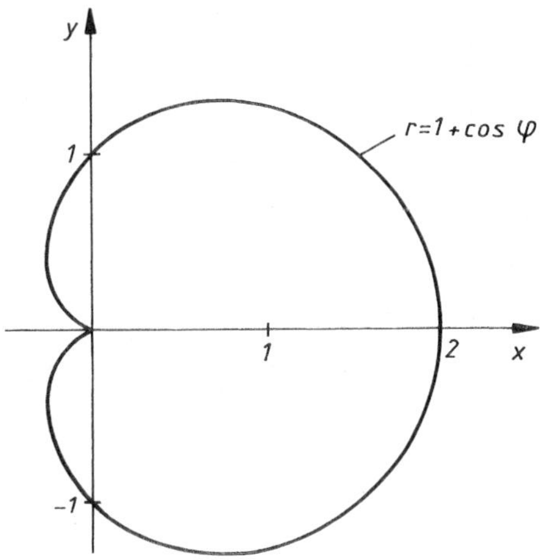

Bild III-37
Kardioide $r = 1 + \cos\varphi$
$(0° \leqslant \varphi < 360°)$

■

4 Grenzwert und Stetigkeit einer Funktion

4.1 Reelle Zahlenfolgen

4.1.1 Definition und Darstellung einer reellen Zahlenfolge

Definition: Unter einer *reellen Zahlenfolge* versteht man eine *geordnete* Menge reeller Zahlen. Die symbolische Schreibweise lautet:

$$\langle a_n \rangle = a_1, a_2, a_3, \ldots, a_n, \ldots \qquad (n \in \mathbb{N}^*) \qquad \text{(III-14)}$$

Die Zahlen $a_1, a_2, a_3, \ldots$ heißen die *Glieder* der Folge, a_n ist das n-te Glied der Folge.

Eine Zahlenfolge $\langle a_n \rangle$ kann auch als *diskrete* Funktion aufgefaßt werden, die jedem $n \in \mathbb{N}^*$ genau eine Zahl $a_n \in \mathbb{R}$ zuordnet. Eine Zuordnungsvorschrift in Form einer Gleichung

$$a_n = f(n) \qquad (n \in \mathbb{N}^*) \qquad \text{(III-15)}$$

heißt *Bildungsgesetz* der Folge.

■ **Beispiele**

(1) $\langle a_n \rangle = -\frac{1}{2}, -\frac{1}{4}, -\frac{1}{6}, \ldots$ Bildungsgesetz: $a_n = -\frac{1}{2n}$ $(n \in \mathbb{N}^*)$

(2) $\langle a_n \rangle = 1^3, 2^3, 3^3, \ldots$ Bildungsgesetz: $a_n = n^3$ $(n \in \mathbb{N}^*)$

(3) $\langle a_n \rangle = 0, \frac{1}{2}, \frac{2}{3}, \frac{3}{4}, \ldots$ Bildungsgesetz: $a_n = 1 - \frac{1}{n}$ $(n \in \mathbb{N}^*)$ ■

Die Glieder einer Folge $\langle a_n \rangle$ lassen sich durch *Punkte* auf einer *Zahlengerade* darstellen. Für die Zahlenmenge

$$\langle a_n \rangle = \left\langle 1 - \frac{1}{n} \right\rangle = 0, \frac{1}{2}, \frac{2}{3}, \frac{3}{4}, \ldots \qquad (n \in \mathbb{N}^*) \qquad \text{(III-16)}$$

beispielsweise erhalten wir die in Bild III-38 skizzierte Abbildung.

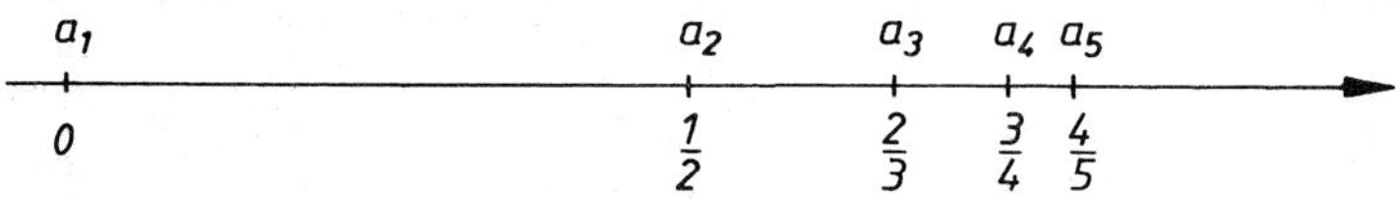

Bild III-38. Darstellung der Zahlenfolge $\langle a_n \rangle = \langle 1 - 1/n \rangle$ auf einer Zahlengerade

Eine weitere anschauliche Darstellungsmöglichkeit einer Folge $\langle a_n \rangle$ ist die Darstellung durch einen *Graph*. Wir interpretieren dabei die Folge $\langle a_n \rangle$ als eine *diskrete Funktion* und ordnen jedem Wertepaar $(n;\, a_n)$ einen Punkt P_n in einem rechtwinkligen Koordinatensystem zu. Die Menge aller Punkte $P_n = (n;\, a_n)$ heißt der *Graph* der Folge $\langle a_n \rangle$.

■ **Beispiel**

Die Folge (III-16) läßt sich durch die *Funktionsgleichung*

$$a_n = f(n) = 1 - \frac{1}{n} \qquad (n \in \mathbb{N}^*)$$

beschreiben. Der zugehörige *Graph* besitzt das in Bild III-39 skizzierte Aussehen.

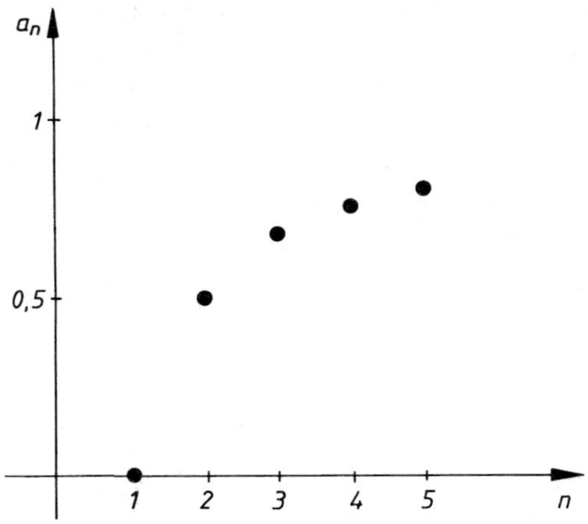

Bild III-39
Darstellung der Zahlenfolge $\langle a_n \rangle = \langle 1 - 1/n \rangle$ $(n \in \mathbb{N}^*)$ durch einen Graph

■

4.1.2 Grenzwert einer Folge

Wir wollen uns zunächst eingehend mit den Eigenschaften der Zahlenfolge

$$\langle a_n \rangle = \left\langle 1 - \frac{1}{n} \right\rangle \qquad (n \in \mathbb{N}^*) \qquad \text{(III-17)}$$

beschäftigen und erstellen zu diesem Zweck eine *Wertetabelle*:

n	1	2	3	...	10	...	100	...	1000	...
a_n	0	$\frac{1}{2}$	$\frac{2}{3}$	...	0,9	...	0,99	...	0,999	...

Aus ihr entnehmen wir die folgenden Eigenschaften [2]:

1. Alle Glieder (Funktionswerte) sind *kleiner* als 1, d.h. es gilt $a_n < 1$.
2. Mit *zunehmendem Index* n werden die Glieder der Folge *größer* und unterscheiden sich dabei immer weniger von der Zahl 1.

Wir ziehen daraus die Folgerung, daß in *jeder* noch so *kleinen* Umgebung der Zahl 1 *fast alle* Glieder der Folge liegen. So ist beispielsweise ab dem 11. Glied der Abstand aller folgenden Glieder von der Zahl 1 *kleiner* als 0,1. Mit anderen Worten: Alle Glieder a_n mit $n \geqslant 11$ erfüllen die Ungleichung $|a_n - 1| < 0{,}1$ (Bild III-40).

[2] Es handelt sich um eine *monoton wachsende* und *beschränkte* Zahlenfolge.

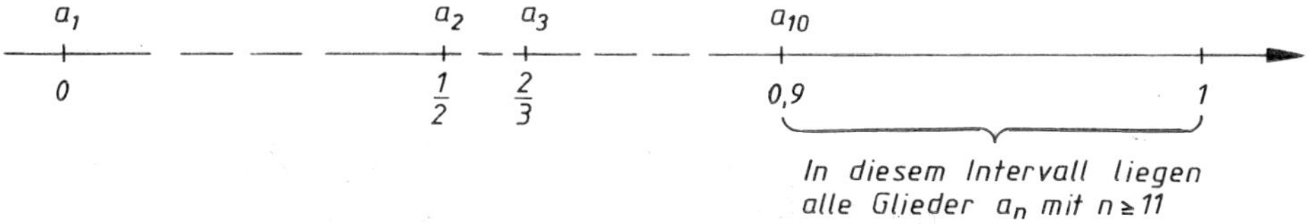

Bild III-40 Die Zahlenfolge $\langle a_n \rangle = \langle 1 - 1/n \rangle$ konvergiert gegen den Grenzwert 1

Vom 101. Glied an ist der Abstand aller folgenden Glieder von der Zahl 1 sogar *kleiner* als 0,01, d.h. jedes Glied a_n mit $n \geqslant 101$ erfüllt die Ungleichung $|a_n - 1| < 0{,}01$. Die Glieder der Zahlenfolge (III-17) unterscheiden sich demnach mit zunehmender „Platzziffer" n immer weniger von der Zahl 1, die daher als *Grenzwert* der Folge $\langle a_n \rangle = \left\langle 1 - \frac{1}{n} \right\rangle$ bezeichnet wird.

Allgemein definieren wir den *Grenzwert einer Zahlenfolge* wie folgt:

Definition: Die reelle Zahl g heißt *Grenzwert* oder *Limes* der Zahlenfolge $\langle a_n \rangle$, wenn es zu jedem $\varepsilon > 0$ eine natürliche Zahl n_0 gibt, so daß für alle $n \geqslant n_0$ stets

$$|a_n - g| < \varepsilon \qquad \text{(III-18)}$$

ist.

Anmerkungen

(1) Die natürliche Zahl n_0 hängt i.a. noch von der Wahl der Zahl $\varepsilon > 0$ ab. Daher schreibt man häufig auch $n_0(\varepsilon)$ statt n_0.

(2) Es läßt sich zeigen, daß eine Folge $\langle a_n \rangle$ *höchstens einen* Grenzwert besitzen kann.

Besitzt eine Folge $\langle a_n \rangle$ den Grenzwert g, so liegen *innerhalb* einer jeden ε-Umgebung von g *fast alle* Glieder der Folge, d.h. die Glieder $a_1, a_2, a_3, \ldots, a_{n_0 - 1}$ liegen *außerhalb*, die darauf folgenden Glieder $a_{n_0}, a_{n_0 + 1}, a_{n_0 + 2}, \ldots$ *innerhalb* der Umgebung (vgl. hierzu Bild III-41). Eine Folge mit dieser Eigenschaft heißt *konvergent*.

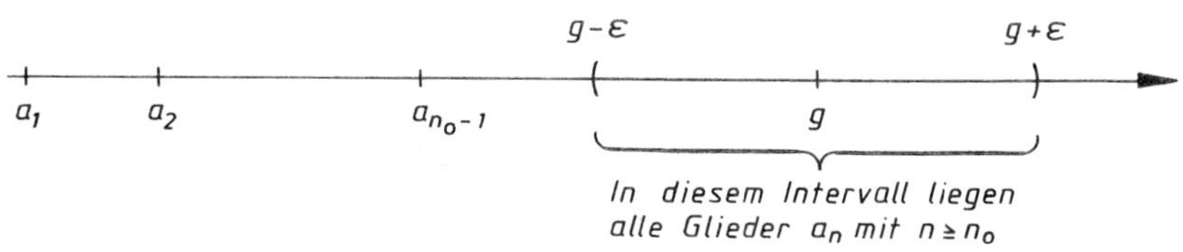

Bild III-41 Zum Begriff des Grenzwertes g einer Zahlenfolge $\langle a_n \rangle$

Definitionen: (1) Eine Folge $\langle a_n \rangle$ heißt *konvergent*, wenn sie einen *Grenzwert* g besitzt. Symbolische Schreibweise:

$$\lim_{n \to \infty} a_n = g \qquad \text{(III-19)}$$

(gelesen: Limes von a_n für n gegen Unendlich gleich g)

(2) Eine Folge $\langle a_n \rangle$, die *keinen* Grenzwert besitzt, heißt *divergent*.

■ **Beispiele**

(1) Die Folge $\langle a_n \rangle = \left\langle \frac{1}{n} \right\rangle = 1, \frac{1}{2}, \frac{1}{3}, \ldots$ ist *konvergent* mit dem *Grenzwert*

$$g = \lim_{n \to \infty} \left(\frac{1}{n} \right) = 0$$

(sog. *Nullfolge*).

(2) $\langle a_n \rangle = \left\langle 1 - \frac{1}{n} \right\rangle = 0, \frac{1}{2}, \frac{2}{3}, \frac{3}{4}, \ldots$

$$g = \lim_{n \to \infty} \left(1 - \frac{1}{n} \right) = 1$$

Es handelt sich demnach um eine *konvergente* Folge.

(3) Die Folge $\langle a_n \rangle = \left\langle \left(1 + \frac{1}{n} \right)^n \right\rangle = 2, \frac{9}{4}, \frac{64}{27}, \ldots$ ist *konvergent* mit dem *Grenzwert*

$$g = \lim_{n \to \infty} \left(1 + \frac{1}{n} \right)^n = 2{,}71828182\ldots = \mathrm{e}$$

(ohne Beweis). Die Zahl e heißt *Eulersche Zahl.*

(4) $\langle a_n \rangle = \langle n^3 \rangle = 1^3, 2^3, 3^3, \ldots$

$$g = \lim_{n \to \infty} n^3 = \infty \qquad \text{(sog. \textit{uneigentlicher} Grenzwert)}$$

Die Zahlenfolge ist *divergent* (sie wird auch als *bestimmt divergente* Folge bezeichnet).

■

4.2 Grenzwert einer Funktion

4.2.1 Grenzwert einer Funktion für $x \longrightarrow x_0$

Den Begriff des *Grenzwertes einer Funktion* erläutern wir zunächst anhand eines einfachen Beispiels. Wir wählen dazu die Funktion $f(x) = x^2$ aus und untersuchen ihr Verhalten bei einer beliebig feinen Annäherung an die Stelle $x_0 = 2$.

Annäherung von links:

Ausgangspunkt unserer Betrachtung sei die im Definitionsbereich der Funktion liegende und von *links* gegen die Zahl 2 konvergierende Folge von x-Werten

$$\langle x_n \rangle = 1{,}9; \quad 1{,}99; \quad 1{,}999; \quad 1{,}9999; \quad \ldots$$

Jedem Glied dieser Folge wird durch die Funktionsgleichung $f(x) = x^2$ genau ein Funktionswert zugeordnet: $f(x_n) = x_n^2$. Die Funktionstafel hat dabei das folgende Aussehen:

x_n	1,9	1,99	1,999	1,9999	...
$f(x_n)$	3,61	3,9601	3,996001	3,99960001	...

Ihr entnehmen wir, daß die Folge der Funktionswerte $\langle f(x_n) \rangle$ gegen den Wert 4 *konvergiert*. Wir hätten aber auch eine *andere* Auswahl der Zahlenfolge $\langle x_n \rangle$ treffen können (sofern diese Folge gegen die Zahl 2 konvergiert). Das Ergebnis wäre jedoch *dasselbe.* Dies aber bedeutet, daß aus $\langle x_n \rangle \longrightarrow 2$ mit $x_n < 2$ stets $\langle f(x_n) \rangle \longrightarrow 4$ folgt. *Symbolisch* schreibt man dafür

$$\lim_{n \to \infty} f(x_n) = \lim_{n \to \infty} x_n^2 = \lim_{\substack{x \to 2 \\ (x<2)}} x^2 = 4 \qquad \text{(III-20)}$$

und bezeichnet diesen Wert als den *linksseitigen Grenzwert* der Funktion $f(x) = x^2$ an der Stelle $x_0 = 2$.

Annäherung von rechts:

Nun betrachten wir die von der *rechten* Seite her gegen die Zahl 2 konvergierende Folge von x-Werten

$$\langle x_n \rangle = 2{,}1; \quad 2{,}01; \quad 2{,}001; \quad 2{,}0001; \quad \ldots$$

Die zugehörigen Funktionswerte entnehmen wir der folgenden Funktionstafel:

x_n	2,1	2,01	2,001	2,0001	...
$f(x_n)$	4,41	4,0401	4,004001	4,00040001	...

Die Folge $\langle f(x_n) \rangle$ strebt wiederum gegen den Wert 4. Dies gilt auch für *jede* andere gegen die Zahl 2 konvergierende Folge $\langle x_n \rangle$ mit $x_n > 2$. Das Ergebnis dieser Grenzwertbildung ist der *rechtsseitige Grenzwert* von $f(x) = x^2$ an der Stelle $x_0 = 2$:

$$\lim_{n \to \infty} f(x_n) = \lim_{n \to \infty} x_n^2 = \lim_{\substack{x \to 2 \\ (x > 2)}} x^2 = 4 \qquad \text{(III-21)}$$

In unserem Beispiel stimmen die beiden Grenzwerte von links und rechts überein. Daher schreibt man kurz

$$\lim_{x \to 2} x^2 = 4 \qquad \text{(III-22)}$$

und spricht von dem *Grenzwert* der Funktion $f(x) = x^2$ *an der Stelle* $x_0 = 2$.

Allgemein läßt sich der *Grenzwertbegriff* wie folgt definieren:

Definition: Eine Funktion $y = f(x)$ sei in einer Umgebung von x_0 definiert. Gilt dann für *jede* im Definitionsbereich der Funktion liegende und gegen die Stelle x_0 konvergierende Zahlenfolge $\langle x_n \rangle$ mit $x_n \neq x_0$ stets

$$\lim_{n \to \infty} f(x_n) = g \qquad \text{(III-23)}$$

so heißt g der *Grenzwert* von $y = f(x)$ an der Stelle x_0. Die symbolische Schreibweise lautet:

$$\lim_{x \to x_0} f(x) = g \qquad \text{(III-24)}$$

(gelesen: Limes von $f(x)$ für x gegen x_0 gleich g).

Anmerkungen

(1) Es sei ausdrücklich darauf hingewiesen, daß die Funktion $y = f(x)$ an der Stelle x_0 *nicht* definiert sein muß. Es kann daher der Fall eintreten, daß eine Funktion an einer Stelle x_0 einen *Grenzwert* besitzt, obwohl sie dort *überhaupt nicht* definiert ist (vgl. hierzu das folgende Beispiel (2)).

(2) Der *Grenzübergang* $x \longrightarrow x_0$ bedeutet: x kommt der Stelle x_0 *beliebig nahe*, *ohne* sie jedoch jemals zu *erreichen*. Es ist stets $x \neq x_0$.

(3) Anschaulich (aber etwas unpräzise) läßt sich der Grenzwert g einer Funktion $f(x)$ an der Stelle x_0 wie folgt deuten: Der Funktionswert $f(x)$ unterscheidet sich *beliebig wenig* vom Grenzwert g, wenn man sich der Stelle x_0 nur *genügend nähert*.

Gilt für *jede* von *links* her gegen x_0 strebende Folge $\langle x_n \rangle$

$$\lim_{\substack{x \to x_0 \\ (x < x_0)}} f(x) = g_l \tag{III-25}$$

so heißt g_l der *linksseitige Grenzwert* von $f(x)$ für $x \longrightarrow x_0$. Entsprechend ist der *rechtsseitige Grenzwert* von $f(x)$ für $x \longrightarrow x_0$ erklärt: Für *jede* von *rechts* her gegen x_0 konvergierende Folge gilt dann (sofern der Grenzwert existiert):

$$\lim_{\substack{x \to x_0 \\ (x > x_0)}} f(x) = g_r \tag{III-26}$$

Besitzt die Funktion $f(x)$ an der Stelle x_0 den Grenzwert g, so gilt also

$$\lim_{\substack{x \to x_0 \\ (x < x_0)}} f(x) = \lim_{\substack{x \to x_0 \\ (x > x_0)}} f(x) = \lim_{x \to x_0} f(x) = g \qquad (g_l = g_r = g) \tag{III-27}$$

■ **Beispiele**

(1) Die Funktion

$$y = f(x) = \begin{Bmatrix} 0 & & x < 0 \\ & \text{für} & \\ 1 & & x \geqslant 0 \end{Bmatrix} \qquad \text{(Bild III-42)}$$

besitzt an der Stelle $x_0 = 0$ *keinen* Grenzwert, da der linksseitige Grenzwert *nicht* mit dem rechtsseitigen Grenzwert übereinstimmt:

$$g_l = \lim_{\substack{x \to 0 \\ (x < 0)}} f(x) = \lim_{\substack{x \to 0 \\ (x < 0)}} 0 = 0$$

$$g_r = \lim_{\substack{x \to 0 \\ (x > 0)}} f(x) = \lim_{\substack{x \to 0 \\ (x > 0)}} 1 = 1$$

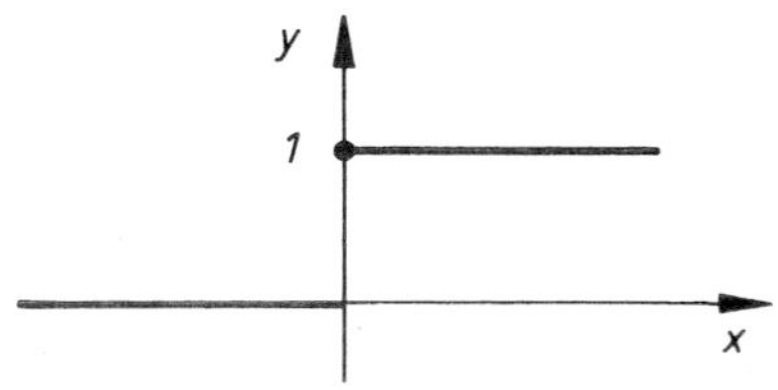

Bild III-42

(2) Die Funktion $y = f(x) = \dfrac{x^2 - 2x}{x - 2}$ ist an der Stelle $x_0 = 2$ *nicht* definiert.

Sie besitzt an dieser Stelle jedoch einen *Grenzwert*:

$$\lim_{x \to 2} \frac{x^2 - 2x}{x - 2} = \lim_{x \to 2} \frac{x(x - 2)}{x - 2} = \lim_{x \to 2} x = 2$$

(der Faktor $x - 2$ ist wegen $x \neq 2$ stets von *Null verschieden* und kann daher herausgekürzt werden).

(3) Der Grenzwert der Funktion $y = f(x) = \frac{1}{x}$, $x \neq 0$ in der Definitionslücke $x_0 = 0$ ist *nicht* vorhanden (Bild III-43):

$$g_l = \lim_{\substack{x \to 0 \\ (x<0)}} \left(\frac{1}{x}\right) = -\infty \quad \text{bzw.} \quad g_r = \lim_{\substack{x \to 0 \\ (x>0)}} \left(\frac{1}{x}\right) = +\infty$$

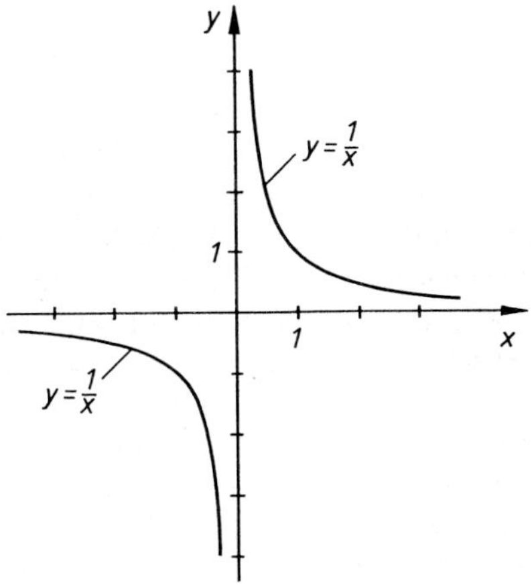

Bild III-43
Verhalten der Funktion $y = 1/x$ für $x \to 0$

■

4.2.2 Grenzwert einer Funktion für $x \to \pm\infty$

In vielen Fällen interessiert das Verhalten einer Funktion für den Fall, daß die x-Werte *unbeschränkt wachsen* ($x \to \infty$). Wir studieren das Problem zunächst am Beispiel der Funktion $f(x) = \frac{1}{x}$, $x > 0$. *Wie verhält sich diese Funktion für immer größer werdende x-Werte*? Eine solche Folge ist beispielsweise

$$\langle x_n \rangle = 10, \quad 100, \quad 1000, \quad 10\,000, \quad \ldots$$

Die ihr zugeordneten Funktionswerte $f(x_n) = \frac{1}{x_n}$ entnehmen wir der folgenden Funktionstafel (Wertetabelle):

x_n	10	100	1000	10000	...
$f(x_n)$	0,1	0,01	0,001	0,0001	...

Dabei stellen wir fest, daß die Funktionswerte zunehmend *kleiner* werden und sich immer weniger von der Zahl 0 unterscheiden. Diese Aussage bleibt auch für *jede* andere, über alle Grenzen hinaus wachsende Zahlenfolge $\langle x_n \rangle$ gültig. Symbolisch wird das beschriebene Verhalten der Funktion $f(x) = \frac{1}{x}$, $x > 0$ für *unbeschränkt* wachsende x-Werte durch den *Grenzwert*

$$\lim_{x \to \infty} \left(\frac{1}{x} \right) = 0 \qquad \text{(III-28)}$$

zum Ausdruck gebracht. Der Funktionsgraph nähert sich dabei *asymptotisch* der x-Achse (Bild III-44).

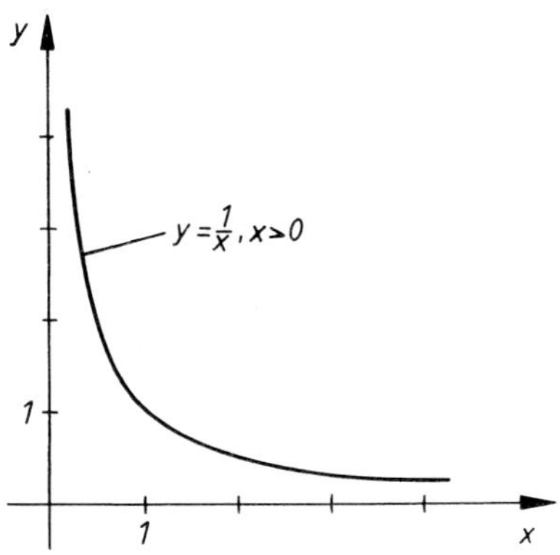

Bild III-44
Asymptotisches Verhalten der Funktion $y = 1/x$, $x > 0$ im Unendlichen

Allgemein definieren wir den Grenzwert einer Funktion für $x \to \infty$ wie folgt:

Definition: Besitzt eine Funktion $y = f(x)$ die Eigenschaft, daß die Folge ihrer Funktionswerte $\langle f(x_n) \rangle$ für *jede* über alle Grenzen hinaus wachsende Zahlenfolge $\langle x_n \rangle$ mit $x_n \in D$ gegen eine Zahl g strebt, so heißt g der *Grenzwert der Funktion für* $x \to \infty$. Wir verwenden dafür die symbolische Schreibweise

$$\lim_{x \to \infty} f(x) = g \qquad \text{(III-29)}$$

Entsprechend wird der Grenzwert einer Funktion $y = f(x)$ für den Fall erklärt, daß die x-Werte *kleiner* werden als *jede* noch so kleine Zahl (Grenzübergang $x \to -\infty$). Falls dieser Grenzwert vorhanden ist, schreibt man symbolisch

$$\lim_{x \to -\infty} f(x) = g \qquad \text{(III-30)}$$

■ **Beispiele**

Vorbemerkung: Nach *elementaren Umformungen* gelingt die Berechnung der folgenden Grenzwerte:

(1) $$\lim_{x \to \infty} \left(\frac{2x - 1}{x} \right) = \lim_{x \to \infty} \left(2 - \frac{1}{x} \right) = 2$$

(2) $$\lim_{x \to \pm\infty} \left(\frac{1 + x}{x^2} \right) = \lim_{x \to \pm\infty} \left(\frac{1}{x^2} + \frac{1}{x} \right) = 0$$

(3) $$\lim_{x \to \pm\infty} \left(\frac{x^3}{x^2 + 1} \right) = \lim_{x \to \pm\infty} \left(\frac{x}{1 + \frac{1}{x^2}} \right) = \pm\infty$$ (uneigentlicher Grenzwert).

■

4.2.3 Rechenregeln für Grenzwerte

Für den Umgang mit Grenzwerten gelten folgende Regeln (ohne Beweis):

Rechenregeln für Grenzwerte von Funktionen

Unter der Voraussetzung, daß die jeweiligen Grenzwerte existieren, gelten die folgenden Regeln:

(1) $$\lim_{x \to x_0} [C \cdot f(x)] = C \cdot \left(\lim_{x \to x_0} f(x) \right)$$ (C: Konstante) (III-31)

(2) $$\lim_{x \to x_0} [f(x) \pm g(x)] = \lim_{x \to x_0} f(x) \pm \lim_{x \to x_0} g(x)$$ (III-32)

(3) $$\lim_{x \to x_0} [f(x) \cdot g(x)] = \left(\lim_{x \to x_0} f(x) \right) \cdot \left(\lim_{x \to x_0} g(x) \right)$$ (III-33)

(4) $$\lim_{x \to x_0} \left(\frac{f(x)}{g(x)} \right) = \frac{\lim\limits_{x \to x_0} f(x)}{\lim\limits_{x \to x_0} g(x)}$$ $\left(\lim\limits_{x \to x_0} g(x) \neq 0 \right)$ (III-34)

(5) $$\lim_{x \to x_0} \sqrt[n]{f(x)} = \sqrt[n]{\lim_{x \to x_0} f(x)}$$ (III-35)

(6)	$\lim\limits_{x \to x_0} [f(x)]^n = \left(\lim\limits_{x \to x_0} f(x)\right)^n$	(III-36)
(7)	$\lim\limits_{x \to x_0} (a^{f(x)}) = a^{\left(\lim\limits_{x \to x_0} f(x)\right)}$	(III-37)
(8)	$\lim\limits_{x \to x_0} [\log_a f(x)] = \log_a \left(\lim\limits_{x \to x_0} f(x)\right)$	(III-38)

Anmerkungen

(1) Diese Regeln gelten entsprechend auch für Grenzwerte vom Typ $x \longrightarrow \infty$ bzw. $x \longrightarrow -\infty$.

(2) Grenzwerte, die zu einem sog. *unbestimmten Ausdruck* vom Typ $\frac{0}{0}$ oder $\frac{\infty}{\infty}$ führen, können nach der Regel von *Bernoulli-L'Hospital* weiterbehandelt werden. Wir kommen an anderer Stelle darauf zurück (siehe Abschnitt VI.3.3.3).

■ **Beispiele**

(1) $$\lim_{x \to -1} \frac{3(x^2 - 1)}{x + 1} = 3 \cdot \lim_{x \to -1} \frac{(x-1)(x+1)}{x+1} = 3 \cdot \lim_{x \to -1} (x - 1) = 3 \cdot (-2) = -6$$

(2) $$\lim_{x \to 0} \frac{x^2 - 2x + 5}{\cos x} = \frac{\lim\limits_{x \to 0} (x^2 - 2x + 5)}{\lim\limits_{x \to 0} \cos x} = \frac{5}{1} = 5$$

■

4.3 Stetigkeit einer Funktion

Definition: Eine in x_0 und in einer gewissen Umgebung von x_0 definierte Funktion $y = f(x)$ heißt an der Stelle x_0 *stetig*, wenn der Grenzwert der Funktion an dieser Stelle vorhanden ist und mit dem dortigen Funktionswert übereinstimmt:

$$\lim_{x \to x_0} f(x) = f(x_0) \qquad \text{(III-39)}$$

Anmerkungen

(1) Die *Stetigkeit* einer Funktion an einer *bestimmtem* Stelle setzt voraus, daß die Funktion dort auch *definiert* ist. Stellen, in denen eine Funktion *nicht* definiert ist, werden daher folgerichtig als *Definitionslücken* bezeichnet. An solchen Stellen kann die Funktion daher *nicht stetig* sein.

(2) Anschaulich (aber etwas unpräzise) läßt sich die Stetigkeit einer Funktion $y = f(x)$ an der Stelle x_0 wie folgt interpretieren: Der Funktionswert $f(x)$ unterscheidet sich *beliebig wenig* von $f(x_0)$, wenn x nur *genügend nahe* an der Stelle x_0 liegt.

(3) Eine Funktion, die an *jeder* Stelle ihres Definitionsbereiches *stetig* ist, wird als *stetige* Funktion bezeichnet.

■ **Beispiele**

(1) *Funktionswert* und *Grenzwert* der Funktion $f(x) = x^2$ stimmen an der Stelle $x_0 = 1$ *überein*:

$$\lim_{x \to 1} x^2 = f(1) = 1$$

Daher ist die Funktion an dieser Stelle *stetig*. Sie ist sogar überall in ihrem Definitionsbereich $D = (-\infty, \infty)$ *stetig* und somit eine *stetige* Funktion.

(2) Die meisten der elementaren Funktionen (wir behandeln sie in den folgenden Abschnitten) sind *stetige* Funktionen. Zu ihnen gehören beispielsweise die *ganzrationalen* Funktionen und die *trigonometrischen* Funktionen.

(3) Die Funktion $f(x) = \frac{1}{x}$ ist an der Stelle $x_0 = 0$ *nicht* definiert und kann demnach dort auch *nicht stetig* sein. Sie besitzt an dieser Stelle eine als *Pol* oder *Unendlichkeitsstelle* bezeichnete *Definitionslücke* (vgl. hierzu Bild III-43 sowie den Abschnitt 6 über die *gebrochenrationalen* Funktionen).

■

Stellen, in denen eine Funktion zwar definiert ist, jedoch die Stetigkeitsbedingung (III-39) *nicht* erfüllt, heißen *Unstetigkeitsstellen*. Wir definieren:

Definition: Eine in x_0 und in einer gewissen Umgebung von x_0 definierte Funktion $y = f(x)$ heißt an der Stelle x_0 *unstetig*, wenn eine der beiden folgenden Aussagen zutrifft:

(1) Der Grenzwert von $f(x)$ an der Stelle x_0 ist zwar vorhanden, jedoch vom Funktionswert $f(x_0)$ *verschieden*:

$$\lim_{x \to x_0} f(x) \neq f(x_0) \qquad \text{(III-40)}$$

(2) Der Grenzwert von $f(x)$ an der Stelle x_0 ist *nicht* vorhanden.

Anmerkung

Wir weisen darauf hin, daß eine in x_0 *unstetige* Funktion nach unserer Definition dort einen *Funktionswert* besitzt! In der mathematischen Literatur werden häufig auch Definitionslücken als Unstetigkeitsstellen bezeichnet.

■ **Beispiele**

(1) Die in Bild III-45 dargestellte Funktion

$$y = f(x) = \left\{ \begin{array}{ccc} -1 & & x < 0 \\ 0 & \text{für} & x = 0 \\ 1 & & x > 0 \end{array} \right\}$$

ist in $x_0 = 0$ *unstetig*, da der Grenzwert an dieser Stelle *nicht* existiert. Zwar sind links- und rechtsseitiger Grenzwert vorhanden, sie unterscheiden sich jedoch voneinander:

Linksseitiger Grenzwert:

$$g_l = \lim_{\substack{x \to 0 \\ (x < 0)}} f(x) = \lim_{\substack{x \to 0 \\ (x < 0)}} (-1) = -1$$

Rechtsseitiger Grenzwert:

$$g_r = \lim_{\substack{x \to 0 \\ (x > 0)}} f(x) = \lim_{\substack{x \to 0 \\ (x > 0)}} (1) = 1$$

Eine Unstetigkeit dieser Art bezeichnet man als *Sprungunstetigkeit*. In diesem Beispiel „springt" der Funktionswert von -1 über 0 nach $+1$.

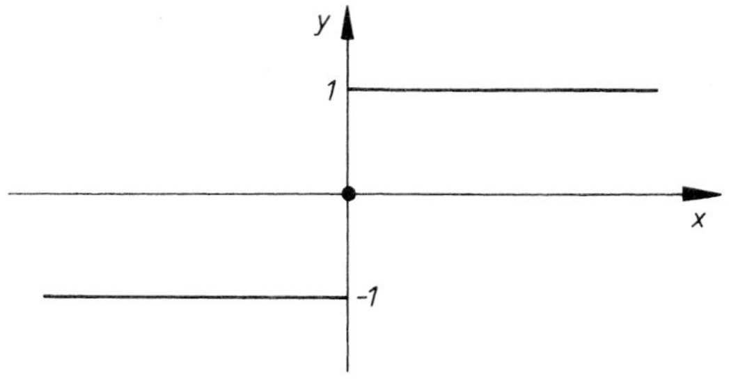

Bild III-45 Ein Beispiel für eine Funktion mit einer Sprungunstetigkeit in $x_0 = 0$

(2) Funktionen mit *Sprungunstetigkeiten* treten z.B. in der Elektrotechnik im Zusammenhang mit periodischen Impulsen auf. Der in Bild III-46 skizzierte „Sägezahnimpuls" besitzt an den Stellen T, $2T$, $3T$, ... jeweils eine *Sprungunstetigkeit*. An diesen Stellen fällt der Impuls von seinem *Maximalwert* y_0 auf den Wert *Null*.

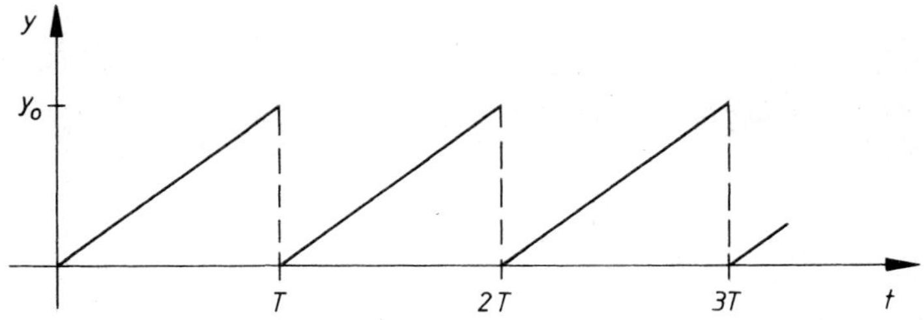

Bild III-46 „Sägezahnimpuls" mit periodischen Sprungunstetigkeiten

(3) Die in der Regelungstechnik benötigte *Sprungfunktion*

$$u = f(t) = \begin{Bmatrix} 0 & & t < 0 \\ & \text{für} & \\ u_0 & & t \geqslant 0 \end{Bmatrix} \qquad \text{(Bild III-47)}$$

ist für $t_0 = 0$ zwar definiert ($f(0) = u_0$), besitzt jedoch an dieser Stelle *keinen* Grenzwert, da der linksseitige Grenzwert vom rechtsseitigen Grenzwert *abweicht* (es findet ein *Sprung* der Größe u_0 statt). Die Funktion ist daher an der Stelle $t_0 = 0$ *unstetig*.

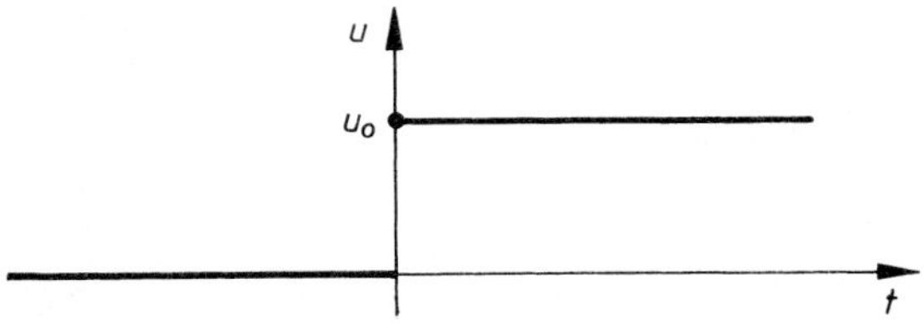

Bild III-47
Sprungfunktion der Regelungstechnik

(4) Die Funktion

$$y = f(x) = \begin{Bmatrix} x^2 & & x \neq 0 \\ & \text{für} & \\ 1 & & x = 0 \end{Bmatrix}$$

ist in $x_0 = 0$ *unstetig*, da der Grenzwert an dieser Stelle vom Funktionswert $f(0) = 1$ abweicht (Bild III-48):

$$\lim_{x \to 0} x^2 = 0 \neq f(0) = 1$$

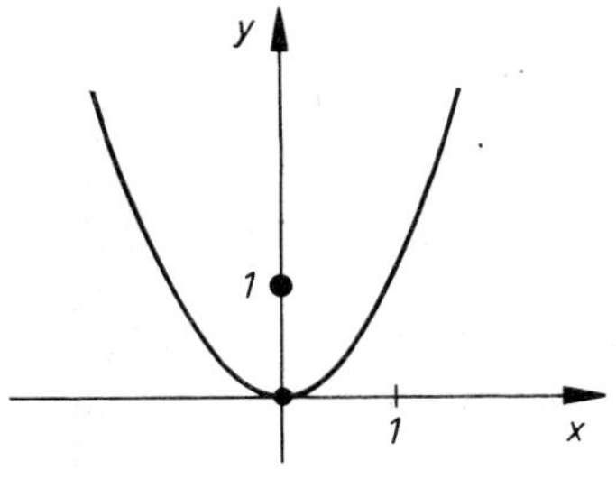

Bild III-48

(5) Die *gebrochenrationale* Funktion $f(x) = \dfrac{x^2 - 1}{x + 1}$ besitzt in $x_0 = -1$ eine *Definitionslücke* und ist daher an dieser Stelle *weder* stetig *noch* unstetig. Der Grenzwert ist jedoch *vorhanden*:

$$\lim_{x \to -1} \frac{x^2 - 1}{x + 1} = \lim_{x \to -1} \frac{(x + 1)(x - 1)}{x + 1} = \lim_{x \to -1} (x - 1) = -2$$

Die Definitionslücke in $x_0 = -1$ kann durch die *nachträgliche Festsetzung*

$$f(-1) = \lim_{x \to -1} \frac{x^2 - 1}{x + 1} = -2$$

behoben werden (man setzt Funktionswert = Grenzwert). Durch diese *Abänderung* erhalten wir aus $f(x)$ eine *neue* Funktion $g(x)$, die für *alle* $x \in \mathbb{R}$ definiert und *stetig* ist und sich als identisch erweist mit der linearen Funktion (Geraden) $y = x - 1$ (Bild III-49):

$$g(x) = \left\{ \begin{array}{ll} \dfrac{x^2 - 1}{x + 1} = x - 1 & x \neq -1 \\ & \text{für} \\ -2 & x = -1 \end{array} \right\} = x - 1$$

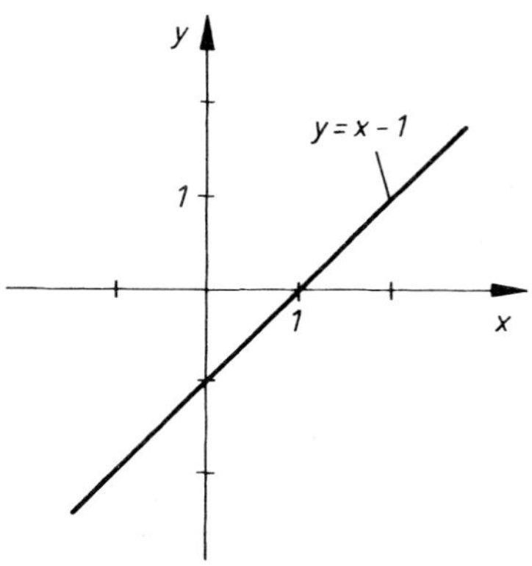

Bild III-49

Graph von $y = \dfrac{x^2 - 1}{x + 1}$, $x \neq -1$ *nach* Behebung der Definitionslücke $x_0 = -1$

Aus dem letzten Beispiel ziehen wir eine wichtige Folgerung: *Eine Definitionslücke x_0 läßt sich beheben, wenn der Grenzwert an dieser Stelle vorhanden ist.* Man setzt in diesem Fall

$$f(x_0) = \lim_{x \to x_0} f(x)$$

und erhält eine in x_0 *stetige* Funktion.

■

5 Ganzrationale Funktionen (Polynomfunktionen)

5.1 Definition einer ganzrationalen Funktion

Definition: Funktionen vom Typ

$$f(x) = a_n x^n + a_{n-1} x^{n-1} + \ldots + a_1 x^1 + a_0 \qquad \text{(III-41)}$$

werden als *ganzrationale* Funktionen oder *Polynomfunktionen* bezeichnet ($x \in \mathbb{R}$). Die (reellen) Koeffizienten $a_0, a_1, \ldots, a_n$ heißen *Polynomkoeffizienten* ($a_n \neq 0$), der *höchste* Exponent n in der Funktionsgleichung bestimmt den *Polynomgrad.*

■ **Beispiele**

(1)	$y = 4$	Polynom vom Grade 0	(Konstante Funktion)
	$y = 2x - 3$	Polynom vom Grade 1	(Lineare Funktion)
	$y = 2x^2 - 3x + 5$	Polynom vom Grade 2	(Quadratische Funktion)
	$y = x^3 - x$	Polynom vom Grade 3	(Kubische Funktion)
	$y = 4x^8 - x^5 + 3x$	Polynom vom Grade 8	

(2) Zu den ganzrationalen Funktionen gehören auch die *Potenzfunktionen* $y = x^n$ mit $n \in \mathbb{N}^*$. Ihre ersten Vertreter sind: $y = x$, $y = x^2$, $y = x^3$ usw.

■

Polynomfunktionen besitzen in vieler Hinsicht besonders *einfache* und *überschaubare* Eigenschaften und spielen daher in den Anwendungen eine bedeutende Rolle. Gründe hierfür sind u.a.:

— Polynomfunktionen lassen sich problemlos *differenzieren* und *integrieren*

— Zahlreiche bei der Lösung naturwissenschaftlich-technischer Probleme auftretende Funktionen können zumindest in bestimmten Teilbereichen durch *ganzrationale* Funktionen *angenähert* werden (siehe hierzu Abschnitt VI.3.3.1)

5.2 Konstante und lineare Funktionen

Polynomfunktionen vom Grade 0 bezeichnet man als *konstante Funktionen*:

$$y = \text{const.} = a_0 \qquad \text{oder} \qquad y = \text{const.} = a \tag{III-42}$$

In der graphischen Darstellung erhält man eine zur x-Achse *parallel* verlaufende *Gerade* (Bild III-50).

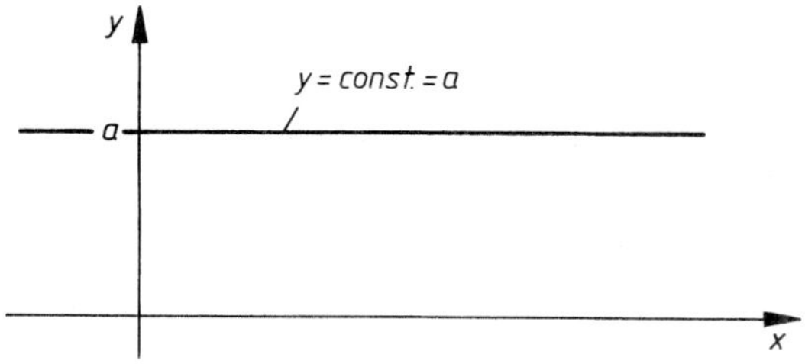

Bild III-50
Konstante Funktion $y = \text{const.} = a$

■ **Beispiele**

(1) Bei einer geradlinig gleichförmigen Bewegung ist die Geschwindigkeit v *unabhängig* von der Zeit t: $v = v(t) = \text{const.}$

(2) Die Gesamtenergie (Schwingungsenergie) E eines reibungsfrei schwingenden *Federpendels* bleibt zeitlich *unverändert*, d.h. $E = E(t) = \text{const.}$.

■

Besonders häufig treten in den Anwendungen *lineare* Funktionen (Polynomfunktionen vom Grade 1) auf:

$$y = a_1 x + a_0 \qquad \text{oder} \qquad y = mx + b \tag{III-43}$$

Die zeichnerische Darstellung ergibt eine *Gerade* mit der Steigung m und dem Achsenabschnitt b auf der y-Achse (Bild III-51).

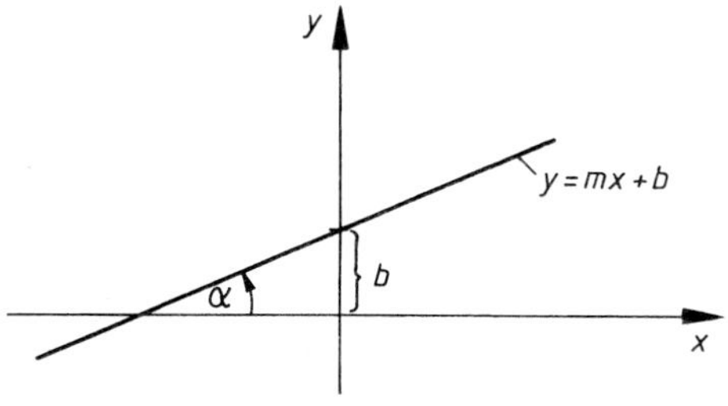

Bild III-51
Gerade $y = mx + b$

Steigung m und Steigungswinkel α sind dabei über die Beziehung

$$m = \tan \alpha \tag{III-44}$$

miteinander verknüpft.

Neben der *Haupt-* oder *Normalform* $y = mx + b$ sind noch weitere Formen der Geradengleichung von Bedeutung:

Punkt-Steigungs-Form einer Geraden (Bild III-52)

Die Gleichung einer Geraden durch den Punkt $P_1 = (x_1; y_1)$ mit der Steigung m lautet:

$$\frac{y - y_1}{x - x_1} = m \qquad \text{(III-45)}$$

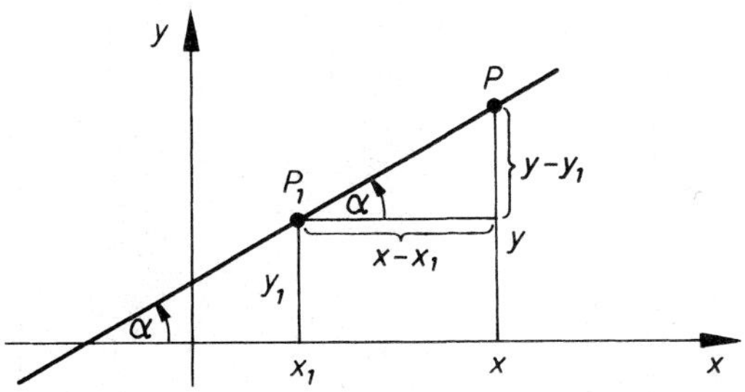

Bild III-52
Zur Punkt-Steigungs-Form einer Geraden

Zwei-Punkte-Form einer Geraden (Bild III-53)

Die Gleichung einer Geraden durch zwei (*voneinander verschiedene*) Punkte $P_1 = (x_1; y_1)$ und $P_2 = (x_2; y_2)$ lautet:

$$\frac{y - y_1}{x - x_1} = \frac{y_2 - y_1}{x_2 - x_1} \qquad \text{(III-46)}$$

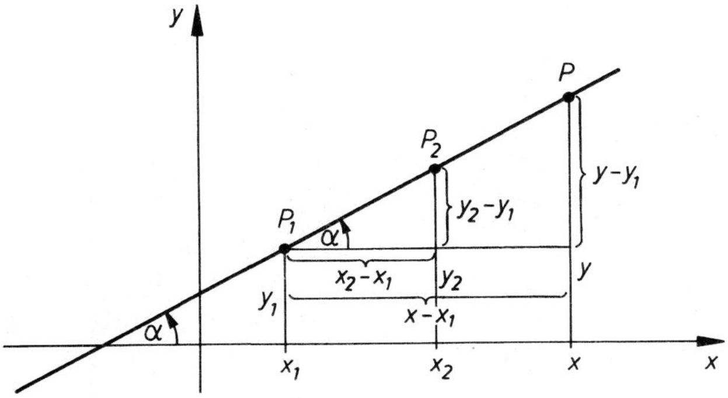

Bild III-53
Zur Zwei-Punkte-Form einer Geraden

Achsenabschnittsform einer Geraden (Bild III-54)

Die Gleichung einer Geraden mit den Achsenabschnitten a und b lautet:

$$\frac{x}{a} + \frac{y}{b} = 1 \qquad \text{(III-47)}$$

Dabei bedeuten:

a: Achsenabschnitt auf der x-Achse (Schnittpunkt mit der x-Achse)

b: Achsenabschnitt auf der y-Achse (Schnittpunkt mit der y-Achse)

Anmerkung

Die Achsenabschnitte können positiv *oder* negativ ausfallen, je nachdem ob die zugehörigen Achsenschnittpunkte der Geraden auf dem positiven *oder* negativen Teil der Achsen liegen.

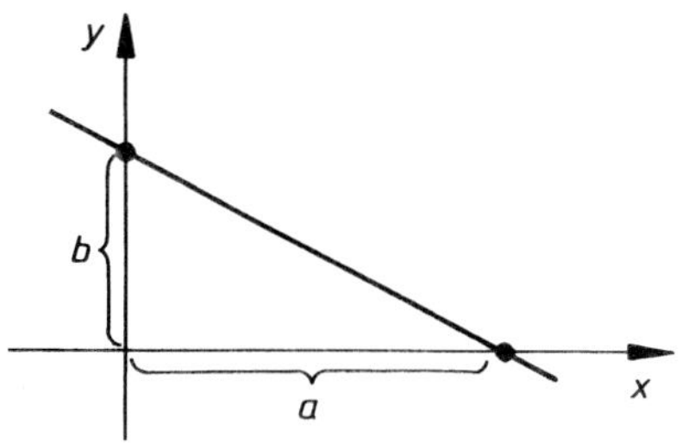

Bild III-54
Zur Achsenabschnittsform einer Geraden

■ **Beispiele**

(1) Beim freien Fall ist die Fallgeschwindigkeit v eine *lineare* Funktion der Zeit t:

$$v = gt + v_0$$

(g: Erdbeschleunigung; v_0: Anfangsgeschwindigkeit)

(2) Für eine elastische Feder gilt das *lineare* Kraftgesetz

$$F = -D \cdot s \qquad (\textit{Hookesches}\ \text{Gesetz})$$

(D: Richtkraft oder Federkonstante; s: Auslenkung der Feder)

(3) $P_1 = (3;\, 10)$ und $P_2 = (5;\, 14)$ sind zwei Punkte einer Geraden. Wie lautet die Funktionsgleichung dieser Geraden?

Lösung:

Aus der Zwei-Punkte-Form (III-46) folgt unmittelbar:

$$\frac{y-10}{x-3} = \frac{14-10}{5-3} = 2 \quad \Rightarrow \quad y - 10 = 2(x-3) \quad \Rightarrow \quad y = 2x + 4$$

■

5.3 Quadratische Funktionen

Quadratische Funktionen sind Polynomfunktionen 2. Grades und in der Form

$$y = a_2 x^2 + a_1 x + a_0 \quad \text{oder} \quad y = ax^2 + bx + c \tag{III-48}$$

darstellbar. In der graphischen Darstellung erhält man eine *Parabel*. Der Koeffizient a bestimmt die *Öffnung* der Parabel, wobei gilt (Bild III-55):

$a > 0$: Parabel ist nach *oben* geöffnet, Scheitelpunkt ist zugleich *Tiefpunkt*

$a < 0$: Parabel ist nach *unten* geöffnet, Scheitelpunkt ist zugleich *Hochpunkt*

Die einzige *Symmetrieachse* der Parabel verläuft *parallel* zur y-Achse durch den Scheitelpunkt S.

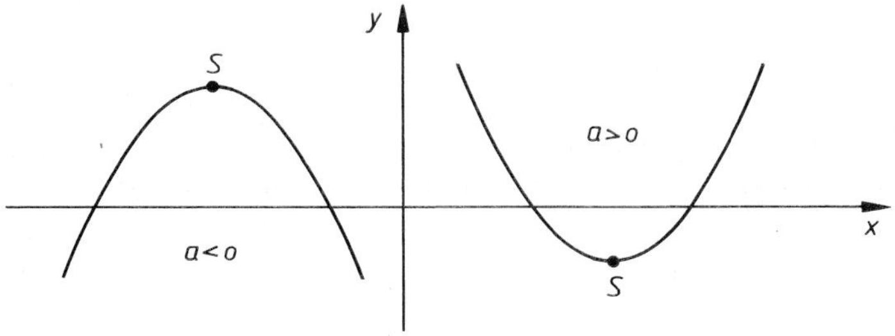

Bild III-55 Nach oben geöffnete Parabel ($a > 0$) bzw. nach unten geöffnete Parabel ($a < 0$)

■ **Beispiele**

(1) Die kinetische Energie $E_{\text{kin}} = \frac{1}{2} m v^2$ eines Körpers der Masse m ist eine *quadratische* Funktion der Geschwindigkeit v.

(2) Bei einer geradlinig gleichförmig beschleunigten Bewegung ist der zurückgelegte Weg s eine *quadratische* Funktion der Zeit t:

$$s = \frac{1}{2} a t^2 + v_0 t + s_0$$

(a: Beschleunigung; s_0 und v_0 sind Anfangslage bzw. Anfangsgeschwindigkeit zu Beginn der Bewegung, d.h. zum Zeitpunkt $t = 0$)

■

Spezielle Formen einer Parabelgleichung

Sehr von Nutzen sind in den Anwendungen zwei spezielle Formen der Parabelgleichung. Es handelt sich dabei um die *Produkt-* bzw. *Scheitelpunktsform.*

Produktform einer Parabel (Bild III-56)

$$y = ax^2 + bx + c = a(x - x_1)(x - x_2) \qquad \text{(III-49)}$$

x_1, x_2: Schnittpunkte der Parabel mit der x-Achse (*reelle* Nullstellen)

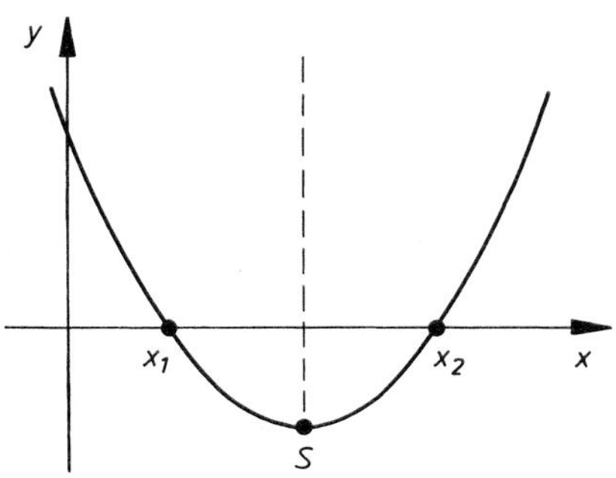

Bild III-56 Zur Produktform einer Parabel

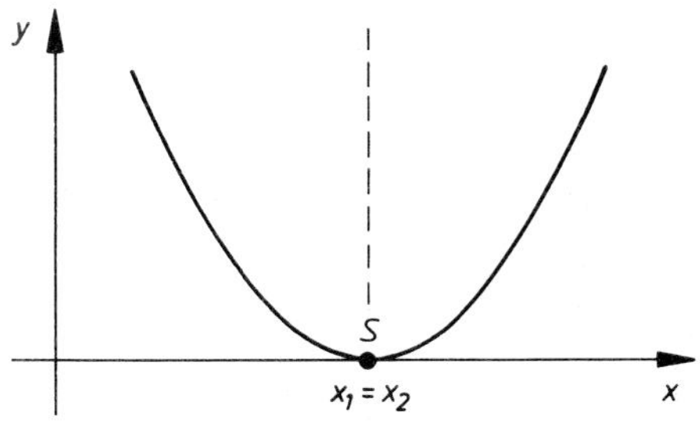

Bild III-57 Doppelte Nullstelle einer Parabel (Berührungspunkt = Scheitelpunkt)

Anmerkungen

(1) Die *linearen* Bestandteile $x - x_1$ und $x - x_2$ in der Produktform (III-49) werden als *Linearfaktoren* bezeichnet.

(2) Aus Symmetriegründen liegt der Scheitelpunkt S immer genau in der *Mitte* zwischen den beiden Nullstellen (vgl. hierzu auch Bild III-56).

(3) *Sonderfall*: Fallen die beiden Nullstellen *zusammen* ($x_1 = x_2$, sog. *doppelte* Nullstelle), so liegt der Scheitelpunkt auf der *x-Achse* und ist zugleich *Berührungspunkt* (Bild III-57). Die *Produktform* besitzt dann die *spezielle* Form

$$y = a(x - x_1)(x - x_1) = a(x - x_1)^2 \qquad \text{(III-50)}$$

Diese Gleichung ist ein Sonderfall der *Scheitelpunktsform*, die wir im Anschluß an die nachfolgenden Beispiele kennenlernen werden.

■ **Beispiele**

(1) $y = 2x^2 - 8x + 6$ (Bild III-58)

Nullstellen: $x_1 = 1, \quad x_2 = 3$

Scheitelpunkt (= *Minimum*): $S = (2; -2)$

Produktform der Parabel: $y = 2(x - 1)(x - 3)$

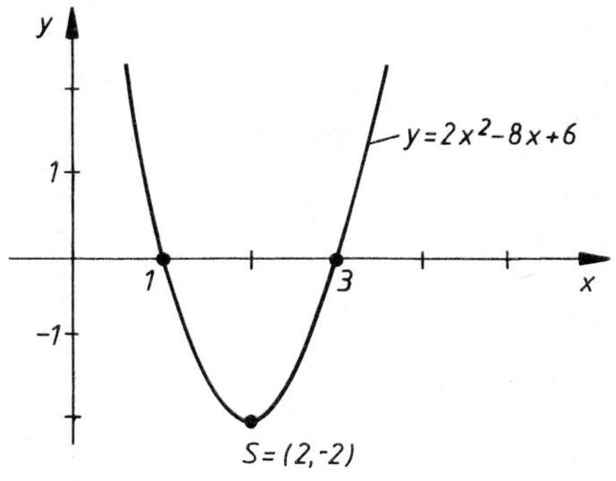

Bild III-58
Schaubild der Parabel
$y = 2x^2 - 8x + 6$

(2) $y = -0{,}5x^2 - 2x - 2$ (Bild III-59)

Nullstellen: $x_1 = x_2 = -2$ (*doppelte* Nullstelle)

Scheitelpunkt (= *Maximum*): $S = (-2; 0)$

Produktform der Parabel: $y = -0{,}5(x + 2)^2$

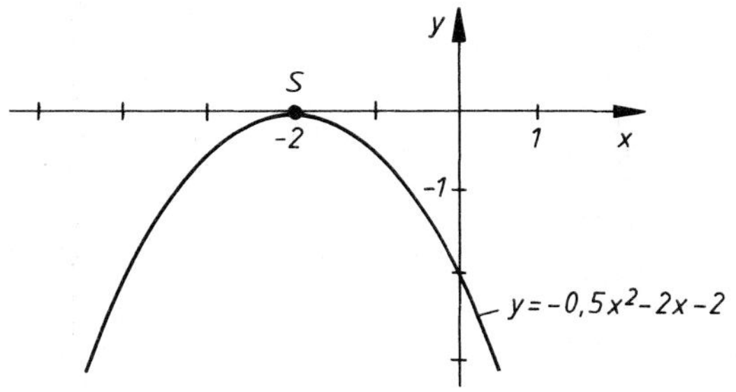

Bild III-59
Schaubild der Parabel
$y = -0{,}5x^2 - 2x - 2$

■

Scheitelpunktsform einer Parabel (Bild III-60)

$$y - y_0 = a(x - x_0)^2 \qquad \text{(III-51)}$$

x_0, y_0: Koordinaten des Scheitelpunktes S

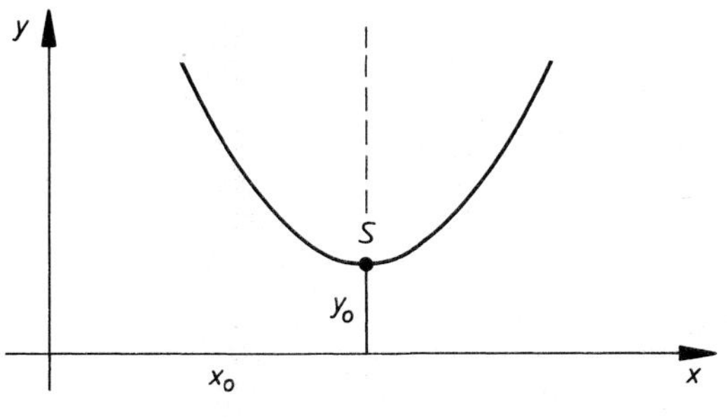

Bild III-60
Zur Scheitelpunktsform einer Parabel

■ **Beispiele**

(1) Wo liegt der *Scheitelpunkt* der Parabel $y = 3x^2 - 6x + 12$? Wie lautet die *Scheitelpunktsform* dieser Parabel?

Lösung:
Durch *quadratische Ergänzung* erhält man

$$y = 3x^2 - 6x + 12 = 3(x^2 - 2x) + 12 = 3(x^2 - 2x + 1 - 1) + 12 =$$
$$= 3\underbrace{(x^2 - 2x + 1)}_{(x-1)^2} + 3(-1) + 12 = 3(x-1)^2 + 9$$

Scheitelpunktsform: $y - 9 = 3(x-1)^2$

Scheitelpunkt: $S = (1; 9)$

(2) **Schiefer Wurf:** Ein Körper wird zur Zeit $t = 0$ unter einem Winkel α gegen die Horizontale mit der Geschwindigkeit v_0 schräg nach oben geworfen (Bild III-61). Die Gleichung der durchlaufenen *Bahnkurve* lautet dann in der *Parameterform* wie folgt:

$$\left.\begin{aligned} x &= (v_0 \cdot \cos\alpha)\,t \\ y &= (v_0 \cdot \sin\alpha)\,t - \frac{1}{2}\,g t^2 \end{aligned}\right\} \quad (t \geq 0)$$

Wir suchen die Gleichung der *Wurfparabel* in *expliziter* Form sowie Wurfweite W und Wurfhöhe H für die speziellen Werte $v_0 = 20\ \text{m/s}$, $\alpha = 30^\circ$ und $g = 10\ \text{m/s}^2$.

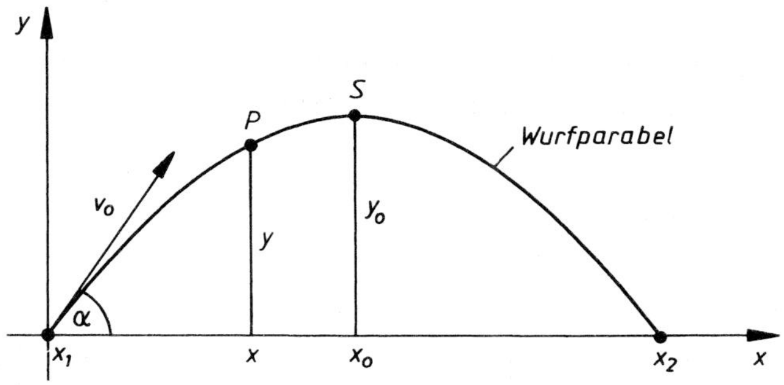

Bild III-61
Wurfparabel beim schiefen Wurf

Lösung:
Parameterdarstellung:

$$\left.\begin{aligned} x &= 17{,}3205\,\frac{\text{m}}{\text{s}} \cdot t \\ y &= 10\,\frac{\text{m}}{\text{s}} \cdot t - 5\,\frac{\text{m}}{\text{s}^2} \cdot t^2 \end{aligned}\right\} \quad (t \geq 0\ \text{s})$$

Gleichung der Wurfparabel in expliziter Form:

$$y = 0{,}5774\,x - \frac{0{,}0167}{\text{m}} \cdot x^2 \qquad (x \geq 0\ \text{m})$$

Nullstellen: $x_1 = 0$ m (Abwurfort), $x_2 = 34{,}58$ m

Der Scheitelpunkt S liegt aus *Symmetriegründen* genau in der *Mitte* zwischen den beiden Nullstellen. Seine Koordinaten lauten daher:

$$x_0 = \frac{x_1 + x_2}{2} = 17{,}29\ \text{m}; \quad y_0 = y(x_0 = 17{,}29\ \text{m}) = 4{,}99\ \text{m}$$

Wurfweite: $W = x_2 - x_1 = 34{,}58$ m

Wurfhöhe: $H = y_0 = 4{,}99$ m

■

5.4 Polynomfunktionen höheren Grades

Quadratische Funktionen lassen sich unter bestimmten Voraussetzungen in der *Produktform* $y = a(x - x_1)(x - x_2)$ schreiben, wobei x_1 und x_2 die *reellen* Nullstellen der Parabel bedeuten. *Gibt es für Polynome höheren Grades* ($n \geq 3$) *ähnliche Darstellungen*? Diese Frage dürfen wir bejahen. Wir werden im folgenden zeigen, daß auch ganzrationale Funktionen 3., 4. und höheren Grades in Form eines *Produktes* aus lauter *Linearfaktoren* darstellbar sind, sofern gewisse Voraussetzungen erfüllt sind.

Die Eigenschaften von Polynomfunktionen n-ten Grades formulieren wir in den folgenden drei Sätzen und belegen sie durch zahlreiche Beispiele.

Abspaltung eines Linearfaktors

Abspaltung eines Linearfaktors

Besitzt die Polynomfunktion $f(x)$ vom Grade n an der Stelle x_1 eine *Nullstelle*, ist also $f(x_1) = 0$, so ist die Funktion auch in der Form

$$f(x) = (x - x_1) \cdot f_1(x) \qquad \text{(III-52)}$$

darstellbar. Der Faktor $(x - x_1)$ heißt *Linearfaktor*, $f_1(x)$ ist das sog. *1. reduzierte Polynom* vom Grade $n - 1$.

Diese Art der Zerlegung einer Polynomfunktion wird auch als *Abspaltung eines Linearfaktors* bezeichnet.

■ **Beispiel**

$y = f(x) = x^3 - 2x^2 - 5x + 6$

Durch *Probieren* findet man eine Nullstelle bei $x_1 = 1$. Die Polynomfunktion ist daher in der Form

$$y = f(x) = x^3 - 2x^2 - 5x + 6 = (x - 1) \cdot f_1(x)$$

darstellbar, wobei das *1. reduzierte Polynom* $f_1(x)$ eine *quadratische* Funktion ist. Durch Polynomdivision erhält man:

$$\begin{aligned} f_1(x) = (x^3 - 2x^2 - 5x + 6) &: (x - 1) = x^2 - x - 6 \\ \underline{-(x^3 - x^2)\qquad\qquad\quad} & \\ -x^2 - 5x + 6 & \\ \underline{-(-x^2 + x)\qquad} & \\ -6x + 6 & \\ \underline{-(-6x + 6)} & \\ 0 & \end{aligned}$$

Daher gilt

$$y = f(x) = x^3 - 2x^2 - 5x + 6 = (x - 1) \cdot (x^2 - x - 6)$$

■

Nullstellen einer Polynomfunktion

Über die *Anzahl* der Nullstellen einer Polynomfunktion n-ten Grades gibt der folgende fundamentale Satz aus der Algebra Aufschluß (ohne Beweis):

> **Nullstellen einer Polynomfunktion**
>
> Eine Polynomfunktion n-ten Grades besitzt *höchstens* n (reelle) Nullstellen.

Anmerkung

Mehrfach auftretende Nullstellen werden *entsprechend oft* mitgezählt (siehe hierzu das nachfolgende Beispiel (2)).

■ **Beispiele**

(1) $y = f(x) = x^3 - 2x^2 - 5x + 6, \quad n = 3$

Drei (*reelle*) Nullstellen in $x_1 = -2$, $x_2 = 1$ und $x_3 = 3$.

(2) $y = f(x) = x^3 + 0{,}1\,x^2 - 4{,}81\,x - 4{,}225, \quad n = 3$

Drei (*reelle*) Nullstellen bei $x_1 = x_2 = -1{,}3$ (*doppelte* Nullstelle) und $x_3 = 2{,}5$.

(3) Die Polynomfunktion $y = f(x) = x^3 - x^2 + 4x - 4$ ist vom Grade 3, besitzt jedoch nur *eine* reelle Nullstelle in $x_1 = 1$ (die beiden übrigen Nullstellen sind *konjugiert komplex*).

(4) Die Funktion $y = f(x) = x^2 + 1$ liefert ein einfaches Beispiel für eine Polynomfunktion 2. Grades *ohne* reelle Nullstellen.

■

Produktdarstellung einer Polynomfunktion

Aus den als bekannt vorausgesetzten (reellen) Nullstellen einer Polynomfunktion läßt sich ähnlich wie bei einer Parabel eine spezielle Darstellungsform der Funktion gewinnen, die als *Produktdarstellung* oder *Produktform* bezeichnet wird:

Produktdarstellung einer Polynomfunktion

Besitzt eine Polynomfunktion n-ten Grades genau n (reelle) Nullstellen $x_1, x_2, \ldots, x_n$, so läßt sich die Funktion auch in Form eines *Produktes* wie folgt darstellen:

$$\begin{aligned} f(x) &= a_n x^n + a_{n-1} x^{n-1} + \ldots + a_1 x + a_0 = \\ &= a_n (x - x_1)(x - x_2) \ldots (x - x_n) \end{aligned} \qquad \text{(III-53)}$$

Die n Faktoren $x - x_1, x - x_2, \ldots, x - x_n$ werden als *Linearfaktoren* der Produktdarstellung bezeichnet.

Anmerkungen

(1) Die Produktdarstellung (III-53) wird auch als *Zerlegung eines Polynoms in Linearfaktoren* bezeichnet.

(2) Den Koeffizienten a_n in der Produktform (III-53) nicht vergessen!

(3) Bei einer *doppelten* Nullstelle tritt der zugehörige Linearfaktor *doppelt*, bei einer *dreifachen* Nullstelle *dreifach* auf usw. (vgl. hierzu die nachfolgenden Beispiele (2) und (4)).

(4) Ist die Anzahl k der (reellen) Nullstellen (*inklusive* der entsprechend oft gezählten *mehrfachen* Nullstellen) *kleiner* als der Polynomgrad n, so besitzt die Produktdarstellung die folgende spezielle Form:

$$f(x) = a_n (x - x_1)(x - x_2) \ldots (x - x_k) \cdot f^*(x) \qquad \text{(III-54)}$$

Dabei ist $f^*(x)$ eine Polynomfunktion vom Grade $n - k$ *ohne* (reelle) Nullstellen (vgl. hierzu das nachfolgende Beispiel (5)).

■ **Beispiele**

(1) $y = f(x) = 2x^2 + 7x - 22$

Nullstellen: $x_1 = 2, \quad x_2 = -5{,}5$

Produktdarstellung: $y = 2(x - 2)(x + 5{,}5)$

(2) $y = f(x) = 3x^3 + 3x^2 - 3x - 3$

Nullstellen: $x_1 = -1$ (*doppelte* Nullstelle), $x_2 = 1$

Produktdarstellung: $y = 3(x + 1)(x + 1)(x - 1) = 3(x + 1)^2(x - 1)$

(3) Die Nullstellenberechnung der Funktion $y = x^4 - 13x^2 + 36$ führt zu der *bi-quadratischen* Gleichung

$$x^4 - 13x^2 + 36 = 0$$

die durch die *Substitution* $z = x^2$ gelöst wird:

$$z^2 - 13z + 36 = 0 \quad \Rightarrow \quad z_1 = 4, \quad z_2 = 9$$

$$x^2 = z_1 = 4 \quad \Rightarrow \quad x_1 = 2, \quad x_2 = -2$$

$$x^2 = z_2 = 9 \quad \Rightarrow \quad x_3 = 3, \quad x_4 = -3$$

Das Polynom besitzt demnach *vier verschiedene reelle Nullstellen* bei $x_1 = 2$, $x_2 = -2$, $x_3 = 3$ und $x_4 = -3$. Die *Produktdarstellung* lautet daher:

$$y = (x - 2)(x + 2)(x - 3)(x + 3)$$

(4) Eine Polynomfunktion 3. Grades besitze in $x_1 = -5$ eine *doppelte* und in $x_2 = 8$ eine *einfache* Nullstelle und schneide die y-Achse bei $y(0) = 100$. Wie lautet die Gleichung der Funktion?

Lösung:

Ansatz der Funktion in der *Produktform*:

$$y = a(x + 5)(x + 5)(x - 8) = a(x + 5)^2(x - 8)$$

Der Koeffizient a wird aus dem Schnittpunkt mit der y-Achse bestimmt:

$$y(0) = 100 \quad \Rightarrow \quad 100 = a \cdot 5^2 \cdot (-8) = -200a \quad \Rightarrow \quad a = -0{,}5$$

Die gesuchte Funktion besitzt damit die Funktionsgleichung

$$y = -0{,}5(x + 5)^2(x - 8) = -0{,}5x^3 - x^2 + 27{,}5x + 100$$

(5) Die Polynomfunktion $y = 2x^3 - 6x^2 + 2x - 6$ besitzt nur eine *einfache* (reelle) Nullstelle bei $x_1 = 3$. Ihre *Produktdarstellung* lautet daher wie folgt:

$$y = 2(x - 3) \cdot f^*(x)$$

$f^*(x)$ ist dabei eine Polynomfunktion 2. Grades *ohne* (reelle) Nullstellen. Durch Polynomdivision findet man $f^*(x) = x^2 + 1$. Somit gilt:

$$y = 2x^3 - 6x^2 + 2x - 6 = 2(x - 3)(x^2 + 1)$$

■

5.5 Horner-Schema und Nullstellenberechnung einer Polynomfunktion

Das *Horner-Schema* ist ein *Rechenverfahren*, das bei der Lösung der folgenden Aufgaben wertvolle Dienste leistet:

— Berechnung der *Funktionswerte* einer Polynomfunktion

— *Nullstellenberechnung* einer Polynomfunktion durch schrittweise *Reduzierung* des Polynomgrades

Wir wollen das Verfahren am Beispiel einer Polynomfunktion 3. Grades kurz erläutern. Dividiert man die Funktion $f(x) = a_3 x^3 + a_2 x^2 + a_1 x + a_0$ durch die *lineare* Funktion $x - x_0$, wobei x_0 ein zunächst beliebiger, dann aber *fester* Wert ist, so erhält man eine Polynomfunktion *2. Grades* und eine *Restfunktion* $r(x)$:

$$\frac{f(x)}{x - x_0} = \frac{a_3 x^3 + a_2 x^2 + a_1 x + a_0}{x - x_0} = b_2 x^2 + b_1 x + b_0 + r(x) \qquad \text{(III-55)}$$

Die Koeffizienten b_2, b_1, b_0 sind dabei *eindeutig* durch die Polynomkoeffizienten a_3, a_2, a_1, a_0 und den Wert x_0 bestimmt, wie eine hier nicht durchgeführte Rechnung zeigt:

$$b_2 = a_3, \quad b_1 = a_2 + a_3 x_0, \quad b_0 = a_1 + a_2 x_0 + a_3 x_0^2 \qquad \text{(III-56)}$$

Die *Restfunktion* $r(x)$ ist *echt gebrochen* und von der Form

$$r(x) = \frac{a_0 + a_1 x_0 + a_2 x_0^2 + a_3 x_0^3}{x - x_0} = \frac{f(x_0)}{x - x_0} \qquad \text{(III-57)}$$

Man beachte, daß im Zähler genau der Funktionswert von $f(x)$ an der Stelle x_0 auftritt. Die Restfunktion $r(x)$ *verschwindet* daher, wenn x_0 eine *Polynomnullstelle* ist (dann nämlich ist $f(x_0) = 0$ und damit der ganze Bruch gleich Null). Die Koeffizienten b_2, b_1, b_0 sind in diesem Fall genau die *Koeffizienten des 1. reduzierten Polynoms*, da wir die Polynomfunktion $f(x)$ durch den *Linearfaktor* $x - x_0$ dividiert haben:

$$\frac{f(x)}{x - x_0} = \frac{a_3 x^3 + a_2 x^2 + a_1 x + a_0}{x - x_0} = \underbrace{b_2 x^2 + b_1 x + b_0}_{\text{1. reduziertes Polynom von } f(x)} \qquad \text{(III-58)}$$

Horner-Schema

Von *Horner* stammt das folgende Schema zur Berechnung der Polynomkoeffizienten b_2, b_1, b_0 und des Funktionswertes $f(x_0)$ in der Zerlegung (III-55):

	a_3	a_2	a_1	a_0
x_0		$a_3 x_0$	$(a_2 + a_3 x_0) x_0$	$(a_1 + a_2 x_0 + a_3 x_0^2) x_0$
	a_3	$a_2 + a_3 x_0$	$a_1 + a_2 x_0 + a_3 x_0^2$	$a_0 + a_1 x_0 + a_2 x_0^2 + a_3 x_0^3$
	b_2	b_1	b_0	$f(x_0)$

Anleitung zum Horner-Schema

In der 1. Zeile stehen die Polynomkoeffizienten in der Reihenfolge *fallender* Potenzen:

$$a_3, \quad a_2, \quad a_1, \quad a_0.$$

Die 2. Zeile bleibt zunächst frei. Die 3. Zeile beginnt mit dem Koeffizienten a_3, der aus der 1. Zeile übernommen wird. Dieser wird dann mit dem x-Wert x_0 multipliziert und das Ergebnis $a_3 x_0$ in die 2. Zeile unter den Koeffizienten a_2 gesetzt und zu diesem addiert. Das Ergebnis dieser Addition (also die Zahl $a_2 + a_3 x_0$) wird in der 3. Zeile unter dem Koeffizienten a_2 „gespeichert". Jetzt wird die in der 3. Zeile unterhalb von a_2 stehende Zahl $a_2 + a_3 x_0$ mit dem x-Wert x_0 multipliziert und das Ergebnis $(a_2 + a_3 x_0)\, x_0 = a_2 x_0 + a_3 x_0^2$ in die 2. Zeile unter den Koeffizienten a_1 gesetzt und schließlich zu diesem addiert. Das Ergebnis dieser Addition ist die Zahl $a_1 + a_2 x_0 + a_3 x_0^2$ und wird wieder in der 3. Zeile, diesmal unterhalb des Koeffizienten a_1 gespeichert. Sodann wird die in der 3. Zeile unterhalb von a_1 stehende Zahl $a_1 + a_2 x_0 + a_3 x_0^2$ mit dem x-Wert x_0 multipliziert und das Ergebnis in der 2. Zeile unter dem Koeffizienten a_0 gespeichert, schließlich zu diesem addiert und die neue Summe $a_0 + a_1 x_0 + a_2 x_0^2 + a_3 x_0^3$ in die 3. Zeile unterhalb des Koeffizienten a_0 gesetzt. Das Schema ist nun ausgefüllt. Die in der 3. Zeile stehenden Zahlenwerte sind der Reihe nach die Koeffizienten b_2, b_1, b_0 aus (III-55) sowie der Funktionswert $f(x_0)$.

Anmerkungen

(1) Das Horner-Schema ist sinngemäß auch auf Polynomfunktionen *höheren* Grades ($n > 3$) anwendbar (siehe nachfolgende Beispiele).

(2) *Fehlt* in der Funktionsgleichung eine Potenz, so ist der entsprechende Koeffizient im Horner-Schema gleich *Null* zu setzen!

Berechnung der Nullstellen einer Polynomfunktion mit Hilfe des Horner-Schemas

Die praktische Bedeutung des Horner-Schemas liegt in der Nullstellenberechnung von Polynomfunktionen. Zweckmäßigerweise geht man dabei wie folgt vor (bei einem Polynom 3. Grades):

Nullstellenberechnung einer Polynomfunktion mit Hilfe des Horner-Schemas

Die *Nullstellen* einer Polynomfunktion $f(x)$ vom Grade 3 lassen sich schrittweise wie folgt berechnen:

1. Zunächst versucht man durch *Probieren, Erraten* oder durch *graphische* oder auch *numerische* Rechenverfahren eine (reelle) Nullstelle x_1 zu bestimmen.

2. Ist dies gelungen, so wird mit Hilfe des *Horner-Schemas* der zugehörige Linearfaktor $x - x_1$ *abgespalten.* Man erhält automatisch die Koeffizienten des *1. reduzierten Polynoms* $f_1(x)$ vom Grade 2. Sie stehen in der *untersten* (d.h. *dritten*) Zeile des Horner-Schemas, die das folgende Aussehen hat:

$$\underbrace{b_2 \qquad b_1 \qquad b_0}_{\text{Koeffizienten des 1. reduzierten Polynoms}} \qquad \underbrace{0}_{f(x_1)} \qquad \text{3. Zeile}$$

3. Die *restlichen* Polynomnullstellen (falls überhaupt vorhanden) sind dann die Lösungen der *quadratischen* Gleichung $f_1(x) = 0$.

Bei Polynomfunktionen *4.* und *höheren Grades* erfolgt die Nullstellenberechnung analog durch *mehrmaliges* Reduzieren. Dabei wird grundsätzlich so lange reduziert, bis man auf eine Polynomfunktion *2. Grades* stößt. Die zugehörige *quadratische* Gleichung liefert dann die *restlichen* Nullstellen (sofern solche überhaupt vorhanden sind). So muß beispielsweise eine Polynomfunktion 4. Grades *zweimal* nacheinander reduziert werden:

$f(x)$, $n = 4$ → 1. Reduktion (Nullstelle x_1) → $f_1(x)$, $n = 3$ → 2. Reduktion (Nullstelle x_2) → $f_2(x)$, $n = 2$ → $f_2(x) = 0$ → Nullstellen x_3, x_4

Bezeichnungen:

$f(x)$: Polynomfunktion vom Grade 4

$f_1(x)$: 1. reduziertes Polynom vom Grade 3

$f_2(x)$: 2. reduziertes Polynom vom Grade 2

■ **Beispiele**

(1) Unter Verwendung des Horner-Schemas ist zu zeigen, daß die Polynomfunktion $y = 3x^3 + 18x^2 + 9x - 30$ an der Stelle $x_1 = -5$ eine *Nullstelle* besitzt. Wo liegen die übrigen Nullstellen? Wie lautet die Produktdarstellung der Funktion?

Lösung:

	3	18	9	−30
$x_1 = -5$		−15	−15	30
	3	3	−6	0

Koeffizienten des 1. reduzierten Polynoms (3, 3, −6); $f(-5)$ (0)

Die restlichen Nullstellen sind die Nullstellen des *1. reduzierten Polynoms* $f_1(x) = 3x^2 + 3x - 6$:

$$3x^2 + 3x - 6 = 0 \quad \Rightarrow \quad x^2 + x - 2 = 0 \quad \Rightarrow \quad x_2 = 1, \quad x_3 = -2$$

Produktdarstellung: $y = 3(x + 5)(x - 1)(x + 2)$

(2) Zerlege das Polynom $y = -x^4 + 6x^3 - 8x^2 - 6x + 9$ in Linearfaktoren.

Lösung:

Durch *Probieren* findet man eine erste Nullstelle bei $x_1 = 1$. Die Abspaltung des zugehörigen *Linearfaktors* $x - 1$ erfolgt über das Horner-Schema:

	−1	6	−8	−6	9
$x_1 = 1$		−1	5	−3	−9
	−1	5	−3	−9	0

1. reduziertes Polynom: $f_1(x) = -x^3 + 5x^2 - 3x - 9$

Eine weitere Nullstelle liegt bei $x_2 = 3$ (ebenfalls durch *Probieren* gefunden). Wir spalten den zugehörigen *Linearfaktor* $x - 3$ ab:

	−1	5	−3	−9
$x_2 = 3$		−3	6	9
	−1	2	3	0

2. reduziertes Polynom: $f_2(x) = -x^2 + 2x + 3$

Die restlichen beiden Nullstellen erhält man aus der quadratischen Gleichung

$$-x^2 + 2x + 3 = 0 \qquad \text{oder} \qquad x^2 - 2x - 3 = 0$$

Sie liegen an den Stellen $x_3 = -1$ und $x_4 = 3$. Die *Produktdarstellung* der Funktion lautet damit

$$y = -1 \cdot (x-1)(x-3)(x+1)(x-3) = -(x-1)(x+1)(x-3)^2$$

■

5.6 Interpolationspolynome

5.6.1 Allgemeine Vorbetrachtung

In den naturwissenschaftlich-technischen Anwendungen stellt sich häufig das folgende Problem:

Von einer *unbekannten* Funktion sind $n+1$ Kurvenpunkte (sog. *Stützpunkte*) bekannt:

$$P_0 = (x_0;\, y_0), \quad P_1 = (x_1;\, y_1), \quad P_2 = (x_2;\, y_2), \quad \ldots, \quad P_n = (x_n;\, y_n) \qquad \text{(III-59)}$$

Diese Punkte können beispielsweise in Form einer durch Messungen gewonnenen *Wertetabelle* vorliegen oder aber als *Meßpunkte* in einer graphischen Darstellung. Die Abszissenwerte $x_0, x_1, x_2, \ldots, x_n$ werden in diesem Zusammenhang als *Stützstellen*, ihre zugehörigen Ordinatenwerte $y_0, y_1, y_2, \ldots, y_n$ als *Stützwerte* bezeichnet. Wir suchen nun eine möglichst einfache *Ersatz-* oder *Näherungsfunktion* $y = f(x)$, die mit der unbekannten Funktion in den $n+1$ Stützstellen übereinstimmt (Bild III-62).

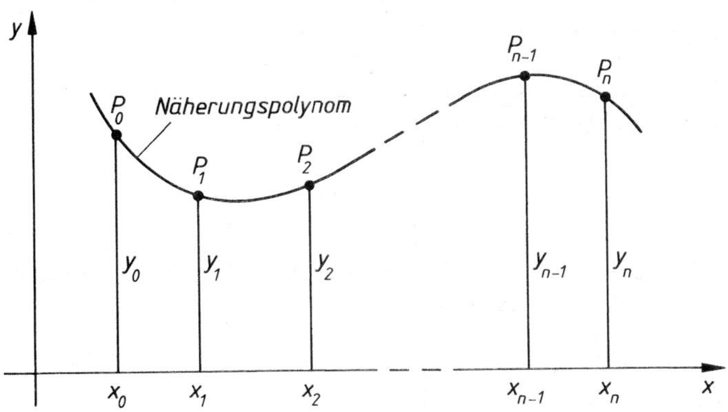

Bild III-62 Näherungspolynom für eine unbekannte Funktion durch $n+1$ vorgegebene „Stützpunkte"

Eine solche Funktion läßt sich durch den *Polynomansatz*

$$y = a_0 + a_1 x + a_2 x^2 + \ldots + a_n x^n \tag{III-60}$$

leicht gewinnen. Diese Näherungsfunktion wird als *Interpolationspolynom n-ten Grades*[3] bezeichnet, da man mit ihr näherungsweise beliebige *Zwischenwerte* der unbekannten Funktion im Intervall $x_0 \leqslant x \leqslant x_n$ berechnen kann (sog. *Interpolation*).

Prinzipiell lassen sich die Polynomkoeffizienten des Ansatzes (III-60) wie folgt bestimmen:

Man setzt der Reihe nach die Koordinaten der $n+1$ Stützpunkte $P_0, P_1, P_2, \ldots, P_n$ in den Lösungsansatz ein und erhält ein *lineares Gleichungssystem* mit $n+1$ Gleichungen und den $n+1$ Unbekannten $a_0, a_1, a_2, \ldots, a_n$:

$$\begin{aligned} a_0 + a_1 x_0 + a_2 x_0^2 + \ldots + a_n x_0^n &= y_0 \\ a_0 + a_1 x_1 + a_2 x_1^2 + \ldots + a_n x_1^n &= y_1 \\ a_0 + a_1 x_2 + a_2 x_2^2 + \ldots + a_n x_2^n &= y_2 \\ &\vdots \\ a_0 + a_1 x_n + a_2 x_n^2 + \ldots + a_n x_n^n &= y_n \end{aligned} \tag{III-61}$$

Dieses Gleichungssystem besitzt *genau eine* Lösung, wenn *sämtliche* Stützstellen $x_0, x_1, x_2, \ldots, x_n$ voneinander *verschieden* sind. Der Rechenaufwand beim Lösen dieses linearen Gleichungssystems ist jedoch *erheblich* (Gaußscher Algorithmus!). Der Lösungsansatz (III-60) ist daher in dieser Form für die Praxis *wenig geeignet.* Im nachfolgenden Abschnitt werden wir einen „*praxisfreundlicheren*" Polynomansatz kennenlernen (Interpolationspolynom von *Newton*).

5.6.2 Interpolationspolynom von Newton

Von *Newton* stammt der folgende Ansatz für ein *Interpolationspolynom n-ten Grades*:

$$\begin{aligned} y = a_0 + a_1 (x - x_0) + a_2 (x - x_0)(x - x_1) + a_3 (x - x_0)(x - x_1)(x - x_2) + \ldots \\ \ldots + a_n (x - x_0)(x - x_1)(x - x_2) \ldots (x - x_{n-1}) \end{aligned} \tag{III-62}$$

$x_0, x_1, x_2, \ldots, x_n$ sind dabei die *Stützstellen* der $n+1$ vorgegebenen Kurvenpunkte (Stützpunkte), wobei *formal* gesehen die Stützstelle x_n in der Interpolationsformel (III-62) *nicht* enthalten ist. Die Koeffizienten $a_0, a_1, a_2, \ldots, a_n$ können dabei bequem nach dem folgenden sog. *Steigungs-* oder *Differenzenschema* berechnet werden:

---

[3] Das Interpolationspolynom kann auch von *niedrigerem* Grade sein!

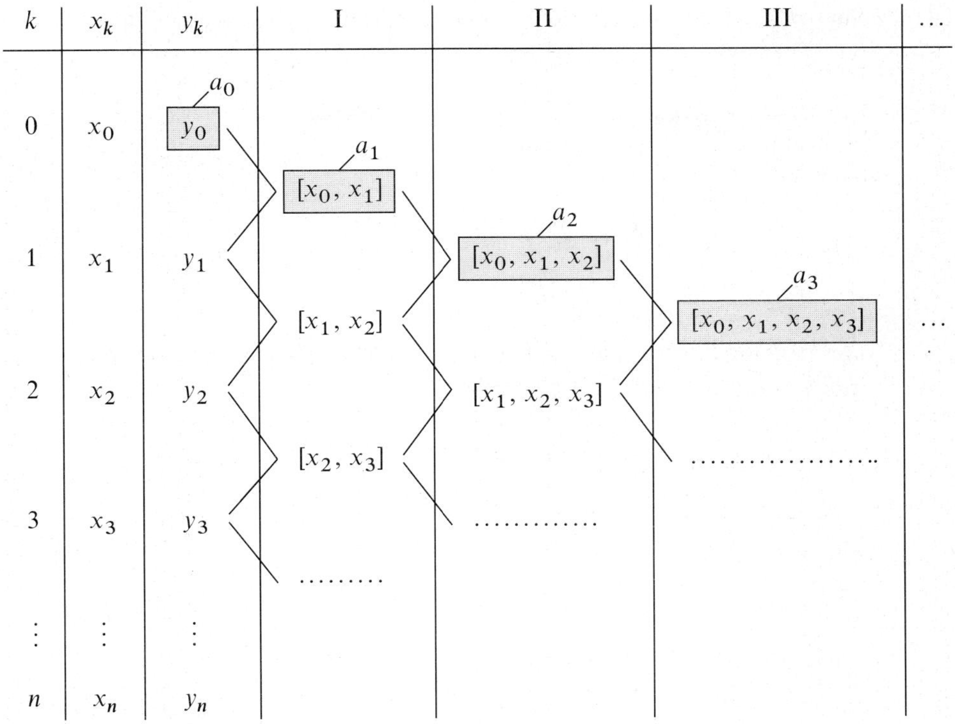

Anleitung zum Steigungs- oder Differenzenschema

Die im Rechenschema gebildeten Größen $[x_0, x_1]$, $[x_0, x_1, x_2]$, $[x_0, x_1, x_2, x_3]$, ... heißen *dividierte Differenzen 1., 2., 3., ... Ordnung*. Sie sind wie folgt definiert:

(1) Spalte I enthält die *dividierten Differenzen 1. Ordnung*, die aus *zwei* aufeinanderfolgenden Stützpunkten gebildet werden[4]:

$$[x_0, x_1] = \frac{y_0 - y_1}{x_0 - x_1}$$

$$[x_1, x_2] = \frac{y_1 - y_2}{x_1 - x_2} \qquad \text{(III-63)}$$

$$\vdots$$

[4] Es handelt sich um *Differenzenquotienten*, d.h. *Steigungswerte*. Dies erklärt auch die Bezeichnung des Rechenschemas.

(2) Spalte II enthält die *dividierten Differenzen 2. Ordnung*. Sie werden aus *drei* aufeinanderfolgenden Stützpunkten gebildet:

$$[x_0, x_1, x_2] = \frac{[x_0, x_1] - [x_1, x_2]}{x_0 - x_2}$$

$$[x_1, x_2, x_3] = \frac{[x_1, x_2] - [x_2, x_3]}{x_1 - x_3} \qquad \text{(III-64)}$$

$$\vdots$$

(3) Spalte III enthält die *dividierten Differenzen 3. Ordnung*, die aus *vier* aufeinanderfolgenden Stützpunkten gebildet werden:

$$[x_0, x_1, x_2, x_3] = \frac{[x_0, x_1, x_2] - [x_1, x_2, x_3]}{x_0 - x_3}$$

$$[x_1, x_2, x_3, x_4] = \frac{[x_1, x_2, x_3] - [x_2, x_3, x_4]}{x_1 - x_4} \qquad \text{(III-65)}$$

$$\vdots$$

Entsprechend werden die dividierten Differenzen *höherer* Ordnung gebildet.

Wir fassen zusammen:

Interpolationspolynom von Newton (Bild III-62)

Das *Newtonsche Interpolationspolynom n-ten Grades* durch $n + 1$ vorgegebene Stützpunkte $P_0 = (x_0;\ y_0)$, $P_1 = (x_1;\ y_1)$, $P_2 = (x_2;\ y_2)$, $\ldots$, $P_n = (x_n;\ y_n)$ lautet wie folgt:

$$\begin{aligned} y = a_0 &+ a_1 (x - x_0) + a_2 (x - x_0)(x - x_1) + \\ &+ a_3 (x - x_0)(x - x_1)(x - x_2) + \ldots \\ &\ldots + a_n (x - x_0)(x - x_1)(x - x_2) \ldots (x - x_{n-1}) \end{aligned} \qquad \text{(III-66)}$$

Die Berechnung der Koeffizienten $a_0, a_1, a_2, \ldots, a_n$ erfolgt dabei zweckmäßigerweise nach dem *Steigungs-* oder *Differenzenschema.*

Anmerkungen

(1) Die Interpolationsformel von *Newton* besitzt gegenüber anderen Polynomansätzen den großen *Vorteil*, daß die Anzahl der Stützpunkte *vergrößert* (oder auch verkleinert) werden kann, *ohne* daß man die Koeffizienten neu berechnen muß. Das Steigungs- oder Differenzenschema ist nur entsprechend zu *ergänzen.*

(2) Ein Nachteil *aller* Polynomansätze ist die „*Welligkeit*" der Näherungsfunktionen. Denn ein Polynom n-ten Grades besitzt bis zu $n-1$ *relative Extremwerte.*

(3) Die *Newtonsche* Interpolationsformel (III-66) wird häufig auch dann angewendet, wenn die Funktionsgleichung zwar *bekannt*, jedoch zu *kompliziert* ist. Man berechnet dann einige Kurvenpunkte und nimmt diese als Stützpunkte des Interpolationspolynoms.

■ **Beispiel**

Das Ergebnis einer Meßreihe liege in Form der folgenden Wertetabelle vor:

k	0	1	2	3
x_k	0	2	5	7
y_k	-12	16	28	-54

Der *Lösungsansatz* lautet (das Interpolationspolynom durch die *vier* vorgegebenen Stützpunkte ist von *höchstens* 3. Grade):

$$y = a_0 + a_1(x - x_0) + a_2(x - x_0)(x - x_1) + a_3(x - x_0)(x - x_1)(x - x_2)$$

Die Berechnung der Koeffizienten a_0, a_1, a_2 und a_3 erfolgt nach dem folgenden *Steigungs-* oder *Differenzenschema*:

k	x_k	y_k	I	II	III
0	0	$\boxed{-12}$ (a_0)			
			$\boxed{14}$ (a_1)		
1	2	16		$\boxed{-2}$ (a_2)	
			4		$\boxed{-1}$ (a_3)
2	5	28		-9	
			-41		
3	7	-54			

Die Koeffizienten lauten somit:

$$a_0 = -12, \quad a_1 = 14, \quad a_2 = -2, \quad a_3 = -1$$

Damit erhalten wir das folgende *Interpolationspolynom*:

$$y = -12 + 14(x-0) - 2(x-0)(x-2) - 1(x-0)(x-2)(x-5) =$$
$$= -x^3 + 5x^2 + 8x - 12$$

■

5.7 Ein Anwendungsbeispiel: Biegelinie eines Balkens

Wir wenden uns einem einfachen Beispiel aus der *Festigkeitslehre* zu: Ein homogener Balken der Länge l mit konstanter Querschnittsfläche wird *einseitig* fest eingespannt und am freien Ende durch eine Kraft F auf *Biegung* beansprucht (Bild III-63):

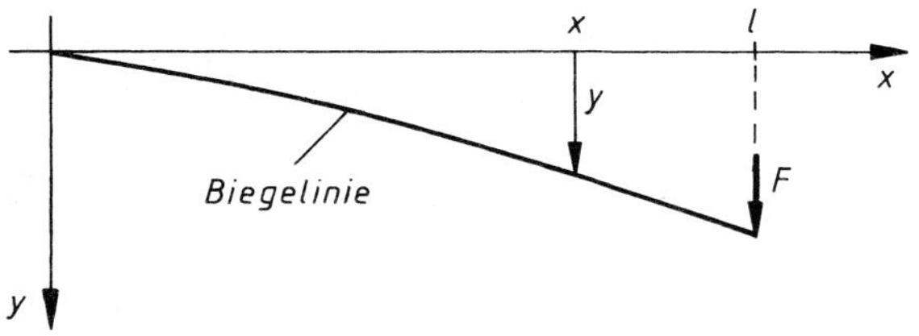

Bild III-63 Biegelinie eines einseitig eingespannten Balkens, der am freien Ende durch eine Kraft F belastet wird

Die Durchbiegung y des Balkens ist dabei von Ort zu Ort (x) *verschieden*, d.h. eine Funktion $y = y(x)$ der Ortskoordinate x. Man bezeichnet diese Funktion als *Biegelinie* oder *elastische Linie*. Sie ist die Funktionsgleichung der *neutralen Faser*. In unserem Beispiel wird die Biegelinie durch die folgende Polynomfunktion 3. Grades beschrieben:

$$y = y(x) = \frac{F}{2EI}\left(lx^2 - \frac{1}{3}x^3\right) \qquad (0 \leqslant x \leqslant l) \qquad \text{(III-67)}$$

(E: Elastizitätsmodul; I: Flächenmoment des Balkenquerschnitts). In den Anwendungen der Differentialrechnung (Kap. IV) und der Integralrechnung (Kap. V) kommen wir auf dieses Beispiel nochmals zurück.

6 Gebrochenrationale Funktionen

6.1 Definition einer gebrochenrationalen Funktion

Definition: Funktionen, die als *Quotient* zweier Polynomfunktionen (ganzrationaler Funktionen) $g(x)$ und $h(x)$ darstellbar sind, heißen *gebrochenrationale* Funktionen:

$$y = \frac{g(x)}{h(x)} = \frac{a_m x^m + a_{m-1} x^{m-1} + \ldots + a_1 x + a_0}{b_n x^n + b_{n-1} x^{n-1} + \ldots + b_1 x + b_0} \qquad \text{(III-68)}$$

Eine *gebrochenrationale* Funktion ist für jedes $x \in \mathbb{R}$ definiert *mit Ausnahme der Nullstellen des Nennerpolynoms*. Man unterscheidet noch zwischen *echt* und *unecht* gebrochenrationalen Funktionen:

$n > m$: *Echt* gebrochenrationale Funktion

$n \leqslant m$: *Unecht* gebrochenrationale Funktion

Merkregel: Ist der Polynomgrad im Nenner *größer* als im Zähler, so ist die Funktion *echt* gebrochenrational, in allen anderen Fällen jedoch *unecht* gebrochenrational.

■ **Beispiele**

(1) Zu den *echt* gebrochenrationalen Funktionen zählen alle *Potenzfunktionen* mit einem *negativen* ganzzahligen Exponenten:

$$y = x^{-n} = \frac{1}{x^n} \qquad (n \in \mathbb{N}^*)$$

Die ersten Vertreter sind die Funktionen $y = \dfrac{1}{x}$ und $y = \dfrac{1}{x^2}$.

(2) *Echt* gebrochenrational sind auch folgende Funktionen (die *höchste* Potenz tritt jeweils im *Nennerpolynom* auf):

$$y = \frac{x^2 - 3x + 2}{x^3 - 4x + 1}, \qquad y = \frac{x - 1}{(x + 2)(x + 5)}, \qquad y = \frac{4x}{x^4 - 1}$$

(3) *Unecht* gebrochenrationale Funktionen sind dagegen:

$$y = \frac{x^2 - 1}{x^2 + 1} \qquad \text{(Zähler- und Nennerpolynom besitzen den } \textit{gleichen} \text{ Grad)}$$

$$y = \frac{4x^4 - 2x + 5}{x^2 - 3x - 10} \qquad \text{(Das Zählerpolynom ist von } \textit{höherem} \text{ Grade)}$$

■

6.2 Nullstellen, Definitionslücken, Pole

Eine gebrochenrationale Funktion besitzt überall dort eine *Nullstelle* x_0, wo das Zählerpolynom $g(x)$ den Wert *Null*, das Nennerpolynom $h(x)$ jedoch einen *von Null verschiedenen* Wert annimmt:

$$\textit{Nullstelle } x_0: \quad g(x_0) = 0 \quad \textit{und} \quad h(x_0) \neq 0 \qquad \text{(III-69)}$$

■ **Beispiel**

Wir berechnen die *Nullstellen* der Funktion $y = \dfrac{x^2 - 1}{x^2 + 1}$:

$$\frac{x^2 - 1}{x^2 + 1} = 0 \quad \Rightarrow \quad x^2 - 1 = 0 \quad \Rightarrow \quad x_{1/2} = \pm 1$$

(der Nenner $x^2 + 1$ ist für jedes x *ungleich* Null). Sie liegen an den Stellen $x_1 = 1$ und $x_2 = -1$.

■

In den Nullstellen des Nennerpolynoms ist eine gebrochenrationale Funktion *nicht definiert*, da die Division durch die Zahl Null nicht erlaubt ist. Stellen dieser Art werden daher folgerichtig als *Definitionslücken* der Funktion bezeichnet. Eine gebrochenrationale Funktion vom Typ (III-68) besitzt daher *höchstens n* Definitionslücken. So ist beispielsweise die echt gebrochenrationale Funktion $y = 1/x$ an der Stelle $x_0 = 0$ *nicht* definiert. In der unmittelbaren Umgebung dieser Stelle zeigt die Funktion jedoch ein charakteristisches Verhalten: Bei Annäherung von der linken Seite her werden die Funktionswerte *kleiner* als jede noch so *kleine* Zahl, bei Annäherung von rechts her *wachsen* die Funktionswerte über *jede* Grenze hinaus (Bild III-64). Definitionslücken dieser Art werden als *Pole* oder *Unendlichkeitsstellen* bezeichnet.

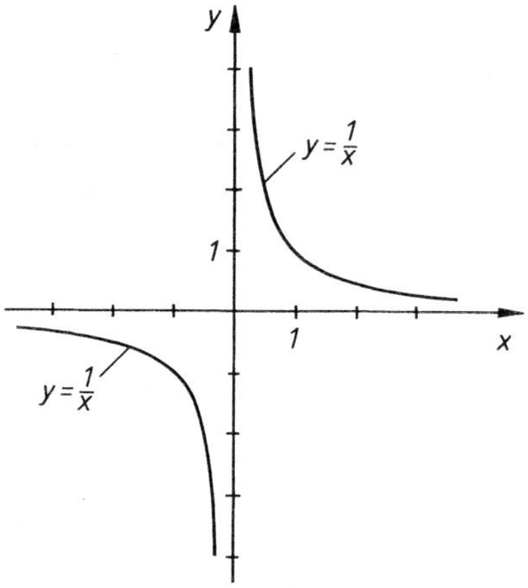

Bild III-64
Funktionsgraph von $y = 1/x$

Wir definieren daher:

> **Definition:** Stellen, in deren unmittelbarer Umgebung die Funktionswerte über alle Grenzen hinaus *fallen* oder *wachsen*, heißen *Pole* oder *Unendlichkeitsstellen* der Funktion.

Polstellen einer gebrochenrationalen Funktion sind demnach Stellen, in denen das *Nennerpolynom* $h(x)$ *verschwindet*, das *Zählerpolynom* $g(x)$ jedoch einen *von Null verschiedenen* Wert annimmt:

$$\textit{Polstelle } x_0\colon \quad h(x_0) = 0 \quad \textit{und} \quad g(x_0) \neq 0 \tag{III-70}$$

Die Funktionskurve schmiegt sich dabei *asymptotisch* an die in der Polstelle errichtete Parallele zur y-Achse an (sog. *senkrechte Asymptote*, auch *Polgerade* genannt). Verhält sich die Funktion bei der Annäherung von beiden Seiten her *gleichartig*, so liegt ein *Pol ohne Vorzeichenwechsel* vor. Es ist dann

$$\lim_{x \to x_0} f(x) = +\infty \quad \text{oder} \quad \lim_{x \to x_0} f(x) = -\infty \tag{III-71}$$

Bei einem *Pol mit Vorzeichenwechsel* führt die Annäherung von rechts und links in *entgegengesetzte* Richtungen.

■ **Beispiele**

(1) Die Funktion $y = \frac{1}{x}$ besitzt an der Stelle $x_1 = 0$ einen Pol *mit* Vorzeichenwechsel (Bild III-64), die Funktion $y = \frac{1}{x^2}$ dagegen an der gleichen Stelle einen Pol *ohne* Vorzeichenwechsel (Bild III-65).

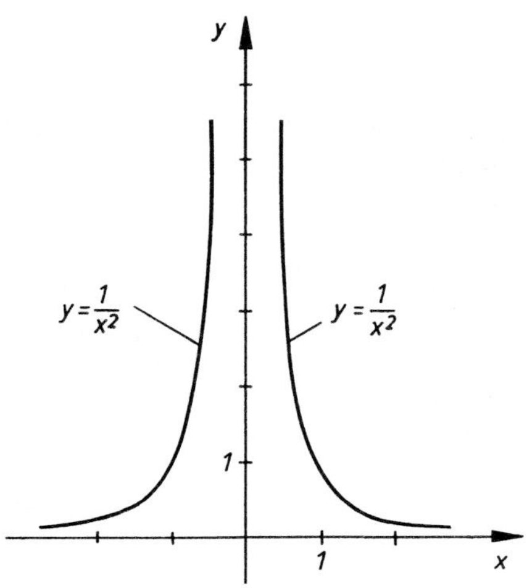

Bild III-65
Funktionsgraph von $y = 1/x^2$

(2) Die *echt* gebrochenrationale Funktion $y = \frac{x}{x^2 - 4}$ besitzt in $x_1 = 0$ eine *Nullstelle* und in $x_{2/3} = \pm 2$ jeweils einen Pol *mit Vorzeichenwechsel* (die Annäherung von links und rechts führt jeweils in *verschiedene* Richtungen, vgl. hierzu Bild III-66).

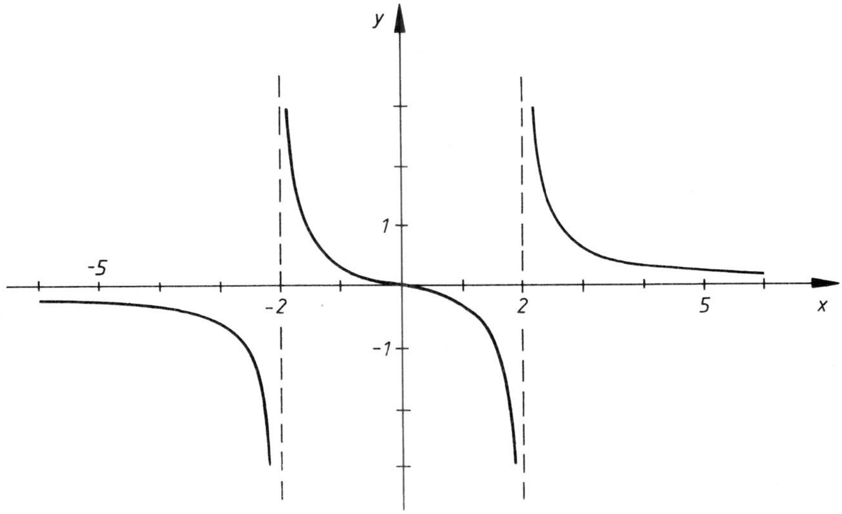

Bild III-66 Funktionsgraph von $y = \frac{x}{x^2 - 4}$ ■

Ein *Sonderfall* tritt ein, wenn Zähler- und Nennerpolynom *gemeinsame Nullstellen* besitzen. In diesem Falle verfährt man so, daß man beide Polynome in *Linearfaktoren* zerlegt und gemeinsame Faktoren, soweit vorhanden, *herauskürzt.* Auf diese Weise können u. U. Definitionslücken *behoben* und der Definitionsbereich einer gebrochenrationalen Funktion damit *erweitert* werden (vgl. hierzu das nachfolgende Beispiel).

Wir vereinbaren daher, bei der Bestimmung der *Null-* und *Polstellen* einer gebrochenrationalen Funktion wie folgt vorzugehen:

Bestimmung der Null- und Polstellen einer gebrochenrationalen Funktion

1. Man zerlege zunächst Zähler- *und* Nennerpolynom in *Linearfaktoren* und kürze (falls überhaupt vorhanden) *gemeinsame* Faktoren heraus.
2. Die im *Zähler* verbliebenen Linearfaktoren liefern dann die *Nullstellen*, die im *Nenner* verbliebenen Linearfaktoren die *Polstellen* der gebrochenrationalen Funktion.

■ **Beispiel**

$$y = \frac{2x^3 + 2x^2 - 32x + 40}{x^3 + 2x^2 - 13x + 10}$$

Zähler- und Nennerpolynom dieser *unecht* gebrochenrationalen Funktion werden zunächst in Linearfaktoren zerlegt (Horner-Schema verwenden), *gemeinsame* Linearfaktoren anschließend herausgekürzt:

$$y = \frac{2x^3 + 2x^2 - 32x + 40}{x^3 + 2x^2 - 13x + 10} = \frac{2(x-2)^2(x+5)}{(x-1)(x-2)(x+5)} \qquad (x \neq 1, 2, -5)$$

$$y = \frac{2(x-2)}{x-1} \qquad (x \neq 1)$$

Die ursprünglich vorhandenen Definitionslücken an den Stellen $x = 2$ und $x = -5$ wurden somit *behoben*! Die „neue" Funktion besitzt jetzt nur noch *eine* Definitionslücke bei $x = 1$. Die verbliebenen Linearfaktoren des *Zählers* liefern dann die *Nullstellen*, die des *Nenners* die *Polstellen* der Funktion:

Nullstelle: $x_1 = 2$

Polstelle: $x_2 = 1$ (Pol *mit* Vorzeichenwechsel)

In Bild III-67 ist der Verlauf der *„neuen"* Funktion $y = \frac{2(x-2)}{x-1}$ skizziert. Sie besitzt nur noch *eine* Definitionslücke (Polstelle) bei $x_2 = 1$.

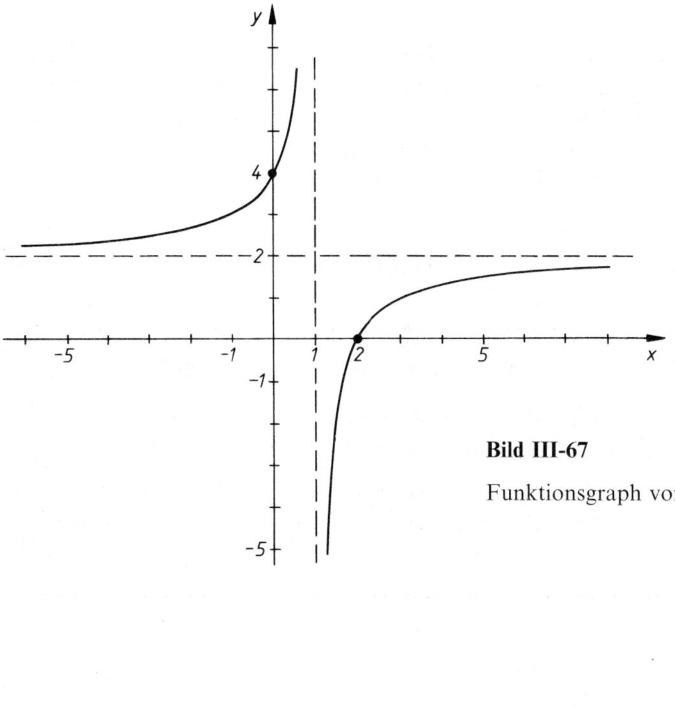

Bild III-67

Funktionsgraph von $y = \frac{2(x-2)}{x-1}$

■

6.3 Asymptotisches Verhalten einer gebrochenrationalen Funktion im Unendlichen

Eine *echt* gebrochenrationale Funktion nähert sich für große x-Werte stets *asymptotisch* der *x-Achse*, da das Nennerpolynom infolge des *höheren* Grades *schneller* wächst als das Zählerpolynom. Die Gleichung der Asymptote im Unendlichen, d.h. für $x \to \pm\infty$ lautet daher $y = 0$ (x-Achse).

■ **Beispiele**

Die *echt* gebrochenrationalen Funktionen $y = \frac{1}{x}$ (Bild III-64), $y = \frac{1}{x^2}$ (Bild III-65) und $y = \frac{x}{x^2 - 4}$ (Bild III-66) nähern sich für $x \to \pm\infty$ *asymptotisch* der *x-Achse*. ■

Bei einer *unecht* gebrochenrationalen Funktion $f(x)$ muß man wie folgt verfahren, um ihr Verhalten im *Unendlichen* beurteilen zu können: Zunächst wird die *unecht* gebrochene Funktion $f(x)$ durch *Polynomdivision* in eine *ganzrationale* Funktion (Polynomfunktion) $p(x)$ und eine *echt* gebrochene Funktion $r(x)$ zerlegt:

$$f(x) = p(x) + r(x) \qquad \text{(III-72)}$$

Diese Zerlegung ist stets möglich und eindeutig! Für $x \to \pm\infty$ verschwindet der echt gebrochenrationale Anteil der Zerlegung und die gegebene Funktion zeigt daher in diesem Bereich ein *ähnliches* Verhalten wie die Polynomfunktion $p(x)$. Diese ist somit *Asymptote im Unendlichen.*

Wir fassen die Ergebnisse dieses Abschnitts wie folgt zusammen:

Bestimmung der Asymptote einer gebrochenrationalen Funktion im Unendlichen

1. Jede *echt* gebrochenrationale Funktion nähert sich für $x \to \pm\infty$ *beliebig* der *x-Achse.* Daher ist $y = 0$ die Gleichung ihrer *Asymptote im Unendlichen.*
2. Eine *unecht* gebrochenrationale Funktion $y = f(x)$ wird zunächst durch *Polynomdivision* in eine *ganzrationale* Funktion (Polynomfunktion) $p(x)$ und eine *echt* gebrochenrationale Funktion $r(x)$ zerlegt:

$$f(x) = p(x) + r(x) \qquad \text{(III-73)}$$

Für $x \to \pm\infty$ strebt $r(x) \to 0$ und die *unecht* gebrochene Funktion $f(x)$ nähert sich *asymptotisch* der Polynomfunktion $p(x)$, d.h. $y = p(x)$ ist die Gleichung ihrer *Asymptote im Unendlichen.*

Anmerkung

Die Kurve $y = f(x) = p(x) + r(x)$ schneidet ihre Asymptote $y = p(x)$ überall dort, wo die Restfunktion $r(x)$ *verschwindet*. Diese *Schnittpunkte* werden somit aus der Gleichung $r(x) = 0$ berechnet.

■ **Beispiel**

$$y = \frac{0{,}5\,x^3 - 1{,}5\,x + 1}{x^2 + 3\,x + 2} \qquad (\textit{unecht}\ \text{gebrochenrationale Funktion})$$

Zähler- und Nennerpolynom werden in *Linearfaktoren* zerlegt, *gemeinsame* Faktoren herausgekürzt:

$$y = \frac{0{,}5\,x^3 - 1{,}5\,x + 1}{x^2 + 3\,x + 2} = \frac{0{,}5\,(x-1)^2\,(x+2)}{(x+1)\,(x+2)} \qquad (x \neq -1, -2)$$

$$y = \frac{0{,}5\,(x-1)^2}{x+1} = \frac{0{,}5\,x^2 - x + 0{,}5}{x+1} \qquad (x \neq -1)$$

Nullstellen: $x_{1/2} = 1$ (*doppelte* Nullstelle, d.h. *Extremwert*)

Polstelle: $x_3 = -1$

Die ursprüngliche Definitionslücke bei $x = -2$ wurde *behoben*, die in ihrem Definitionsbereich *nachträglich erweiterte* Funktion besitzt damit nur noch eine einzige Definitionslücke an der Stelle $x = -1$ (Pol *mit* Vorzeichenwechsel).

Wir zerlegen nun die *unecht* gebrochene Funktion durch Polynomdivision in einen *ganzrationalen* und einen *echt* gebrochenrationalen Anteil:

$$\begin{array}{l} y = (0{,}5\,x^2 - \quad x + 0{,}5) : (x+1) = 0{,}5\,x - 1{,}5 + \dfrac{2}{x+1} \\ \underline{-\,(0{,}5\,x^2 + 0{,}5\,x)\qquad\qquad} \\ \qquad\quad -\,1{,}5\,x + 0{,}5 \\ \qquad\quad \underline{-\,(-\,1{,}5\,x - 1{,}5)} \\ \qquad\qquad\qquad 2 \end{array}$$

Somit gilt:

$$y = \frac{0{,}5\,(x-1)^2}{x+1} = \frac{0{,}5\,x^2 - x + 0{,}5}{x+1} = 0{,}5\,x - 1{,}5 + \frac{2}{x+1}$$

Die Gleichung der *Asymptote im Unendlichen* lautet daher:

$$y = 0{,}5\,x - 1{,}5$$

Kurve und Asymptote besitzen *keine* Schnittpunkte, da die Restfunktion $r(x) = \dfrac{2}{x+1}$ *nirgends* verschwindet. In Bild III-68 ist der Funktionsverlauf graphisch dargestellt.

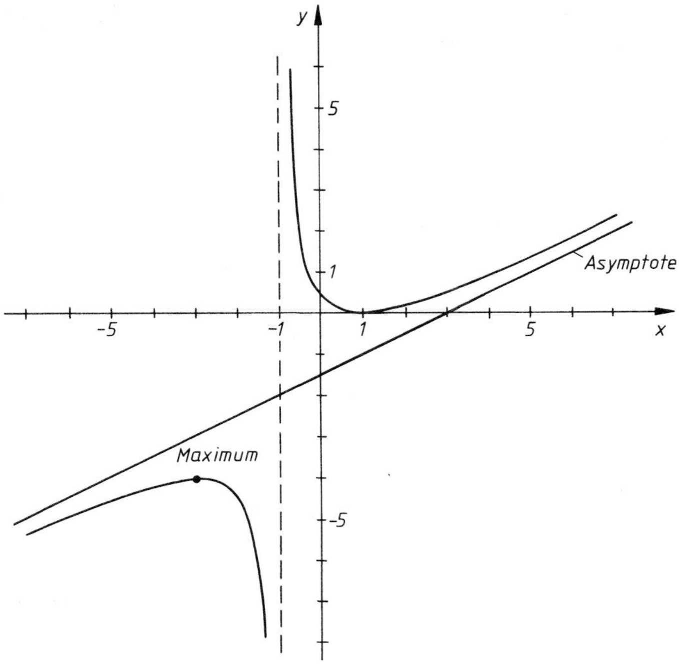

Bild III-68
Funktionsgraph von
$y = \frac{0{,}5\,(x-1)^2}{x+1}$

■

6.4 Ein Anwendungsbeispiel: Kapazität eines Kugelkondensators

Wir betrachten einen aus zwei konzentrischen, leitenden Kugelschalen mit den Radien r_1 und r_2 bestehenden *Kugelkondensator* ($r_1 < r_2$; Bild III-69). Seine Kapazität beträgt:

$$C = \frac{4\pi\varepsilon_0\varepsilon_r r_1 r_2}{r_2 - r_1} \qquad \text{(III-74)}$$

(ε_0: Elektrische Feldkonstante; ε_r: Dielektrizitätskonstante der Kondensatorfüllung). Die Differenz zwischen Außen- und Innenradius bezeichnen wir mit x:

$$x = r_2 - r_1 > 0 \qquad \text{(III-75)}$$

Die Kapazitätsformel (III-74) geht dann über in:

$$C = \frac{4\pi\varepsilon_0\varepsilon_r r_1(r_1 + x)}{x} \qquad (x > 0) \qquad \text{(III-76)}$$

Bei *fest* vorgegebenem Innenradius $r_1 = \text{const.} = R$ ist die Kapazität C nur noch von der Größe x abhängig:

$$C = C(x) = \frac{4\pi\varepsilon_0\varepsilon_r R(R + x)}{x} = 4\pi\varepsilon_0\varepsilon_r R\left(1 + \frac{R}{x}\right) \qquad (x > 0) \qquad \text{(III-77)}$$

Die Größen C und x sind über eine *unecht gebrochenrationale* Funktion miteinander verknüpft, die für $x \longrightarrow \infty$ gegen den Grenzwert

$$\lim_{x \to \infty} C(x) = \lim_{x \to \infty} 4\pi\varepsilon_0\varepsilon_r R\left(1 + \frac{R}{x}\right) = 4\pi\varepsilon_0\varepsilon_r R \qquad \text{(III-78)}$$

strebt (Bild III-70). Aus dem Kugelkondensator mit zwei konzentrischen Kugelschalen ist eine *freistehende Kugel* mit der Kapazität

$$C_{\text{Kugel}} = 4\pi\varepsilon_0\varepsilon_r R \qquad \text{(III-79)}$$

geworden.

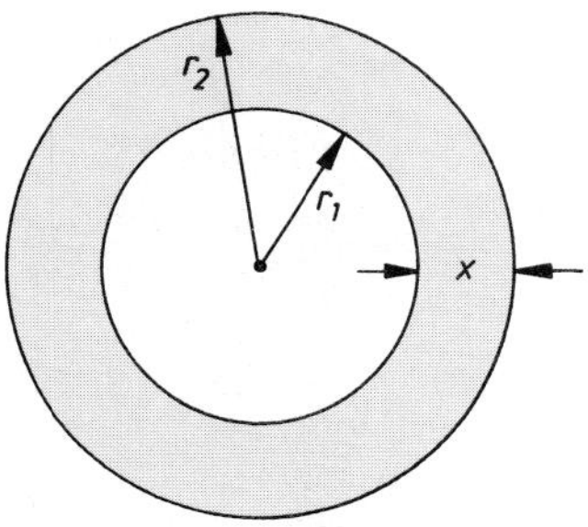

Bild III-69 Kugelkondensator

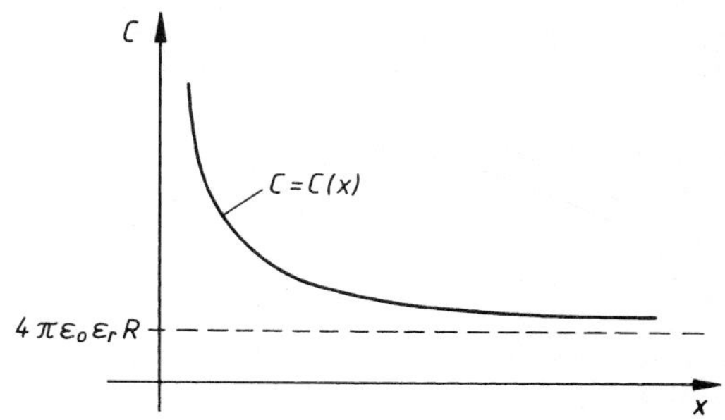

Bild III-70 Kapazität eines Kugelkondensators in Abhängigkeit vom Abstand der beiden Kugelschalen

7 Potenz- und Wurzelfunktionen

7.1 Potenzfunktionen mit ganzzahligen Exponenten

Die einfachsten *Potenzfunktionen* sind vom Typ

$$y = f(x) = x^n \qquad (n \in \mathbb{N}^*) \qquad \text{(III-80)}$$

und gehören zu den *ganzrationalen* Funktionen. Sie sind überall in $\mathbb{R}$ definiert und stetig und *abwechselnd* gerade und ungerade:

$$f(-x) = \begin{cases} f(x) & \\ & \text{für} \\ -f(x) & \end{cases} \begin{rcases} n = \text{gerade} \\ \\ n = \text{ungerade} \end{rcases} \qquad \text{(III-81)}$$

■ **Beispiele**

Bild III-71 zeigt die Graphen der *ungeraden* Potenzfunktionen $y = x$ und $y = x^3$, Bild III-72 die der *geraden* Potenzfunktionen $y = x^2$ und $y = x^4$.

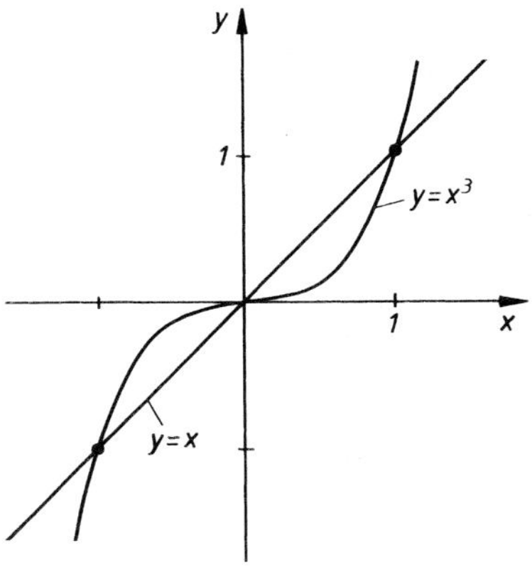

Bild III-71
Ungerade Potenzfunktionen

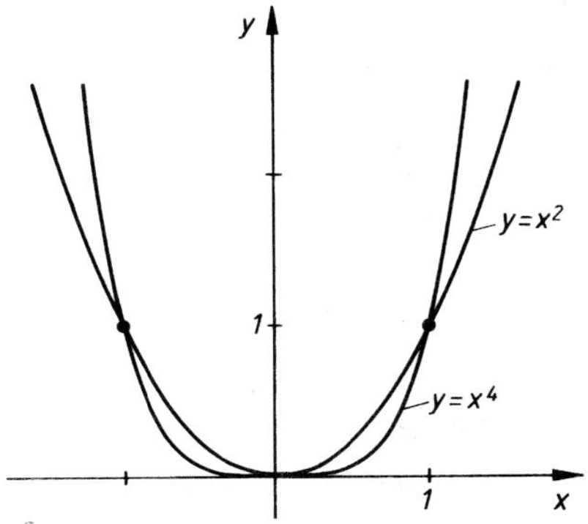

Bild III-72
Gerade Potenzfunktionen

■

Für *negativ-ganzzahlige* Exponenten erhält man *gebrochenrationale* Funktionen vom Typ

$$y = x^{-n} = \frac{1}{x^n} \qquad (n \in \mathbb{N}^*) \qquad \text{(III-82)}$$

Sie sind für jedes reelle $x \neq 0$ definiert und stetig und besitzen an der Stelle $x_0 = 0$ einen *Pol* mit oder ohne Vorzeichenwechsel, je nachdem ob n eine *ungerade* oder *gerade* Zahl ist. Für *gerades* n sind diese Potenzfunktionen *gerade*, für *ungerades* n *ungerade*.

■ **Beispiele**

Die ersten Vertreter dieser Funktionen lauten wie folgt:

$$y = x^{-1} = \frac{1}{x} \qquad (\textit{ungerade} \text{ Funktion; Bild III-73})$$

$$y = x^{-2} = \frac{1}{x^2} \qquad (\textit{gerade} \text{ Funktion; Bild III-74})$$

Beide Funktionen sind für jedes $x \neq 0$ definiert und besitzen an der Stelle $x_0 = 0$ einen Pol *mit* bzw. *ohne* Vorzeichenwechsel.

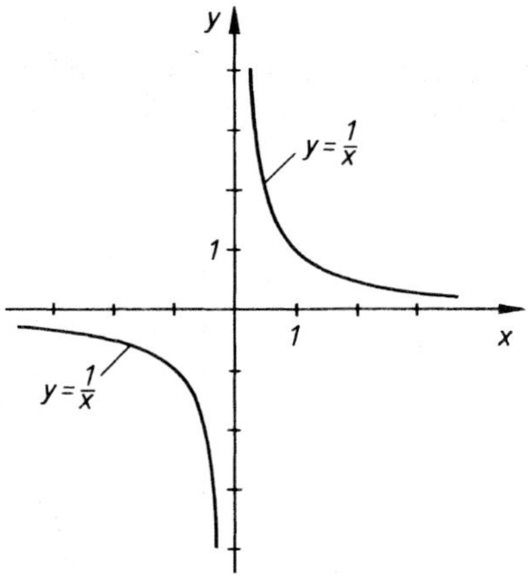

Bild III-73
Graph der Potenzfunktion $y = x^{-1} = 1/x$

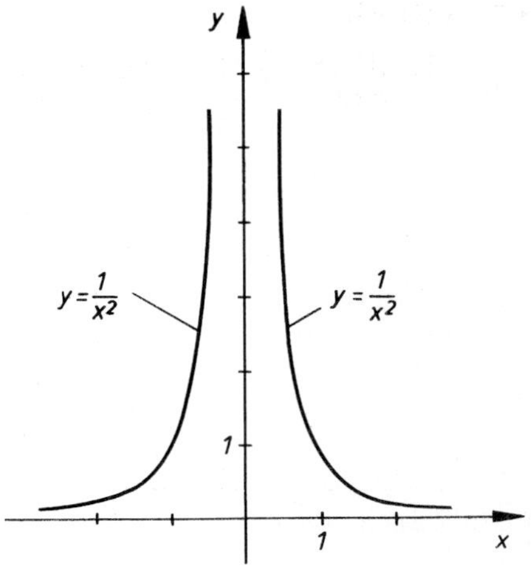

Bild III-74
Graph der Potenzfunktion $y = x^{-2} = 1/x^2$

■

7.2 Wurzelfunktionen

Bereits in Abschnitt 2.5 haben wir erkannt, daß die Potenzfunktion $y = x^2$ (*Normalparabel*) in ihrem Definitionsbereich $-\infty < x < \infty$ wegen *fehlender* Monotonie-Eigenschaft *nicht* umkehrbar ist. Beschränken wir uns jedoch auf den 1. *Quadrant*, d.h. auf das Intervall $x \geqslant 0$, so verläuft diese Funktion dort *streng monoton wachsend* und ist daher in diesem Intervall auch *umkehrbar*. Ihre *Umkehrfunktion* ist die als *Wurzelfunktion* bezeichnete Funktion

$$y = \sqrt{x} \qquad (x \geqslant 0) \tag{III-83}$$

Bild III-75 zeigt den Verlauf der „Halbparabel" und ihrer Umkehrfunktion. Aus dem gleichen Grund ist *jede* Potenzfunktion mit einem *geraden* Exponent, d.h. *jede* Potenzfunktion vom Typ $y = x^{2k}$ mit $k \in \mathbb{N}^*$ im Intervall $x \geqslant 0$ *umkehrbar*.

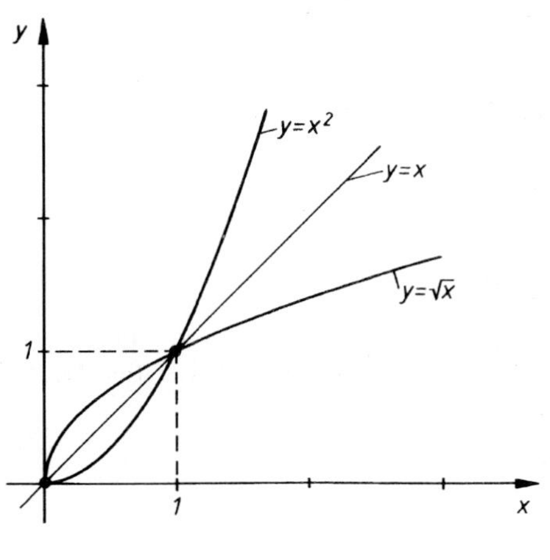

Bild III-75
Die Wurzelfunktion $y = \sqrt{x}$ als Umkehrfunktion der auf das Intervall $x \geqslant 0$ beschränkten Potenzfunktion $y = x^2$ („Halbparabel")

Wir betrachten nun die Potenzfunktion $y = x^3$ (vgl. hierzu Bild III-71). Sie verläuft in ihrem *gesamten* Definitionsbereich $-\infty < x < \infty$ *streng monoton wachsend* und ist somit dort *umkehrbar*. Ihre Umkehrfunktion müßte daher konsequenterweise mit $y = \sqrt[3]{x}$ bezeichnet werden und wäre damit eine für *alle* $x \in \mathbb{R}$ definierte Funktion. Ähnlich liegen die Verhältnisse bei den übrigen Potenzfunktionen vom Typ $y = x^{2k-1}$ mit $k \in \mathbb{N}^*$ (Potenzen mit *ungeraden* Exponenten).

Aus *systematischen* Gründen erscheint es aber sinnvoll, die *Umkehrung* der Potenzfunktionen $y = x^n$ mit $n \in \mathbb{N}^*$ auf ein *allen* Potenzen *gemeinsames* Intervall zu beschränken, in dem diese Funktionen *streng monoton* verlaufen. Ein solches Intervall ist $x \geqslant 0$. Diese Überlegungen führen zu der folgenden Definition:

Definition: Die *Umkehrfunktionen* der auf das Intervall $x \geqslant 0$ *beschränkten* Potenzfunktionen vom Typ $y = x^n$ $(n \in \mathbb{N}^*)$ heißen *Wurzelfunktionen* und sind in der Form

$$y = \sqrt[n]{x} \qquad (x \geqslant 0) \qquad \text{(III-84)}$$

darstellbar.

Anmerkungen

(1) Die Wurzelfunktionen sind *streng monoton wachsende* Funktionen.

(2) Die Definition des Begriffs „*Wurzelfunktion*" erfolgt in der mathematischen Literatur keineswegs einheitlich. Nach unserer Definition (III-84) sind die Wurzelfunktionen nur für *positive* Argumente, d.h. für $x \geqslant 0$ erklärt.

■ **Beispiele**

(1) Die *Umkehrfunktion* der auf das Intervall $x \geqslant 0$ beschränkten Normalparabel $y = x^2$ ist die für $x \geqslant 0$ definierte *Wurzelfunktion* $y = \sqrt[2]{x} \equiv \sqrt{x}$ (Bild III-75).

(2) Die *kubische Parabel* $y = x^3$ verläuft in ihrem Definitionsbereich $-\infty < x < \infty$ *streng monoton wachsend*, ist dort also *umkehrbar*. Wie lautet ihre *Umkehrfunktion*?

Lösung:

Die Wurzelfunktion $y = \sqrt[3]{x}$ $(x \geqslant 0)$ ist *definitionsgemäß* die Umkehrfunktion der auf den *1. Quadrant* beschränkten kubischen Parabel. Die Funktionsgleichung der Umkehrfunktion von $y = x^3$ für $x < 0$ lautet:

$$y = -\sqrt[3]{-x} = -\sqrt[3]{|x|} \qquad (x < 0)$$

Insgesamt erhält man damit im Intervall $-\infty < x < \infty$ die folgende Darstellung für die gesuchte *Umkehrfunktion* der kubischen Parabel (Bild III-76):

$$y = f(x) = \left\{ \begin{array}{ccc} \sqrt[3]{x} & & x \geqslant 0 \\ & \text{für} & \\ -\sqrt[3]{-x} & & x < 0 \end{array} \right\}$$

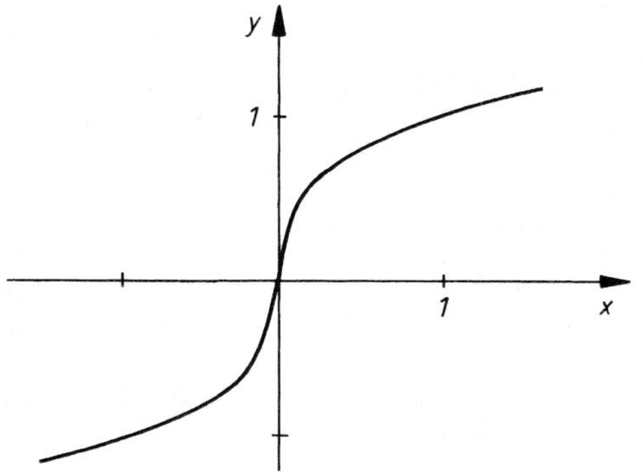

Bild III-76
Umkehrfunktion der kubischen Parabel $y = x^3$

Berechnung einiger Funktionswerte:

$$f(125) = \sqrt[3]{125} = 5$$

$$f(-1) = -\sqrt[3]{|-1|} = -\sqrt[3]{1} = -(1) = -1$$

$$f(-82{,}5) = -\sqrt[3]{|-82{,}5|} = -\sqrt[3]{82{,}5} = -(4{,}3533) = -4{,}3533$$

■

7.3 Potenzfunktionen mit rationalen Exponenten

Unter Verwendung der für alle $x \geqslant 0$ definierten *Wurzelfunktionen* sind wir jetzt in der Lage, den Begriff der *Potenzfunktion* auch auf *rationale* Exponenten auszudehnen:

Definition: Unter einer *Potenzfunktion* mit dem *rationalen* Exponenten $\frac{m}{n}$ verstehen wir die Funktion

$$y = f(x) = x^{\frac{m}{n}} = \sqrt[n]{x^m} \qquad (x > 0) \qquad \text{(III-85)}$$

$(m \in \mathbb{Z},\ n \in \mathbb{N}^*)$.

Die *Potenzfunktion* $y = x^{m/n}$ ist also definitionsgemäß die n-te Wurzel aus der Potenz x^m. Man beachte, daß diese Funktion zunächst nur für $x > 0$ erklärt ist. Für *positive* Exponenten läßt sich jedoch der Definitionsbereich auf das Intervall $x \geqslant 0$ erweitern.

Die *Wurzelfunktionen* $y = \sqrt[n]{x}$ $(x \geqslant 0)$ sind auch als *Potenzfunktionen* mit *rationalem* Exponenten wie folgt darstellbar:

$$y = \sqrt[n]{x} = \sqrt[n]{x^1} = x^{1/n} \qquad (x \geqslant 0) \tag{III-86}$$

Anmerkungen

(1) Der Begriff der *Potenzfunktion* läßt sich auch auf *reelle* Exponenten a ausdehnen. Man setzt in diesem Falle

$$y = x^a = \mathrm{e}^{\ln x^a} = \mathrm{e}^{a \cdot \ln x} \qquad (x > 0) \tag{III-87}$$

Dies erklärt auch, warum der Definitionsbereich einer allgemeinen Potenzfunktion auf das Intervall $x > 0$ beschränkt werden muß[5].

(2) Die Potenzfunktionen sind für *positive* Exponenten *streng monoton wachsend*, für *negative* Exponenten dagegen *streng monoton fallend* (vgl. hierzu auch die beiden nachfolgenden Beispiele).

■ **Beispiele**

(1) Die für $x \geqslant 0$ definierte *streng monoton wachsende* Potenzfunktion

$$x = x^{\frac{2}{3}} = \sqrt[3]{x^2}$$

besitzt den in Bild III-77 dargestellten Verlauf.

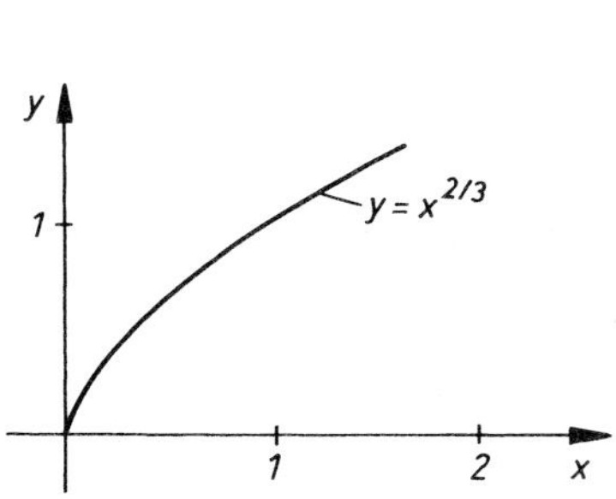

Bild III-77 Graph der Potenzfunktion $y = x^{2/3}$ $(x \geqslant 0)$

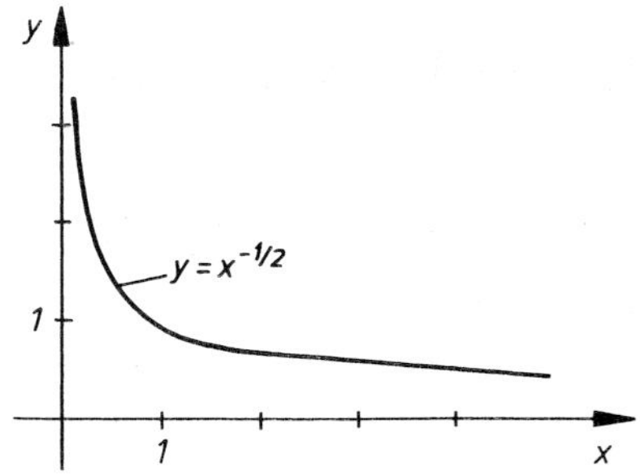

Bild III-78 Graph der Potenzfunktion $y = x^{-1/2}$ $(x > 0)$

[5] $\ln x$ ist der *„natürliche Logarithmus"* von x und nur für $x > 0$ definiert. In Abschnitt 12 wird diese wichtige Funktion ausführlich behandelt.

(2) Die für $x > 0$ erklärte und *streng monoton fallende* Potenzfunktion

$$y = x^{-1/2} = \frac{1}{x^{1/2}} = \frac{1}{\sqrt{x}}$$

ist in Bild III-78 graphisch dargestellt.

■

7.4 Ein Anwendungsbeispiel: Beschleunigung eines Elektrons in einem elektrischen Feld

Ein Elektron erfährt in einem elektrischen Feld der konstanten Feldstärke E die Kraft $F = eE$ *entgegen* der Feldrichtung (e: Elementarladung). Es wird daher beschleunigt und nimmt dabei kinetische Energie auf. Die vom Feld verrichtete Arbeit beträgt $W = eU$, wobei U die vom Elektron durchlaufene Spannung ist. Nach dem Energiesatz gilt dann:

$$\frac{1}{2} m_0 v^2 = eU \qquad \text{(III-88)}$$

(m_0: Ruhemasse des Elektrons; v: Geschwindigkeit des Elektrons). Das Elektron erreicht damit nach Durchlaufen der Spannung U die Endgeschwindigkeit

$$v = \sqrt{2 \frac{e}{m_0} U} = \sqrt{2 \frac{e}{m_0}} \cdot \sqrt{U} = \text{const.} \cdot \sqrt{U} \qquad \text{(III-89)}$$

Die Größen v und U sind demnach über eine *Wurzelfunktion* miteinander verknüpft.

8 Algebraische Funktionen

8.1 Definition einer algebraischen Funktion

Algebraische Funktionen sind Lösungen einer *algebraischen Gleichung n-ten Grades*[6)] in der Variablen y vom allgemeinen Typ

$$a_n(x) \cdot y^n + a_{n-1}(x) \cdot y^{n-1} + \ldots + a_1(x) \cdot y + a_0(x) = 0 \qquad \text{(III-90)}$$

Die in dieser Gleichung auftretenden *Koeffizientenfunktionen* $a_k(x)$ mit $k = 0, 1, \ldots, n$ sind dabei irgendwelche *Polynome* der Variablen x.

---

6) *Algebraisch* heißt eine Gleichung, wenn die in ihr auftretenden Größen *ausschließlich* durch die vier *Grundrechenoperationen* miteinander verknüpft sind.

Definition: *Jede* Funktion, die als Lösung einer *algebraischen* Gleichung vom Typ (III-90) auftritt, heißt eine *algebraische Funktion.*

Zu den *algebraischen Funktionen* zählen beispielsweise die *ganzrationalen Funktionen* (*Polynomfunktionen*) und die *gebrochenrationalen Funktionen.* Sie werden unter dem Begriff *rationale Funktionen* zusammengefaßt.

■ **Beispiele**

(1) Die Lösung der algebraischen Gleichung 1. Grades

$$2y + 4x^2 - 3x - 10 = 0$$

ist die *ganzrationale* Funktion

$$y = -2x^2 + 1{,}5x + 5$$

(2) Durch Auflösen der *algebraischen* Gleichung 1. Grades

$$(x^2 + 1)\, y - 2x = 0$$

nach der Variablen y erhält man die *gebrochenrationale* Funktion

$$y = \frac{2x}{x^2 + 1}$$

■

Neben den *rationalen* Funktionen können beispielsweise auch *Wurzelfunktionen* als Lösungen einer *algebraischen* Gleichung auftreten, wie das folgende Beispiel zeigen wird.

■ **Beispiel**

Durch Auflösen der algebraischen Gleichung 2. Grades $y^2 - x = 0$ nach y erhält man die beiden *Wurzelfunktionen* $y = \pm\sqrt{x},\ x \geqslant 0.$

■

Alle *nicht-rationalen* Funktionen, die als Lösungen einer *algebraischen* Gleichung auftreten, werden als *irrationale algebraische* Funktionen bezeichnet. Zu ihnen gehören u.a. die *Wurzelfunktionen* $y = \sqrt[n]{x}$ und die *Potenzfunktionen* $y = x^{m/n}$, aber auch Funktionen, die man beispielsweise durch Auflösung einer *Kegelschnittgleichung* erhält[7)].

[7)] Zu den *Kegelschnitten* zählen: Kreis, Ellipse, Hyperbel und Parabel. Sie werden im folgenden Abschnitt 8.2 ausführlich behandelt.

8.2 Gleichungen der Kegelschnitte

8.2.1 Darstellung eines Kegelschnitts durch eine algebraische Gleichung 2. Grades

Die durch den *Schnitt* eines geraden *Kreiskegels* mit einer *Ebene* entstehenden (ebenen) Kurven werden unter der Bezeichnung *Kegelschnitte* zusammengefaßt. Zu ihnen gehören *Kreis, Ellipse, Hyperbel* und *Parabel.* Ihre Definitionsgleichungen sind *algebraische Gleichungen 2. Grades* vom allgemeinen Typ

$$Ax^2 + By^2 + Cx + Dy + E = 0 \qquad (A^2 + B^2 \neq 0) \qquad \text{(III-91)}$$

wobei die *Symmetrieachsen* der Kegelschnitte *parallel* zu den Koordinatenachsen verlaufen. Über die *Art* und *Lage* des Kegelschnittes entscheiden ausschließlich die *konstanten* Koeffizienten A, B, C, D und E in der Gleichung (III-91).

Im einzelnen gilt dabei (sog. *Entartungsfälle* eingeschlossen):

Kriterium zur Feststellung der Art eines Kegelschnittes

Kegelschnitte (Kreis, Ellipse, Hyperbel und Parabel) mit *achsenparallelen* Symmetrieachsen lassen sich in einem kartesischen x, y-Koordinatensystem durch *algebraische Gleichungen 2. Grades* vom Typ

$$Ax^2 + By^2 + Cx + Dy + E = 0 \qquad (A^2 + B^2 \neq 0) \qquad \text{(III-92)}$$

beschreiben, wobei die konstanten Koeffizienten dieser Gleichung wie folgt über die *Art* eines Kegelschnittes entscheiden:

Kreis: $A = B$

Ellipse: $A \cdot B > 0, \quad A \neq B$

Hyperbel: $A \cdot B < 0$

Parabel: $A = 0, \quad B \neq 0$ oder $B = 0, \quad A \neq 0$

In den folgenden Abschnitten geben wir zunächst einen kurzen *Überblick* über die Gleichungen der einzelnen Kegelschnitte (Mittelpunktsgleichung bzw. Scheitelgleichung, Hauptform, Funktionsgleichungen). Dann zeigen wir anhand von konkreten Beispielen, wie man *Art* und *Lage* eines Kegelschnittes bestimmt.

Zusätzliche Informationen über die Kegelschnitte findet der Leser in der *Mathematischen Formelsammlung für Ingenieure und Naturwissenschaftler.*

8.2.2 Gleichungen eines Kreises

Der *Kreis* ist definitionsgemäß der geometrische Ort aller (ebenen) Punkte P, die von einem *festen* Punkt, dem *Kreismittelpunkt* M, den *gleichen* Abstand r (*Radius* genannt) besitzen (Bild III-79):

$$\overline{MP} = \text{const.} = r \qquad \text{(III-93)}$$

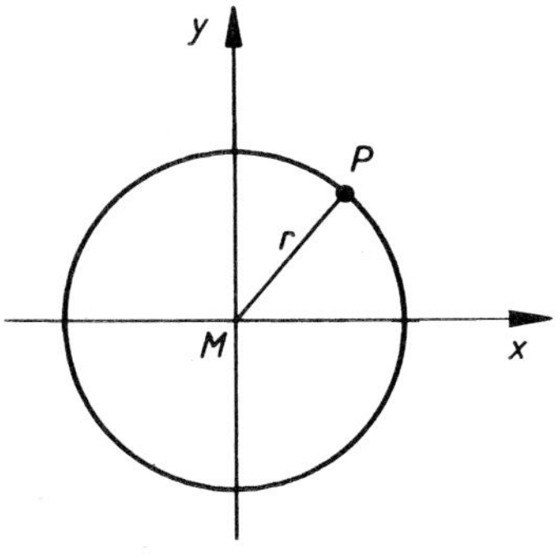

Bild III-79
Zur geometrischen Definition eines Kreises

Gleichungen eines Kreises

M: Mittelpunkt des Kreises; r: Radius

Mittelpunktsgleichung (Bild III-80):

$$x^2 + y^2 = r^2 \qquad M = (0;\, 0) \qquad \text{(III-94)}$$

$$y = \pm\sqrt{r^2 - x^2} \qquad (-r \leqslant x \leqslant r) \qquad \text{(III-95)}$$

(Oberer und unterer Halbkreis)

Hauptform der Kreisgleichung (Bild III-81):

$$(x - x_0)^2 + (y - y_0)^2 = r^2 \qquad M = (x_0;\, y_0) \qquad \text{(III-96)}$$

$$y = y_0 \pm \sqrt{r^2 - (x - x_0)^2} \qquad (x_0 - r \leqslant x \leqslant x_0 + r) \qquad \text{(III-97)}$$

(Oberer und unterer Halbkreis)

Anmerkungen

(1) Der Mittelpunktskreis wird auch als *Ursprungskreis* bezeichnet.

(2) *Jede* durch den Mittelpunkt M gehende Gerade (Durchmesser) ist zugleich auch *Symmetrieachse*.

(3) Der *verschobene* Kreis läßt sich stets durch eine Koordinatentransformation (Parallelverschiebung des Koordinatensystems) auf den *Mittelpunktskreis* zurückführen. Als neuen Koordinatenursprung wählt man dabei den *Kreismittelpunkt* M. In Bild III-81 sind die neuen Koordinatenachsen durch *Strichelung* angedeutet.

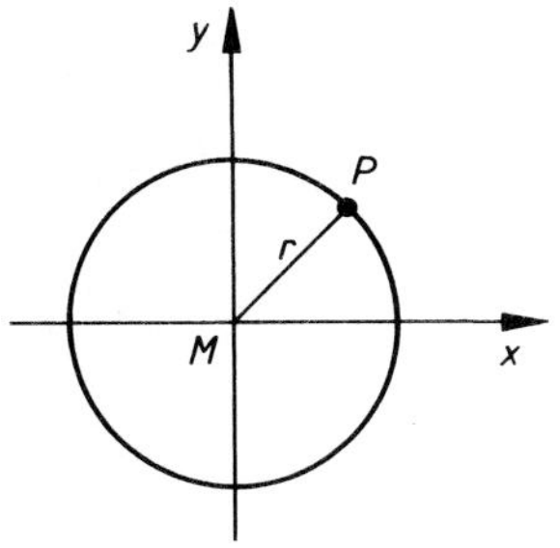

Bild III-80 Mittelpunktskreis

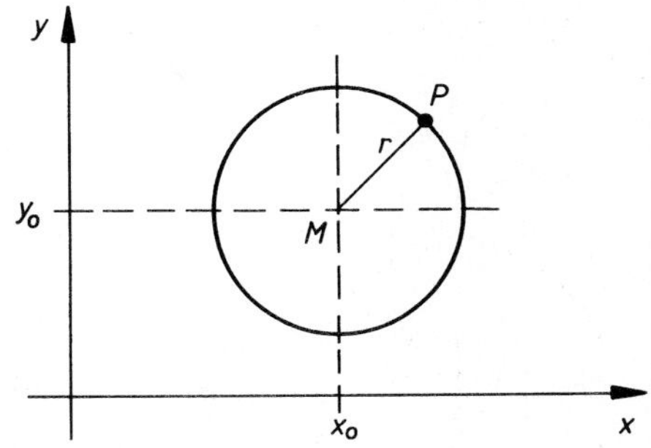

Bild III-81 Zur Hauptform der Kreisgleichung (verschobener Kreis)

8.2.3 Gleichungen einer Ellipse

Die *Ellipse* ist definitionsgemäß die Menge aller (ebenen) Punkte P, für die die *Summe* der Entfernungen von zwei festen Punkten, den sog. *Brennpunkten* F_1 und F_2, *konstant* ist (Bild III-82):

$$\overline{F_1 P} + \overline{F_2 P} = \text{const.} = 2a \qquad \text{(III-98)}$$

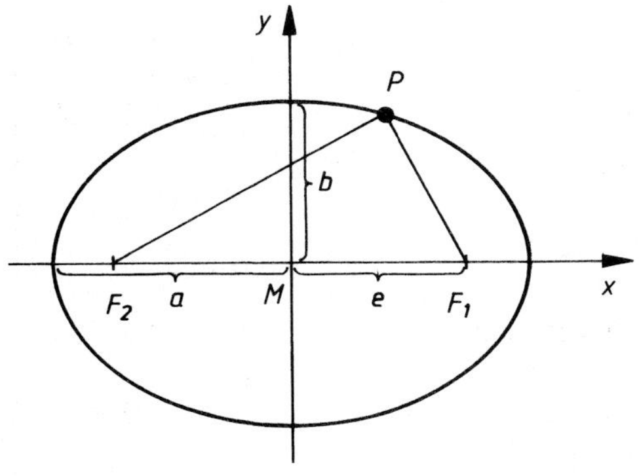

Bild III-82
Zur geometrischen Definition einer Ellipse

Bezeichnungen (*Bild III-82*):

M: Mittelpunkt

F_1, F_2: Brennpunkte

a: Große Halbachse

b: Kleine Halbachse

e: Brennweite

$$\left.\begin{array}{l} a \\ b \\ e \end{array}\right\} \quad a^2 = e^2 + b^2$$

Gleichungen einer Ellipse

M: Mittelpunkt; a: Große Halbachse; b: Kleine Halbachse

Mittelpunktsgleichung (Bild III-83):

$$\frac{x^2}{a^2} + \frac{y^2}{b^2} = 1 \quad \text{oder} \quad b^2 x^2 + a^2 y^2 = a^2 b^2 \qquad M = (0;\, 0) \tag{III-99}$$

$$y = \pm \frac{b}{a} \sqrt{a^2 - x^2} \qquad (-a \leqslant x \leqslant a) \tag{III-100}$$

(Oberer und unterer Teil der Ellipse)

Hauptform der Ellipsengleichung (Bild III-84):

$$\frac{(x - x_0)^2}{a^2} + \frac{(y - y_0)^2}{b^2} = 1 \qquad M = (x_0;\, y_0) \tag{III-101}$$

$$y = y_0 \pm \frac{b}{a} \sqrt{a^2 - (x - x_0)^2} \qquad (x_0 - a \leqslant x \leqslant x_0 + a) \tag{III-102}$$

(Oberer und unterer Teil der Ellipse)

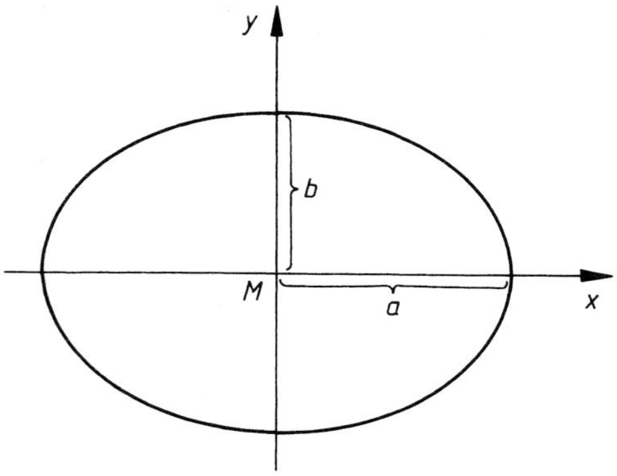

Bild III-83 Mittelpunktsellipse

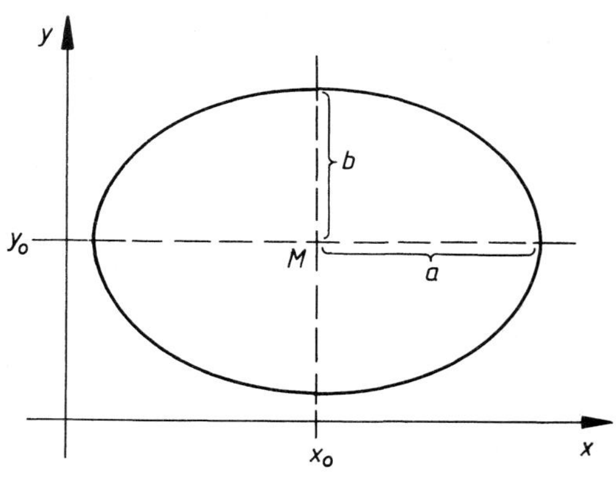

Bild III-84 Zur Hauptform der Ellipsengleichung (verschobene Ellipse)

Anmerkungen

(1) Die Mittelpunktsellipse wird auch als *Ursprungsellipse* bezeichnet.

(2) Die durch den Mittelpunkt M gehenden Parallelen zu den Koordinatenachsen sind zugleich auch die (einzigen) *Symmetrieachsen.*

(3) Die *verschobene* Ellipse läßt sich stets durch eine Koordinatentransformation (Parallelverschiebung des Koordinatensystems) auf die *Mittelpunktsellipse* zurückführen. Man wählt dabei den *Ellipsenmittelpunkt* M als neuen Koordinatenursprung. In Bild III-84 sind die neuen Koordinatenachsen durch *Strichelung* angedeutet.

(4) Für den *Sonderfall* $a = b$ erhält man einen *Kreis* mit dem Radius $r = a$.

(5) Eine Ellipse läßt sich aus den vier *Scheitelpunkten* (Schnittpunkte mit den beiden Symmetrieachsen) leicht skizzieren.

8.2.4 Gleichungen einer Hyperbel

Die *Hyperbel* ist die Menge aller (ebenen) Punkte P, für die die *Differenz* der Entfernungen von zwei festen Punkten, den *Brennpunkten* F_1 und F_2, *konstant* ist (Bild III-85):

$$|\overline{F_1 P} - \overline{F_2 P}| = \text{const.} = 2a \qquad \text{(III-103)}$$

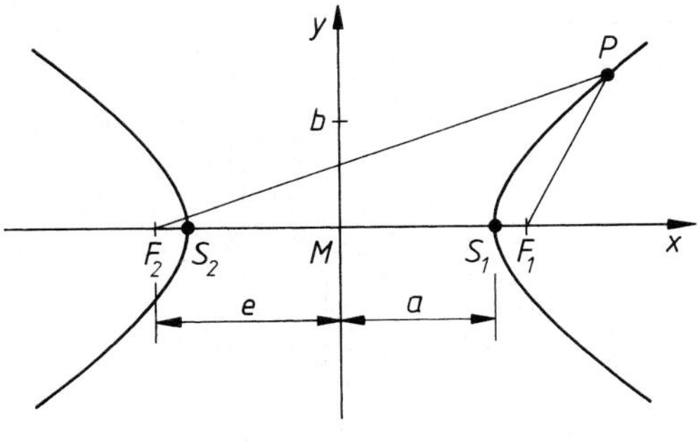

Bild III-85
Zur geometrischen Definition einer Hyperbel

Bezeichnungen (Bild III-85):

M:	Mittelpunkt	
F_1, F_2:	Brennpunkte	
S_1, S_2:	Scheitelpunkte	
a:	Große oder reelle Halbachse	
b:	Kleine oder imaginäre Halbachse	$e^2 = a^2 + b^2$
e:	Brennweite	

Gleichungen einer Hyperbel

M: Mittelpunkt; a: Große (oder reelle) Halbachse; b: Kleine (oder imaginäre) Halbachse

Mittelpunktsgleichung (Bild III-86):

$$\frac{x^2}{a^2} - \frac{y^2}{b^2} = 1 \quad \text{oder} \quad b^2 x^2 - a^2 y^2 = a^2 b^2 \qquad M = (0; 0) \qquad \text{(III-104)}$$

$$y = \pm \frac{b}{a} \sqrt{x^2 - a^2} \qquad (|x| \geqslant a) \qquad \text{(III-105)}$$

(Oberer und unterer Teil der Hyperbel)

Asymptoten im Unendlichen: $y = \pm \frac{b}{a} x$ (III-106)

Hauptform der Hyperbelgleichung (Bild III-87):

$$\frac{(x - x_0)^2}{a^2} - \frac{(y - y_0)^2}{b^2} = 1 \qquad M = (x_0; y_0) \qquad \text{(III-107)}$$

$$y = y_0 \pm \frac{b}{a} \sqrt{(x - x_0)^2 - a^2} \qquad (|x - x_0| \geqslant a) \qquad \text{(III-108)}$$

(Oberer und unterer Teil der Hyperbel)

Asymptoten im Unendlichen: $y = y_0 \pm \frac{b}{a}(x - x_0)$ (III-109)

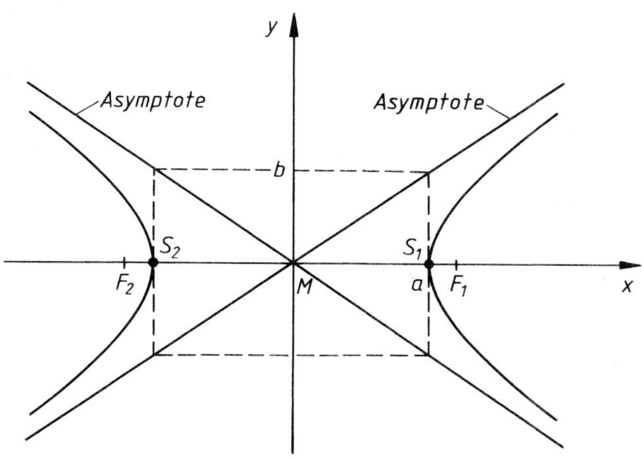

Bild III-86
Mittelpunktshyperbel

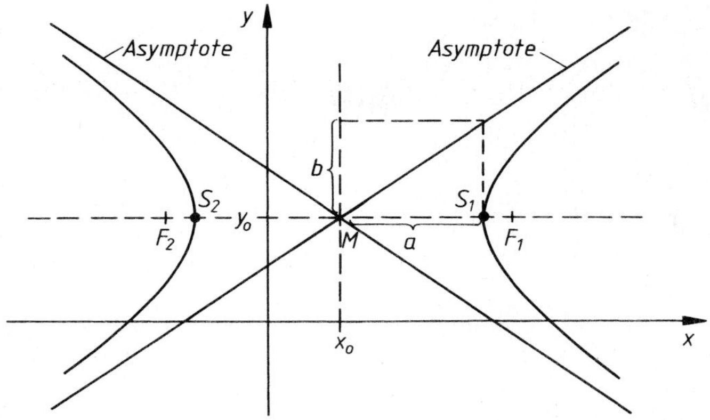

Bild III-87 Zur Hauptform der Hyperbelgleichung (verschobene Hyperbel)

Anmerkungen

(1) Die Mittelpunktshyperbel wird auch als *Ursprungshyperbel* bezeichnet.

(2) Die durch den Mittelpunkt M gehenden Parallelen zu den Koordinatenachsen sind zugleich auch die (einzigen) *Symmetrieachsen.*

(3) Die *verschobene* Hyperbel läßt sich stets durch eine Koordinatentransformation (Parallelverschiebung des Koordinatensystems) auf die *Mittelpunktshyperbel* zurückführen. Neuer Koordinatenursprung wird dabei der *Hyperbelmittelpunkt* M. Die neuen Koordinatenachsen sind in Bild III-87 durch *Strichelung* angedeutet.

(4) Im *Sonderfall* $a = b$ stehen die beiden Asymptoten aufeinander *senkrecht.* Die *Mittelpunktshyperbel* besitzt dann die *spezielle* Gleichung

$$\frac{x^2}{a^2} - \frac{y^2}{a^2} = 1 \quad \text{oder} \quad x^2 - y^2 = a^2 \tag{III-110}$$

und wird als *rechtwinklige* oder *gleichseitige* Hyperbel bezeichnet. Die Gleichungen der beiden *Asymptoten* lauten in diesem Sonderfall: $y = \pm x$.

(5) Der *ungefähre* Verlauf einer Hyperbel läßt sich aus den beiden *Scheitelpunkten* und den beiden *Asymptoten* leicht ermitteln.

8.2.5 Gleichungen einer Parabel

Die *Parabel* ist als geometrischer Ort aller (ebenen) Punkte P definiert, die von einem festen Punkt, dem *Brennpunkt* F, und einer festen Geraden, *Leitlinie* genannt, *gleich weit* entfernt sind (Bild III-88):

$$\overline{FP} = \overline{AP} \qquad \text{(III-111)}$$

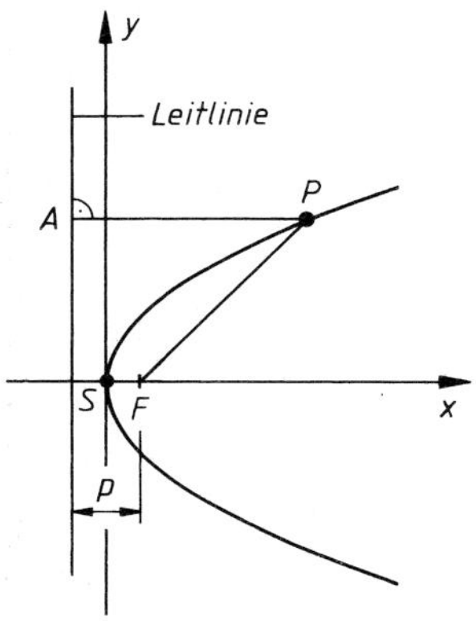

Bezeichnungen (Bild III-88):

p: *Parameter* (der Betrag von p ist Abstand zwischen Brennpunkt und Leitlinie)

S: Scheitelpunkt der Parabel

F: Brennpunkt (Brennweite: $e = \overline{FS} = |p|/2$)

Bild III-88
Zur geometrischen Definition einer Parabel

Gleichungen einer Parabel

S: Scheitelpunkt; p: Parameter

Scheitelgleichung (Bild III-89):

$$y^2 = 2px \qquad S = (0;\, 0) \qquad \text{(III-112)}$$

$p > 0$: Parabel ist nach *rechts* geöffnet (Bild III-89)

$$y = \pm\sqrt{2px} \qquad (x \geqslant 0) \qquad \text{(III-113)}$$

$p < 0$: Parabel ist nach *links* geöffnet

$$y = \pm\sqrt{2px} \qquad (x \leqslant 0) \qquad \text{(III-114)}$$

Hauptform der Parabelgleichung (Bild III-90):

$$(y - y_0)^2 = 2p(x - x_0) \qquad S = (x_0;\, y_0) \qquad \text{(III-115)}$$

$p > 0$: Parabel ist nach *rechts* geöffnet (Bild III-90)

$$y = y_0 \pm \sqrt{2p(x - x_0)} \qquad (x \geqslant x_0) \qquad \text{(III-116)}$$

$p < 0$: Parabel ist nach *links* geöffnet

$$y = y_0 \pm \sqrt{2p(x - x_0)} \qquad (x \leqslant x_0) \qquad \text{(III-117)}$$

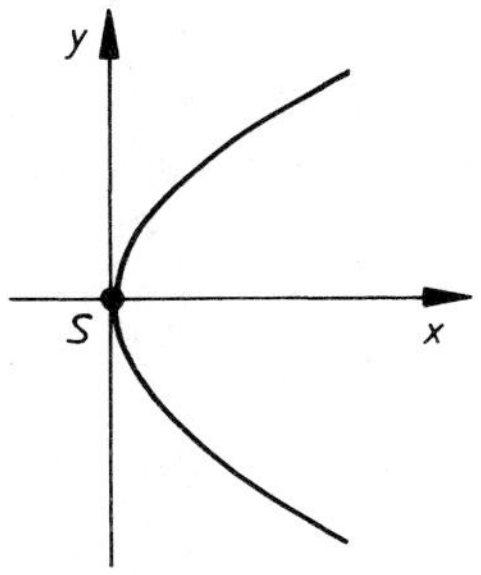

Bild III-89 Zur Scheitelgleichung der Parabel

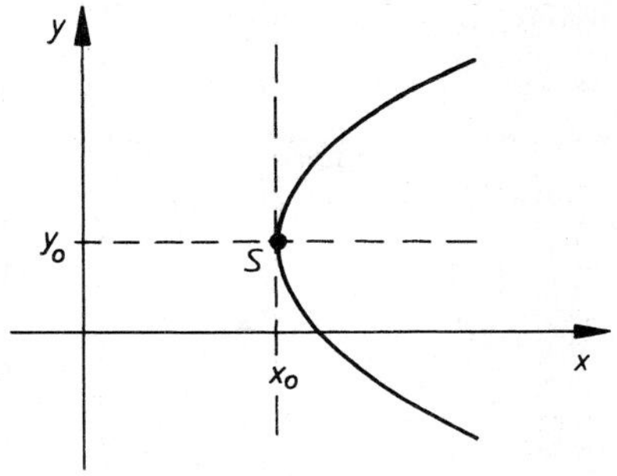

Bild III-90 Zur Hauptform der Parabelgleichung (verschobene Parabel)

Anmerkungen

(1) Die nach *oben* bzw. *unten* geöffneten Parabeln wurden bereits im Zusammenhang mit den Polynomfunktionen in Abschnitt 5.3 ausführlich behandelt.

(2) Die durch den Scheitelpunkt S gehende Parallele zur x-Achse ist zugleich auch die (einzige) *Symmetrieachse.*

(3) Die *Hauptform* (bei einer *verschobenen* Parabel) läßt sich stets durch eine Koordinatentransformation (Parallelverschiebung des Koordinatensystems) auf die *Scheitelgleichung* zurückführen. Man wählt dabei den *Scheitelpunkt* S als neuen Koordinatenursprung. Die neuen Koordinatenachsen sind in Bild III-90 durch *Strichelung* angedeutet.

(4) Der *ungefähre* Verlauf einer Parabel mit der Scheitelgleichung $y^2 = 2px$ läßt sich aus den folgenden fünf Parabelpunkten leicht ermitteln:

$$S = (0;\, 0), \quad P_{1/2} = \left(\frac{p}{2};\, \pm p\right), \quad P_{3/4} = (2p;\, \pm 2p) \qquad \text{(III-118)}$$

8.2.6 Beispiele zu den Kegelschnitten

Bei der Feststellung der *Art* und *Lage* eines Kegelschnittes, dessen Gleichung in der allgemeinen Form (III-91) vorliegt, gehen wir schrittweise wie folgt vor:

1. Zunächst bestimmen wir anhand des in Abschnitt 8.2.1 beschriebenen Kriteriums aus den bekannten Koeffizienten der Kegelschnittgleichung die *Art* des vorliegenden Kegelschnittes (z.B. Kreis oder Ellipse).

2. Dann wird die *Lage* des Kegelschnittes ermittelt, indem man die von x bzw. y abhängigen Terme in der Kegelschnittgleichung – *jeweils für sich getrennt – quadratisch ergänzt* und die Kegelschnittgleichung schließlich auf die entsprechende *Hauptform* bringt, aus der sich die *Lageparameter* und alle weiteren benötigten Größen sofort ablesen lassen.

■ **Beispiele**

Hinweis: Ein *unverschobener* Kegelschnitt liegt genau dann vor, wenn die Kegelschnittgleichung *keine* linearen Glieder enthält.

(1) Die *algebraische* Gleichung

$$2x^2 - 6x + 2y^2 + 4y = 11{,}5$$

repräsentiert wegen

$$A = B = 2$$

einen *Kreis*. Wegen der vorhandenen *linearen* Glieder liegt der Kreismittelpunkt *außerhalb* des Koordinatenursprungs (*verschobener* Kreis). Durch *quadratische Ergänzung* läßt sich die Kreisgleichung auf die folgende *Hauptform* bringen:

$$2x^2 - 6x + 2y^2 + 4y = 11{,}5$$

$$2(x^2 - 3x) + 2(y^2 + 2y) = 11{,}5$$

$$2\underbrace{(x^2 - 3x + 2{,}25)}_{(x-1{,}5)^2} + 2\underbrace{(y^2 + 2y + 1)}_{(y+1)^2} = 11{,}5 + 2 \cdot 2{,}25 + 2 \cdot 1$$

$$2(x - 1{,}5)^2 + 2(y + 1)^2 = 18$$

$$(x - 1{,}5)^2 + (y + 1)^2 = 9$$

Dies ist die Gleichung eines (verschobenen) *Kreises* mit dem *Mittelpunkt* $M = (1,5; -1)$ und dem *Radius* $r = 3$ (Bild III-91).

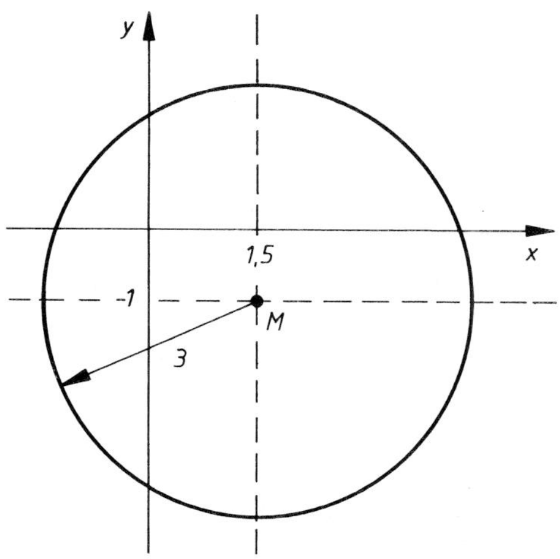

Bild III-91

(2) Durch die *Kegelschnittgleichung*

$$16x^2 + 4y^2 + 76{,}8x - 24y + 64{,}16 = 0$$

wird eine *Ellipse* beschrieben. Denn aus $A = 16$ und $B = 4$ folgt:

$$A \cdot B = 16 \cdot 4 = 64 > 0$$

Um die Lage dieser wegen der vorhandenen linearen Glieder *verschobenen* Ellipse zu bestimmen, ordnen wir zunächst die Glieder:

$$16x^2 + 76{,}8x + 4y^2 - 24y = -64{,}16$$

Durch *quadratische Ergänzung* folgt dann weiter:

$$16(x^2 + 4{,}8x) + 4(y^2 - 6y) = -64{,}16$$

$$16\underbrace{(x^2 + 4{,}8x + 2{,}4^2)}_{(x+2{,}4)^2} + 4\underbrace{(y^2 - 6y + 3^2)}_{(y-3)^2} = -64{,}16 + 16 \cdot 2{,}4^2 + 4 \cdot 3^2$$

$$16(x + 2{,}4)^2 + 4(y - 3)^2 = 64$$

$$\frac{16(x + 2{,}4)^2}{64} + \frac{4(y - 3)^2}{64} = 1$$

$$\frac{(x + 2{,}4)^2}{4} + \frac{(y - 3)^2}{16} = 1$$

Es handelt sich demnach um eine *achsenparallel* verschobene *Ellipse* mit den folgenden Eigenschaften (Bild III-92):

$M = (-2{,}4;\, 3), \quad a = 2, \quad b = 4,$

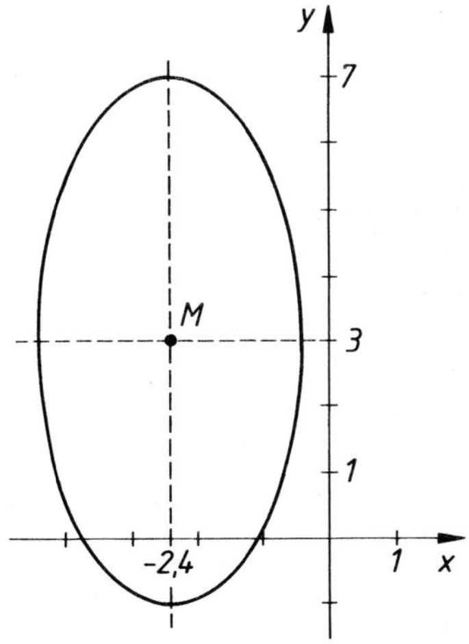

Bild III-92

(3) Die Kegelschnittgleichung

$$4x^2 - 9y^2 + 16x + 72y = 164$$

beschreibt eine *Hyperbel*. Denn es ist $A = 4$ und $B = -9$ und somit

$$A \cdot B = 4 \cdot (-9) = -36 < 0$$

Wegen der vorhandenen *linearen* Glieder handelt es sich dabei um eine *verschobene* Hyperbel. Wir ordnen jetzt die einzelnen Glieder und bringen anschließend die Kegelschnittgleichung durch *quadratische Ergänzung* auf die gewünschte *Hauptform* (Gleichung (III-107)):

$$4x^2 + 16x - 9y^2 + 72y = 164$$

$$4(x^2 + 4x) - 9(y^2 - 8y) = 164$$

$$4\underbrace{(x^2 + 4x + 2^2)}_{(x+2)^2} - 9\underbrace{(y^2 - 8y + 4^2)}_{(y-4)^2} = 164 + 4 \cdot 2^2 - 9 \cdot 4^2$$

$$4(x+2)^2 - 9(y-4)^2 = 36$$

$$\frac{4(x+2)^2}{36} - \frac{9(y-4)^2}{36} = 1$$

$$\frac{(x+2)^2}{9} - \frac{(y-4)^2}{4} = 1$$

Der *Mittelpunkt* der Hyperbel fällt in den Punkt $M = (-2; 4)$, die Werte der beiden *Halbachsen* betragen $a = 3$ und $b = 2$ (Bild III-93).

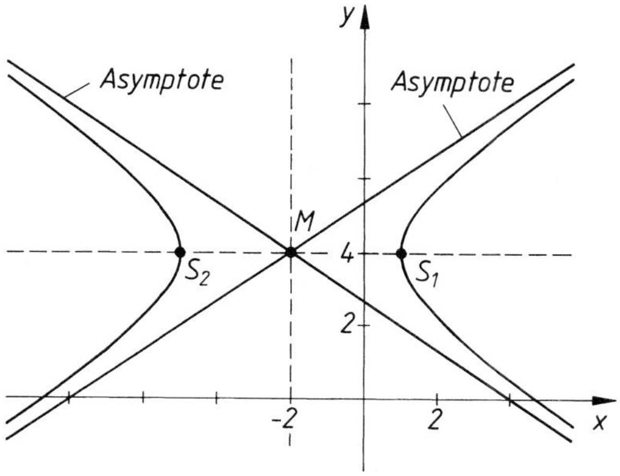

Bild III-93

(4) Durch die Gleichung

$$y^2 + 2x + 4y + 10 = 0$$

wird eine *Parabel* beschrieben, denn es ist

$$A = 0 \quad \text{und} \quad B = 1 \neq 0$$

Der Scheitelpunkt dieser Parabel liegt wegen der vorhandenen *linearen* Glieder *außerhalb* des Koordinatenursprungs (*verschobene* Parabel). Wir bringen jetzt die Parabelgleichung durch *quadratische Ergänzung* auf die gewünschte *Hauptform* (Gleichung (III-115)):

$$y^2 + 4y = -2x - 10$$

$$\underbrace{y^2 + 4y + 2^2}_{(y+2)^2} = -2x - 10 + 2^2 = -2x - 6$$

$$(y + 2)^2 = -2x - 6$$

$$(y + 2)^2 = -2(x + 3)$$

Die verschobene *Parabel* ist demnach nach *links* geöffnet. Ihr *Scheitelpunkt* liegt in $S = (-3; -2)$, der *Parameter* p besitzt den Wert $p = -1$. Bild III-94 zeigt den Verlauf dieser Parabel.

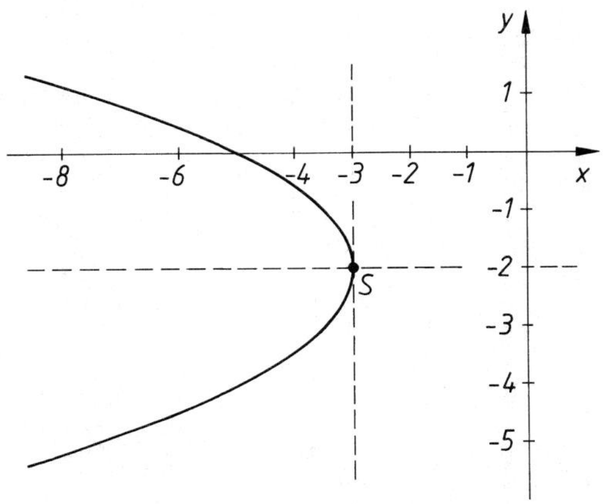

Bild III-94

■

8.3 Ein Anwendungsbeispiel: Erzwungene Schwingung eines mechanischen Systems

Wir betrachten ein *schwingungsfähiges mechanisches System* (z.B. ein Federpendel) mit der Masse m und der Eigenkreisfrequenz ω_0 [8]. Durch eine *periodische* äußere Kraft $F(t) = F_0 \cdot \sin(\omega t)$ wird das System zu *erzwungenen Schwingungen* erregt, d.h. nach Ablauf einer gewissen *Einschwingphase* tritt ein *stationärer* Zustand ein, in dem das System mit der von außen aufgezwungenen Kreisfrequenz ω schwingt.

Die *Schwingungsamplitude* A hängt dabei wie folgt von der sog. *Erregerkreisfrequenz* ω ab:

$$A = A(\omega) = \frac{F_0/m}{\sqrt{(\omega^2 - \omega_0^2)^2 + 4\,\delta^2\,\omega^2}} \qquad (\omega \geqslant 0) \qquad \text{(III-119)}$$

(δ: Dämpfungsfaktor). $A(\omega)$ ist demnach eine *irrationale algebraische Funktion.* Sie zeigt den in Bild III-95 dargestellten typischen Verlauf und wird allgemein als *Resonanzkurve* bezeichnet. Von kleinen Erregerkreisfrequenzen ausgehend, nimmt die Schwingungsamplitude zunächst mit größer werdender Kreisfrequenz zu und erreicht für

$$\omega_r = \sqrt{\omega_0^2 - 2\,\delta^2} \qquad \text{(III-120)}$$

ihr *Maximum* (sog. *Resonanzfall*). Diese Kreisfrequenz heißt daher *Resonanzkreisfrequenz.* Sie liegt *unterhalb* der Eigenkreisfrequenz ω_0 ($\omega_r < \omega_0$). Bei einer weiteren Steigerung der Erregerkreisfrequenz wird die Schwingungsamplitude wieder kleiner und strebt für $\omega \to \infty$ gegen den *Grenzwert* 0. Das System ist dann nicht mehr in der Lage, den raschen Änderungen der äußeren Kraft zu folgen.

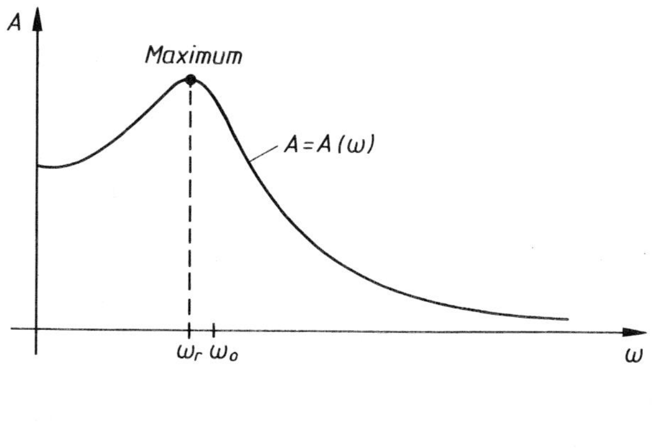

Bild III-95
Resonanzkurve bei einer erzwungenen mechanischen Schwingung

---

[8] Unter der Eigenkreisfrequenz ω_0 wird die Kreisfrequenz des *frei* und *ungedämpft* schwingenden Systems verstanden.

9 Trigonometrische Funktionen

9.1 Definitionen und Grundbegriffe

Trigonometrische Funktionen (auch *Winkelfunktionen* genannt) sind *periodische* Funktionen und daher zur Beschreibung und Darstellung *periodischer Bewegungsabläufe* besonders geeignet. Als Beispiele hierfür führen wir an:

— Mechanische und elektromagnetische Schwingungen (z.B. Federpendel, elektromagnetischer Schwingkreis)

— Biegeschwingungen, Torsionsschwingungen

— Gekoppelte Schwingungen

— Ausbreitung von Wellen

Definition der trigonometrischen Funktionen im rechtwinkligen Dreieck

Die vier *trigonometrischen* Funktionen *Sinus*, *Kosinus*, *Tangens* und *Kotangens* sind zunächst nur für Winkel zwischen 0° und 90° als gewisse Seitenverhältnisse in einem *rechtwinkligen* Dreieck definiert (Bild III-96):

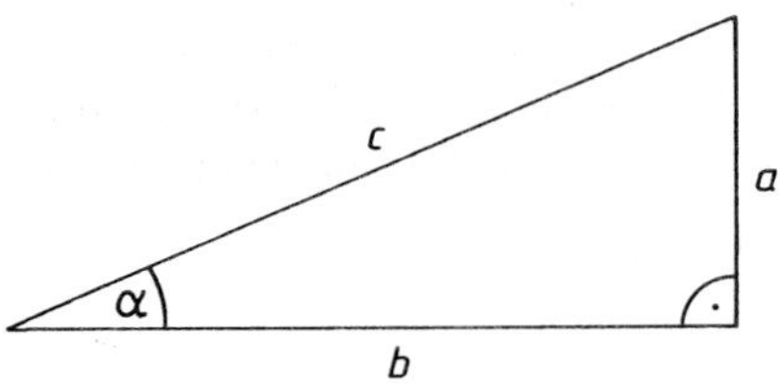

a: Gegenkathete
b: Ankathete
} bezüglich α
c: Hypotenuse

Bild III-96

$$\sin \alpha = \frac{\text{Gegenkathete}}{\text{Hypotenuse}} = \frac{a}{c} \qquad \text{(III-121)}$$

$$\cos \alpha = \frac{\text{Ankathete}}{\text{Hypotenuse}} = \frac{b}{c} \qquad \text{(III-122)}$$

$$\tan \alpha = \frac{\text{Gegenkathete}}{\text{Ankathete}} = \frac{a}{b} = \frac{a/c}{b/c} = \frac{\sin \alpha}{\cos \alpha} \qquad \text{(III-123)}$$

$$\cot \alpha = \frac{\text{Ankathete}}{\text{Gegenkathete}} = \frac{b}{a} = \frac{b/c}{a/c} = \frac{\cos \alpha}{\sin \alpha} = \frac{1}{\tan \alpha} \qquad \text{(III-124)}$$

Winkelmaße (Grad- und Bogenmaß)

Winkel werden im *Grad-* oder *Bogenmaß* gemessen. Als *Gradmaß* verwenden wir das sog. *Altgrad*, d.h. eine Unterteilung des Kreises in 360 Grade. Das *Bogenmaß* definieren wir wie folgt:

Definition: Unter dem *Bogenmaß* x eines Winkel α (im Gradmaß) verstehen wir die Länge desjenigen Bogens, der dem Winkel α im Einheitskreis (Radius $r = 1$) gegenüberliegt (Bild III-97).

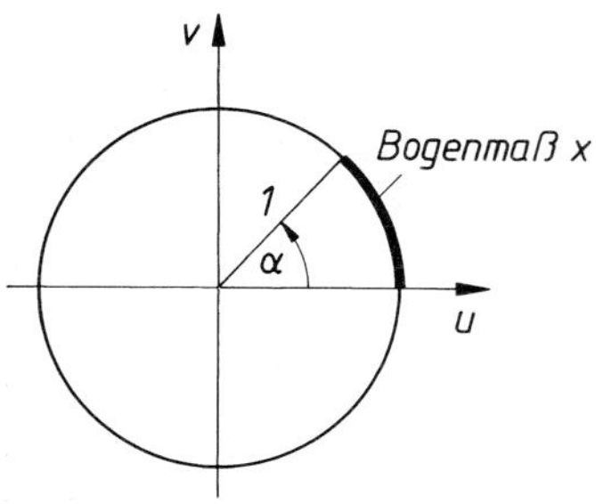

Bild III-97

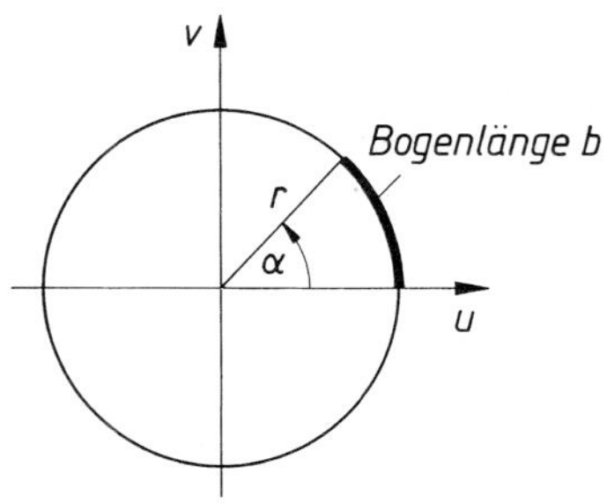

Bild III-98

Anmerkungen

(1) Das *Bogenmaß* x läßt sich auch etwas allgemeiner definieren. Ist b die Länge des Bogens, der in einem Kreis vom Radius r dem Winkel α gegenüber liegt, so gilt (Bild III-98):

$$x = \frac{\text{Bogenlänge}}{\text{Radius}} = \frac{b}{r} \qquad \text{(III-125)}$$

Das Bogenmaß ist demnach eine *dimensionslose* Größe, die „Einheit" *Radiant* (rad) wird meist weggelassen.

(2) In der Vermessungstechnik erfolgt die Winkelangabe in *Gon* oder *Neugrad* (Unterteilung des Kreises bzw. Vollwinkels in 400 gon).

Zwischen Bogenmaß x und Gradmaß α besteht die *lineare* Beziehung

$$\frac{x}{\alpha} = \frac{2\pi}{360^\circ} = \frac{\pi}{180^\circ} \qquad \text{(III-126)}$$

Sie ermöglicht eine *Umrechnung* zwischen den beiden Winkelmaßen.

■ **Beispiele**

(1) Umrechnung vom Gradmaß (α) ins Bogenmaß (x): $x = \frac{\pi}{180°}\,\alpha$

α	30°	45°	90°	180°	225°	127,5°
x	$\pi/6$	$\pi/4$	$\pi/2$	π	$\frac{5}{4}\pi$	2,2253

(2) Umrechnung vom Bogenmaß (x) ins Gradmaß (α): $\alpha = \frac{180°}{\pi}\,x$

x	0,43	0,98	1,61	2,08	4,12	π
α	24,64°	56,15°	92,25°	119,18°	236,06°	180°

■

Drehsinn eines Winkels

Beim Abtragen der Winkel im Einheitskreis wird der folgende *Drehsinn* zugrunde gelegt: Im *Gegenuhrzeigersinn* überstrichene Winkel werden *positiv* (*positiver Drehsinn*), im *Uhrzeigersinn* überstrichene Winkel *negativ* gezählt (*negativer Drehsinn*) (Bild III-99).

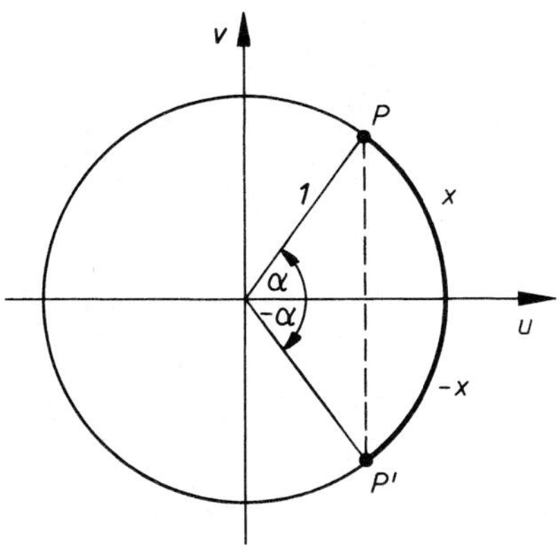

Bild III-99
Zur Festlegung des Drehsinns eines Winkels

Darstellung der Sinusfunktion im Einheitskreis

Wir sind nun in der Lage, die *Sinusfunktion* für *beliebige* positive und negative Winkel zu definieren. Ist P der zum Winkel α gehörende Punkt auf dem Einheitskreis (Bild III-100), so gilt per Definition (III-121) für den Sinus von α die Beziehung

$$\sin\alpha = \frac{\text{Gegenkathete}}{\text{Hypotenuse}} = \frac{\text{Ordinate von } P}{1} = \text{Ordinate von } P \qquad \text{(III-127)}$$

Der Sinus eines zwischen $0°$ und $90°$ gelegenen Winkels stellt sich somit im Einheitskreis als der *Ordinatenwert* des Punktes P dar. Wir verallgemeinern diesen Sachverhalt für *beliebige* (positive oder negative) Winkel und gelangen damit zu der folgenden allgemeingültigen Definition der Sinusfunktion:

Definition: Unter dem *Sinus* eines beliebigen Winkels α versteht man den *Ordinatenwert* des zu α gehörenden Punktes P auf dem Einheitskreis (Bild III-100).

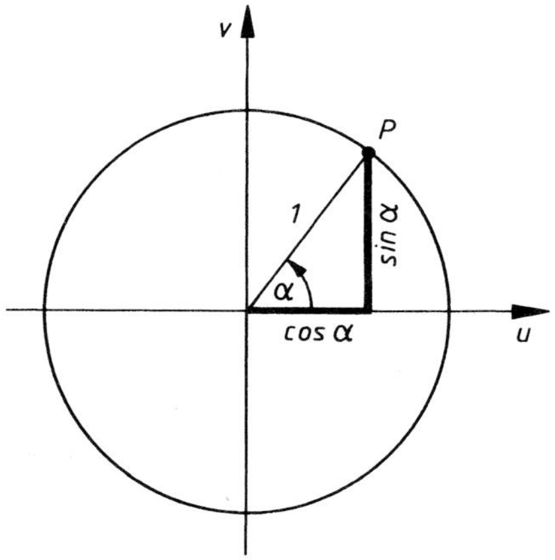

Bild III-100

Darstellung von Sinus und Kosinus im Einheitskreis

■ **Beispiele**

In Bild III-101 sind die Funktionswerte $\sin 30°$, $\sin 150°$ und $\sin(-70°)$ bildlich dargestellt.

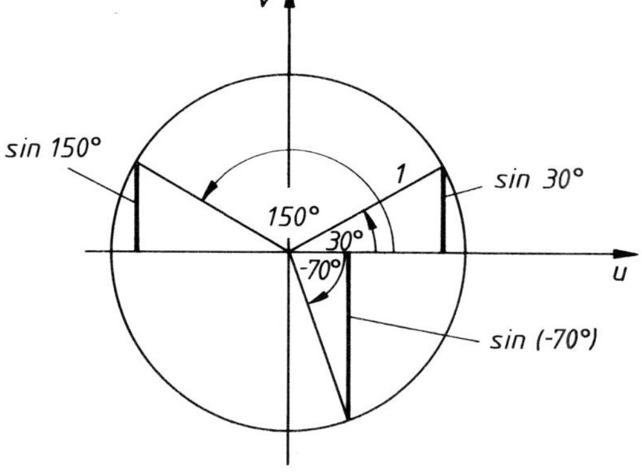

Bild III-101

■

Bei einem *vollen* Umlauf auf dem Einheitskreis (im *positiven* Drehsinn) durchläuft der Winkel α alle Werte zwischen 0° und 360° und die Sinusfunktion $\sin \alpha$ dabei alle zwischen -1 und $+1$ gelegenen Werte. Bei nochmaligem Umlauf *wiederholen* sich diese Funktionswerte: Die Sinusfunktion ist daher eine *periodische* Funktion mit der (primitiven) Periode $p = 360°$ (bzw. $p = 2\pi$ im Bogenmaß):

$$\sin(\alpha + 360°) = \sin \alpha \qquad \text{(III-128)}$$

Diese Aussage gilt unverändert auch bei einem *mehrmaligen* Umlauf im positiven oder negativen Drehsinn. Bei n Umläufen gilt also:

$$\sin(\alpha \pm n \cdot 360°) = \sin \alpha \qquad (n \in \mathbb{N}^*) \qquad \text{(III-129)}$$

Wird der Einheitskreis im *negativen* Drehsinn (*Uhrzeigersinn*) durchlaufen, so tritt bei den Funktionswerten ein *Vorzeichenwechsel* ein, d.h. $\sin \alpha$ ist eine *ungerade* Funktion:

$$\sin(-\alpha) = -\sin \alpha \qquad \text{(III-130)}$$

Diese wichtige *Symmetrieeigenschaft* läßt sich unmittelbar aus Bild III-102 entnehmen.

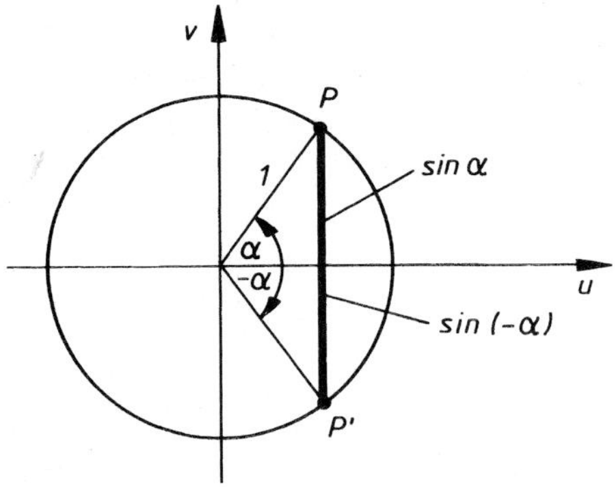

Bild III-102

Darstellung der Kosinusfunktion im Einheitskreis

Den Kosinus eines Winkels α findet man als *Abszissenwert* des Punktes P auf dem Einheitskreis wieder (Bild III-100). Dies folgt unmittelbar aus der Definitionsgleichung (III-122) des Kosinus:

$$\cos \alpha = \frac{\text{Ankathete}}{\text{Hypotenuse}} = \frac{\text{Abszisse von } P}{1} = \text{Abszisse von } P \qquad \text{(III-131)}$$

Analoge Überlegungen wie beim Sinus führen schließlich zu der für *beliebige* Winkel α definierten *Kosinusfunktion* $\cos \alpha$. Sie ist ebenfalls *periodisch* mit der (primitiven) Periode $p = 360°$ (bzw. $p = 2\pi$ im Bogenmaß):

$$\cos(\alpha + 360°) = \cos \alpha \qquad \text{(III-132)}$$

Entsprechend gilt bei n Umläufen (im positiven oder negativen Drehsinn):

$$\cos(\alpha \pm n \cdot 360°) = \cos \alpha \qquad (n \in \mathbb{N}^*) \qquad \text{(III-133)}$$

Im Gegensatz zur Sinusfunktion ist die Kosinusfunktion jedoch eine *gerade* Funktion:

$$\cos(-\alpha) = \cos\alpha \qquad \text{(III-134)}$$

Denn die zu den betragsmäßig gleichen *Winkeln* α und $-\alpha$ gehörenden Punkte P und P' auf dem Einheitskreis in Bild III-102 liegen *spiegelsymmetrisch* zur u-Achse und besitzen daher die *gleiche* Abszisse.

Anmerkung

Auch die beiden übrigen trigonometrischen Funktionen *Tangens* und *Kotangens* lassen sich im Einheitskreis durch Strecken bildlich darstellen. Wir verzichten jedoch auf diese Darstellung und definieren diese Funktionen in Abschnitt 9.3 mit Hilfe der dann bereits bekannten Sinus- und Kosinusfunktion.

9.2 Sinus- und Kosinusfunktion

In den Anwendungen treten *Sinus-* und *Kosinusfunktion* fast ausschließlich als Funktionen eines im *Bogenmaß* x dargestellten Winkels auf (z. B. im Zusammenhang mit mechanischen oder elektromagnetischen Schwingungen). Wir verwenden daher für diese Funktionen die Schreibweisen $y = \sin x$ und $y = \cos x$. Die Eigenschaften beider Funktionen lassen sich unmittelbar aus dem Schaubild Bild III-103 ablesen und sind in der folgenden Tabelle 1 im einzelnen aufgeführt.

Tabelle 1: Eigenschaften der Sinus- und Kosinusfunktion ($k \in \mathbb{Z}$)

	$y = \sin x$	$y = \cos x$
Definitionsbereich	$-\infty < x < \infty$	$-\infty < x < \infty$
Wertebereich	$-1 \leqslant y \leqslant 1$	$-1 \leqslant y \leqslant 1$
Periode (primitive)	2π	2π
Symmetrie	ungerade	gerade
Nullstellen	$x_k = k \cdot \pi$	$x_k = \frac{\pi}{2} + k \cdot \pi$
Relative Maxima	$x_k = \frac{\pi}{2} + k \cdot 2\pi$	$x_k = k \cdot 2\pi$
Relative Minima	$x_k = \frac{3}{2}\pi + k \cdot 2\pi$	$x_k = \pi + k \cdot 2\pi$

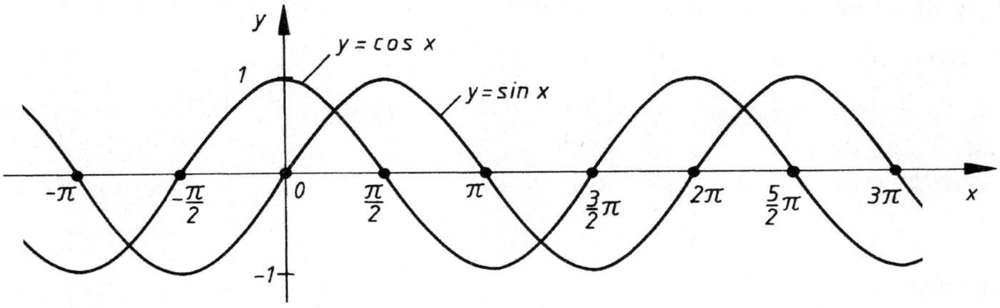

Bild III-103 Funktionsgraphen der Sinus- und Kosinusfunktion

9.3 Tangens- und Kotangensfunktion

Die *Tangens-* und *Kotangensfunktion* definieren wir in Verallgemeinerung der Beziehungen (III-123) bzw. (III-124) durch die Gleichungen

$$\tan x = \frac{\sin x}{\cos x} \quad \text{und} \quad \cot x = \frac{\cos x}{\sin x} = \frac{1}{\tan x} \qquad \text{(III-135)}$$

Ihre in Tabelle 2 zusammengestellten Eigenschaften lassen sich daher aus den Eigenschaften der Sinus- und Kosinusfunktion herleiten. In den Bildern III-104 und III-105 sind die Funktionsgraphen von $y = \tan x$ und $y = \cot x$ skizziert.

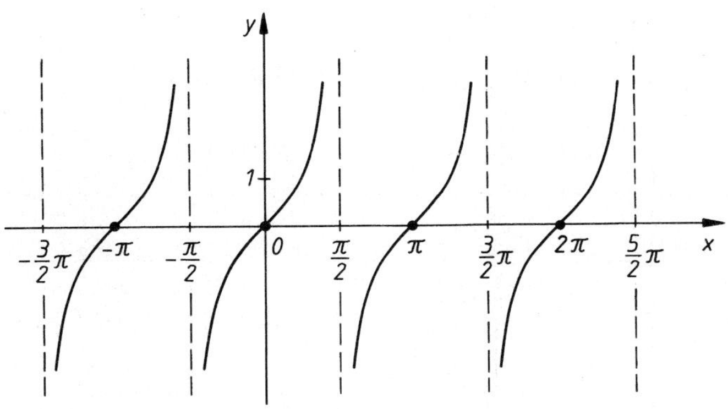

Bild III-104 Funktionsgraph von $y = \tan x$

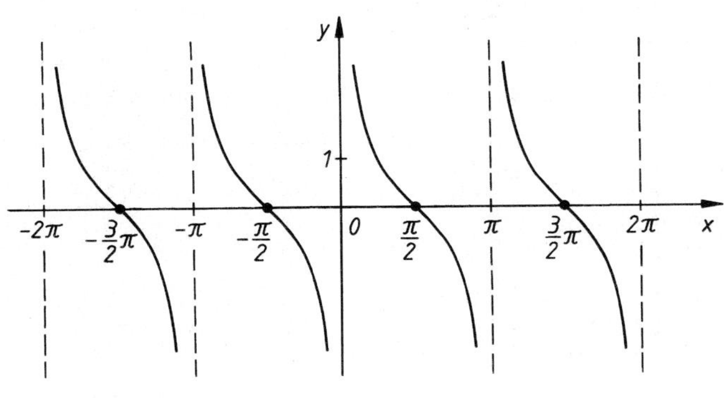

Bild III-105 Funktionsgraph von $y = \cot x$

Tabelle 2: Eigenschaften der Tangens- und Kotangensfunktion ($k \in \mathbb{Z}$)

	$y = \tan x$	$y = \cot x$
Definitionsbereich	$x \in \mathbb{R}$ mit Ausnahme der Stellen $x_k = \frac{\pi}{2} + k \cdot \pi$	$x \in \mathbb{R}$ mit Ausnahme der Stellen $x_k = k \cdot \pi$
Wertebereich	$-\infty < y < \infty$	$-\infty < y < \infty$
Periode (primitive)	π	π
Symmetrie	ungerade	ungerade
Nullstellen	$x_k = k \cdot \pi$	$x_k = \frac{\pi}{2} + k \cdot \pi$
Pole	$x_k = \frac{\pi}{2} + k \cdot \pi$	$x_k = k \cdot \pi$
Senkrechte Asymptoten	$x = \frac{\pi}{2} + k \cdot \pi$	$x = k \cdot \pi$

9.4 Wichtige Beziehungen zwischen den trigonometrischen Funktionen

Zwischen den vier trigonometrischen Funktionen bestehen zahlreiche *Beziehungen*, von denen wir an dieser Stelle nur einige besonders *häufig* auftretende anführen können[9].

Aus Bild III-103 folgt unmittelbar, daß die *Kosinuskurve* als eine um $\pi/2$ nach *links* verschobene *Sinuskurve* aufgefaßt werden kann. Daher ist

$$\cos x = \sin\left(x + \frac{\pi}{2}\right) \qquad \text{(III-136)}$$

Umgekehrt geht die *Sinuskurve* aus der *Kosinuskurve* durch Verschiebung um $\pi/2$ nach *rechts* hervor. Dies entspricht der Beziehung

$$\sin x = \cos\left(x - \frac{\pi}{2}\right) \qquad \text{(III-137)}$$

[9] Alle wesentlichen trigonometrischen Formeln findet der Leser in der Formelsammlung (Kap. III., Abschnitt 7).

Zwischen der Sinus- und Kosinusfunktion besteht ferner die folgende wichtige Relation, die man durch Anwendung des *Satzes von Pythagoras* auf das in Bild III-106 eingezeichnete rechtwinklige Dreieck erhält:

„Trigonometrischer Pythagoras" (Bild III-106)

$$(\sin x)^2 + (\cos x)^2 = \sin^2 x + \cos^2 x = 1 \qquad \text{(III-138)}$$

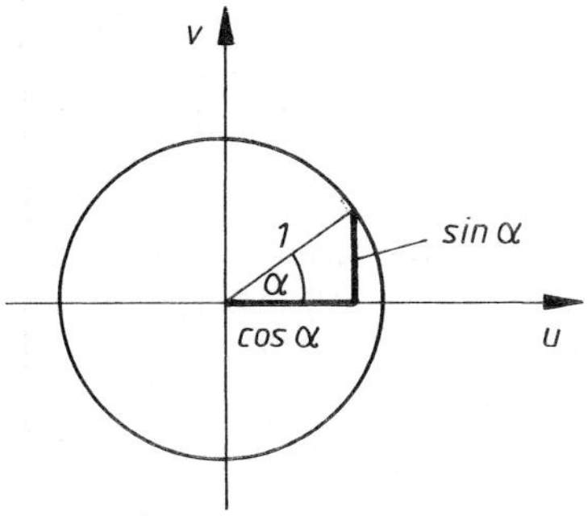

Bild III-106
Zur Herleitung
des „trigonometrischen Pythagoras"

Weitere häufig benutzte Zusammenhänge liefern die sog. *Additionstheoreme* für Sinus, Kosinus und Tangens (x_1, x_2 sind Winkel):

Additionstheoreme für die Sinus-, Kosinus- und Tangensfunktion

$$\sin(x_1 \pm x_2) = \sin x_1 \cdot \cos x_2 \pm \cos x_1 \cdot \sin x_2 \qquad \text{(III-139)}$$

$$\cos(x_1 \pm x_2) = \cos x_1 \cdot \cos x_2 \mp \sin x_1 \cdot \sin x_2 \qquad \text{(III-140)}$$

$$\tan(x_1 \pm x_2) = \frac{\tan x_1 \pm \tan x_2}{1 \mp \tan x_1 \cdot \tan x_2} \qquad \text{(III-141)}$$

Aus ihnen lassen sich weitere wichtige Beziehungen herleiten. Setzt man in den *Additionstheoremen* von Sinus und Kosinus jeweils $x_1 = x_2 = x$ und nimmt das *obere* Vorzeichen, so erhält man folgende Formeln:

$$\sin(2x) = 2 \cdot \sin x \cdot \cos x \qquad \text{(III-142)}$$

$$\cos(2x) = \cos^2 x - \sin^2 x \qquad \text{(III-143)}$$

Aus diesen wiederum ergeben sich zusammen mit dem *„trigonometrischen Pythagoras"* (III-138) die Beziehungen

$$\sin^2 x = \frac{1}{2}[1 - \cos(2x)] \qquad \text{(III-144)}$$

$$\cos^2 x = \frac{1}{2}[1 + \cos(2x)] \qquad \text{(III-145)}$$

9.5 Anwendungen in der Schwingungslehre

9.5.1 Harmonische Schwingungen (Sinusschwingungen)

9.5.1.1 Die allgemeine Sinus- und Kosinusfunktion

Bei der Beschreibung von (mechanischen oder elektromagnetischen) *Schwingungsvorgängen* benötigt man *Sinus*- und *Kosinusfunktionen* in der *allgemeinsten* Form

$$\begin{aligned} y &= a \cdot \sin(bx + c) \\ y &= a \cdot \cos(bx + c) \end{aligned} \qquad (a > 0,\ b > 0) \qquad \text{(III-146)}$$

Die Bedeutung der drei Konstanten (Kurvenparameter) a, b und c und die von ihnen verursachten *Veränderungen* gegenüber der Ausgangsfunktion $y = \sin x$ bzw. $y = \cos x$ werden im folgenden ausführlich beschrieben, wobei wir uns zunächst auf die Sinusfunktion beschränken wollen. Wir gehen also von der *elementaren* Sinusfunktion $y = \sin x$ aus und untersuchen, welchen Einfluß die drei Kurvenparameter haben, wenn diese nacheinander *einzeln* eingeführt werden.

Bedeutung der Konstanten a ($y = \sin x \longrightarrow y = a \cdot \sin x$)

Der Faktor a in der Funktion $y = a \cdot \sin x$ bewirkt eine Veränderung der *Funktionswerte* gegenüber der Ausgangsfunktion $y = \sin x$. Der *neue* Wertebereich lautet: $-a \leqslant y \leqslant a$.

■ **Beispiel**

$y = 2 \cdot \sin x$: Die Ordinatenwerte sind um den Faktor 2 vergrößert.

Wertebereich: $-2 \leqslant y \leqslant 2$ (vgl. Bild III-107)

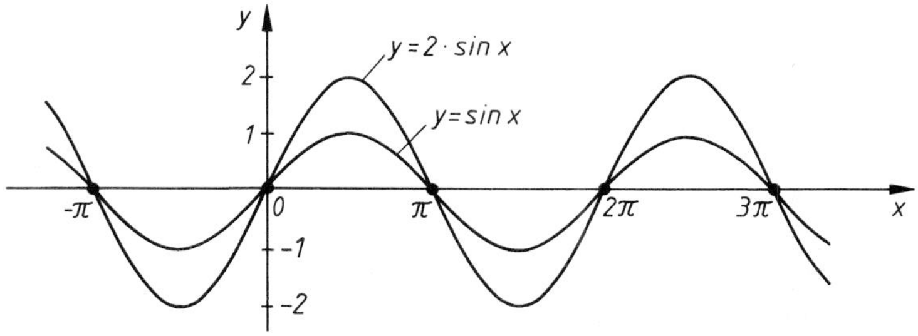

Bild III-107 Funktionsgraphen von $y = \sin x$ und $y = 2 \cdot \sin x$

■

Bedeutung der Konstanten b ($y = \sin x \longrightarrow y = \sin(bx)$)

Der Faktor b im *Argument* der Sinusfunktion $y = \sin(bx)$ verändert gegenüber der Ausgangsfunktion $y = \sin x$ die *Periode*:

$y = \sin x$: *Periode* $p = 2\pi$

$y = \sin(bx)$: *Periode* $p = \dfrac{2\pi}{b}$

Denn es gilt:

$$\sin[b(x+p)] = \sin\left[b\left(x + \frac{2\pi}{b}\right)\right] = \sin(bx + 2\pi) = \sin(bx) \qquad \text{(III-147)}$$

Dabei bewirkt $b > 1$ eine *Verkleinerung*, $b < 1$ dagegen eine *Vergrößerung* der Periode.

■ **Beispiele**

(1) $y = \sin(2x)$: Periode $p = \pi$ (vgl. Bild III-108)

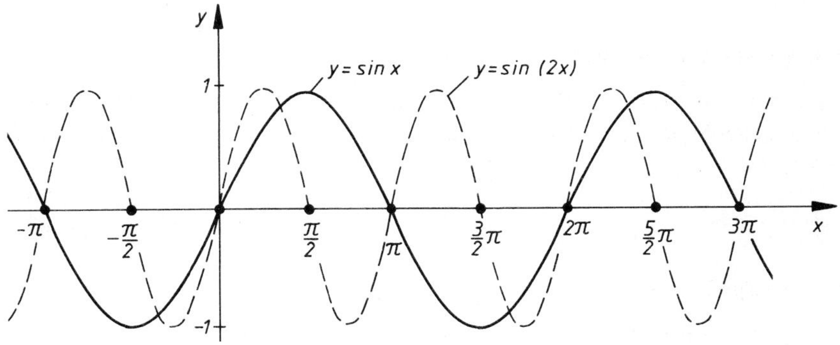

Bild III-108 Funktionsgraphen von $y = \sin x$ und $y = \sin(2x)$

(2) $y = \sin(\pi x)$: $p = 2$

$y = \sin(4x)$: $p = \pi/2$

$y = \sin(0{,}2x)$: $p = 10\pi$

■

Bedeutung der Konstanten c ($y = \sin x \longrightarrow y = \sin(x + c)$)

Die Konstante c in der Sinusfunktion $y = \sin(x + c)$ bewirkt eine *Verschiebung* der Sinuskurve $y = \sin x$ längs der x-Achse. Während die 1. *positive Nullstelle von* $y = \sin x$ bekanntlich an der Stelle $x_0 = 0$ liegt, befindet sich die entsprechende Nullstelle von $y = \sin(x + c)$ an der Stelle $x_0 = -c$ (man setzt das Argument der Funktion gleich Null):

$$y = \sin\underbrace{(x + c)}_{0} = 0 \;\Rightarrow\; x + c = 0 \;\Rightarrow\; x_0 = -c \qquad \text{(III-148)}$$

Die Kurve $y = \sin(x + c)$ „beginnt“ also nicht an der Stelle $x_0 = 0$ wie die elementare Sinusfunktion $y = \sin x$, sondern an der Stelle $x_0 = -c$. Der Kurvenparameter c bewirkt also eine *Verschiebung* der Kurve längs der *x-Achse* um die Strecke $|c|$. Für $c > 0$ ist die Kurve nach *links*, für $c < 0$ dagegen nach *rechts* verschoben.

■ **Beispiele**

(1) $y = \sin(x + \pi)$: Diese Funktion ist gegenüber der Sinusfunktion $y = \sin x$ um π Einheiten nach *links* verschoben (die Kurve „beginnt“ an der Stelle $x_0 = -\pi$, vgl. hierzu Bild III-109). Sie läßt sich auch durch die Funktionsgleichung $y = -\sin x$ beschreiben (an der x-Achse *gespiegelte* Sinusfunktion). Dies folgt unmittelbar aus dem *Additionstheorem* der Sinusfunktion (Gleichung (III-139)):

$$y = \sin(x + \pi) = \sin x \cdot \underbrace{\cos \pi}_{-1} + \cos x \cdot \underbrace{\sin \pi}_{0} = -\sin x$$

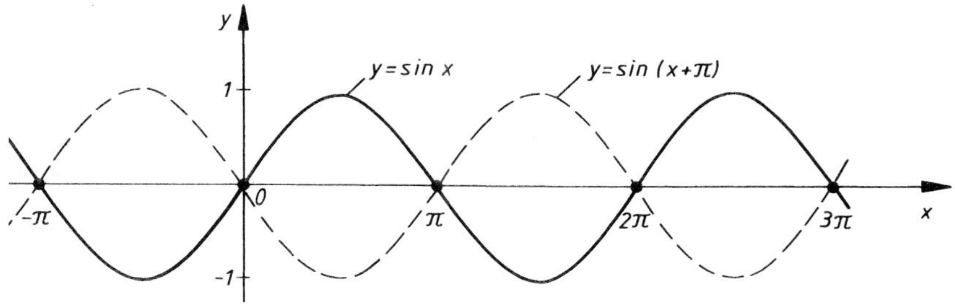

Bild III-109 Funktionsgraphen von $y = \sin x$ und $y = \sin(x + \pi)$

(2) $y = \sin(x - 1)$: Diese Funktion ist gegenüber der elementaren Funktion $y = \sin x$ um eine Einheit nach *rechts* verschoben, die „1. Nullstelle“ liegt also bei $x_0 = 1$ (Bild III-110).

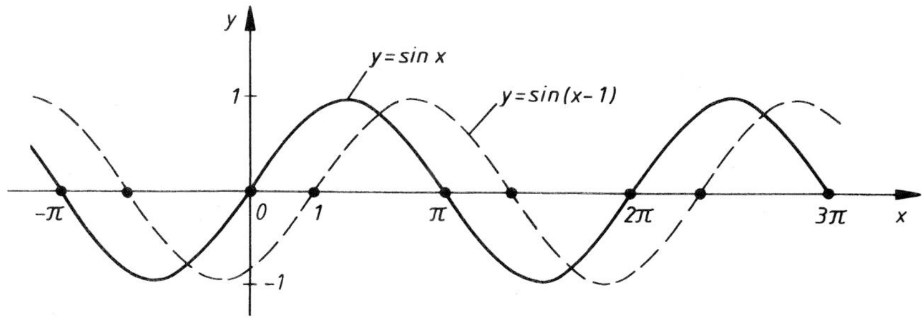

Bild III-110 Funktionsgraphen von $y = \sin x$ und $y = \sin(x - 1)$

■

Eigenschaften der allgemeinen Sinusfunktion $y = a \cdot \sin(bx + c)$

Die drei Kurvenparameter $a > 0$, $b > 0$ und c in der *allgemeinen* Sinusfunktion $y = a \cdot \sin(bx + c)$ bewirken gegenüber der *elementaren* Sinusfunktion $y = \sin x$ die folgenden *Änderungen* in Periode, „1. Nullstelle" und Wertebereich:

Eigenschaften der allgemeinen Sinusfunktion $y = a \cdot \sin(bx + c)$ (Bild III-111)

Periode: $p = 2\pi/b$ (III-149)

„1. Nullstelle": $x_0 = -c/b$ (III-150)

Wertebereich: $-a \leqslant y \leqslant a$ (III-151)

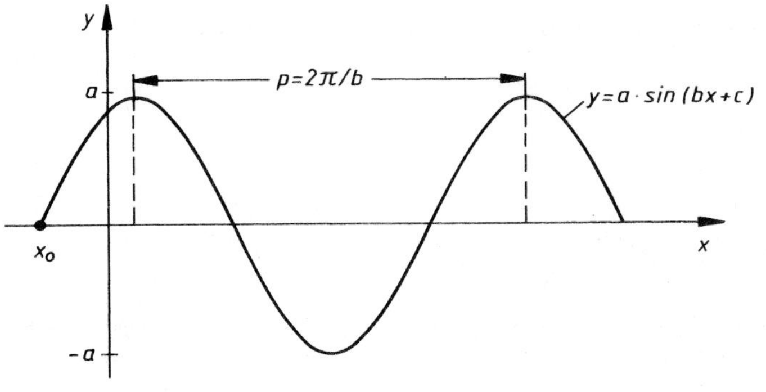

Bild III-111
Allgemeine Sinusfunktion $y = a \cdot \sin(bx + c)$ (gezeichnet für $c > 0$)

■ **Beispiel**

$y = 2 \cdot \sin(0{,}5\,x + 0{,}5\,\pi)$ (Bild III-112)

Periode: $p = 4\pi$

„1. Nullstelle": $0{,}5\,x + 0{,}5\,\pi = 0 \;\Rightarrow\; x_0 = -\pi$

Wertebereich: $-2 \leqslant y \leqslant 2$

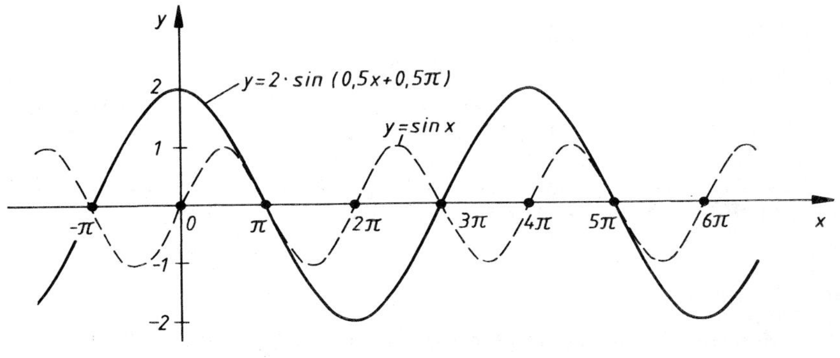

Bild III-112 Verlauf der Funktionen $y = \sin x$ und $y = 2 \cdot \sin(0{,}5\,x + 0{,}5\,\pi)$ ■

Eigenschaften der allgemeinen Kosinusfunktion $y = a \cdot \cos(bx + c)$

Analoge Überlegungen führen bei einer *Kosinusfunktion* vom allgemeinen Typ $y = a \cdot \cos(bx + c)$ zu dem folgenden Ergebnis:

Eigenschaften der allgemeinen Kosinusfunktion $y = a \cdot \cos(bx + c)$ (Bild III-113)

Periode:	$p = 2\pi/b$	(III-152)
„*1. Maximum*":	$x_0 = -c/b$	(III-153)
Wertebereich:	$-a \leqslant y \leqslant a$	(III-154)

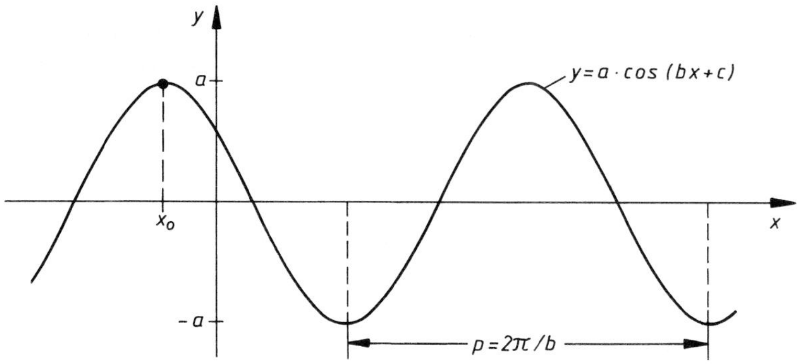

Bild III-113 Allgemeine Kosinusfunktion $y = a \cdot \cos(bx + c)$ (gezeichnet für $c > 0$)

9.5.1.2 Harmonische Schwingung eines Federpendels

Die *Schwingung* eines *elastischen Federpendels* kann als Modellfall einer *Sinusschwingung* (auch *harmonische Schwingung* genannt) betrachtet werden (Bild III-114). Schwingungen dieser Art treten auf, wenn ein *lineares Kraftgesetz* vorliegt (wie beispielsweise das *Hooke-sche* Gesetz bei einer Feder). Die *Auslenkung* y ist dann eine *periodische* Funktion der Zeit t und kann in der Sinusform

$$y = A \cdot \sin(\omega t + \varphi) \qquad (A > 0,\ \omega > 0) \qquad \text{(III-155)}$$

dargestellt werden.

Dabei bedeuten:

A: *Maximale* Auslenkung, *Amplitude* genannt
ω: *Kreisfrequenz* der Schwingung
φ: *Phase* (auch *Phasen-* oder *Nullphasenwinkel* genannt)

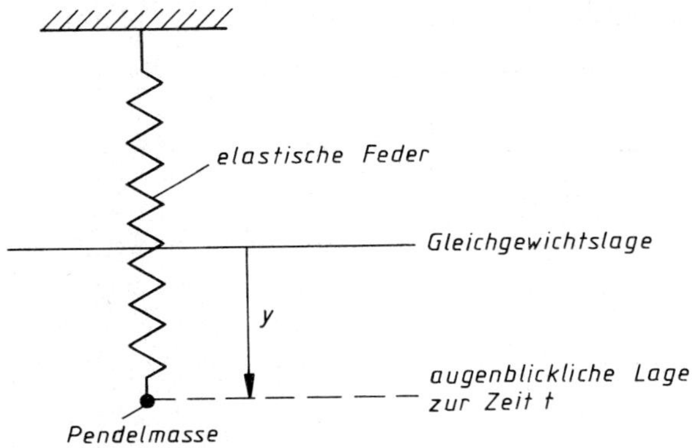

Bild III-114
Federpendel

Die Periodendauer der Funktion ist $p = 2\pi/\omega$ und wird in diesem Zusammenhang als *Schwingungsdauer* T bezeichnet. Dabei besteht zwischen Kreisfrequenz ω, Frequenz f und Schwingungsdauer T die folgende Beziehung:

$$\omega = 2\pi f = \frac{2\pi}{T} \qquad \left(f = \frac{1}{T}\right) \tag{III-156}$$

Die Sinusschwingung „*beginnt*" zur Zeit $t_0 = -\varphi/\omega$ (sog. *Phasenverschiebung*). Für $\varphi > 0$ ist die Kurve auf der Zeitachse nach *links*, für $\varphi < 0$ nach *rechts* verschoben.

■ **Beispiel**

Schwingung mit der Funktionsgleichung $y = 5\text{ cm} \cdot \sin\left(2\text{ s}^{-1} \cdot t + \frac{\pi}{2}\right)$:

$$A = 5\text{ cm}, \quad \omega = 2\text{ s}^{-1}, \quad T = \frac{2\pi}{\omega} = \frac{2\pi}{2\text{ s}^{-1}} = \pi\text{ s}$$

$$\textit{Phasenverschiebung}: \quad 2\text{ s}^{-1} \cdot t + \frac{\pi}{2} = 0 \;\Rightarrow\; t_0 = -\frac{\pi}{4}\text{ s}$$

Bild III-115 zeigt den Schwingungsverlauf für $t \geqslant 0$ s.

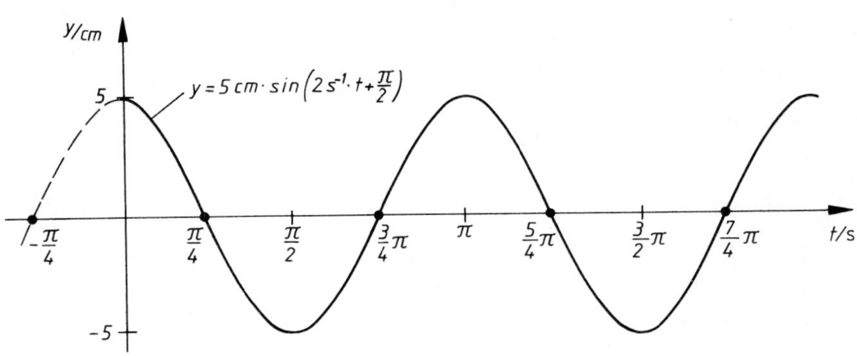

Bild III-115 Darstellung der Schwingung $y = 5\text{ cm} \cdot \sin(2\text{ s}^{-1} \cdot t + \pi/2)$, $t \geqslant 0$ s ■

9.5.2 Darstellung von Schwingungen im Zeigerdiagramm

Darstellung einer Sinusschwingung durch einen rotierenden Zeiger

Im Bereich der Schwingungslehre hat sich eine unter dem Namen *Zeigerdiagramm* bekannte Darstellungsform durchgesetzt, die in besonders einfacher und anschaulicher Weise Schwingungsvorgänge durch *rotierende*, d.h. *zeitabhängige Zeiger* beschreibt. Anwendung findet diese Darstellungsart beispielsweise bei der Behandlung von *Wechselstromkreisen*: *Sinusförmige Wechselspannungen* und *Wechselströme* werden dabei durch *rotierende Zeiger* dargestellt. Auch bei der *Superposition* (*Überlagerung*) *von Schwingungen gleicher Frequenz* bedient man sich mit großem Vorteil des Zeigerdiagramms.

Eine *Sinusschwingung* vom allgemeinen Typ

$$y = A \cdot \sin(\omega t + \varphi) \qquad \text{(III-157)}$$

mit $A > 0$ und $\omega > 0$ wird im Zeigerdiagramm durch einen mit der *Winkelgeschwindigkeit* (*Kreisfrequenz*) ω im Gegenuhrzeigersinn um den Nullpunkt rotierenden *Zeiger* der Länge A beschrieben (Bild III-116). Zu Beginn der Rotation, d.h. zur Zeit $t = 0$ befindet sich der Zeiger in der Position (1), sein Winkel gegenüber der Horizontalen beträgt dann φ. Der Phasenwinkel φ der Sinusschwingung (III-157) bestimmt somit die *Anfangslage* des rotierenden Zeigers. In den folgenden t Sekunden hat sich der Zeiger um den Winkel ωt in *positiver* Richtung weitergedreht und nimmt die Lage (2) ein (Drehwinkel *insgesamt*: $\varphi + \omega t$, Bild III-116). Dabei entspricht die *Ordinate* der Zeigerspitze dem *augenblicklichen* Funktionswert von $y = A \cdot \sin(\omega t + \varphi)$. Bei der Rotation des Zeigers mit der Winkelgeschwindigkeit ω durchläuft dann die Ordinate *sämtliche* Funktionswerte der Sinusfunktion.

Zwischen der Position des Zeigers und der *Ordinate* y seiner Pfeilspitze (die ja dem *augenblicklichen* Funktionswert der Sinusschwingung entspricht) besteht somit der folgende Zusammenhang:

Lage zur Zeit $t = 0$ (Position (1)): $\quad y = A \cdot \sin\varphi$

Lage zur Zeit $t > 0$ (Position (2)): $\quad y = A \cdot \sin(\omega t + \varphi)$

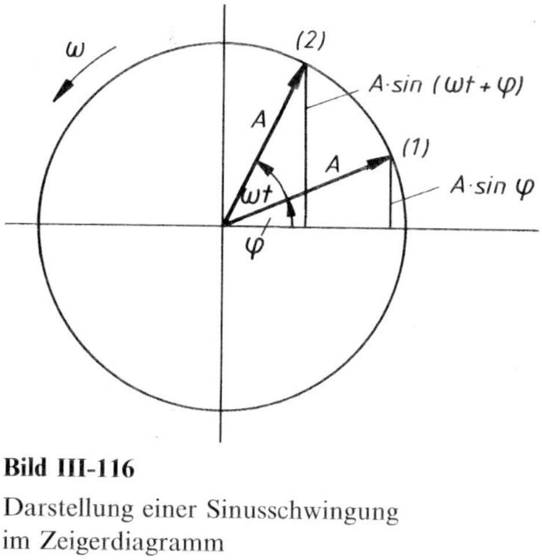

Bild III-116

Darstellung einer Sinusschwingung im Zeigerdiagramm

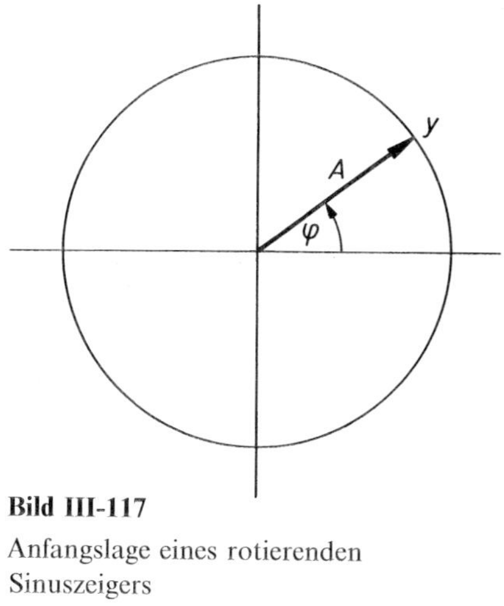

Bild III-117

Anfangslage eines rotierenden Sinuszeigers

Wir fassen die wichtigsten Ergebnisse wie folgt zusammen:

Darstellung einer Sinusschwingung durch einen rotierenden Zeiger (Bild III-116)

Eine *sinusförmige* Schwingung vom Typ

$$y = A \cdot \sin(\omega t + \varphi) \qquad (A > 0,\ \omega > 0) \tag{III-158}$$

läßt sich im *Zeigerdiagramm* durch einen im mathematisch *positiven* Drehsinn mit der Winkelgeschwindigkeit ω um den Ursprung rotierenden *Zeiger* der Länge A darstellen (Bild III-116). Der Zeiger „startet" dabei zur Zeit $t = 0$ aus der durch den Phasenwinkel φ eindeutig festgelegten Position heraus (Anfangslage (1) in Bild III-116). Zur Zeit $t > 0$ befindet er sich dann in der Position (2) nach Bild III-116.

Wir treffen jetzt die folgende verbindliche *Vereinbarung*: Eine *sinusförmige* Schwingung wird im Zeigerdiagramm stets durch die *Anfangslage* des zugehörigen (rotierenden) Zeigers symbolisch dargestellt (Bild III-117).

■ **Beispiele**

Die durch die folgenden Funktionsgleichungen beschriebenen *harmonischen Schwingungen* sind im *Zeigerdiagramm* symbolisch darzustellen:

$$y_1 = 4 \cdot \sin(2t) \qquad y_2 = 4 \cdot \sin\left(2t + \frac{\pi}{4}\right)$$

$$y_3 = 4 \cdot \sin\left(2t + \frac{2\pi}{3}\right) \qquad y_4 = 4 \cdot \sin(2t + \pi)$$

$$y_5 = 4 \cdot \sin\left(2t - \frac{\pi}{6}\right)$$

Die Zeiger y_2, y_3, y_4 und y_5 werden dabei durch Drehung des Zeigers $y_1 = 4 \cdot \sin(2t)$ um die folgenden Winkel gewonnen (Bild III-118):

Zeiger	y_2	y_3	y_4	y_5
Drehwinkel (Bogenmaß)	$\frac{\pi}{4}$	$\frac{2\pi}{3}$	π	$-\frac{\pi}{6}$
Drehwinkel (Gradmaß)	45°	120°	180°	−30°

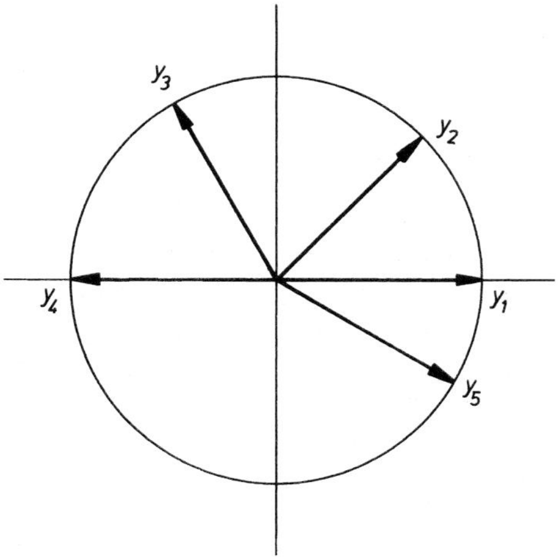

Bild III-118

■

Darstellung einer Kosinusschwingung durch einen rotierenden Zeiger

Eine *Kosinusschwingung* vom allgemeinen Typ

$$y = A \cdot \cos(\omega t + \varphi) \qquad (A > 0,\ \omega > 0) \tag{III-159}$$

ist auch als *Sinusschwingung* in der Form

$$y = A \cdot \sin\left(\omega t + \underbrace{\varphi + \frac{\pi}{2}}_{\varphi^*}\right) = A \cdot \sin(\omega t + \varphi^*) \tag{III-160}$$

darstellbar und läßt sich somit durch einen mit der Winkelgeschwindigkeit ω rotierenden Sinuszeiger der Länge A beschreiben, der zu *Beginn* der Drehung die durch die Phase $\varphi^* = \varphi + \pi/2$ eindeutig festgelegte Position einnimmt (Bild III-119). Mit anderen Worten: Einer *Kosinusschwingung* mit dem Phasenwinkel φ entspricht eine *Sinusschwingung* mit einem um $\pi/2$ *vergrößerten* Phasenwinkel $\varphi^* = \varphi + \pi/2$.

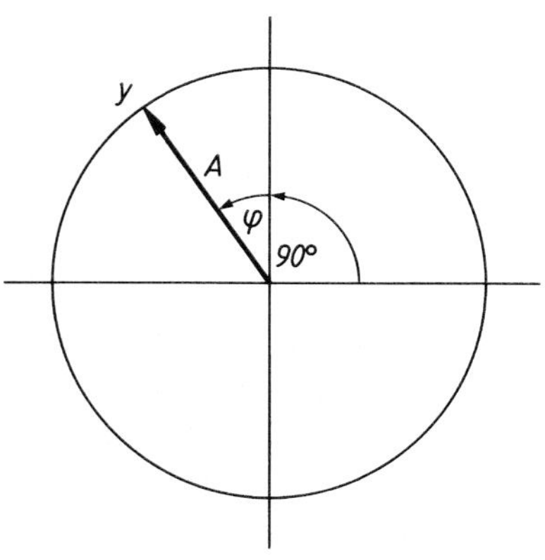

Bild III-119
Darstellung einer Kosinusschwingung im Zeigerdiagramm (Anfangslage)

■ **Beispiele**

$y_1 = 3 \cdot \cos(5t)$ $\qquad$ $y_2 = 3 \cdot \cos(5t + \pi)$

$y_3 = 3 \cdot \cos\left(5t + \frac{\pi}{3}\right)$ $\qquad$ $y_4 = 3 \cdot \cos(5t - 0{,}5)$

Die Kosinusschwingung y_1 kann auch als eine *Sinusschwingung* mit dem Nullphasenwinkel $\varphi = \pi/2$ aufgefaßt werden. Der zugehörige Zeiger besitzt dann die in Bild III-120 dargestellte *Anfangslage*. Die *Anfangslage* der drei übrigen Zeiger y_2, y_3 und y_4 erhält man dann, indem man den Zeiger y_1 der Reihe nach um die Winkel π, $\pi/3$ und $-0{,}5$ oder (im Gradmaß) $180°$, $60°$ und $-28{,}6°$ dreht, wie in Bild III-120 dargestellt.

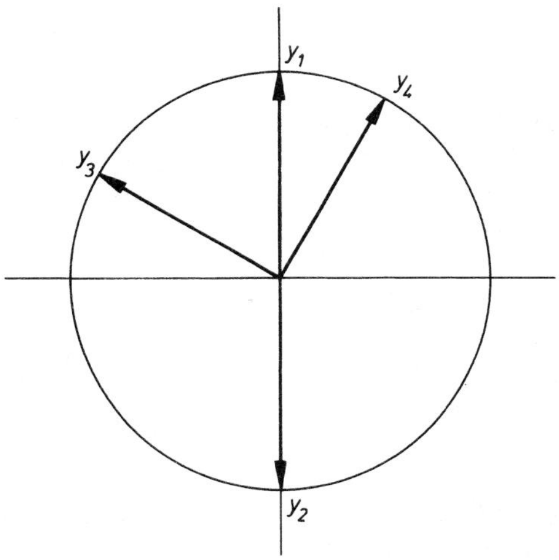

Bild III-120

■

Zeigerdiagramm für Sinus- und Kosinusschwingungen

Für die symbolische Darstellung von Sinus- und Kosinusschwingungen in einem Zeigerdiagramm gelten somit die folgenden *Regeln*:

Eine *unverschobene Sinusschwingung* $y = A \cdot \sin(\omega t)$ wird im Zeigerdiagramm durch einen nach *rechts* gerichteten Zeiger, eine *unverschobene Kosinusschwingung* $y = A \cdot \cos(\omega t)$ durch einen nach *oben* gerichteten Zeiger dargestellt (Bild III-121).

Läßt man auch einen *negativen* „Amplitudenfaktor" A zu, so bedeutet $A < 0$ eine *Vergrößerung* des Phasenwinkels um $180°$, d.h. eine *zusätzliche* Drehung des Zeigers um $180°$ im Gegenuhrzeigersinn. *Unverschobene Sinus- und Kosinusschwingungen mit einem negativen „Amplitudenfaktor" werden demnach in der jeweiligen Gegenrichtung d.h. nach links bzw. nach unten abgetragen* (Bild III-122).

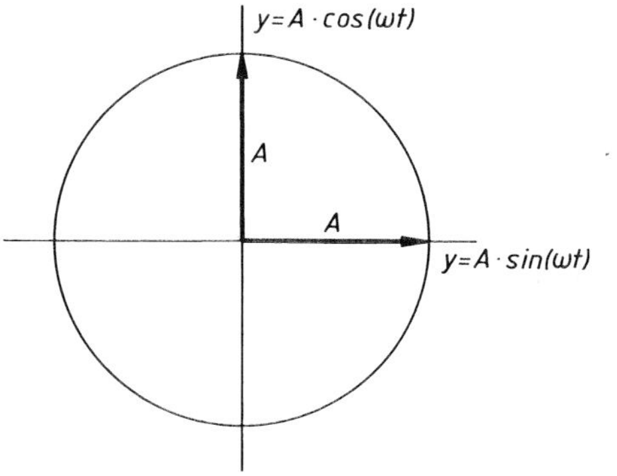

Bild III-121 Zeigerdarstellung einer unverschobenen Sinus- bzw. Kosinusschwingung (Anfangslagen)

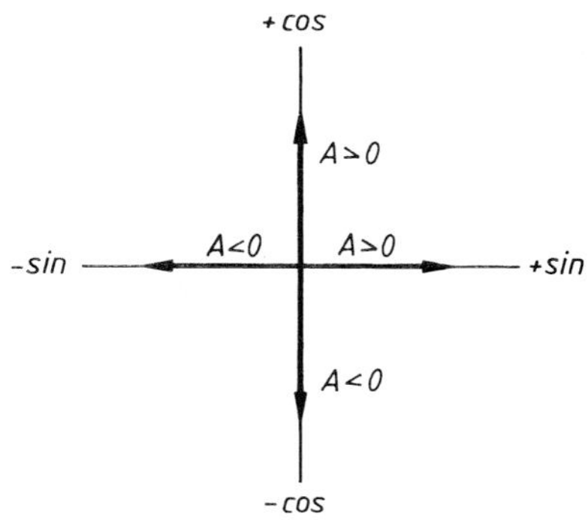

Bild III-122

Somit gelten allgemein die folgenden Regeln für die Zeigerdarstellung von Sinus- und Kosinusschwingungen:

Schwingungstyp	$A > 0$	$A < 0$
$y = A \cdot \sin(\omega t)$	nach rechts	nach links
$y = A \cdot \cos(\omega t)$	nach oben	nach unten

Bei *phasenverschobenen* Schwingungen der allgemeinen Form $y = A \cdot \sin(\omega t + \varphi)$ bzw. $y = A \cdot \cos(\omega t + \varphi)$ erfolgt noch eine *zusätzliche* Drehung um den Winkel φ und zwar für $\varphi > 0$ im *Gegenuhrzeigersinn*, für $\varphi < 0$ dagegen im *Uhrzeigersinn.*

■ **Beispiele**

(1) Die durch die Funktionen

$$y_1 = 3 \cdot \sin\left(2t + \frac{\pi}{6}\right) \qquad y_2 = 2 \cdot \cos(2t - \pi)$$

$$y_3 = 4 \cdot \cos\left(2t + \frac{3\pi}{4}\right) \qquad y_4 = -4 \cdot \sin\left(2t - \frac{\pi}{12}\right)$$

$$y_5 = 4 \cdot \sin(2t + 1) \qquad y_6 = -3 \cdot \cos\left(2t + \frac{\pi}{4}\right)$$

beschriebenen Schwingungen sind im *Zeigerdiagramm* darzustellen. Die Lösung der Aufgabe ist in Bild III-123 dargestellt.

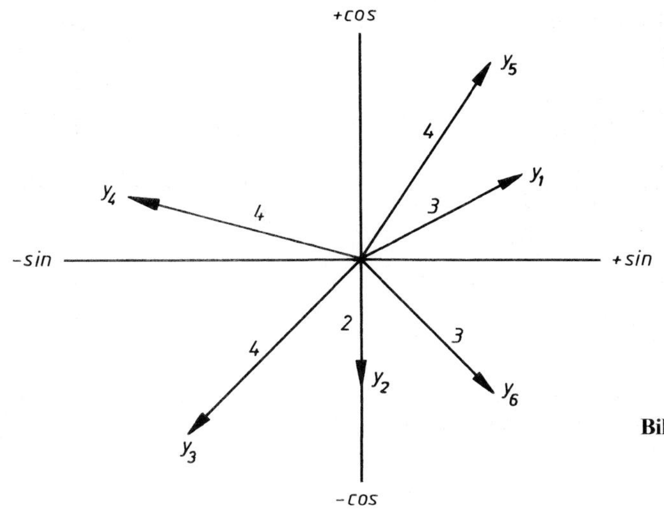

Bild III-123

(2) Die harmonischen Schwingungen

$$y_1 = 3 \cdot \cos\left(\omega t - \frac{\pi}{4}\right) \quad \text{und} \quad y_2 = -3 \cdot \sin\left(\omega t - \frac{\pi}{6}\right)$$

sind durch *Sinusfunktionen* vom Typ

$$y = A \cdot \sin(\omega t + \varphi) \qquad (A > 0)$$

darzustellen.

Lösung:
Bild III-124 zeigt die *Anfangslage* der zugehörigen Zeiger.

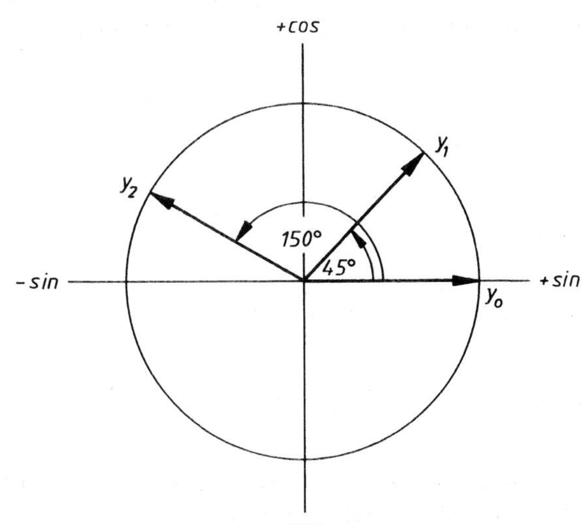

Bild III-124

Der Zeiger y_1 entsteht dabei durch Drehung des Zeigers $y_0 = 3 \cdot \sin(\omega t)$ um den Winkel $45° \mathrel{\hat{=}} \pi/4$ im *positiven* Drehsinn (Bild III-124). Daher ist

$$y_1 = 3 \cdot \cos\left(\omega t - \frac{\pi}{4}\right) = 3 \cdot \sin\left(\omega t + \frac{\pi}{4}\right)$$

Analog erhält man den Zeiger y_2 durch Drehung des Zeigers y_0 um den Winkel $150° \mathrel{\hat{=}} 5\pi/6$ im *positiven* Drehsinn. Es gilt daher

$$y_2 = -3 \cdot \sin\left(\omega t - \frac{\pi}{6}\right) = 3 \cdot \sin\left(\omega t + \frac{5\pi}{6}\right)$$

Die vorgegebenen Schwingungen y_1 und y_2 können somit auch als *Sinusschwingungen* mit der *Amplitude* $A = 3$ und dem Phasenwinkel $\varphi = \pi/4$ bzw. $\varphi = 5\pi/6$ aufgefaßt werden.

■

9.5.3 Superposition (Überlagerung) gleichfrequenter Schwingungen

Nach dem *Superpositionsprinzip* der Physik entsteht durch *ungestörte Überlagerung* zweier *gleichfrequenter* sinusförmiger Schwingungen vom Typ

$$y_1 = A_1 \cdot \sin(\omega t + \varphi_1) \quad \text{und} \quad y_2 = A_2 \cdot \sin(\omega t + \varphi_2) \qquad \text{(III-161)}$$

eine *resultierende* Schwingung *gleicher* Frequenz:

$$y = y_1 + y_2 = A \cdot \sin(\omega t + \varphi) \qquad \text{(III-162)}$$

Amplitude A und Phase φ der Resultierenden sind dabei *eindeutig* durch die Amplituden A_1, A_2 und die Phasen φ_1, φ_2 der Einzelschwingungen y_1 und y_2 bestimmt.

Zeichnerische Lösung (Bild III-125)

Im *Zeigerdiagramm* werden die Zeiger von y_1 und y_2 zu einem *Parallelogramm* zusammengesetzt, dessen *Diagonale* die resultierende Schwingung nach Bild III-125 darstellt. Amplitude A und Phase φ lassen sich unmittelbar aus dem Diagramm ablesen.

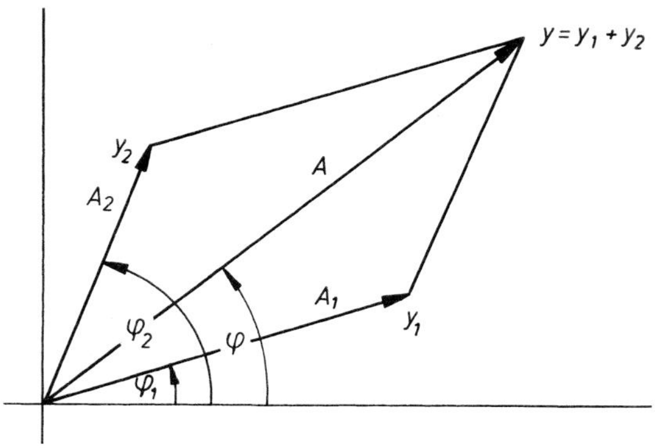

Bild III-125
Geometrische Addition zweier *gleichfrequenter* Schwingungen im Zeigerdiagramm

Berechnung von Amplitude A und Phase φ (Bild III-126)

Aus Bild III-126 gewinnt man durch Anwendung des *Satzes von Pythagoras* auf das rechtwinklige Dreieck mit den Katheten $u = u_1 + u_2$ und $v = v_1 + v_2$ und der Hypotenuse A die folgende Beziehung für die *Amplitude* A der *resultierenden* Schwingung:

$$A^2 = u^2 + v^2 = (u_1 + u_2)^2 + (v_1 + v_2)^2 =$$

$$= (A_1 \cdot \cos \varphi_1 + A_2 \cdot \cos \varphi_2)^2 + (A_1 \cdot \sin \varphi_1 + A_2 \cdot \sin \varphi_2)^2 =$$

$$= A_1^2 \cdot \cos^2 \varphi_1 + 2 A_1 A_2 \cdot \cos \varphi_1 \cdot \cos \varphi_2 + A_2^2 \cdot \cos^2 \varphi_2 + A_1^2 \cdot \sin^2 \varphi_1 +$$

$$+ 2 A_1 A_2 \cdot \sin \varphi_1 \cdot \sin \varphi_2 + A_2^2 \cdot \sin^2 \varphi_2 =$$

$$= A_1^2 \underbrace{(\cos^2 \varphi_1 + \sin^2 \varphi_1)}_{1} + A_2^2 \cdot \underbrace{(\cos^2 \varphi_2 + \sin^2 \varphi_2)}_{1} +$$

$$+ 2 A_1 A_2 \underbrace{(\cos \varphi_1 \cdot \cos \varphi_2 + \sin \varphi_1 \cdot \sin \varphi_2)}_{\cos(\varphi_1 - \varphi_2) = \cos(\varphi_2 - \varphi_1)} =$$

$$= A_1^2 + A_2^2 + 2 A_1 A_2 \cdot \cos(\varphi_2 - \varphi_1) \qquad \text{(III-163)}$$

Somit ist

$$A = \sqrt{A_1^2 + A_2^2 + 2 A_1 A_2 \cdot \cos(\varphi_2 - \varphi_1)} \qquad \text{(III-164)}$$

Die *Phase* φ der resultierenden Schwingung berechnet man aus der Formel

$$\tan \varphi = \frac{v}{u} = \frac{v_1 + v_2}{u_1 + u_2} = \frac{A_1 \cdot \sin \varphi_1 + A_2 \cdot \sin \varphi_2}{A_1 \cdot \cos \varphi_1 + A_2 \cdot \cos \varphi_2} \qquad \text{(III-165)}$$

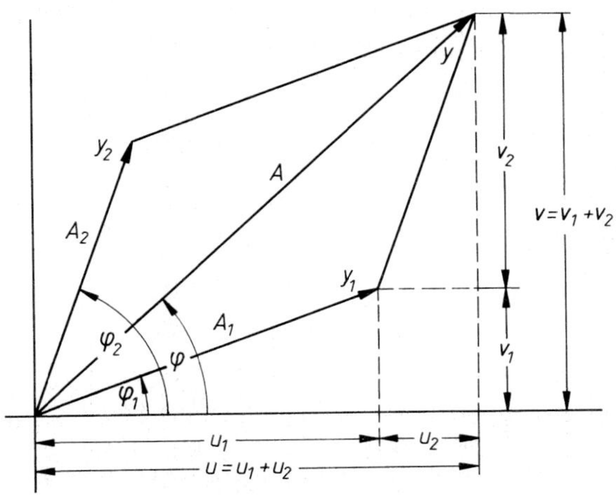

Hilfsgrößen:

$u_1 = A_1 \cdot \cos \varphi_1$

$u_2 = A_2 \cdot \cos \varphi_2$

$v_1 = A_1 \cdot \sin \varphi_1$

$v_2 = A_2 \cdot \sin \varphi_2$

Bild III-126

Zur Bestimmung von Amplitude und Phase einer resultierenden Schwingung

Wir fassen zusammen:

Superposition zweier gleichfrequenter Schwingungen (Bild III-126)

Durch *ungestörte Überlagerung* zweier gleichfrequenter Schwingungen vom Typ

$$y_1 = A_1 \cdot \sin(\omega t + \varphi_1) \quad \text{und} \quad y_2 = A_2 \cdot \sin(\omega t + \varphi_2) \qquad \text{(III-166)}$$

mit $A_1 > 0$, $A_2 > 0$ und $\omega > 0$ entsteht eine *resultierende* Schwingung der *gleichen* Frequenz:

$$y = y_1 + y_2 = A \cdot \sin(\omega t + \varphi) \qquad \text{(III-167)}$$

Amplitude A und *Phasenwinkel* φ lassen sich dabei aus den Amplituden A_1 und A_2 und den Phasenwinkeln φ_1 und φ_2 der beiden *Einzelschwingungen* wie folgt berechnen:

$$A = \sqrt{A_1^2 + A_2^2 + 2 A_1 A_2 \cdot \cos(\varphi_2 - \varphi_1)} \qquad \text{(III-168)}$$

$$\tan \varphi = \frac{A_1 \cdot \sin \varphi_1 + A_2 \cdot \sin \varphi_2}{A_1 \cdot \cos \varphi_1 + A_2 \cdot \cos \varphi_2} \qquad \text{(III-169)}$$

Anmerkungen

(1) Man beachte die Voraussetzungen: *Beide* Schwingungen müssen als *Sinusschwingungen* mit jeweils *positiver* Amplitude vorliegen. Die Formeln (III-168) und (III-169) gelten aber auch dann, wenn *beide* Einzelschwingungen in der *Kosinusform* mit jeweils *positiver* Amplitude vorgegeben sind. In diesem Fall ist die *resultierende* Schwingung eine gleichfrequente *Kosinusschwingung*. Die Einzelschwingungen müssen daher gegebenenfalls erst auf die *Sinusform* (oder *Kosinusform*) gebracht werden.

(2) Es ist ratsam, sich zunächst anhand einer *Skizze* über die *Lage* des *resultierenden* Zeigers zu informieren. Den Phasenwinkel φ erhält man dann aus Gleichung (III-169) unter Berücksichtigung des *Quadranten* (siehe hierzu auch das nachfolgende Beispiel (3)). Die dabei zu lösende Gleichung $\tan \varphi = \text{const.} = c$ besitzt in *Abhängigkeit vom Quadrant* die folgende Lösung (*Hauptwert* im Gradmaß)[10]:

Quadrant	I	II, III	IV
$\varphi =$	$\arctan c$	$\arctan c + 180°$	$\arctan c + 360°$

[10] Die Funktion $y = \arctan x$ ist die *Umkehrfunktion* der auf das Intervall $-\pi/2 < x < \pi/2$ beschränkten *Tangensfunktion* und wird in Abschnitt 10.4 noch ausführlich behandelt.

■ **Beispiele**

(1) Wie lautet die durch *Superposition* der beiden *mechanischen* Schwingungen

$$y_1 = 4\text{ cm} \cdot \sin(2\text{ s}^{-1} \cdot t) \quad \text{und} \quad y_2 = 3\text{ cm} \cdot \cos\left(2\text{ s}^{-1} \cdot t - \frac{\pi}{6}\right)$$

entstandene *resultierende* Schwingung?

Lösung:
Zunächst wird die Kosinusschwingung y_2 mit Hilfe des Zeigerdiagramms in eine *Sinusschwingung* umgewandelt (Bild III-127):

$$y_2 = 3\text{ cm} \cdot \cos\left(2\text{ s}^{-1} \cdot t - \frac{\pi}{6}\right) = 3\text{ cm} \cdot \sin\left(2\text{ s}^{-1} \cdot t + \frac{\pi}{3}\right)$$

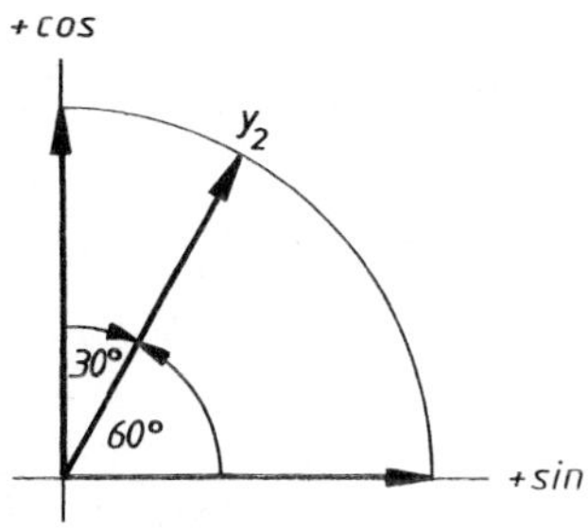

Bild III-127 Umwandlung einer Kosinusschwingung in eine Sinusschwingung

Mit $A_1 = 4\text{ cm}$, $A_2 = 3\text{ cm}$, $\varphi_1 = 0$ und $\varphi_2 = \pi/3$ erhält man aus den Gleichungen (III-168) und (III-169) die folgenden Werte für die *Amplitude* A und die Phase φ der *resultierenden* Schwingung (der resultierende Zeiger liegt im *1. Quadrant*):

$$A = \sqrt{(4\text{ cm})^2 + (3\text{ cm})^2 + 2 \cdot 4\text{ cm} \cdot 3\text{ cm} \cdot \cos\left(\frac{\pi}{3}\right)} = 6{,}08\text{ cm}$$

$$\tan\varphi = \frac{4\text{ cm} \cdot \sin 0 + 3\text{ cm} \cdot \sin\left(\frac{\pi}{3}\right)}{4\text{ cm} \cdot \cos 0 + 3\text{ cm} \cdot \cos\left(\frac{\pi}{3}\right)} = \frac{2{,}5981\text{ cm}}{5{,}5\text{ cm}} = 0{,}4724 \quad \Rightarrow$$

$$\varphi = \arctan 0{,}4724 = 25{,}29° \mathrel{\hat{=}} 0{,}44$$

Die *resultierende* Schwingung lautet damit:

$$y = y_1 + y_2 = 4\text{ cm} \cdot \sin(2\text{ s}^{-1} \cdot t) + 3\text{ cm} \cdot \cos\left(2\text{ s}^{-1} \cdot t - \frac{\pi}{6}\right) =$$

$$= 6{,}08\text{ cm} \cdot \sin(2\text{ s}^{-1} \cdot t + 0{,}44)$$

(2) Die *gleichfrequenten Wechselspannungen*

$$u_1 = 50\ \mathrm{V} \cdot \sin(314\ \mathrm{s}^{-1} \cdot t) \quad \text{und} \quad u_2 = 80\ \mathrm{V} \cdot \cos(314\ \mathrm{s}^{-1} \cdot t)$$

werden zur *Überlagerung* gebracht. Die durch *Superposition* entstehende *resultierende* Wechselspannung $u = u_0 \cdot \sin(314\ \mathrm{s}^{-1} \cdot t + \varphi)$ kann unmittelbar aus dem *Zeigerdiagramm* berechnet werden (Bild III-128):

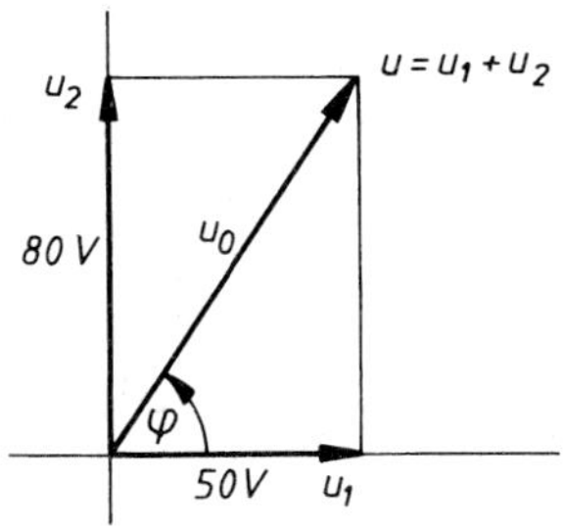

$$u_0 = \sqrt{(50\ \mathrm{V})^2 + (80\ \mathrm{V})^2} = 94{,}34\ \mathrm{V}$$

$$\tan\varphi = \frac{80\ \mathrm{V}}{50\ \mathrm{V}} = 1{,}6 \quad \Rightarrow$$

$$\varphi = \arctan 1{,}6 = 57{,}99^\circ \mathrel{\hat{=}} 1{,}01$$

Bild III-128

Die *resultierende* Wechselspannung läßt sich somit durch die Funktion

$$u = u_1 + u_2 = 50\ \mathrm{V} \cdot \sin(314\ \mathrm{s}^{-1} \cdot t) + 80\ \mathrm{V} \cdot \cos(314\ \mathrm{s}^{-1} \cdot t) =$$

$$= 94{,}34\ \mathrm{V} \cdot \sin(314\ \mathrm{s}^{-1} \cdot t + 1{,}01)$$

beschreiben.

(3) Wir bringen die *gleichfrequenten* mechanischen Schwingungen

$$y_1 = 6\ \mathrm{cm} \cdot \sin\left(\omega t + \frac{\pi}{6}\right) \quad \text{und} \quad y_2 = 10\ \mathrm{cm} \cdot \sin\left(\omega t + \frac{5}{6}\pi\right)$$

zur ungestörten Überlagerung. Der Zeiger der *resultierenden* Schwingung $y = A \cdot \sin(\omega t + \varphi)$ liegt nach Bild III-129 im 2. Quadrant.

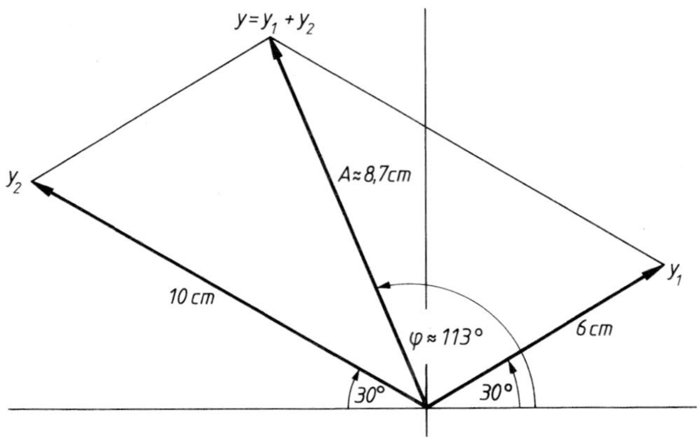

Bild III-129

Für die *Amplitude* A erhalten wir nach Formel (III-168) den folgenden Wert:

$$A = \sqrt{(6\text{ cm})^2 + (10\text{ cm})^2 + 2 \cdot 6\text{ cm} \cdot 10\text{ cm} \cdot \cos\left(\frac{5}{6}\pi - \frac{\pi}{6}\right)} = 8{,}72\text{ cm}$$

Den *Phasenwinkel* φ bestimmen wir aus Gleichung (III-169):

$$\tan\varphi = \frac{6\text{ cm} \cdot \sin\left(\frac{\pi}{6}\right) + 10\text{ cm} \cdot \sin\left(\frac{5}{6}\pi\right)}{6\text{ cm} \cdot \cos\left(\frac{\pi}{6}\right) + 10\text{ cm} \cdot \cos\left(\frac{5}{6}\pi\right)} = -\,2{,}3094$$

Diese Gleichung besitzt wegen $90^\circ < \varphi < 180^\circ$ die Lösung

$$\varphi = \arctan(-\,2{,}3094) + 180^\circ = 113{,}41^\circ \mathrel{\hat{=}} 1{,}98$$

Die *resultierende* Schwingung wird somit durch die Gleichung

$$y = y_1 + y_2 = 8{,}72\text{ cm} \cdot \sin(\omega t + 1{,}98)$$

beschrieben.

■

9.5.4 Lissajous-Figuren

Lissajous-Figuren entstehen durch *Überlagerung* zweier *aufeinander senkrecht* stehender Schwingungen, deren Frequenzen in einem *rationalen* Verhältnis stehen. Sie lassen sich z.B. auf einem Kathodenstrahloszillograph (Braunsche Röhre) durch Anlegen von (sinusförmigen) Wechselspannungen an die beiden Kondensatorplattenpaare realisieren. Eine Sinusspannung am *horizontal* ablenkenden Plattenpaar (x-Richtung) bewirkt, daß der Elektronenstrahl eine Schwingung in *waagerechter* Richtung nach der Gleichung $x = a \cdot \sin(\omega t)$ ausführt. Eine Kosinusspannung *gleicher* Frequenz am *vertikal* ablenkenden Plattenpaar (y-Richtung) veranlaßt den Elektronenstrahl zu einer periodischen Bewegung in *vertikaler* Richtung gemäß der Gleichung $y = b \cdot \cos(\omega t)$. Die *augenblickliche* Lage des Strahls bei *gleichzeitigem* Anlegen *beider* Spannungen wird dann durch die *Parameter-Gleichungen*

$$x = a \cdot \sin(\omega t), \quad y = b \cdot \cos(\omega t) \qquad (t \geqslant 0) \qquad \text{(III-170)}$$

beschrieben ($a > 0$, $b > 0$). Löst man diese Gleichungen nach $\sin(\omega t)$ bzw. $\cos(\omega t)$ auf und berücksichtigt die Beziehung (III-138), so erhält man als *Bahnkurve* des Elektronenstrahls eine *Ellipse* mit den Halbachsen a und b (Bild III-130):

$$\sin^2(\omega t) + \cos^2(\omega t) = 1 \;\Rightarrow\; \left(\frac{x}{a}\right)^2 + \left(\frac{y}{b}\right)^2 = 1 \;\Rightarrow\; \frac{x^2}{a^2} + \frac{y^2}{b^2} = 1 \qquad \text{(III-171)}$$

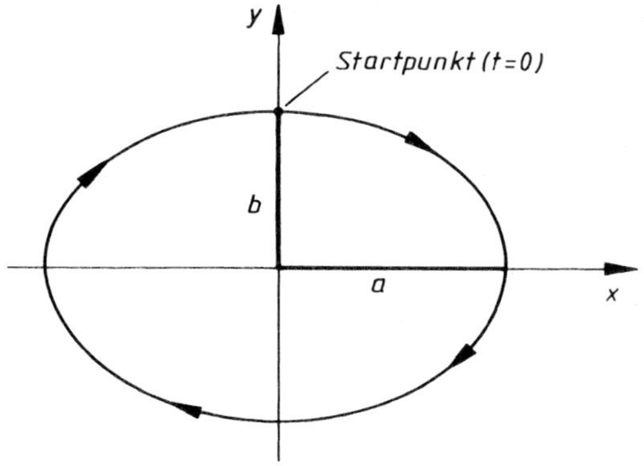

Bild III-130
Lissajous-Figur (Ellipse): Die Pfeilrichtung kennzeichnet den Durchlaufsinn des Elektronenstrahls

10 Arkusfunktionen

10.1 Das Problem der Umkehrung trigonometrischer Funktionen

Die *trigonometrischen* Funktionen ordnen einem Winkel x in *eindeutiger* Weise einen Funktionswert zu. In den Anwendungen jedoch stellt sich häufig genau das *umgekehrte* Problem (z. B. beim Lösen einer trigonometrischen Gleichung): Der Funktionswert einer bestimmten trigonometrischen Funktion ist bekannt, gesucht ist der zugehörige *Winkel.* So besitzt beispielsweise die einfache trigonometrische Gleichung $\tan x = 1$ *unendlich* viele Lösungen, d.h. es gibt *unendlich* viele Winkel, deren Tangens gleich Eins ist. Die Lösungen dieser Gleichung können bequem auf zeichnerischem Wege als Schnittpunkte der Tangensfunktion $y = \tan x$ mit der Geraden $y = 1$ (Parallele zur x-Achse) ermittelt werden (Bild III-131). Sie lauten:

$$x_k = \frac{\pi}{4} + k \cdot \pi \qquad (k \in \mathbb{Z}) \qquad \text{(III-172)}$$

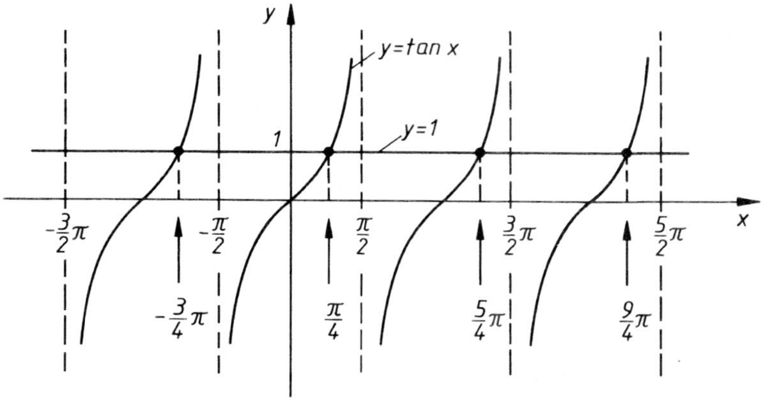

Bild III-131 Zur Umkehrung einer trigonometrischen Funktion

Die *Umkehrung* der Tangensfunktion ist demnach *nicht eindeutig*. Offensichtlich ist dies eine Folge der *fehlenden* Monotonieeigenschaft. Ganz ähnlich liegen die Verhältnisse bei den übrigen trigonometrischen Funktionen.

Beschränken wir uns jedoch bei der Lösung der Gleichung $\tan x = 1$ auf den Winkelbereich $-\pi/2 < x < \pi/2$ (hier ist der Tangens *streng monoton wachsend*), so erhält man genau *eine* Lösung:

$$\tan x = 1 \xrightarrow[-\pi/2 < x < \pi/2]{\text{Lösung im Intervall}} x_0 = \pi/4 \tag{III-173}$$

Zur Umkehrung der trigonometrischen Funktionen

Grundsätzlich lassen sich die trigonometrischen Funktionen infolge fehlender Monotonieeigenschaft *nicht* umkehren. Beschränkt man sich jedoch auf gewisse Intervalle, in denen die Funktionen *streng monoton* verlaufen und dabei *sämtliche* Funktionswerte annehmen, so ist *jede* der vier Winkelfunktionen *umkehrbar*. Die Umkehrfunktionen werden als *Arkusfunktionen* oder *zyklometrische* Funktionen bezeichnet. Ihre Funktionswerte sind im Bogen- oder Gradmaß dargestellte *Winkel*.

10.2 Arkussinusfunktion

Die Sinusfunktion verläuft in dem symmetrischen Intervall $-\pi/2 \leqslant x \leqslant \pi/2$ *streng monoton wachsend*, durchläuft dabei ihren *gesamten* Wertevorrat und ist daher in diesem Intervall *umkehrbar*. Ihre Umkehrung führt zur *Arkussinusfunktion* (Bild III-132).

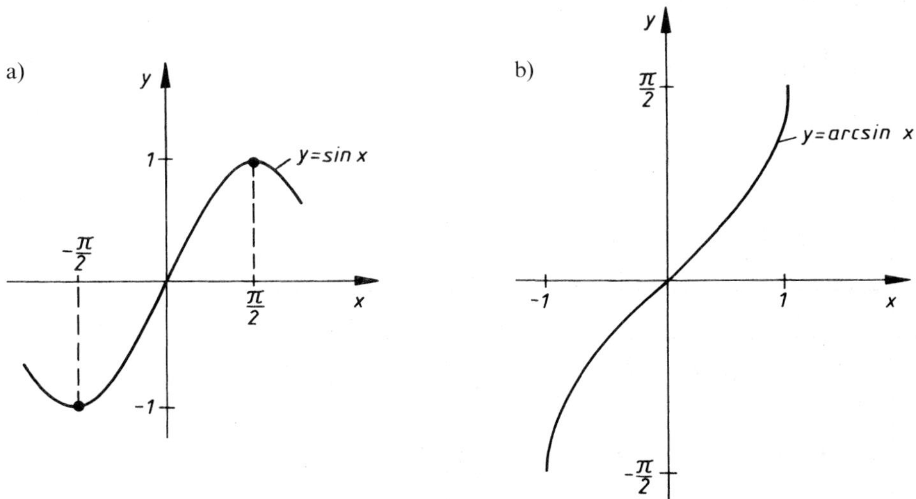

Bild III-132 Zur Umkehrung der Sinusfunktion

a) Funktionsgraph von $y = \sin x$

b) Funktionsgraph von $y = \arcsin x$

> **Definition:** Die *Arkussinusfunktion* $y = \arcsin x$ ist die *Umkehrfunktion* der auf das Intervall $-\pi/2 \leqslant x \leqslant \pi/2$ beschränkten Sinusfunktion $y = \sin x$.

In der folgenden Tabelle 3 haben wir die wesentlichen Eigenschaften der Arkussinusfunktion zusammengestellt.

Tabelle 3: Eigenschaften der Arkussinusfunktion $y = \arcsin$ x

	$y = \sin x$ (Bild III-132a))	$y = \arcsin x$ (Bild III-132b))
Definitionsbereich	$-\frac{\pi}{2} \leqslant x \leqslant \frac{\pi}{2}$	$-1 \leqslant x \leqslant 1$
Wertebereich	$-1 \leqslant y \leqslant 1$	$-\frac{\pi}{2} \leqslant y \leqslant \frac{\pi}{2}$
Nullstellen	$x_0 = 0$	$x_0 = 0$
Symmetrie	ungerade	ungerade
Monotonie	streng monoton wachsend	streng monoton wachsend

■ **Beispiele**

$\arcsin 0 = 0$ $\arcsin 0{,}5 = \pi/6 \mathrel{\hat{=}} 30^\circ$ $\arcsin(-0{,}75) = -0{,}8481$ ■

10.3 Arkuskosinusfunktion

Die Kosinusfunktion ist im Intervall $0 \leqslant x \leqslant \pi$ *streng monoton fallend*, durchläuft dabei ihren *gesamten* Wertevorrat und ist daher dort *umkehrbar*. Ihre Umkehrung führt zur *Arkuskosinusfunktion* (Bild III-133).

> **Definition:** Die *Arkuskosinusfunktion* $y = \arccos x$ ist die *Umkehrfunktion* der auf das Interfall $0 \leqslant x \leqslant \pi$ beschränkten Kosinusfunktion $y = \cos x$.

Ihre Eigenschaften entnimmt man Tabelle 4.

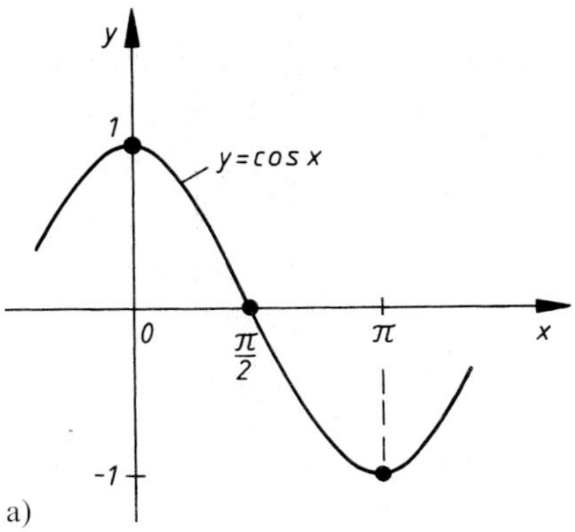

a)

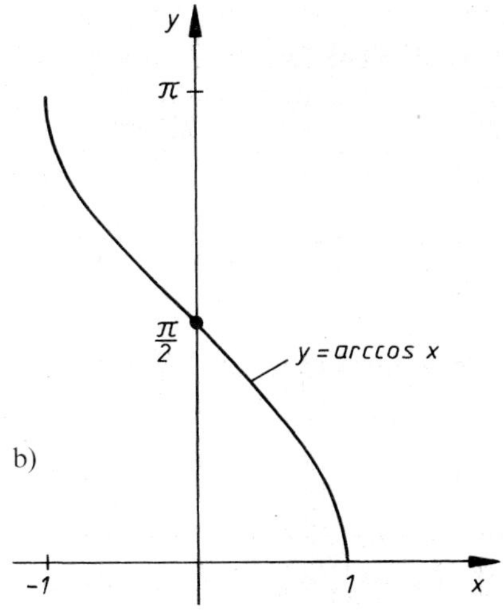

b)

Bild III-133 Zur Umkehrung der Kosinusfunktion
a) Funktionsgraph von $y = \cos x$
b) Funktionsgraph von $y = \arccos x$

Tabelle 4: Eigenschaften der Arkuskosinusfunktion $y = \arccos x$

	$y = \cos x$ (Bild III-133a))	$y = \arccos x$ (Bild III-133b))
Definitionsbereich	$0 \leqslant x \leqslant \pi$	$-1 \leqslant x \leqslant 1$
Wertebereich	$-1 \leqslant y \leqslant 1$	$0 \leqslant y \leqslant \pi$
Nullstellen	$x_0 = \frac{\pi}{2}$	$x_0 = 1$
Monotonie	streng monoton fallend	streng monoton fallend

■ **Beispiele**

$\arccos 0 = \frac{\pi}{2}$ $\qquad$ $\arccos 0{,}5 = \frac{\pi}{3} \mathrel{\hat{=}} 60°$ $\qquad$ $\arccos(-0{,}237) = 1{,}8101$ ■

10.4 Arkustangens- und Arkuskotangensfunktion

Die *Umkehrung* der Tangensfunktion erfolgt im Intervall $-\pi/2 < x < \pi/2$, in dem der Tangens *streng monoton wachsend* verläuft und dabei seinen *gesamten* Wertebereich durchläuft. Die Umkehrfunktion wird als *Arkustangensfunktion* bezeichnet (Bild III-134).

Definition: Die *Arkustangensfunktion* $y = \arctan x$ ist die *Umkehrfunktion* der auf das Intervall $-\pi/2 < x < \pi/2$ beschränkten Tangensfunktion $y = \tan x$.

Ihre Funktionseigenschaften sind in Tabelle 5 näher beschrieben.

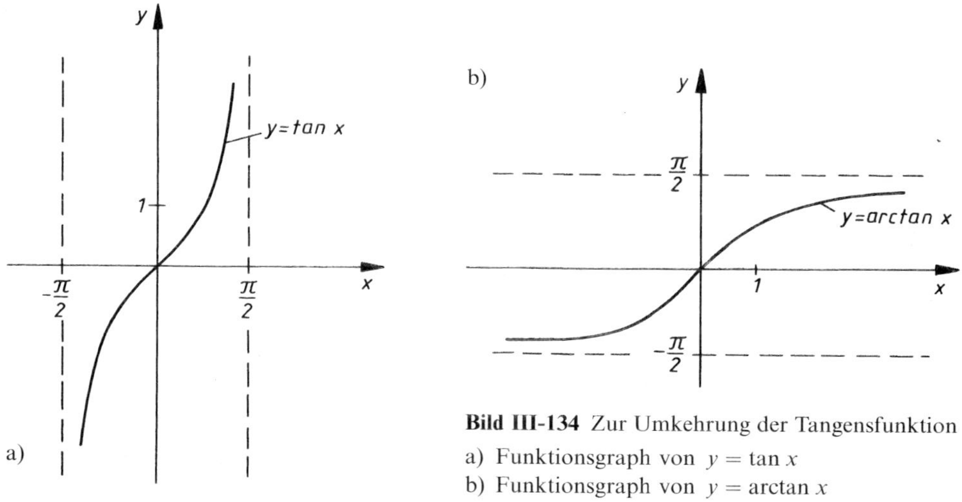

Bild III-134 Zur Umkehrung der Tangensfunktion
a) Funktionsgraph von $y = \tan x$
b) Funktionsgraph von $y = \arctan x$

Tabelle 5: Eigenschaften der Arkustangensfunktion $y = \arctan x$

	$y = \tan x$ (Bild III-134a))	$y = \arctan x$ (Bild III-134b))
Definitionsbereich	$-\frac{\pi}{2} < x < \frac{\pi}{2}$	$-\infty < x < \infty$
Wertebereich	$-\infty < y < \infty$	$-\frac{\pi}{2} < y < \frac{\pi}{2}$
Nullstellen	$x_0 = 0$	$x_0 = 0$
Symmetrie	ungerade	ungerade
Monotonie	streng monoton wachsend	streng monoton wachsend
Asymptoten	$x = \pm \frac{\pi}{2}$	$y = \pm \frac{\pi}{2}$

Die *Kotangensfunktion* ist im Intervall $0 < x < \pi$ *umkehrbar*. Denn dort ist der Kotangens *streng monoton fallend* und durchläuft dabei seinen *gesamten* Wertebereich. Die Umkehrfunktion heißt *Arkuskotangensfunktion* (Bild III-135).

Definition: Die *Arkuskotangensfunktion* $y = \text{arccot}\, x$ ist die *Umkehrfunktion* der auf das Intervall $0 < x < \pi$ beschränkten *Kotangensfunktion* $y = \cot x$.

In Tabelle 6 sind die Eigenschaften dieser Funktion zusammengetragen.

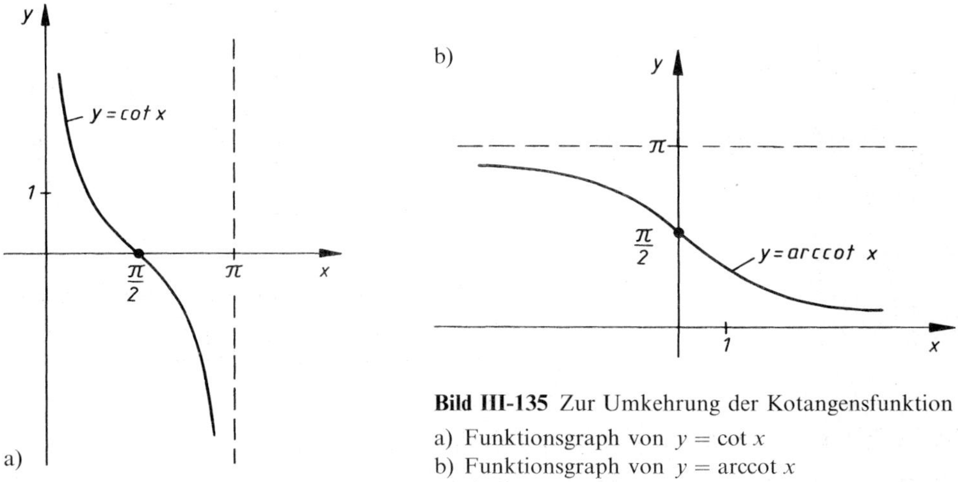

Bild III-135 Zur Umkehrung der Kotangensfunktion
a) Funktionsgraph von $y = \cot x$
b) Funktionsgraph von $y = \text{arccot}\, x$

Tabelle 6: Eigenschaften der Arkuskotangensfunktion $y = \text{arccot}\, x$

	$y = \cot x$ (Bild III-135a))	$y = \text{arccot}\, x$ (Bild III-135b))
Definitionsbereich	$0 < x < \pi$	$-\infty < x < \infty$
Wertebereich	$-\infty < y < \infty$	$0 < y < \pi$
Nullstellen	$x_0 = \frac{\pi}{2}$	—
Monotonie	streng monoton fallend	streng monoton fallend
Asymptoten	$x = 0$ $x = \pi$	$y = 0$ $y = \pi$

Anmerkung

Die *Arkuskotangensfunktion* spielt in der Praxis *keine* nennenswerte Rolle. Sie fehlt daher auf den Taschenrechnern. Ihre Funktionswerte werden meist unter Verwendung der Beziehung

$$\operatorname{arccot} x = \frac{\pi}{2} - \arctan x \tag{III-174}$$

über die *Arkustangensfunktion* berechnet (x im Bogenmaß; bei Verwendung des *Gradmaßes* ist $\pi/2$ durch 90° zu ersetzen).

■ **Beispiele**

(1) $\arctan 1 = \frac{\pi}{4}$ $\quad \arctan 125{,}3 = 1{,}5628$ $\quad \arctan(-3\pi) = -1{,}4651$

(2) $\operatorname{arccot} 0 = \frac{\pi}{2} - \arctan 0 = \frac{\pi}{2} - 0 = \frac{\pi}{2}$

$\operatorname{arccot} 1{,}51 = \frac{\pi}{2} - \arctan 1{,}51 = \frac{\pi}{2} - 0{,}9859 = 0{,}5849$

$\operatorname{arccot}(-23{,}5) = \frac{\pi}{2} - \arctan(-23{,}5) = \frac{\pi}{2} - (-1{,}5283) = 3{,}0991$

(3) Die *Superposition* der *gleichfrequenten* mechanischen Schwingungen

$$y_1 = 5\,\text{cm} \cdot \sin(3\,\text{s}^{-1} \cdot t) \quad \text{und} \quad y_2 = 6\,\text{cm} \cdot \cos(3\,\text{s}^{-1} \cdot t)$$

führt zu einer resultierenden Schwingung *gleicher* Frequenz, deren Amplitude A und Phase φ direkt aus dem Zeigerdiagramm (Bild III-136) berechnet werden kann:

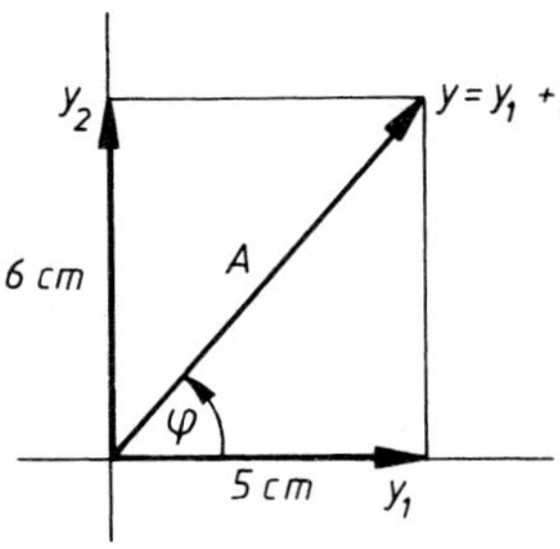

Bild III-136

$$A = \sqrt{(5\,\text{cm})^2 + (6\,\text{cm})^2} = 7{,}81\,\text{cm}$$

$$\tan \varphi = \frac{6\,\text{cm}}{5\,\text{cm}} = 1{,}2 \quad \Rightarrow$$

$$\varphi = \arctan 1{,}2 = 0{,}8761$$

Die Gleichung der *resultierenden Schwingung* lautet damit:

$$y = y_1 + y_2 = 5\,\text{cm} \cdot \sin(3\,\text{s}^{-1} \cdot t) + 6\,\text{cm} \cdot \cos(3\,\text{s}^{-1} \cdot t) =$$

$$= 7{,}81\,\text{cm} \cdot \sin(3\,\text{s}^{-1} \cdot t + 0{,}8761)$$ ■

10.5 Trigonometrische Gleichungen

Unter einer *trigonometrischen Gleichung* versteht man eine Gleichung, bei der die Unbekannte x in den *Argumenten* trigonometrischer Funktionen auftritt. Den Lösungsmechanismus zeigen wir anhand eines ausgewählten Beispiels, da sich eine allgemeines Lösungsverfahren für Gleichungen dieser Art *nicht* angeben läßt.

■ **Beispiel**

$$\sin(2x) = 1{,}5 \cdot \cos x$$

Unter Verwendung der trigonometrischen Formel $\sin(2x) = 2 \cdot \sin x \cdot \cos x$ läßt sich diese Gleichung wie folgt umformen:

$$2 \cdot \sin x \cdot \cos x = 1{,}5 \cdot \cos x \qquad \text{oder} \qquad 2 \cdot \sin x \cdot \cos x - 1{,}5 \cdot \cos x = 0$$

$$\cos x\,(2 \cdot \sin x - 1{,}5) = 0 \begin{cases} \cos x = 0 \\ 2 \cdot \sin x - 1{,}5 = 0 \end{cases}$$

(ein Produkt ist Null, wenn *mindestens* ein Faktor Null ist!). Die Ausgangsgleichung zerfällt damit in die beiden (wesentlich einfacheren) Gleichungen $\cos x = 0$ und $2 \cdot \sin x - 1{,}5 = 0$, mit deren Lösung wir uns jetzt beschäftigen wollen.

Lösung der Gleichung $\cos x = 0$

Die Lösungen dieser Gleichung sind die *Nullstellen* der Kosinusfunktion. Sie liegen nach Bild III-137 bei

$$x_{1k} = \frac{\pi}{2} + k\pi \qquad (k \in \mathbb{Z})$$

Da es noch *weitere* Lösungen geben wird, müssen wir zur Kennzeichnung der einzelnen Werte *zwei* Indizes verwenden. Der *erste* Index (hier: 1) kennzeichnet dabei die verschiedenen Teillösungsmengen, der *zweite* Index k ist der *Laufindex* ($k \in \mathbb{Z}$).

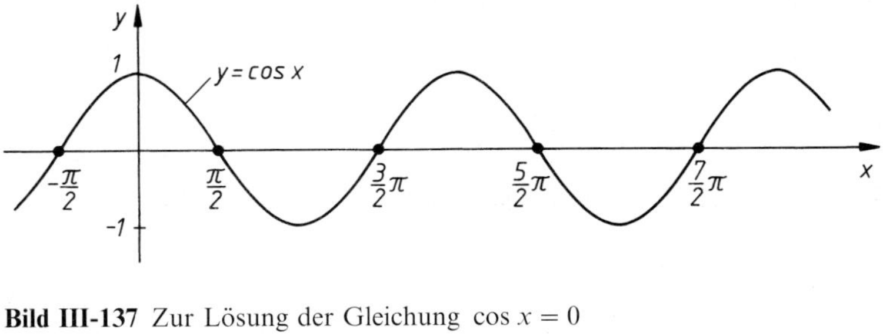

Bild III-137 Zur Lösung der Gleichung $\cos x = 0$

Lösung der Gleichung $2 \cdot \sin x - 1{,}5 = 0$ oder $\sin x = 0{,}75$

Die Lösungen dieser trigonometrischen Gleichung ergeben sich als Schnittpunkte zwischen der Sinuskurve $y = \sin x$ und der Parallelen zur x-Achse mit der Gleichung $y = 0{,}75$ (Bild III-138).

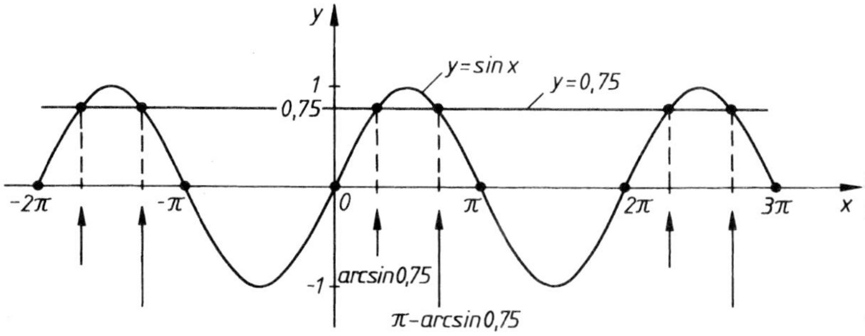

Bild III-138 Zur Lösung der Gleichung $\sin x = 0{,}75$

Anhand der Skizze erkennt man, daß die Gleichung *unendlich viele* Lösungen besitzt. Die im Intervall $-\pi/2 \leqslant x \leqslant \pi/2$ liegende Lösung findet man durch *Umkehrung*, d.h. mit Hilfe der Arkussinusfunktion:

$$\sin x = 0{,}75 \quad \Rightarrow \quad x_2 = \arcsin 0{,}75 = 0{,}848$$

Weitere Lösungen folgen offensichtlich wegen der *Periodizität* der Sinusfunktion im Abstand jeweils einer Periode 2π:

$$x_{2k} = \arcsin 0{,}75 + k \cdot 2\pi = 0{,}848 + k \cdot 2\pi \qquad (k \in \mathbb{Z})$$

Sie sind in Bild III-138 durch *kurze Pfeile* gekennzeichnet. Eine *weitere Lösung* liegt nach der Skizze aus *Symmetriegründen* bei

$$x_3 = \pi - \arcsin 0{,}75 = \pi - 0{,}848 = 2{,}294$$

Wegen der *Periodizität* sind auch

$$x_{3k} = \pi - \arcsin 0{,}75 + k \cdot 2\pi = 2{,}294 + k \cdot 2\pi \qquad (k \in \mathbb{Z})$$

Lösungen der Gleichung $\sin x = 0{,}75$. Sie entsprechen den *langen Pfeilen* in Bild III-138.

Damit besitzt die Ausgangsgleichung $\sin(2x) = 1{,}5 \cdot \cos x$ insgesamt folgende Lösungen:

$$\left.\begin{aligned} x_{1k} &= \frac{\pi}{2} + k \cdot \pi \\ x_{2k} &= 0{,}848 + k \cdot 2\pi \\ x_{3k} &= 2{,}294 + k \cdot 2\pi \end{aligned}\right\} \quad (k \in \mathbb{Z})$$

■

11 Exponentialfunktionen

11.1 Grundbegriffe

Zu den *Exponentialfunktionen* gelangt man durch Verallgemeinerung des Begriffes *Potenz*. Potenzen sind dabei Ausdrücke vom Typ a^n:

a: *Grundzahl* oder *Basiszahl* (kurz *Basis* genannt)

n: *Hochzahl* oder *Exponent*

Sie genügen den folgenden *Rechenregeln* (bei gleicher Basis):

Rechenregeln für Potenzen	Beispiele
(1) $a^m \cdot a^n = a^{m+n}$	$2^3 \cdot 2^5 = 2^{3+5} = 2^8 = 256$
(2) $\frac{a^m}{a^n} = a^{m-n}$	$\frac{3^5}{3^7} = 3^{5-7} = 3^{-2} = \frac{1}{3^2} = \frac{1}{9}$
(3) $(a^m)^n = a^{m \cdot n}$	$(2^3)^5 = 2^{3 \cdot 5} = 2^{15} = 32768$

11.2 Definition und Eigenschaften einer Exponentialfunktion

Läßt man für den Exponenten in einer Potenz a^n mit *positiver* Basis a *beliebige reelle* Werte zu, so gelangt man zu den *Exponentialfunktionen*.

Definition: Funktionen vom Typ $y = a^x$ mit *positiver* Basis $a > 0$ und $a \neq 1$ heißen *Exponentialfunktionen*.

Ihre Eigenschaften haben wir in Tabelle 7 zusammengetragen, wobei wir noch zwischen den Fällen $0 < a < 1$ und $a > 1$ unterscheiden.

Tabelle 7: Eigenschaften der Exponentialfunktionen

	$y = a^x$ $(0 < a < 1)$ (Bild III-139)	$y = a^x$ $(a > 1)$ (Bild III-139)
Definitionsbereich	$-\infty < x < \infty$	$-\infty < x < \infty$
Wertebereich	$0 < y < \infty$	$0 < y < \infty$
Monotonie	streng monoton fallend	streng monoton wachsend
Asymptoten	$y = 0$ (für $x \to \infty$)	$y = 0$ (für $x \to -\infty$)

Exponentialfunktionen besitzen *weder* Nullstellen *noch* Extremwerte. Ihre Funktionsgraphen schneiden die y-Achse bei $y = 1$: $y(0) = 1$. In Bild III-139 ist je ein Vertreter der *streng monoton fallenden* und der *streng monoton wachsenden* Exponentialfunktionen skizziert.

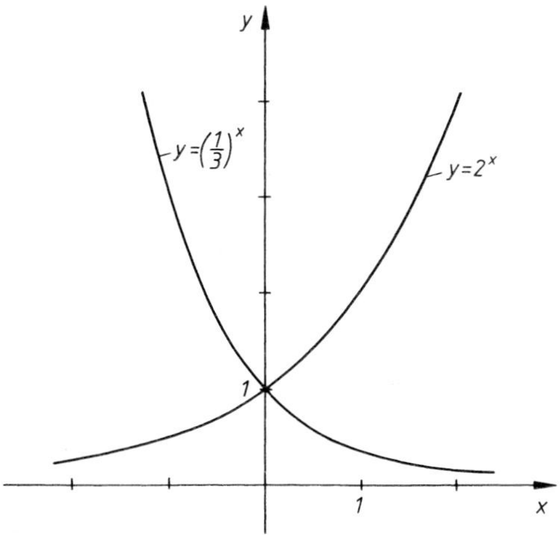

Bild III-139
Funktionsgraphen von $y = 2^x$ und $y = (1/3)^x$

■ **Beispiele**

(1) *Streng monoton wachsende* Exponentialfunktionen sind beispielsweise

$$y = 2^x \quad \text{(Bild III-139)}, \quad y = 5^x \quad \text{und} \quad y = 10^x.$$

(2) *Streng monoton fallend* sind die folgenden Exponentialfunktionen:

$$y = \left(\frac{1}{3}\right)^x \quad \text{(Bild III-139)}, \quad y = \left(\frac{1}{2}\right)^x \quad \text{und} \quad y = 0{,}1^x.$$

■

Spezielle Exponentialfunktionen

Von besonderer Bedeutung sind die Exponentialfunktionen

$$y = \mathrm{e}^x \quad \text{und} \quad y = \left(\frac{1}{\mathrm{e}}\right)^x = \mathrm{e}^{-x} \qquad \text{(III-175)}$$

(Bild III-140). Dabei ist e die durch den *Grenzwert*

$$\mathrm{e} = \lim_{n \to \infty} \left(1 + \frac{1}{n}\right)^n = 2{,}718281\ldots \qquad \text{(III-176)}$$

definierte *Eulersche* Zahl. Die Funktion $y = \mathrm{e}^x$ wird kurz als e-*Funktion* bezeichnet.

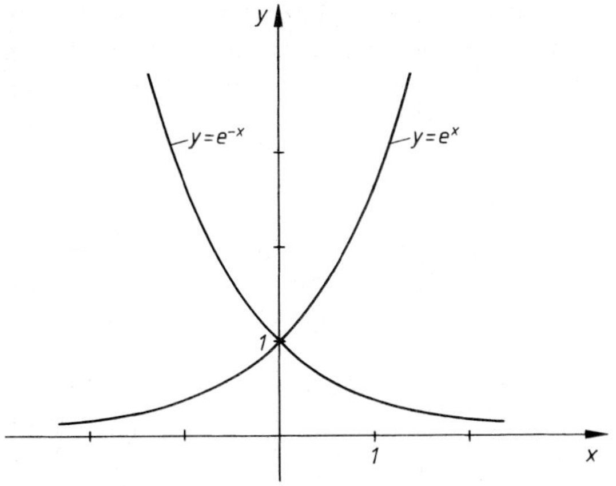

Bild III-140

Funktionsgraphen der e-Funktionen $y = e^x$ und $y = e^{-x}$

Die Funktionsgraphen von $y = e^x$ und $y = e^{-x}$ sind dabei *spiegelsymmetrisch zur y-Achse* angeordnet (vgl. hierzu Bild III-140). Diese Eigenschaft trifft allgemein für *jede* Basis $a > 0$ $(a \neq 1)$ zu, d.h. die Kurven von $y = a^x$ und $y = a^{-x}$ gehen durch *Spiegelung an der y-Achse* ineinander über.

Neben den e-Funktionen $y = e^x$ und $y = e^{-x}$ spielen noch die beiden Exponentialfunktionen $y = 2^x$ und $y = 10^x$ eine gewisse Rolle. Sie werden beispielsweise im Zusammenhang mit der Darstellung von Zahlen benötigt (*Dualsystem, Dezimalsystem*).

Jede Exponentialfunktion vom allgemeinen Typ $y = a^x$ ist auch in der Form $y = e^{\lambda x}$ mit $\lambda = \ln a$ d.h. als eine spezielle e-*Funktion* darstellbar, wobei gilt[11]:

$\lambda > 0$: streng monoton *wachsende* Funktion

$\lambda < 0$: streng monoton *fallende* Funktion

11.3 Spezielle, in den Anwendungen häufig auftretende Funktionstypen

Wir beschreiben in diesem Abschnitt einige in den Anwendungen besonders *häufig* auftretende Funktionstypen, an denen e-*Funktionen* beteiligt sind.

11.3.1 Abklingfunktionen

Dieser in den Anwendungen meist in der *zeitabhängigen* Form

$$y = a \cdot e^{-\lambda t} \quad \text{oder} \quad y = a \cdot e^{-\frac{t}{\tau}} \quad (t \geqslant 0) \qquad \text{(III-177)}$$

mit $a > 0$, $\lambda > 0$ und $\tau = 1/\lambda > 0$ auftretende Funktionstyp verläuft *streng monoton fallend* und strebt für $t \longrightarrow \infty$ *asymptotisch* gegen die t-Achse, d.h. die t-Achse $y = 0$ ist *Asymptote im Unendlichen* (Bild III-141).

[11] $\ln a$ ist der *natürliche Logarithmus* der Basiszahl a. Er wird in Abschnitt 12.1 noch ausführlich erklärt.

Die Kurventangente in $t_0 = 0$ schneidet dabei die t-Achse an der Stelle $t_1 = 1/\lambda = \tau$. Der Funktionswert an dieser Stelle beträgt rund 37% des „Anfangswertes“ $y(0) = a$, d.h. es ist $y(t_1) = y(\tau) = 0{,}37\,a$.

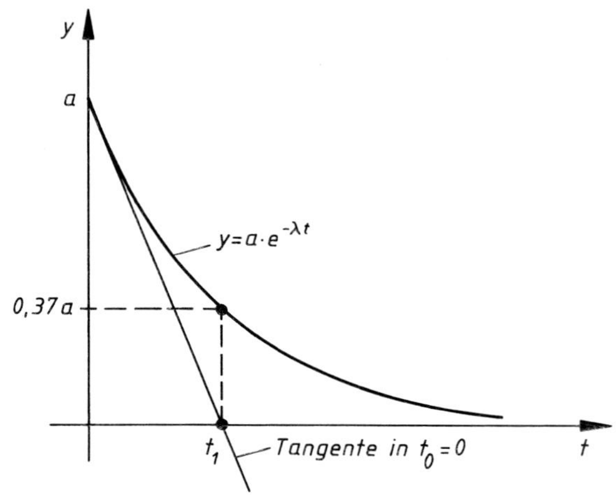

Bild III-141
Abklingfunktion vom Typ $y = a \cdot \mathrm{e}^{-\lambda t}$

■ **Beispiele**

(1) *Radioaktiver Zerfall*: Eine radioaktive Substanz zerfällt auf natürliche Weise nach dem *exponentiellen* Zerfallsgesetz

$$n(t) = n_0 \cdot \mathrm{e}^{-\lambda t} \qquad (t \geq 0) \qquad \text{(Bild III-142)}$$

Dabei bedeuten:

n_0: Anzahl der zu Beginn vorhandenen Atomkerne
$n(t)$: Anzahl der Atomkerne zur Zeit t
$\lambda > 0$: Zerfallskonstante

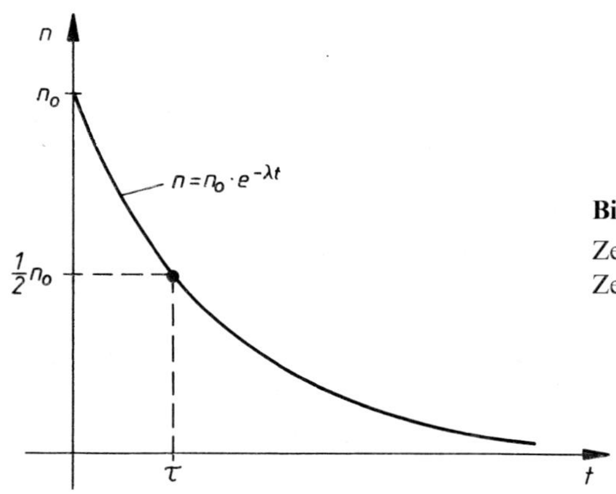

Bild III-142
Zerfallsgesetz beim radioaktiven Zerfall (τ: Halbwertszeit)

(2) Ein weiteres Beispiel liefert die *Entladung eines Kondensators* mit der Kapazität C über einen ohmschen Widerstand R. Die Kondensatorspannung u klingt dabei *exponentiell* mit der Zeit t ab:

$$u(t) = u_0 \cdot e^{-\frac{t}{RC}} \qquad (t \geqslant 0) \qquad \text{(Bild III-143)}$$

(u_0: Kondensatorspannung zu Beginn; RC: Zeitkonstante)

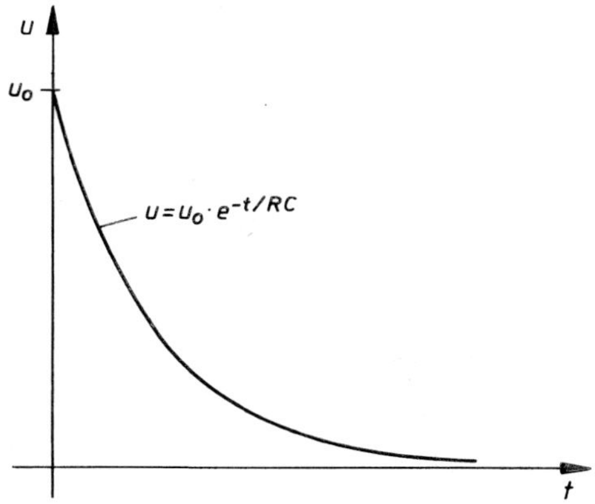

Bild III-143
Entladung eines Kondensators über einen ohmschen Widerstand

(3) Zwischen dem *Luftdruck* p und der *Höhe* h (gemessen gegenüber dem Meeresniveau $h = 0$) gilt unter der Annahme *konstanter* Lufttemperatur der folgende Zusammenhang (sog. *barometrische Höhenformel*):

$$p(h) = p_0 \cdot e^{-\frac{h}{7991\,\text{m}}} \qquad (h/\text{m} \geqslant 0)$$

($p_0 = 1{,}013$ bar). Der Luftdruck nimmt dabei mit zunehmender Höhe *exponentiell* ab.

■

Einen etwas *allgemeineren* Typ einer *Abklingfunktion* erhält man durch Hinzufügen einer *additiven Konstanten* b:

$$y = a \cdot e^{-\lambda t} + b \qquad \text{oder} \qquad y = a \cdot e^{-\frac{t}{\tau}} + b \qquad (t \geqslant 0) \qquad \text{(III-178)}$$

Diese Konstante beschreibt eine *Verschiebung* der Kurve längs der *y-Achse*:

$b > 0$: Verschiebung nach *oben* um die Strecke b

$b < 0$: Verschiebung nach *unten* um die Strecke $|b|$

Funktionen von diesem Typ besitzen für $t \to \infty$ den *Grenzwert* b, d.h. $y = b$ ist *Asymptote im Unendlichen* (Bild III-144). Die Kurventangente in $t_0 = 0$ schneidet dabei die Asymptote an der Stelle $t_1 = 1/\lambda = \tau$. Der Funktionswert der Abklingfunktion an dieser Stelle beträgt $y(t_1) = y(\tau) = 0{,}37\, a + b$.

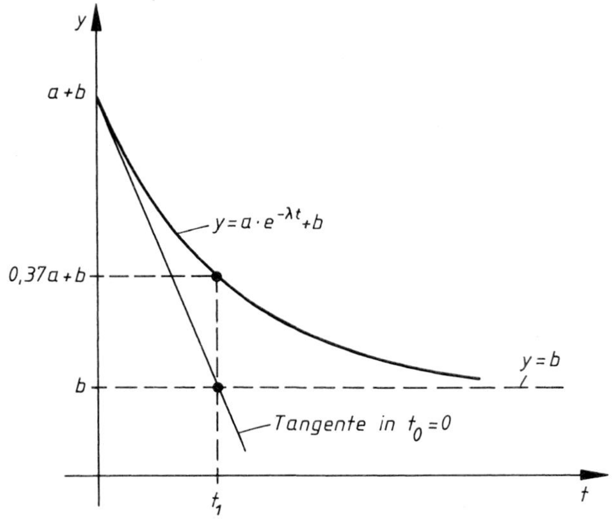

Bild III-144
Abklingfunktion vom Typ $y = a \cdot e^{-\lambda t} + b$ (gezeichnet für $b > 0$)

■ **Beispiel**

Ein Körper besitze zur Zeit $t = 0$ die Temperatur T_0 und werde in der Folgezeit durch vorbeiströmende Luft der (konstanten) Temperatur T_L gekühlt ($T_L < T_0$). Mit der Zeit nimmt dabei seine Temperatur T nach dem *Exponentialgesetz*

$$T(t) = (T_0 - T_L) \cdot e^{-kt} + T_L \qquad (t \geqslant 0)$$

ab (*Abkühlungsgesetz nach Newton*; k ist dabei eine *positive* Konstante). Die Körpertemperatur T strebt dabei *asymptotisch* dem Grenzwert

$$T_{\infty} = \lim_{t \to \infty} T(t) = T_L$$

zu, d.h. der Körper kühlt im Laufe der Zeit so lange ab, bis er die Temperatur der Luft erreicht hat (Bild III-145).

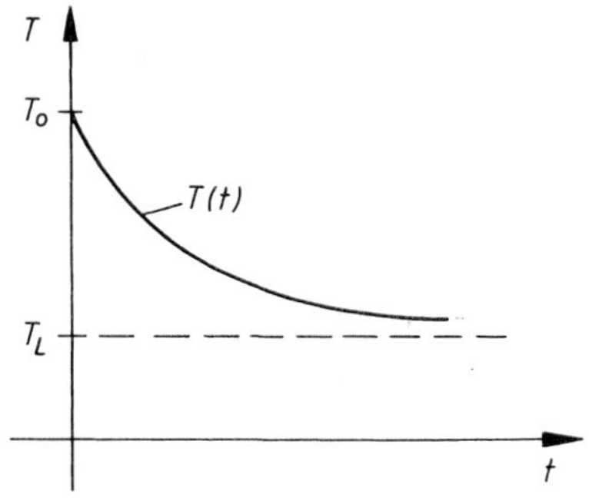

Bild III-145
Abkühlungsgesetz nach Newton

■

11.3.2 Sättigungsfunktionen

Dieser in den Anwendungen weit verbreitete Funktionstyp tritt meist in der *zeitabhängigen* Form

$$y = a\,(1 - e^{-\lambda t}) \quad \text{oder} \quad y = a\left(1 - e^{-\frac{t}{\tau}}\right) \qquad (t \geqslant 0) \tag{III-179}$$

auf und verläuft für $a > 0$, $\lambda > 0$ und $\tau = 1/\lambda > 0$ *streng monoton wachsend* (Bild III-146). Der Funktionswert strebt dabei für $t \longrightarrow \infty$ *asymptotisch* gegen den *Grenzwert* a, d.h. $y = a$ ist *Asymptote im Unendlichen.* Die Kurventangente in $t_0 = 0$ schneidet die Asymptote an der Stelle $t_1 = 1/\lambda = \tau$. Der Funktionswert an dieser Stelle beträgt rund 63 % des „Endwertes" a, d.h. es ist $y(t_1) = y(\tau) = 0{,}63\,a$.

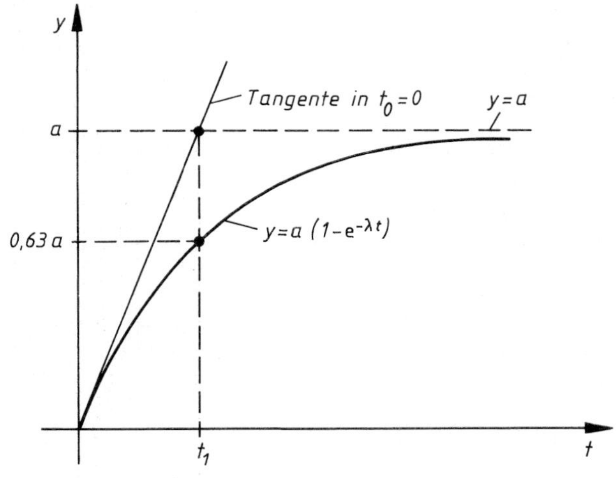

Bild III-146
Sättigungsfunktion vom Typ $y = a\,(1 - e^{-\lambda t})$

■ **Beispiele**

(1) Die *Aufladung eines Kondensators* mit der Kapazität C über einen ohmschen Widerstand R erfolgt nach der Gleichung

$$u(t) = u_0 \cdot \left(1 - e^{-\frac{t}{RC}}\right) \qquad (t \geqslant 0)$$

(u_0: Endwert der Kondensatorspannung). Bild III-147 zeigt den Verlauf dieser *Sättigungsfunktion* für die Werte $u_0 = 100$ V und $RC = 1$ ms.

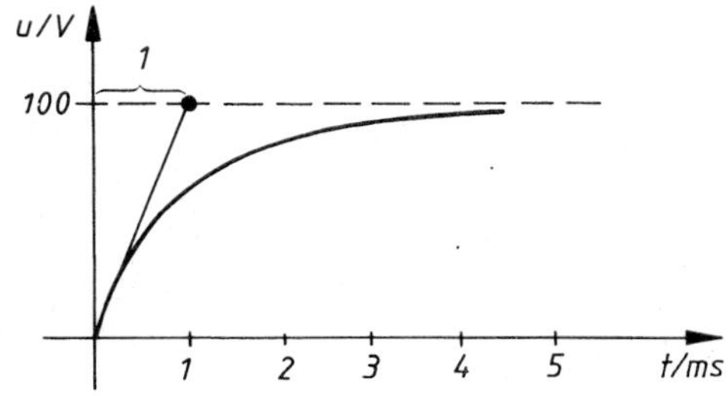

Bild III-147
Aufladung eines Kondensators (gezeichnet für $u_0 = 100$ V und $RC = 1$ ms)

(2) Bei einem *KFZ-Stoßdämpfer* legt der Kolben beim Einschieben einen Weg y nach dem Zeitgesetz

$$y = y_0 (1 - e^{-kt}) \qquad (t \geqslant 0)$$

zurück ($y_0 > 0,\ k > 0$).

■

Etwas *allgemeiner* ist der folgende Typ einer *Sättigungsfunktion*:

$$y = a(1 - e^{-\lambda t}) + b \quad \text{oder} \quad y = a\left(1 - e^{-\frac{t}{\tau}}\right) + b \qquad (t \geqslant 0) \qquad \text{(III-180)}$$

Die *additive Konstante* b beschreibt dabei eine *Verschiebung* der Kurve in Richtung der *y-Achse*:

$b > 0$: Verschiebung nach *oben* um die Strecke b

$b < 0$: Verschiebung nach *unten* um die Strecke $|b|$

Für $t \to \infty$ streben diese Funktionen gegen den *Grenzwert* $a + b$, d.h. $y = a + b$ ist *Asymptote im Unendlichen* (Bild III-148). Die Kurventangente in $t_0 = 0$ schneidet dabei die Asymptote an der Stelle $t_1 = 1/\lambda = \tau$. Der Funktionswert der Sättigungskurve an dieser Stelle beträgt $y(t_1) = y(\tau) = 0{,}63\,a + b$.

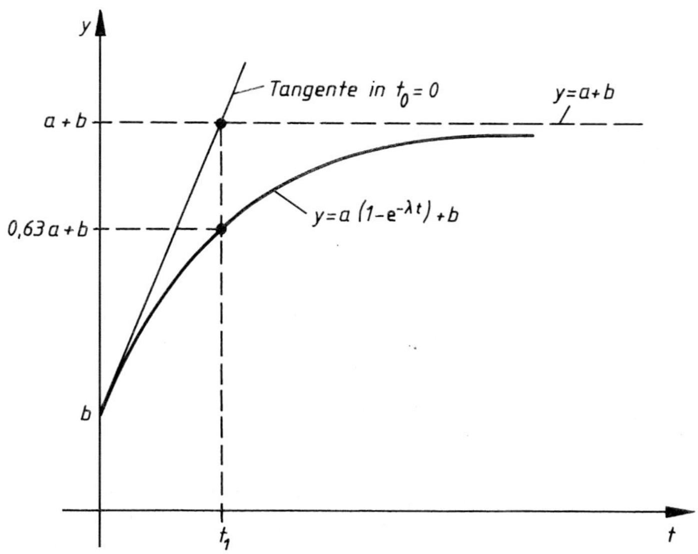

Bild III-148 *Sättigungsfunktion* vom Typ $y = a(1 - e^{-\lambda t}) + b$ (gezeichnet für $b > 0$)

11.3.3 Darstellung aperiodischer Schwingungsvorgänge durch e-Funktionen

Der sog. *aperiodische Schwingungsfall* tritt ein, wenn ein schwingungsfähiges (mechanisches oder elektromagnetisches) System infolge zu großer *Dämpfung* (Reibung) zu keiner echten Schwingung mehr fähig ist, sondern sich *asymptotisch* der Gleichgewichtslage nähert. Man spricht daher in diesem Zusammenhang auch von einem *Kriechfall* (vgl. hierzu die Bilder III-149 und III-150). Die bei der mathematischen Behandlung auftretenden Funktionen sind vom Typ

$$y = A \cdot \mathrm{e}^{-\lambda_1 t} + B \cdot \mathrm{e}^{-\lambda_2 t} \qquad \text{(III-181)}$$

($\lambda_1 \neq \lambda_2$, $\lambda_1 > 0$, $\lambda_2 > 0$) und stellen eine *Überlagerung* zweier *streng monoton fallender* e-Funktionen dar. Für $t \longrightarrow \infty$ streben diese Funktionen dem *Grenzwert* Null zu:

$$\lim_{t \to \infty} y(t) = 0 \qquad \text{(III-182)}$$

Das System befindet sich dann im *Gleichgewichtszustand.*

Wir behandeln in den folgenden Beispielen zwei typische Fälle.

■ **Beispiele**

(1) $y = 10 \cdot \mathrm{e}^{-2t} - 10 \cdot \mathrm{e}^{-4t} = 10\,(\mathrm{e}^{-2t} - \mathrm{e}^{-4t}) \qquad (t \geqslant 0)$

Diese Funktion beginnt bei $y(0) = 0$, erreicht zur Zeit $t_1 = 0{,}347$ ihr *Maximum* und strebt für $t \longrightarrow \infty$ *asymptotisch* gegen die Zeitachse (Bild III-149).

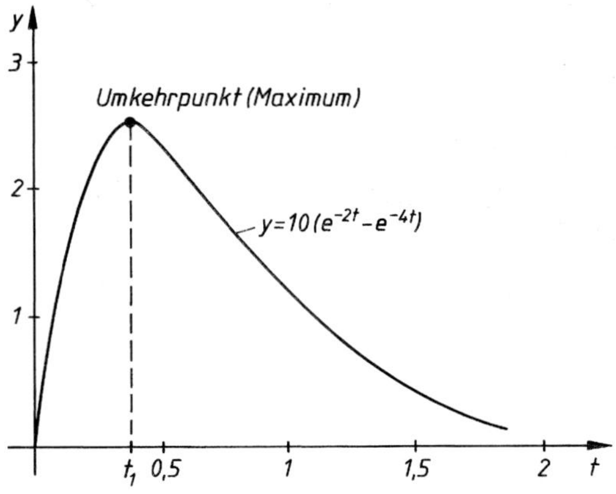

Bild III-149 Darstellung einer aperiodischen Schwingung

Physikalische Interpretation (im Falle einer mechanischen Schwingung): Der Körper *entfernt* sich zunächst von der Gleichgewichtslage, erreicht dann den *Umkehrpunkt* (Maximum) und kehrt anschließend *asymptotisch* in die Gleichgewichtslage zurück.

(2) $y = 2 \cdot e^{-2t} + 2 \cdot e^{-4t} = 2(e^{-2t} + e^{-4t}) \qquad (t \geqslant 0)$

Diese *streng monoton* verlaufende *Kriechfunktion* fällt von ihrem *Maximalwert* zu Beginn ($y(0) = 4$) *asymptotisch* gegen Null ab (Bild III-150).

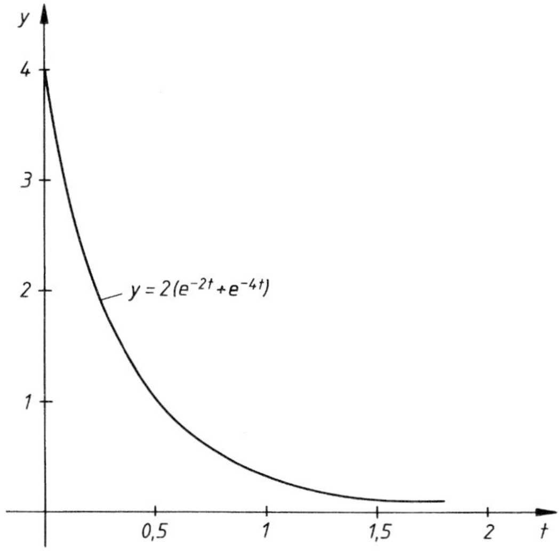

Bild III-150
Kriechfunktion beim aperiodischen Schwingungsfall

■

Der Übergang vom aperiodischen Schwingungsfall zur eigentlichen Schwingung wird als *aperiodischer Grenzfall* bezeichnet. Er wird durch die folgende Funktion beschrieben:

$$y = (A + Bt) \cdot e^{-\lambda t} \qquad (\lambda > 0;\ t \geqslant 0) \qquad \text{(III-183)}$$

Auch diese Funktion „kriecht" für $t \to \infty$ *asymptotisch* gegen die Zeitachse:

$$\lim_{t \to \infty} y(t) = 0 \qquad \text{(III-184)}$$

■ **Beispiel**

$y = (2 - 10t) \cdot e^{-3t} \qquad (t \geqslant 0)$

Diese *Kriechfunktion* fällt zunächst *streng monoton* von ihrem *Maximalwert* $y(0) = 2$, schneidet dann bei $t_1 = 0{,}2$ die Zeitachse und erreicht schließlich zur Zeit $t_2 = 0{,}53$ ihr *Minimum*, von wo aus sie *asymptotisch* gegen die Zeitachse strebt (Bild III-151).

Physikalische Interpretation (bei einer mechanischen Schwingung): Der Körper schwingt zunächst durch die Gleichgewichtslage hindurch bis zu seinem *Umkehrpunkt* und von dort *asymptotisch* zur Gleichgewichtslage zurück.

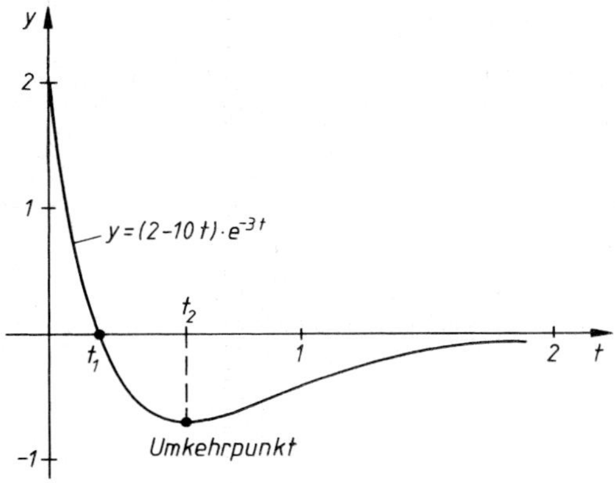

Bild III-151
Schwingungstyp beim aperiodischen Grenzfall

■

11.3.4 Gauß-Funktionen

Die Gleichung einer *Gauß-Funktion* lautet im einfachsten Fall wie folgt:

$$y = \mathrm{e}^{-x^2} \qquad (x \in \mathbb{R}) \tag{III-185}$$

Sie verläuft *spiegelsymmetrisch* zur y-Achse, besitzt an der Stelle $x = 0$ ihr einziges *Maximum* und fällt dann nach beiden Seiten hin *gleichmäßig* und *asymptotisch* gegen Null ab. Wegen ihrer äußeren Gestalt, die stark einer *Glocke* ähnelt, wird sie auch als *Gaußsche Glockenkurve* bezeichnet (Bild III-152).

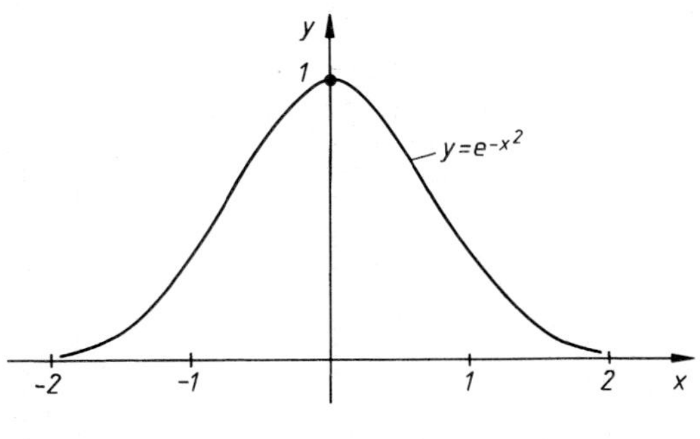

Bild III-152
Graph der Gauß-Funktion $y = \mathrm{e}^{-x^2}$

Durch die Gleichung

$$y = a \cdot \mathrm{e}^{-b(x - x_0)^2} \qquad (x \in \mathbb{R}) \tag{III-186}$$

wird eine Gauß-Funktion in allgemeiner Form beschrieben. Sie enthält noch drei *Parameter* $a > 0$, $b > 0$ und x_0. Das *Symmetriezentrum* befindet sich jetzt an der Stelle x_0 und bestimmt zugleich die Lage des *Maximums*.

Bild III-153 zeigt den Verlauf dieser Glockenkurve.

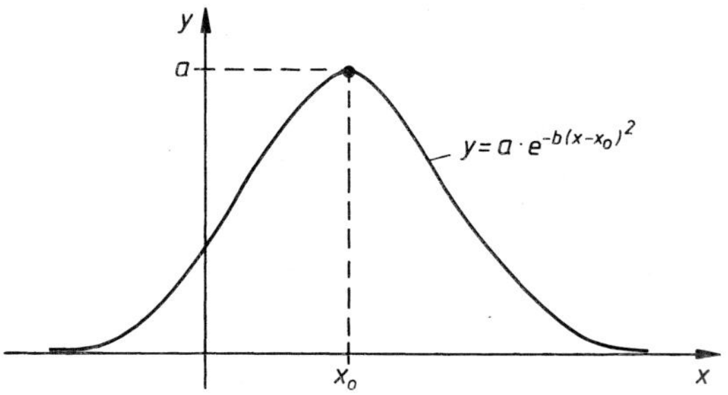

Bild III-153
Graph der allgemeinen Gauß-Funktion
$y = a \cdot e^{-b(x-x_0)^2}$

12 Logarithmusfunktionen

12.1 Grundbegriffe

Jede *positive* reelle Zahl r ist als *Potenz* einer beliebigen *positiven* Basiszahl a mit $a \neq 1$ darstellbar:

$$r = a^x \qquad (r > 0,\ a > 0 \text{ und } a \neq 1) \tag{III-187}$$

Für den Exponenten x führt man die Bezeichnung „*Logarithmus von r zur Basis* a" ein und kennzeichnet ihn durch das Symbol

$$x = \log_a r \tag{III-188}$$

Der Logarithmus von r zur Basis a ist demnach derjenige *Exponent*, mit dem die Basiszahl a zu *potenzieren ist*, um die Zahl r zu erhalten. Daher gilt:

$$r = a^x \Leftrightarrow x = \log_a r \tag{III-189}$$

■ **Beispiele**

(1) $1000 = 10^3 \Leftrightarrow \log_{10} 1000 = 3$

(2) $\log_2 32 = 5 \Leftrightarrow 32 = 2^5$

(3) $0{,}01 = 10^{-2} \Leftrightarrow \log_{10} 0{,}01 = -2$

■

Man beachte, daß Logarithmen definitionsgemäß nur für *positive* (reelle) Zahlen und eine *positive* Basis a mit a $\neq$ 1 gebildet werden können. Ihre Berechnung erfolgt mit Hilfe spezieller *Reihen* (siehe hierzu auch Kap. VI). Die Werte werden *tabelliert* und können dann einer sog. *Logarithmentafel* entnommen werden oder (bequemer) auf einem *Taschenrechner* direkt abgelesen werden.

Für Logarithmen gelten folgende *Rechenregeln*:

Rechenregeln für Logarithmen	**Beispiele**
(1) $\log_a (u \cdot v) = \log_a u + \log_a v$	$\log_2 (8 \cdot 4) = \log_2 8 + \log_2 4 = 3 + 2 = 5$
(2) $\log_a \left(\frac{u}{v} \right) = \log_a u - \log_a v$	$\log_3 \left(\frac{81}{27} \right) = \log_3 81 - \log_3 27 = 4 - 3 = 1$
(3) $\log_a u^n = n \cdot \log_a u$	$\log_5 125^4 = 4 \cdot \log_5 125 = 4 \cdot 3 = 12$

Spezielle Logarithmen

Von besonderer Bedeutung ist in den Anwendungen der *natürliche Logarithmus*: Basiszahl ist die *Eulersche* Zahl e. Er wird durch das Symbol

$$\log_e r \equiv \ln r \qquad (\textit{Logarithmus naturalis}) \tag{III-190}$$

gekennzeichnet (gelesen: *Natürlicher Logarithmus* von r). Daneben spielen auch noch die Logarithmen für die Basiszahlen $a = 10$ und $a = 2$ eine gewisse Rolle:

$$\log_{10} r \equiv \lg r \qquad (\textit{Zehnerlogarithmus}) \tag{III-191}$$

(auch *Briggscher* oder *Dekadischer* Logarithmus genannt. Gelesen: *Zehnerlogarithmus* von r)

$$\log_2 r \equiv \text{lb}\, r \qquad (\textit{Zweierlogarithmus}) \tag{III-192}$$

(auch *Binärlogarithmus* genannt. Gelesen: *Zweierlogarithmus* von r)

■ **Beispiele**

Die folgenden Logarithmen wurden auf einem Taschenrechner abgelesen:

$\ln 50{,}3 = 3{,}9180$	$\lg 108{,}56 = 2{,}0357$	$\text{lb}\, 328{,}9 = 8{,}3615$
$\ln 0{,}014 = -4{,}2687$	$\lg 0{,}783 = -0{,}1062$	$\text{lb}\, 1{,}772 = 0{,}8254$

■

Basiswechsel a ⟶ b

Logarithmen lassen sich problemlos von einer Basis a in eine andere Basis b wie folgt *umrechnen*:

$$\log_b r = \frac{\log_a r}{\log_a b} = \underbrace{\left(\frac{1}{\log_a b} \right)}_{K} \cdot \log_a r = K \cdot \log_a r \tag{III-193}$$

Folgerung: Bei einem Basiswechsel *multiplizieren* sich die Logarithmen mit einer *Konstanten*. Dieser *Umrechnungsfaktor* bei einem Wechsel von der Basis a zur Basis b ist der *Kehrwert* von $\log_a b$.

So gilt beispielsweise für die Umrechnung zwischen dem *Zehnerlogarithmus* und dem *natürlichen Logarithmus*:

$$\ln r = \frac{\lg r}{\lg e} = \frac{\lg r}{0{,}4343} = 2{,}3026 \cdot \lg r \qquad \text{(III-194)}$$

$$\lg r = \frac{\ln r}{\ln 10} = \frac{\ln r}{2{,}3026} = 0{,}4343 \cdot \ln r \qquad \text{(III-195)}$$

■ **Beispiele**

(1) $\ln 4{,}765 = 1{,}5613, \quad \lg 4{,}765 = ?$

$\lg 4{,}765 = 0{,}4343 \cdot \ln 4{,}765 = 0{,}4343 \cdot 1{,}5613 = 0{,}6781$

(2) $\lg 144{,}08 = 2{,}1586, \quad \ln 144{,}08 = ?$

$\ln 144{,}08 = 2{,}3026 \cdot \lg 144{,}08 = 2{,}3026 \cdot 2{,}1586 = 4{,}9704$

(3) Beim Wechsel von der Basis a = e zur Basis b = 2 multiplizieren sich die Logarithmen mit der folgenden Konstante:

$$K = \frac{1}{\log_e 2} = \frac{1}{\ln 2} = \frac{1}{0{,}6931} = 1{,}4427$$

■

12.2 Definition und Eigenschaften einer Logarithmusfunktion

Definition: Unter der *Logarithmusfunktion* $y = \log_a x$ versteht man die *Umkehrfunktion* der *Exponentialfunktion* $y = a^x$ $(a > 0,\ a \neq 1)$.

Die Eigenschaften der Logarithmusfunktionen sind in Tabelle 8 im einzelnen aufgeführt. Sie ergeben sich unmittelbar aus den Eigenschaften der zugehörigen Exponentialfunktionen. Den Funktionsgraph einer speziellen Logarithmusfunktion erhält man durch *Spiegelung* der entsprechenden Exponentialfunktion an der Winkelhalbierenden des 1. und 3. Quadranten (vgl. hierzu Bild III-155).

Tabelle 8: Eigenschaften der Logarithmusfunktionen

	$y = a^x$	$y = \log_a x$
Definitionsbereich	$-\infty < x < \infty$	$0 < x < \infty$
Wertebereich	$0 < y < \infty$	$-\infty < y < \infty$
Nullstellen	——	$x_0 = 1$
Monotonie	$0 < a < 1$: streng monoton *fallend* $a > 1$: streng monoton *wachsend* (vgl. hierzu die Kurven in Bild III-154)	
Asymptoten	$y = 0$ (x-Achse)	$x = 0$ (y-Achse)

Anmerkungen

(1) Man beachte, daß Logarithmen nur für *positive* reelle Zahlen ($x > 0$) und eine *positive* Basis $a \neq 1$ gebildet werden können.

(2) Die Logarithmusfunktionen besitzen *unabhängig* von der Basis a genau *eine* Nullstelle bei $x_0 = 1$:

$$\log_a 1 = 0 \qquad \text{(III-196)}$$

Alle Kurven gehen somit an dieser Stelle durch die x-Achse (siehe hierzu auch Bild III-154).

■ **Beispiele**

Bild III-154 zeigt den Verlauf der beiden Logarithmusfunktionen $y = \log_{0,5} x$ (Umkehrfunktion von $y = 0{,}5^x$) und $y = \ln x$ (Umkehrfunktion von $y = e^x$).

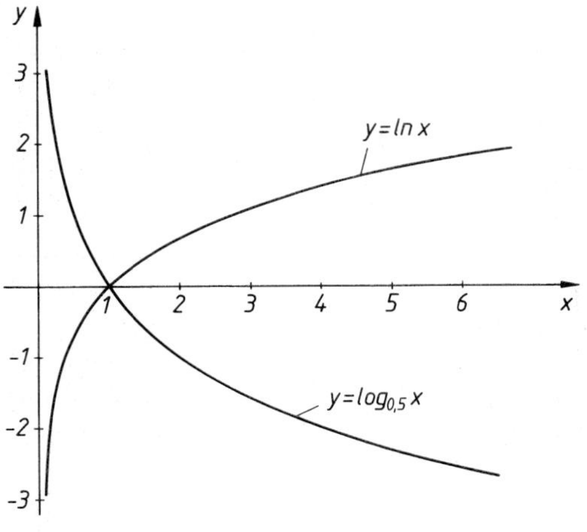

Bild III-154
Funktionsgraphen der logarithmischen Funktionen $y = \log_{0,5} x$ und $y = \ln x$

■

Spezielle Logarithmusfunktionen

Von großer praktischer Bedeutung ist die *Umkehrfunktion* der e-*Funktion*:

$$y = \log_e x \equiv \ln x \qquad (x > 0) \tag{III-197}$$

(*natürliche Logarithmusfunktion*). Sie wird auch kurz als ln-*Funktion* bezeichnet. Daneben spielen die Umkehrfunktionen von $y = 10^x$ und $y = 2^x$ nur eine untergeordnete Rolle. Auch sie werden wie folgt durch eigene Symbole gekennzeichnet:

$$y = \log_{10} x \equiv \lg x \qquad (x > 0) \tag{III-198}$$

$$y = \log_2 x \equiv \operatorname{lb} x \qquad (x > 0) \tag{III-199}$$

In Bild III-155 zeigen wir, wie man die Funktionskurve von $y = \ln x$ durch *Spiegelung* der e-Funktion $y = e^x$ an der Winkelhalbierenden des 1. und 3. Quadranten erhält.

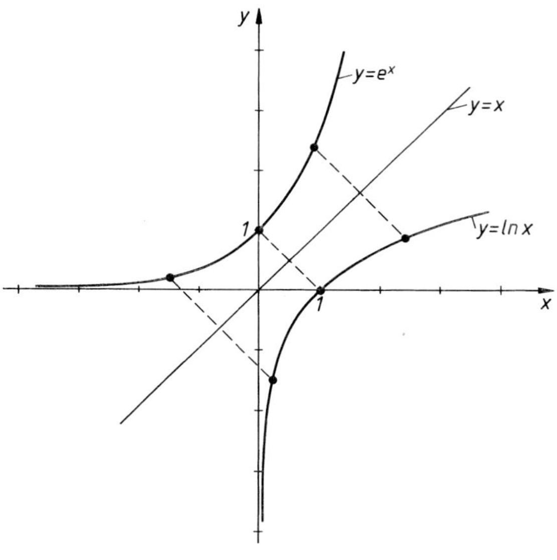

Bild III-155
Funktionsgraphen der e-Funktion $y = e^x$ und ihrer Umkehrfunktion $y = \ln x$

■ **Beispiele**

(1) Die *Halbwertszeit* τ einer *radioaktiven* Substanz ist der Zeitraum, in dem genau die *Hälfte* der ursprünglich vorhandenen Atomkerne (n_0) zerfallen ist. Aus dem *Zerfallsgesetz*

$$n(t) = n_0 \cdot e^{-\lambda t}$$

folgt dann (vgl. hierzu auch Bild III-142):

$$n(\tau) = n_0 \cdot e^{-\lambda \tau} = \frac{1}{2} n_0 \qquad \text{oder} \qquad e^{-\lambda \tau} = \frac{1}{2}$$

Durch *Logarithmieren* auf beiden Seiten erhält man schließlich

$$\ln e^{-\lambda\tau} = \ln\left(\frac{1}{2}\right) \Rightarrow (-\lambda\tau) \cdot \underbrace{\ln e}_{1} = \underbrace{\ln 1}_{0} - \ln 2 \Rightarrow -\lambda\tau = -\ln 2$$

$$\Rightarrow \tau = \frac{\ln 2}{\lambda} = \frac{0{,}693}{\lambda}$$

Die Halbwertszeit τ einer radioaktiven Substanz ist somit zur Zerfallskonstanten λ *umgekehrt proportional.*

(2) Beim *Aufladen eines Kondensators* mit der Kapazität C über einen ohmschen Widerstand R gilt (vgl. hierzu auch Bild III-147):

$$u(t) = u_0\left(1 - e^{-\frac{t}{RC}}\right)$$

Wir berechnen für die speziellen Werte $R = 100\,\Omega$, $C = 10\,\mu\text{F}$ und $u_0 = 50$ V den Zeitpunkt T, in dem die Kondensatorspannung genau 90% ihres Endwertes u_0 erreicht hat:

$$u(T) = 90\% \text{ von } 50\text{ V} = 45\text{ V}$$

Mit der Zeitkonstanten

$$RC = 100\,\Omega \cdot 10^{-5}\,\text{F} = 10^{-3}\,\text{s} = 1\,\text{ms}$$

erhalten wir die folgende Bestimmungsgleichung für T:

$$45\text{ V} = 50\text{ V}\left(1 - e^{-\frac{T}{1\,\text{ms}}}\right)$$

Wir dividieren jetzt durch 50 V und isolieren dann die e-Funktion:

$$0{,}9 = 1 - e^{-\frac{T}{1\,\text{ms}}} \Rightarrow e^{-\frac{T}{1\,\text{ms}}} = 0{,}1$$

Beide Seiten werden jetzt *logarithmiert*:

$$\ln e^{-\frac{T}{1\,\text{ms}}} = \ln 0{,}1 \Rightarrow \left(-\frac{T}{1\,\text{ms}}\right) \cdot \underbrace{\ln e}_{1} = \ln 0{,}1 \Rightarrow -\frac{T}{1\,\text{ms}} = -2{,}3026$$

$$\Rightarrow T = 2{,}3026\text{ ms}$$

Nach rund 2,3 ms erreicht die Kondensatorspannung 90% ihres Endwertes $u_0 = 50$ V.

■

12.3 Exponential- und Logarithmusgleichungen

Exponentialgleichungen

Eine *Exponentialgleichung* liegt vor, wenn die unbekannte Größe nur im *Exponenten* von *Potenzausdrücken* auftritt. Ein allgemeines Lösungsverfahren für Gleichungen dieser Art läßt sich leider nicht angeben. In vielen Fällen gelingt es jedoch, die Exponentialgleichung nach *elementaren Umformungen* und anschließendem *Logarithmieren* zu lösen. Wir geben zwei einfache Beispiele.

■ **Beispiele**

(1) Die *Exponentialgleichung* $e^{\cos x} = 1$ kann wie folgt durch *Logarithmieren* gelöst werden:

$$\ln e^{\cos x} = \ln 1 = 0 \quad \Rightarrow \quad (\cos x) \cdot \underbrace{\ln e}_{1} = \cos x = 0 \quad \Rightarrow$$

$$x_k = \frac{\pi}{2} + k \cdot \pi \qquad (k \in \mathbb{Z})$$

Die Gleichung besitzt demnach *unendlich* viele Lösungen.

(2) $2^x + 4 \cdot 2^{-x} - 5 = 0$ oder $2^x + \frac{4}{2^x} - 5 = 0$

Wir lösen diese *Exponentialgleichung* durch die *Substitution* $z = 2^x$ und erhalten eine *quadratische* Gleichung mit zwei reellen Lösungen:

$$z + \frac{4}{z} - 5 = 0 \;\Big|\; \cdot z$$

$$z^2 + 4 - 5z = 0 \qquad \text{oder} \qquad z^2 - 5z + 4 = 0$$

$$z_{1/2} = \frac{5}{2} \pm \sqrt{\frac{25}{4} - 4} = \frac{5}{2} \pm \frac{3}{2} \quad \Rightarrow \quad z_1 = 4, \quad z_2 = 1$$

Nach *Rücksubstitution* und anschließendem *Logarithmieren* folgt schließlich:

$$2^x = z_1 = 4 \quad \Rightarrow \quad \ln 2^x = \ln 4 = \ln 2^2$$

$$x \cdot \ln 2 = 2 \cdot \ln 2 \quad \Rightarrow \quad x_1 = 2$$

$$2^x = z_2 = 1 \quad \Rightarrow \quad \ln 2^x = \ln 1 = 0$$

$$x \cdot \ln 2 = 0 \quad \Rightarrow \quad x_2 = 0$$

Die Exponentialgleichung besitzt die Lösungen $x_1 = 2$ und $x_2 = 0$.

■

Logarithmusgleichungen

Gleichungen, in denen die Unbekannte nur im *Argument* von *Logarithmusfunktionen* auftritt, werden als *logarithmische* Gleichungen bezeichnet. Sie können häufig nach *elementaren Umformungen* und einer sich anschließenden *Entlogarithmierung* gelöst werden, wie die folgenden Beispiele zeigen.

■ **Beispiele**

(1) $\lg(4x - 5) = 1{,}5 \qquad (4x - 5 > 0, \text{ d.h. } x > 1{,}25)$

Diese *logarithmische* Gleichung kann durch *Entlogarithmierung* wie folgt gelöst werden:

$$10^{\lg(4x-5)} = 10^{1{,}5}$$

$$4x - 5 = 10^{1{,}5} = 31{,}6228$$

$$4x = 36{,}6228 \quad \Rightarrow \quad x_1 = 9{,}1557$$

Die Logarithmusgleichung besitzt genau *eine* Lösung $x_1 = 9{,}1557$.

(2) $\ln(x^2 - 1) = \ln x + 1 \qquad (x > 1)$

Da $1 = \ln e$ ist, erhält man unter Verwendung der bekannten Rechenregeln für Logarithmen:

$$\ln(x^2 - 1) = \ln x + \ln e = \ln(ex)$$

Durch *Entlogarithmieren* folgt hieraus die folgende *quadratische* Gleichung:

$$x^2 - 1 = ex \qquad \text{oder} \qquad x^2 - ex - 1 = 0$$

$$x_{1/2} = \frac{e}{2} \pm \sqrt{\frac{e^2}{4} + 1} = 1{,}3591 \pm 1{,}6874$$

Wegen der Bedingung $x > 1$ kommt nur die *positive* Lösung $x_1 = 3{,}0465$ in Frage.

■

13 Hyperbel- und Areafunktionen

13.1 Hyperbelfunktionen

13.1.1 Definition der Hyperbelfunktionen

In den Anwendungen treten vereinzelt Funktionen auf, die in der mathematischen Literatur unter der Bezeichnung *Hyperbelfunktionen* bekannt sind. Sie setzen sich aus den beiden e-Funktionen $y = e^x$ und $y = e^{-x}$ definitionsgemäß wie folgt zusammen:

Definition: Die Definitionsgleichungen der *Hyperbelfunktionen* lauten:

Sinus hyperbolicus: $$y = \sinh x = \frac{1}{2}\left(e^x - e^{-x}\right) \qquad \text{(III-200)}$$

Kosinus hyperbolicus: $$y = \cosh x = \frac{1}{2}\left(e^x + e^{-x}\right) \qquad \text{(III-201)}$$

Tangens hyperbolicus: $$y = \tanh x = \frac{e^x - e^{-x}}{e^x + e^{-x}} \qquad \text{(III-202)}$$

Kotangens hyperbolicus: $$y = \coth x = \frac{e^x + e^{-x}}{e^x - e^{-x}} \qquad \text{(III-203)}$$

Anmerkungen

(1) Üblich sind auch die folgenden Bezeichnungen für die vier Hyperbelfunktionen: *Hyperbelsinus*, *Hyperbelkosinus*, *Hyperbeltangens* und *Hyperbelkotangens*.

(2) Die Bezeichnungen der *Hyperbelfunktionen* lassen auf eine gewisse *Verwandtschaft* mit den *trigonometrischen* Funktionen schließen: Zwischen ihnen bestehen weitgehend *analoge* Beziehungen wie zwischen den Winkelfunktionen. Durch eine formale Substitution gewinnt man aus einer trigonometrischen Beziehung stets eine entsprechende hyperbolische Beziehung. Im *Gegensatz* zu den *trigonometrischen* Funktionen sind die *Hyperbelfunktionen* jedoch *nicht-periodische* Funktionen.

13.1.2 Die Hyperbelfunktionen $y = \sinh x$ und $y = \cosh x$

Die Eigenschaften der in Bild III-156 skizzierten *Hyperbelfunktionen* $y = \sinh x$ und $y = \cosh x$ sind in Tabelle 9 zusammengestellt.

Tabelle 9: Eigenschaften der Hyperbelfunktionen $y = \sinh x$ und $y = \cosh x$

	$y = \sinh x$	$y = \cosh x$
Definitionsbereich	$-\infty < x < \infty$	$-\infty < x < \infty$
Wertebereich	$-\infty < y < \infty$	$1 \leqslant y < \infty$
Symmetrie	ungerade	gerade
Nullstellen	$x_0 = 0$	—
Extremwerte	—	$x_0 = 0$ (Minimum)
Monotonie	streng monoton wachsend	—
Asymptoten	$y = \frac{1}{2} \cdot e^x$ (für $x \to \infty$)	$y = \frac{1}{2} \cdot e^x$ (für $x \to \infty$)

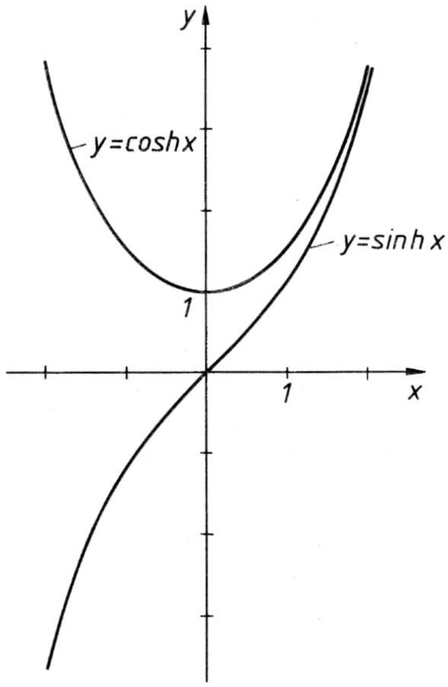

Bild III-156
Funktionsgraphen der Hyperbelfunktionen $y = \sinh x$ und $y = \cosh x$

■ **Beispiele**

(1) Mit einem Taschenrechner wurden die folgenden Funktionswerte ermittelt:

$\sinh 1{,}3 = 1{,}6984$ | $\cosh 0{,}8 = 1{,}3374$

$\sinh(-0{,}5) = -0{,}5211$ | $\cosh(-1{,}5) = 2{,}3524$

$$\sinh 10 \approx \cosh 10 \approx \frac{1}{2} \cdot e^{10} = 11\,013{,}2329$$

(2) Eine an zwei Punkten P_1 und P_2 in gleicher Höhe befestigte, freihängende Kette nimmt unter dem Einfluß der Schwerkraft die geometrische Form einer sog. *Kettenlinie* an, die durch die *hyperbolische* Funktion

$$y = a \cdot \cosh(x/a) \qquad (a\text{: Parameter mit } a > 0)$$

beschrieben wird (Bild III-157).

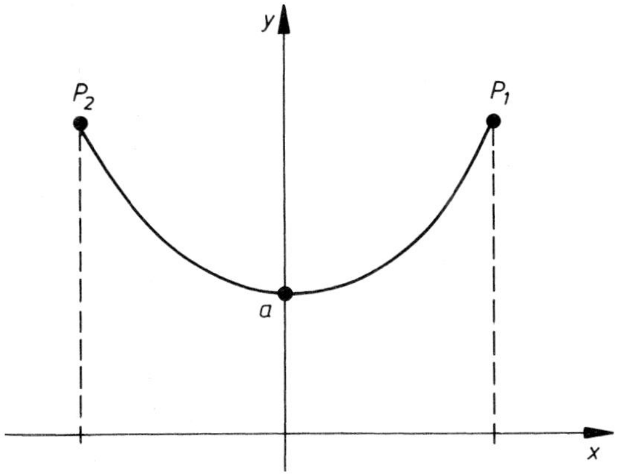

Bild III-157
Kettenlinie

■

13.1.3 Die Hyperbelfunktionen $y = \tanh x$ und $y = \coth x$

Die *Hyperbelfunktionen* $y = \tanh x$ und $y = \coth x$ besitzen die in Tabelle 10 aufgeführten Eigenschaften. Die zugehörigen Kurven sind in Bild III-158 dargestellt.

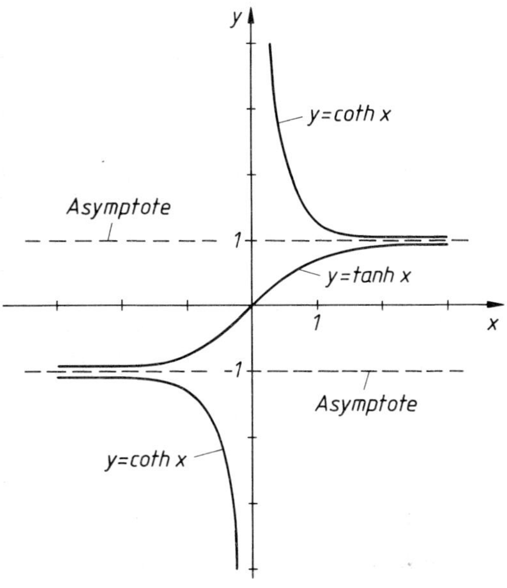

Bild III-158
Funktionsgraphen der Hyperbelfunktionen $y = \tanh x$ und $y = \coth x$

Tabelle 10: Eigenschaften der Hyperbelfunktionen $y = \tanh x$ und $y = \coth x$

	$y = \tanh x$	$y = \coth x$
Definitionsbereich	$-\infty < x < \infty$	$\lvert x \rvert > 0$
Wertebereich	$-1 < y < 1$	$\lvert y \rvert > 1$
Symmetrie	ungerade	ungerade
Nullstellen	$x_0 = 0$	——
Pole	——	$x_0 = 0$
Monotonie	streng monoton wachsend	——
Asymptoten	$y = 1$ (für $x \to \infty$) $y = -1$ (für $x \to -\infty$)	$x = 0$ (Polgerade) $y = 1$ (für $x \to \infty$) $y = -1$ (für $x \to -\infty$)

■ **Beispiele**

Auf einem Taschenrechner wurden folgende Funktionswerte abgelesen:

$\tanh 2 = 0{,}9640$ | $\coth 1{,}2 = 1{,}1995$

$\tanh(-1{,}4) = -0{,}8854$ | $\coth(-2{,}3) = -1{,}0203$

$\tanh 5 = 0{,}9999 \approx 1$ | $\coth 5 = 1{,}0001 \approx 1$

■

13.1.4 Wichtige Beziehungen zwischen den hyperbolischen Funktionen

Aus den Definitionsgleichungen (III-200) bis (III-203) folgen unmittelbar die folgenden Beziehungen:

$$\tanh x = \frac{\sinh x}{\cosh x}, \qquad \coth x = \frac{\cosh x}{\sinh x} = \frac{1}{\tanh x} \qquad \text{(III-204)}$$

Von Bedeutung sind auch die sog. *Additionstheoreme* für $\sinh x$, $\cosh x$ und $\tanh x$.

Sie lauten:

Additionstheoreme der Hyperbelfunktionen

$$\sinh(x_1 \pm x_2) = \sinh x_1 \cdot \cosh x_2 \pm \cosh x_1 \cdot \sinh x_2 \qquad \text{(III-205)}$$

$$\cosh(x_1 \pm x_2) = \cosh x_1 \cdot \cosh x_2 \pm \sinh x_1 \cdot \sinh x_2 \qquad \text{(III-206)}$$

$$\tanh(x_1 \pm x_2) = \frac{\tanh x_1 \pm \tanh x_2}{1 \pm \tanh x_1 \cdot \tanh x_2} \qquad \text{(III-207)}$$

Aus ihnen gewinnt man weitere wichtige Beziehungen wie z.B.:

$$\cosh^2 x - \sinh^2 x = 1 \qquad \text{(III-208)}$$

$$\sinh(2x) = 2 \cdot \sinh x \cdot \cosh x \qquad \text{(III-209)}$$

$$\cosh(2x) = \sinh^2 x + \cosh^2 x \qquad \text{(III-210)}$$

Die Exponentialfunktionen $y = e^x$ und $y = e^{-x}$ lassen sich durch die Hyperbelfunktionen $y = \sinh x$ und $y = \cosh x$ wie folgt ausdrücken:

$$e^x = \cosh x + \sinh x \qquad \text{(III-211)}$$

$$e^{-x} = \cosh x - \sinh x \qquad \text{(III-212)}$$

13.2 Areafunktionen

13.2.1 Definition der Areafunktionen

Die *hyperbolischen* Funktionen $y = \sinh x$ und $y = \tanh x$ sind in ihrem *gesamten* Definitionsbereich *streng monoton wachsende* Funktionen und daher dort *umkehrbar*. Bei der Hyperbelfunktion $y = \cosh x$ müssen wir uns jedoch auf ein Teilintervall beschränken, in dem die Funktion ein *streng monotones* Verhalten zeigt und dabei *sämtliche* Funktionswerte durchläuft. Wir wählen das Intervall $x \geqslant 0$. Die hyperbolische Funktion $y = \coth x$ ist in den Teilintervallen $x < 0$ und $x > 0$ jeweils *streng monoton fallend*, durchläuft dabei den *gesamten* Wertevorrat und ist daher *umkehrbar*. Die Umkehrung der Hyperbelfunktionen in den genannten Bereichen führt zu den *Areafunktionen*.

Definition: Die *Umkehrfunktionen* der *Hyperbelfunktionen* heißen *Areafunktionen*. Bezeichnung und Schreibweise dieser Funktionen lauten:

Areasinus hyperbolicus: $y = \operatorname{arsinh} x$

Areakosinus hyperbolicus: $y = \operatorname{arcosh} x$

Areatangens hyperbolicus: $y = \operatorname{artanh} x$

Areakotangens hyperbolicus: $y = \operatorname{arcoth} x$

13.2.2 Die Areafunktionen $y = \operatorname{arsinh} x$ und $y = \operatorname{arcosh} x$

Die wesentlichen Eigenschaften der *Areafunktionen* $y = \operatorname{arsinh} x$ und $y = \operatorname{arcosh} x$ sind in Tabelle 11 zusammengestellt. Ihren Kurvenverlauf erhält man aus den Funktionsbildern der entsprechenden Hyperbelfunktionen durch *Spiegelung* an der Winkelhalbierenden des 1. und 3. Quadranten (Bild III-159).

Tabelle 11: Eigenschaften der Areafunktionen $y = \operatorname{arsinh} x$ und $y = \operatorname{arcosh} x$

	$y = \operatorname{arsinh} x$	$y = \operatorname{arcosh} x$
Definitionsbereich	$-\infty < x < \infty$	$1 \leqslant x < \infty$
Wertebereich	$-\infty < y < \infty$	$0 \leqslant y < \infty$
Symmetrie	ungerade	—
Nullstellen	$x_0 = 0$	$x_0 = 1$
Monotonie	streng monoton wachsend	streng monoton wachsend

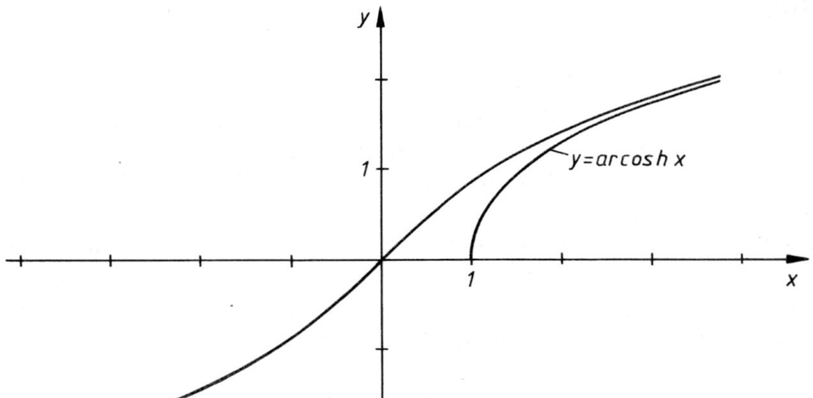

Bild III-159 Funktionsgraphen der Areafunktionen $y = \operatorname{arsinh} x$ und $y = \operatorname{arcosh} x$

13.2.3 Die Areafunktionen $y = \operatorname{artanh} x$ und $y = \operatorname{arcoth} x$

Die *Areafunktionen* $y = \operatorname{artanh} x$ und $y = \operatorname{arcoth} x$ besitzen die in Tabelle 12 angeführten Eigenschaften und den in Bild III-160 skizzierten Funktionsverlauf.

Tabelle 12: Eigenschaften der Areafunktionen $y = \operatorname{artanh} x$ und $y = \operatorname{arcoth} x$

	$y = \operatorname{artanh} x$	$y = \operatorname{arcoth} x$
Definitionsbereich	$-1 < x < 1$	$\lvert x \rvert > 1$
Wertebereich	$-\infty < y < \infty$	$\lvert y \rvert > 0$
Symmetrie	ungerade	ungerade
Nullstellen	$x_0 = 0$	—
Pole	$x_{1/2} = \pm 1$	$x_{1/2} = \pm 1$
Monotonie	streng monoton wachsend	—
Asymptoten	$x = \pm 1$ (Polgeraden)	$x = \pm 1$ (Polgeraden) $y = 0$ (für $x \to \pm\infty$)

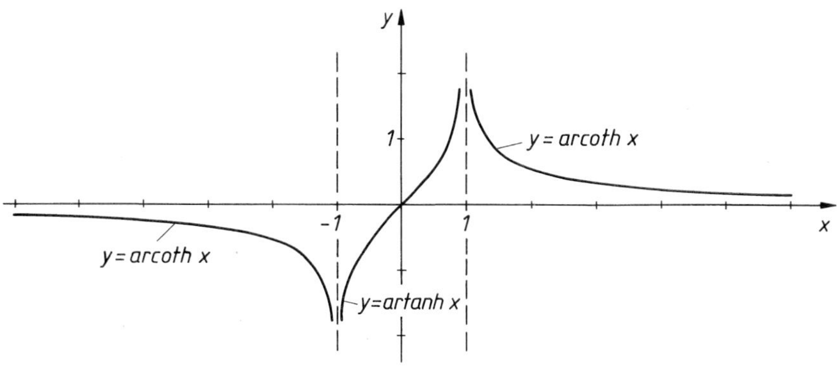

Bild III-160 Funktionsgraphen der Areafunktionen $y = \operatorname{artanh} x$ und $y = \operatorname{arcoth} x$

13.2.4 Darstellung der Areafunktionen durch Logarithmusfunktionen

Die *Areafunktionen* lassen sich unter Verwendung der ln-*Funktion* auch wie folgt als *logarithmische* Funktionen darstellen:

Darstellung der Areafunktionen durch Logarithmusfunktionen

$$y = \operatorname{arsinh} x = \ln\left(x + \sqrt{x^2 + 1}\right) \qquad (-\infty < x < \infty) \qquad \text{(III-213)}$$

$$y = \operatorname{arcosh} x = \ln\left(x + \sqrt{x^2 - 1}\right) \qquad (x \geqslant 1) \qquad \text{(III-214)}$$

$$y = \operatorname{artanh} x = \frac{1}{2} \cdot \ln\left(\frac{1 + x}{1 - x}\right) \qquad (|x| < 1) \qquad \text{(III-215)}$$

$$y = \operatorname{arcoth} x = \frac{1}{2} \cdot \ln\left(\frac{x + 1}{x - 1}\right) \qquad (|x| > 1) \qquad \text{(III-216)}$$

■ **Beispiele**

Ein Taschenrechner liefert die folgenden Funktionswerte:

$$\operatorname{arsinh} 1{,}5 = \ln\left(1{,}5 + \sqrt{1{,}5^2 + 1}\right) = 1{,}1948$$

$$\operatorname{arsinh}(-3{,}47) = \ln\left(-3{,}47 + \sqrt{(-3{,}47)^2 + 1}\right) = -1{,}9574$$

$$\operatorname{arcosh} 12{,}8 = \ln\left(12{,}8 + \sqrt{12{,}8^2 - 1}\right) = 3{,}2411$$

$$\operatorname{arcosh} 1{,}03 = \ln\left(1{,}03 + \sqrt{1{,}03^2 - 1}\right) = 0{,}2443$$

$$\operatorname{artanh} 0{,}72 = \frac{1}{2} \cdot \ln\left(\frac{1 + 0{,}72}{1 - 0{,}72}\right) = 0{,}9076$$

$$\operatorname{artanh}(-0{,}29) = \frac{1}{2} \cdot \ln\left(\frac{1 - 0{,}29}{1 + 0{,}29}\right) = -0{,}2986$$

$$\operatorname{arcoth} 14{,}7 = \frac{1}{2} \cdot \ln\left(\frac{14{,}7 + 1}{14{,}7 - 1}\right) = 0{,}0681$$

■

13.2.5 Ein Anwendungsbeispiel: Freier Fall unter Berücksichtigung des Luftwiderstandes

Im *luftleeren* Raum erfährt bekanntlich jeder Körper die *gleiche* konstante Fallbeschleunigung g, so daß die Fallgeschwindigkeit v *proportional* zur Fallzeit t wächst:

$$v = v(t) = g t \qquad (t \geqslant 0) \qquad \text{(III-217)}$$

In einem t, v-Diagramm erhält man den in Bild III-161a) skizzierten *linearen* Verlauf.

Wesentlich anders liegen die Verhältnisse bei Berücksichtigung des *Luftwiderstandes*. Wir behandeln dieses Problem ausführlich in den Anwendungen der Integralrechnung (Kap. V) sowie im Zusammenhang mit den Differentialgleichungen (Band 2, Kap. V). An dieser Stelle wollen wir nur das *Ergebnis* mitteilen. Wird die Reibungskraft R proportional zum *Quadrat* der Geschwindigkeit v angenommen, $R = k \cdot v^2$ (k ist dabei eine *positive* Konstante), so erhält man für die Abhängigkeit der Fallgeschwindigkeit v von der Fallzeit t eine *hyperbolische* Funktion:

$$v = v(t) = v_E \cdot \tanh\left(\frac{g}{v_E}\, t\right) \qquad (t \geqslant 0) \qquad \text{(III-218)}$$

($v_E = \sqrt{mg/k}$). Bild III-161b) verdeutlicht, wie sich die Fallgeschwindigkeit v für $t \longrightarrow \infty$ asymptotisch ihrem *Endwert*

$$v_\infty = \lim_{t \to \infty} \left[v_E \cdot \tanh\left(\frac{g}{v_E}\, t\right)\right] = v_E \qquad \text{(III-219)}$$

nähert.

Physikalische Deutung: Die Endgeschwindigkeit v_E wird erreicht, wenn sich Gewichtskraft $G = mg$ und Luftwiderstand $R = k \cdot v^2$ das *Gleichgewicht* halten und die Fallbewegung damit *kräftefrei* geworden ist:

$$k \cdot v_E^2 = mg \quad \Rightarrow \quad v_E = \sqrt{\frac{mg}{k}} \qquad \text{(III-220)}$$

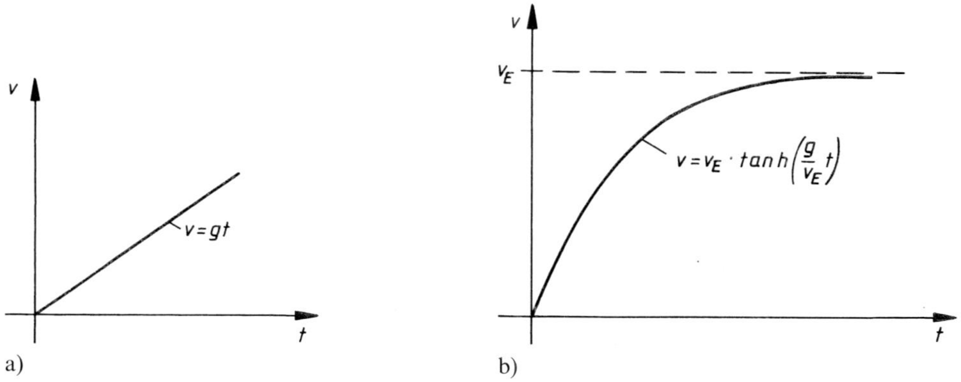

Bild III-161 Abhängigkeit der Fallgeschwindigkeit v von der Fallzeit t

a) ohne Berücksichtigung des Luftwiderstandes

b) bei Berücksichtigung des Luftwiderstandes

Übungsaufgaben

Zu Abschnitt 1

1) Bestimmen Sie für die folgenden Funktionen den *größtmöglichen* Defininitionsbereich sowie den Wertebereich:

a) $y = \frac{x}{x^2 + 1}$ b) $y = \sqrt{x^2 - 1}$ c) $y = \ln|x|$

d) $y = \frac{x^2}{4x^2 + 16}$ e) $y = \sqrt{x^2 - 0{,}5x - 3}$ f) $y = \frac{x - 1}{x + 1}$

2) Bestimmen Sie den jeweils *größtmöglichen* Definitionsbereich und zeichnen Sie anschließend den Funktionsgraphen:

a) $y = -\sqrt{2x + 6}$ b) $y = \frac{1}{|x - 1|}$ c) $y = e^{|x|}$

3) Bei der *aperiodischen* Schwingung eines mechanischen Systems wurden folgende Werte gemessen:

t/s	0	0,1	0,2	0,3	0,4	0,5	0,6
y/cm	4	2,87	2,01	1,37	0,90	0,55	0,30

t/s	0,7	0,8	0,9	1	1,1	1,2	1,3
y/cm	0,12	0	– 0,08	– 0,14	– 0,17	– 0,18	– 0,19

t/s	1,4	1,5	1,6	1,7	1,8	1,9	2
y/cm	– 0,18	– 0,17	– 0,16	– 0,15	– 0,14	– 0,12	– 0,11

t/s	2,3	2,5	3	3,5
y/cm	– 0,08	– 0,06	– 0,03	– 0,01

Skizzieren Sie den Funktionsverlauf $y = y(t)$ in einem geeigneten Maßstab.

4) Eine Funktion ist durch die Parametergleichungen $x(t) = 0{,}5\,t$, $y(t) = \sqrt{t} + t - 2$, $t \geqslant 0$ definiert. Stellen Sie die Funktion *explizit*, d.h. in der Form $y = y(x)$ dar und skizzieren Sie den Funktionsverlauf im Intervall $0 \leqslant t \leqslant 15$ (Schrittweite: $\Delta t = 1$). Welche Koordinaten gehören zu den Parameterwerten $t_1 = 1{,}5$ und $t_2 = 5$?

Zu Abschnitt 2

1) Bestimmen Sie das *Symmetrieverhalten* der folgenden Funktionen in ihrem *maximalen* Definitionsbereich:

a) $y = 4x^2 - 16$ b) $y = \dfrac{x^3}{x^2 + 1}$ c) $y = \sin x \cdot \cos x$

d) $y = |x^2 - 4|$ e) $y = \dfrac{x^2 - 1}{1 + x^2}$ f) $y = \sqrt{x^2 - 25}$

g) $y = \dfrac{1}{x - 1}$ h) $y = 4 \cdot \sin^2 x$

2) Wo besitzen die folgenden Funktionen *Nullstellen*?

a) $y = \dfrac{x^2 - 9}{x + 1}$ b) $y = \sin\left(x - \dfrac{\pi}{4}\right)$

c) $y = x^4 - 4x^2 - 45$ d) $y = (x - 1) \cdot \mathrm{e}^x$

3) Untersuchen Sie die folgenden Funktionen auf *Monotonie*:

a) $y = x^4$ b) $y = \sqrt{x - 1} \quad (x \geqslant 1)$ c) $y = x^3 + 2x$

d) $y = |x^2 - 2x + 1| \quad (x \geqslant 1)$ e) $y = \mathrm{e}^{2x}$

f) $y = -2 \cdot \ln(2x - 4) \quad (x > 2)$

4) Zeigen Sie: Die Funktion $y = 2 \cdot \sin t - 4 \cdot \cos t$ besitzt die Periode $p = 2\pi$.

5) Wie lauten die *Umkehrfunktionen* von:

a) $y = \dfrac{1}{2x} \quad (x > 0)$ b) $y = \sqrt{3x} \quad (x > 0)$ c) $y = 2 \cdot \mathrm{e}^{x - 0,5}$

Zu Abschnitt 3

1) Wie ändert sich die Funktionsgleichung von $y = x^2 - \sin x + 3$

a) bei Verschieben der Kurve um drei Einheiten in *positiver* x-Richtung und zwei Einheiten in *negativer* y-Richtung,

b) bei Verschieben der Kurve um jeweils fünf Einheiten in *positiver* x-Richtung und y-Richtung?

2) Führen Sie die Parabel mit der Funktionsgleichung $y = 2x^2 - 16x + 28{,}5$ durch eine geeignete *Koordinatentransformation* (*Parallelverschiebung*) auf die Parabel $y = 2x^2$ zurück.

3) Zeigen Sie, daß die Sinuskurve mit der Funktionsgleichung $y = \sin\left(x - \frac{\pi}{4}\right) - 2$ durch *Parallelverschiebung* der Sinuskurve $y = \sin x$ entsteht.

4) Der Mittelpunktskreis $x^2 + y^2 = 16$ soll *parallel* zu den Koordinatenachsen so verschoben werden, daß sein Mittelpunkt in den Punkt $M = (-2;\ 5)$ fällt. Wie verändert sich dabei die Kreisgleichung?

5) Wie lauten die *Polarkoordinaten* folgender Punkte?

$P_1 = (4;\ -12) \qquad P_2 = (-3;\ -3) \qquad P_3 = (5;\ -4)$

6) Von einem Punkt P sind die Polarkoordinaten r, φ bekannt. Wie lauten seine *kartesischen* Koordinaten?

a) $P\colon\ r = 10,\quad \varphi = 35^\circ$ b) $P\colon\ r = 3{,}56,\quad \varphi = 256{,}5^\circ$

7) Skizzieren Sie den Verlauf der folgenden, in *Polarkoordinaten* dargestellten Kurven:

a) $r(\varphi) = 1 + \sin\varphi \quad (0 \leqslant \varphi < 2\pi)$ b) $r(\varphi) = e^{0,5\varphi} \quad (0 \leqslant \varphi \leqslant \pi)$

8) Gegeben ist die in kartesischen Koordinaten dargestellte Kurve mit der (impliziten!) Funktionsgleichung $(x^2 + y^2)^2 - 2xy = 0$.

a) Wie lautet die Funktionsgleichung in *Polarkoordinaten*?

b) Skizzieren Sie den Kurvenverlauf.

Zu Abschnitt 4

1) Bestimmen Sie das *Bildungsgesetz* der unendlichen Folgen:

a) $0{,}2;\ 0{,}04;\ 0{,}008;\ \ldots$ b) $\frac{1}{2};\ \frac{4}{3};\ \frac{9}{4};\ \ldots$ c) $\frac{1}{2};\ \frac{2}{4};\ \frac{3}{8};\ \ldots$

2) Zeichnen Sie den *Graph* der Zahlenfolge

$$\langle a_n \rangle = \left\langle \frac{n^2}{n^2 + 10} \right\rangle \qquad (n \in \mathbb{N}^*)$$

3) Bestimmen Sie den *Grenzwert* der Zahlenfolgen für $n \to \infty$:

a) $\langle a_n \rangle = \left\langle \frac{2n + 1}{4n} \right\rangle$ b) $\langle a_n \rangle = \left\langle \frac{n^2 + 4}{n} \right\rangle$

c) $\langle a_n \rangle = \left\langle \frac{n^2 + 4n - 1}{n^2 - 3n} \right\rangle$

4) Berechnen Sie (gegebenenfalls nach *elementaren* Umformungen) die folgenden Grenzwerte:

a) $\lim\limits_{x \to 1} \dfrac{x^2 - 1}{x^2 + 1}$ b) $\lim\limits_{x \to -3} \dfrac{x^2 - x - 12}{x + 3}$ c) $\lim\limits_{x \to 0} \dfrac{\sin(2x)}{\sin x}$

d) $\lim\limits_{x \to 2} \dfrac{(x-2)(3x+1)}{4x - 8}$ e) $\lim\limits_{x \to \infty} \dfrac{x^3 - 2x + 3}{x^2 + 1}$

f) $\lim\limits_{x \to 0} \dfrac{\sqrt{1+x} - 1}{x}$ g) $\lim\limits_{x \to \infty} \dfrac{x^2}{x^2 - 4x + 1}$ h) $\lim\limits_{x \to 1} \dfrac{x^4 - 1}{x - 1}$

5) Welchen Grenzwert besitzt die Funktion $f(x) = \dfrac{1 - x}{1 - \sqrt{x}}$ für $x \longrightarrow 1$?

Anleitung: Erweitern Sie die Funktionsgleichung mit $1 + \sqrt{x}$.

6) Zeigen Sie: Die Funktion $f(x) = \sqrt{x+2} - \sqrt{x}$ besitzt für $x \longrightarrow \infty$ den Grenzwert $g = 0$.

7) An welchen Stellen besitzen die folgenden Funktionen *Definitionslücken*?

a) $y = \dfrac{x + 2}{x - 4}$ b) $y = \dfrac{x^2 + 4x + 8}{x^2 + 3x + 2}$ c) $y = \dfrac{\sin x}{x}$

d) $y = \dfrac{1}{\sin x}$

8) Zeigen Sie, daß die Funktion

$$f(x) = \begin{Bmatrix} x & \text{für} & x \leqslant 0 \\ x - 2 & & x > 0 \end{Bmatrix}$$

an der Stelle $x_0 = 0$ *unstetig* ist.

9) Zeigen Sie: Die für alle $x \in \mathbb{R}$ definierte Funktion

$$f(x) = \begin{Bmatrix} \dfrac{x^2 - 1}{x - 1} & \text{für} & x \neq 1 \\ 2 & & x = 1 \end{Bmatrix}$$

ist an der Stelle $x_0 = 1$ *stetig*.

10) Lassen sich die Definitionslücken der Funktion $y = \dfrac{x^2 - x}{x^3 - x^2 + x - 1}$ beheben?

Zu Abschnitt 5

1) Geben Sie die Funktionsgleichung der durch $P_1 = (1{,}5;\ 2)$ und $P_2 = (-3;\ 3)$ verlaufenden Gerade in der *Hauptform* und in der *Achsenabschnittsform* an.

2) Der elektrische *Widerstand* eines Leiters ist *temperaturabhängig*: $R = R_0(1 + \alpha\Delta\vartheta)$ (R_0: Widerstand bei 20 °C; α: Temperaturkoeffizient; $\Delta\vartheta$: Temperaturänderung). Welchen Widerstand besitzt eine Kupferleitung bei 50 °C, wenn ihr Widerstand bei 20 °C genau $R_0 = 100\,\Omega$ beträgt ($\alpha_{Cu} = 4 \cdot 10^{-3}/°C$)?

3) Bringen Sie die folgenden Parabelgleichungen in die *Produkt-* und *Scheitelpunktsform*:

a) $y = -2x^2 - 4x + 3$ b) $y = 5x^2 + 20x + 20$

c) $y = 2x^2 + 10x$ d) $y = 4x^2 + 8x - 60$

4) Gegeben sind die drei Punkte $P = (1;\ 2)$, $Q = (4;\ 3)$ und $R = (8;\ 0)$. Wie lautet die Gleichung der durch diese Punkte verlaufenden *Parabel* in der Normal-, Produkt- und Scheitelpunktsform? Wo liegt der Scheitelpunkt S der Parabel?

5) Die Flugbahn eines Geschosses laute (der Luftwiderstand bleibt *unberücksichtigt*):

$$y(x) = -x^2 + 5x + 4$$

a) Welche Höhe y_{max} erreicht das Geschoß?

b) Wie weit fliegt es in *waagerechter* Richtung, vom Abwurfort $x = 0$ aus gemessen?

6) Bestimmen Sie die Gleichung der *Parabel* mit den folgenden Funktionseigenschaften:

a) Nullstellen in $x_1 = 1$ und $x_2 = -5$

b) Ordinate des Scheitelpunktes: $y_0 = 18$

7) Zerlegen Sie die folgenden Polynomfunktionen in *Linearfaktoren.* Wie lautet die jeweilige Produktdarstellung?

a) $y = x^3 - 4x^2 + 4x - 16$ b) $y = 0{,}5(3x^2 - 1)$

c) $y = -3x^3 + 18x^2 - 33x$ d) $y = -2x^3 + 8x^2 - 8x$

e) $y = -x^3 - 6x^2 - 12x - 8$

8) Skizzieren Sie den Funktionsgraph von $z = 4t^3 - 16t^2 + 16t$ unter *ausschließlicher* Verwendung der Lage und Vielfachheit der Polynomnullstellen.

9) Die folgenden Polynomfunktionen besitzen mindestens eine *ganzzahlige* Nullstelle. Bestimmen Sie die übrigen Nullstellen und geben Sie die Funktionen in der Produktform an:

a) $y = x^3 - 2x^2 - 5x + 6$ b) $z = -2t^4 - 2t^3 - 4t + 8$

10) Berechnen Sie den Funktionswert des Polynoms $f(x)$ an der Stelle x_0 unter Verwendung des Horner-Schemas:

a) $f(x) = 4{,}5\,x^3 - 5{,}1\,x^2 + 4\,x - 3, \quad x_0 = -1{,}51$

b) $f(x) = -9{,}32\,x^3 - 2{,}54\,x + 10{,}56, \quad x_0 = 3{,}56$

11) Zeigen Sie: Die Polynomfunktion $y = 3\,x^3 + 18\,x^2 + 9\,x - 30$ besitzt an der Stelle $x_1 = -5$ eine Nullstelle. Bestimmen Sie unter Verwendung des Horner-Schemas das 1. reduzierte Polynom, die übrigen Nullstellen sowie den Funktionswert an der Stelle $x_0 = -3{,}25$. Skizzieren Sie grob den Funktionsverlauf.

12) Von einer ganzrationalen Funktion 4. Grades sind folgende Eigenschaften bekannt:

a) $y(x)$ ist eine *gerade* Funktion;

b) Nullstellen liegen in $x_1 = 3$ und $x_2 = 6$;

c) Der Funktionsgraph schneidet die y-Achse an der Stelle $y(0) = -3$.

Wie lautet die Funktionsgleichung?

13) Die folgenden Polynomfunktionen besitzen *mindestens zwei* ganzzahlige Nullstellen. Berechnen Sie unter Verwendung des Horner-Schemas sämtliche Nullstellen der Funktionen.

a) $y = x^4 - x^3 - x^2 - x - 2$ b) $y = 2x^4 + 8x^3 - 12x^2 - 8x + 10$

14) Bestimmen Sie das jeweilige Interpolationspolynom von Newton durch die vorgegebenen Stützpunkte:

a) $P_0 = (-1;\ -2),\quad P_1 = (1;\ 10),\quad P_2 = (2;\ 11),\quad P_3 = (5;\ -10)$

b) $P_0 = (-1;\ -13{,}1),\quad P_1 = (2;\ -17{,}9),\quad P_2 = (4;\ 32{,}9),\quad P_3 = (6;\ 322{,}9)$

c) $A = (-4;\ 50{,}05);\quad B = (1;\ 7{,}8),\quad C = (2;\ -4{,}55),\quad D = (5;\ 91)$

d) $P_0 = (-4;\ 594),\quad P_1 = (-2;\ -252),\quad P_2 = (1;\ -96),\quad P_3 = (3;\ 48),$
$P_4 = (8;\ 198)$

15) Von der logarithmischen Funktion $y = \ln(1 + x^2)$ sind im Intervall $1 \leqslant x \leqslant 2$ folgende fünf Werte bekannt:

k	0	1	2	3	4
x_k	1	1,25	1,5	1,75	2
y_k	0,693 147	0,940 983	1,178 655	1,401 799	1,609 438

Bestimmen Sie das Newtonsche Interpolationspolynom 4. Grades durch diese Punkte und berechnen Sie mit dieser Näherungsfunktion den Funktionswert an den Stellen $x_1 = 1{,}1$ und $x_2 = 1{,}62$. Vergleichen Sie die *berechneten* Werte mit den *exakten* Funktionswerten.

Zu Abschnitt 6

1) Wo besitzen die folgenden *gebrochenrationalen* Funktionen Nullstellen, wo Pole?

a) $y = \frac{x^2 + x - 2}{x - 2}$ b) $y = \frac{x^3 - 5x^2 - 2x + 24}{x^3 + 3x^2 + 2x}$

c) $y = \frac{x^2 - 2x + 1}{x^2 - 1}$ d) $y = \frac{x^3 - 4x^2 - 4x}{x^4 - 4}$

e) $y = \frac{(x^2 - 1)(x^2 - 25)}{x^3 + 4x^2 - 5x}$

2) Bestimmen Sie für die folgenden *gebrochenrationalen* Funktionen Nullstellen, Pole und ihre Asymptote im Unendlichen und skizzieren Sie grob den Funktionsverlauf:

a) $y = \frac{x^2 - 4}{x^2 + 1}$ b) $y = \frac{x^3 - 6x^2 + 12x - 8}{x^2 - 4}$

c) $y = \frac{x^3 - 5x^2 + 8x - 4}{x^3 - 6x^2 + 12x - 8}$ d) $y = \frac{(x - 1)^2}{(x + 1)^2}$

3) Eine *gebrochenrationale* Funktion besitzt die folgenden Eigenschaften:

a) Nullstellen: $x_1 = 2$ (einfach), $x_2 = -4$ (doppelt)

b) Pole: $x_3 = -1$, $x_4 = 1$

c) $y(0) = 4$

Weitere Nullstellen und Pole liegen *nicht* vor. Wie lautet die Funktionsgleichung?

4) Ein vom Strom I durchflossener Leiter ist von einem Magnetfeld umgeben, dessen Feldlinien in Form konzentrischer Kreise um die Leiterachse verlaufen. Für den Betrag der magnetischen Feldstärke H gilt dabei in Abhängigkeit vom Abstand r von der Leiterachse:

$$H(r) = \frac{I}{2\pi r} \qquad (r > 0)$$

Skizzieren Sie diese Funktion für $I = 10\,\text{A}$.

Zu Abschnitt 7

1) Skizzieren Sie die Potenzfunktion $y = x^{-3/2}$ im Intervall $0 < x \leqslant 3$ (Schrittweite: $\Delta x = 0{,}2$).

2) Beim freien Fall *ohne* Berücksichtigung des Luftwiderstandes erreicht ein Körper nach Durchfallen der Strecke h die Geschwindigkeit $v = v(h) = \sqrt{2gh}$. Skizzieren Sie diese Funktion im Intervall $0 \leqslant h/\text{m} \leqslant 100$ ($g = 9{,}81\ \text{m/s}^2$).

Zu Abschnitt 8

1) $A = (2; 1)$, $B = (-5; 0)$ und $C = (8; 2)$ sind Punkte eines *Kreises*. Bestimmen Sie die Kreisgleichung. Welchen Radius besitzt der Kreis und wo liegt sein Mittelpunkt?

2) Bestimmen Sie die Gleichung eines *Kreises*, der die x-Achse in $P_1 = (3; 0)$ berührt und durch den Punkt $P_2 = (0; 1)$ geht.

3) Welche *Kegelschnitte* werden durch die folgenden *algebraischen* Gleichungen 2. Grades dargestellt? Wo liegt der Mittelpunkt bzw. Scheitelpunkt?

   Anleitung: Durch *quadratische Ergänzung* bringe man die Kegelschnittgleichung auf die jeweilige Hauptform.

   a) $x^2 - 2x + y^2 + 4y - 20 = 0$ b) $x^2 - y^2 - 4 = 0$

   c) $9x^2 + 16y^2 - 18x = 135$ d) $2x^2 + 2y^2 + 12x - 6y = 0$

   e) $2y^2 - 9x + 12y = 0$ f) $x^2 - 2x + 4y^2 + 8y = 2$

   g) $4x^2 + 9y^2 - 4x + 24y = 127$ h) $y^2 + 2x = 4y$

4) Ein *parabolischer* Brückenträger besitzt die Spannweite 200 m. Die Fahrbahn liegt 10 m über den Auflagern und 20 m unterhalb des Scheitelpunktes des Trägers (Bild III-162). Bestimmen Sie die Gleichung des Brückenbogens und die Schnittpunkte von Fahrbahn und Bogen.

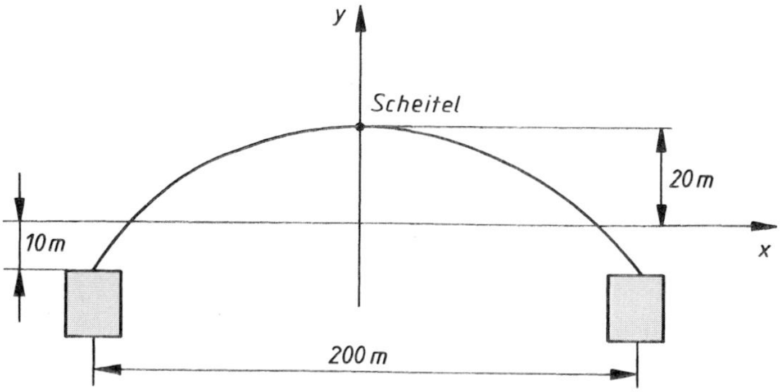

Bild III-162

Zu Abschnitt 9 und 10

1) Rechnen Sie die folgenden Winkel vom Grad- ins Bogenmaß bzw. vom Bogen- ins Gradmaß um:

Gradmaß	40,36°			278,19°	−78,46°		118,6°
Bogenmaß		1,4171	−5,6213			0,0843	

2) Berechnen Sie die folgenden Funktionswerte:

a) $\sin 12{,}5°$ b) $\cos 128{,}3°$ c) $\cos 5{,}2$ d) $\tan(-3{,}18)$

e) $\cos 1{,}4°$ f) $\cot 120°$ g) $\tan 14{,}8$ h) $\sin(-3{,}56)$

i) $\cot(-1{,}46)$ j) $\sin\left(\frac{3}{8}\pi\right)$

3) Leiten Sie aus dem *Additionstheorem* der Kosinusfunktion die wichtige trigonometrische Beziehung $\sin^2 x + \cos^2 x = 1$ her (sog. *trigonometrischer Pythagoras*).

4) Die Sinusfunktion $y = \sin x$ ist im Intervall $0 \leqslant x \leqslant \pi$ durch eine Parabel zu ersetzen, die mit ihr in den beiden Nullstellen und dem Extremwert (Maximum) übereinstimmt. Wie lautet die Funktionsgleichung der Parabel?

5) Bestimmen Sie für die folgenden Funktionen Amplitude A, Periode p und Phasenverschiebung x_0:

a) $y = 2 \cdot \sin\left(3x - \frac{\pi}{6}\right)$ b) $y = 5 \cdot \cos(2x + 4{,}2)$

c) $y = 10 \cdot \sin(\pi x - 3\pi)$ d) $y = 2{,}4 \cdot \cos\left(4x - \frac{\pi}{2}\right)$

6) Skizzieren Sie den Funktionsverlauf von:

a) $y = 4 \cdot \sin(3x + 2)$ b) $y = 2 \cdot \cos(2x - \pi)$

7) Von einer Sinusschwingung der Form $y(t) = A \cdot \sin(\omega t + \varphi)$ mit $A > 0$ und $\omega > 0$ sind folgende Daten bekannt:

a) Das 1. Maximum $y_{max} = 5\,\text{cm}$ wird nach $t_1 = 3\,\text{s}$,

b) das 1. Minimum $y_{min} = -5\,\text{cm}$ nach $t_2 = 10\,\text{s}$ erreicht.

Bestimmen Sie A, ω und φ und skizzieren Sie den Funktionsverlauf.

8) Wie lautet die Funktionsgleichung des in Bild III-163 skizzierten *sinusförmigen* Wechselstroms $i(t) = i_0 \cdot \sin(\omega t + \varphi)$?

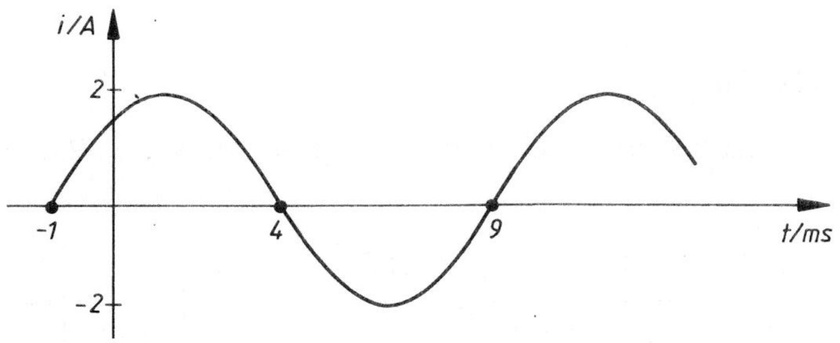

Bild III-163

9) Skizzieren Sie den Funktionsverlauf der folgenden *harmonischen* Schwingungen:

a) $y = 2 \cdot \sin(2t - 4)$ b) $y = 3 \cdot \cos\left(0{,}5\,t - \frac{\pi}{8}\right)$

10) Skizzieren Sie die Funktion $y = 1 - \sin^2 x$. Wie groß ist ihre Periode, wo liegen ihre Nullstellen und relativen Extremwerte?

11) Die folgenden Schwingungen sind mit Hilfe des Zeigerdiagramms durch eine *Sinusschwingung* vom Typ $y(t) = A \cdot \sin(\omega t + \varphi)$ mit $A > 0$ und $\omega > 0$ darzustellen (Zeigerdiagramm verwenden!):

a) $y = 5 \cdot \cos(3t + \pi)$ b) $y = 3 \cdot \cos(\pi t - \pi)$

c) $y = -3 \cdot \cos\left(2t - \frac{\pi}{4}\right)$ d) $y = -4 \cdot \sin(0{,}5\,t + 3)$

12) Zeigen Sie anhand des *Zeigerdiagramms* die Richtigkeit der folgenden trigonometrischen Beziehungen:

a) $\cos t = \sin\left(t + \frac{\pi}{2}\right)$ b) $\sin t = \cos\left(t - \frac{\pi}{2}\right)$

13) Berechnen Sie die folgenden Funktionswerte:

a) $\arcsin 0{,}563$ b) $\arctan(-3{,}128)$ c) $\arccos 0{,}473$

d) $5 \cdot \arcsin \sqrt{0{,}6}$ e) $\arctan(\pi/3)$ f) $\operatorname{arccot} \pi$

g) $\arcsin 0{,}926$ h) $\arccos(-3 \cdot \sqrt{0{,}1})$

14) Gegeben sind die beiden *gleichfrequenten* Wechselspannungen $u_1(t)$ und $u_2(t)$. Berechnen Sie die durch *Superposition* entstehende resultierende Wechselspannung $u(t) = u_1(t) + u_2(t)$.

a) $$\left.\begin{aligned} u_1(t) &= 100\ \text{V} \cdot \sin(\omega t) \\ u_2(t) &= 160\ \text{V} \cdot \cos\left(\omega t - \frac{\pi}{4}\right) \end{aligned}\right\} \quad (\omega = 500\ \text{s}^{-1})$$

b) $$\left.\begin{aligned} u_1(t) &= 380\ \text{V} \cdot \sin\left(\omega t - \frac{\pi}{6}\right) \\ u_2(t) &= 200\ \text{V} \cdot \sin\left(\omega t + \frac{\pi}{8}\right) \end{aligned}\right\} \quad (\omega = 1000\ \text{s}^{-1})$$

15) Bringen Sie die beiden *gleichfrequenten* mechanischen Schwingungen

$$y_1(t) = 12\ \text{cm} \cdot \sin\left(4{,}5\ \text{s}^{-1} \cdot t + \frac{\pi}{5}\right)$$

und

$$y_2(t) = 20\ \text{cm} \cdot \cos\left(4{,}5\ \text{s}^{-1} \cdot t + \frac{\pi}{3}\right)$$

zur Überlagerung und berechnen Sie die Amplitude A und Phase φ der resultierenden Schwingung. Skizzieren Sie ferner beide Einzelschwingungen sowie die resultierende Schwingung im Zeigerdiagramm.

16) Bestimmen Sie *sämtliche* reellen Lösungen der folgenden *trigonometrischen* Gleichungen:

a) $\sin(2x + 5) = 0{,}4$ b) $\tan 2(x + 1) = 1$

c) $\sqrt{\cos(x - 1)} = \frac{1}{\sqrt{2}}$ d) $\sin x = \sqrt{1 - \sin^2 x}$

17) Beweisen Sie: $\sin(\arccos x) = \sqrt{1 - x^2}$

18) $x(t)$ und $y(t)$ seien zwei aufeinander *senkrecht* stehende Schwingungen *gleicher* Frequenz. Bestimmen Sie die durch ungestörte Überlagerung entstehenden *Lissajous-Figuren* für:

a) $x(t) = 3\ \text{cm} \cdot \sin(5\ \text{s}^{-1} \cdot t)$
$y(t) = -4\ \text{cm} \cdot \cos(5\ \text{s}^{-1} \cdot t)$

b) $x(t) = -5\ \text{cm} \cdot \cos(2\ \text{s}^{-1} \cdot t)$
$y(t) = -5\ \text{cm} \cdot \sin(2\ \text{s}^{-1} \cdot t)$

Zu Abschnitt 11, 12 und 13

1) Eine *radioaktive* Substanz zerfällt nach dem Zerfallsgesetz $n(t) = n_0 \cdot e^{-\lambda t}$ $(t \geq 0)$. Für das Element Radon $^{222}_{86}Rn$ besitzt die Zerfallskonstante λ den Wert $\lambda = 2{,}0974 \cdot 10^{-6}\ \text{s}^{-1}$. Berechnen Sie die Halbwertszeit τ.

2) Wird ein Kondensator mit der Kapazität C über einen ohmschen Widerstand R entladen, so nimmt seine Ladung q *exponentiell* mit der Zeit t nach der Gleichung $q(t) = q_0 \cdot e^{-\frac{t}{RC}}$ ab. Berechnen Sie denjenigen Zeitpunkt, von dem an die Kondensatorladung *unter* 10% ihres Anfangswertes $q(0) = q_0$ gesunken ist (Zeitkonstante $RC = 0{,}3$ ms).

3) Bestimmen Sie aus der *barometrischen Höhenformel* $p(h) = 1{,}013\ \text{bar} \cdot e^{-\frac{h}{7991\ \text{m}}}$ den Luftdruck in den Höhen $h_1 = 500$ m, $h_2 = 1000$ m, $h_3 = 2000$ m, $h_4 = 5000$ m und $h_5 = 8000$ m.

4) Durch die Gleichung $y(t) = 2 \cdot e^{-0,2t} \cdot \cos(\pi t)$ wird eine *gedämpfte Schwingung* beschrieben. Skizzieren Sie den Schwingungsvorgang im Periodenintervall $0 \leqslant t \leqslant 2$ (Schrittweite: $\Delta t = 0,1$).

5) Wir betrachten einen Stromkreis mit einer Induktivität L und einem ohmschen Widerstand R. Beim Einschalten der Gleichspannungsquelle erreicht der Strom infolge der *Selbstinduktion* erst nach einiger Zeit den nach dem Ohmschen Gesetz erwarteten Endwert i_0. Dabei gilt:

$$i(t) = i_0 \left(1 - e^{-\frac{R}{L}t}\right) \qquad (t \geqslant 0)$$

Berechnen Sie für $i_0 = 4\,\text{A}$, $R = 5\,\Omega$ und $L = 2,5\,\text{H}$ den Zeitpunkt, in dem die Stromstärke 95% ihres Endwertes erreicht hat. Skizzieren Sie die Strom-Zeit-Funktion.

6) Bestimmen Sie die Parameter a und b der Funktion $y = a \cdot e^{-bx} + 2$ so, daß die Punkte $A = (0; 10)$ und $B = (5; 3)$ auf der Kurve liegen.

7) Wie sind die Parameter a und b zu wählen, damit die Kurve $y = a \cdot e^{-bx^2}$ durch die Punkte $A = (3,5; 12)$ und $B = (8; 2,4)$ verläuft?

8) Eine Flüssigkeit mit der Anfangstemperatur T_0 wird durch ein Kühlmittel mit der (konstanten) Temperatur T_1 gekühlt. Die Temperaturabnahme verläuft dabei *exponentiell* nach der Gleichung

$$T(t) = (T_0 - T_1) \cdot e^{-kt} + T_1 \qquad (t \geqslant 0)$$

wobei $T(t)$ die Temperatur der Flüssigkeit zur Zeit t ist. In einem Versuch mit Öl werden bei einer Kühltemperatur von $T_1 = 20\,^\circ\text{C}$ folgende Werte gemessen: Nach 50 min beträgt die Öltemperatur 85 °C, nach 150 min dagegen nur noch 30 °C. Bestimmen Sie T_0 und k und berechnen Sie anschließend, nach welcher Zeit t_1 das Öl eine Temperatur von 60 °C erreicht hatte.

9) Der Kolben eines *KFZ-Stoßdämpfers* lege beim Einschieben einen Weg x nach dem Zeitgesetz

$$x(t) = 30\,\text{cm}\left(1 - e^{-\frac{t}{0,5\,\text{s}}}\right) \qquad (t \geqslant 0)$$

zurück. Nach welcher Zeit ist der Kolben um 15,2 cm eingeschoben?

10) Der *aperiodische Grenzfall* einer (gedämpften) Schwingung wird durch eine Funktion vom Typ $y(t) = (A + Bt) \cdot e^{-\lambda t}$ mit $t \geqslant 0$ beschrieben. Skizzieren Sie für $A = 3$, $B = 8$ und $\lambda = 2$ diese „*Kriechfunktion*" *im* Intervall $0 \leqslant t \leqslant 3$.

11) Ein durchhängendes Seil genüge der Gleichung $y = a \cdot \cosh(x/a)$ (*Kettenlinie*). Berechnen Sie gemäß der Skizze (Bild III-164) den Durchhang H für die Werte $a = 20$ m und $l = 90$ m.

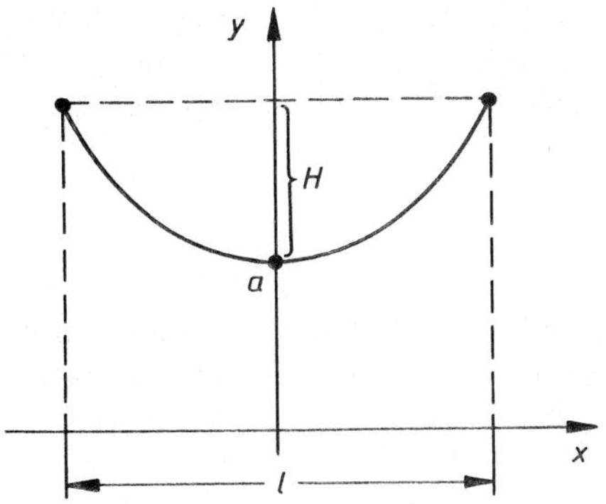

Bild III-164

12) Lösen Sie die folgenden *Exponentialgleichungen*:

a) $e^{x^2 - 2x} = 2$ b) $e^x + 2 \cdot e^{-x} = 3$

13) Welche Lösungen besitzen die folgenden *logarithmischen* Gleichungen?

a) $\ln \sqrt{x} + 1{,}5 \cdot \ln x = \ln(2x)$ b) $(\lg x)^2 - \lg x = 2$

IV Differentialrechnung

1 Differenzierbarkeit einer Funktion

1.1 Das Tangentenproblem

Zunächst wollen wir anhand eines einfachen und überschaubaren Beispiels die *Problemstellung der Differentialrechnung* aufzeigen. Ausgangspunkt unserer Betrachtung ist dabei die Normalparabel mit der Funktionsgleichung $y = f(x) = x^2$. Wir stellen uns die Aufgabe, die *Steigung* der Kurventangente an der Stelle $x = 0{,}5$, d.h. im Kurvenpunkt $P = (0{,}5; 0{,}25)$ zu bestimmen, und lösen dieses Problem schrittweise wie folgt:

(1) In der Umgebung von P wird ein weiterer, von P *verschiedener* Parabelpunkt Q ausgewählt (Bild IV-1). Bezeichnen wir die Abszissendifferenz der beiden Punkte mit Δx, so lauten ihre Koordinaten wie folgt:

$$P = (0{,}5;\ 0{,}25), \qquad Q = (0{,}5 + \Delta x;\ (0{,}5 + \Delta x)^2) \tag{IV-1}$$

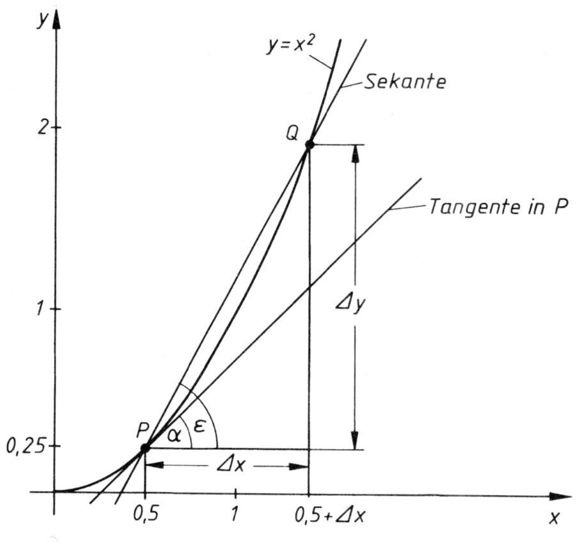

Bild IV-1

Die durch P und Q verlaufende *Sekante* besitzt damit die Steigung

$$m_s = \tan \varepsilon = \frac{\Delta y}{\Delta x} = \frac{(0{,}5 + \Delta x)^2 - 0{,}25}{\Delta x} = \frac{0{,}25 + \Delta x + (\Delta x)^2 - 0{,}25}{\Delta x} =$$

$$= \frac{\Delta x + (\Delta x)^2}{\Delta x} = \frac{\Delta x\,(1 + \Delta x)}{\Delta x} = 1 + \Delta x \tag{IV-2}$$

und stellt eine *erste Näherung* der gesuchten Tangente dar. Die Sekantensteigung m_s hängt dabei erwartungsgemäß noch von Δx, d.h. der Lage des Parabelpunktes Q ab.

(2) Wir lassen jetzt den Punkt Q *längs* der Parabel auf den Punkt P zuwandern ($Q \longrightarrow P$). Dabei strebt die Abszissendifferenz Δx gegen Null ($\Delta x \longrightarrow 0$). Beim Grenzübergang geht die *Sekante* in die *Tangente* und die *Sekantensteigung* m_s damit in die *Tangentensteigung* m_t über. In unserem Beispiel erhalten wir:

$$m_t = \tan \alpha = \lim_{\Delta x \to 0} \frac{\Delta y}{\Delta x} = \lim_{\Delta x \to 0} (1 + \Delta x) = 1 \qquad \text{(IV-3)}$$

Die Kurventangente im Parabelpunkt $P = (0{,}5;\ 0{,}25)$ besitzt somit den Steigungswert $m_t = 1$. Symbolisch schreiben wir dafür:

$$y'(0{,}5) = f'(0{,}5) = 1 \qquad \text{(IV-4)}$$

(gelesen: y Strich an der Stelle 0,5 bzw. f Strich an der Stelle 0,5). Man bezeichnet diesen Grenzwert als *Ableitung der Funktion* $y = f(x) = x^2$ *an der Stelle* $x = 0{,}5$ und nennt die Funktion an dieser Stelle *differenzierbar.*

1.2 Ableitung einer Funktion

Wir formulieren nun das im vorangegangenen Abschnitt dargestellte *Tangentenproblem* in allgemeiner Form: *Gegeben sei* eine Funktion $y = f(x)$, *gesucht* wird die *Steigung der Kurventangente* an der Stelle $x = x_0$, d.h. im Kurvenpunkt $P = (x_0;\ y_0)$ ($y_0 = f(x_0)$).

Die Lösung der gestellten Aufgabe erfolgt dabei in zwei Schritten:

(1) Zunächst wählen wir auf der Funktionskurve in der Nachbarschaft von $P = (x_0;\ y_0)$ einen weiteren, von P *verschiedenen* Kurvenpunkt Q aus (Bild IV-2).

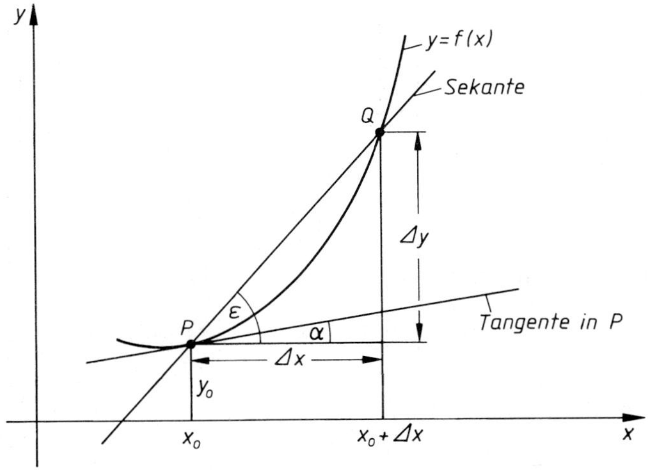

Bild IV-2
Zum Begriff der Ableitung einer Funktion

Wird die Abszissendifferenz der beiden Punkte wieder mit Δx bezeichnet, so besitzen P und Q die folgenden Koordinaten:

$$\begin{aligned} P &= (x_0;\ y_0) \quad \text{mit} \quad y_0 = f(x_0) \\ Q &= (x_0 + \Delta x;\ f(x_0 + \Delta x)) \end{aligned} \qquad \text{(IV-5)}$$

Die Steigung der durch die Punkte P und Q verlaufenden *Sekante* ist dann durch den sog. *Differenzenquotienten*

$$m_s = \tan \varepsilon = \frac{\Delta y}{\Delta x} = \frac{f(x_0 + \Delta x) - f(x_0)}{\Delta x} \qquad \text{(IV-6)}$$

gegeben.

(2) Wandert nun der Punkt Q *längs der* Kurve auf den Punkt P zu ($Q \rightarrow P$), so strebt *gleichzeitig* die Abszissendifferenz $\Delta x \rightarrow 0$ und beim *Grenzübergang* fällt die *Sekante* in die (gesuchte) *Tangente. Die Tangentensteigung* m_t *ist somit der Grenzwert der Sekantensteigung* m_s, d.h. der Grenzwert des Differenzenquotienten (IV-6) für $\Delta x \rightarrow 0$:

$$m_t = \tan \alpha = \lim_{\Delta x \to 0} \frac{\Delta y}{\Delta x} = \lim_{\Delta x \to 0} \frac{f(x_0 + \Delta x) - f(x_0)}{\Delta x} \qquad \text{(IV-7)}$$

Man nennt diesen Grenzwert, falls er vorhanden ist, die *Ableitung der Funktion* $y = f(x)$ *an der Stelle* $x = x_0$ und kennzeichnet ihn durch eines der folgenden Symbole:

$$y'(x_0), \quad f'(x_0) \quad \text{oder} \quad \left.\frac{dy}{dx}\right|_{x = x_0} \qquad \text{(IV-8)}$$

Der formale Quotient $\left.\frac{dy}{dx}\right|_{x = x_0}$ wird als *Differentialquotient* der Funktion $y = f(x)$ an der Stelle $x = x_0$ bezeichnet (gelesen: dy nach dx an der Stelle $x = x_0$). Wir kommen später darauf zurück.

Definition: Eine Funktion $y = f(x)$ heißt an der Stelle $x = x_0$ *differenzierbar*, wenn der Grenzwert

$$\lim_{\Delta x \to 0} \frac{\Delta y}{\Delta x} = \lim_{\Delta x \to 0} \frac{f(x_0 + \Delta x) - f(x_0)}{\Delta x} \qquad \text{(IV-9)}$$

vorhanden ist. Man bezeichnet ihn als die (erste) *Ableitung* von $y = f(x)$ *an der Stelle* $x = x_0$ oder als *Differentialquotient von* $y = f(x)$ *an der Stelle* $x = x_0$ und kennzeichnet ihn durch das Symbol

$$y'(x_0), \quad f'(x_0) \quad \text{oder} \quad \left.\frac{dy}{dx}\right|_{x = x_0} \qquad \text{(IV-10)}$$

Anmerkungen

(1) Die Ableitung $y'(x_0)$ wird auch als *1. Ableitung* bezeichnet.

(2) Der Vorgang, der zur Bestimmung der Ableitung, d.h. zur Berechnung des Grenzwertes (IV-9) führt, heißt *Differentiation* oder *Differenzieren*.

(3) Wählt man den Punkt Q *rechts* (*links*) vom Punkte P, so erhält man beim Grenzübergang $Q \longrightarrow P$ die *rechtsseitige* (*linksseitige*) *Ableitung*. Nur wenn beide Ableitungen *übereinstimmen*, ist die Funktion an der Stelle x_0 *differenzierbar* (vgl. hierzu das nachfolgende Beispiel (4)).

(4) *Geometrische Interpretation der Ableitung*: Die *Differenzierbarkeit* einer Funktion $y = f(x)$ an der Stelle $x = x_0$ bedeutet, daß die Funktionskurve an dieser Stelle eine *eindeutig* bestimmte Tangente mit *endlicher* Steigung besitzt.

(5) Die *Ableitungsfunktion* $y'(x) = f'(x)$ ordnet jeder Stelle x aus einem Intervall I als Funktionswert den *Steigungswert* (Grenzwert IV-9) zu. Man spricht dann kurz von der *Ableitung* der Funktion $y = f(x)$.

Eine weitere sehr nützliche Schreibweise für die Ableitung einer Funktion erhält man unter Verwendung des sog. *Differentialoperators* $\frac{d}{dx}$. Dieser erzeugt aus der Funktion $y = f(x)$ die *Ableitungsfunktion* $y' = f'(x)$:

$$\frac{d}{dx}[f(x)] = f'(x) \qquad \text{(IV-11)}$$

■ **Beispiele**

(1) $y = f(x) = \text{const.} = a \Rightarrow y' = f'(x) = 0$

Differenzenquotient: $\frac{\Delta y}{\Delta x} = \frac{f(x + \Delta x) - f(x)}{\Delta x} = \frac{a - a}{\Delta x} = 0$

1. Ableitung: $y' = \lim_{\Delta x \to 0} \frac{\Delta y}{\Delta x} = \lim_{\Delta x \to 0} (0) = 0$

(2) $y = f(x) = x \Rightarrow y' = f'(x) = 1$

Differenzenquotient: $\frac{\Delta y}{\Delta x} = \frac{f(x + \Delta x) - f(x)}{\Delta x} = \frac{(x + \Delta x) - x}{\Delta x} = \frac{\Delta x}{\Delta x} = 1$

1. Ableitung: $y' = \lim_{\Delta x \to 0} \frac{\Delta y}{\Delta x} = \lim_{\Delta x \to 0} (1) = 1$

(3) $y = f(x) = x^2 \Rightarrow y' = f'(x) = 2x$

Differenzenquotient: $\frac{\Delta y}{\Delta x} = \frac{f(x + \Delta x) - f(x)}{\Delta x} = \frac{(x + \Delta x)^2 - x^2}{\Delta x} =$

$$= \frac{x^2 + 2x \cdot \Delta x + (\Delta x)^2 - x^2}{\Delta x} =$$

$$= \frac{2x \cdot \Delta x + (\Delta x)^2}{\Delta x} = 2x + \Delta x$$

1. Ableitung: $y' = \lim\limits_{\Delta x \to 0} \frac{\Delta y}{\Delta x} = \lim\limits_{\Delta x \to 0} (2x + \Delta x) = 2x$

Unter Verwendung des *Differentialoperators* können wir dafür auch schreiben:

$$y' = \frac{d}{dx}[x^2] = 2x$$

So beträgt beispielsweise die Steigung der Tangente an der Stelle $x_1 = 0{,}5$:

$$y'(0{,}5) = 2 \cdot 0{,}5 = 1$$

an der Stelle $x_2 = 1$:

$$y'(1) = 2 \cdot 1 = 2$$

(4) Die in Bild IV-3 dargestellte *Betragsfunktion*

$$y = f(x) = |x| = \left\{ \begin{array}{ccc} x & & x \geqslant 0 \\ & \text{für} & \\ -x & & x < 0 \end{array} \right\}$$

liefert ein Beispiel für eine Funktion, die *nicht* überall in ihrem Definitionsbereich differenzierbar ist. Diese Funktion ist an der Stelle $x = 0$ *nicht differenzierbar*, da sie dort *keine* eindeutig bestimmte Tangente besitzt.

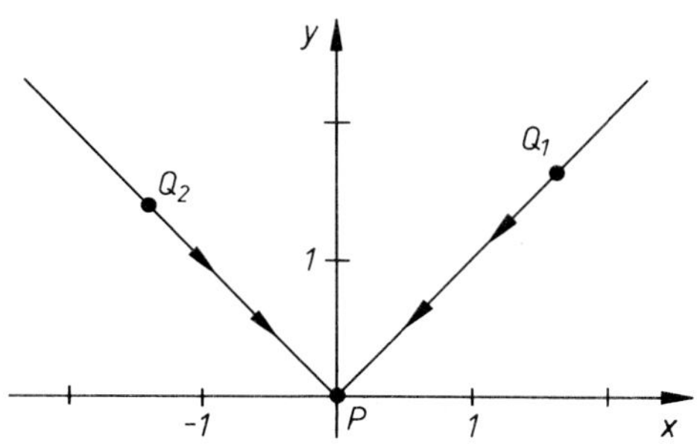

Bild IV-3

Denn *rechts-* und *linksseitige* Ableitung in $x = 0$ sind zwar vorhanden, weichen jedoch voneinander ab:

Rechtsseitige Ableitung ($Q_1 \longrightarrow P$):

$$\lim_{\Delta x \to 0} \frac{f(0 + \Delta x) - f(0)}{\Delta x} = \lim_{\Delta x \to 0} \frac{\Delta x - 0}{\Delta x} = \lim_{\Delta x \to 0} (1) = 1$$

Linksseitige Ableitung ($Q_2 \longrightarrow P$):

$$\lim_{\Delta x \to 0} \frac{f(0 + \Delta x) - f(0)}{\Delta x} = \lim_{\Delta x \to 0} \frac{-\Delta x - 0}{\Delta x} = \lim_{\Delta x \to 0} (-1) = -1$$

■

1.3 Ableitung der elementaren Funktionen

Die *Ableitungen* der wichtigsten *elementaren* Funktionen lassen sich auf direktem Wege als Grenzwert des Differenzenquotienten nach der Definitionsgleichung (IV-9) gewinnen. Sie sind in der folgenden Tabelle 1 zusammengestellt

Tabelle 1: Erste Ableitung der elementaren Funktionen

Funktion $f(x)$		Ableitung $f'(x)$
Konstante Funktion	$c = \text{const.}$	0
Potenzfunktion	$x^n \quad (n \in \mathbb{R})$	$n \cdot x^{n-1}$ (Potenzregel)
Wurzelfunktion [1]	$\sqrt{x}$	$\frac{1}{2\sqrt{x}}$
Trigonometrische Funktionen	$\sin x$	$\cos x$
	$\cos x$	$-\sin x$
	$\tan x$	$\frac{1}{\cos^2 x}$
	$\cot x$	$-\frac{1}{\sin^2 x}$

[1] Sonderfall der Potenzfunktion x^n für $n = 1/2$ (siehe hierzu auch das nachfolgende Beispiel (2)).

Tabelle 1 (Fortsetzung)

Funktion $f(x)$		Ableitung $f'(x)$
Arkusfunktionen	$\arcsin x$	$\frac{1}{\sqrt{1-x^2}}$
	$\arccos x$	$-\frac{1}{\sqrt{1-x^2}}$
	$\arctan x$	$\frac{1}{1+x^2}$
	$\operatorname{arccot} x$	$-\frac{1}{1+x^2}$
Exponentialfunktionen	e^x	e^x
	a^x	$(\ln a) \cdot a^x$
Logarithmusfunktionen	$\ln x$	$\frac{1}{x}$
	$\log_a x$	$\frac{1}{(\ln a) \cdot x}$
Hyperbelfunktionen	$\sinh x$	$\cosh x$
	$\cosh x$	$\sinh x$
	$\tanh x$	$\frac{1}{\cosh^2 x}$
	$\coth x$	$-\frac{1}{\sinh^2 x}$
Areafunktionen	$\operatorname{arsinh} x$	$\frac{1}{\sqrt{x^2+1}}$
	$\operatorname{arcosh} x$	$\frac{1}{\sqrt{x^2-1}}$
	$\operatorname{artanh} x$	$\frac{1}{1-x^2}$
	$\operatorname{arcoth} x$	$\frac{1}{1-x^2}$

Wir beweisen jetzt exemplarisch die *Potenzregel*

$$\frac{d}{dx}(x^n) = n \cdot x^{n-1} \qquad \text{(IV-12)}$$

für positiv-ganzzahlige Exponenten ($n \in \mathbb{N}^*$). Dabei machen wir Gebrauch vom *Binomischen Lehrsatz* in der Form

$$(a+b)^n = a^n + \binom{n}{1} a^{n-1} \cdot b^1 + \binom{n}{2} a^{n-2} \cdot b^2 + \ldots + b^n \qquad \text{(IV-13)}$$

(siehe hierzu Abschnitt I.6). Für den *Differenzenquotient* der Potenzfunktion $f(x) = x^n$ folgt dann unter Verwendung dieser Entwicklungsformel mit $a = x$ und $b = \Delta x$:

$$\frac{\Delta y}{\Delta x} = \frac{f(x+\Delta x) - f(x)}{\Delta x} = \frac{(x+\Delta x)^n - x^n}{\Delta x} =$$

$$= \frac{x^n + \binom{n}{1} x^{n-1} \cdot \Delta x + \binom{n}{2} x^{n-2} \cdot (\Delta x)^2 + \ldots + (\Delta x)^n - x^n}{\Delta x} =$$

$$= \frac{\binom{n}{1} x^{n-1} \cdot \Delta x + \binom{n}{2} x^{n-2} \cdot (\Delta x)^2 + \ldots + (\Delta x)^n}{\Delta x} =$$

$$= \binom{n}{1} x^{n-1} + \binom{n}{2} x^{n-2} \cdot \Delta x + \ldots + (\Delta x)^{n-1} \qquad \text{(IV-14)}$$

Beim Grenzübergang $\Delta x \to 0$ dürfen wir nach der Grenzwertregel (III-32) *gliedweise* vorgehen. Dabei verschwinden alle Glieder bis auf den *ersten* Summand. Folglich ist

$$\frac{d}{dx}(x^n) = \lim_{\Delta x \to 0} \left[\binom{n}{1} x^{n-1} + \binom{n}{2} x^{n-2} \cdot \Delta x + \ldots + (\Delta x)^{n-1} \right] =$$

$$= \binom{n}{1} x^{n-1} = n \cdot x^{n-1} \qquad \text{(IV-15)}$$

Damit ist die Potenzregel für positiv-ganzzahlige Exponenten bewiesen. Sie gilt jedoch allgemein für *beliebige reelle* Exponenten. Auf den Beweis verzichten wir.

■ **Beispiele**

(1) $y = x^{2/3} \Rightarrow y' = \frac{2}{3} \cdot x^{-1/3} = \frac{2}{3 \cdot x^{1/3}} = \frac{2}{3 \cdot \sqrt[3]{x}}$

(2) $y = \sqrt{x} = x^{1/2} \Rightarrow y' = \frac{1}{2} \cdot x^{-1/2} = \frac{1}{2 \cdot x^{1/2}} = \frac{1}{2 \cdot \sqrt{x}}$

(3) $y = \frac{1}{\sqrt{x}} = \frac{1}{x^{1/2}} = x^{-1/2} \Rightarrow y' = -\frac{1}{2} \cdot x^{-3/2} = -\frac{1}{2 \cdot x^{3/2}} = -\frac{1}{2 \cdot \sqrt{x^3}}$

■

2 Ableitungsregeln

Wir behandeln in diesem Abschnitt eine Reihe von *Ableitungsregeln*, die das Differenzieren einer Funktion wesentlich erleichtern. Bei ihrer Herleitung benötigen wir die in Abschnitt III.4.2.3 dargestellten *Rechenregeln für Grenzwerte* und setzen ferner voraus, daß alle in den Formelausdrücken auftretenden Funktionen auch *differenzierbar* sind.

2.1 Faktorregel

Faktorregel

Ein *konstanter* Faktor bleibt beim Differenzieren erhalten:

$$y = C \cdot f(x) \quad \Rightarrow \quad y' = C \cdot f'(x) \qquad (C\text{: Konstante}) \qquad \text{(IV-16)}$$

Beweis der Faktorregel:

Wir setzen vorübergehend $y = g(x) = C \cdot f(x)$. Unter Verwendung der Grenzwertregel (III-31) gilt dann:

$$y' = \lim_{\Delta x \to 0} \frac{g(x + \Delta x) - g(x)}{\Delta x} = \lim_{\Delta x \to 0} \frac{C \cdot f(x + \Delta x) - C \cdot f(x)}{\Delta x} =$$

$$= \lim_{\Delta x \to 0} C \cdot \frac{f(x + \Delta x) - f(x)}{\Delta x} = C \cdot \lim_{\Delta x \to 0} \frac{f(x + \Delta x) - f(x)}{\Delta x} =$$

$$= C \cdot f'(x) \qquad \text{(IV-17)}$$

■ **Beispiele**

(1) $y = 10x^4 \quad \Rightarrow \quad y' = 10 \cdot \frac{d}{dx}(x^4) = 10 \cdot 4x^3 = 40x^3$

(2) $y = -3 \cdot \mathrm{e}^x \quad \Rightarrow \quad y' = -3 \cdot \frac{d}{dx}(\mathrm{e}^x) = -3 \cdot \mathrm{e}^x$

(3) $x = 4 \cdot \sin t \quad \Rightarrow \quad \frac{dx}{dt} = 4 \cdot \frac{d}{dt}(\sin t) = 4 \cdot \cos t$

(4) $y = 5 \cdot \ln x \quad \Rightarrow \quad y' = 5 \cdot \frac{d}{dx}(\ln x) = 5 \cdot \frac{1}{x} = \frac{5}{x}$

■

2.2 Summenregel

Summenregel

Bei einer *endlichen* Summe von Funktionen darf *gliedweise* differenziert werden:

$$y = f_1(x) + f_2(x) + \ldots + f_n(x) \quad \Rightarrow$$
$$y' = f_1'(x) + f_2'(x) + \ldots + f_n'(x) \tag{IV-18}$$

Beweis der Summenregel:

Wir beweisen diese Ableitungsregel für $f(x) = f_1(x) + f_2(x)$, d.h. eine Summe aus *zwei* Funktionen. Unter Verwendung der Grenzwertregel (III-32) ist dann:

$$y' = \lim_{\Delta x \to 0} \frac{f(x + \Delta x) - f(x)}{\Delta x} =$$

$$= \lim_{\Delta x \to 0} \frac{f_1(x + \Delta x) + f_2(x + \Delta x) - f_1(x) - f_2(x)}{\Delta x} =$$

$$= \lim_{\Delta x \to 0} \left[\frac{f_1(x + \Delta x) - f_1(x)}{\Delta x} + \frac{f_2(x + \Delta x) - f_2(x)}{\Delta x} \right] =$$

$$= \lim_{\Delta x \to 0} \frac{f_1(x + \Delta x) - f_1(x)}{\Delta x} + \lim_{\Delta x \to 0} \frac{f_2(x + \Delta x) - f_2(x)}{\Delta x} =$$

$$= f_1'(x) + f_2'(x) \tag{IV-19}$$

■ **Beispiele**

(1) $y = 4x^7 + 3 \cdot \cos x - 5 \cdot e^x + \ln x \quad \Rightarrow \quad y' = 28x^6 - 3 \cdot \sin x - 5 \cdot e^x + \frac{1}{x}$

(2) $y = 4 \cdot \arctan x - 2 \cdot \arccos x + 10 \cdot \sinh x + 3x \quad \Rightarrow$

$$y' = \frac{4}{1 + x^2} + \frac{2}{\sqrt{1 - x^2}} + 10 \cdot \cosh x + 3$$

(3) $s(t) = \frac{1}{2} a t^2 + v_0 t + s_0 \quad \Rightarrow \quad s'(t) = \frac{ds}{dt} = at + v_0$

■

2.3 Produktregel

Produktregel

Die Ableitung einer in der *Produktform* $y = u(x) \cdot v(x)$ darstellbaren Funktion erhält man nach der *Produktregel*

$$y' = u'(x) \cdot v(x) + v'(x) \cdot u(x) \qquad \text{(IV-20)}$$

Anmerkungen

(1) In der Praxis verwendet man meist die folgende *Kurzschreibweise*:

$$y = uv \quad \Rightarrow \quad y' = u'v + v'u \qquad \text{(IV-21)}$$

(2) Die *Produktregel* läßt sich auch wie folgt darstellen:

$$\frac{d}{dx}(uv) = u'v + v'u \qquad \text{(IV-22)}$$

Beweis der Produktregel:

Der Differenzenquotient der Produktfunktion $y = f(x) = u(x) \cdot v(x)$ lautet:

$$\frac{\Delta y}{\Delta x} = \frac{f(x + \Delta x) - f(x)}{\Delta x} = \frac{u(x + \Delta x) \cdot v(x + \Delta x) - u(x) \cdot v(x)}{\Delta x} \qquad \text{(IV-23)}$$

Gleichzeitig *addieren* und *subtrahieren* wir jetzt im Zähler den Term $u(x) \cdot v(x + \Delta x)$ und erhalten nach einer Umordnung der Glieder:

$$\frac{\Delta y}{\Delta x} = \frac{u(x + \Delta x) \cdot v(x + \Delta x) - u(x) \cdot v(x + \Delta x) + u(x) \cdot v(x + \Delta x) - u(x) \cdot v(x)}{\Delta x} =$$

$$= \frac{[u(x + \Delta x) - u(x)] \cdot v(x + \Delta x) + u(x) \cdot [v(x + \Delta x) - v(x)]}{\Delta x} =$$

$$= \frac{[u(x + \Delta x) - u(x)] \cdot v(x + \Delta x)}{\Delta x} + \frac{u(x) \cdot [v(x + \Delta x) - v(x)]}{\Delta x} =$$

$$= \frac{u(x + \Delta x) - u(x)}{\Delta x} \cdot v(x + \Delta x) + u(x) \cdot \frac{v(x + \Delta x) - v(x)}{\Delta x} \qquad \text{(IV-24)}$$

Beim Grenzübergang $\Delta x \longrightarrow 0$ beachten wir die Grenzwertregeln (III-31) bis (III-33) und erhalten schließlich

$$y' = \lim_{\Delta x \to 0} \frac{u(x + \Delta x) - u(x)}{\Delta x} \cdot v(x + \Delta x) + \lim_{\Delta x \to 0} u(x) \cdot \frac{v(x + \Delta x) - v(x)}{\Delta x} =$$

$$= \left(\lim_{\Delta x \to 0} \frac{u(x + \Delta x) - u(x)}{\Delta x} \right) \cdot \left(\lim_{\Delta x \to 0} v(x + \Delta x) \right) +$$

$$+ u(x) \left(\lim_{\Delta x \to 0} \frac{v(x + \Delta x) - v(x)}{\Delta x} \right) =$$

$$= u'(x) \cdot v(x) + u(x) \cdot v'(x) = u'(x) \cdot v(x) + v'(x) \cdot u(x) \qquad \text{(IV-25)}$$

■ **Beispiele**

(1) $y = \underbrace{(4x^3 - 3x)}_{u} \underbrace{(2 \cdot e^x - \sin x)}_{v} = uv$

$u = 4x^3 - 3x \quad \Rightarrow \quad u' = 12x^2 - 3$

$v = 2 \cdot e^x - \sin x \quad \Rightarrow \quad v' = 2 \cdot e^x - \cos x$

$$y' = u'v + v'u = (12x^2 - 3)(2 \cdot e^x - \sin x) + (2 \cdot e^x - \cos x)(4x^3 - 3x) =$$

$$= (8x^3 + 24x^2 - 6x - 6) \cdot e^x - (12x^2 - 3) \cdot \sin x - (4x^3 - 3x) \cdot \cos x$$

(2) $y = \underbrace{\arctan x}_{u} \cdot \underbrace{\ln x}_{v} = uv$

$u = \arctan x \quad \Rightarrow \quad u' = \dfrac{1}{1 + x^2}$

$v = \ln x \quad \Rightarrow \quad v' = \dfrac{1}{x}$

$$y' = u'v + v'u = \frac{1}{1 + x^2} \cdot \ln x + \frac{1}{x} \cdot \arctan x = \frac{\ln x}{1 + x^2} + \frac{\arctan x}{x}$$

■

Die Produktregel läßt sich auch für Produktfunktionen mit *mehr* als zwei Faktoren formulieren. Bei *drei Faktoren* $u = u(x)$, $v = v(x)$ und $w = w(x)$ gilt beispielsweise:

Produktregel bei drei Faktorfunktionen

$$\frac{d}{dx}(uvw) = u'vw + uv'w + uvw' \qquad \text{(IV-26)}$$

■ **Beispiel**

$$y = \underbrace{5x^3}_{u} \cdot \underbrace{\sin x}_{v} \cdot \underbrace{e^x}_{w} = uvw$$

$$u = 5x^3 \quad \Rightarrow \quad u' = 15x^2$$

$$v = \sin x \quad \Rightarrow \quad v' = \cos x$$

$$w = e^x \quad \Rightarrow \quad w' = e^x$$

$$y' = u'vw + uv'w + uvw' = 15x^2 \cdot \sin x \cdot e^x + 5x^3 \cdot \cos x \cdot e^x + 5x^3 \cdot \sin x \cdot e^x =$$
$$= 5x^2 \cdot e^x \cdot (3 \cdot \sin x + x \cdot \cos x + x \cdot \sin x)$$

■

2.4 Quotientenregel

Quotientenregel

Die Ableitung einer Funktion, die als *Quotient* zweier Funktionen $u(x)$ und $v(x)$ in der Form $y = \frac{u(x)}{v(x)}$ darstellbar ist, erhält man nach der *Quotientenregel*

$$y' = \frac{u'(x) \cdot v(x) - v'(x) \cdot u(x)}{v^2(x)} \qquad \text{(IV-27)}$$

Anmerkungen

(1) Die in der Praxis übliche *Kurzschreibweise* lautet:

$$y = \frac{u}{v} \quad \Rightarrow \quad y' = \frac{u'v - v'u}{v^2} \qquad \text{(IV-28)}$$

(2) Die *Quotientenregel* läßt sich auch wie folgt formulieren:

$$\frac{d}{dx}\left(\frac{u}{v}\right) = \frac{u'v - v'u}{v^2} \qquad \text{(IV-29)}$$

Auf den Beweis der Quotientenregel wollen wir an dieser Stelle verzichten. Wir werden ihn aber später im Zusammenhang mit der sog. *logarithmischen Differentiation* nachholen (vgl. hierzu Abschnitt 2.6).

■ **Beispiele**

(1) $$y = \frac{x^3 - 4x + 5}{2x^2 - 4x + 1} = \frac{u}{v}$$

$$u = x^3 - 4x + 5 \quad \Rightarrow \quad u' = 3x^2 - 4$$

$$v = 2x^2 - 4x + 1 \quad \Rightarrow \quad v' = 4x - 4$$

$$y' = \frac{u'v - v'u}{v^2} = \frac{(3x^2 - 4)(2x^2 - 4x + 1) - (4x - 4)(x^3 - 4x + 5)}{(2x^2 - 4x + 1)^2} =$$

$$= \frac{2x^4 - 8x^3 + 11x^2 - 20x + 16}{(2x^2 - 4x + 1)^2}$$

(2) $$y = \frac{\ln x + x}{e^x} = \frac{u}{v}$$

$$u = \ln x + x \quad \Rightarrow \quad u' = \frac{1}{x} + 1 = \frac{1 + x}{x} = \frac{x + 1}{x}$$

$$v = e^x \quad \Rightarrow \quad v' = e^x$$

$$y' = \frac{u'v - v'u}{v^2} = \frac{\frac{x+1}{x} \cdot e^x - e^x \cdot (\ln x + x)}{(e^x)^2} = \frac{e^x \cdot \left(\frac{x+1}{x} - (\ln x + x)\right)}{(e^x)^2} =$$

$$= \frac{\frac{x+1}{x} - (\ln x + x)}{e^x} = \frac{x + 1 - x \cdot (\ln x + x)}{x \cdot e^x}$$

■

2.5 Kettenregel

Die bisher bekannten Ableitungsregeln (Faktor-, Summen-, Produkt- und Quotientenregel) versetzen uns in die Lage, *einfache* Funktionen problemlos zu differenzieren. Diese Ableitungsregeln reichen jedoch *nicht* mehr aus, wenn es um die Ableitung *zusammengesetzter* oder *ineinander geschachtelter* Funktionen geht. Mit den bislang bekannten Regeln wird es uns beispielsweise kaum gelingen, die Ableitung der Funktion $y = \sin(3x - 4)$ oder $y = 2 \cdot e^{4x^2}$ zu bilden. Dazu benötigen wir die Kenntnis einer weiteren Ableitungsregel, die unter der Bezeichnung *Kettenregel* bekannt ist. Bei der Herleitung dieser Regel lassen wir uns dabei von den folgenden Überlegungen leiten:

Mit Hilfe einer geeigneten *Substitution* $u = u(x)$ versuchen wir, die vorgegebene Funktion $y = f(x)$ in eine einfacher gebaute und möglichst *elementare* Funktion $y = F(u)$ überzuführen:

$$y = f(x) \xrightarrow[u = u(x)]{\text{Substitution}} y = F(u)$$

Für die Funktionen $u = u(x)$ und $y = F(u)$ haben sich dabei die Bezeichnungen

$u = u(x)$: *Innere* Funktion

$y = F(u)$: *Äußere* Funktion

eingebürgert. Zwischen ihnen besteht dann der folgende Zusammenhang:

$$y = F(u) = F(u(x)) = f(x) \qquad \text{(IV-30)}$$

Die gesuchte Ableitung der Funktion $y = f(x)$ nach der Variablen x läßt sich dann als *Produkt* aus den *Ableitungen* der *äußeren* und der *inneren* Funktion gewinnen:

$$y' = \frac{dy}{dx} = \frac{dy}{du} \cdot \frac{du}{dx} \qquad \text{(IV-31)}$$

(sog. *Kettenregel*). Wir haben somit unsere Aufgabe gelöst, falls sowohl die äußere als auch die innere Funktion *elementar*, d.h. unter Verwendung der bekannten Ableitungsregeln *differenzierbar* sind.

Mit den Bezeichnungen

$\frac{dy}{du}$: *Äußere Ableitung* (Ableitung der äußeren Funktion $y = F(u)$)

$\frac{du}{dx}$: *Innere Ableitung* (Ableitung der inneren Funktion $u = u(x)$)

läßt sich die Kettenregel allgemein wie folgt formulieren:

Kettenregel

Die Ableitung einer *zusammengesetzten* (*verketteten*) Funktion $y = F(u(x)) = f(x)$ erhält man als *Produkt* aus *äußerer* und *innerer* Ableitung:

$$y' = \frac{dy}{dx} = \frac{dy}{du} \cdot \frac{du}{dx} \qquad \text{(IV-32)}$$

Anmerkungen

(1) Für die *erfolgreiche* Anwendung der Kettenregel ist von entscheidender Bedeutung, daß es mit Hilfe einer *geeigneten Substitution* $u = u(x)$ gelingt, die vorgegebene Funktion $y = f(x)$ in eine *elementar differenzierbare* Funktion $y = F(u)$ zu überführen. Die nachfolgenden Beispiele werden dies unterstreichen.

(2) Man beachte, daß die *innere* Funktion $u = u(x)$ immer mit der Substitutionsgleichung identisch ist.

(3) Die Kettenregel läßt sich auch in der Form

$$y'(x) = F'(u) \cdot u'(x) \qquad \text{(IV-33)}$$

darstellen ($F'(u)$: *äußere* Ableitung; $u'(x)$: *innere* Ableitung).

Beweis der Kettenregel:

Wir wollen den Beweis dieser wichtigen Regel nur andeuten. Der Differenzenquotient läßt sich in der Form

$$\frac{\Delta y}{\Delta x} = \frac{\Delta y}{\Delta x} \cdot \frac{\Delta u}{\Delta u} = \frac{\Delta y}{\Delta u} \cdot \frac{\Delta u}{\Delta x} \qquad \text{(IV-34)}$$

darstellen und setzt sich somit aus den Differenzenquotienten der *äußeren* und der *inneren* Funktion zusammen. Beim Grenzübergang $\Delta x \to 0$ strebt auch $\Delta u \to 0$ und es gilt unter Verwendung der Grenzwertregel (III-33):

$$\frac{dy}{dx} = \lim_{\Delta x \to 0} \frac{\Delta y}{\Delta x} = \lim_{\Delta x \to 0} \left(\frac{\Delta y}{\Delta u} \cdot \frac{\Delta u}{\Delta x} \right) = \left(\lim_{\Delta x \to 0} \frac{\Delta y}{\Delta u} \right) \cdot \left(\lim_{\Delta x \to 0} \frac{\Delta u}{\Delta x} \right) =$$

$$= \left(\lim_{\Delta u \to 0} \frac{\Delta y}{\Delta u} \right) \cdot \left(\lim_{\Delta x \to 0} \frac{\Delta u}{\Delta x} \right) = \frac{dy}{du} \cdot \frac{du}{dx} \qquad \text{(IV-35)}$$

■ **Beispiele**

(1) $y = 3 \cdot \sin(5x)$

Substitution: $u = u(x) = 5x$

Äußere Funktion: $y = F(u) = 3 \cdot \sin u$

Innere Funktion: $u = u(x) = 5x$

Äußere Ableitung: $\frac{dy}{du} = 3 \cdot \cos u$

Innere Ableitung: $\frac{du}{dx} = 5$

Kettenregel: $y' = \frac{dy}{dx} = \frac{dy}{du} \cdot \frac{du}{dx} = (3 \cdot \cos u) \cdot 5 = 15 \cdot \cos u$

Rücksubstitution: $y' = 15 \cdot \cos u = 15 \cdot \cos(5x)$

(2) $y = (3x - 4)^8$

Substitution: $u = u(x) = 3x - 4$

Äußere Funktion: $y = F(u) = u^8 \quad \Rightarrow \quad \frac{dy}{du} = 8u^7$

Innere Funktion: $u = u(x) = 3x - 4 \quad \Rightarrow \quad \frac{du}{dx} = 3$

Kettenregel: $y' = \frac{dy}{dx} = \frac{dy}{du} \cdot \frac{du}{dx} = 8u^7 \cdot 3 = 24u^7$

Rücksubstitution: $y' = 24u^7 = 24(3x - 4)^7$

(3) $y = e^{(4x^2 - 3x + 2)}$

Substitution: $u = u(x) = 4x^2 - 3x + 2$

Äußere Funktion: $y = F(u) = e^u \quad \Rightarrow \quad \frac{dy}{du} = e^u$

Innere Funktion: $u = u(x) = 4x^2 - 3x + 2 \quad \Rightarrow \quad \frac{du}{dx} = 8x - 3$

Kettenregel: $y' = \frac{dy}{dx} = \frac{dy}{du} \cdot \frac{du}{dx} = e^u \cdot (8x - 3)$

Rücksubstitution: $y' = e^u \cdot (8x - 3) = (8x - 3) \cdot e^{(4x^2 - 3x + 2)}$

(4) $y = 10 \cdot \ln(1 + x^2)$

Substitution: $u = u(x) = 1 + x^2$

Äußere Funktion: $y = F(u) = 10 \cdot \ln u \quad \Rightarrow \quad \frac{dy}{du} = \frac{10}{u}$

Innere Funktion: $u = u(x) = 1 + x^2 \quad \Rightarrow \quad \frac{du}{dx} = 2x$

Kettenregel: $y' = \frac{dy}{dx} = \frac{dy}{du} \cdot \frac{du}{dx} = \frac{10}{u} \cdot 2x = \frac{20x}{u}$

Rücksubstitution: $y' = \frac{20x}{u} = \frac{20x}{1 + x^2}$

(5) $x = A \cdot \sin(\omega t + \varphi)$

Substitution: $u = u(t) = \omega t + \varphi$

Äußere Funktion: $x = F(u) = A \cdot \sin u \quad \Rightarrow \quad \frac{dx}{du} = A \cdot \cos u$

Innere Funktion: $u = u(t) = \omega t + \varphi \quad \Rightarrow \quad \frac{du}{dt} = \omega$

Kettenregel: $\frac{dx}{dt} = \frac{dx}{du} \cdot \frac{du}{dt} = (A \cdot \cos u)\,\omega = A\omega \cdot \cos u$

Rücksubstitution: $\frac{dx}{dt} = A\omega \cdot \cos u = A\omega \cdot \cos(\omega t + \varphi)$

(6) $y = \sqrt[3]{(x^2 - 4x + 10)^2} = (x^2 - 4x + 10)^{2/3}$

Substitution: $u = u(x) = x^2 - 4x + 10$

Äußere Funktion: $y = F(u) = u^{2/3} \quad \Rightarrow \quad \frac{dy}{du} = \frac{2}{3}\,u^{-1/3}$

Innere Funktion: $u = u(x) = x^2 - 4x + 10 \quad \Rightarrow \quad \frac{du}{dx} = 2x - 4$

Kettenregel: $y' = \frac{dy}{dx} = \frac{dy}{du} \cdot \frac{du}{dx} = \frac{2}{3}\,u^{-1/3}(2x - 4) = \frac{2(2x - 4)}{3 \cdot \sqrt[3]{u}}$

Rücksubstitution: $y' = \frac{2(2x - 4)}{3 \cdot \sqrt[3]{u}} = \frac{4x - 8}{3 \cdot \sqrt[3]{x^2 - 4x + 10}}$

■

In einigen Fällen müssen *mehrere Substitutionen hintereinander* ausgeführt werden (stets von *innen* nach *außen*), um die vorgegebene Funktion in eine *elementar differenzierbare* Funktion zu überführen. Wir geben hierfür ein Beispiel:

■ **Beispiel**

$y = \ln[\sin(2x - 3)]$

1. Substitution: $u = u(x) = 2x - 3 \Rightarrow y = \ln(\sin u)$

Diese Funktion ist noch *nicht* elementar differenzierbar. Erst eine weitere Substitution führt zum Ziel.

2. Substitution: $v = v(u) = \sin u \Rightarrow y = \ln v$

Somit gilt:

$$y = \ln v \quad \text{mit} \quad v = \sin u \quad \text{und} \quad u = 2x - 3$$

Die *Kettenregel* besitzt jetzt die folgende Gestalt:

$$y' = \frac{dy}{dx} = \frac{dy}{dv} \cdot \frac{dv}{du} \cdot \frac{du}{dx}$$

Dabei ist:

$$y = \ln v \quad \Rightarrow \quad \frac{dy}{dv} = \frac{1}{v}$$

$$v = \sin u \quad \Rightarrow \quad \frac{dv}{du} = \cos u$$

$$u = 2x - 3 \quad \Rightarrow \quad \frac{du}{dx} = 2$$

Die *Kettenregel* liefert dann:

$$y' = \frac{dy}{dx} = \frac{dy}{dv} \cdot \frac{dv}{du} \cdot \frac{du}{dx} = \frac{1}{v} \cdot (\cos u) \cdot 2 = \frac{2 \cdot \cos u}{v}$$

Nach *stufenweiser Rücksubstitution* ($v \longrightarrow u \longrightarrow x$) folgt schließlich:

$$y' = \frac{2 \cdot \cos u}{v} = \frac{2 \cdot \cos u}{\sin u} = 2 \cdot \cot u = 2 \cdot \cot(2x - 3)$$

■

2.6 Logarithmische Ableitung

Bei der Bildung der Ableitung von $f(x) = x^x$, $x > 0$ ist *keine* der bisher bekannten Ableitungsregeln direkt anwendbar, da die Variable x sowohl in der *Basis* als auch im *Exponenten* auftritt[2]. Dennoch gelingt die Differentiation dieser Funktion, wenn man die Funktionsgleichung zunächst *logarithmiert*:

$$\ln f(x) = \ln x^x = x \cdot \ln x \qquad \text{(IV-36)}$$

und anschließend beide Seiten dieser Gleichung unter Verwendung von *Ketten-* und *Produktregel differenziert* (Substitution: $u = f(x)$):

$$\frac{1}{f(x)} \cdot f'(x) = \frac{f'(x)}{f(x)} = 1 \cdot \ln x + x \cdot \frac{1}{x} = \ln x + 1 \quad \Rightarrow$$

$$f'(x) = f(x)(\ln x + 1) = x^x(\ln x + 1) \qquad \text{(IV-37)}$$

Man bezeichnet diese Art des Differenzierens als *logarithmische Differentiation* und die dabei auftretende Ableitung der Funktion $\ln f(x)$ als *logarithmische Ableitung* von $f(x)$, wobei gilt:

$$\frac{d}{dx}\left[\ln f(x)\right] = \frac{1}{f(x)} \cdot f'(x) = \frac{f'(x)}{f(x)} \qquad \text{(IV-38)}$$

Wir fassen dieses Ergebnis wie folgt zusammen:

Logarithmische Differentiation

In vielen Fällen, beispielsweise bei Funktionen vom Typ $f(x) = [u(x)]^{v(x)}$ mit $u(x) > 0$, gelingt die *Differentiation* einer Funktion nach dem folgenden Schema:

1. *Logarithmieren* der Funktionsgleichung.
2. *Differenzieren* der *logarithmierten* Gleichung unter Verwendung der Kettenregel.

■ **Beispiele**

(1) $y = x^{\sin x} \qquad (x > 0)$

Die Funktionsgleichung wird zunächst *logarithmiert*:

$$\ln y = \ln x^{\sin x} = \sin x \cdot \ln x$$

[2] Man beachte, daß $f(x) = x^x$ *weder* eine Potenzfunktion *noch* eine Exponentialfunktion ist.

Jetzt wird diese Gleichung *differenziert*, wobei zu beachten ist, daß y eine Funktion von x ist (*Kettenregel* anwenden):

$$\frac{1}{y} \cdot y' = \frac{y'}{y} = \cos x \cdot \ln x + \frac{1}{x} \cdot \sin x = \frac{x \cdot \cos x \cdot \ln x + \sin x}{x}$$

$$y' = \frac{y(x \cdot \cos x \cdot \ln x + \sin x)}{x} = \frac{x^{\sin x}(x \cdot \cos x \cdot \ln x + \sin x)}{x} =$$

$$= x^{(\sin x - 1)}(x \cdot \cos x \cdot \ln x + \sin x)$$

(2) Wir wollen jetzt die *Quotientenregel* (IV-27) mit Hilfe der *logarithmischen* Differentiation beweisen. Zunächst wird der Quotient $y = \frac{u}{v}$ *logarithmiert*:

$$y = \frac{u}{v} \quad \Rightarrow \quad \ln y = \ln\left(\frac{u}{v}\right) = \ln u - \ln v$$

Beim Differenzieren der logarithmierten Funktion ist zu beachten, daß y, u und v Funktionen von x sind (*Kettenregel* anwenden!):

$$\frac{1}{y} \cdot y' = \frac{1}{u} \cdot u' - \frac{1}{v} \cdot v' \qquad \text{oder} \qquad \frac{y'}{y} = \frac{u'}{u} - \frac{v'}{v} = \frac{u'v - v'u}{uv}$$

Durch Auflösen nach y' erhalten wir schließlich die bereits bekannte *Quotientenregel*

$$y' = y \cdot \frac{u'v - v'u}{uv} = \frac{u}{v} \cdot \frac{u'v - v'u}{uv} = \frac{u'v - v'u}{v^2}$$

■

2.7 Ableitung der Umkehrfunktion

Gegeben sei eine *umkehrbare* Funktion $y = f(x)$ und ihre Ableitung $y' = f'(x)$. Wir suchen die *Ableitung der Umkehrfunktion* $y = f^{-1}(x) = g(x)$. Bei der Lösung des Problems schlagen wir den folgenden Weg ein:

Zunächst lösen wir die Funktionsgleichung $y = f(x)$ nach der Variablen x auf und erhalten *die nach x aufgelöste Funktionsgleichung* $x = f^{-1}(y) = g(y)$. Zwischen den Funktionen $y = f(x)$ und $x = g(y)$ besteht dann der folgende Zusammenhang:

$$f(x) = f(g(y)) = y \qquad \text{(IV-39)}$$

Die Funktion $f(g(y))$ ist dabei eine aus den beiden Funktionen f und g *zusammengesetzte* (*verkettete*) Funktion, wobei f die *äußere* und g die *innere* Funktion ist. *Differenziert* man die Gleichung $f(g(y)) = y$ unter Verwendung der *Kettenregel* beiderseits nach der Variablen y, so erhält man:

$$f'(x) \cdot g'(y) = 1 \qquad \text{(IV-40)}$$

Diese Beziehung lösen wir nach $g'(y)$ auf:

$$g'(y) = \frac{1}{f'(x)} \qquad (f'(x) \neq 0) \qquad \text{(IV-41)}$$

Hieraus erhält man die gewünschte *Ableitung der Umkehrfunktion*, indem man zunächst in der Ableitung $f'(x)$ die Variable x durch $g(y)$ *ersetzt* ($x = g(y)$) und anschließend auf *beiden* Seiten der Gleichung die Variablen x und y miteinander *vertauscht* (*Umbenennung* der beiden Variablen).

Wir fassen die Ergebnisse wie folgt zusammen:

Ableitung der Umkehrfunktion

Eine Funktion $y = f(x)$ sei *umkehrbar*, $x = g(y)$ die nach der Variablen x aufgelöste Form dieser Funktion. Dann besteht zwischen diesen beiden Funktionen der folgende Zusammenhang:

$$g'(y) = \frac{1}{f'(x)} \qquad (f'(x) \neq 0) \qquad \text{(IV-42)}$$

Hieraus erhält man durch die beiden folgenden Schritte die gesuchte *Ableitung der Umkehrfunktion* $y = g(x)$:

1. In der Ableitung $f'(x)$ wird zunächst die Variable x durch $g(y)$ *ersetzt.*
2. Anschließend werden auf *beiden* Seiten die Variablen x und y miteinander *vertauscht* (formale Umbenennung der beiden Variablen).

■ **Beispiele**

(1) *Gegeben*: $y = f(x) = e^x, \quad f'(x) = e^x$

Gesucht: Ableitung der Umkehrfunktion $y = g(x) = \ln x$

Wir lösen zunächst die Funktionsgleichung $y = e^x$ nach der Variablen x auf und erhalten $x = g(y) = \ln y$. Die Ableitung dieser Funktion ist nach Gleichung (IV-42):

$$g'(y) = \frac{1}{f'(x)} = \frac{1}{e^x} = \frac{1}{y} \qquad (e^x = y)$$

Durch *Vertauschen* der beiden Variablen erhalten wir hieraus die gesuchte *Ableitung der Umkehrfunktion* $y = g(x) = \ln x$. Sie lautet:

$$g'(x) = \frac{d}{dx}(\ln x) = \frac{1}{x}$$

(2) *Gegeben*: $y = f(x) = \tan x, \quad f'(x) = \frac{1}{\cos^2 x} = \tan^2 x + 1$

Gesucht: Ableitung der Umkehrfunktion $y = g(x) = \arctan x$

Die nach der Variablen x aufgelöste Form von $y = \tan x$ lautet:

$$x = g(y) = \arctan y$$

Wir bestimmen ihre Ableitung nach Gleichung (IV-42):

$$g'(y) = \frac{1}{f'(x)} = \frac{1}{\tan^2 x + 1} = \frac{1}{y^2 + 1}$$

(unter Berücksichtigung von $\tan x = y$). Durch *Vertauschen* der beiden Variablen erhalten wir die gesuchte *Ableitung der Umkehrfunktion* $y = g(x) = \arctan x$:

$$g'(x) = \frac{d}{dx}(\arctan x) = \frac{1}{x^2 + 1} = \frac{1}{1 + x^2}$$

■

2.8 Implizite Differentiation

Wir gehen von einer in der *impliziten* Form $F(x; y) = 0$ dargestellten Funktion aus. Gelingt es, diese Gleichung in eindeutiger Weise nach einer der beiden Variablen aufzulösen, so läßt sich die Ableitung der Funktion mit Hilfe der bekannten Ableitungsregeln meist ohne Schwierigkeiten bilden. Wir geben ein einfaches Beispiel.

■ **Beispiel**

Durch Auflösen der *Kreisgleichung* $x^2 + y^2 = 1$ oder $F(x; y) = x^2 + y^2 - 1 = 0$ nach der Variablen y erhalten wir zwei *Wurzelfunktionen*:

$$y = \pm\sqrt{1 - x^2} \qquad (-1 \leqslant x \leqslant 1)$$

Unter Verwendung der *Kettenregel* (Substitution: $u = 1 - x^2$) ergeben sich hieraus die Ableitungen

$$y' = \frac{d}{dx}\left(\pm\sqrt{1 - x^2}\right) = \mp \frac{x}{\sqrt{1 - x^2}}$$

■

In vielen Fällen jedoch ist die Auflösung der Funktionsgleichung $F(x;\, y) = 0$ nicht möglich oder nur mit großem Aufwand zu erreichen. Die Ableitung der Funktion nach der Variablen x kann dann durch *gliedweise Differentiation der impliziten Funktionsgleichung nach* x gewonnen werden. Dabei ist jedoch zu berücksichtigen, daß die Variable y eine von x *abhängige* Größe darstellt. *Bei der Differentiation ist daher jeder Term, der die abhängige Variable* y *enthält, nach der Kettenregel zu differenzieren.* Durch Auflösen dieser Gleichung nach $y' = \frac{dy}{dx}$ erhält man schließlich die gewünschte Ableitung. Diese Art des Differenzierens wird daher als *implizite Differentiation* bezeichnet.

Implizite Differentiation

Der *Anstieg* einer in der *impliziten* Form $F(x;\, y) = 0$ dargestellten Funktionskurve läßt sich schrittweise wie folgt bestimmen:

1. *Gliedweise Differentiation* der Funktionsgleichung $F(x;\, y) = 0$ nach x, wobei die Variable y als eine Funktion von x anzusehen ist. Jeder Term in der Funktionsgleichung, der die abhängige Variable y enthält, ist daher unter Verwendung der *Kettenregel* zu differenzieren.
2. Auflösung der differenzierten Funktionsgleichung nach $y' = \frac{dy}{dx}$ führt zur gesuchten Ableitung (Anstieg der Kurventangente).

Anmerkung

Die Ableitung $y' = \frac{dy}{dx}$ enthält meist *beide* Variable. x und y sind jedoch *nicht* unabhängig voneinander, sondern über die implizite Funktionsgleichung $F(x;\, y) = 0$ miteinander *verknüpft*.

■ **Beispiele**

(1) Gegeben ist die in der *impliziten* Form dargestellte Funktion

$$F(x;\, y) = 2\,y^3 + 6\,x^3 - 24\,x + 6\,y = 0$$

Wir berechnen die Steigung der Kurventangente in den Schnittpunkten der Kurve mit der x-Achse.

Schnittpunkte mit der x-Achse: $y = 0$

$$6\,x^3 - 24\,x = 0 \quad\Rightarrow\quad 6\,x\,(x^2 - 4) = 0 \quad\Rightarrow\quad x_1 = 0, \quad x_{2/3} = \pm 2$$

$$S_1 = (0;\, 0), \quad S_2 = (2;\, 0), \quad S_3 = (-2;\, 0)$$

Implizite Differentiation:

$$\frac{d}{dx}\left[F(x;\,y)\right] = \frac{d}{dx}\,(2\,y^3 + 6\,x^3 - 24\,x + 6\,y) =$$

$$= 6\,y^2 \cdot y' + 18\,x^2 - 24 + 6\,y' = 0$$

Die Terme $2\,y^3$ und $6\,y$ wurden dabei nach der *Kettenregel* differenziert! Wir lösen die Gleichung jetzt nach y' auf und erhalten:

$$(6\,y^2 + 6)\,y' = 24 - 18\,x^2 \quad \Rightarrow \quad y' = \frac{24 - 18\,x^2}{6\,y^2 + 6} = \frac{4 - 3\,x^2}{y^2 + 1}$$

Damit ergeben sich die folgenden Steigungswerte für die Kurventangente in den drei Schnittpunkten mit der x-Achse:

$$y'(S_1) = 4, \quad y'(S_2) = -8, \quad y'(S_3) = -8$$

(2) Wir bestimmen den Anstieg der Kurventangente im Punkt $P = (x;\,y)$ des Mittelpunktskreises $F(x;\,y) = x^2 + y^2 - 25 = 0$ durch *implizite Differentiation*:

$$\frac{d}{dx}\left[F(x;\,y)\right] = \frac{d}{dx}\,(x^2 + y^2 - 25) = 2\,x + 2\,y \cdot y' = 0 \quad \Rightarrow \quad y' = -\frac{x}{y}$$

Für den Kreispunkt $P_1 = (3;\,4)$ beispielsweise erhalten wir damit den Steigungswert $y'(P_1) = -3/4 = -0{,}75$.

■

2.9 Differential einer Funktion

Wir betrachten auf dem Graph einer *differenzierbaren* Funktion $y = f(x)$ einen beliebigen Punkt $P = (x_0;\,y_0)$. Eine *Änderung des Abszissenwertes* um Δx zieht eine *Änderung des Ordinatenwertes* (Funktionswertes) um Δy nach sich und wir gelangen zu dem ebenfalls auf der Kurve gelegenen Punkt Q (Bild IV-4). P und Q besitzen dabei die folgenden Koordinaten:

$$P = (x_0;\,y_0 = f(x_0)), \qquad Q = (x_0 + \Delta x;\,f(x_0 + \Delta x)) \tag{IV-43}$$

Für die *Änderung des Funktionswertes* (auch *Zuwachs* genannt) gilt daher:

$$\Delta y = f(x_0 + \Delta x) - f(x_0) \tag{IV-44}$$

Die entsprechenden Koordinatenänderungen auf der in P errichteten *Kurventangente* bezeichnen wir als *Differentiale*:

dx: *Unabhängiges* Differential

dy: *Abhängiges* Differential, auch Differential df von $f(x)$ genannt

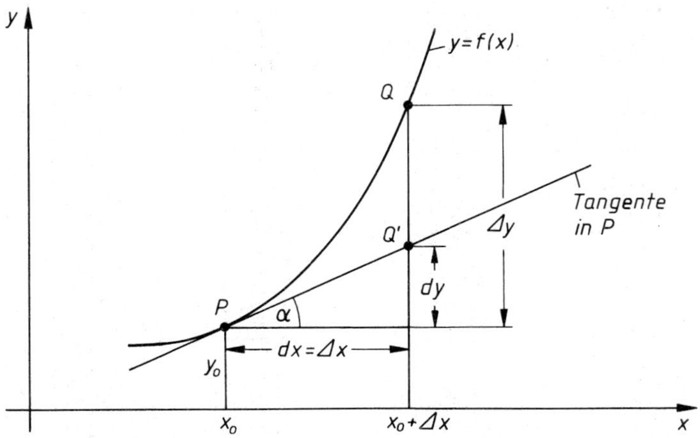

Bild IV-4 Zum Begriff des Differentials einer Funktion

dy ist die *Änderung des Ordinatenwertes*, wenn man von P aus längs der dortigen *Tangente* um $dx = \Delta x$ in der x-Richtung fortschreitet. Dabei wird der Punkt Q' erreicht, der zwar ein Punkt der Tangente, i.a. jedoch *kein* Punkt der Kurve ist. Aus dem in Bild IV-4 eingezeichneten Steigungsdreieck ergibt sich unmittelbar der folgende Zusammenhang zwischen den beiden Differentialen:

$$\tan \alpha = f'(x_0) = \frac{dy}{dx} \quad \Rightarrow \quad dy = f'(x_0)\, dx \qquad \text{(IV-45)}$$

Wir fassen zusammen:

Differential einer Funktion (Bild IV-4)

Das *Differential*

$$dy = df = f'(x_0)\, dx \qquad \text{(IV-46)}$$

einer Funktion $y = f(x)$ beschreibt den *Zuwachs* der Ordinate auf der an der Stelle x_0 errichteten *Kurventangente* bei einer Änderung der Abszisse x um dx.

Anmerkungen

(1) Wir weisen nochmals der großen Bedeutung wegen darauf hin, daß die Koordinatenänderungen auf der *Funktionskurve* mit Δx und Δy, die entsprechenden Veränderungen auf der *Kurventangente* aber mit dx und dy bezeichnet werden, wobei $\Delta x = dx$ angenommen wird. Die Differenz $\Delta y - dy$ mißt daher die *Ordinaten-Abweichung* zwischen der Kurve und ihrer Tangente bei einer Argumentsänderung um Δx, ausgehend vom gemeinsamen Tangentenberührungspunkt P (vgl. hierzu Bild IV-4).

(2) Aus der Beziehung $dy = f'(x)\,dx$ ziehen wir den Schluß, daß die Ableitung einer Funktion als *Quotient zweier Differentiale* aufgefaßt werden darf:

$$y' = f'(x) = \frac{dy}{dx} = \lim_{\Delta x \to 0} \frac{\Delta y}{\Delta x} \qquad \text{(IV-47)}$$

Dies rechtfertigt die in Abschnitt 1.2 eingeführte Bezeichnung „*Differentialquotient*“ für die Ableitung einer Funktion. Aus der Gleichung (IV-47) darf jedoch *keinesfalls* der Schluß gezogen werden, daß es sich bei den Differentialen dx und dy stets um „*unendlich kleine*“ Größen handelt.

Zum Abschluß wollen wir aus Gleichung (IV-46) noch eine für die Praxis wichtige Folgerung ziehen. Für *kleine* Argumentsänderungen $\Delta x = dx$ gilt *näherungsweise*:

$$\Delta y = dy = f'(x_0)\,dx = f'(x_0)\,\Delta x \qquad \text{(IV-48)}$$

Dies aber bedeutet: Die Funktion $y = f(x)$ darf in guter Näherung in der *unmittelbaren* Umgebung des Punktes $P = (x_0; y_0)$ durch die dortige *Kurventangente*, d.h. durch eine *lineare* Funktion ersetzt werden. Anwendung findet diese Näherung u.a. bei der *Linearisierung von Funktionen* (z.B. von Kennlinien) sowie in der *Fehlerrechnung*. Beide Probleme werden an anderer Stelle eingehend behandelt (siehe hierzu Abschnitt 3.2 sowie Band 2, Abschnitt IV.2.5.5).

■ **Beispiel**

$y = f(x) = x^2 + e^{x-1}$, Kurvenpunkt $P = (1; 2)$

Wie groß ist die Ordinatenänderung längs der *Kurve* bzw. längs der im Kurvenpunkt $P = (1; 2)$ errichteten *Tangente*, wenn man (von P aus) in *positiver* x-Richtung um $\Delta x = dx = 0{,}1$ fortschreitet?

Lösung:

Zuwachs auf der Kurve:

$$\Delta y = f(1{,}1) - f(1) = 2{,}3152 - 2 = 0{,}3152$$

Zuwachs auf der Kurventangente:

$$f'(x) = 2x + e^{x-1} \quad \Rightarrow \quad f'(1) = 3$$

$$dy = f'(1)\,dx = 3 \cdot 0{,}1 = 0{,}3$$

Die Ordinatenänderungen Δy und dy unterscheiden sich nur geringfügig voneinander (um rund 5 %).

■

2.10 Höhere Ableitungen

Durch Differenzieren gewinnt man aus einer (differenzierbaren) Funktion $y = f(x)$ die 1. Ableitung $y' = f'(x)$. Falls auch $f'(x)$ eine *differenzierbare* Funktion darstellt, erhält man aus ihr durch *nochmaliges* Differenzieren die als *2. Ableitung* bezeichnete Funktion

$$y'' = f''(x) = \frac{d}{dx}\left(f'(x)\right) = \frac{d}{dx}\left(\frac{dy}{dx}\right) \qquad \text{(IV-49)}$$

Sie ist die *1. Ableitung der 1. Ableitung* $y' = f'(x)$. Durch wiederholtes Differenzieren gelangt man schließlich zu den *Ableitungen höherer Ordnung*:

1. Ableitung: $y' = f'(x) = \frac{d}{dx}\left(f(x)\right)$

2. Ableitung: $y'' = f''(x) = \frac{d}{dx}\left(f'(x)\right)$

3. Ableitung: $y''' = f'''(x) = \frac{d}{dx}\left(f''(x)\right)$

⋮

n-te Ableitung: $y^{(n)} = f^{(n)}(x) = \frac{d}{dx}\left(f^{(n-1)}(x)\right)$

⋮

(gelesen: y n Strich bzw. f n Strich von x).

Sie werden auch der Reihe nach als *Ableitungen 1., 2., 3., …, n-ter Ordnung* usw. bezeichnet. Daneben ist die Schreibweise in Form *höherer Differentialquotienten* möglich:

$$y' = \frac{dy}{dx}, \quad y'' = \frac{d^2 y}{dx^2}, \quad y''' = \frac{d^3 y}{dx^3}, \quad \ldots, \quad y^{(n)} = \frac{d^n y}{dx^n}, \quad \ldots \qquad \text{(IV-50)}$$

$\frac{d^n y}{dx^n}$ ist dabei der *Differentialquotient n-ter Ordnung* (gelesen: d n y nach d x hoch n).

■ **Beispiele**

(1) Die e-Funktion $y = \mathrm{e}^x$ ist *beliebig oft* differenzierbar. Alle Ableitungen sind dabei *gleich* und ergeben wiederum die e-Funktion:

$$y' = y'' = y''' = \ldots = y^{(n)} = \ldots = \mathrm{e}^x$$

(2) $y = 4x^3 + x \cdot \cos x$

Die ersten drei Ableitungen lauten:

$$y' = \frac{d}{dx}(4x^3 + x \cdot \cos x) = 12x^2 + \cos x - x \cdot \sin x$$

$$y'' = \frac{d}{dx}(12x^2 + \cos x - x \cdot \sin x) = 24x - 2 \cdot \sin x - x \cdot \cos x$$

$$y''' = \frac{d}{dx}(24x - 2 \cdot \sin x - x \cdot \cos x) = 24 - 3 \cdot \cos x + x \cdot \sin x$$

■

2.11 Ableitung einer in der Parameterform dargestellten Funktion (Kurve)

Wir gehen von einer in der *Parameterform*

$$x = x(t), \quad y = y(t) \qquad (t_1 \leqslant t \leqslant t_2) \tag{IV-51}$$

gegebenen Funktion bzw. Kurve aus und interessieren uns für den *Anstieg* der Kurventangente in dem zum Parameterwert t gehörenden Kurvenpunkt $P = (x(t); y(t))$ (Bild IV-5).

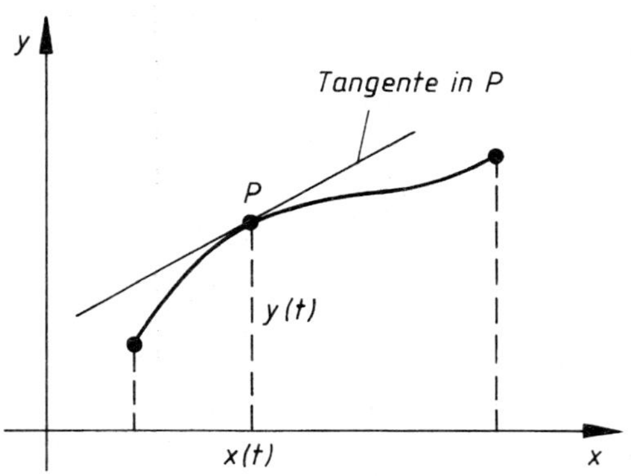

Bild IV-5

Dabei soll zunächst vorausgesetzt werden, daß es durch Elimination des Parameters t möglich ist, die Gleichung der Funktionskurve in der expliziten Form $y = f(x)$ darzustellen. y ist dann eine Funktion von x, wobei x wiederum vom Parameter t abhängt, d.h. y kann als *mittelbare* oder *verkettete* Funktion von t aufgefaßt werden: $y = f(x(t))$. Nach der *Kettenregel* gilt dann:

$$\frac{dy}{dt} = \frac{dy}{dx} \cdot \frac{dx}{dt} \qquad \text{oder} \qquad \dot{y} = y' \cdot \dot{x} \tag{IV-52}$$

Die Ableitungen nach dem Parameter t werden dabei üblicherweise durch *Punkte* ($\dot{x}$, $\dot{y}$), die Ableitungen nach der Variablen x weiterhin durch *Striche* gekennzeichnet. Durch Auflösen der Gleichung (IV-52) nach y' erhalten wir die wichtige Beziehung

$$y' = \frac{\dot{y}}{\dot{x}} \tag{IV-53}$$

die auch dann ihre Gültigkeit unverändert beibehält, wenn eine explizite Darstellung der in der Parameterform (IV-51) gegebenen Funktion *nicht* möglich ist.

Ableitung einer in der Parameterform gegebenen Funktion (Kurve) (Bild IV-5)

Die *Ableitung* einer Funktion bzw. Kurve mit der Parameterdarstellung

$$x = x(t), \quad y = y(t) \qquad (t_1 \leqslant t \leqslant t_2) \tag{IV-54}$$

kann aus den Ableitungen der beiden Parametergleichungen wie folgt bestimmt werden:

$$y' = \frac{\dot{y}}{\dot{x}} \tag{IV-55}$$

Anmerkungen

(1) Die Ableitung $y' = \frac{dy}{dx}$ ist eine Funktion des *Parameters* t.

(2) In den naturwissenschaftlich-technischen Anwendungen bedeutet der Parameter t häufig die *Zeit* oder einen *Winkel*.

■ **Beispiele**

(1) Die Parameterdarstellung eines *Mittelpunktskreises* mit dem Radius $r = 5$ lautet:

$$x(t) = 5 \cdot \cos t, \quad y(t) = 5 \cdot \sin t \qquad (0 \leqslant t < 2\pi)$$

(t: Winkelparameter, vgl. Bild IV-6).

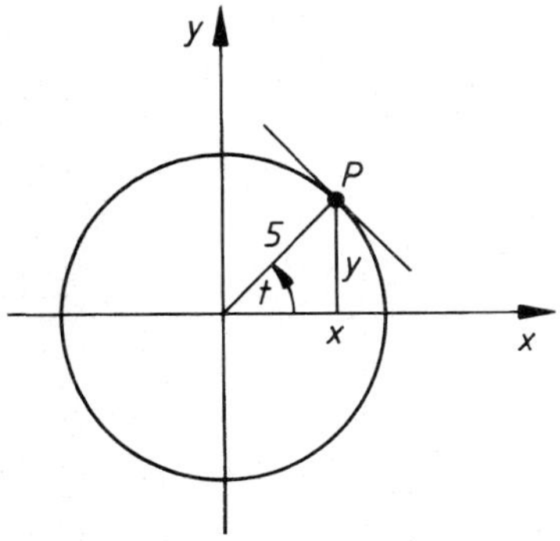

Bild IV-6

Zur Parameterdarstellung eines Mittelpunktskreises vom Radius $r = 5$

Wir bestimmen Steigung m und Steigungswinkel α der Kreistangente im zum Parameterwert $t_0 = \pi/4$ gehörenden Kurvenpunkt $P_0 = (x_0;\, y_0)$, dessen Koordinaten wie folgt lauten:

$$\left.\begin{aligned} x_0 &= 5 \cdot \cos(\pi/4) = 3{,}54 \\ y_0 &= 5 \cdot \sin(\pi/4) = 3{,}54 \end{aligned}\right\} \Rightarrow \quad P_0 = (3{,}54;\, 3{,}54)$$

Für den *Anstieg* der Kreistangente erhält man nach Gleichung (IV-55):

$$y' = \frac{\dot{y}}{\dot{x}} = \frac{5 \cdot \cos t}{-5 \cdot \sin t} = -\cot t$$

$$m = y'(P_0) = y'(t_0 = \pi/4) = -\cot(\pi/4) = -1$$

$$m = \tan\alpha = -1 \quad \Rightarrow \quad \alpha = 180^\circ + \arctan(-1) = 180^\circ - 45^\circ = 135^\circ$$

Die in $P_0 = (3{,}54;\, 3{,}54)$ errichtete Kurventangente besitzt demnach die Steigung $m = -1$ und den Steigungswinkel $\alpha = 135^\circ$.

(2) Ein Punkt eines Kreises, der auf einer Geraden *abrollt*, beschreibt eine als *Rollkurve* oder (*gewöhnliche*) *Zykloide* bezeichnete *periodische* Bahnkurve (Bild IV-7). Sie ist in der Parameterform

$$x(t) = R(t - \sin t), \quad y(t) = R(1 - \cos t) \qquad (t \geqslant 0)$$

darstellbar (t: Parameter; R: Radius des Kreises).

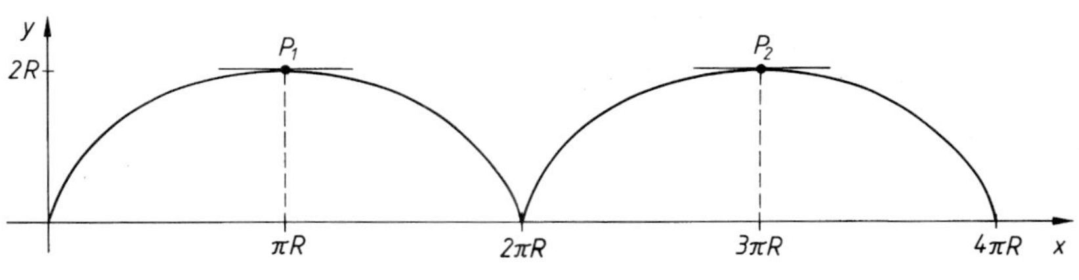

Bild IV-7 Zykloide (Rollkurve)

Wir wollen nun zeigen, daß die Zykloide für die Parameterwerte $t_1 = \pi$, $t_2 = 3\pi$, $t_3 = 5\pi$, $\ldots$, d.h. $t_n = (2n - 1)\pi$ mit $n \in \mathbb{N}^*$ *waagerechte* Tangenten besitzt. Mit

$$\dot{x} = R(1 - \cos t), \quad \dot{y} = R \cdot \sin t$$

erhalten wir für den *Kurvenanstieg* y' nach Gleichung (IV-55) die Beziehung

$$y' = \frac{\dot{y}}{\dot{x}} = \frac{R \cdot \sin t}{R(1 - \cos t)} = \frac{\sin t}{1 - \cos t}$$

Für $t = t_n$ verlaufen die Tangenten *waagerecht*:

$$y'(t_n) = \frac{\sin t_n}{1 - \cos t_n} = \frac{\sin(2n-1)\pi}{1 - \cos(2n-1)\pi} = \frac{\sin \pi}{1 - \cos \pi} = \frac{0}{2} = 0$$

Den Parameterwerten t_n entsprechen dabei der Reihe nach die Kurvenpunkte

$$t_1 = \pi: \quad P_1 = (\pi R;\, 2R)$$
$$t_2 = 3\pi: \quad P_2 = (3\pi R;\, 2R)$$
$$t_3 = 5\pi: \quad P_3 = (5\pi R;\, 2R) \quad \text{usw.,}$$

die im regelmäßigen Abstand von jeweils *einer* Periodendauer $2\pi R$ aufeinander folgen (vgl. hierzu Bild IV-7).

■

2.12 Anstieg einer in Polarkoordinaten dargestellten Kurve

$r = r(\varphi)$ mit $a \leqslant \varphi \leqslant b$ sei die Gleichung einer in *Polarkoordinaten* dargestellten Kurve. Wir bringen diese Gleichung zunächst in die *Parameterform*. Bekanntlich bestehen zwischen den kartesischen Koordinaten x, y und den Polarkoordinaten r, φ die Transformationsgleichungen $x = r \cdot \cos \varphi$ und $y = r \cdot \sin \varphi$. Setzt man nun in diese Gleichungen für die Abstandskoordinate r die Kurvengleichung $r(\varphi)$ ein, so erhält man die gewünschte *Parameterdarstellung* der Kurve $r = r(\varphi)$ in der Form

$$\begin{aligned} x &= x(\varphi) = r(\varphi) \cdot \cos \varphi \\ y &= y(\varphi) = r(\varphi) \cdot \sin \varphi \end{aligned} \qquad \text{(IV-56)}$$

mit der Winkelkoordinate φ als Parameter (Bild IV-8).

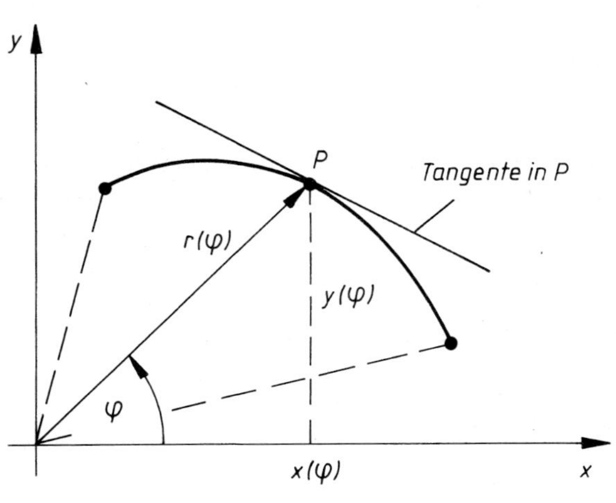

Bild IV-8

Die Ableitungen dieser Parametergleichungen nach dem *Winkelparameter* φ führen zu den folgenden Gleichungen:

$$\begin{aligned}\dot{x} &= \dot{r}(\varphi) \cdot \cos\varphi - r(\varphi) \cdot \sin\varphi \\ \dot{y} &= \dot{r}(\varphi) \cdot \sin\varphi + r(\varphi) \cdot \cos\varphi\end{aligned} \qquad \text{(IV-57)}$$

Mit diesen Beziehungen erhalten wir für den *Anstieg der Kurventangente* nach Gleichung (IV-55):

$$y' = \frac{\dot{y}}{\dot{x}} = \frac{\dot{r}(\varphi) \cdot \sin\varphi + r(\varphi) \cdot \cos\varphi}{\dot{r}(\varphi) \cdot \cos\varphi - r(\varphi) \cdot \sin\varphi} \qquad \text{(IV-58)}$$

Wir fassen dieses Ergebnis zusammen:

Anstieg einer in Polarkoordinaten gegebenen Kurve (Bild IV-8)

Eine in *Polarkoordinaten* gegebene Kurve $r = r(\varphi)$ mit $a \leqslant \varphi \leqslant b$ läßt sich auch in der Parameterform

$$x = r(\varphi) \cdot \cos\varphi, \quad y = r(\varphi) \cdot \sin\varphi \qquad \text{(IV-59)}$$

mit dem Winkel φ als Parameter darstellen. Der *Anstieg* der Kurve, d.h. die *Steigung der Kurventangente* läßt sich dann nach der Formel

$$y' = \frac{\dot{y}}{\dot{x}} = \frac{\dot{r}(\varphi) \cdot \sin\varphi + r(\varphi) \cdot \cos\varphi}{\dot{r}(\varphi) \cdot \cos\varphi - r(\varphi) \cdot \sin\varphi} \qquad \text{(IV-60)}$$

berechnen.

Anmerkung

Die Ableitung $y' = \frac{dy}{dx}$ ist eine Funktion der *Winkelkoordinate* φ.

■ **Beispiel**

Wir untersuchen die als *Kardioide* oder *Herzkurve* bezeichnete Kurve mit der Gleichung

$$r(\varphi) = 1 + \cos\varphi \qquad (0 \leqslant \varphi < 2\pi)$$

auf Stellen mit *waagerechter* bzw. *senkrechter* Tangente. Aus der Parameterdarstellung

$$x(\varphi) = r(\varphi) \cdot \cos\varphi = (1 + \cos\varphi)\cos\varphi = \cos\varphi + \cos^2\varphi$$

$$y(\varphi) = r(\varphi) \cdot \sin\varphi = (1 + \cos\varphi)\sin\varphi = \sin\varphi + \sin\varphi \cdot \cos\varphi$$

erhalten wir durch Differentiation nach dem Winkelparameter φ die benötigten Ableitungen $\dot{x}$ und $\dot{y}$.

Sie lauten:

$$\dot{x} = -\sin\varphi - 2\cdot\sin\varphi\cdot\cos\varphi = -\sin\varphi\,(1 + 2\cdot\cos\varphi)$$

$$\dot{y} = \cos\varphi + \cos^2\varphi - \sin^2\varphi = \cos\varphi + \cos^2\varphi - (1 - \cos^2\varphi) =$$
$$= 2\cdot\cos^2\varphi + \cos\varphi - 1$$

Der *Anstieg der Kurve* ist daher nach Gleichung (IV-60)

$$y' = \frac{\dot{y}}{\dot{x}} = \frac{2\cdot\cos^2\varphi + \cos\varphi - 1}{-\sin\varphi\,(1 + 2\cdot\cos\varphi)}$$

Bestimmung der Kurvenpunkte mit einer waagerechten Tangente:

In einem solchen Punkt ist $y' = 0$, d.h. $\dot{y} = 0$ und $\dot{x} \neq 0$:

$$\dot{y} = 0 \quad\Rightarrow\quad 2\cdot\cos^2\varphi + \cos\varphi - 1 = 0$$

Diese Gleichung lösen wir durch die *Substitution* $z = \cos\varphi$:

$$2z^2 + z - 1 = 0 \quad\Rightarrow\quad z_1 = 0{,}5, \quad z_2 = -1$$

Rücksubstitution führt zu den folgenden trigonometrischen Gleichungen, deren im Intervall $0 \leqslant \varphi < 2\pi$ gelegene Lösungen wir wie folgt bestimmen:

$$\left.\begin{aligned}\cos\varphi = 0{,}5 \quad\Rightarrow\quad &\varphi_1 = \arccos 0{,}5 = \frac{\pi}{3}\\ &\varphi_2 = 2\pi - \arccos 0{,}5 = \frac{5}{3}\pi\end{aligned}\right\}\quad \text{(vgl. hierzu Bild IV-9)}$$

$$\cos\varphi = -1 \quad\Rightarrow\quad \varphi_3 = \arccos(-1) = \pi \qquad \text{(vgl. hierzu Bild IV-10)}$$

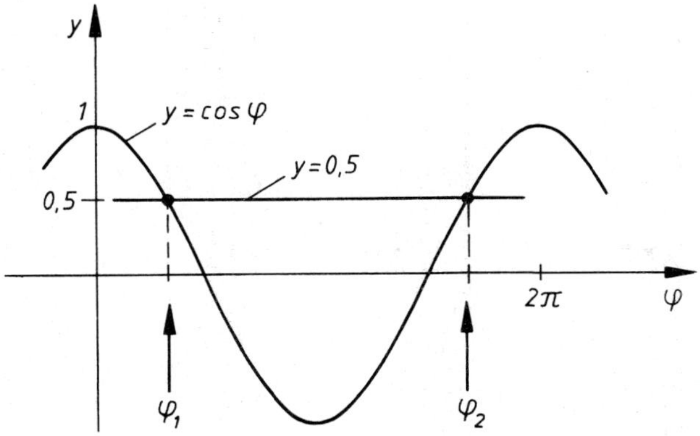

Bild IV-9 Lösungen der Gleichung $\cos\varphi = 0{,}5$ im Intervall $0 \leqslant \varphi < 2\pi$

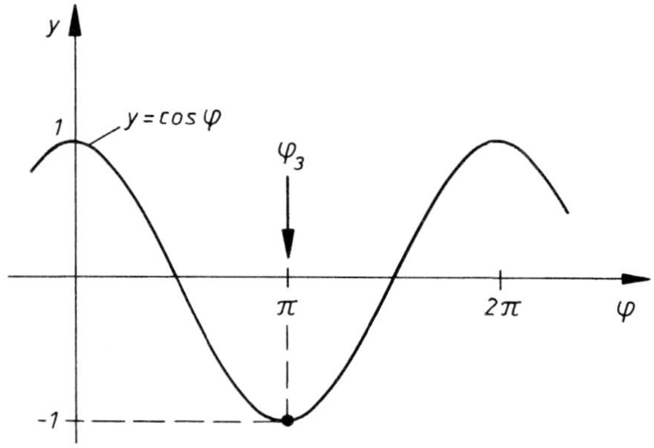

Bild IV-10 Lösungen der Gleichung $\cos\varphi = -1$ im Intervall $0 \leqslant \varphi < 2\pi$

Für $\varphi_3 = \pi$ wird allerdings auch $\dot{x}$ gleich *Null*: $\dot{x}(\pi) = 0$. Die Ableitung y' ist daher an dieser Stelle zunächst *unbestimmt*:

$$y'(\pi) = \frac{\dot{y}(\pi)}{\dot{x}(\pi)} = \frac{0}{0} \qquad (\textit{unbestimmter}\ \text{Ausdruck})$$

Eine *Grenzwertbetrachtung*, auf die wir jetzt nicht näher eingehen können, zeigt jedoch, daß die Kardioide auch für $\varphi_3 = \pi$ eine *waagerechte* Tangente besitzt[3]. Damit gibt es insgesamt drei Kurvenpunkte mit *waagerechter* Tangente. Es sind dies (vgl. hierzu auch Bild IV-12):

$$\varphi_1 = \frac{\pi}{3}: \qquad A_1 = (0{,}75;\ 1{,}299)$$

$$\varphi_2 = \frac{5}{3}\pi: \quad A_2 = (0{,}75;\ -1{,}299)$$

$$\varphi_3 = \pi: \qquad A_3 = (0;\ 0)$$

Bestimmung der Kurvenpunkte mit einer senkrechten Tangente:

In diesen Punkten ist der Anstieg $y' = \infty$, d.h. $\dot{x} = 0$ und $\dot{y} \neq 0$:

$$\dot{x} = 0 \quad \Rightarrow \quad -\sin\varphi\,(2\cdot\cos\varphi + 1) = 0 \begin{cases} \sin\varphi = 0 \\ 2\cdot\cos\varphi + 1 = 0 \end{cases}$$

Wir lösen zunächst die Gleichung $2\cdot\cos\varphi + 1 = 0$ oder $\cos\varphi = -0{,}5$ (vgl. hierzu Bild IV-11):

$$\cos\varphi = -0{,}5 \quad \Rightarrow \quad \varphi_1 = \arccos(-0{,}5) = \frac{2}{3}\pi, \quad \varphi_2 = \frac{4}{3}\pi$$

[3] Der zunächst *unbestimmte Ausdruck* $\frac{0}{0}$ läßt sich mit Hilfe der *Grenzwertregel von Bernoulli und de L'Hospital* berechnen und führt zu dem Wert 0 (siehe hierzu Beispiel (5) in Abschnitt VI.3.3.3).

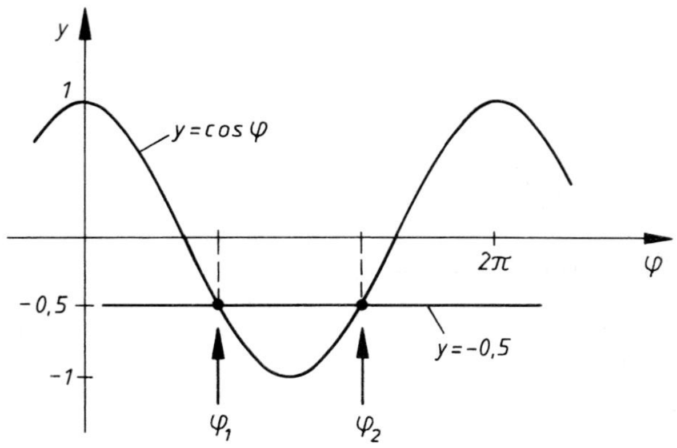

Bild IV-11 Lösungen der Gleichung $2 \cdot \cos \varphi + 1 = 0$ im Intervall $0 \leqslant \varphi < 2\pi$

Die 2. Gleichung $\sin \varphi = 0$ besitzt im Intervall $0 \leqslant \varphi < 2\pi$ die beiden Lösungen $\varphi_3 = 0$ und $\varphi_4 = \pi$. Für $\varphi_4 = \pi$ tritt der bereits bei der Bestimmung der waagerechten Tangenten diskutierte *Sonderfall* ein. An dieser Stelle liegt *keine* senkrechte, sondern eine *waagerechte* Tangente, wie wir inzwischen wissen (Bild IV-12). *Senkrechte* Tangenten besitzt die *Kardioide* demnach in den folgenden drei Punkten:

$$\varphi_1 = \frac{2}{3}\pi: \quad B_1 = (-0{,}25;\ 0{,}433)$$

$$\varphi_2 = \frac{4}{3}\pi: \quad B_2 = (-0{,}25;\ -0{,}433)$$

$$\varphi_3 = 0: \quad B_3 = (2;\ 0)$$

Bild IV-12 zeigt den Verlauf der Kardioide mit ihren waagerechten und senkrechten Tangenten.

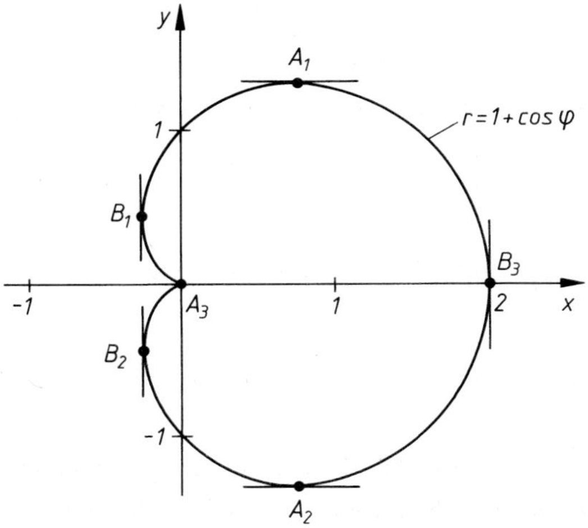

Bild IV-12
Kardioide mit ihren waagerechten und senkrechten Tangenten

■

2.13 Einfache Anwendungsbeispiele aus Physik und Technik

2.13.1 Bewegung eines Massenpunktes (Geschwindigkeit, Beschleunigung)

Momentangeschwindigkeit eines Massenpunktes

Ein Massenpunkt bewege sich längs einer Geraden nach dem Weg-Zeit-Gesetz $s = s(t)$. Zur Zeit t befinde er sich an der Wegmarke $s(t)$, in dem darauf folgenden Zeitintervall Δt lege er den Weg Δs zurück. Er erreicht somit zur Zeit $t + \Delta t$ die Wegmarke $s(t + \Delta t) = s(t) + \Delta s$ (Bild IV-13):

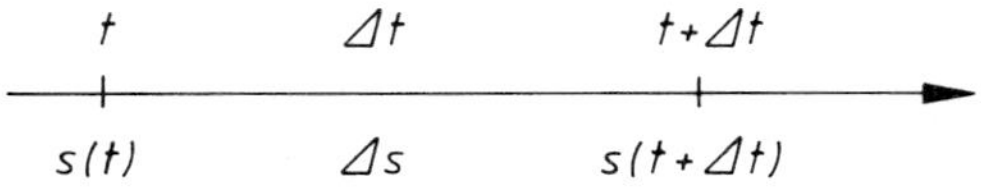

Bild IV-13 Zum Begriff der Momentangeschwindigkeit

Seine *durchschnittliche* Geschwindigkeit $\bar{v}$ in diesem Zeitraum beträgt dann definitionsgemäß

$$\bar{v} = \frac{\Delta s}{\Delta t} = \frac{s(t + \Delta t) - s(t)}{\Delta t} \tag{IV-61}$$

Die zur Zeit t erreichte sog. *Momentangeschwindigkeit* erhält man aus dieser Gleichung für ein genügend kleines Zeitintervall Δt, d.h. für den *Grenzübergang* $\Delta t \rightarrow 0$:

$$v = \lim_{\Delta t \rightarrow 0} \frac{\Delta s}{\Delta t} = \lim_{\Delta t \rightarrow 0} \frac{s(t + \Delta t) - s(t)}{\Delta t} = \dot{s} \tag{IV-62}$$

Die Momentangeschwindigkeit ist daher die 1. Ableitung des Weges nach der Zeit:

$$v = \dot{s} = \frac{ds}{dt} \tag{IV-63}$$

Momentanbeschleunigung eines Massenpunktes

Die *Beschleunigung* einer Bewegung mißt die Geschwindigkeitsänderung Δv in dem Zeitintervall Δt. Der Massenpunkt besitzt zur Zeit t die Geschwindigkeit $v(t)$ und zum Zeitpunkt $t + \Delta t$ die Geschwindigkeit $v(t + \Delta t)$ (Bild IV-14):

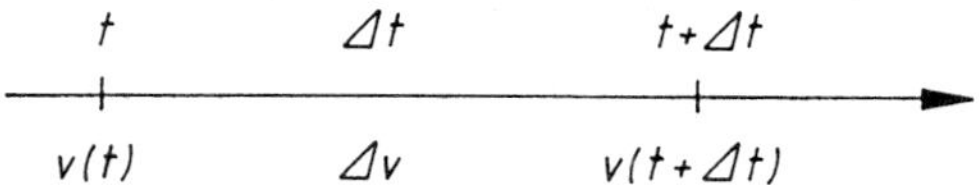

Bild IV-14 Zum Begriff der Momentanbeschleunigung

Die *durchschnittliche* Beschleunigung $\bar{a}$ zwischen den Zeitmarken t und $t + \Delta t$ beträgt dann definitionsgemäß

$$\bar{a} = \frac{\Delta v}{\Delta t} = \frac{v(t + \Delta t) - v(t)}{\Delta t} \tag{IV-64}$$

Für $\Delta t \longrightarrow 0$, d.h. für ein genügend kleines Zeitintervall Δt, erhalten wir hieraus die *Momentanbeschleunigung* a:

$$a = \lim_{\Delta t \to 0} \frac{\Delta v}{\Delta t} = \lim_{\Delta t \to 0} \frac{v(t + \Delta t) - v(t)}{\Delta t} = \dot{v} \tag{IV-65}$$

Die Momentanbeschleunigung ist daher die 1. Ableitung der Geschwindigkeit nach der Zeit und damit zugleich die 2. Ableitung des Weges nach der Zeit:

$$a = \dot{v} = \ddot{s} \tag{IV-66}$$

Wir fassen diese wichtigen Ergebnisse zusammen:

Bestimmung von Geschwindigkeit und Beschleunigung aus der Weg-Zeit-Funktion

Geschwindigkeit v und Beschleunigung a erhält man als 1. bzw. 2. Ableitung der Weg-Zeit-Funktion $s = s(t)$ nach der Zeit t:

$$v(t) = \frac{ds}{dt} = \dot{s}(t) \tag{IV-67}$$

$$a(t) = \frac{dv}{dt} = \dot{v}(t) = \ddot{s}(t) \tag{IV-68}$$

■ **Beispiele**

(1) Das *Weg-Zeit-Gesetz* für den *freien Fall* (*ohne* Berücksichtigung des Luftwiderstandes) lautet wie folgt:

$$s(t) = \frac{1}{2} g t^2 \qquad (t \geqslant 0)$$

Geschwindigkeit und Beschleunigung erhält man hieraus durch ein- bzw. zweimaliges Differenzieren nach der Zeit t:

$$v(t) = \dot{s} = \frac{1}{2} g \cdot 2t = gt$$

$$a(t) = \dot{v} = \ddot{s} = g = \text{const.}$$

(2) Die *harmonische Schwingung* eines Federpendels läßt sich durch das *Weg-Zeit-Gesetz*

$$y = A \cdot \sin(\omega t + \varphi) \qquad (t \geqslant 0)$$

beschreiben (vgl. hierzu auch Bild III-114). Unter Verwendung der *Kettenregel* erhalten wir hieraus durch ein- bzw. zweimaliges *Differenzieren* nach der Zeit t Geschwindigkeit v und Beschleunigung a:

$$v(t) = \dot{y} = A\omega \cdot \cos(\omega t + \varphi)$$

$$a(t) = \dot{v} = \ddot{y} = -A\omega^2 \cdot \sin(\omega t + \varphi) = -\omega^2 \cdot \underbrace{A \cdot \sin(\omega t + \varphi)}_{y} = -\omega^2 y$$

Die *Rückstellkraft* der Feder ist $F = ma = -m\omega^2 \cdot y$ und damit eine der Auslenkung y *proportionale* Größe (*Hookesches Gesetz* $F = -D \cdot y$). Die Federkonstante (Richtkraft) D genügt daher der Gleichung $D = m\omega^2$, aus der man für die Kreisfrequenz ω und die Schwingungsdauer T die folgenden Beziehungen gewinnt:

$$\omega = \sqrt{\frac{D}{m}} \qquad \text{und} \qquad T = \frac{2\pi}{\omega} = 2\pi \cdot \sqrt{\frac{m}{D}}$$

■

2.13.2 Induktionsgesetz

Das *Induktionsgesetz* der Physik lautet: *Ein zeitlich veränderlicher Induktionsfluß* Φ *erzeugt in einem elektrischen Leiter eine Spannung* u_i *nach der Gleichung*

$$u_i = -n \frac{d\Phi}{dt} = -n\dot{\Phi} \qquad \text{(IV-69)}$$

Die Induktionsspannung ist also der *Ableitung des Induktionsflusses nach der Zeit* direkt proportional (n: Anzahl der Windungen). Wir wenden jetzt dieses Gesetz auf eine in einem konstanten Magnetfeld rotierende Spule an und zeigen, daß in ihr durch elektromagnetische Induktion *Wechselspannung* induziert wird (Bild IV-15):

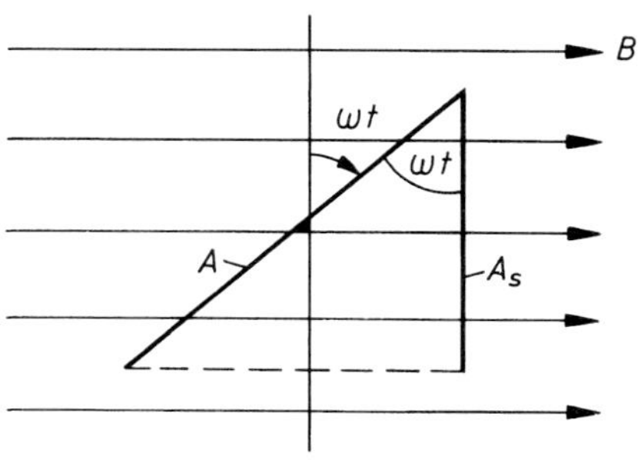

ω: Winkelgeschwindigkeit

B: Magnetische Flußdichte

A: Querschnittsfläche der Spule

n: Anzahl der Windungen

Φ: Induktionsfluß ($\Phi = BA_s$)

Bild IV-15 Zum Induktionsgesetz

Nach t Sekunden hat sich die Spule um den Winkel ωt aus der Anfangsstellung (senkrecht zu den Feldlinien) herausgedreht. Die wirksame Spulenfläche A_s beträgt dann $A_s = A \cdot \cos(\omega t)$. Nach dem Induktionsgesetz (IV-69) erhält man die folgende *sinusförmige Wechselspannung*:

$$u_i = -n \frac{d\Phi}{dt} = -n \frac{d}{dt}(BA_s) = -n \frac{d}{dt}(BA \cdot \cos(\omega t)) = -nBA \frac{d}{dt}(\cos(\omega t)) =$$

$$= \underbrace{nBA\omega}_{u_0} \cdot \sin(\omega t) = u_0 \cdot \sin(\omega t) \qquad \text{(IV-70)}$$

$u_0 = nBA\omega$ ist der *Scheitelwert* der in Bild IV-16 dargestellten Induktionsspannung.

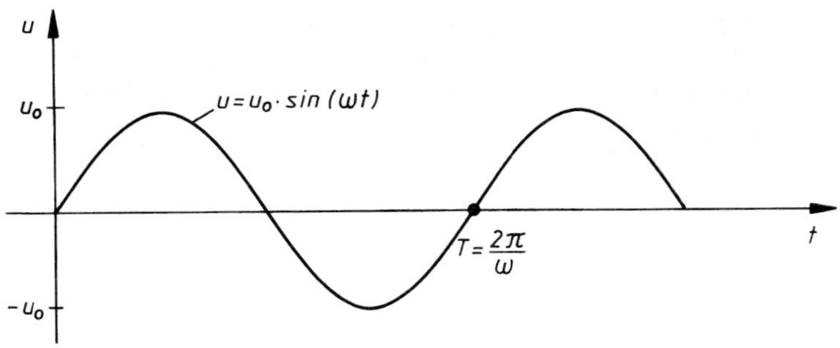

Bild IV-16 Induzierte Wechselspannung

2.13.3 Elektrischer Schwingkreis

Wir betrachten einen aus Kondensator (Kapazität C) und Spule (Induktivität L) bestehenden elektrischen Schwingkreis (Bild IV-17). Führen wir dem Kondensator durch kurzzeitiges Aufladen auf die Spannung u_0 elektrische Feldenergie zu, so entstehen in diesem Kreis *ungedämpfte elektrische Schwingungen* (der ohmsche Widerstand sei vernachlässigbar klein): Spannung, Strom, elektrisches und magnetisches Feld ändern sich *periodisch* mit der Schwingungsdauer $T = 2\pi\sqrt{LC}$ (*Thomsonsche Schwingungsgleichung*).

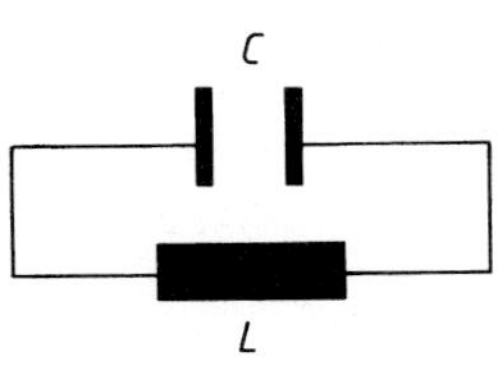

Bild IV-17
Elektrischer Schwingkreis (LC-Kreis)

Die am Kondensator liegende *Spannung* ist

$$u = u_0 \cdot \cos(\omega t) \qquad (\omega = 2\pi/T = 1/\sqrt{LC}) \qquad \text{(IV-71)}$$

Für die auf den Kondensatorplatten befindliche *Ladung* gilt

$$q = Cu = Cu_0 \cdot \cos(\omega t) = q_0 \cdot \cos(\omega t) \qquad (q_0 = Cu_0) \qquad \text{(IV-72)}$$

In dem Schwingkreis fließt somit der folgende *sinusförmige Wechselstrom*:

$$i = -\frac{dq}{dt} = -\frac{d}{dt}[q_0 \cdot \cos(\omega t)] = q_0 \omega \cdot \sin(\omega t) = i_0 \cdot \sin(\omega t) \qquad \text{(IV-73)}$$

Dabei ist $i_0 = q_0 \omega = Cu_0 \omega$ der *Scheitelwert* des Wechselstromes.

3 Anwendungen der Differentialrechnung

3.1 Tangente und Normale

$P = (x_0; y_0)$ sei ein Punkt auf der Kurve mit der Gleichung $y = f(x)$. Der *Anstieg* der Kurventangente in P ist dann $m_t = f'(x_0)$. Die *Tangentengleichung* lautet damit in der Punkt-Steigungs-Form (III-45) wie folgt:

$$\frac{y - y_0}{x - x_0} = f'(x_0) \qquad (y_0 = f(x_0)) \qquad \text{(IV-74)}$$

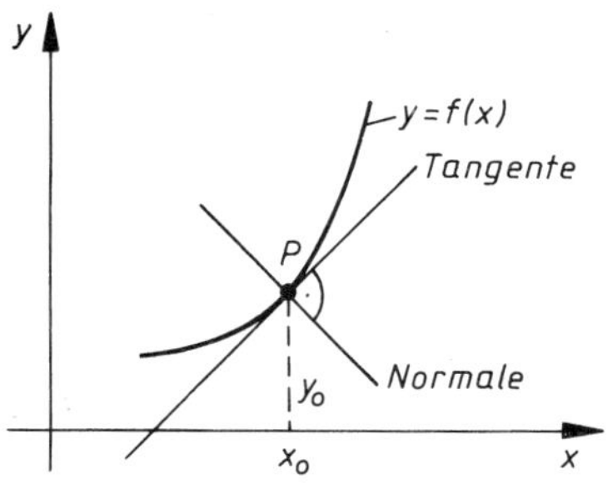

Bild IV-18

Tangente und Normale im Kurvenpunkt P

Die *Normale* im Kurvenpunkt P ist eine Gerade, die *senkrecht* zur Kurventangente verläuft (Bild IV-18). Ihre Steigung m_n ist daher das *negative Reziproke* der Tangentensteigung m_t:

$$m_n = -\frac{1}{m_t} = -\frac{1}{f'(x_0)} \qquad \text{(IV-75)}$$

Die *Gleichung der Normale* läßt sich somit in der Punkt-Steigungs-Form

$$\frac{y - y_0}{x - x_0} = -\frac{1}{f'(x_0)} \qquad (f'(x_0) \neq 0) \qquad \text{(IV-76)}$$

darstellen.

Wir fassen zusammen:

Tangenten- und Normalengleichung (Bild IV-18)

Tangente und *Normale* besitzen im Punkte $P = (x_0; y_0)$ der Kurve $y = f(x)$ die folgenden Gleichungen:

Tangente: $$\frac{y - y_0}{x - x_0} = f'(x_0) \qquad \text{(IV-77)}$$

Normale: $$\frac{y - y_0}{x - x_0} = -\frac{1}{f'(x_0)} \qquad (f'(x_0) \neq 0) \qquad \text{(IV-78)}$$

■ **Beispiel**

Wie lauten die Funktionsgleichungen der *Tangente* und *Normale* im Schnittpunkt der Parabel $y = x^2 - 2x + 1$ mit der y-Achse (Bild IV-19)?

Lösung:

Schnittpunkt: $P = (0; 1)$

Tangentensteigung: $y' = 2x - 2 \;\Rightarrow\; m_t = y'(0) = -2$

Tangente: $\dfrac{y - 1}{x - 0} = -2 \;\Rightarrow\; y = -2x + 1$

Normale: $\dfrac{y - 1}{x - 0} = \dfrac{1}{2} \;\Rightarrow\; y = \dfrac{1}{2}x + 1$

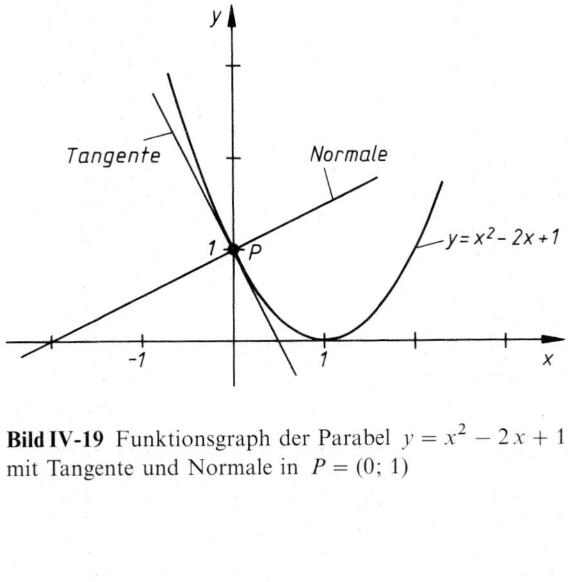

Bild IV-19 Funktionsgraph der Parabel $y = x^2 - 2x + 1$ mit Tangente und Normale in $P = (0; 1)$

■

3.2 Linearisierung einer Funktion

Eine *nichtlineare* Funktion $y = f(x)$ läßt sich in der Umgebung eines Kurvenpunktes $P = (x_0; y_0)$ *näherungsweise* durch die dortige *Tangente*, d.h. durch eine *lineare Funktion* ersetzen (Bild IV-20). Diesen Vorgang bezeichnet man als *Linearisierung einer Funktion*. Die Funktionsgleichung der in P errichteten *Tangente* lautet nach Gleichung (IV-77):

$$\frac{y - y_0}{x - x_0} = f'(x_0) \qquad \text{(IV-79)}$$

Wir können diese Gleichung aber auch in der Form

$$y - y_0 = f'(x_0) \cdot (x - x_0) \quad \text{oder} \quad \Delta y = f'(x_0)\,\Delta x \qquad \text{(IV-80)}$$

mit $x - x_0 = \Delta x$ und $y - y_0 = \Delta y$ darstellen. Sie liefert in der *unmittelbaren* Umgebung des Kurvenpunktes P, der in den technischen Anwendungen meist als *„Arbeitspunkt"* bezeichnet wird, eine brauchbare *lineare Näherung* für den tatsächlichen Funktionsverlauf.

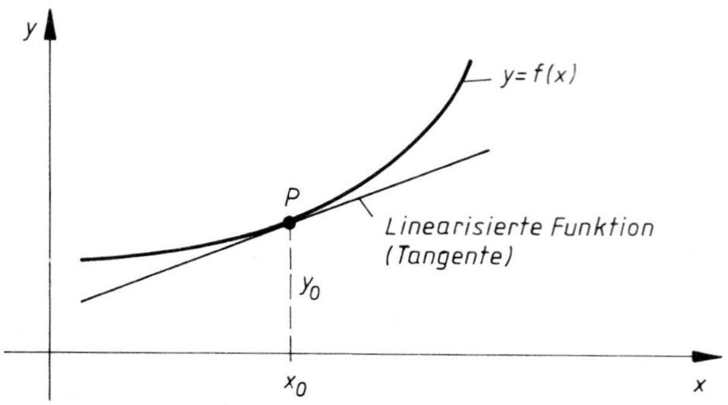

Bild IV-20 Zur Linearisierung einer Funktion $y = f(x)$ in der Umgebung des „Arbeitspunktes" $P = (x_0; y_0)$

Wir fassen zusammen:

Linearisierung einer Funktion (Bild IV-20)

In der Umgebung des Kurvenpunktes (*„Arbeitspunktes"*) $P = (x_0; y_0)$ kann die *nichtlineare* Funktion $y = f(x)$ *näherungsweise* durch die *lineare* Funktion (Kurventangente)

$$y - y_0 = f'(x_0) \cdot (x - x_0) \quad \text{oder} \quad \Delta y = f'(x_0)\,\Delta x \qquad \text{(IV-81)}$$

ersetzt werden.

Dabei bedeuten:

Δx, Δy: *Relativkoordinaten*, bezogen auf den Arbeitspunkt P

In den naturwissenschaftlich-technischen Anwendungen (insbesondere in der Automation und Regelungstechnik) interessieren häufig nur die *Abweichungen* der Größen (Koordinaten) vom *Arbeitspunkt* P. Man führt dann zunächst durch *Parallelverschiebung* ein neues u, v-Koordinatensystem mit dem Arbeitspunkt $P = (x_0; y_0)$ als Koordinatenursprung ein (Bild IV-21).

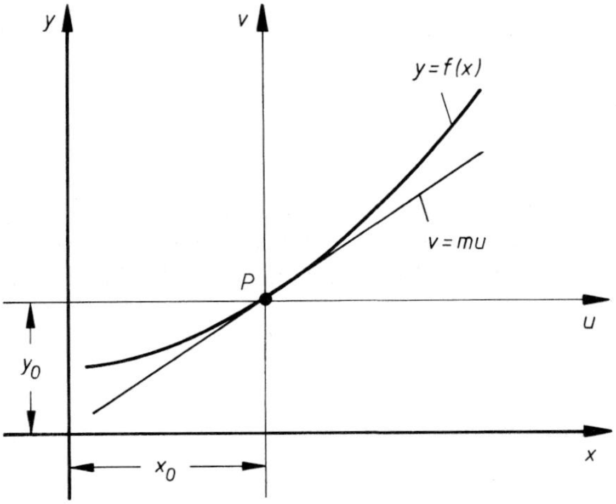

Bild IV-21

Zwischen dem „alten" x, y-System und dem „neuen" u, v-System bestehen dabei folgende *Transformationsgleichungen*:

$$u = x - x_0, \quad v = y - y_0 \tag{IV-82}$$

Die *linearisierte* Funktion (IV-81) besitzt dann im neuen u, v-System die besonders einfache Funktionsgleichung

$$v = mu \qquad (m = f'(x_0)) \tag{IV-83}$$

Die Koordinaten u und v sind die *Abweichungen* gegenüber dem Arbeitspunkt P (Koordinatenursprung), also *Relativkoordinaten.*

■ **Beispiele**

(1) Die e-Funktion $y = e^x$ soll in der Umgebung der Stelle $x_0 = 0$ durch eine *lineare* Funktion *angenähert* werden (Bild IV-22).

Lösung:

Tangentenberührungspunkt: $P = (0; 1)$

Tangentensteigung: $y' = e^x \;\Rightarrow\; m_t = y'(0) = 1$

Tangente: $\dfrac{y-1}{x-0} = 1 \;\Rightarrow\; y = x + 1$

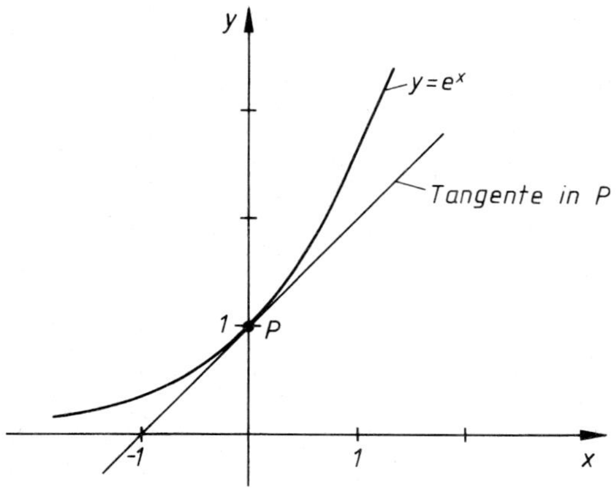

Bild IV-22
Zur Linearisierung der e-Funktion in der Umgebung des Punktes $P = (0;\ 1)$

In der unmittelbaren Umgebung der Stelle $x_0 = 0$ darf somit die e-Funktion *näherungsweise* durch die *lineare* Funktion $y = x + 1$ ersetzt werden:

$$y = \mathrm{e}^x \approx x + 1$$

Mit dieser Näherungsfunktion berechnen wir einige Funktionswerte und vergleichen sie mit den *exakten* Werten:

x	0,01	0,05	0,1	0,2
Näherungswert $y = x + 1$	1,010 000	1,050 000	1,100 000	1,200 000
Exakter Wert $y = \mathrm{e}^x$	1,010 050	1,051 271	1,105 171	1,221 403

Folgerung: Die Näherung ist um so *besser*, je *weniger* wir uns vom „*Entwicklungszentrum*" $x_0 = 0$ entfernen.

(2) Die Schwingungsdauer T einer *ungedämpften elektromagnetischen Schwingung* wird nach der *Thomsonschen Formel*

$$T = 2\pi \sqrt{LC}$$

berechnet (L: Eigeninduktivität; C: Kapazität). Für die speziellen Werte $L = 0{,}1\ \mathrm{H}$ und $C = 10\ \mu\mathrm{F} = 10^{-5}\ \mathrm{F}$ beispielsweise erhält man:

$$T = 2\pi \sqrt{0{,}1\ \mathrm{H} \cdot 10^{-5}\ \mathrm{F}} = 6{,}28\ \mathrm{ms}$$

Eine *geringfügige* Änderung der Kapazität C um ΔC zieht (bei *unveränderter* Induktivität) eine *geringfügige* Änderung der Schwingungsdauer T um ΔT nach sich, wobei näherungsweise der folgende *lineare* Zusammenhang gilt (wir ersetzen die Kurve durch ihre Tangente):

$$\frac{\Delta T}{\Delta C} = \frac{dT}{dC} \quad \Rightarrow \quad \Delta T = \frac{dT}{dC}\, \Delta C = 2\pi \cdot \frac{L}{2\sqrt{LC}}\, \Delta C = \pi \cdot \sqrt{\frac{L}{C}}\, \Delta C$$

Eine *Zunahme der Kapazität* um beispielsweise $\Delta C = 0{,}2\ \mu\text{F} = 2 \cdot 10^{-7}\ \text{F}$ bewirkt eine *Erhöhung der Schwingungsdauer* um

$$\Delta T = \pi \cdot \sqrt{\frac{0{,}1\ \text{H}}{10^{-5}\ \text{F}}} \cdot 2 \cdot 10^{-7}\ \text{F} = 0{,}06\ \text{ms}$$

Die Schwingungsdauer beträgt somit bei einer Kapazität von $C = 10{,}2\ \mu\text{F}$ *näherungsweise* $T = 6{,}34$ ms. Der *exakte* Wert ist $T = 6{,}35$ ms.

■

3.3 Charakteristische Kurvenpunkte

3.3.1 Geometrische Vorbetrachtungen

Das Verhalten einer (differenzierbaren) Funktion $y = f(x)$ in der Umgebung eines Kurvenpunktes $P = (x_0; y_0)$ wird im wesentlichen durch die *ersten beiden Ableitungen* y' und y'' bestimmt:

(1) Geometrische Deutung der 1. Ableitung

Die *1. Ableitung* $y' = f'(x)$ gibt die *Steigung der Kurventangente* an und gestattet daher Aussagen über das *Monotonie*-Verhalten der Funktion an der betreffenden Stelle:

$f'(x_0) > 0$: Die Funktionskurve *wächst streng monoton* beim Durchgang durch den Kurvenpunkt P (Bild IV-23).

$f'(x_0) < 0$: Die Funktionskurve *fällt streng monoton* beim Durchgang durch den Kurvenpunkt P (Bild IV-24).

Dabei wird die Kurve stets im Sinne *zunehmender* x-Werte durchlaufen.

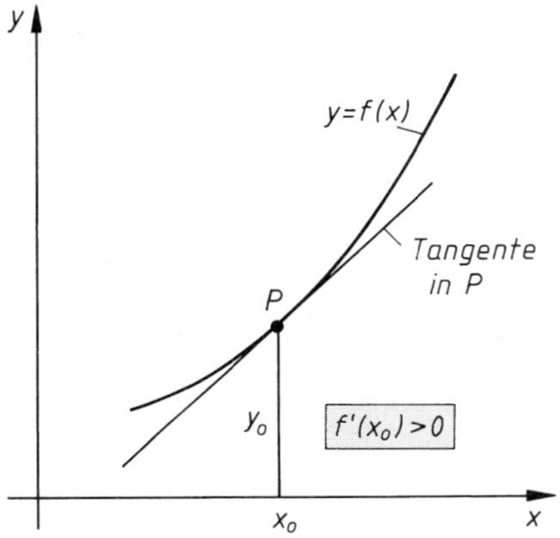

Bild IV-23

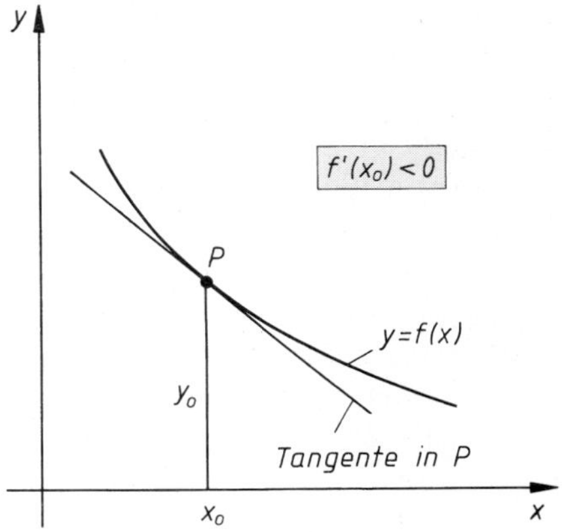

Bild IV-24

(2) Geometrische Deutung der 2. Ableitung

Die *2. Ableitung* $y'' = f''(x)$ ist die Ableitungsfunktion der 1. Ableitung $y' = f'(x)$. Sie beschreibt daher das *Monotonie*-Verhalten von $f'(x)$ und bestimmt damit das *Krümmungsverhalten* der Funktionskurve:

$f''(x_0) > 0$: Die Steigung der Kurventangente nimmt beim Durchgang durch den Kurvenpunkt P *zu*, d.h. die Tangente dreht sich im *positiven* Drehsinn (*Gegenuhrzeigersinn*). Die Kurve besitzt daher in P *Linkskrümmung* (Bild IV-25).

$f''(x_0) < 0$: Die Steigung der Kurventangente nimmt beim Durchgang durch den Kurvenpunkt P *ab*, d.h. die Tangente dreht sich im *negativen* Drehsinn (*Uhrzeigersinn*). Die Kurve besitzt daher in P *Rechtskrümmung* (Bild IV-26).

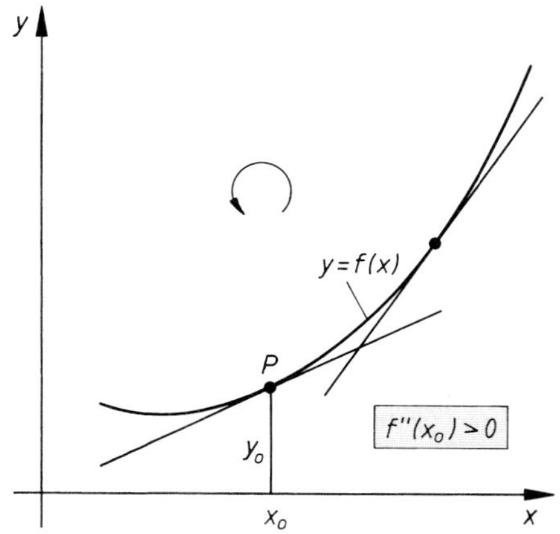

Bild IV-25
Zum Begriff der Linkskrümmung einer Kurve

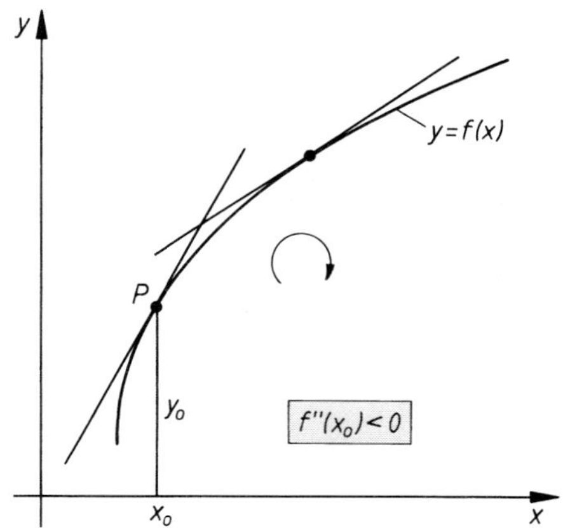

Bild IV-26
Zum Begriff der Rechtskrümmung einer Kurve

Anmerkung

Anstatt von Links- bzw. Rechtskrümmung spricht man häufig auch von einer *konvex* bzw. *konkav* gekrümmten Kurve.

Nach diesen allgemeinen Betrachtungen über die *geometrische* Bedeutung der ersten beiden Ableitungsfunktionen wenden wir uns in den nachfolgenden Abschnitten jenen *speziellen* Kurvenpunkten zu, in denen die 1. bzw. 2. Ableitung *verschwindet*.

3.3.2 Relative oder lokale Extremwerte

Wir beschäftigen uns jetzt mit jenen Stellen, in denen eine Funktion einen *größten* bzw. *kleinsten* Funktionswert, bezogen auf die unmittelbare Umgebung, annimmt.

Definition: Eine Funktion $y = f(x)$ besitzt an der Stelle x_0 ein *relatives Maximum* bzw. ein *relatives Minimum*, wenn in einer gewissen Umgebung von x_0 stets

$$f(x_0) > f(x) \quad \text{bzw.} \quad f(x_0) < f(x) \tag{IV-84}$$

ist $(x \neq x_0)$.

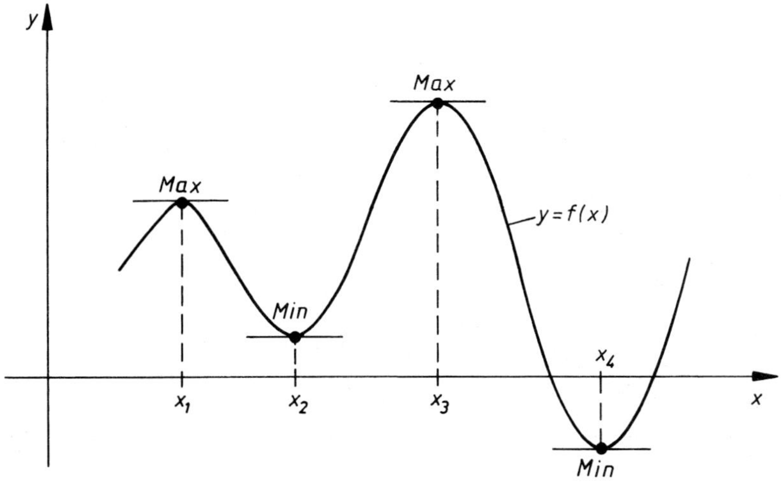

Bild IV-27 Zum Begriff eines relativen Extremwertes

So besitzt beispielsweise die in Bild IV-27 skizzierte Funktion in x_1 und x_3 jeweils ein *relatives Maximum*, an den Stellen x_2 und x_4 dagegen jeweils ein *relatives Minimum*.

Anmerkungen

(1) Die relativen Maxima und Minima einer Funktion werden unter dem Sammelbegriff „*Relative Extremwerte*" zusammengefaßt.

(2) Ein *relativer* Extremwert wird auch als *lokaler* Extremwert bezeichnet. Damit soll zum Ausdruck gebracht werden, daß die extreme Lage im allgemeinen nur in der *unmittelbaren* Umgebung, d.h. *lokal* angenommen wird.

(3) Die den relativen Maxima bzw. Minima entsprechenden Kurvenpunkte werden als *Hoch-* bzw. *Tiefpunkte* bezeichnet.

(4) Eine Funktion kann durchaus *mehrere* relative Maxima und Minima besitzen. So hat beispielsweise die Sinusfunktion $y = \sin x$ infolge ihrer Periodizität sogar *unendlich* viele relative Maxima und Minima (Bild IV-28). Sie liegen an den Stellen

$$\left.\begin{array}{ll} x_k = \dfrac{\pi}{2} + k \cdot 2\pi & (\textit{Relative Maxima}) \\[2ex] x_k = \dfrac{3}{2}\pi + k \cdot 2\pi & (\textit{Relative Minima}) \end{array}\right\} \quad (k \in \mathbb{Z})$$

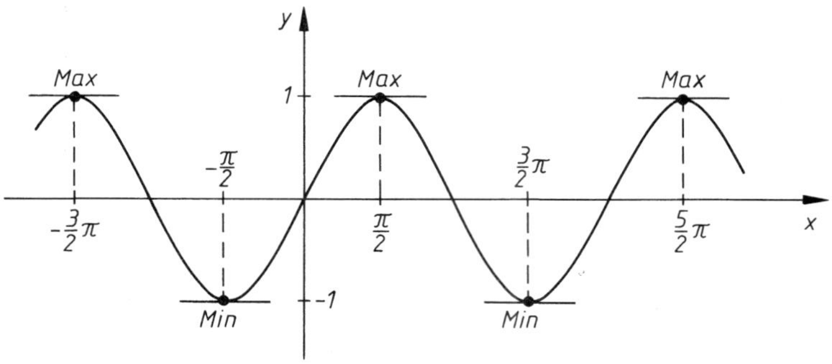

Bild IV-28 Die Sinusfunktion als Beispiel für eine Funktion mit unendlich vielen relativen Extremwerten

Bei einer *differenzierbaren* Funktion verläuft die Kurventangente in einem *Extremum* stets *waagerecht* (vgl. Bild IV-27). So ist beispielsweise in einem relativen Minimum x_0 die Steigung der *linksseitigen* Sekante *nie positiv*, die Steigung der *rechtsseitigen* Sekante dagegen *nie negativ*. Beim Grenzübergang fallen links- und rechtsseitige Sekante in die *gemeinsame* Tangente, deren Steigung daher der Bedingung $0 \leqslant f'(x_0) \leqslant 0$ genügt, woraus unmittelbar $f'(x_0) = 0$ folgt. Wir können daher das folgende *notwendige Kriterium für einen relativen Extremwert* formulieren:

Notwendige Bedingung für einen relativen Extremwert (Bild IV-27)

Eine differenzierbare Funktion $y = f(x)$ besitzt in einem *relativen Extremum* x_0 stets eine *waagerechte* Tangente. Die Bedingung $f'(x_0) = 0$ ist daher eine *notwendige* Voraussetzung für die Existenz eines relativen Extremwertes an der Stelle x_0.

Dieses Kriterium ist zwar *notwendig*, jedoch *keinesfalls hinreichend*. Mit anderen Worten: In einem Hoch- oder Tiefpunkt verläuft die Kurventangente *stets waagerecht*, jedoch ist *nicht* jeder Kurvenpunkt mit waagerechter Tangente ein Extremwert, wie das folgende Beispiel zeigt.

■ **Beispiel**

Die kubische Parabel $y = x^3$ besitzt im Nullpunkt $P = (0; 0)$ zwar eine *waagerechte* Tangente, denn es ist $f'(0) = 0$, jedoch *keinen* Extremwert. In jeder noch so kleinen Umgebung dieses Punktes gibt es nämlich Kurvenpunkte mit *positiver* und solche mit *negativer* Ordinate (Bild IV-29).

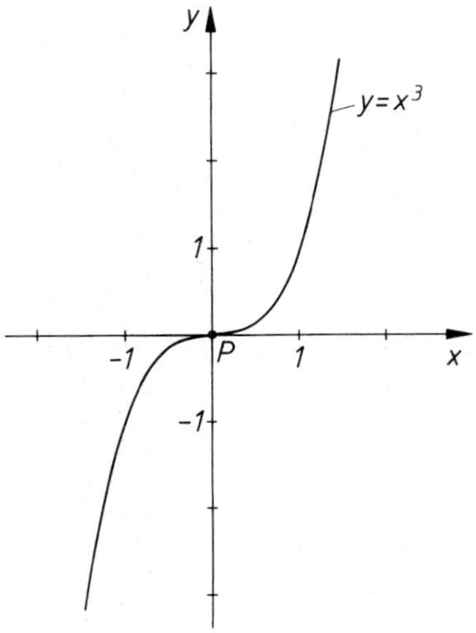

Bild IV-29
Kubische Parabel $y = x^3$

■

Die Bedingung $y' = 0$ reicht daher für die Existenz eines relativen Extremwertes *nicht* aus. Eine Funktion $y = f(x)$ besitzt jedoch *mit Sicherheit* in x_0 ein relatives Maximum bzw. relatives Minimum, wenn die dortige Kurventangente *waagerecht* verläuft und die Kurve an dieser Stelle *Rechts-* bzw. *Linkskrümmung* besitzt (vgl. hierzu Bild IV-27). Dies führt zu dem folgenden *hinreichenden Kriterium für relative Extremwerte* bei einer (mindestens) zweimal differenzierbaren Funktion:

Hinreichende Bedingungen für einen relativen Extremwert (Bild IV-27)

Eine Funktion $y = f(x)$ besitzt an der Stelle x_0 einen *relativen Extremwert*, wenn die Bedingungen

$$f'(x_0) = 0 \quad \text{und} \quad f''(x_0) \neq 0 \qquad \text{(IV-85)}$$

erfüllt sind. Für $f''(x_0) > 0$ liegt dabei ein *relatives Minimum*, für $f''(x_0) < 0$ dagegen ein *relatives Maximum* vor.

■ **Beispiele**

(1) Die Normalparabel $y = x^2$ besitzt in $x_0 = 0$ ein *relatives* (und sogar absolutes) *Minimum* (vgl. Bild IV-30):

$$y = x^2, \quad y' = 2x, \quad y'' = 2$$

$$y'(0) = 0, \quad y''(0) = 2 > 0 \quad \Rightarrow \quad \textit{Relatives Minimum} \text{ in } (0;\, 0)$$

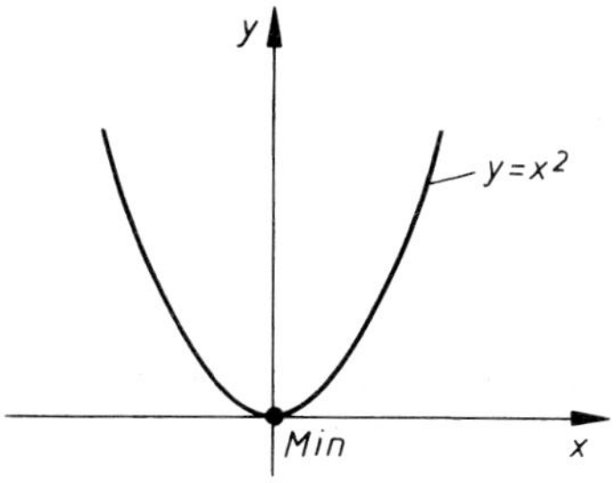

Bild IV-30
Normalparabel $y = x^2$

(2) Wir bestimmen die *relativen Extremwerte* der Funktion $y = \dfrac{x^2}{1 + x^2}$. Dazu benötigen wir die ersten beiden Ableitungen:

$$y' = \frac{2x(1 + x^2) - 2x \cdot x^2}{(1 + x^2)^2} = \frac{2x}{(1 + x^2)^2}$$

$$y'' = \frac{2(1 + x^2)^2 - 2(1 + x^2)(2x)\,2x}{(1 + x^2)^4} = \frac{2 - 6x^2}{(1 + x^2)^3}$$

Aus der notwendigen Bedingung $y' = 0$ berechnen wir zunächst die Stellen mit *waagerechter* Kurventangente:

$$y' = 0 \quad \Rightarrow \quad 2x = 0 \quad \Rightarrow \quad x_1 = 0, \quad y_1 = 0$$

Der Kurvenpunkt (0; 0) ist ein *Tiefpunkt*, da die Kurve an dieser Stelle *Linkskrümmung* besitzt:

$$y''(0) = 2 > 0 \quad \Rightarrow \quad \textit{Relatives Minimum} \text{ in } (0;\, 0)$$

Der Verlauf der Kurve ist in Bild IV-31 skizziert.

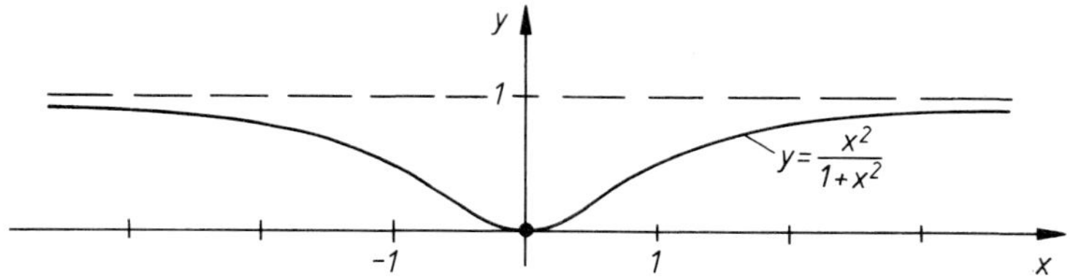

Bild IV-31 Funktionsgraph von $y = \dfrac{x^2}{1 + x^2}$

(3) Wo liegen die *relativen Extremwerte* der Funktion $y = x^2 \cdot e^{-0,5x}$?

Lösung:

$$y' = 2x \cdot e^{-0,5x} - 0,5 \cdot e^{-0,5x} \cdot x^2 = (2x - 0,5x^2) \cdot e^{-0,5x}$$

$$y'' = (2 - x) \cdot e^{-0,5x} - 0,5 \cdot e^{-0,5x} \cdot (2x - 0,5x^2) = (0,25x^2 - 2x + 2) \cdot e^{-0,5x}$$

Aus der *notwendigen* Bedingung $y' = 0$ folgt:

$$(2x - 0,5x^2) \cdot \underbrace{e^{-0,5x}}_{\neq 0} = 0 \quad \Rightarrow \quad 2x - 0,5x^2 = 0 \quad \Rightarrow \quad x_1 = 0, \quad x_2 = 4$$

An diesen Stellen besitzt die Kurve somit *waagerechte* Tangenten. Die zugehörigen Ordinatenwerte sind $y_1 = 0$ und $y_2 = 2,165$. Wir setzen jetzt die gefundenen x-Werte in die 2. Ableitung ein und prüfen, ob die *hinreichende* Bedingung für einen relativen Extremwert erfüllt ist:

$$y''(x_1 = 0) = 2 > 0 \quad \Rightarrow \quad \textit{Relatives Minimum} \text{ in } (0;\ 0)$$

$$y''(x_2 = 4) = -0,271 < 0 \quad \Rightarrow \quad \textit{Relatives Maximum} \text{ in } (4;\ 2,165)$$

Die Funktionskurve besitzt daher einen *Tiefpunkt* in (0; 0) und einen *Hochpunkt* in (4; 2,165). Ihr Verlauf ist in Bild IV-32 skizziert.

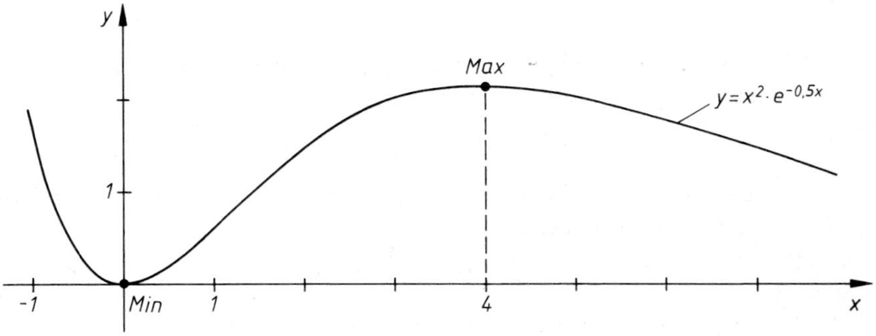

Bild IV-32 Funktionsgraph von $y = x^2 \cdot e^{-0,5x}$

■

3.3.3 Wendepunkte, Sattelpunkte

Von Bedeutung sind auch jene Kurvenpunkte, in denen sich der *Drehsinn* der Kurventangente *ändert*. Sie werden als *Wendepunkte* bezeichnet und sind wie folgt definiert:

Definitionen: (1) Kurvenpunkte, in denen sich der Drehsinn der Tangente ändert, heißen *Wendepunkte* (Bild IV-33).

(2) Wendepunkte mit *waagerechter* Tangente werden als *Sattelpunkte* bezeichnet (Bild IV-34).

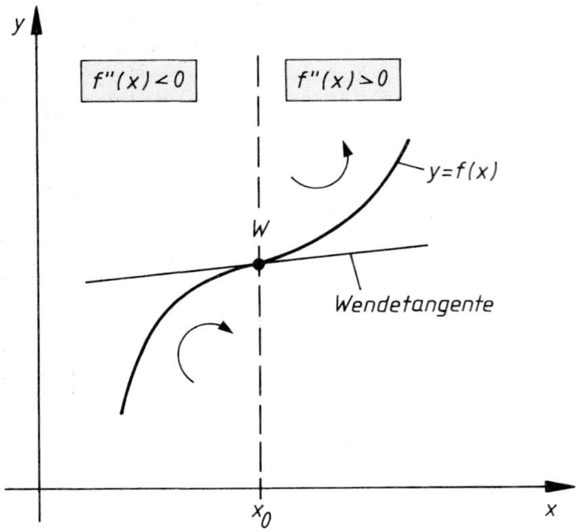

Bild IV-33 Zum Begriff des Wendepunktes (der Drehpfeil charakterisiert den Drehsinn der Tangente)

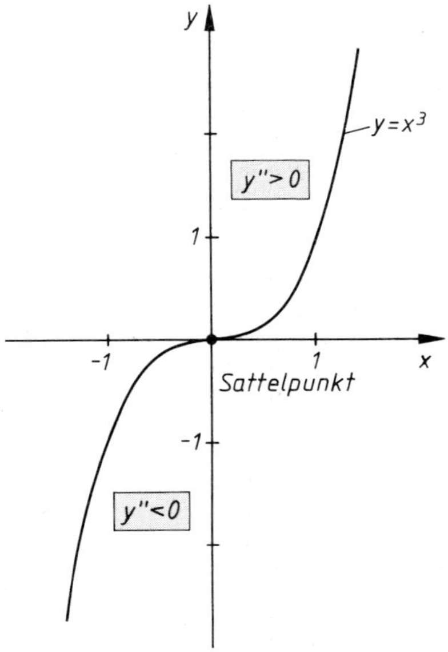

Bild IV-34 Zum Begriff des Sattelpunktes

In den *Wendepunkten* einer Funktion findet demnach eine *Änderung der Krümmungsart* statt: Die Kurve geht dabei von einer *Rechtskurve* in eine *Linkskurve* über (oder *umgekehrt*; Bild IV-33). Daher ist in solchen Punkten *notwendigerweise* $y'' = 0$. Diese Bedingung reicht jedoch *nicht* aus. Mit *Sicherheit* liegt ein Wendepunkt erst dann vor, wenn die *2. Ableitung* an der betreffenden Stelle ihr Vorzeichen *ändert*. Dies aber ist genau dann der Fall, wenn die *3. Ableitung* y''' an dieser Stelle einen *von Null verschiedenen* Wert annimmt.

Wir fassen diese Aussagen wie folgt zusammen:

Hinreichende Bedingungen für einen Wendepunkt (Bild IV-33)

Eine Funktion $y = f(x)$ besitzt an der Stelle x_0 einen *Wendepunkt*, wenn dort die Bedingungen

$$f''(x_0) = 0 \quad \text{und} \quad f'''(x_0) \neq 0 \qquad \text{(IV-86)}$$

erfüllt sind.

Anmerkungen

(1) Die in einem *Wendepunkt* errichtete Tangente heißt *Wendetangente* (siehe hierzu Bild IV-33).

(2) Ein Wendepunkt mit *waagerechter* Tangente wird als *Sattel-* oder *Terrassenpunkt* bezeichnet. An einer solchen Stelle x_0 müssen also die folgenden (hinreichenden) Bedingungen erfüllt sein:

$$f'(x_0) = 0, \quad f''(x_0) = 0 \quad \text{und} \quad f'''(x_0) \neq 0 \qquad \text{(IV-87)}$$

■ **Beispiele**

(1) Die kubische Parabel $y = x^3$ besitzt an der Stelle $x_0 = 0$ einen *Sattelpunkt* (vgl. hierzu Bild IV-34):

$$y = x^3, \quad y' = 3x^2, \quad y'' = 6x, \quad y''' = 6$$

$$\left.\begin{array}{l} y''(x_0 = 0) = 0 \\ y'''(x_0 = 0) = 6 \neq 0 \end{array}\right\} \Rightarrow \textit{Wendepunkt in } (0;\, 0)$$

Wegen $y'(x_0 = 0) = 0$ liegt ein Wendepunkt mit *waagerechter* Tangente, d.h. ein *Sattelpunkt* vor.

(2) Bei den *trigonometrischen* Funktionen fallen die *Wendepunkte* mit den jeweiligen *Nullstellen* zusammen (vgl. hierzu die Bilder III-103, III-104 und III-105).

(3) *Behauptung*: Die Funktion $y = -\frac{2}{3}x^3 + 2x^2 - 2x + 2$ besitzt an der Stelle $x_0 = 1$ einen *Sattelpunkt*.

Beweis: Es ist zu zeigen, daß die folgenden Bedingungen erfüllt sind:

$$y'(1) = 0, \quad y''(1) = 0 \quad \text{und} \quad y'''(1) \neq 0$$

$$y' = -2x^2 + 4x - 2 \;\Rightarrow\; y'(1) = 0 \;\Rightarrow\; \text{waagerechte Tangente}$$

$$\left.\begin{array}{ll} y'' = -4x + 4 & \Rightarrow\; y''(1) = 0 \\ y''' = -4 & \Rightarrow\; y'''(1) = -4 \neq 0 \end{array}\right\} \Rightarrow \text{Wendepunkt}$$

Damit ist die Behauptung bewiesen. ■

3.3.4 Ergänzungen

Die Bestimmung der *relativen Extremwerte* einer Funktion $y = f(x)$ erfolgte bisher nach dem folgenden Schema:

1. Zunächst werden aus der *notwendigen* Bedingung $f'(x) = 0$ alle Stellen mit einer *waagerechten* Tangente ermittelt.
2. Dann prüft man anhand der 2. Ableitung, wie sich die *Kurvenkrümmung* in diesen Punkten verhält und ob das *hinreichende* Kriterium für relative Extremwerte, d.h. die Bedingungen (IV-85) *erfüllt* sind.

In einigen Fällen jedoch *versagt* dieses Verfahren, wenn nämlich an der betreffenden Stelle x_0 neben der 1. Ableitung auch die 2. Ableitung *verschwindet*, also $f'(x_0) = 0$ *und* $f''(x_0) = 0$ gilt. Jetzt prüft man, ob an dieser Stelle vielleicht ein *Sattelpunkt* vorliegt. Dies ist der Fall, falls $f'''(x_0) \neq 0$ ist. *Verschwindet* jedoch auch die 3. Ableitung an der Stelle x_0, so muß man auf das folgende *allgemeine* Kriterium zurückgreifen, das wir hier ohne Beweis anführen:

Allgemeines Kriterium für einen relativen Extremwert

Eine Funktion $y = f(x)$ besitze an der Stelle x_0 eine *waagerechte* Tangente, d.h. es gelte $f'(x_0) = 0$. Die *nächstfolgende* an dieser Stelle *nichtverschwindende* Ableitung sei $f^{(n)}(x_0)$. Dann liegt an der Stelle x_0 ein *relativer Extremwert*, falls die Ordnung n dieser Ableitung *gerade* ist und zwar

$$\begin{array}{ll} \text{ein } \textit{relatives Minimum} \text{ für} & f^{(n)}(x_0) > 0 \\ \text{ein } \textit{relatives Maximum} \text{ für} & f^{(n)}(x_0) < 0 \end{array} \qquad \text{(IV-88)}$$

Ist die Ordnung n jedoch *ungerade*, so besitzt die Funktion an der Stelle x_0 einen *Sattelpunkt*.

■ **Beispiele**

(1) Wir zeigen, daß die Funktion $y = x^4$ an der Stelle $x_0 = 0$ einen relativen (und sogar absoluten) *Extremwert* besitzt (Bild IV-35):

$$\begin{array}{lll} y' = 4x^3 & \Rightarrow \quad y'(0) = 0 & \quad (\textit{waagerechte} \text{ Tangente}) \\ y'' = 12x^2 & \Rightarrow \quad y''(0) = 0 & \\ y''' = 24x & \Rightarrow \quad y'''(0) = 0 & \\ y^{(4)} = 24 & \Rightarrow \quad y^{(4)}(0) = 24 \neq 0 & \end{array}$$

Die auf y' *nächstfolgende* an der Stelle $x_0 = 0$ *nichtverschwindende* Ableitung $y^{(4)}$ ist von 4. und damit *gerader* Ordnung. Daher hat die Funktion an dieser Stelle einen *relativen Extremwert* und zwar wegen $y^{(4)}(0) = 24 > 0$ ein *relatives Minimum*.

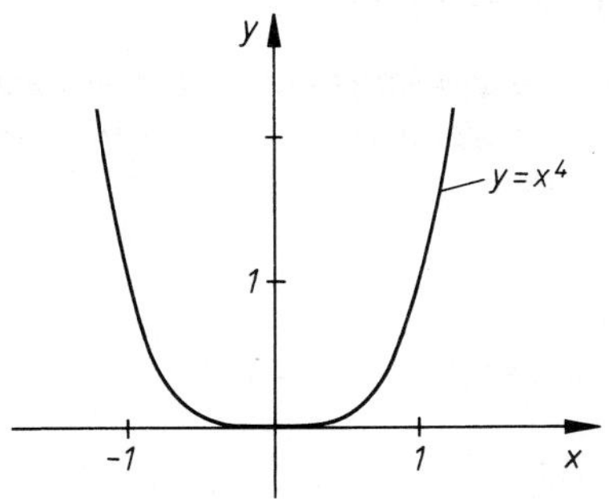

Bild IV-35 Funktionsgraph von $y = x^4$

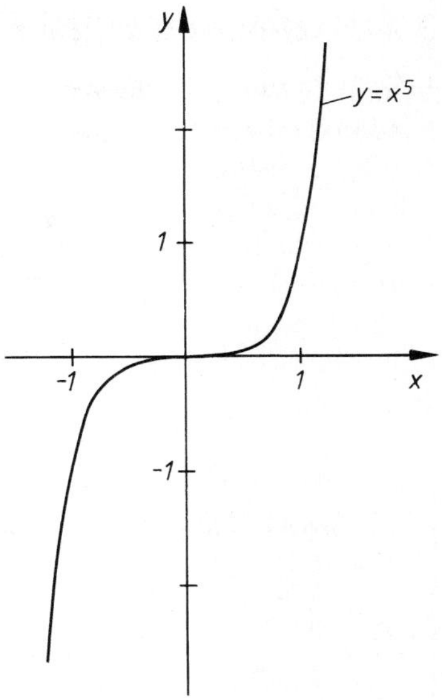

Bild IV-36
Funktionsgraph von $y = x^5$

(2) Besitzt die Funktion $y = x^5$ *relative Extremwerte*?
Um diese Frage zu beantworten, bestimmen wir zunächst die Stellen mit *waagerechter* Tangente:

$$y' = 5x^4: \quad y' = 0 \;\Rightarrow\; 5x^4 = 0 \;\Rightarrow\; x_1 = 0$$

Die Ordnung der *nächsten*, an der Stelle $x_1 = 0$ *nichtverschwindenden* Ableitung entscheidet darüber, ob ein *relativer Extremwert* oder ein *Sattelpunkt* vorliegt:

$$\begin{aligned} y'' &= 20x^3 &&\Rightarrow\; y''(0) = 0 \\ y''' &= 60x^2 &&\Rightarrow\; y'''(0) = 0 \\ y^{(4)} &= 120x &&\Rightarrow\; y^{(4)}(0) = 0 \\ y^{(5)} &= 120 &&\Rightarrow\; y^{(5)}(0) = 120 \neq 0 \end{aligned}$$

Die Ordnung der letzten Ableitung ist *ungerade*, die Funktion $y = x^5$ besitzt somit an der Stelle $x_1 = 0$ einen *Sattelpunkt. Relative Extremwerte* sind bei dieser Funktion *nicht* vorhanden (vgl. hierzu Bild IV-36).

■

3.4 Extremwertaufgaben

In zahlreichen Anwendungen stellt sich das folgende Problem: Von einer vorgegebenen Funktion $y = f(x)$ ist der *größte* (oder *kleinste*) Funktionswert in einem gewissen *Intervall I* zu bestimmen. Problemstellungen dieser Art werden als *Extremwertaufgaben* bezeichnet. Bei der Lösung einer solchen Aufgabe geht man so vor, daß man zunächst mit Hilfe der Differentialrechnung die im Innern des Intervalls gelegenen *relativen* Extremwerte berechnet. Das gesuchte *absolute Maximum* (oder *absolute Minimum*) kann aber auch in einem *Randpunkt* des Intervalls I liegen (vgl. hierzu das nachfolgende Beispiel (3)). *Durch einen Vergleich der Randwerte mit den* im Intervallinnern gelegenen *relativen Extremwerten erhält man die Lösung der gestellten Aufgabe.*

Lösungsverfahren für Extremwertaufgaben

Von einer Funktion $y = f(x)$ läßt sich der *größte* (oder *kleinste*) Wert in einem vorgegebenen Intervall I wie folgt bestimmen:

1. Zunächst werden mit Hilfe der Differentialrechnung die im Innern des Intervalls I liegenden *relativen Maxima* (oder *relativen Minima*) berechnet.
2. Durch Vergleich dieser Werte mit den Funktionswerten in den *Randpunkten* des Intervalls erhält man den gesuchten *größten* (oder *kleinsten*) Wert der Funktion $y = f(x)$ im Intervall I.

Anmerkungen

(1) Die Funktion $y = f(x)$, deren *absolutes* Maximum oder Minimum im Intervall I bestimmt werden soll, heißt in diesem Zusammenhang auch *Zielfunktion.*

(2) Bei zahlreichen Extremwertaufgaben ist die Gleichung der Zielfunktion $y = f(x)$ zunächst noch unbekannt und muß daher erst aufgestellt werden. Dabei *kann* der Fall eintreten, daß die Größe y von *mehr* als einer Variablen abhängt. Diese Variablen sind jedoch nicht unabhängig voneinander, sondern durch sog. *Neben-* oder *Kopplungsbedingungen* miteinander verknüpft. *Das Aufstellen der Nebenbedingungen ist dann oft das eigentliche Problem bei der Lösung einer Extremwertaufgabe.* Man findet diese Bedingungen häufig durch Anwenden *elementarer geometrischer Lehrsätze* (wie z.B. Satz des Pythagoras, Strahlensätze, Höhensatz usw.). Mit Hilfe dieser Nebenbedingungen läßt sich dann die Größe y als eine nur noch von der *einen* Variablen x abhängige Funktion $y = f(x)$ darstellen (siehe hierzu auch das nachfolgende Beispiel (4)).

■ **Beispiele**

(1) *Problemstellung*: Einem *Quadrat* mit der vorgegebenen Seitenlänge a ist ein *Rechteck* mit *größtem* Flächeninhalt einzubeschreiben (Bild IV-37).

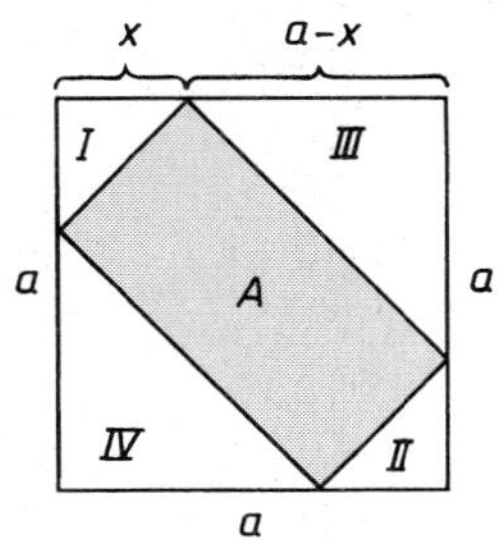

Bild IV-37

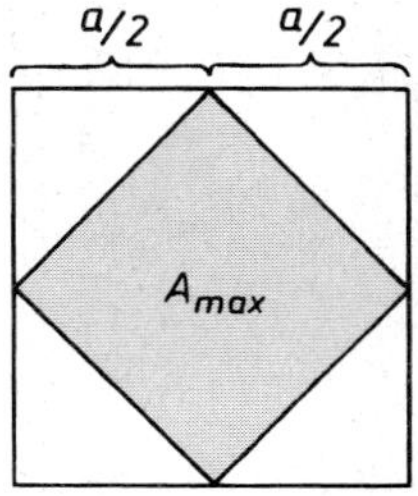

Bild IV-38

Lösung:

Es gibt offensichtlich *unendlich* viele Möglichkeiten, dem vorgegebenen Quadrat ein Rechteck einzubeschreiben und zwar so, daß die Rechtecksseiten *parallel* zu den Flächendiagonalen des Quadrates verlaufen. In Bild IV-37 ist ein solches Rechteck dargestellt. *Zielgröße* ist dabei der *Flächeninhalt* A des einbeschriebenen Rechtecks in Abhängigkeit von der (eingezeichneten) Strecke x. Diese Funktion bestimmen wir wie folgt: Vom Quadrat mit dem Flächeninhalt a^2 ziehen wir die Flächen der vier Dreiecke I, II, III und IV ab. Die Dreiecke I und II ergänzen sich dabei zu einem Quadrat vom Flächeninhalt x^2, ebenso die Dreiecke III und IV zu einem Quadrat vom Flächeninhalt $(a-x)^2$. Daher gilt:

$$A(x) = a^2 - x^2 - (a-x)^2 = 2ax - 2x^2$$

Wir ermitteln jetzt das im offenen Intervall $0 < x < a$ gelegene *absolute Maximum* dieser Flächenfunktion[4]:

$$A' = 2a - 4x, \quad A'' = -4$$

$$A' = 0 \Rightarrow 2a - 4x = 0 \Rightarrow x_1 = a/2$$

$$A''(x_1 = a/2) = -4 < 0$$

Lösung der gestellten Aufgabe ist demnach ein *Quadrat* vom Flächeninhalt $A(x_1 = a/2) = a^2/2$, dessen Ecken auf den Seitenmitten des gegebenen Quadrates liegen (Bild IV-38). Dieses *spezielle* Rechteck (Quadrat) besitzt im Vergleich zu allen anderen möglichen Rechtecken den *größten* Flächeninhalt.

---

[4] Die speziellen Werte $x = 0$ bzw. $x = a$ kommen als Lösungen *nicht* in Frage, da in diesen Fällen das Rechteck *entartet* ist.

(2) In einem *Wechselstromkreis* sind ein ohmscher Widerstand R, eine Spule mit der Induktivität L und ein Kondensator mit der Kapazität C in *Reihe* geschaltet (Bild IV-39).

Beim Anlegen einer sinusförmigen Wechselspannung $u = u_0 \cdot \sin(\omega t)$ fließt in dem Kreis ein Wechselstrom $i = i_0 \cdot \sin(\omega t + \varphi)$, dessen Scheitelwert i_0 nach der Formel

$$i_0 = \frac{u_0}{\sqrt{R^2 + \left(\omega L - \dfrac{1}{\omega C}\right)^2}} \qquad (\omega > 0)$$

berechnet wird $\left(Z = \sqrt{R^2 + \left(\omega L - \dfrac{1}{\omega C}\right)^2}\right.$ ist der *Scheinwiderstand* des Kreises$\left.\right)$. Bei welcher Kreisfrequenz ω_r erreicht der Scheitelwert i_0 sein *Maximum*?

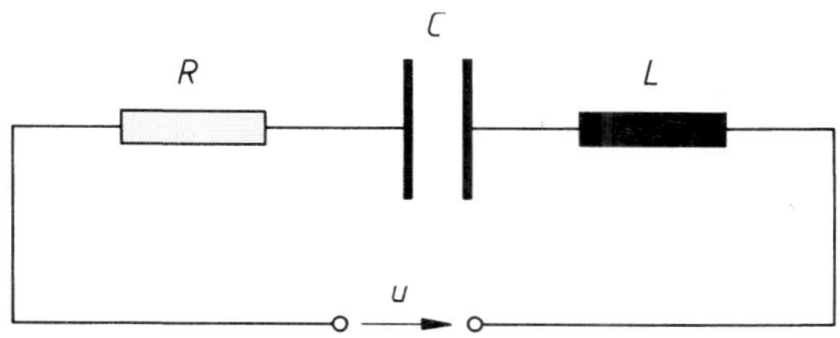

Bild IV-39
Wechselstromkreis in Reihenschaltung

Lösung:

i_0 wird am *größten*, wenn der Scheinwiderstand seinen *kleinsten* Wert annimmt. Dies ist genau dann der Fall, wenn der unter der Wurzel stehende Ausdruck am *kleinsten* wird. Es genügt daher, das (absolute) *Minimum der Zielfunktion*

$$y = f(\omega) = Z^2 = R^2 + \left(\omega L - \frac{1}{\omega C}\right)^2$$

im Intervall $0 < \omega < \infty$ zu bestimmen. Dazu benötigen wir die ersten beiden Ableitungen:

$$y'(\omega) = 2\left(\omega L - \frac{1}{\omega C}\right)\left(L + \frac{1}{\omega^2 C}\right)$$

$$y''(\omega) = 2\left(L + \frac{1}{\omega^2 C}\right)^2 - \frac{4}{\omega^3 C}\left(\omega L - \frac{1}{\omega C}\right)$$

Aus der *notwendigen* Bedingung $y'(\omega) = 0$ folgt dann:

$$2\left(\omega L - \frac{1}{\omega C}\right)\underbrace{\left(L + \frac{1}{\omega^2 C}\right)}_{\neq 0} = 0 \quad \Rightarrow$$

$$\left(\omega L - \frac{1}{\omega C}\right) = 0 \quad \Rightarrow \quad \omega^2 LC - 1 = 0 \quad \Rightarrow \quad \omega_r = \frac{1}{\sqrt{LC}}$$

Auch die *hinreichende* Bedingung ist für diesen Wert erfüllt:

$$y''\left(\omega_r = \frac{1}{\sqrt{LC}}\right) = 8\,L^2 > 0$$

Der Scheitelwert i_0 des Stromes erreicht daher sein *absolutes Maximum* bei der Kreisfrequenz $\omega_r = 1/\sqrt{LC}$ (sog. *Resonanzkreisfrequenz*). Der Scheinwiderstand Z ist dann gleich dem ohmschen Widerstand R und es gilt $i_0 = u_0/R$.

(3) Die *Biegelinie* eines einseitig eingespannten und am freien Ende durch eine Kraft F auf Biegung beanspruchten Balkens der Länge l lautet wie folgt (Bild IV-40):

$$y(x) = \frac{F}{2\,EI}\left(l x^2 - \frac{1}{3}x^3\right) \qquad (0 \leqslant x \leqslant l)$$

(vgl. hierzu auch Abschnitt III.5.7, in dem dieses Anwendungsbeispiel erstmals angesprochen wurde). An welcher Stelle des Balkens ist die Durchbiegung y am *größten*?

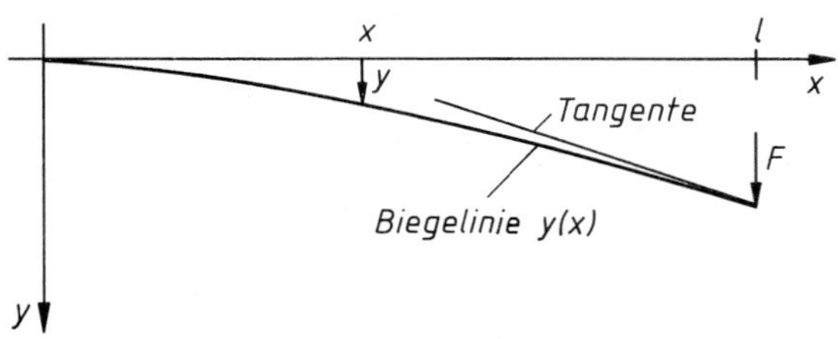

Bild IV-40

Lösung:

Zunächst ermitteln wir die im Intervall $0 \leqslant x \leqslant l$ gelegenen *relativen* Extremwerte:

$$y' = \frac{F}{2\,EI}(2\,lx - x^2), \qquad y'' = \frac{F}{2\,EI}(2\,l - 2\,x)$$

$$y' = 0 \quad \Rightarrow \quad 2\,lx - x^2 = 0 \quad \Rightarrow \quad x_1 = 0, \quad x_2 = 2\,l$$

Die zweite Lösung ($x_2 = 2l$) liegt *außerhalb* des Intervalles und kommt daher *nicht* in Frage. An der Stelle $x_1 = 0$, d.h. an der *Einspannstelle* wird die Durchbiegung wegen

$$y''(x_1 = 0) = \frac{Fl}{EI} > 0$$

am *kleinsten*:

$$y_{\min} = y(x_1 = 0) = 0$$

Die *maximale* Durchbiegung des Balkens findet daher im *rechten* Randpunkt $x = l$, d.h. am *freien* Ende statt:

$$y_{\max} = y(x = l) = \frac{Fl^3}{3EI}$$

Wir haben es hier mit dem eingangs geschilderten Sonderfall eines *Randextremwertes* zu tun. Mit Hilfe der Differentialrechnung können nur relative Extremwerte mit *waagerechter* Tangente bestimmt werden. Dies aber trifft in dem am freien Ende liegenden Randpunkt des Balkens gerade *nicht* zu. Die dortige Tangente an die Biegelinie verläuft gegen die Horizontale geneigt (Bild IV-40).

(4) Wir behandeln ein weiteres Beispiel aus der *Festigkeitslehre*: Aus einem Baumstamm mit kreisförmigem Querschnitt soll ein Balken mit rechteckigem Querschnitt so herausgeschnitten werden, daß sein *Widerstandsmoment* $W = \frac{1}{6}\,bh^2$ einen *größten* Wert annimmt (Bild IV-41).

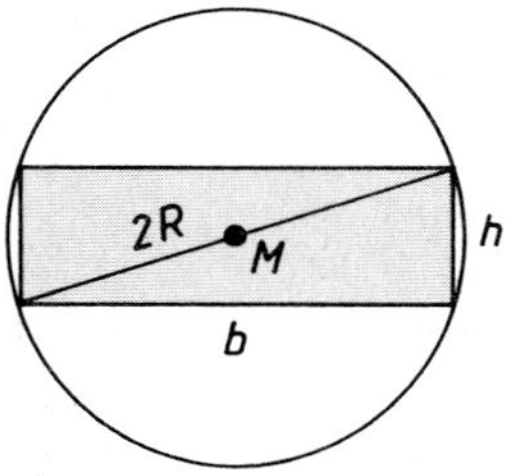

b: Breite des Balkens
h: Dicke des Balkens
$2R$: Durchmesser des Baumstammes

Bild IV-41

Lösung:

Das Widerstandsmoment W hängt von den Größen b *und* h ab, die jedoch *nicht* unabhängig voneinander sind, sondern über den *Satz des Pythagoras* mit dem Radius R des Baumstammes wie folgt verknüpft sind:

$$b^2 + h^2 = (2R)^2 = 4R^2 \quad \Rightarrow \quad h^2 = 4R^2 - b^2$$

Mit Hilfe dieser als *Nebenbedingung* oder auch *Kopplungsbedingung* bezeichneten Beziehung läßt sich das Widerstandsmoment W als eine *nur* von der Größe b abhängige Funktion darstellen:

$$W(b) = \frac{1}{6} b h^2 = \frac{1}{6} b (4R^2 - b^2) = \frac{1}{6} (4R^2 b - b^3) \qquad (0 < b < 2R)$$

Die „Randwerte“ $b = 0$ und $b = 2R$ kommen als Lösungen *nicht* in Frage. Wir bestimmen jetzt das *absolute Maximum* unserer *Zielfunktion* $W(b)$ im offenen Intervall $0 < b < 2R$. Die dabei benötigten Ableitungen lauten:

$$\frac{dW}{db} = \frac{1}{6}(4R^2 - 3b^2), \qquad \frac{d^2 W}{db^2} = -b$$

Aus der für ein Maximum *notwendigen* Bedingung $\frac{dW}{db} = 0$ folgt dann:

$$\frac{1}{6}(4R^2 - 3b^2) = 0 \quad \Rightarrow \quad b_{1/2} = \pm \frac{2}{3}\sqrt{3}\, R$$

Der *negative* Wert scheidet dabei als Lösung aus, der *positive* Wert dagegen erweist sich wegen

$$\frac{d^2 W}{db^2}\left(b_1 = \frac{2}{3}\sqrt{3}\, R\right) = -\frac{2}{3}\sqrt{3}\, R < 0$$

als das gesuchte *Maximum*. Der Balkenbreite $b = \frac{2}{3}\sqrt{3}\, R$ entspricht eine Höhe von $h = \frac{2}{3}\sqrt{6}\, R$. Für diese Werte ist das Widerstandsmoment des Balkens am *größten*. Es beträgt dann

$$W_{\max} = W\left(b = \frac{2}{3}\sqrt{3}\, R\right) = \frac{8}{27}\sqrt{3}\, R^3$$

Hinweis:

Das Widerstandsmoment W läßt sich sowohl durch die Balkenbreite b als auch durch die Balkendicke h ausdrücken. Wir haben uns hier für die erste Variante entschieden, weil dann der funktionale Zusammenhang besonders einfach ist (W ist eine Polynomfunktion 3. Grades von b). Drückt man jedoch W durch h aus, so erhält man (wiederum unter Verwendung der Nebenbedingung) die weitaus kompliziertere Funktion

$$W(h) = \frac{1}{6}\sqrt{4R^2 - h^2} \cdot h^2 = \frac{1}{6}\sqrt{4R^2 h^4 - h^6}$$

$(0 < h < 2R)$. ■

3.5 Kurvendiskussion

Der Verlauf einer Funktion läßt sich in seinen *wesentlichen* Zügen aus bestimmten charakteristischen Kurvenpunkten und Funktionsmerkmalen wie beispielsweise Nullstellen, Symmetrie, relativen Extremwerten, Wendepunkten und Asymptoten leicht erschließen. *Kurvendiskussion* bedeutet daher an dieser Stelle: *Untersuchung und Feststellung der Funktionseigenschaften und des Funktionsverlaufs mit den Hilfsmitteln der Differentialrechnung*. Wir empfehlen, die Diskussion einer Funktion nach dem folgenden Schema vorzunehmen:

— Definitionsbereich / Definitionslücken
— Symmetrie
— Nullstellen
— Pole, senkrechte Asymptoten (Polgeraden)
— Ableitungen (in der Regel bis zur 3. Ordnung)
— Relative Extremwerte (Maxima und Minima)
— Wendepunkte, Sattelpunkte
— Verhalten der Funktion für $x \to \pm\infty$, Asymptoten im Unendlichen
— Wertebereich der Funktion
— Zeichnung der Funktion in einem geeigneten Maßstab

■ **Beispiele**

(1) $y = \dfrac{-5x^2 + 5}{x^3}$ (echt gebrochenrationale Funktion)

Definitionsbereich: Die Funktion ist für jedes reelle $x \neq 0$ definiert. An der Stelle $x_0 = 0$ besitzt sie eine *Definitionslücke*.

Symmetrie: Der Zähler ist eine *gerade*, der Nenner eine *ungerade* Funktion. Daher ist die Funktion selbst *ungerade* (*Punktsymmetrie*).

Nullstellen, Pole: Zähler und Nenner werden zunächst in *Linearfaktoren* zerlegt, aus denen sich dann die Nullstellen bzw. Pole der Funktion unmittelbar ablesen lassen:

$$y = \frac{-5x^2 + 5}{x^3} = \frac{-5(x^2 - 1)}{x^3} = \frac{-5(x+1)(x-1)}{x^3}$$

Nullstellen: $x_1 = -1, \quad x_2 = 1$

Pole: $x_3 = 0$ (Pol *mit* Vorzeichenwechsel)

Senkrechte Asymptote (*Polgerade*): $x = 0$ (y-Achse)

Ableitungen der Funktion (mit Hilfe der Quotientenregel):

$$y' = \frac{5(x^2-3)}{x^4}, \qquad y'' = \frac{-10(x^2-6)}{x^5}, \qquad y''' = \frac{30(x^2-10)}{x^6}$$

Relative Extremwerte: $y' = 0$ *und* $y'' \neq 0$

$$y' = 0 \Rightarrow x^2 - 3 = 0 \Rightarrow x_{4/5} = \pm\sqrt{3}$$

$$y''(x_4 = \sqrt{3}) = \frac{10}{9}\sqrt{3} > 0 \Rightarrow \textit{Relatives Minimum} \text{ für } x_4 = \sqrt{3}$$

$$Min = \left(\sqrt{3};\ -\frac{10}{9}\sqrt{3}\right) = (1{,}73;\ -1{,}92)$$

$$y''(x_5 = -\sqrt{3}) = -\frac{10}{9}\sqrt{3} < 0 \Rightarrow \textit{Relatives Maximum} \text{ für}$$

$$x_5 = -\sqrt{3}$$

$$Max = \left(-\sqrt{3};\ \frac{10}{9}\sqrt{3}\right) = (-1{,}73;\ 1{,}92)$$

Wendepunkte: $y'' = 0$ *und* $y''' \neq 0$

$$y'' = 0 \Rightarrow x^2 - 6 = 0 \Rightarrow x_{6/7} = \pm\sqrt{6}$$

$$y'''(x_{6/7} = \pm\sqrt{6}) = -\frac{5}{9} \neq 0 \Rightarrow \textit{Wendepunkte} \text{ für } x_{6/7} = \pm\sqrt{6}$$

$$W_1 = \left(\sqrt{6};\ -\frac{25}{36}\sqrt{6}\right) = (2{,}45;\ -1{,}70)$$

$$W_2 = \left(-\sqrt{6};\ \frac{25}{36}\sqrt{6}\right) = (-2{,}45;\ 1{,}70)$$

Verhalten der Funktion im Unendlichen:
Die Funktion ist *echt* gebrochen und strebt daher für $x \longrightarrow \pm\infty$ *asymptotisch* gegen die x-Achse.

Asymptote im Unendlichen: $y = 0$ (x-Achse)

Wertebereich: $-\infty < y < \infty$

Zeichnung der Funktion:

Der Funktionsverlauf ist in Bild IV-42 dargestellt. Dabei wurde auf beiden Achsen der *gleiche* Maßstab gewählt.

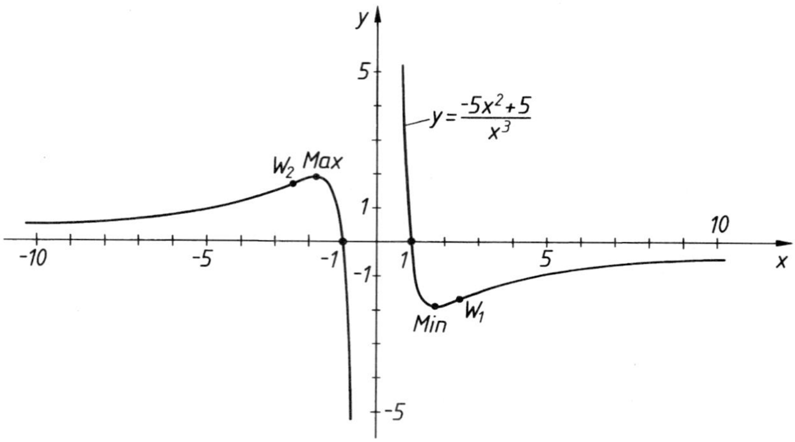

Bild IV-42 Funktionsgraph von $y = \dfrac{-5x^2 + 5}{x^3}$

(2) Wir untersuchen den Verlauf einer durch die Funktionsgleichung

$$y = y(t) = 3 \cdot e^{-0,1t} \cdot \cos t \qquad (t \geqslant 0)$$

beschriebenen *gedämpften Schwingung*.

Definitionsbereich: $t \geqslant 0$ (aus physikalischen Gründen)

Nullstellen: $y = 0$

$$\underbrace{3 \cdot e^{-0,1t}}_{\neq 0} \cdot \cos t = 0 \quad \Rightarrow \quad \cos t = 0$$

Lösungen sind die *positiven* Nullstellen der Kosinusfunktion:

$$t_k = \frac{\pi}{2} + k \cdot \pi \qquad (k \in \mathbb{N})$$

Ableitungen der Funktion (mit Hilfe der Produkt- und Kettenregel):

$$\dot{y} = -3 \cdot e^{-0,1t} \cdot (\sin t + 0,1 \cdot \cos t)$$

$$\ddot{y} = 3 \cdot e^{-0,1t} \cdot (0,2 \cdot \sin t - 0,99 \cdot \cos t)$$

$$\dddot{y} = 3 \cdot e^{-0,1t} \cdot (0,97 \cdot \sin t + 0,299 \cdot \cos t)$$

Relative Extremwerte: $\dot{y} = 0$ *und* $\ddot{y} \neq 0$

$$\dot{y} = 0 \;\Rightarrow\; \underbrace{-3 \cdot \mathrm{e}^{-0{,}1t}}_{\neq 0} \cdot (\sin t + 0{,}1 \cdot \cos t) = 0 \;\Rightarrow$$

$$\sin t + 0{,}1 \cdot \cos t = 0 \;\Rightarrow\; \sin t = -0{,}1 \cdot \cos t \;\Rightarrow\; \tan t = -0{,}1$$

Die im Intervall $t \geqslant 0$ gelegenen Lösungen dieser trigonometrischen Gleichung lassen sich anhand der folgenden Skizze leicht bestimmen (Bild IV-43):

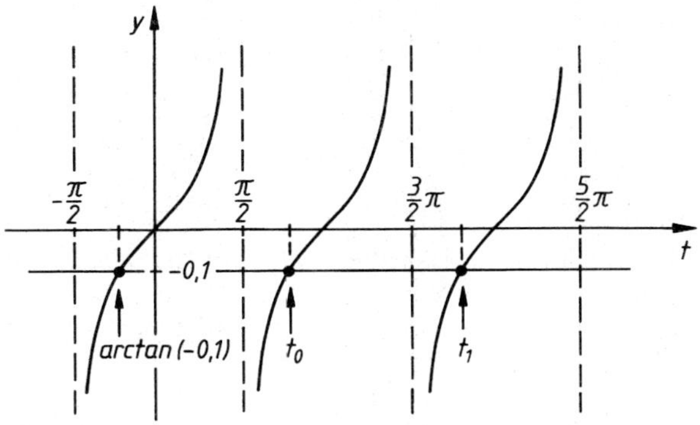

Bild IV-43 Positive Lösungen der Gleichung $\tan t = -0{,}1$ (Skizze)

Die erste *positive* Lösung liegt bei $t_0 = \arctan(-0{,}1) + \pi = 3{,}04$, die weiteren Lösungen in Abständen von jeweils einer Periode (π):

$$t_k = 3{,}04 + k \cdot \pi \qquad (k \in \mathbb{N})$$

Wie verhält sich die 2. Ableitung an diesen Stellen? Für *gerades* k ist $\ddot{y}$ *positiv*:

$$\ddot{y}(3{,}04 + k \cdot \pi) = 3{,}016 \cdot \mathrm{e}^{-0{,}1(3{,}04 + k \cdot \pi)} > 0 \qquad (k = 0, 2, 4, \ldots)$$

An diesen Stellen liegen daher *relative Minima*. Sie beginnen mit

$$\mathrm{Min}_1 = (3{,}04;\; -2{,}20)$$

$$\mathrm{Min}_2 = (9{,}32;\; -1{,}17)$$

$$\mathrm{Min}_3 = (15{,}61;\; -0{,}63) \quad \text{usw.}$$

Für *ungerades* k ist die 2. Ableitung jedoch *negativ*:

$$\ddot{y}(3{,}04 + k \cdot \pi) = -3{,}016 \cdot \mathrm{e}^{-0{,}1(3{,}04 + k \cdot \pi)} < 0 \qquad (k = 1, 3, 5, \ldots)$$

Wir erhalten an diesen Stellen daher *relative Maxima*:

$$\text{Max}_1 = (6{,}18;\ 1{,}61)$$

$$\text{Max}_2 = (12{,}47;\ 0{,}86)$$

$$\text{Max}_3 = (18{,}75;\ 0{,}46) \quad \text{usw.}$$

Minima und Maxima folgen daher abwechselnd aufeinander im Abstand einer halben Periode.

Wendepunkte: $\ddot{y} = 0$ *und* $\dddot{y} \neq 0$

$$\ddot{y} = 0 \quad \Rightarrow \quad \underbrace{3 \cdot \mathrm{e}^{-0{,}1\,t}}_{\neq 0}(0{,}2 \cdot \sin t - 0{,}99 \cdot \cos t) = 0 \quad \Rightarrow$$

$$0{,}2 \cdot \sin t - 0{,}99 \cdot \cos t = 0 \quad \Rightarrow \quad 0{,}2 \cdot \sin t = 0{,}99 \cdot \cos t \quad \Rightarrow$$

$$\tan t = 4{,}95$$

Die *positiven* Lösungen dieser Gleichung lauten nach Bild IV-44:

$$t_k = \arctan 4{,}95 + k \cdot \pi = 1{,}37 + k \cdot \pi \qquad (k \in \mathbb{N})$$

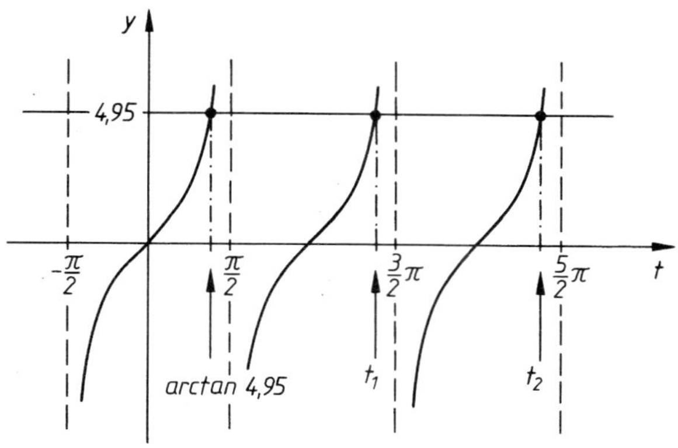

Bild IV-44 Positive Lösungen der Gleichung $\tan t = 4{,}95$ (Skizze)

Die 3. Ableitung ist an diesen Stellen *abwechselnd positiv* und *negativ* und damit von Null verschieden, so daß tatsächlich *Wendepunkte* vorliegen. Sie beginnen mit:

$W_1 = (1{,}37;\ 0{,}52)$ $\qquad W_2 = (4{,}51;\ -0{,}38)$

$W_3 = (7{,}65;\ 0{,}28)$ $\qquad W_4 = (10{,}80;\ -0{,}20)$

$W_5 = (13{,}94;\ 0{,}15)$ $\qquad$ usw.

Wertebereich: $-2{,}20 \leqslant y \leqslant 3$

(Der größte Wert wird dabei für $t = 0$, der kleinste im 1. Minimum angenommen!)

Zeichnung der Funktion:

Der Funktionsverlauf ist in Bild IV-45 skizziert, wobei auf beiden Achsen der *gleiche* Maßstab verwendet wurde.

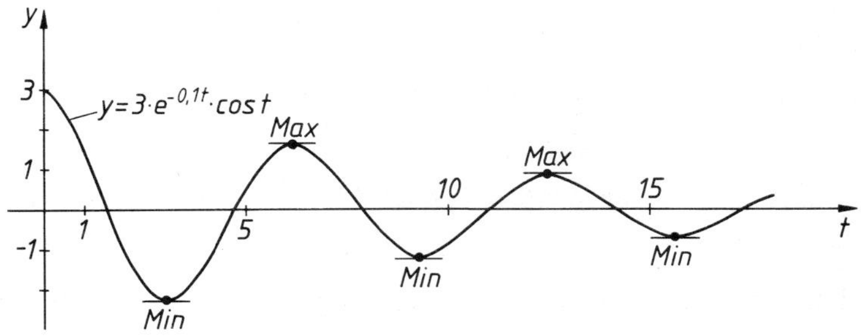

Bild IV-45 Verlauf einer gedämpften Schwingung, dargestellt am Beispiel der Funktion $y = 3 \cdot e^{-0{,}1t} \cdot \cos t$ für $t \geqslant 0$

■

3.6 Näherungsweise Lösung einer Gleichung nach dem Tangentenverfahren von Newton

3.6.1 Iterationsverfahren

Die Bestimmung der Lösungen einer Gleichung $f(x) = 0$ mit der Unbekannten x gehört zu den wichtigsten Aufgaben der „praktischen" Mathematik [5]). Ist x_1 eine solche Lösung, d.h. $f(x_1) = 0$, so kann der Wert x_1 auch als eine *Nullstelle* der Funktion $y = f(x)$ aufgefaßt werden. Daher ist das Problem, die Lösungen einer Gleichung $f(x) = 0$ zu bestimmen, dem Problem, die Nullstellen der Funktion $y = f(x)$ zu ermitteln, völlig *gleichwertig*.

Das von *Newton* stammende Näherungsverfahren zur Berechnung der *reellen* Nullstellen einer Funktion $y = f(x)$ ist ein sog. *Iterationsverfahren*, das von einem *Näherungswert* x_0 (auch *Anfangswert, Startwert* oder *Rohwert* genannt) ausgeht und durch *wiederholtes* Anwenden einer bestimmten *Rechenvorschrift* eine Folge von Näherungswerten $x_0, x_1, x_2, \ldots, x_n, \ldots$ konstruiert, die unter bestimmten Voraussetzungen gegen die *exakte* Lösung ξ konvergiert:

$$x_0, x_1, x_2, \ldots, x_n, \cdots \longrightarrow \xi \qquad \text{(IV-89)}$$

[5]) In den Anwendungen sind in der Regel nur die *reellen* Lösungen einer Gleichung von Bedeutung. Daher beschränken wir uns auf diesen wichtigsten Fall.

Diese Rechenvorschrift (*Iterationsvorschrift*) ist in Form einer Gleichung vom Typ

$$x_n = F(x_{n-1}) \qquad (n = 1, 2, 3, \ldots) \tag{IV-90}$$

darstellbar. Durch Einsetzen des Startwertes x_0 in die Rechenvorschrift erhält man die *1. Näherung* $x_1 = F(x_0)$. Faßt man jetzt x_1 als einen *neuen* (besseren) „Anfangswert" für die (unbekannte) exakte Lösung (Nullstelle) ξ auf, so erhält man durch Einsetzen von x_1 in die Iterationsgleichung (IV-90) die *2. Näherung* $x_2 = F(x_1)$ usw.. Die so konstruierte Folge von Näherungswerten konvergiert dann unter *gewissen Voraussetzungen* gegen die gesuchte exakte Lösung ξ.

3.6.2 Tangentenverfahren von Newton

Das *Newtonsche Tangentenverfahren* geht von den folgenden Überlegungen aus:

(1) Ist x_0 irgendein geeigneter *Näherungswert* für die (unbekannte) Nullstelle ξ einer Funktion $y = f(x)$, so wird im *1. Schritt* der Funktionsgraph von $y = f(x)$ durch die im Kurvenpunkt $P_0 = (x_0; y_0)$ errichtete *Kurventangente* mit der Gleichung

$$\frac{y - y_0}{x - x_0} = f'(x_0) \qquad (y_0 = f(x_0)) \tag{IV-91}$$

ersetzt. Diese Tangente schneidet dabei die x-Achse an der Stelle x_1, die in der Regel eine *bessere* Näherung für die gesuchte Nullstelle darstellt als der Startwert x_0 (Bild IV-46). Der Wert x_1 wird dabei aus der Gleichung

$$\frac{0 - y_0}{x_1 - x_0} = f'(x_0) \tag{IV-92}$$

berechnet (Schnittpunkt mit der x-Achse: $S_1 = (x_1; 0)$).

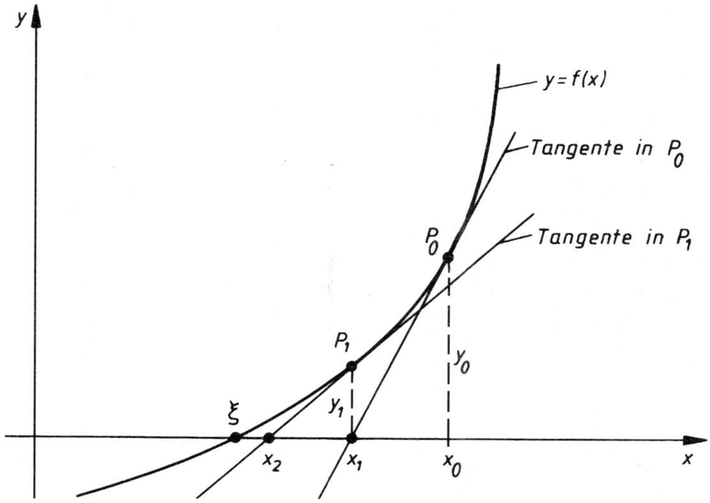

Bild IV-46 Zum Tangentenverfahren von Newton

Durch Auflösen dieser Gleichung nach x_1 erhält man den *1. Näherungswert*

$$x_1 = x_0 - \frac{y_0}{f'(x_0)} = x_0 - \frac{f(x_0)}{f'(x_0)} \qquad \text{(IV-93)}$$

der eine *Verbesserung* gegenüber dem Startwert x_0 darstellt. Bild IV-46 verdeutlicht diese Aussage. Dabei muß ausdrücklich $f'(x_0) \neq 0$ vorausgesetzt werden. Auf diesen Fall gehen wir später noch ein.

(2) Den Näherungswert x_1 fassen wir nun als Anfangswert eines weiteren Iterationsschrittes auf. Die im Kurvenpunkt $P_1 = (x_1; y_1)$ errichtete *Kurventangente* besitzt die Gleichung

$$\frac{y - y_1}{x - x_1} = f'(x_1) \qquad (y_1 = f(x_1)) \qquad \text{(IV-94)}$$

Ihr Schnittpunkt $S_2 = (x_2; 0)$ mit der x-Achse liefert die *2. Näherung* x_2 für die gesuchte Nullstelle der Funktion:

$$\frac{0 - y_1}{x_2 - x_1} = f'(x_1) \quad \Rightarrow \quad x_2 = x_1 - \frac{y_1}{f'(x_1)} = x_1 - \frac{f(x_1)}{f'(x_1)} \qquad \text{(IV-95)}$$

Dieser Wert ist eine *bessere* Näherung als der Wert x_1 aus der 1. Näherung.

(3) Jetzt wird x_2 als Startwert betrachtet und das beschriebene Verfahren wiederholt. Nach n Schritten gelangen wir schließlich zur *n-ten Näherung* x_n, die aus der *allgemeinen Iterationsvorschrift*

$$x_n = x_{n-1} - \frac{f(x_{n-1})}{f'(x_{n-1})} \qquad (n = 1, 2, 3, \ldots) \qquad \text{(IV-96)}$$

berechnet wird (*Newtonsches Tangentenverfahren*).

Bevor wir das Newtonsche Iterationsverfahren auf konkrete Beispiele anwenden, wollen wir noch auf drei wichtige Punkte näher eingehen:

Konvergenzkriterium

Die *Konvergenz* der nach dem Newtonschen Tangentenverfahren konstruierten Folge von Näherungswerten $x_0, x_1, x_2, \ldots, x_n, \ldots$ gegen die exakte Lösung ξ ist mit *Sicherheit* gewährleistet, wenn im Intervall $[a, b]$, in dem *alle* Näherungswerte liegen sollen, die Bedingung

$$\left| \frac{f(x) \cdot f''(x)}{[f'(x)]^2} \right| < 1 \qquad \text{(IV-97)}$$

stets erfüllt ist (*hinreichende* Konvergenzbedingung).

Ist diese Bedingung jedoch bereits für den Startwert x_0 *nicht* erfüllt, so ist dieser Wert als Startwert „*ungeeignet*", d.h. es ist *nicht* sichergestellt, daß die aus diesem Startwert x_0 resultierende Folge von Näherungswerten gegen die gesuchte Lösung strebt. In einem solchen Fall ist es in der Regel günstiger, sich nach einem neuen, „*besseren*" Startwert umzusehen.

Ungeeignete Startwerte

Völlig ungeeignet sind dagegen Startwerte, in deren unmittelbarer Umgebung die Kurventangente *nahezu parallel* zur x-Achse verläuft. In solchen Punkten ist nämlich $f'(x)$ nur wenig von Null verschieden: Der Schnittpunkt zwischen der nur schwach geneigten Kurventangente und der x-Achse liegt daher meist in *großer* Entfernung vom Startwert x_0. Die Folge der Näherungswerte konvergiert daher in diesem Falle im allgemeinen *nicht* gegen die gesuchte Lösung. Dies folgt auch unmittelbar aus dem Konvergenzkriterium (IV-97). Denn der Ausdruck der *linken* Seite in diesem Kriterium wird immer dann *sehr groß* sein, wenn der Nenner und damit die Ableitung $f'(x)$ *sehr klein* ist. Dieser Fall wird aber genau dann eintreten, wenn die Kurventangente *flach* verläuft (wie beispielsweise in der Nähe eines *relativen Extremwertes* oder eines *Sattelpunktes*). Das Konvergenzkriterium (IV-97) kann daher in einem solchen Fall *nicht* erfüllt werden.

Beschaffung eines geeigneten Startwertes x_0

Zu Beginn dieses Abschnittes hatten wir darauf hingewiesen, daß man die Lösungen einer Gleichung $f(x) = 0$ auch als *Nullstellen* der Funktion $y = f(x)$ auffassen kann, deren *ungefähre* Lage sich in vielen Fällen auf *graphischem* Wege durch Zeichnen des zugehörigen Funktionsgraphen ermitteln läßt.

Bei komplizierter gebauten Gleichungen kann man versuchen, diese durch *Termumstellungen* auf die folgende Form zu bringen:

$$f(x) = 0 \quad \Leftrightarrow \quad f_1(x) = f_2(x) \qquad \text{(IV-98)}$$

(*Aufspalten der Funktion* $f(x)$ in zwei *einfacher* gebaute Funktionen $f_1(x)$ und $f_2(x)$). Die Lösungen dieser Gleichung ergeben sich dann auf zeichnerischem Wege als *Schnittpunkte* der beiden Kurven $y = f_1(x)$ und $y = f_2(x)$. Da die Funktionen $y = f_1(x)$ und $y = f_2(x)$ wesentlich *einfacher* gebaut sind als die Ausgangsfunktion $y = f(x)$, ist das Zeichnen ihrer Funktionskurven i.a. ohne große Probleme möglich. Die Abszissenwerte ihrer Schnittpunkte liefern dann geeignete *Rohwerte* für die gesuchten Lösungen der Gleichung $f(x) = 0$.

Wir fassen diese wichtigen Ergebnisse wie folgt zusammen:

Tangentenverfahren von Newton (Bild IV-46)

Ausgehend von einem *geeigneten* Startwert x_0, der die *Konvergenzbedingung*

$$\left| \frac{f(x_0) \cdot f''(x_0)}{[f'(x_0)]^2} \right| < 1 \qquad \text{(IV-99)}$$

erfüllt, erhält man aus der *Iterationsvorschrift*

$$x_n = x_{n-1} - \frac{f(x_{n-1})}{f'(x_{n-1})} \qquad (n = 1, 2, 3, \ldots) \qquad \text{(IV-100)}$$

eine Folge von *Näherungswerten* $x_0, x_1, x_2, \ldots$ für die (unbekannte) Lösung der Gleichung $f(x) = 0$. Diese Folge konvergiert *mit Sicherheit* gegen die gesuchte Lösung, wenn die Konvergenzbedingung (IV-99) für *jeden* dieser Näherungswerte erfüllt ist.

Den für dieses Verfahren benötigten *Startwert* x_0 erhält man in vielen Fällen am bequemsten auf *graphischem* Wege nach einer der beiden folgenden Methoden:

1. Methode: Man zeichnet grob den Verlauf der Funktion $y = f(x)$ und liest aus der Skizze die *ungefähre* Lage der (gesuchten) Nullstelle ab. Dieser Näherungswert wird dann als *Startwert* x_0 verwendet.

2. Methode: Zunächst wird die Gleichung $f(x) = 0$ durch *Termumstellungen* in eine geeignetere Form vom Typ

$$f_1(x) = f_2(x) \qquad \text{(IV-101)}$$

gebracht. Dann werden die Kurven $y = f_1(x)$ und $y = f_2(x)$ grob skizziert und der *Abszissenwert* des Kurvenschnittpunktes abgelesen. Er liefert den benötigten *Startwert* x_0.

Anmerkungen

(1) Die Anzahl der *gültigen* Dezimalstellen der Näherungslösungen *verdoppelt* sich mit jedem Iterationsschritt.

(2) Besitzt die Gleichung $f(x) = 0$ *mehrere* Lösungen, so muß man zu *jeder* (gesuchten) Lösung einen geeigneten Startwert bestimmen und dann das Newton-Verfahren für die einzelnen Startwerte *getrennt* anwenden.

Wir werden nun die Brauchbarkeit des Newtonschen Tangentenverfahrens an zwei ausgewählten Beispielen demonstrieren.

■ **Beispiele**

(1) $f(x) = 2{,}2\,x^3 - 7{,}854\,x^2 + 6{,}23\,x - 22{,}2411 = 0$

Um uns einen *Überblick* über die Lage der Nullstellen von $f(x)$ zu verschaffen, berechnen wir einige Funktionswerte und skizzieren in diesem Bereich *grob* den Funktionsverlauf (Bild IV-47):

Wertetabelle:

x	y
0	$-22{,}24$
1	$-21{,}67$
2	$-23{,}60$
3	$-14{,}84$
4	$+17{,}81$

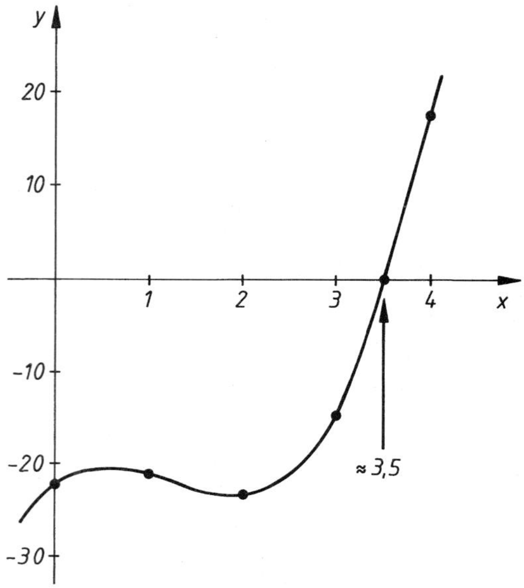

Bild IV-47

Anhand der Skizze erkennt man, daß eine Lösung der Gleichung zwischen $x = 3$ und $x = 4$ liegt. Wir wählen daher als *Startwert* $x_0 = 3{,}5$.

Für das Konvergenzkriterium (IV-99) benötigen wir noch den Funktionswert $f(3{,}5)$ sowie die Ableitungswerte $f'(3{,}5)$ und $f''(3{,}5)$:

$$f(x) = 2{,}2\,x^3 - 7{,}854\,x^2 + 6{,}23\,x - 22{,}2411 \quad \Rightarrow \quad f(3{,}5) = -2{,}3226$$

$$f'(x) = 6{,}6\,x^2 - 15{,}708\,x + 6{,}23 \quad \Rightarrow \quad f'(3{,}5) = 32{,}102$$

$$f''(x) = 13{,}2\,x - 15{,}708 \quad \Rightarrow \quad f''(3{,}5) = 30{,}492$$

Das Konvergenzkriterium (IV-99) führt dann zu dem folgenden Ergebnis:

$$\left| \frac{f(3{,}5) \cdot f''(3{,}5)}{[f'(3{,}5)]^2} \right| = \left| \frac{(-2{,}3226) \cdot 30{,}492}{32{,}102^2} \right| = 0{,}0687 < 1$$

Folgerung: Der Startwert $x_0 = 3{,}5$ ist also *geeignet*.

Wir berechnen jetzt mit Hilfe der Iterationsformel (IV-100) die ersten *Näherungswerte*:

n	x_{n-1}	$f(x_{n-1})$	$f'(x_{n-1})$	x_n
1	3,5	− 2,3226	32,102	3,5724
2	3,5724	0,0823	34,3442	3,5700
3	3,5700	0,0000	–	–

Bereits nach *zwei* Iterationsschritten erhalten wir die (sogar exakte) Lösung $x = 3{,}5700$.

Anmerkung zum verwendeten Startwert

Hätten wir als Startwert z. B. den *gröberen* Wert $x_0 = 4$ gewählt, so wäre *ein* weiterer Iterationsschritt nötig gewesen:

n	x_{n-1}	$f(x_{n-1})$	$f'(x_{n-1})$	x_n
1	4	17,8149	48,9980	3,6364
2	3,6364	2,3453	36,3839	3,5719
3	3,5719	0,0652	34,3285	3,5700
4	3,5700	0,0000	–	–

Allgemein gilt daher die **Faustregel:** *Je genauer der Startwert* x_0 ist, *um so weniger Iterationsschritte werden benötigt.*

Besitzt die vorgegebene Gleichung 3. Grades noch *weitere* Lösungen (bis zu *drei* Lösungen sind ja bekanntlich möglich)? Um diese Frage zu beantworten, *reduzieren* wir die Gleichung zunächst mit Hilfe des *Horner-Schemas* (Abspaltung des Linearfaktors $x - 3{,}57$, der zur bereits bekannten Lösung 3,57 gehört):

	2,2	− 7,854	6,23	− 22,2411
$x = 3{,}57$		7,854	0	22,2411
	2,2	0	6,23	0

Das 1. reduzierte Polynom $f_1(x) = 2{,}2\,x^2 + 6{,}23$ hat *keine* reellen Nullstellen. Damit besitzt die Ausgangsgleichung *genau* eine reelle Lösung an der Stelle $x = 3{,}57$.

(2) Die Lösungen der *transzendenten* Gleichung $x^2 + 2 = e^x$ können als die Abszissenwerte der Schnittpunkte der Parabel $y_1 = x^2 + 2$ mit der Exponentialfunktion $y_2 = e^x$ aufgefaßt werden. Aus der graphischen Darstellung in Bild IV-48 folgt, daß *genau eine* Lösung in der Nähe von $x_0 = 1{,}5$ existiert.

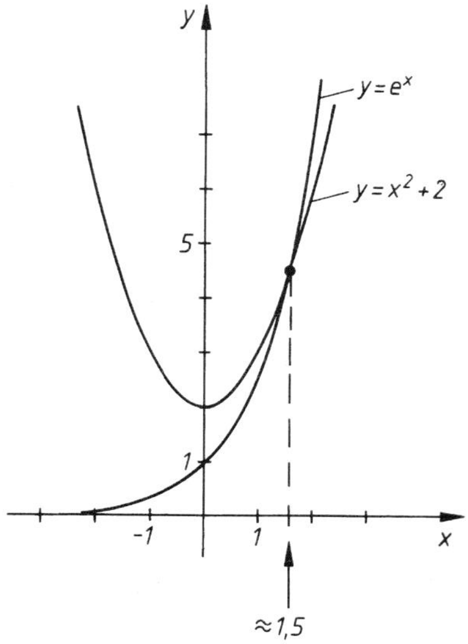

Bild IV-48
Graphische Ermittlung einer Näherungslösung der Gleichung $x^2 + 2 = e^x$

Dieser Wert ist als Startwert *geeignet*, da er das Konvergenzkriterium erfüllt:

$$f(x) = x^2 + 2 - e^x \quad \Rightarrow \quad f(1{,}5) = -0{,}2317$$
$$f'(x) = 2x - e^x \quad \Rightarrow \quad f'(1{,}5) = -1{,}4817$$
$$f''(x) = 2 - e^x \quad \Rightarrow \quad f''(1{,}5) = -2{,}4817$$

$$\left| \frac{f(1{,}5) \cdot f''(1{,}5)}{[f'(1{,}5)]^2} \right| = \left| \frac{(-0{,}2317) \cdot (-2{,}4817)}{(-1{,}4817)^2} \right| = 0{,}2619 < 1$$

Damit ergeben sich aus (IV-100) folgende *Näherungswerte*:

n	x_{n-1}	$f(x_{n-1})$	$f'(x_{n-1})$	x_n
1	1,5	− 0,2317	− 1,4817	1,3436
2	1,3436	− 0,0276	− 1,1456	1,3195
3	1,3195	− 0,0005	− 1,1026	1,3190
4	1,3190	+ 0,0000	–	–

Die *einzige* Lösung der *transzendenten* Gleichung $x^2 + 2 = e^x$ liegt daher an der Stelle $x = 1{,}3190$.

■

Übungsaufgaben

Zu Abschnitt 1

1) Berechnen Sie auf dem *direkten* Wege über den *Differenzenquotienten* die Ableitung der Funktion $f(x) = x^3$

   a) an der Stelle $x_0 = 1$ b) an der Stelle x_0

2) Differenzieren Sie die folgenden Funktionen nach der *Potenzregel*:

   a) $y = 4x^5$ b) $y = 2 \cdot x^{a+1}$ c) $y = \sqrt[4]{x^3}$

   d) $y = \dfrac{x^2}{\sqrt[3]{x}}$ e) $y = \sqrt[3]{x^4}$ f) $y = x^{1/2}$

Zu Abschnitt 2

1) Differenzieren Sie die folgenden Funktionen nach der *Summenregel*:

   a) $y = -10x^4 + 2x^3 - 2$ b) $z(t) = a \cdot \cos t - t^2 + e^t + 1$

   c) $y = \dfrac{10}{x^3} - 3 \cdot \lg x + \tan x$ d) $y = 4 \cdot \sqrt[3]{x^5} - 4 \cdot e^x + \sin x$

2) Differenzieren Sie die folgenden Funktionen nach der *Produktregel*:

   a) $y = (4x^3 - 2x + 1)(x^2 - 2x + 5)$

   b) $y = \tan^2 x$ c) $y = \sin x \cdot \cos x$ d) $y = (3x + 5x^2 - 1)^2$

   e) $y = 2x \cdot \ln x$ f) $y = e^t \cdot \cos t$ g) $y = x^n \cdot e^x$

   h) $y = \ln x \cdot \cosh x$ i) $y = x^2 \cdot \arcsin x$ j) $y = 2x \cdot e^x \cdot \cos x$

3) Differenzieren Sie die folgenden Funktionen nach der *Quotientenregel*:

   a) $y = \dfrac{5x^5 - 6x^2 + 1}{x^2 + 2x + 1}$ b) $y = \dfrac{10x}{x^2 + 1}$ c) $y = \dfrac{\ln x}{x^2}$

   d) $y = \dfrac{2x^3 - 6x^2 + x - 3}{x^3 - 5x}$ e) $y = e^{-x} \cdot \ln x$ f) $y = \dfrac{x^{1/2} - x^2}{x^2 + 1}$

   g) $y = \cot x = \dfrac{\cos x}{\sin x}$ h) $y = \tanh x = \dfrac{\sinh x}{\cosh x}$ i) $y = \dfrac{1 + \cos x}{1 - \sin x}$

   j) $y = \dfrac{\arctan x}{e^x}$ k) $y = \dfrac{\ln x}{x}$

4) Differenzieren Sie die folgenden Funktionen nach der *Kettenregel*:

a) $y = 5(4x^3 - x^2 + 1)^5$ b) $y = \dfrac{10}{x^3 - 2x + 5}$

c) $y = \sin(x + 2)$ d) $y = 2 \cdot \cos(10t - \pi/3)$

e) $y = 3 \cdot e^{-4x}$ f) $y = \sin^2(2x - 4)$

g) $y = 2 \cdot \ln(x^3 - 2x)$ h) $y = e^{x^2 - 2x + 5}$

i) $y = \arccos\sqrt{x^2 - 1}$ j) $y = \arctan(x^2 + 1)$

k) $y = \sqrt[3]{(x^2 - 4x + 10)^2}$ l) $y = (x^3 - 4x + 5)^{-5/3}$

m) $y = 5 \cdot \cos(x^2 + 2x - 1)^2$ n) $y = \ln|\cos x|$

5) Differenzieren Sie die folgenden Funktionen unter Verwendung der *Kettenregel*:

a) $y = e^{-2t} \cdot \cos t$ b) $u = e^{x \cdot \sin x}$

c) $y = (x^2 - 1)^2 \cdot (x + 5)^3$ d) $y = (2x^2 - 4x + 5) \cdot \sin(2x)$

e) $y = e^{2x} \cdot \arcsin(x - 1)$ f) $z = (2 - 3t) \cdot e^{-5t}$

g) $y = x \cdot \ln(x + e^x)^2$ h) $y = 4^{x \cdot \ln x}$

i) $y = \sin(x^2 + 1) \cdot \cos(4x)$ j) $y = 4 \cdot \cos(x - 4) + \sin(2x + 3)$

k) $y = \ln\left(\dfrac{1}{x^2}\right) + \ln\dfrac{x + 4}{x}$ l) $y = \ln(\tanh t)$

m) $y = \left(\dfrac{1 + x}{x}\right)^n$ n) $y = 2x \cdot \sqrt{x^2 - 1}$

o) $y = \sqrt{\sin x}$ p) $y(t) = A \cdot e^{-at} + B \cdot e^{-bt}$

q) $y = A \cdot \sin(\omega t + \varphi)$

6) Bestimmen Sie die jeweiligen Kurvenpunkte mit *waagerechter* Tangente:

a) $y = 5 \cdot e^{-x^2}$ b) $y = 3(x - 2)^2(x - 1)$

c) $y = \sin x \cdot \cos x$ d) $y = [1 - e^{-x+2}]^2$

e) $y = 4x^3 - 6x^2 - 9x$

7) In welchen Punkten der Kurve mit der Funktionsgleichung $y = \dfrac{1}{3}x^3 - x$ verlaufen die Tangenten *parallel* zur Geraden $y = \dfrac{1}{4}x - 2$?

8) Bestimmen Sie für die folgenden Funktionen diejenigen Kurvenpunkte, in denen die Tangenten *parallel* zur x-Achse verlaufen:

a) $y = x \cdot e^{-x^2}$ b) $y = 5 + 3x^2 - \frac{1}{2}x^4$

9) Bestimmen Sie den auf der Kurve $y = 2 \cdot e^{3t}$ gelegenen Punkt, dessen Tangente mit der positiven t-Achse einen Winkel von 30° bildet.

10) Bilden Sie die 1. Ableitung der nachstehenden Funktionen durch *logarithmische Differentiation*:

a) $y = x^{\cos x}$ b) $y = e^{x \cdot \cos x}$

11) Beweisen Sie die *Potenzregel* mit Hilfe der *logarithmischen Differentiation*. *Hinweis*: $y = x^n$ erst logarithmieren, dann differenzieren.

12) Bilden Sie die 1. Ableitung über die jeweilige *Umkehrfunktion*:

a) $y = \arcsin x$ b) $y = \sqrt{x+1}$ c) $y = \ln x$

13) Durch *implizite Differentiation* gewinne man die Ableitung $y' = \frac{dy}{dx}$ der folgenden Funktionen:

a) *Kreis*: $x^2 + y^2 = r^2$

b) *Ellipse*: $b^2 x^2 + a^2 y^2 = a^2 b^2$

c) *Kardioide*: $(x^2 + y^2)^2 - 2x(x^2 + y^2) = y^2$

d) $x^2 = y^3$

e) $y^3 - 2xy^2 = \frac{1}{x}$

14) Bestimmen Sie durch *implizite Differentiation* den Anstieg der Kreistangente im Punkte $P_0 = (4;\, y_0 > 0)$ des Kreises $(x-2)^2 + (y-1)^2 = 25$.

15) Differenzieren Sie die folgenden Funktionen *zweimal*:

a) $y = e^{-0{,}8t} \cdot \cos t$ b) $y = x^3 \cdot \ln x - x \cdot \arctan x$

c) $y = \frac{x^2}{1 + x^2}$ d) $y = A \cdot \sin(\omega t + \varphi)$

e) $y = 4^{x \cdot \sin x}$ f) $y = \frac{(x-2)(x+5)}{x^3 + x^2 - 2}$

16) Bilden Sie die jeweils verlangte Ableitung:

a) $y = e^{-2t} \cdot \sin(4t + 5), \quad \ddot{y}(0) = ?$

b) $y = x \cdot \ln x, \quad y'''(x) = ?, \quad y'''(1) = ?$

c) $y = \left(\dfrac{x-1}{x+1}\right)^2, \quad y'(0) = ?, \quad y''(0) = ?, \quad y'''(0) = ?$

17) Bilden Sie den 1. Differentialquotient $\dfrac{dy}{dx} = y'$ für die folgenden in der *Parameterform* dargestellten Funktionen:

a) $x = \sqrt{t}, \quad y = \sqrt{t+1}, \quad t \geqslant 0, \quad y'(t_0 = 1) = ?$

b) *Astroide*: $x = \cos^3 t, \quad y = \sin^3 t, \quad -\infty < t < \infty$

c) $x = \arcsin t, \quad y = t^2, \quad -1 < t < 1$

d) $x = t^2, \quad y = t^3, \quad -\infty < t < \infty, \quad y'(t_0 = 3) = ?$

18) Die *Mittelpunktsellipse* mit den Halbachsen a und b besitzt die Parameterdarstellung $x = a \cdot \cos t$, $y = b \cdot \sin t$ $(0 \leqslant t < 2\pi)$. Bestimmen Sie den Anstieg der zum Parameterwert $t_1 = \pi/4$ gehörenden Ellipsentangente. Wo besitzt die Ellipse *waagerechte* bzw. *senkrechte* Tangenten?

19) Die durch die Parameterdarstellung

$$x = \frac{t^2 - 1}{t^2 + 1}, \quad y = \frac{t(t^2 - 1)}{t^2 + 1}, \quad -\infty < t < \infty$$

definierte Kurve heißt *Strophoide*. Bestimmen Sie die Kurvenpunkte mit *waagerechter* bzw. *senkrechter* Tangente und skizzieren Sie den Kurvenverlauf.

20) Bilden Sie die 1. Ableitung $y' = \dfrac{dy}{dx}$ der nachstehenden in *Polarkoordinaten* dargestellten Funktionen (Kurven):

a) $r = e^{\varphi}$ b) $r = e^{\varphi} \cdot \sin\varphi$ c) $r = \dfrac{1}{\varphi}$

21) Bestimmen Sie die *waagerechten* und *senkrechten* Tangenten der in *Polarkoordinaten* dargestellten *Lemniskate* $r = \sqrt{\cos(2\varphi)}$ und skizzieren Sie den Kurvenverlauf.

22) Für die *logarithmische Spirale* $r = e^{\varphi}$ bestimme man alle im Intervall $0 \leqslant \varphi \leqslant 2\pi$ gelegenen Punkte mit *waagerechter* bzw. *senkrechter* Tangente.

23) Die Weg-Zeit-Funktion $s(t) = 1{,}8\,\text{ms}^{-2} \cdot t^2 + 4\,\text{ms}^{-1} \cdot t + 10\,\text{m}$ beschreibe die geradlinige Bewegung eines Massenpunktes. Berechnen Sie Weg s, Geschwindigkeit v und Beschleunigung a nach $t = 10\,\text{s}$.

24) Die *gedämpfte Schwingung* eines elastischen Federpendels werde durch die Gleichung $y(t) = 2 \cdot e^{-0{,}1\,t} \cdot \sin(4\,t)$ beschrieben. Berechnen Sie Auslenkung y, Geschwindigkeit v und Beschleunigung a zur Zeit $t = 3$ (in willkürlichen Einheiten).

25) Eine *ungedämpfte mechanische Schwingung* unterliege dem Weg-Zeit-Gesetz $y(t) = 10\,\text{cm} \cdot \cos(2\,\text{s}^{-1} \cdot t - \pi/3)$. Bestimmen Sie die Geschwindigkeit-Zeit-Funktion $v = v(t)$ und die Beschleunigung-Zeit-Funktion $a = a(t)$ und berechnen Sie ihre Werte nach 3,2 s.

Zu Abschnitt 3

1) Bestimmen Sie die *Tangenten-* und *Normalengleichung* für:

a) $y = 10\,(1 - e^{-0{,}2\,t})$ in $t_0 = 2$

b) $y = \sqrt{16 - x^2}$ in $x_0 = 1{,}2$

c) $y = 4 \cdot \ln(x^2 - 4\,x + 3)$ in $x_0 = 4$

2) *Zeigen Sie*: Die an der Stelle $t_0 = 0$ errichtete Kurventangente der Funktion $y = A\,(1 - e^{-t/T})$ schneidet die Asymptote $y = A$ an der Stelle $t_1 = T$.

3) *Linearisieren* Sie die folgenden Funktionen in der Umgebung der jeweils genannten Stelle:

a) $y = \sqrt{1 + x^4}, \quad x_0 = 1$

b) $y = 3 \cdot \ln(1 + 3\,x^5), \quad x_0 = 3$

c) $r = 2 \cdot \cos\varphi, \quad \varphi_0 = \pi/4$ (Kurve in Polarkoordinatendarstellung)

4) Die Funktion $y = \ln x$ ist in der unmittelbaren Umgebung von $x_0 = 5$ zu *linearisieren*, d.h. durch die dortige Kurventangente zu ersetzen. Berechnen Sie mit dieser Näherungsfunktion die Funktionswerte an den Stellen $x_1 = 4{,}8$ und $x_2 = 5{,}3$ und vergleichen Sie das Ergebnis mit den *exakten* Werten.

5) Wie lautet die Gleichung der Tangente, die vom Punkte $A = (-1;\, 0)$ aus an den Funktionsgraphen von $y = \sqrt{x}$ gelegt wird?

6) Zeigen Sie, daß die Funktion $V(r) = -D\left(\frac{2a}{r} - \frac{a^2}{r^2}\right)$, $r > 0$ an der Stelle $r_0 = a$ ein *relatives* (und sogar *absolutes*) *Minimum* besitzt (a und D sind *positive* Konstanten).

7) Wo besitzen die folgenden Funktionen *relative Extremwerte*?

a) $y = -8x^3 + 12x^2 + 18x$ b) $z = t^4 - 8t^2 + 16$

c) $u = \sqrt{1+z} + \sqrt{1-z}$ d) $y = x \cdot e^{-x}$

e) $y = \sin x \cdot \cos x$ f) $y = \dfrac{2x - 2x^2}{x^2 - x - 6}$

8) Es ist zu zeigen, daß die Funktion

$$y = x^6 - 16x^5 + 105x^4 - 360x^3 + 675x^2 - 648x + 243$$

an der Stelle $x_1 = 3$ einen *Sattelpunkt* besitzt.

9) Zeigen Sie, daß bei den vier *trigonometrischen* Funktionen die *Wendepunkte* mit den *Nullstellen* zusammenfallen und berechnen Sie die Steigung der Wendetangenten.

10) Ein Balken auf zwei Stützen (Stützweite l) hat bei gleichmäßig verteilter Last q im Abstand x vom linken Auflager das *Biegemoment*

$$M(x) = \frac{q}{2}(l - x)x \qquad (0 \leqslant x \leqslant l)$$

An welcher Stelle ist das Biegemoment am *größten*?

11) Die Bremskraft einer *Wirbelstromscheibenbremse* ist durch die Gleichung

$$K(v) = \frac{a^2 v}{v^2 + b^2}$$

als Funktion der Umfangsgeschwindigkeit v gegeben (a, b: Konstanten).

a) Bei welcher Umfangsgeschwindigkeit ist die Bremskraft am *größten*?

b) Wie groß ist dann die Bremskraft?

12) Die *Leistungsaufnahme* eines Verbrauchers vom Widerstand R, der durch eine Zweipolquelle (Innenwiderstand R_i; Quellspannung U_0) gespeist wird, beträgt

$$P(R) = U_0^2 \, \frac{R}{(R + R_i)^2}$$

Zeigen Sie, daß der Verbraucherwiderstand R die *größtmögliche* Leistung aufnimmt, wenn $R = R_i$ gewählt wird (sog. *Leistungsanpassung*).

13) Einem Kreis vom Radius R soll ein Rechteck mit *größtem Flächenmoment* $I_a = \frac{1}{12} ab^3$ einbeschrieben werden (a, b: Seitenlängen des Rechtecks).

Hinweis: Das Flächenmoment ist bezogen auf eine zur Rechtecksseite a parallele, durch den Flächenschwerpunkt verlaufende Bezugsachse.

14) Wie ist der rechteckige Querschnitt eines Kanals zu dimensionieren, damit der Materialverbrauch am *kleinsten* wird? (Querschnittsfläche des Kanals: $A = 4\ \text{m}^2$).

15) Einer Kugel vom Radius $R = 2\ \text{m}$ ist ein senkrechter Kreiszylinder *größten* Volumens einzubeschreiben.

16) Zwei Massenpunkte A und B bewegen sich längs der beiden Koordinatenachsen gleichförmig mit den Geschwindigkeiten $v_A = 0{,}5\ \text{m/s}$ bzw. $v_B = 0{,}6\ \text{m/s}$ in Richtung Koordinatenursprung. Zu Beginn (d.h. zur Zeit $t = 0\ \text{s}$) befinden sie sich an den Orten $x(0) = 15\ \text{m}$ bzw. $y(0) = 12\ \text{m}$. Nach welcher Zeit ist ihr gegenseitiger Abstand am *kleinsten*?

17) Unter sämtlichen Kreiszylindern vom Rauminhalt $V = 1000\ \text{cm}^3$ ist derjenige mit *minimaler* Gesamtoberfläche zu bestimmen.

18) Diskutieren Sie unter Verwendung der Hilfsmittel der Differentialrechnung den Verlauf der folgenden Funktionen:

a) $y = \dfrac{x^2 + 1}{x - 3}$ b) $y = \dfrac{(x-1)^2}{x + 1}$ c) $y = \dfrac{1}{2}x + \sqrt{9 - x^2}$

d) $y = \dfrac{\ln x}{x}$ e) $y = \sin^2 x$ f) $y = \sin x + \cos x$

g) $y = (1 - e^{-2x})^2$

19) Diskutieren Sie den Verlauf der folgenden *aperiodischen Schwingungen*:

a) $y = 4\,(e^{-t} - e^{-3t}) \quad (t \geqslant 0)$

b) $y = 5\,(1 - 3t) \cdot e^{-2t} \quad (t \geqslant 0)$

20) Eine Parabel 3. Ordnung vom Typ $y = ax^3 + bx^2 + cx + d$ geht durch den Koordinatenursprung und besitzt im Punkt $(1; -2)$ einen *Wendepunkt*. Die *Wendetangente* schneidet dabei die x-Achse an der Stelle $x_1 = 2$. Bestimmen Sie aus diesen Funktionseigenschaften die vier Koeffizienten a, b, c und d.

21) Bestimmen Sie nach dem *Tangentenverfahren von Newton* sämtliche (reellen) Lösungen der folgenden Gleichungen mit einer Genauigkeit von *vier* Dezimalstellen nach dem Komma:

a) $x^2 - 2 \cdot \cos x = 0$ b) $\ln \sqrt{x} = 4 \cdot e^{-0{,}3x}$

c) $u^3 = 1{,}5u + 1$ d) $x \cdot e^{-x} = -0{,}5$

22) Bestimmen Sie nach dem *Newtonschen Tangentenverfahren* die im Intervall $\left(-\dfrac{\pi}{2}; \dfrac{\pi}{2}\right)$ liegenden Lösungen der Gleichung $\tan x = x + 2$.

V Integralrechnung

1 Integration als Umkehrung der Differentiation

Das *Grundproblem* der in Kapitel IV behandelten Differentialrechnung besteht in der Bestimmung der *Ableitung* einer vorgegebenen Funktion $y = f(x)$. Dieser Vorgang wird als *Differentiation* bezeichnet und läßt sich schematisch wie folgt darstellen:

$$y = f(x) \xrightarrow{\text{Differentiation}} y' = f'(x)$$

In den naturwissenschaftlich-technischen Anwendungen stellt sich aber auch häufig das *umgekehrte* Problem: Von einer zunächst noch *unbekannten* Funktion $y = f(x)$ ist die *Ableitung* $y' = f'(x)$ bekannt und die Funktion selbst ist zu bestimmen. *Die Aufgabe besteht also darin, von der gegebenen Ableitung auf die Funktion zu schließen*:

$$y' = f'(x) \longrightarrow y = f(x)$$

Auf ein solches Problem stößt man beispielsweise in der *Mechanik*, wenn von einer Bewegung das *Geschwindigkeits-Zeit-Gesetz* $v = v(t)$ bekannt ist und daraus dann das *Weg-Zeit-Gesetz* $s = s(t)$ ermittelt werden soll. Denn bekanntlich ist die Geschwindigkeit die *1. Ableitung* des Weges nach der Zeit: $v = \dot{s}$ (vgl. hierzu auch Abschnitt IV.2.13.1). Auch hier soll also von der *bekannten* Ableitung $\dot{s}$ einer noch *unbekannten* Funktion $s = s(t)$ auf die Funktion selbst geschlossen werden:

$$\dot{s} = v(t) \longrightarrow s = s(t)$$

■ **Beispiele**

(1) *Gegeben*: $y' = 1$

Gesucht: *Sämtliche* Funktionen $y = f(x)$ mit der 1. Ableitung $y' = 1$

Lösung:

Jede lineare Funktion vom Typ $y = x + C$ ist wegen

$$y' = \frac{d}{dx}(x + C) = 1$$

eine Lösung der gestellten Aufgabe (C: beliebige reelle Zahl). Es handelt sich dabei um die in Bild V-1 skizzierte *parallele Geradenschar*. Für *jeden* Wert des Parameters C erhält man genau *eine* Gerade.

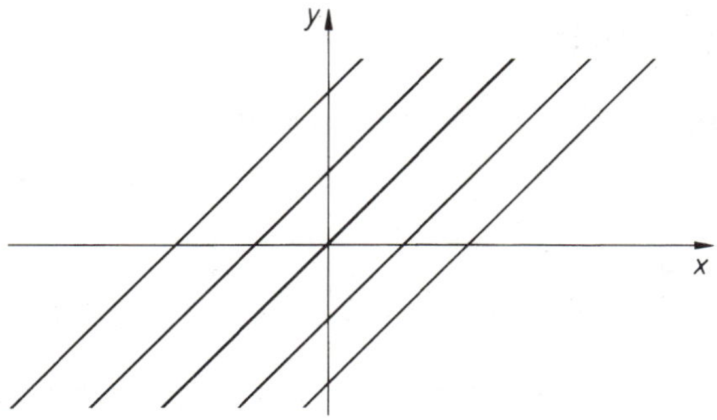

Bild V-1
Geradenschar $y = x + C$

(2) *Gegeben*: $y' = 2x$

Gesucht: *Sämtliche* Funktionen $y = f(x)$ mit der 1. Ableitung $y' = 2x$

Lösung:

$$y = x^2 + C \qquad (\textit{Parabelschar}, \text{ vgl. Bild V-2})$$

Denn für jedes (reelle) C ist

$$y' = \frac{d}{dx}(x^2 + C) = 2x$$

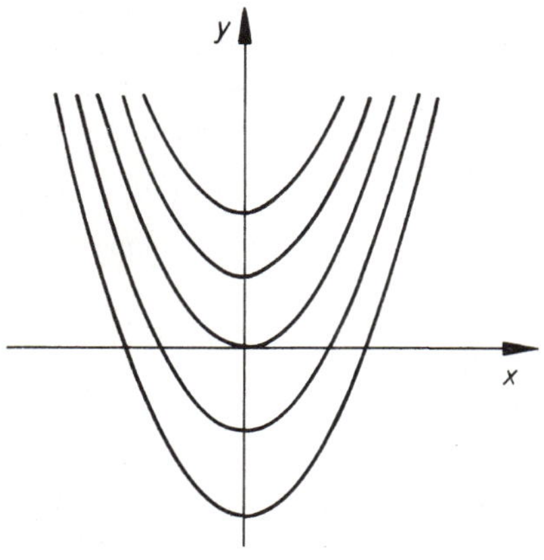

Bild V-2
Parabelschar $y = x^2 + C$

■

Wir nehmen noch folgende *Umbenennungen* vor:

$f(x)$: Vorgegebene *1. Ableitung* einer (zunächst noch unbekannten) Funktion

$F(x)$: *Jede* Funktion mit der 1. Ableitung $F'(x) = f(x)$

Eine Funktion $F(x)$ mit dieser Eigenschaft wird als eine *Stammfunktion* zu $f(x)$ bezeichnet.

Wir definieren also:

Definition: Eine Funktion $F(x)$ heißt eine *Stammfunktion* zu $f(x)$, wenn

$$F'(x) = f(x) \tag{V-1}$$

gilt.

■ **Beispiele**

(1) $f(x) = 2x \;\Rightarrow\; F(x) = x^2 + C \qquad$ ($C \in \mathbb{R}$; *Parabelschar* aus Bild V-2)

Denn die 1. Ableitung von $F(x)$ ergibt genau $f(x)$:

$$F'(x) = \frac{d}{dx}(x^2 + C) = 2x = f(x)$$

(2) $f(x) = \cos x \;\Rightarrow\; F(x) = \sin x + C \qquad (C \in \mathbb{R})$

Denn es ist

$$F'(x) = \frac{d}{dx}(\sin x + C) = \cos x = f(x)$$

(3) $f(x) = \mathrm{e}^x + \dfrac{1}{1 + x^2} \;\Rightarrow\; F(x) = \mathrm{e}^x + \arctan x + C \qquad (C \in \mathbb{R})$

Denn es gilt

$$F'(x) = \frac{d}{dx}(\mathrm{e}^x + \arctan x + C) = \mathrm{e}^x + \frac{1}{1 + x^2} = f(x)$$

(4) $f(x) = \dfrac{1}{\cos^2 x} \;\Rightarrow\; F(x) = \tan x + C \qquad (C \in \mathbb{R})$

Denn die erste Ableitung der Funktionenschar $F(x) = \tan x + C$ ergibt genau die Funktion $f(x) = \dfrac{1}{\cos^2 x}$:

$$F'(x) = \frac{d}{dx}(\tan x + C) = \frac{1}{\cos^2 x} = f(x)$$

■

Anhand dieser Beispiele lassen sich die *wesentlichen Eigenschaften der Stammfunktionen* erkennen. Wir fassen sie wie folgt zusammen:

Eigenschaften der Stammfunktionen

1. Es gibt zu jeder *stetigen* Funktion $f(x)$ *unendlich* viele Stammfunktionen.

2. Zwei beliebige Stammfunktionen $F_1(x)$ und $F_2(x)$ zu $f(x)$ unterscheiden sich durch eine *additive* Konstante:

$$F_1(x) - F_2(x) = \text{const.} \tag{V-2}$$

3. Ist $F_1(x)$ eine *beliebige* Stammfunktion zu $f(x)$, so ist auch $F_1(x) + C$ eine Stammfunktion zu $f(x)$. Daher läßt sich die *Menge aller Stammfunktionen* in der Form

$$F(x) = F_1(x) + C \tag{V-3}$$

darstellen (C ist dabei eine *beliebige reelle* Konstante).

Der zum Auffinden *sämtlicher* Stammfunktionen führende Prozeß heißt *Integration*:

Definition: Das Aufsuchen *sämtlicher* Stammfunktionen $F(x)$ zu einer vorgegebenen Funktion $f(x)$ wird als *Integration* bezeichnet:

$$f(x) \xrightarrow{\text{Integration}} F(x) \quad \text{mit} \quad F'(x) = f(x) \tag{V-4}$$

Wir dürfen daher die Integration als Umkehrung der Differentiation auffassen. Während der *Differentiationsprozeß* aus einer vorgegebenen Funktion die *Ableitung* erzeugt, wird durch den Prozeß der *Integration* aus einer vorgegebenen Ableitungsfunktion die *Gesamtheit der Stammfunktionen* ermittelt.

2 Das bestimmte Integral als Flächeninhalt

In diesem Abschnitt beschäftigen wir uns mit dem sog. *Flächenproblem*, d.h. der Aufgabe, die *Fläche* zwischen einer Kurve $y = f(x)$ und der x-Achse im Intervall $a \leqslant x \leqslant b$ zu bestimmen. Die Lösung dieser Aufgabe wird uns dabei zu dem wichtigen Begriff des *bestimmten Integrals* einer Funktion $f(x)$ führen.

Zunächst aber soll das Problem an einem einfachen Beispiel näher erläutert werden.

2.1 Ein einführendes Beispiel

Wir stellen uns die Aufgabe, den *Flächeninhalt* A zwischen der Normalparabel $y = x^2$ und der x-Achse im Intervall $1 \leqslant x \leqslant 2$ zu berechnen (Bild V-3).

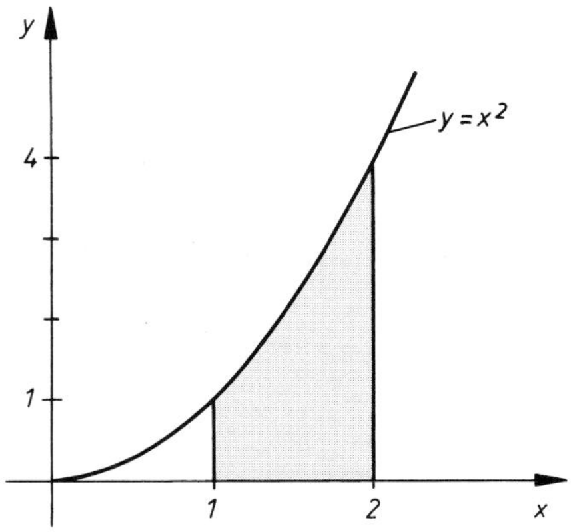

Bild V-3
Zur Bestimmung der Fläche zwischen der Parabel $y = x^2$ und der x-Achse im Intervall $1 \leqslant x \leqslant 2$

Dabei verfahren wir folgendermaßen:

(1) Das Flächenstück wird zunächst in n Streifen *gleicher* Breite Δx zerlegt.

(2) Anschließend wird jeder Streifen in geeigneter Weise durch ein *Rechteck* ersetzt (der Flächeninhalt eines Rechtecks läßt sich nämlich *elementar* berechnen). Der gesuchte Flächeninhalt A ist dann *näherungsweise* gleich der Summe aller Rechtecksflächen.

(3) Dabei gilt: *Je größer die Anzahl der Streifen, um so besser die Näherung*! Beim *Grenzübergang* $n \longrightarrow \infty$ strebt die Summe der Rechtecksflächen gegen den gesuchten Flächeninhalt A.

Wir studieren jetzt das beschriebene Verfahren für eine Zerlegung in 5, 10 bzw. 20 Streifen.

Zerlegung in $n = 5$ Streifen

Streifenbreite: $\Delta x = 0{,}2$

Die Teilpunkte $P_0, P_1, \ldots, P_5$ auf der Parabel besitzen die folgenden Koordinaten (vgl. hierzu die Bilder V-4 und V-5):

	P_0	P_1	P_2	P_3	P_4	P_5
x	1	1,2	1,4	1,6	1,8	2
y	1^2	$1{,}2^2$	$1{,}4^2$	$1{,}6^2$	$1{,}8^2$	2^2

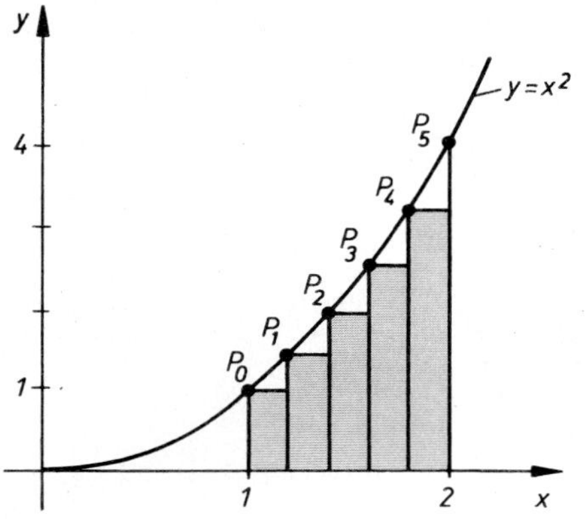

Bild V-4 Zum Begriff der Untersumme

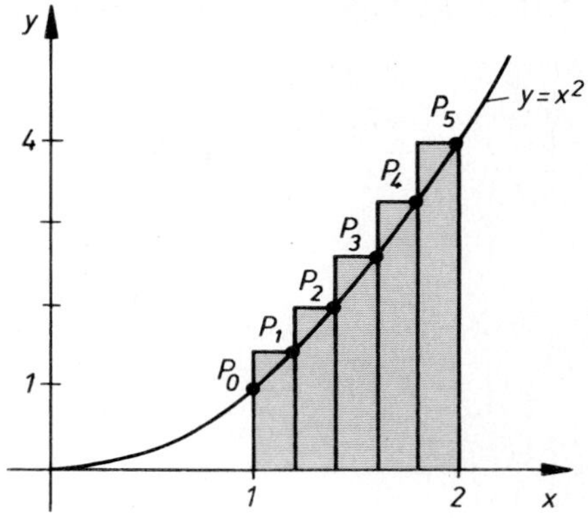

Bild V-5 Zum Begriff der Obersumme

Untersumme (Bild V-4)

Jeder Streifen wird durch ein zu *klein* ausfallendes Rechteck ersetzt (die Höhe entspricht dem Ordinatenwert im jeweiligen *linken* Randpunkt, vgl. hierzu Bild V-4). Die Summe dieser Rechtecksflächen bezeichnet man daher als *Untersumme* U_5. Es ist:

$$\begin{aligned} U_5 &= 1^2 \cdot 0{,}2 + 1{,}2^2 \cdot 0{,}2 + 1{,}4^2 \cdot 0{,}2 + 1{,}6^2 \cdot 0{,}2 + 1{,}8^2 \cdot 0{,}2 = \\ &= (1^2 + 1{,}2^2 + 1{,}4^2 + 1{,}6^2 + 1{,}8^2) \cdot 0{,}2 = 2{,}04 \end{aligned} \qquad \text{(V-5)}$$

Obersumme (Bild V-5)

Jetzt ersetzen wir jeden Streifen durch ein zu *groß* ausfallendes Rechteck (als Höhe wählen wir den Ordinatenwert im jeweiligen *rechten* Randpunkt, vgl. hierzu Bild V-5). Die Summe dieser Rechtecksflächen heißt daher *Obersumme* O_5. Es ist:

$$\begin{aligned} O_5 &= 1{,}2^2 \cdot 0{,}2 + 1{,}4^2 \cdot 0{,}2 + 1{,}6^2 \cdot 0{,}2 + 1{,}8^2 \cdot 0{,}2 + 2^2 \cdot 0{,}2 = \\ &= (1{,}2^2 + 1{,}4^2 + 1{,}6^2 + 1{,}8^2 + 2^2) \cdot 0{,}2 = 2{,}64 \end{aligned} \qquad \text{(V-6)}$$

Flächeninhalt A

Der gesuchte Flächeninhalt A liegt dabei *zwischen* Unter- und Obersumme:

$$U_5 \leqslant A \leqslant O_5, \quad \text{d.h.} \quad 2{,}04 \leqslant A \leqslant 2{,}64 \qquad \text{(V-7)}$$

Die Abweichung zwischen den beiden Summen beträgt 0,6, d.h. diese Näherung ist noch viel zu *grob*.

Zerlegung in $n = 10$ Streifen

Streifenbreite: $\Delta x = 0{,}1$

Für *Unter-* und *Obersumme* ergeben sich jetzt folgende Werte:

$$U_{10} = 1^2 \cdot 0{,}1 + 1{,}1^2 \cdot 0{,}1 + 1{,}2^2 \cdot 0{,}1 + \ldots + 1{,}9^2 \cdot 0{,}1 = (1^2 + 1{,}1^2 + 1{,}2^2 + \ldots + 1{,}9^2) \cdot 0{,}1 = 2{,}185 \quad \text{(V-8)}$$

$$O_{10} = 1{,}1^2 \cdot 0{,}1 + 1{,}2^2 \cdot 0{,}1 + 1{,}3^2 \cdot 0{,}1 + \ldots + 2^2 \cdot 0{,}1 = (1{,}1^2 + 1{,}2^2 + 1{,}3^2 + \ldots + 2^2) \cdot 0{,}1 = 2{,}485 \quad \text{(V-9)}$$

Es gilt dabei:

$$U_{10} \leqslant A \leqslant O_{10}, \quad \text{d.h.} \quad 2{,}185 \leqslant A \leqslant 2{,}485 \quad \text{(V-10)}$$

Die Abweichung zwischen Ober- und Untersumme beträgt jetzt nur noch 0,3. Eine weitere Verbesserung erhält man durch abermalige Verdoppelung der Streifenanzahl.

Zerlegung in $n = 20$ Streifen

Streifenbreite: $\Delta x = 0{,}05$

$$U_{20} = (1^2 + 1{,}05^2 + 1{,}10^2 + \ldots + 1{,}95^2) \cdot 0{,}05 = 2{,}25875 \quad \text{(V-11)}$$

$$O_{20} = (1{,}05^2 + 1{,}10^2 + 1{,}15^2 + \ldots + 2^2) \cdot 0{,}05 = 2{,}40875 \quad \text{(V-12)}$$

$$U_{20} \leqslant A \leqslant O_{20}, \quad \text{d.h.} \quad 2{,}25875 \leqslant A \leqslant 2{,}40875 \quad \text{(V-13)}$$

Die Differenz zwischen Ober- und Untersumme beträgt jetzt nur noch 0,15.

Grenzübergang für $n \to \infty$

Bei einer *Vergrößerung* der Streifenanzahl n nehmen offensichtlich die Untersummen *zu* und die Obersummen *ab*, die *Differenz* zwischen Ober- und Untersumme wird dabei gleichzeitig *kleiner*, wie die folgenden Rechenergebnisse für Zerlegungen in 5, 10, 20, 50, 100 und 1000 Streifen deutlich zeigen:

n	5	10	20	50	100	1000
U_n	2,04	2,185	2,25875	2,3034	2,31835	2,3318335
O_n	2,64	2,485	2,40875	2,3634	2,34835	2,3348335
$O_n - U_n$	0,6	0,3	0,15	0,06	0,03	0,003

Bei *beliebig feiner* Zerlegung, d.h. für den *Grenzübergang* $n \to \infty$ streben Ober- und Untersumme gegen einen *gemeinsamen* Grenzwert, der *geometrisch* den gesuchten *Flächeninhalt* A darstellt. In unserem Beispiel ergibt sich dabei, wie wir später noch zeigen werden, der folgende Wert:

$$A = \lim_{n \to \infty} U_n = \lim_{n \to \infty} O_n = \frac{7}{3} = 2{,}3\overline{3}\ldots \quad \text{(V-14)}$$

2.2 Das bestimmte Integral

Wir *verallgemeinern* jetzt das im vorangegangenen Abschnitt 2.1 dargelegte *Flächenproblem*. Um zu einer möglichst *anschaulichen* Deutung des Integralbegriffes zu gelangen, wollen wir zunächst von der stetigen Funktion $y = f(x)$ voraussetzen, daß sie im gesamten Intervall $a \leqslant x \leqslant b$ *oberhalb* der x-Achse verläuft und dabei *monoton wächst* (Bild V-6).

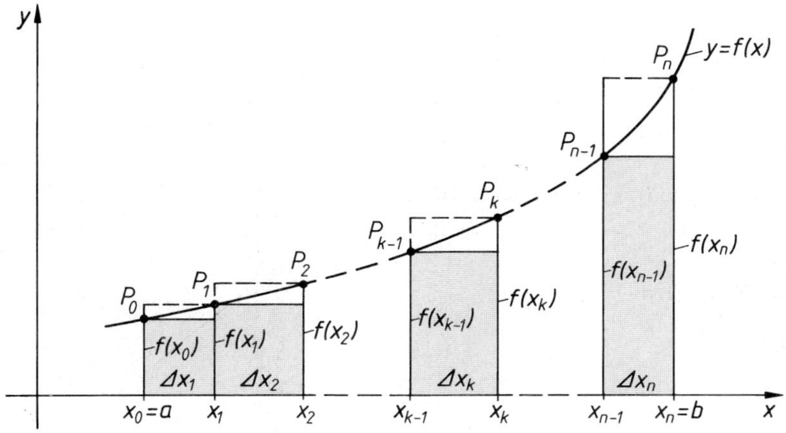

Bild V-6 Zum Flächenproblem der Integralrechnung

Unsere Aufgabe besteht nun darin, den *Flächeninhalt* A zwischen der Kurve $y = f(x)$ und der x-Achse im Intervall $a \leqslant x \leqslant b$ zu berechnen. Dabei verfahren wir wie folgt:

(1) Zunächst zerlegen wir die Fläche in n Streifen, deren *Breite* wir der Reihe nach mit $\Delta x_1, \Delta x_2, \ldots, \Delta x_n$ bezeichnen. Die Streifenbreiten dürfen dabei durchaus unterschiedlich sein.

(2) Jetzt ersetzen wir jeden Streifen durch ein *Rechteck*. Wählt man als Höhe des Rechtecks den jeweils *kleinsten* Funktionswert (Ordinate im *linken* Randpunkt), so besitzen die in Bild V-6 *grau* unterlegten Rechtecke der Reihe nach den folgenden Flächeninhalt:

$$\begin{aligned} \underline{A_1} &= f(x_0)\,\Delta x_1 \\ \underline{A_2} &= f(x_1)\,\Delta x_2 \\ &\vdots \\ \underline{A_k} &= f(x_{k-1})\,\Delta x_k \\ &\vdots \\ \underline{A_n} &= f(x_{n-1})\,\Delta x_n \end{aligned} \qquad \text{(V-15)}$$

Der Flächeninhalt A ist dann gewiß *nicht kleiner* als die als *Untersumme* U_n bezeichnete Summe dieser Rechtecksflächen:

$$U_n = \underline{A_1} + \underline{A_2} + \ldots + \underline{A_n} = f(x_0)\Delta x_1 + f(x_1)\Delta x_2 + \ldots + f(x_{n-1})\Delta x_n =$$

$$= \sum_{k=1}^{n} f(x_{k-1})\Delta x_k \leqslant A \qquad \text{(V-16)}$$

Wählt man jedoch als Rechteckshöhe den jeweils *größten* Funktionswert (Ordinate des *rechten* Randpunktes), so ist der Flächeninhalt dieser zu *groß* ausfallenden Rechtecke der Reihe nach

$$\overline{A_1} = f(x_1)\Delta x_1$$

$$\overline{A_2} = f(x_2)\Delta x_2$$

$$\vdots$$

$$\overline{A_k} = f(x_k)\Delta x_k \qquad \text{(V-17)}$$

$$\vdots$$

$$\overline{A_n} = f(x_n)\Delta x_n$$

Der Flächeninhalt A ist dann gewiß *nicht größer* als die als *Obersumme* O_n bezeichnete Summe dieser Rechtecksflächen:

$$O_n = \overline{A_1} + \overline{A_2} + \ldots + \overline{A_n} = f(x_1)\Delta x_1 + f(x_2)\Delta x_2 + \ldots + f(x_n)\Delta x_n =$$

$$= \sum_{k=1}^{n} f(x_k)\Delta x_k \geqslant A \qquad \text{(V-18)}$$

Die gesuchte Fläche A liegt dabei *zwischen* Unter- und Obersumme:

$$U_n \leqslant A \leqslant O_n \qquad \text{(V-19)}$$

(3) Mit *zunehmender Verfeinerung* der Zerlegung nehmen die Untersummen *zu*, die Obersummen jedoch *ab*. Beim Grenzübergang $n \longrightarrow \infty$ streben Unter- und Obersumme gegen einen *gemeinsamen* Grenzwert, wenn *zugleich* die Breite Δx_k *sämtlicher* Streifen gegen Null geht. Diesen Grenzwert bezeichnet man dann als das *bestimmte Integral der Funktion* $f(x)$ *in den Grenzen von* $x = a$ *bis* $x = b$ und schreibt dafür symbolisch:

$$\lim_{n \to \infty} U_n = \lim_{n \to \infty} O_n = \int_a^b f(x)\,dx \qquad \text{(V-20)}$$

In unserer *geometrischen* Betrachtungsweise bedeutet er den *Flächeninhalt* A zwischen der Kurve mit der Funktionsgleichung $y = f(x)$ und der x-Achse im Intervall $a \leqslant x \leqslant b$. Es gilt daher:

$$A = \lim_{n \to \infty} O_n = \lim_{n \to \infty} \sum_{k=1}^{n} f(x_k) \Delta x_k = \int_a^b f(x)\, dx \tag{V-21}$$

Wir führen noch die folgenden allgemein üblichen Bezeichnungen ein:

x: *Integrationsvariable*

$f(x)$: *Integrandfunktion* (kurz: *Integrand*)

a: *Untere Integrationsgrenze*

b: *Obere Integrationsgrenze*

Das *bestimmte Integral* einer Funktion $f(x)$ in den Grenzen von $x = a$ bis $x = b$ läßt sich somit allgemein wie folgt definieren:

Definition: Der Grenzwert

$$\lim_{n \to \infty} \sum_{k=1}^{n} f(x_k) \Delta x_k \tag{V-22}$$

heißt, falls er vorhanden ist, das *bestimmte Integral der Funktion* $f(x)$ *in den Grenzen von* $x = a$ *bis* $x = b$ und wird durch das Symbol $\int_a^b f(x)\, dx$ gekennzeichnet.

Anmerkung

Der Grenzwert (V-22) ist *vorhanden*, wenn der Integrand $f(x)$ im Integrationsintervall $a \leqslant x \leqslant b$ *stetig* ist. Der Integralwert ist dabei *unabhängig* von der vorgenommenen Streifenzerlegung, sofern nur die Breite eines *jeden* Streifens gegen Null strebt ($\Delta x_k \longrightarrow 0$ für $n \longrightarrow \infty$).

Wir möchten noch auf eine zwar nicht ganz präzise, dafür jedoch sehr *anschauliche* Interpretation der in der Integralrechnung verwendeten Symbolik hinweisen. Der in Bild V-7 skizzierte (*dick* umrandete) *infinitesimal* schmale Streifen der Breite dx besitzt einen Flächeninhalt, der *näherungsweise* mit dem Flächeninhalt $dA = f(x)\, dx$ des eingezeichneten (*grau* unterlegten) rechteckigen *Flächenelementes* übereinstimmt.

Deutet man noch das Integralzeichen $\int$ als eine Art gestrecktes *Summenzeichen*, so kann das bestimmte Integral $\int_a^b f(x)\,dx$ als *Summe* aller zwischen $x = a$ und $x = b$ gelegenen *infinitesimal schmalen* Streifenflächen vom Flächeninhalt $dA = f(x)\,dx$ aufgefaßt werden:

$$A = \int_a^b dA = \int_a^b f(x)\,dx \qquad \text{(V-23)}$$

(„Summiere über alle Flächenelemente $dA = f(x)\,dx$, die in der Fläche zwischen $x = a$ und $x = b$ liegen"). Die Fläche A wird gewissermaßen aus unendlich vielen Flächenelementen zusammengesetzt, wobei das „erste" Element bei $x = a$ und das „letzte" Element bei $x = b$ liegt. Bild V-8 verdeutlicht diese geometrische Interpretation.

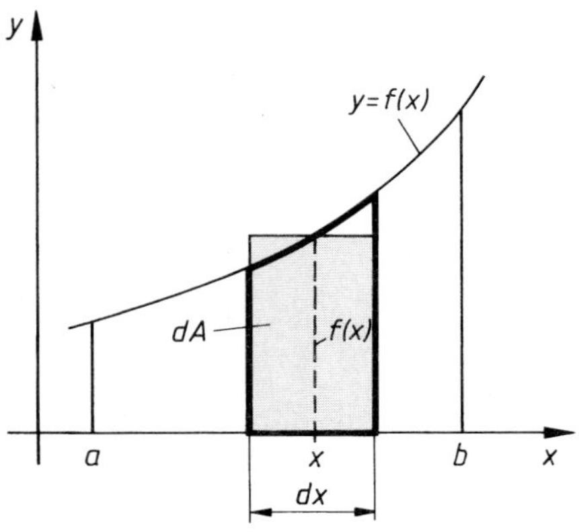

Bild V-7
Zur anschaulichen geometrischen Interpretation des bestimmten Integrals

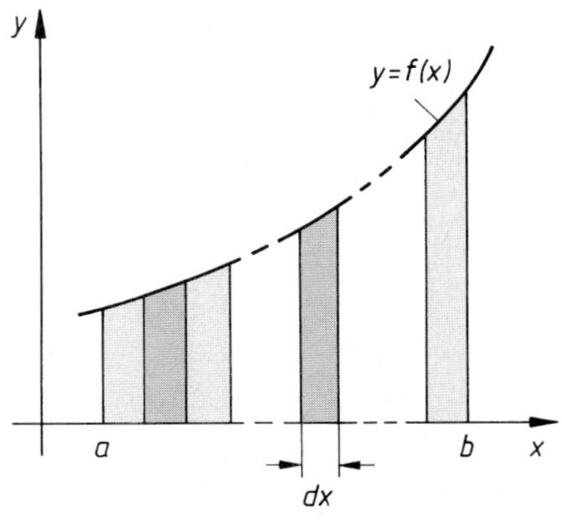

Bild V-8
Das bestimmte Integral als *unendliche* Summe von Flächenelementen

■ **Beispiel**

Wir kehren jetzt zu dem Beispiel des vorangegangenen Abschnitts zurück und wollen den Flächeninhalt zwischen der Parabel $y = f(x) = x^2$ und der x-Achse im Intervall $1 \leqslant x \leqslant 2$ als *Grenzwert der Obersumme* O_n berechnen. Da der Integralwert *unabhängig* von der Art der Zerlegung ist, wählen wir hier zweckmäßigerweise eine Unterteilung in Streifen *gleicher* Breite Δx (sog. *äquidistante* Zerlegung, Bild V-9).

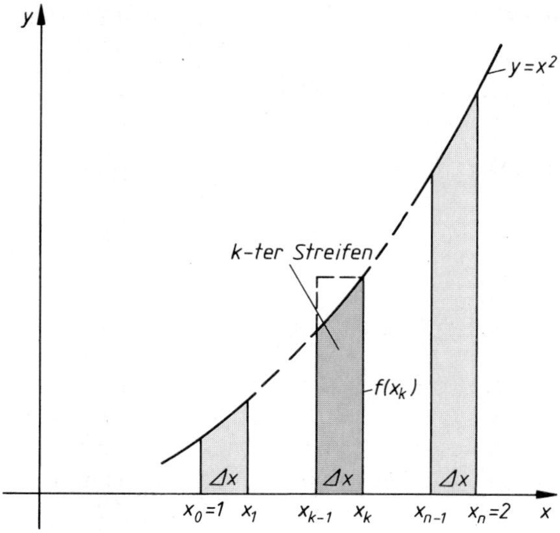

Bild V-9
Zur Berechnung des bestimmten Integrals $\int_1^2 x^2\,dx$ als Grenzwert der Obersumme (Skizze)

Bei n Streifen beträgt die *Streifenbreite* $\Delta x = (2-1)/n = 1/n$. Die Abszissenwerte der insgesamt $n+1$ Teilpunkte lauten dann der Reihe nach wie folgt:

x_0	x_1	x_2	...	x_k	...	x_n
1	$1+\Delta x$	$1+2\cdot\Delta x$	...	$1+k\cdot\Delta x$	...	2

Für den in Bild V-9 *dunkelgrau* unterlegten *k-ten* Streifen gilt dann *näherungsweise*:

Streifenhöhe: $f(x_k) = x_k^2 = (1+k\cdot\Delta x)^2 = \left(1+\frac{k}{n}\right)^2$

Streifenbreite: $\Delta x = \frac{1}{n}$

Streifenfläche: $f(x_k)\,\Delta x = \left(1+\frac{k}{n}\right)^2\cdot\frac{1}{n}$

Damit erhält man für die Obersumme (V-18):

$$O_n = \sum_{k=1}^{n} f(x_k)\,\Delta x = \sum_{k=1}^{n}\left(1+\frac{k}{n}\right)^2\cdot\frac{1}{n} = \sum_{k=1}^{n}\left(1+\frac{2k}{n}+\frac{k^2}{n^2}\right)\cdot\frac{1}{n} =$$

$$= \sum_{k=1}^{n}\left(\frac{1}{n}+\frac{2k}{n^2}+\frac{k^2}{n^3}\right) = \sum_{k=1}^{n}\frac{1}{n}+\frac{2}{n^2}\cdot\sum_{k=1}^{n}k+\frac{1}{n^3}\cdot\sum_{k=1}^{n}k^2$$

Die dabei auftretenden endlichen Summen werden unter Verwendung der folgenden Formelausdrücke berechnet, die wir der *Formelsammlung* entnommen haben (Abschnitt I.3.4):

$$\sum_{k=1}^{n} \frac{1}{n} = \underbrace{\frac{1}{n} + \frac{1}{n} + \ldots + \frac{1}{n}}_{n\text{-mal}} = n \cdot \frac{1}{n} = 1$$

$$\sum_{k=1}^{n} k = 1 + 2 + 3 + \ldots + n = \frac{n(n+1)}{2}$$

$$\sum_{k=1}^{n} k^2 = 1^2 + 2^2 + 3^2 + \ldots + n^2 = \frac{n(n+1)(2n+1)}{6}$$

Mit diesen Ausdrücken läßt sich die Obersumme auch wie folgt schreiben:

$$O_n = 1 + \frac{2}{n^2} \cdot \frac{n(n+1)}{2} + \frac{1}{n^3} \cdot \frac{n(n+1)(2n+1)}{6} =$$

$$= 1 + \frac{n+1}{n} + \frac{1}{6} \cdot \left(\frac{n+1}{n}\right) \cdot \left(\frac{2n+1}{n}\right) =$$

$$= 1 + \left(1 + \frac{1}{n}\right) + \frac{1}{6} \cdot \left(1 + \frac{1}{n}\right) \cdot \left(2 + \frac{1}{n}\right) = 2 + \frac{1}{n} + \frac{1}{6} \cdot \left(1 + \frac{1}{n}\right) \cdot \left(2 + \frac{1}{n}\right)$$

Beim *Grenzübergang* $n \longrightarrow \infty$ strebt die Streifenbreite $\Delta x = 1/n$ gegen *Null* und die *Obersumme* O_n geht dabei *definitionsgemäß* in das *bestimmte Integral* $\int\limits_1^2 x^2\,dx$ über, das den gesuchten *Flächeninhalt* A darstellt:

$$A = \int\limits_1^2 x^2\,dx = \lim_{n \to \infty} O_n = \lim_{n \to \infty} \left\{2 + \frac{1}{n} + \frac{1}{6} \cdot \left(1 + \frac{1}{n}\right) \cdot \left(2 + \frac{1}{n}\right)\right\} =$$

$$= 2 + 0 + \frac{1}{6} \cdot 1 \cdot 2 = 2 + \frac{1}{3} = \frac{7}{3}$$

■

3 Unbestimmtes Integral und Flächenfunktion

Unter den in Abschnitt 2.2 genannten Voraussetzungen repräsentiert das *bestimmte Integral* $\int_a^b f(t)\,dt$ den Flächeninhalt A zwischen der Kurve $y = f(t)$ und der t-Achse im Intervall $a \leqslant t \leqslant b$ (Bild V-10)[1].

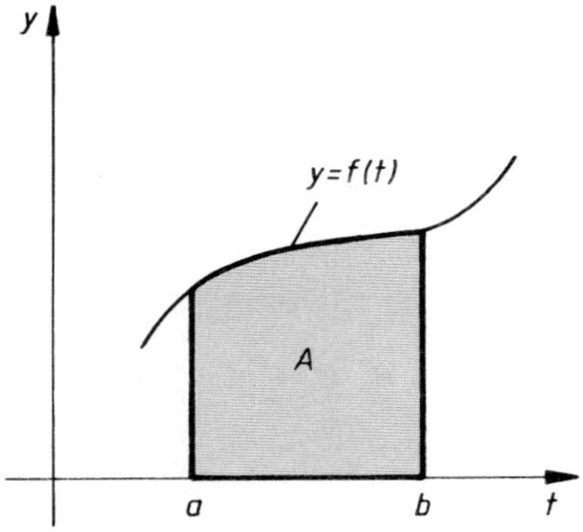

Bild V-10 Das bestimmte Integral als Flächeninhalt

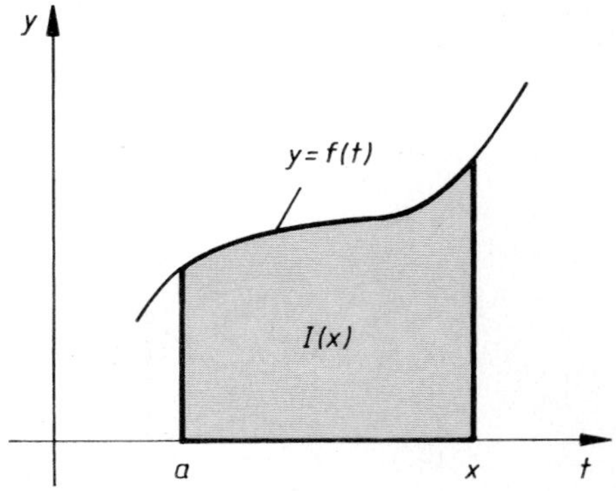

Bild V-11 Zum Begriff des unbestimmten Integrals (Flächenfunktion)

Betrachtet man in diesem Integral die *untere* Integrationsgrenze a als *fest*, die *obere* Integrationsgrenze b dagegen als *variabel*, so hängt der Integralwert nur noch von der *oberen* Grenze ab: *Der Integralwert ist daher eine Funktion der oberen Grenze.* Um auch nach außen hin zu dokumentieren, daß die obere Grenze *variabel* ist, ersetzen wir b durch x und erhalten die Funktion

$$I(x) = \int_a^x f(t)\,dt \tag{V-24}$$

(vgl. hierzu Bild V-11). Sie wird als ein *unbestimmtes Integral von* $f(t)$ bezeichnet, da die obere Grenze *unbestimmt* ist (im Sinne von *variabel*).

[1] Die *Kennzeichnung* der Integrationsvariablen ist *ohne* jede Bedeutung. Um im folgenden Mißverständnisse zu vermeiden, kennzeichnen wir in diesem Abschnitt die Integrationsvariable durch das Buchstabensymbol t (anstatt von x).

Geometrische Deutung des unbestimmten Integrals

Das *unbestimmte Integral* $I(x) = \int\limits_{a}^{x} f(t)\,dt$ beschreibt für $x \geqslant a$ den *Flächeninhalt* zwischen der Kurve $y = f(t)$ und der t-Achse im Intervall $a \leqslant t \leqslant x$ in Abhängigkeit von der oberen Grenze x und wird daher auch als *Flächenfunktion* bezeichnet (Bild V-11). Für *verschiedene* x-Werte erhält man i.a. *verschiedene* Flächeninhalte: Aus dem *unbestimmten* Integral wird jeweils ein *bestimmtes* Integral (die obere Integrationsgrenze besitzt dann einen *festen* Wert). In Bild V-12 sind die Funktionswerte der Flächenfunktion $I(x)$ für zwei *verschiedene* obere Grenzen x_1 und x_2 geometrisch als Flächeninhalte dargestellt.

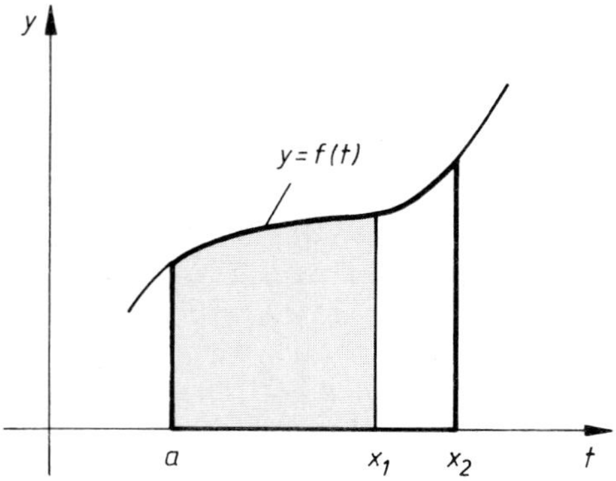

Grau unterlegte Fläche:

$$I(x_1) = \int\limits_{a}^{x_1} f(t)\,dt$$

Stark umrandete Fläche:

$$I(x_2) = \int\limits_{a}^{x_2} f(t)\,dt$$

Bild V-12 Das unbestimmte Integral als Funktion der oberen Integrationsgrenze

Wählt man als *untere* Grenze a^* (anstatt von a), so ist auch

$$I^*(x) = \int\limits_{a^*}^{x} f(t)\,dt \qquad \text{(V-25)}$$

ein *unbestimmtes Integral* (eine *Flächenfunktion*) von $f(t)$. Zwischen $I(x)$ und $I^*(x)$ besteht dabei der folgende Zusammenhang (Bild V-13):

$$I(x) - I^*(x) = \int\limits_{a}^{x} f(t)\,dt - \int\limits_{a^*}^{x} f(t)\,dt = \int\limits_{a}^{a^*} f(t)\,dt \qquad \text{(V-26)}$$

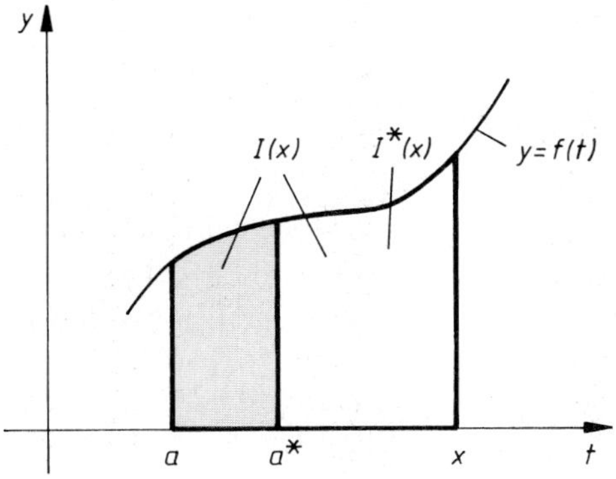

Bild V-13

Die beiden Flächenfunktionen unterscheiden sich demnach durch das *bestimmte* Integral $\int_a^{a^*} f(t)\,dt$, d.h. durch eine *Konstante*. Ihr Wert ist nichts anderes als der *Flächeninhalt* zwischen der Kurve $y = f(t)$ und der t-Achse im Intervall $a \leqslant t \leqslant a^*$ (*grau* unterlegte Fläche in Bild V-13). Da aber für die *untere* Integrationsgrenze a, von der an die Flächenberechnung erfolgt, grundsätzlich *beliebig* viele Möglichkeiten existieren, gibt es entsprechend auch *unendlich* viele unbestimmte Integrale der Funktion $y = f(t)$. Sie unterscheiden sich in der *unteren* Grenze voneinander.

Wir können daher den folgenden Satz aussprechen:

Eigenschaften der unbestimmten Integrale

1. Das *unbestimmte* Integral $I(x) = \int_a^x f(t)\,dt$ repräsentiert den *Flächeninhalt* zwischen der Funktion $y = f(t)$ und der t-Achse im Intervall $a \leqslant t \leqslant x$ in Abhängigkeit von der *oberen* Grenze x.

2. Zu jeder *stetigen* Funktion $f(x)$ gibt es *unendlich viele* unbestimmte Integrale, die sich in ihrer *unteren* Grenze voneinander unterscheiden.

3. Die Differenz zweier unbestimmter Integrale $I_1(x)$ und $I_2(x)$ von $f(t)$ ist eine *Konstante*.

■ **Beispiel**

$I_1(x) = \int\limits_0^x t^2\,dt$ und $I_2(x) = \int\limits_1^x t^2\,dt$ sind zwei *unbestimmte Integrale* der Normalparabel $f(t) = t^2$ und repräsentieren die in Bild V-14 dargestellten Flächen. Sie unterscheiden sich dabei durch das *bestimmte Integral* $\int\limits_0^1 t^2\,dt$, d.h. durch eine Konstante, die der in Bild V-14 *grau* unterlegten Fläche entspricht:

$$I_1(x) - I_2(x) = \int\limits_0^x t^2\,dt - \int\limits_1^x t^2\,dt = \int\limits_0^1 t^2\,dt = \text{const.}$$

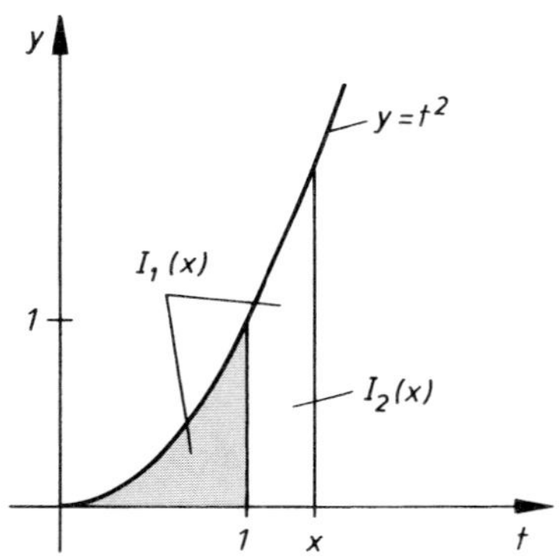

Bild V-14

■

4 Der Fundamentalsatz der Differential- und Integralrechnung

Wird die *obere* Grenze x im unbestimmten Integral $I(x) = \int\limits_a^x f(x)\,dx$ um Δx *vergrößert*, so wächst der Flächeninhalt nach Bild V-15 um

$$\Delta I = I(x + \Delta x) - I(x) \tag{V-27}$$

(*grau* unterlegte Fläche in Bild V-15)[2].

---

[2] Wir lassen die unterschiedliche Kennzeichnung zwischen der *Integrationsvariablen* und der *oberen* Grenze *fallen*. Ferner nehmen wir der Einfachheit halber an, daß die Funktion $f(x)$ im gesamten Integrationsbereich *oberhalb* der x-Achse verläuft und dabei *monoton wächst*.

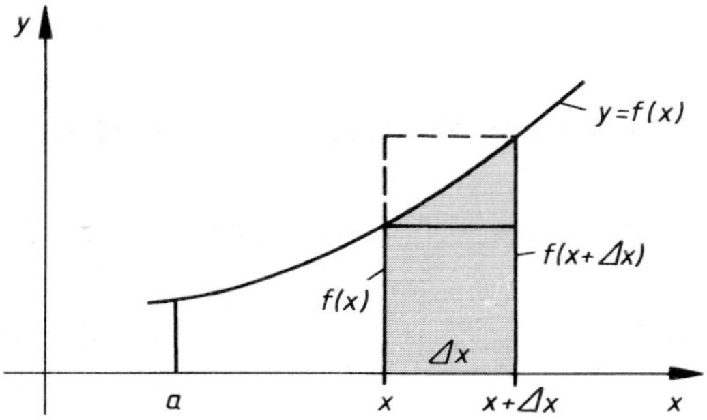

Bild V-15
Zur Herleitung des Fundamentalsatzes der Differential- und Integralrechnung

Dieser *Flächenzuwachs* liegt zwischen den Flächeninhalten der beiden eingezeichneten Rechtecke gleicher Breite Δx. Das *kleinere* Rechteck besitzt die Höhe $f(x)$ und damit den Flächeninhalt $f(x)\,\Delta x$, das *größere* Rechteck die Höhe $f(x+\Delta x)$ und damit den Flächeninhalt $f(x+\Delta x)\,\Delta x$. Zwischen den drei Flächeninhalten besteht daher die Beziehung

$$f(x)\Delta x \leqslant \Delta I \leqslant f(x+\Delta x)\Delta x \tag{V-28}$$

Nach Division durch Δx wird daraus:

$$f(x) \leqslant \frac{\Delta I}{\Delta x} \leqslant f(x+\Delta x) \tag{V-29}$$

Beim *Grenzübergang* $\Delta x \to 0$ bleibt diese Ungleichung *erhalten*:

$$\lim_{\Delta x \to 0} f(x) \leqslant \lim_{\Delta x \to 0} \frac{\Delta I}{\Delta x} \leqslant \lim_{\Delta x \to 0} f(x+\Delta x) \tag{V-30}$$

Der in der *Mitte* eingeschlossene Grenzwert ist dabei *definitionsgemäß* die *1. Ableitung* $I'(x)$ der Flächenfunktion $I(x)$, während die beiden äußeren Grenzwerte wegen der vorausgesetzten *Stetigkeit* von $f(x)$ jeweils den Funktionswert $f(x)$ ergeben:

$$\lim_{\Delta x \to 0} \frac{\Delta I}{\Delta x} = I'(x) \tag{V-31}$$

$$\lim_{\Delta x \to 0} f(x) = \lim_{\Delta x \to 0} f(x+\Delta x) = f(x) \tag{V-32}$$

Damit erhält man die *Ungleichung*

$$f(x) \leqslant I'(x) \leqslant f(x) \tag{V-33}$$

die aber nur dann bestehen kann, wenn

$$I'(x) = f(x) \tag{V-34}$$

ist.

Wir haben damit nachgewiesen, daß die erste Ableitung eines unbestimmten Integrals $I(x) = \int_a^x f(x)\,dx$ zum Integranden $f(x)$ führt. *Dies aber bedeutet, daß $I(x)$ eine Stammfunktion zu $f(x)$ ist.*

Wir fassen diese bedeutende Aussage in dem sog. *Fundamentalsatz der Differential- und Integralrechnung* wie folgt zusammen:

Fundamentalsatz der Differential- und Integralrechnung

Jedes unbestimmte Integral $I(x) = \int_a^x f(x)\,dx$ von $f(x)$ ist eine *Stammfunktion* zu $f(x)$:

$$I(x) = \int_a^x f(x)\,dx \quad \Rightarrow \quad I'(x) = f(x) \qquad \text{(V-35)}$$

Die Aussage des Fundamentalsatzes läßt sich auch wie folgt verdeutlichen:

$$I(x) = \int_a^x f(x)\,dx \qquad \text{(V-36)}$$

Differentiation

Wir ziehen noch einige *Folgerungen* aus dem Fundamentalsatz:

(1) *Jedes* unbestimmte Integral $I(x)$ der Funktion $f(x)$ läßt sich in der Form

$$I(x) = \int_a^x f(x)\,dx = F(x) + C_1 \qquad \text{(V-37)}$$

darstellen, wobei $F(x)$ *irgendeine* Stammfunktion zu $f(x)$ und C_1 eine *geeignete* (reelle) Konstante bedeutet, deren Wert noch von der *unteren* Grenze a abhängen wird.

(2) Da es zu einer *stetigen* Funktion $f(x)$ *unendlich* viele unbestimmte Integrale gibt, kennzeichnet man diese *Funktionenschar* durch Weglassen der Integrationsgrenzen in folgender Weise:

$\int f(x)\,dx$: *Menge aller unbestimmten Integrale von $f(x)$*

Sie ist stets in der Form

$$\int f(x)\,dx = F(x) + C \qquad (F'(x) = f(x)) \tag{V-38}$$

darstellbar, wobei $F(x)$ *irgendeine* Stammfunktion zu $f(x)$ bedeutet und der Parameter C *alle* reellen Werte durchläuft. Die Konstante C heißt in diesem Zusammenhang auch *Integrationskonstante*.

■ **Beispiele**

(1) $\int (2x + 1)\,dx = ?$

Wir wissen: Es genügt, *irgendeine* Stammfunktion $F(x)$ zu $f(x) = 2x + 1$ zu finden. Die Funktion $F(x) = x^2 + x$ besitzt die geforderte Eigenschaft:

$$F'(x) = \frac{d}{dx}(x^2 + x) = 2x + 1 = f(x)$$

Daher gilt:

$$\int (2x + 1)\,dx = F(x) + C = x^2 + x + C \qquad (C \in \mathbb{R})$$

(2) $\int e^x\,dx = ?$

Eine Stammfunktion zum Integranden $f(x) = e^x$ ist $F(x) = e^x$, da

$$F'(x) = \frac{d}{dx}(e^x) = e^x = f(x)$$

ergibt. Daher ist

$$\int e^x\,dx = F(x) + C = e^x + C \qquad (C \in \mathbb{R})$$

die *Gesamtheit der unbestimmten Integrale zu* $f(x) = e^x$.

(3) $\int \frac{4}{1 + x^2}\,dx = ?$

$F(x) = 4 \cdot \arctan x$ ist *eine* Stammfunktion des Integranden $f(x) = \frac{4}{1 + x^2}$:

$$F'(x) = \frac{d}{dx}(4 \cdot \arctan x) = 4 \cdot \frac{1}{1 + x^2} = \frac{4}{1 + x^2} = f(x)$$

Daraus folgt:

$$\int \frac{4}{1 + x^2}\,dx = F(x) + C = 4 \cdot \arctan x + C \qquad (C \in \mathbb{R})$$

(4) Aus einer *Integraltafel* entnehmen wir die folgende Integralformel:

$$\int \ln x \; dx = x \cdot \ln x - x + C \qquad (C \in \mathbb{R})$$

Wir *überprüfen* diese Formel, indem wir die *Ableitung* der auf der rechten Seite stehenden Funktion bilden. Sie führt zum Integranden $\ln x$:

$$\frac{d}{dx}(x \cdot \ln x - x + C) = 1 \cdot \ln x + x \cdot \frac{1}{x} - 1 = \ln x + 1 - 1 = \ln x$$

Damit haben wir nachgewiesen, daß die Funktion $F(x) = x \cdot \ln x - x + C$ eine *Stammfunktion* zu $f(x) = \ln x$ ist. Die Integralformel ist somit *richtig*. Man bezeichnet diese Art der Beweisführung auch als „*Verifizierungsprinzip*".

■

5 Grund- oder Stammintegrale

In Abschnitt IV.1.3 wurden die *Ableitungen der elementaren Funktionen* in tabellarischer Form zusammengestellt. Die dortige Tabelle 1 (Seite 313/314) enthält in der *linken* Spalte die jeweilige *Funktion* $f(x)$ und in der *rechten* Spalte die zugehörige *Ableitung* $f'(x)$. Nach dem *Fundamentalsatz der Differential- und Integralrechnung* besteht dann zwischen der Funktion $f(x)$ und ihrer Ableitung $f'(x)$ der Zusammenhang

$$\int f'(x)\,dx = f(x) + C \qquad (C \in \mathbb{R}) \tag{V-39}$$

So gelten beispielsweise die folgenden Beziehungen (mit $C \in \mathbb{R}$):

$$\int x^n \, dx = \frac{x^{n+1}}{n+1} + C \qquad (\text{für } n \neq -1)$$

$$\int \cos x \; dx = \sin x + C$$

$$\int \mathrm{e}^x \; dx = \mathrm{e}^x + C$$

$$\int \frac{1}{\cos^2 x} \, dx = \tan x + C$$

Mit anderen Worten: Die in der *linken* Spalte der Ableitungstabelle aufgeführte Funktion ist eine *Stammfunktion* oder ein *unbestimmtes Integral* der in der *rechten* Spalte stehenden Funktion. Die auf diese Weise erhaltenen (unbestimmten) Integrale heißen *Grund-* oder *Stammintegrale*. Wir haben sie in der nachfolgenden Tabelle 1 zusammengetragen.

Tabelle 1: Grund- oder Stammintegrale $\quad (C, C_1, C_2 \in \mathbb{R})$

$\int x^n\,dx = \frac{x^{n+1}}{n+1} + C \quad (n \neq -1)$ (Potenzregel)	$\int \frac{1}{x}\,dx = \ln\lvert x\rvert + C$
$\int e^x\,dx = e^x + C$	$\int a^x\,dx = \frac{a^x}{\ln a} + C$
$\int \sin x\,dx = -\cos x + C$	$\int \cos x\,dx = \sin x + C$
$\int \frac{1}{\cos^2 x}\,dx = \tan x + C$	$\int \frac{1}{\sin^2 x}\,dx = -\cot x + C$
$\int \frac{1}{\sqrt{1-x^2}}\,dx = \begin{cases} \arcsin x + C_1 \\ -\arccos x + C_2 \end{cases}$	$\int \frac{1}{1+x^2}\,dx = \begin{cases} \arctan x + C_1 \\ -\operatorname{arccot} x + C_2 \end{cases}$
$\int \sinh x\,dx = \cosh x + C$	$\int \cosh x\,dx = \sinh x + C$
$\int \frac{1}{\cosh^2 x}\,dx = \tanh x + C$	$\int \frac{1}{\sinh^2 x}\,dx = -\coth x + C$
$\int \frac{1}{\sqrt{x^2+1}}\,dx = \operatorname{arsinh} x + C = \ln\left\lvert x + \sqrt{x^2+1}\right\rvert + C$	
$\int \frac{1}{\sqrt{x^2-1}}\,dx = \operatorname{arcosh}\lvert x\rvert + C = \ln\left\lvert x + \sqrt{x^2-1}\right\rvert + C \quad (\lvert x\rvert > 1)$	
$\int \frac{1}{1-x^2}\,dx = \begin{cases} \operatorname{artanh} x + C_1 = \frac{1}{2}\cdot\ln\left(\frac{1+x}{1-x}\right) + C_1 & \lvert x\rvert < 1 \\ \operatorname{arcoth} x + C_2 = \frac{1}{2}\cdot\ln\left(\frac{x+1}{x-1}\right) + C_2 & \lvert x\rvert > 1 \end{cases}$ für	

6 Berechnung bestimmter Integrale unter Verwendung einer Stammfunktion

Zur Berechnung eines *bestimmten* Integrals $\int_a^b f(x)\,dx$ genügt – wie wir gleich zeigen werden – die Kenntnis *einer* beliebigen Stammfunktion des Integranden $f(x)$. Zunächst aber betrachten wir das *unbestimmte* Integral $I(x) = \int_a^x f(x)\,dx$. Es ist bekanntlich in der Form

$$I(x) = \int_a^x f(x)\,dx = F(x) + C \qquad \text{(V-40)}$$

darstellbar, wobei $F(x)$ *irgendeine* als bekannt vorausgesetzte Stammfunktion zu $f(x)$ bedeutet und C eine geeignete Konstante. Diese wird aus der Gleichung

$$I(a) = \int_a^a f(x)\,dx = F(a) + C = 0 \qquad \text{(V-41)}$$

zu $C = -F(a)$ bestimmt[3]. Somit ist

$$I(x) = \int_a^x f(x)\,dx = F(x) - F(a) \qquad \text{(V-42)}$$

Für $x = b$ erhält man hieraus den Wert des gesuchten *bestimmten* Integrals als *Differenz* der Funktionswerte von $F(x)$ an der oberen und unteren Integrationsgrenze:

$$\int_a^b f(x)\,dx = F(b) - F(a) \qquad \text{(V-43)}$$

[3] Fallen die Integrationsgrenzen *zusammen*, so ist der Integralwert (Flächeninhalt!) gleich Null. Es gilt also $\int_a^a f(x)\,dx = 0$.

Ein *bestimmtes* Integral läßt sich daher wie folgt schrittweise berechnen:

Berechnung eines bestimmten Integrals $\int_a^b f(x)\,dx$

Die Berechnung eines bestimmten Integrals erfolgt in zwei Schritten:

1. Zunächst wird *irgendeine* Stammfunktion $F(x)$ zum Integranden $f(x)$ bestimmt ($F'(x) = f(x)$).
2. Mit dieser Stammfunktion berechnet man die Werte $F(a)$ und $F(b)$ an den beiden Integrationsgrenzen und daraus die *Differenz* $F(b) - F(a)$. Dann gilt:

$$\int_a^b f(x)\,dx = \Big[F(x)\Big]_a^b = F(b) - F(a) \qquad \text{(V-44)}$$

Dabei ist das Symbol $\Big[F(x)\Big]_a^b$ eine *verkürzte* Schreibweise für die Differenz $F(b) - F(a)$.

Anmerkung

Das Hauptproblem bei der *praktischen* Berechnung eines *bestimten* Integrals liegt in der Bestimmung einer (beliebigen) *Stammfunktion des* Integranden. Gelingt dieses Vorhaben, so hat man das Integral in „*geschlossener Form*" dargestellt. In den meisten Fällen ist dies jedoch nicht so ohne weiteres möglich. Man ist dann auf spezielle Verfahren wie z.B. Integralsubstitutionen oder numerische Integrationsmethoden angewiesen. In Abschnitt 8 kommen wir auf dieses Problem ausführlich zurück.

■ **Beispiele**

(1) $\displaystyle\int_1^2 (x^3 - 2x^2 + 5)\,dx = ?$

Eine *Stammfunktion* $F(x)$ läßt sich leicht unter Verwendung der *Potenzregel* $\displaystyle\int x^n\,dx = \frac{x^{n+1}}{n+1} + C$ bestimmen (wir dürfen dabei $C = 0$ setzen):

$$F(x) = \frac{1}{4}x^4 - \frac{2}{3}x^3 + 5x$$

Für den Integralwert erhält man dann nach Gleichung (V-44):

$$\int_1^2 (x^3 - 2x^2 + 5)\,dx = \left[\frac{1}{4}x^4 - \frac{2}{3}x^3 + 5x\right]_1^2 =$$

$$= \left(4 - \frac{16}{3} + 10\right) - \left(\frac{1}{4} - \frac{2}{3} + 5\right) = \frac{26}{3} - \frac{55}{12} = \frac{49}{12}$$

(2) Der *Flächeninhalt* unter der Sinuskurve $y = \sin x$ im Bereich der *ersten Halbperiode* läßt sich mit Hilfe des bestimmten Integrals $A = \int_0^{\pi} \sin x\,dx$ berechnen (*grau* unterlegte Fläche in Bild V-16).

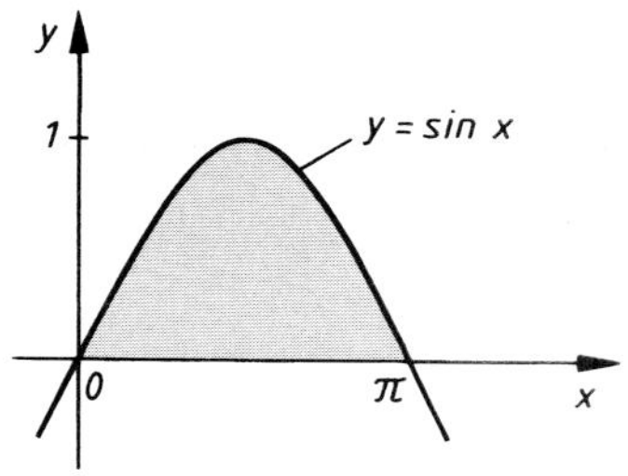

Bild V-16
Zur Berechnung der Fläche unter der Sinuskurve im Intervall $0 \leqslant x \leqslant \pi$

Eine *Stammfunktion* des Integranden $f(x) = \sin x$ ist $F(x) = -\cos x$, da $F'(x) = \sin x = f(x)$ ist. Daher gilt:

$$A = \int_0^{\pi} \sin x\,dx = \left[-\cos x\right]_0^{\pi} = (-\cos \pi) - (-\cos 0) = 1 - (-1) = 2$$

(3) Die Stirnflächen eines Rohres der Länge l besitzen die (konstanten) Temperaturen T_1 bzw. $T_2 > T_1$ (Bild V-17). Wie sieht die *Temperaturverteilung* $T(x)$ längs des Rohres aus, wenn bekannt ist, daß die *2. Ableitung* $T''(x)$ dieser Funktion *verschwindet*?

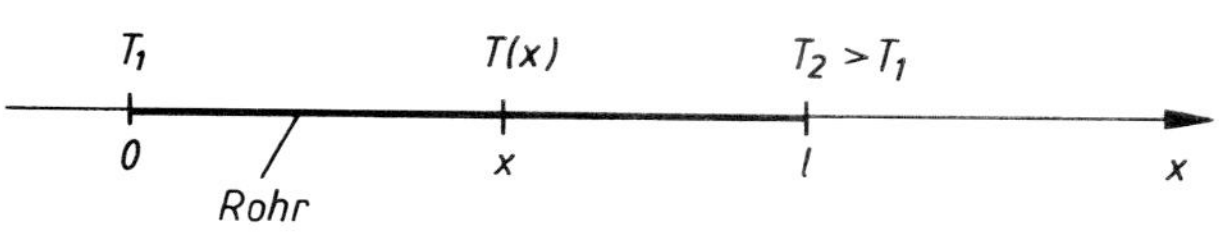

Bild V-17 Zur Bestimmung der Temperaturverteilung längs eines Rohres

Lösung:

Die *Temperaturverteilungsfunktion* $T(x)$ erhält man aus $T''(x) = 0$ durch *zweimalige* (unbestimmte) Integration:

$$T'(x) = \int T''(x)\, dx = \int 0\, dx = C_1$$

$$T(x) = \int T'(x)\, dx = \int C_1\, dx = C_1 x + C_2$$

Die beiden Integrationskonstanten C_1 und C_2 werden aus den vorgegebenen Temperaturwerten an den beiden Stirnflächen des Rohres wie folgt berechnet:

$$T(0) = T_1 \quad \Rightarrow \quad C_1 \cdot 0 + C_2 = T_1 \quad \Rightarrow \quad C_2 = T_1$$

$$T(x) = C_1 x + T_1$$

$$T(l) = T_2 \quad \Rightarrow \quad C_1 \cdot l + T_1 = T_2 \quad \Rightarrow \quad C_1 = \frac{T_2 - T_1}{l}$$

Die Temperaturverteilung $T(x)$ längs des Rohres verläuft somit *linear* ansteigend nach der Funktionsgleichung

$$T(x) = \frac{T_2 - T_1}{l}\, x + T_1 \qquad (0 \leqslant x \leqslant l)$$

und besitzt den in Bild V-18 skizzierten Verlauf.

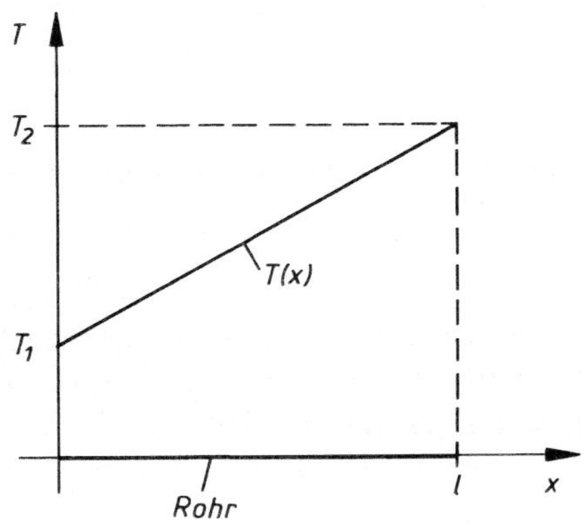

Bild V-18
Temperaturverteilung längs eines Rohres

■

7 Elementare Integrationsregeln

Für den Umgang mit *bestimmten* Integralen gelten gewisse Rechenregeln, die wir im folgenden ohne Beweis mitteilen. Sie ergeben sich unmittelbar aus der Definition des bestimmten Integrals als Grenzwert der Ober- bzw. Untersumme.

REGEL 1: Faktorregel

Ein *konstanter Faktor* darf *vor* das Integral gezogen werden:

$$\int_a^b C \cdot f(x)\,dx = C \cdot \int_a^b f(x)\,dx \qquad (C\text{: Konstante}) \qquad \text{(V-45)}$$

Anmerkung

Die *Faktorregel* gilt sinngemäß auch für *unbestimmte* Integrale.

■ **Beispiel**

$$\int_0^{\pi} 4 \cdot \sin x\,dx = 4 \cdot \int_0^{\pi} \sin x\,dx = 4\Big[-\cos x\Big]_0^{\pi} = 4\,(-\cos \pi + \cos 0) = 8$$

■

REGEL 2: Summenregel

Eine *endliche* Summe von Funktionen darf *gliedweise* integriert werden:

$$\int_a^b (f_1(x) + \ldots + f_n(x))\,dx = \int_a^b f_1(x)\,dx + \ldots + \int_a^b f_n(x)\,dx \qquad \text{(V-46)}$$

Anmerkung

Die *Summenregel* gilt sinngemäß auch für *unbestimmte* Integrale.

■ **Beispiel**

$$\int_0^1 (3\cdot \mathrm{e}^x - 2x)\,dx = \int_0^1 3\cdot \mathrm{e}^x\,dx + \int_0^1 (-2x)\,dx = 3\cdot \int_0^1 \mathrm{e}^x\,dx - 2\cdot \int_0^1 x\,dx =$$

$$= 3\left[\mathrm{e}^x\right]_0^1 - 2\left[\frac{1}{2}x^2\right]_0^1 = 3\left[\mathrm{e}^x\right]_0^1 - \left[x^2\right]_0^1 =$$

$$= 3(\mathrm{e}-1) - 1 = 4{,}1548$$

■

REGEL 3: Vertauschungsregel

Vertauschen der beiden Integrationsgrenzen bewirkt einen *Vorzeichenwechsel* des Integrals:

$$\int_b^a f(x)\,dx = -\int_a^b f(x)\,dx \qquad \text{(V-47)}$$

■ **Beispiel**

$$\int_{\pi/2}^0 \cos x\,dx = -\int_0^{\pi/2} \cos x\,dx = -\left[\sin x\right]_0^{\pi/2} = -(\sin(\pi/2) - \sin 0) = -1$$

■

REGEL 4: Fallen die Integrationsgrenzen *zusammen* ($a = b$), so ist der Integralwert gleich *Null*:

$$\int_a^a f(x)\,dx = 0 \qquad \text{(V-48)}$$

■ **Beispiel**

$$\int_1^1 \frac{2}{x}\,dx = 2\cdot \int_1^1 \frac{1}{x}\,dx = 2\left[\ln|x|\right]_1^1 = 2(\ln 1 - \ln 1) = 0$$

■

REGEL 5: Zerlegung des Integrationsintervalls in zwei Teilintervalle (Bild V-19)

Für jede Stelle c aus dem Integrationsintervall $a \leqslant x \leqslant b$ gilt:

$$\int_a^b f(x)\,dx = \int_a^c f(x)\,dx + \int_c^b f(x)\,dx \qquad \text{(V-49)}$$

Diese Regel besagt anschaulich, daß die Fläche A unter der Kurve $y = f(x)$ auch als *Summe zweier Teilflächen* A_1 und A_2 darstellbar ist (Bild V-19):

$$A = A_1 + A_2 \quad \Rightarrow \quad \int_a^b f(x)\,dx = \int_a^c f(x)\,dx + \int_c^b f(x)\,dx \qquad \text{(V-50)}$$

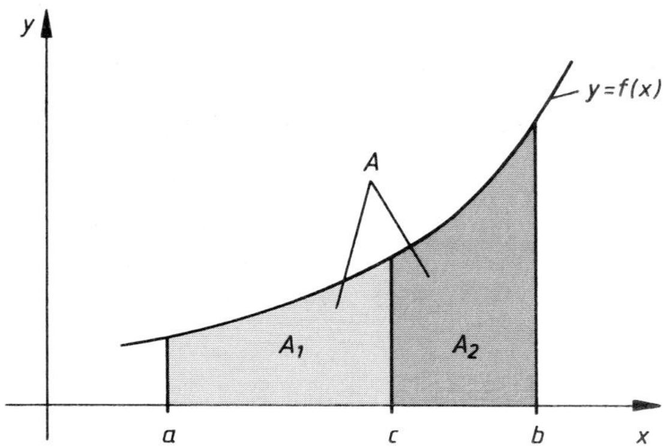

Bild V-19
Zur Zerlegung des Integrationsintervalles in zwei Teilintervalle

■ **Beispiel**

Die in Bild V-20 skizzierte Fläche muß als *Summe* zweier Teilflächen berechnet werden, da sich die *obere* Flächenberandung *nicht* durch eine einzige Funktionsgleichung beschreiben läßt:

$$A = A_1 + A_2 = \int_0^1 x^2\,dx + \int_1^2 (-x+2)\,dx =$$

$$= \left[\frac{1}{3}x^3\right]_0^1 + \left[-\frac{1}{2}x^2 + 2x\right]_1^2 = \frac{1}{3} + \frac{1}{2} = \frac{5}{6}$$

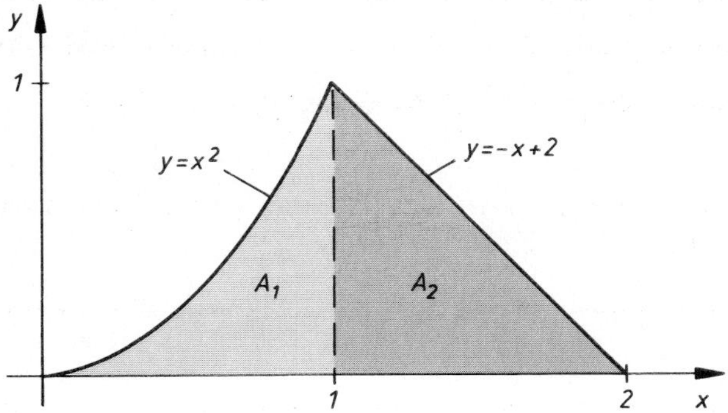

Bild V-20

■

8 Integrationsmethoden

In diesem Abschnitt werden die wichtigsten Methoden zur Berechnung von *unbestimmten* und *bestimmten Integralen* dargestellt. Zu diesen Integrationstechniken gehören:

— Die Integration durch *Substitution*
— Die Methode der *Partiellen Integration*
— Die Integration *echt* gebrochenrationaler Funktionen durch *Partialbruchzerlegung*
— Die *numerische Integration*

Den ersten drei aufgeführten Integrationstechniken liegt dabei das gemeinsame Ziel zugrunde, komplizierter gebaute Integrale auf *einfachere* Integrale, im Idealfall auf die in Abschnitt 5 behandelten *Grund-* oder *Stammintegrale* zurückzuführen.

8.1 Integration durch Substitution

Viele der in den Anwendungen auftretenden Integrale lassen sich mit Hilfe einer geeigneten *Variablen-Substitution* in *einfacher* gebaute und häufig sogar in *Grund-* oder *Stammintegrale* überführen. Wir wollen zunächst die wesentlichen Züge dieser Integrationsmethode an einem einfachen Beispiel näher erläutern.

8.1.1 Ein einführendes Beispiel

Das unbestimmte Integral $\int x \cdot \cos(x^2)\,dx$ gehört *nicht* zu den Grundintegralen, läßt sich jedoch durch die *Substitution* $u = x^2$ in ein solches Integral überführen (u ist eine *Hilfsvariable*). Dabei ist zu beachten, daß auch das „*alte*" Differential dx durch die „*neue*" Variable u und deren Differential du auszudrücken ist. Dies geschieht (nicht nur in diesem Beispiel) durch *Differentiation der Substitutionsgleichung*, wobei wir die Ableitung als *Differentialquotient* hinschreiben:

$$u = x^2 \quad \Rightarrow \quad \frac{du}{dx} = 2x \quad \Rightarrow \quad dx = \frac{du}{2x} \tag{V-51}$$

Die *vollständige Substitution* besteht dann aus den beiden Gleichungen

$$u = x^2 \quad \text{und} \quad dx = \frac{du}{2x} \tag{V-52}$$

Unter Verwendung dieser Beziehungen geht das Integral $\int x \cdot \cos(x^2)\, dx$ in ein *elementar lösbares* Integral (*Grundintegral*) über:

$$\int x \cdot \cos(x^2)\, dx = \int x \cdot \cos u \cdot \frac{du}{2x} = \frac{1}{2} \cdot \int \cos u \; du = \frac{1}{2} \cdot \sin u + C \tag{V-53}$$

Nach *Rücksubstitution* erhält man schließlich:

$$\int x \cdot \cos(x^2)\, dx = \frac{1}{2} \cdot \sin(x^2) + C \qquad (C \in \mathbb{R}) \tag{V-54}$$

Die gestellte Aufgabe ist damit gelöst.

8.1.2 Spezielle Integralsubstitutionen

Der anhand des einführenden Beispiels dargelegte *Lösungsmechanismus* besteht demnach aus vier *hintereinander* auszuführenden Schritten:

Berechnung eines Integrals mittels einer geeigneten Substitution

1. *Aufstellung der Substitutionsgleichungen*:

$$u = g(x), \qquad \frac{du}{dx} = g'(x), \qquad dx = \frac{du}{g'(x)} \tag{V-55}$$

2. *Durchführung der Integralsubstitution* durch Einsetzen der Substitutionsgleichungen in das vorgegebene (unbestimmte) Integral $\int f(x)\, dx$:

$$\int f(x)\, dx = \int \varphi(u)\, du \tag{V-56}$$

Das *neue Integral* enthält nur noch die *neue Variable* u und deren Differential du. Der *neue* Integrand ist $\varphi(u)$.

3. *Integration* (*Berechnung des neuen Integrals*):

$$\int \varphi(u)\, du = \Phi(u) \qquad (\Phi'(u) = \varphi(u)) \tag{V-57}$$

4. *Rücksubstitution*:

$$\int f(x)\, dx = \Phi(u) = \Phi(g(x)) = F(x) \qquad (F'(x) = f(x)) \tag{V-58}$$

Anmerkungen

(1) Eine Integralsubstitution wird als „geeignet" oder „sinnvoll" angesehen, wenn sie zu einer *Vereinfachung* des Integrals führt. Im Idealfall erhält man ein Grund- oder Stammintegral.

(2) In bestimmten Fällen (z.B. bei Integralen mit Wurzelausdrücken) ist es günstiger, die Hilfsvariable u durch eine Substitution vom Typ $x = h(u)$ einzuführen. In dieser Gleichung ist die „neue" Variable u die unabhängige und die „alte" Variable x die abhängige Größe. Die *Substitutionsgleichungen* lauten dann wie folgt:

$$x = h(u), \qquad \frac{dx}{du} = h'(u), \qquad dx = h'(u)\,du \tag{V-59}$$

(siehe hierzu auch das nachfolgende Beispiel).

(3) Bei einem *bestimmten Integral* kann man auf die *Rücksubstitution* ganz *verzichten*, wenn die *Integrationsgrenzen* unter Verwendung der Substitutionsgleichung $u = g(x)$ bzw. $x = h(u)$ *mitsubstituiert* werden.

■ **Beispiel**

Das Integral $\int \frac{x}{\sqrt{1-x^2}}\,dx$ läßt sich mit Hilfe der *Substitution*

$$x = \sin u, \qquad \frac{dx}{du} = \cos u, \qquad dx = \cos u\,du$$

$$\sqrt{1-x^2} = \sqrt{1-\sin^2 u} = \sqrt{\cos^2 u} = \cos u$$

wie folgt auf ein *Grund-* oder *Stammintegral* zurückführen:

$$\int \frac{x}{\sqrt{1-x^2}}\,dx = \int \frac{\sin u}{\cos u} \cdot \cos u\,du = \int \sin u\,du = -\cos u + C$$

Durch *Rücksubstitution* erhalten wir schließlich die Lösung

$$\int \frac{x}{\sqrt{1-x^2}}\,dx = -\cos u + C = -\sqrt{1-\sin^2 u} + C = -\sqrt{1-x^2} + C$$

■

In der folgenden Tabelle 2 geben wir eine *Übersicht* über einige besonders *häufig* auftretende Integraltypen, die unter Verwendung einer *geeigneten* Substitution gelöst werden können. Zu jedem Integraltyp wird eine Reihe von Beispielen angeführt.

Tabelle 2: Integralsubstitutionen $(C \in \mathbb{R})$

Integraltyp	Substitution	Lösung	Beispiele	Substitution
(A) $\int f(ax+b)\,dx$	$u = ax + b$ $dx = \frac{du}{a}$		1. $\int (2x-3)^6\,dx$	$u = 2x - 3$
			2. $\int \sqrt{4x+5}\,dx$	$u = 4x + 5$
			3. $\int e^{4x+2}\,dx$	$u = 4x + 2$
(B) $\int f(x) \cdot f'(x)\,dx$	$u = f(x)$ $dx = \frac{du}{f'(x)}$	$\frac{1}{2} f^2(x) + C$	1. $\int \sin x \cdot \cos x\,dx$	$u = \sin x$
			2. $\int \frac{\ln x}{x}\,dx$	$u = \ln x$
(C) $\int \frac{f'(x)}{f(x)}\,dx$	$u = f(x)$ $dx = \frac{du}{f'(x)}$	$\ln \lvert f(x) \rvert + C$	1. $\int \frac{2x-3}{x^2-3x+1}\,dx$	$u = x^2 - 3x + 1$
			2. $\int \frac{e^x}{e^x+5}\,dx$	$u = e^x + 5$
(D) $\int f(x; \sqrt{a^2-x^2})\,dx$	$x = a \cdot \sin u$ $dx = a \cdot \cos u\,du$ $\sqrt{a^2-x^2} = a \cdot \cos u$		1. $\int \sqrt{r^2-x^2}\,dx$	$x = r \cdot \sin u$
			2. $\int x\sqrt{r^2-x^2}\,dx$	$x = r \cdot \sin u$
			3. $\int \frac{x}{\sqrt{4-x^2}}\,dx$	$x = 2 \cdot \sin u$
(E) $\int f(x; \sqrt{x^2+a^2})\,dx$	$x = a \cdot \sinh u$ $dx = a \cdot \cosh u\,du$ $\sqrt{x^2+a^2} = a \cdot \cosh u$		1. $\int \sqrt{x^2+1}\,dx$	$x = \sinh u$
			2. $\int \frac{dx}{\sqrt{x^2+4}}$	$x = 2 \cdot \sinh u$
(F) $\int f(x; \sqrt{x^2-a^2})\,dx$	$x = a \cdot \cosh u$ $dx = a \cdot \sinh u\,du$ $\sqrt{x^2-a^2} = a \cdot \sinh u$		1. $\int \sqrt{x^2-9}\,dx$	$x = 3 \cdot \cosh u$
			2. $\int \frac{x}{\sqrt{x^2-25}}\,dx$	$x = 5 \cdot \cosh u$

Anmerkung zur Tabelle 2

Weitere Integralsubstitutionen findet der Leser in der *Mathematischen Formelsammlung* (Kap. V, Abschnitt 3.1).

■ **Beispiele**

(1) $I = \int \frac{6x^2}{(1-4x^3)^3}\,dx = ?$

Die *Substitution* $u = 1 - 4x^3$ scheint geeignet, da sie eine Vereinfachung im Nenner des Integranden bewirkt:

Substitutionsgleichungen:

$$u = 1 - 4x^3, \qquad \frac{du}{dx} = -12x^2, \qquad dx = \frac{du}{-12x^2}$$

Integralsubstitution:

$$I = \int \frac{6x^2}{(1-4x^3)^3}\,dx = \int \frac{6x^2}{u^3} \cdot \frac{du}{-12x^2} = -\frac{1}{2} \cdot \int \frac{1}{u^3}\,du$$

Integration (*Berechnung des neuen Integrals*):

Das neue Integral ist bereits ein *Grundintegral.* Mit Hilfe der *Potenzregel* der Integralrechnung erhalten wir:

$$I = -\frac{1}{2} \cdot \int \frac{1}{u^3}\,du = -\frac{1}{2} \cdot \int u^{-3}\,du = -\frac{1}{2} \cdot \frac{u^{-2}}{-2} + C = \frac{1}{4u^2} + C$$

Rücksubstitution:

$$I = \frac{1}{4u^2} + C = \frac{1}{4(1-4x^3)^2} + C$$

Lösung:

$$\int \frac{6x^2}{(1-4x^3)^3}\,dx = \frac{1}{4(1-4x^3)^2} + C \qquad (C \in \mathbb{R})$$

(2) $I = \int \frac{3x^2 - 6}{x^3 - 6x + 1}\,dx = ?$

Dieses unbestimmte Integral ist vom Integraltyp (C) aus Tabelle 2, da im Zähler des Integranden genau die *Ableitung* des Nenners steht. Wir lösen dieses Integral schrittweise wie folgt:

Substitutionsgleichungen:

$$u = x^3 - 6x + 1, \qquad \frac{du}{dx} = 3x^2 - 6, \qquad dx = \frac{du}{3x^2 - 6}$$

Integralsubstitution:

$$I = \int \frac{3x^2 - 6}{x^3 - 6x + 1}\, dx = \int \frac{3x^2 - 6}{u} \cdot \frac{du}{3x^2 - 6} = \int \frac{1}{u}\, du$$

Integration und Rücksubstitution:

Das neue Integral ist bereits ein *Grund-* oder *Stammintegral*:

$$I = \int \frac{1}{u}\, du = \ln|u| + C = \ln|x^3 - 6x + 1| + C$$

Lösung:

$$\int \frac{3x^2 - 6}{x^3 - 6x + 1}\, dx = \ln|x^3 - 6x + 1| + C \qquad (C \in \mathbb{R})$$

(3) Wir berechnen den *Flächeninhalt eines Kreises* mit dem Radius r (Bild V-21).

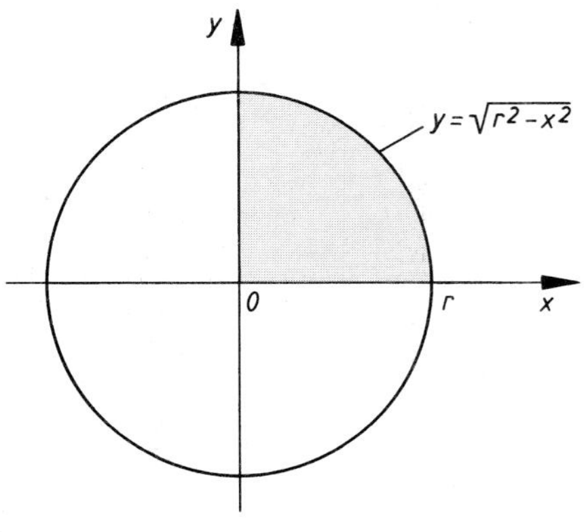

Bild V-21
Zur Berechnung des Flächeninhaltes eines Kreises

Aus *Symmetriegründen* beschränken wir uns dabei auf den im *1. Quadrant* liegenden *Viertelkreis* (in Bild V-21 *grau* unterlegt):

$$A_{\text{Kreis}} = 4 \cdot \int_0^r \sqrt{r^2 - x^2}\, dx$$

Dieses Integral ist vom Typ (D) der Tabelle 2 und wird durch die *Substitution*

$$x = r \cdot \sin u, \qquad dx = r \cdot \cos u\, du, \qquad \sqrt{r^2 - x^2} = r \cdot \cos u$$

gelöst, wobei wir die Integrationsgrenzen *mitsubstituieren* wollen.

Wir lösen daher die Substitutionsgleichung $x = r \cdot \sin u$ zunächst nach u auf:

$$x = r \cdot \sin u \quad \Rightarrow \quad \sin u = \frac{x}{r} \quad \Rightarrow \quad u = \arcsin\left(\frac{x}{r}\right)$$

und berechnen dann mit dieser Beziehung die *neuen* Integrationsgrenzen:

Untere Grenze: $x = 0 \quad \Rightarrow \quad u = \arcsin 0 = 0$

Obere Grenze: $x = r \quad \Rightarrow \quad u = \arcsin 1 = \pi/2$

Nach Durchführung der Substitution erhält man das folgende Integral:

$$A_{\text{Kreis}} = 4 \cdot \int_0^r \sqrt{r^2 - x^2}\, dx = 4 \cdot \int_0^{\pi/2} r^2 \cdot \cos^2 u \, du = 4r^2 \cdot \int_0^{\pi/2} \cos^2 u \, du$$

Dieses Integral ist zwar noch *kein* Grundintegral, kann jedoch mit Hilfe der aus der *mathematischen Formelsammlung* entnommenen trigonometrischen Beziehung

$$\cos^2 u = \frac{1}{2}\left(1 + \cos(2u)\right)$$

wesentlich *vereinfacht* werden:

$$A_{\text{Kreis}} = 4r^2 \cdot \int_0^{\pi/2} \cos^2 u \, du = 2r^2 \cdot \int_0^{\pi/2} \left(1 + \cos(2u)\right) du =$$

$$= 2r^2 \cdot \int_0^{\pi/2} 1 \, du + 2r^2 \cdot \int_0^{\pi/2} \cos(2u)\, du =$$

$$= 2r^2 \left[u\right]_0^{\pi/2} + 2r^2 \cdot \underbrace{\int_0^{\pi/2} \cos(2u)\, du}_{0} = \pi r^2 + 2r^2 \cdot 0 = \pi r^2$$

Wir müssen noch zeigen, daß das Integral $\int_0^{\pi/2} \cos(2u)\, du$ auch tatsächlich *verschwindet*. Dieses Integral ist vom Typ (A) aus Tabelle 2 und wird durch die folgende Substitution gelöst:

$$t = 2u, \qquad \frac{dt}{du} = 2, \qquad du = \frac{1}{2}\, dt$$

Die *neuen* Integrationsgrenzen in t sind dabei $(t = 2u)$:

Untere Grenze: $u = 0 \quad \Rightarrow \quad t = 0$

Obere Grenze: $u = \pi/2 \quad \Rightarrow \quad t = \pi$

Daher ist

$$\int_0^{\pi/2} \cos(2u)\, du = \frac{1}{2} \cdot \int_0^{\pi} \cos t\, dt = \frac{1}{2}\Big[\sin t\Big]_0^{\pi} = \frac{1}{2}(\sin \pi - \sin 0) = 0$$

■

8.2 Partielle Integration oder Produktintegration

Aus der *Produktregel* der Differentialrechnung in der speziellen Form

$$\frac{d}{dx}\Big(u(x) \cdot v(x)\Big) = u'(x) \cdot v(x) + v'(x) \cdot u(x) \tag{V-60}$$

gewinnt man durch Umformung und anschließende Integration eine unter der Bezeichnung *Partielle Integration* oder *Produktintegration* bekannte Integrationsmethode. Zunächst wird Gleichung (V-60) wie folgt umgestellt:

$$v'(x) \cdot u(x) = u(x) \cdot v'(x) = \frac{d}{dx}\Big(u(x) \cdot v(x)\Big) - u'(x) \cdot v(x) \tag{V-61}$$

Unbestimmte Integration auf beiden Seiten führt dann zu

$$\int u(x) \cdot v'(x)\, dx = \int \frac{d}{dx}\Big(u(x) \cdot v(x)\Big)\, dx - \int u'(x) \cdot v(x)\, dx \tag{V-62}$$

Dabei gilt:

$$\int \frac{d}{dx}\Big(u(x) \cdot v(x)\Big)\, dx = \int d\,[u(x) \cdot v(x)] = u(x) \cdot v(x) \tag{V-63}$$

Denn die (unbestimmte) Integration ist ja bekanntlich die *Umkehrung* der Differentiation. Die Integrationskonstante wird an dieser Stelle üblicherweise weggelassen, muß jedoch gegebenenfalls im Endergebnis hinzugefügt werden. Gleichung (V-62) kann daher auch in der Form

$$\int u(x) \cdot v'(x)\, dx = u(x) \cdot v(x) - \int u'(x) \cdot v(x)\, dx \tag{V-64}$$

geschrieben werden. Diese Beziehung wird in der mathematischen Literatur als *Formel der partiellen Integration* bezeichnet (auch *Produktintegration* genannt) und ermöglicht unter *gewissen* Voraussetzungen die Integration einer Funktion $f(x)$, wie wir gleich zeigen werden.

Bei der Berechnung eines Integrals $\int f(x)\,dx$ mittels *partieller Integration* wird der Integrand $f(x)$ in *„geeigneter"* Weise in *zwei* Faktorfunktionen zerlegt, die wir mit $u(x)$ und $v'(x)$ bezeichnen wollen:

$$f(x) = u(x) \cdot v'(x) \tag{V-65}$$

Dabei ist $v'(x)$ die *Ableitung* einer (zunächst noch *unbekannten*) Funktion $v(x)$. Das Integral $\int f(x)\,dx$ läßt sich somit auch wie folgt schreiben:

$$\int f(x)\,dx = \int u(x) \cdot v'(x)\,dx \tag{V-66}$$

Unter Verwendung der Formel (V-64) wird hieraus schließlich:

$$\int f(x)\,dx = \int u(x) \cdot v'(x)\,dx = u(x) \cdot v(x) - \int u'(x) \cdot v(x)\,dx \tag{V-67}$$

Damit haben wir folgendes erreicht:

Das Ausgangsintegral $\int f(x)\,dx = \int u(x) \cdot v'(x)\,dx$ läßt sich nach dieser Formel auf „indirektem" Wege über das *Hilfsintegral* $\int u'(x) \cdot v(x)\,dx$ der rechten Gleichungsseite berechnen, wenn die beiden folgenden Voraussetzungen erfüllt sind:

1. Zu der Faktorfunktion $v'(x)$ läßt sich problemlos eine *Stammfunktion* $v(x)$ finden.
2. Das auf der rechten Seite stehende *Hilfsintegral* $\int u'(x) \cdot v(x)\,dx$ ist *elementar* lösbar und im Idealfall ein *Grund-* oder *Stammintegral*.

Die Erfahrung zeigt, daß man dieses Ziel in vielen (aber nicht allen) Fällen mit Hilfe einer „geeigneten" Zerlegung des Integranden erreichen kann.

Wir fassen diese wichtigen Ergebnisse wie folgt zusammen:

Berechnung eines Integrals mittels partieller Integration
(auch „Produktintegration" genannt)

Der Integrand $f(x)$ des vorgegebenen unbestimmten Integrals $\int f(x)\,dx$ wird zunächst in „geeigneter" Weise in ein *Produkt* aus einer Funktion $u(x)$ und der *Ableitung* $v'(x)$ einer (zunächst noch unbekannten) Funktion $v(x)$ zerlegt:

$$\int \underbrace{f(x)}\,dx = \int \underbrace{u(x) \cdot v'(x)}\,dx$$

Zerlegung in ein Produkt

Dieses Integral läßt sich dann auch wie folgt darstellen (sog. *Formel der partiellen Integration*):

$$\int f(x)\,dx = \int u(x) \cdot v'(x)\,dx = u(x) \cdot v(x) - \int u'(x) \cdot v(x)\,dx \qquad \text{(V-68)}$$

Die Integration *gelingt*, wenn die Faktorfunktionen $u(x)$ und $v'(x)$ die folgenden Voraussetzungen erfüllen:

1. Zu der Faktorfunktion $v'(x)$ läßt sich *problemlos* eine *Stammfunktion* $v(x)$ bestimmen.
2. Das auf der rechten Seite der Integrationsformel (V-68) auftretende „*Hilfsintegral*" $\int u'(x) \cdot v(x)\,dx$ ist *elementar* lösbar, im Idealfall sogar ein *Grund-* oder *Stammintegral*.

Anmerkungen

(1) Ob die Integration nach der Formel (V-68) gelingt, hängt im wesentlichen von der „*richtigen*", d.h. *sinnvollen Zerlegung* des Integranden $f(x)$ in die beiden Faktorfunktionen $u(x)$ und $v'(x)$ ab. Insbesondere $v'(x)$ muß so gewählt werden, daß sich ohne Schwierigkeiten eine Stammfunktion $v(x)$ angeben läßt ($v'(x)$ ist der „*kritische*" Faktor).

(2) In einigen Fällen muß man das Integrationsverfahren *mehrmals* hintereinander anwenden, ehe man auf ein Grundintegral stößt (vgl. hierzu das nachfolgende Beispiel (3)).

(3) Häufig führt die *Partielle Integration* zwar auf ein einfacheres Integral, das aber noch *kein* Grund- oder Stammintegral darstellt. In diesem Fall muß das „neue" Integral nach einer *anderen* Integrationsmethode (z.B. mittels einer Integralsubstitution) weiterbehandelt werden, bis man schließlich auf ein *Grundintegral* stößt.

(4) Die Formel der partiellen Integration gilt sinngemäß auch für *bestimmte* Integrale. Sie lautet dann:

$$\int_a^b f(x)\,dx = \int_a^b u(x) \cdot v'(x)\,dx = \Big[u(x) \cdot v(x) \Big]_a^b - \int_a^b u'(x) \cdot v(x)\,dx \qquad \text{(V-69)}$$

■ **Beispiele**

(1) $\int x \cdot e^x \, dx = ?$

Wir *zerlegen* den Integrand $f(x) = x \cdot e^x$ wie folgt:

$$u(x) = x, \quad v'(x) = e^x \quad \Rightarrow \quad u'(x) = 1, \quad v(x) = e^x$$

Die *Formel der partiellen Integration* liefert dann unmittelbar ein *elementar* lösbares Integral:

$$\int \underset{u}{\underset{\downarrow}{x}} \cdot \underset{v'}{\underset{\downarrow}{e^x}} \, dx = \underset{u}{\underset{\uparrow}{x}} \cdot \underset{v}{\underset{\uparrow}{e^x}} - \int \underset{u'}{\underset{\uparrow}{1}} \cdot \underset{v}{\underset{\uparrow}{e^x}} \, dx = x \cdot e^x - \int e^x \, dx = x \cdot e^x - e^x + C =$$

$$= (x - 1) \cdot e^x + C \qquad (C \in \mathbb{R})$$

Um zu zeigen, daß die *Art* der Zerlegung des Integranden von *entscheidender* Bedeutung ist, wollen wir diesmal im gleichen Integral eine andere Zerlegung des Integranden $f(x) = x \cdot e^x$ vornehmen und zwar:

$$f(x) = \underset{v'}{\underset{\downarrow}{x}} \cdot \underset{u}{\underset{\downarrow}{e^x}}$$

Auch bei dieser Zerlegung läßt sich zum „kritischen" Faktor $v'(x) = x$ *problemlos* eine *Stammfunktion* bestimmen:

$$u(x) = e^x, \quad v'(x) = x \quad \Rightarrow \quad u'(x) = e^x, \quad v(x) = \frac{1}{2} x^2$$

Die Formel der *Partiellen Integration* führt diesmal aber zu einem „Hilfsintegral", das nicht etwa (wie gewünscht) einfacher, sondern sogar *komplizierter* gebaut ist als das Ausgangsintegral:

$$\int \underset{v'}{\underset{\downarrow}{x}} \cdot \underset{u}{\underset{\downarrow}{e^x}} \, dx = \underset{u}{\underset{\uparrow}{e^x}} \cdot \underset{v}{\underset{\uparrow}{\frac{1}{2} x^2}} - \int \underset{u'}{\underset{\uparrow}{e^x}} \cdot \underset{v}{\underset{\uparrow}{\frac{1}{2} x^2}} \, dx = \frac{1}{2} x^2 \cdot e^x - \frac{1}{2} \cdot \underbrace{\int x^2 \cdot e^x \, dx}_{\substack{\text{Dieses Integral} \\ \text{ist komplizierter} \\ \text{gebaut als das} \\ \text{Ausgangsintegral}}}$$

Die vorgenommene Zerlegung des Integranden ist keineswegs „falsch", jedoch offensichtlich *„ungeeignet"*, d.h. mit dieser Zerlegung läßt sich das Ausgangsintegral $\int x \cdot e^x \, dx$ *nicht* in ein elementar lösbares Integral bzw. in ein Grund- oder Stamintegral überführen.

(2) Das unbestimmte Integral $\int \ln x \, dx$ läßt sich auch in der Form

$$\int \ln x \, dx = \int (\ln x) \cdot 1 \, dx$$

darstellen („mathematischer Trick“: Faktor 1 ergänzen). Wir nehmen jetzt die folgende Zerlegung des Integranden $f(x) = (\ln x) \cdot 1$ vor:

$$u(x) = \ln x, \quad v'(x) = 1 \quad \Rightarrow \quad u'(x) = \frac{1}{x}, \quad v(x) = x$$

Damit gilt nach Formel (V-68):

$$\int \underset{u}{\underset{\downarrow}{\ln x}} \, \underset{v'}{\underset{\downarrow}{dx}} = \int (\ln x) \cdot 1 \, dx = \underset{u}{\underset{\uparrow}{(\ln x)}} \cdot \underset{v}{\underset{\uparrow}{x}} - \int \underset{u'}{\underset{\uparrow}{\frac{1}{x}}} \cdot \underset{v}{\underset{\uparrow}{x}} \, dx =$$

$$= x \cdot \ln x - \int 1 \, dx = x \cdot \ln x - x + C =$$

$$= x(\ln x - 1) + C \qquad (C \in \mathbb{R})$$

(3) $\int x^2 \cdot \cos x \, dx = ?$

Mit der *Zerlegung*

$$u(x) = x^2, \quad v'(x) = \cos x \quad \Rightarrow \quad u'(x) = 2x, \quad v(x) = \sin x$$

erhält man zunächst:

$$\int \underset{u}{\underset{\downarrow}{x^2}} \cdot \underset{v'}{\underset{\downarrow}{\cos x}} \, dx = \underset{u}{\underset{\uparrow}{x^2}} \cdot \underset{v}{\underset{\uparrow}{\sin x}} - \int \underset{u'}{\underset{\uparrow}{2x}} \cdot \underset{v}{\underset{\uparrow}{\sin x}} \, dx =$$

$$= x^2 \cdot \sin x - 2 \cdot \underbrace{\int x \cdot \sin x \, dx}_{I} = x^2 \cdot \sin x - 2I$$

Das dabei auftretende Integral $I = \int x \cdot \sin x \, dx$ ist aber noch *kein* Grundintegral und wird nach der gleichen Integrationstechnik weiterbehandelt. Wir zerlegen nun wie folgt:

$$u(x) = x, \quad v'(x) = \sin x \quad \Rightarrow \quad u'(x) = 1, \quad v(x) = -\cos x$$

Dann gilt:

$$I = \int \underset{u}{\underset{\downarrow}{x}} \cdot \underset{v'}{\underset{\downarrow}{\sin x}} \, dx = \underset{u}{\underset{\uparrow}{x}} \cdot \underset{v}{\underset{\uparrow}{(-\cos x)}} - \int \underset{u'}{\underset{\uparrow}{1}} \cdot \underset{v}{\underset{\uparrow}{(-\cos x)}} \, dx =$$

$$= -x \cdot \cos x + \int \cos x \, dx = -x \cdot \cos x + \sin x + C_1$$

Damit haben wir das Ausgangsintegral $\int x^2 \cdot \cos x \, dx$ *gelöst*:

$$\begin{aligned}\int x^2 \cdot \cos x \, dx &= x^2 \cdot \sin x - 2I = \\ &= x^2 \cdot \sin x - 2(-x \cdot \cos x + \sin x + C_1) = \\ &= x^2 \cdot \sin x + 2x \cdot \cos x - 2 \cdot \sin x - 2C_1 = \\ &= x^2 \cdot \sin x + 2x \cdot \cos x - 2 \cdot \sin x + C\end{aligned}$$

Dabei wurde $C = -2C_1$ gesetzt ($C_1, C \in \mathbb{R}$).

(4) $\int x^n \cdot e^{ax} \, dx = ?$

Wir nehmen zuerst die folgende *Zerlegung* vor:

$$u(x) = x^n, \quad v'(x) = e^{ax} \quad \Rightarrow \quad u'(x) = n \cdot x^{n-1}, \quad v(x) = \frac{1}{a} \cdot e^{ax}$$

und erhalten nach der *Formel der Partiellen Integration* (V-68):

$$\int x^n \cdot e^{ax} \, dx = uv - \int u'v \, dx = \frac{1}{a} \cdot x^n \cdot e^{ax} - \frac{n}{a} \cdot \int x^{n-1} \cdot e^{ax} \, dx$$

Damit haben wir das Ausgangsintegral $\int x^n \cdot e^{ax} \, dx$ gegen ein *einfacher* gebautes Integral vom *gleichen* Typ eingetauscht (der Exponent hat sich um 1 *verkleinert*!). Formeln dieser Art bezeichnet man als *Rekursionsformeln*. Durch *mehrmaliges* Anwenden dieser Formel (hier: n-mal) gelangt man schließlich zu dem „Grundintegral" $\int e^{ax} \, dx$.

Rechenbeispiel:

$\int x^2 \cdot e^{4x} \, dx = ?$ $\qquad n = 2, \quad a = 4$

Der *1. Schritt* führt zu:

$$\int x^2 \cdot e^{4x} \, dx = \frac{1}{4} x^2 \cdot e^{4x} - \frac{1}{2} \cdot \underbrace{\int x \cdot e^{4x} \, dx}_{I} = \frac{1}{4} x^2 \cdot e^{4x} - \frac{1}{2} I$$

Im *2. Schritt* wenden wir dieselbe Rekursionsformel auf das neue (aber einfachere) Integral der rechten Seite an (diesmal ist $n = 1$ und $a = 4$):

$$I = \int x \cdot e^{4x} \, dx = \frac{1}{4} x \cdot e^{4x} - \frac{1}{4} \cdot \int 1 \cdot e^{4x} \, dx =$$

$$= \frac{1}{4} x \cdot e^{4x} - \frac{1}{16} \cdot e^{4x} + C_1$$

Damit erhalten wir die folgende Lösung:

$$\int x^2 \cdot e^{4x}\,dx = \frac{1}{4}x^2 \cdot e^{4x} - \frac{1}{2}I =$$

$$= \frac{1}{4}x^2 \cdot e^{4x} - \frac{1}{2}\left(\frac{1}{4}x \cdot e^{4x} - \frac{1}{16} \cdot e^{4x} + C_1\right) =$$

$$= \frac{1}{4}x^2 \cdot e^{4x} - \frac{1}{8}x \cdot e^{4x} + \frac{1}{32} \cdot e^{4x} - \frac{1}{2}C_1 =$$

$$= \frac{1}{4} \cdot e^{4x}\left(x^2 - \frac{1}{2}x + \frac{1}{8}\right) + C$$

Dabei wurde $C = -C_1/2$ gesetzt ($C_1, C \in \mathbb{R}$). ■

8.3 Integration einer echt gebrochenrationalen Funktion durch Partialbruchzerlegung des Integranden

Für *echt* gebrochenrationale Funktionen ist eine spezielle Integrationstechnik unter der Bezeichnung „*Integration durch Partialbruchzerlegung*" entwickelt worden. Wir werden sie im folgenden ausführlich behandeln.

Ist die Funktion jedoch *unecht* gebrochen, so muß sie zunächst in eine *ganzrationale* und eine *echt* gebrochenrationale Funktion zerlegt werden. Diese Zerlegung ist *stets* möglich und *eindeutig* (vgl. hierzu Abschnitt III.6.3). Wir geben zunächst ein Beispiel.

■ **Beispiel**

Die *unecht* gebrochenrationale Funktion $y = \dfrac{2x^3 - 14x^2 + 14x + 30}{x^2 - 4}$ wird durch *Polynomdivision* in einen *ganzrationalen* und einen *echt* gebrochenrationalen Anteil zerlegt:

$$\begin{array}{l} (2x^3 - 14x^2 + 14x + 30) : (x^2 - 4) = 2x - 14 + \dfrac{22x - 26}{x^2 - 4} \\ -(2x^3 \qquad\qquad - 8x) \\ \hline \qquad -14x^2 + 22x + 30 \\ \quad -(-14x^2 \qquad\quad + 56) \\ \hline \qquad\qquad 22x - 26 \end{array}$$

Ganzrationaler Anteil: $p(x) = 2x - 14$

Echt gebrochenrationaler Anteil: $r(x) = \dfrac{22x - 26}{x^2 - 4}$

■

8.3.1 Partialbruchzerlegung

Jede *echt* gebrochenrationale Funktion vom Typ $f(x) = \frac{Z(x)}{N(x)}$ läßt sich mit Hilfe *algebraischer* Methoden in eindeutiger Weise in eine endliche Summe aus sog. *Partial-* oder *Teilbrüchen* zerlegen, die dann ohne große Schwierigkeiten gliedweise integriert werden können ($Z(x)$: Zählerpolynom; $N(x)$: Nennerpolynom).

Wir gehen dabei wie folgt vor:

Partialbruchzerlegung einer echt gebrochenrationalen Funktion

Eine *echt* gebrochenrationale Funktion vom Typ $f(x) = \frac{Z(x)}{N(x)}$ läßt sich schrittweise wie folgt in eine Summe aus *Partial-* oder *Teilbrüchen* zerlegen:

1. Zunächst werden die (reellen) *Nullstellen des Nennerpolynoms* $N(x)$ nach *Lage* und *Vielfachheit* bestimmt[4].
2. *Jeder* Nullstelle des Nennerpolynoms wird ein *Partialbruch* in folgender Weise zugeordnet:

$$x_1: \textit{Einfache}\ \text{Nullstelle} \longrightarrow \frac{A}{x - x_1}$$

$$x_1: \textit{Zweifache}\ \text{Nullstelle} \longrightarrow \frac{A_1}{x - x_1} + \frac{A_2}{(x - x_1)^2}$$

$$\vdots$$

$$x_1: r\textit{-fache}\ \text{Nullstelle} \longrightarrow \frac{A_1}{x - x_1} + \frac{A_2}{(x - x_1)^2} + \ldots + \frac{A_r}{(x - x_1)^r}$$

   $A, A_1, A_2, \ldots, A_r$ sind dabei (zunächst noch unbekannte) Konstanten.

3. Die *echt* gebrochenrationale Funktion $f(x) = \frac{Z(x)}{N(x)}$ ist dann als *Summe aller Partialbrüche* darstellbar (Anzahl der Partialbrüche = Anzahl der Nullstellen des Nennerpolynoms $N(x)$).
4. *Bestimmung der in den Partialbrüchen auftretenden Konstanten*: Zunächst werden alle Brüche auf einen *gemeinsamen* Nenner (*Hauptnenner*) gebracht. Durch Einsetzen geeigneter x-Werte (z. B. der Nennernullstellen) erhält man ein einfaches *lineares Gleichungssystem* für die unbekannten Konstanten, das z. B. mit Hilfe des *Gaußschen Algorithmus* gelöst werden kann.

   Eine weitere Methode zur Bestimmung der Konstanten ist der *Koeffizientenvergleich.*

---

[4] Wir setzen hier voraus, daß der Nenner *ausschließlich* reelle Nullstellen besitzt (zum Vorgehen bei *komplexen* Nullstellen siehe *Formelsammlung*, Abschnitt V.3.3).

■ **Beispiele**

(1) Der Nenner einer echt gebrochenrationalen Funktion besitze die folgenden *einfachen* Nullstellen: $x_1 = 2$, $x_2 = 5$ und $x_3 = -4$. Die zugehörigen *Partialbrüche* lauten dann der Reihe nach:

$$\frac{A}{x-2}, \quad \frac{B}{x-5} \quad \text{und} \quad \frac{C}{x+4}$$

(2) Wie lautet die *Partialbruchzerlegung* der *echt* gebrochenrationalen Funktion

$$y = f(x) = \frac{x+1}{x^3 - 5x^2 + 8x - 4}?$$

Lösung:

Wir berechnen zunächst die *Nennernullstellen*:

$$N(x) = x^3 - 5x^2 + 8x - 4 = 0 \quad \Rightarrow \quad x_1 = 1, \quad x_{2/3} = 2$$

Ihnen ordnen wir die folgenden *Partialbrüche* zu:

$$x_1 = 1 \ (\textit{einfache}\ \text{Nullstelle}) \quad \longrightarrow \quad \frac{A}{x-1}$$

$$x_{2/3} = 2 \ (\textit{doppelte}\ \text{Nullstelle}) \quad \longrightarrow \quad \frac{B}{x-2} + \frac{C}{(x-2)^2}$$

Damit läßt sich die Funktion $f(x)$ wie folgt darstellen (Zerlegung in *Partialbrüche*):

$$f(x) = \frac{x+1}{x^3 - 5x^2 + 8x - 4} = \frac{x+1}{(x-1)(x-2)^2} =$$

$$= \frac{A}{x-1} + \frac{B}{x-2} + \frac{C}{(x-2)^2}$$

Um die Konstanten A, B und C bestimmen zu können, müssen die Brüche zunächst *gleichnamig* gemacht werden (*Hauptnenner*: $(x-1)(x-2)^2$):

$$\frac{x+1}{(x-1)(x-2)^2} = \frac{A(x-2)^2 + B(x-1)(x-2) + C(x-1)}{(x-1)(x-2)^2}$$

Aus dieser Gleichung folgt dann:

$$x + 1 = A(x-2)^2 + B(x-1)(x-2) + C(x-1)$$

Wir setzen jetzt der Reihe nach die Werte $x = 1$, $x = 2$ und $x = 0$ ein und erhalten ein eindeutig lösbares lineares Gleichungssystem für die drei Unbekannten A, B und C:

$$\boxed{x = 1} \quad \Rightarrow \quad 2 = A \quad \Rightarrow \quad A = 2$$

$$\boxed{x = 2} \quad \Rightarrow \quad 3 = C \quad \Rightarrow \quad C = 3$$

$$\boxed{x = 0} \quad \Rightarrow \quad 1 = 4A + 2B - C$$

$$1 = 4 \cdot 2 + 2B - 3 \quad \Rightarrow \quad B = -2$$

Die gesuchte *Partialbruchzerlegung* lautet damit:

$$\frac{x + 1}{x^3 - 5x^2 + 8x - 4} = \frac{2}{x - 1} - \frac{2}{x - 2} + \frac{3}{(x - 2)^2}$$

■

8.3.2 Integration der Partialbrüche

Die in der *Partialbruchzerlegung* einer *echt* gebrochenrationalen Funktion auftretenden Funktionen sind vom Typ[5)]

$$\frac{1}{x - x_1} \quad \text{bzw.} \quad \frac{1}{(x - x_1)^n} \qquad (n \geqslant 2) \tag{V-70}$$

Mit Hilfe der *Substitution* $u = x - x_1$, $dx = du$ ist ihre Integration *elementar* durchführbar und liefert die folgenden Lösungen ($C_1, C_2 \in \mathbb{R}$):

$$\int \frac{dx}{x - x_1} = \int \frac{du}{u} = \ln|u| + C_1 = \ln|x - x_1| + C_1 \tag{V-71}$$

$$\int \frac{dx}{(x - x_1)^n} = \int \frac{du}{u^n} = \int u^{-n}\, du = \frac{u^{-n+1}}{-n+1} + C_2 = \frac{1}{(1-n)\,u^{n-1}} + C_2 =$$

$$= \frac{1}{(1-n)(x - x_1)^{n-1}} + C_2 \tag{V-72}$$

5) Die in den Partialbrüchen auftretenden Konstanten können bei der Integration *vor* das Integral gezogen werden und haben somit *keinen* Einfluß auf die nachfolgenden Überlegungen.

Bevor wir das beschriebene Verfahren zur *Integration gebrochenrationaler Funktionen durch Partialbruchzerlegung des Integranden* auf konkrete Beispiele anwenden, fassen wir die einzelnen Schritte, die zur *Integration* führen, wie folgt zusammen:

Integration einer gebrochenrationalen Funktion durch Partialbruchzerlegung

Die Integration einer *gebrochenrationalen* Funktion $f(x) = \frac{Z(x)}{N(x)}$ wird nach dem folgenden Schema durchgeführt:

1. Zerlegung von $f(x)$ in eine *ganzrationale* Funktion $p(x)$ und eine *echt* gebrochenrationale Funktion $r(x)$ (z.B. durch Polynomdivision)[6]:

$$f(x) = p(x) + r(x) \tag{V-73}$$

2. Darstellung des *echt* gebrochenrationalen Anteils $r(x)$ als *Summe von Partialbrüchen* (sog. *Partialbruchzerlegung*).
3. *Integration des ganzrationalen* Anteils $p(x)$ und *sämtlicher* Partialbrüche.

■ **Beispiele**

(1) $\displaystyle\int \frac{2x^3 - 14x^2 + 14x + 30}{x^2 - 4}\, dx = ?$

Der Integrand ist *unecht* gebrochenrational und wird durch *Polynomdivision* in einen *ganzrationalen* und einen *echt* gebrochenrationalen Anteil zerlegt (diese Zerlegung wurde bereits zu Beginn dieses Abschnitts durchgeführt):

$$f(x) = \frac{2x^3 - 14x^2 + 14x + 30}{x^2 - 4} = 2x - 14 + \frac{22x - 26}{x^2 - 4}$$

Zerlegung des echt gebrochenrationalen Anteils in Partialbrüche

$$r(x) = \frac{22x - 26}{x^2 - 4}$$

Nullstellen des Nenners: $x^2 - 4 = 0 \quad \Rightarrow \quad x_1 = 2, \quad x_2 = -2$

Zuordnung der Partialbrüche:

$x_1 = 2$ (*einfache* Nullstelle) $\longrightarrow \quad \frac{A}{x-2}$

$x_2 = -2$ (*einfache* Nullstelle) $\longrightarrow \quad \frac{B}{x+2}$

[6] Diese Zerlegung *entfällt*, wenn die Funktion $f(x)$ bereits *echt* gebrochenrational ist.

Partialbruchzerlegung:

$$\frac{22x - 26}{x^2 - 4} = \frac{22x - 26}{(x-2)(x+2)} = \frac{A}{x-2} + \frac{B}{x+2}$$

Bestimmung der Konstanten A und B:

$$\frac{22x - 26}{(x-2)(x+2)} = \frac{A(x+2) + B(x-2)}{(x-2)(x+2)} \quad \Rightarrow$$

$$22x - 26 = A(x+2) + B(x-2)$$

Wir setzen für x der Reihe nach die Werte der beiden Nennernullstellen ein:

$$\boxed{x = 2} \quad \Rightarrow \quad 18 = 4A \quad \Rightarrow \quad A = 4{,}5$$

$$\boxed{x = -2} \quad \Rightarrow \quad -70 = -4B \quad \Rightarrow \quad B = 17{,}5$$

Die Partialbruchzerlegung ist damit *abgeschlossen.* Sie lautet:

$$\frac{22x - 26}{x^2 - 4} = \frac{4{,}5}{x-2} + \frac{17{,}5}{x+2}$$

Durchführung der Integration

$$\int \frac{2x^3 - 14x^2 + 14x + 30}{x^2 - 4}\,dx = \int (2x - 14)\,dx + \int \frac{22x - 26}{x^2 - 4}\,dx =$$

$$= x^2 - 14x + \int \left(\frac{4{,}5}{x-2} + \frac{17{,}5}{x+2} \right) dx =$$

$$= x^2 - 14x + 4{,}5 \cdot \ln|x-2| + 17{,}5 \cdot \ln|x+2| + C \qquad (C \in \mathbb{R})$$

(2) $$\int \frac{x^2 - 5x + 8}{x^4 - 6x^2 + 8x - 3}\,dx = ?$$

Der Integrand ist bereits *echt* gebrochenrational. Wir zerlegen ihn in *Partialbrüche*. Zunächst werden die *Nullstellen des Nenners* ermittelt:

$$x^4 - 6x^2 + 8x - 3 = 0 \quad \Rightarrow \quad x_1 = 1 \text{ (3-fach)}, \quad x_2 = -3$$

Die zugehörigen *Partialbrüche* lauten daher:

$x_1 = 1$ (*3-fache* Nullstelle) $\longrightarrow \dfrac{A_1}{x-1} + \dfrac{A_2}{(x-1)^2} + \dfrac{A_3}{(x-1)^3}$

$x_2 = -3$ (*einfache* Nullstelle) $\longrightarrow \dfrac{B}{x+3}$

Die Integrandfunktion ist daher in der Form

$$\frac{x^2-5x+8}{x^4-6x^2+8x-3} = \frac{x^2-5x+8}{(x-1)^3(x+3)} =$$

$$= \frac{A_1}{x-1} + \frac{A_2}{(x-1)^2} + \frac{A_3}{(x-1)^3} + \frac{B}{x+3}$$

darstellbar.

Bestimmung der Konstanten A_1, A_2, A_3 *und* B:

$$\frac{x^2-5x+8}{(x-1)^3(x+3)} =$$

$$= \frac{A_1(x-1)^2(x+3) + A_2(x-1)(x+3) + A_3(x+3) + B(x-1)^3}{(x-1)^3(x+3)}$$

$$x^2-5x+8 =$$

$$= A_1(x-1)^2(x+3) + A_2(x-1)(x+3) + A_3(x+3) + B(x-1)^3$$

$\boxed{x=1}$ $\Rightarrow$ $4 = 4A_3$ $\Rightarrow$ $A_3 = 1$

$\boxed{x=-3}$ $\Rightarrow$ $32 = -64B$ $\Rightarrow$ $B = -0{,}5$

$\boxed{x=0}$ $\Rightarrow$

$$\begin{aligned} 8 &= 3A_1 - 3A_2 + 3A_3 - B \\ 8 &= 3A_1 - 3A_2 + 3 + 0{,}5 \\ 4{,}5 &= 3A_1 - 3A_2 \\ \text{(I)}\quad 1{,}5 &= A_1 - A_2 \quad \text{oder} \quad A_1 - A_2 = 1{,}5 \end{aligned}$$

$\boxed{x=-1}$ $\Rightarrow$

$$\begin{aligned} 14 &= 8A_1 - 4A_2 + 2A_3 - 8B \\ 14 &= 8A_1 - 4A_2 + 2 + 4 \\ 8 &= 8A_1 - 4A_2 \\ \text{(II)}\quad 2 &= 2A_1 - A_2 \quad \text{oder} \quad 2A_1 - A_2 = 2 \end{aligned}$$

Aus den Gleichungen (I) und (II) folgt durch Differenzbildung:

$$\left.\begin{aligned} \text{(I)}\quad A_1 - A_2 &= 1{,}5 \\ \text{(II)}\quad 2A_1 - A_2 &= 2 \end{aligned}\right\} -$$

$$-A_1 = -0{,}5 \quad \Rightarrow \quad A_1 = 0{,}5 \quad \Rightarrow \quad A_2 = -1$$

Die *Partialbruchzerlegung* ist damit vollzogen:

$$\frac{x^2 - 5x + 8}{x^4 - 6x^2 + 8x - 3} = \frac{0{,}5}{x-1} - \frac{1}{(x-1)^2} + \frac{1}{(x-1)^3} - \frac{0{,}5}{x+3}$$

Durchführung der Integration:

$$\int \frac{x^2 - 5x + 8}{x^4 - 6x^2 + 8x - 3}\, dx =$$

$$= \int \frac{0{,}5}{x-1}\, dx - \int \frac{dx}{(x-1)^2} + \int \frac{dx}{(x-1)^3} - \int \frac{0{,}5}{x+3}\, dx =$$

$$= 0{,}5 \cdot \ln|x-1| + \frac{1}{x-1} - \frac{1}{2(x-1)^2} - 0{,}5 \cdot \ln|x+3| + C =$$

$$= 0{,}5 \cdot \ln\left|\frac{x-1}{x+3}\right| + \frac{1}{x-1} - \frac{1}{2(x-1)^2} + C \qquad (C \in \mathbb{R})$$

■

8.4 Numerische Integrationsmethoden

In vielen Fällen ist die Integration einer stetigen Funktion in geschlossener Form nicht möglich oder aber vom Arbeits- und Rechenaufwand her nicht vertretbar. So sind wir beispielsweise nicht in der Lage, das in der *Wahrscheinlichkeitsrechnung* und *Statistik* so bedeutende Integral $F(x) = \int\limits_0^x e^{-t^2}\, dt$ durch einen analytischen Funktionsausdruck zu beschreiben. In diesem Fall ist man dann auf die *punktweise* Berechnung der Stammfunktion unter Verwendung spezieller *Näherungsverfahren* angewiesen (sog. *numerische Integration*)[7]. *Numerische* Integrationstechniken sind daher ihrem Charakter nach stets *Näherungsverfahren* und können in den folgenden Fällen zur Lösung des Problems herangezogen werden:

— Das Integral ist elementar, d.h. in geschlossener Form *nicht* lösbar.

— Der Integrand ist in Form einer *Wertetabelle* gegeben.

— Der Integrand liegt als *Funktionskurve* (Funktionsgraph) vor.

— Die Integration ist in geschlossener Form zwar grundsätzlich durchführbar, jedoch zu *aufwendig*.

---

[7] Eine weitere Möglichkeit besteht in der *Potenzreihenentwicklung* des Integranden und anschließender (gliedweiser) Integration (vgl. hierzu den Abschnitt VI.3.3.2).

Wir behandeln in diesem Abschnitt zwei Näherungsverfahren zur Berechnung bestimmter Integrale (*Trapezformel*, *Simpsonsche Formel*). In beiden Fällen setzen wir bei der Herleitung der Formelausdrücke voraus, daß die *stetige* Integrandfunktion $y = f(x)$ im Integrationsintervall $a \leqslant x \leqslant b$ *oberhalb* der x-Achse verläuft, so daß das bestimmte Integral $\int_a^b f(x)\,dx$ als *Flächeninhalt* interpretiert werden darf.

8.4.1 Trapezformel

Wir zerlegen das Integrationsintervall $a \leqslant x \leqslant b$ in n Teilintervalle *gleicher* Länge h (auch *Schrittweite* genannt):

$$h = \frac{b-a}{n} \qquad \text{(V-74)}$$

Die Randpunkte der Teilintervalle werden als *Stützstellen* bezeichnet. Sie lauten der Reihe nach (Bild V-22):

$$x_0 = a, \qquad x_1 = x_0 + h = a + h, \qquad x_2 = x_0 + 2h = a + 2h, \qquad \ldots, \qquad x_n = b$$

$$x_k = x_0 + k \cdot h = a + k \cdot h \qquad (k = 0, 1, 2, \ldots, n) \qquad \text{(V-75)}$$

Die zugehörigen Funktionswerte y_k heißen *Stützwerte*:

$$y_k = f(x_k) = f(x_0 + k \cdot h) = f(a + k \cdot h) \qquad (k = 0, 1, 2, \ldots, n) \qquad \text{(V-76)}$$

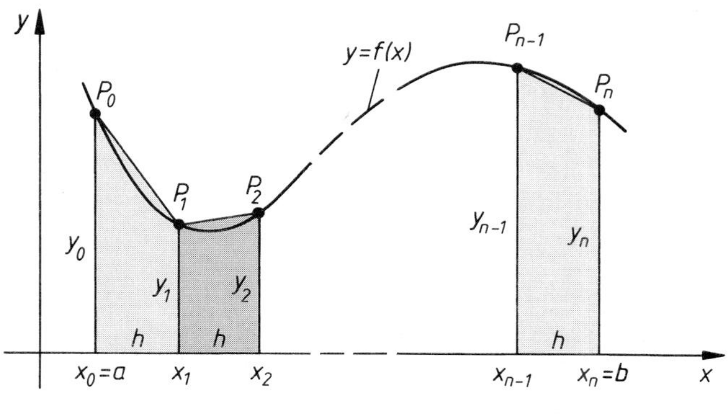

Bild V-22 Zur Herleitung der Trapezformel

Ersetzt man in *jedem* Streifen den dortigen *Kurvenbogen* durch die *Sehne* (diese verläuft durch die beiden Randpunkte), so erhält man eine *Näherung* in Form eines *Trapezes*.

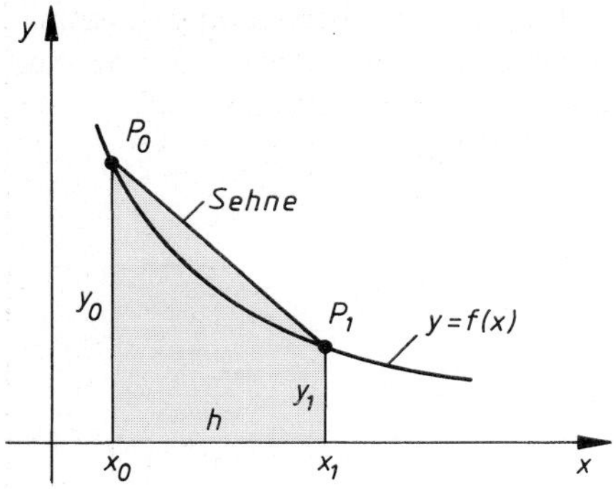

Bild V-23

Zur näherungsweisen Berechnung des 1. Flächenstreifens bei der Trapezformel

So wird beispielsweise der *1. Streifen* durch das in Bild V-23 *grau* unterlegte *Trapez* vom Flächeninhalt

$$A_1 = \frac{y_0 + y_1}{2} h \tag{V-77}$$

ersetzt[8]. Analog erhält man für die Flächeninhalte der übrigen $n - 1$ Streifen *näherungsweise*

$$A_2 = \frac{y_1 + y_2}{2} h, \quad A_3 = \frac{y_2 + y_3}{2} h, \quad \ldots, \quad A_n = \frac{y_{n-1} + y_n}{2} h \tag{V-78}$$

Für *großes n* ist die *Summe aller Trapezflächen* eine gute *Näherung* für den gesuchten Flächeninhalt. Wir erhalten somit:

$$\int_a^b f(x)\,dx \approx A_1 + A_2 + \ldots + A_n = \frac{y_0 + y_1}{2} h + \frac{y_1 + y_2}{2} h + \ldots + \frac{y_{n-1} + y_n}{2} h =$$

$$= \left(\frac{1}{2} y_0 + y_1 + y_2 + \ldots + y_{n-1} + \frac{1}{2} y_n\right) h =$$

$$= \left(\frac{1}{2} \underbrace{(y_0 + y_n)}_{\Sigma_1} + \underbrace{(y_1 + y_2 + \ldots + y_{n-1})}_{\Sigma_2}\right) h = \left(\frac{1}{2} \cdot \Sigma_1 + \Sigma_2\right) h \tag{V-79}$$

Σ_1 und Σ_2 sind dabei Abkürzungen für die Summen

$$\Sigma_1 = y_0 + y_n \quad \text{und} \quad \Sigma_2 = y_1 + y_2 + \ldots + y_{n-1} \tag{V-80}$$

[8] Der Flächeninhalt eine *Trapezes* wird nach der aus der Elementarmathematik bekannten Formel

$$A = \frac{a + b}{2} h$$

berechnet (vgl. hierzu Bild V-24).

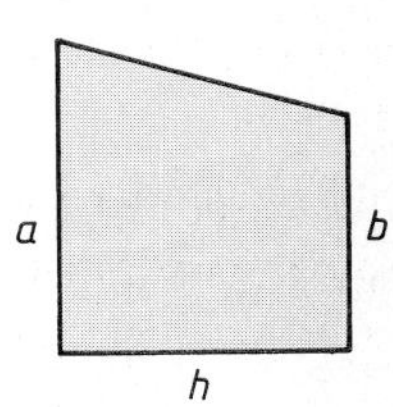

Bild V-24

Diese Formel gestattet die *näherungsweise* Berechnung eines bestimmten Integrals, wenn von der Integrandfunktion $n+1$ *Stützwerte* (Funktionswerte) bekannt sind (sog. *Trapezformel*).

Wir fassen zusammen:

Trapezformel (Bild V-22)

$$\int_a^b f(x)\,dx \approx \Big(\frac{1}{2}\underbrace{(y_0+y_n)}_{\Sigma_1} + \underbrace{(y_1+y_2+\ldots+y_{n-1})}_{\Sigma_2}\Big)h =$$

$$= \left(\frac{1}{2}\cdot\Sigma_1+\Sigma_2\right)h \qquad \text{(V-81)}$$

Dabei bedeuten:

y_k: Stützwerte der Funktion $y=f(x)$ $(k=0,1,\ldots,n)$

h: Streifenbreite (Schrittweite) $\left(h=\dfrac{b-a}{n}\right)$

Σ_1: Summe der beiden *äußeren* Stützwerte (Ordinaten der beiden *Randpunkte*)

Σ_2: Summe der *inneren* Stützwerte

Anmerkungen

(1) Die Näherung durch die Trapezformel (V-81) ist um so *besser*, je *feiner* die Intervallunterteilung ist. Sie liefert für $n \longrightarrow \infty$ den *exakten* Integralwert.

(2) Die Trapezformel gilt *unabhängig* von der *geometrischen* Interpretation, sofern der Integrand $f(x)$ eine *stetige* Funktion ist.

■ **Beispiel**

Wir berechnen das Integral $\int_0^1 \mathrm{e}^{-x^2}\,dx$ *näherungsweise* für $n=5$ bzw. $n=10$ Streifen.

Zerlegung in $n = 5$ Streifen (Bild V-25)

$$\int_0^1 \mathrm{e}^{-x^2}\,dx \approx \left(\frac{1}{2}y_0+y_1+y_2+y_3+y_4+\frac{1}{2}y_5\right)h = \left(\frac{1}{2}\cdot\Sigma_1+\Sigma_2\right)h$$

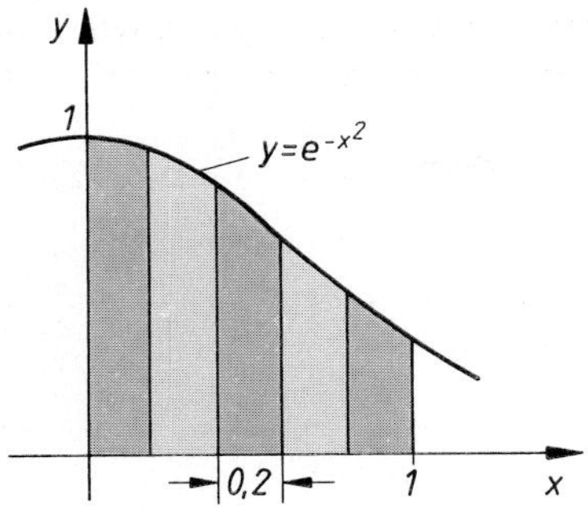

Bild V-25
Näherungsweise Berechnung des Integrals
$\int_0^1 e^{-x^2}\,dx$ nach der *Trapezformel*
für $n = 5$ Streifen

Streifenbreite (Schrittweite): $h = 0{,}2$

k	Stützstellen x_k	Stützwerte $y_k = e^{-x_k^2}$	
0	0	1	
1	0,2		0,9608
2	0,4		0,8521
3	0,6		0,6977
4	0,8		0,5273
5	1	0,3679	
		$\Sigma_1 = 1{,}3679$	$\Sigma_2 = 3{,}0379$

Die Trapezformel (V-81) liefert damit für $n = 5$ Streifen den folgenden *Näherungswert*:

$$\int_0^1 e^{-x^2}\,dx \approx \left(\frac{1}{2}\cdot\Sigma_1 + \Sigma_2\right)h = \left(\frac{1}{2}\cdot 1{,}3679 + 3{,}0379\right)\cdot 0{,}2 = 0{,}7444$$

Die Abweichung des Näherungswertes 0,7444 vom *exakten* Wert 0,7468 (auf vier Stellen nach dem Komma genau) beträgt rund 0,3 %.

Zerlegung in $n = 10$ Streifen

$$\int_0^1 e^{-x^2}\,dx \approx \left(\frac{1}{2}y_0 + y_1 + y_2 + \ldots + y_9 + \frac{1}{2}y_{10}\right)h = \left(\frac{1}{2}\cdot\Sigma_1 + \Sigma_2\right)h$$

Streifenbreite (Schrittweite): $h = 0{,}1$

k	Stützstellen x_k	Stützwerte $y_k = e^{-x_k^2}$	
0	0	1	
1	0,1		0,9900
2	0,2		0,9608
3	0,3		0,9139
4	0,4		0,8521
5	0,5		0,7788
6	0,6		0,6977
7	0,7		0,6126
8	0,8		0,5273
9	0,9		0,4449
10	1	0,3679	
		$\Sigma_1 = 1{,}3679$	$\Sigma_2 = 6{,}7781$

Hinweis zu dieser Tabelle

Die Stützwerte aus der vorherigen Zerlegung in $n = 5$ Streifen konnten unverändert *übernommen* werden, die *zusätzlich* benötigten Ordinatenwerte befinden sich in den *grau* unterlegten Zeilen (es handelt sich dabei um die Stützwerte y_1, y_3, y_5, y_7 und y_9).

Die Trapezformel (V-81) liefert dann für $n = 10$ Streifen den folgenden *Näherungswert*, der nur noch um rund $0{,}1\,\%$ *unterhalb des* exakten Wertes $0{,}7468$ liegt:

$$\int_0^1 e^{-x^2}\,dx \approx \left(\frac{1}{2}\cdot\Sigma_1 + \Sigma_2\right)h = \left(\frac{1}{2}\cdot 1{,}3679 + 6{,}7781\right)\cdot 0{,}1 = 0{,}7462$$

■

8.4.2 Simpsonsche Formel

Die nach der *Trapezformel* (V-81) berechneten Näherungswerte konvergieren *relativ langsam* gegen den exakten Integralwert: Die *geradlinige* Berandung der Streifen durch die *Sehne* ist offenbar eine zu *grobe* Näherung. Zu besseren Ergebnissen gelangt man, wenn man nach *Simpson* die krummlinige obere Begrenzung der einzelnen Flächenstreifen durch *parabelförmige* Randkurven ersetzt.

Das numerische Integrationsverfahren nach *Simpson* geht dabei von den folgenden Überlegungen aus: Zunächst wird das Integrationsintervall $a \leqslant x \leqslant b$ in eine *gerade* Anzahl $2n$ von Teilintervallen *gleicher* Länge (*Schrittweite*)

$$h = \frac{b-a}{2n} \tag{V-82}$$

zerlegt. Dies führt zu den $2n + 1$ *Stützstellen*

$$x_0 = a, \qquad x_1 = x_0 + h = a + h, \qquad x_2 = x_0 + 2h = a + 2h, \qquad \ldots, \qquad x_n = b$$

$$x_k = x_0 + k \cdot h = a + k \cdot h \qquad (k = 0, 1, 2, \ldots, 2n) \tag{V-83}$$

mit den *Stützwerten* (Funktionswerten)

$$y_k = f(x_k) = f(x_0 + k \cdot h) = f(a + k \cdot h) \qquad (k = 0, 1, 2, \ldots, 2n) \tag{V-84}$$

(Bild V-26). Dann werden jeweils *zwei benachbarte* Streifen zu einem *Doppelstreifen* zusammengefaßt. Aus $2n$ *einfachen* Streifen der Breite h entstehen daher genau n *Doppelstreifen* der Breite $2h$ und es ist unmittelbar einleuchtend, warum das Integrationsintervall $a \leqslant x \leqslant b$ in eine *gerade* Anzahl von Teilintervallen zerlegt werden muß.

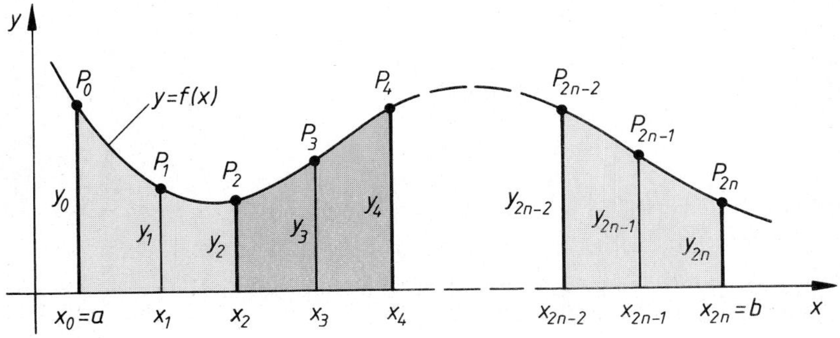

Bild V-26 Zur Herleitung der Simpsonschen Formel
(Zerlegung der Fläche in $2n$ „einfache" Streifen der Breite h)

Wir gehen jetzt zur *näherungsweisen* Berechnung des Flächeninhalts der *n Doppelstreifen* über. In dem *1. Doppelstreifen* (*hellgrau* unterlegt) wird die *krummlinige* Berandung durch eine durch die drei Kurvenpunkte P_0, P_1 und P_2 verlaufende *Parabel* mit der Funktionsgleichung

$$y = a_2 x^2 + a_1 x + a_0 \tag{V-85}$$

ersetzt (Bild V-27). Die Koeffizienten a_2, a_1, a_0 in der Parabelgleichung (V-85) sind dabei *eindeutig* durch die Koordinaten der drei Punkte bestimmt. Sie brauchen jedoch (wie sich etwas später noch zeigen wird) *nicht* berechnet zu werden, da sie nur *indirekt* in die Endformel eingehen.

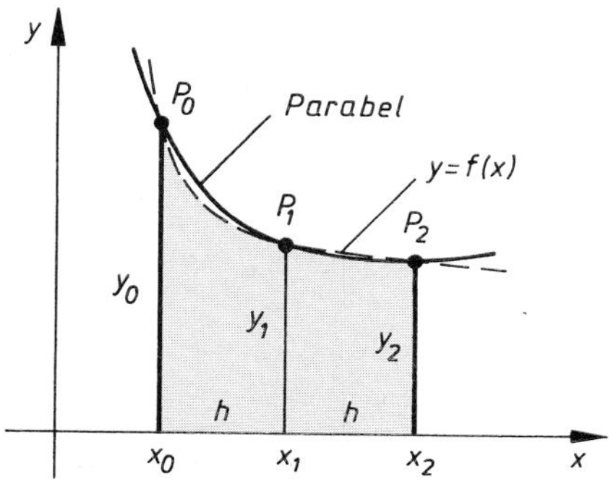

Bild V-27
Zur näherungsweisen Berechnung des 1. Doppelstreifens bei der Simpsonschen Formel

Der Flächeninhalt A_1 zwischen der Parabel und der x-Achse im Teilintervall $x_0 \leqslant x \leqslant x_0 + 2h$ liefert dann einen *Näherungswert* für den tatsächlichen Flächeninhalt des 1. Doppelstreifens. Er läßt sich mittels *elementarer* Integration wie folgt berechnen:

$$A_1 = \int_{x_0}^{x_0+2h} (a_2 x^2 + a_1 x + a_0)\, dx = \left[\frac{1}{3} a_2 x^3 + \frac{1}{2} a_1 x^2 + a_0 x \right]_{x_0}^{x_0+2h} =$$

$$= \frac{1}{3} a_2 (x_0 + 2h)^3 + \frac{1}{2} a_1 (x_0 + 2h)^2 + a_0 (x_0 + 2h) - \frac{1}{3} a_2 x_0^3 - \frac{1}{2} a_1 x_0^2 - a_0 x_0 =$$

$$= \left(6 a_2 x_0^2 + 12 a_2 x_0 h + 8 a_2 h^2 + 6 a_1 x_0 + 6 a_1 h + 6 a_0 \right) \frac{h}{3} \tag{V-86}$$

Der in der Klammer stehende Ausdruck ist jedoch nichts anderes als die Summe

$$y_0 + 4 y_1 + y_2 = f(x_0) + 4 f(x_1) + f(x_2) \tag{V-87}$$

berechnet mit Hilfe der Parabelgleichung (V-85):

$$\begin{aligned} y_0 &= f(x_0) = a_2 x_0^2 + a_1 x_0 + a_0 \\ y_1 &= f(x_1) = f(x_0 + h) = a_2 (x_0 + h)^2 + a_1 (x_0 + h) + a_0 \\ y_2 &= f(x_2) = f(x_0 + 2h) = a_2 (x_0 + 2h)^2 + a_1 (x_0 + 2h) + a_0 \end{aligned} \qquad \text{(V-88)}$$

(nachrechnen!). Denn an den Stützstellen x_0, $x_1 = x_0 + h$ und $x_2 = x_0 + 2h$ stimmen die Funktionswerte von *Kurve* und *Parabel* überein. Der *1. Doppelstreifen* besitzt daher *näherungsweise* den Flächeninhalt

$$A_1 = \left(y_0 + 4y_1 + y_2\right)\frac{h}{3} \qquad \text{(V-89)}$$

Analog erhält man für die übrigen $n - 1$ Doppelstreifen näherungsweise folgende Flächeninhalte:

$$A_2 = \left(y_2 + 4y_3 + y_4\right)\frac{h}{3}, \quad A_3 = \left(y_4 + 4y_5 + y_6\right)\frac{h}{3}, \quad \ldots,$$

$$\ldots, \quad A_n = \left(y_{2n-2} + 4y_{2n-1} + y_{2n}\right)\frac{h}{3} \qquad \text{(V-90)}$$

Durch Summation über *sämtliche* Doppelstreifen erhält man schließlich den folgenden *Näherungswert* für den gesuchten Flächeninhalt:

$$\int_a^b f(x)\,dx \approx A_1 + A_2 + \ldots + A_n =$$

$$= \left(y_0 + 4y_1 + y_2\right)\frac{h}{3} + \left(y_2 + 4y_3 + y_4\right)\frac{h}{3} + \ldots + \left(y_{2n-2} + 4y_{2n-1} + y_{2n}\right)\frac{h}{3} =$$

$$= \left(y_0 + 4y_1 + 2y_2 + 4y_3 + 2y_4 + \ldots + 2y_{2n-2} + 4y_{2n-1} + y_{2n}\right)\frac{h}{3} =$$

$$= \Big(\underbrace{(y_0 + y_{2n})}_{\Sigma_0} + 4\underbrace{(y_1 + y_3 + \ldots + y_{2n-1})}_{\Sigma_1} + 2\underbrace{(y_2 + y_4 + \ldots + y_{2n-2})}_{\Sigma_2}\Big)\frac{h}{3} \qquad \text{(V-91)}$$

Dabei wurden die folgenden Abkürzungen verwendet:

$$\begin{aligned} \Sigma_0 &= y_0 + y_{2n} \\ \Sigma_1 &= y_1 + y_3 + \ldots + y_{2n-1} \\ \Sigma_2 &= y_2 + y_4 + \ldots + y_{2n-2} \end{aligned} \qquad \text{(V-92)}$$

Diese als *Simpsonsche Formel* bezeichnete Näherung für das bestimmte Integral $\int_a^b f(x)\,dx$ läßt sich dann auch wie folgt darstellen:

Simpsonsche Formel (Bild V-26)

$$\int_a^b f(x)\,dx \approx$$

$$\approx \Big(\underbrace{(y_0 + y_{2n})}_{\Sigma_0} + 4\underbrace{(y_1 + y_3 + \ldots + y_{2n-1})}_{\Sigma_1} + 2\underbrace{(y_2 + y_4 + \ldots + y_{2n-2})}_{\Sigma_2}\Big)\frac{h}{3} =$$

$$= \left(\Sigma_0 + 4 \cdot \Sigma_1 + 2 \cdot \Sigma_2\right)\frac{h}{3} \qquad \text{(V-93)}$$

Dabei bedeuten:

y_k: Stützwerte der Funktion $y = f(x)$ $(k = 0, 1, \ldots, 2n)$

h: Breite eines *einfachen* Streifens (Schrittweite) $\left(h = \frac{b-a}{2n}\right)$

Σ_0: Summe der beiden *äußeren* Stützwerte (Ordinaten der beiden *Randpunkte*)

Σ_1: Summe der *inneren* Stützwerte mit einem *ungeraden* Index

Σ_2: Summe der *inneren* Stützwerte mit einem *geraden* Index

Anmerkungen

(1) Auch diese Formel gilt *unabhängig* von der *geometrischen* Interpretation für jede *stetige* Integrandfunktion $f(x)$.

(2) Beim Grenzübergang $n \to \infty$ streben die Näherungswerte gegen den *exakten* Integralwert.

(3) *Nachteil* der Simpsonschen Formel: Sie ist nur anwendbar für eine Zerlegung in eine *gerade* Anzahl von (einfachen) Streifen, d.h. man benötigt stets eine *ungerade* Anzahl von Stützwerten.

(4) Einen *verbesserten* Näherungswert I_v erhält man folgendermaßen: Ist I_h der Näherungswert bei der Schrittweite h und I_{2h} der Näherungswert bei der *doppelten* Schrittweite $2h$, so ist der *Fehler* ΔI von I_h *näherungsweise* durch

$$\Delta I = \frac{1}{15}\left(I_h - I_{2h}\right) \tag{V-94}$$

gegeben. Einen gegenüber der Schrittweite h *verbesserten* Wert I_v erzielt man dann nach der Formel

$$I_v = I_h + \Delta I \tag{V-95}$$

(*Voraussetzung*: $2n$ ist durch 4 teilbar).

■ **Beispiel**

Wir wollen den Flächeninhalt unter der Kurve $y = f(x) = \sqrt{1 + e^{0,5x^2}}$ im Intervall $1 \leqslant x \leqslant 2,6$ *näherungsweise* mit Hilfe der *Simpsonschen Formel* für eine Zerlegung in $2n = 8$ *einfache* Streifen und damit $n = 4$ Doppelstreifen berechnen (Bild V-28).

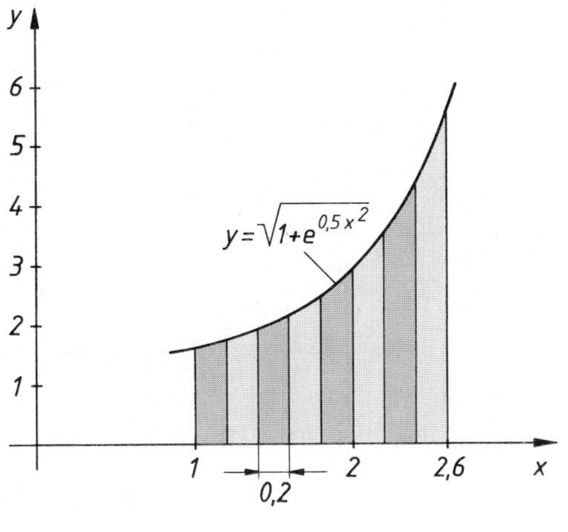

Bild V-28
Zur Berechnung des Flächeninhaltes unter der Kurve $y = \sqrt{1 + e^{0,5x^2}}$ im Intervall $1 \leqslant x \leqslant 2,6$

Um den dabei begangenen *Fehler* abschätzen zu können und um gleichzeitig einen *verbesserten* Näherungswert zu erhalten, wird eine sog. *Zweitrechnung* mit *halber* Streifenanzahl (also *vier* einfachen und damit *zwei* Doppelstreifen) durchgeführt. Der Mehraufwand an Rechenarbeit ist dabei relativ *gering*, da die bei der *Zweitrechnung* benötigten Stützwerte bereits aus der *Erstrechnung* bekannt sind. Die Schrittweiten betragen somit:

Erstrechnung ($n = 4$): $h = 0,2$

Zweitrechnung ($n^* = 2$): $h^* = 2h = 0,4$

		Erstrechnung (Schrittweite: $h = 0{,}2$)			Zweitrechnung (Schrittweite: $h^* = 2h = 0{,}4$)		
k	Stützstellen x_k	Stützwerte $y_k = \sqrt{1 + e^{0,5 x_k^2}}$			Stützwerte $y_k = \sqrt{1 + e^{0,5 x_k^2}}$		
0	1	1,6275			1,6275		
1	1,2		1,7477				
2	1,4			1,9143		1,9143	
3	1,6		2,1440				
4	1,8			2,4603			2,4603
5	2		2,8964				
6	2,2			3,4994		3,4994	
7	2,4		4,3375				
8	2,6	5,5110			5,5110		
		$\Sigma_0 = 7{,}1385$	$\Sigma_1 = 11{,}1256$	$\Sigma_2 = 7{,}8740$	$\Sigma_0^* = 7{,}1385$	$\Sigma_1^* = 5{,}4137$	$\Sigma_2^* = 2{,}4603$

Hinweis zur Tabelle: Die *grau* unterlegten Stützstellen und Stützwerte der Erstrechnung entfallen bei der Zweitrechnung.

Erstrechnung: $2n = 8$, $n = 4$, $h = 0{,}2$

$$I_h = \int_1^{2,6} \sqrt{1 + e^{0,5\,x^2}}\, dx = \left(\Sigma_0 + 4 \cdot \Sigma_1 + 2 \cdot \Sigma_2\right) \frac{h}{3} =$$

$$= \left(7{,}1385 + 4 \cdot 11{,}1256 + 2 \cdot 7{,}8740\right) \cdot \frac{0{,}2}{3} = 4{,}4926$$

Zweitrechnung: $2n^* = 4$, $n^* = 2$, $h^* = 2h = 0{,}4$

$$I_{2h} = I_{h^*} = \left(\Sigma_0^* + 4 \cdot \Sigma_1^* + 2 \cdot \Sigma_2^*\right) \frac{h^*}{3} = \left(\Sigma_0^* + 4 \cdot \Sigma_1^* + 2 \cdot \Sigma_2^*\right) \frac{2h}{3} =$$

$$= \left(7{,}1385 + 4 \cdot 5{,}4137 + 2 \cdot 2{,}4603\right) \cdot \frac{0{,}4}{3} = 4{,}4952$$

Der Fehler für die Erstrechnung beträgt damit rund

$$\Delta I = \frac{1}{15}\left(I_h - I_{2h}\right) = \frac{1}{15}\left(4{,}4926 - 4{,}4952\right) = -\,0{,}0002$$

Einen *verbesserten* Wert liefert die Formel (V-95):

$$I_v = I_h + \Delta I = 4{,}4926 - 0{,}0002 = 4{,}4924$$

■

9 Uneigentliche Integrale

In den Anwendungen treten vereinzelt Integrale mit einem *unendlichen* Integrationsintervall auf. Sie sind zunächst *nicht* definiert (vgl. hierzu die Integraldefinition (V-22)) und werden daher im Gegensatz zu den bisher behandelten *„eigentlichen Integralen"* als *„uneigentliche Integrale"* bezeichnet. *Formal* lassen sie sich auf einen der folgenden Integraltypen zurückführen:

$$\int_a^{\infty} f(x)\, dx, \qquad \int_{-\infty}^{a} f(x)\, dx, \qquad \int_{-\infty}^{\infty} f(x)\, dx \qquad \text{(V-96)}$$

Wir geben zunächst zwei anschauliche Beispiele.

■ **Beispiele**

(1) Im *Gravitationsfeld der Erde* soll eine Masse m aus der Entfernung r_0 ins *Unendliche* ($r = \infty$) gebracht werden (Bild V-29; vgl. hierzu auch Beispiel (3) in Abschnitt 10.6).

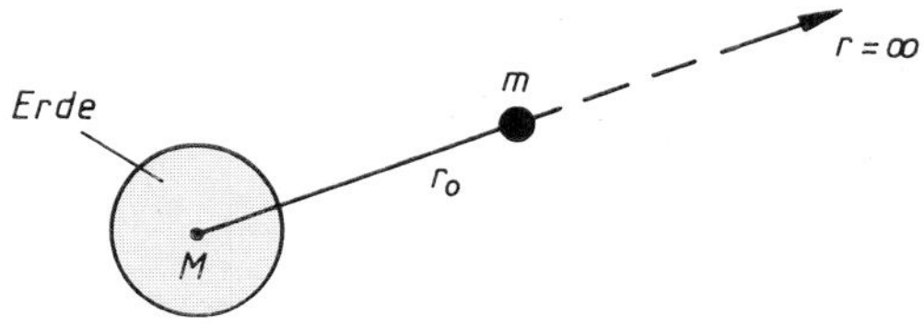

Bild V-29 Zur Berechnung der Arbeit im Gravitationsfeld der Erde, dargestellt durch ein uneigentliches Integral

Die Berechnung der dabei aufzuwendenden *Arbeit* W führt zu dem *uneigentlichen Integral*

$$W = \int_{r_0}^{\infty} f \frac{mM}{r^2} \, dr = fmM \cdot \int_{r_0}^{\infty} \frac{1}{r^2} \, dr$$

(f: Gravitationskonstante; M: Erdmasse).

(2) Bei der Bestimmung des *Flächeninhaltes* A zwischen der Kurve mit der Funktionsgleichung $y = \dfrac{1}{1 + x^2}$ und der x-Achse stößt man auf das folgende *uneigentliche Integral* (Bild V-30):

$$A = \int_{-\infty}^{\infty} \frac{1}{1 + x^2} \, dx$$

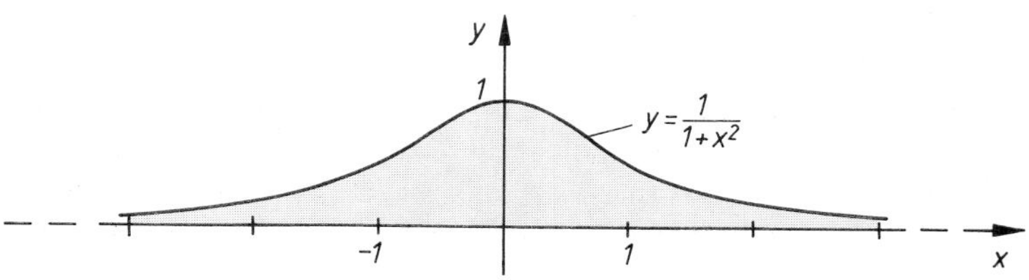

Bild V-30 Zur Berechnung der Fläche unterhalb der Kurve $y = \dfrac{1}{1 + x^2}$

■

Um einem *uneigentlichen* Integral einen *Wert* zuweisen zu können, muß der in Abschnitt 2 erklärte Integralbegriff *erweitert* werden. Wir beschränken uns dabei auf Integrale vom Typ $\int_{a}^{\infty} f(x)\,dx$, wobei die *Stetigkeit* des Integranden $f(x)$ im Integrationsintervall $x \geqslant a$ vorausgesetzt wird. Im einzelnen wird dabei wie folgt verfahren:

Berechnung eines uneigentlichen Integrals vom Typ $\int_{a}^{\infty} f(x)\,dx$

1. Zunächst wird über das *endliche* Intervall $a \leqslant x \leqslant \lambda$ integriert ($\lambda > a$). Das Integral ist *vorhanden*, sein Wert hängt aber noch von λ ab:

$$I(\lambda) = \int_{a}^{\lambda} f(x)\,dx \qquad \text{(V-97)}$$

2. Dann wird der *Grenzwert* von $I(\lambda)$ für $\lambda \longrightarrow \infty$ berechnet. Ist er vorhanden, so setzt man definitionsgemäß

$$\int_{a}^{\infty} f(x)\,dx = \lim_{\lambda \to \infty} I(\lambda) = \lim_{\lambda \to \infty} \int_{a}^{\lambda} f(x)\,dx \qquad \text{(V-98)}$$

und nennt das uneigentliche Integral *konvergent*. Andernfalls spricht man von einem *divergenten* uneigentlichen Integral.

Anmerkungen

(1) Analog werden die *uneigentlichen Integrale* $\int_{-\infty}^{a} f(x)\,dx$ und $\int_{-\infty}^{\infty} f(x)\,dx$ durch *Grenzwerte* erklärt.

(2) Neben den besprochenen uneigentlichen Integralen mit einem *unendlichen Integrationsintervall* gibt es noch weitere Arten von uneigentlichen Integralen, beispielsweise solche, bei denen die Integrandfunktion im (endlichen) Integrationsintervall *Definitionslücken* oder *Polstellen* besitzt. Sie können im Rahmen dieses Werkes leider nicht behandelt werden (siehe hierzu: *Formelsammlung*, Abschnitt V.4.2).

■ **Beispiele**

(1) $\int\limits_1^\infty \frac{1}{x^3}\,dx = ?$

Wir integrieren zunächst von $x = 1$ bis hin zur Stelle $x = \lambda$ und erhalten nach der *Potenzregel* der Integralrechnung:

$$I(\lambda) = \int\limits_1^\lambda \frac{1}{x^3}\,dx = \int\limits_1^\lambda x^{-3}\,dx = \left[\frac{x^{-2}}{-2}\right]_1^\lambda = \left[-\frac{1}{2x^2}\right]_1^\lambda = \frac{1}{2} - \frac{1}{2\lambda^2}$$

Im *zweiten* Schritt vollziehen wir den *Grenzübergang* für $\lambda \longrightarrow \infty$:

$$\lim_{\lambda \to \infty} I(\lambda) = \lim_{\lambda \to \infty} \left(\frac{1}{2} - \frac{1}{2\lambda^2}\right) = \frac{1}{2}$$

Das *uneigentliche* Integral ist daher *konvergent* und besitzt den Wert 1/2:

$$\int\limits_1^\infty \frac{1}{x^3}\,dx = \lim_{\lambda \to \infty} \int\limits_1^\lambda \frac{1}{x^3}\,dx = \lim_{\lambda \to \infty} I(\lambda) = \frac{1}{2}$$

(2) Wir berechnen das zu Beginn erwähnte *Arbeitsintegral*

$$W = \int\limits_{r_0}^\infty f\,\frac{mM}{r^2}\,dr = fmM \cdot \int\limits_{r_0}^\infty \frac{1}{r^2}\,dr$$

und erhalten zunächst mit der (endlichen) *oberen* Grenze $r = \lambda$:

$$W(\lambda) = fmM \cdot \int\limits_{r_0}^\lambda \frac{1}{r^2}\,dr = fmM\left[-\frac{1}{r}\right]_{r_0}^\lambda = fmM\left(\frac{1}{r_0} - \frac{1}{\lambda}\right)$$

Der *Grenzwert* für $\lambda \longrightarrow \infty$ ist *vorhanden* und führt zu

$$\lim_{\lambda \to \infty} W(\lambda) = \lim_{\lambda \to \infty} fmM\left(\frac{1}{r_0} - \frac{1}{\lambda}\right) = \frac{fmM}{r_0}$$

Die aufzuwendende *Arbeit gegen die Gravitationskraft* beträgt daher:

$$W = \int\limits_{r_0}^\infty f\,\frac{mM}{r^2}\,dr = fmM \cdot \int\limits_{r_0}^\infty \frac{1}{r^2}\,dr = \lim_{\lambda \to \infty} W(\lambda) = \frac{fmM}{r_0}$$

(3) Das *uneigentliche* Integral $\int_0^\infty \sqrt{x}\, dx$ ist dagegen *divergent*, wie wir gleich zeigen werden. Zunächst aber integrieren wir von $x = 0$ bis hin zu $x = \lambda$ (*grau* unterlegte Fläche in Bild V-31):

$$I(\lambda) = \int_0^\lambda \sqrt{x}\, dx = \int_0^\lambda x^{1/2}\, dx = \frac{2}{3}\left[x^{3/2}\right]_0^\lambda = \frac{2}{3}\lambda^{3/2} = \frac{2}{3}\sqrt{\lambda^3}$$

Beim *Grenzübergang* $\lambda \longrightarrow \infty$ strebt der Integralwert $I(\lambda)$ jedoch *über alle Grenzen*:

$$\lim_{\lambda \to \infty} I(\lambda) = \lim_{\lambda \to \infty} \frac{2}{3}\sqrt{\lambda^3} = \infty$$

Geometrische Interpretation: Die von der Kurve $y = \sqrt{x}$ und der positiven x-Achse eingeschlossene Fläche ist *unendlich* groß (vgl. Bild V-31):

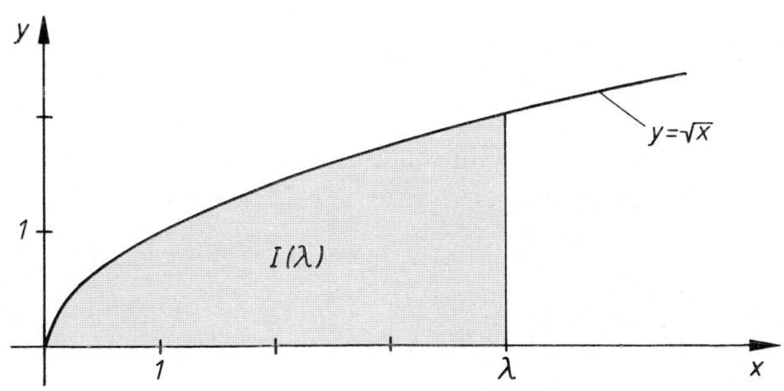

Bild V-31

(4) Für die *Fläche A* zwischen der Kurve $y = \frac{1}{1 + x^2}$ und der x-Achse (vgl. hierzu auch Bild V-30) erhalten wir den folgenden Wert:

$$A = \int_{-\infty}^{\infty} \frac{dx}{1 + x^2} = 2 \cdot \int_0^\infty \frac{dx}{1 + x^2} = 2 \cdot \lim_{\lambda \to \infty} \int_0^\lambda \frac{dx}{1 + x^2} =$$

$$= 2 \cdot \lim_{\lambda \to \infty} \left[\arctan x\right]_0^\lambda = 2 \cdot \lim_{\lambda \to \infty} (\arctan \lambda) = 2 \cdot \frac{\pi}{2} = \pi$$

Bei der Flächenberechnung haben wir dabei die *Achsensymmetrie* von Kurve und Fläche berücksichtigt (Faktor 2).

■

10 Anwendungen der Integralrechnung

10.1 Einfache Beispiele aus Physik und Technik

10.1.1 Integration der Bewegungsgleichung

Im Abschnitt IV.2.13.1 haben wir uns bereits mit der Bewegung eines Massenpunktes beschäftigt und dabei gezeigt, daß man *Geschwindigkeit* v und *Beschleunigung* a durch *ein-* bzw. *zweimaliges Differenzieren* der als bekannt vorausgesetzten *Weg-Zeit-Funktion* $s = s(t)$ erhalten kann:

$$v = \frac{ds}{dt} = \dot{s}, \qquad a = \frac{dv}{dt} = \dot{v} = \ddot{s} \tag{V-99}$$

Umgekehrt lassen sich *Weg* s und *Geschwindigkeit* v einer Bewegung durch *Integration der Beschleunigung-Zeit-Funktion* $a = a(t)$ gewinnen. Unterliegt ein Körper der Masse m einer *zeitlich veränderlichen* Kraft $F = F(t)$, so folgt aus der *Newtonschen Bewegungsgleichung* $F = ma$ für die *Beschleunigung-Zeit-Funktion*

$$a = a(t) = \frac{F(t)}{m} \tag{V-100}$$

Ist $F(t)$ und damit $a(t)$ bekannt, so erhält man aus dieser Gleichung durch *Integration die Geschwindigkeit-Zeit-Funktion*

$$v = v(t) = \int \dot{v}\, dt = \int a(t)\, dt \tag{V-101}$$

und hieraus durch *nochmalige Integration* die *Weg-Zeit-Funktion*

$$s = s(t) = \int \dot{s}\, dt = \int v(t)\, dt \tag{V-102}$$

Die dabei auftretenden *Integrationskonstanten* werden in der Regel durch die *Anfangswerte* $s(0) = s_0$ und $v(0) = v_0$ festgelegt. s_0 bedeutet die *Wegmarke zu Beginn* (d.h. zur Zeit $t = 0$), v_0 die *Anfangsgeschwindigkeit*.

Wir fassen dieses Ergebnis wie folgt zusammen:

Integration der Bewegungsgleichung $F = F(t)$ bzw. $a = a(t)$ $(F = ma)$

Geschwindigkeit v und *Weg* s erhält man durch *ein-* bzw. *zweimalige Integration* der Beschleunigung-Zeit-Funktion $a = a(t)$:

$$v = \int a(t)\, dt, \qquad s = \int v(t)\, dt \tag{V-103}$$

■ **Beispiele**

(1) **Bewegung mit konstanter Beschleunigung**

Eine Bewegung erfolge mit *konstanter* Beschleunigung a längs einer Geraden. Weg und Geschwindigkeit zu Beginn (d.h. zur Zeit $t = 0$) seien $s(0) = s_0$ und $v(0) = v_0$. Dann gilt für die *Geschwindigkeit* v:

$$v = \int a\,dt = at + C_1$$

Die Integrationskonstante wird aus dem *Anfangswert* $v(0) = v_0$ berechnet:

$$v(0) = v_0 \quad \Rightarrow \quad C_1 = v_0$$

$$v = at + v_0$$

Durch *nochmalige Integration* erhalten wir das *Weg-Zeit-Gesetz*

$$s = \int v(t)\,dt = \int (at + v_0)\,dt = \frac{1}{2}at^2 + v_0 t + C_2$$

Aus dem *Anfangswert* $s(0) = s_0$ folgt $C_2 = s_0$, und das *Weg-Zeit-Gesetz* nimmt damit die folgende Gestalt an:

$$s = \frac{1}{2}at^2 + v_0 t + s_0$$

(2) **Freier Fall unter Berücksichtigung des Luftwiderstandes**

Wir untersuchen die *Fallgeschwindigkeit* v *als Funktion der Fallzeit* t *unter Berücksichtigung der Reibung* (vgl. hierzu auch Abschnitt III.13.2.5). Der Schwerkraft (dem Gewicht) mg wirkt dabei die *Reibungskraft* kv^2 entgegen (k: Reibungskoeffizient). Nach dem *Grundgesetz der Mechanik* erhält man damit die folgende *Bewegungsgleichung für den freien Fall*:

$$ma = mg - kv^2 \quad \Rightarrow \quad a = g - \frac{k}{m}v^2$$

Bevor wir diese Gleichung integrieren, bringen wir sie noch unter Berücksichtigung von $a = \dfrac{dv}{dt}$ auf die folgende Gestalt:

$$\frac{dv}{dt} = g - \frac{k}{m}v^2 = g\left(1 - \frac{k}{mg}v^2\right) \quad \Rightarrow \quad \frac{dv}{g\left(1 - \dfrac{k}{mg}v^2\right)} = dt$$

Mit Hilfe der *Substitution*

$$x = \sqrt{\frac{k}{mg}}\, v, \qquad \frac{dx}{dv} = \sqrt{\frac{k}{mg}}, \qquad dv = \sqrt{\frac{mg}{k}}\, dx$$

erhalten wir schließlich:

$$\sqrt{\frac{mg}{k}} \cdot \frac{dx}{g(1 - x^2)} = \sqrt{\frac{m}{gk}} \cdot \frac{dx}{1 - x^2} = dt$$

Integration auf beiden Seiten führt zu:

$$\sqrt{\frac{m}{gk}} \cdot \int \frac{dx}{1 - x^2} = \int dt \quad \Rightarrow \quad \sqrt{\frac{m}{gk}} \cdot \operatorname{artanh} x = t + C$$

Nach *Rücksubstitution* ergibt sich hieraus:

$$\sqrt{\frac{m}{gk}} \cdot \operatorname{artanh}\left(\sqrt{\frac{k}{mg}}\, v\right) = t + C$$

Der *freie Fall* erfolge aus der *Ruhe* heraus, d.h. zur Zeit $t = 0$ sei $v(0) = 0$. Aus diesem *Anfangswert* erhält man für die Integrationskonstante den Wert $C = 0$ ($\operatorname{artanh} 0 = 0$):

$$\sqrt{\frac{m}{gk}} \cdot \operatorname{artanh}\left(\sqrt{\frac{k}{mg}}\, v\right) = t \quad \Rightarrow \quad \operatorname{artanh}\left(\sqrt{\frac{k}{mg}}\, v\right) = \sqrt{\frac{gk}{m}}\, t$$

Durch *Umkehrung* folgt schließlich:

$$\sqrt{\frac{k}{mg}}\, v = \tanh\left(\sqrt{\frac{gk}{m}}\, t\right)$$

$$v = v(t) = \sqrt{\frac{mg}{k}} \cdot \tanh\left(\sqrt{\frac{gk}{m}}\, t\right) \qquad (t \geqslant 0)$$

Für $t \longrightarrow \infty$ strebt die Fallgeschwindigkeit gegen die *konstante Endgeschwindigkeit*

$$v_E = \lim_{t \to \infty} v(t) = \lim_{t \to \infty} \left(\sqrt{\frac{mg}{k}} \cdot \tanh\left(\sqrt{\frac{gk}{m}}\, t\right)\right) = \sqrt{\frac{mg}{k}}$$

Gewichtskraft und Reibungskraft sind dann im *Gleichgewicht* und der Körper fällt *kräftefrei*, d.h. mit *konstanter* Geschwindigkeit.

Die *Geschwindigkeit-Zeit-Funktion* läßt sich damit auch in der Form

$$v = v(t) = v_E \cdot \tanh\left(\frac{g}{v_E}\, t\right) \qquad (t \geqslant 0)$$

darstellen. Ihr Verlauf ist in Bild V-32 skizziert.

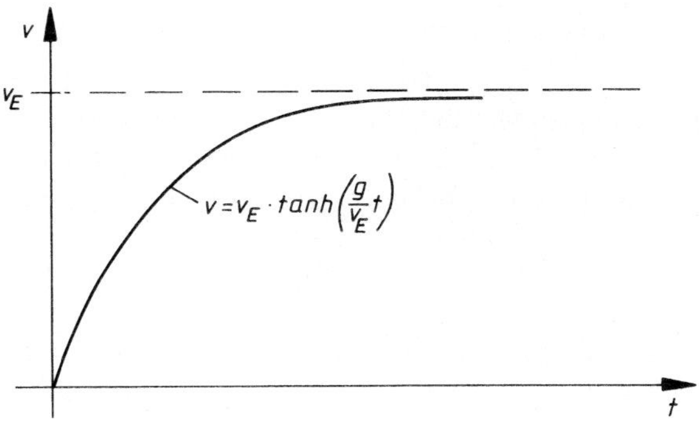

Bild V-32 Fallgeschwindigkeit v als Funktion der Fallzeit t unter Berücksichtigung des Luftwiderstandes

■

10.1.2 Biegelinie (elastische Linie) eines einseitig eingespannten Balkens

Wir beschäftigen uns jetzt mit einem wichtigen Problem aus der *Festigkeitslehre* (vgl. hierzu auch die Abschnitte III.5.7 und IV.3.4): Ein einseitig fest eingespannter homogener Balken der Länge l mit konstanter Querschnittsfläche werde durch eine am freien Balkenende einwirkende Kraft F auf *Biegung* beansprucht (Bild V-33).

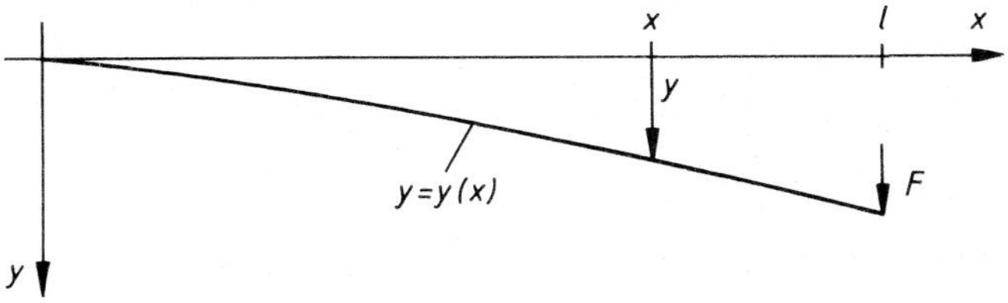

Bild V-33 Biegelinie $y = y(x)$ eines einseitig eingespannten Balkens unter dem Einfluß einer konstanten Kraft F

Die *Durchbiegung* y ist dabei *von Ort zu Ort verschieden*, d.h. *eine Funktion* $y = y(x)$ *der Ortskoordinate* x (wir messen x vom *eingespannten* Balkenende aus). In der Festigkeitslehre wird gezeigt, daß die 2. Ableitung der elastischen Linie der *Biegegleichung* [9)]

$$y'' = -\frac{M_b}{EI} \qquad \text{(V-104)}$$

genügt. In dieser Gleichung bedeuten:

E: *Elastizitätsmodul* (Materialkonstante)

I: *Flächenmoment* des Balkenquerschnitts

M_b: *Biegemoment* (von Ort zu Ort verschieden)

In unserem Beispiel ist das Produkt EI (*Biegesteifigkeit* genannt) eine Konstante. Für das *Biegemoment* an der Stelle x gilt dann:

$$M_b = -F(l-x) \qquad \text{(V-105)}$$

(die konstante Kraft wirkt im Abstand $l - x$ von der betrachteten Stelle). Damit nimmt die *Biegegleichung* die folgende Gestalt an:

$$y'' = \frac{F}{EI}(l-x) \qquad (0 \leqslant x \leqslant l) \qquad \text{(V-106)}$$

Die Gleichung der gesuchten *Biegelinie* $y = y(x)$ erhält man nach *zweimaliger Integration der Biegegleichung* (V-106):

$$y' = \int y''\,dx = \frac{F}{EI}\cdot\int (l-x)\,dx = \frac{F}{EI}\left(lx - \frac{1}{2}x^2 + C_1\right) \qquad \text{(V-107)}$$

$$y = \int y'\,dx = \frac{F}{EI}\cdot\int\left(lx - \frac{1}{2}x^2 + C_1\right)dx =$$

$$= \frac{F}{EI}\left(\frac{1}{2}lx^2 - \frac{1}{6}x^3 + C_1 x + C_2\right) \qquad \text{(V-108)}$$

Die Integrationskonstanten C_1 und C_2 bestimmen wir aus den *Randwerten*

$$\begin{array}{ll} y(0) = 0 & (\textit{keine}\text{ Durchbiegung am eingespannten Ende } x = 0) \\ y'(0) = 0 & (\textit{waagerechte}\text{ Tangente am eingespannten Ende } x = 0) \end{array} \qquad \text{(V-109)}$$

wie folgt:

$$\begin{array}{l} y'(0) = 0 \;\Rightarrow\; C_1 = 0 \\ y(0) = 0 \;\Rightarrow\; C_2 = 0 \end{array} \qquad \text{(V-110)}$$

---

9) Die Biegegleichung ist eine sog. *Differentialgleichung* 2. *Ordnung* (vgl. hierzu Kap. V in Band 2). Sie gilt nur *näherungsweise* unter der Voraussetzung, daß die Durchbiegungen *klein* sind gegen die Balkenlänge, d.h. $y \ll l$.

Die *Biegelinie* lautet damit:

$$y = \frac{F}{EI}\left(\frac{1}{2}\,l x^2 - \frac{1}{6}\,x^3\right) = \frac{F}{6EI}\,(3\,l x^2 - x^3) \qquad (0 \leqslant x \leqslant l) \qquad \text{(V-111)}$$

Die Durchbiegung ist am *freien* Ende $(x = l)$ am *größten*. Sie beträgt dort

$$y_{\max} = y(l) = \frac{F l^3}{3EI} \qquad \text{(V-112)}$$

Es handelt sich dabei um ein *Randmaximum* (vgl. hierzu auch das Beispiel (3) in Abschnitt IV.3.4).

10.1.3 Spannung zwischen zwei Punkten eines elektrischen Feldes

Wir betrachten das *elektrostatische Feld* in der Umgebung einer *positiven Punktladung* Q. Es besitzt die in Bild V-34 skizzierte *radiale* Struktur.

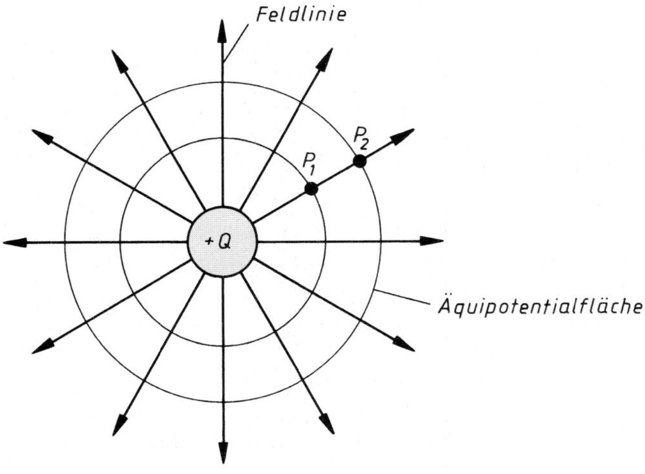

Bild V-34
Elektrostatisches Feld in der Umgebung einer positiven Punktladung (*ebener* Schnitt durch Q)

Die *elektrische Feldstärke* E hängt dabei aus *Symmetriegründen* nur vom *Abstand* r von der Punktladung ab. In unserem Beispiel ist

$$E = E(r) = \frac{Q}{4\pi\,\varepsilon_0\,\varepsilon_r\,r^2} \qquad (r > 0) \qquad \text{(V-113)}$$

(ε_0: Elektrische Feldkonstante; ε_r: *Relative* Dielektrizitätskonstante des Mediums). Auch das *Potential* eines Punktes des elektrischen Feldes ist *kugelsymmetrisch*: *Die Äquipotentialflächen sind konzentrische Kugelschalen.*

Zwischen zwei Punkten P_1 und P_2 des Feldes mit den Abständen r_1 bzw. r_2 von der felderzeugenden Ladung Q besteht dann definitionsgemäß die folgende *Potentialdifferenz* (*Spannung*):

$$U_{12} = \int_{r_1}^{r_2} E(r)\, dr \tag{V-114}$$

Für die *Feldstärke* $E(r)$ setzen wir den Ausdruck (V-113) ein und erhalten schließlich:

$$U_{12} = \int_{r_1}^{r_2} E(r)\, dr = \int_{r_1}^{r_2} \frac{Q}{4\pi\varepsilon_0\varepsilon_r r^2}\, dr = \frac{Q}{4\pi\varepsilon_0\varepsilon_r} \cdot \int_{r_1}^{r_2} \frac{dr}{r^2} = \frac{Q}{4\pi\varepsilon_0\varepsilon_r}\left[-\frac{1}{r}\right]_{r_1}^{r_2} =$$

$$= \frac{Q}{4\pi\varepsilon_0\varepsilon_r}\left(\frac{1}{r_1} - \frac{1}{r_2}\right) \tag{V-115}$$

10.2 Flächeninhalt

10.2.1 Bestimmtes Integral und Flächeninhalt. Ergänzungen

Im Abschnitt 2 wurde das bestimmte Integral $\int_a^b f(x)\, dx$ als Flächeninhalt A zwischen der Kurve $y = f(x)$, der x-Achse und den Parallelen $x = a$ und $x = b$ eingeführt (Bild V-35). Diese *geometrische* Interpretation ist jedoch nur zulässig, wenn die (stetige) Integrandfunktion $f(x)$ *überall* im Integrationsbereich die Bedingung $f(x) \geqslant 0$ erfüllt, die Kurve also *oberhalb* der x-Achse verläuft.

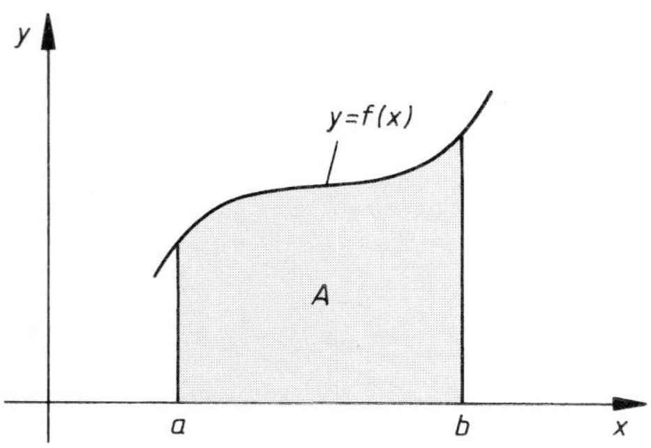

Bild V-35
Das bestimmte Integral als Flächeninhalt

■ **Beispiele**

(1) Wir suchen den *Flächeninhalt* A, der von der Parabel $y = x^2 - 2x + 3$, der x-Achse und den Parallelen $x = 0$ und $x = 3$ begrenzt wird (Bild V-36). Da die Parabel im Intervall $0 \leqslant x \leqslant 3$ *oberhalb* der x-Achse verläuft, gilt:

$$A = \int_0^3 (x^2 - 2x + 3)\,dx = \left[\frac{1}{3}x^3 - x^2 + 3x\right]_0^3 = 9$$

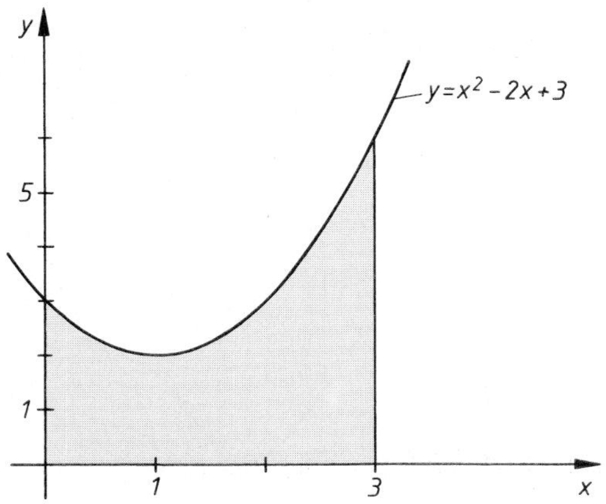

Bild V-36 Zur Berechnung der Fläche unter der Kurve $y = x^2 - 2x + 3$ im Intervall $0 \leqslant x \leqslant 3$

(2) Die Exponentialfunktion $y = e^x$ verläuft bekanntlich in ihrem gesamten Definitionsbereich $-\infty < x < \infty$ *oberhalb* der x-Achse. Sie bildet mit der *negativen* x-Achse ein Flächenstück, dessen Inhalt A sich wie folgt mit Hilfe eines uneigentlichen Integrals berechnen läßt:

$$A = \int_{-\infty}^{0} e^x\,dx = \lim_{\lambda \to \infty} \int_{-\lambda}^{0} e^x\,dx = \lim_{\lambda \to \infty} \Big[e^x\Big]_{-\lambda}^{0} =$$

$$= \lim_{\lambda \to \infty} (e^0 - e^{-\lambda}) = \lim_{\lambda \to \infty} (1 - e^{-\lambda}) = 1$$

■

Liegt das Flächenstück jedoch, wie in Bild V-37 skizziert, vollständig *unterhalb* der x-Achse, so ist der Integralwert $\int_a^b f(x)\,dx$ *negativ* und kann daher *nicht* dem gesuchten Flächeninhalt A entsprechen. In diesem Fall geht man wie folgt vor: Man *spiegelt* die Fläche an der *x-Achse* und erhält das in Bild V-38 *dunkelgrau* unterlegte Flächenstück vom *gleichen* Flächeninhalt A.

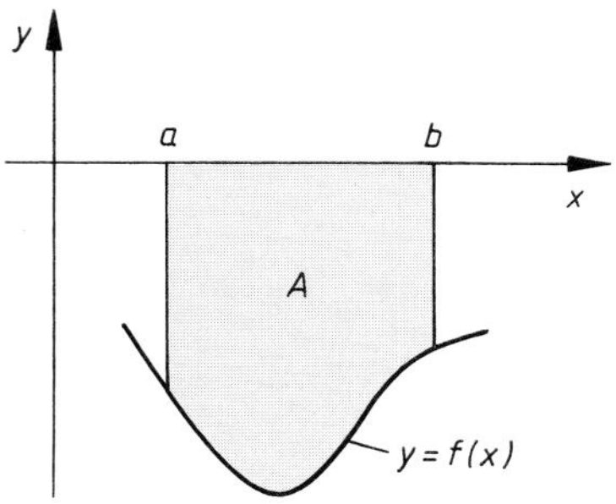

Bild V-37

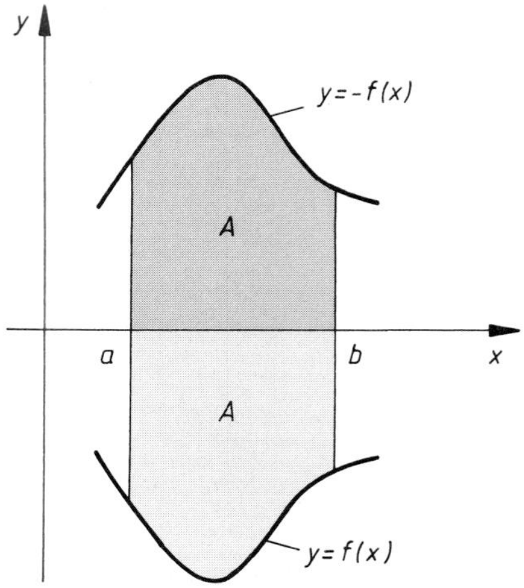

Bild V-38

Dieses Flächenstück liegt *oberhalb* der x-Achse und wird von der *gespiegelten* Kurve mit der Gleichung $y = -f(x)$ und der x-Achse berandet[10]. Den gesuchten Flächeninhalt A erhalten wir damit durch Integration über die Funktion $y = -f(x)$ in den Grenzen von $x = a$ bis $x = b$:

$$A = \int_a^b [-f(x)]\,dx = -\int_a^b f(x)\,dx \qquad \text{(V-116)}$$

Die *gespiegelte* Kurve können wir aber auch durch die Gleichung $y = |f(x)|$ beschreiben. Der Flächeninhalt A läßt sich daher auch durch das Integral

$$A = \int_a^b |f(x)|\,dx = \left| \int_a^b f(x)\,dx \right| \qquad \text{(V-117)}$$

berechnen, wobei Betragsbildung und Integration miteinander vertauschbar sind.

---

[10] Bei der Spiegelung einer Kurve an der x-Achse multiplizieren sich die Ordinaten (Funktionswerte) mit -1.

■ **Beispiel**

Welchen *Flächeninhalt* schließt die Tangensfunktion im Intervall $-1 \leqslant x \leqslant 0$ mit der x-Achse ein (Bild V-39)?

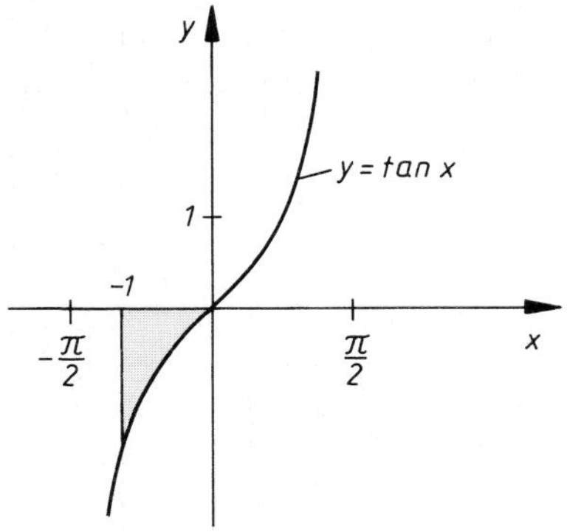

Bild V-39

Lösung:

$$A = -\int_{-1}^{0} \tan x \, dx = -\left[-\ln|\cos x| \right]_{-1}^{0} = \left[\ln|\cos x| \right]_{-1}^{0} =$$

$$= \ln|\cos 0| - \ln|\cos(-1)| = \ln 1 - \ln 0{,}54 = 0{,}62$$

■

Der *allgemeinste* Fall tritt ein, wenn die Fläche *teils oberhalb* und *teils unterhalb* der x-Achse liegt. Wir müssen dann die Fläche so in *Teilflächen* zerlegen, daß diese entweder *vollständig oberhalb* oder *vollständig unterhalb* der x-Achse liegen (Bild V-40). Die entsprechenden Integralbeiträge sind daher *positiv* oder *negativ*, je nachdem, ob die Kurve gerade *oberhalb* oder *unterhalb* der x-Achse verläuft (die *positiven* Beiträge sind in Bild V-40 *dunkelgrau*, die *negativen* Beiträge *hellgrau* unterlegt).

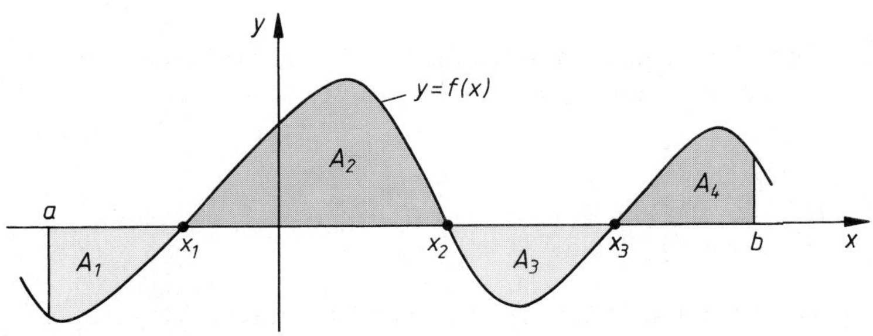

Bild V-40 Zur Berechnung des Flächeninhaltes im allgemeinsten Fall (Zerlegung der Fläche in Teilflächen)

Für die Berechnung dieser Teilflächen benötigen wir daher als zusätzliche Information die im Integrationsintervall $a \leqslant x \leqslant b$ gelegenen *Nullstellen* der Funktion $y = f(x)$. So besitzt z.B. die in Bild V-40 skizzierte Funktion genau drei im Integrationsintervall liegende Nullstellen x_1, x_2 und x_3 (nach steigender Größe geordnet). In den Teilintervallen $a \leqslant x \leqslant x_1$ und $x_2 \leqslant x \leqslant x_3$ liegt dabei die Kurve *unterhalb* der x-Achse, die entsprechenden Integralbeiträge I_1 und I_3 sind daher *negativ*. In den Teilintervallen $x_1 \leqslant x \leqslant x_2$ und $x_3 \leqslant x \leqslant b$ dagegen verläuft die Kurve *oberhalb* der x-Achse, die entsprechenden Integralbeiträge I_2 und I_4 sind somit *positiv*. Die Gesamtfläche A ist dann als *Summe* der *Beträge* aller Teilintegrale darstellbar:

$$A = A_1 + A_2 + A_3 + A_4 = |I_1| + |I_2| + |I_3| + |I_4| = |I_1| + I_2 + |I_3| + I_4 =$$

$$= \left| \int_a^{x_1} f(x)\,dx \right| + \int_{x_1}^{x_2} f(x)\,dx + \left| \int_{x_2}^{x_3} f(x)\,dx \right| + \int_{x_3}^{b} f(x)\,dx \qquad \text{(V-118)}$$

Wir fassen die Ergebnisse über die Flächenberechnung wie folgt zusammen:

Flächeninhalt zwischen einer Kurve und der x-Achse

Bei der Berechnung des *Flächeninhaltes* A zwischen einer Kurve $y = f(x)$, $a \leqslant x \leqslant b$ und der x-Achse sind die folgenden Fälle zu unterscheiden:

1. Fall: Die Kurve verläuft *oberhalb* der x-Achse (Bild V-35). Dann gilt:

$$A = \int_a^b f(x)\,dx \qquad \text{(V-119)}$$

2. Fall: Die Kurve verläuft *unterhalb* der x-Achse (Bild V-37). Dann gilt:

$$A = \left| \int_a^b f(x)\,dx \right| = -\int_a^b f(x)\,dx \qquad \text{(V-120)}$$

3. Fall: Die Kurve verläuft *teils* oberhalb, *teils* unterhalb der x-Achse (Bild V-40). In diesem Falle muß die Fläche zunächst so in *Teilflächen* zerlegt werden, daß diese entweder vollständig *oberhalb* oder vollständig *unterhalb* der x-Achse liegen. Dazu werden die *Nullstellen* der Funktion $y = f(x)$ im Intervall $a \leqslant x \leqslant b$ benötigt. Anhand einer Skizze läßt sich dann die Zerlegung der Fläche in Teilflächen mit den genannten Eigenschaften problemlos durchführen. Die Berechnung der Teilflächen erfolgt dabei mit Hilfe der Integralformeln (V-119) und (V-120). Die gesuchte Gesamtfläche ist dann die *Summe* aller Teilflächen.

■ **Beispiel**

Wir berechnen den in Bild V-41 skizzierten Flächeninhalt zwischen der Polynomfunktion $y = x^3 - 3x^2 - 6x + 8$, der x-Achse und den Parallelen $x = -2{,}5$ und $x = 3$.

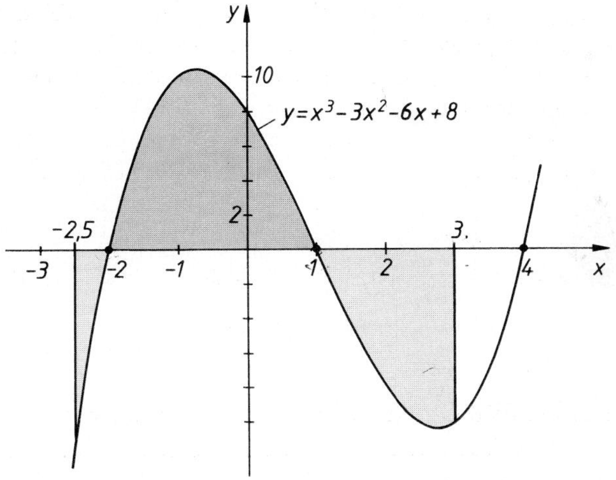

Bild V-41 Zur Berechnung der Fläche zwischen der Kurve $y = x^3 - 3x^2 - 6x + 8$, der x-Achse und den Parallelen $x = -2{,}5$ und $x = 3$

Die *Nullstellen* der Funktion sind der Reihe nach $x_1 = -2$, $x_2 = 1$ und $x_3 = 4$. Sie liegen bis auf den letzten Wert im Intervall $-2{,}5 \leqslant x \leqslant 3$ (Bild V-41). Die Fläche zerfällt damit in *drei Teilflächen*, die jeweils *abwechselnd unter-* und *oberhalb* der x-Achse liegen. Es sind daher die folgenden drei Teilintegrale zu berechnen:

$$I_1 = \int_{-2{,}5}^{-2} (x^3 - 3x^2 - 6x + 8)\,dx = \left[\frac{1}{4}x^4 - x^3 - 3x^2 + 8x\right]_{-2{,}5}^{-2} = -2{,}64$$

$$I_2 = \int_{-2}^{1} (x^3 - 3x^2 - 6x + 8)\,dx = \left[\frac{1}{4}x^4 - x^3 - 3x^2 + 8x\right]_{-2}^{1} = 20{,}25$$

$$I_3 = \int_{1}^{3} (x^3 - 3x^2 - 6x + 8)\,dx = \left[\frac{1}{4}x^4 - x^3 - 3x^2 + 8x\right]_{1}^{3} = -14$$

Der gesuchte *Flächeninhalt* beträgt damit:

$$A = A_1 + A_2 + A_3 = |I_1| + I_2 + |I_3| = |-2{,}64| + 20{,}25 + |-14| =$$
$$= 2{,}64 + 20{,}25 + 14 = 36{,}89$$

■

10.2.2 Flächeninhalt zwischen zwei Kurven

Wir betrachten ein Flächenstück, das von den Kurven $y_o = f_o(x)$ und $y_u = f_u(x)$ sowie den beiden Parallelen $x = a$ und $x = b$ berandet wird (Bild V-42). Dabei soll *überall* im Intervall $a \leqslant x \leqslant b$ die Bedingung $f_o(x) \geqslant f_u(x)$ erfüllt sein, d.h. die Kurve $y_o = f_o(x)$ verläuft zwischen $x = a$ und $x = b$ *oberhalb* der Kurve $y_u = f_u(x)$ (dieses Verhalten wird durch die Indizes zum Ausdruck gebracht: o = oben, u = unten).

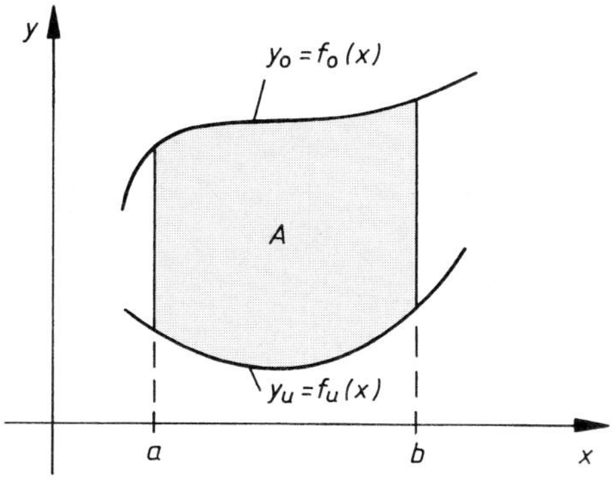

Bild V-42
Zur Berechnung der zwischen zwei Kurven gelegenen Fläche

Wir berechnen den Flächeninhalt A zwischen den beiden Kurven als *Differenz zweier Flächen.* Nach Bild V-42 gilt nämlich:

$$A = \int_a^b y_o\,dx - \int_a^b y_u\,dx = \int_a^b f_o(x)\,dx - \int_a^b f_u(x)\,dx \qquad \text{(V-121)}$$

Das *erste* Integral beschreibt dabei die *unterhalb* der Kurve $y_o = f_o(x)$ liegende Fläche, das *zweite* Integral entsprechend den Flächeninhalt *unterhalb* der Kurve $y_u = f_u(x)$. Die Integraldifferenz (V-121) läßt sich noch zu *einem* Integral zusammenfassen:

Flächeninhalt zwischen zwei Kurven (Bild V-42)

$$A = \int_a^b (y_o - y_u)\,dx = \int_a^b [f_o(x) - f_u(x)]\,dx \qquad \text{(V-122)}$$

Dabei bedeuten:

$y_o = f_o(x)$: Gleichung der *oberen* Randkurve

$y_u = f_u(x)$: Gleichung der *unteren* Randkurve

Voraussetzung: $f_o(x) \geqslant f_u(x)$ im Intervall $a \leqslant x \leqslant b$

Anmerkungen

(1) Die Lage des Flächenstücks spielt dabei *keine* Rolle, solange *überall* im Intervall $a \leqslant x \leqslant b$ die Bedingung $f_o(x) \geqslant f_u(x)$ erfüllt ist. Der Formelausdruck (V-122) bleibt daher auch für die in den Bildern V-43a) und V-43b) skizzierten Flächen *gültig*.

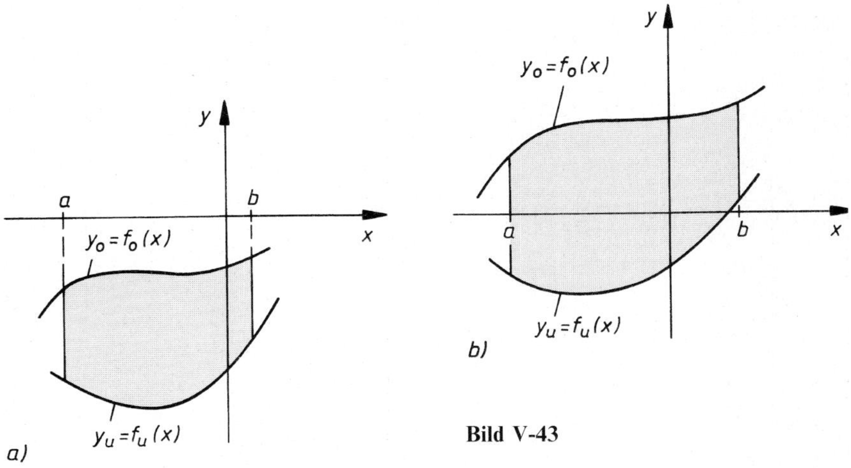

Bild V-43

(2) Die Integralformel (V-122) gilt *nur* unter der Voraussetzung, daß sich die beiden Randkurven der Fläche an *keiner* Stelle des Intervalls $a \leqslant x \leqslant b$ durchschneiden, d.h. überall in diesem Intervall muß die Bedingung $f_o(x) \geqslant f_u(x)$ *erfüllt* sein. Andernfalls ist die Fläche so in *Teilflächen* zu zerlegen, daß die beiden Randkurven einer *jeden* Teilfläche diese Bedingung erfüllen. Zur Berechnung dieser Teilflächen werden daher die im Intervall $a \leqslant x \leqslant b$ gelegenen *Schnittpunkte* beider Kurven benötigt. Bild V-44 verdeutlicht das Vorgehen bei *zwei* Teilflächen A_1 und A_2, d.h. bei *einem* im Intervall $a \leqslant x \leqslant b$ gelegenen *Schnittpunkt* mit dem Abszissenwert x_1.

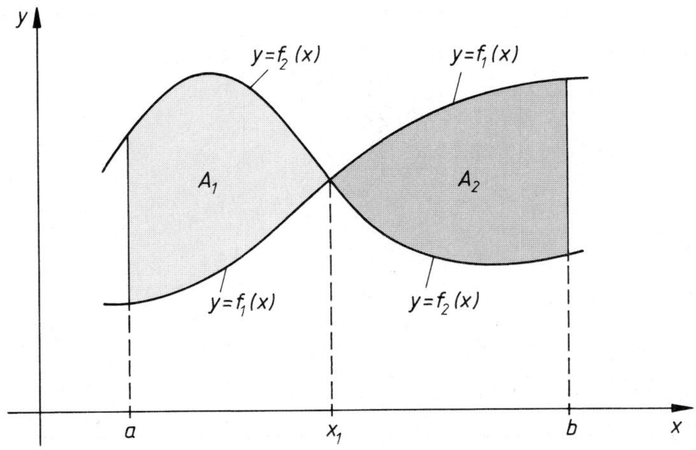

Bild V-44

In den beiden Teilintervallen gelten dann folgende Beziehungen:

Im Intervall $a \leqslant x \leqslant x_1$: $f_2(x) \geqslant f_1(x)$

Im Intervall $x_1 \leqslant x \leqslant b$: $f_1(x) \geqslant f_2(x)$

Die *Gesamtfläche* A berechnet sich daher wie folgt:

$$A = A_1 + A_2 = \int_a^{x_1} [f_2(x) - f_1(x)]\, dx + \int_{x_1}^{b} [f_1(x) - f_2(x)]\, dx =$$

$$= \int_a^{x_1} [f_2(x) - f_1(x)]\, dx + \left| \int_{x_1}^{b} [f_2(x) - f_1(x)]\, dx \right| \qquad \text{(V-123)}$$

■ **Beispiele**

(1) Man bestimme den *Flächeninhalt* zwischen der Parabel $y = -0{,}5\,x^2 + 6$ und der Geraden $y = 1{,}5\,x + 2$ (Bild V-45).

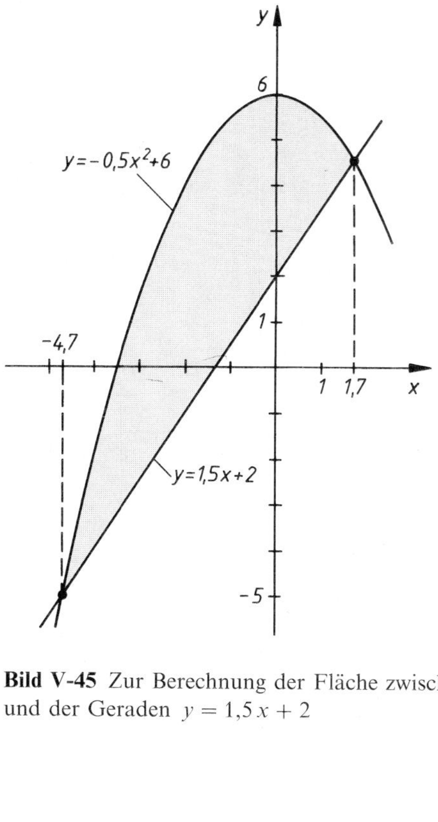

Bild V-45 Zur Berechnung der Fläche zwischen der Parabel $y = -0{,}5\,x^2 + 6$ und der Geraden $y = 1{,}5\,x + 2$

Lösung:

Zunächst berechnen wir die *Kurvenschnittpunkte*:

$$-0{,}5\,x^2 + 6 = 1{,}5\,x + 2 \;\Rightarrow\; x^2 + 3\,x - 8 = 0 \;\Rightarrow$$

$$x_1 = -4{,}7, \quad x_2 = 1{,}7$$

Das Flächenstück wird im Intervall $-4{,}7 \leqslant x \leqslant 1{,}7$ *oben* von der *Parabel* und *unten* von der *Geraden* begrenzt. Daher ist der Flächeninhalt:

$$A = \int_{-4{,}7}^{1{,}7} [(-0{,}5\,x^2 + 6) - (1{,}5\,x + 2)]\,dx =$$

$$= \int_{-4{,}7}^{1{,}7} (-0{,}5\,x^2 + 6 - 1{,}5\,x - 2)\,dx = \int_{-4{,}7}^{1{,}7} (-0{,}5\,x^2 - 1{,}5\,x + 4)\,dx =$$

$$= \left[-\frac{1}{6}x^3 - \frac{3}{4}x^2 + 4\,x\right]_{-4{,}7}^{1{,}7} = 3{,}81 - (-18{,}06) = 21{,}87$$

(2) Wir berechnen die zwischen der Sinus- und Kosinuskurve liegende *Fläche* im Bereich zweier *aufeinanderfolgender* Schnittpunkte. Die in Bild V-46 *grau* unterlegten Teile sind wegen der Periodizität der Randkurven *flächengleich.*

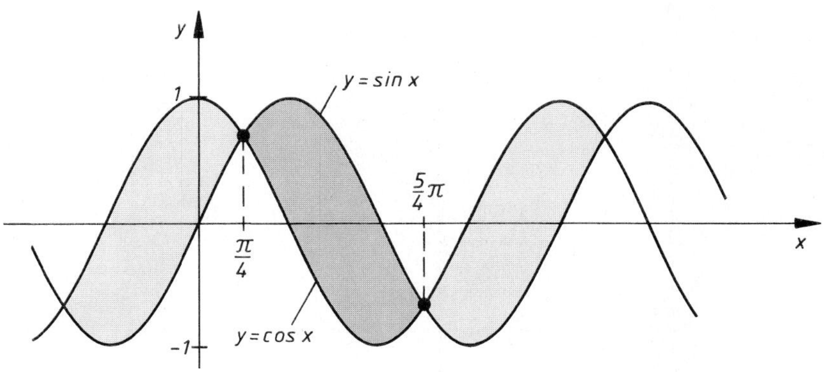

Bild V-46 Flächenstück zwischen der Sinus- und Kosinuskurve im Bereich zweier aufeinanderfolgender Schnittpunkte

Aus der *trigonometrischen* Gleichung

$$\sin x = \cos x \qquad \text{oder} \qquad \tan x = 1$$

berechnen wir zunächst die *Kurvenschnittpunkte.* Sie liegen an den Stellen

$$x_k = \arctan 1 + k \cdot \pi = \frac{\pi}{4} + k \cdot \pi \qquad (k = 0, \pm 1, \pm 2, \ldots)$$

Wir entscheiden uns dabei für den in Bild V-46 skizzierten (*dunkelgrau* unterlegten) Bereich zwischen den ersten beiden *positiven* Schnittpunkten, d.h für das Intervall $\frac{\pi}{4} \leqslant x \leqslant \frac{5}{4}\pi$. In diesem Intervall verläuft die Sinuskurve *oberhalb* der Kosinuskurve. Der gesuchte *Flächeninhalt* wird daher über das folgende Integral berechnet:

$$A = \int\limits_{\pi/4}^{5\pi/4} (\sin x - \cos x)\, dx = \Big[-\cos x - \sin x \Big]_{\pi/4}^{5\pi/4} = 2 \cdot \sqrt{2} = 2{,}83$$

(3) Wir interessieren uns für den *Flächeninhalt* A zwischen der Parabel $y = 2{,}5\,x^2 - 8{,}75\,x$ und der Kurve $y = 2\,x^3 - 12\,x^2 + 16\,x$. Zunächst aber bestimmen wir die dabei benötigten *Kurvenschnittpunkte*:

$$2\,x^3 - 12\,x^2 + 16\,x = 2{,}5\,x^2 - 8{,}75\,x$$

$$2\,x^3 - 14{,}5\,x^2 + 24{,}75\,x = x(2\,x^2 - 14{,}5\,x + 24{,}75) = 0 \quad \Rightarrow$$

$$x_1 = 0, \quad x_2 = 2{,}75, \quad x_3 = 4{,}5$$

Die gesuchte Fläche A besteht somit aus *zwei* Teilflächen A_1 und A_2, die wir jetzt berechnen wollen (Bild V-47).

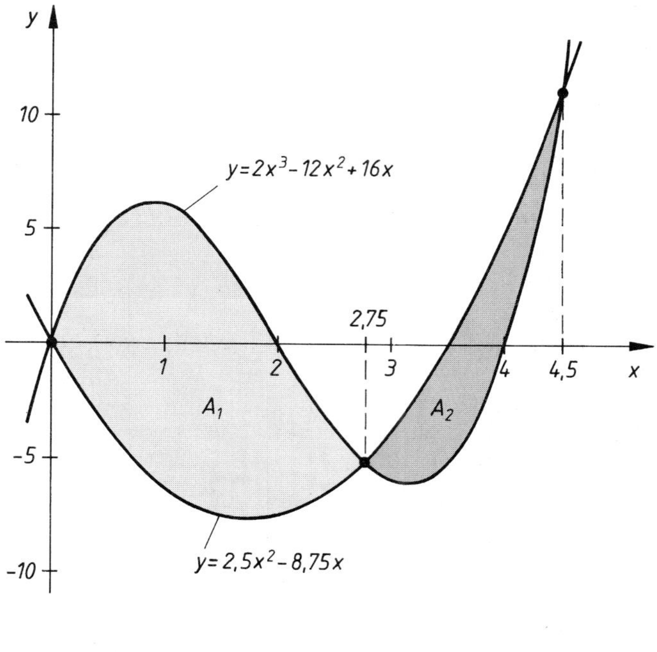

Bild V-47

Im Intervall $0 \leqslant x \leqslant 2{,}75$ ist die Parabel die *untere*, im Intervall $2{,}75 \leqslant x \leqslant 4{,}5$ dagegen die *obere* Berandung der Fläche. Daher gilt:

$$A_1 = \int_0^{2{,}75} [(2x^3 - 12x^2 + 16x) - (2{,}5x^2 - 8{,}75x)]\, dx =$$

$$= \int_0^{2{,}75} (2x^3 - 14{,}5x^2 + 24{,}75x)\, dx =$$

$$= \left[\frac{1}{2}x^4 - \frac{14{,}5}{3}x^3 + \frac{24{,}75}{2}x^2 \right]_0^{2{,}75} = 21{,}6634$$

$$A_2 = \int_{2{,}75}^{4{,}5} [(2{,}5x^2 - 8{,}75x) - (2x^3 - 12x^2 + 16x)]\, dx =$$

$$= \int_{2{,}75}^{4{,}5} (-2x^3 + 14{,}5x^2 - 24{,}75x)\, dx =$$

$$= \left[-\frac{1}{2}x^4 + \frac{14{,}5}{3}x^3 - \frac{24{,}75}{2}x^2 \right]_{2{,}75}^{4{,}5} = 6{,}4759$$

Somit erhalten wir eine *Gesamtfläche* von

$$A = A_1 + A_2 = 21{,}6634 + 6{,}4759 = 28{,}1393 \approx 28{,}14$$

■

10.3 Volumen eines Rotationskörpers (Rotationsvolumen)

Rotationskörper entstehen durch *Drehung* einer ebenen Kurve um eine in der Kurvenebene liegende Achse. Zu ihnen gehören beispielsweise die *Kugel*, der *Kreiskegel*, der *Zylinder*, das *Rotationsparaboloid* und der *Torus*.

Rotation einer Kurve um die x-Achse

Die über dem Intervall $a \leqslant x \leqslant b$ gelegene Kurve mit der Funktionsgleichung $y = f(x)$ erzeuge bei *Rotation um die x-Achse* den in Bild V-48 skizzierten *Rotationskörper*. Dieser wird jetzt durch Schnitte *senkrecht* zur Drehachse in eine große Anzahl n von Scheiben *gleicher* Dicke Δx zerlegt.

Im folgenden betrachten wir eine *wahllos* herausgegriffene Scheibe (in Bild V-48 *grau* unterlegt).

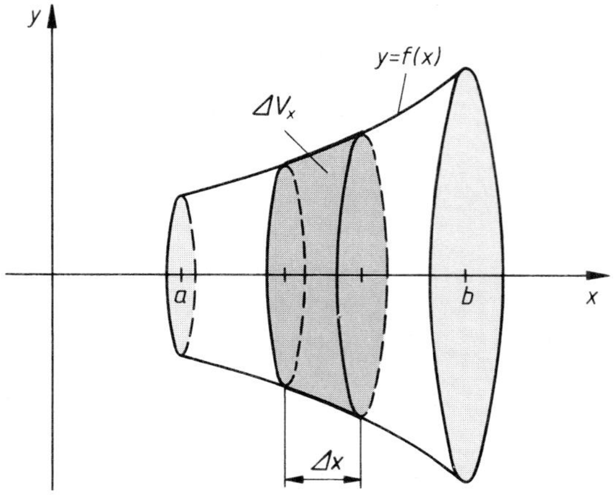

Bild V-48
Zerlegung eines Rotationskörpers in Zylinderscheiben der Dicke Δx

Sie wird durch eine *kreisförmige Zylinderscheibe* gleicher Dicke ersetzt, die durch *Rotation* des in Bild V-49 skizzierten *Rechtecks* mit den Seitenlängen $y = f(x)$ und Δx um die *x-Achse* entsteht.

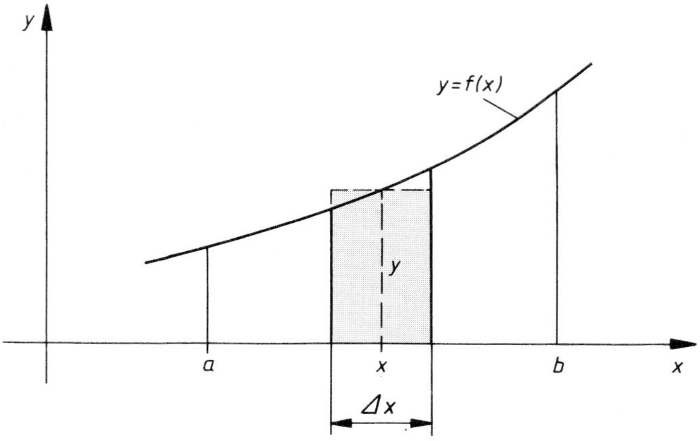

Bild V-49 Durch Rotation des eingezeichneten Rechtecks um die x-Achse entsteht eine kreisförmige Zylinderscheibe vom Volumen $\Delta V_x = \pi y^2 \Delta x$

Das Volumen dieser zylindrischen Scheibe ist dann

$$\Delta V_x = (\text{Grundfläche}) \cdot (\text{Höhe}) = \pi y^2 \Delta x \qquad \text{(V-124)}$$

Ebenso verfährt man mit den übrigen Scheiben. Die *Summation* über *sämtliche* Zylinderscheiben liefert einen *Näherungswert* für das Rotationsvolumen V_x, der bei *beliebiger* Verfeinerung der Zerlegung gegen den *exakten* Wert strebt. Beim *Grenzübergang* $n \to \infty$ geht die Scheibendicke Δx gegen Null und man erhält für V_x die folgende Integralformel:

Rotationsvolumen bei Drehung einer Kurve um die x-Achse (Bild V-48)

Bei Drehung einer Kurve mit der Gleichung $y = f(x)$, $a \leqslant x \leqslant b$ um die *x-Achse* entsteht ein Rotationskörper vom *Volumen*

$$V_x = \pi \cdot \int_a^b y^2\, dx = \pi \cdot \int_a^b f^2(x)\, dx \qquad \text{(V-125)}$$

Zu diesem Ergebnis gelangt man auch durch eine in den Anwendungen übliche und sehr beliebte *formale* Betrachtungsweise. Wir gehen dabei von einer *infinitesimal dünnen Scheibe* der Dicke dx aus (in Bild V-50 *grau* unterlegt):

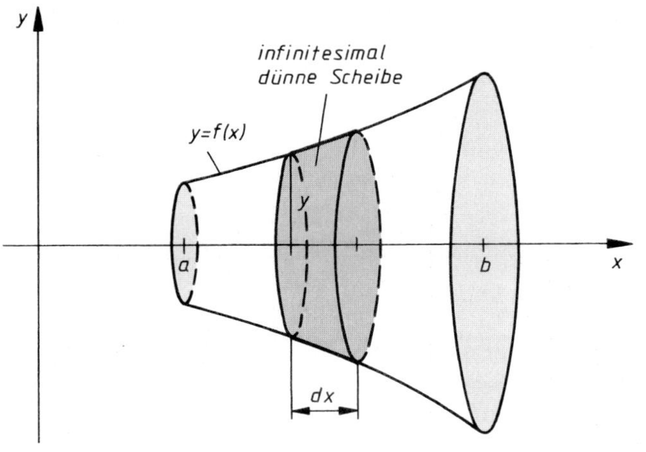

Bild V-50
Der Rotationskörper wird aus infinitesimal dünnen Zylinderscheiben der Dicke dx zusammengesetzt

Das *Volumen* einer solchen Scheibe (auch *Volumenelement* genannt) beträgt

$$dV_x = \pi y^2\, dx \qquad \text{(V-126)}$$

Jetzt *summieren*, d.h. *integrieren* wir über *sämtliche* zwischen $x = a$ und $x = b$ gelegenen *infinitesimal dünnen Scheiben* und erhalten schließlich für das *Rotationsvolumen* die bereits bekannte Formel

$$V_x = \int_{(V)} dV_x = \pi \cdot \int_a^b y^2\, dx = \pi \cdot \int_a^b f^2(x)\, dx \qquad \text{(V-127)}$$

Rotation einer Kurve um die *y*-Achse

Analog verfährt man bei Körpern, die durch *Rotation* eines Kurvenstücks um die *y-Achse* entstanden sind (Bild V-51).

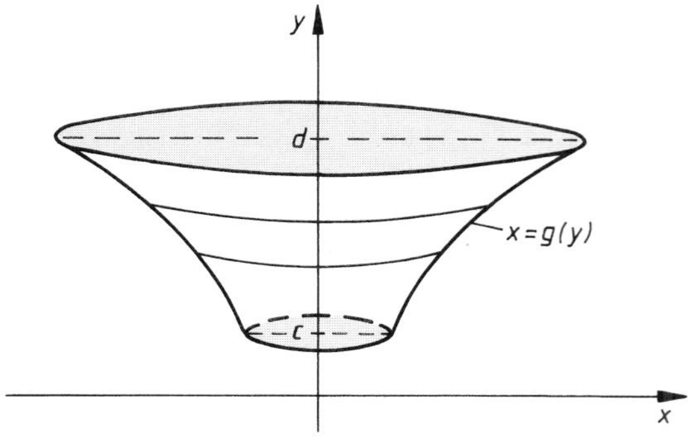

Bild V-51
Zur *y*-Achse rotationssymmetrischer Körper

Die entsprechende Integralformel für das Rotationsvolumen lautet:

Rotationsvolumen bei Drehung einer Kurve um die *y*-Achse (Bild V-51)

Bei Drehung einer Kurve mit der Gleichung $x = g(y)$, $c \leqslant y \leqslant d$ um die *y-Achse* entsteht ein Rotationskörper vom *Volumen*

$$V_y = \pi \cdot \int_c^d x^2 \, dy = \pi \cdot \int_c^d g^2(y) \, dy \qquad \text{(V-128)}$$

Anmerkung

Die Gleichung der rotierenden Kurve liegt meist in der Form $y = f(x)$ vor und muß dann erst noch nach der Variablen x aufgelöst werden. Die auf diese Weise erhaltene Funktion $x = g(y)$ ist die „nach der Variablen x aufgelöste Form von $y = f(x)$".

■ **Beispiele**

(1) Durch Drehung der über dem Intervall $0 \leqslant x \leqslant \pi/2$ gelegenen *Kosinuskurve* $y = \cos x$ um die *x-Achse* entsteht der in Bild V-52 skizzierte *Rotationskörper*. Sein Volumen beträgt nach Integralformel (V-125):

$$V_x = \pi \cdot \int_0^{\pi/2} \cos^2 x \, dx = \pi \cdot \left[\frac{1}{2} x + \frac{1}{4} \cdot \sin(2x) \right]_0^{\pi/2} = \frac{\pi^2}{4}$$

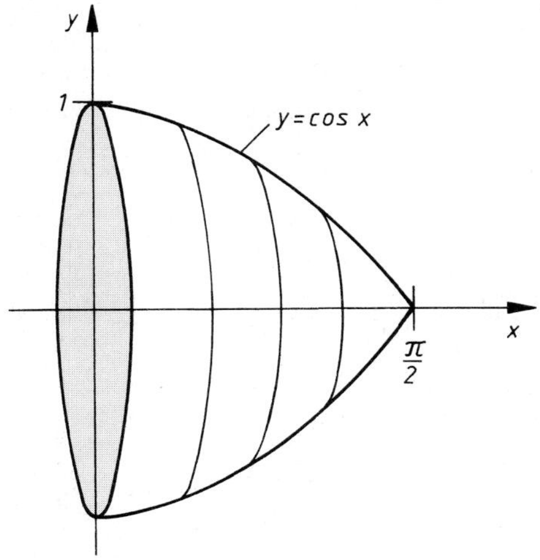

Bild V-52

Rotationskörper, entstanden durch Drehung der Kurve $y = \cos x$, $0 \leqslant x \leqslant \pi/2$ um die x-Achse

(2) Durch Rotation des in Bild V-53 skizzierten Kreisabschnitts der Höhe h um die x-*Achse* entsteht ein sog. *Kugelabschnitt* mit dem folgenden *Volumen*:

$$V_x = \pi \cdot \int_{r-h}^{r} \left(\sqrt{r^2 - x^2}\right)^2 dx = \pi \cdot \int_{r-h}^{r} (r^2 - x^2)\, dx =$$

$$= \pi \cdot \left[r^2 x - \frac{1}{3} x^3 \right]_{r-h}^{r} = \pi \cdot \left[r^3 - \frac{1}{3} r^3 - r^2 (r-h) + \frac{1}{3} (r-h)^3 \right] =$$

$$= \pi h^2 \left(r - \frac{1}{3} h \right)$$

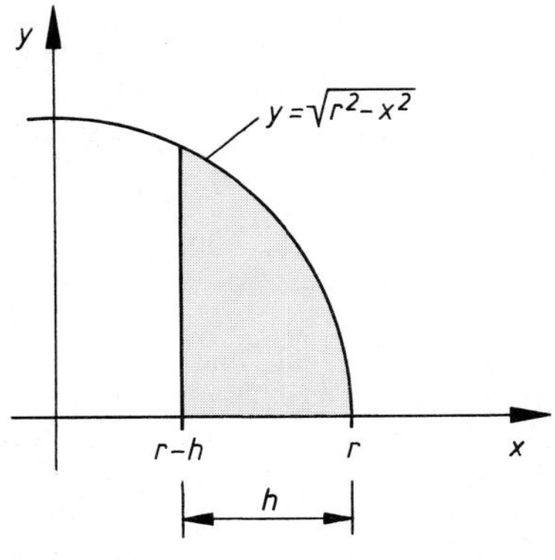

Bild V-53

Der grau unterlegte Kreisabschnitt erzeugt bei Rotation um die x-Achse einen Kugelabschnitt

Im Grenzfall $h = 2r$ erhält man eine *Vollkugel* mit dem Volumen

$$V_{\text{Kugel}} = \pi (2r)^2 \left(r - \frac{1}{3} \cdot 2r \right) = \frac{4}{3} \pi r^3$$

(3) Welchen *Rauminhalt* besitzt der Körper, der durch Drehung der in Bild V-54 skizzierten (*grau* unterlegten) Fläche um die *y-Achse* entsteht?

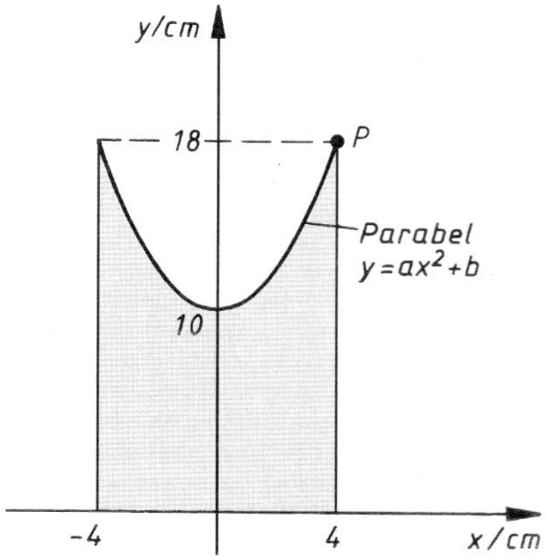

Bild V-54

Lösung:

Zunächst bestimmen wir die *Gleichung* der Parabel, die wir wegen der Achsensymmetrie in der Form $y = ax^2 + b$ ansetzen dürfen:

$b = 10$ cm; $P = (4$ cm; 18 cm$)$ ist ein *Punkt der Parabel* $\Rightarrow$

$18\text{ cm} = a \cdot (4\text{ cm})^2 + 10\text{ cm} \quad \Rightarrow \quad a = 0{,}5\text{ cm}^{-1}$

Die *Parabelgleichung* lautet somit:

$$y = 0{,}5\text{ cm}^{-1} \cdot x^2 + 10\text{ cm}$$

Das gesuchte *Rotationsvolumen* V berechnen wir nach der aus Bild V-54 ersichtlichen Formel

$$V = V_{\text{Zylinder}} - V_{\text{Paraboloid}}$$

Dabei ist V_{Zylinder} das Volumen des *Zylinders* mit dem Radius $r = 4$ cm und der Höhe $h = 18$ cm:

$$V_{\text{Zylinder}} = \pi r^2 h = \pi (4\text{ cm})^2 \cdot 18\text{ cm} = 904{,}78\text{ cm}^3$$

$V_{\text{Paraboloid}}$ ist das Volumen des *Rotationsparaboloids*, das durch Drehung der über dem Intervall $10 \leqslant y/\text{cm} \leqslant 18$ gelegenen Parabel um die y-Achse entsteht und mit Hilfe der Integralformel (V-128) berechnet werden kann. Dazu lösen wir zunächst die Parabelgleichung nach x^2 auf:

$$x^2 = 2\text{ cm} \cdot (y - 10\text{ cm})$$

Diesen Ausdruck setzen wir jetzt in die Volumenformel (V-128) ein und erhalten damit für das Volumen des Rotationsparaboloids:

$$V_{\text{Paraboloid}} = \pi \cdot \int_{10\,\text{cm}}^{18\,\text{cm}} x^2\,dy = 2\pi\,\text{cm} \cdot \int_{10\,\text{cm}}^{18\,\text{cm}} (y - 10\,\text{cm})\,dy =$$

$$= 2\pi\,\text{cm} \left[\frac{1}{2} y^2 - 10\,\text{cm} \cdot y \right]_{10\,\text{cm}}^{18\,\text{cm}} = 201{,}06\,\text{cm}^3$$

Für das gesuchte *Rotationsvolumen V* ergibt sich damit der folgende Wert:

$$V = V_{\text{Zylinder}} - V_{\text{Paraboloid}} =$$

$$= 904{,}78\,\text{cm}^3 - 201{,}06\,\text{cm}^3 = 703{,}72\,\text{cm}^3$$

■

10.4 Bogenlänge einer ebenen Kurve

Wir stellen uns die Aufgabe, die *Länge* einer über dem Intervall $a \leqslant x \leqslant b$ gelegenen Kurve mit der Funktionsgleichung $y = f(x)$ zu berechnen, und bedienen uns dabei der bereits in Abschnitt 10.3 erwähnten *formalen* Betrachtungsweise. Wahllos greifen wir ein von den beiden Randpunkten P und Q begrenztes, *infinitesimal kurzes Kurvenstück* heraus und ersetzen den Kurvenbogen durch das *Linienelement ds*, d.h. durch die entsprechende Strecke auf der in P errichteten *Tangente* (Bild V-55).

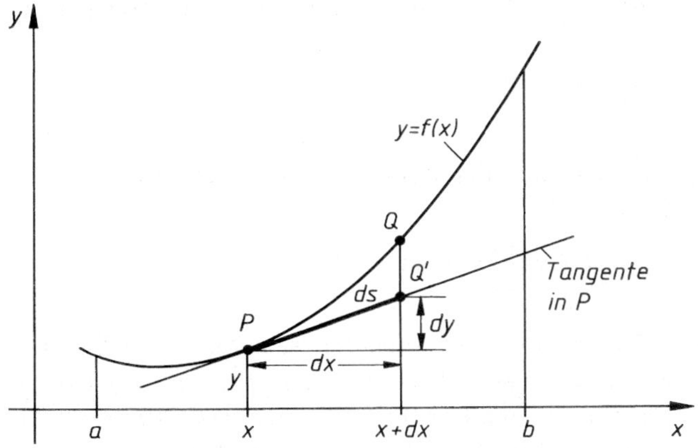

Bild V-55 Zur Bestimmung der Bogenlänge eines ebenen Kurvenstücks

Aus dem eingezeichneten Steigungsdreieck mit den beiden Katheten dx und dy und der Hypotenuse ds folgt dann nach dem *Satz des Pythagoras*:

$$(ds)^2 = (dx)^2 + (dy)^2 = (dx)^2 + (dy)^2 \cdot \frac{(dx)^2}{(dx)^2} = \left[1 + \frac{(dy)^2}{(dx)^2}\right](dx)^2 =$$

$$= \left[1 + \left(\frac{dy}{dx}\right)^2\right](dx)^2 = \left[1 + (y')^2\right](dx)^2 \qquad \text{(V-129)}$$

Damit ist

$$ds = \sqrt{1 + (y')^2}\; dx = \sqrt{1 + [f'(x)]^2}\; dx \qquad \text{(V-130)}$$

Durch Integration über sämtliche Linienelemente [11] erhält man schließlich die folgende Integralformel für die Bogenlänge der Kurve $y = f(x)$ im Intervall $a \leqslant x \leqslant b$:

Bogenlänge einer ebenen Kurve (Bild V-55)

Eine *ebene* Kurve mit der Gleichung $y = f(x)$, $a \leqslant x \leqslant b$ besitzt die *Bogenlänge*

$$s = \int_a^b \sqrt{1 + (y')^2}\; dx = \int_a^b \sqrt{1 + [f'(x)]^2}\; dx \qquad \text{(V-131)}$$

■ **Beispiel**

Wir wollen die bereits aus der Schulmathematik bekannte Formel für den *Umfang eines Kreises* vom Radius r herleiten (Bild V-56).

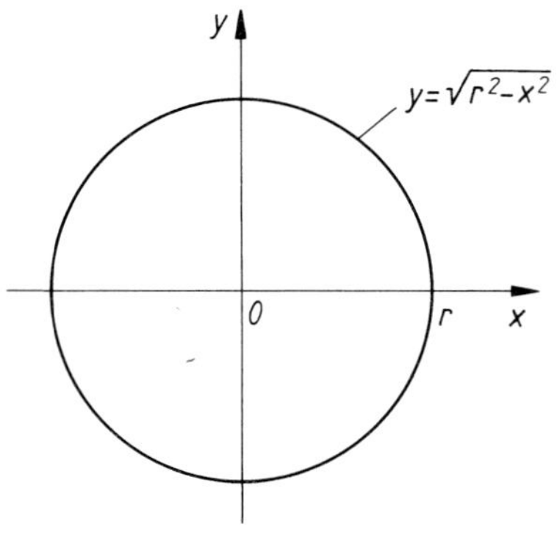

Bild V-56
Zur Berechnung des Kreisumfangs

[11] Andere übliche Bezeichnungen für das *Linienelement* sind *Bogenelement* oder *Bogendifferential*.

Lösung:

Aus der Kurvengleichung $y = \sqrt{r^2 - x^2}$ (Gleichung des *oberen* Halbkreises) erhalten wir durch Differentiation

$$y' = -\frac{x}{\sqrt{r^2 - x^2}}$$

und weiter

$$1 + (y')^2 = 1 + \frac{x^2}{r^2 - x^2} = \frac{r^2}{r^2 - x^2}$$

Für den Integrand $\sqrt{1 + (y')^2}$ des bei der Umfangsberechnung anfallenden Integrals (V-131) bekommen wir damit den folgenden Ausdruck:

$$\sqrt{1 + (y')^2} = \frac{r}{\sqrt{r^2 - x^2}}$$

Bei der Integration beschränken wir uns wegen der Achsensymmetrie auf den im 1. Quadrant gelegenen *Viertelkreis* und müssen daher den Integralwert noch mit dem Faktor 4 multiplizieren:

$$s = 4 \cdot \int_0^r \frac{r}{\sqrt{r^2 - x^2}}\, dx = 4r \cdot \int_0^r \frac{dx}{\sqrt{r^2 - x^2}}$$

Dieses Integral läßt sich durch eine *Substitution vom Typ (D)* der Tabelle 2 aus Abschnitt 8.1.2 wie folgt lösen:

$$x = r \cdot \sin u, \quad dx = r \cdot \cos u\, du, \quad \sqrt{r^2 - x^2} = r \cdot \cos u, \quad u = \arcsin(x/r)$$

Untere Grenze: $x = 0 \Rightarrow u = \arcsin 0 = 0$

Obere Grenze: $x = r \Rightarrow u = \arcsin 1 = \pi/2$

Wir erhalten die aus der Elementarmathematik bereits bekannte Formel

$$s = 4r \cdot \int_0^r \frac{dx}{\sqrt{r^2 - x^2}} = 4r \cdot \int_0^{\pi/2} \frac{r \cdot \cos u\, du}{r \cdot \cos u} = 4r \cdot \int_0^{\pi/2} du = 4r \left[u \right]_0^{\pi/2} = 2\pi r$$

■

10.5 Mantelfläche eines Rotationskörpers (Rotationsfläche)

Die durch Drehung einer ebenen Kurve um eine in der Kurvenebene liegende Achse entstehende Fläche heißt *Mantelfläche* oder *Rotationsfläche* des Drehkörpers.

Rotation einer Kurve um die x-Achse

Der Rotationskörper entstehe durch *Drehung* der Kurve $y = f(x)$, $a \leqslant x \leqslant b$ um die x-*Achse* (Bild V-57). Wir zerlegen ihn wiederum in eine große Anzahl dünner Scheiben.

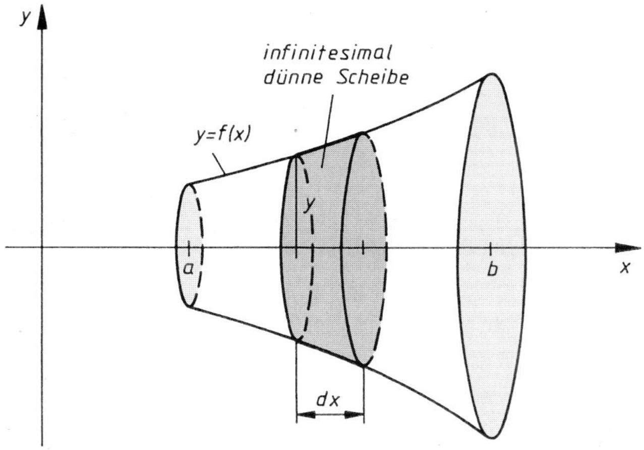

Bild V-57 Zerlegung eines Rotationskörpers in infinitesimal dünne Scheiben der Dicke dx

Eine solche (in Bild V-57 *grau* unterlegte) Scheibe der Dicke dx erhalten wir durch Drehung des in Bild V-58 skizzierten Bogens $\widehat{PQ}$ um die x-Achse. Ersetzen wir diesen Bogen durch das zugehörige *Linienelement* ds, so erzeugt dieses bei der Rotation um die x-Achse einen *Kegelstumpf*, dessen Mantelfläche einen *Näherungswert* für die Mantelfläche der Scheibe darstellt.

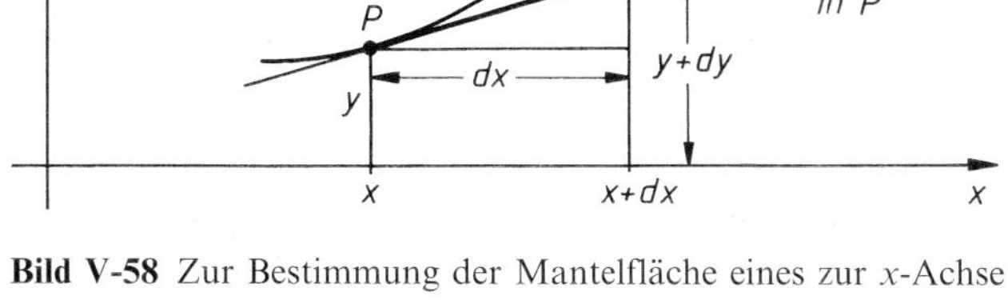

Bild V-58 Zur Bestimmung der Mantelfläche eines zur x-Achse symmetrischen Rotationskörpers

Für die *Mantelfläche eines Kegelstumpfes* liefert uns die Elementarmathematik die bekannte Formel[12)]

$$M_{\text{Kegelstumpf}} = \pi (r_1 + r_2)\, s \qquad \text{(V-132)}$$

Wir übertragen diese Formel auf unseren durch Drehung des Linienelementes ds um die x-Achse erzeugten infinitesimal dünnen Kegelstumpf. Für diesen ist

$$r_1 = y, \qquad r_2 = y + dy \qquad \text{und} \qquad s = ds \qquad \text{(V-133)}$$

Seine Mantelfläche beträgt somit

$$dM_x = \pi [y + (y + dy)]\, ds = \pi (2y + dy)\, ds \qquad \text{(V-134)}$$

und weiter, da $dy \ll y$ angenommen werden darf:

$$dM_x = \pi \cdot 2y\, ds = 2\pi y\, ds \qquad \text{(V-135)}$$

Berücksichtigt man noch die Beziehung (V-130) für das Linienelement ds, so ist die Mantelfläche des Kegelstumpfes und damit auch (näherungsweise) die *Mantelfläche der infinitesimal dünnen Scheibe* durch das *Differential*

$$dM_x = 2\pi y \cdot \sqrt{1 + (y')^2}\, dx = 2\pi f(x) \cdot \sqrt{1 + [f'(x)]^2}\, dx \qquad \text{(V-136)}$$

gegeben. Durch *Integration* erhält man schließlich:

Mantelfläche eines Rotationskörpers (Rotationsfläche bei Drehung einer Kurve um die x-Achse; Bild V-57)

Bei Drehung einer Kurve mit der Gleichung $y = f(x)$, $a \leq x \leq b$ um die *x-Achse* entsteht ein Rotationskörper mit der *Mantel-* oder *Rotationsfläche*

$$M_x = 2\pi \cdot \int_a^b y \cdot \sqrt{1 + (y')^2}\, dx = 2\pi \cdot \int_a^b f(x) \cdot \sqrt{1 + [f'(x)]^2}\, dx \qquad \text{(V-137)}$$

12) Die Mantelfläche eines Kegelstumpfes wird nach der Formel

$$M_{\text{Kegelstumpf}} = \pi (r_1 + r_2)\, s$$

berechnet (vgl. hierzu Bild V-59).

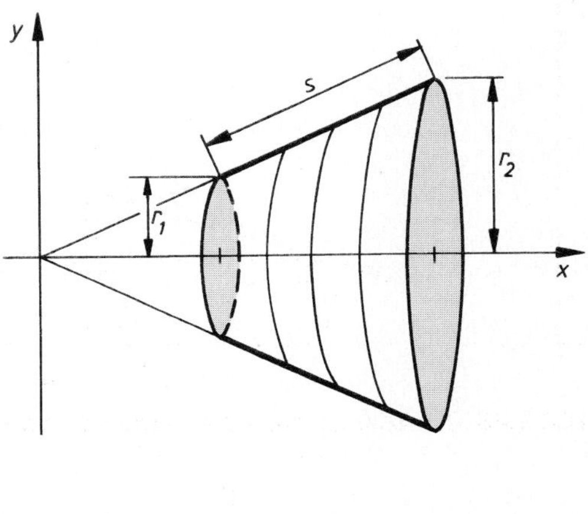

Bild V-59 Kegelstumpf

Rotation einer Kurve um die y-Achse

Bei *Rotation* einer Kurve $x = g(y)$, $c \leqslant y \leqslant d$ um die *y-Achse* erhält man nach analogen Überlegungen den folgenden Formelausdruck für die *Mantel-* oder *Rotationsfläche* des entstandenen Drehkörpers (Bild V-51):

Mantelfläche eines Rotationskörpers (Rotationsfläche bei Drehung einer Kurve um die y-Achse; Bild V-51)

Bei Drehung einer Kurve mit der Gleichung $x = g(y)$, $c \leqslant y \leqslant d$ um die *y-Achse* entsteht ein Rotationskörper mit der *Mantel-* oder *Rotationsfläche*

$$M_y = 2\pi \cdot \int_c^d x \cdot \sqrt{1 + (x')^2}\, dy = 2\pi \cdot \int_c^d g(y) \cdot \sqrt{1 + [g'(y)]^2}\, dy \qquad \text{(V-138)}$$

■ **Beispiele**

(1) Die Aufgabe besteht in der Berechnung der *Oberfläche* (*Mantelfläche*) *einer Kugel* vom Radius r. Die Kugeloberfläche soll dabei durch Drehung des in Bild V-60 skizzierten *Halbkreises* um die *x-Achse* erzeugt werden.

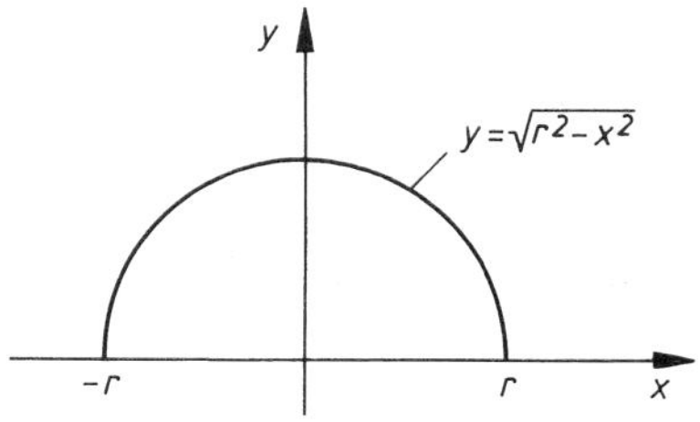

Bild V-60 Durch Rotation eines Halbkreises um die x-Achse entsteht eine Kugel

Wir erhalten nach Formel (V-137) mit

$$y = \sqrt{r^2 - x^2}, \qquad y' = -\frac{x}{\sqrt{r^2 - x^2}}, \qquad \sqrt{1 + (y')^2} = \frac{r}{\sqrt{r^2 - x^2}}$$

das folgende Ergebnis, wobei wir uns wegen der *Achsensymmetrie* auf das Integrationsintervall $0 \leqslant x \leqslant r$ beschränken durften (Faktor 2):

$$M_x = 2 \cdot 2\pi \cdot \int_0^r \sqrt{r^2 - x^2} \cdot \frac{r}{\sqrt{r^2 - x^2}}\, dx = 4\pi r \cdot \int_0^r dx =$$

$$= 4\pi r \Big[x \Big]_0^r = 4\pi r^2$$

(2) Durch Rotation der Normalparabel $y = x^2$ um die *y-Achse* entsteht ein *Rotationsparaboloid*. Es ist die Mantelfläche dieses Drehkörpers zu berechnen für den Fall, daß das Paraboloid in der Höhe $h = 2$ abgeschnitten wird (Bild V-61).

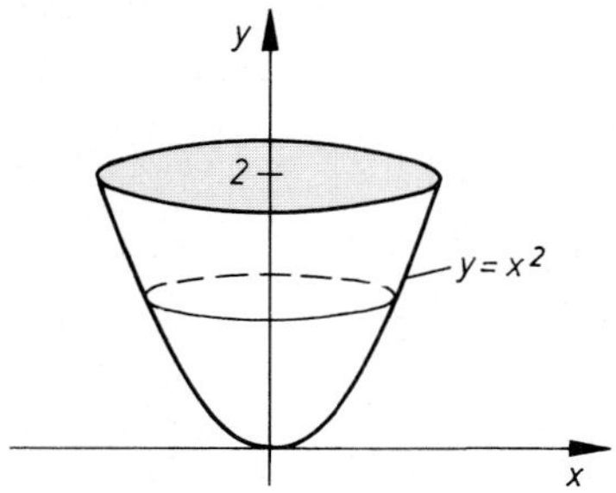

Bild V-61
Rotationsparaboloid mit der Höhe $h = 2$

Lösung:

Zunächst lösen wir die Parabelgleichung nach x auf und erhalten:

$$y = x^2 \quad \Rightarrow \quad x = g(y) = \sqrt{y}$$

Ferner ist:

$$x' = g'(y) = \frac{1}{2\sqrt{y}}, \qquad 1 + [g'(y)]^2 = 1 + \frac{1}{4y} = \frac{4y+1}{4y}$$

Für die Mantelfläche M_y folgt dann nach Formel (V-138):

$$M_y = 2\pi \cdot \int_0^2 \sqrt{y} \cdot \sqrt{\frac{4y+1}{4y}}\, dy = 2\pi \cdot \int_0^2 \sqrt{y} \cdot \frac{\sqrt{4y+1}}{2\sqrt{y}}\, dy =$$

$$= \pi \cdot \int_0^2 \sqrt{4y+1}\, dy$$

Dieses Integral wird durch die folgende *Substitution* gelöst (Typ (A) der Tabelle 2 aus Abschnitt 8.1.2):

$$u = 4y + 1, \qquad \frac{du}{dy} = 4, \qquad dy = \frac{du}{4}$$

Untere Grenze: $y = 0 \Rightarrow u = 1$

Obere Grenze: $y = 2 \Rightarrow u = 9$

Für die *Mantelfläche* des Rotationsparaboloids ergibt sich damit der Wert

$$M_y = \pi \cdot \int_0^2 \sqrt{4y+1}\, dy = \pi \cdot \int_1^9 \sqrt{u} \cdot \frac{du}{4} = \frac{\pi}{4} \cdot \int_1^9 \sqrt{u}\, du =$$

$$= \frac{\pi}{4} \cdot \int_1^9 u^{1/2}\, du = \frac{\pi}{4}\left[\frac{2}{3}u^{3/2}\right]_1^9 = \frac{\pi}{6}\left[\sqrt{u^3}\right]_1^9 = \frac{13}{3}\pi = 13{,}61$$

■

10.6 Arbeits- und Energiegrößen

Wird ein Massenpunkt durch eine *konstante* Kraft $\vec{F}$ längs einer Geraden um die Strecke $\vec{s}$ verschoben, so ist die dabei verrichtete *Arbeit* definitionsgemäß gleich dem *Skalarprodukt* aus dem Kraftvektor $\vec{F}$ und dem Verschiebungsvektor $\vec{s}$:

$$W = \vec{F} \cdot \vec{s} = |\vec{F}| \cdot |\vec{s}| \cdot \cos\varphi = F \cdot s \cdot \cos\varphi = F_s \cdot s \qquad \text{(V-139)}$$

(vgl. hierzu die Definitionsformel (II-79) aus Abschnitt II.3.3.5). F_s ist die *Kraftkomponente in der Wegrichtung* und φ der Winkel zwischen der *Kraft-* und der *Wegrichtung* (Bild V-62).

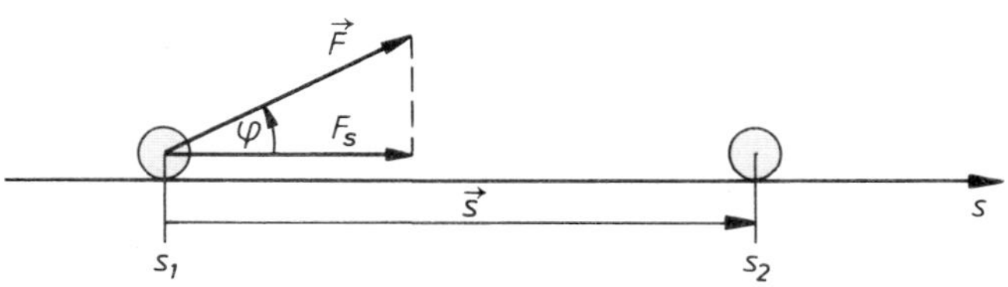

Bild V-62 Zum Begriff der physikalischen Arbeit an einem Massenpunkt

Im *allgemeinen* jedoch ist die Kraft *nicht* konstant, sondern noch *von Ort zu Ort verschieden*, d.h. *eine Funktion des Ortes* s: $F = F(s)$. Als Beispiel sei die *Gravitationskraft* genannt (vgl. hierzu das nachfolgende Beispiel (3)). Bei der Berechnung der *Arbeit*, die eine *ortsabhängige* Kraft $\vec{F}(s)$ mit der in der Wegrichtung wirkenden Komponente $F_s(s)$ bei einer Verschiebung des Massenpunktes längs einer Geraden von s_1 nach s_2 verrichtet, gehen wir wie folgt vor. Die Wegstrecke wird so in eine *große* Anzahl von *Teilstrecken* zerlegt, daß die Kraft längs einer jeden Teilstrecke als *nahezu konstant* angenommen werden kann. Die in dem *infinitesimal kleinen Wegintervall* von s bis $s + ds$ verrichtete *Arbeit* ist dann definitionsgemäß durch das *Differential*

$$dW = \vec{F} \cdot d\vec{s} = F_s(s)\, ds \qquad \text{(V-140)}$$

gegeben (vgl. hierzu Bild V-63).

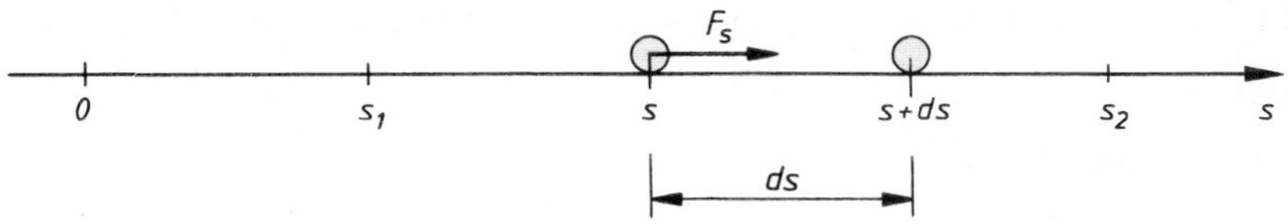

Bild V-63 Zur Herleitung des Arbeitsintegrals bei einer *ortsabhängigen* Kraft

Die längs des *geradlinigen* Weges von s_1 nach s_2 geleistete *Arbeit* W erhält man dann durch Integration:

Arbeit einer ortsabhängigen Kraft (Arbeitsintegral; Bild V-62)

Eine vom Ort s abhängige Kraft $\vec{F} = \vec{F}(s)$ verrichtet bei einer *geradlinigen* Verschiebung eines Massenpunktes die *Arbeit*

$$W = \int_{s_1}^{s_2} dW = \int_{s_1}^{s_2} F_s(s)\, ds \qquad \text{(V-141)}$$

Dabei bedeuten:

$F_s(s)$: Kraftkomponente in *Wegrichtung*

s_1, s_2: Wegmarken *vor* bzw. *nach* der Verschiebung

Anmerkung

Das durch Gleichung (V-141) definierte *Arbeitsintegral* wird auch als *Wegintegral der Kraft* bezeichnet.

■ **Beispiele**

(1) **Kinetische Energie einer Masse**

Wir wollen die *kinetische Energie* eines Körpers der Masse m berechnen, der durch eine (konstante oder ortsabhängige) Kraft $\vec{F}$ aus der Ruhe heraus auf die *Endgeschwindigkeit* v_0 beschleunigt wird (Bild V-64).

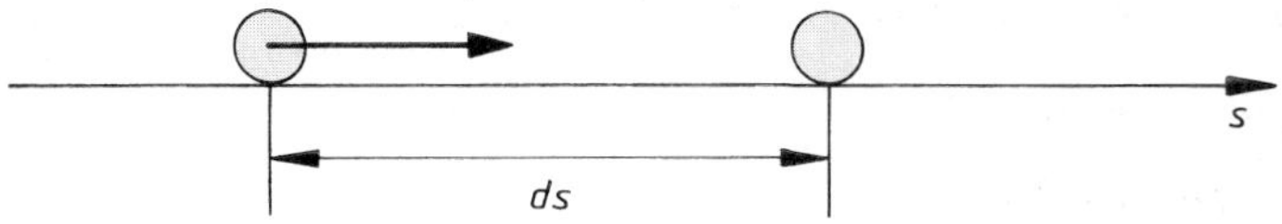

Bild V-64

Für die beschleunigende Kraft gilt nach dem *Grundgesetz der Mechanik*:

$$F = ma = m \frac{dv}{dt} \qquad \left(a = \frac{dv}{dt} \right)$$

(a: Beschleunigung; v: Geschwindigkeit). Sie verrichtet dabei auf der *infinitesimal kleinen Wegstrecke* ds die Arbeit

$$dW = F\,ds = m \frac{dv}{dt}\,ds = m \frac{ds}{dt}\,dv = m\,v\,dv$$

Denn der Differentialquotient ds/dt ist nichts anderes als die *Momentangeschwindigkeit* v. Durch *Integration* erhält man schließlich die *Beschleunigungsarbeit*

$$W = \int_0^{v_0} dW = m \cdot \int_0^{v_0} v\,dv = m \left[\frac{1}{2} v^2 \right]_0^{v_0} = \frac{1}{2} m\,v_0^2$$

Definitionsgemäß besitzt dann die Masse m *kinetische Energie* vom gleichen Betrage.

(2) **Spannungsarbeit an einer elastischen Feder**

Um eine *elastische Feder* aus der Gleichgewichtslage heraus um die Strecke s_0 zu *dehnen*, muß man mit einer Kraft $F(s)$ einwirken, die in *jeder* Lage der momentanen Rückstellkraft $F^* = -ks$ (*Hookesches Gesetz*) das Gleichgewicht hält (Bild V-65):

$$F(s) = -F^* = ks \qquad (k\text{: } \textit{Federkonstante})$$

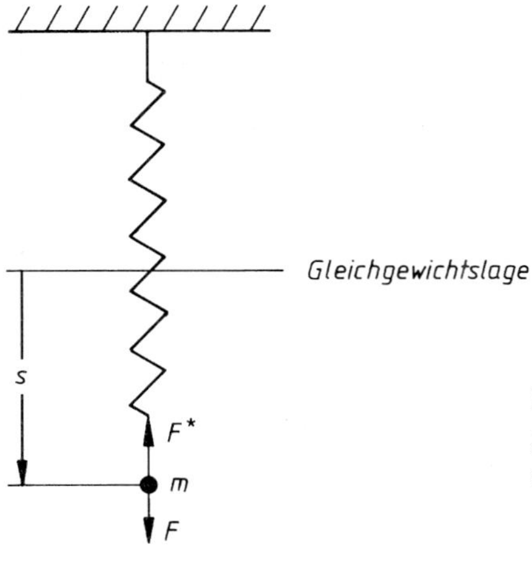

Bild V-65

Zur Berechnung der Spannungsarbeit an einer elastischen Feder

Die dabei verrichtete *Arbeit* beträgt dann nach Formel (V-141) unter Berücksichtigung von $F_s(s) = F(s) = ks$:

$$W = \int_0^{s_0} F_s(s)\,ds = k \cdot \int_0^{s_0} s\,ds = k\left[\frac{1}{2}s^2\right]_0^{s_0} = \frac{1}{2}ks_0^2$$

Die gespannte Feder besitzt jetzt *Spannungsenergie* vom gleichen Betrage.

(3) **Arbeit im Gravitationsfeld der Erde**

Wir berechnen die *Arbeit*, die man aufwenden muß, um eine auf der *Erdoberfläche* liegende Masse m *entgegen* der Schwerkraft um die Strecke h anzuheben (Bild V-66; r_0 ist der Erdradius).

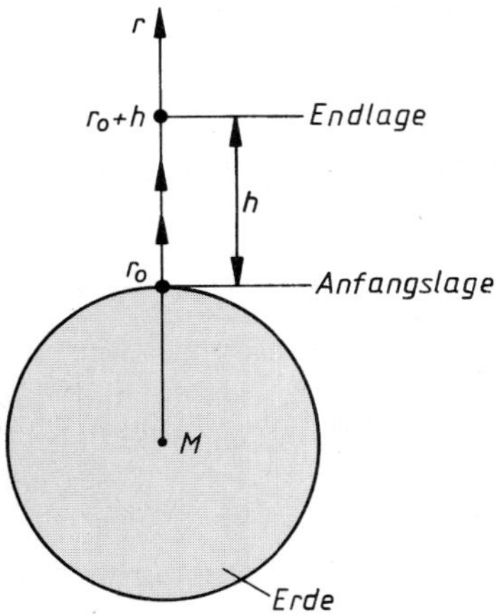

Bild V-66

Arbeit im Gravitationsfeld der Erde

Dazu benötigen wir eine Kraft $F(r)$, die der in Richtung Erdmittelpunkt wirkenden *Gravitationskraft*

$$F^*(r) = -f\,\frac{mM}{r^2} \qquad (r > 0)$$

das *Gleichgewicht* hält. Somit gilt:

$$F(r) = -F^*(r) = f\,\frac{mM}{r^2}$$

Dabei ist f die Gravitationskonstante, M die Erdmasse und r der Abstand der Masse m vom Erdmittelpunkt.

Beim *Anheben* um die Strecke h wird dabei die Arbeit

$$W = \int_{r_0}^{r_0+h} F(r)\,dr = f\,mM \cdot \int_{r_0}^{r_0+h} \frac{1}{r^2}\,dr = f\,mM \left[-\frac{1}{r}\right]_{r_0}^{r_0+h} =$$

$$= f\,mM \left[\frac{1}{r_0} - \frac{1}{r_0+h}\right] = f\,mM\,\frac{h}{r_0(r_0+h)}$$

verrichtet. Für $h \ll r_0$, d.h. in *Erdnähe*, erhält man hieraus die bereits aus der Schulphysik bekannte Formel für die *Hubarbeit* (bzw. *potentielle Energie*):

$$W \approx f\,mM\,\frac{h}{r_0^2} = m\underbrace{\left(f\,\frac{M}{r_0^2}\right)}_{g} h = mgh$$

$g = f\,\dfrac{M}{r_0^2}$ ist dabei die *Fallbeschleunigung an der Erdoberfläche.*

(4) **Arbeit eines Gases**

Wir betrachten eine in einem zylindrischen Gefäß eingeschlossene *Gasmenge*, deren *Zustand* durch die drei *Zustandsvariablen* p (*Druck*), V (*Volumen*) und T (*absolute Temperatur*) beschrieben wird. Das Gefäß sei dabei durch einen (beweglichen) Kolben abgeschlossen (Bild V-67). Der Gasdruck p erzeugt eine auf den Kolben nach *außen* wirkende Kraft $F = pA$ (A: Querschnittsfläche des Kolbens). Durch eine gleich große *Gegenkraft* wird zunächst eine Ausdehnung des Gases verhindert. Ist die äußere Kraft jedoch etwas *kleiner* als die Druckkraft des Gases, so dehnt sich dieses aus und verrichtet bei einer Verschiebung des Kolbens um die *infinitesimal kleine Strecke* dx die *Arbeit*

$$dW = F\,dx = p\,A\,dx = p\,dV$$

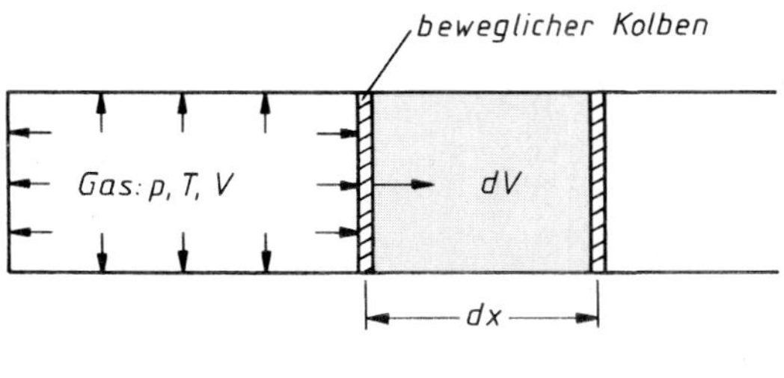

Bild V-67 Zur Berechnung der isothermen Ausdehnungsarbeit eines Gases

Dabei ist $dV = A\,dx$ die *differentielle Zunahme* des Gasvolumens bei dieser Verschiebung. Die bei einer *isothermen Ausdehnung* vom Anfangsvolumen V_1 auf das Endvolumen V_2 *insgesamt* vom Gas verrichtete *Arbeit* erhält man dann durch *Integration*:

$$W = \int_{V_1}^{V_2} dW = \int_{V_1}^{V_2} p(V)\,dV$$

Wir berechnen jetzt mit dieser Integralformel die *isotherme Ausdehnungsarbeit eines realen Gases*, dessen Verhalten in vielen Fällen in guter Näherung durch die sog. *van der Waalssche Zustandsgleichung*

$$\left(p + \frac{a}{V^2}\right)(V - b) = nRT$$

beschrieben werden kann (a und b sind dabei zwei *stoffabhängige* Konstanten; n: Molzahl; R: *allgemeine Gaskonstante*). Durch Auflösen dieser Gleichung nach p erhält man

$$p = \frac{nRT}{V - b} - \frac{a}{V^2}$$

und damit bei *isothermer* Prozeßführung ($T = constant$):

$$W = \int_{V_1}^{V_2} p(V)\,dV = \int_{V_1}^{V_2} \left(\frac{nRT}{V - b} - \frac{a}{V^2}\right) dV =$$

$$= \left[nRT \cdot \ln(V - b) + \frac{a}{V}\right]_{V_1}^{V_2} = nRT \cdot \ln\left(\frac{V_2 - b}{V_1 - b}\right) + a\left(\frac{1}{V_2} - \frac{1}{V_1}\right)$$

Für ein *ideales* Gas ist $a = b = 0$ und die *van der Waalssche Zustandsgleichung* geht in die bekannte *Zustandsgleichung eines idealen Gases* über:

$$pV = nRT$$

Die *isotherme Ausdehnungsarbeit* eines *idealen* Gases beträgt dann

$$W = nRT \cdot \ln\left(\frac{V_2}{V_1}\right)$$

■

10.7 Lineare und quadratische Mittelwerte

Mittelwerte spielen in Naturwissenschaft und Technik eine bedeutende Rolle. Wir unterscheiden dabei zwischen *linearen* und *quadratischen Mittelwerten.*

Linearer Mittelwert

Definition: Unter dem *linearen Mittelwert* einer Funktion $y = f(x)$ im Intervall $a \leqslant x \leqslant b$ versteht man die Größe

$$\bar{y}_{\text{linear}} = \frac{1}{b-a} \cdot \int_{a}^{b} f(x)\, dx \qquad \text{(V-142)}$$

Der *lineare Mittelwert* einer Funktion läßt sich auch wie folgt *geometrisch* deuten:

Über dem Intervall $a \leqslant x \leqslant b$ soll ein *Rechteck* mit der (zunächst noch unbekannten) Höhe h errichtet werden, das den *gleichen* Flächeninhalt besitzt wie das von der Kurve $y = f(x)$, der x-Achse und den beiden Parallelen $x = a$ und $x = b$ begrenzte Flächenstück (Bild V-68).

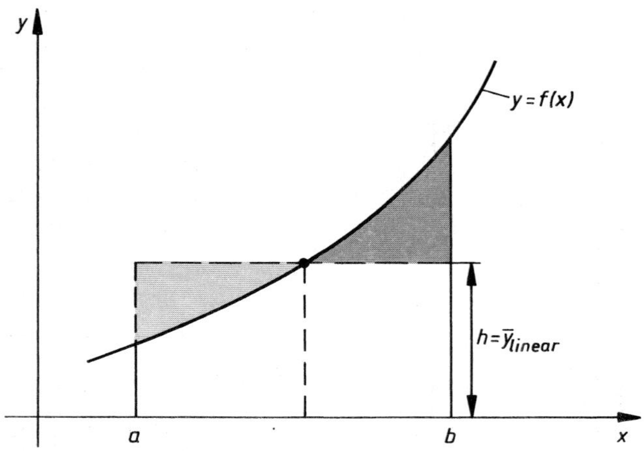

Bild V-68 Zum Begriff des *linearen Mittelwertes* einer Funktion $y = f(x)$ im Intervall $a \leqslant x \leqslant b$ (die beiden grau unterlegten Teilflächen sind flächengleich)

Somit muß gelten:

$$h(b-a) = \int_{a}^{b} f(x)\, dx \qquad \text{(V-143)}$$

Für die Höhe h erhalten wir daraus den Wert

$$h = \frac{1}{b-a} \cdot \int_a^b f(x)\,dx \qquad \text{(V-144)}$$

Dies aber ist genau der *lineare Mittelwert* der Funktion $y = f(x)$ im Intervall $a \leqslant x \leqslant b$, d.h. es gilt $h = \overline{y}_{\text{linear}}$. Der *lineare Mittelwert* ist eine Art *mittlere Ordinate* der Kurve $y = f(x)$ im Intervall $a \leqslant x \leqslant b$.

Quadratischer Mittelwert

Definition: Unter dem *quadratischen Mittelwert einer Funktion* $y = f(x)$ im Intervall $a \leqslant x \leqslant b$ versteht man die Größe

$$\overline{y}_{\text{quadratisch}} = \sqrt{\frac{1}{b-a} \cdot \int_a^b f^2(x)\,dx} \qquad \text{(V-145)}$$

Zeitliche Mittelwerte

In der *Elektrotechnik* werden *lineare* und *quadratische* Mittelwerte von *zeitabhängigen* periodischen Funktionen $y = f(t)$ benötigt. Sie werden jeweils über eine Periodendauer T gebildet. Beispiele dafür sind der *Effektivwert* eines Wechselstroms bzw. einer Wechselspannung sowie die *durchschnittliche Wirkleistung* eines Wechselstroms.

Zusammenfassend gilt somit:

Linearer und quadratischer zeitlicher Mittelwert einer periodischen Funktion

Der *lineare* bzw. *quadratische zeitliche Mittelwert* einer periodischen Funktion $y = f(t)$ mit der Periodendauer T läßt sich wie folgt berechnen (die Integration erfolgt über ein Periodenintervall der Länge T):

$$\overline{y}_{\text{linear}} = \frac{1}{T} \cdot \int_{(T)} f(t)\,dt \qquad \text{(V-146)}$$

$$\overline{y}_{\text{quadratisch}} = \sqrt{\frac{1}{T} \cdot \int_{(T)} f^2(t)\,dt} \qquad \text{(V-147)}$$

■ **Beispiele**

(1) Wir berechnen den *linearen Mittelwert* der Logarithmusfunktion $y = \ln x$ im Intervall $1 \leqslant x \leqslant 5$ (Bild V-69):

$$\bar{y}_{\text{linear}} = \frac{1}{5-1} \cdot \int_{1}^{5} \ln x \, dx = \frac{1}{4} \Big[x(\ln x - 1) \Big]_{1}^{5} = \frac{1}{4} \Big(3{,}05 + 1 \Big) = 1{,}01$$

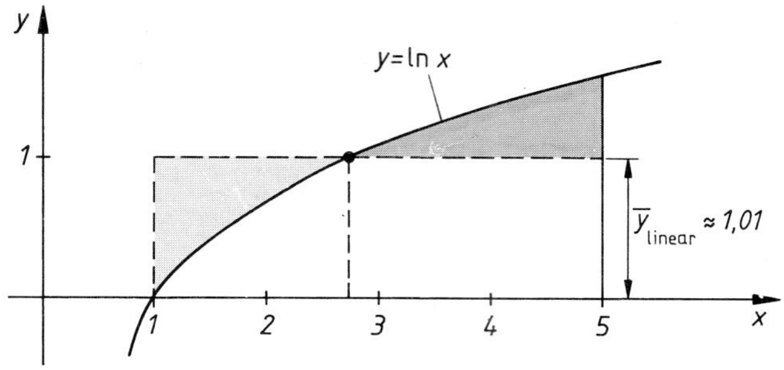

Bild V-69

(2) **Durchschnittliche Leistung *P* eines sinusförmigen Wechselstroms**

In einem *Wechselstromkreis* erzeuge die sinusförmige Wechselspannung $u = u_0 \cdot \sin(\omega t)$ den phasenverschobenen Wechselstrom $i = i_0 \cdot \sin(\omega t + \varphi)$ gleicher Kreisfrequenz ω. Die *momentane* (*zeitabhängige*) *Leistung* p ist dann definitionsgemäß das Produkt aus Spannung u und Stromstärke i:

$$\begin{aligned} p = p(t) = u i &= u_0 i_0 \cdot \sin(\omega t) \cdot \sin(\omega t + \varphi) = \\ &= u_0 i_0 \cdot \sin(\omega t) [\sin(\omega t) \cdot \cos \varphi + \cos(\omega t) \cdot \sin \varphi] = \\ &= u_0 i_0 [\cos \varphi \cdot \sin^2(\omega t) + \sin \varphi \cdot \sin(\omega t) \cdot \cos(\omega t)] \end{aligned}$$

(wir haben dabei das *Additionstheorem der Sinusfunktion* verwendet). Den *linearen zeitlichen Mittelwert* berechnet man definitionsgemäß aus Gleichung (V-146), wobei wir $\bar{p}_{\text{linear}} = P$ setzen:

$$\begin{aligned} P = \bar{p}_{\text{linear}} &= \frac{1}{T} \cdot \int_{0}^{T} p(t) \, dt = \\ &= \frac{u_0 i_0}{T} \cdot \int_{0}^{T} [\cos \varphi \cdot \sin^2(\omega t) + \sin \varphi \cdot \sin(\omega t) \cdot \cos(\omega t)] \, dt = \\ &= \frac{u_0 i_0}{T} \left\{ \cos \varphi \cdot \int_{0}^{T} \sin^2(\omega t) \, dt + \sin \varphi \cdot \int_{0}^{T} \sin(\omega t) \cdot \cos(\omega t) \, dt \right\} \end{aligned}$$

In der *Integraltafel* der Formelsammlung finden wir für die beiden Integrale die folgenden Lösungen:

$$\int \sin^2(\omega t)\,dt = \frac{1}{2}\,t - \frac{1}{4\omega} \cdot \sin(2\,\omega t) \qquad \text{(Integral Nr. 205)}$$

$$\int \sin(\omega t) \cdot \cos(\omega t)\,dt = \frac{1}{2\,\omega} \cdot \sin^2(\omega t) \qquad \text{(Integral Nr. 254)}$$

Für die *durchschnittliche Wirkleistung* während einer Periode erhalten wir damit unter Berücksichtigung der Beziehung $\omega T = 2\pi$ den folgenden Formelausdruck:

$$P = \frac{u_0 i_0}{T}\left\{\cos\varphi\left[\frac{1}{2}\,t - \frac{1}{4\omega} \cdot \sin(2\,\omega t)\right]_0^T + \sin\varphi\left[\frac{1}{2\,\omega} \cdot \sin^2(\omega t)\right]_0^T\right\} =$$

$$= \frac{u_0 i_0}{T}\left\{\cos\varphi\left(\frac{1}{2}\,T - \frac{1}{4\omega} \cdot \sin(2\,\omega T)\right) + \sin\varphi \cdot \frac{1}{2\,\omega} \cdot \sin^2(\omega T)\right\} =$$

$$= \frac{u_0 i_0}{T}\left\{\cos\varphi\left(\frac{T}{2} - \frac{1}{4\omega} \cdot \sin(4\,\pi)\right) + \frac{\sin\varphi}{2\,\omega} \cdot \sin^2(2\,\pi)\right\} =$$

$$= \frac{u_0 i_0}{T} \cdot \cos\varphi \cdot \frac{T}{2} = \frac{u_0 i_0}{2} \cdot \cos\varphi$$

Die *Scheitelwerte* u_0 und i_0 lassen sich noch wie folgt durch die *Effektivwerte* U und I ausdrücken (siehe hierzu auch das nachfolgende Beispiel):

$$u_0 = U\sqrt{2}, \qquad i_0 = I\sqrt{2}$$

Unter Berücksichtigung dieser Beziehungen erhält man für den *Mittelwert der Wirkleistung* eines sinusförmigen Wechselstroms

$$P = UI \cdot \cos\varphi$$

(3) **Effektivwerte von Strom und Spannung (quadratische Mittelwerte)**

Der *Effektivwert* eines Wechselstroms bzw. einer Wechselspannung ist der *quadratische zeitliche Mittelwert* während einer Periode T:

$$I = \sqrt{\frac{1}{T} \cdot \int_0^T i^2(t)\,dt}\,, \qquad U = \sqrt{\frac{1}{T} \cdot \int_0^T u^2(t)\,dt}$$

Für einen *sinusförmigen* Wechselstrom $i = i_0 \cdot \sin(\omega t)$ erhält man unter Berücksichtigung der Beziehung $\omega T = 2\pi$:

$$\int_0^T i^2(t)\,dt = i_0^2 \cdot \underbrace{\int_0^T \sin^2(\omega t)\,dt}_{\text{Integral Nr. 205}} = i_0^2 \left[\frac{1}{2}t - \frac{1}{4\omega} \cdot \sin(2\omega t)\right]_0^T =$$

$$= i_0^2 \left(\frac{T}{2} - \frac{1}{4\omega} \cdot \sin(2\omega T)\right) = i_0^2 \left(\frac{T}{2} - \frac{1}{4\omega} \cdot \sin(4\pi)\right) = \frac{i_0^2\, T}{2}$$

Der *Effektivwert* des Wechselstroms beträgt somit:

$$I = \sqrt{\frac{1}{T} \cdot \int_0^T i^2(t)\,dt} = \sqrt{\frac{1}{T} \cdot \frac{i_0^2\, T}{2}} = \frac{i_0}{\sqrt{2}} = 0{,}707\, i_0$$

Analog berechnet sich der *Effektivwert* einer sinusförmigen Wechselspannung $u = u_0 \cdot \sin(\omega t)$ zu

$$U = \frac{u_0}{\sqrt{2}} = 0{,}707\, u_0$$

■

10.8 Schwerpunkt homogener Flächen und Körper

10.8.1 Grundbegriffe

Statisches Moment einer Kraft

Ein *Massenpunkt* der Masse m besitze von einer (vertikalen) Bezugsachse den *senkrechten* Abstand r (Bild V-70). Dann erzeugt die Gewichtskraft $G = mg$ definitionsgemäß ein *statisches Moment* [13)] vom Betrage

$$M = Gr = mgr \qquad \text{(V-148)}$$

Bei *räumlichen* Körpern wird die Masse m zunächst in eine *große* Anzahl von *Teilmassen* zerlegt. Wir betrachten jetzt ein solches *infinitesimal kleines Massenelement* dm im senkrechten Abstand r von der Bezugsachse (Bild V-71).

---

13) Andere, übliche Bezeichnungen sind *Drehmoment* oder *Moment 1. Ordnung*.

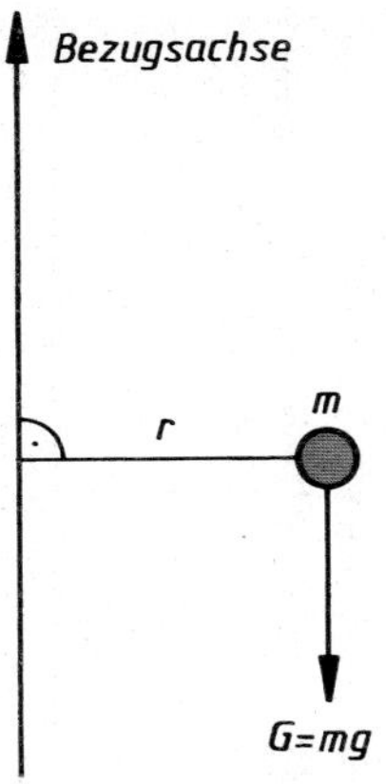

Bild V-70

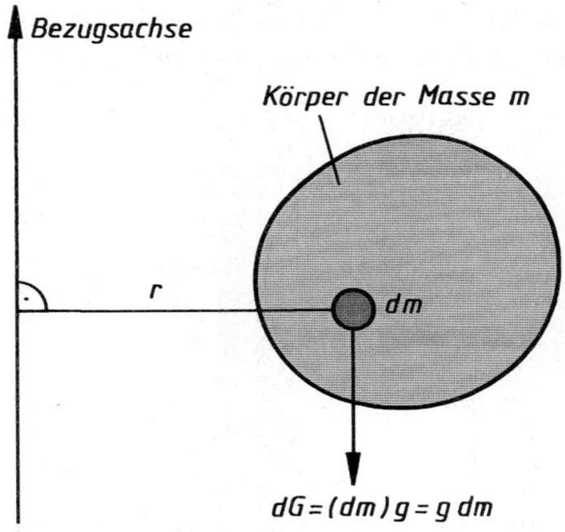

Bild V-71

Der Beitrag dieses Massenelementes zum *Gesamtmoment* M beträgt dann:

$$dM = (dG)\,r = (dm)\,gr = gr\,dm \tag{V-149}$$

Durch Aufsummieren *sämtlicher* Teilbeträge dM, d.h. durch *Integration* erhält man schließlich das *Gesamtmoment* M:

$$M = \int_{(m)} dM = \int_{(m)} gr\,dm \tag{V-150}$$

Schwerpunkt oder Massenmittelpunkt eines Körpers

Unter dem *Schwerpunkt* S eines Körpers (auch *Massenmittelpunkt* genannt) wird definitionsgemäß derjenige *Punkt* verstanden, in dem die *Gesamtmasse* des Körpers vereinigt gedacht werden muß, damit dieser fiktive Massenpunkt ein *gleich großes* statisches Moment erzeugt wie der reale Körper selbst (Bild V-72). Ist r_S der *senkrechte* Abstand des *Schwerpunktes* S von der Bezugsachse (bzw. Bezugsebene), so gilt also

$$M = mg\,r_S = \int_{(m)} gr\,dm = g \cdot \int_{(m)} r\,dm \tag{V-151}$$

und weiter (nach Kürzen durch g)

$$m\,r_S = \int_{(m)} r\,dm \tag{V-152}$$

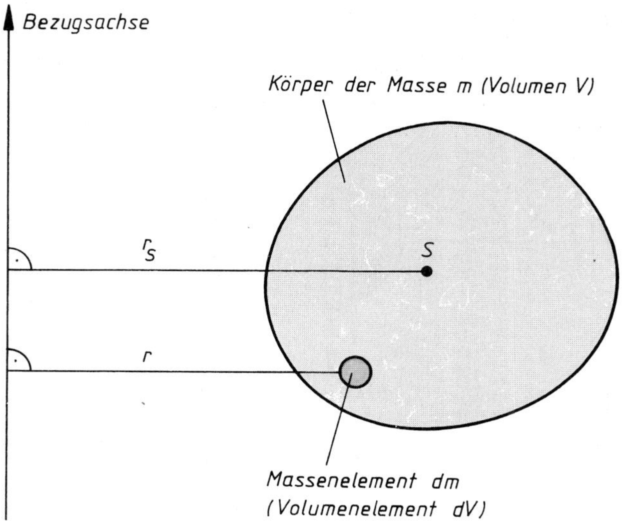

Bild V-72
Schwerpunkt eines räumlichen Körpers

Bei allen weiteren Betrachtungen gehen wir von *homogenen* Körpern *konstanter* Dichte ρ aus. Da $m = \rho V$ und $dm = \rho\, dV$ ist, läßt sich die Beziehung (V-152) auch auf die Form

$$\rho V r_S = \int_{(V)} r \rho\, dV = \rho \cdot \int_{(V)} r\, dV \qquad \text{oder} \qquad V r_S = \int_{(V)} r\, dV \qquad \text{(V-153)}$$

bringen. dV ist dabei der *Rauminhalt* des Massenelementes dm und wird daher auch als *Volumenelement* bezeichnet, V ist das *Gesamtvolumen* des *Körpers* mit der Masse m. Die Integration ist über das *gesamte* Volumen zu erstrecken. Aus dieser Gleichung gewinnt man für den *Schwerpunktsabstand* r_S die wichtige Integralformel

$$r_S = \frac{1}{V} \cdot \int_{(V)} r\, dV \qquad \text{(V-154)}$$

Durch Wahl einer geeigneten Bezugsachse in *jeder* der drei Koordinatenebenen erhält man hieraus die folgenden Formeln für die *Schwerpunktskoordinaten* x_S, y_S und z_S:

Schwerpunkt eines homogenen räumlichen Körpers (Bild V-72)

Für die *Schwerpunktskoordinaten* x_S, y_S und z_S eines *homogenen* räumlichen Körpers vom Volumen V gelten die folgenden Integralformeln:

$$x_S = \frac{1}{V} \cdot \int_{(V)} x\, dV, \qquad y_S = \frac{1}{V} \cdot \int_{(V)} y\, dV, \qquad z_S = \frac{1}{V} \cdot \int_{(V)} z\, dV \qquad \text{(V-155)}$$

10.8.2 Schwerpunkt einer homogenen ebenen Fläche

Bei *flächenhaften* Körpern mit *konstanter* Dicke h wie z. B. *dünnen Scheiben* oder *Platten* liegt der Schwerpunkt S im Abstand $h/2$ oberhalb der (ebenen) Grundfläche vom Flächeninhalt A (die Grundfläche legen wir in die x, y-Ebene). Die *Schwerpunktskoordinaten* x_S, y_S und z_S lassen sich dann aus den Gleichungen (V-155) unter Berücksichtigung von $V = Ah$ und $dV = (dA)h = h\,dA$ wie folgt bestimmen:

$$x_S = \frac{1}{V} \cdot \int\limits_{(V)} x\,dV = \frac{1}{Ah} \cdot \int\limits_{(A)} xh\,dA = \frac{h}{Ah} \cdot \int\limits_{(A)} x\,dA = \frac{1}{A} \cdot \int\limits_{(A)} x\,dA$$

$$y_S = \frac{1}{V} \cdot \int\limits_{(V)} y\,dV = \frac{1}{Ah} \cdot \int\limits_{(A)} yh\,dA = \frac{h}{Ah} \cdot \int\limits_{(A)} y\,dA = \frac{1}{A} \cdot \int\limits_{(A)} y\,dA \qquad \text{(V-156)}$$

$$z_S = \frac{h}{2}$$

Dabei ist die Integration über die *gesamte Grundfläche* A zu erstrecken. Für $h \to 0$ erhält man eine in der x, y-Ebene liegende Fläche vom Flächeninhalt A, deren *Schwerpunktskoordinaten* x_S und y_S wie folgt berechnet werden ($z_S = 0$; vgl. Bild V-73):

Schwerpunkt einer homogenen ebenen Fläche (Bild V-73)

Für die *Schwerpunktskoordinaten* x_S und y_S einer *homogenen* ebenen Fläche vom Flächeninhalt A gelten die folgenden Integralformeln:

$$x_S = \frac{1}{A} \cdot \int\limits_{(A)} x\,dA, \qquad y_S = \frac{1}{A} \cdot \int\limits_{(A)} y\,dA \qquad \text{(V-157)}$$

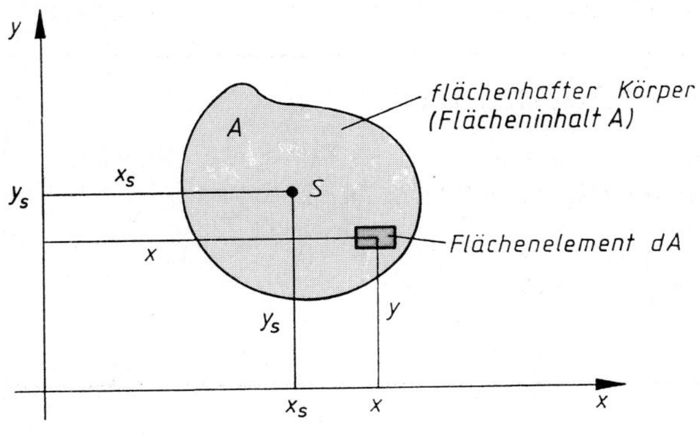

Bild V-73
Schwerpunkt S eines flächenhaften Körpers konstanter Dichte

Anmerkung

Die in den Gleichungen (V-157) auftretenden Integrale sind die wie folgt definierten *statischen Momente der Fläche A*:

$$M_x = \int_{(A)} dM_x = \int_{(A)} y\,dA = y_S\,A: \quad \textit{Statisches Moment bezüglich der x-Achse}$$

$$M_y = \int_{(A)} dM_y = \int_{(A)} x\,dA = x_S\,A: \quad \textit{Statisches Moment bezüglich der y-Achse}$$

($dM_x = y\,dA$ und $dM_y = x\,dA$ sind die *statischen Momente* des Flächenelementes dA bezüglich der x-Achse bzw. y-Achse.)

Wir gehen jetzt zur Berechnung der *Schwerpunktskoordinaten* x_S und y_S einer *homogenen ebenen Fläche* über, die von der Kurve $y = f(x)$, der x-Achse und den Geraden $x = a$ und $x = b$ berandet wird (Bild V-74).

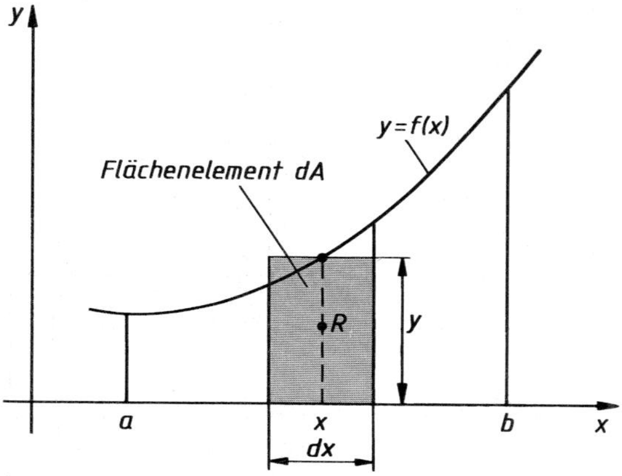

Bild V-74
Zur Berechnung des Schwerpunktes einer homogenen ebenen Fläche

In der bereits bekannten Weise zerlegen wir zunächst die Fläche in eine große Anzahl von *rechteckigen* Streifen. Das im Bild V-74 skizzierte Flächenelement besitzt die Breite dx, die Höhe y und somit den Flächeninhalt $dA = y\,dx$. Der Schwerpunkt R dieses Streifens liegt dann im Schnittpunkt der beiden *Flächendiagonalen*. Seine Koordinaten x_R und y_R lauten daher wie folgt:

$$x_R = x, \qquad y_R = \frac{1}{2}\,y \tag{V-158}$$

Zu den *statischen Momenten* M_x und M_y der *Gesamtfläche A* liefert dieses Flächenelement die folgenden Beiträge:

$$\begin{aligned} dM_x &= y_R\,dA = \frac{1}{2}\,y(y\,dx) = \frac{1}{2}\,y^2\,dx \\ dM_y &= x_R\,dA = x(y\,dx) = x\,y\,dx \end{aligned} \tag{V-159}$$

Durch *Summation* über *sämtliche* in der Fläche liegende Flächenelemente, d.h. durch *Integration* erhalten wir schließlich

$$M_x = \int_{(A)} dM_x = \frac{1}{2} \cdot \int_a^b y^2 \, dx = \frac{1}{2} \cdot \int_a^b f^2(x) \, dx$$

$$M_y = \int_{(A)} dM_y = \int_a^b x y \, dx = \int_a^b x \cdot f(x) \, dx \qquad \text{(V-160)}$$

Andererseits ist $M_x = y_S A$ und $M_y = x_S A$. Unter Berücksichtigung dieser Beziehungen gehen die Gleichungen (V-160) über in

$$y_S A = \frac{1}{2} \cdot \int_a^b y^2 \, dx = \frac{1}{2} \cdot \int_a^b f^2(x) \, dx$$

$$x_S A = \int_a^b x y \, dx = \int_a^b x \cdot f(x) \, dx \qquad \text{(V-161)}$$

Durch Auflösen nach x_S bzw. y_S gewinnt man hieraus die folgenden *Integralformeln* für die Koordinaten des *Flächenschwerpunktes* S:

Schwerpunkt einer homogenen ebenen Fläche zwischen einer Kurve und der *x*-Achse (Bild V-74)

Die Koordinaten x_S und y_S des *Schwerpunktes* einer *homogenen* ebenen Fläche, die von einer Kurve $y = f(x)$, $a \leqslant x \leqslant b$ und der x-Achse berandet wird, lassen sich wie folgt berechnen:

$$x_S = \frac{1}{A} \cdot \int_a^b x y \, dx = \frac{1}{A} \cdot \int_a^b x \cdot f(x) \, dx$$

$$y_S = \frac{1}{2A} \cdot \int_a^b y^2 \, dx = \frac{1}{2A} \cdot \int_a^b f^2(x) \, dx \qquad \text{(V-162)}$$

A: Flächeninhalt, berechnet nach der Integralformel (V-119)

Voraussetzung: Die Kurve $y = f(x)$ liegt im Intervall $a \leqslant x \leqslant b$ *oberhalb der* x-Achse

Auf analoge Art und Weise lassen sich Formelausdrücke für die Schwerpunktskoordinaten x_S und y_S einer Fläche herleiten, die von den beiden Kurven $y_o = f_o(x)$ und $y_u = f_u(x)$ und den beiden Geraden $x = a$ und $x = b$ berandet wird (Bild V-75). Wir setzen dabei voraus, daß *überall* im Intervall $a \leqslant x \leqslant b$ die Bedingung $f_o(x) \geqslant f_u(x)$ erfüllt ist.

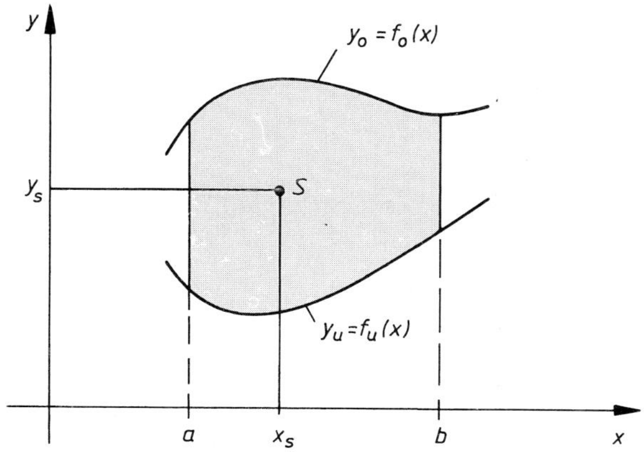

Bild V-75
Schwerpunkt einer von zwei Kurven berandeten homogenen Fläche

Die Integralformeln für die Koordinaten des *Flächenschwerpunktes* lauten dann wie folgt:

Schwerpunkt einer homogenen ebenen Fläche zwischen zwei Kurven (Bild V-75)

Die Koordinaten x_S und y_S des *Schwerpunktes* einer *homogenen* ebenen Fläche, die von den Kurven $y_o = f_o(x)$ und $y_u = f_u(x)$ und den beiden Parallelen $x = a$ und $x = b$ berandet wird, lassen sich wie folgt berechnen:

$$x_S = \frac{1}{A} \cdot \int_a^b x(y_o - y_u)\,dx = \frac{1}{A} \cdot \int_a^b x\,[f_o(x) - f_u(x)]\,dx$$

$$y_S = \frac{1}{2A} \cdot \int_a^b (y_o^2 - y_u^2)\,dx = \frac{1}{2A} \cdot \int_a^b [f_o^2(x) - f_u^2(x)]\,dx \qquad \text{(V-163)}$$

A: Flächeninhalt, berechnet nach der Integralformel (V-122)

Voraussetzung: $f_o(x) \geqslant f_u(x)$ im Intervall $a \leqslant x \leqslant b$

Anmerkung

Ist die untere Berandung die x-Achse, also $y_u = f_u(x) = 0$, so erhält man aus den Integralformeln (V-163) den bereits bekannten *Sonderfall* (V-162).

■ **Beispiele**

(1) Wir berechnen die *Schwerpunktskoordinaten* einer *oberhalb* der x-Achse liegenden homogenen *Halbkreisfläche* vom Radius R (Bild V-76).

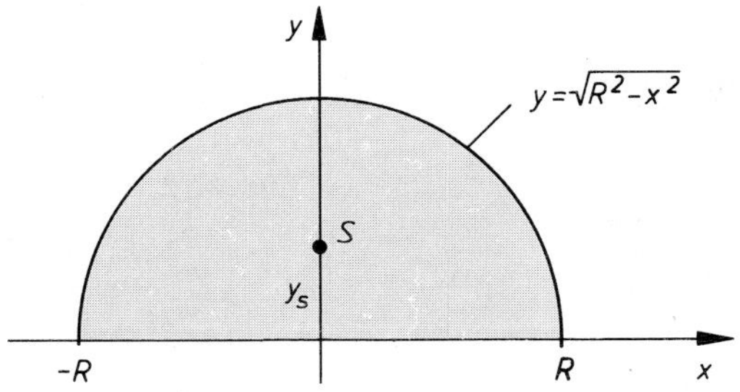

Bild V-76 Zur Berechnung der Schwerpunktskoordinaten einer homogenen Halbkreisfläche

Aus *Symmetriegründen* liegt der Schwerpunkt S auf der *y-Achse*, also ist $x_S = 0$ (eine Rechnung ist somit überflüssig). Für die Ordinate y_S des Flächenschwerpunktes S erhalten wir nach Formel (V-162) mit $A = \pi R^2/2$ und unter Berücksichtigung der *Achsensymmetrie*:

$$y_S = \frac{1}{\pi R^2} \cdot \int_{-R}^{R} (R^2 - x^2)\,dx = \frac{1}{\pi R^2} \cdot 2 \cdot \int_{0}^{R} (R^2 - x^2)\,dx =$$

$$= \frac{2}{\pi R^2} \left[R^2 x - \frac{1}{3} x^3 \right]_0^R = \frac{2}{\pi R^2} \left(R^3 - \frac{1}{3} R^3 \right) = \frac{2}{\pi R^2} \cdot \frac{2}{3} R^3 =$$

$$= \frac{4}{3\pi} R = 0{,}424\,R$$

Flächenschwerpunkt: $S = (0;\ 0{,}424\,R)$

(2) Die Aufgabe besteht in der Berechnung des *Schwerpunktes* S des in Bild V-77 skizzierten flächenhaften *Werkstückes* aus einem *homogenen* Material.

Lösung:

Wir berechnen zunächst auf *elementarem* Wege den Flächeninhalt A des Werkstückes, das sich aus einem Rechteck und einem gleichschenkligen Dreieck zusammensetzt:

$$A = 2\text{ cm} \cdot 5\text{ cm} + \frac{1}{2} \cdot 3\text{ cm} \cdot 3\text{ cm} = 10\text{ cm}^2 + 4{,}5\text{ cm}^2 = 14{,}5\text{ cm}^2$$

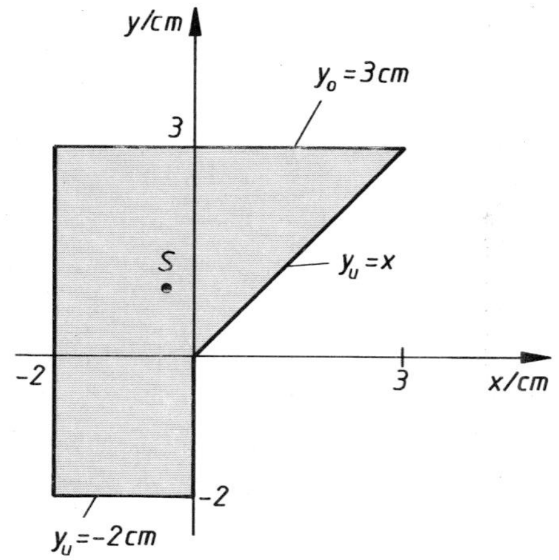

Bild V-77

Das Flächenstück wird im Intervall $-2 \leqslant x/\text{cm} \leqslant 3$ *oben* von der Geraden $y_o = f_o(x) = 3$ cm berandet. Die *untere* Berandung besteht dagegen aus *zwei* Teilstücken:

$$y_u = f_u(x) = \begin{cases} -2\text{ cm} & \text{für} \quad -2 \leqslant x/\text{cm} \leqslant 0 \\ x & \phantom{\text{für}} \quad 0 \leqslant x/\text{cm} \leqslant 3 \end{cases}$$

Wir berechnen zunächst die *Schwerpunktskoordinate* x_S, wobei wir das Integral in *zwei* Teilintegrale aufspalten müssen:

$$x_S = \frac{1}{14{,}5\text{ cm}^2} \left(\int\limits_{-2\text{ cm}}^{0\text{ cm}} x(3\text{ cm} + 2\text{ cm})\,dx + \int\limits_{0\text{ cm}}^{3\text{ cm}} x(3\text{ cm} - x)\,dx \right) =$$

$$= \frac{1}{14{,}5\text{ cm}^2} \left(\int\limits_{-2\text{ cm}}^{0\text{ cm}} 5\text{ cm} \cdot x\,dx + \int\limits_{0\text{ cm}}^{3\text{ cm}} (3\text{ cm} \cdot x - x^2)\,dx \right) =$$

$$= \frac{1}{14{,}5\text{ cm}^2} \left(\left[2{,}5\text{ cm} \cdot x^2 \right]_{-2\text{ cm}}^{0\text{ cm}} + \left[1{,}5\text{ cm} \cdot x^2 - \frac{1}{3}x^3 \right]_{0\text{ cm}}^{3\text{ cm}} \right) =$$

$$= \frac{1}{14{,}5\text{ cm}^2} \left(-10\text{ cm}^3 + 4{,}5\text{ cm}^3 \right) = -0{,}38\text{ cm}$$

Für die *Schwerpunktskoordinate* y_S erhält man analog:

$$y_S = \frac{1}{29\ \text{cm}^2} \left(\int_{-2\ \text{cm}}^{0\ \text{cm}} (9\ \text{cm}^2 - 4\ \text{cm}^2)\, dx + \int_{0\ \text{cm}}^{3\ \text{cm}} (9\ \text{cm}^2 - x^2)\, dx \right) =$$

$$= \frac{1}{29\ \text{cm}^2} \left(\int_{-2\ \text{cm}}^{0\ \text{cm}} 5\ \text{cm}^2\, dx + \int_{0\ \text{cm}}^{3\ \text{cm}} (9\ \text{cm}^2 - x^2)\, dx \right) =$$

$$= \frac{1}{29\ \text{cm}^2} \left(\left[5\ \text{cm}^2 \cdot x \right]_{-2\ \text{cm}}^{0\ \text{cm}} + \left[9\ \text{cm}^2 \cdot x - \frac{1}{3} x^3 \right]_{0\ \text{cm}}^{3\ \text{cm}} \right) =$$

$$= \frac{1}{29\ \text{cm}^2} \left(10\ \text{cm}^3 + 18\ \text{cm}^3 \right) = 0{,}97\ \text{cm}$$

Der *Flächenschwerpunkt* S besitzt damit die folgenden Koordinaten:

$$x_S = -0{,}38\ \text{cm}, \qquad y_S = 0{,}97\ \text{cm}.$$

■

10.8.3 Schwerpunkt eines homogenen Rotationskörpers

Bei einem homogenen *Rotationskörper* liegt der *Schwerpunkt* stets auf der *Drehachse.* Fällt ferner die Rotationsachse in eine der Koordinatenachsen, so besitzen *zwei* der drei Schwerpunktskoordinaten den Wert *Null.*

Rotation einer Kurve um die x-Achse

Der Rotationskörper wird durch Drehung des Kurvenstücks $y = f(x)$, $a \leqslant x \leqslant b$ um die *x-Achse* erzeugt (Bild V-78).

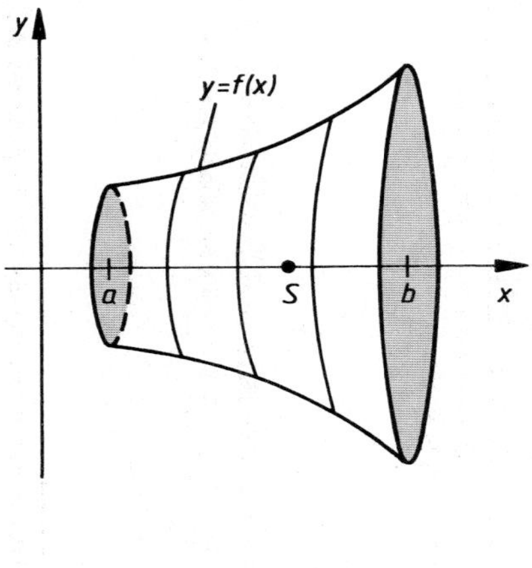

Bild V-78

Zur Berechnung des Schwerpunktes eines zur x-Achse symmetrischen homogenen Rotationskörpers

Der *Schwerpunkt* S liegt daher auf der *x-Achse*, d.h. es ist $y_S = z_S = 0$. Für die x-Koordinate folgt dann aus Gleichung (V-155) unter Berücksichtigung des Volumenelementes $dV_x = \pi y^2 \, dx$:

$$x_S = \frac{1}{V_x} \cdot \int_{(V)} x \, dV_x = \frac{\pi}{V_x} \cdot \int_a^b x y^2 \, dx \qquad \text{(V-164)}$$

Schwerpunkt eines homogenen Rotationskörpers (Rotationsachse = x-Achse; Bild V-78)

Der *Schwerpunkt* S eines *homogenen* Rotationskörpers, der durch Drehung einer Kurve $y = f(x)$, $a \leqslant x \leqslant b$ um die *x-Achse* entstanden ist, liegt auf der *Drehachse* (hier also auf der x-Achse). Daher *verschwinden* die Schwerpunktskoordinaten y_S und z_S:

$$y_S = 0 \quad \text{und} \quad z_S = 0 \qquad \text{(V-165)}$$

Die *x-Koordinate* des Schwerpunktes läßt sich wie folgt berechnen:

$$x_S = \frac{\pi}{V_x} \cdot \int_a^b x y^2 \, dx = \frac{\pi}{V_x} \cdot \int_a^b x \cdot f^2(x) \, dx \qquad \text{(V-166)}$$

V_x: Rotationsvolumen, berechnet nach der Integralformel (V-125)

Rotation einer Kurve um die y-Achse

Analoge Formeln erhält man bei Drehung der Kurve $x = g(y)$, $c \leqslant y \leqslant d$ um die *y-Achse* (Bild V-79).

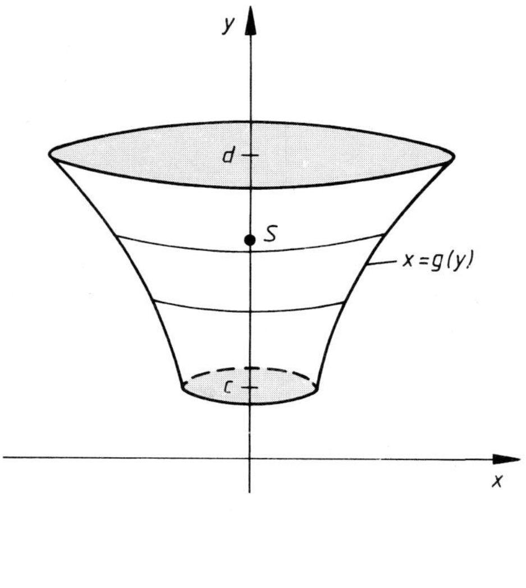

Bild V-79

Zur Berechnung des Schwerpunktes eines zur y-Achse symmetrischen homogenen Rotationskörpers

Schwerpunkt eines homogenen Rotationskörpers (Rotationsachse = y-Achse; Bild V-79)

Der *Schwerpunkt* S eines *homogenen* Rotationskörpers, der durch Drehung einer Kurve $x = g(y)$, $c \leqslant y \leqslant d$ um die *y-Achse* entstanden ist, liegt auf der *Drehachse* (hier also auf der y-Achse). Daher *verschwinden* die Schwerpunktskoordinaten x_S und z_S:

$$x_S = 0 \quad \text{und} \quad z_S = 0 \qquad \text{(V-167)}$$

Die *y-Koordinate* des Schwerpunktes läßt sich wie folgt berechnen:

$$y_S = \frac{\pi}{V_y} \cdot \int_c^d y x^2 \, dy = \frac{\pi}{V_y} \cdot \int_c^d y \cdot g^2(y) \, dy \qquad \text{(V-168)}$$

V_y: Rotationsvolumen, berechnet nach der Integralformel (V-128)

■ **Beispiele**

(1) Wo liegt der *Schwerpunkt* S des *homogenen* Drehkörpers, der durch Rotation der in Bild V-80a) *grau* unterlegten Fläche um die *x-Achse* entsteht?

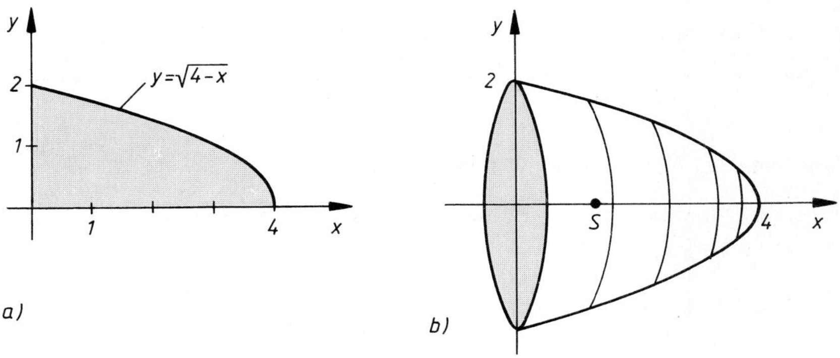

Bild V-80 Durch Drehung der Kurve $y = \sqrt{4 - x}$, $0 \leqslant x \leqslant 4$ (Bild a)) um die x-Achse entsteht der in Bild b) skizzierte homogene Drehkörper

Lösung:

Aus Symmetriegründen ist $y_S = z_S = 0$. Für die Berechnung der Schwerpunktskoordinate x_S benötigen wir noch das *Rotationsvolumen* V_x, für das uns die Integralformel (V-125) den folgenden Wert liefert:

$$V_x = \pi \cdot \int_0^4 \left(\sqrt{4 - x}\right)^2 dx = \pi \cdot \int_0^4 (4 - x) \, dx = \pi \left[4x - \frac{1}{2} x^2 \right]_0^4 = 8\pi$$

Damit erhalten wir für die *Schwerpunktskoordinate* x_S nach der Formel (V-166):

$$x_S = \frac{\pi}{8\pi} \cdot \int_0^4 x \left(\sqrt{4-x}\right)^2 dx = \frac{1}{8} \cdot \int_0^4 x(4-x)\, dx = \frac{1}{8} \cdot \int_0^4 (4x - x^2)\, dx =$$

$$= \frac{1}{8}\left[2x^2 - \frac{1}{3}x^3\right]_0^4 = \frac{1}{8} \cdot \frac{32}{3} = \frac{4}{3}$$

Der *Schwerpunkt S des Rotationskörpers* besitzt demnach die Koordinaten $x_S = 4/3$, $y_S = 0$ und $z_S = 0$.

(2) Durch Rotation des in Bild V-81 skizzierten Geradenstücks um die *x-Achse* entsteht ein (homogener) gerader *Kreiskegel* mit dem Grundflächenradius r und der Höhe h.

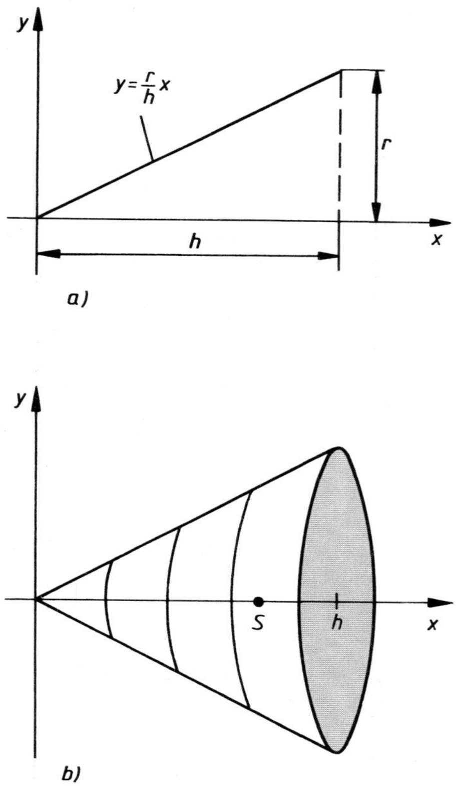

a) Geradenstück mit der Gleichung $y = \frac{r}{h}x$, $0 \leqslant x \leqslant h$

b) Durch Rotation des Geradenstücks um die x-Achse erzeugter Kegel

Bild V-81 Zur Berechnung des Schwerpunktes eines homogenen geraden Kreiskegels

Der Schwerpunkt S liegt aus *Symmetriegründen* auf der x-*Achse*, d.h. es gilt $y_S = z_S = 0$. Für die Koordinate x_S erhalten wir nach Formel (V-166) den folgenden Wert (das Kegelvolumen beträgt bekanntlich $V = \pi r^2 h/3$):

$$x_S = \frac{\pi}{\frac{1}{3}\pi r^2 h} \cdot \int_0^h x \left(\frac{r}{h} x\right)^2 dx = \frac{3}{r^2 h} \cdot \frac{r^2}{h^2} \cdot \int_0^h x^3 \, dx = \frac{3}{h^3} \left[\frac{1}{4} x^4\right]_0^h =$$

$$= \frac{3}{h^3} \cdot \frac{h^4}{4} = \frac{3}{4} h$$

Der *Schwerpunkt des Kegels* liegt also auf der Symmetrieachse im Abstand $3\,h/4$ von der Kegelspitze (von der Grundfläche aus gemessen beträgt der Abstand $h/4$).

(3) Wir berechnen die Lage des *Schwerpunktes einer homogenen Halbkugel* vom Radius r. Dieser Rotationskörper läßt sich durch Drehung der in Bild V-82 skizzierten *Viertelkreisfläche* um die y-*Achse* erzeugen.

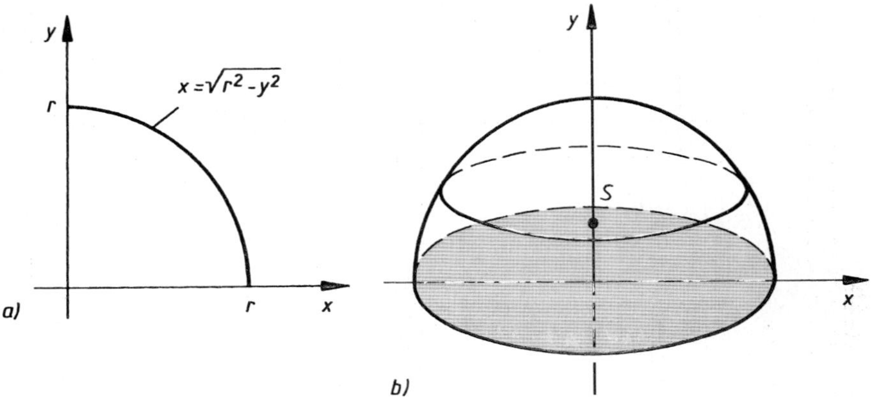

Bild V-82 Durch Rotation der in Bild a) gezeichneten Viertelkreislinie um die y-*Achse* entsteht die in Bild b) skizzierte homogene Halbkugel

Die Funktionsgleichung der rotierenden Kreislinie erhält man durch Auflösen der Kreisgleichung $x^2 + y^2 = r^2$ nach x:

$$x = g(y) = \sqrt{r^2 - y^2}$$

Wegen der *Rotationssymmetrie* liegt der Schwerpunkt diesmal auf der *y-Achse*: $x_S = z_S = 0$. Für y_S liefert die Integralformel (V-168) den folgenden Wert (das Volumen einer Halbkugel ist $V = 2\pi r^3/3$):

$$y_S = \frac{\pi}{\frac{2}{3}\pi r^3} \cdot \int_0^r y\left(\sqrt{r^2 - y^2}\right)^2 dy = \frac{3}{2r^3} \cdot \int_0^r y(r^2 - y^2)\, dy =$$

$$= \frac{3}{2r^3} \cdot \int_0^r (r^2 y - y^3)\, dy = \frac{3}{2r^3}\left[\frac{1}{2}r^2 y^2 - \frac{1}{4}y^4\right]_0^r = \frac{3}{2r^3} \cdot \frac{r^4}{4} = \frac{3}{8}r$$

Der *Schwerpunkt einer Halbkugel* liegt daher auf der *Symmetrieachse* im Abstand von $3/8\, r$ *oberhalb* der Grundfläche.

■

10.9 Massenträgheitsmomente

10.9.1 Grundbegriffe und einfache Beispiele

Massenträgheitsmomente treten im Zusammenhang mit *Drehbewegungen* von punktförmigen, flächenhaften oder räumlichen Massen auf. Sie spielen dort eine ähnliche Rolle wie die *Massen* bei *Translationsbewegungen*.

Ein Massenpunkt der Masse m besitze bezüglich einer vorgegebenen Drehachse (Bezugsachse) den *senkrechten* Abstand r (Bild V-83). Dann versteht man definitionsgemäß unter dem *Massenträgheitsmoment* J das Produkt

$$J = r^2 m \tag{V-169}$$

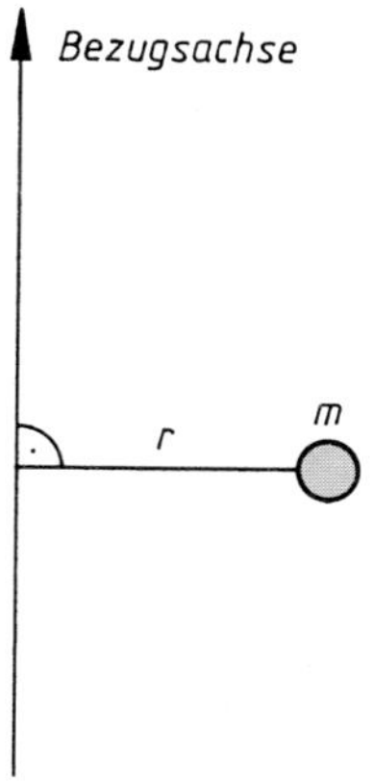

Bild V-83

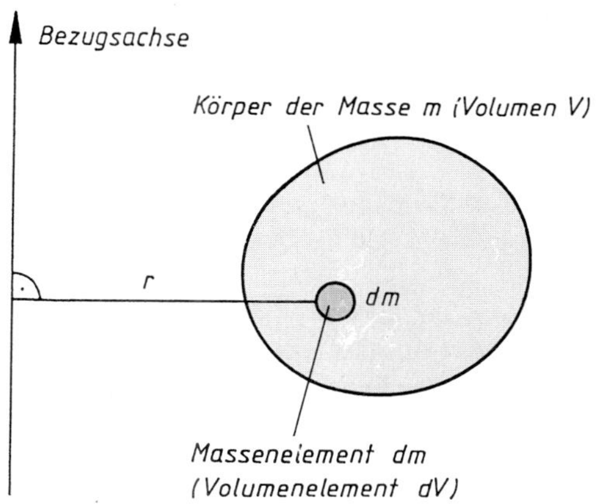

Bild V-84 Zum Begriff des Massenträgheitsmomentes eines räumlichen Körpers

Bei *kontinuierlichen* Massen wird der Körper in eine *große* Anzahl *infinitesimal kleiner Massenelemente* dm zerlegt. *Jedes* Massenelement dm steuert dann den Beitrag

$$dJ = r^2\, dm \tag{V-170}$$

zum *Gesamtmassenträgheitsmoment* J des Körpers bei (r ist der senkrechte Abstand des Massenelementes von der Bezugsachse, vgl. hierzu Bild V-84).

Durch *Summation*, d.h. *Integration* über *sämtliche* Beiträge dJ erhält man schließlich bei *homogener Massenverteilung* und unter Berücksichtigung der Beziehung $dm = \rho\, dV$ das Massenträgheitsmoment J des räumlichen Körpers:

Massenträgheitsmoment eines homogenen räumlichen Körpers (Bild V-84)

$$J = \int_{(m)} r^2\, dm = \rho \cdot \int_{(V)} r^2\, dV \tag{V-171}$$

Dabei bedeuten:

r: *Senkrechter* Abstand des Massenelementes dm bzw. Volumenelementes dV von der gewählten Bezugsachse

ρ: *Konstante* Dichte des Körpers

■ **Beispiele**

(1) Für eine *homogene kreisförmige Scheibe* vom Radius R und der Dicke h ist das *Massenträgheitsmoment* J bezüglich der *Symmetrieachse* (Zylinderachse) zu berechnen (die konstante Dichte sei ρ).

Lösung:

Wir zerlegen zunächst die Scheibe in eine große Anzahl *konzentrischer Ringe* (Bild V-85).

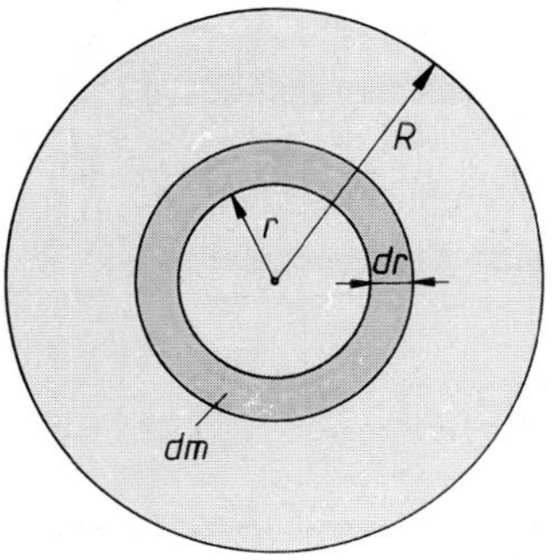

Bild V-85

Zur Berechnung des Massenträgheitsmomentes einer kreisförmigen Scheibe (Zerlegung in *ringförmige* Elemente)

Ein solcher *infinitesimal schmaler Ring* vom Innenradius r und der Breite dr (in Bild V-85 *dunkelgrau* unterlegt) besitzt die Querschnittsfläche

$$dA = 2\pi r\,dr$$

und damit den Masseninhalt

$$dm = \rho\,dV = \rho\,(dA)\,h = \rho\,(2\pi r\,dr)\,h = 2\pi\rho\,hr\,dr$$

Sein Beitrag zum *Trägheitsmoment* J der Scheibe beträgt

$$dJ = r^2\,dm = 2\pi\rho\,h\,r^3\,dr$$

Durch *Integration* über alle zwischen $r = 0$ und $r = R$ gelegenen Ringelemente erhält man schließlich

$$J = \int\limits_{(m)} dJ = 2\pi\rho\,h \cdot \int\limits_0^R r^3\,dr = 2\pi\rho\,h\left[\frac{1}{4}r^4\right]_0^R = \frac{1}{2}\pi\rho\,h\,R^4$$

Beachtet man, daß die Scheibenmasse durch $m = \rho\,V = \rho\pi R^2 h$ gegeben ist, so läßt sich das Massenträgheitsmoment der Scheibe auch wie folgt durch Masse m und Radius R ausdrücken:

$$J = \frac{1}{2}\pi\rho\,hR^4 = \frac{1}{2}\underbrace{(\rho\pi R^2 h)}_{m}R^2 = \frac{1}{2}mR^2$$

(2) Es ist das *Massenträgheitsmoment* eines *homogenen zylindrischen Stabes* bezüglich einer *Schwerpunktsachse* zu bestimmen, die *senkrecht* zur Stabachse verläuft (Bild V-86). Dabei wird vorausgesetzt, daß der Durchmesser des Stabes *klein* ist gegenüber der Stablänge (l: Stablänge; A: Querschnittsfläche des Stabes; ρ: Konstante Dichte des Materials).

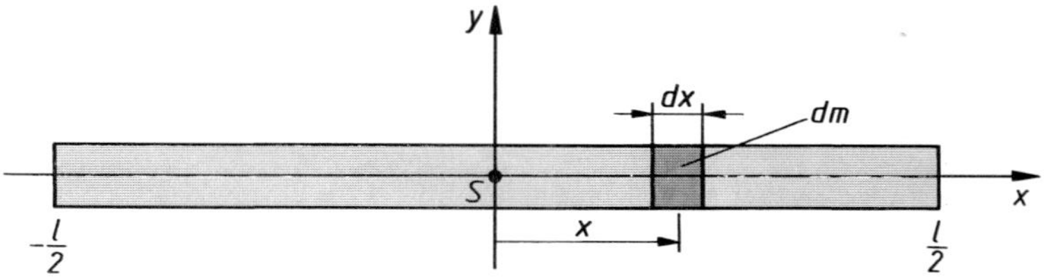

Bild V-86 Zur Berechnung des Massenträgheitsmomentes eines homogenen Stabes (Zerlegung in Zylinderscheiben)

Lösung:

Aus *Symmetriegründen* liegt der *Schwerpunkt* S in der Stabmitte. Wir wählen ihn daher als *Ursprung* des Koordinatensystems (Bild V-86). Die y-Achse ist dann die *Bezugsachse* (Schwerpunktsachse).

Der Stab wird nun in eine *große* Anzahl von *Zylinderscheiben* zerschnitten. Ein solches *infinitesimal dünnes Scheibchen* der Dicke dx besitzt den Masseninhalt

$$dm = \rho \, dV = \rho A \, dx$$

und liefert damit zum *Gesamtträgheitsmoment* J den Beitrag

$$dJ = x^2 \, dm = \rho A x^2 \, dx$$

Denn der Abstand dieser in Bild V-86 *dunkelgrau* unterlegten Scheibe von der gewählten Bezugsachse (y-Achse) ist durch die Koordinate x gegeben. Durch *Integration* sämtlicher zwischen $x = -l/2$ und $x = l/2$ gelegener Elemente erhält man schließlich das gesuchte *Massenträgheitsmoment*:

$$J = \int\limits_{(m)} dJ = \rho A \cdot \int\limits_{-l/2}^{l/2} x^2 \, dx = 2 \rho A \cdot \int\limits_{0}^{l/2} x^2 \, dx = 2 \rho A \left[\frac{1}{3} x^3 \right]_0^{l/2} =$$

$$= \frac{1}{12} \rho A l^3$$

Wir drücken das Massenträgheitsmoment J noch durch die Zylindermasse $m = \rho V = \rho A l$ und die Stablänge l aus und bekommen die aus der Mechanik bereits bekannte Formel

$$J = \frac{1}{12} \rho A l^3 = \frac{1}{12} \underbrace{(\rho A l)}_{m} l^2 = \frac{1}{12} m l^2$$

■

10.9.2 Satz von Steiner

Von besonderer Bedeutung sind in den Anwendungen Massenträgheitsmomente, die auf eine durch den *Körperschwerpunkt S* verlaufende Achse bezogen werden (sog. *Schwerpunktsachsen*). Trägheitsmomente dieser Art werden im folgenden durch das Symbol J_S gekennzeichnet. Ist nun das Trägheitsmoment J_S (bezogen auf eine bestimmte Schwerpunktsachse) bekannt, so läßt sich daraus mit Hilfe einer von *Steiner* stammenden Beziehung das Trägheitsmoment J_A bezüglich einer zur gewählten Schwerpunktsachse *parallel* verlaufenden Bezugsachse A wie folgt berechnen (Bild V-87):

Satz von Steiner für Massenträgheitsmomente (Bild V-87)

$$J_A = J_S + md^2 \qquad \text{(V-172)}$$

Dabei bedeuten:

J_S: Massenträgheitsmoment des Körpers, bezogen auf eine (spezielle) *Schwerpunktsachse S*

J_A: Massenträgheitsmoment des Körpers, bezogen auf eine zur Schwerpunktsachse S *parallele* Bezugsachse A

m: Masse des Körpers

d: Abstand der beiden (parallelen) Achsen

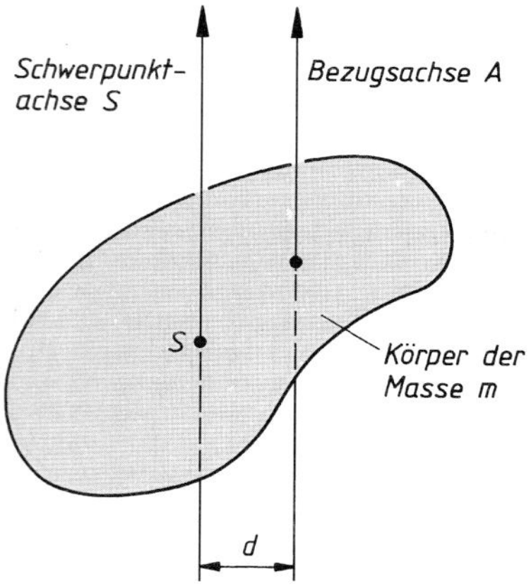

Bild V-87 Zum Satz von Steiner

Anmerkungen

(1) Der Summand md^2 im *Steinerschen Satz* ist das Massenträgheitsmoment der im *Schwerpunkt* vereinigten Gesamtmasse m bezüglich der *neuen* Bezugsachse A.

(2) Der *Satz von Steiner* ermöglicht die Berechnung eines Massenträgheitsmomentes bezüglich einer (beliebigen) Achse A, wenn das Trägheitsmoment bezüglich der zu A parallelen *Schwerpunktsachse S* bekannt ist.

■ **Beispiel**

Im vorangegangenen Abschnitt haben wir das Massenträgheitsmoment J_S eines homogenen zylindrischen Stabes bezüglich einer *Schwerpunktsachse* senkrecht zur Stabachse berechnet:

$$J_S = \frac{1}{12} m l^2$$

Jetzt interessieren wir uns für das Massenträgheitsmoment J_A des gleichen Stabes bezüglich einer zu dieser Schwerpunktsachse *parallelen* Bezugsachse durch einen der beiden *Endpunkte* des Stabes (Bild V-88).

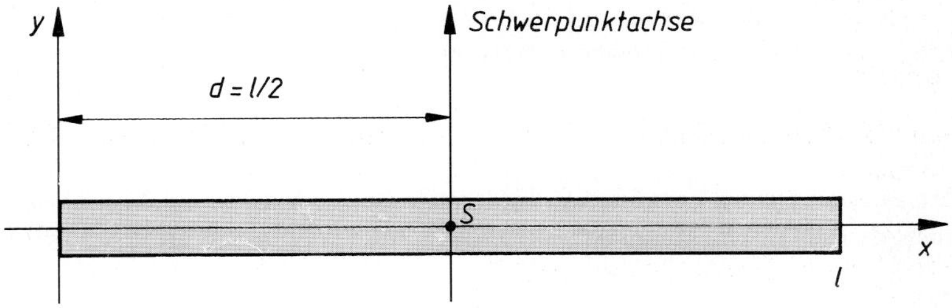

Bild V-88 Anwendung des Steinerschen Satzes auf einen homogenen Zylinderstab

Der Abstand der beiden Achsen beträgt $d = l/2$. Aus dem *Steinerschen Satz* folgt dann:

$$J_A = J_S + m d^2 = \frac{1}{12} m l^2 + m \left(\frac{l}{2} \right)^2 = \frac{1}{12} m l^2 + \frac{1}{4} m l^2 = \frac{1}{3} m l^2$$

Das Massenträgheitsmoment hat sich demnach bei der Achsenverschiebung *vervierfacht*!

■

10.9.3 Massenträgheitsmoment eines homogenen Rotationskörpers

Rotation einer Kurve um die x-Achse

Wir betrachten einen *homogenen Rotationskörper*, der durch Drehung des Kurvenstücks $y = f(x)$, $a \leqslant x \leqslant b$ um die *x-Achse* entstanden ist und zerlegen ihn wiederum in eine *große* Anzahl *dünner* Scheiben (vgl. hierzu auch Bild V-48). Ein solches Zylinderscheibchen der Dicke dx erhält man, wenn man das in Bild V-89 skizzierte (*grau* unterlegte) Rechteck mit den Seitenlängen y und dx um die x-Achse rotieren läßt.

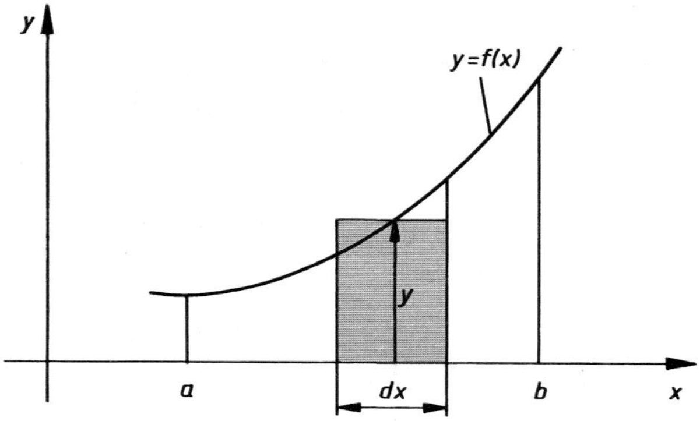

Bild V-89 Zur Bestimmung des Massenträgheitsmomentes eines zur x-Achse symmetrischen homogenen Rotationskörpers

Für das *Massenträgheitsmoment* einer Zylinderscheibe hatten wir in Abschnitt 10.9.1, Beispiel (1) bereits den Formelausdruck

$$J_{\text{Zylinder}} = \frac{1}{2} m R^2 \qquad \text{(V-173)}$$

hergeleitet (m: Zylindermasse; R: Radius der kreisförmigen Grundfläche). Aus dieser Formel erhält man den Beitrag dJ_x, den unser Zylinderscheibchen zum Trägheitsmoment J_x des Rotationskörpers beisteuert, mit Hilfe der *formalen Substitutionen*

$$R \longrightarrow y = f(x) \quad \text{und} \quad m \longrightarrow dm \qquad \text{(V-174)}$$

Es ist also

$$dJ_x = \frac{1}{2} (dm)\, y^2 = \frac{1}{2} y^2\, dm \qquad \text{(V-175)}$$

Das Massenelement dm läßt sich noch durch die Dichte ρ und das Volumenelement $dV = \pi y^2\, dx$ ausdrücken ($dm = \rho\, dV$). Dies führt zu dem Ausdruck

$$dJ_x = \frac{1}{2} y^2\, dm = \frac{1}{2} y^2 (\rho\, dV) = \frac{1}{2} y^2 \rho \pi y^2\, dx = \frac{1}{2} \pi \rho y^4\, dx \qquad \text{(V-176)}$$

Durch *Summation*, d.h. *Integration* über die Beiträge *sämtlicher* zwischen $x = a$ und $x = b$ liegender Scheibchen erhält man schließlich für das *Massenträgheitsmoment* J_x *des Rotationskörpers* den Formelausdruck

$$J_x = \int_{x=a}^{b} dJ_x = \frac{1}{2} \pi \rho \cdot \int_a^b y^4\, dx \qquad \text{(V-177)}$$

Wir fassen zusammen:

Massenträgheitsmoment eines homogenen Rotationskörpers (Rotations- und Bezugsachse: *x*-Achse; vgl. hierzu auch Bild V-48 und Bild V-89)

Durch Drehung einer Kurve $y = f(x)$, $a \leqslant x \leqslant b$ um die *x-Achse* entsteht ein Rotationskörper, dessen *Massenträgheitsmoment* J_x bezüglich der *Rotationsachse* (d.h. der *x*-Achse) sich wie folgt berechnen läßt:

$$J_x = \frac{1}{2}\pi\rho \cdot \int_a^b y^4\,dx = \frac{1}{2}\pi\rho \cdot \int_a^b f^4(x)\,dx \qquad \text{(V-178)}$$

ρ: Konstante Dichte des (homogen gefüllten) Rotationskörpers

Rotation einer Kurve um die *y*-Achse

Ein analoger Ausdruck läßt sich herleiten für das *Massenträgheitsmoment* J_y eines zur *y-Achse* rotationssymmetrischen homogenen Körpers, der durch Drehung der Kurve $x = g(y)$, $c \leqslant y \leqslant d$ um die *y*-Achse entstanden ist (vgl. hierzu auch Bild V-51).

Massenträgheitsmoment eines homogenen Rotationskörpers (Rotations- und Bezugsachse: *y*-Achse; vgl. hierzu auch Bild V-51)

Durch Drehung einer Kurve $x = g(y)$, $c \leqslant y \leqslant d$ um die *y-Achse* entsteht ein Rotationskörper, dessen *Massenträgheitsmoment* J_y bezüglich der *Rotationsachse* (d.h. der *y*-Achse) sich wie folgt berechnen läßt:

$$J_y = \frac{1}{2}\pi\rho \cdot \int_c^d x^4\,dy = \frac{1}{2}\pi\rho \cdot \int_c^d g^4(y)\,dy \qquad \text{(V-179)}$$

ρ: Konstante Dichte des (homogen gefüllten) Rotationskörpers

■ **Beispiele**

(1) Man berechne das *Massenträgheitsmoment* J_x eines *homogenen* stromlinienförmigen Körpers der *konstanten* Dichte ρ, der durch Rotation der Kurve $y = (4 - x)\sqrt{2x}$ im Bereich ihrer beiden Nullstellen um die *x-Achse* entsteht (Bild V-90).

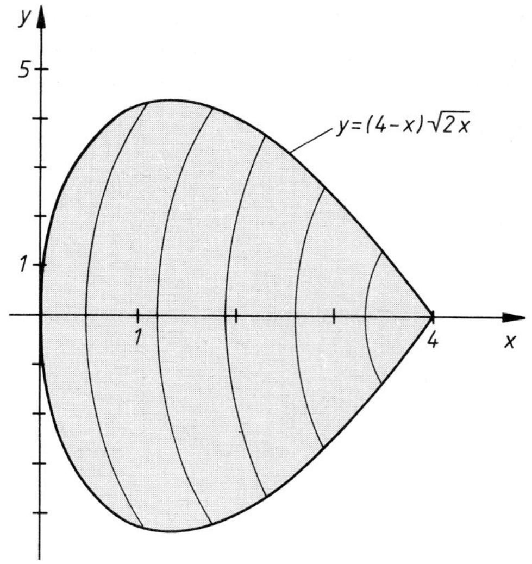

Bild V-90 Der skizzierte homogene Körper entsteht durch Drehung der Kurve $y = (4 - x)\sqrt{2x}$, $0 \leqslant x \leqslant 4$ um die x-Achse

Lösung:
Wir berechnen zunächst die benötigten *Nullstellen* der Funktion:

$$(4 - x)\sqrt{2x} = 0 \quad \Rightarrow \quad x_1 = 0, \quad x_2 = 4$$

Unter Verwendung der Integralformel (V-178) erhalten wir für das gesuchte *Massenträgheitsmoment* den folgenden Wert:

$$J_x = \frac{1}{2}\pi\rho \cdot \int_0^4 \left[(4 - x)\sqrt{2x}\right]^4 dx = \frac{1}{2}\pi\rho \cdot \int_0^4 (4 - x)^4 \cdot 4x^2\, dx =$$

$$= 2\pi\rho \cdot \int_0^4 (x^6 - 16x^5 + 96x^4 - 256x^3 + 256x^2)\, dx =$$

$$= 2\pi\rho \left[\frac{1}{7}x^7 - \frac{8}{3}x^6 + \frac{96}{5}x^5 - 64x^4 + \frac{256}{3}x^3\right]_0^4 =$$

$$= 2\pi\rho \cdot 156{,}04 = 980{,}42\,\rho$$

(2) Die Aufgabe besteht in der Berechnung des *Massenträgheitsmomentes einer homogenen Kugel* bezüglich eines beliebigen Kugeldurchmessers (Radius der Kugel: R; konstante Dichte: ρ). Als Bezugsachse wählen wir den in die *y-Richtung* fallenden Kugeldurchmesser. Aus *Symmetriegründen* können wir uns bei der Rechnung auf die in Bild V-82 skizzierte *Halbkugel* beschränken. Diese entsteht durch Rotation der im *1. Quadrant* liegenden Kreislinie mit der nach der Variablen x aufgelösten Funktionsgleichung

$$x = g(y) = \sqrt{R^2 - y^2} \qquad (0 \leqslant y \leqslant R)$$

um die *y-Achse*. Für das Massenträgheitsmoment J_y der *Vollkugel* erhält man somit unter Verwendung der Integralformel (V-179) den folgenden Ausdruck:

$$J_y = 2 \cdot \frac{1}{2} \pi \rho \cdot \int_0^R \left(\sqrt{R^2 - y^2}\right)^4 dy = \pi \rho \cdot \int_0^R (R^2 - y^2)^2 \, dy =$$

$$= \pi \rho \cdot \int_0^R (R^4 - 2R^2 y^2 + y^4) \, dy = \pi \rho \left[R^4 y - \frac{2}{3} R^2 y^3 + \frac{1}{5} y^5 \right]_0^R =$$

$$= \pi \rho \cdot \frac{8}{15} R^5 = \frac{8}{15} \pi \rho R^5$$

(der Faktor 2 tritt auf, weil wir uns bei der Integration auf eine *Halbkugel* beschränkt haben). Berücksichtigt man noch, daß Kugelvolumen und Kugelmasse durch

$$V = \frac{4}{3} \pi R^3 \qquad \text{und} \qquad m = \rho V = \frac{4}{3} \pi \rho R^3$$

gegeben sind, so erhält man schließlich für das gesuchte *Massenträgheitsmoment einer Kugel*, bezogen auf einen (beliebigen) Kugeldurchmesser, die aus der Physik bekannte Formel

$$J_y = \frac{8}{15} \pi \rho R^5 = \frac{2}{5} \underbrace{\left(\frac{4}{3} \pi \rho R^3 \right)}_{m} R^2 = \frac{2}{5} m R^2$$

■

Übungsaufgaben

Hinweis: In den Abschnitten 1 bis 7 wurden die wichtigsten Grundbegriffe der Integralrechnung behandelt (Stammfunktion, bestimmtes und unbestimmtes Integral, Grundintegrale usw.). Dem Leser wird daher empfohlen, diese Abschnitte gründlich durchzuarbeiten, bevor er sich erstmals mit den nachfolgenden Übungsaufgaben auseinandersetzt.

Zu Abschnitt 1 bis 7

1) Bestimmen Sie *sämtliche* Stammfunktionen zu:

a) $f(x) = 4x^5 - 6x^3 + 8x^2 - 3x + 5$

b) $f(t) = 3 \cdot \sin t - 4 \cdot \cos t$

c) $f(t) = 2 \cdot e^t - \frac{5}{t} + 1$

d) $f(x) = \frac{1 - 2x^2 - 4x^3}{2x} + 3$

e) $f(z) = \frac{5}{3 + 3z^2} - \frac{1}{4} z^4$

f) $f(x) = \frac{-2}{\sqrt{1 - x^2}} - \frac{1}{\cos^2 x}$

g) $f(u) = 3 \cdot \sin u - \frac{6}{u} + 7u^2$

h) $f(x) = -3 \cdot e^x - \cos x$

2) Lösen Sie die nachstehenden unbestimmten Integrale (Grundintegrale):

a) $\int (e^x + x^2 - 2x + \sin x)\, dx$

b) $\int \left(10^x - \frac{1}{\sin^2 x}\right) dx$

c) $\int (2x - 3)^2\, dx$

d) $\int 2 \cdot \cosh x\, dx$

e) $\int \left(-\frac{3}{1 + t^2} - \frac{1}{t}\right) dt$

f) $\int \left(\frac{10}{\cosh^2 x} - 3 \cdot a^x - b \cdot \sin x\right) dx$

g) $\int \frac{5}{\sqrt{u^2 - 1}}\, du$

h) $\int \left(5 \cdot 3^x - \frac{1}{2\sqrt{x}}\right) dx$

i) $\int \frac{\sqrt[3]{x^5} \cdot \sqrt{x}}{\sqrt[5]{x^4}}\, dx$

j) $\int \sqrt{x\sqrt{x}}\, dx$

k) $\int \frac{\tan x}{\sin (2x)}\, dx$

3) Welchen Wert besitzen die folgenden bestimmten Integrale?

a) $\int\limits_{0}^{4} (x^3 - 5x^2 + 1{,}5x - 10)\,dx$ b) $\int\limits_{1}^{e} \frac{dt}{t}$

c) $\int\limits_{0}^{\pi} (a \cdot \sin t - b \cdot \cos t)\,dt$ d) $\int\limits_{1}^{4} \frac{1 - z^2}{z}\,dz$

e) $\int\limits_{1}^{2} 5 \cdot \sqrt{x}\,dx$ f) $\int\limits_{\pi}^{2} \cos\varphi\,d\varphi$

g) $\int\limits_{0}^{2} 3\,(1 - e^x)\,dx$ h) $\int\limits_{0{,}5}^{5} \frac{4}{t}\,dt$ i) $\int\limits_{0}^{0{,}5} \frac{3}{\sqrt{1 - x^2}}\,dx$

j) $\int\limits_{0}^{\pi/4} \frac{1 - \cos^2 x}{2 \cdot \cos^2 x}\,dx$ k) $\int\limits_{1}^{4} \frac{1 - u^2}{\sqrt{u}}\,du$ l) $\int\limits_{1}^{9} \sqrt{x}\,(2 - x)\,dx$

4) Wie lautet die Funktionsgleichung der durch den Punkt $P_1 = (0;\,2)$ verlaufenden Kurve mit der folgenden Ableitung?

$$y' = \sin x + 3 \cdot e^x - \frac{1}{3}x^2 + \frac{4}{1 + x^2}$$

5) Berechnen Sie das bestimmte Integral $\int\limits_{0}^{a} x^3\,dx$ als *Grenzwert der Obersumme* nach Definitionsgleichung (V-18).

Anleitung: Man unterteile das Integrationsintervall $0 \leqslant x \leqslant a$ mit Hilfe der Teilpunkte $x_k = k \cdot \frac{a}{n}$ mit $k = 0, 1, \ldots, n$ in n gleiche Teile und verwende ferner die Formel

$$\sum_{k=1}^{n} k^3 = 1^3 + 2^3 + \ldots + n^3 = \frac{n^2\,(n+1)^2}{4}$$

6) Die im folgenden aufgeführten Integralformeln haben wir einer *Integraltafel* entnommen. Zeigen Sie nach dem sog. „*Verifizierungsprinzip*" die Gültigkeit dieser Beziehungen (die *Ableitung* der auf der rechten Seite stehenden Funktion $F(x)$ muß in diesem Fall zum Integrand $f(x)$ führen, d.h. $F'(x) = f(x)$):

a) $\int \mathrm{e}^{-x}(1-x)\,dx = x \cdot \mathrm{e}^{-x} + C$

b) $\int \frac{\sqrt{x^2-4}}{x}\,dx = \sqrt{x^2-4} - 2 \cdot \arccos\left(\frac{2}{x}\right) + C$

c) $\int \cos x \cdot \mathrm{e}^{\sin x}\,dx = \mathrm{e}^{\sin x} + C$

d) $\int \sin(3x) \cdot \cos(3x)\,dx = \frac{1}{6} \cdot \sin^2(3x) + C$

7) Zeigen Sie: $F_1(x) = x^2 \cdot \mathrm{e}^x + 2$ ist *eine* Stammfunktion von $f(x) = (x^2 + 2x) \cdot \mathrm{e}^x$. Wie lautet die *Gesamtheit* der Stammfunktionen?

8) Welchen Flächeninhalt schließt der Funktionsgraph von $y = -0{,}25\,x^2 + 4$ mit der x-Achse ein?

9) Berechnen Sie die im Intervall $-\pi/2 \leqslant x \leqslant \pi/2$ unter der Kosinuskurve liegende Fläche.

10) Berechnen Sie die Fläche zwischen der Parabel $y = -3(x-2)^2 + 5$ und der x-Achse.

11) Für den *Zerfall einer radioaktiven Substanz* gilt:

$$\frac{dn}{dt} = -\lambda n$$

Dabei ist n die Anzahl der zur *Zeit* t noch vorhandenen Kerne, λ die sog. *Zerfallskonstante.* Wie lautet das *Zerfallsgesetz* $n = n(t)$, wenn zur Zeit $t = 0$ genau n_0 Atomkerne vorhanden sind?

Zu Abschnitt 8

1) Lösen Sie die folgenden Integrale unter Verwendung einer *geeigneten Substitution*:

a) $\int \frac{x^2}{\sqrt{1+x^3}}\,dx$ b) $\int (5x+12)^{0{,}5}\,dx$

c) $\int \sqrt[3]{1-t}\,dt$ d) $\int\limits_0^{\pi} \cos^3 x \cdot \sin x\,dx$

e) $\int \frac{\arctan z}{1+z^2}\,dz$ f) $\int \frac{2x+6}{x^2+6x-12}\,dx$

g) $\int \frac{dx}{x \cdot \ln x}$ h) $\int x \cdot \sin(x^2)\,dx$

i) $\int \frac{3x^2-2}{2x^3-4x+2}\,dx$ j) $\int\limits_{-1}^{1} \frac{t\,dt}{\sqrt{1+t^2}}$

k) $\int\limits_0^{\pi/2} \sin(3t-\pi/4)\,dt$ l) $\int\limits_{-1}^{1} \frac{5+x}{5-x}\,dx$

m) $\int x^2 \cdot e^{x^3-2}\,dx$ n) $\int \frac{\tan(z+5)}{\cos^2(z+5)}\,dz$

o) $\int \frac{\sqrt{4-x^2}}{x^2}\,dx$

2) Lösen Sie das bestimmte Integral $\int\limits_0^{0{,}5} x \cdot \sqrt{1-x^2}\,dx$ mit Hilfe der *Variablensubstitution* $x = \sin u$.

3) Welchen Flächeninhalt schließt die Kurve $y = \sqrt{6-2x}$ mit den beiden Koordinatenachsen ein?

4) Zeigen Sie, daß sich das Integral $\int \frac{2-x}{1+\sqrt{x}}\,dx$ mit Hilfe der *Substitution* $u = 1 + \sqrt{x}$ lösen läßt.

5) Lösen Sie die folgenden Integrale durch „*Partielle Integration*":

a) $\int x \cdot \ln x \; dx$ b) $\int x \cdot \cos x \; dx$ c) $\int\limits_1^5 \ln t \; dt$

d) $\int x \cdot \sin(3x) \, dx$ e) $\int\limits_0^{0{,}8} x \cdot e^x \; dx$ f) $\int \arctan x \; dx$

g) $\int \sin^2(\omega t) \, dt$

6) Lösen Sie die Integrale

a) $\int e^x \cdot \cos x \; dx$ b) $\int x^2 \cdot e^{-x} \; dx$

durch *zweimalige partielle Integration.*

7) Lösen Sie die folgenden Integrale durch *Partialbruchzerlegung* des Integranden:

a) $\int \frac{1}{x^2 - a^2} \; dx$ b) $\int \frac{4x^3}{x^3 + 2x^2 - x - 2} \; dx$

c) $\int \frac{3z}{z^3 + 3z^2 - 4} \; dz$ d) $\int \frac{4x - 2}{x^2 - 2x - 63} \; dx$

e) $\int \frac{2x + 1}{x^3 - 6x^2 + 9x} \; dx$

8) Berechnen Sie die zwischen den Kurven $y = \ln x$, $y = 0$ und $x = 5$ liegende Fläche.

9) Welchen Flächeninhalt schließt die Kurve mit der Funktionsgleichung $y = \frac{x^2 - 4}{x - 5}$ mit der x-Achse ein (Skizze)?

10) Lösen Sie die folgenden Integrale unter Verwendung einer *geeigneten* Integrationsmethode:

a) $\int \frac{\sqrt{\ln x}}{x} \; dx$ b) $\int \cot x \; dx$ c) $\int x \cdot \cosh x \; dx$

d) $\int \sin x \cdot e^{\cos x} \, dx$ e) $\int \frac{x^3}{(x^2-1)(x+1)} \, dx$

f) $\int_0^2 \frac{x-4}{x+1} \, dx$ g) $\int \frac{(\ln x)^3}{x} \, dx$ h) $\int \frac{12x^2}{2x^3-1} \, dx$

i) $\int x \cdot \arctan x \, dx$ j) $\int \sqrt{x^2-2x} \, dx$

k) $\int \frac{x^2}{x^3-8x^2+21x-18} \, dx$

11) Zeigen Sie: Der Flächeninhalt einer Ellipse mit den Halbachsen a und b beträgt $A = \pi ab$.

12) Welchen Wert besitzt das Integral $\int_{-\pi}^{\pi} \sin(mx) \cdot \sin(nx) \, dx$ für

a) $m = n$ b) $m \neq n$ $(m, n \in \mathbb{N})$

Anleitung: Umformung des Integranden mit Hilfe der trigonometrischen Beziehung $\sin\alpha \cdot \sin\beta = \frac{1}{2}\left(\cos(\alpha-\beta) - \cos(\alpha+\beta)\right)$.

13) Berechnen Sie das Integral $\int_1^2 \frac{1-e^{-x}}{x} \, dx$ *näherungsweise*

a) nach der *Trapezformel*,

b) nach der *Simpsonschen* Formel

für jeweils 10 (einfache) Streifen.

14) Berechnen Sie die folgenden Integrale näherungsweise nach *Simpson*:

a) $\int_1^4 \sqrt{1+2t^4} \, dt, \quad n = 10$ b) $\int_{0,5}^1 \frac{x^3}{e^x-1} \, dx, \quad n = 5$

c) $\int_1^3 \frac{e^x}{x^2} \, dx, \quad n = 5$

Zu Abschnitt 9

1) Bestimmen Sie den Wert der folgenden (*konvergenten*) *uneigentlichen* Integrale:

a) $\int\limits_0^{\infty} e^{-x}\,dx$ b) $\int\limits_0^{\infty} x \cdot e^{-x}\,dx$ c) $\int\limits_{-\infty}^{2} e^{x}\,dx$

2) Zeigen Sie, daß das uneigentliche Integral $\int\limits_0^{\infty} x^2 \cdot e^{-ax}\,dx$ $(a > 0)$ *konvergent* ist und den Wert $2/a^3$ besitzt.

3) Berechnen Sie den Flächeninhalt, den die drei Kurven mit den Funktionsgleichungen $y = e^{ax}$, $y = e^{-bx}$ und $y = 0$ miteinander einschließen ($a, b > 0$; Skizze anfertigen).

Zu Abschnitt 10

1) Bestimmen Sie das *Weg-Zeit-Gesetz* $s = s(t)$ und das *Geschwindigkeit-Zeit-Gesetz* $v = v(t)$ eines Fahrzeugs für den Fall

   a) einer *konstanten* Bremsverzögerung $a = -2\ \mathrm{m/s^2}$,

   b) einer *periodischen* Bremsverzögerung $a = -(1 + \cos(\pi\,\mathrm{s}^{-1} \cdot t))\ \mathrm{m/s^2}$,

   wenn in beiden Fällen die Anfangsbedingungen wie folgt lauten: $s(0) = 0\ \mathrm{m}$, $v(0) = 30\ \mathrm{m/s}$.

2) Die Bewegungsgleichung eines Federpendels laute: $a(t) = -\omega^2 \cdot \cos(\omega t)$. Gewinnen Sie hieraus durch *Integration* die Geschwindigkeit-Zeit-Funktion $v = v(t)$ und die Weg-Zeit-Funktion $s = s(t)$ für die Anfangswerte $s(0) = 1$ und $v(0) = 0$.

3) Die Biegegleichung eines Balkens der Länge l, der in den beiden Endpunkten unterstützt wird, lautet bei *gleichmäßiger* Streckenlast F wie folgt:

$$y'' = -\frac{F}{2EI}(lx - x^2)$$

(E: Elastizitätsmodul; I: Flächenmoment). Bestimmen Sie durch Integration dieser Gleichung die *Biegelinie* für die Randwerte $y(0) = 0$ und $y'(l/2) = 0$.

4) Die Fallgeschwindigkeit v eines aus der Ruhe heraus *frei* fallenden Körpers hängt bei Berücksichtigung des Luftwiderstandes wie folgt von der Fallzeit t ab:

$$v = v_E \cdot \tanh\left(\frac{g}{v_E}\,t\right) \qquad (t \geqslant 0)$$

(vgl. hierzu auch Abschnitt III.13.2.5; g: Erdbeschleunigung; v_E: Endgeschwindigkeit). Bestimmen Sie durch *Integration* den Fallweg s als Funktion der Fallzeit t (zu Beginn sei $s(0) = 0$).

5) Welche Fläche schließt die Kurve $y = 4x(x^2 - 4)$ mit der x-Achse im Intervall $-4 \leqslant x \leqslant 4$ ein?

6) Bestimmen Sie den Flächeninhalt zwischen den Parabeln $y = x^2 - 2$ und $y = -x^2 + 2x + 2$.

7) Berechnen Sie den Flächeninhalt zwischen der Parabel $y = x^2 - 2x - 1$ und der Geraden $y = 3x - 1$.

8) Berechnen Sie die von den Kurven $y = 2 \cdot \cosh x - 2$ und $y = -x^2 + 3$ eingeschlossene Fläche.

Hinweis: Bestimmung der Kurvenschnittpunkte *näherungsweise* nach dem *Newtonschen Tangentenverfahren.*

9) Berechnen Sie den Flächeninhalt zwischen dem Kreis $(x - 2)^2 + y^2 = 4$ und der Parabel $y = x^2$.

10) Zeigen Sie, daß das durch Rotation der Ellipse $b^2 x^2 + a^2 y^2 = a^2 b^2$ um die *y-Achse* entstandene *Rotationsellipsoid* das Volumen $V_y = 4\pi a^2 b/3$ besitzt.

11) Welches Volumen besitzt der Drehkörper, der durch Rotation des von der Kurve $y = (x - 2)^2 \cdot \sqrt{3x}$ und der x-Achse berandeten Flächenstücks um die *x-Achse* entsteht?

12) Durch Rotation der Kurve $y = \sqrt{x}$ um die *y-Achse* entsteht ein *trichterförmiger* Drehkörper. Bestimmen Sie sein Volumen, wenn er in der Höhe $y = 5$ abgeschnitten wird.

13) Bestimmen Sie das Rotationsvolumen eines Körpers, der durch Drehung des Kurvenstücks $y = \sqrt{x^2 - 9}$, $3 \leqslant x \leqslant 5$

a) um die *x-Achse,*

b) um die *y-Achse*

entsteht.

14) Welche Länge besitzt ein Drahtseil, das gemäß der Funktion $y = 5 \cdot \cosh(x/5)$ (*Kettenlinie*) durchhängt, wenn beide Aufhängepunkte die gleiche Höhe und einen Abstand von 14,3 voneinander besitzen?

15) Berechnen Sie die Bogenlänge der Kurve $y = 4{,}2 \cdot \ln x^3$ im Intervall von $x = 1$ bis $x = e$.

16) Wie lang ist der Bogen des Graphen von $y = x^{3/2}$ über dem Intervall $1 \leqslant x \leqslant 7{,}45$?

17) Bestimmen Sie die Länge des *Sinusbogens* über dem Intervall $[0, \pi]$.
Anleitung: Berechnung des Integrals nach der *Simpsonschen* Formel für $n = 10$.

18) Berechnen Sie die Mantelfläche, die durch Rotation der Kurve $y = \sqrt{x}$, $0 \leqslant x \leqslant 4$ um die *y-Achse* entsteht.

19) Welche Rotationsfläche (Mantelfläche) erzeugt die Kurve $y = \ln \sqrt{x}$, $1 \leqslant x \leqslant 3$ bei Drehung um die *x-Achse*? (Näherungsweise Berechnung des Integrals nach *Simpson* für $n = 10$ Doppelstreifen.)

20) Zeigen Sie: Durch Rotation des in Bild V-91 skizzierten Kreisabschnittes der Breite h um die x-Achse entsteht eine *Kugelschicht* der Dicke h mit der Mantelfläche $M_x = 2\pi r h$.

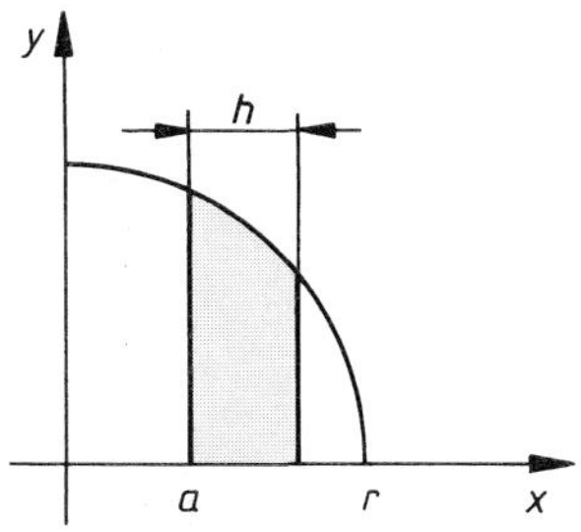

Bild V-91

21) Welche Arbeit muß aufgebracht werden, um eine dem *Hookeschen Gesetz* genügende elastische Stahlfeder mit der Federkonstanten (Richtkraft) $k = 8{,}45 \cdot 10^5$ N/m um 17,3 cm zusammenzudrücken?

22) Für eine *adiabatische* Zustandsänderung eines *idealen* Gases gilt die *Poissonsche* Gleichung $p \cdot V^k = p_0 \cdot V_0^k = \text{constant}$. Berechnen Sie die Ausdehnungsarbeit

$$W = \int_{V_0}^{V_1} p(V)\, dV \quad \text{für ein solches Gas.}$$

23) Ein *ideales* Gas besitzt im Ausgangszustand das Volumen $V_1 = 2{,}75\ \text{m}^3$ und den Druck $p_1 = 1250\ \text{N/m}^2$. Es wird *isotherm*, d.h. unter Konstanthaltung der Temperatur auf das Volumen $V_2 = 0{,}76\ \text{m}^3$ komprimiert. Welche Arbeit wurde dabei am Gas verrichtet?

24) Durch Rotation der Kurve $y = \sqrt{1\ \text{m} \cdot x}$ um die *y-Achse* entsteht ein trichterförmiger Behälter (vgl. hierzu auch Aufgabe 12). Er soll von einem Wasserreservoir aus bis zu einer Höhe von 5 m gefüllt werden. Berechnen Sie die erforderliche *Mindestarbeit* (Dichte des Wassers: $\rho = 1\ \text{g/cm}^3 = 1000\ \text{kg/m}^3$).

Anleitung: Der Wasserpegel im Trichter habe die Höhe y erreicht. Um den Pegel um dy zu erhöhen, muß die Wassermenge dm aus dem Reservoir ($y = 0$) in diese Höhe gebracht werden. Die dabei verrichtete Hubarbeit beträgt $dW = (dm)\,g\,y$ (vgl. hierzu Bild V-92).

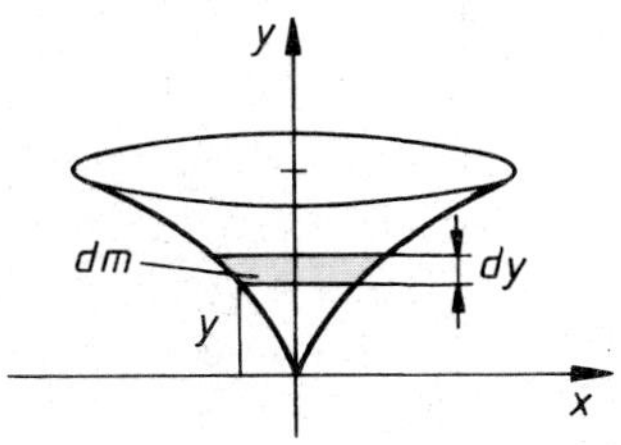

Bild V-92

25) Berechnen Sie den *linearen* und den *quadratischen Mittelwert* der Sinusfunktion im Intervall $0 \leqslant x \leqslant \pi$.

26) Ein *Einweggleichrichter* erzeuge den in Bild V-93 skizzierten Strom mit der Periodendauer $T = 2\pi/\omega$. Berechnen Sie den *linearen Mittelwert* während einer Periode (er wird als *Gleichrichtwert* bezeichnet).

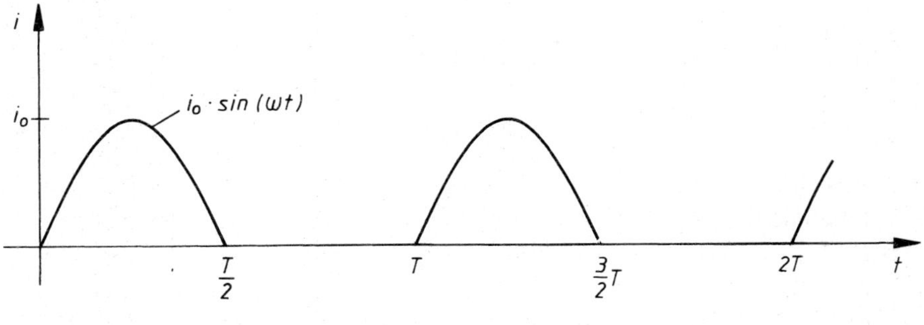

Bild V-93

27) In einem *Wechselstromkreis* erzeuge die Wechselspannung $u = u_0 \cdot \sin(\omega t)$ den Wechselstrom $i = i_0 \cdot \cos(\omega t)$. Berechnen Sie die *mittlere Leistung* P während einer Periode $T = 2\pi/\omega$ (*linearer Mittelwert*).

Hinweis: Für die *momentane* Leistung gilt definitionsgemäß $p = u \cdot i$.

28) Berechnen Sie die Lage des Schwerpunktes der Fläche, die von den beiden Parabeln mit den Funktionsgleichungen $y = -x^2$ und $y = x^2 - 4$ eingeschlossen wird.

29) Bestimmen Sie den Flächenschwerpunkt der in Bild V-94 skizzierten Figur (Quadrat mit aufgesetztem Halbkreis).

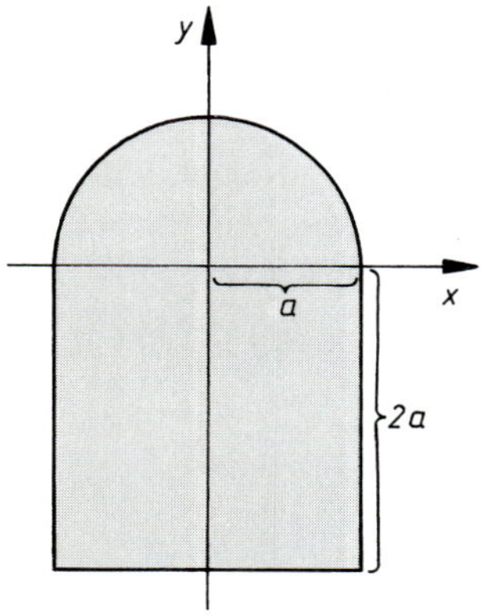

Bild V-94

30) Wo liegt der Schwerpunkt eines Viertelkreises (Radius R)?

31) Bestimmen Sie den Schwerpunkt der Fläche, die von der Geraden $y = x + 2$ und der Parabel $y = x^2 - 4$ berandet wird.

32) Durch Rotation der im 1. Quadrant gelegenen Kurve $y = \sqrt{\cos x}$ um die *x-Achse* entsteht ein Drehkörper. Wo befindet sich der Schwerpunkt?

33) Für den durch Drehung des im 1. Quadranten gelegenen Teils der Ellipse mit der Gleichung $b^2 x^2 + a^2 y^2 = a^2 b^2$ um die *y-Achse* entstandenen Rotationskörper ist der Schwerpunkt zu bestimmen.

34) Wo liegt der Schwerpunkt des Rotationskörpers, der durch Drehung der Kurve $y = \ln x$, $1 \leqslant x \leqslant e$ um die *x-Achse* entsteht?

35) Berechnen Sie das Massenträgheitsmoment eines *Rotationsellipsoids*, das durch Drehung der Ellipse $b^2 x^2 + a^2 y^2 = a^2 b^2$ um die *y-Achse* entsteht (Dichte ρ).

36) Für einen homogenen geraden *Kreiskegel* (Radius R, Höhe H, Dichte ρ) ist das auf die Symmetrieachse bezogene Massenträgheitsmoment zu berechnen.

37) Berechnen Sie unter Verwendung des *Satzes von Steiner* das Massenträgheitsmoment eines homogenen *Vollzylinders* bezüglich einer *Mantellinie* (Zylinderhöhe H, Grundkreisradius R, Dichte ρ).

VI Potenzreihenentwicklungen

1 Unendliche Reihen

1.1 Ein einführendes Beispiel

Wir betrachten die unendliche *geometrische* Zahlenfolge

$$\langle a_n \rangle = 1;\ 0{,}2;\ 0{,}2^2;\ 0{,}2^3;\ \ldots \tag{VI-1}$$

mit dem *Bildungsgesetz*

$$a_n = 0{,}2^{n-1} \qquad (n \in \mathbb{N}^*) \tag{VI-2}$$

Aus den Gliedern dieser Folge bilden wir sog. *Partial-* oder *Teilsummen*, indem wir Glied für Glied aufsummieren. Die ersten *Partialsummen* lauten dann wie folgt:

$$\begin{aligned} s_1 &= 1 \\ s_2 &= 1 + 0{,}2 = 1{,}2 \\ s_3 &= 1 + 0{,}2 + 0{,}2^2 = 1{,}24 \\ s_4 &= 1 + 0{,}2 + 0{,}2^2 + 0{,}2^3 = 1{,}248 \\ &\vdots \end{aligned} \tag{VI-3}$$

Wir fassen sie zu einer neuen (unendlichen) Folge, der sog. *Partialsummenfolge*

$$\langle s_n \rangle = s_1,\ s_2,\ s_3,\ s_4,\ \ldots \tag{VI-4}$$

mit dem *Bildungsgesetz*

$$s_n = 1 + 0{,}2 + 0{,}2^2 + \ldots + 0{,}2^{n-1} = \sum_{k=1}^{n} 0{,}2^{k-1} \tag{VI-5}$$

zusammen. s_n ist dabei die *n-te Partialsumme*, d.h. die Summe der ersten n Glieder der Zahlenfolge (VI-1). Für die Partialsummenfolge $\langle s_n \rangle$ führen wir die neue Bezeichnung „*Unendliche Reihe*" ein und schreiben dafür symbolisch:

$$1 + 0{,}2 + 0{,}2^2 + 0{,}2^3 + \ldots + 0{,}2^{n-1} + \ldots = \sum_{n=1}^{\infty} 0{,}2^{n-1} \tag{VI-6}$$

Die *unendliche Reihe* kann demnach auch als *formale* Summe der Glieder einer unendlichen Zahlenfolge $\langle a_n \rangle$ aufgefaßt werden. Es stellt sich nun die Frage nach dem „*Summenwert*" einer unendlichen Reihe. Bei einer *endlichen* Reihe wird dieser durch *Addition* der endlich vielen Reihenglieder ermittelt. Bei einer *unendlichen* Reihe dagegen bilden wir den *Grenzwert der Partialsummenfolge* $\langle s_n \rangle$ und fassen ihn (falls er überhaupt vorhanden ist) als *Summenwert* der Reihe auf.

Wir kehren jetzt zu unserem Beispiel zurück und untersuchen, ob die Partialsummenfolge (VI-4) für $n \to \infty$ konvergiert. Zunächst jedoch leiten wir eine *Berechnungsformel* für den *Summenwert* der n-ten Partialsumme

$$s_n = 1 + 0{,}2 + 0{,}2^2 + \ldots + 0{,}2^{n-1} \tag{VI-7}$$

her, die wir für die spätere Grenzwertbildung benötigen. Dazu wird die Partialsumme s_n gliedweise mit 0,2 multipliziert und anschließend wie folgt die Differenz $s_n - 0{,}2 \cdot s_n$ gebildet:

$$\left.\begin{aligned} s_n &= 1 + 0{,}2 + 0{,}2^2 + \ldots + 0{,}2^{n-1} \\ 0{,}2 \cdot s_n &= \phantom{1 +{}} 0{,}2 + 0{,}2^2 + \ldots + 0{,}2^{n-1} + 0{,}2^n \end{aligned}\right\} -$$

$$s_n - 0{,}2 \cdot s_n = 1 + 0 \quad + 0 \quad + \ldots + 0 \qquad - 0{,}2^n$$

$$0{,}8 \cdot s_n = 1 - 0{,}2^n$$

Wir lösen diese Gleichung nach s_n auf und erhalten damit eine einfache *Berechnungsformel* für die n-te Partialsumme:

$$s_n = 1{,}25\,(1 - 0{,}2^n) \tag{VI-8}$$

Für $n \to \infty$ strebt diese Folge gegen den *Grenzwert*

$$\lim_{n \to \infty} s_n = \lim_{n \to \infty} 1{,}25\,(1 - 0{,}2^n) = 1{,}25 \tag{VI-9}$$

da $\lim\limits_{n \to \infty} 0{,}2^n = 0$ ist. Die unendliche Reihe (VI-6) besitzt somit den *Summenwert* $s = 1{,}25$. Wir schreiben dafür *symbolisch*:

$$\sum_{n=1}^{\infty} 0{,}2^{n-1} = 1 + 0{,}2 + 0{,}2^2 + 0{,}2^3 + \ldots = 1{,}25 \tag{VI-10}$$

Durch diese Schreibweise wollen wir zum Ausdruck bringen, daß sich die Partialsummen mit *zunehmender* Anzahl von Gliedern immer weniger von der Zahl 1,25 unterscheiden.

1.2 Grundbegriffe

1.2.1 Definition einer unendlichen Reihe

Wir gehen von einer *unendlichen Zahlenfolge*

$$\langle a_n \rangle = a_1,\ a_2,\ a_3,\ \ldots,\ a_n,\ \ldots \qquad \text{(VI-11)}$$

aus und bilden wie folgt *Partial*- oder *Teilsummen*:

$$\begin{aligned} s_1 &= a_1 \\ s_2 &= a_1 + a_2 \\ s_3 &= a_1 + a_2 + a_3 \\ &\vdots \\ s_n &= a_1 + a_2 + a_3 + \ldots + a_n = \sum_{k=1}^{n} a_k \\ &\vdots \end{aligned} \qquad \text{(VI-12)}$$

Die Folge $\langle s_n \rangle$ dieser Teilsummen heißt dann „*Unendliche Reihe*".

Definition: Die Folge $\langle s_n \rangle$ der Partialsummen einer unendlichen Zahlenfolge $\langle a_n \rangle$ heißt *unendliche Reihe*. Symbolische Schreibweise:

$$\sum_{n=1}^{\infty} a_n = a_1 + a_2 + a_3 + \ldots + a_n + \ldots \qquad \text{(VI-13)}$$

Anmerkungen

(1) a_n ist das *n-te* Reihenglied.

(2) Der Laufindex n im Summensymbol kann auch bei der Zahl 0 oder einer anderen natürlichen Zahl beginnen.

(3) Die Glieder einer unendlichen Reihe sind (reelle) *Zahlen*. Daher spricht man in diesem Zusammenhang auch von einer *Zahlenreihe* oder *numerischen* Reihe.

(4) Unter dem *Bildungsgesetz* einer unendlichen Reihe $\sum\limits_{n=1}^{\infty} a_n$ versteht man einen funktionalen Zusammenhang $a_n = f(n)$, aus dem sich die Reihenglieder berechnen lassen ($n \in \mathbb{N}^*$).

■ **Beispiele**

(1) Gegeben ist die unendliche Zahlenfolge

$$\langle a_n = n \rangle = 1, 2, 3, \ldots, n, \ldots \qquad (n \in \mathbb{N}^*)$$

Ihre *Partialsummenfolge* $\langle s_n \rangle$ lautet:

$$s_1 = 1, \ s_2 = 1 + 2, \ s_3 = 1 + 2 + 3, \ \ldots, \ s_n = 1 + 2 + 3 + \ldots + n, \ \ldots$$

Wir erhalten daraus die unendliche Reihe

$$\sum_{n=1}^{\infty} n = 1 + 2 + 3 + \ldots + n + \ldots$$

(2) Aus der unendlichen Zahlenfolge

$$\left\langle a_n = \frac{1}{n} \right\rangle = 1, \frac{1}{2}, \frac{1}{3}, \ldots, \frac{1}{n}, \ldots \qquad (n \in \mathbb{N}^*)$$

entsteht durch Partialsummenbildung die sog. *harmonische Reihe*

$$\sum_{n=1}^{\infty} \frac{1}{n} = 1 + \frac{1}{2} + \frac{1}{3} + \ldots + \frac{1}{n} + \ldots$$

(3) Aus der *geometrischen Folge*

$$\langle a_n = aq^{n-1} \rangle = a, aq, aq^2, \ldots, aq^{n-1}, \ldots \qquad (n \in \mathbb{N}^*)$$

erhalten wir durch Partialsummenbildung die sog. *geometrische Reihe*

$$\sum_{n=1}^{\infty} aq^{n-1} = a + aq + aq^2 + \ldots + aq^{n-1} + \ldots$$

(4) Die Glieder der unendlichen Reihe

$$2{,}1 + 2{,}01 + 2{,}001 + 2{,}0001 + \ldots$$

genügen dem folgenden *Bildungsgesetz*:

$$a_n = 2 + 0{,}1^n \qquad (n \in \mathbb{N}^*)$$

■

1.2.2 Konvergenz und Divergenz einer unendlichen Reihe

In dem einführenden Beispiel hatten wir den „*Summenwert*“ der vorgegebenen unendlichen Zahlenreihe als *Grenzwert* der zugehörigen *Partialsummenfolge* bestimmt. Dies führt zu der folgenden Definition:

Definition: Eine unendliche Reihe $\sum_{n=1}^{\infty} a_n$ heißt *konvergent*, wenn die Folge ihrer Partialsummen $s_n = \sum_{k=1}^{n} a_k$ einen Grenzwert s besitzt:

$$\lim_{n \to \infty} s_n = \lim_{n \to \infty} \sum_{k=1}^{n} a_k = s \qquad \text{(VI-14)}$$

Dieser Grenzwert wird als *Summenwert* der unendlichen Reihe bezeichnet. Symbolische Schreibweise:

$$\sum_{n=1}^{\infty} a_n = a_1 + a_2 + a_3 + \ldots + a_n + \ldots = s \qquad \text{(VI-15)}$$

Besitzt die Partialsummenfolge $\langle s_n \rangle$ jedoch *keinen* Grenzwert, so heißt die unendliche Reihe *divergent*.

Anmerkungen

(1) Der *Summenwert* einer unendlichen Reihe ist definitionsgemäß der *Grenzwert einer unendlichen Folge*, nämlich der Grenzwert der *Partialsummenfolge* $\langle s_n \rangle$. Die Konvergenz einer *unendlichen Reihe* wird damit auf die Konvergenz einer *unendlichen Folge* zurückgeführt (vgl. hierzu Abschnitt III.4.1).

(2) Eine *konvergente* unendliche Reihe besitzt also stets einen (eindeutigen) Summenwert, einer *divergenten* unendlichen Reihe läßt sich dagegen *kein* Summenwert zuordnen. Ist $s = +\infty$ oder $s = -\infty$, so nennt man die unendliche Reihe auch *bestimmt divergent*.

(3) Eine unendliche Reihe heißt *absolut konvergent*, wenn die aus den *Beträgen* ihrer Glieder gebildete Reihe *konvergiert*. Eine absolut konvergente Reihe ist *stets* konvergent, d.h. aus der Konvergenz der Reihe $\sum_{n=1}^{\infty} |a_n|$ folgt stets die Konvergenz der Reihe $\sum_{n=1}^{\infty} a_n$ (die Umkehrung jedoch gilt *nicht*).

■ **Beispiele**

(1) Wir wollen zeigen, daß die als *geometrische Reihe*[1] bezeichnete unendliche Reihe

$$\sum_{n=1}^{\infty} q^{n-1} = 1 + q^1 + q^2 + \ldots + q^{n-1} + \ldots$$

für $|q| < 1$ *konvergiert*, für $|q| \geqslant 1$ dagegen *divergiert*.
Zunächst bilden wir mit der *n-ten Partialsumme*

$$s_n = 1 + q^1 + q^2 + q^3 + \ldots + q^{n-1}$$

die Differenz $s_n - q \cdot s_n$ und erhalten daraus eine einfache Formel für den *Summenwert* von s_n:

$$\left.\begin{aligned} s_n &= 1 + q^1 + q^2 + q^3 + \ldots + q^{n-2} + q^{n-1} \\ q \cdot s_n &= \phantom{1 + {}} q^1 + q^2 + q^3 + \ldots + q^{n-2} + q^{n-1} + q^n \end{aligned}\right\} -$$

$$s_n - q \cdot s_n = 1 - q^n$$

$$s_n(1 - q) = 1 - q^n$$

$$s_n = \frac{1 - q^n}{1 - q} \qquad (q \neq 1)$$

Die Folge der Partialsummen s_n besitzt für $|q| < 1$ den *Grenzwert*

$$s = \lim_{n \to \infty} s_n = \lim_{n \to \infty} \frac{1 - q^n}{1 - q} = \frac{1}{1 - q}$$

da in diesem Fall $\lim\limits_{n \to \infty} q^n = 0$ ist. Für $|q| \geqslant 1$ dagegen *divergiert* die Zahlenfolge $\langle q^n \rangle$. Die unendliche *geometrische* Reihe besitzt somit für $|q| < 1$ den *Summenwert*

$$\sum_{n=1}^{\infty} q^{n-1} = 1 + q + q^2 + \ldots + q^{n-1} + \ldots = \frac{1}{1 - q}$$

[1] Eine unendliche Reihe heißt *geometrisch*, wenn der Quotient zweier aufeinanderfolgender Glieder *konstant* ist. Die hier vorliegende Reihe besitzt den Quotient q.

Zahlenbeispiele:

$$q = \frac{1}{3} \qquad \sum_{n=1}^{\infty} \left(\frac{1}{3}\right)^{n-1} = 1 + \frac{1}{3} + \frac{1}{9} + \frac{1}{27} + \ldots = \frac{1}{1 - \frac{1}{3}} = \frac{3}{2}$$

$$q = -\frac{1}{2} \qquad \sum_{n=1}^{\infty} \left(-\frac{1}{2}\right)^{n-1} = 1 - \frac{1}{2} + \frac{1}{4} - \frac{1}{8} + - \ldots = \frac{1}{1 + \frac{1}{2}} = \frac{2}{3}$$

$$q = 0{,}1 \qquad \sum_{n=1}^{\infty} 0{,}1^{n-1} = 1 + 0{,}1 + 0{,}01 + 0{,}001 + \ldots =$$

$$= \frac{1}{1 - 0{,}1} = \frac{10}{9}$$

(2) Wir zeigen, daß die unendliche Reihe

$$\sum_{n=1}^{\infty} n = 1 + 2 + 3 + \ldots + n + \ldots$$

bestimmt divergent ist.

Die für die Grenzwertbildung benötigte n-te Partialsumme s_n kann dabei nach der Formel

$$s_n = \sum_{k=1}^{n} k = 1 + 2 + 3 + \ldots + n = \frac{n(n+1)}{2}$$

berechnet werden[2]. Beim Grenzübergang $n \to \infty$ erhalten wir hieraus:

$$s = \sum_{n=1}^{\infty} n = \lim_{n \to \infty} s_n = \lim_{n \to \infty} \frac{n(n+1)}{2} = \infty$$

Die Reihe ist somit – wie behauptet – *bestimmt divergent*.

■

[2] Diese Formel haben wir der *Formelsammlung* entnommen (siehe Abschnitt I.3.4). Sie kann z.B. durch „*Vollständige Induktion*“ bewiesen werden.

1.3 Konvergenzkriterien

Konvergenzkriterien ermöglichen eine *Entscheidung* darüber, ob eine vorgegebene unendliche Zahlenreihe *konvergiert* oder *divergiert*. Für die *Konvergenz* einer unendlichen Reihe $\sum_{n=1}^{\infty} a_n$ mit $a_n > 0$ ist die Bedingung

$$\lim_{n \to \infty} a_n = 0 \tag{VI-16}$$

zwar *notwendig*, keinesfalls aber hinreichend[3]. Mit anderen Worten: Damit die unendliche Reihe *konvergiert*, *muß* diese Bedingung erfüllt sein. Jedoch darf man aus $\lim_{n \to \infty} a_n = 0$ keineswegs folgern, daß die unendliche Reihe konvergiert. Es gibt demnach Reihen, für die die Bedingung (VI-16) erfüllt ist und die trotzdem *divergieren*.

Eine Reihe jedoch, die das Konvergenzkriterium (VI-16) *nicht* erfüllt, kann *nicht* konvergent sein und ist daher *divergent*. Wir erläutern jetzt dieses Kriterium an zwei einfachen Beispielen.

■ **Beispiele**

(1) Sowohl die *geometrische Reihe*

$$\sum_{n=1}^{\infty} 0{,}2^{n-1} = 1 + 0{,}2^1 + 0{,}2^2 + \ldots + 0{,}2^{n-1} + \ldots$$

als auch die *harmonische Reihe*

$$\sum_{n=1}^{\infty} \frac{1}{n} = 1 + \frac{1}{2} + \frac{1}{3} + \ldots + \frac{1}{n} + \ldots$$

erfüllen das *notwendige Konvergenzkriterium* (VI-16):

$$\lim_{n \to \infty} 0{,}2^{n-1} = 0 \quad \text{bzw.} \quad \lim_{n \to \infty} \frac{1}{n} = 0$$

Aber nur die *geometrische Reihe* ist *konvergent*, d.h. besitzt einen *Summenwert*, wie wir aus dem einführenden Beispiel aus Abschnitt 1.1 bereits wissen. Die *harmonische Reihe* dagegen ist *divergent*, wie wir im nächsten Abschnitt noch zeigen werden. Die Bedingung (VI-16) reicht also für die Konvergenz einer Reihe *nicht* aus.

---

[3] Diese Bedingung bedeutet: Die Glieder der Reihe müssen eine sog. *Nullfolge* bilden.

(2) Die unendliche Zahlenreihe

$$2{,}1 + 2{,}01 + 2{,}001 + 2{,}0001 + \ldots$$

mit dem *Bildungsgesetz*

$$a_n = 2 + 0{,}1^n \qquad (n \in \mathbb{N}^*)$$

ist *divergent*, da die Reihenglieder das für die Konvergenz notwendige Kriterium (VI-16) *nicht* erfüllen. Denn es gilt:

$$\lim_{n \to \infty} a_n = \lim_{n \to \infty} (2 + 0{,}1^n) = 2 \neq 0$$

Die Reihenglieder bilden also *keine* Nullfolge.

■

Wir beschränken uns im folgenden auf zwei in der Praxis besonders wichtige *hinreichende* Kriterien, nämlich das *Quotientenkriterium* und das *Leibnizsche Konvergenzkriterium* für *alternierende* Reihen.

1.3.1 Quotientenkriterium

Bei der Untersuchung des *Konvergenzverhaltens* einer unendlichen Reihe erweist sich das folgende als *Quotientenkriterium* bezeichnete Kriterium als besonders geeignet:

Quotientenkriterium

Erfüllen die Glieder einer unendlichen Reihe $\sum_{n=1}^{\infty} a_n$ die Bedingung

$$\lim_{n \to \infty} \left| \frac{a_{n+1}}{a_n} \right| = q < 1 \qquad \text{(VI-17)}$$

so ist die Reihe *konvergent*. Ist aber $q > 1$, so ist die Reihe *divergent*.

Anmerkungen

(1) Für $q = 1$ *versagt* das Quotientenkriterium, d.h. eine Entscheidung über Konvergenz oder Divergenz ist dann mit dem Quotientenkriterium *nicht* möglich. Die Reihe *kann* also konvergieren *oder* auch divergieren. In einem solchen Fall muß das Konvergenzverhalten der Reihe mit Hilfe *anderer* Kriterien untersucht werden.

(2) Das Quotientenkriterium liefert eine *hinreichende* Bedingung für die Reihenkonvergenz. Sie ist jedoch *nicht notwendig*, d.h. es gibt Reihen, für die der Grenzwert $\lim_{n \to \infty} \left| \frac{a_{n+1}}{a_n} \right|$ *nicht* vorhanden ist und die trotzdem konvergieren.

■ **Beispiele**

(1) Wir zeigen anhand des *Quotientenkriteriums*, daß die unendliche Reihe

$$\sum_{n=1}^{\infty} \frac{1}{(2n)!} = \frac{1}{2!} + \frac{1}{4!} + \frac{1}{6!} + \ldots + \frac{1}{(2n)!} + \frac{1}{(2n+2)!} + \ldots$$

konvergiert. Mit

$$a_n = \frac{1}{(2n)!} \quad \text{und} \quad a_{n+1} = \frac{1}{(2n+2)!}$$

liefert das Kriterium (VI-17) den folgenden Wert für q:

$$\lim_{n \to \infty} \left| \frac{a_{n+1}}{a_n} \right| = \lim_{n \to \infty} \frac{\dfrac{1}{(2n+2)!}}{\dfrac{1}{(2n)!}} = \lim_{n \to \infty} \frac{(2n)!}{(2n+2)!} =$$

$$= \lim_{n \to \infty} \frac{(2n)!}{(2n)!\,(2n+1)(2n+2)} =$$

$$= \lim_{n \to \infty} \frac{1}{(2n+1)(2n+2)} = 0$$

Dabei haben wir von der „Zerlegung“

$$(2n+2)! = (2n)!\,(2n+1)(2n+2)$$

Gebrauch gemacht (Bild VI-1). Die Reihe ist daher wegen $q = 0 < 1$ *konvergent*, besitzt also einen *Summenwert*.

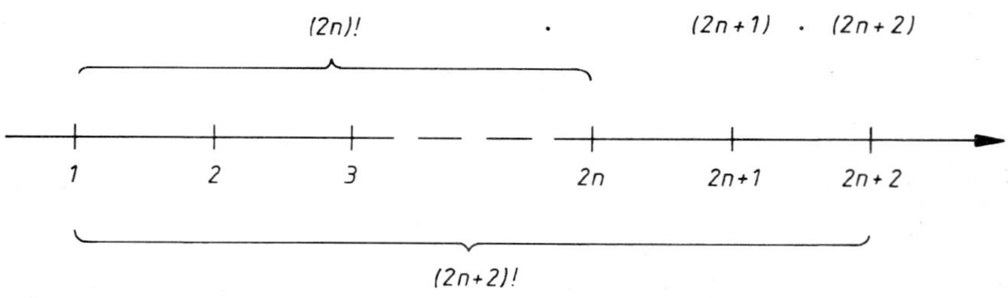

Bild VI-1 Zerlegung des Ausdrucks $(2n+2)!$ in ein geeignetes Produkt

(2) Das Quotientenkriterium *versagt* bei der sog. *harmonischen Reihe*

$$\sum_{n=1}^{\infty} \frac{1}{n} = 1 + \frac{1}{2} + \frac{1}{3} + \ldots + \frac{1}{n} + \frac{1}{n+1} + \ldots$$

Mit $a_n = \frac{1}{n}$ und $a_{n+1} = \frac{1}{n+1}$ erhalten wir nämlich nach (VI-17):

$$\lim_{n \to \infty} \left| \frac{a_{n+1}}{a_n} \right| = \lim_{n \to \infty} \frac{\frac{1}{n+1}}{\frac{1}{n}} = \lim_{n \to \infty} \frac{n}{n+1} = \lim_{n \to \infty} \frac{1}{1 + \frac{1}{n}} = 1$$

Wir zeigen nun mit Hilfe einer *Vergleichsreihe*, daß die harmonische Reihe *divergiert*. Dazu betrachten wir diejenigen Glieder der Reihe, deren Nenner Potenzen von 2 sind und somit in der allgemeinen Form $\frac{1}{2^n}$ mit $n \in \mathbb{N}$ darstellbar sind. Es sind dies der Reihe nach die Glieder $\frac{1}{2}, \frac{1}{4}, \frac{1}{8}, \frac{1}{16}, \ldots$.

Wir kennzeichnen sie in der harmonischen Reihe durch einen *Pfeil*:

$$1 + \underset{\uparrow}{\frac{1}{2}} + \frac{1}{3} + \underset{\uparrow}{\frac{1}{4}} + \frac{1}{5} + \frac{1}{6} + \frac{1}{7} + \underset{\uparrow}{\frac{1}{8}} + \ldots$$

Die Glieder dieser Reihe fassen wir jetzt mit Hilfe von Klammern wie folgt zu Gruppen zusammen:

$$1 + \underset{\uparrow}{\frac{1}{2}} + \left(\frac{1}{3} + \underset{\uparrow}{\frac{1}{4}} \right) + \left(\frac{1}{5} + \frac{1}{6} + \frac{1}{7} + \underset{\uparrow}{\frac{1}{8}} \right) + \ldots$$

Die Klammern beginnen dabei jeweils *nach* einem Pfeil und enden *nach* dem unmittelbar darauffolgenden Pfeil. In jeder Klammer ersetzen wir nun *jedes* Glied durch das jeweils *kleinste* (mit einem *Pfeil* versehene) Glied und erhalten damit die folgende *Vergleichsreihe*:

$$1 + \frac{1}{2} + \left(\frac{1}{4} + \frac{1}{4} \right) + \left(\frac{1}{8} + \frac{1}{8} + \frac{1}{8} + \frac{1}{8} \right) + \ldots$$

Jedes Glied dieser Reihe ist dann *höchstens* so groß wie das entsprechende Glied der *harmonischen Reihe*. Der Summenwert der harmonischen Reihe ist daher *mindestens* so groß wie der Summenwert der Vergleichsreihe, den wir nun bestimmen wollen. Dabei beachten wir, daß der Wert einer jeden Klammer 1/2 beträgt.

Es ist somit

$$1 + \frac{1}{2} + \underbrace{\left(\frac{1}{4} + \frac{1}{4}\right)}_{\frac{1}{2}} + \underbrace{\left(\frac{1}{8} + \frac{1}{8} + \frac{1}{8} + \frac{1}{8}\right)}_{\frac{1}{2}} + \ldots = 1 + \frac{1}{2} + \frac{1}{2} + \frac{1}{2} + \ldots = \infty$$

Die Vergleichsreihe ist daher *divergent*. Folglich *divergiert* auch die harmonische Reihe, da ihre Glieder *mindestens so* groß sind wie die entsprechenden Glieder der divergenten Vergleichsreihe.

■

1.3.2 Leibnizsches Konvergenzkriterium für alternierende Reihen

Wir beschäftigen uns nun mit *alternierenden* Reihen, d.h. Reihen, deren Glieder *abwechselnd* positiv und negativ sind. Eine solche Reihe ist in der Form

$$\sum_{n=1}^{\infty} (-1)^{n+1} \cdot a_n = a_1 - a_2 + a_3 - a_4 + - \ldots \qquad \text{(VI-18)}$$

mit $a_n > 0$ darstellbar. Der Faktor $(-1)^{n+1}$ ist dabei *abwechselnd* positiv und negativ und bestimmt somit das *Vorzeichen* der Glieder. Es wird daher auch als *Vorzeichenfaktor* bezeichnet.

Für *alternierende* Reihen existiert ein spezielles von *Leibniz* stammendes Konvergenzkriterium. Es lautet (ohne Beweis):

Leibnizsches Konvergenzkriterium für alternierende Reihen

Eine *alternierende* Reihe vom Typ

$$\sum_{n=1}^{\infty} (-1)^{n+1} \cdot a_n = a_1 - a_2 + a_3 - a_4 + - \ldots \qquad \text{(VI-19)}$$

mit $a_n > 0$ ist *konvergent*, wenn die Reihenglieder die folgenden Bedingungen erfüllen:

1. $a_1 > a_2 > a_3 > \ldots > a_n > a_{n+1} > \ldots$
2. $\lim\limits_{n \to \infty} a_n = 0$

(VI-20)

Anmerkung

Eine alternierende Reihe ist demnach *konvergent*, wenn die *Beträge* ihrer Glieder eine *monoton fallende Nullfolge* bilden (*hinreichende* Konvergenzbedingung).

■ **Beispiele**

(1) Die alternierende Reihe

$$\sum_{n=1}^{\infty} (-1)^{n+1} \cdot \frac{1}{n!} = \frac{1}{1!} - \frac{1}{2!} + \frac{1}{3!} - \frac{1}{4!} + - \ldots$$

ist *konvergent*, da die Beträge ihrer Glieder eine *monoton fallende Nullfolge* bilden und somit das hinreichende Leibnizsche Konvergenzkriterium (VI-20) erfüllen:

$$\frac{1}{1!} > \frac{1}{2!} > \frac{1}{3!} > \ldots > \frac{1}{n!} > \frac{1}{(n+1)!} > \ldots$$

$$\lim_{n \to \infty} a_n = \lim_{n \to \infty} \frac{1}{n!} = \lim_{n \to \infty} \frac{1}{1 \cdot 2 \cdot 3 \ldots n} = 0$$

(2) Auch die sog. *alternierende harmonische Reihe*

$$\sum_{n=1}^{\infty} (-1)^{n+1} \cdot \frac{1}{n} = 1 - \frac{1}{2} + \frac{1}{3} - \frac{1}{4} + - \ldots$$

konvergiert, da sie die *Konvergenzbedingungen* (VI-20) erfüllt:

$$1 > \frac{1}{2} > \frac{1}{3} > \ldots > \frac{1}{n} > \frac{1}{n+1} > \ldots$$

$$\lim_{n \to \infty} a_n = \lim_{n \to \infty} \frac{1}{n} = 0$$

(3) Die *alternierende geometrische Reihe*

$$\sum_{n=1}^{\infty} (-1)^{n+1} = 1 - 1 + 1 - 1 + - \ldots$$

dagegen ist *divergent*, da sie *keine* der beiden im *Leibnizschen Konvergenzkriterium* (VI-20) genannten Bedingungen erfüllt:

$$\left.\begin{array}{l} a_n = 1 \text{ für alle } n \in \mathbb{N}^* \\ \lim\limits_{n \to \infty} a_n = \lim\limits_{n \to \infty} 1 = 1 \end{array}\right\} \Rightarrow$$ Die unendliche Zahlenfolge $\langle a_n = 1 \rangle$ ist *keine* monoton fallende Nullfolge!

■

2 Potenzreihen

2.1 Definition einer Potenzreihe

Potenzreihen unterscheiden sich von den bisher behandelten *Zahlenreihen* dadurch, daß ihre Glieder *Potenzen* und somit *Funktionen* einer unabhängigen Variablen x darstellen.

Definition: Unter einer *Potenzreihe* versteht man eine unendliche Reihe vom Typ

$$P(x) = \sum_{n=0}^{\infty} a_n x^n = a_0 + a_1 x^1 + a_2 x^2 + \ldots + a_n x^n + \ldots \tag{VI-21}$$

Anmerkungen

(1) Die Glieder einer Potenzreihe $P(x)$ sind also *Potenzen* der unabhängigen Variablen x.

(2) Die reellen Zahlen $a_0, a_1, a_2, \ldots$ sind die *Koeffizienten* der Potenzreihe.

(3) Zu einer etwas *allgemeineren* Darstellungsform der Potenzreihen gelangt man durch die Definitionsvorschrift

$$P(x) = \sum_{n=0}^{\infty} a_n (x - x_0)^n =$$

$$= a_0 + a_1 (x - x_0)^1 + a_2 (x - x_0)^2 + \ldots + a_n (x - x_0)^n + \ldots \tag{VI-22}$$

Die Stelle x_0 heißt „*Entwicklungspunkt*" oder auch „*Entwicklungszentrum*". Für $x_0 = 0$ erhalten wir die in den Anwendungen meist auftretende *spezielle* Form $\sum_{n=0}^{\infty} a_n x^n$ („Entwicklung um den Nullpunkt"). Die *allgemeine* Form (VI-22) kann dabei stets mit Hilfe der *formalen Substitution* $z = x - x_0$ auf die spezielle Form (VI-21) zurückgeführt werden, so daß wir uns auf diesen Potenzreihentyp beschränken können.

■ **Beispiele**

(1) $P(x) = \sum_{n=0}^{\infty} x^n = 1 + x^1 + x^2 + \ldots + x^n + \ldots$

(2) $$P(x) = \sum_{n=0}^{\infty} \frac{x^n}{n!} = 1 + \frac{x^1}{1!} + \frac{x^2}{2!} + \ldots + \frac{x^n}{n!} + \ldots$$

(3) $$P(x) = \sum_{n=1}^{\infty} (-1)^{n+1} \cdot \frac{(x-1)^n}{n} = \frac{(x-1)^1}{1} - \frac{(x-1)^2}{2} + \frac{(x-1)^3}{3} - + \ldots$$

■

2.2 Konvergenzverhalten einer Potenzreihe

Bei einer Potenzreihe $P(x) = \sum_{n=0}^{\infty} a_n x^n$ hängt der Wert eines jeden Gliedes und damit auch der *Summenwert* (falls er überhaupt vorhanden ist) noch vom Wert der unabhängigen Variablen x ab. Wir beschäftigen uns daher in diesem Abschnitt mit dem *Konvergenzverhalten* einer Potenzreihe und untersuchen insbesondere, für *welche* x-Werte die Reihe *konvergiert.*

Konvergenzbereich einer Potenzreihe

Nach den Ausführungen in Abschnitt 1.2.2 konvergiert eine Potenzreihe $P(x)$ definitionsgemäß an einer Stelle x_1, wenn die Partialsummenfolge

$$\begin{aligned}
&P_0(x_1) = a_0 \\
&P_1(x_1) = a_0 + a_1 x_1 \\
&P_2(x_1) = a_0 + a_1 x_1 + a_2 x_1^2 \\
&\vdots \\
&P_n(x_1) = a_0 + a_1 x_1 + a_2 x_1^2 + \ldots + a_n x_1^n \\
&\vdots
\end{aligned} \qquad \text{(VI-23)}$$

einem *Grenzwert*, dem sog. *Summenwert* $P(x_1)$, zustrebt. Besitzt diese Folge jedoch *keinen* Grenzwert, so ist die Potenzreihe an der Stelle x_1 *divergent.*

Wir definieren daher:

> **Definition:** Die Menge aller x-Werte, für die eine Potenzreihe $\sum_{n=0}^{\infty} a_n x^n$ konvergiert, heißt *Konvergenzbereich* der Potenzreihe.

Für $x = 0$ konvergiert *jede* Potenzreihe und besitzt dort den Summenwert $P(0) = a_0$. Es gibt Potenzreihen, die *nur* für $x = 0$ konvergieren und solche, die für *alle* $x \in \mathbb{R}$ konvergieren. Beispiele hierzu werden wir später noch kennenlernen. Allgemein läßt sich zeigen, daß eine Potenzreihe stets in einem bestimmten, zum Nullpunkt *symmetrisch* angeordneten Intervall $|x| < r$ *konvergiert* und außerhalb dieses Intervalls *divergiert*, wobei wir zunächst einmal vom Konvergenzverhalten der Reihe in den beiden Randpunkten $|x| = r$ absehen wollen (Bild VI-2).

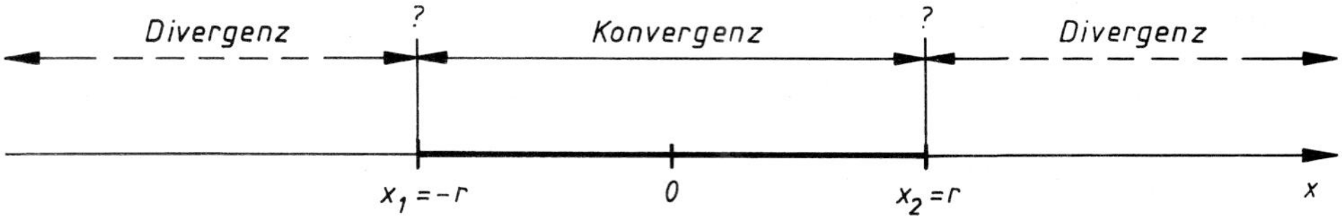

Bild VI-2 Konvergenzbereich einer Potenzreihe

Geometrische Deutung des Konvergenzbereiches

Der *Konvergenzbereich* einer Potenzreihe läßt sich *geometrisch* wie folgt konstruieren.

Wir schlagen um den Nullpunkt der Zahlengerade (x-Achse) einen Kreis mit dem Radius r, den sog. *Konvergenzkreis* (Bild VI-2). Er schneidet die Zahlengerade an den Stellen $x_1 = -r$ und $x_2 = +r$. Der *Konvergenzbereich* der Potenzreihe ist dann der im *Innern* des Konvergenzkreises liegende Bereich der Zahlengerade. *Außerhalb* dieses Bereiches *divergiert* die Reihe. Der Radius r des Konvergenzkreises heißt daher in diesem Zusammenhang auch *Konvergenzradius*.

Über das Konvergenzverhalten einer Potenzreihe in den beiden *Randpunkten* lassen sich jedoch *keine* allgemeingültigen Aussagen machen. Es gibt Potenzreihen, die in *einem* der beiden Randpunkte oder sogar in *beiden* Randpunkten konvergieren, und solche, die in *keinem* der beiden Randpunkte konvergieren. Zur Feststellung des *Konvergenzverhaltens* einer Potenzreihe in ihren *Randpunkten* bedarf es daher stets weiterer Untersuchungen.

Über das Konvergenzverhalten einer Potenzreihe (Bild VI-2)

Zu jeder Potenzreihe $\sum_{n=0}^{\infty} a_n x^n$ gibt es eine *positive* Zahl r, *Konvergenzradius* genannt, mit den folgenden Eigenschaften:

1. Die Potenzreihe *konvergiert* überall im Intervall $|x| < r$.
2. Die Potenzreihe *divergiert* dagegen für $|x| > r$.
3. Über das Konvergenzverhalten der Potenzreihe in den *Randpunkten* $|x| = r$ lassen sich jedoch *keine* allgemeingültigen Aussagen machen. Es bedarf hierzu weiterer Untersuchungen.

Anmerkungen

(1) Der *Konvergenzbereich* einer Potenzreihe besteht somit aus dem Intervall $|x| < r$, zu dem *gegebenenfalls* noch ein oder sogar beide Randpunkte hinzukommen.

(2) Konvergiert eine Potenzreihe *nur* an der Stelle $x = 0$, so setzt man $r = 0$.

(3) Eine *beständig*, d.h. für *alle* $x \in \mathbb{R}$ konvergierende Potenzreihe besitzt den Konvergenzradius $r = \infty$.

Berechnung des Konvergenzradius

Wir wollen nun eine Formel herleiten, mit der wir den *Konvergenzradius* r einer Potenzreihe $\sum_{n=0}^{\infty} a_n x^n$ berechnen können. Dabei gehen wir folgendermaßen vor:

Nach dem *Quotientenkriterium* (VI-17) konvergiert die Reihe $\sum_{n=0}^{\infty} b_n$, wenn sie die Bedingung

$$\lim_{n \to \infty} \left| \frac{b_{n+1}}{b_n} \right| < 1 \tag{VI-24}$$

erfüllt. Mit $b_n = a_n x^n$ und $b_{n+1} = a_{n+1} x^{n+1}$ erhalten wir hieraus die folgende *Konvergenzbedingung* für unsere Potenzreihe:

$$\lim_{n \to \infty} \left| \frac{b_{n+1}}{b_n} \right| = \lim_{n \to \infty} \left| \frac{a_{n+1} x^{n+1}}{a_n x^n} \right| = \lim_{n \to \infty} \left| \frac{a_{n+1}}{a_n} \cdot x \right| < 1 \tag{VI-25}$$

Diese Ungleichung schreiben wir noch etwas um:

$$\lim_{n \to \infty} \left| \frac{a_{n+1}}{a_n} \cdot x \right| = \lim_{n \to \infty} |x| \cdot \left| \frac{a_{n+1}}{a_n} \right| = |x| \cdot \lim_{n \to \infty} \left| \frac{a_{n+1}}{a_n} \right| < 1 \tag{VI-26}$$

Durch Auflösen nach $|x|$ erhalten wir schließlich

$$|x| < \frac{1}{\lim\limits_{n \to \infty} \left| \dfrac{a_{n+1}}{a_n} \right|} = \lim_{n \to \infty} \left| \frac{a_n}{a_{n+1}} \right| = r \tag{VI-27}$$

wobei wir noch

$$r = \lim_{n \to \infty} \left| \frac{a_n}{a_{n+1}} \right| \tag{VI-28}$$

gesetzt haben. Die Potenzreihe $\sum_{n=0}^{\infty} a_n x^n$ *konvergiert* somit für $|x| < r$, d.h. r ist der gesuchte *Konvergenzradius* der Reihe.

Wir fassen dieses wichtige Ergebnis wie folgt zusammen:

Konvergenzradius einer Potenzreihe (Bild VI-2)

Der *Konvergenzradius* r einer Potenzreihe $\sum_{n=0}^{\infty} a_n x^n$ wird nach der Formel

$$r = \lim_{n \to \infty} \left| \frac{a_n}{a_{n+1}} \right| \qquad \text{(VI-29)}$$

berechnet. Die Reihe *konvergiert* dann für $|x| < r$ und *divergiert* für $|x| > r$ (vgl. hierzu auch Bild VI-2). In den beiden Randpunkten $x_1 = -r$ und $x_2 = +r$ ist das Konvergenzverhalten der Potenzreihe zunächst *unbestimmt*. Es bedarf hier weiterer Untersuchungen.

Anmerkung

Formel (VI-29) gilt auch für den Konvergenzradius r einer Potenzreihe vom *allgemeinen* Typ $\sum_{n=0}^{\infty} a_n (x - x_0)^n$. Diese Reihe *konvergiert* dann für $|x - x_0| < r$, d.h. im Intervall $(x_0 - r, x_0 + r)$ und *divergiert* für $|x - x_0| > r$, während das Konvergenzverhalten in den beiden Randpunkten $x_1 = x_0 - r$ und $x_2 = x_0 + r$ zunächst unbestimmt ist (Bild VI-3).

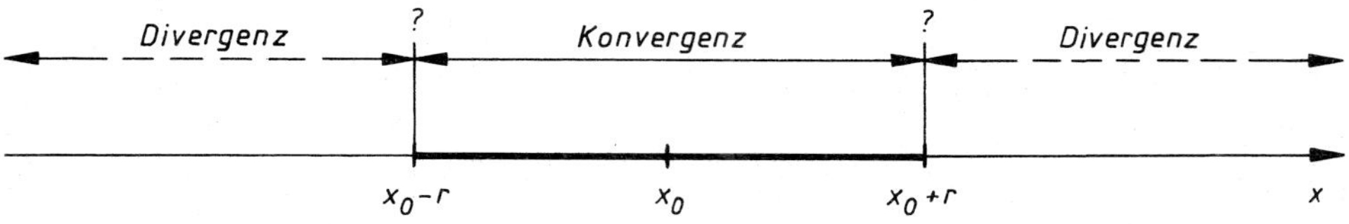

Bild VI-3 Konvergenzbereich einer Potenzreihe vom allgemeinen Typ $\sum_{n=0}^{\infty} a_n (x - x_0)^n$

■ **Beispiele**

(1) Wir untersuchen das Konvergenzverhalten der *geometrischen Reihe*[4)]

$$\sum_{n=0}^{\infty} x^n = 1 + x^1 + x^2 + \ldots + x^n + x^{n+1} + \ldots$$

---

4) Vgl. hierzu auch Beispiel (1) aus Abschnitt 1.2.2.

Mit $a_n = 1$ und $a_{n+1} = 1$ erhalten wir für den *Konvergenzradius* dieser Reihe nach Formel (VI-29):

$$r = \lim_{n \to \infty} \left| \frac{a_n}{a_{n+1}} \right| = \lim_{n \to \infty} \frac{1}{1} = \lim_{n \to \infty} 1 \doteq 1$$

Die geometrische Reihe *konvergiert* damit für $|x| < 1$ und *divergiert* für $|x| > 1$. Wir untersuchen jetzt das Konvergenzverhalten der Reihe in den beiden *Randpunkten*:

Randpunkt $x_1 = -1$: $1 - 1 + 1 - 1 + - \ldots$

Randpunkt $x_2 = +1$: $1 + 1 + 1 + 1 + \ldots$

Beide Zahlenreihen sind *divergent*. Die erste Reihe wurde bereits im Anschluß an das *Leibnizsche Konvergenzkriterium* untersucht und dort als *divergent* erkannt (Abschnitt 1.3.2). Die zweite Reihe besitzt den „*Summenwert*" $s = \infty$ und ist daher *bestimmt divergent*. Die geometrische Reihe *konvergiert* demnach im (offenen) Intervall $-1 < x < 1$.

(2) Der *Konvergenzradius* der Potenzreihe

$$\sum_{n=0}^{\infty} \frac{x^n}{n!} = 1 + \frac{x^1}{1!} + \frac{x^2}{2!} + \ldots + \frac{x^n}{n!} + \frac{x^{n+1}}{(n+1)!} + \ldots$$

beträgt nach Formel (VI-29) mit $a_n = \frac{1}{n!}$ und $a_{n+1} = \frac{1}{(n+1)!}$:

$$r = \lim_{n \to \infty} \left| \frac{a_n}{a_{n+1}} \right| = \lim_{n \to \infty} \frac{\frac{1}{n!}}{\frac{1}{(n+1)!}} = \lim_{n \to \infty} \frac{(n+1)!}{n!} =$$

$$= \lim_{n \to \infty} \frac{n!(n+1)}{n!} = \lim_{n \to \infty} (n+1) = \infty$$

Die Reihe ist daher *beständig konvergent*.

(3) Wir untersuchen die Potenzreihe

$$\sum_{n=1}^{\infty} (-1)^{n+1} \cdot \frac{(x-1)^n}{n} = \frac{(x-1)^1}{1} - \frac{(x-1)^2}{2} + \frac{(x-1)^3}{3} - + \ldots$$

auf Konvergenz.

Zunächst bringen wir die Reihe mit Hilfe der *Substitution* $z = x - 1$ in die etwas „bequemere" Form

$$\sum_{n=1}^{\infty} (-1)^{n+1} \cdot \frac{z^n}{n} = \frac{z^1}{1} - \frac{z^2}{2} + \frac{z^3}{3} - + \ldots$$

Der *Konvergenzradius* dieser *alternierenden* Reihe beträgt dann mit

$$a_n = (-1)^{n+1} \cdot \frac{1}{n} \quad \text{und} \quad a_{n+1} = (-1)^{n+2} \cdot \frac{1}{n+1}$$

nach Formel (VI-29):

$$r = \lim_{n \to \infty} \left| \frac{a_n}{a_{n+1}} \right| = \lim_{n \to \infty} \frac{\frac{1}{n}}{\frac{1}{n+1}} = \lim_{n \to \infty} \frac{n+1}{n} = \lim_{n \to \infty} \left(1 + \frac{1}{n}\right) = 1$$

Die Reihe *konvergiert* daher mit Sicherheit für $|z| < 1$. Wir untersuchen jetzt das Konvergenzverhalten in den beiden *Randpunkten*:

$$\textit{Randpunkt } z_1 = -1\colon \quad -1 - \frac{1}{2} - \frac{1}{3} - \ldots = -\underbrace{\left(1 + \frac{1}{2} + \frac{1}{3} + \ldots\right)}_{\text{harmonische Reihe}}$$

Die Reihe *divergiert* für $z = -1$, da die harmonische Reihe bekanntlich *divergiert* (vgl. hierzu Beispiel (2) aus Abschnitt 1.3.1).

$$\textit{Randpunkt } z_2 = +1\colon \quad \underbrace{1 - \frac{1}{2} + \frac{1}{3} - + \ldots}_{\substack{\text{alternierende} \\ \text{harmonische Reihe}}}$$

Wir erhalten im *rechten* Randpunkt *Konvergenz*, da die alternierende harmonische Reihe bekanntlich *konvergiert* (vgl. hierzu auch Abschnitt 1.3.2). Damit *konvergiert* die Potenzreihe für $-1 < z \leqslant 1$. Nach *Rücksubstitution* ergibt sich daher für die ursprüngliche Potenzreihe der folgende *Konvergenzbereich*:

$$-1 < x - 1 \leqslant 1 \quad \text{oder} \quad 0 < x \leqslant 2$$

■

2.3 Eigenschaften der Potenzreihen

Eine Potenzreihe $P(x)$ kann im *Innern* ihres Konvergenzkreises als eine *Funktion* der unabhängigen Variablen x aufgefaßt werden, die *jedem* x aus dem Konvergenzintervall $(-r, r)$ mit Hilfe der Definitionsvorschrift $P(x) = \sum_{n=0}^{\infty} a_n x^n$ genau *einen* Funktionswert zuordnet. Potenzreihen besitzen bemerkenswerte Eigenschaften, von denen wir an dieser Stelle nur einige besonders wichtige aufzählen wollen:

Wichtige Eigenschaften der Potenzreihen

1. Eine Potenzreihe konvergiert *innerhalb* ihres Konvergenzbereiches *absolut*.
2. Eine Potenzreihe darf *innerhalb* ihres Konvergenzbereiches *gliedweise* differenziert und integriert werden. Die neuen Potenzreihen besitzen dabei *denselben* Konvergenzradius wie die ursprüngliche Reihe.
3. Zwei Potenzreihen dürfen im *gemeinsamen* Konvergenzbereich der Reihen *gliedweise* addiert, subtrahiert und miteinander multipliziert werden. Die neuen Potenzreihen konvergieren dann *mindestens* im *gemeinsamen Konvergenzbereich* der beiden Ausgangsreihen.

Anmerkungen

(1) Die *gliedweise* Integration einer Potenzreihe ist nur möglich, wenn der Integrationsbereich im *Innern* des Konvergenzbereiches liegt.

(2) Unter den genannten Voraussetzungen läßt sich eine Potenzreihe *beliebig oft* gliedweise differenzieren und integrieren. Alle Reihen haben dabei *denselben* Konvergenzradius!

(3) Potenzreihen dürfen somit *innerhalb* ihres Konvergenzbereiches wie *Polynomfunktionen* behandelt werden, d.h. sie dürfen *gliedweise* addiert, subtrahiert, miteinander multipliziert, differenziert und integriert werden.

Zahlreiche Anwendungbeispiele findet der Leser in dem nachfolgenden Abschnitt über Taylor-Reihen.

3 Taylor-Reihen

Aus dem vorherigen Abschnitt ist bekannt, daß *Potenzreihen* in vieler Hinsicht ähnlich einfache Eigenschaften besitzen wie *Polynomfunktionen*. Wir werden in diesem Abschnitt zeigen, daß es unter gewissen Voraussetzungen *grundsätzlich* möglich ist, eine vorgegebene Funktion $f(x)$ in eine *Potenzreihe* zu *„entwickeln"*. Aus einer solchen Reihenentwicklung lassen sich dann beispielsweise durch Abbruch der Reihe einfache *Näherungsfunktionen* für $f(x)$ in Form von *Polynomen* gewinnen.

Die *Potenzreihenentwicklung* einer Funktion erweist sich in den naturwissenschaftlich-technischen Anwendungen als ein außerordentlich brauchbares mathematischens *Hilfsmittel* und kann u.a. bei der Lösung der folgenden Problemstellungen herangezogen werden:

— *Annäherung* einer Funktion durch eine *Polynomfunktion* (z.B. durch eine *lineare* oder *quadratische* Funktion)

— Näherungsweise Berechnung von *Funktionswerten*

— Herleitung von *Näherungsformeln* für die „praktische" Mathematik

— *Integration* einer Funktion durch Potenzreihenentwicklung des Integranden und anschließender gliedweiser Integration

3.1 Ein einführendes Beispiel

Als einführendes Beispiel betrachten wir die besonders einfach gebaute *Potenzreihe*

$$P(x) = 1 + x^1 + x^2 + x^3 + \ldots = \sum_{n=0}^{\infty} x^n \qquad \text{(VI-30)}$$

Es handelt sich dabei um die bereits aus den Abschnitten 1.2.2 und 2.2 bekannte *geometrische Reihe* mit den folgenden Eigenschaften:

1. Die Potenzreihe konvergiert *nur* für $|x| < 1$.
2. Die Reihe besitzt in diesem Konvergenzbereich den *„Summenwert"* $\dfrac{1}{1-x}$.

Daher gilt im Intervall $-1 < x < 1$:

$$1 + x^1 + x^2 + x^3 + \ldots = \frac{1}{1-x} \qquad \text{(VI-31)}$$

Diese Gleichung läßt sich aber auch als *„Gleichheit"* zweier Funktionen interpretieren.

Auf der rechten Seite der Gleichung steht die *gebrochenrationale* Funktion $f(x) = \dfrac{1}{1-x}$, auf der linken Seite die *Potenzreihe* $P(x) = \sum\limits_{n=0}^{\infty} x^n$. Beide Funktionen stimmen *überall* im Intervall $-1 < x < 1$ in ihren Funktionswerten miteinander überein. Wir können daher in diesem Intervall die Potenzreihe $P(x) = \sum\limits_{n=0}^{\infty} x^n$ als eine *spezielle Darstellungsform* der gebrochenrationalen Funktion $f(x) = \dfrac{1}{1-x}$ ansehen. Man bezeichnet diese Art der Funktionsdarstellung als *Potenzreihenentwicklung*. Dabei ist jedoch zu beachten, daß die Darstellung einer Funktion durch eine Potenzreihe stets auf ein bestimmtes Intervall *beschränkt* bleibt. In unserem Beispiel gilt die *Potenzreihenentwicklung*

$$f(x) = \frac{1}{1-x} = 1 + x^1 + x^2 + x^3 + \ldots \qquad \text{(VI-32)}$$

nur für das Intervall $-1 < x < 1$, obwohl die Funktion $f(x) = \dfrac{1}{1-x}$ mit Ausnahme von $x = 1$ auch *außerhalb* dieses Intervalls definiert ist (vgl. hierzu Bild VI-4).

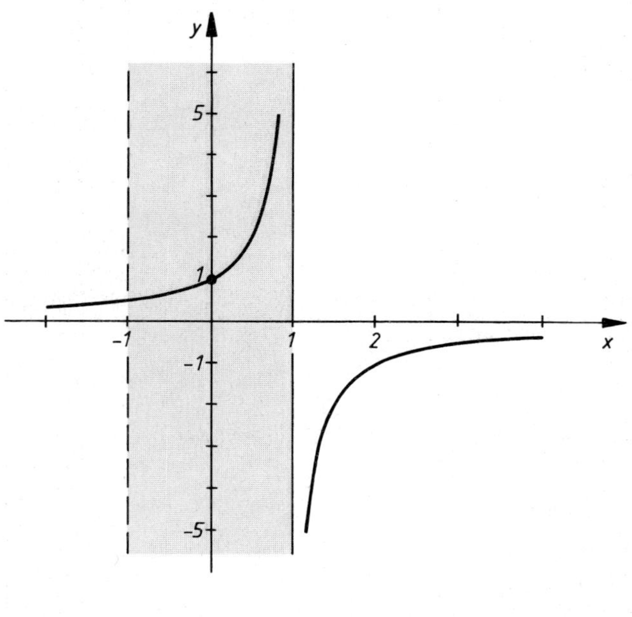

Bild VI-4 Zur Potenzreihenentwicklung der echt gebrochenrationalen Funktion $f(x) = \dfrac{1}{1-x}$ im Intervall $-1 < x < 1$ (*grau* unterlegter Bereich)

3.2 Potenzreihenentwicklung einer Funktion

3.2.1 Mac Laurinsche Reihe

Bei unseren Überlegungen gehen wir zunächst von den folgenden *Annahmen* aus:

1. Die Entwicklung der Funktion $f(x)$ in eine *Potenzreihe* vom Typ

$$f(x) = a_0 + a_1 x^1 + a_2 x^2 + a_3 x^3 + a_4 x^4 + \ldots \tag{VI-33}$$

   ist grundsätzlich *möglich* und *eindeutig*.

2. Die Funktion $f(x)$ ist in einer gewissen Umgebung von $x = 0$ *beliebig oft* differenzierbar und die Funktions- bzw. Ableitungswerte $f(0), f'(0), f''(0), f'''(0), \ldots$ sind bekannt (oder können zumindest berechnet werden).

Wir wollen jetzt zeigen, daß unter diesen Voraussetzungen die Koeffizienten $a_0, a_1, a_2, a_3, \ldots$ in der Potenzreihenentwicklung (VI-33) *eindeutig* durch die Funktions- und Ableitungswerte $f(0), f'(0), f''(0), f'''(0), \ldots$ bestimmt sind. Ist r der *Konvergenzradius* der Potenzreihe, so konvergieren auch sämtliche durch *gliedweise* Differentiation gewonnenen Reihenentwicklungen für $|x| < r$. Die ersten Ableitungen lauten dabei:

$$\begin{aligned}
f'(x) &= a_1 + 2a_2 x^1 + 3a_3 x^2 + 4a_4 x^3 + \ldots \\
f''(x) &= 1 \cdot 2 \cdot a_2 + 2 \cdot 3 \cdot a_3 x^1 + 3 \cdot 4 \cdot a_4 x^2 + \ldots \\
f'''(x) &= 1 \cdot 2 \cdot 3 \cdot a_3 + 2 \cdot 3 \cdot 4 \cdot a_4 x^1 + \ldots \\
&\vdots
\end{aligned} \tag{VI-34}$$

An der Stelle $x = 0$ gilt dann:

$$\begin{aligned}
f(0) &= a_0 = 1 \cdot a_0 = (0!) \cdot a_0 \\
f'(0) &= a_1 = 1 \cdot a_1 = (1!) \cdot a_1 \\
f''(0) &= 1 \cdot 2 \cdot a_2 = (2!) \cdot a_2 \\
f'''(0) &= 1 \cdot 2 \cdot 3 \cdot a_3 = (3!) \cdot a_3 \\
&\vdots
\end{aligned} \tag{VI-35}$$

Aus diesen Beziehungen lassen sich die *Koeffizienten* wie folgt berechnen:

$$a_0 = \frac{f(0)}{0!}, \quad a_1 = \frac{f'(0)}{1!}, \quad a_2 = \frac{f''(0)}{2!}, \quad a_3 = \frac{f'''(0)}{3!}, \quad \ldots \tag{VI-36}$$

Offensichtlich genügen die Koeffizienten der Potenzreihenentwicklung (VI-33) dem allgemeinen *Bildungsgesetz*

$$a_n = \frac{f^{(n)}(0)}{n!} \qquad (n = 0, 1, 2, \ldots) \qquad \text{(VI-37)}$$

und sind durch die *Funktions-* und *Ableitungswerte* von $f(x)$ an der Stelle $x = 0$ *eindeutig* bestimmt. Für die Potenzreihenentwicklung einer Funktion gilt daher unter den genannten Voraussetzungen:

Entwicklung einer Funktion in eine Potenzreihe (Mac Laurinsche Reihe)

Unter bestimmten Voraussetzungen läßt sich eine Funktion $f(x)$ in eine *Potenzreihe* der Form

$$f(x) = f(0) + \frac{f'(0)}{1!}x^1 + \frac{f''(0)}{2!}x^2 + \ldots = \sum_{n=0}^{\infty} \frac{f^n(0)}{n!}x^n \qquad \text{(VI-38)}$$

entwickeln (sog. *Mac Laurinsche Reihe*).

Anmerkungen

(1) *Nicht jede* Funktion ist in eine *Mac Laurinsche Reihe* entwickelbar. Eine für die Potenzreihenentwicklung *notwendige* Bedingung haben wir bereits erkannt: Die zu entwickelnde Funktion $f(x)$ muß in der Umgebung der Entwicklungsstelle $x = 0$ *beliebig oft* differenzierbar sein. Diese Bedingung ist jedoch *keinesfalls hinreichend*, d.h. nicht jede beliebig oft differenzierbare Funktion ist in Form einer Potenzreihe darstellbar. Im Rahmen dieser Darstellung können wir auf Einzelheiten nicht näher eingehen und verweisen den Leser auf die spezielle mathematische Literatur. Im Zusammenhang mit der *Restgliedabschätzung* bei Näherungspolynomen werden wir dieses Thema aber nochmals kurz streifen (vgl. hierzu Abschnitt 3.3.1).

(2) Die *Mac Laurinsche Reihe* von $f(x)$ ist die Potenzreihenentwicklung von $f(x)$ um den *Nullpunkt* $x = 0$, der daher in diesem Zusammenhang auch als *Entwicklungspunkt* oder *Entwicklungszentrum* bezeichnet wird. Sie ist ein *Sonderfall* einer allgemeineren Potenzreihenentwicklung nach *Taylor*, mit der wir uns in Abschnitt 3.2.2 noch eingehend beschäftigen werden.

(3) Der *Konvergenzradius* r der *Mac Laurinschen Reihe* von $f(x)$ wird nach der Formel (VI-29) berechnet. *Innerhalb* des Konvergenzbereiches, d.h. für $|x| < r$ wird die Funktion $f(x)$ dabei durch ihre *Mac Laurinsche Reihe* dargestellt.

(4) Die *Symmetrieeigenschaften* einer Funktion spiegeln sich auch in ihrer *Mac Laurinschen Reihe* wider: In der Reihenentwicklung einer *geraden* Funktion treten nur *gerade*, in der Reihenentwicklung einer *ungeraden* Funktion dagegen nur *ungerade* Potenzen auf.

■ **Beispiele**

(1) **Mac Laurinsche Reihen von $f(x) = e^x$ und $f(x) = e^{-x}$**

Für die e-Funktion ist

$$f^{(n)}(x) = e^x \quad \text{und somit} \quad f^{(n)}(0) = 1 \qquad (n = 0, 1, 2, \ldots)$$

Die *Mac Laurinsche Reihe* von $f(x) = e^x$ lautet demnach wie folgt:

$$e^x = 1 + \frac{1}{1!} x^1 + \frac{1}{2!} x^2 + \frac{1}{3!} x^3 + \ldots =$$

$$= 1 + \frac{x^1}{1!} + \frac{x^2}{2!} + \frac{x^3}{3!} + \ldots = \sum_{n=0}^{\infty} \frac{x^n}{n!}$$

Ihr Konvergenzradius beträgt $r = \infty$, d.h. die Reihe konvergiert *beständig* (vgl. hierzu auch Beispiel (2) aus Abschnitt 2.2).

Ersetzen wir in der Reihenentwicklung von $f(x) = e^x$ die Variable x formal durch $-x$, so erhalten wir die *Mac Laurinsche Reihe* von $f(x) = e^{-x}$:

$$e^{-x} = 1 + \frac{(-x)^1}{1!} + \frac{(-x)^2}{2!} + \frac{(-x)^3}{3!} + \ldots =$$

$$= 1 - \frac{x^1}{1!} + \frac{x^2}{2!} - \frac{x^3}{3!} + - \ldots = \sum_{n=0}^{\infty} (-1)^n \cdot \frac{x^n}{n!}$$

Sie konvergiert ebenfalls für alle $x \in \mathbb{R}$, d.h. *beständig*. Selbstverständlich erhält man diese Reihe auch auf dem *direkten* Wege über die *Mac Laurinsche Formel* (VI-38).

(2) **Mac Laurinsche Reihen von $f(x) = \sin x$ und $f(x) = \cos x$**

Wir entwickeln zunächst die *Sinusfunktion* $f(x) = \sin x$ in eine *Mac Laurinsche Reihe*. Es ist:

$$\left.\begin{array}{lll} f(x) = \sin x & \Rightarrow & f(0) = \sin 0 = 0 \\ f'(x) = \cos x & \Rightarrow & f'(0) = \cos 0 = 1 \\ f''(x) = -\sin x & \Rightarrow & f''(0) = -\sin 0 = 0 \\ f'''(x) = -\cos x & \Rightarrow & f'''(0) = -\cos 0 = -1 \end{array}\right\} \text{Viererzyklus}$$

$$\begin{array}{lll} \hline f^{(4)}(x) = \sin x & \Rightarrow & f^{(4)}(0) = \sin 0 = 0 \\ \vdots & & \end{array}$$

Ab der *vierten* Ableitung wiederholen sich die Ableitungswerte. In einem *regelmäßigen Zyklus* werden dabei der Reihe nach die Werte 0, 1, 0 und -1 durchlaufen. Die *Mac Laurinsche Reihe* der Sinusfunktion besitzt demnach die folgende Gestalt:

$$\sin x = \frac{x^1}{1!} - \frac{x^3}{3!} + \frac{x^5}{5!} - \frac{x^7}{7!} + - \ldots = \sum_{n=0}^{\infty} (-1)^n \cdot \frac{x^{2n+1}}{(2n+1)!}$$

Für ihren *Konvergenzradius* erhalten wir nach Formel (VI-29):

$$r = \lim_{n \to \infty} \left| \frac{a_n}{a_{n+1}} \right| = \lim_{n \to \infty} \frac{\dfrac{1}{(2n+1)!}}{\dfrac{1}{(2n+3)!}} = \lim_{n \to \infty} \frac{(2n+3)!}{(2n+1)!} =$$

$$= \lim_{n \to \infty} \frac{(2n+1)!\,(2n+2)\,(2n+3)}{(2n+1)!} = \lim_{n \to \infty} (2n+2)\,(2n+3) = \infty$$

Die Reihe konvergiert daher (erwartungsgemäß) *beständig*, d.h. für *alle* $x \in \mathbb{R}$. Sie enthält nur *ungerade* Potenzen, da der Sinus eine *ungerade* Funktion ist.

Die *Mac Laurinsche Reihe* der *Kosinusfunktion* erhalten wir am bequemsten durch *gliedweise* Differentiation der soeben hergeleiteten Potenzreihe von $f(x) = \sin x$:

$$\cos x = \frac{d}{dx}(\sin x) = \frac{d}{dx}\left(\frac{x}{1!} - \frac{x^3}{3!} + \frac{x^5}{5!} - \frac{x^7}{7!} + - \ldots\right) =$$

$$= \frac{1}{1!} - \frac{3x^2}{3!} + \frac{5x^4}{5!} - \frac{7x^6}{7!} + - \ldots =$$

$$= 1 - \frac{x^2}{2!} + \frac{x^4}{4!} - \frac{x^6}{6!} + - \ldots = \sum_{n=0}^{\infty} (-1)^n \cdot \frac{x^{2n}}{(2n)!}$$

Sie konvergiert ebenso wie die Mac Laurinsche Reihe der Sinusfunktion *beständig*. Auch diese Potenzreihe läßt sich natürlich auf *direktem* Wege über die Mac Laurinsche Entwicklungsformel (VI-38) herleiten. Wegen der *Achsensymmetrie* der Kosinusfunktion treten in der Potenzreihenentwicklung nur *gerade* Potenzen auf.

(3) **Binomische Reihe $(1 \pm x)^n$**

Wir entwickeln zunächst die Funktion $f(x) = (1 + x)^n$ mit $n \in \mathbb{R}$ in eine *Mac Laurinsche* Reihe. Die dabei benötigten Ableitungen und ihre Werte an der Stelle $x = 0$ lauten:

$$\begin{aligned}
f(x) &= (1 + x)^n & &\Rightarrow & f(0) &= 1 \\
f'(x) &= n(1 + x)^{n-1} & &\Rightarrow & f'(0) &= n \\
f''(x) &= n(n-1)(1 + x)^{n-2} & &\Rightarrow & f''(0) &= n(n-1) \\
f'''(x) &= n(n-1)(n-2)(1 + x)^{n-3} & &\Rightarrow & f'''(0) &= n(n-1)(n-2) \\
&\vdots
\end{aligned}$$

Die *Mac Laurinsche Reihenentwicklung* nach Formel (VI-38) beginnt daher wie folgt:

$$\begin{aligned}
(1 + x)^n &= 1 + \frac{n}{1!} x^1 + \frac{n(n-1)}{2!} x^2 + \frac{n(n-1)(n-2)}{3!} x^3 + \ldots = \\
&= 1 + \frac{n}{1} x^1 + \frac{n(n-1)}{1 \cdot 2} x^2 + \frac{n(n-1)(n-2)}{1 \cdot 2 \cdot 3} x^3 + \ldots
\end{aligned}$$

Die Koeffizienten dieser Reihe sind die bereits aus Abschnitt I.6 bekannten *Binomialkoeffizienten*

$$\binom{n}{k} = \frac{n(n-1)(n-2)\ldots(n-k+1)}{1 \cdot 2 \cdot 3 \ldots k}$$

Die *Mac Laurinsche Reihe* von $f(x) = (1 + x)^n$ ist damit in der Form

$$(1 + x)^n = 1 + \binom{n}{1} x^1 + \binom{n}{2} x^2 + \binom{n}{3} x^3 + \ldots = \sum_{k=0}^{\infty} \binom{n}{k} x^k$$

darstellbar und wird als *Binomische Reihe* oder auch *Binomialreihe* bezeichnet.

Bei der Berechnung des Konvergenzradius r dieser Reihe müssen wir dabei noch die Fälle $n \in \mathbb{N}^*$ und $n \notin \mathbb{N}^*$ unterscheiden.

1. Fall: $n \in \mathbb{N}^*$

Die *Binomische Reihe* bricht nach der n-ten Potenz, d.h. nach dem $(n + 1)$-ten Glied ab, da $(1 + x)^n$ in diesem Sonderfall ein *Polynom n-ten Grades* darstellt. Die „Reihenentwicklung" konvergiert selbstverständlich für *jedes* $x \in \mathbb{R}$.

2. Fall: $n \notin \mathbb{N}^*$

Wir erhalten jetzt eine *echte* Potenzreihe mit dem Konvergenzradius $r = 1$:

$$r = \lim_{k \to \infty} \left| \frac{a_k}{a_{k+1}} \right| = \lim_{k \to \infty} \left| \frac{\binom{n}{k}}{\binom{n}{k+1}} \right| =$$

$$= \lim_{k \to \infty} \left| \frac{\dfrac{n(n-1)(n-2)\dots(n-k+1)}{1 \cdot 2 \cdot 3 \dots k}}{\dfrac{n(n-1)(n-2)\dots(n-k+1)(n-k)}{1 \cdot 2 \cdot 3 \dots k \cdot (k+1)}} \right| =$$

$$= \lim_{k \to \infty} \left| \frac{n(n-1)(n-2)\dots(n-k+1) \cdot 1 \cdot 2 \cdot 3 \dots k \cdot (k+1)}{n(n-1)(n-2)\dots(n-k+1)(n-k) \cdot 1 \cdot 2 \cdot 3 \dots k} \right| =$$

$$= \lim_{k \to \infty} \left| \frac{k+1}{n-k} \right| = \lim_{k \to \infty} \left| \frac{1 + \frac{1}{k}}{\frac{n}{k} - 1} \right| = |-1| = 1$$

Die *Binomialreihe* konvergiert daher für $|x| < 1$ und im Falle $n > 0$ sogar für $|x| \leqslant 1$ (vgl. hierzu auch Tabelle 1 aus Abschnitt 3.2.3).

Die Potenzreihenentwicklung von $f(x) = (1 - x)^n$ erhalten wir auf *formalem* Wege aus der *Binomischen Reihe* $(1 + x)^n$, indem wir dort x durch $-x$ ersetzen:

$$(1 - x)^n = 1 + \binom{n}{1}(-x)^1 + \binom{n}{2}(-x)^2 + \binom{n}{3}(-x)^3 + \dots =$$

$$= 1 - \binom{n}{1}x^1 + \binom{n}{2}x^2 - \binom{n}{3}x^3 + - \dots =$$

$$= \sum_{k=0}^{\infty} (-1)^k \cdot \binom{n}{k} x^k$$

Wir fassen die Potenzreihenentwicklungen von $(1 + x)^n$ und $(1 - x)^n$ noch in *einer* Formel zusammen:

$$(1 \pm x)^n = 1 \pm \binom{n}{1}x^1 + \binom{n}{2}x^2 \pm \binom{n}{3}x^3 + \dots$$

Für $n = 1/2$ erhalten wir beispielsweise die *Binomischen Reihen*

$$(1 \pm x)^{1/2} = \sqrt{1 \pm x} = 1 \pm \frac{1}{2} x^1 - \frac{1}{8} x^2 \pm \frac{1}{16} x^3 - \ldots$$

Sie konvergieren im Intervall $|x| \leqslant 1$.

Für $n = -1$ lauten die *Binomischen Reihen* wie folgt:

$$(1 \pm x)^{-1} = \frac{1}{1 \pm x} = 1 \mp x^1 + x^2 \mp x^3 + x^4 \mp \ldots$$

Beide Reihen konvergieren für $|x| < 1$.

Anmerkung

Das etwas allgemeinere *Binom* $(a \pm b)^n$ mit $n \in \mathbb{R}$ läßt sich stets wie folgt auf die *Binomische Reihe* $(1 \pm x)^n$ zurückführen:

$$(a \pm b)^n = \left[a \left(1 \pm \frac{b}{a} \right) \right]^n = a^n \left(1 \pm \frac{b}{a} \right)^n = a^n (1 \pm x)^n$$

wobei $x = b/a$ gesetzt wurde.

(4) **Mac Laurinsche Reihe von $f(x) = \dfrac{e^x}{1 - x}$**

Diese Funktion läßt sich auch wie folgt als *Produkt* darstellen:

$$f(x) = \frac{e^x}{1 - x} = e^x \cdot \frac{1}{1 - x} = e^x \cdot (1 - x)^{-1}$$

Wir gehen im weiteren von den bereits bekannten *Mac Laurinschen Reihen* der beiden *Faktorfunktionen* $f_1(x) = e^x$ und $f_2(x) = (1 - x)^{-1}$ aus:

$$e^x = 1 + \frac{x^1}{1!} + \frac{x^2}{2!} + \frac{x^3}{3!} + \frac{x^4}{4!} + \ldots \qquad (|x| < \infty)$$

$$\frac{1}{1 - x} = (1 - x)^{-1} = 1 + x^1 + x^2 + x^3 + x^4 + \ldots \qquad (|x| < 1)$$

Durch *gliedweise Multiplikation* dieser Reihen erhalten wir die gewünschte Reihenentwicklung der Funktion $f(x) = \dfrac{e^x}{1 - x}$.

Sie beginnt wie folgt [5]:

$$\frac{e^x}{1-x} = e^x (1-x)^{-1} =$$

$$= \left(1 + \frac{x^1}{1!} + \frac{x^2}{2!} + \frac{x^3}{3!} + \frac{x^4}{4!} + \ldots\right)(1 + x^1 + x^2 + x^3 + x^4 + \ldots) =$$

$$= 1 + 2x^1 + \frac{5}{2}x^2 + \frac{8}{3}x^3 + \frac{65}{24}x^4 + \ldots$$

Diese Reihe konvergiert im Intervall $|x| < 1$.

■

3.2.2 Taylorsche Reihe

Die Potenzreihenentwicklung einer Funktion $f(x)$ um den *Nullpunkt* $x_0 = 0$ führte uns zur *Mac Laurinschen Reihe* von $f(x)$. Sie ist ein in den Anwendungen besonders wichtiger *Sonderfall* einer allgemeineren, nach *Taylor* benannten Reihenentwicklung. Denn grundsätzlich kann man eine Funktion $f(x)$ um eine *beliebige* Stelle x_0 entwickeln, wenn dort die *gleichen* Voraussetzungen wie bei der *Mac Laurinschen Reihe* vorliegen. Die dann als *Taylorsche Reihe* von $f(x)$ bezeichnete Potenzreihenentwicklung von $f(x)$ besitzt dabei die folgende Gestalt:

Taylorsche Reihe einer Funktion

$$f(x) = f(x_0) + \frac{f'(x_0)}{1!}(x - x_0)^1 + \frac{f''(x_0)}{2!}(x - x_0)^2 + \ldots =$$

$$= \sum_{n=0}^{\infty} \frac{f^{(n)}(x_0)}{n!}(x - x_0)^n \qquad \text{(VI-39)}$$

x_0: Entwicklungszentrum oder Entwicklungspunkt

Anmerkungen

(1) Für das Entwicklungszentrum $x_0 = 0$ geht die *Taylorsche Reihe* (V-39) in die *Mac Laurinsche Reihe* (VI-38) über, die somit nichts anderes darstellt als eine *spezielle* Form der Taylorschen Reihe.

(2) Der Konvergenzradius r der *Taylorschen Reihe* wird nach der Formel (VI-29) bestimmt. Die Reihe *konvergiert* dann für jedes x aus $|x - x_0| < r$, d.h. überall im Intervall $x_0 - r < x < x_0 + r$.

---

[5] Beim gliedweisen Ausmultiplizieren haben wir nur Potenzen bis *einschließlich* 4. Grades berücksichtigt (bitte nachrechnen).

■ **Beispiel**

Die Entwicklung der logarithmischen Funktion $f(x) = \ln x$ in eine *Mac Laurinsche Reihe* ist *nicht* möglich, da der Logarithmus an der Stelle $x = 0$ bekanntlich nicht definiert ist. Wir wählen daher $x_0 = 1$ als *Entwicklungszentrum*. Für die benötigten Funktions- und Ableitungswerte an dieser Stelle erhalten wir:

$$\begin{array}{lll}
f(x) = \ln x & \Rightarrow & f(1) = \ln 1 = 0 \\
f'(x) = \dfrac{1}{x} = x^{-1} & \Rightarrow & f'(1) = 1 \\
f''(x) = -x^{-2} & \Rightarrow & f''(1) = -1 \\
f'''(x) = 2 \cdot x^{-3} & \Rightarrow & f'''(1) = 2 \\
f^{(4)}(x) = -2 \cdot 3 \cdot x^{-4} & \Rightarrow & f^{(4)}(1) = -2 \cdot 3 \\
\vdots & &
\end{array}$$

Die gesuchte *Taylorsche Reihe* von $f(x) = \ln x$ um das Entwicklungszentrum $x_0 = 1$ lautet somit:

$$\ln x = 0 + \frac{1}{1!}(x-1)^1 - \frac{1}{2!}(x-1)^2 + \frac{2}{3!}(x-1)^3 - \frac{2 \cdot 3}{4!}(x-1)^4 + - \ldots =$$

$$= \frac{(x-1)^1}{1} - \frac{(x-1)^2}{2} + \frac{(x-1)^3}{3} - \frac{(x-1)^4}{4} + - \ldots =$$

$$= \sum_{n=1}^{\infty} (-1)^{n+1} \cdot \frac{(x-1)^n}{n}$$

Die *sehr langsam* konvergierende Potenzreihe besitzt den Konvergenzradius $r = 1$ und den Konvergenzbereich $0 < x \leqslant 2$. In diesem und nur diesem Intervall repräsentiert die Reihe den natürlichen Logarithmus.

So erhalten wir beispielsweise an der Stelle $x = 2$ eine Darstellung der logarithmischen Funktion durch die bekannte *alternierende harmonische Reihe*:

$$\ln 2 = 1 - \frac{1}{2} + \frac{1}{3} - \frac{1}{4} + - \ldots$$

Der Summenwert beträgt 0,6931 (auf vier Dezimalstellen nach dem Komma genau).

■

3.2.3 Tabellarische Zusammenstellung wichtiger Potenzreihenentwicklungen

Der Leser findet in der nachfolgenden Tabelle 1 eine Zusammenstellung der Potenzreihenentwicklungen einiger besonders wichtiger Funktionen.

Tabelle 1: Potenzreihenentwicklungen einiger besonders wichtiger Funktionen

Funktion	Potenzreihenentwicklung	Konvergenzbereich
	Allgemeine Binomische Reihe[6]	
$(1 \pm x)^n$	$1 \pm \binom{n}{1} x^1 + \binom{n}{2} x^2 \pm \binom{n}{3} x^3 + \binom{n}{4} x^4 \pm \ldots$	$n > 0$: $\|x\| \leqslant 1$ $n < 0$: $\|x\| < 1$
	Spezielle Binomische Reihen	
$(1 \pm x)^{1/2}$	$1 \pm \frac{1}{2} x^1 - \frac{1 \cdot 1}{2 \cdot 4} x^2 \pm \frac{1 \cdot 1 \cdot 3}{2 \cdot 4 \cdot 6} x^3 - \frac{1 \cdot 1 \cdot 3 \cdot 5}{2 \cdot 4 \cdot 6 \cdot 8} x^4 \pm \ldots$	$\|x\| \leqslant 1$
$(1 \pm x)^{-1/2}$	$1 \mp \frac{1}{2} x^1 + \frac{1 \cdot 3}{2 \cdot 4} x^2 \mp \frac{1 \cdot 3 \cdot 5}{2 \cdot 4 \cdot 6} x^3 + \frac{1 \cdot 3 \cdot 5 \cdot 7}{2 \cdot 4 \cdot 6 \cdot 8} x^4 \mp \ldots$	$\|x\| < 1$
$(1 \pm x)^{-1}$	$1 \mp x^1 + x^2 \mp x^3 + x^4 \mp \ldots$	$\|x\| < 1$
$(1 \pm x)^{-2}$	$1 \mp 2x^1 + 3x^2 \mp 4x^3 + 5x^4 \mp \ldots$	$\|x\| < 1$
	Trigonometrische Reihen	
$\sin x$	$\frac{x^1}{1!} - \frac{x^3}{3!} + \frac{x^5}{5!} - \frac{x^7}{7!} + \frac{x^9}{9!} - + \ldots$	$\|x\| < \infty$
$\cos x$	$1 - \frac{x^2}{2!} + \frac{x^4}{4!} - \frac{x^6}{6!} + \frac{x^8}{8!} - + \ldots$	$\|x\| < \infty$
$\tan x$	$x^1 + \frac{1}{3} x^3 + \frac{2}{15} x^5 + \frac{17}{315} x^7 + \frac{62}{2835} x^9 + \ldots$	$\|x\| < \frac{\pi}{2}$

6) Für den Sonderfall $n \in \mathbb{N}^*$ erhalten wir ein *Polynom n-ten Grades*, das selbstverständlich für jedes $x \in \mathbb{R}$ „konvergiert".

Tabelle 1 (Fortsetzung)

Funktion	Potenzreihenentwicklung	Konvergenzbereich
	Exponential- und logarithmische Reihen	
e^x	$1+\frac{x^1}{1!}+\frac{x^2}{2!}+\frac{x^3}{3!}+\frac{x^4}{4!}+\ldots$	$\lvert x\rvert<\infty$
$\ln x$	$\frac{(x-1)^1}{1}-\frac{(x-1)^2}{2}+\frac{(x-1)^3}{3}-\frac{(x-1)^4}{4}+-\ldots$	$0<x\leqslant 2$
$\ln\left(\frac{1+x}{1-x}\right)$	$2\left(\frac{x^1}{1}+\frac{x^3}{3}+\frac{x^5}{5}+\frac{x^7}{7}+\frac{x^9}{9}+\ldots\right)$	$\lvert x\rvert<1$
	Reihen der Arkusfunktionen	
$\arcsin x$	$x^1+\frac{1}{2\cdot 3}x^3+\frac{1\cdot 3}{2\cdot 4\cdot 5}x^5+\frac{1\cdot 3\cdot 5}{2\cdot 4\cdot 6\cdot 7}x^7+\ldots$	$\lvert x\rvert<1$
$\arccos x$	$\frac{\pi}{2}-\left(x^1+\frac{1}{2\cdot 3}x^3+\frac{1\cdot 3}{2\cdot 4\cdot 5}x^5+\frac{1\cdot 3\cdot 5}{2\cdot 4\cdot 6\cdot 7}x^7+\ldots\right)$	$\lvert x\rvert<1$
$\arctan x$	$\frac{x^1}{1}-\frac{x^3}{3}+\frac{x^5}{5}-\frac{x^7}{7}+\frac{x^9}{9}-+\ldots$	$\lvert x\rvert\leqslant 1$
	Reihen der Hyperbelfunktionen	
$\sinh x$	$\frac{x^1}{1!}+\frac{x^3}{3!}+\frac{x^5}{5!}+\frac{x^7}{7!}+\frac{x^9}{9!}+\ldots$	$\lvert x\rvert<\infty$
$\cosh x$	$1+\frac{x^2}{2!}+\frac{x^4}{4!}+\frac{x^6}{6!}+\frac{x^8}{8!}+\ldots$	$\lvert x\rvert<\infty$
$\tanh x$	$x^1-\frac{1}{3}x^3+\frac{2}{15}x^5-\frac{17}{315}x^7+\frac{62}{2835}x^9-+\ldots$	$\lvert x\rvert<\frac{\pi}{2}$

3.3 Anwendungen

3.3.1 Näherungspolynome einer Funktion

In den praktischen Anwendungen besteht häufig der Wunsch, eine vorgegebene Funktion $f(x)$ durch eine *Polynomfunktion* anzunähern bzw. zu ersetzen. Denn Polynomfunktionen besitzen bekanntlich besonders *einfache* und *überschaubare* Eigenschaften. Mit Hilfe der *Potenzreihenentwicklung* läßt sich diese Aufgabe in vielen Fällen wie folgt lösen. Wir entwickeln zunächst die Funktion $f(x)$ in eine *Mac Laurinsche Reihe* [7]:

$$f(x) = f(0) + \frac{f'(0)}{1!}x^1 + \frac{f''(0)}{2!}x^2 + \ldots + \frac{f^{(n)}(0)}{n!}x^n + \ldots \qquad \text{(VI-40)}$$

Durch *Abbruch* dieser Reihe nach der n-ten Potenz erhalten wir das folgende *Näherungspolynom n-ten Grades* für $f(x)$ (auch *Mac Laurinsches Polynom* genannt):

$$f_n(x) = f(0) + \frac{f'(0)}{1!}x^1 + \frac{f''(0)}{2!}x^2 + \ldots + \frac{f^{(n)}(0)}{n!}x^n \qquad \text{(VI-41)}$$

Die dabei vernachlässigten (unendlich vielen!) Glieder fassen wir zu einem sog. *Restglied* $R_n(x)$ zusammen:

$$R_n(x) = \frac{f^{(n+1)}(0)}{(n+1)!}x^{n+1} + \frac{f^{(n+2)}(0)}{(n+2)!}x^{n+2} + \ldots \qquad \text{(VI-42)}$$

Das Restglied erfaßt somit alle Reihenglieder der Entwicklung (VI-40) *ab* der $(n+1)$-ten Potenz. Die Funktion $f(x)$ unterscheidet sich also von ihrem Näherungspolynom $f_n(x)$ durch das *Restglied* $R_n(x)$. Daher gilt:

$$f(x) = f_n(x) + R_n(x) =$$

$$= f(0) + \frac{f'(0)}{1!}x^1 + \frac{f''(0)}{2!}x^2 + \ldots + \frac{f^{(n)}(0)}{n!}x^n + R_n(x) \qquad \text{(VI-43)}$$

Diese Darstellungsform der Funktion $f(x)$ als *Summe* aus einem *Polynom n*-ten Grades und einem *Restglied* wird allgemein als *Taylorsche Formel* bezeichnet.

Taylorsche Formel

$$f(x) = f_n(x) + R_n(x) \qquad \text{(VI-44)}$$

Dabei bedeuten:

$f_n(x)$: *Mac Laurinsches Polynom* vom Grade n nach Gleichung (VI-41)

$R_n(x)$: *Restglied* nach Gleichung (VI-42)

---

[7] Die folgenden Überlegungen gelten sinngemäß auch für Potenzreihenentwicklungen um eine (beliebige) Stelle x_0, wobei wir dann von der *Taylorschen Reihe* von $f(x)$ ausgehen müssen.

Die *Güte* der Mac Laurinschen Näherungspolynome läßt sich dabei durch Hinzunahme weiterer Glieder stets noch *verbessern*. Gleichzeitig verliert das Restglied $R_n(x)$ immer mehr an Bedeutung und wird schließlich *vernachlässigbar* klein[8]. Das Restglied beschreibt somit den *Fehler*, den man begeht, wenn man die Funktion $f(x)$ durch ihr Näherungspolynom $f_n(x)$ *ersetzt*. Es ist in der Praxis jedoch nahezu *unmöglich*, den *exakten* Wert des Restgliedes $R_n(x)$ zu bestimmen. Der durch die Vernachlässigung des Restgliedes entstandene Fehler kann daher in der Regel nur *abgeschätzt* werden. Meist wird hierzu die folgende von *Lagrange* stammende Form des Restgliedes $R_n(x)$ herangezogen:

Restglied nach Lagrange

$$R_n(x) = \frac{f^{(n+1)}(\vartheta x)}{(n+1)!} x^{n+1} \qquad (0 < \vartheta < 1) \qquad \text{(VI-45)}$$

Anmerkung

Neben der *Lagrangeschen* Form kennt man noch weitere Formen des Restgliedes, z.B. die nach *Cauchy* und *Euler* benannten Formen. Im Rahmen dieser (einführenden) Darstellung können wir darauf nicht näher eingehen.

Geometrische Deutung der Näherungspolynome

Das Restglied $R_n(x)$ verschwindet stets für $x = 0$: $R_n(0) = 0$. Daher stimmen Funktion $f(x)$ und Näherungspolynom $f_n(x)$ an dieser Stelle in ihren Funktions- und Ableitungswerten bis zur *n-ten Ordnung* überein. Es gilt somit für jedes $n \in \mathbb{N}^*$:

$$f(0) = f_n(0) \quad \text{und} \quad f^{(k)}(0) = f_n^{(k)}(0) \qquad (k = 1, 2, \ldots, n) \qquad \text{(VI-46)}$$

Wir deuten diese Gleichungen *geometrisch* wie folgt:

Die erste Gleichung besagt, daß *alle* Näherungspolynome durch den Kurvenpunkt $P = (0; f(0))$ verlaufen, in dessen Umgebung die Reihenentwicklung vorgenommen wurde. Aus der zweiten Gleichung folgern wir speziell für $n = 1$ bzw. $n = 2$:

Für $n = 1$:

Die Kurve $y = f(x)$ wird in der Umgebung von P näherungsweise durch ihre *Kurventangente*, d.h. durch die *lineare* Funktion

$$f_1(x) = f(0) + \frac{f'(0)}{1!} x \qquad \text{(VI-47)}$$

ersetzt (Bild VI-5).

[8] Bei einer *konvergenten* Reihe werden die Glieder mit zunehmender „Platzziffer" *n kleiner*: Sie bilden eine sog. *Nullfolge*. Dies ist eine *notwendige* Bedingung für die Reihenkonvergenz!

Man bezeichnet diesen Vorgang auch als „*Linearisierung einer Funktion*" [9].

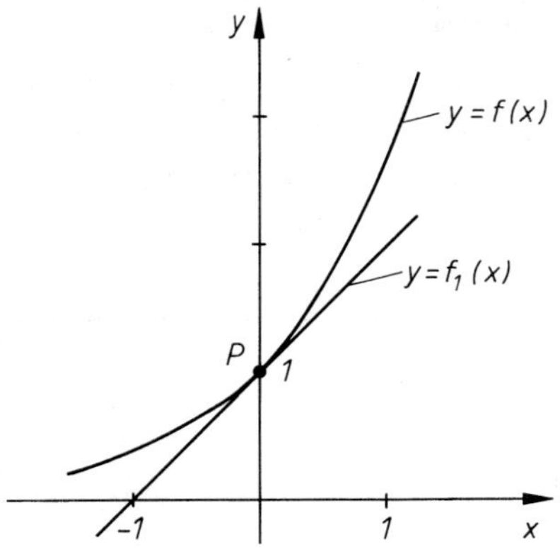

Bild VI-5
Zur Linearisierung einer Funktion (gezeichnet: e-Funktion und ihre Tangente in $P = (0; 1)$)

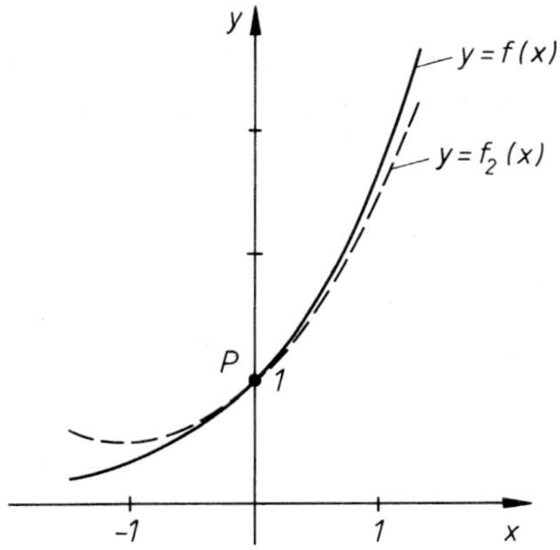

Bild VI-6
Näherungspolynom 2. Grades (Parabel) (gezeichnet: e-Funktion und ihre Näherungsparabel in $P = (0; 1)$)

Für $n = 2$:

Die Kurve $y = f(x)$ wird jetzt durch eine *quadratische* Funktion, d.h. durch eine *Parabel* mit der Funktionsgleichung

$$f_2(x) = f(0) + \frac{f'(0)}{1!}x + \frac{f''(0)}{2!}x^2 \qquad \text{(VI-48)}$$

angenähert (Bild VI-6). Kurve und Parabel besitzen dabei in P eine *gemeinsame* Tangente und *gleiche* Kurvenkrümmung.

[9] Das Problem der *Linearisierung einer Funktion* wurde bereits in Abschnitt IV.3.2 eingehend behandelt.

Wir fassen die Ergebnisse wie folgt zusammen:

Näherungspolynome einer Funktion (Mac Laurinsche Polynome)

Von einer Funktion $f(x)$ lassen sich mit Hilfe der Potenzreihenentwicklung wie folgt *Näherungspolynome* gewinnen (sog. *Mac Laurinsche Polynome*):

1. Zunächst wird $f(x)$ um den Nullpunkt $x_0 = 0$ in eine *Mac Laurinsche Reihe* entwickelt.

2. Durch *Abbruch* der Reihe nach der *n-ten* Potenz erhält man dann ein Polynom $f_n(x)$ vom Grade n, das in der Umgebung des Nullpunktes *näherungsweise* das Verhalten der Funktion $f(x)$ beschreibt:

$$f_n(x) = f(0) + \frac{f'(0)}{1!} x^1 + \frac{f''(0)}{2!} x^2 + \ldots + \frac{f^{(n)}(0)}{n!} x^n \qquad \text{(VI-49)}$$

3. **Fehlerabschätzung:** Der durch Abbruch der Potenzreihe entstandene *Fehler* ist durch das *Restglied* $R_n(x)$ gegeben und läßt sich in manchen Fällen mit Hilfe der *Lagrangeschen* Restgliedformel (VI-45) *abschätzen.* Er liegt in der *Größenordnung* des *größten* Reihengliedes, das in der Näherung nicht mehr berücksichtigt wurde.

Anmerkungen

(1) Grundsätzlich gilt: Die *1. Näherung* von $f(x)$ erhalten wir durch Abbruch der Potenzreihe nach dem *ersten* nicht-konstanten Glied, die *2. Näherung* durch Abbruch nach dem *zweiten* nicht-konstanten Glied usw..

(2) Wird $f(x)$ durch ein Polynom 1. Grades, d.h. durch eine *lineare* Funktion angenähert, so sagt man, man habe die Funktion $f(x)$ *linearisiert. Geometrische Deutung*: Die Kurve wird in der Umgebung der Stelle $x_0 = 0$ durch die dortige *Kurventangente* ersetzt.

(3) Allgemein gilt: Die *Güte* einer Näherungsfunktion ist um so besser, je mehr Reihenglieder berücksichtigt werden.

(4) Alle Aussagen gelten sinngemäß auch für *Taylorsche* Reihenentwicklungen, d.h. Potenzreihenentwicklungen um ein (beliebiges) Entwicklungszentrum x_0. Die Näherungsfunktionen heißen dann *Taylorsche Polynome* und sind vom Typ

$$f_n(x) = f(x_0) + \frac{f'(x_0)}{1!}(x - x_0)^1 + \frac{f''(x_0)}{2!}(x - x_0)^2 + \ldots$$

$$\ldots + \frac{f^{(n)}(x_0)}{n!}(x - x_0)^n \qquad \text{(VI-50)}$$

(5) Eine Funktion $f(x)$ ist unter den folgenden Voraussetzungen in eine (unendliche) *Mac Laurinsche Reihe* entwickelbar:

1. $f(x)$ ist in einer gewissen Umgebung des Nullpunktes $x_0 = 0$ *beliebig oft* differenzierbar.
2. Das (Lagrangesche) Restglied $R_n(x)$ *verschwindet* beim Grenzübergang $n \longrightarrow \infty$, d.h. es gilt

$$\lim_{n \to \infty} R_n(x) = 0 \qquad \text{(VI-51)}$$

■ **Beispiele**

(1) **Berechnung der Eulerschen Zahl e**

Wir gehen von der *Mac Laurinschen Reihe* der e-Funktion aus:

$$\mathrm{e}^x = \sum_{n=0}^{\infty} \frac{x^n}{n!} = 1 + \frac{x^1}{1!} + \frac{x^2}{2!} + \frac{x^3}{3!} + \ldots + \frac{x^n}{n!} + \ldots$$

Durch *Abbruch* der Reihe nach der *n-ten* Potenz erhalten wir das folgende *Näherungspolynom n-ten* Grades für e^x:

$$\mathrm{e}^x \approx \sum_{k=0}^{n} \frac{x^k}{k!} = 1 + \frac{x^1}{1!} + \frac{x^2}{2!} + \frac{x^3}{3!} + \ldots + \frac{x^n}{n!}$$

Der dabei begangene *Fehler* ist durch das *Lagrangesche Restglied* gegeben. Es lautet:

$$R_n(x) = \frac{f^{(n+1)}(\vartheta x)}{(n+1)!}\, x^{n+1} = \frac{\mathrm{e}^{\vartheta x}}{(n+1)!}\, x^{n+1} \qquad (0 < \vartheta < 1)$$

Für $x = 1$ erhalten wir aus dem Mac Laurinschen Näherungspolynom eine *Formel* zur näherungsweisen Berechnung der *Eulerschen Zahl* e:

$$\mathrm{e}^1 = \mathrm{e} \approx \sum_{k=0}^{n} \frac{1}{k!} = 1 + \frac{1}{1!} + \frac{1}{2!} + \frac{1}{3!} + \ldots + \frac{1}{n!}$$

Das *Lagrangesche Restglied* liefert die folgende *Fehlerabschätzung*:

$$R_n(1) = \frac{\mathrm{e}^{\vartheta}}{(n+1)!} < \frac{\mathrm{e}}{(n+1)!} < \frac{3}{(n+1)!}$$

(wegen $\mathrm{e}^{\vartheta} < \mathrm{e} < 3$ für $0 < \vartheta < 1$).

Wir geben jetzt zwei Rechenbeispiele.

Rechenbeispiel 1:

Wir berechnen die *Eulersche Zahl* e *näherungsweise* für $n = 5$ und erhalten:

$$e \approx \sum_{k=0}^{5} \frac{1}{k!} = 1 + \frac{1}{1!} + \frac{1}{2!} + \frac{1}{3!} + \frac{1}{4!} + \frac{1}{5!} =$$

$$= 1 + 1 + \frac{1}{2} + \frac{1}{6} + \frac{1}{24} + \frac{1}{120} = 2{,}716\,667$$

Die *Fehlerabschätzung* liefert:

$$R_5(1) < \frac{3}{(5+1)!} = \frac{3}{6!} = 0{,}0042 < 0{,}5 \cdot 10^{-2}$$

Wir haben damit die *Eulersche* Zahl auf *zwei* Dezimalstellen nach dem Komma genau berechnet: $e \approx 2{,}71$.

Rechenbeispiel 2:

Wir wollen nun die *Eulersche* Zahl auf *vier* Dezimalstellen nach dem Komma genau berechnen. Für das Restglied $R_n(1)$ gilt dann die *Abschätzung*

$$R_n(1) < 0{,}5 \cdot 10^{-4} \qquad \text{und somit} \qquad \frac{3}{(n+1)!} < 0{,}5 \cdot 10^{-4}$$

Durch Auflösen nach $(n + 1)!$ folgt weiter:

$$(n+1)! > \frac{3}{0{,}5 \cdot 10^{-4}} = 3 \cdot 2 \cdot 10^4 = 60\,000$$

$$(n+1)! > 60\,000 \quad \Rightarrow \quad n \geqslant 8$$

Wir müssen somit $n = 8$ wählen, um eine Genauigkeit von *vier* Dezimalstellen nach dem Komma zu erreichen:

$$e \approx \sum_{k=0}^{8} \frac{1}{k!} = 1 + \frac{1}{1!} + \frac{1}{2!} + \frac{1}{3!} + \frac{1}{4!} + \frac{1}{5!} + \frac{1}{6!} + \frac{1}{7!} + \frac{1}{8!} =$$

$$= 1 + 1 + \frac{1}{2} + \frac{1}{6} + \frac{1}{24} + \frac{1}{120} + \frac{1}{720} + \frac{1}{5040} + \frac{1}{40\,320} = 2{,}718\,279$$

Damit ist $e \approx 2{,}7182$.

(2) Wir kehren zu unserem einführenden Beispiel, der echt gebrochenrationalen Funktion $f(x) = \frac{1}{1-x}$, zurück. Aus ihrer Potenzreihenentwicklung

$$f(x) = \frac{1}{1-x} = 1 + x^1 + x^2 + x^3 + \ldots + x^n + \ldots \qquad (|x| < 1)$$

erhalten wir durch Reihenabbruch die folgenden *Näherungspolynome* 1., 2. und 3. Grades:

$$\left.\begin{array}{ll} \text{1. Näherung:} & f_1(x) = 1 + x \\ \text{2. Näherung:} & f_2(x) = 1 + x + x^2 \\ \text{3. Näherung:} & f_3(x) = 1 + x + x^2 + x^3 \end{array}\right\} |x| < 1$$

Bild VI-7 zeigt deutlich, wie die Güte der Näherungsfunktion mit zunehmendem Polynomgrad *wächst*.

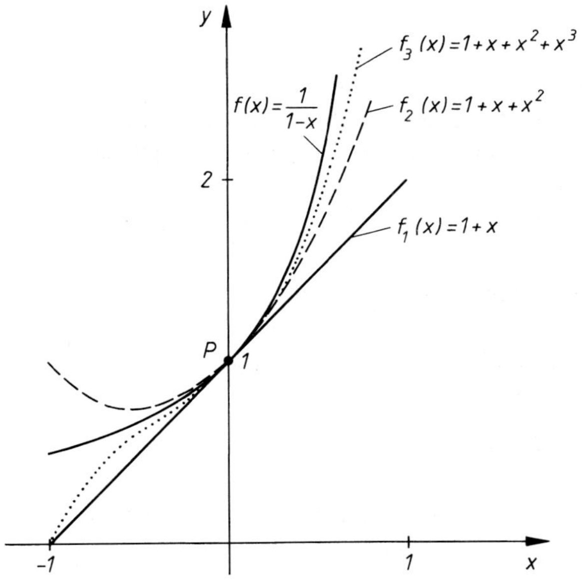

Bild VI-7 Die ersten Näherungspolynome der gebrochenrationalen Funktion $f(x) = \frac{1}{1-x}$ im Intervall $-1 < x < 1$

(3) Aus der Mac Laurinschen Reihe der *Kosinusfunktion*

$$\cos x = 1 - \frac{x^2}{2!} + \frac{x^4}{4!} - \frac{x^6}{6!} + - \ldots$$

erhalten wir der Reihe nach die folgenden *Näherungspolynome* 2., 4., 6., ... Grades für $f(x) = \cos x$, deren Verlauf in Bild VI-8 wiedergegeben ist:

1. Näherung: $f_2(x) = 1 - \frac{x^2}{2!} = 1 - \frac{x^2}{2}$

2. Näherung: $f_4(x) = 1 - \frac{x^2}{2!} + \frac{x^4}{4!} = 1 - \frac{x^2}{2} + \frac{x^4}{24}$

3. Näherung: $f_6(x) = 1 - \frac{x^2}{2!} + \frac{x^4}{4!} - \frac{x^6}{6!} = 1 - \frac{x^2}{2} + \frac{x^4}{24} - \frac{x^6}{720}$

⋮

Anmerkung

Wegen der *Achsensymmetrie* der Kosinusfunktion treten in der Mac Laurinschen Reihe von $\cos x$ nur *gerade* Potenzen auf. Näherungspolynome 1., 3., 5., ... Grades kann es daher *nicht* geben.

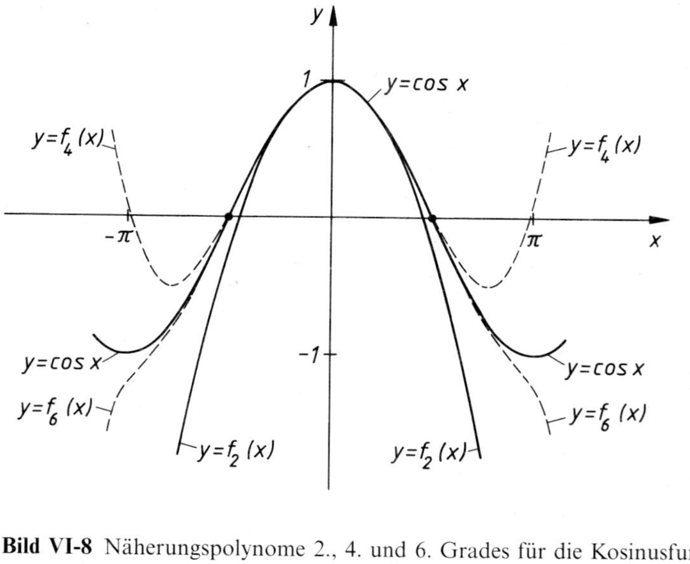

Bild VI-8 Näherungspolynome 2., 4. und 6. Grades für die Kosinusfunktion

Die mit diesen Näherungsfunktionen an den Stellen $x = 0{,}1$, $x = 0{,}5$ und $x = 1$ berechneten Werte lauten:

Näherung	$x = 0{,}1$	$x = 0{,}5$	$x = 1$
$f_2(x)$	0,995 000	0,875 000	0,500 000
$f_4(x)$	0,995 004	0,877 604	0,541 667
$f_6(x)$	0,995 004	0,877 582	0,540 278
⋮			
Exakter Funktionswert ($\cos x$)	0,995 004	0,877 583	0,540 302

Wir stellen fest: Je *weiter* wir uns vom Entwicklungszentrum (hier $x_0 = 0$) *entfernen*, um so *mehr* Reihenglieder müssen berücksichtigt werden, um vergleichbare Genauigkeit zu erreichen. Bild VI-8 verdeutlicht diese Aussage.

(4) Wir *linearisieren* die Funktion $f(x) = A(e^{\lambda x} - 1)$ in der Umgebung von $x_0 = 0$, wobei wir auf die folgende bekannte Mac Laurinsche Reihe von $f(z) = e^z$ zurückgreifen (A, λ sind reelle Parameter):

$$e^z = 1 + \frac{z^1}{1!} + \frac{z^2}{2!} + \frac{z^3}{3!} + \ldots$$

Abbruch nach dem *linearen* Glied führt zur *linearen* Näherung

$$e^z = 1 + \frac{z^1}{1!} = 1 + z$$

Wir *substituieren* noch $z = \lambda x$:

$$e^{\lambda x} = 1 + \lambda x$$

Diesen Ausdruck setzen wir in die Ausgangsfunktion ein und erhalten die gewünschte *lineare* Näherungsfunktion. Sie lautet:

$$f(x) = A(e^{\lambda x} - 1) = A(1 + \lambda x - 1) = A\lambda x = cx$$

(mit $c = A\lambda$).

(5) Die Kurve mit der Gleichung $f(x) = \left(1 - e^{-(x-2)}\right)^2$ soll in der unmittelbaren Umgebung ihres (absoluten) *Minimums* $x_0 = 2$ durch eine *Parabel* angenähert werden. Aus diesem Grunde entwickeln wir zunächst die Funktion um die Stelle $x_0 = 2$ in eine *Taylorsche Reihe* und brechen diese dann nach dem *quadratischen* Reihenglied ab. Die für diese Entwicklung benötigten Ableitungen 1. und 2. Ordnung lauten (unter Verwendung der *Kettenregel*):

$$f'(x) = 2\left(1 - e^{-(x-2)}\right) \cdot e^{-(x-2)} = 2\left(e^{-(x-2)} - e^{-2(x-2)}\right)$$

$$f''(x) = 2\left(-e^{-(x-2)} + 2 \cdot e^{-2(x-2)}\right)$$

Somit ist

$$f(2) = 0, \quad f'(2) = 0, \quad f''(2) = 2$$

und die Reihenentwicklung beginnt wie folgt:

$$\left(1 - e^{-(x-2)}\right)^2 = 0 + \frac{0}{1!}(x-2)^1 + \frac{2}{2!}(x-2)^2 + \ldots = (x-2)^2 + \ldots$$

Durch *Abbruch* nach dem *quadratischen* Glied erhalten wir die gewünschte Näherung durch eine *Parabel*. Sie lautet:

$$\left(1 - e^{-(x-2)}\right)^2 \approx (x-2)^2 \qquad (|x-2| \ll 1)$$

Bild VI-9 zeigt den Verlauf der gegebenen Funktion mit ihrer Näherungsparabel im Intervall $1{,}7 \leqslant x \leqslant 2{,}3$.

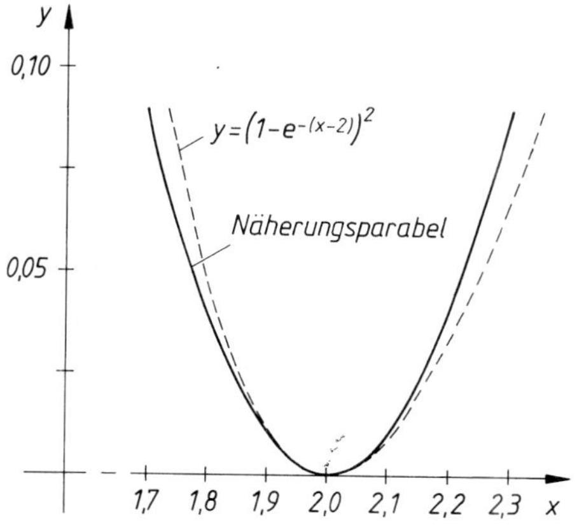

Bild VI-9

■

In der nachfolgenden Tabelle 2 findet der Leser eine Zusammenstellung der ersten beiden *Näherungspolynome* für einige besonders wichtige Funktionen. Man erhält sie aus den entsprechenden Potenzreihenentwicklungen durch Abbruch nach dem 1. bzw. 2. *nichtkonstanten* Glied (vgl. hierzu auch Tabelle 1).

Tabelle 2: Näherungspolynome wichtiger elementarer Funktionen

Funktion	Entwicklungszentrum	1. Näherung	2. Näherung
$(1 \pm x)^n$	$x_0 = 0$	$1 \pm nx$	$1 \pm nx + \frac{n(n-1)}{2} x^2$
$\sin x$	$x_0 = 0$	x	$x - \frac{1}{6} x^3$
$\cos x$	$x_0 = 0$	$1 - \frac{1}{2} x^2$	$1 - \frac{1}{2} x^2 + \frac{1}{24} x^4$
$\tan x$	$x_0 = 0$	x	$x + \frac{1}{3} x^3$
e^x	$x_0 = 0$	$1 + x$	$1 + x + \frac{1}{2} x^2$
$\ln x$	$x_0 = 1$	$x - 1$	$x - 1 - \frac{1}{2}(x-1)^2$
$\arcsin x$	$x_0 = 0$	x	$x + \frac{1}{6} x^3$
$\arccos x$	$x_0 = 0$	$\frac{\pi}{2} - x$	$\frac{\pi}{2} - x - \frac{1}{6} x^3$
$\arctan x$	$x_0 = 0$	x	$x - \frac{1}{3} x^3$
$\sinh x$	$x_0 = 0$	x	$x + \frac{1}{6} x^3$
$\cosh x$	$x_0 = 0$	$1 + \frac{1}{2} x^2$	$1 + \frac{1}{2} x^2 + \frac{1}{24} x^4$
$\tanh x$	$x_0 = 0$	x	$x - \frac{1}{3} x^3$

■ **Beispiele**

(1) Näherungsformeln für $\sqrt{1 \pm x} = (1 \pm x)^{1/2} \quad (|x| \ll 1)$:

$$\text{1. Näherung:} \quad \sqrt{1 \pm x} \approx 1 \pm \frac{1}{2}x$$

$$\text{2. Näherung:} \quad \sqrt{1 \pm x} \approx 1 \pm \frac{1}{2}x - \frac{1}{8}x^2$$

(2) Die *Kettenlinie* $y = a \cdot \cosh(x/a)$ darf in der unmittelbaren Umgebung ihres *Minimums* $x_0 = 0$ in 1. Näherung durch die *Parabel*

$$y = a\left(1 + \frac{1}{2}\left(\frac{x}{a}\right)^2\right) = a\left(1 + \frac{x^2}{2a^2}\right) = \frac{1}{2a}x^2 + a$$

ersetzt werden (Bild VI-10).

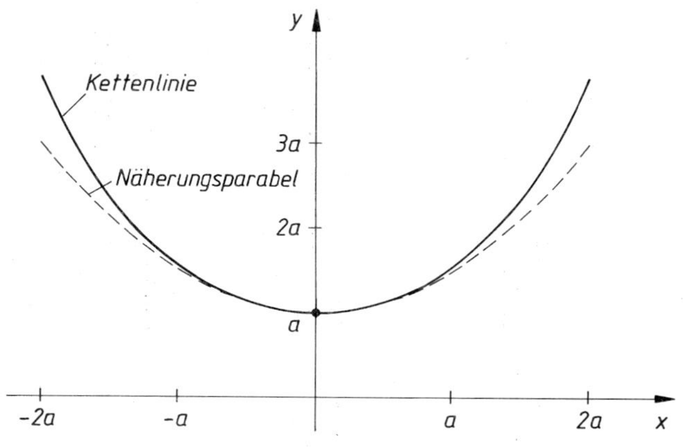

Bild VI-10

■

3.3.2 Integration durch Potenzreihenentwicklung des Integranden

Bei der Behandlung der *numerischen Integrationsmethoden* in Abschnitt V.8.4 hatten wir bereits darauf hingewiesen, daß es eine Reihe wichtiger Integrale gibt, die mit den herkömmlichen Integrationstechniken wie beispielsweise der *Substitutionsmethode* oder der *Partiellen Integration nicht* gelöst werden können. Zu diesen Integralen gehört auch das im Zusammenhang mit statistischen Problemen auftretende und häufig als *Gaußsches Fehlerintegral* bezeichnete (unbestimmte) Integral $F(x) = \int\limits_0^x e^{-t^2}\,dt$. In diesem, aber auch in zahlreichen anderen Fällen gelingt die Integration, indem man die Integrandfunktion zunächst in eine *Potenzreihe* entwickelt und diese dann anschließend *gliedweise* integriert.

Man bezeichnet diese spezielle Integrationsmethode daher als „*Integration durch Potenzreihenentwicklung des Integranden*".

Integration durch Potenzreihenentwicklung des Integranden

In zahlreichen Fällen läßt sich ein elementar *nicht* lösbares Integral $\int f(x)\,dx$ schrittweise wie folgt lösen:

1. Die Integrandfunktion $f(x)$ wird zunächst in eine *Mac Laurinsche* oder *Taylorsche Potenzreihe* entwickelt.
2. Die Reihe wird anschließend *gliedweise* unter Verwendung der Potenzregel integriert.

Anmerkung

Die *gliedweise* Integration ist nur *zulässig*, wenn die Potenzreihe des Integranden im Integrationsbereich *konvergiert*. In diesem Fall konvergiert auch die durch *gliedweise* Integration entstandene Reihe.

Das beschriebene Integrationsverfahren soll nun am Beispiel des *Gaußschen Fehlerintegrals* näher erläutert werden.

■ **Beispiel**

Wir lösen das *Gaußsche Fehlerintegral*

$$F(x) = \int_0^x e^{-t^2}\,dt$$

wie folgt. Ausgehend von der (bekannten) *Mac Laurinschen Reihe* der Exponentialfunktion $f(z) = e^z$ in der Form

$$e^z = 1 + \frac{z^1}{1!} + \frac{z^2}{2!} + \frac{z^3}{3!} + \frac{z^4}{4!} + \frac{z^5}{5!} + \ldots \qquad (|z| < \infty)$$

erhalten wir mit Hilfe der formalen *Substitution* $z = -t^2$ die gewünschte Potenzreihe des Integranden $f(t) = e^{-t^2}$:

$$e^{-t^2} = 1 - \frac{t^2}{1!} + \frac{t^4}{2!} - \frac{t^6}{3!} + \frac{t^8}{4!} - \frac{t^{10}}{5!} + - \ldots$$

Diese Reihe konvergiert *beständig* und darf daher *gliedweise* integriert werden. Wir gewinnen schließlich für das *Gaußsche Fehlerintegral* die folgende *Potenzreihenentwicklung*:

$$F(x) = \int_0^x e^{-t^2} dt = \int_0^x \left(1 - \frac{t^2}{1!} + \frac{t^4}{2!} - \frac{t^6}{3!} + \frac{t^8}{4!} - \frac{t^{10}}{5!} + - \ldots\right) dt =$$

$$= \left[t - \frac{t^3}{3 \cdot 1!} + \frac{t^5}{5 \cdot 2!} - \frac{t^7}{7 \cdot 3!} + \frac{t^9}{9 \cdot 4!} - \frac{t^{11}}{11 \cdot 5!} + - \ldots\right]_0^x =$$

$$= x - \frac{x^3}{3 \cdot 1!} + \frac{x^5}{5 \cdot 2!} - \frac{x^7}{7 \cdot 3!} + \frac{x^9}{9 \cdot 4!} - \frac{x^{11}}{11 \cdot 5!} + - \ldots$$

Rechenbeispiel

Mit dieser Potenzreihe berechnen wir die unter der *Gaußschen Glockenkurve* $y = e^{-x^2}$ im Intervall $0 \leqslant x \leqslant 1$ gelegene Fläche A (Bild VI-11):

$$A = \int_0^1 e^{-x^2} dx = F(1) =$$

$$= 1 - \frac{1^3}{3 \cdot 1!} + \frac{1^5}{5 \cdot 2!} - \frac{1^7}{7 \cdot 3!} + \frac{1^9}{9 \cdot 4!} - \frac{1^{11}}{11 \cdot 5!} + - \ldots =$$

$$= 1 - \frac{1}{3} + \frac{1}{10} - \frac{1}{42} + \frac{1}{216} - \frac{1}{1320} + - \ldots$$

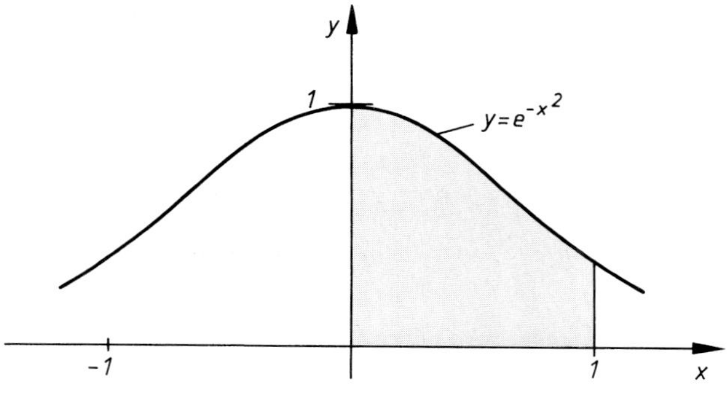

Bild VI-11 Zur Berechnung der Fläche unter der Gaußschen Glockenkurve $y = e^{-x^2}$ im Intervall $0 \leqslant x \leqslant 1$

Durch Abbruch dieser unendlichen Zahlenreihe nach dem 1., 2., ..., 6. Glied erhalten wir der Reihe nach die folgenden *Näherungswerte* für den gesuchten Flächeninhalt A:

1; 0,6667; 0,7667; 0,7429; 0,7475; 0,7467

Der „exakte" Flächeninhalt beträgt $A = 0{,}7468$ (auf *vier* Dezimalstellen nach dem Komma genau).

■

3.3.3 Grenzwertregel von Bernoulli und de L'Hospital

Mit dem Begriff des *Grenzwertes einer Funktion* haben wir uns bereits ausführlich in Abschnitt III.4.2 auseinandergesetzt und dabei die wichtigsten Rechenregeln für Grenzwerte kennengelernt. In diesem Abschnitt werden wir uns speziell mit solchen Grenzwerten vom Typ

$$\lim_{x \to x_0} \frac{f(x)}{g(x)} \quad \text{und} \quad \lim_{x \to \pm\infty} \frac{f(x)}{g(x)} \tag{VI-52}$$

beschäftigen, die auf einen in seinem Wert zunächst „*unbestimmten Ausdruck*" wie beispielsweise „$\frac{0}{0}$" oder „$\frac{\infty}{\infty}$" führen.

■ **Beispiele**

(1) Der Grenzwert $\lim\limits_{x \to 0} \frac{e^x - 1}{x}$ bleibt zunächst *unbestimmt*, da sowohl die Zählerfunktion $f(x) = e^x - 1$ als auch die Nennerfunktion $g(x) = x$ beim Grenzübergang $x \longrightarrow 0$ dem Grenzwert 0 zustrebt. Wir verwenden dafür die *symbolische* Schreibweise

$$\lim_{x \to 0} \frac{e^x - 1}{x} \longrightarrow \frac{0}{0}$$

(2) Der Grenzwert $\lim\limits_{x \to \infty} \frac{\ln x}{e^x}$ führt zu dem unbestimmten Ausdruck „$\frac{\infty}{\infty}$", da sowohl $\ln x$ als auch e^x für $x \longrightarrow \infty$ gegen Unendlich streben. *Formale* Schreibweise:

$$\lim_{x \to \infty} \frac{\ln x}{e^x} \longrightarrow \frac{\infty}{\infty}$$

■

Ein *unbestimmter Ausdruck* kann in verschiedenen *Formen* wie z.B.

$$\frac{0}{0}, \quad \frac{\infty}{\infty}, \quad 0 \cdot \infty, \quad \infty - \infty, \quad 1^{\infty}, \quad 0^0, \quad \infty^0 \tag{VI-53}$$

auftreten. Grenzwerte vom Typ (VI-52), die zu einem *unbestimmten Ausdruck* der Form „$\frac{0}{0}$" oder „$\frac{\infty}{\infty}$" führen, lassen sich in vielen (jedoch nicht in allen) Fällen nach einer von *Bernoulli* und *de L'Hospital* stammenden Regel berechnen, die wir jetzt für den Fall „$\frac{0}{0}$" herleiten wollen. Es sei also $f(x_0) = g(x_0) = 0$ und somit

$$\lim_{x \to x_0} \frac{f(x)}{g(x)} \longrightarrow \frac{0}{0} \tag{VI-54}$$

Wir *entwickeln* jetzt die beiden Funktionen $f(x)$ und $g(x)$ jeweils um die Stelle x_0 nach *Taylor* und beachten dabei, daß $f(x_0) = g(x_0) = 0$ ist. Der Quotient $\frac{f(x)}{g(x)}$ besitzt dann die folgende Gestalt:

$$\frac{f(x)}{g(x)} = \frac{f(x_0) + \frac{f'(x_0)}{1!}(x - x_0)^1 + \frac{f''(x_0)}{2!}(x - x_0)^2 + \ldots}{g(x_0) + \frac{g'(x_0)}{1!}(x - x_0)^1 + \frac{g''(x_0)}{2!}(x - x_0)^2 + \ldots} =$$

$$= \frac{\frac{f'(x_0)}{1!}(x - x_0)^1 + \frac{f''(x_0)}{2!}(x - x_0)^2 + \ldots}{\frac{g'(x_0)}{1!}(x - x_0)^1 + \frac{g''(x_0)}{2!}(x - x_0)^2 + \ldots} \tag{VI-55}$$

Jedes Glied der rechten Seite wird noch durch den Term $(x - x_0)$ dividiert:

$$\frac{f(x)}{g(x)} = \frac{f'(x_0) + \frac{f''(x_0)}{2!}(x - x_0)^1 + \ldots}{g'(x_0) + \frac{g''(x_0)}{2!}(x - x_0)^1 + \ldots} \tag{VI-56}$$

Beim *Grenzübergang* $x \longrightarrow x_0$ verschwinden in Zähler und Nenner sämtliche Terme bis auf den jeweils 1. Term. Wir erhalten somit

$$\lim_{x \to x_0} \frac{f(x)}{g(x)} = \lim_{x \to x_0} \frac{f'(x_0) + \frac{f''(x_0)}{2!}(x - x_0)^1 + \ldots}{g'(x_0) + \frac{g''(x_0)}{2!}(x - x_0)^1 + \ldots} = \frac{f'(x_0)}{g'(x_0)} \tag{VI-57}$$

Dies aber ist die sog. *Bernoulli–de L'Hospitalsche Grenzwertregel*, die wir auch in der Form

$$\lim_{x \to x_0} \frac{f(x)}{g(x)} = \lim_{x \to x_0} \frac{f'(x)}{g'(x)} = \frac{f'(x_0)}{g'(x_0)} \qquad \text{(VI-58)}$$

schreiben können. Sie zeigt uns, wie man bei einem *unbestimmten Ausdruck* der Form „$\frac{0}{0}$" zu verfahren hat: Zunächst werden Zählerfunktion $f(x)$ und Nennerfunktion $g(x)$ für sich getrennt nach x *differenziert*, anschließend wird dann der Grenzwert von $\frac{f'(x)}{g'(x)}$ für $x \longrightarrow x_0$ berechnet. Ist dieser vorhanden, so ist er gleich dem gesuchten Grenzwert $\lim\limits_{x \to x_0} \frac{f(x)}{g(x)}$.

Wir fassen zusammen:

Grenzwertregel von Bernoulli und de L'Hospital

Für Grenzwerte, die auf einen *unbestimmten Ausdruck* der Form „$\frac{0}{0}$" oder „$\frac{\infty}{\infty}$" führen, gilt die *Bernoulli-de L'Hospitalsche Regel*

$$\lim_{x \to x_0} \frac{f(x)}{g(x)} = \lim_{x \to x_0} \frac{f'(x)}{g'(x)} \qquad \text{(VI-59)}$$

Anmerkungen

(1) Die *Bernoulli–de L'Hospitalsche Regel* setzt voraus, daß die Funktionen $f(x)$ und $g(x)$ in der Umgebung von x_0 *differenzierbar* sind.

(2) Die *Bernoulli–de L'Hospitalsche Regel* gilt sinngemäß auch für Grenzübergänge vom Typ $x \longrightarrow \infty$ oder $x \longrightarrow -\infty$.

(3) In einigen Fällen führt erst eine *mehrmalige* Anwendung der Grenzwertregel zum Ziel (vgl. hierzu das nachfolgende Beispiel (3)).

(4) Es gibt jedoch auch Fälle, in denen die Regel *versagt*.

Wir weisen nochmals darauf hin, daß diese Grenzwertregel *nur* auf unbestimmte Ausdrücke der Form „$\frac{0}{0}$" oder „$\frac{\infty}{\infty}$" anwendbar ist. Alle anderen Formen lassen sich in vielen Fällen wie folgt durch *elementare Umformungen* auf eine dieser speziellen Formen zurückführen:

Tabelle 3: Elementare Umformungen für „unbestimmte Ausdrücke"

Funktion $\varphi(x)$	$\lim\limits_{x \to x_0} \varphi(x)$	Elementare Umformung
(A) $u(x) \cdot v(x)$	$0 \cdot \infty$ bzw. $\infty \cdot 0$	$\dfrac{u(x)}{\dfrac{1}{v(x)}}$ bzw. $\dfrac{v(x)}{\dfrac{1}{u(x)}}$
(B) $u(x) - v(x)$	$\infty - \infty$	$\dfrac{\dfrac{1}{v(x)} - \dfrac{1}{u(x)}}{\dfrac{1}{u(x) \cdot v(x)}}$
(C) $u(x)^{v(x)}$	$0^0, \ \infty^0, \ 1^\infty$	$e^{v(x) \cdot \ln u(x)}$

■ **Beispiele**

(1) $\lim\limits_{x \to 0} \dfrac{e^x - 1}{x} \longrightarrow \dfrac{0}{0}$

Wir dürfen die *Bernoulli–de L'Hospitalsche Regel* anwenden und erhalten:

$$\lim_{x \to 0} \frac{e^x - 1}{x} = \lim_{x \to 0} \frac{(e^x - 1)'}{(x)'} = \lim_{x \to 0} \frac{e^x}{1} = \lim_{x \to 0} e^x = 1$$

(2) $\lim\limits_{x \to \infty} \dfrac{\ln(2x - 1)}{e^x} \longrightarrow \dfrac{\infty}{\infty}$

Durch Anwendung der *Grenzwertregel von Bernoulli–de L'Hospital* folgt:

$$\lim_{x \to \infty} \frac{\ln(2x - 1)}{e^x} = \lim_{x \to \infty} \frac{[\ln(2x - 1)]'}{(e^x)'} = \lim_{x \to \infty} \frac{\dfrac{2}{2x - 1}}{e^x} =$$

$$= \lim_{x \to \infty} \frac{2}{(2x - 1) \cdot e^x} = 0$$

(3) $\lim\limits_{x \to 0} \left(\frac{1}{x} - \frac{1}{\sin x} \right) \longrightarrow \infty - \infty$ (Typ (B))

Die *Bernoulli–de L'Hospitalsche Regel* ist zunächst *nicht* anwendbar. Nach einer *elementaren Umformung* folgt dann:

$$\lim_{x \to 0} \left(\frac{1}{x} - \frac{1}{\sin x} \right) = \lim_{x \to 0} \frac{\sin x - x}{x \cdot \sin x} \longrightarrow \frac{0}{0}$$

Die Grenzwertregel darf nun angewandt werden, führt jedoch wiederum zu einem *unbestimmten Ausdruck* der Form „$\frac{0}{0}$“:

$$\lim_{x \to 0} \frac{\sin x - x}{x \cdot \sin x} = \lim_{x \to 0} \frac{(\sin x - x)'}{(x \cdot \sin x)'} = \lim_{x \to 0} \frac{\cos x - 1}{\sin x + x \cdot \cos x} \longrightarrow \frac{0}{0}$$

Durch *abermalige* Anwendung der *Bernoulli–de L'Hospitalschen Regel* erhalten wir schließlich:

$$\lim_{x \to 0} \frac{\cos x - 1}{\sin x + x \cdot \cos x} = \lim_{x \to 0} \frac{(\cos x - 1)'}{(\sin x + x \cdot \cos x)'} =$$

$$= \lim_{x \to 0} \frac{-\sin x}{2 \cdot \cos x - x \cdot \sin x} = \frac{0}{2} = 0$$

Somit ist

$$\lim_{x \to 0} \left(\frac{1}{x} - \frac{1}{\sin x} \right) = 0$$

(4) $\lim\limits_{x \to \infty} \left(1 + \frac{1}{x} \right)^x \longrightarrow 1^{\infty}$ (Typ (C))

Unter Verwendung der *Identität*

$$z = \mathrm{e}^{\ln z} \qquad (z > 0)$$

läßt sich der Funktionsausdruck wie folgt umformen:

$$\left(1 + \frac{1}{x} \right)^x = \mathrm{e}^{\ln \left(1 + \frac{1}{x} \right)^x} = \mathrm{e}^{x \cdot \ln \left(1 + \frac{1}{x} \right)}$$

Daher ist

$$\lim_{x \to \infty} \left(1 + \frac{1}{x}\right)^x = \lim_{x \to \infty} e^{x \cdot \ln\left(1 + \frac{1}{x}\right)}$$

Der *Grenzübergang* darf dabei im *Exponenten* der e-Funktion vollzogen werden, d.h.

$$\lim_{x \to \infty} e^{x \cdot \ln\left(1 + \frac{1}{x}\right)} = e^{\left(\lim\limits_{x \to \infty} x \cdot \ln\left(1 + \frac{1}{x}\right)\right)}$$

Wir formen den Exponenten noch geringfügig um:

$$x \cdot \ln\left(1 + \frac{1}{x}\right) = \frac{\ln\left(1 + \frac{1}{x}\right)}{\frac{1}{x}}$$

Für $x \longrightarrow \infty$ geht dieser Ausdruck gegen die *unbestimmte Form* „$\frac{0}{0}$“. Wir dürfen daher die *Bernoulli–de L'Hospitalsche Grenzwertregel* anwenden. Sie führt zu

$$\lim_{x \to \infty} \frac{\ln\left(1 + \frac{1}{x}\right)}{\frac{1}{x}} = \lim_{x \to \infty} \frac{\left(\ln\left(1 + \frac{1}{x}\right)\right)'}{\left(\frac{1}{x}\right)'} = \lim_{x \to \infty} \frac{\left(\frac{1}{1 + \frac{1}{x}}\right) \cdot \left(-\frac{1}{x^2}\right)}{\left(-\frac{1}{x^2}\right)} =$$

$$= \lim_{x \to \infty} \frac{1}{1 + \frac{1}{x}} = 1$$

Somit ist

$$\lim_{x \to \infty} \left(1 + \frac{1}{x}\right)^x = e^1 = e$$

(5) Die *Kardioide* mit der Gleichung $r = 1 + \cos\varphi$, $0 \leqslant \varphi < 2\pi$ besitzt den vom Winkel φ abhängigen *Kurvenanstieg*

$$y' = \frac{dy}{dx} = \frac{2 \cdot \cos^2\varphi + \cos\varphi - 1}{-\sin\varphi(1 + 2 \cdot \cos\varphi)} = \frac{2 \cdot \cos^2\varphi + \cos\varphi - 1}{-\sin\varphi - 2 \cdot \sin\varphi \cdot \cos\varphi}$$

wie wir im Beispiel des Abschnittes IV.2.12 bereits gezeigt haben (vgl. hierzu auch Bild IV-12).

Unter Verwendung der trigonometrischen Beziehung

$$\sin(2\varphi) = 2 \cdot \sin\varphi \cdot \cos\varphi$$

läßt sich der Nenner dieses Ausdrucks auf die für unsere Zwecke günstigere Form

$$y' = \frac{2 \cdot \cos^2\varphi + \cos\varphi - 1}{-\sin\varphi - 2 \cdot \sin\varphi \cdot \cos\varphi} = \frac{2 \cdot \cos^2\varphi + \cos\varphi - 1}{-\sin\varphi - \sin(2\varphi)}$$

bringen. Die Berechnung des Kurvenanstiegs in dem zum Winkel $\varphi = \pi$ gehörigen Kurvenpunkt (Schnittpunkt mit der *negativen* x-Achse) führt zu dem *unbestimmten Ausdruck*

$$y'(\varphi = \pi) = \lim_{\varphi \to \pi} \frac{2 \cdot \cos^2\varphi + \cos\varphi - 1}{-\sin\varphi - \sin(2\varphi)} \longrightarrow \frac{0}{0}$$

Durch Anwendung der Grenzwertregel von *Bernoulli–de L'Hospital* erhalten wir schließlich:

$$y'(\varphi = \pi) = \lim_{\varphi \to \pi} \frac{2 \cdot \cos^2\varphi + \cos\varphi - 1}{-\sin\varphi - \sin(2\varphi)} =$$

$$= \lim_{\varphi \to \pi} \frac{(2 \cdot \cos^2\varphi + \cos\varphi - 1)'}{(-\sin\varphi - \sin(2\varphi))'} =$$

$$= \lim_{\varphi \to \pi} \frac{-4 \cdot \cos\varphi \cdot \sin\varphi - \sin\varphi}{-\cos\varphi - 2 \cdot \cos(2\varphi)} = \frac{0}{-1} = 0$$

Die Kardioide besitzt demnach für $\varphi = \pi$ eine *waagerechte* Tangente. ■

3.4 Ein Anwendungsbeispiel: Freier Fall unter Berücksichtigung des Luftwiderstandes

Wir haben uns bereits an verschiedenen Stellen mit dem physikalischen Problem des *freien Falls unter Berücksichtigung des Luftwiderstandes* beschäftigt und dabei für die Fallgeschwindigkeit v die folgende Zeitabhängigkeit hergeleitet:

$$v = v(t) = v_E \cdot \tanh\left(\frac{g}{v_E}\, t\right) \qquad (t \geqslant 0) \qquad \text{(VI-60)}$$

(g: Erdbeschleunigung; v_E: Endgeschwindigkeit).

Die Fallgeschwindigkeit nähert sich dabei *asymptotisch* ihrem Endwert v_E, wie in Bild VI-12 anschaulich dargestellt wird.

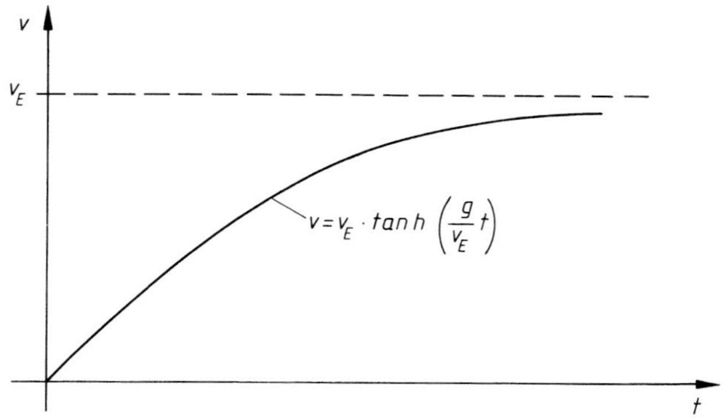

Bild VI-12 Zeitlicher Verlauf der Fallgeschwindigkeit unter Berücksichtigung des Luftwiderstandes

Einfache *Näherungsfunktionen* für diese relativ komplizierte Geschwindigkeit-Zeit-Funktion erhalten wir durch eine Potenzreihenentwicklung der in Gleichung (VI-60) auftretenden hyperbolischen Funktion. Wir gehen dabei zunächst von der elementaren Funktion $\tanh x$ aus. Ihre *Mac Laurinsche Reihe* entnehmen wir der Tabelle 1:

$$\tanh x = x - \frac{1}{3} x^3 + \frac{2}{15} x^5 - + \ldots \qquad (|x| < \pi/2) \tag{VI-61}$$

In unserem Beispiel ist $x = \frac{g}{v_E} t$ zu setzen und wir erhalten schließlich aus (VI-60) und (VI-61) die folgende Reihenentwicklung für $v(t)$:

$$v(t) = v_E \cdot \tanh\left(\frac{g}{v_E} t\right) = v_E \left[\frac{g}{v_E} t - \frac{1}{3}\left(\frac{g}{v_E} t\right)^3 + \frac{2}{15}\left(\frac{g}{v_E} t\right)^5 - + \ldots\right] =$$

$$= gt - \left(\frac{g^3}{3 v_E^2}\right) t^3 + \left(\frac{2 g^5}{15 v_E^4}\right) t^5 - + \ldots \tag{VI-62}$$

Durch *Abbruch* der Reihe nach dem 1., 2. bzw. 3. Glied erhalten wir die folgenden einfachen *Näherungspolynome* für die Zeitabhängigkeit der Fallgeschwindigkeit:

$$\begin{aligned} &\textit{1. Näherung:} \quad v_1 = gt \\ &\textit{2. Näherung:} \quad v_2 = gt - \left(\frac{g^3}{3 v_E^2}\right) t^3 \\ &\textit{3. Näherung:} \quad v_3 = gt - \left(\frac{g^3}{3 v_E^2}\right) t^3 + \left(\frac{2 g^5}{15 v_E^4}\right) t^5 \end{aligned} \tag{VI-63}$$

Die *1. Näherung* liefert das für den *luftleeren* Raum gültige und bereits aus der Schulphysik bekannte *lineare* Geschwindigkeit-Zeit-Gesetz $v = gt$. In Bild VI-13 haben wir den Verlauf dieser Näherungspolynome für eine Endgeschwindigkeit von $v_E = 60$ m/s (= 216 km/h) dargestellt. Man erkennt deutlich, daß diese Näherungen nur für *kleine* Fallzeiten sinnvoll sind. Durch Hinzunahme weiterer Reihenglieder lassen sich diese Näherungsfunktionen jedoch noch verbessern.

Durch *gliedweise Integration* der Geschwindigkeit-Zeit-Funktion (VI-62) erhalten wir das *Weg-Zeit-Gesetz* des freien Falls in Form einer Reihenentwicklung:

$$s(t) = \int_0^t \left[gt - \left(\frac{g^3}{3\,v_E^2} \right) t^3 + \left(\frac{2\,g^5}{15\,v_E^4} \right) t^5 - + \ldots \right] dt =$$

$$= \frac{1}{2} g t^2 - \left(\frac{g^3}{12\,v_E^2} \right) t^4 + \left(\frac{g^5}{45\,v_E^4} \right) t^6 - + \ldots \qquad \text{(VI-64)}$$

In *1. Näherung* gewinnen wir hieraus das bekannte *Fallgesetz* für den *luftleeren* Raum:

$$s(t) = \frac{1}{2} g t^2 \qquad \text{(VI-65)}$$

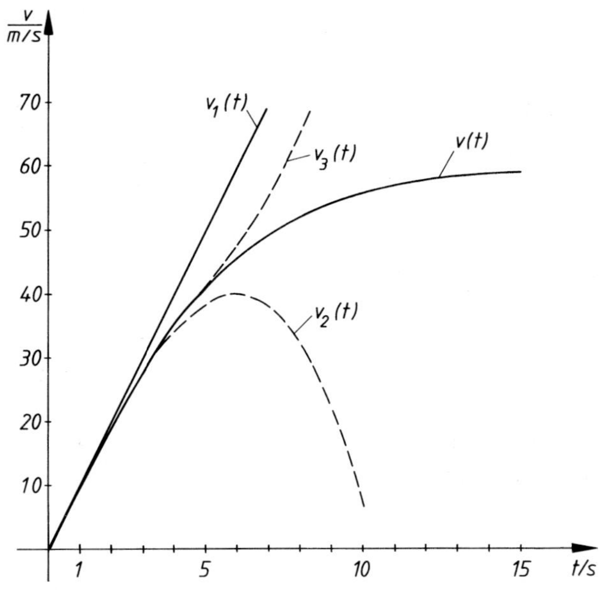

Bild VI-13

Näherungsfunktionen für den zeitlichen Verlauf der Fallgeschwindigkeit

Übungsaufgaben

Zu Abschnitt 1

1) Berechnen Sie den *Summenwert* der folgenden geometrischen Reihen:

a) $\sum_{n=1}^{\infty} \left(-\frac{1}{8}\right)^{n-1}$ b) $\sum_{n=1}^{\infty} 0{,}3^{n-1}$ c) $\sum_{n=1}^{\infty} 4\left(-\frac{2}{3}\right)^{n-1}$

2) Welchem allgemeinem *Bildungsgesetz* unterliegen die folgenden Reihen? Untersuchen Sie diese Reihen mit Hilfe *des Quotientenkriteriums* auf *Konvergenz* bzw. *Divergenz*:

a) $1 + \frac{10}{1!} + \frac{100}{2!} + \frac{1000}{3!} + \ldots$ b) $\frac{1}{1 \cdot 2^1} + \frac{1}{3 \cdot 2^3} + \frac{1}{5 \cdot 2^5} + \frac{1}{7 \cdot 2^7} + \ldots$

c) $\frac{1}{2} + \frac{3}{2^2} + \frac{5}{2^3} + \frac{7}{2^4} + \ldots$ d) $\frac{\ln 2}{1!} + \frac{(\ln 2)^2}{2!} + \frac{(\ln 2)^3}{3!} + \ldots$

3) Untersuchen Sie mit Hilfe des *Quotientenkriteriums*, ob die folgenden Reihen *konvergieren* oder *divergieren*:

a) $\frac{1}{11} + \frac{1}{101} + \frac{1}{1001} + \frac{1}{10001} + \ldots$ b) $\sum_{n=1}^{\infty} \frac{n}{5^n}$

c) $1 + \frac{1}{2^2} + \frac{1}{2^4} + \frac{1}{2^6} + \ldots$ d) $\sum_{n=1}^{\infty} n\left(\frac{1}{2}\right)^{n-1}$

e) $\frac{2^1}{1} - \frac{2^2}{2} + \frac{2^3}{3} - \frac{2^4}{4} + - \ldots$ f) $\sum_{n=1}^{\infty} \frac{3^{2n}}{(2n)!}$

4) Welche der folgenden *alternierenden* Reihen *konvergieren*, welche *divergieren*? Verwenden Sie bei der Untersuchung das Konvergenzkriterium von *Leibniz*.

a) $1 - \frac{1}{1!} + \frac{1}{2!} - \frac{1}{3!} + - \ldots$ b) $1 - \frac{1}{3} + \frac{1}{5} - \frac{1}{7} + - \ldots$

c) $\sum_{n=1}^{\infty} (-1)^{n+1} \cdot \frac{1}{n^2}$ d) $\sum_{n=1}^{\infty} (-1)^{n+1} \cdot \frac{1}{n \cdot 5^{2n-1}}$

Zu Abschnitt 2

1) Bestimmen Sie den *Konvergenzradius* und *Konvergenzbereich* der folgenden Potenzreihen:

a) $P(x) = x + 2x^2 + 3x^3 + 4x^4 + \ldots$

b) $P(x) = \sum_{n=1}^{\infty} (-1)^n \cdot \frac{x^n}{n}$

c) $P(x) = \frac{x^1}{1^2} + \frac{x^2}{2^2} + \frac{x^3}{3^2} + \ldots$

d) $P(x) = \sum_{n=0}^{\infty} \frac{x^n}{2^n}$

e) $P(x) = \sum_{n=0}^{\infty} \frac{n}{n+1} x^{n+1}$

f) $P(x) = \sum_{n=0}^{\infty} \frac{n+1}{n!} x^n$

2) Berechnen Sie den *Konvergenzradius* und *Konvergenzbereich* der Potenzreihe

$$P(x) = 1 - x^2 + x^4 - x^6 + - \ldots$$

Anleitung: Setzen Sie zunächst $z = x^2$ und untersuchen Sie anschließend das Konvergenzverhalten der neuen (z-abhängigen) Reihe.

Zu Abschnitt 3

1) Entwickeln Sie die folgenden Funktionen in eine *Mac Laurinsche Reihe*:

a) $f(x) = \sinh x$ b) $f(x) = \arctan x$ c) $f(x) = \ln(1 + x^2)$

2) Bestimmen Sie die *Mac Laurinsche Reihe* der Funktion $f(x) = \cosh x$

a) auf *direktem* Wege nach Formel (VI-38),

b) aus den *Potenzreihenentwicklungen* von e^x und e^{-x} unter Berücksichtigung der Definitionsformel $\cosh x = \frac{1}{2}(e^x + e^{-x})$.

3) Entwickeln Sie die Wurzelfunktion $f(x) = \frac{1}{\sqrt{1 - x^3}}$ unter Verwendung der Binomischen Reihe in ein *Mac Laurinsches Polynom* (Abbruch nach dem 3. Glied). Berechnen Sie anschließend mit dieser Näherungsfunktion den Funktionswert an der Stelle $x = 0{,}2$ und schätzen Sie den Fehler ab.

4) Bestimmen Sie die *Mac Laurinschen Reihen* der folgenden Funktionen, indem Sie die Potenzreihen der beiden Faktoren *gliedweise* multiplizieren. In welchem Bereich konvergieren die Reihen?

a) $f(x) = \mathrm{e}^{-2x} \cdot \cos x$ b) $f(x) = \sin^2 x$ c) $f(x) = \dfrac{\sinh x}{1 + x^2}$

5) Entwickeln Sie die folgenden Funktionen um die Stelle x_0 in eine *Taylor-Reihe*:

a) $f(x) = \cos x, \quad x_0 = \dfrac{\pi}{3}$ b) $f(x) = \sqrt{x}, \quad x_0 = 1$

c) $f(x) = \dfrac{1}{x^2} - \dfrac{2}{x}, \quad x_0 = 1$

6) Die Funktion $f(x) = x \cdot \mathrm{e}^{-x}$ soll in der Umbebung des Nullpunktes durch einfache Polynomfunktionen bis *maximal* 3. Grades angenähert werden. Bestimmen Sie diese Näherungsfunktionen mit Hilfe der *Mac Laurinschen* Reihenentwicklung und skizzieren Sie ihren Verlauf.

7) Berechnen Sie den Funktionswert von $f(x) = \sqrt{1 - x}$ an der Stelle $x = 0{,}05$ auf sechs Dezimalstellen nach dem Komma genau.

8) Berechnen Sie $\cos 8^\circ$ mit Hilfe der *Mac Laurinschen* Reihenentwicklung von $\cos x$ auf vier Dezimalstellen genau.

Hinweis: Winkel erst ins *Bogenmaß* umrechnen!

9) Ersetzen Sie die Sinusfunktion in der Umgebung ihres 1. Maximums im *positiven* x-Bereich durch eine *Parabel.*

Anleitung: Taylor-Reihe von $f(x) = \sin x$ um die betreffende Stelle bestimmen und nach dem quadratischen Glied abbrechen.

10) Lösen Sie die Gleichung $\cosh x = 4 - x^2$ *näherungsweise* durch Potenzreihenentwicklung von $\cosh x$ und Abbruch dieser Reihe nach der 4. Potenz.

11) Lösen Sie das (unbestimmte) Integral $F(x) = \displaystyle\int_0^x \frac{1}{1 + t^2}\, dt$, indem Sie den Integranden zunächst in eine *Mac Laurinsche Reihe* entwickeln (Binomische Reihe verwenden!) und diese anschließend *gliedweise* integrieren. Bestimmen Sie den Konvergenzbereich der durch Integration gewonnenen Potenzreihe, die eine Ihnen bekannte elementare Funktion darstellt. Um welche Funktion handelt es sich?

12) Die folgenden bestimmten Integrale sind elementar, d.h. in geschlossener Form *nicht* lösbar. Sie lassen sich jedoch durch *Potenzreihenentwicklung* des Integranden und anschließender *gliedweiser Integration* berechnen. Bestimmen Sie den Wert dieser Integrale auf *vier* Dezimalstellen nach dem Komma genau.

a) $\int\limits_0^{0,5} \cos(\sqrt{x})\,dx$ b) $\int\limits_0^{0,2} \frac{e^x}{x+1}\,dx$ c) $\int\limits_0^{1} \frac{\sin x}{x}\,dx$

13) Zeigen Sie, wie man aus der als *bekannt* vorausgesetzten Potenzreihe von $\ln(1-x)$ durch *Differentiation* die Mac Laurinsche Reihe von $\frac{1}{1-x}$ gewinnen kann.

Anleitung: Gehen Sie von der folgenden Entwicklung aus:

$$\ln(1-x) = -x - \frac{x^2}{2} - \frac{x^3}{3} - \frac{x^4}{4} - \ldots \qquad (-1 \leqslant x < 1)$$

14) Zwischen Luftdruck p und Höhe h (gemessen gegenüber dem Meeresniveau) besteht unter der Annahme konstanter Lufttemperatur der folgende Zusammenhang (sog. *barometrische Höhenformel*):

$$p(h) = p_0 \cdot e^{-\frac{h}{7991\,\text{m}}} \qquad (h \geqslant 0\,\text{m})$$

Leiten Sie mit Hilfe der Potenzenreihenentwicklung einen *linearen* Zusammenhang zwischen den Größen p und h her. Bis zu welcher Höhe h_{max} liefert diese Näherung Werte, die um *maximal* 1% vom tatsächlichen Luftdruck abweichen?

15) Die Schwingungsdauer T eines *konischen Pendels* (Bild VI-14) hängt bei gegebener Fadenlänge l und festem Ort nur noch vom Winkel φ zwischen Faden und Vertikale ab:

$$T = T(\varphi) = 2\pi \cdot \sqrt{\frac{l}{g} \cdot \cos\varphi}$$

(g: Erdbeschleunigung).

Zeigen Sie:
Für *kleine* Winkel φ ist die Schwingungsdauer T nahezu winkelunabhängig.

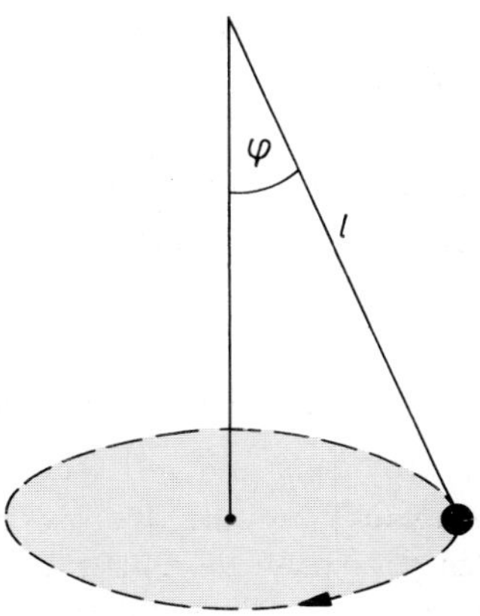

Bild VI-14 Konisches Pendel

16) Die Schwingungsdauer T einer ungedämpften *elektromagnetischen Schwingung* läßt sich nach der Beziehung $T = 2\pi \cdot \sqrt{LC}$ aus der Induktivität L und der Kapazität C berechnen (Bild VI-15).

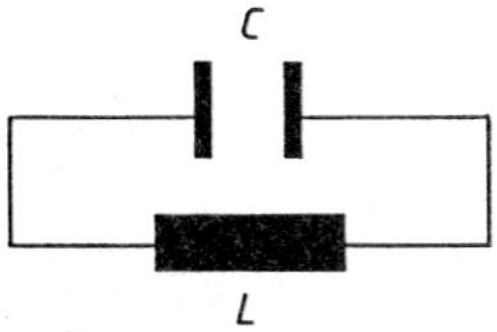

Bild VI-15
Elektromagnetischer Schwingkreis

a) Berechnen Sie die Schwingungsdauer für die Werte $L_0 = 0{,}1\ \text{H}$ und $C_0 = 10\ \mu\text{F}$.

b) Bei einer Kapazitätsänderung um ΔC ändert sich die Schwingungsdauer um ΔT (die Induktivität bleibe *konstant*). Leiten Sie mit Hilfe der Potenzreihenentwicklung einen *linearen* Zusammenhang zwischen diesen Größen her.

c) Berechnen Sie mit dieser *linearen Näherungsformel* die Änderung ΔT der Schwingungsdauer für den Fall einer *Kapazitätszunahme* um $\Delta C = 0{,}6\ \mu\text{F}$ und vergleichen Sie diesen Wert mit dem *exakten* Wert.

17) In der Relativitätstheorie wird gezeigt, daß die Elektronenmasse m mit der Elektronengeschwindigkeit v nach der Formel

$$m = m(v) = \frac{m_0}{\sqrt{1 - (v/c)^2}}$$

zunimmt (m_0: Ruhemasse des Elektrons; c: Lichtgeschwindigkeit). Zeigen Sie mit Hilfe der Potenzreihenentwicklung, daß zwischen den Größen m und v in *1. Näherung* der folgende Zusammenhang besteht:

$$m \approx m_0 \left(1 + \frac{v^2}{2c^2}\right)$$

18) Die folgenden Grenzwerte führen zunächst auf einen *unbestimmten Ausdruck* vom Typ „$\frac{0}{0}$" bzw. „$\frac{\infty}{\infty}$". Berechnen Sie diese Grenzwerte unter Anwendung der Regel von *Bernoulli* und *de L'Hospital*:

a) $\lim\limits_{x \to 0} \frac{\tan x}{x}$ b) $\lim\limits_{x \to 0} \frac{\cos x - 1}{x}$ c) $\lim\limits_{x \to 0} \frac{\sin x}{x}$

d) $\lim\limits_{x \to 0} \frac{x \cdot e^x}{1 - e^x}$ e) $\lim\limits_{x \to a} \frac{x^n - a^n}{x - a}$ f) $\lim\limits_{x \to \infty} \frac{\ln x}{x^2}$

g) $\lim\limits_{x \to \pi} \dfrac{3 \cdot \tan x}{\sin(2x)}$ h) $\lim\limits_{x \to 0} \dfrac{\ln(1+x)}{x}$ i) $\lim\limits_{x \to \infty} \dfrac{\ln x}{e^x}$

j) $\lim\limits_{x \to \infty} \dfrac{x^3 - 2}{e^{2x}}$ k) $\lim\limits_{x \to 0} \dfrac{\tanh(\sqrt{x})}{\sqrt{x}}$

19) Berechnen Sie die folgenden Grenzwerte:

a) $\lim\limits_{x \to 0} (2x)^x$ b) $\lim\limits_{x \to 0} \left(\dfrac{1}{x}\right)^x$ c) $\lim\limits_{x \to 0} (x^2 \cdot \ln x)$

d) $\lim\limits_{x \to \infty} \left(e^{-x} \cdot \sqrt{x}\right)$ e) $\lim\limits_{x \to \pi} (x - \pi) \cdot \tan\left(\dfrac{x}{2}\right)$

f) $\lim\limits_{x \to 0} \left(\dfrac{1}{\tan x} - \dfrac{1}{x}\right)$

Anleitung: Die Grenzwerte sind von einem Typ, auf den die Regel von Bernoulli und de L'Hospital zunächst *nicht* anwendbar ist. Mit Hilfe *elementarer* Umformungen gelingt es jedoch, die unbestimmte Form „0/0" bzw. „∞/∞" herzustellen, auf die man dann die Grenzwertregel anwenden darf.

20) Berechnen Sie die folgenden Grenzwerte mit Hilfe einer geeigneten Potenzreihenentwicklung:

a) $\lim\limits_{x \to 0} \dfrac{1 - \cos x}{x^2}$ b) $\lim\limits_{x \to 0} \dfrac{2(x - \sin x)}{e^x - 1 + \sin x}$

c) $\lim\limits_{x \to 0} \dfrac{\cosh x - 1}{x}$ d) $\lim\limits_{x \to 0} \dfrac{\sin^2 x}{x}$

21) Bestimmen Sie den Grenzwert

$$\lim_{x \to \infty} (x - e^x)$$

vom Typ $\infty - \infty$ durch Ausklammern der Exponentialfunktion und Verwendung der Grenzwertregel von *Bernoulli-de L'Hospital.*

Anhang: Lösungen der Übungsaufgaben

I Allgemeine Grundlagen

Abschnitt 1 und 2

1) $M_1 = \{1, 2, 3, 4\}$; $M_2 = \{2, 3, 5, 7, 11, 13, 17, 19, 23, 29, 31\}$
$\mathbb{L}_1 = \{-2; 0{,}5\}$; $\mathbb{L}_2 = \{0, 4\}$

2) $M_1 \cup M_2 = (-2, 4)$; $M_1 \cap M_2 = [0, 2)$; $M_1 \setminus M_2 = [2, 4)$

3) $\mathbb{L} = \{1, 2, 3, 4, 5, 6\} = \{n \mid n \in \mathbb{N}^* \text{ und } n \leq 6\}$

4) 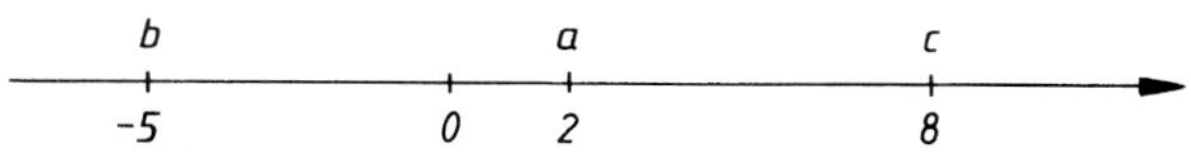

Bild A-1

$b < a < c$

5) a) 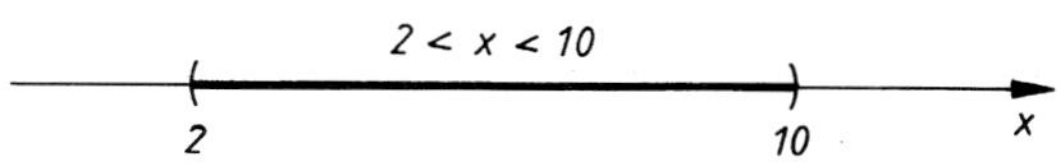

Bild A-2

b) 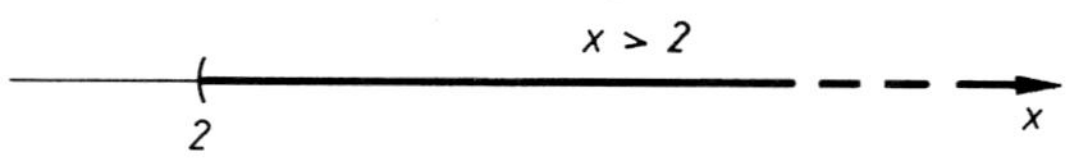

Bild A-3

c) 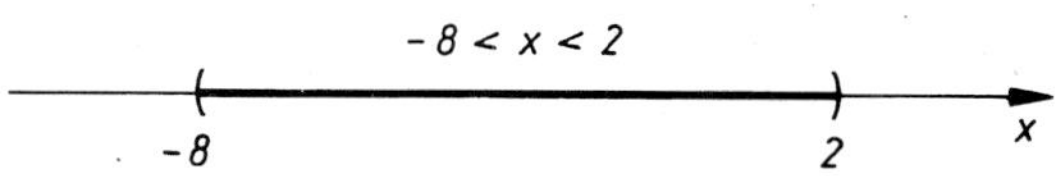

Bild A-4

d) 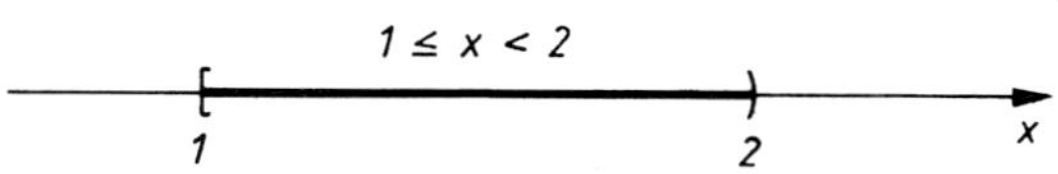

Bild A-5

Abschnitt 3

1) a) $x_1 = 1{,}31$, $x_2 = 0{,}19$ b) $x_1 = 3$, $x_2 = -5$

c) $x_1 = 14{,}95$, $x_2 = -4{,}95$ d) $\mathbb{L} = \{\ \} = \varnothing$ e) $\mathbb{L} = \left\{\frac{5}{3}, \frac{7}{3}\right\}$

f) $x_1 = -3{,}38$, $x_2 = -5{,}62$ g) $x_1 = x_2 = -2$ h) $\mathbb{L} = \{-1\}$

2) $c = -2$

3) a) $x_1 = 0, \quad x_2 = x_3 = 2$ b) $t_{1/2} = \pm 2, \quad t_{3/4} = \pm 3$

c) $x_1 = 0$ d) $x_1 = 0, \quad x_{2/3} = \pm 1{,}618, \quad x_{4/5} = \pm 0{,}618$

e) $x_{1/2} = \pm \sqrt{6}$ f) $x_1 = -2, \quad x_2 = 3, \quad x_3 = -1$

g) $x_1 = -3, \quad x_{2/3} = \pm \sqrt{2}, \quad x_{4/5} = \pm 5$

4) a) $x_1 = 3{,}5$ b) *Keine* reellen Lösungen c) *Keine* reellen Lösungen

d) $x_1 = -1$

5) a) Nach Bild A-6 erhält man die Lösungen als Schnittpunkte (Abszissenwerte) der Parabel $y_1 = x^2 - x$ mit der Geraden $y_2 = 24$: $x_1 = -4{,}424, \quad x_2 = 5{,}424$

b) $x_1 = 0$ (s. Bild A-7)

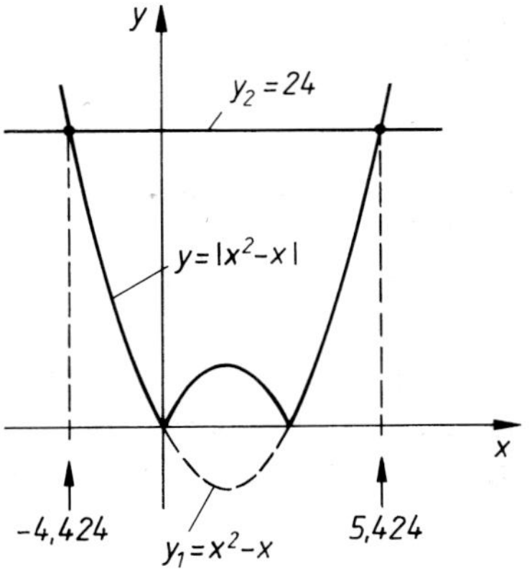

Bild A-6

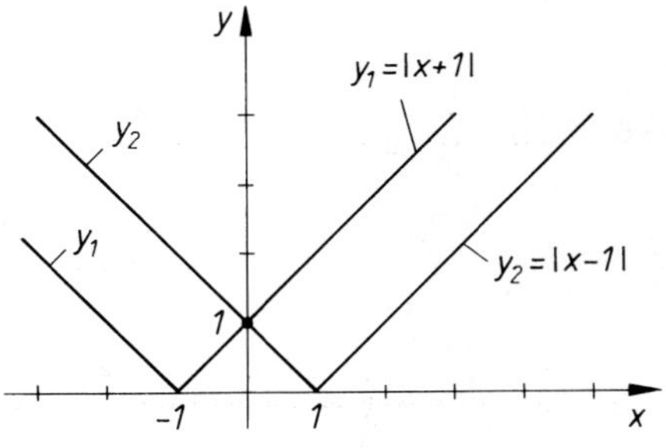

Bild A-7

c) Die Lösungen ergeben sich nach Bild A-8 als Schnittpunkte (Abszissenwerte) der Parabel $y_1 = -x^2 + x + 6$ mit der Geraden $y_2 = 2x + 4$: $x_1 = -2, \quad x_2 = 1$

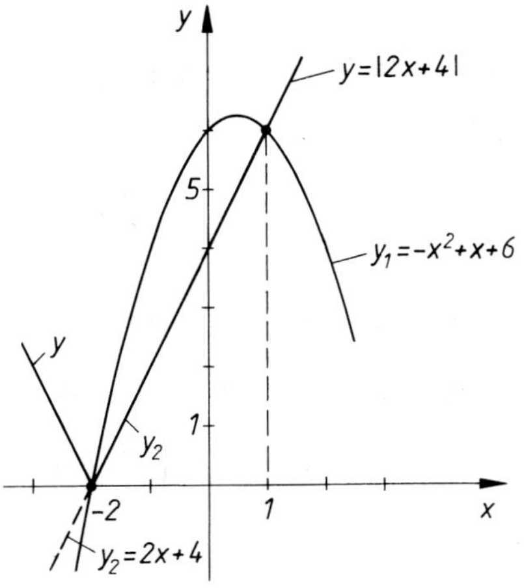

Bild A-8

d) Nach Bild A-9 ergeben sich vier Schnittpunkte (Lösungen):
$x_1 = -3{,}303, \quad x_2 = -1{,}618, \quad x_3 = 0{,}303, \quad x_4 = 0{,}618$

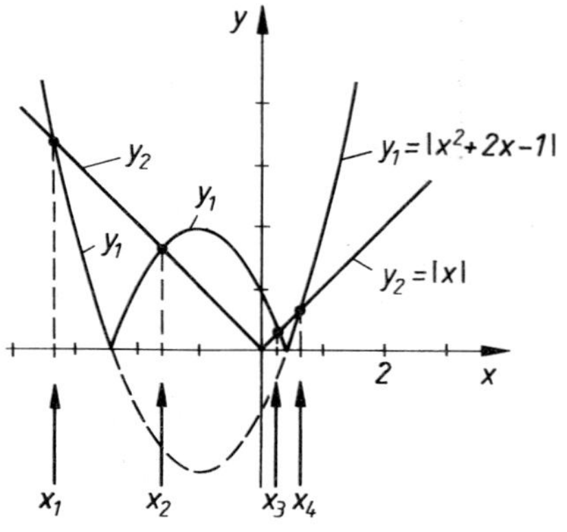

Bild A-9

Abschnitt 4

1) a) Lösungen erhalten wir für $y_1 > y_2$, d.h. $\mathbb{L} = (8, \infty)$ (s. Bild A-10).

b) Die Parabel $y_1 = x^2 + x + 1$ verläuft nach Bild A-11 überall im Intervall $(-\infty, \infty)$ *oberhalb* der x-Achse ($y_2 = 0$). Daher gilt: $\mathbb{L} = (-\infty, \infty)$.

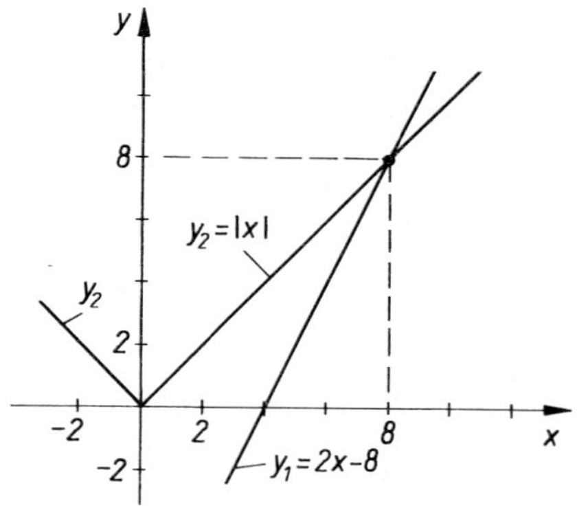

Bild A-10

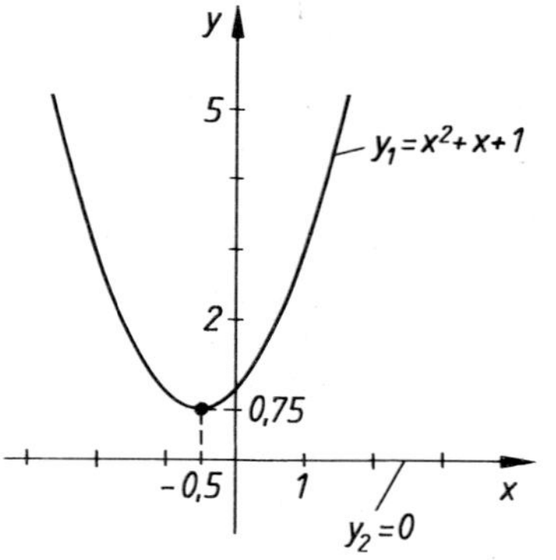

Bild A-11

c) *Keine* Lösungen, da $y_1 = |x|$ für $x \geqslant 0$ *parallel* zur Geraden $y_2 = x - 2$ verläuft: $\mathbb{L} = \emptyset$ (s. Bild A-12)

d) Aus Bild A-13 folgt: $\mathbb{L} = \{x \mid -2{,}562 < x < 1{,}562\}$ (die Parabel $y_1 = x^2$ schneidet die Gerade $y = -(x - 4) = -x + 4$ an den Stellen $x_1 = -2{,}562$ und $x_2 = 1{,}562$).

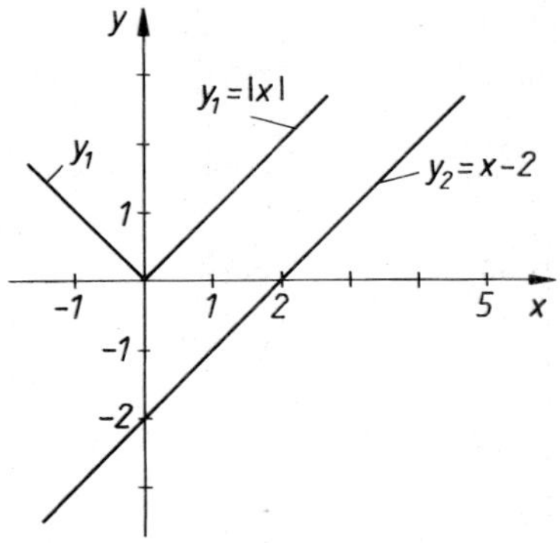

Bild A-12

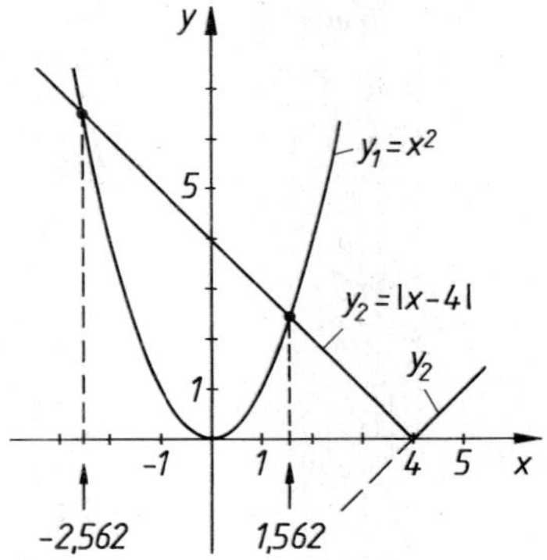

Bild A-13

e) Die Kurven $y_1 = |x^2 - 9|$ und $y_2 = |x - 1|$ schneiden sich an den Stellen $x_1 = -3{,}702$, $x_2 = -2{,}372$, $x_3 = 2{,}702$ und $x_4 = 3{,}372$ (s. Bild A-14). Die Lösungsmenge lautet daher: $\mathbb{L} = (-3{,}702;\ -2{,}372) \cup (2{,}702;\ 3{,}372)$

f) $\mathbb{L} = (-\infty;\ -0{,}5]$ (s. Bild A-15)

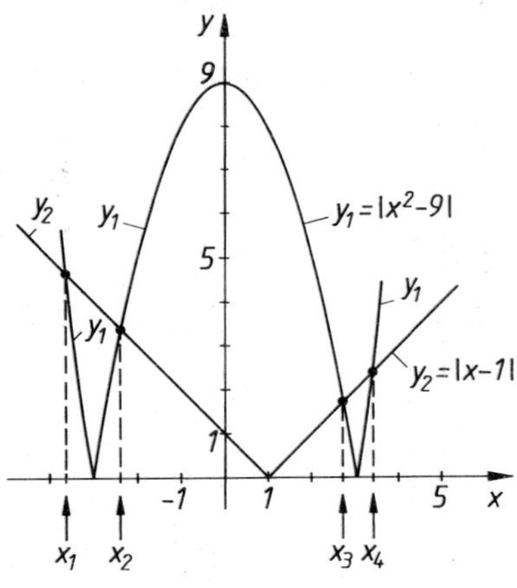

Bild A-14

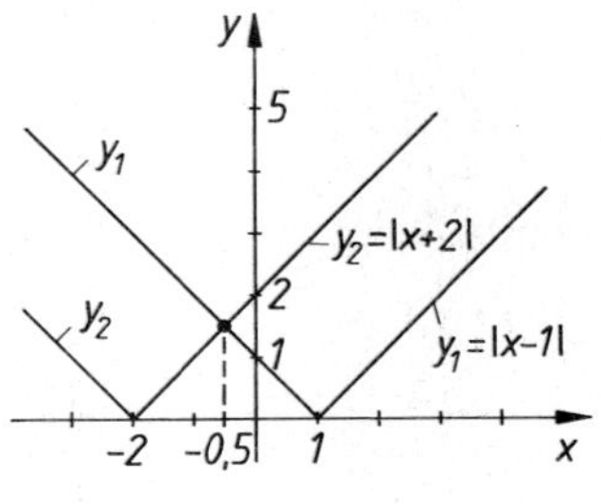

Bild A-15

g) Die Parabel $y_1 = -x^2$ verläuft im gesamten Intervall $(-\infty, \infty)$ *unterhalb* der Geraden $y_2 = x + 4$ (s. Bild A-16).

Daher ist $\mathbb{L} = (-\infty, \infty)$ die gesuchte Lösungsmenge.

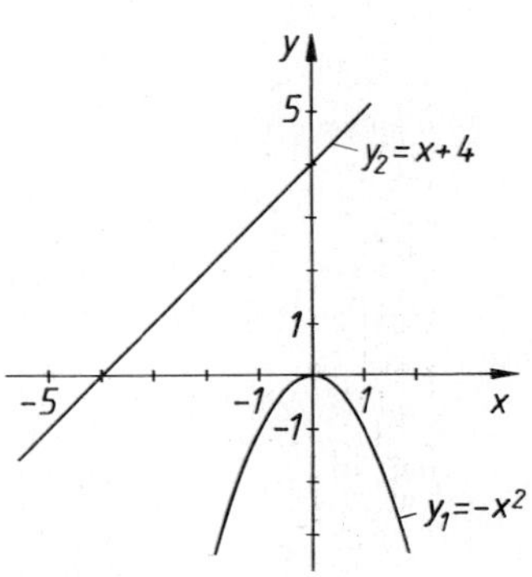

Bild A-16

h) *Fallunterscheidung:*

1. Fall: $x + 1 > 0$ und $x - 1 < x + 1 \Rightarrow \mathbb{L}_1 = (-1, \infty)$

2. Fall: $x + 1 < 0$ und $x - 1 > x + 1 \Rightarrow \mathbb{L}_2 = \emptyset$

Lösung: $\mathbb{L} = \mathbb{L}_1 \cup \mathbb{L}_2 = (-1, \infty)$, d.h. $x > -1$

2) a) $x \leqslant 2$ b) $x \in \mathbb{R}$ c) $-2 \leqslant x \leqslant 2$

d) $(1 - x)(x + 2) \geqslant 0$

Fallunterscheidung:

1. Fall: $1 - x \geqslant 0$ und $x + 2 \geqslant 0 \Rightarrow \mathbb{L}_1 = [-2, 1]$

2. Fall: $1 - x < 0$ und $x + 2 < 0 \Rightarrow \mathbb{L}_2 = \emptyset$

Lösung: $\mathbb{L} = \mathbb{L}_1 \cup \mathbb{L}_2 = [-2, 1]$, d.h. $-2 \leqslant x \leqslant 1$

e) $x \in \mathbb{R}$

f) $\dfrac{4 - x}{x + 2} \geqslant 0$

Fallunterscheidung:

1. Fall: $4 - x \geqslant 0$ und $x + 2 > 0 \Rightarrow \mathbb{L}_1 = (-2, 4]$

2. Fall: $4 - x < 0$ und $x + 2 < 0 \Rightarrow \mathbb{L}_2 = \emptyset$

Lösung: $\mathbb{L} = \mathbb{L}_1 \cup \mathbb{L}_2 = (-2, 4]$, d.h. $-2 < x \leqslant 4$

Abschnitt 5

1) a) $x_1 = 3,\quad x_2 = -1,\quad x_3 = -4$ b) $x = -0{,}6463,\quad y = 2{,}0769,\quad z = 1{,}0615$

c) $u = 1,\quad v = -3,\quad w = 4$ d) $x = 1{,}23,\quad y = 3{,}57,\quad z = -0{,}51$

2) Addiert man zur 3. Zeile das *2-fache* der 2. Zeile, so erhält man die Gleichung $0 \cdot x_1 + 0 \cdot x_2 + 0 \cdot x_3 = 6$, die einen *Widerspruch* enthält $(0 = 6)$. Das lineare Gleichungssystem ist daher *unlösbar.*

3) Das lineare Gleichungssystem besitzt *unendlich* viele Lösungen, da *eine* der drei Größen *frei wählbar* ist. Mit dem Parameter $z = \lambda$ erhält man *sämtliche* Lösungen in der Form

$$x = \frac{5}{3}\lambda, \quad y = -\frac{2}{3}\lambda, \quad z = \lambda \qquad (\lambda \in \mathbb{R})$$

4) $x_1 = 2,\quad x_2 = -4,\quad x_3 = 6,\quad x_4 = -8$

5) *Eine* Größe ist *frei wählbar* (Parameter). Wir setzen $x_2 = \lambda$ und erhalten *sämtliche* Lösungen in der Form

$$x_1 = \frac{1}{2}\lambda, \quad x_2 = \lambda, \quad x_3 = 2\lambda \qquad (\lambda \in \mathbb{R})$$

6) a) Es gibt *unendlich* viele, von *zwei* Parametern λ und μ abhängige Lösungen. Wir wählen $x_3 = \lambda$ und $x_4 = \mu$ und erhalten *sämtliche* Lösungen in der Form

$$x_1 = -\lambda + 2\mu + 7, \quad x_2 = \lambda - 4, \quad x_3 = \lambda, \quad x_4 = \mu \qquad (\lambda, \mu \in \mathbb{R})$$

Beispiel: Für $\lambda = 0$, $\mu = 1$ lautet die Lösung: $x_1 = 9$, $x_2 = -4$, $x_3 = 0$, $x_4 = 1$

b) $x = 3, \quad y = 4, \quad z = -1$

Abschnitt 6

1) a) 715 b) 252 c) 78

2) $$\binom{n+k}{k+1} = \frac{(n+k)(n+k-1)(n+k-2)\ldots(n+1)n}{(k+1)!}$$

3) a) $102^4 = (100+2)^4 = 108\,243\,216$

b) $99^5 = (100-1)^5 = 9\,509\,900\,499$

c) $996^3 = (1000-4)^3 = 988\,047\,936$

4) a) $(x+4)^5 = x^5 + 20x^4 + 160x^3 + 640x^2 + 1280x + 1024$

b) $(1-5y)^4 = 1 - 20y + 150y^2 - 500y^3 + 625y^4$

c) $(a^2 - 2b)^3 = a^6 - 6a^4 b + 12a^2 b^2 - 8b^3$

5) a) $1{,}03^{12} = (1+0{,}03)^{12} = 1{,}4257$

b) $0{,}99^{20} = (1-0{,}01)^{20} = 0{,}8179$

c) $2{,}01^8 = (2+0{,}01)^8 = 266{,}4210$

6) $$(2+3x)^{10} = 2^{10} + \binom{10}{1} \cdot 2^9 \cdot (3x)^1 + \binom{10}{2} \cdot 2^8 \cdot (3x)^2 + \binom{10}{3} \cdot 2^7 \cdot (3x)^3 +$$

$$+ \binom{10}{4} \cdot 2^6 \cdot (3x)^4 + \ldots =$$

$$= 1024 + 15\,360x + 103\,680x^2 + 414\,720x^3 + 1\,088\,640x^4 + \ldots$$

7) a) $$(1-4x)^8 = \sum_{k=0}^{8} \binom{8}{k} \cdot 1^{8-k} \cdot (-4x)^k = \sum_{k=0}^{8} \binom{8}{k} \cdot (-4x)^k$$

5. Potenz von x für $k = 5$:

$$\binom{8}{5} \cdot (-4x)^5 = \binom{8}{5} \cdot (-4)^5 \cdot x^5 = \underbrace{-57344}_{\text{Koeffizient}} \cdot x^5$$

b) $$(x + 0{,}5\,a)^{12} = \sum_{k=0}^{12} \binom{12}{k} \cdot x^{12-k} \cdot (0{,}5\,a)^k$$

5. Potenz von x für $k = 7$:

$$\binom{12}{7} \cdot x^{12-7} \cdot (0{,}5\,a)^7 = \binom{12}{7} \cdot (0{,}5\,a)^7 \cdot x^5 = \underbrace{6{,}1875\,a^7}_{\text{Koeffizient}} \cdot x^5$$

II Vektoralgebra

Abschnitt 2 und 3

1) a) $\vec{s}_1 = \begin{pmatrix} 4 \\ 9 \\ -20 \end{pmatrix}, \quad |\vec{s}_1| = 22{,}29$ b) $\vec{s}_2 = \begin{pmatrix} 99 \\ 0 \\ -128 \end{pmatrix}, \quad |\vec{s}_2| = 161{,}82$

c) $\vec{s}_3 = \begin{pmatrix} -22 \\ 18 \\ -8 \end{pmatrix}, \quad |\vec{s}_3| = 29{,}53$ d) $\vec{s}_4 = \begin{pmatrix} -60 \\ -326 \\ 256 \end{pmatrix}, \quad |\vec{s}_4| = 418{,}82$

2) $$\vec{F} = -(\vec{F}_1 + \vec{F}_2 + \vec{F}_3 + \vec{F}_4) = \begin{pmatrix} -200 \\ -175 \\ 10 \end{pmatrix} \text{N}$$

3) $\vec{F} = \begin{pmatrix} 87{,}69 \\ 199{,}41 \end{pmatrix} \text{N}, \quad |\vec{F}| = 217{,}84 \text{ N}$, Winkel gegen die Horizontale: $\alpha = 66{,}26°$

4) $$\vec{r}(P_1) = \begin{pmatrix} 0 \\ 0 \\ 0 \end{pmatrix}, \quad \vec{r}(P_2) = \begin{pmatrix} a \\ 0 \\ 0 \end{pmatrix}, \quad \vec{r}(P_3) = \begin{pmatrix} a \\ a \\ 0 \end{pmatrix}, \quad \vec{r}(P_4) = \begin{pmatrix} 0 \\ a \\ 0 \end{pmatrix},$$

$$\vec{r}(P_5) = \begin{pmatrix} 0 \\ 0 \\ a \end{pmatrix}, \quad \vec{r}(P_6) = \begin{pmatrix} a \\ 0 \\ a \end{pmatrix}, \quad \vec{r}(P_7) = \begin{pmatrix} a \\ a \\ a \end{pmatrix}, \quad \vec{r}(P_8) = \begin{pmatrix} 0 \\ a \\ a \end{pmatrix}$$

5) $$\vec{e}_a = \frac{1}{\sqrt{21}} \begin{pmatrix} 2 \\ 1 \\ 4 \end{pmatrix} = \begin{pmatrix} 0{,}436 \\ 0{,}218 \\ 0{,}873 \end{pmatrix}, \quad \vec{e}_b = \frac{1}{\sqrt{89}} \begin{pmatrix} 3 \\ -4 \\ 8 \end{pmatrix} = \begin{pmatrix} 0{,}318 \\ -0{,}424 \\ 0{,}848 \end{pmatrix},$$

$$\vec{e}_c = \frac{1}{\sqrt{3}} \begin{pmatrix} -1 \\ 1 \\ -1 \end{pmatrix} = \begin{pmatrix} -0{,}577 \\ 0{,}577 \\ -0{,}577 \end{pmatrix}$$

6) $\vec{e} = -\frac{\vec{a}}{|\vec{a}|} = -\frac{1}{\sqrt{26}}\begin{pmatrix} 1 \\ -4 \\ 3 \end{pmatrix} = \begin{pmatrix} -0{,}196 \\ 0{,}784 \\ -0{,}588 \end{pmatrix}$

7) $\vec{r}(Q) = \vec{r}(P) + 20\frac{\vec{a}}{|\vec{a}|} = \begin{pmatrix} 3 \\ 1 \\ -5 \end{pmatrix} + 2\sqrt{2}\begin{pmatrix} 3 \\ -5 \\ 4 \end{pmatrix} = \begin{pmatrix} 11{,}49 \\ -13{,}14 \\ 6{,}31 \end{pmatrix} \Rightarrow$

$Q = (11{,}49;\ -13{,}14;\ 6{,}31)$

8) $\vec{r}(P) = \vec{r}(P_1) + \lambda\,\overrightarrow{P_1P_2} = \begin{pmatrix} 10 - 9\lambda \\ 5 - 3\lambda \\ -1 + 6\lambda \end{pmatrix} \quad (\lambda \in \mathbb{R})$

Zum Punkt Q gehört der Parameterwert $\lambda = 0{,}5$:

$\vec{r}(Q) = \begin{pmatrix} 5{,}5 \\ 3{,}5 \\ 2 \end{pmatrix} \Rightarrow Q = (5{,}5;\ 3{,}5;\ 2)$

9) Ja. Die Geradengleichung lautet: $\vec{r}(P) = \begin{pmatrix} 3 - 2\lambda \\ \lambda \\ 4 - 3\lambda \end{pmatrix} \quad (\lambda \in \mathbb{R})$

10) a) $\vec{a} \cdot \vec{b} = 1$ b) $(\vec{a} - 3\vec{b}) \cdot (4\vec{c}) = 288$ c) $(\vec{a} + \vec{b}) \cdot (\vec{a} - \vec{c}) = 12$

11) a) $\varphi = 79{,}92°$ b) $\varphi = 51{,}34°$ c) $\varphi = 157{,}90°$

12) Aus $\vec{a} \cdot \vec{b} = 0$ folgt $\vec{a} \perp \vec{b}$ $(\vec{a}, \vec{b} \neq \vec{0})$.

13) Es ist $\vec{b} + \vec{c} = \vec{a}$, d.h. $\vec{c} = \vec{a} - \vec{b}$. Durch *skalare Multiplikation* von $\vec{c}$ mit sich selbst folgt:

$\vec{c} \cdot \vec{c} = (\vec{a} - \vec{b}) \cdot (\vec{a} - \vec{b}) = \vec{a} \cdot \vec{a} - \vec{a} \cdot \vec{b} - \vec{b} \cdot \vec{a} + \vec{b} \cdot \vec{b} = \vec{a} \cdot \vec{a} + \vec{b} \cdot \vec{b} - 2\vec{a} \cdot \vec{b} =$

$= a^2 + b^2 - 2ab \cdot \cos\gamma$

14) Es ist $\vec{e}_1 \cdot \vec{e}_1 = \vec{e}_2 \cdot \vec{e}_2 = \vec{e}_3 \cdot \vec{e}_3 = 1$ (*Einheitsvektoren*) und $\vec{e}_1 \cdot \vec{e}_2 = \vec{e}_2 \cdot \vec{e}_3 = \vec{e}_3 \cdot \vec{e}_1 = 0$ (*orthogonale* Vektoren).

15) Es ist $\vec{c} = \vec{a} + \vec{b}$ (nachrechnen) und ferner $\vec{a} \cdot \vec{b} = 0$, d.h. $\vec{a} \perp \vec{b}$.

16) a) $|\vec{a}| = \sqrt{3}$, $\alpha = \beta = \gamma = 54{,}74°$

b) $|\vec{a}| = \sqrt{17}$, $\alpha = 75{,}96°$, $\beta = 14{,}04°$, $\gamma = 90°$

c) $|\vec{a}| = \sqrt{29}$, $\alpha = 42{,}03°$, $\beta = 56{,}15°$, $\gamma = 111{,}80°$

17) $|\vec{a}| = \overline{BC} = \sqrt{20}$, $|\vec{b}| = \overline{AC} = \sqrt{29}$, $|\vec{c}| = \overline{AB} = \sqrt{17}$

$\alpha = 54{,}16°$, $\beta = 77{,}47°$, $\gamma = 48{,}37°$, $A = 9$

18) $\vec{s} = \overrightarrow{P_1 P_2} = \begin{pmatrix} 3 \\ -18 \\ -4 \end{pmatrix} \text{m}, \quad W = \vec{F} \cdot \vec{s} = 110\,\text{Nm}, \quad \varphi = 57{,}49^\circ$

19) $\varphi = 60^\circ$

20) a) $\vec{b}_a = \begin{pmatrix} 22/9 \\ -22/9 \\ 11/9 \end{pmatrix}$ b) $\vec{b}_a = \begin{pmatrix} -28/9 \\ 28/9 \\ -14/9 \end{pmatrix}$ c) $\vec{b}_a = \begin{pmatrix} 20/9 \\ -20/9 \\ 10/9 \end{pmatrix}$

21) $\gamma = 90^\circ, \quad a_x = 8{,}66, \quad a_y = 5, \quad a_z = 0$. Der Vektor $\vec{a}$ liegt daher in der *x, y-Ebene*.

22) a) $\alpha = 39{,}51^\circ, \quad \beta = 81{,}12^\circ, \quad \gamma = 51{,}89^\circ$

b) $\alpha = 107{,}64^\circ, \quad \beta = 59{,}66^\circ, \quad \gamma = 143{,}91^\circ$

c) $\alpha = 42{,}83^\circ, \quad \beta = 97{,}66^\circ, \quad \gamma = 48{,}19^\circ$

23) a) $\vec{a} \times \vec{b} = \begin{pmatrix} 2 \\ -14 \\ -9 \end{pmatrix}$ b) $(\vec{a} - \vec{b}) \times (3\vec{c}) = \begin{pmatrix} 93 \\ 9 \\ -6 \end{pmatrix}$

c) $(-\vec{a} + 2\vec{c}) \times (-\vec{b}) = \begin{pmatrix} -12 \\ -26 \\ -1 \end{pmatrix}$ d) $(2\vec{a}) \times (-\vec{b} + 5\vec{c}) = \begin{pmatrix} 236 \\ -2 \\ 38 \end{pmatrix}$

24) a) $A = |\vec{a} \times \vec{b}| = 48{,}89$ b) $A = |\vec{a} \times \vec{b}| = 51{,}16$

25) $0{,}2\,\text{m} \cdot F + 0{,}5\,\text{m} \cdot 600\,\text{N} = 1\,\text{m} \cdot 400\,\text{N} \quad \Rightarrow \quad F = 500\,\text{N}$

26) Aus $[\vec{a}\ \vec{b}\ \vec{c}] = 0$ folgt $\lambda = -43/31$.

27) Die drei Vektoren sind *komplanar*, wenn ihr Spatprodukt *verschwindet*. Dies ist in beiden Teilaufgaben der Fall.

28) $V_{\text{Spat}} = |[\vec{a}\ \vec{b}\ \vec{c}]| = 75$

29) Beide Seiten der Gleichung führen zu dem Vektor

$$\begin{pmatrix} (a_z b_x - a_x b_z) c_z - (a_x b_y - a_y b_x) c_y \\ (a_x b_y - a_y b_x) c_x - (a_y b_z - a_z b_y) c_z \\ (a_y b_z - a_z b_y) c_y - (a_z b_x - a_x b_z) c_x \end{pmatrix}$$

Abschnitt 4

1) a) $\vec{r}(P) = \vec{r}(\lambda) = \vec{r}_1 + \lambda \vec{a} = \begin{pmatrix} 4-\lambda \\ \lambda \\ 3-\lambda \end{pmatrix} \quad (\lambda \in \mathbb{R});$

$\lambda = 1$: $Q_1 = (3; 1; 2)$
$\lambda = 2$: $Q_2 = (2; 2; 1)$
$\lambda = -5$: $Q_3 = (9; -5; 8)$

b) $\vec{r}(P) = \vec{r}(\lambda) = \vec{r}_1 + \lambda \vec{a} = \begin{pmatrix} 3+5\lambda \\ -2+2\lambda \\ 1+3\lambda \end{pmatrix} \quad (\lambda \in \mathbb{R});$

$\lambda = 1$: $Q_1 = (8; 0; 4)$
$\lambda = 2$: $Q_2 = (13; 2; 7)$
$\lambda = -5$: $Q_3 = (-22; -12; -14)$

2) a) $\vec{r}(P) = \vec{r}(\lambda) = \vec{r}_1 + \lambda(\vec{r}_2 - \vec{r}_1) = \begin{pmatrix} 1+5\lambda \\ 3+2\lambda \\ -2+10\lambda \end{pmatrix} \quad (\lambda \in \mathbb{R})$

$\lambda = -2$: $Q_1 = (-9; -1; -22)$
$\lambda = 3$: $Q_2 = (16; 9; 28)$
$\lambda = 5$: $Q_3 = (26; 13; 48)$

b) $\vec{r}(P) = \vec{r}(\lambda) = \vec{r}_1 + \lambda(\vec{r}_2 - \vec{r}_1) = \begin{pmatrix} -2+3\lambda \\ 3-3\lambda \\ 1+4\lambda \end{pmatrix} \quad (\lambda \in \mathbb{R})$

$\lambda = -2$: $Q_1 = (-8; 9; -7)$
$\lambda = 3$: $Q_2 = (7; -6; 13)$
$\lambda = 5$: $Q_3 = (13; -12; 21)$

3) $\vec{r}(P) = \vec{r}(\lambda) = \vec{r}_1 + \lambda(\vec{r}_2 - \vec{r}_1) = \begin{pmatrix} 10-9\lambda \\ 5-3\lambda \\ -1+6\lambda \end{pmatrix} \quad (\lambda \in \mathbb{R})$

Zur Mitte Q von $\overrightarrow{P_1 P_2}$ gehört der Parameterwert $\lambda = 0{,}5$. Somit ist $Q = (5{,}5; 3{,}5; 2)$.

4) Ja. Die *Geradengleichung* lautet: $\vec{r}(P) = \vec{r}(\lambda) = \begin{pmatrix} 3-2\lambda \\ \lambda \\ 4-3\lambda \end{pmatrix} \quad (\lambda \in \mathbb{R})$

Die vorgegebenen Punkte P_1, P_2 und P_3 gehören der Reihe nach zu den Parameterwerten $\lambda = 0$, $\lambda = 1$ und $\lambda = 5$.

5) $d = \dfrac{|\vec{a} \times (\vec{r}_Q - \vec{r}_1)|}{|\vec{a}|} = 1{,}22$

6) $d = \dfrac{|\vec{a} \times (\vec{r}_2 - \vec{r}_1)|}{|\vec{a}|} = 4{,}74$

7) $\cos\alpha = \sqrt{1 - \cos^2\beta - \cos^2\gamma} = 0{,}5 \;\Rightarrow\; \alpha = 60°$; *Richtungsvektor*: $\vec{a} = \begin{pmatrix} 0{,}5 \\ 0{,}5 \\ 1/\sqrt{2} \end{pmatrix}$

Geradengleichung: $\vec{r}(P) = \vec{r}(\lambda) = \vec{r}_1 + \lambda\vec{a} = \begin{pmatrix} 1 + 0{,}5\,\lambda \\ -2 + 0{,}5\,\lambda \\ 8 + \lambda/\sqrt{2} \end{pmatrix} \quad (\lambda \in \mathbb{R})$

Schnittpunkt mit der x, y-Ebene: $S_{xy} = (-4{,}66;\; -7{,}66;\; 0)$

Schnittpunkt mit der y, z-Ebene: $S_{yz} = (0;\; -3;\; 6{,}59)$

Schnittpunkt mit der x, z-Ebene: $S_{xz} = (3;\; 0;\; 10{,}83)$

8) $\cos\gamma = -\sqrt{1 - \cos^2\alpha - \cos^2\beta} = -0{,}5 \;\Rightarrow\; \gamma = 120°$

Der Betrag des Richtungsvektors $\vec{a}$ ist *frei wählbar*. Wir setzen $|\vec{a}| = a = 1$ und erhalten:

$$\vec{a} = \begin{pmatrix} a \cdot \cos\alpha \\ a \cdot \cos\beta \\ a \cdot \cos\gamma \end{pmatrix} = \begin{pmatrix} \sqrt{3}/2 \\ 0 \\ -0{,}5 \end{pmatrix}$$

Geradengleichung: $\vec{r}(P) = \vec{r}(\lambda) = \vec{r}_1 + \lambda\vec{a} = \begin{pmatrix} 5 + \frac{\sqrt{3}}{2}\lambda \\ 3 \\ 1 - 0{,}5\,\lambda \end{pmatrix} \quad (\lambda \in \mathbb{R})$

9) a) Die *Gleichungen* der beiden *Geraden* lauten:

$$g_1:\; \vec{r}(\lambda_1) = \vec{r}_1 + \lambda_1 \overrightarrow{P_1 P_2} = \begin{pmatrix} 3 - 4\lambda_1 \\ 4 - 6\lambda_1 \\ 6 - 2\lambda_1 \end{pmatrix} \quad (\lambda_1 \in \mathbb{R})$$

$$g_2:\; \vec{r}(\lambda_2) = \vec{r}_3 + \lambda_2 \overrightarrow{P_3 P_4} = \begin{pmatrix} 3 + 2\lambda_2 \\ 7 + 8\lambda_2 \\ -2 - 4\lambda_2 \end{pmatrix} \quad (\lambda_2 \in \mathbb{R})$$

g_1 und g_1 sind *windschief* zueinander, da $\vec{a}_1 \times \vec{a}_2 = \begin{pmatrix} 40 \\ -20 \\ -20 \end{pmatrix} \neq \vec{0}$ und $[\vec{a}_1\,\vec{a}_2\,(\vec{r}_3 - \vec{r}_1)] = 100 \neq 0$ ist. Ihr Abstand beträgt

$$d = \frac{|[\vec{a}_1\,\vec{a}_2\,(\vec{r}_3 - \vec{r}_1)]|}{|\vec{a}_1 \times \vec{a}_2|} = 2{,}04$$

b) Die beiden Geraden sind *parallel*, da $\vec{a}_1 \times \vec{a}_2 = \vec{0}$ ist (*kollineare* Richtungsvektoren!). Ihr Abstand beträgt

$$d = \frac{|\vec{a}_1 \times (\vec{r}_2 - \vec{r}_1)|}{|\vec{a}_1|} = 1{,}79$$

c) Die beiden Geraden *schneiden* sich wegen $\vec{a}_1 \times \vec{a}_2 = \begin{pmatrix} 10 \\ -1 \\ -4 \end{pmatrix} \neq \vec{0}$ und

$[\vec{a}_1\ \vec{a}_2\ (\vec{r}_2 - \vec{r}_1)] = 0$ in genau einem Punkt S.

Schnittpunkt $(\lambda_1 = 2,\ \lambda_2 = -1)$: $S = (5;\ 2;\ 10)$

Schnittwinkel: $\varphi = \arccos\left(\dfrac{\vec{a}_1 \cdot \vec{a}_2}{|\vec{a}_1| \cdot |\vec{a}_2|}\right) = 32{,}47°$

10) g_1 und g_2 sind *windschief* zueinander, da $\vec{a}_1 \times \vec{a}_2 = \begin{pmatrix} -1 \\ -1 \\ 2 \end{pmatrix} \neq \vec{0}$ und

$[\vec{a}_1\ \vec{a}_2\ (\vec{r}_2 - \vec{r}_1)] = -7 \neq 0$ ist. Ihr Abstand beträgt

$$d = \frac{|[\vec{a}_1\ \vec{a}_2\ (\vec{r}_2 - \vec{r}_1)]|}{|\vec{a}_1 \times \vec{a}_2|} = 2{,}86$$

11) Die Gleichung der Geraden durch $P_1 = (3;\ 0;\ 0)$ und $P_2 = (0;\ 3;\ 0)$ lautet:

$$g_1\colon\ \vec{r}(\lambda_1) = \vec{r}_1 + \lambda_1\, \overrightarrow{P_1 P_2} = \vec{r}_1 + \lambda_1\, \vec{a}_1 = \begin{pmatrix} 3 \\ 0 \\ 0 \end{pmatrix} + \lambda_1 \begin{pmatrix} -3 \\ 3 \\ 0 \end{pmatrix} \qquad (\lambda_1 \in \mathbb{R})$$

Die Gleichung der z-Achse durch $P_3 = (0;\ 0;\ 0)$ und $P_4 = (0;\ 0;\ 1)$ lautet:

$$g_2\colon\ \vec{r}(\lambda_2) = \vec{r}_3 + \lambda_2\, \overrightarrow{P_3 P_4} = \vec{r}_3 + \lambda_2\, \vec{a}_2 = \begin{pmatrix} 0 \\ 0 \\ 0 \end{pmatrix} + \lambda_2 \begin{pmatrix} 0 \\ 0 \\ 1 \end{pmatrix} \qquad (\lambda_2 \in \mathbb{R})$$

Die beiden Geraden sind *windschief* zueinander, da $\vec{a}_1 \times \vec{a}_2 = \begin{pmatrix} 3 \\ 3 \\ 0 \end{pmatrix} \neq \vec{0}$ und

$[\vec{a}_1\ \vec{a}_2\ (\vec{r}_3 - \vec{r}_1)] = -9 \neq 0$ ist. Ihr Abstand beträgt

$$d = \frac{|[\vec{a}_1\ \vec{a}_2\ (\vec{r}_3 - \vec{r}_1)]|}{|\vec{a}_1 \times \vec{a}_2|} = 2{,}12$$

12) $$g_1\colon\ \vec{r}(\lambda_1) = \vec{r}_1 + \lambda_1\, \overrightarrow{P_1 P_2} = \vec{r}_1 + \lambda_1\, \vec{a}_1 = \begin{pmatrix} 4 \\ 2 \\ 8 \end{pmatrix} + \lambda_1 \begin{pmatrix} -1 \\ 4 \\ 3 \end{pmatrix} \qquad (\lambda_1 \in \mathbb{R})$$

$$g_2\colon\ \vec{r}(\lambda_2) = \vec{r}_3 + \lambda_2\, \overrightarrow{P_3 P_4} = \vec{r}_3 + \lambda_2\, \vec{a}_2 = \begin{pmatrix} 5 \\ 8 \\ 21 \end{pmatrix} + \lambda_2 \begin{pmatrix} 2 \\ 2 \\ 10 \end{pmatrix} \qquad (\lambda_2 \in \mathbb{R})$$

Wegen $\vec{a}_1 \times \vec{a}_2 = \begin{pmatrix} 34 \\ 16 \\ -10 \end{pmatrix} \neq \vec{0}$ und $[\vec{a}_1\ \vec{a}_2\ (\vec{r}_3 - \vec{r}_1)] = 0$ schneiden sich g_1 und g_2

in genau einem Punkt S.

Schnittpunkt ($\lambda_1 = 1$, $\lambda_2 = -1$): $S = (3; 6; 11)$

Schnittwinkel: $\varphi = \arccos\left(\dfrac{\vec{a}_1 \cdot \vec{a}_2}{|\vec{a}_1| \cdot |\vec{a}_2|}\right) = 47{,}21^\circ$

13) a) $\vec{r}(P) = \vec{r}(\lambda; \mu) = \vec{r}_1 + \lambda\vec{a} + \mu\vec{b} = \begin{pmatrix} 3 + \lambda + 2\mu \\ 5 + \lambda + \mu \\ 1 + \lambda + 3\mu \end{pmatrix} \quad (\lambda, \mu \in \mathbb{R})$

Normalenvektor: $\vec{n} = \vec{a} \times \vec{b} = \begin{pmatrix} 2 \\ -1 \\ -1 \end{pmatrix}$

$\lambda = 1,\ \mu = 3$: $Q_1 = (10; 9; 11)$; $\lambda = -2,\ \mu = 1$: $Q_2 = (3; 4; 2)$

b) $\vec{r}(P) = \vec{r}(\lambda; \mu) = \vec{r}_1 + \lambda\vec{a} + \mu\vec{b} = \begin{pmatrix} 6 + 2\lambda + 2\mu \\ 8\lambda + 3\mu \\ -3 - 3\lambda - 3\mu \end{pmatrix} \quad (\lambda, \mu \in \mathbb{R})$

Normalenvektor: $\vec{n} = \vec{a} \times \vec{b} = \begin{pmatrix} -15 \\ 0 \\ -10 \end{pmatrix}$

$\lambda = 1,\ \mu = 3$: $Q_1 = (14; 17; -15)$; $\lambda = -2,\ \mu = 1$: $Q_2 = (4; -13; 0)$

14) a) $\vec{r}(P) = \vec{r}(\lambda; \mu) = \vec{r}_1 + \lambda(\vec{r}_2 - \vec{r}_1) + \mu(\vec{r}_3 - \vec{r}_1) = \begin{pmatrix} 3 - 7\lambda + 2\mu \\ 1 \quad + 8\mu \\ \lambda + 3\mu \end{pmatrix} \quad (\lambda, \mu \in \mathbb{R})$

$\lambda = 3,\ \mu = -2$: $Q_1 = (-22; -15; -3)$; $\lambda = -2,\ \mu = 1$: $Q_2 = (19; 9; 1)$

b) $\vec{r}(P) = \vec{r}(\lambda; \mu) = \vec{r}_1 + \lambda(\vec{r}_2 - \vec{r}_1) + \mu(\vec{r}_3 - \vec{r}_1) = \begin{pmatrix} 5 - 7\lambda - 5\mu \\ 1 - 2\lambda + 4\mu \\ 2 - 5\lambda + 8\mu \end{pmatrix} \quad (\lambda, \mu \in \mathbb{R})$

$\lambda = 3,\ \mu = -2$: $Q_1 = (-6; -13; -29)$; $\lambda = -2,\ \mu = 1$: $Q_2 = (14; 9; 20)$

15) Die Gleichung der Ebene E durch P_1, P_2 und P_3 lautet:

$$\vec{r}(P) = \vec{r}(\lambda; \mu) = \vec{r}_1 + \lambda\overrightarrow{P_1P_2} + \mu\overrightarrow{P_1P_3} = \begin{pmatrix} 1 + 2\lambda + 3\mu \\ 1 + \lambda - 2\mu \\ 1 - \lambda + 4\mu \end{pmatrix} \quad (\lambda, \mu \in \mathbb{R})$$

P_4 liegt *in* dieser Ebene, wenn das lineare Gleichungssystem

$$\begin{aligned} 1 + 2\lambda + 3\mu &= 12 \\ 1 + \lambda - 2\mu &= -4 \\ 1 - \lambda + 4\mu &= 12 \end{aligned} \qquad \text{oder} \qquad \begin{aligned} 2\lambda + 3\mu &= 11 \\ \lambda - 2\mu &= -5 \\ -\lambda + 4\mu &= 11 \end{aligned}$$

genau *eine* Lösung besitzt. Dies ist der Fall: $\lambda = 1$, $\mu = 3$. *Die vier Punkte liegen daher in einer Ebene.*

16) Die Gleichung der Ebene E durch $P_1 = (a; 0; 0)$, $P_2 = (0; a; 0)$ und $P_3 = (0; 0; a)$ lautet:

$$\vec{r}(P) = \vec{r}(\lambda; \mu) = \vec{r}_1 + \lambda \overrightarrow{P_1 P_2} + \mu \overrightarrow{P_1 P_3} = \begin{pmatrix} a - \lambda a - \mu a \\ \lambda a \\ \mu a \end{pmatrix} \quad (\lambda, \mu \in \mathbb{R})$$

Der Punkt $Q = (3; -4; 7)$ liegt *in* dieser Ebene, wenn das Gleichungssystem

$$\begin{aligned} a - \lambda a - \mu a &= 3 \\ \lambda a &= -4 \\ \mu a &= 7 \end{aligned}$$

genau *eine* Lösung besitzt. Dies ist der Fall: $a = 6$, $\lambda = -2/3$, $\mu = 7/6$. Die Gleichung der Ebene E lautet somit:

$$\vec{r}(P) = \vec{r}(\lambda; \mu) = \begin{pmatrix} 6 - 6\lambda - 6\mu \\ 6\lambda \\ 6\mu \end{pmatrix} \quad (\lambda, \mu \in \mathbb{R})$$

17) $\vec{n} \cdot (\vec{r} - \vec{r}_A) = 4(x - 5) + 3(y - 8) + 1 \cdot (z - 10) = 0$ oder $4x + 3y + z = 54$
$B = (2; 15; 1)$

18) $\cos\gamma = -\sqrt{1 - \cos^2\alpha - \cos^2\beta} = -\frac{1}{2}\sqrt{2} \quad \Rightarrow \quad \gamma = 135°$

Der *Betrag* des Normalenvektor $\vec{n}$ ist *frei wählbar*. Wir wählen $|\vec{n}| = n = 2$. Dann ist

$$\vec{n} = \begin{pmatrix} n \cdot \cos\alpha \\ n \cdot \cos\beta \\ n \cdot \cos\gamma \end{pmatrix} = \begin{pmatrix} 1 \\ -1 \\ -\sqrt{2} \end{pmatrix}$$

ein *Normalenvektor* der Ebene E. Die Gleichung der Ebene lautet damit wie folgt:

$\vec{n} \cdot (\vec{r} - \vec{r}_1) = 1 \cdot (x - 3) - 1 \cdot (y - 5) - \sqrt{2}(z + 2) = 0$ oder
$x - y - \sqrt{2}\,z = 2\sqrt{2} - 2 = 0{,}8284$

19) a) Gerade g und Ebene E *schneiden* sich wegen $\vec{n} \cdot \vec{a} = 2 \neq 0$ in einem Punkt S.

Schnittpunkt ($\lambda_S = 4{,}5$): $\vec{r}_S = \vec{r}_1 + \left(\frac{\vec{n} \cdot (\vec{r}_0 - \vec{r}_1)}{\vec{n} \cdot \vec{a}}\right)\vec{a} = \begin{pmatrix} 18{,}5 \\ 5{,}5 \\ 11 \end{pmatrix} \Rightarrow S = (18{,}5; 5{,}5; 11)$

Schnittwinkel: $\varphi = \arcsin\left(\frac{\vec{n} \cdot \vec{a}}{|\vec{n}| \cdot |\vec{a}|}\right) = 9{,}27°$

b) Gerade g und Ebene E sind *parallel*, da $\vec{n} \cdot \vec{a} = 0$ ist. Ihr Abstand beträgt

$$d = \frac{|\vec{n} \cdot (\vec{r}_1 - \vec{r}_0)|}{|\vec{n}|} = 1{,}51$$

c) Die Gleichung der Geraden g lautet:

$$\vec{r}(\lambda) = \vec{r}_1 + \lambda\, \overrightarrow{P_1 P_2} = \vec{r}_1 + \lambda \vec{a} = \begin{pmatrix} 2 \\ 0 \\ 3 \end{pmatrix} + \lambda \begin{pmatrix} 3 \\ 6 \\ 15 \end{pmatrix} \qquad (\lambda \in \mathbb{R})$$

Die Gleichung der Ebene E lautet:

$$\vec{r}(\lambda; \mu) = \vec{r}_3 + \lambda\, \overrightarrow{P_3 P_4} + \mu\, \overrightarrow{P_3 P_5} = \begin{pmatrix} 1 \\ -2 \\ -2 \end{pmatrix} + \lambda \begin{pmatrix} -1 \\ 1 \\ 1 \end{pmatrix} + \mu \begin{pmatrix} -2 \\ 2 \\ 1 \end{pmatrix} \qquad (\lambda, \mu \in \mathbb{R})$$

Normalenvektor der Ebene E: $\vec{n} = (\overrightarrow{P_3 P_4}) \times (\overrightarrow{P_3 P_5}) = \begin{pmatrix} -1 \\ -1 \\ 0 \end{pmatrix}$

Gerade g und Ebene E *schneiden* sich, da $\vec{n} \cdot \vec{a} = -9 \neq 0$ ist.

Schnittpunkt $\left(\lambda_S = -\frac{1}{3}\right)$: $\vec{r}_S = \vec{r}_1 + \left(\frac{\vec{n} \cdot (\vec{r}_3 - \vec{r}_1)}{\vec{n} \cdot \vec{a}}\right) \vec{a} = \begin{pmatrix} 1 \\ -2 \\ -2 \end{pmatrix} \Rightarrow S = (1; -2; -2)$

Schnittwinkel: $\varphi = \arcsin\left(\frac{|\vec{n} \cdot \vec{a}|}{|\vec{n}| \cdot |\vec{a}|}\right) = 22{,}79°$

20) Der Vektor $\overrightarrow{AB}$ verläuft *senkrecht* zur Ebene E und ist somit ein *Normalenvektor* dieser Ebene:

$$\vec{n} = \overrightarrow{AB} = \begin{pmatrix} 4 \\ 3 \\ -4 \end{pmatrix}$$

Die Gleichung der Ebene E lautet somit:

$$\vec{n} \cdot (\vec{r} - \vec{r}_1) = 4(x-2) + 3(y-1) - 4(z-5) = 0 \quad \text{oder} \quad 4x + 3y - 4z = -9$$

21) Aus der Abstandsformel $d = \frac{|\vec{n} \cdot (\vec{r}_Q - \vec{r}_1)|}{|\vec{n}|}$ folgt durch Einsetzen der gegebenen Werte die Betragsgleichung $|a - 1| = \sqrt{5 + a^2}$ mit der Lösung $a = -2$. Die Gleichung der *Parallelebene* E_2 lautet:

$$\vec{n} \cdot (\vec{r} - \vec{r}_A) = 2(x-5) + 1 \cdot (y-1) - 2(z+2) = 0 \quad \text{oder} \quad 2x + y - 2z = 15$$

22) Gerade g und Ebene E sind *parallel*, da $\vec{n} \cdot \vec{a} = 0$ ist. Ihr Abstand beträgt

$$d = \frac{|\vec{n} \cdot (\vec{r}_1 - \vec{r}_0)|}{|\vec{n}|} = 2{,}03$$

23) Die *Ebene* E geht durch den Punkt $P_0 = (1;\ 2;\ -3)$ und hat den *Normalenvektor* $\vec{n} = \begin{pmatrix} 2 \\ 1 \\ 1 \end{pmatrix}$. Gerade g und Ebene E *schneiden* sich wegen $\vec{n} \cdot \vec{a} = 1 \neq 0$ in einem Punkt S.

Schnittpunkt ($\lambda_S = -7$): $\vec{r}_S = \vec{r}_1 + \left(\dfrac{\vec{n} \cdot (\vec{r}_0 - \vec{r}_1)}{\vec{n} \cdot \vec{a}} \right) \vec{a} = \begin{pmatrix} 4 \\ -12 \\ 21 \end{pmatrix} \Rightarrow S = (-4;\ -12;\ 21)$

Schnittwinkel: $\varphi = \arcsin \left(\dfrac{\vec{n} \cdot \vec{a}}{|\vec{n}| \cdot |\vec{a}|} \right) = 6{,}26^\circ$

24) Die Ebenen E_1 und E_2 sind *parallel*, da $\vec{n}_1 \times \vec{a}_2 = \vec{0}$ ist. Ihr Abstand beträgt

$$d = \frac{|\vec{n}_1 \cdot (\vec{r}_2 - \vec{r}_1)|}{|\vec{n}_1|} = 3{,}74$$

25) Die Ebenen E_1 und E_2 *schneiden* sich wegen $\vec{n}_1 \times \vec{n}_2 = \begin{pmatrix} 3 \\ -5 \\ -2 \end{pmatrix} \neq \vec{0}$ längs einer Geraden g.

Schnittgerade g: $\vec{r}(\lambda) = \vec{r}_0 + \lambda \vec{a}$; $\vec{a} = \vec{n}_1 \times \vec{n}_2 = \begin{pmatrix} 3 \\ -5 \\ -2 \end{pmatrix}$

Die Koordinaten des Punktes P_0 mit dem Ortsvektor $\vec{r}_0$ werden aus dem linearen Gleichungssystem

$$\vec{n}_1 \cdot (\vec{r}_0 - \vec{r}_1) = 3(x_0 - 2) + 1 \cdot (y_0 - 5) + 2(z_0 - 6) = 0$$

$$\vec{n}_2 \cdot (\vec{r}_0 - \vec{r}_2) = 2(x_0 - 1) + 0 \cdot (y_0 - 5) + 3(z_0 - 1) = 0$$

bestimmt. Man erhält ($x_0 = 0$ gesetzt): $P_0 = (0;\ 59/3;\ 5/3)$. Die Gleichung der *Schnittgeraden* g lautet somit:

$$\vec{r}(\lambda) = \begin{pmatrix} 0 \\ 59/3 \\ 5/3 \end{pmatrix} + \lambda \begin{pmatrix} 3 \\ -5 \\ -2 \end{pmatrix}$$

Schnittwinkel: $\varphi = \arccos \left(\dfrac{\vec{n}_1 \cdot \vec{n}_2}{|\vec{n}_1| \cdot |\vec{n}_2|} \right) = 27{,}20^\circ$

III Funktionen und Kurven

Abschnitt 1

1) a) $D = (-\infty, \infty), \quad W = [-0{,}5;\ 0{,}5]$

b) $D = \{x \mid |x| \geqslant 1\}, \quad W = [0, \infty)$

c) $D = (-\infty, \infty) \setminus \{0\}, \quad W = (-\infty, \infty)$

d) $D = (-\infty, \infty) \setminus \{-2, 2\}, \quad W = (-\infty, 0] \cup (0{,}25;\ \infty)$

e) $D = (-\infty;\ -1{,}5) \cup (2, \infty), \quad W = [0, \infty)$

f) $D = (-\infty, \infty) \setminus \{-1\}, \quad W = (-\infty, \infty) \setminus \{1\}$

2) a) $D = \{x \mid x \geqslant -3\}$

Funktionsverlauf: s. Bild A-17

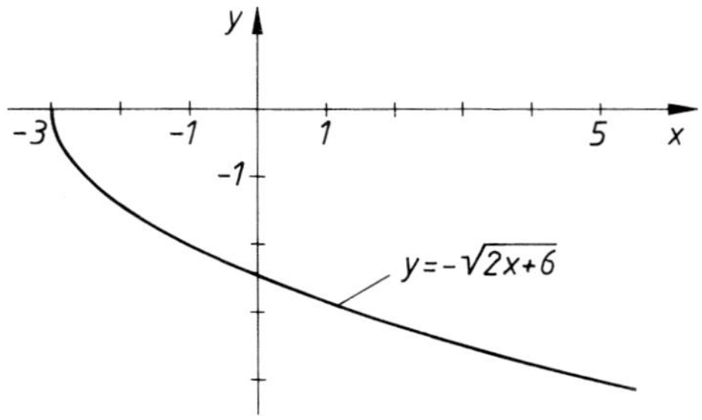

Bild A-17

b) $D = (-\infty, \infty) \setminus \{1\}$; Funktionsverlauf: s. Bild A-18

c) $D = (-\infty, \infty)$; Funktionsverlauf: s. Bild A-19

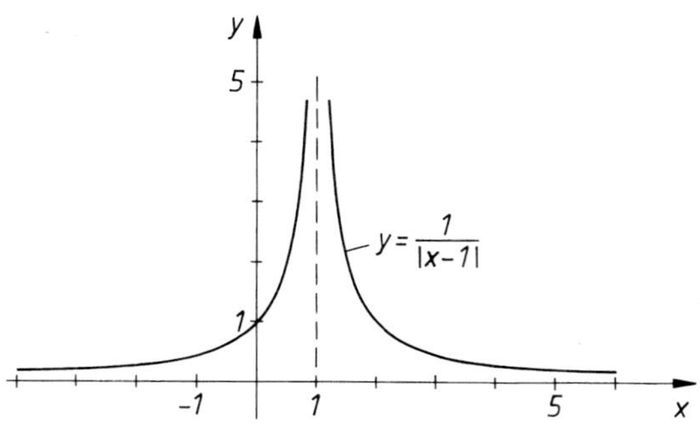

Bild A-18

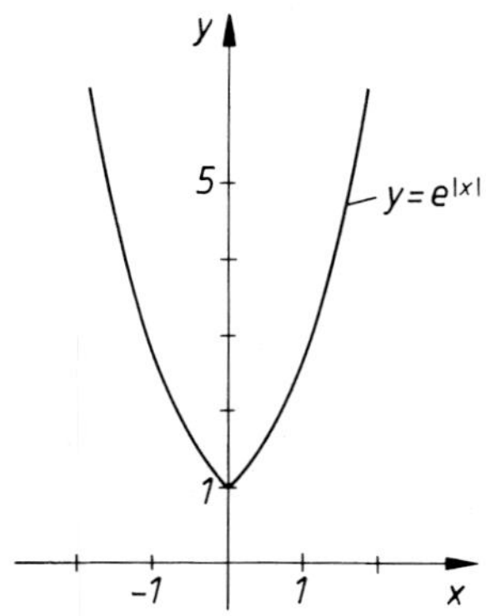

Bild A-19

3) Der Funktionsverlauf ist in Bild A-20 skizziert.

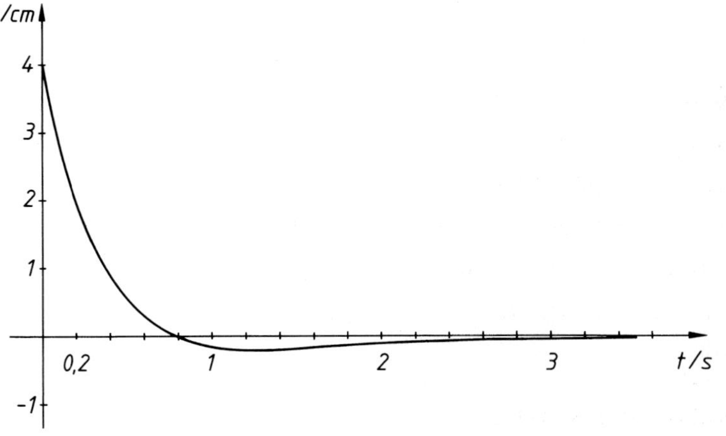

Bild A-20

4) *Explizite* Form: $y(x) = \sqrt{2x} + 2x - 2, \; x \geqslant 0$ (Bild A-21)

$t_1 = 1{,}5$: $P_1 = (0{,}75; 0{,}725)$

$t_2 = 5$: $P_2 = (2{,}5; 5{,}236)$

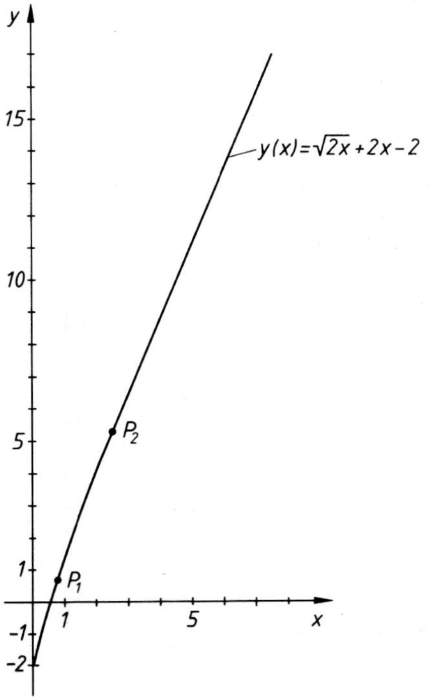

Bild A-21

Abschnitt 2

1) a) gerade b) ungerade c) ungerade d) gerade
e) gerade f) gerade g) Bezüglich des Punktes (1; 0) ungerade
h) gerade

2) a) $x_{1/2} = \pm 3$ b) $x_k = \frac{\pi}{4} + k \cdot \pi \quad (k \in \mathbb{Z})$ c) $x_{1/2} = \pm 3$
d) $x_1 = 1$

3) a) *Streng monoton fallend* in $(-\infty, 0)$, *streng monoton wachsend* in $(0, \infty)$
b) *Streng monoton wachsend* c) *Streng monoton wachsend*
d) *Streng monoton wachsend* e) *Streng monoton wachsend*
f) *Streng monoton fallend*

4) $y(t + 2\pi) = 2 \cdot \sin(t + 2\pi) - 4 \cdot \cos(t + 2\pi) = 2 \cdot \sin t - 4 \cdot \cos t = y(t)$

5) a) $y = \frac{1}{2x} \quad (x > 0)$ b) $y = \frac{1}{3} x^2 \quad (x > 0)$
c) $y = \ln x + 0{,}5 - \ln 2 \quad (x > 0)$

Abschnitt 3

1) a) $x = u + 3,\ y = v - 2{:}\quad v = u^2 - \sin u + 3 \Rightarrow y = (x-3)^2 - \sin(x-3) + 1$
b) $x = u + 5,\ y = v + 5{:}\quad v = u^2 - \sin u + 3 \Rightarrow y = (x-5)^2 - \sin(x-5) + 8$

2) $v = 2u^2 \Rightarrow y = 2x^2 - 16x + 28{,}5 = 2(x-4)^2 - 3{,}5 \Rightarrow u = x - 4,\ v = y + 3{,}5$, d.h. die Parabel $y = 2x^2$ wurde um vier Einheiten nach *rechts* und um 3,5 Einheiten nach *unten* verschoben.

3) $v = \sin u \Rightarrow y = \sin\left(x - \frac{\pi}{4}\right) - 2 \Rightarrow u = x - \frac{\pi}{4},\ v = y + 2$, d.h. die Sinuskurve $y = \sin x$ wurde um $\pi/4$ Einheiten nach *rechts* und um 2 Einheiten nach *unten* verschoben.

4) $(x+2)^2 + (y-5)^2 = 16$

5) $P_1{:}\quad r = \sqrt{160} = 12{,}649, \quad \varphi = 288{,}43°$
$P_2{:}\quad r = \sqrt{18} = 4{,}243, \quad \varphi = 225°$
$P_3{:}\quad r = \sqrt{41} = 6{,}403, \quad \varphi = 321{,}34°$

6) a) $P_1 = (8{,}192;\ 5{,}736)$ b) $P_2 = (-0{,}831;\ -3{,}462)$

7) a) Funktionsverlauf: s. Bild A-22 b) Funktionsverlauf: s. Bild A-23

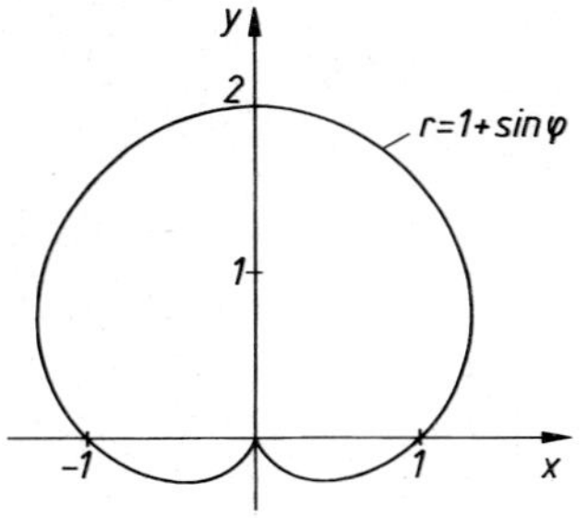

Bild A-22

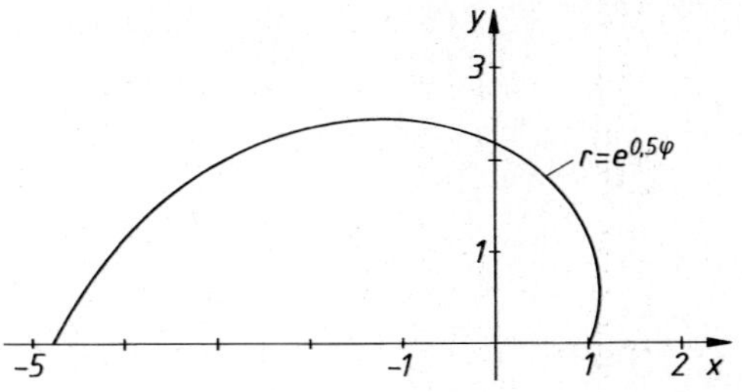

Bild A-23

8) a) $r = \sqrt{2 \cdot \sin \varphi \cdot \cos \varphi} = \sqrt{\sin (2\,\varphi)}$

b) S. Bild A-24

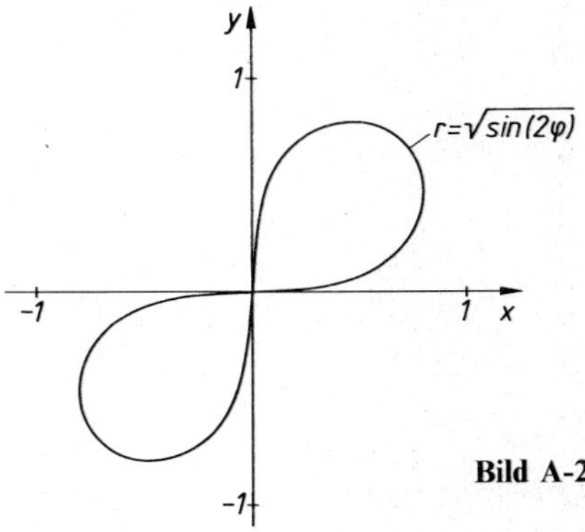

Bild A-24

Abschnitt 4

1) a) $a_n = 0{,}2^n \quad (n \in \mathbb{N})$ b) $a_n = \dfrac{n^2}{n+1} \quad (n \in \mathbb{N})$ c) $a_n = \dfrac{n}{2^n} \quad (n \in \mathbb{N})$

2) Graph der Folge: s. Bild A-25

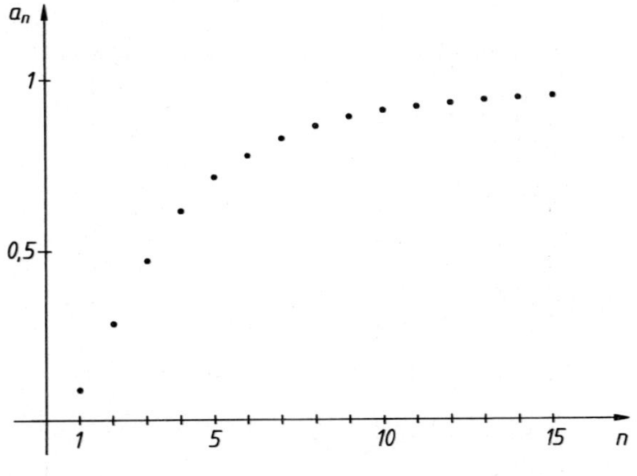

Bild A-25

3) a) 0,5 b) ∞ c) 1

4) a) 0 b) -7 c) 2 d) 7/4 e) ∞

f) $$\lim_{x \to 0} \frac{\sqrt{1+x}-1}{x} = \lim_{x \to 0} \frac{(\sqrt{1+x}-1)(\sqrt{1+x}+1)}{x(\sqrt{1+x}+1)} = \lim_{x \to 0} \frac{1+x-1}{x(\sqrt{1+x}+1)} =$$

$$= \lim_{x \to 0} \frac{1}{\sqrt{1+x}+1} = 0{,}5$$

g) 1 h) 4

5) 2

6) $$\lim_{x \to \infty} (\sqrt{x+2} - \sqrt{x}) = \lim_{x \to \infty} \frac{(\sqrt{x+2}-\sqrt{x})(\sqrt{x+2}+\sqrt{x})}{\sqrt{x+2}+\sqrt{x}} =$$

$$= \lim_{x \to \infty} \frac{x+2-x}{\sqrt{x+2}+\sqrt{x}} = \lim_{x \to \infty} \frac{2}{\sqrt{x+2}+\sqrt{x}} = 0$$

7) a) $x_1 = 4$ b) $x_1 = -2,\ x_2 = -1$ c) $x_1 = 0$

d) $x_k = k \cdot \pi \quad (k \in \mathbb{Z})$

8) Der Grenzwert an der Stelle $x_0 = 0$ ist *nicht* vorhanden ($g_l \neq g_r$):

$$g_l = \lim_{\substack{x \to 0 \\ (x<0)}} f(x) = \lim_{x \to 0} x = 0; \qquad g_r = \lim_{\substack{x \to 0 \\ (x>0)}} f(x) = \lim_{x \to 0} (x-2) = -2$$

9) Der Grenzwert von $f(x)$ an der Stelle $x_0 = 1$ ist *vorhanden* und stimmt mit dem dortigen Funktionswert $f(1) = 2$ überein:

$$\lim_{x \to 1} \frac{x^2-1}{x-1} = \lim_{x \to 1} \frac{(x-1)(x+1)}{x-1} = \lim_{x \to 1} (x+1) = 2$$

10) Die Funktion besitzt zunächst an der Stelle $x_1 = 1$ eine *Definitionslücke* (*unbestimmter Ausdruck* 0/0). Sie läßt sich jedoch *beheben*, da der Grenzwert an dieser Stelle *existiert*:

$$\lim_{x \to 1} \frac{x^2-x}{x^3-x^2+x-1} = \lim_{x \to 1} \frac{x(x-1)}{(x-1)(x^2+1)} = \lim_{x \to 1} \frac{x}{x^2+1} = \frac{1}{2}$$

Wir setzen daher nachträglich $f(1) = 1/2$.

Abschnitt 5

1) *Hauptform*: $y = -\frac{2}{9}x + \frac{7}{3}$ *Achsenabschnittsform*: $\frac{x}{21/2} + \frac{y}{7/3} = 1$

2) $R = 112\,\Omega$

3) a) $y = -2(x + 2{,}581)(x - 0{,}581)$ bzw. $y - 5 = -2(x + 1)^2$

b) $y = 5(x + 2)(x + 2) = 5(x + 2)^2$

c) $y = 2x(x + 5)$ bzw. $y + 12{,}5 = 2(x + 2{,}5)^2$

d) $y = 4(x + 5)(x - 3)$ bzw. $y + 64 = 4(x + 1)^2$

4) $y = -\frac{13}{84}x^2 + \frac{31}{28}x + \frac{22}{21} = -\frac{13}{84}(x - 8)(x + 0{,}8462)$ bzw.

$y - 3{,}028 = -0{,}1548(x - 3{,}577)^2$; Scheitelpunkt $S = (3{,}577;\ 3{,}028)$

5) a) $y_{\max} = 10{,}25$ b) 5,702

6) $y = -2x^2 - 8x + 10$

7) a) $y = (x - 4)(x^2 + 4)$ b) $y = 1{,}5\left(x - \sqrt{\frac{1}{3}}\right)\left(x + \sqrt{\frac{1}{3}}\right)$

c) $y = -3x(x^2 - 6x + 11)$ d) $y = -2x(x - 2)^2$ e) $y = -(x + 2)^3$

8) *Nullstellen*: $t_1 = 0$, $t_2 = 2$ (*doppelte* Nullstelle, d.h. *Extremwert*, s. Bild A-26)

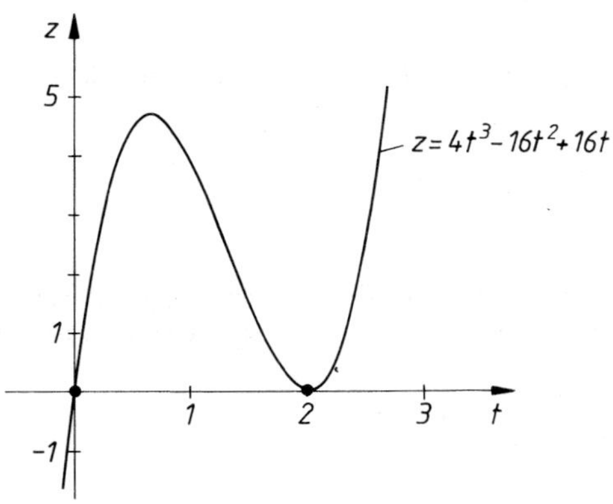

Bild A-26

9) a) $x_1 = -2$, $x_2 = 1$, $x_3 = 3 \Rightarrow y = (x + 2)(x - 1)(x - 3)$

b) $t_1 = -2$, $t_2 = 1 \Rightarrow z = -2(t + 2)(t - 1)(t^2 + 2)$

10) a) $f(-1{,}51) = -36{,}162$ b) $f(3{,}56) = -418{,}982$

11) *Funktionsverlauf*: s. Bild A-27

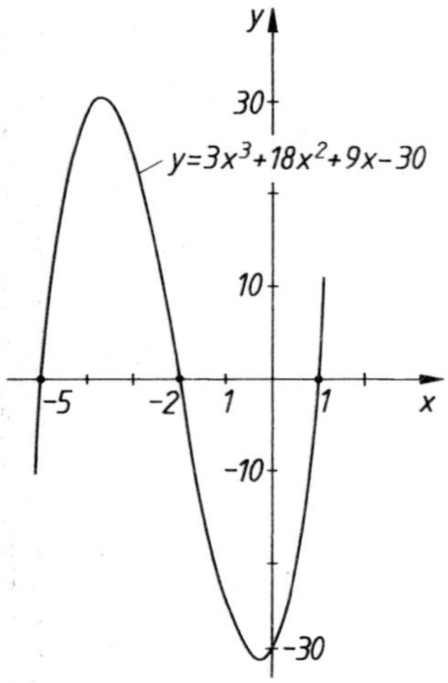

Nullstellen: $x_1 = -5$
$x_2 = -2$
$x_3 = 1$

$f(-3{,}25) = 27{,}891$

Bild A-27

12) $y = -\frac{1}{108}(x-3)(x+3)(x-6)(x+6) = -\frac{1}{108}x^4 + \frac{5}{12}x^2 - 3$

13) a) $x_1 = -1, \quad x_2 = 2$ b) $x_1 = -5, \quad x_2 = -1, \quad x_{3/4} = 1$

14) a) $y = -2 + 6(x+1) - \frac{5}{3}(x+1)(x-1) - \frac{1}{18}(x+1)(x-1)(x-2) =$

$= -\frac{1}{18}(x^3 - 28x^2 + 109x + 100)$

b) $y = -13{,}1 - 1{,}6(x+1) + 5{,}4(x+1)(x-2) + 3{,}5(x+1)(x-2)(x-4) =$
$= 3{,}5x^3 - 12{,}1x^2 + 2{,}5$

c) $y = 50{,}05 - 8{,}45(x+4) - 0{,}65(x+4)(x-1) + 1{,}3(x+4)(x-1)(x-2) =$
$= 1{,}3x^3 + 0{,}65x^2 - 23{,}4x + 29{,}25$

d) $y = 594 - 423(x+4) + 95(x+4)(x+2) - 13(x+4)(x+2)(x-1) +$
$+ 1 \cdot (x+4)(x+2)(x-1)(x-3) = x^4 - 11x^3 + 17x^2 + 107x - 210$

15) $y = 0{,}693\,147 + 0{,}991\,344(x-1) - 0{,}081\,312(x-1)(x-1{,}25) -$

$- 0{,}046\,549(x-1)(x-1{,}25)(x-1{,}5) +$

$+ 0{,}036\,128(x-1)(x-1{,}25)(x-1{,}5)(x-1{,}75) =$

$= 0{,}036\,128x^4 - 0{,}245\,253x^3 + 0{,}497\,429x^2 + 0{,}598\,856x - 0{,}194\,013$

$y(x_1 = 1{,}1) = 0{,}793\,080$ (*exakter* Wert: 0,792 993)
$y(x_2 = 1{,}62) = 1{,}287\,717$ (*exakter* Wert: 1,287 689)

Abschnitt 6

1) a) *Nullstellen*: $x_1 = -2$, $x_2 = 1$; *Pole*: $x_3 = 2$

b) *Nullstellen*: $x_1 = 3$, $x_2 = 4$; *Pole*: $x_3 = -1$, $x_4 = 0$

c) *Nullstellen*: $x_1 = 1$; *Pole*: $x_2 = -1$

d) *Nullstellen*: $x_1 = -0{,}8284$, $x_2 = 0$, $x_3 = 4{,}8284$; *Pole*: $x_{4/5} = \pm\sqrt{2}$

e) *Nullstellen*: $x_1 = -1$, $x_2 = 5$; *Pole*: $x_3 = 0$

2) *Gemeinsame Linearfaktoren* in Zähler und Nenner werden (so weit möglich) *herausgekürzt*:

a) *Nullstellen*: $x_{1/2} = \pm 2$; *Asymptote im Unendlichen*: $y = 1$
Funktionsverlauf: s. Bild A-28

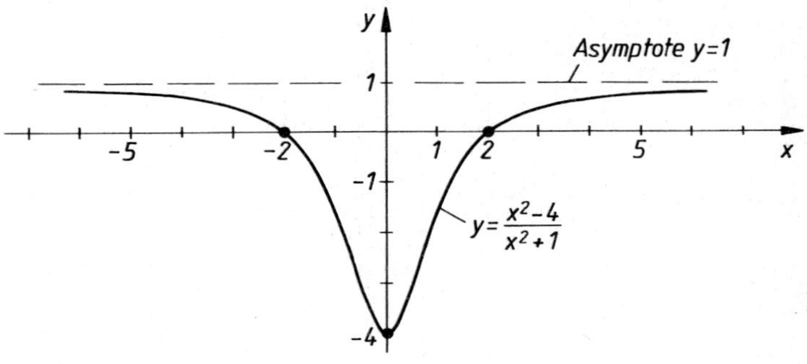

Bild A-28

b) *Nullstellen*: $x_{1/2} = 2$; *Pole*: $x_3 = -2$; *Asymptote im Unendlichen*: $y = x - 6$
Funktionsverlauf: s. Bild A-29

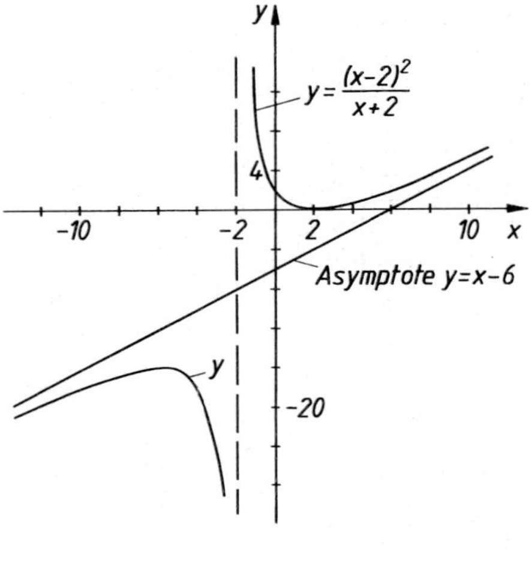

Bild A-29

c) *Funktionsverlauf*: s. Bild A-30

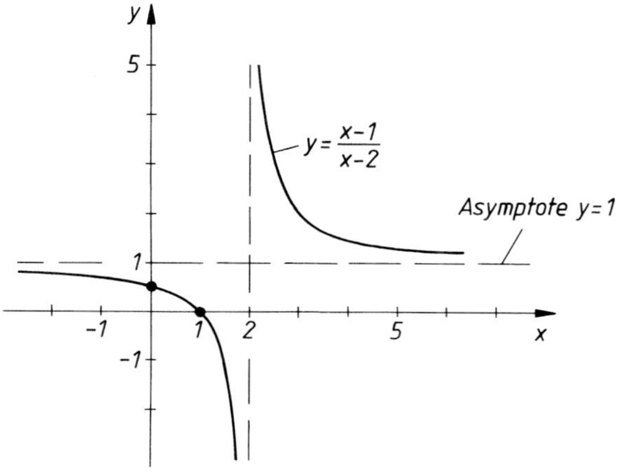

Nullstellen: $x_1 = 1$
Pole: $x_2 = 2$

Asymptote im Unendlichen: $y = 1$

Bild A-30

d) *Funktionsverlauf*: s. Bild A-31

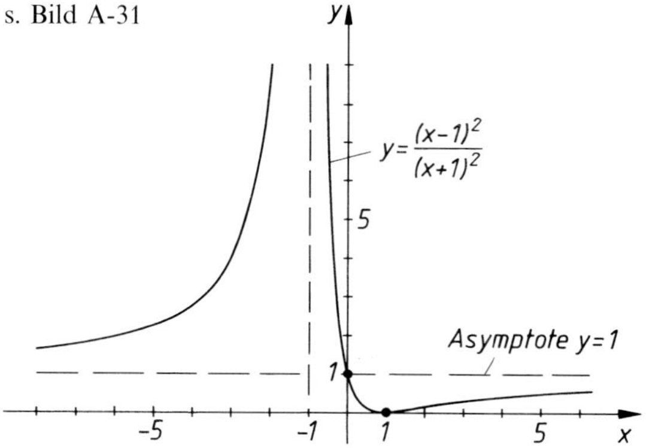

Nullstellen: $x_{1/2} = 1$
Pole: $x_{3/4} = -1$

Asymptote im Unendlichen: $y = 1$

Bild A-31

3) $y = \frac{1}{8} \cdot \frac{(x-2)(x+4)^2}{(x+1)(x-1)} = \frac{x^3 + 6x^2 - 32}{8x^2 - 8}$

4) Funktionsverlauf: s. Bild A-32

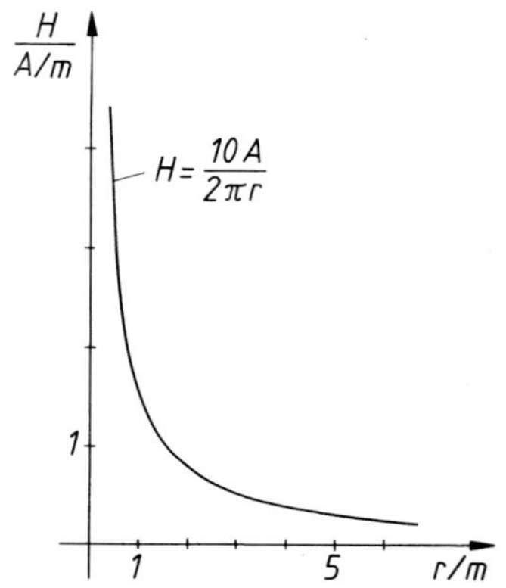

Bild A-32

Abschnitt 7

1) Funktionsverlauf: s. Bild A-33

2) Funktionsverlauf: s. Bild A-34

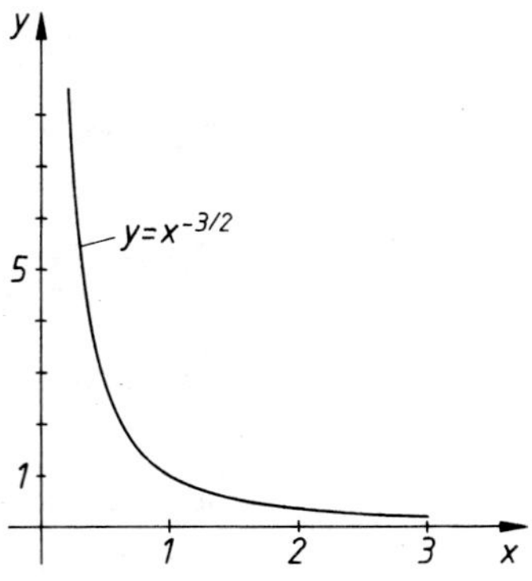

Bild A-33

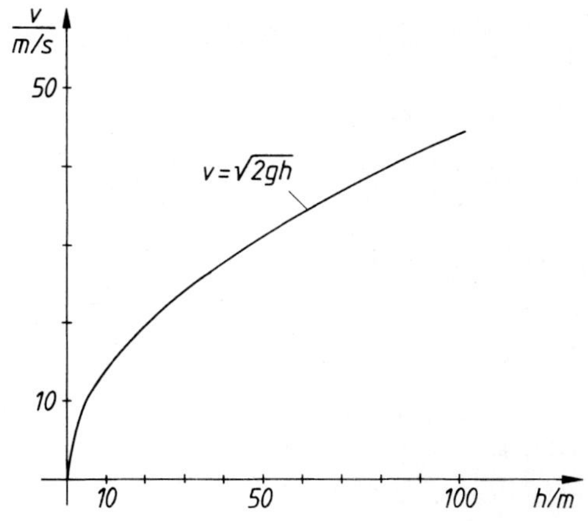

Bild A-34

Abschnitt 8

1) *Kreisgleichung*: $(x+41{,}5)^2+(y-280{,}5)^2=80.012{,}5$; $M=(-41{,}5;\,280{,}5)$, $r=282{,}86$

2) *Kreisgleichung*: $(x-3)^2+(y-5)^2=25$; $M=(3;\,5)$, $r=5$

3) a) *Kreis*: $(x-1)^2+(y+2)^2=25$; $M=(1;\,-2)$, $r=5$

b) *Hyperbel*: $\frac{x^2}{4}-\frac{y^2}{4}=1$; $M=(0;\,0)$, $a=2$, $b=2$ (rechtwinklige Hyperbel)

c) *Ellipse*: $\frac{(x-1)^2}{16}+\frac{y^2}{9}=1$; $M=(1;\,0)$, $a=4$, $b=3$

d) *Kreis*: $(x+3)^2+(y-1{,}5)^2=11{,}25$; $M=(-3;\,1{,}5)$, $r=3{,}354$

e) *Parabel*: $(y+3)^2=\frac{9}{2}(x+2)$; $S=(-2;\,-3)$ (nach *rechts* geöffnete Parabel)

f) *Ellipse*: $\frac{(x-1)^2}{7}+\frac{(y+1)^2}{7/4}=1$; $M=(1;\,-1)$, $a=\sqrt{7}$, $b=\sqrt{7/4}$

g) *Ellipse*: $\frac{\left(x-\frac{1}{2}\right)^2}{36}+\frac{\left(y+\frac{4}{3}\right)^2}{16}=1$; $M=\left(\frac{1}{2};\,-\frac{4}{3}\right)$, $a=6$, $b=4$

h) *Parabel*: $(y-2)^2=-2(x-2)$; $S=(2;\,2)$ (nach *links* geöffnete Parabel)

4) Gleichung des *Brückenbogens*: $y=-0{,}003\ \text{m}^{-1}\cdot x^2+20\ \text{m}$
Schnittpunkte mit der Fahrbahn: $x_{1/2}=\pm 81{,}65\ \text{m}$

Abschnitt 9 und 10

1)

Gradmaß	40,36°	81,19°	− 322,08°	278,19°	− 78,46°	4,83°	118,6°
Bogenmaß	0,7044	1,4171	− 5,6213	4,8553	− 1,3694	0,0843	2,0700

2) a) 0,2164 b) − 0,6198 c) 0,4685 d) − 0,0384
e) 0,9997 f) − 0,5774 g) − 1,2810 h) 0,4063
i) − 0,1113 j) 0,9239

3) Der *trigonometrische Pythagoras* folgt unmittelbar aus dem *Additionstheorem* (III-140) für $x_1 = x_2 = x \;\Rightarrow\; \cos 0 = \cos x \cdot \cos x + \sin x \cdot \sin x \;\Rightarrow\; \sin^2 x + \cos^2 x = 1$.

4) $y = -\dfrac{4}{\pi^2}\, x\,(x - \pi) = -\dfrac{4}{\pi^2}\, x^2 + \dfrac{4}{\pi}\, x$

5) a) $A = 2, \quad p = \dfrac{2}{3}\pi, \quad x_0 = \dfrac{\pi}{18}$ b) $A = 5, \quad p = \pi, \quad x_0 = -2{,}1$

c) $A = 10, \quad p = 2, \quad x_0 = 3$ d) $A = 2{,}4, \quad p = \dfrac{\pi}{2}, \quad x_0 = \dfrac{\pi}{8}$

6) a) Funktionsverlauf: s. Bild A-35

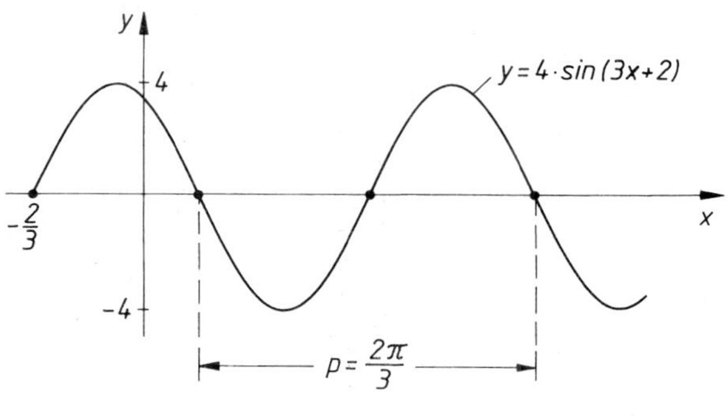

Bild A-35

b) Funktionsverlauf: s. Bild A-36

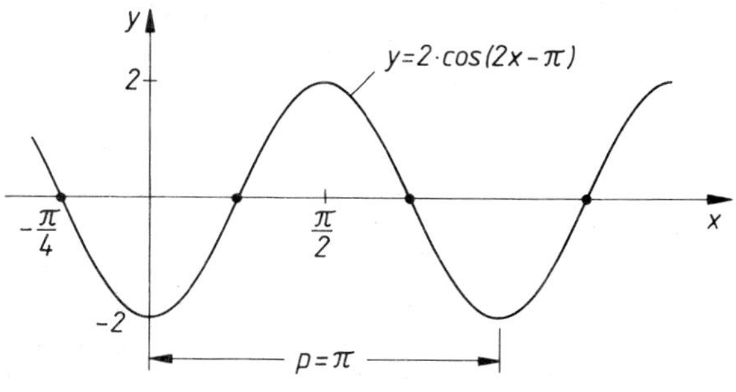

Bild A-36

7) $A = 5\,\text{cm}$, $T = 14\,\text{s}$, $\omega = \dfrac{\pi}{7}\,\text{s}^{-1}$, $\varphi = \dfrac{\pi}{14}$; $\quad y(t) = 5\,\text{cm} \cdot \sin\left(\dfrac{\pi}{7}\,\text{s}^{-1} \cdot t + \dfrac{\pi}{14}\right)$

Funktionsverlauf: s. Bild A-37

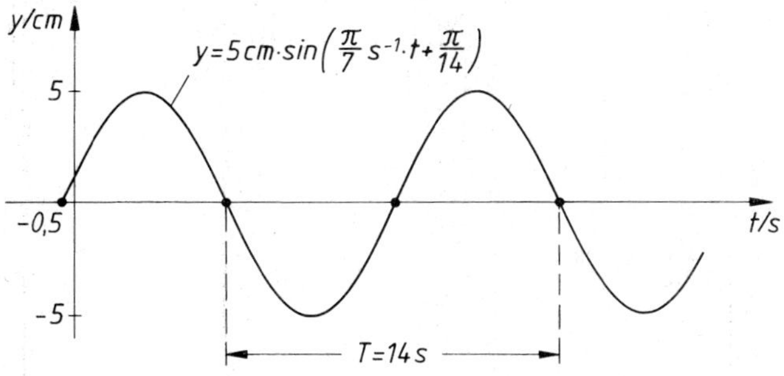

Bild A-37

8) $i_0 = 2\,\text{A}$, $p = T = 10\,\text{ms}$, $\omega = \dfrac{\pi}{5\,\text{ms}}$, $\varphi = \dfrac{\pi}{5}$; $\quad i(t) = 2\,\text{A} \cdot \sin\left(\dfrac{\pi}{5\,\text{ms}} \cdot t + \dfrac{\pi}{5}\right)$

9) a) Funktionsverlauf: s. Bild A-38

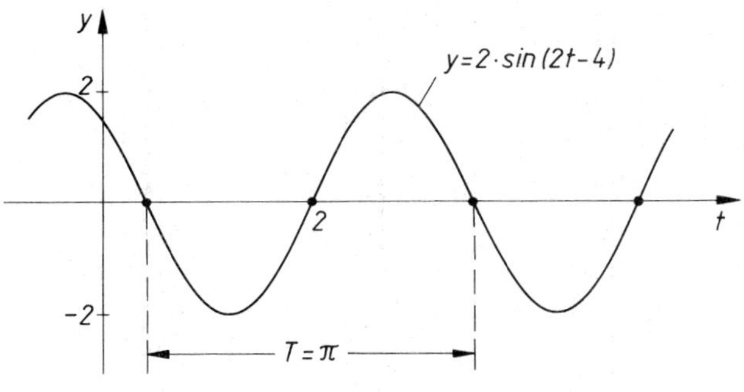

Bild A-38

b) Funktionsverlauf: s. Bild A-39

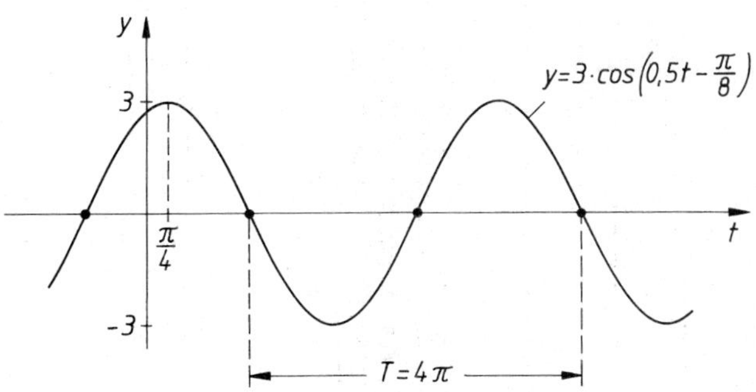

Bild A-39

10) *Periodendauer*: $p = \pi$

Nullstellen (gleichzeitig *relative Minima*): $x_k = \frac{\pi}{2} + k \cdot \pi \quad (k \in \mathbb{Z})$

Relative Maxima: $x_k = k \cdot \pi \quad (k \in \mathbb{Z})$

Funktionsverlauf: s. Bild A-40

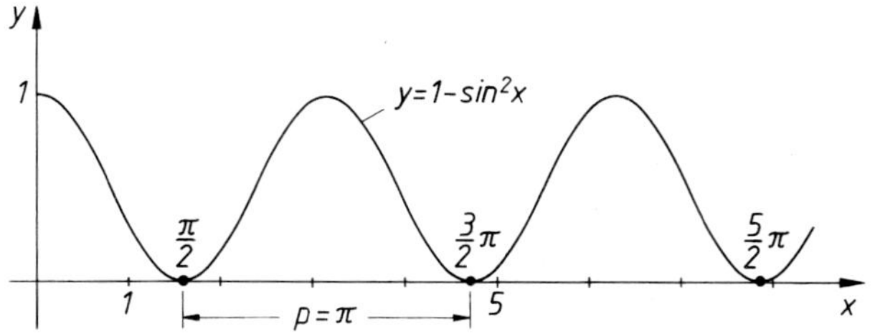

Bild A-40

11) a) $y = 5 \cdot \sin\left(3t + \frac{3}{2}\pi\right)$ *oder* $y = 5 \cdot \sin\left(3t - \frac{\pi}{2}\right)$

b) $y = 3 \cdot \sin\left(\pi t + \frac{3}{2}\pi\right)$ *oder* $y = 3 \cdot \sin\left(\pi t - \frac{\pi}{2}\right)$

c) $y = 3 \cdot \sin\left(2t + \frac{5}{4}\pi\right)$ *oder* $y = 3 \cdot \sin\left(2t - \frac{3}{4}\pi\right)$

d) $y = 4 \cdot \sin(0{,}5t + 6{,}142)$ *oder* $y = 4 \cdot \sin(0{,}5t - 0{,}142)$

12) a) Zeigerdiagramm: s. Bild A-41 b) Zeigerdiagramm: s. Bild A-42

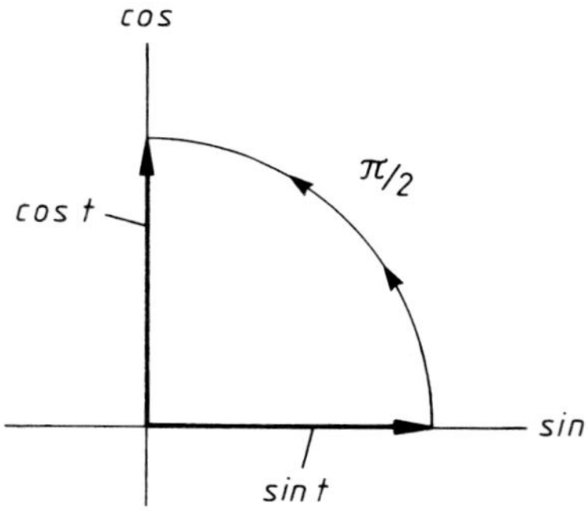

Bild A-41

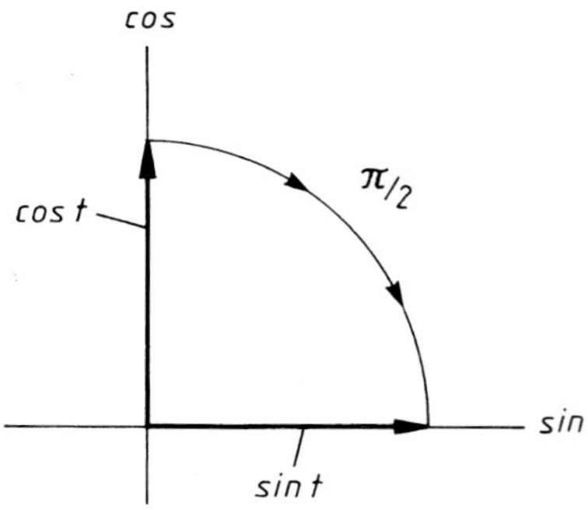

Bild A-42

13) a) 0,5980 b) − 1,2614 c) 1,0781 d) 4,4304

e) 0,8084 f) 0,3082 g) 1,1837 h) 2,8198

14) a) $u(t) = 241{,}3\ \text{V} \cdot \sin(500\ \text{s}^{-1} \cdot t + 0{,}488)$

b) $u(t) = 526{,}2\ \text{V} \cdot \sin(1000\ \text{s}^{-1} \cdot t - 0{,}217)$

15) $y(t) = y_1(t) + y_2(t) = 18{,}68\text{ cm} \cdot \sin(4{,}5\text{ s}^{-1} \cdot t + 1{,}991)$; Zeigerdiagramm: s. Bild A-43

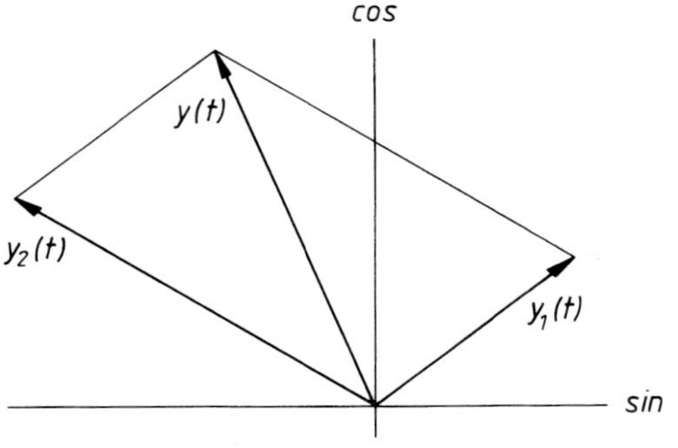

Bild A-43

16) a) $\left.\begin{array}{l} x_{1k} = -2{,}2943 + k \cdot \pi \\ x_{2k} = -1{,}1350 + k \cdot \pi \end{array}\right\} (k \in \mathbb{Z})$ b) $x_k = -0{,}6073 + k \cdot \frac{\pi}{2} \quad (k \in \mathbb{Z})$

c) $\left.\begin{array}{l} x_{1k} = 2{,}0472 + k \cdot 2\pi \\ x_{2k} = -0{,}0472 + k \cdot 2\pi \end{array}\right\} (k \in \mathbb{Z})$ d) $\left.\begin{array}{l} x_{1k} = \frac{\pi}{4} + k \cdot 2\pi \\ x_{2k} = \frac{3}{4}\pi + k \cdot 2\pi \end{array}\right\} (k \in \mathbb{Z})$

17) Wir setzen $y = \arccos x$. Dann folgt $x = \cos y$ und weiter:

$$\sqrt{1 - x^2} = \sqrt{1 - \cos^2 y} = \sin y = \sin(\arccos x)$$

18) a) *Ellipse*: $\frac{x^2}{(3\text{ cm})^2} + \frac{y^2}{(4\text{ cm})^2} = 1$; $a = 3\text{ cm}$, $b = 4\text{ cm}$

b) *Kreis*: $x^2 + y^2 = (5\text{ cm})^2$; $r = 5\text{ cm}$

Abschnitt 11, 12 und 13

1) $\tau = 3{,}305 \cdot 10^5\text{ s} = 3{,}825$ Tage

2) $t = 0{,}691\text{ ms} = 6{,}91 \cdot 10^{-4}\text{ s}$

3)

h/m	500	1000	2000	5000	8000
p/bar	0,952	0,894	0,789	0,542	0,372

4) Funktionsverlauf: s. Bild A-44

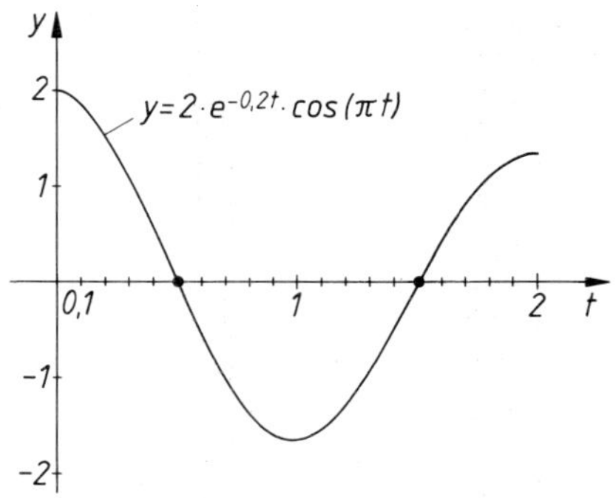

Bild A-44

5) Nach $t = 1{,}50$ s hat der Strom den Wert 3,8 A, d.h. 95% seines Endwertes $i_0 = 4$ A erreicht. Der Funktionsverlauf ist in Bild A-45 skizziert.

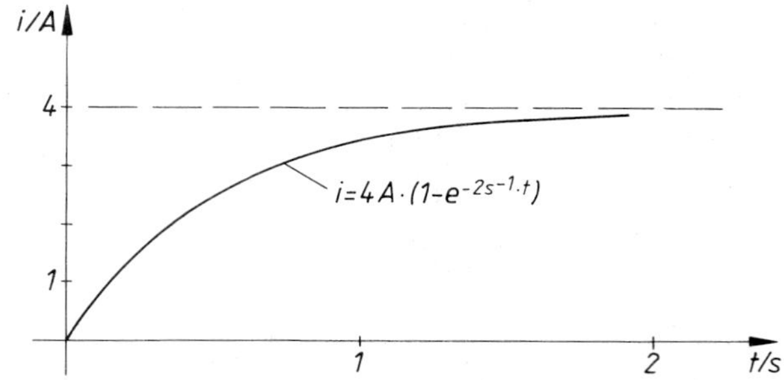

Bild A-45

6) $a = 8, \quad b = 0{,}4159; \quad y = 8 \cdot e^{-0{,}4159x} + 2$

7) $a = 17{,}565, \quad b = 0{,}0311; \quad y = 17{,}565 \cdot e^{-0{,}0311x^2}$

8) $T_0 = 185{,}57\,^\circ\mathrm{C}, \quad k = 0{,}0187\ \mathrm{min}^{-1}; \quad T(t) = 165{,}57\,^\circ\mathrm{C} \cdot e^{-0{,}0187\,\mathrm{min}^{-1}\cdot t} + 20\,^\circ\mathrm{C}$

$T(t_1) = 60\,^\circ\mathrm{C} \Rightarrow t_1 = 75{,}96$ min

9) $x(t_1) = 15{,}2$ cm $\Rightarrow t_1 = 0{,}353$ s

10). Funktionsverlauf: s. Bild A-46

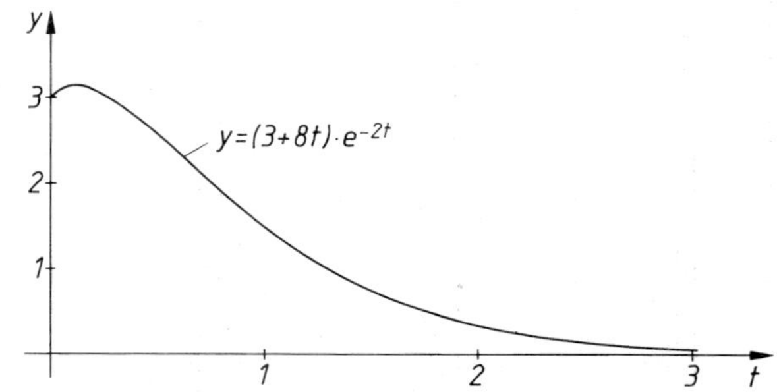

Bild A-46

11) $H = 75{,}93$ m

12) a) $x_1 = -0{,}3012, \quad x_2 = 2{,}3012$

b) Die *Substitution* $t = e^x$ führt zu der quadratischen *Gleichung* $t^2 - 3t + 2 = 0$ mit den Lösungen $t_1 = 1$ und $t_2 = 2$. Durch *Rücksubstitution* erhält man schließlich: $x_1 = 0, \; x_2 = 0{,}693$

13) a) $x_1 = 2$

b) Diese Gleichung wird über die *Substitution* $z = \lg x$ gelöst $\Rightarrow$ $x_1 = 0{,}1, \quad x_2 = 100$

IV Differentialrechnung

Abschnitt 1

1) a) $$\frac{\Delta y}{\Delta x} = \frac{f(1 + \Delta x) - f(1)}{\Delta x} = \frac{(1 + \Delta x)^3 - 1}{\Delta x} = 3 + 3 \cdot \Delta x + (\Delta x)^2$$

$$f'(1) = \lim_{\Delta x \to 0} (3 + 3 \cdot \Delta x + (\Delta x)^2) = 3$$

b) $$\frac{\Delta y}{\Delta x} = \frac{f(x_0 + \Delta x) - f(x_0)}{\Delta x} = \frac{(x_0 + \Delta x)^3 - x_0^3}{\Delta x} = 3x_0^2 + 3x_0 \cdot \Delta x + (\Delta x)^2$$

$$f'(x_0) = \lim_{\Delta x \to 0} (3x_0^2 + 3x_0 \cdot \Delta x + (\Delta x)^2) = 3x_0^2$$

2) a) $y' = 20x^4$ b) $y' = 2(a + 1)x^a$ c) $y' = \dfrac{3}{4 \cdot \sqrt[4]{x}}$

d) $y' = \dfrac{5}{3} \cdot \sqrt[3]{x^2}$ e) $y' = \dfrac{4}{3} \cdot \sqrt[3]{x}$ f) $y' = \dfrac{1}{2 \cdot \sqrt{x}}$

Abschnitt 2

1) a) $y' = -40x^3 + 6x^2$ b) $z' = -a \cdot \sin t - 2t + e^t$

c) $y' = -\dfrac{30}{x^4} - \dfrac{3}{(\ln 10)\,x} + \dfrac{1}{\cos^2 x}$ d) $y' = \dfrac{20}{3} \cdot \sqrt[3]{x^2} - 4 \cdot e^x + \cos x$

2) a) $$y' = (12x^2 - 2)(x^2 - 2x + 5) + (2x - 2)(4x^3 - 2x + 1) = \\ = 20x^4 - 32x^3 + 54x^2 + 10x - 12$$

b) $$y' = 2 \cdot \frac{\tan x}{\cos^2 x} = 2 \cdot \frac{\sin x}{\cos^3 x}$$

c) $y' = \cos x \cdot \cos x - \sin x \cdot \sin x = \cos^2 x - \sin^2 x$

d) $y' = 2(3 + 10x)(3x + 5x^2 - 1) = 100x^3 + 90x^2 - 2x - 6$

e) $y' = 2 \cdot \ln x + 2x \cdot \frac{1}{x} = 2 \cdot \ln x + 2$

f) $y' = e^t \cdot \cos t - \sin t \cdot e^t = e^t \cdot (\cos t - \sin t)$

g) $y' = n \cdot x^{n-1} \cdot e^x + e^x \cdot x^n = x^{n-1} \cdot e^x \cdot (n + x)$

h) $y' = \frac{1}{x} \cdot \cosh x + \sinh x \cdot \ln x$

i) $y' = 2x \cdot \arcsin x + \frac{x^2}{\sqrt{1 - x^2}}$

j) $y' = 2 \cdot e^x \cdot \cos x + 2x \cdot e^x \cdot \cos x - 2x \cdot e^x \cdot \sin x = 2 \cdot e^x \cdot (\cos x + x \cdot \cos x - x \cdot \sin x)$

3) a) $y' = \frac{(25x^4 - 12x)(x^2 + 2x + 1) - (2x + 2)(5x^5 - 6x^2 + 1)}{(x^2 + 2x + 1)^2}$

b) $y' = \frac{10(x^2 + 1) - 2x \cdot 10x}{(x^2 + 1)^2} = \frac{-10x^2 + 10}{(x^2 + 1)^2}$

c) $y' = \frac{\frac{1}{x} \cdot x^2 - 2x \cdot \ln x}{x^4} = \frac{1 - 2 \cdot \ln x}{x^3}$

d) $y' = \frac{(6x^2 - 12x + 1)(x^3 - 5x) - (3x^2 - 5)(2x^3 - 6x^2 + x - 3)}{(x^3 - 5x)^2}$

e) $y' = \frac{\frac{1}{x} \cdot e^x - e^x \cdot \ln x}{(e^x)^2} = \frac{\frac{1}{x} - \ln x}{e^x} = \frac{1 - x \cdot \ln x}{x \cdot e^x}$

f) $y' = \frac{\left(\frac{1}{2} \cdot x^{-1/2} - 2x\right)(x^2 + 1) - 2x(x^{1/2} - x^2)}{(x^2 + 1)^2} = \frac{-1{,}5 \cdot x^{3/2} - 2x + 0{,}5 \cdot x^{-1/2}}{(x^2 + 1)^2}$

g) $y' = \frac{-\sin x \cdot \sin x - \cos x \cdot \cos x}{\sin^2 x} = \frac{-1}{\sin^2 x}$

h) $y' = \frac{\cosh x \cdot \cosh x - \sinh x \cdot \sinh x}{\cosh^2 x} = \frac{1}{\cosh^2 x}$

i) $y' = \frac{-\sin x(1 - \sin x) + \cos x(1 + \cos x)}{(1 - \sin x)^2} = \frac{\cos x - \sin x + 1}{(1 - \sin x)^2}$

j) $y' = \frac{\frac{1}{1 + x^2} \cdot e^x - e^x \cdot \arctan x}{(e^x)^2} = \frac{1 - (1 + x^2) \cdot \arctan x}{(1 + x^2) \cdot e^x}$

k) $y' = \frac{\frac{1}{x} \cdot x - \ln x}{x^2} = \frac{1 - \ln x}{x^2}$

4) a) $y' = 25\,(4x^3 - x^2 + 1)^4 \cdot (12x^2 - 2x)$

b) $y' = -10\,(x^3 - 2x + 5)^{-2} \cdot (3x^2 - 2) = -10 \cdot \dfrac{3x^2 - 2}{(x^3 - 2x + 5)^2}$

c) $y' = [\cos(x + 2)] \cdot 1 = \cos(x + 2)$

d) $y' = 2\,[-\sin(10t - \pi/3)] \cdot 10 = -20 \cdot \sin(10t - \pi/3)$

e) $y' = 3 \cdot e^{-4x} \cdot (-4) = -12 \cdot e^{-4x}$

f) $y' = 2 \cdot \sin(2x - 4) \cdot \cos(2x - 4) \cdot 2 = 4 \cdot \sin(2x - 4) \cdot \cos(2x - 4)$

g) $y' = 2 \cdot \dfrac{1}{x^3 - 2x} \cdot (3x^2 - 2) = 2 \cdot \dfrac{3x^2 - 2}{x^3 - 2x}$

h) $y' = (2x - 2) \cdot e^{x^2 - 2x + 5}$

i) $y' = -\dfrac{1}{\sqrt{1 - (x^2 - 1)}} \cdot \dfrac{1}{2 \cdot \sqrt{x^2 - 1}} \cdot 2x = -\dfrac{x}{\sqrt{(2 - x^2)(x^2 - 1)}}$

j) $y' = \dfrac{1}{1 + (x^2 + 1)^2} \cdot 2x = \dfrac{2x}{1 + (x^2 + 1)^2}$

k) $y' = \dfrac{2}{3}(x^2 - 4x + 10)^{-1/3} \cdot (2x - 4) = \dfrac{4}{3} \cdot \dfrac{x - 2}{\sqrt[3]{x^2 - 4x + 10}}$

l) $y' = -\dfrac{5}{3}(x^3 - 4x + 5)^{-8/3} \cdot (3x^2 - 4)$

m) $y' = 5 \cdot [-\sin(x^2 + 2x - 1)^2] \cdot 2\,(x^2 + 2x - 1)(2x + 2) =$

$= -20\,(x^2 + 2x - 1)(x + 1) \cdot \sin(x^2 + 2x - 1)^2$

n) $y' = \dfrac{1}{\cos x} \cdot (-\sin x) = -\tan x$

5) a) $y' = -2 \cdot e^{-2t} \cdot \cos t - \sin t \cdot e^{-2t} = -e^{-2t} \cdot (2 \cdot \cos t + \sin t)$

b) $u' = e^{x \cdot \sin x} \cdot (1 \cdot \sin x + x \cdot \cos x) = (\sin x + x \cdot \cos x) \cdot e^{x \cdot \sin x}$

c) $y' = 2\,(x^2 - 1)(2x)(x + 5)^3 + 3\,(x + 5)^2 (x^2 - 1)^2 = (x^2 - 1)(x + 5)^2 (7x^2 + 20x - 3)$

d) $y' = (4x - 4) \cdot \sin(2x) + 2 \cdot \cos(2x) \cdot (2x^2 - 4x + 5) =$

$= 4\,(x - 1) \cdot \sin(2x) + 2\,(2x^2 - 4x + 5) \cdot \cos(2x)$

e) $y' = 2 \cdot e^{2x} \cdot \arcsin(x - 1) + \dfrac{1}{\sqrt{1 - (x - 1)^2}} \cdot e^{2x} =$

$= e^{2x} \cdot \left[2 \cdot \arcsin(x - 1) + \dfrac{1}{\sqrt{1 - (x - 1)^2}}\right]$

f) $z' = -3 \cdot e^{-5t} + e^{-5t} \cdot (-5)(2 - 3t) = (15t - 13) \cdot e^{-5t}$

g) $y = x \cdot \ln(x + e^x)^2 = 2x \cdot \ln(x + e^x) \quad \Rightarrow$

$$y' = 2 \cdot \ln(x + e^x) + \frac{1}{x + e^x} \cdot (1 + e^x)\, 2x = 2 \cdot \ln(x + e^x) + \frac{2x(1 + e^x)}{x + e^x}$$

h) $y' = 4^{x \cdot \ln x}(\ln 4) \cdot \left(1 \cdot \ln x + x \cdot \frac{1}{x}\right) = (\ln 4) \cdot (\ln x + 1) \cdot 4^{x \cdot \ln x}$

i) $y' = 2x \cdot \cos(x^2 + 1) \cdot \cos(4x) - 4 \cdot \sin(4x) \cdot \sin(x^2 + 1)$

j) $y' = -4 \cdot \sin(x - 4) + 2 \cdot \cos(2x + 3)$

k) $y = \ln\left(\frac{1}{x^2}\right) + \ln\left(\frac{x + 4}{x}\right) = -3 \cdot \ln x + \ln(x + 4) \quad \Rightarrow \quad y' = -\frac{3}{x} + \frac{1}{x + 4}$

l) $\dot{y} = \frac{1}{\tanh t} \cdot \frac{1}{\cosh^2 t} = \frac{1}{\sinh t \cdot \cosh t}$

m) $y' = n\left(\frac{1 + x}{x}\right)^{n-1} \cdot \frac{1 \cdot x - 1 \cdot (1 + x)}{x^2} = -\frac{n}{x^2}\left(\frac{1 + x}{x}\right)^{n-1}$

n) $y' = 2 \cdot \sqrt{x^2 - 1} + \frac{1}{2 \cdot \sqrt{x^2 - 1}} \cdot 2x \cdot 2x = \frac{4x^2 - 2}{\sqrt{x^2 - 1}}$

o) $y' = \frac{1}{2 \cdot \sqrt{\sin x}} \cdot \cos x = \frac{\cos x}{2 \cdot \sqrt{\sin x}}$

p) $\dot{y} = -aA \cdot e^{-at} - bB \cdot e^{-bt}$

q) $\dot{y} = \omega A \cdot \cos(\omega t + \varphi)$

6) a) $P_1 = (0;\, 5)$ b) $P_1 = (2;\, 0), \quad P_2 = \left(\frac{4}{3};\, \frac{4}{9}\right)$

c) $x_{1k} = \frac{\pi}{4} + k \cdot \pi, \quad y_{1k} = 0{,}5; \quad x_{2k} = \frac{3}{4}\pi + k \cdot \pi, \quad y_{2k} = -0{,}5 \quad (k \in \mathbb{Z})$.

d) $P_1 = (2;\, 0)$ e) $P_1 = (-0{,}5;\, 2{,}5), \quad P_2 = (1{,}5;\, -13{,}5)$

7) $P_1 = (1{,}118;\, -0{,}652), \quad P_2 = (-1{,}118;\, 0{,}652)$

8) a) $P_1 = (0{,}707;\, 0{,}429), \quad P_2 = (-0{,}707;\, -0{,}429)$

b) $P_1 = (0;\, 5), \quad P_2 = (\sqrt{3};\, 9{,}5), \quad P_3 = (-\sqrt{3};\, 9{,}5)$

9) $P_1 = (-0{,}780;\, 0{,}193)$

10) a) $y' = \left(-\sin x \cdot \ln x + \frac{\cos x}{x}\right) \cdot x^{\cos x}$

b) $y' = (\cos x - x \cdot \sin x) \cdot e^{x \cdot \cos x}$

11) Aus $\ln y = \ln x^n = n \cdot \ln x$ folgt: $\frac{1}{y} \cdot y' = n \cdot \frac{1}{x}$, $\quad y' = \frac{n}{x} \cdot y = \frac{n}{x} \cdot x^n = n \cdot x^{n-1}$

12) a) $\frac{dy}{dx} = \frac{1}{\sqrt{1 - x^2}}$ b) $\frac{dy}{dx} = \frac{1}{2 \cdot \sqrt{x + 1}}$ c) $\frac{dy}{dx} = \frac{1}{x}$

13) a) $2x + 2y \cdot y' = 0 \ \Rightarrow\ y' = -\frac{x}{y}$

b) $2b^2 x + 2a^2 y \cdot y' = 0 \ \Rightarrow\ y' = -\frac{b^2 x}{a^2 y}$

c) $2(x^2 + y^2)(2x + 2y \cdot y') - 2(x^2 + y^2) - 2x(2x + 2y \cdot y') = 2y \cdot y' \ \Rightarrow$

$$y' = \frac{(x^2 + y^2)(2x - 1) - 2x^2}{-2y(x^2 + y^2) + 2xy + y}$$

d) $2x = 3y^2 \cdot y' \ \Rightarrow\ y' = \frac{2x}{3y^2}$

e) $3y^2 \cdot y' - 2y^2 - 4xy \cdot y' = -\frac{1}{x^2} \ \Rightarrow\ y' = \frac{2x^2 y^2 - 1}{3x^2 y^2 - 4x^3 y}$

14) $P_0 = (4;\ 5{,}583)$; $\quad y' = -\frac{x - 2}{y - 1}$; $\quad y'(P_0) = -0{,}436$

15) a) $\dot{y} = -\mathrm{e}^{-0{,}8t} \cdot (0{,}8 \cdot \cos t + \sin t)$, $\quad \ddot{y} = \mathrm{e}^{-0{,}8t} \cdot (1{,}6 \cdot \sin t - 0{,}36 \cdot \cos t)$

b) $y' = 3x^2 \cdot \ln x + x^2 - \arctan x - \frac{x}{1 + x^2}$, $\quad y'' = 6x \cdot \ln x + 5x - \frac{1}{1 + x^2} - \frac{1 - x^2}{(1 + x^2)^2}$

c) $y' = \frac{2x}{(1 + x^2)^2}$, $\quad y'' = \frac{2 - 6x^2}{(1 + x^2)^3}$

d) $\dot{y} = A\omega \cdot \cos(\omega t + \varphi)$, $\quad \ddot{y} = -A\omega^2 \cdot \sin(\omega t + \varphi)$

e) $y' = (\ln 4) \cdot (\sin x + x \cdot \cos x) \cdot 4^{x \cdot \sin x}$

$y'' = (\ln 4) \cdot 4^{x \cdot \sin x} \cdot [\ln 4\,(\sin x + x \cdot \cos x)^2 + 2 \cdot \cos x - x \cdot \sin x]$

f) $y' = \frac{-x^4 - 6x^3 + 27x^2 + 16x - 6}{(x^3 + x^2 - 2)^2}$

$$y'' = \frac{(-4x^3 - 18x^2 + 54x + 16)(x^3 + x^2 - 2)}{(x^3 + x^2 - 2)^3} -$$

$$- \frac{2(3x^2 + 2x)(-x^4 - 6x^3 + 27x^2 + 16x - 6)}{(x^3 + x^2 - 2)^3}$$

16) a) $\ddot{y} = -4 \cdot e^{-2t} \cdot [4 \cdot \cos(4t+5) + 3 \cdot \sin(4t+5)], \quad \ddot{y}(0) = 6{,}968$

b) $y'''(x) = -\frac{1}{x^2}, \quad y'''(1) = -1$

c) $y'(x) = \frac{4x-4}{(x+1)^3}, \quad y''(x) = \frac{16-8x}{(x+1)^4}, \quad y'''(x) = \frac{24x-72}{(x+1)^5} \Rightarrow$

$y'(0) = -4, \quad y''(0) = 16, \quad y'''(0) = -72$

17) a) $y' = \sqrt{\frac{t}{t+1}}, \quad y'(t_0 = 1) = 0{,}707$ b) $y' = -\tan t$

c) $y' = 2t \cdot \sqrt{1-t^2}$ d) $y' = 1{,}5\,t, \quad y'(t_0 = 3) = 4{,}5$

18) $y' = -\frac{b}{a} \cdot \cot t, \quad y'\left(t_1 = \frac{\pi}{4}\right) = -\frac{b}{a}$

Waagerechte Tangenten: $t_1 = \frac{\pi}{2}, \quad t_2 = \frac{3\pi}{2} \Rightarrow P_1 = (0;\, b), \quad P_2 = (0;\, -b)$

Senkrechte Tangenten: $t_3 = 0, \quad t_4 = \pi \Rightarrow P_3 = (a;\, 0), \quad P_4 = (-a;\, 0)$

19) $y' = \frac{t^4 + 4t^2 - 1}{4t}$

Waagerechte Tangenten:

$t_{1/2} = \mp 0{,}486 \Rightarrow P_{1/2} = (-0{,}618;\, \pm 0{,}3)$

Senkrechte Tangente: $t_3 = 0 \Rightarrow P_3 = (-1;\, 0)$

Funktionsverlauf: s. Bild A-47

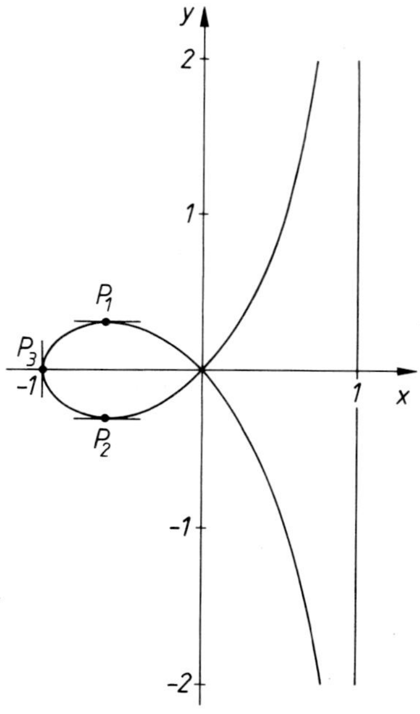

Bild A-47

20) a) $y' = \frac{\sin\varphi + \cos\varphi}{\cos\varphi - \sin\varphi} = \frac{\tan\varphi + 1}{1 - \tan\varphi}$ b) $y' = \frac{\sin^2\varphi + 2 \cdot \sin\varphi \cdot \cos\varphi}{\sin\varphi \cdot \cos\varphi + \cos^2\varphi - \sin^2\varphi}$

c) $y' = \frac{\sin\varphi - \varphi \cdot \cos\varphi}{\cos\varphi + \varphi \cdot \sin\varphi}$

21) $y' = \frac{\sin\varphi \cdot \sin(2\varphi) - \cos\varphi \cdot \cos(2\varphi)}{\cos\varphi \cdot \sin(2\varphi) + \sin\varphi \cdot \cos(2\varphi)}$

Waagerechte Tangenten: $\varphi_1 = \pi/6,\quad \varphi_2 = \frac{5}{6}\pi,\quad \varphi_3 = \frac{7}{6}\pi,\quad \varphi_4 = \frac{11}{6}\pi$

Zugehörige Kurvenpunkte: $P_1 = (0{,}612;\ 0{,}354),\quad P_2 = (-0{,}612;\ 0{,}354),$
$P_3 = (-0{,}612;\ -0{,}354),\quad P_4 = (0{,}612;\ -0{,}354)$

Senkrechte Tangenten: $\varphi_5 = 0,\quad \varphi_6 = \pi \quad\Rightarrow\quad P_5 = (1;\ 0),\quad P_6 = (-1;\ 0)$

Funktionsverlauf: s. Bild A-48

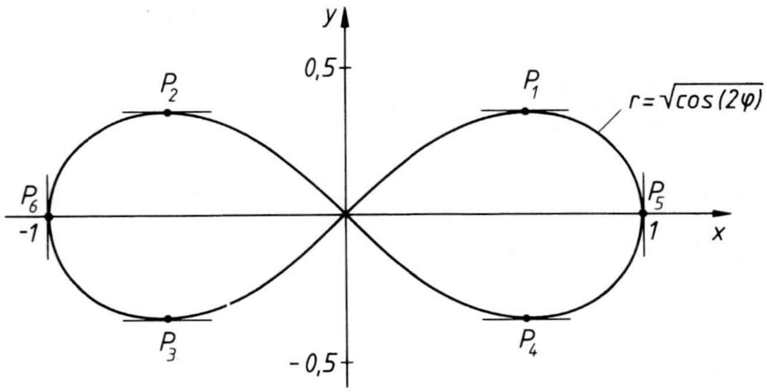

Bild A-48

22) $y' = \frac{\sin\varphi + \cos\varphi}{\cos\varphi - \sin\varphi}$

Waagerechte Tangenten: $\varphi_1 = \frac{3}{4}\pi,\quad \varphi_2 = \frac{7}{4}\pi \quad\Rightarrow\quad P_1 = (-7{,}460;\ 7{,}460),$
$P_2 = (172{,}641;\ -172{,}641)$

Senkrechte Tangenten: $\varphi_3 = \frac{\pi}{4},\quad \varphi_4 = \frac{5}{4}\pi \quad\Rightarrow\quad P_3 = (1{,}551;\ 1{,}551),$
$P_4 = (-35{,}889;\ -35{,}889)$

23) $v(t) = 3{,}6\ \mathrm{ms}^{-2} \cdot t + 4\ \mathrm{ms}^{-1},\quad a(t) = 3{,}6\ \mathrm{ms}^{-2}$
$s(10\ \mathrm{s}) = 230\ \mathrm{m},\quad v(10\ \mathrm{s}) = 40\ \mathrm{ms}^{-1},\quad a(10\ \mathrm{s}) = 3{,}6\ \mathrm{ms}^{-2}$

24) $v(t) = 2 \cdot e^{-0{,}1t} \cdot [4 \cdot \cos(4t) - 0{,}1 \cdot \sin(4t)]$
$a(t) = -2 \cdot e^{-0{,}1t} \cdot [15{,}99 \cdot \sin(4t) + 0{,}8 \cdot \cos(4t)]$
$y(3) = -0{,}80,\quad v(3) = 5{,}08,\quad a(3) = 11{,}71$

25) $v(t) = -20\ \mathrm{cm\,s}^{-1} \cdot \sin(2\ \mathrm{s}^{-1} \cdot t - \pi/3),\quad a(t) = -40\ \mathrm{cm\,s}^{-2} \cdot \cos(2\ \mathrm{s}^{-1} \cdot t - \pi/3)$
$v(3{,}2\ \mathrm{s}) = 16{,}04\ \mathrm{cm\,s}^{-1},\quad a(3{,}2\ \mathrm{s}) = -23{,}90\ \mathrm{cm\,s}^{-2}$

Abschnitt 3

1) a) *Tangente*: $y = 1{,}3406 \cdot t + 0{,}616$; *Normale*: $y = -0{,}746 \cdot t + 4{,}789$

b) *Tangente*: $y = -0{,}3145\,x + 4{,}193$; *Normale*: $y = 3{,}1797\,x$

c) *Tangente*: $y = 5{,}333\,x - 16{,}939$; *Normale*: $y = -0{,}1875\,x + 5{,}144$

2) Tangente in $t_0 = 0$: $y = \frac{A}{T}t$, $y(t_1 = T) = A$ (s. Bild A-49)

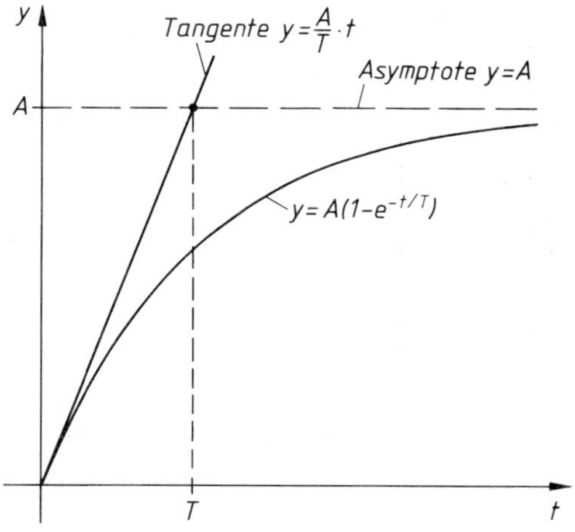

Bild A-49

3) Die Funktion wird durch die jeweilige *Kurventangente* ersetzt:

a) $y = \sqrt{2} \cdot x$

b) $y = 4{,}993\,x + 4{,}800$

c) Die Gleichung $r = 2 \cdot \cos\varphi$ beschreibt den *Kreis* $(x-1)^2 + y^2 = 1$ (bitte nachrechnen: es ist $\cos\varphi = x/r$ und $r^2 = x^2 + y^2$). Dem Polarwinkel $\varphi_0 = \pi/4$ entspricht der Punkt $P_0 = (1;\,1)$. Die dortige Kurventangente verläuft *waagerecht* und besitzt daher die Funktionsgleichung $y = 1$ (s. Bild A-50).

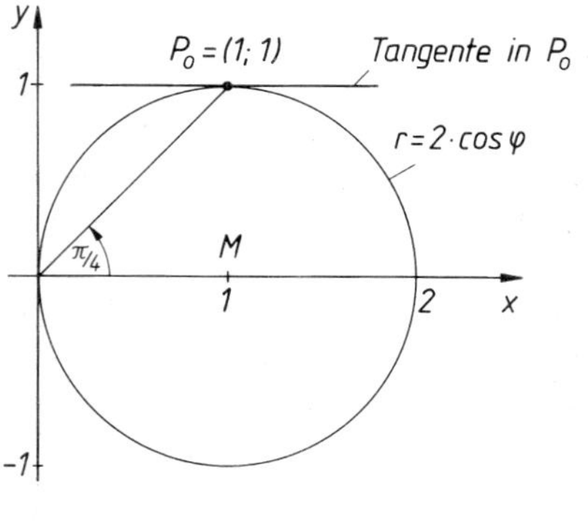

Bild A-50

4) Tangente in $P_0 = (5; \ln 5)$: $y = 0{,}2\,x + 0{,}6094$

$y(x_1 = 4{,}8) = 1{,}5694$ (*exakt*: 1,5686); $y(x_2 = 5{,}3) = 1{,}6694$ (*exakt*: 1,6677)

5) $y = \frac{1}{2}x + \frac{1}{2}$ (Tangentenberührpunkt: $P_0 = (1; 1)$) (s. Bild A-51)

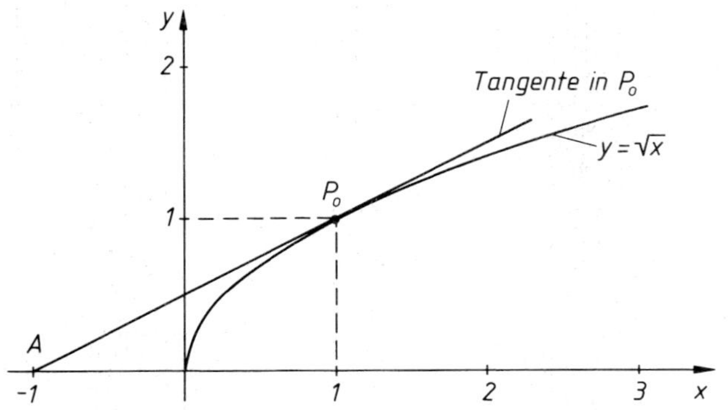

Bild A-51

6) $V'(r) = -D\left(-\frac{2a}{r^2} + \frac{2a^2}{r^3}\right)$, $V''(r) = -D\left(\frac{4a}{r^3} - \frac{6a^2}{r^4}\right)$

Es ist $V'(r_0 = a) = 0$ und $V''(r_0 = a) = \frac{2D}{a^2} > 0$

7) a) Minimum: $(-0{,}5; -5)$; Maximum: $(1{,}5; 27)$

b) Maximum: $(0; 16)$; Minima: $(\pm 2; 0)$

c) Maximum: $(0; 2)$

d) Maximum: $(1; 0{,}368)$

e) Maxima für $x_k = \frac{\pi}{4} + k \cdot \pi$, $y_k = 0{,}5$ $(k \in \mathbb{Z})$

Minima für $x_k = \frac{3}{4}\pi + k \cdot \pi$, $y_k = -0{,}5$ $(k \in \mathbb{Z})$

f) Minimum: $(0{,}5; -0{,}08)$

8) Es ist $y'(3) = y''(3) = y'''(3) = y^{(4)}(3) = 0$, aber $y^{(5)}(3) = 240 \neq 0$. Da die letzte Ableitung von *ungerader* Ordnung ist, besitzt die Funktion an der Stelle $x_1 = 3$ einen *Sattelpunkt*.

9) Für jede der vier trigonometrischen Funktionen gilt: In den *Nullstellen* x_k ist $y''(x_k) = 0$ und $y'''(x_k) \neq 0$ (nachrechnen)! Für die *Steigung der Wendetangenten* erhält man:

Sinusfunktion: abwechselnd 1 und -1

Kosinusfunktion: abwechselnd -1 und 1

Tangensfunktion: 1

Kotangensfunktion: -1

10) $x = l/2$ (Maximum des Biegemoments in der Balkenmitte)

11) a) Maximum für $v = b$

b) $K_{\max} = K(b) = \dfrac{a^2}{2b}$

12) Es ist $\left.\dfrac{dP}{dR}\right|_{R=R_i} = 0$ und $\left.\dfrac{d^2 P}{dR^2}\right|_{R=R_i} < 0$; $P_{\max} = P(R_i) = \dfrac{U_0^2}{4 R_i}$

13) *Nebenbedingung* (Satz des Pythagoras): $a^2 + b^2 = 4R^2 \quad \Rightarrow \quad a = \sqrt{4R^2 - b^2} \quad \Rightarrow$

$I_a(b) = \dfrac{1}{12}\sqrt{4R^2 b^6 - b^8}$

I_a wird *maximal* für $b = R\sqrt{3}$, $a = R \quad \Rightarrow \quad I_{a_{\max}} = \dfrac{1}{4}\sqrt{3}\, R^4$

14) Der *Umfang* $U = 2x + 2y$ (und damit der *Materialverbrauch*) wird am *kleinsten*, wenn die Rechtecksseiten x und y gleichlang sind: $x = y = 2$ m.

15) $V = \pi r^2 h$; *Nebenbedingung*: $4r^2 + h^2 = 16\text{ m}^2 \quad \Rightarrow \quad V(h) = \dfrac{\pi}{4}(16\text{ m}^2 \cdot h - h^3)$

Maximum für $h = \dfrac{4}{3}\sqrt{3}$ m, $r = \dfrac{2}{3}\sqrt{6}$ m; $V_{\max} = \dfrac{32}{9}\sqrt{3}\,\pi\text{ m}^3$

16) Nach Bild A-52 befinden sich die Massenpunkte zur Zeit t an den folgenden Orten:

A: $x(t) = 15\text{ m} - 0{,}5\text{ ms}^{-1} \cdot t$ $\qquad B$: $y(t) = 12\text{ m} - 0{,}6\text{ ms}^{-1} \cdot t$

Der gegenseitige Abstand beträgt dann:

$d(t) = \sqrt{x^2 + y^2} = \sqrt{(15\text{ m} - 0{,}5\text{ ms}^{-1} \cdot t)^2 + (12\text{ m} - 0{,}6\text{ ms}^{-1} \cdot t)^2}$

Er ist nach $t_1 = 24{,}1$ s am *kleinsten*: $d_{\min} = d(24{,}1\text{ s}) = 3{,}84$ m

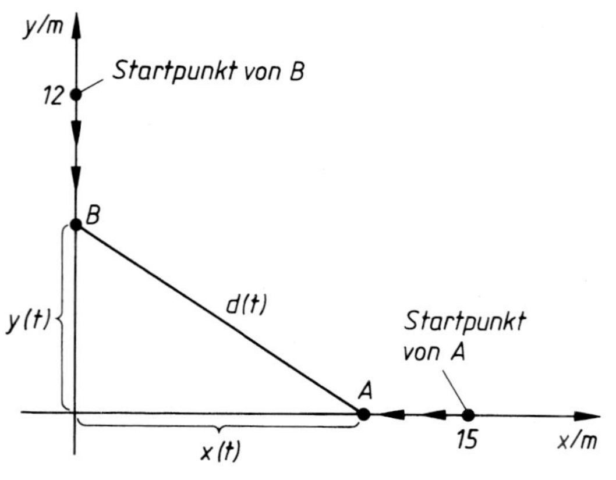

Bild A-52

17) $A = 2\pi r h + 2\pi r^2$

Nebenbedingung: $V = \pi r^2 h = 1000\ \text{cm}^3$

$$A(r) = \frac{2000\ \text{cm}^3}{r} + 2\pi r^2$$

Minimale Oberfläche für $r = 5{,}42$ cm, $h = 10{,}84$ cm

$A_{\min} = 553{,}73\ \text{cm}^2$

18) a) *Definitionsbereich*: $D = \mathbb{R} \setminus \{3\}$

Pol: $x_1 = 3$

Senkrechte Asymptote: $x = 3$

Extremwerte: *Maximum* in $(-0{,}162;\ -0{,}325)$
Minimum in $(6{,}162;\ 12{,}325)$

Asymptote im Unendlichen: $y = x + 3$

Wertebereich: $W = (-\infty;\ -0{,}325] \cup [12{,}325;\ \infty)$

Funktionsverlauf: s. Bild A-53

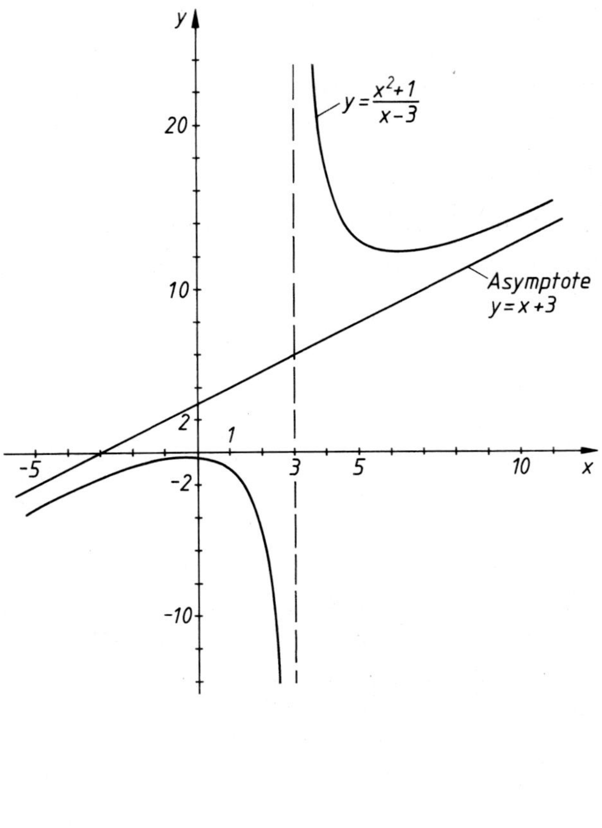

Bild A-53

b) *Definitionsbereich*: $D = \mathbb{R} \setminus \{-1\}$

Nullstellen: $x_1 = 1$ (*doppelte* Nullstelle, d.h. *Berührungspunkt* und *Extremwert*)

Pol: $x_2 = -1$

Senkrechte Asymptote: $x = -1$

Extremwerte: Relatives *Maximum* in $(-3; -8)$

Relatives *Minimum* in $(1; 0)$

Asymptote im Unendlichen: $y = x - 3$

Wertebereich: $W = (-\infty; -8] \cup [0; \infty)$

Funktionsverlauf: s. Bild A-54

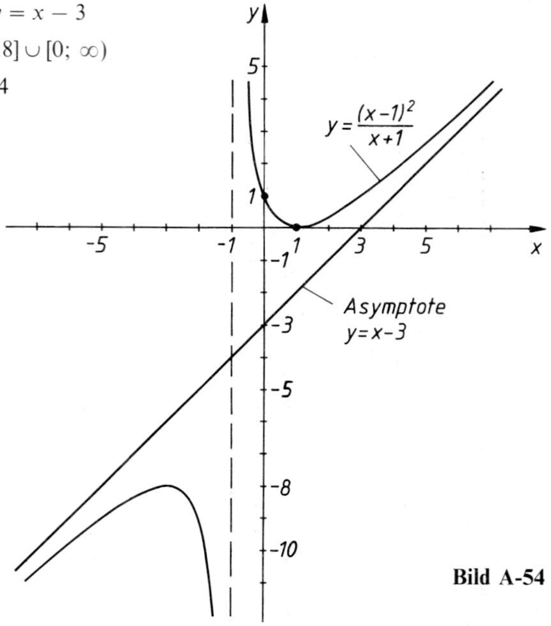

Bild A-54

c) *Definitionsbereich*: $-3 \leqslant x \leqslant 3$

Nullstelle: $x_1 = -2{,}683$

Extremwert: Relatives *Maximum* in $(1{,}342; 3{,}354)$

Wertebereich: $-1{,}5 \leqslant y \leqslant 3{,}354$

Funktionsverlauf: s. Bild A-55

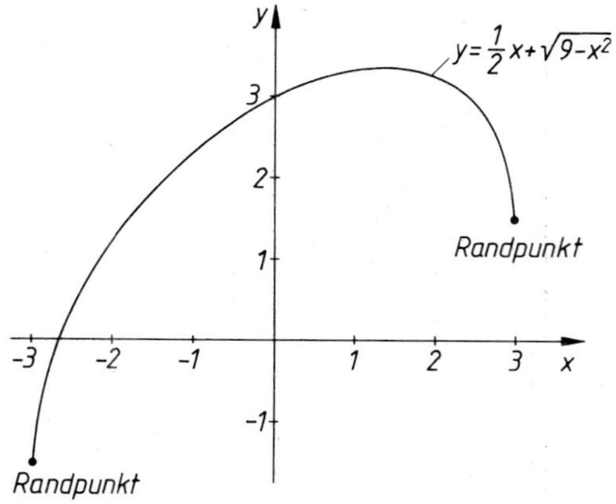

Bild A-55

d) *Definitionsbereich*: $D = (0, \infty)$

Nullstelle: $x_1 = 1$

Pol: $x_2 = 0$

Senkrechte Asymptote: $x = 0$

Extremwert: Relatives *Maximum* in (2,718; 0,368)

Wendepunkt: (4,482; 0,335)

Asymptote für $x \to \infty$: $y = 0$ (x-Achse)

Wertebereich: $W = (-\infty; 0{,}368]$

Funktionsverlauf: s. Bild A-56

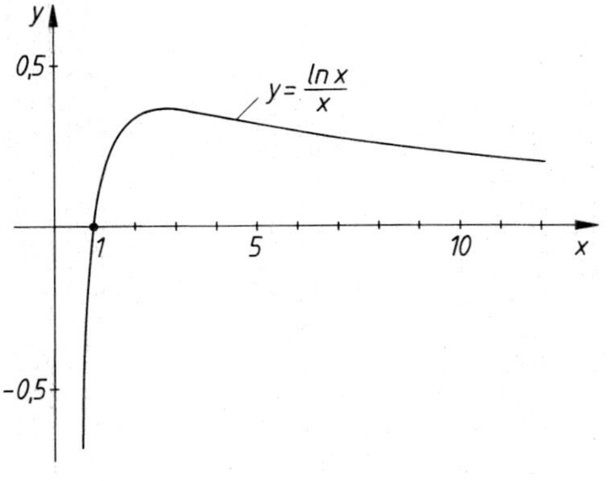

Bild A-56

e) *Definitionsbereich*: $-\infty < x < \infty$

Wertebereich: $0 \leqslant y \leqslant 1$

Periodizität: $p = \pi$

Nullstellen: $x_k = k \cdot \pi \quad (k \in \mathbb{Z})$

Extremwerte: Relative *Maxima* in $x_k = \frac{\pi}{2} + k \cdot \pi, \quad y_k = 1 \quad (k \in \mathbb{Z})$

Die relativen *Minima* fallen mit den *Nullstellen* der Funktion zusammen.

Wendepunkte: $x_k = \frac{\pi}{4} + k \cdot \frac{\pi}{2}, \quad y_k = 0{,}5 \quad (k \in \mathbb{Z})$

Funktionsverlauf: s. Bild A-57

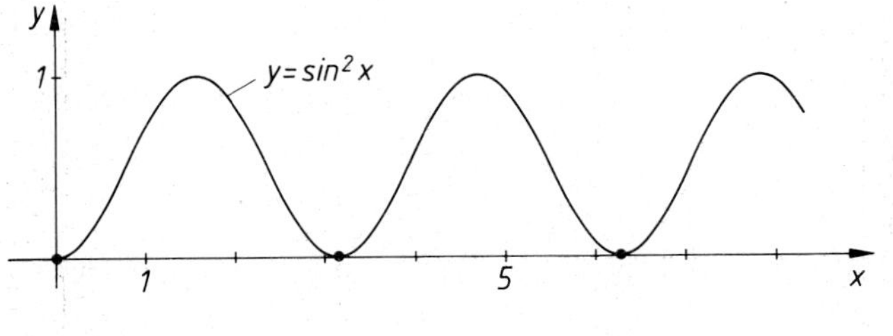

Bild A-57

f) $y = \sin x + \cos x = \sqrt{2} \cdot \sin\left(x + \frac{\pi}{4}\right)$ $\Rightarrow$ Es handelt sich um eine um $\pi/4$ nach *links* verschobene Sinuskurve mit der Amplitude $A = \sqrt{2}$ und der Periode $p = 2\pi$ (s. Bild A-58).

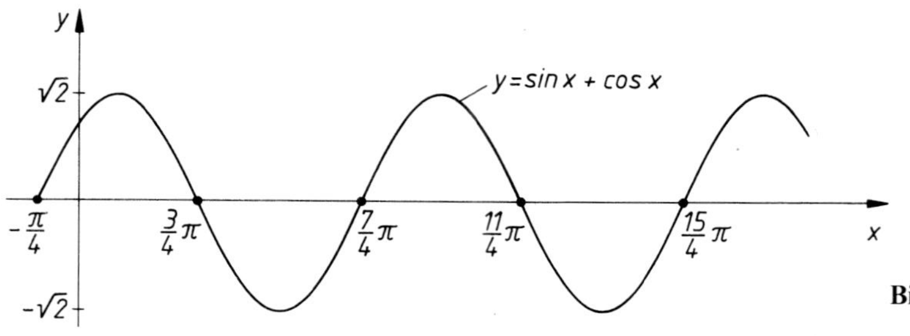

Bild A-58

g) *Definitionsbereich*: $D = (-\infty, \infty)$

Wertebereich: $W = [0, \infty)$

Nullstelle: $x_1 = 0$

Extremwert: Relatives *Minimum* in (0; 0)

Wendepunkt: (0,347; 0,25)

Verhalten der Funktion im Unendlichen:

Für $x \to -\infty$ folgt: $y \to \infty$

Für $x \to +\infty$ folgt: $y \to 1$, d.h. $y = 1$ ist *Asymptote*

Funktionsverlauf: s. Bild A-59

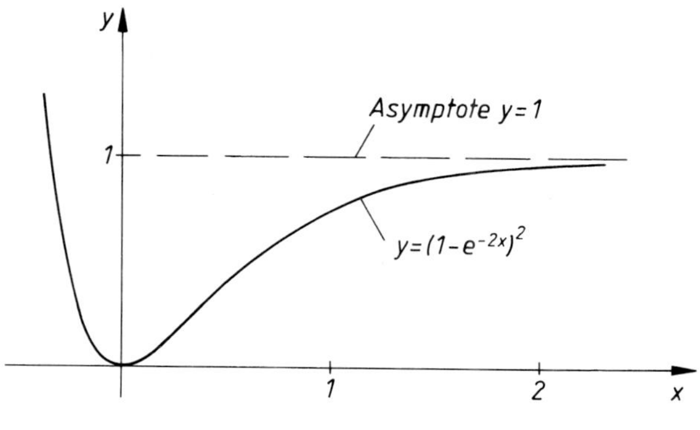

Bild A-59

19) a) *Definitionsbereich*: $t \geqslant 0$

Nullstelle: $t_1 = 0$

Extremwert: Relatives *Maximum* in (0,549; 1,540)

Wendepunkt: (1,099; 1,185)

Wertebereich: $0 \leqslant y \leqslant 1{,}540$

Asymptote im Unendlichen: $y = 0$

Funktionsverlauf: s. Bild A-60

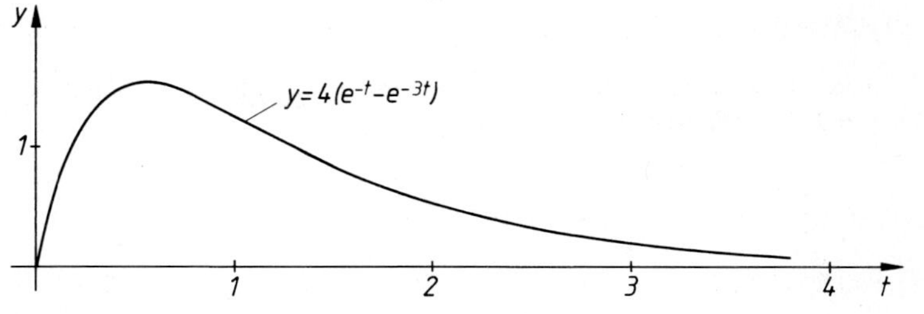

Bild A-60

b) *Definitionsbereich*: $t \geqslant 0$

Nullstelle: $t_1 = 0{,}333$

Extremwert: Relatives *Minimum* in (0,833; − 1,417)

Wendepunkt: (1,333; − 1,043)

Wertebereich: $-1{,}417 \leqslant y \leqslant 5$

Asymptote im Unendlichen: $y = 0$

Funktionsverlauf: s. Bild A-61

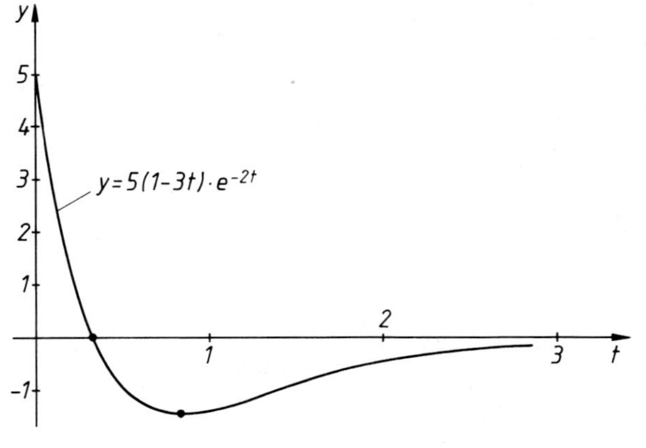

Bild A-61

20) Aus den Eigenschaften $y(0) = 0$, $y(1) = -2$, $y'(1) = 2$ und $y''(1) = 0$ folgt: $y = -4x^3 + 12x^2 - 10x$.

21) a) $x_{1/2} = \pm 1{,}0217$ b) $x_1 = 5{,}2468$ c) $u_1 = 1{,}4757$

d) $x_1 = -0{,}3517$

22) Im Intervall $-\pi/2 < x < \pi/2$ existiert genau *eine* Lösung: $x_1 = 1{,}2744$.

V Integralrechnung

Abschnitt 1 bis 7

1) a) $F(x) = \frac{2}{3}x^6 - \frac{3}{2}x^4 + \frac{8}{3}x^3 - \frac{3}{2}x^2 + 5x + C$

b) $F(t) = -3 \cdot \cos t - 4 \cdot \sin t + C$ c) $F(t) = 2 \cdot e^t - 5 \cdot \ln|t| + t + C$

d) $F(x) = \frac{1}{2} \cdot \ln|x| - \frac{1}{2}x^2 - \frac{2}{3}x^3 + 3x + C$ e) $F(z) = \frac{5}{3} \cdot \arctan z - \frac{1}{20}z^5 + C$

f) $F(x) = -2 \cdot \arcsin x - \tan x + C$

g) $F(u) = -3 \cdot \cos u - 6 \cdot \ln|u| + \frac{7}{3}u^3 + C$ h) $F(x) = -3 \cdot \mathrm{e}^x - \sin x + C$

2) a) $F(x) = \mathrm{e}^x + \frac{1}{3}x^3 - x^2 - \cos x + C$ b) $F(x) = \frac{10^x}{\ln 10} + \cot x + C$

c) $F(x) = \frac{4}{3}x^3 - 6x^2 + 9x + C$ d) $F(x) = 2 \cdot \sinh x + C$

e) $F(t) = -3 \cdot \arctan t - \ln|t| + C$

f) $F(x) = 10 \cdot \tanh x - \frac{3}{\ln a} \cdot a^x + b \cdot \cos x + C$ g) $F(u) = 5 \cdot \operatorname{arcosh} u + C$

h) $F(x) = \frac{5}{\ln 3} \cdot 3^x - \sqrt{x} + C$ i) $F(x) = \frac{30}{71} \cdot x^{71/30} + C$

j) $F(x) = \frac{4}{7} \cdot x^{7/4} + C$ k) $F(x) = \frac{1}{2} \cdot \tan x + C$

3)

a)	− 70,667	b)	1	c)	$2a$	d)	− 6,114
e)	6,095	f)	0,909	g)	− 13,167	h)	9,210
i)	$\pi/2$	j)	0,107	k)	− 10,4	l)	− 62,133

4) $y = -\cos x + 3 \cdot \mathrm{e}^x - \frac{1}{9}x^3 + 4 \cdot \arctan x$

5) $O_n = \sum_{k=1}^{n} x_k^3 \cdot \Delta x = \sum_{k=1}^{n} k^3 \cdot \frac{a^3}{n^3} \cdot \frac{a}{n} = \frac{a^4}{n^4} \cdot \sum_{k=1}^{n} k^3 = \frac{a^4}{n^4} \cdot \frac{n^2(n+1)^2}{4} = \frac{a^4}{4}\left(1 + \frac{1}{n}\right)^2$

$$\int_0^a x^3\,dx = \lim_{n \to \infty} O_n = \lim_{n \to \infty} \frac{a^4}{4}\left(1 + \frac{1}{n}\right)^2 = \frac{a^4}{4}$$

6) Die Ableitung der auf der rechten Seite stehenden Funktion ergibt die Integrandfunktion.

Beispiel a): $\frac{d}{dx}(x \cdot e^{-x} + C) = 1 \cdot e^{-x} - e^{-x} \cdot x = e^{-x} \cdot (1 - x)$

7) Wir zeigen, daß $F_1' = f(x)$ ist:

$$F_1'(x) = \frac{d}{dx}(x^2 \cdot e^x + 2) = 2x \cdot e^x + x^2 \cdot e^x = (x^2 + 2x) \cdot e^x = f(x)$$

Gesamtheit der Stammfunktionen:

$$F(x) = F_1(x) + C_1 = x^2 \cdot e^x + 2 + C_1 = x^2 \cdot e^x + C \qquad (C = C_1 + 2)$$

8) $A = 2 \cdot \int_0^4 (-0{,}25\,x^2 + 4)\,dx = 21{,}33$

9) $A = 2 \cdot \int_0^{\pi/2} \cos x \; dx = 2$

10) $A = \int_{0{,}709}^{3{,}291} (-3x^2 + 12x - 7)\,dx = 8{,}61$

11) $n(t) = n_0 \cdot e^{-\lambda t}$

Abschnitt 8

1) Die Substitutionen sind jeweils in *Klammern* angegeben.

a) $F(x) = \frac{2}{3} \cdot \sqrt{1 + x^3} + C \qquad (u = 1 + x^3)$

b) $F(x) = \frac{2}{15} \cdot \sqrt{(5x + 12)^3} + C \qquad (u = 5x + 12)$

c) $F(t) = -\frac{3}{4} \cdot \sqrt[3]{(1 - t)^4} + C \qquad (u = 1 - t)$

d) $0 \qquad (u = \cos x)$

e) $F(z) = \frac{1}{2} \cdot (\arctan z)^2 + C \qquad (u = \arctan z)$

f) $F(x) = \ln|x^2 + 6x - 12| + C \qquad (u = x^2 + 6x - 12)$

g) $F(x) = \ln|\ln x| + C \qquad (u = \ln x)$

h) $F(x) = -\frac{1}{2} \cdot \cos(x^2) + C \qquad (u = x^2)$

i) $F(x) = \frac{1}{2} \cdot \ln |2x^3 - 4x + 2| + C \qquad (u = 2x^3 - 4x + 2)$

j) $0 \qquad (u = 1 + t^2)$

k) $0{,}471 \qquad (u = 3t - \pi/4)$

l) $2{,}055 \qquad (u = 5 - x)$

m) $F(x) = \frac{1}{3} \cdot e^{x^3 - 2} + C \qquad (u = x^3 - 2)$

n) $F(z) = \frac{1}{2} \cdot \tan^2 (z + 5) + C \qquad (u = \tan (z + 5))$

o) $F(x) = -\frac{\sqrt{4 - x^2}}{x} - \arcsin \left(\frac{x}{2} \right) + C \qquad (x = 2 \cdot \sin u)$

2) $0{,}117$

3) $A = \int\limits_0^3 \sqrt{6 - 2x}\, dx = 2\sqrt{6} = 4{,}899$

4) $F(x) = -\frac{2}{3} x \sqrt{x} + x + 2\sqrt{x} - 2 \cdot \ln (1 + \sqrt{x}) + C$

5) Die Zerlegung des Integranden ist jeweils in *Klammern* angegeben.

a) $F(x) = \frac{1}{2} x^2 \left(\ln x - \frac{1}{2} \right) + C \qquad (u = \ln x,\ v' = x)$

b) $F(x) = x \cdot \sin x + \cos x + C \qquad (u = x,\ v' = \cos x)$

c) $\int\limits_1^5 \ln t\, dt = \Big[t \cdot \ln |t| - t \Big]_1^5 = 4{,}047 \qquad (u = \ln t,\ v' = 1)$

d) $F(x) = -\frac{1}{3} x \cdot \cos (3x) + \frac{1}{9} \cdot \sin (3x) + C \qquad (u = x,\ v' = \sin (3x))$

e) $\int\limits_0^{0{,}8} x \cdot e^x\, dx = \Big[e^x \cdot (x - 1) \Big]_0^{0{,}8} = 0{,}555 \qquad (u = x,\ v' = e^x)$

f) $F(x) = x \cdot \arctan x - \frac{1}{2} \cdot \ln (1 + x^2) + C \qquad (u = \arctan x,\ v' = 1)$

g) $F(t) = \frac{1}{2} t - \frac{1}{4\omega} \cdot \sin (2\omega t) + C \qquad (u = \sin (\omega t),\ v' = \sin (\omega t))$

6) a) $F(x) = \frac{1}{2} \cdot e^x \cdot (\sin x + \cos x) + C$ b) $F(x) = -e^{-x} \cdot (x^2 + 2x + 2) + C$

7) a) $F(x) = \frac{1}{2a}(\ln|x-a| - \ln|x+a|) + C$

b) $F(x) = \frac{2}{3} \cdot \ln|x-1| + 2 \cdot \ln|x+1| - \frac{32}{3} \cdot \ln|x+2| + 4x + C$

c) $F(z) = \frac{1}{3} \cdot \ln\left|\frac{z-1}{z+2}\right| - \frac{2}{z+2} + C$

d) $F(x) = \frac{17}{8} \cdot \ln|x-9| + \frac{15}{8} \cdot \ln|x+7| + C$

e) $F(x) = \frac{1}{9} \cdot \ln\left|\frac{x}{x-3}\right| - \frac{7}{3(x-3)} + C$

8) $A = \int_1^5 \ln x \, dx = 4{,}047$

9) $A = \int_{-2}^{2} \frac{x^2-4}{x-5} \, dx =$

$= \int_{-2}^{2} \left(x + 5 + \frac{21}{x-5}\right) dx = 2{,}207$

(s. Bild A-62)

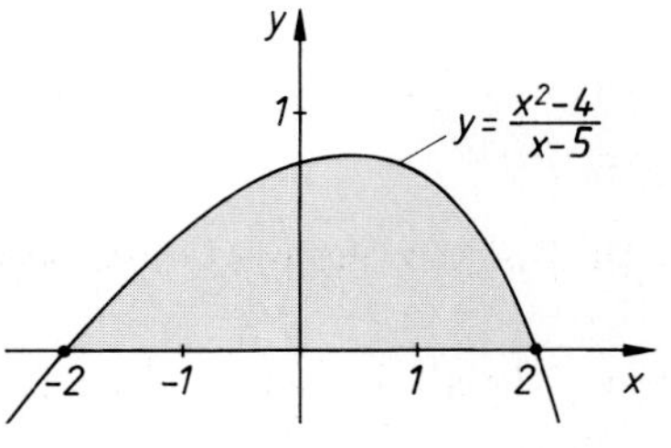

Bild A-62

10) a) $F(x) = \frac{2}{3}(\ln x)^{3/2} + C$ (Substitution: $u = \ln x$)

b) $F(x) = \ln|\sin x| + C$ (Substitution: $u = \sin x$)

c) $F(x) = x \cdot \sinh x - \cosh x + C$ (Partielle Integration: $u = x,\ v' = \cosh x$)

d) $F(x) = -e^{\cos x} + C$ (Substitution: $u = \cos x$)

e) $F(x) = x + \frac{1}{4} \cdot \ln|x-1| - \frac{5}{4} \cdot \ln|x+1| - \frac{1}{2(x+1)} + C$ (Partialbruchzerlegung)

f) $\int_0^2 \frac{x-4}{x+1} \, dx = \int_0^2 \left(1 - \frac{5}{x+1}\right) dx = -3{,}493$ (Polynomdivision)

g) $F(x) = \frac{1}{4}(\ln x)^4 + C$ (Substitution: $u = \ln x$)

h) $F(x) = 2 \cdot \ln|2x^3 - 1| + C$ (Substitution: $u = 2x^3 - 1$)

i) $F(x) = \frac{1}{2}(x^2 + 1) \cdot \arctan x - \frac{1}{2}x + C$ (Partielle Integration: $u = \arctan x$, $v' = x$)

j) $F(x) = \frac{1}{2}(x - 1) \cdot \sqrt{x^2 - 2x} - \frac{1}{2} \cdot \operatorname{arcosh}(x - 1) + C$

(Substitution: $x - 1 = \cos u$)

k) $F(x) = 4 \cdot \ln|x - 2| - 3 \cdot \ln|x - 3| - \frac{9}{x - 3} + C$ (Partialbruchzerlegung)

11) $A = 4 \cdot \frac{b}{a} \cdot \int\limits_0^a \sqrt{a^2 - x^2}\, dx = \pi a b$

12) a) π b) 0

13) a) 0,5228 b) 0,5227

14) a) 29,9558 b) 0,1904 c) 4,0621

Abschnitt 9

1) a) 1 b) 1 c) e^2

2) $I(\lambda) = \int\limits_0^\lambda x^2 \cdot e^{-ax}\, dx = e^{-a\lambda}\left(-\frac{\lambda^2}{a} - \frac{2\lambda}{a^2} - \frac{2}{a^3}\right) + \frac{2}{a^3} \quad \Rightarrow \quad \lim\limits_{\lambda \to \infty} I(\lambda) = \frac{2}{a^3}$

3) $A = \int\limits_{-\infty}^0 e^{ax}\, dx + \int\limits_0^\infty e^{-bx}\, dx = \frac{1}{a} + \frac{1}{b}$

(s. Bild A-63)

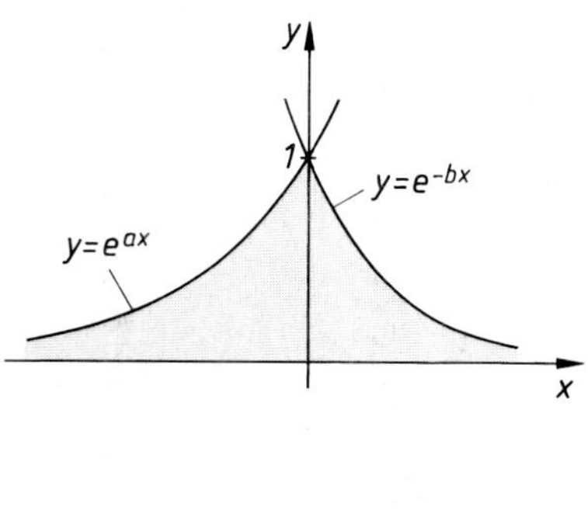

Bild A-63

Abschnitt 10

1) a) $s = -t^2 + 30t, \quad v = -2t + 30$

b) $s = -\frac{1}{2}t^2 + \frac{1}{\pi^2} \cdot \cos(\pi t) + 30t - \frac{1}{\pi^2}, \quad v = -t - \frac{1}{\pi} \cdot \sin(\pi t) + 30$

(s in m, v in m/s, t in s)

2) $s = \cos(\omega t), \quad v = -\omega \cdot \sin(\omega t)$

3) $y(x) = -\frac{F}{24EI}(2lx^3 - x^4 - l^3 x)$

4) $s(t) = \frac{v_E^2}{g} \cdot \ln\left(\cosh\left(\frac{g}{v_E} t\right)\right) \qquad (t \geqslant 0)$

5) $A = 2 \cdot \left| \int\limits_0^2 (4x^3 - 16x)\,dx \right| + 2 \cdot \left| \int\limits_2^4 (4x^3 - 16x)\,dx \right| = 320$

6) $A = \int\limits_{-1}^{2} [-x^2 + 2x + 2 - (x^2 - 2)]\,dx = 9$

7) $A = \int\limits_0^5 [3x - 1 - (x^2 - 2x - 1)]\,dx = 125/6 = 20{,}83$

8) $A = 2 \cdot \int\limits_0^{1{,}1886} [-x^2 + 3 - (2 \cdot \cosh x - 2)]\,dx = 4{,}811$

9) $A = \int\limits_0^{1{,}3788} \left(\sqrt{-x^2 + 4x} - x^2\right) dx = 1{,}0457$

10) $V_y = 2\pi \cdot \frac{a^2}{b^2} \cdot \int\limits_0^b (b^2 - y^2)\,dy = \frac{4}{3}\pi a^2 b$

11) $V_x = \pi \cdot \int\limits_0^2 (x-2)^4 \cdot 3x\,dx = 6{,}4\pi = 20{,}106$

12) $V_y = \pi \cdot \int\limits_0^5 y^4\,dy = 625\pi = 1963{,}5$

13) a) $V_x = \pi \cdot \int\limits_3^5 (x^2 - 9)\, dx = \frac{44}{3}\pi = 46{,}08$

b) $V_y = \pi \cdot \int\limits_0^4 (y^2 + 9)\, dy = \frac{172}{3}\pi = 180{,}1$

14) $s = 2 \cdot \int\limits_0^{7{,}15} \cosh\left(\frac{x}{5}\right) dx = 19{,}70$

15) $s = \int\limits_1^{e} \frac{\sqrt{x^2 + 12{,}6^2}}{x}\, dx = 12{,}73$

16) $s = \int\limits_1^{7{,}45} \sqrt{1 + 2{,}25\, x}\; dx = 20{,}45$

17) $s = \int\limits_0^{\pi} \sqrt{1 + \cos^2 x}\; dx \approx 3{,}82$

18) $M_y = 4\pi \cdot \int\limits_0^2 y^2 \cdot \sqrt{y^2 + 0{,}25}\; dy = 53{,}23$

19) $M_x = \frac{1}{2}\pi \cdot \int\limits_1^3 \frac{\ln x \cdot \sqrt{4x^2 + 1}}{x}\, dx \approx 4{,}187$

20) $M_x = 2\pi \cdot \int\limits_a^{a+h} r\, dx = 2\pi r h$

21) $W = \int\limits_0^{0{,}173\,\mathrm{m}} k\, s\, ds = 12645\ \mathrm{Nm}$

22) $W = \frac{p_0 V_0^k}{1 - k}\left(V_1^{1-k} - V_0^{1-k}\right)$

23) $W = \int\limits_{V_1}^{V_2} \frac{p_1 V_1}{V}\, dV = p_1 V_1 \cdot \ln\left(\frac{V_2}{V_1}\right) \Rightarrow W = -\,4420{,}8\ \mathrm{Nm}$

24) $W = \pi \rho g \cdot \int\limits_{0\,\text{m}}^{5\,\text{m}} y^5 \, dy \quad \Rightarrow \quad W = 8{,}026 \cdot 10^7 \text{ Nm}$

25) $\bar{y}_{\text{linear}} = \frac{2}{\pi} = 0{,}637, \quad \bar{y}_{\text{quadratisch}} = \frac{1}{2}\sqrt{2} = 0{,}707$

26) $\bar{i} = \frac{\omega}{2\pi} \cdot \int\limits_{0}^{\pi/\omega} i_0 \cdot \sin(\omega t)\, dt = \frac{i_0}{\pi}$

27) $P = \frac{1}{T} \cdot \int\limits_{0}^{T} u\,i\, dt = \frac{\omega\, u_0\, i_0}{2\pi} \cdot \int\limits_{0}^{2\pi/\omega} \sin(\omega t) \cdot \cos(\omega t)\, dt = 0$ (sog. *wattloser* Strom)

28) $x_s = 0, \quad y_s = -2$ (aus Symmetriegründen)

29) $x_s = 0$ (aus Symmetriegründen)

$y_s = \frac{1}{2A} \cdot \int\limits_{-a}^{a} [a^2 - x^2 - 4a^2]\, dx = -0{,}598\, a \quad \left(\text{mit } A = 4a^2 + \frac{1}{2}\pi a^2\right)$

30) Aus Symmetriegründen ist $x_s = y_s$:

$x_s = y_s = \frac{1}{2A} \cdot \int\limits_{0}^{R} (R^2 - x^2)\, dx = \frac{4}{3\pi} R = 0{,}424\, R \quad \left(\text{mit } A = \frac{1}{4}\pi R^2\right)$

31) $A = \int\limits_{-2}^{3} [(x+2) - (x^2 - 4)]\, dx = 125/6; \quad x_s = \frac{1}{A} \cdot \int\limits_{-2}^{3} x\,[(x+2) - (x^2 - 4)]\, dx = 0{,}5;$

$y_s = \frac{1}{2A} \cdot \int\limits_{-2}^{3} [(x+2)^2 - (x^2 - 4)^2]\, dx = 0$

32) $V_x = \pi, \quad x_s = \frac{\pi}{2} - 1 = 0{,}571, \quad y_s = z_s = 0$

33) $V_y = \frac{2}{3}\pi a^2 b, \quad y_s = \frac{3}{8} b, \quad x_s = z_s = 0$

34) $V_x = \pi \cdot \int\limits_{1}^{\text{e}} (\ln x)^2\, dx = \pi(\text{e} - 2) = 2{,}257, \quad x_s = 2{,}224, \quad y_s = z_s = 0$

35) $$J_y = \pi\rho \cdot \int_0^b \frac{a^4}{b^4}(b^2 - y^2)^2\,dy = \frac{8}{15}\pi\rho a^4 b = \frac{2}{5} m a^2$$

$\left(m\text{: Masse des Rotationsellipsoids; } m = \rho V = \frac{4}{3}\pi\rho a^2 b\right)$

36) Nach Bild A-64 ist:

$$J_x = \frac{1}{2}\pi\rho \cdot \int_0^H \left(\frac{R}{H}x\right)^4 dx = \frac{1}{10}\pi\rho R^4 H = \frac{3}{10} m R^2$$

$\left(m\text{: Masse des Kegels; } m = \rho V = \frac{1}{3}\pi\rho R^2 H\right)$

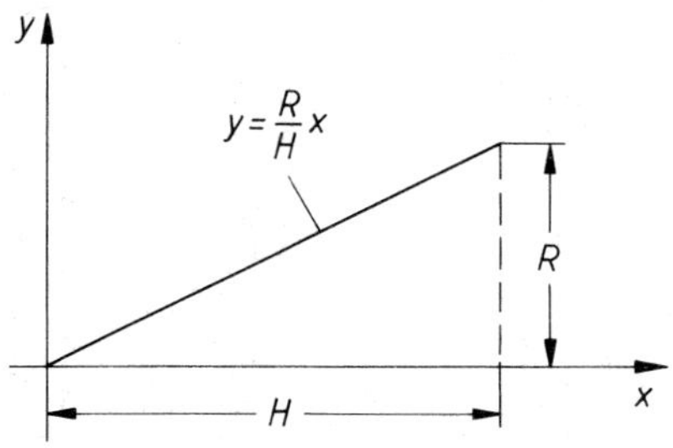

Bild A-64

37) Nach Beispiel 1 aus Abschnitt 10.9.1 ist $J_S = \frac{1}{2} m R^2$.

Aus dem *Steinerschen Satz* folgt dann (vgl. Bild A-65):

$$J_M = J_S + m R^2 = \frac{1}{2} m R^2 + m R^2 = \frac{3}{2} m R^2$$

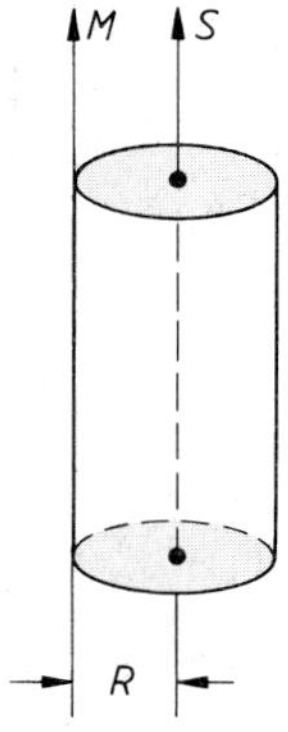

M: Mantellinie

S: Schwerpunktsachse (Symmetrieachse)

R: Radius

Bild A-65

VI Potenzreihenentwicklungen

Abschnitt 1

1) a) $q = \frac{1}{8}, \quad s = \frac{8}{9}$ b) $q = 0{,}3, \quad s = \frac{10}{7}$ c) $q = -\frac{2}{3}, \quad s = 4 \cdot \frac{3}{5} = 2{,}4$

2) a) Die Reihe *konvergiert*: $\lim\limits_{n \to \infty} \left| \frac{a_{n+1}}{a_n} \right| = \lim\limits_{n \to \infty} \frac{10}{n+1} = 0 < 1$

b) Die Reihe *konvergiert*: $\lim\limits_{n \to \infty} \left| \frac{a_{n+1}}{a_n} \right| = \lim\limits_{n \to \infty} \frac{2n+1}{4(2n+3)} = \frac{1}{4} < 1$

c) Die Reihe *konvergiert*: $\lim\limits_{n \to \infty} \left| \frac{a_{n+1}}{a_n} \right| = \lim\limits_{n \to \infty} \frac{2n+1}{2(2n-1)} = \frac{1}{2} < 1$

d) Die Reihe *konvergiert*: $\lim\limits_{n \to \infty} \left| \frac{a_{n+1}}{a_n} \right| = \lim\limits_{n \to \infty} \frac{\ln 2}{n+1} = 0 < 1$

3) a) Die Reihe *konvergiert*: $\lim\limits_{n \to \infty} \left| \frac{a_{n+1}}{a_n} \right| = \lim\limits_{n \to \infty} \frac{10^n + 1}{10^{n+1} + 1} =$

$$= \lim_{n \to \infty} \frac{1 + 10^{-n}}{10 + 10^{-n}} = \frac{1}{10} < 1$$

b) Die Reihe *konvergiert*: $\lim\limits_{n \to \infty} \left| \frac{a_{n+1}}{a_n} \right| = \lim\limits_{n \to \infty} \frac{(n+1) \cdot 5^n}{5^{n+1} \cdot n} = \lim\limits_{n \to \infty} \frac{n+1}{5n} = \frac{1}{5} < 1$

c) Die Reihe *konvergiert*: $\lim\limits_{n \to \infty} \left| \frac{a_{n+1}}{a_n} \right| = \lim\limits_{n \to \infty} \frac{2^{2n}}{2^{2n+2}} = \lim\limits_{n \to \infty} \frac{1}{4} = \frac{1}{4} < 1$

d) Die Reihe *konvergiert*: $\lim\limits_{n \to \infty} \left| \frac{a_{n+1}}{a_n} \right| = \lim\limits_{n \to \infty} \frac{(n+1)\left(\frac{1}{2}\right)^n}{n\left(\frac{1}{2}\right)^{n-1}} =$

$$= \lim_{n \to \infty} \frac{n+1}{2n} = \frac{1}{2} < 1$$

e) Die Reihe *divergiert*: $\lim\limits_{n \to \infty} \left| \frac{a_{n+1}}{a_n} \right| = \lim\limits_{n \to \infty} \frac{2^{n+1} \cdot n}{(n+1) \cdot 2^n} =$

$$= \lim_{n \to \infty} \frac{2n}{n+1} = 2 > 1$$

f) Die Reihe *konvergiert*: $\lim_{n \to \infty} \left| \frac{a_{n+1}}{a_n} \right| = \lim_{n \to \infty} \frac{3^{2n+2} \cdot (2n)!}{(2n+2)!\, 3^{2n}} =$

$$= \lim_{n \to \infty} \frac{9}{(2n+1)(2n+2)} = 0 < 1$$

4) a) $\frac{1}{1!} > \frac{1}{2!} > \frac{1}{3!} > \ldots$ und $\lim_{n \to \infty} \frac{1}{n!} = 0$: $\Rightarrow$ Reihe *konvergiert*

b) $1 > \frac{1}{3} > \frac{1}{5} > \ldots$ und $\lim_{n \to \infty} \frac{1}{2n-1} = 0$: $\Rightarrow$ Reihe *konvergiert*

c) $\frac{1}{1} > \frac{1}{4} > \frac{1}{9} > \ldots$ und $\lim_{n \to \infty} \frac{1}{n^2} = 0$: $\Rightarrow$ Reihe *konvergiert*

d) $\frac{1}{5} > \frac{1}{2 \cdot 5^3} > \frac{1}{3 \cdot 5^5} \ldots$ und $\lim_{n \to \infty} \frac{1}{n \cdot 5^{2n-1}} = 0$: $\Rightarrow$ Reihe *konvergiert*

Abschnitt 2

1) a) $r = \lim_{n \to \infty} \left| \frac{a_n}{a_{n+1}} \right| = \lim_{n \to \infty} \frac{n}{n+1} = 1$

Die Reihe *divergiert* in *beiden* Randpunkten. *Konvergenzbereich*: $|x| < 1$

b) $r = \lim_{n \to \infty} \left| \frac{a_n}{a_{n+1}} \right| = \lim_{n \to \infty} \frac{n+1}{n} = 1$

Die Reihe *divergiert* für $x = -1$ (harmonische Reihe) und *konvergiert* für $x = 1$ (alternierende harmonische Reihe). *Konvergenzbereich*: $-1 < x \leqslant 1$

c) $r = \lim_{n \to \infty} \left| \frac{a_n}{a_{n+1}} \right| = \lim_{n \to \infty} \frac{(n+1)^2}{n^2} = \lim_{n \to \infty} \left(\frac{n+1}{n} \right)^2 = 1$

Die Reihe *konvergiert* in *beiden* Randpunkten. *Konvergenzbereich*: $|x| \leqslant 1$

d) $r = \lim_{n \to \infty} \left| \frac{a_n}{a_{n+1}} \right| = \lim_{n \to \infty} \frac{2^{n+1}}{2^n} = \lim_{n \to \infty} 2 = 2$

Die Reihe *divergiert* in *beiden* Randpunkten. *Konvergenzbereich*: $|x| < 2$

e) $r = \lim_{n \to \infty} \left| \frac{a_n}{a_{n+1}} \right| = \lim_{n \to \infty} \frac{n(n+2)}{(n+1)(n+1)} = 1$

Die Reihe *divergiert* in *beiden* Randpunkten. *Konvergenzbereich*: $|x| < 1$

f) $r = \lim_{n \to \infty} \left| \frac{a_n}{a_{n+1}} \right| = \lim_{n \to \infty} \frac{(n+1)(n+1)!}{n!\,(n+2)} = \lim_{n \to \infty} \frac{(n+1)^2}{n+2} = \infty$

Die Reihe *konvergiert beständig*, d.h. für jedes $x \in \mathbb{R}$.

2) $r = 1$. *Konvergenzbereich*: $|x| < 1$

Abschnitt 3

1) a) $\sinh x = \sum_{n=0}^{\infty} \frac{x^{2n+1}}{(2n+1)!}$; *Konvergenzbereich*: $|x| < \infty$

b) $\arctan x = \sum_{n=0}^{\infty} (-1)^n \cdot \frac{x^{2n+1}}{2n+1}$; *Konvergenzbereich*: $|x| \leqslant 1$

c) $\ln(1+x^2) = x^2 - \frac{x^4}{2} + \frac{x^6}{3} - + \ldots = \sum_{n=1}^{\infty} (-1)^{n+1} \cdot \frac{x^{2n}}{n}$

Konvergenzbereich: $|x| \leqslant 1$

2) a) $\cosh x = 1 + \frac{x^2}{2!} + \frac{x^4}{4!} + \ldots = \sum_{n=0}^{\infty} \frac{x^{2n}}{(2n)!}$; *Konvergenzbereich*: $|x| < \infty$

b) $\cosh x = \frac{1}{2}(e^x + e^{-x}) =$

$$= \frac{1}{2}\left[\left(1 + x + \frac{x^2}{2!} + \frac{x^3}{3!} + \frac{x^4}{4!} + \ldots\right) + \left(1 - x + \frac{x^2}{2!} - \frac{x^3}{3!} + \frac{x^4}{4!} - + \ldots\right)\right] =$$

$$= \frac{1}{2}\left(2 + 2 \cdot \frac{x^2}{2!} + 2 \cdot \frac{x^4}{4!} + \ldots\right) = 1 + \frac{x^2}{2!} + \frac{x^4}{4!} + \ldots$$

3) $$f(x) = \frac{1}{\sqrt{1-x^3}} = (1-x^3)^{-1/2} = \underbrace{1 + \frac{1}{2}x^3 + \frac{3}{8}x^6}_{\text{Näherungsfunktion}} + \underbrace{\frac{5}{16}x^9}_{\text{Fehler}} + \ldots$$

$f(0{,}2) \approx 1 + \frac{1}{2}(0{,}2)^3 + \frac{3}{8}(0{,}2)^6 = 1{,}004\,024$ (auf 6 Dezimalstellen genau)

Fehler: $\approx \frac{5}{16}(0{,}2)^9 = 0{,}16 \cdot 10^{-6}$

4) a) $f(x) = e^{-2x} \cdot \cos x = 1 - 2x + \frac{3}{2}x^2 - \frac{1}{3}x^3 - \frac{7}{24}x^4 + \ldots$

Konvergenzbereich: $|x| < \infty$

b) $f(x) = \sin^2 x = x^2 - \frac{x^4}{3} + \frac{2}{45}x^6 - + \ldots$; *Konvergenzbereich*: $|x| < \infty$

c) Der Faktor $(1+x^2)^{-1}$ wird nach der *Binomischen Formel* entwickelt (Substitution $x \to x^2$, $n = -1$):

$$f(x) = \frac{\sinh x}{1+x^2} = (1+x^2)^{-1} \cdot \sinh x = x - \frac{5}{6}x^3 + \frac{101}{120}x^5 - + \ldots$$

Konvergenzbereich: $|x| < 1$

5) a) $f(x) = \cos x = \frac{1}{2} - \frac{1}{2}\sqrt{3}\left(x - \frac{\pi}{3}\right) - \frac{1}{4}\left(x - \frac{\pi}{3}\right)^2 + \frac{1}{12}\sqrt{3}\left(x - \frac{\pi}{3}\right)^3 + \ldots$

Konvergenzbereich: $|x| < \infty$

b) $f(x) = \sqrt{x} = 1 + \frac{1}{2}(x-1) - \frac{1}{8}(x-1)^2 + \frac{1}{16}(x-1)^3 + \ldots$

Konvergenzbereich: $0 \leqslant x \leqslant 2$

c) $f(x) = \frac{1}{x^2} - \frac{2}{x} = -1 + 1\,(x-1)^2 - 2\,(x-1)^3 + 3\,(x-1)^4 - + \ldots$

Konvergenzbereich: $0 < x < 2$

6) $f(x) = x \cdot e^{-x} = x\left(1 - x + \frac{x^2}{2!} - + \ldots\right) =$

$= x - x^2 + \frac{x^3}{2!} - + \ldots$

Näherungsfunktionen (Bild A-66):

$f_1(x) = x$

$f_2(x) = x - x^2$

$f_3(x) = x - x^2 + \frac{x^3}{2}$

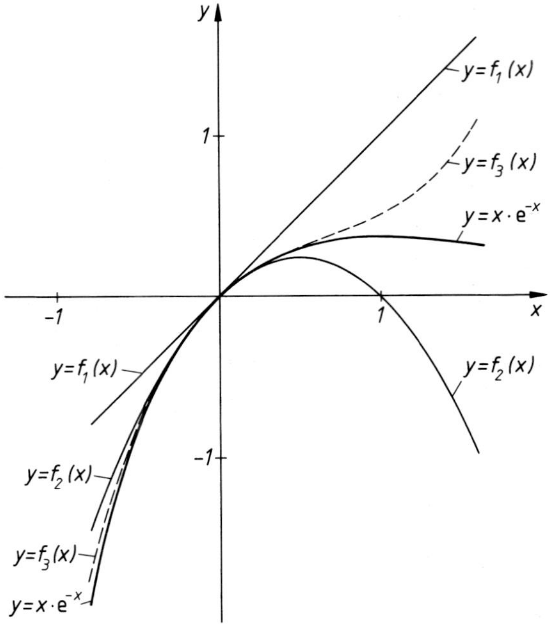

Bild A-66

7) $f(x) = \sqrt{1-x} = (1-x)^{1/2}$ wird nach der *Binomischen Formel* entwickelt ($n = 1/2$):

$\sqrt{1 - 0{,}05} = (1 - 0{,}05)^{1/2} =$

$= 1 - \frac{1}{2}(0{,}05) - \frac{1 \cdot 1}{2 \cdot 4}(0{,}05)^2 - \frac{1 \cdot 1 \cdot 3}{2 \cdot 4 \cdot 6}(0{,}05)^3 - \frac{1 \cdot 1 \cdot 3 \cdot 5}{2 \cdot 4 \cdot 6 \cdot 8}(0{,}05)^4 - \ldots =$

$= 1 - 0{,}025 - 0{,}000\,312\,5 - 0{,}000\,007\,81 - \underbrace{0{,}000\,000\,24}_{< 0{,}5 \cdot 10^{-6}} - \ldots$

Abbruch der Reihe nach dem *4. Glied*: $\sqrt{1 - 0{,}05} \approx 0{,}974\,679$ (auf 6 Dezimalstellen genau)

8) $8^\circ \mathrel{\hat{=}} 0{,}139\,626$

$$\cos 8^\circ = \cos 0{,}139\,626 = 1 - \frac{1}{2!}(0{,}139\,626)^2 + \frac{1}{4!}(0{,}139\,626)^4 - + \ldots =$$

$$= 1 - 0{,}009\,784 + \underbrace{0{,}000\,016}_{< 0{,}5 \cdot 10^{-4}} - + \ldots$$

Abbruch nach dem *2. Glied*: $\cos 8^\circ \approx 0{,}9902$ (auf 4 Dezimalstellen genau)

9) $$\sin x = 1 - \frac{1}{2!}\left(x - \frac{\pi}{2}\right)^2 + \frac{1}{4!}\left(x - \frac{\pi}{2}\right)^4 - + \ldots$$

Näherungsparabel: $\sin x \approx 1 - \frac{1}{2!}\left(x - \frac{\pi}{2}\right)^2 = -\frac{1}{2}x^2 + \frac{\pi}{2}x + 1 - \frac{\pi^2}{8}$

10) Man erhält die *bi-quadratische* Gleichung

$$1 + \frac{x^2}{2!} + \frac{x^4}{4!} = 4 - x^2 \quad \text{oder} \quad x^4 + 36\,x^2 - 72 = 0$$

mit den reellen Lösungen $x_{1/2} = \pm\, 1{,}378$.

11) $$F(x) = \int_0^x \frac{1}{1+t^2}\,dt = \int_0^x (1 - t^2 + t^4 - t^6 + - \ldots)\,dt =$$

$$= \left[t - \frac{1}{3}t^3 + \frac{1}{5}t^5 - \frac{1}{7}t^7 + - \ldots\right]_0^x = x - \frac{1}{3}x^3 + \frac{1}{5}x^5 - \frac{1}{7}x^7 + - \ldots$$

Wegen

$$\int_0^x \frac{1}{1+t^2}\,dt = \left[\arctan t\right]_0^x = \arctan x$$

handelt es sich um die *Mac Laurinsche Reihe* von $f(x) = \arctan x$. Sie *konvergiert* für $|x| \leqslant 1$.

12) a) In der Mac Laurinschen Reihe von $\cos z$ wird $z = \sqrt{x}$ gesetzt und anschließend *gliedweise* integriert:

$$\int_0^{0,5} \cos(\sqrt{x})\,dx = \int_0^{0,5} \left(1 - \frac{x}{2!} + \frac{x^2}{4!} - \frac{x^3}{6!} + - \ldots\right) dx =$$

$$= 0{,}5 - \frac{0{,}5^2}{2 \cdot 2!} + \frac{0{,}5^3}{3 \cdot 4!} - \frac{0{,}5^4}{4 \cdot 6!} + - \ldots =$$

$$= 0{,}5 - 0{,}0625 + 0{,}001\,736 - \underbrace{0{,}000\,021}_{< 0{,}5 \cdot 10^{-4}} + - \ldots$$

Durch Abbruch der Reihe nach dem *3. Glied* folgt:

$$\int_0^{0,5} \cos(\sqrt{x})\, dx = 0{,}4392 \quad \text{(auf 4 Dezimalstellen genau)}$$

b) Die Mac Laurinschen Reihen von e^x und $\frac{1}{x+1} = (x+1)^{-1}$ werden *gliedweise* ausmultipliziert, anschließend wird integriert:

$$\int_0^{0,2} \frac{e^x}{x+1}\, dx = \int_0^{0,2} e^x \cdot (1+x)^{-1}\, dx = \int_0^{0,2} \left(1 - \frac{1}{2}x^2 - \frac{1}{3}x^3 + \frac{9}{24}x^4 + \ldots\right) dx =$$

$$= 0{,}2 + \frac{1}{6}(0{,}2)^3 - \frac{1}{12}(0{,}2)^4 + \frac{9}{120}(0{,}2)^5 + \ldots =$$

$$= 0{,}2 + 0{,}001\,333 - 0{,}000\,133 + \underbrace{0{,}000\,024}_{< 0{,}5 \cdot 10^{-4}} + \ldots$$

Durch Abbruch nach dem *3. Glied* folgt:

$$\int_0^{0,2} \frac{e^x}{x+1}\, dx = 0{,}2012 \quad \text{(auf 4 Dezimalstellen genau)}$$

c) Die Mac Laurinsche Reihe von $\sin x$ wird zunächst *gliedweise* durch x dividiert und anschließend integriert.

$$\int_0^{1} \frac{\sin x}{x}\, dx = \int_0^{1} \left(1 - \frac{x^2}{3!} + \frac{x^4}{5!} - \frac{x^6}{7!} + - \ldots\right) dx = 1 - \frac{1}{3 \cdot 3!} + \frac{1}{5 \cdot 5!} - \frac{1}{7 \cdot 7!} + - \ldots =$$

$$= 1 - 0{,}055\,555 + 0{,}001\,666 - \underbrace{0{,}000\,028}_{< 0{,}5 \cdot 10^{-4}} + - \ldots$$

Durch Abbruch der Reihe nach dem *3. Glied* folgt:

$$\int_0^{1} \frac{\sin x}{x}\, dx = 0{,}9461 \quad \text{(auf 4 Dezimalstellen genau)}$$

13) Es ist

$$\frac{1}{1-x} = -\frac{d}{dx}\Big(\ln(1-x)\Big) = -\frac{d}{dx}\left(-x - \frac{x^2}{2} - \frac{x^3}{3} - \frac{x^4}{4} - \ldots\right) = 1 + x + x^2 + x^3 + \ldots$$

(*konvergent* für $|x| < 1$)

14) $p(h) = p_0 \left(1 - \frac{h}{7991\text{ m}} + \frac{1}{2}\left(\frac{h}{7991\text{ m}}\right)^2 + \ldots\right)$

Lineare Näherung: $p(h) = p_0 \left(1 - \frac{h}{7991\text{ m}}\right)$

Der (absolute) Fehler Δp liegt in der *Größenordnung* des vernachlässigten *quadratischen* Gliedes, für den relativen Fehler gilt dann (mit p in der *linearen* Näherung):

$$\frac{\Delta p}{p} = \frac{\frac{1}{2}\left(\frac{h}{7991\text{ m}}\right)^2}{1 - \frac{h}{7991\text{ m}}} \leqslant 0{,}01 \quad \Rightarrow \quad h \leqslant 1053\text{ m}, \quad \text{d.h.} \quad h_{max} = 1053\text{ m}$$

Eine *bessere* Abschätzung für den relativen Fehler erhält man, wenn man für den Druck p die exakte *Exponentialformel* verwendet. Dies führt allerdings zu einer transzendenten Gleichung (bzw. Ungleichung), die sich jedoch mit dem *Tangentenverfahren von Newton* leicht lösen läßt. Ergebnis:

$$\frac{\Delta p}{p} = \frac{\frac{1}{2}\left(\frac{h}{7991\text{ m}}\right)^2}{e^{-\frac{h}{7991\text{ m}}}} \leqslant 0{,}01 \quad \Rightarrow \quad h = 1058\text{ m}, \quad \text{d.h.} \quad h_{max} = 1058\text{ m}$$

15) $\cos\varphi$ wird in eine Mac Laurinsche Reihe entwickelt, Abbruch nach dem *konstanten* Glied:

$$T = 2\pi \sqrt{\frac{l}{g} \cdot \cos\varphi} = 2\pi \sqrt{\frac{l}{g}\Bigl(1 \underbrace{- \frac{\varphi^2}{2!} + \frac{\varphi^4}{4!} - + \ldots}_{\substack{\text{vernachlässigbar} \\ \text{in 0. Näherung!}}}\Bigr)} \approx 2\pi \sqrt{\frac{l}{g}}$$

Die Schwingungsdauer entspricht jetzt der Schwingungsdauer eines *Fadenpendels* ($\varphi = 0$)!

16) a) $T_0 = 2\pi\sqrt{L_0 C_0} = 6{,}283 \cdot 10^{-3}\text{ s} = 6{,}283\text{ ms}$

b) $T(C) = 2\pi\sqrt{L_0 C} = 2\pi\sqrt{L_0} \cdot \sqrt{C}$

Die Funktion $f(C) = \sqrt{C}$ wird um die Stelle C_0 in eine *Taylor-Reihe* entwickelt:

$$f(C) = \sqrt{C} = \sqrt{C_0} + \frac{1}{2\sqrt{C_0}}(C - C_0) + \ldots$$

$$T(C) = 2\pi\sqrt{L_0} \cdot f(C) =$$

$$= 2\pi\sqrt{L_0} \cdot \sqrt{C} = 2\pi\sqrt{L_0}\left(\sqrt{C_0} + \frac{1}{2\sqrt{C_0}}(C - C_0) + \ldots\right) =$$

$$= \underbrace{2\pi\sqrt{L_0 C_0}}_{T_0} + \pi\sqrt{\frac{L_0}{C_0}}(C - C_0) + \ldots = T_0 + \pi\sqrt{\frac{L_0}{C_0}}(C - C_0) + \ldots$$

Lineare Näherung (*linearisierte* Funktion):

$$T - T_0 = \pi \sqrt{\frac{L_0}{C_0}}\,(C - C_0) \qquad \text{oder} \qquad \Delta T = \pi \sqrt{\frac{L_0}{C_0}}\,\Delta C$$

c) $\Delta T = 1{,}89 \cdot 10^{-4}\,\text{s} = 0{,}189\,\text{ms}, \quad \Delta T_{\text{exakt}} = 1{,}86 \cdot 10^{-4}\,\text{s} = 0{,}186\,\text{ms}$

17) Mit $x = \left(\frac{v}{c}\right)^2$ erhält man aus der *Binomischen Formel* ($n = -1/2$):

$$m = m_0 \left(1 - \left(\frac{v}{c}\right)^2\right)^{-1/2} = m_0\,(1 - x)^{-1/2} = m_0 \left(1 + \frac{1}{2}x + \ldots\right) =$$

$$= m_0 \left(1 + \frac{1}{2}\left(\frac{v}{c}\right)^2 + \ldots\right) \approx m_0 \left(1 + \frac{v^2}{2\,c^2}\right)$$

18) a) 1 b) 0 c) 1 d) -1 e) $n \cdot a^{n-1}$

f) 0 g) $\frac{3}{2}$ h) 1 i) 0

j) Nach *dreimaliger* Anwendung der Bernoulli-de L'Hospitalschen Regel folgt:

$$\lim_{n \to \infty} \frac{x^3 - 2}{e^{2x}} = \lim_{n \to \infty} \frac{3}{4 \cdot e^{2x}} = 0$$

k) $$\lim_{x \to 0} \frac{\tanh(\sqrt{x})}{\sqrt{x}} = \lim_{x \to 0} \frac{1}{\cosh^2(\sqrt{x})} = 1$$

19) a) Typ 0^0

$$(2\,x)^x = e^{\ln(2x)^x} = e^{x \cdot \ln(2x)}$$

Der Grenzwert wird im *Exponenten* gebildet:

$$\lim_{x \to 0}\,[x \cdot \ln(2\,x)] = \lim_{x \to 0} \frac{\ln(2\,x)}{1/x} = \lim_{x \to 0}\,(-x) = 0$$

$$\lim_{x \to 0}\,(2\,x)^x = e^{\left(\lim\limits_{x \to 0} [x \cdot \ln(2\,x)]\right)} = e^0 = 1$$

b) Typ ∞^0

$$\left(\frac{1}{x}\right)^x = e^{\ln\left(\frac{1}{x}\right)^x} = e^{x \cdot \ln\left(\frac{1}{x}\right)} = e^{x\,(\ln 1 - \ln x)} = e^{-x \cdot \ln x}$$

Weiterer Lösungsweg wie in a):

$$\lim_{x \to 0} (-x \cdot \ln x) = 0; \qquad \lim_{x \to 0} \left(\frac{1}{x}\right)^x = e^{\left(\lim\limits_{x \to 0} (-x \cdot \ln x)\right)} = e^0 = 1$$

c) Typ $0 \cdot (-\infty)$

$$\lim_{x \to 0} (x^2 \cdot \ln x) = \lim_{x \to 0} \frac{\ln x}{1/x^2} = \lim_{x \to 0} \left(-\frac{x^2}{2}\right) = 0$$

d) Typ $0 \cdot \infty$

$$\lim_{x \to \infty} (e^{-x} \cdot \sqrt{x}) = \lim_{x \to \infty} \frac{\sqrt{x}}{e^x} = \lim_{x \to \infty} \frac{1}{2\sqrt{x} \cdot e^x} = 0$$

e) Typ $0 \cdot \infty$

$$\lim_{x \to \pi} (x - \pi) \cdot \tan\left(\frac{x}{2}\right) = \lim_{x \to \pi} \left(\frac{\tan\left(\frac{x}{2}\right)}{\frac{1}{x - \pi}}\right) = \lim_{x \to \pi} \left(\frac{(x - \pi)^2}{-2 \cdot \cos^2\left(\frac{x}{2}\right)}\right) =$$

$$= \lim_{x \to \pi} \left(\frac{x - \pi}{\frac{1}{2} \cdot \sin x}\right) = \lim_{x \to \pi} \frac{2}{\cos x} = -2$$

(nach 3-*maliger* Anwendung der Grenzwertregel von Bernoulli-de L'Hospital)

f) Typ $\infty - \infty$

$$\lim_{x \to 0} \left(\frac{1}{\sin x} - \frac{1}{x}\right) = \lim_{x \to 0} \frac{x - \tan x}{x \cdot \tan x} = 0$$

(nach *2-maliger* Anwendung der Grenzwertregel von Bernoulli-de L'Hospital)

20) a)

$$\lim_{x \to 0} \frac{1 - \cos x}{x^2} = \lim_{x \to 0} \frac{1 - \left(1 - \frac{x^2}{2!} + \frac{x^4}{4!} - + \ldots\right)}{x^2} = \lim_{x \to 0} \left(\frac{1}{2!} - \frac{x^2}{4!} + - \ldots\right) = \frac{1}{2}$$

b)

$$\lim_{x \to 0} \frac{2(x - \sin x)}{e^x - 1 + \sin x} = \lim_{x \to 0} \frac{2\left(\frac{x^3}{3!} - \frac{x^5}{5!} + \frac{x^7}{7!} - + \ldots\right)}{2x + \frac{x^2}{2!} + \frac{x^4}{4!} + \ldots} =$$

$$= \lim_{x \to 0} \frac{2\left(\frac{x^2}{3!} - \frac{x^4}{5!} + \frac{x^6}{7!} - + \ldots\right)}{2 + \frac{x}{2!} + \frac{x^3}{4!} + \ldots} = 0$$

c) $$\lim_{x \to 0} \frac{\cosh x - 1}{x} = \lim_{x \to 0} \frac{\left(1 + \frac{x^2}{2!} + \frac{x^4}{4!} + \frac{x^6}{6!} + \ldots\right) - 1}{x} = \lim_{x \to 0} \frac{\frac{x^2}{2!} + \frac{x^4}{4!} + \frac{x^6}{6!} + \ldots}{x} =$$

$$= \lim_{x \to 0} \left(\frac{x}{2!} + \frac{x^3}{4!} + \frac{x^5}{6!} + \ldots\right) = 0$$

d) $$\lim_{x \to 0} \frac{\sin^2 x}{x} = \lim_{x \to 0} \frac{\left(x - \frac{x^3}{3!} + \frac{x^5}{5!} - + \ldots\right)^2}{x} = \lim_{x \to 0} \frac{\left[x\left(1 - \frac{x^2}{3!} + \frac{x^4}{5!} - + \ldots\right)\right]^2}{x} =$$

$$= \lim_{x \to 0} x\left(1 - \frac{x^2}{3!} + \frac{x^4}{5!} - + \ldots\right)^2 = 0$$

21) $$\lim_{x \to \infty} (x - \mathrm{e}^x) = \lim_{x \to \infty} \mathrm{e}^x \left(\frac{x}{\mathrm{e}^x} - 1\right) = \lim_{x \to \infty} \mathrm{e}^x \cdot \lim_{x \to \infty} \left(\frac{x}{\mathrm{e}^x} - 1\right) =$$

$$= \underbrace{\lim_{x \to \infty} \mathrm{e}^x}_{\infty} \cdot \left(\underbrace{\lim_{x \to \infty} \frac{x}{\mathrm{e}^x}}_{0} - \underbrace{\lim_{x \to \infty} 1}_{1}\right) = \infty\,(0 - 1) = -\infty$$

Berechnung des zweiten Grenzwertes nach der Regel von *Bernoulli-de L'Hospital* (Typ $\frac{\infty}{\infty}$):

$$\lim_{x \to \infty} \frac{x}{\mathrm{e}^x} = \lim_{x \to \infty} \frac{1}{\mathrm{e}^x} = 0$$

Literaturhinweise

Formelsammlungen

1. *Bronstein/Semendjajew:* Taschenbuch der Mathematik. Deutsch, Thun–Frankfurt/M..
2. *Papula:* Mathematische Formelsammlung für Ingenieure und Naturwissenschaftler. Vieweg, Wiesbaden.

Aufgabensammlungen

1. *Minorski:* Aufgabensammlung der Höheren Mathematik. Vieweg, Wiesbaden.
2. *Papula:* Mathematik für Ingenieure und Naturwissenschaftler (Übungen). Vieweg, Wiesbaden.

Weiterführende Literatur

1. *Blatter:* Analysis (Bd. I). HTB. Springer, Berlin–Heidelberg–New York.
2. *Böhme:* Anwendungsorientierte Mathematik (Bd. I). Springer, Berlin–Heidelberg–New York.
3. *Courant:* Vorlesungen über Differential- und Integralrechnung (2. Bd.). Springer, Berlin–Heidelberg–New York.
4. *Dirschmid:* Mathematische Grundlagen der Elektrotechnik. Vieweg, Wiesbaden.
5. *Endl/Luh:* Analysis (Bd. I bis III). Aula, Wiesbaden.
6. *Fetzer/Fränkel:* Mathematik (2 Bd.). VDI, Düsseldorf.
7. *Forster:* Analysis 1. Vieweg, Wiesbaden.
8. *Jeffrey:* Mathematik für Naturwissenschaftler und Ingenieure (Bd. I). Verlag Chemie, Weinheim.
9. *Madelung:* Die mathematischen Hilfsmittel des Physikers. Springer, Berlin–Heidelberg–New York.
10. *Margenau/Murphy:* Die Mathematik für Physik und Chemie. Deutsch, Thun–Frankfurt/M..
11. *Rudin:* Analysis. Physik-Verlag, Weinheim.
12. *Sirk/Rang:* Vektorrechnung. Steinkopff, Darmstadt.
13. *Smirnov:* Lehrgang der höheren Mathematik (5 Bd.). Deutscher Verlag der Wissenschaften, Berlin.
14. *Stein:* Einführungskurs Höhere Mathematik. Vieweg, Wiesbaden.

Sachwortverzeichnis

abgeschlossenes Intervall 8
abhängige Variable 137
– Veränderliche 137
abhängiges Differential 332
Abklingfunktionen 269 ff.
Abkühlungsgesetz nach Newton 272
Ableitung der elementaren Funktionen (Tabelle) 313 f.
– der Umkehrfunktion 328 f.
– einer Funktion 309 ff.
– einer impliziten Funktion 330 f.
– einer in der Parameterform dargestellten Funktion 336 f.
– einer zusammengesetzten Funktion 322 f.
– n-ter Ordnung 335
–, äußere 322
–, erste 310
–, höhere 335
–, höherer Ordnung 335
–, implizite 330 f.
–, innere 322
–, linksseitige 311
–, logarithmische 327
–, rechtsseitige 311
Ableitungsfunktion 311
Ableitungsregeln 316 ff.
absolut konvergente Reihe 535
Abspaltung eines Linearfaktors 187
Abstand einer Geraden von einer Ebene 117 f.
– eines Punktes von einer Ebene 115 f.
– eines Punktes von einer Geraden 101 f.
– zweier paralleler Ebenen 122 f.
– zweier paralleler Geraden 103 f.
– zweier windschiefer Geraden 105 f.
Abstandskoordinate 158
Abszisse eines Punktes 139
Achsenabschnitt 180, 182
Achsenabschnittsform einer Geraden 182
Addition von Vektoren 46 ff., 57 f., 73
Additionstheoreme der Hyperbelfunktionen 290
– der trigonometrischen Funktionen 239
algebraische Funktionen 215 f.
– Gleichung 11, 215
allgemeine binomische Reihe 563
– Kosinusfunktion 240 ff.
– Sinusfunktion 240 ff.
allgemeines Kriterium für einen relativen Extremwert 362
alternierende geometrische Reihe 543
– harmonische Reihe 543
– Reihe 542

Altgrad 232
Amplitude 244
analytische Darstellung einer Funktion 138
Anfangswert 375
Ankathete 231
Anordnungsaxiom für reelle Zahlen 7
Anstieg einer in Polarkoordinaten dargestellten Kurve 339 f.
anti-parallele Vektoren 45
Anwendungen der Differentialrechnung 348 ff.
– der Integralrechnung 456 ff.
aperiodische Schwingung 275
aperiodischer Grenzfall 276
äquivalente Umformungen einer Gleichung 13
– Umformungen einer Ungleichung 19
– Umformungen eines linearen Gleichungssystems 25
Arbeit einer Kraft 84, 487
– eines Gases 490 f.
– im Gravitationsfeld der Erde 452, 489 f.
Arbeitsgrößen 486 f.
Arbeitsintegral 487
Arbeitspunkt 350
Archimedische Spirale 162
Areafunktionen 290 ff.
Areakosinus hyperbolicus 290
Areakotangens hyperbolicus 290
Areasinus hyperbolicus 290
Areatangens hyperbolicus 290
Arkusfunktionen 258 ff.
Arkuskosinusfunktion 260 f.
Arkuskotangensfunktion 261 ff.
Arkussinusfunktion 259 f.
Arkustangensfunktion 261 f.
Asymptote im Unendlichen 206
–, senkrechte 203
Asymptoten einer gebrochenrationalen Funktion 203, 206
– einer Hyperbel 222
Aufladung eines Kondensators 273, 283
äußere Ableitung 322
– Funktion 322
– Multiplikation zweier Vektoren 86 ff.
äußeres Produkt 87

barometrische Höhenformel 271
Basis 267
Basisvektoren 55, 70
Berechnung eines bestimmten Integrals 412 f.
– eines Skalarproduktes 61 f., 77
– eines Spatproduktes 96

– eines uneigentlichen Integrals 453
– eines Vektorproduktes 88 ff.
Bernoulli – de L'Hospitalsche Regel 579 ff.
Beschleunigung 344 f.
Beschleunigung-Zeit-Funktion 456
beständig konvergierende Potenzreihe 547
bestimmt divergente Reihe 535
bestimmtes Integral 393 ff.
– Integral, Berechnung 412 f.
Betrag einer reellen Zahl 7
– eines Vektors 43, 55, 70 f.
Betragsfunktion 15
Betragsgleichungen 14
Bewegung eines Massenpunktes 344 f.
– mit konstanter Beschleunigung 457
Bewegungsgleichung, Integration 456
bi-quadratische Gleichungen 12
Biegegleichung 460
Biegelinie 200, 367, 459 ff.
Biegemoment 460
Biegesteifigkeit 460
Bildungsgesetz einer Folge 164
– einer unendlichen Reihe 533
Binärlogarithmus 279
Binom 35
Binomialkoeffizient 35, 558
Binomialreihe 558 f., 563
binomische Reihe 558 f., 563
binomischer Lehrsatz 35 ff.
Bogendifferential 480
Bogenelement 480
Bogenlänge einer ebenen Kurve 479 f.
Bogenmaß 232
Boyle-Mariottesches Gesetz 146
Brennpunkt einer Parabel 224
Brennpunkte einer Ellipse 219
– einer Hyperbel 221
Briggscher Logarithmus 279

Cardanische Lösungsformel 11
charakteristische Kurvenpunkte 353 ff.

Darstellung der Areafunktionen durch Logarithmusfunktionen 293
– einer Funktion 137 ff.
– einer Funktion durch eine Wertetabelle 138
– einer Funktion in Polarkoordinaten 161
– einer Funktion, analytische 138
– einer Funktion, explizite 138
– einer Funktion, graphische 138 f.
– einer Funktion, implizite 138
– einer Funktion in der Parameterform 140
– einer Kosinusschwingung durch einen rotierenden Zeiger 248
– einer Sinusschwingung durch einen rotierenden Zeiger 246 f.
Definitionsbereich einer Funktion 137
Definitionslücke 175, 201 f.
dekadischer Logarithmus 279
Determinante 89
Differential einer Funktion 332 f.
–, abhängiges 332
–, unabhängiges 332
Differentialoperator 311
Differentialquotient 310, 334
– höherer Ordnung 335
– n-ter Ordnung 335
Differentialrechnung 308 ff.
–, Anwendungen 348 ff.
Differentiation 311
–, gliedweise 317
–, implizite 330 f.
–, logarithmische 327
Differenzenquotient 310
Differenzenschema 196
differenzierbare Funktion 310
Differenzierbarkeit einer Funktion 308 ff.
Differenzieren 311
Differenzmenge 5
Differenzvektor 49 f.
diskrete Funktion 164
Diskriminante 11
divergente Folge 167
– Reihe 535
dividierte Differenzen 197 f.
Division eines Vektors durch einen Skalar 51
doppelte Nullstelle 141, 189
Drehmoment 92 f.
Drehsinn eines Winkels 233
Drei-Punkte-Form einer Ebene 112 f.
Durchschnitt zweier Mengen 3
Durchstoßpunkt 120

e-Funktion 268
Ebene senkrecht zu einem Vektor 114
–, Abstand von einem Punkt 115 f.
–, Abstand von einer Geraden 117 f.
–, Abstand zweier paralleler Ebenen 122 f.
–, Koordinatendarstellung 114
–, Normalenvektor 111
–, Richtungsvektoren 109
–, Schnittgerade zweier Ebenen 124 f.
–, Schnittpunkt mit einer Geraden 119 f.
–, Schnittwinkel mit einer Geraden 120 f.
–, Schnittwinkel zweier Ebenen 126
–, vektorielle Drei-Punkte-Form 112 f.
–, vektorielle Parameterdarstellung 109 ff.
–, vektorielle Punkt-Richtungs-Form 109 f.
echt gebrochenrationale Funktion 201
Effektivwert 495
Einheitskreis 232
Einheitsvektor 44, 55, 68, 70
Einsvektor 44
elastische Linie 200
elastisches Federpendel 244
Elastizitätsmodul 460

elektrischer Schwingkreis 347
elektrisches Netzwerk 33 ff.
Elektron in einem elektrischen Feld 215
elementare Integrationsregeln 416 ff.
Elemente einer Menge 1
Eliminationsverfahren nach Gauß 26 f.
Ellipse 217, 219 ff.
–, Brennpunkte 219
–, Brennweite 219
–, Halbachsen 219
–, Hauptform 220
–, Mittelpunktsgleichung 220
–, Scheitelpunkte 221
–, Symmetrieachsen 221
endliche Menge 1
endliches Intervall 8
Energie, kinetische 487 f.
–, potentielle 489 f.
–, Spannungs- – 488 f.
Energiegrößen 486 f.
Entladung eines Kondensators 145, 271
Entwicklungspunkt 544, 561
Entwicklungszentrum 544, 561
Erregerkreisfrequenz 230
Ersatzfunktion 195
erste Ableitung, geometrische Deutung 353
erzwungene Schwingung eines mechanischen Systems 230
Euler-Venn-Diagramm 2
Eulersche Zahl 167, 268, 569 f.
explizite Darstellung einer Funktion 138
Exponent 267
Exponentialfunktionen 267 ff.
Exponentialgleichungen 284
Exponentialreihen 564
Extremwert, allgemeines Kriterium 362
–, hinreichende Bedingungen 357
–, notwendige Bedingung 356
–, Rand- – 368
–, relativer 355 ff.
Extremwertaufgaben 364

Faktorregel der Differentialrechnung 316
– der Integralrechnung 416
Fakultät 35
Federpendel 244 f.
Fehlerintegral, Gaußsches 577 f.
Flächenelement 399
Flächenfunktion 403 f.
Flächeninhalt unter einer Kurve 462 ff.
– zwischen zwei Kurven 468 ff.
Flächenmoment 460
Flächenproblem 393
Folge, beschränkte 165
–, Bildungsgesetz 164
–, divergente 167
–, geometrische 531, 534
–, Graph 164
–, Grenzwert 165 f.
–, konvergente 167
–, monoton wachsende 165
–, Null- – 167
–, unendliche 533
Formel der partiellen Integration 428
freier Fall 182, 345
– Fall unter Berücksichtigung des Luftwiderstandes 293 f., 457 ff., 585 ff.
– Vektor 44
Frequenz 245
Fundamentalsatz der Differential- und Integralrechnung 406 ff.
Funktion 137
–, Abkling- – 269 ff.
–, Ableitung 309 f.
–, Ableitungs- – 311
–, algebraische 215 ff.
–, Area- – 290 ff.
–, Areakosinus hyperbolicus- – 290, 293
–, Areakotangens hyperbolicus- – 290, 292 f.
–, Areasinus hyperbolicus- – 290, 293
–, Areatangens hyperbolicus- – 290, 292 f.
–, Arkus- – 258 ff.
–, Arkuskosinus- – 260 f.
–, Arkuskotangens- – 263 f.
–, Arkussinus- – 259 f.
–, Arkustangens- – 261 f.
–, äußere 322
–, Betrags- – 15
–, Darstellungsformen 138 ff.
–, Definitionsbereich 137
–, Definitionslücke 175
–, Differential 332 f.
–, differenzierbare 310
–, Differenzierbarkeit 308 ff.
–, diskrete 164
–, e- 268
–, echt gebrochenrationale 201
–, Exponential- – 267 ff.
–, Flächen- – 404
–, ganzrationale 179 ff.
–, Gauß- – 277 f.
–, gebrochenrationale 200 ff.
–, gerade 142
–, Grenzwert 168 ff.
–, Hyperbel- – 286 ff.
–, innere 322
–, Integrand- – 399
–, inverse 148 f.
–, konstante 180
–, Kosinus hyperbolicus- – 286 f.
–, Kosinus- – 236 f.
–, Kotangens hyperbolicus- – 288 f.
–, Kotangens- – 237 f.
–, Kriech- – 276
–, lineare 180 ff.
–, Linearisierung 350 f., 567

–, linksseitige Ableitung 311
–, Logarithmus- – 278 ff.
–, monotone 144
–, periodische 147
–, Polynom- – 179 ff.
–, Potenz- – 209 ff.
–, quadratische 183 ff.
–, rechtsseitige Ableitung 311
–, Sättigungs- – 273 ff.
–, Sinus hyperbolicus- – 286 f.
–, Sinus- – 236 f.
–, Sprung- – 177
–, Stamm- – 392
–, stetige 175
–, Stetigkeit 174 f.
–, Tangens hyperbolicus- – 288 f.
–, Tangens- – 237 f.
–, trigonometrische 231 ff.
–, Umkehr- – 148 f.
–, umkehrbare 149
–, unecht gebrochenrationale 201
–, ungerade 143
–, Unstetigkeitsstelle 175
–, verkettete 323
–, Wertebereich 137
–, Winkel- – 231 ff.
–, Wurzel- – 151, 211 f.
–, zusammengesetzte 323
–, zyklometrische 259
Funktionen 137 ff.
–, Tabelle der ersten Ableitung 313 f.
Funktionsgleichung 138
Funktionsgraph 139
Funktionskurve 139
Funktionstafel 138
Funktionswert 137
ganzrationale Funktionen 179 ff.

Gas, ideales 146, 491
–, van der Waalsches 491
Gauß-Funktionen 277
Gaußsche Glockenkurve 277
Gaußscher Algorithmus 24 ff.
Gaußsches Fehlerintegral 576 f.
gebrochenrationale Funktion, Partialbruchzerlegung 433
– Funktionen 200 ff.
gebundener Vektor 44
gedämpfte Schwingung 372
Gegenkathete 231
Gegenuhrzeigersinn 233
Gegenvektor 46
gemischte Multiplikation dreier Vektoren 94 ff.
gemischtes Produkt dreier Vektoren 94 ff.
geometrische Folge 534
– Reihe 534, 536, 538, 548, 552 f.
gerade Funktion 142
Gerade 180
–, Abstand von einem Punkt 101 f.
–, Abstand von einer Ebene 117 f.
–, Abstand zweier paralleler Geraden 103 f.
–, Abstand zweier windschiefer Geraden 105 f.
–, Achsenabschnitte 180, 182
–, Achsenabschnittsform 182
–, Hauptform 181
–, Normalform 181
–, Punkt-Steigungs-Form 181
–, Richtungsvektor 98
–, Schnittpunkt mit einer Ebene 119 f.
–, Schnittpunkt zweier Geraden 107 f.
–, Schnittwinkel mit einer Ebene 120 f.
–, Schnittwinkel zweier Geraden 108
–, spezielle Formen 181 f.
–, Steigung 180
–, Steigungswinkel 180
–, vektorielle Parameterdarstellung 98 ff.
–, vektorielle Punkt-Richtungs-Form 98 f.
–, vektorielle Zwei-Punkte-Form 100 f.
–, Zwei-Punkte-Form 181
Geraden, parallele 103 f.
–, windschiefe 105 f.
Geschwindigkeit 344 f.
Geschwindigkeit-Zeit-Funktion 456
gestaffeltes Gleichungssystem 22
gewöhnliche Zykloide 338
Gleichheit von Vektoren 44, 55, 71
gleichseitige Hyperbel 223
Gleichung, algebraische 11, 215
–, Betrags- – 14 ff.
–, bi-quadratische 12 f.
–, Exponential- – 284
–, kubische 12
–, lineare 10
–, Logarithmus- – 285
–, quadratische 10 f.
–, trigonometrische 265
–, Wurzel- – 13
–, Wurzeln 11
Gleichungen 9 ff.
– der Kegelschnitte 217 ff.
– einer Ellipse 219 ff.
– einer Hyperbel 221 ff.
– einer Parabel 224 f.
– eines Kreises 218 f.
– höheren Grades 11 ff.
Gleichungssysteme, lineare 21 ff.
gliedweise Differentiation 317
– Integration 416
Glockenkurve, Gaußsche 277
Gradmaß 232
Graph einer Folge 164
– einer Funktion 139
graphische Darstellung einer Funktion 138 f.
Gravitation 452, 454, 489 f.
Gravitationskraft 489
Grenzwert einer Folge 165 f.

– einer Funktion 168 ff.
– einer Funktion, Rechenregeln 173 f.
–, uneigentlicher 167
Grenzwertregel von Bernoulli und de L`Hospital 579 ff.
große Halbachse 219, 221
Grundgesetze der reellen Zahlen 6 f.
Grundintegrale 410 f.
Grundrechenarten 6

halboffenes Intervall 8
Halbwertszeit 282
harmonische Reihe 534, 538, 541
– Schwingung 240
– Schwingung eines Federpendels 244 f., 346
Hauptform einer Ellipse 220
– einer Geraden 181
– einer Hyperbel 222
– einer Parabel 224
– eines Kreises 218
Hauptwert eines Winkels 158
Herzkurve 163, 340 ff.
hinreichende Bedingungen für einen relativen Extremwert 357
– Bedingungen für einen Wendepunkt 361
Hochpunkt 355
höhere Ableitung 335
homogenes lineares Gleichungssystem 24
Hookesches Gesetz 182, 346, 488
Horner-Schema 191 ff.
Hyperbel 217, 221 ff.
–, Asymptoten 222
–, Brennpunkte 221
–, Brennweite 221
–, gleichseitige 223
–, Halbachsen 221
–, Hauptform 222
–, Mittelpunktsgleichung 222
–, rechtwinklige 223
–, Scheitelpunkte 221
Hyperbelfunktionen 286 ff.
–, Additionstheoreme 290
–, Formeln 289 f.
Hyperbelkosinus 286
Hyperbelkotangens 286
Hyperbelsinus 286
Hyperbeltangens 286
Hypotenuse 231

ideales Gas 146
imaginäre Halbachse 221
implizite Darstellung einer Funktion 138
– Differentiation 330 f.
Induktionsgesetz 346
inhomogenes lineares Gleichungssystem 24
innere Ableitung 322
– Funktion 322
– Multiplikation zweier Vektoren 59 ff., 76 ff.
inneres Produkt 60
Integral, Arbeits- – 487
–, bestimmtes 397 ff.
–, Grund- – 410
–, Stamm- – 410
–, unbestimmtes 403 ff.
–, uneigentliches 451
Integralrechnung 390 ff.
–, Anwendungen 456 ff.
Integrand 399
Integrandfunktion 399
Integration als Umkehrung der Differentiation 390 ff.
– der Bewegungsgleichung 456
– durch Partialbruchzerlegung 432 ff.
– durch Potenzreihenentwicklung des Integranden 576 f.
– durch Substitution 419 ff.
– eines Partialbruches 435
–, bestimmte 397 ff.
–, gliedweise 416
–, numerische 439 ff.
–, partielle 426 ff.
–, Produkt- – 426 ff.
–, unbestimmte 403 ff.
Integrationsgrenzen 399
Integrationskonstante 409
Integrationsmethoden 419 ff.
Integrationsregeln, elementare 416 ff.
Integrationsvariable 399
Interpolationspolynom von Newton 196 ff.
Interpolationspolynome 195 ff.
Intervall, abgeschlossenes 8
–, endliches 8
–, halboffenes 8
–, offenes 8
–, unendliches 9
Intervalle 8 f.
inverse Funktion 148 f.
inverser Vektor 46
irrationale algebraische Funktion 216
isotherme Ausdehnungsarbeit eines idealen Gases 491
Isotherme eines Gases 146
Iterationsverfahren 375

Kapazität eines Kugelkondensators 208 f.
Kardioide 163, 340 ff.
kartesische Koordinaten 139
kartesisches Koordinatensystem, Parallelverschiebung 153 f.
Kegelschnitte 217 ff.
Kegelstumpf 482
–, Mantelfläche 483
Kettenlinie 288, 576
Kettenregel 322 f.
KFZ-Stoßdämpfer 274
kinetische Energie 487 f.

Kippspannung 148
Kirchhoffsches Gesetz 33
kleine Halbachse 219, 221
Knotenpunkt 33
Knotenpunktsregel 33
Koeffizientenmatrix 24
kollineare Vektoren 45
– Vektoren, Kriterium 88
komplanare Vektoren 97
– Vektoren, Kriterium 97
Komponentendarstellung eines Vektors 52 f., 68 ff.
konkave Kurvenkrümmung 354
konstante Funktionen 180 f.
konvergente Folge 167
– Reihe 535
Konvergenzbereich einer Potenzreihe 545 ff.
Konvergenzkreis 546
Konvergenzkriterien für Reihen 538 ff.
Konvergenzkriterium für das Tangentenverfahren von Newton 377
Konvergenzradius 546 ff.
konvexe Kurvenkrümmung 354
Koordinaten, kartesische 139
–, Polar- – 158 f.
Koordinatendarstellung einer Ebene 114
Koordinatenlinien 158
Koordinatentransformationen 152 ff.
Kopplungsbedingung 364
Kosinus hyperbolicus 286
Kosinusfunktion 231, 236 f.
– im Einheitskreis 235
–, allgemeine 244
Kosinusschwingung 248
– , Darstellung im Zeigerdiagramm 248 ff.
Kosinuszeiger 248 ff.
Kotangens hyperbolicus 286
Kotangensfunktion 231, 237 f.
Krafteck 65
Kräfteparallelogramm 47
Kräfteplan 65
Kräftepolygon 65
Kreis 217 ff.
–, Flächeninhalt 424 ff.
–, Hauptform 218
–, Mittelpunktsgleichung 218
–, Symmetrieachsen 218
–, Umfang 480
Kreisfrequenz einer Schwingung 244
Kreismittelpunkt 218
Kreuzprodukt 87
Kriechfunktion 276
Kriterium für kollineare Vektoren 88
– für komplanare Vektoren 97
kubische Parabel 212, 357
Kugel, Massenträgheitsmoment 519
–, Oberfläche 484
Kugelabschnitt 477
Kurve in Polarkoordinaten 161
–, Bogenlänge 479 f.
Kurven 137 ff.
Kurvendiskussion 370
Kurvenkrümmung, konkave 354
–, konvexe 354
Kurventangente 308

leere Menge 2
Leibnizsches Konvergenzkriterium für alternierende Reihen 542
Leistung eines Wechselstroms 494 f.
Leitlinie einer Parabel 224
lineare Funktionen 180 ff.
– Gleichungen 10
– Gleichungssysteme 21 ff.
linearer Mittelwert 492
lineares Gleichungssystem 24
– Gleichungssystem, äquivalente Umformungen 25 f.
– Gleichungssystem, gestaffeltes 22, 25
– Gleichungssystem, homogenes 24
– Gleichungssystem, inhomogenes 24
– Gleichungssystem, Lösungsverhalten 27 f.
– Gleichungssystem, Matrizendarstellung 24 f.
– Gleichungssystem, quadratisches 24
Linearfaktoren 184, 187
–, Abspaltung von – 187
–, Zerlegung in – 189
Linearisierung einer Funktion 350, 567
Linienelement 479
linienflüchtiger Vektor 44
Linkskrümmung 354
linksseitige Ableitung 311
Lissajous-Figuren 257
Logarithmentafel 278
logarithmische Ableitung 327
– Reihen 564
Logarithmus 278
– naturalis 279
–, binärer 279
–, Briggscher 279
–, dekadischer 279
–, naturalis 279
–, natürlicher 279
–, Zehner- – 279
–, Zweier- – 279
Logarithmusfunktionen 278 ff.
Logarithmusgleichungen 285
lokale Extremwerte 355 ff.
Lorentz-Kraft 91, 93
Lösung, triviale 28
Lösungsmenge 2
– einer Ungleichung 18 f.
– eines linearen Gleichungssystems 28
Lösungsvektor 25
Lösungsverhalten eines linearen Gleichungssystems 27 f.

Mac Laurinsche Reihe 554 f.
Mac Laurinsches Polynom 565
Mantelfläche eines Kegelstumpfes 483
– eines Rotationskörpers 482 ff.
– eines Rotationsparaboloids 485 f.
Maschenregel 34
Massenelement 496, 511, 516
Massenmittelpunkt eines Körpers 497 f.
Massenträgheitsmoment einer Kugel 519
– einer Scheibe 511 f.
– eines Rotationskörpers 515 ff.
– eines Stabes 512 f.
Massenträgheitsmomente 510 ff.
Matrix 24 f.
–, Koeffizienten- – 24
–, quadratische 25
–, Spalten- – 25
Matrizendarstellung eines linearen Gleichungssystems 24
Matrizenprodukt 25
Maximum, relatives 355 ff.
mehrfache Nullstelle 188
Menge 1
– der ganzen Zahlen 8
– der natürlichen Zahlen 1, 8
– der rationalen Zahlen 8
– der reellen Zahlen 6 ff.
–, Differenz- – 5
–, Durchschnitt 3
–, Element einer – 1
–, endliche 1
–, leere 2
–, Lösungs- – 2
–, Rest- – 5
–, Schnitt- – 3
–, Teil- – 2
–, unendliche 1
–, Vereinigung 4
Mengenoperationen 3 ff.
Meßpunkt 195
Minimum, relatives 355 ff.
Mittelpunktsellipse 220 f.
Mittelpunktsgleichung einer Ellipse 220
– einer Hyperbel 222
– eines Kreises 218
Mittelpunktshyperbel 222 f.
Mittelpunktskreis 218
Mittelwert, linearer 492 f.
–, quadratischer 493
–, zeitlicher 493
Mittelwerte 492 f.
Moment einer Kraft 92 f.
Momentanbeschleunigung 344 f.
Momentangeschwindigkeit 344 f.
monoton fallende Funktion 144
– wachsende Funktion 144
Monotonie 144
Multiplikation eines Vektors mit einem Skalar 50, 56, 72
–, äußere 86 ff.
–, gemischte 94 ff.
–, innere 59 ff., 76 ff.
–, skalare 59 ff., 76 ff.
–, vektorielle 86 ff.

Näherungsfunktion 195
Näherungspolynome einer Funktion 565 ff.
– wichtiger elementarer Funktionen (Tabelle) 575
natürliche Logarithmusfunktion 282
natürlicher Logarithmus 279
Nebenbedingung 364
Newton, Interpolationspolynom 196 ff.
–, Tangentenverfahren 375 ff.
nichtäquivalente Umformungen einer Gleichung 13
Normale 348 f.
Normalengleichung 348 f.
Normalenvektor einer Ebene 111
Normalform einer Geraden 181
Normalparabel 358
Normierung eines Vektors 72 f.
notwendige Bedingung für einen relativen Extremwert 356
– für einen Wendepunkt 360
Nullfolge 167
Nullphasenwinkel 244
Nullstelle 141, 201
–, doppelte 189
Nullstellen einer Polynomfunktion 188
Nullstellenberechnung einer Polynomfunktion 193
Nullvektor 44, 55, 70
numerische Integration, Simpsonsche Formel 445 ff.
– Integration, Trapezformel 440 ff.
– Integrationsmethoden 439 ff.
– Reihe 533

Oberfläche einer Kugel 484
Obersumme 395, 398
offenes Intervall 8
Öffnung einer Parabel 183
Ordinate eines Punktes 139
orthogonale Vektoren 60 f., 76
orthonormierte Basis 61, 77
– Vektoren 61, 77
Ortsvektor 44, 54, 70

p, q-Formel 10
Parabel 183, 217, 224 f.
–, Brennpunkt 224
–, Brennweite 224
–, Hauptform 224
–, kubische 212
–, Leitlinie 224
–, Parameter p 224
–, Produktform 184

–, Scheitelgleichung 224
–, Scheitelpunkt 224
–, Scheitelpunktsform 185
–, spezielle Formen 184 f.
–, Symmetrieachse 225
parallele Geraden 103 f.
– Vektoren 45
Parallelepiped 95
Parallelogrammregel für Vektoren 47, 50
Parallelverschiebung eines kartesischen Koordinatensystems 153 ff.
Parameter 140
– einer Parabel 224
Parameterdarstellung einer Ebene (vektoriell) 109 ff.
– einer Funktion 140
– einer Geraden (vektoriell) 98 ff.
Partialbruch 433
–, Integration 435
Partialbruchzerlegung einer echt gebrochenrationalen Funktion 433
Partialbruchzerlegung, Integration durch – 432 ff.
Partialsumme 531, 533
Partialsummenfolge 531, 535
partielle Integration 426 ff.
Pascalsches Dreieck 37
Periode 147
–, kleinste 147
–, primitive 147
Periodenintervall 147
periodische Funktion 147
Periodizität 147
Phase 244
Phasenverschiebung 245
Phasenwinkel 244
physikalischer Vektor 43
Pol 202 f.
– mit Vorzeichenwechsel 203
– ohne Vorzeichenwechsel 203
Polarkoordinaten 158 f.
Polarkoordinatenpapier 159
Polgerade 203
Polynom, Interpolations- – 195 ff.
–, Mac Laurinsches 565, 568
–, Näherungs- – 565 ff.
–, reduziertes 187
–, Taylorsches 568
Polynomdivision 188, 206 f.
Polynomfunktion, Linearfaktoren 187, 189
–, Nullstellen 188, 191 ff.
–, Produktdarstellung 189
Polynomfunktionen 179 ff.
– höheren Grades 187 ff.
Polynomgrad 179
Polynomkoeffizient 179
Potentialdifferenz 462
Potenz 267
Potenzfunktionen 209 ff.
Potenzregel der Differentialrechnung 314
– der Integralrechnung 413
Potenzreihen 544 ff.
– der wichtigsten Funktionen (Tabelle) 563 f.
–, Anwendungen 365 ff.
–, beständig konvergierende 547
–, Eigenschaften 531
–, Entwicklungspunkt 544
–, Entwicklungszentrum 544
–, Konvergenzbereich 545
–, Konvergenzkreis 546
–, Konvergenzradius 546 ff.
–, Mac Laurinsche 554 ff.
–, Taylorsche 561
Potenzreihenentwicklung einer Funktion 554 ff.
– nach Mac Laurin 554 ff.
– nach Taylor 561
–, Integration durch Potenzreihenentwicklung 576 f.
Potenzreihenentwicklungen 531 ff.
– wichtiger Funktionen (Tabelle) 563 f.
primitive Periode 147
Produkt, äußeres 87
–, gemischtes 94
–, skalares 59 ff., 76 ff.
–, inneres 60
–, vektorielles 86 f.
Produktdarstellung einer Polynomfunktion 189
Produktform einer Parabel 184
– einer Polynomfunktion 189
Produktintegration 426 ff.
Produktregel 318 ff.
Projektion eines Vektors auf einen zweiten Vektor 82 f.
Punkt-Richtungs-Form einer Ebene 109 f.
– einer Geraden 98 f.
Punkt-Steigungs-Form einer Geraden 181
Punktsymmetrie 142
Pythagoras 78 f., 239

quadratische Ergänzung 155, 225
– Funktionen 183 ff.
– Gleichungen 10
– Matrix 25
quadratischer Mittelwert 493
quadratisches lineares Gleichungssystem 24
Quotientenkriterium 539
Quotientenregel 320 f.

radioaktiver Zerfall 145, 270
Radius 218
Randextremwert 368
Randwert 460
Rechengesetze für Skalarprodukte 60, 76
– für Spatprodukte 95
– für Vektorprodukte 87
Rechenregeln für Grenzwerte von Funktionen 173 f.
– für Logarithmen 279

– für Potenzen 267
– für reelle Zahlen 6 f.
– für Vektoren 56, 58, 60, 62, 72 f., 76 f., 87, 89, 95 f.
rechtshändiges kartesisches Koordinatensystem 68
Rechtskrümmung 354
rechtsseitige Ableitung 311
rechtwinklige Hyperbel 223
– Koordinaten 139
rechtwinkliges Koordinatensystem 138
reduziertes Polynom 187
reelle Halbachse 221
Regel von Sarrus 90
Reihe, absolut konvergente 535
–, alternierende 542
–, alternierende geometrische 543
–, alternierende harmonische 543
–, bestimmt divergente 535
–, Bildungsgesetz 533
–, binomische 558 ff.
–, divergente 535
–, geometrische 534, 536, 538, 548 f., 552
–, harmonische 534, 538, 541
–, konvergente 535
–, Mac Laurinsche 554 ff.
–, numerische 533
–, Potenz- – 544 ff.
–, Summenwert 535
–, Taylorsche 561
–, unendliche 531 ff.
–, Zahlen- – 533
Reihen der Arkusfunktionen 564
– der Hyperbelfunktionen 564
relative Extremwerte 355 ff.
relatives Maximum 355
– Minimum 355
Relativkoordinaten 350
Resonanzfall 230
Restglied einer Potenzreihe 565
– nach Lagrange 566
Restgliedabschätzung 568
Restmenge 5
Resultierende 47 f., 66
– eines ebenen Kräftesystems 65 f.
– Schwingung 252
Richtungskosinus 80
Richtungsvektor einer Geraden 98
Richtungsvektoren einer Ebene 109
Richtungswinkel eines Vektors 80 f.
Rohwert 375
Rollkurve 338 f.
Rotationsfläche 482 ff.
Rotationskörper, Mantelfläche 482 ff.
–, Massenträgheitsmoment 515 ff.
–, Schwerpunkt 505 ff.
–, Volumen 473 ff.
Rotationsparaboloid, Mantelfläche 485 f.
Rotationsvolumen 473 ff.
rotierender Sinuszeiger 246
Rückstellkraft 346

Sägezahnimpuls 148, 176
Sattelpunkt 360
Sättigungsfunktionen 273 ff.
Satz des Pythagoras 78
– von Steiner 514
Schaubild 139
Scheitelgleichung einer Parabel 224
Scheitelpunkt einer Parabel 183, 224
Scheitelpunkte einer Ellipse 221
– einer Hyperbel 221
Scheitelpunktsform einer Parabel 185
Scheitelwert 495
schiefer Wurf 59, 186 f.
Schnittgerade zweier Ebenen 124 ff.
Schnittmenge 3
Schnittpunkt einer Geraden mit einer Ebene 119 ff.
– zweier Geraden 107 ff.
Schnittwinkel einer Geraden mit einer Ebene 119 ff.
– zweier Ebenen 124 ff.
– zweier Geraden 107 ff.
Schwerpunkt einer Fläche 499 ff.
– einer Halbkreisfläche 503
– einer Halbkugel 509 f.
– eines Kegels 508 f.
– eines Körpers 497 f.
– eines Rotationskörpers 505 ff.
– homogener Flächen und Körper 496 ff.
Schwerpunktsachse 514
Schwerpunktskoordinaten 498
Schwingkreis, elektrischer 347 f.
Schwingung, aperiodische 275
–, aperiodischer Grenzfall 276
–, erzwungene 230
–, harmonische 244 f.
–, resultierende 252 ff.
–, Sinus- – 240 ff.
–, Kosinus- – 248 ff.
Schwingungen, Superpositionsprinzip 252
–, Überlagerung 252 ff., 264
Schwingungsamplitude 230
Schwingungsdauer 245
Sekante 308
senkrechte Asymptote 203
– Tangente 342 f.
Simpsonsche Formel 445 ff.
Sinus hyperbolicus 286
Sinusfunktion 231, 236 f.
– im Einheitskreis 233 f.
–, allgemeine 240 ff.
Sinusschwingung 240 ff.
–, Darstellung im Zeigerdiagramm 246 ff.
Sinuszeiger 246 ff.
Skalar 43
skalare Multiplikation zweier Vektoren 59 ff., 76 ff.
– Vektorkomponenten 53, 68 f.